AF671500

Springer Reference Naturwissenschaften

Springer Reference Naturwissenschaften bietet Praktikern, Wissenschaftlern und Studierenden zielführendes Fachwissen in aktueller, modularisierter und verständlicher Form. Während traditionelle Handbücher ihre Inhalte bislang lediglich gebündelt und statisch in einer Druckausgabe präsentiert haben, bietet *Springer Reference Naturwissenschaften* eine um dynamische Komponenten erweiterte Online-Präsenz: ständige digitale Verfügbarkeit, frühes Erscheinen neuer Beiträge „online first" und fortlaufende Erweiterung und Aktualisierung der Inhalte. Die Werke und Beiträge der Reihe repräsentieren den jeweils aktuellen Stand des Wissens des Faches, insbesondere auch in den Anwendungen und in der Verzahnung der verschiedenen Gebiete. Review-Prozesse sichern die Qualität durch die aktive Mitwirkung namhafter Herausgeber(inne)n und ausgesuchter Autor(inn)en. *Springer Reference Naturwissenschaften* wächst kontinuierlich um neue Kapitel und Fachgebiete.

Rainer Matyssek • Werner B. Herppich

Experimentelle Pflanzenökologie

Grundlagen und Anwendungen

3. Auflage

mit 253 Abbildungen und 40 Tabellen

Rainer Matyssek
ehemals: Lehrstuhl für Ökophysiologie der Pflanzen Wissenschaftszentrum Weihenstephan
Technische Universität München
Freising, Deutschland

Werner B. Herppich
ehemals: Leibniz-Institut für Agrartechnik und Bioökonomie e.V.
Potsdam, Deutschland

ISSN 2522-8161 ISSN 2522-817X (electronic)
Springer Reference Naturwissenschaften
ISBN 978-3-662-67529-8 ISBN 978-3-662-67530-4 (eBook)
https://doi.org/10.1007/978-3-662-67530-4

Die Deutsche Nationalbibliothek verzeichnet diese Publikation in der Deutschen Nationalbibliografie; detaillierte bibliografische Daten sind im Internet über https://portal.dnb.de abrufbar.

Planung/Lektorat: Stefanie Wolf
Springer Spektrum ist ein Imprint der eingetragenen Gesellschaft Springer-Verlag GmbH, DE und ist ein Teil von Springer Nature.
Die Anschrift der Gesellschaft ist: Heidelberger Platz 3, 14197 Berlin, Germany

Widmungen

Für meine Frau Basia, in Dankbarkeit für die stets verständnisvolle Geduld und liebevolle Unterstützung ...

Dein R.

Meiner Frau! Danke für Deine fortdauernde Hilfe, die wertvolle konstruktive Kritik beim Schreiben und die - meist - erfolgreiche Aufmunterung, wenn es mit dem „literarischen Hobby“ mal wieder nicht ganz so klappte.

Dein W.

Vorwort

Dieses Buch schloss vor Jahren eine bis dahin nicht nur im deutschsprachigen Raum bestehende Lücke für die Vermittlung der experimentellen Pflanzenökologie. In den meisten vorhandenen Lehrbüchern wurden zwar die biologischen Aspekte der Pflanzenökologie behandelt, nicht aber deren physikalisch-chemischen und biophysikalischen Grundlagen. Wissen über diese Grundlagen ist jedoch eine unverzichtbare Voraussetzung für ein umfassendes Verständnis der pflanzlichen Ökologie, und damit die Überlebensfähigkeit unter Feldbedingungen, sowie für ein erfolgreiches Arbeiten auf dem Gebiet der experimentellen Pflanzenökologie. Jedoch zeigten und zeigen Erfahrungen aus zahlreichen Kursen in diesem Fachgebiet immer wieder Kenntnisdefizite zu den besagten Grundlagen auf. Solide Kenntnisse werden ebenso zur Physik und zu physikalisch-chemischen Aspekten diverser grundlegender Messmethoden benötigt, die verbreitet in der experimentellen Pflanzenökologie zur Anwendung kommen, sowie zu den erforderlichen Auswertungen der ermittelten Messergebnisse. Solche Grundlagen und zeitgemäßen Kenntnisse fanden bislang zumindest in deutschsprachigen Lehrwerken kaum Erwähnung.

Aufbauend auf den Darstellungen aus der ersten[1] und zweiten Auflage[2] dieses Buches werden in dieser dritten Auflage zunächst die wichtigsten relevanten, abiotischen Umweltfaktoren analysiert sowie deren Bedeutung für die pflanzliche Existenz am Feldstandort erläutert. Es wird gezeigt, wie das Wissen über die Umweltfaktoren in Entwicklung und Handhabung heute weit verbreiteter Messtechniken und Arbeitsmethoden der modernen experimentellen Pflanzenökologie einging. In einer Zeit, in der man diverse Messsysteme „von der Stange“ kaufen kann, steigen der Bedarf an Information über die sachgemäße Anwendung in der Forschung und damit auch die Notwendigkeit einer kompetenten Ausbildung für das experimentelle Arbeiten.

Anspruchsvolle Messverfahren sowie deren Bezug zu komplexen kausalen Zusammenhängen auf Pflanzenebene können leicht zu falschen Anwendungen oder Fehlinterpretationen der Ergebnisse führen. Eine ausführliche, kombinierte Darstellung der Grundlagen von Messtechnik und pflanzlichen Reaktionen aus Forschungs-

[1] Von Willert DJ, Matyssek R, Herppich WB (1995) Experimentelle Pflanzenökologie. Grundlagen und Anwendungen. Thieme, Stuttgart/New York.

[2] Matyssek R, Herppich WB (2019) Experimentelle Pflanzenökologie. Grundlagen und Anwendungen (2. Auflage). Springer Reference Naturwissenschaften, Springer Nature, Heidelberg, Berlin.

beispielen soll in diesem Buch Abhilfe schaffen, das neben der Ausbildung des wissenschaftlichen Nachwuchses auch als Nachschlagewerk für die pflanzenökologische und ökophysiologische Forschung konzipiert ist.

Das Gesamtgebiet der experimentellen Pflanzenökologie kann auf den für ein einziges Buch zur Verfügung stehenden Seiten naturgemäß nur schwerpunktmäßig dargestellt werden. Die Auswahl der Themen für dieses Buch richtet sich dabei vorrangig nach den Einsatzmöglichkeiten von Messmethoden im Freiland und ist auf Aspekte des Kohlenstoff- und Wasserhaushalts der Einzelpflanze sowie deren Mikroklima fokussiert. Die weitreichenden Themen Mineralstoffhaushalt und Bodenökologie sind bewusst ausgeklammert, da für deren Analyse zum Teil andere wissenschaftliche, vor allem methodische Anforderungen gelten.

Wir fanden es auch zur Unterstützung erfolgreichen wissenschaftlichen Arbeitens wichtiger, bei ausgewählten Fragestellungen punktuell in die thematische Tiefe zu gehen als zu viele Aspekte nur oberflächlich anzusprechen. Allerdings haben wir uns nicht gescheut, elementare Grundlagen der Chemie und Physik einzubeziehen, nicht nur, um sie den Lesenden ins Gedächtnis zurückzurufen, sondern auch um ein vertieftes funktionales Verständnis der vorgestellten Methoden zu ermöglichen. Dies soll nicht zuletzt den Studierenden zugutekommen.

In dieser nun dritten Auflage haben wir unser Lehrbuch in vielen Bereichen nicht nur redaktionell überarbeitet, sondern auch thematisch und illustrativ erweitert, gestützt auf ergänzte Messmethoden, Anwendungsbeispiele und ausgewählte Ergebnisse aus der pflanzenökologischen Forschung der vergangenen Jahrzehnte. Es werden jedoch neue Erkenntnisse zur pflanzlichen Ökophysiologie ebenso ausführlich dargestellt wie neue messtechnische Entwicklungen. Da für ein Verstehen der jeweiligen Experimente und ihrer Ergebnisse elementare Grundlagen unerlässlich sind und diese auch „zeitlosen" Charakter haben, haben wir hierzu nicht kürzen wollen. Somit hat der thematische Gesamtumfang des Buches in dieser 3. Auflage ein weiteres Mal deutlich zugenommen.

Vielleicht werden sich einige fragen, warum keine Phenotyping- oder Big-Data-Ansätze angesprochen werden, erlauben sie doch die großräumige und umfassende Analyse vieler Einzeldaten. Diese Ansätze bringen allerdings unter der Perspektive pflanzenökologischer Grundlagen nichts grundsätzlich Neues, sondern haben vielmehr weiterführenden Charakter zu den in diesem Buch vorgestellten Fragestellungen, Methoden und Auswertungen. Leserinnen und Leser mögen sich daher entsprechend in ergänzenden Quellen informieren.

Wir sind uns bewusst, dass auch mit dieser dritten Auflage bei Weitem nicht alle relevanten Aspekte der experimentellen Pflanzenökologie behandelt werden können. Dennoch hoffen wir, mit der getroffenen Auswahl, aber auch dank der Ermutigung und Anregungen vieler Kolleginnen und Kollegen sowie Studierender, die Erwartungen der Leser gewinnbringend zufrieden stellen zu können. Für alle wohlwollend kritischen Kommentare, einschließlich Fehlerhinweisen und Verbesserungsvorschlägen, sei an dieser Stelle bereits im Voraus ganz herzlich gedankt.

Seybothenreuth, Deutschland — Rainer Matyssek
Werder (Havel), Deutschland — Werner B. Herppich
16.10.2024

Danksagung

Unser Dank gilt Dr. Madeleine S. Günthardt-Goerg, Dr. Christoph Scheidegger, Dr. Karl-Heinz Häberle, Dr. Thorsten E.E. Grams, Dr. Martin Penzel, Dr. Guido Rux, Dr. Craig E. Martin und Dr. Maik Veste für die Erlaubnis, Fotos, Illustrationen oder unveröffentlichte Ergebnisse ihrer Arbeit für dieses Buch verwenden zu dürfen. Besonders gedankt sei auch Herrn Waldemar Raaz für seinen thematisch wertvollen Hinweis. Ebenso danken wir allen Firmen, die gerne hervorragendes Fotomaterial zur Verfügung stellten.

Zudem gilt unser Dank Frau Beate Spehr (Leibniz-Institut für Agrartechnik und Bioökonomie, ATB, Potsdam) und Herrn Lars Wilker vom BioSzi Redaktionsbüro für das sachkundige Lektorat, sowie Frau Sabine Wittmann für ihre Hilfe beim Kapitel Chlorophyllfluoreszenz.

Ein ganz besonderer Dank geht an Springer-Nature und hier insbesondere an Frau Stefanie Wolf, Herrn Dr. Rainer Münz und Frau Gabriele McLemore für die immer freundliche und geduldige Beratung und Hilfe beim Erstellen dieser dritten Auflage.

Ganz speziell möchten wir uns auch bei Frau Margaretha Herppich für das Korrekturlesen von schier unendlich vielen Seiten bedanken.

Nicht zuletzt möchten wir uns an dieser Stelle auch ganz herzlich bei Dr. Dieter J. von Willert bedanken, der die erste Auflage dieses Buches initiiert und mitgetragen hat.

Inhaltsverzeichnis

Symbol-Tabelle

Abkürzungen und Symbole[3]

a	Absorptionsvermögen (dimensionslos)
a_{IR}	Absorptionsvermögen langwelliger thermischer Strahlung
a	Aktivität
a_w	Aktivität des Wassers
A	Fläche [m^2]
A_{St}	Gesamtporenfläche der Stomata eines Blattes [m^2]
ABA	Abscisinsäure
AO	Atomorbital
c	Lichtgeschwindigkeit [$2{,}998 \cdot 10^8$ $m \cdot s^{-1}$ im Vakuum]
c	Molare Konzentration, Molarität [$mol \cdot m^{-3}$]
Δc	Differenz der Konzentration
c_a	CO_2-Konzentration der Umgebungsluft [$\mu mol \cdot mol^{-1}$], [$\mu\ell \cdot \ell^{-1}$] oder [ppm]
c_i	CO_2-Konzentration in den Interzellularen
c_w	Wasserdampfkonzentration [$mg \cdot m^{-3}$] oder [$mol \cdot \ell^{-1}$]
C_p	Wärmekapazität, Molwärme bei konstantem Druck [$J \cdot K^{-1} \cdot mol^{-1}$]; spezifische Wärmekapazität [$J \cdot kg^{-1}$ K^{-1}]
C_V	dto. bei konstantem Volumen
C	Wasserspeicherkapazität
C	Konvektion
C_3	C_3-Weg der Photosynthese
C_4	C_4-Weg der Photosynthese
CAM	Crassulaceen-Säurestoffwechsel
d	Durchmesser [m]
D	Diffusionskoeffizient [$m^2 \cdot s^{-1}$]
D_{c1}	Diffusionskoeffizient für CO_2 in trockener Luft
D_{CO_2}	Diffusionskoeffizient für CO_2
D_h	thermischer Diffusionskoeffizient

[3] Von wenigen in der Literatur eingebürgerten Ausnahmen abgesehen, sind alle Variablen kursiv und alle eindeutigen Konstanten senkrecht wiedergegeben. Indizes sind nur dann kursiv, wenn sie wie *i*, *T*, *V* und *P* selber Variable sind.

D_{H_2O}	Diffusionskoeffizient für Wasserdampf
$D^{\circ}_{H_2O}$	Diffusionskoeffizient für Wasserdampf bei Standardbedingungen
D_{wc}	Diffusionskoeffizient für CO_2 in Wasserdampf
D_{wl}	Diffusionskoeffizient für Wasserdampf in trockener Luft
e	Elementarladung ($e = 1{,}6021892 \cdot 10^{-19}$ C; C = Coulomb)
e	Aktueller Wasserdampfpartialdruck, absolute Feuchte [Pa]
e°	Sättigungsdampfdruck
e°_{B}	Sättigungsdampfdruck im Blatt
e°_{f}	Sättigungsdampfdruck für die Temperatur des Feuchtthermometers
e°_{S}	Sättigungsdampfdruck am Siedepunkt
e°_{Sch}	Sättigungsdampfdruck am Schmelzpunkt
e	Basis des natürlichen Logarithmus (2,71828 = Eulersche Zahl)
E	Energie [J]; Bindungsenergie [$kJ \cdot mol^{-1}$]
E_{λ}	Energie eines Photons der Wellenlänge λ [J]
E	Elektrische Feldstärke [$V \cdot m^{-1}$]
E_{K}	Kryoskopische Konstante [$K \cdot kg \cdot mol^{-1}$]
f	Molare Flussrate [$mol \cdot s^{-1}$]
f_{e}	molare Flussrate der einströmenden Luft
f_{feucht}	molare Flussrate der ausströmenden Luft
f_{MK}	molare Flussrate der Luft nach Durchlaufen einer Kältefalle
f_{N}	molare Flussrate der Luft durch den Nebenschluß
$f_{trocken}$	molare Flussrate der in die Küvette einströmenden Luft
f_{v}	molare Flussrate der ausströmenden Luft
F	mittlerer Fehler
F	Kraft [N]
F_{G}	Gravitationskraft [N]
F_{σ}	Oberflächenkraft
FG	Frischgewicht [kg]
$FG_{Sätt}$	Sättigungsfrischgewicht
Fl	Relativer Volumenfluss- oder Normalflußrate [$\ell \cdot min^{-1}$]
F	Fluoreszenz
F_{M}	maximale Fluoreszenz
F_{M}'	intermediärer Fluoreszenz-Maximalwert
F_{0}	Dunkelfluoreszenz
F_{0}'	Grundfluoreszenz
F_{P}	Peakfluoreszenz
F_{T}	terminale Fluoreszenz
F_{V}	variable Fluoreszenz
g	Erdbeschleunigung (g = 9,81 $m \cdot s^{-2}$)
g	Molare Leitfähigkeit, Blattleitfähigkeit [$mmol \cdot m^{-2} \cdot s^{-1}$]
g_{cl}	Leitfähigkeit für CO_2 in trockener Luft
g_{CO_2}	Blattleitfähigkeit für CO_2
g_{δ}	Leitfähigkeit der laminaren Grenzschicht
g_{H_2O}	Blattleitfähigkeit für Wasserdampf (druckunabhängig und abgeschwächt temperaturabhängig)

M_g	mittlere Blattleitfähigkeit
${}^{M}g_{H_2O}$	mittlere Blattleitfähigkeit für Wasserdampf
g_K	kutikuläre Leitfähigkeit
g_{St}	stomatäre Leitfähigkeit
g_{wc}	Leitfähigkeit für Kohlendioxidmoleküle in Wasserdampf
g_{wl}	Leitfähigkeit für Wasserdampfmoleküle in trockener Luft
g'	Leitfähigkeit (druck- und temperaturabhängig) [$m \cdot s^{-1}$]
g'_{H_2O}	Blattleitfähigkeit für Wasserdampf (druck- und temperaturabhängig) [$m \cdot s^{-1}$]
G	Gibbssche freie Enthalpie [J]
G	Elektrische Leitfähigkeit [Ω^{-1}]
G_a	Energiemenge der absorbierten Global-strahlung
Gr	Grashof-Zahl (dimensionslos)
h	Höhe [m]
h	Plancksches Wirkungsquant ($h = 6{,}626 \cdot 10^{-34}$ $J \cdot s^{-1}$)
$\bar{h}_c$	Wärmeübergangszahl oder Konvektionskoeffizient [$W \cdot m^{-2} \cdot K^{-1}$]
H	Enthalpie [J]
ΔH	Änderung der Enthalpie
ΔH_{Misch}	Mischungswärme
ΔH_{verd}	Verdampfungsenthalpie [$kJ \cdot mol^{-1}$], für Wasser bei 25 °C 44 $kJ \cdot mol^{-1}$
HOMO	„hightest occupied molecular orbital“
I	Stromstärke [A]
I	Massenflussrate [$kg \cdot h^{-1}$]
I'	apparente Massenflussrate
I_E	Energieflussrate [$J \cdot h^{-1}$]
I_Q	Wärmeflussrate
IR	Infrarot
IRGA	Infra-Rot-Gas-Analysator
J	Joule [$kg \cdot m_2 \cdot s^{-2} = Nm$]
J	Energieflussdichte [$J \cdot m^{-2} \cdot s^{-1} = W \cdot m^{-2}$]
J_C	konvektive Wärmeflussdichte
J_{dir}	direkte Sonnenstrahlung
J_E	langwellige thermische Strahlung der Erde
J_{GS}	Globalstrahlung
J_{ges}	Gesamtstrahlung
$J_{GS(max)}$	Globalstrahlung zur Zeit des höchsten Sonnenstandes
J_H	Himmelslicht
J_K	Energieflussdichte thermischer Strahlung
J_{SK}	Energieflussdichte schwarzer Strahlung
J_W	Wolkenlicht
J	Mengenflussdichte [$mol \cdot m^{-2}s^{-1}$]
J_{CO_2}	Netto-CO_2-Austauschrate
${}^{max}J_{CO_2}$	maximale CO_2-Aufnahmekapazität unter nichtlimitierenden Bedingungen

J_{H_2O}	Transpirationsrate
J_{O_2}	Netto-O_2-Austauschrate
J_Q	Quantenflussdichte
J_w	Wasserfluss
k	Geschwindigkeitskonstante
k_D	Geschwindigkeitskonstante der nichtstrahlenden Energieableitung
k_F	Geschwindigkeitskonstante der Fluoreszenz
k_P	Geschwindigkeitskonstante der photochemischen Energieableitung
k_T	Geschwindigkeitskonstante für den Energietransfer
K	Gleichgewichtskonstante $[mol \cdot \ell^{-1}]$
K	Kelvin
K	Wärmeleitfähigkeitskoeffizient $[W \cdot m^{-1} \cdot K^{-1}]$
ℓ	Strecke [m]
ℓ	Liter
ln	Natürlicher Logarithmus
log	Logarithmus zur Basis 10
L	Wasserleitfähigkeit des Gewebes
L_p	hydraulische Leitfähigkeit $[m^2 \cdot s^{-1} \cdot Pa^{-1}]$
LED	Lichtemittierende Diode
LHC	„light harvesting complex“
LUMO	„lowest unoccupied molecular orbital“
m	Masse [kg]
m_w	Masse des Wassers
m	Molalität $[mol \cdot kg^{-1}]$
m_{Osmol}	Osmolalität
M	Molare Masse $[kg \cdot mol^{-1}]$
M_w	molare Masse von Wasser $[0,018016\ kg \cdot mol^{-1}]$
MO	Molekülorbital
Mol	Substanzmenge mit der Avogadroschen Zahl an Partikeln [mol]
MSP	manganstabilisierender Proteinkomplex
n	Anzahl der Mole
n_i	Anzahl der Mole einer Komponente i
n_w	Anzahl der Mole des Wassers
n_{St}	Anzahl der Stomata pro Blattflächeneinheit
nl	Nichtlinearitätsfaktor
N	Gesamtmolzahl [mol]
N_A	Avogadrosche Zahl (N = 6,022 10^{23} Teilchen); Loschmidsche Zahl
NTC	„negative temperature correlation“
Nu	Nusselt-Zahl (dimensionslos)
p	Dipolmoment von Wasser $[C \cdot m]$
p_i	Partialdruck der Gaskomponente i [Pa]
p_A°	Partialdruck über der reinen Komponente A
p_a	CO_2-Partialdruck in der Umgebungsluft

p_i	CO_2-Partialdruck in den Interzellularen
p_w	Partialdruck des Wassers
pH	Negativer dekadischer Logarithmus der Protonenkonzentration
pK	Negativer dekadischer Logarithmus von K
P	Druck [1 bar = 10^5 Pa]; aktueller Luftdruck; Gesamtdruck eines Gasgemisches; Turgordruck
P_h	Luftdruck in der Höhe *h*
P^0	Luftdruck auf Meeresniveau
^{G}P	Gleichgewichtsdruck
$^{Xylem}P$	hydrostatischer Druck im Xylem
Pa	Pascal [$N \cdot m^{-2} = kg \cdot m^{-1} \cdot s^{-2}$]
PAM	Puls-Amplituden-Modulation
PAR	Photosynthetisch aktive Strahlung gemessen zwischen 400 und 700 nm [$\mu mol \cdot m^{-2} \cdot s^{-1}$]
PEG	Polyethylenglycol
PEP	Phoshoenolpyruvat
PGA	Phosphoglycerinsäure
PPFD	Photosynthetisch aktive Photonenflußdichte [$\mu mol \cdot m^{-2} \cdot s^{-1}$]
PQ	Plastochinon
PS I	Photosystem I
PS II	Photosystem II
PSM	„Plant Stress Meter“
PTC	„positive temperature correlation“
q	Gesamte Fluoreszenzlöschung
q_E	energieabhängige Fluoreszenzlöschung
q_I	photoinhibitorische Fluoreszenzlöschung
q_N	nichtphotochemischer Löschungskoeffizient
q_P	photochemischer Löschungskoeffizient
Q	Wärme- und Energiemenge [$W \cdot m^{-2}$]
ΔQ	Änderung der Wärmeenergie
Q_{abs}	absorbierte Energiemenge
Q_H	gespeicherte Energiemenge
Q_M	metabolische Energiemenge
Q_{Ph}	in der Photosynthese festgelegte Energiemenge
Q_{Tr}	in der Transpiration umgewandelte Energiemenge
Q_A	Chinonbindungsstelle im D_2-Komplex
Q_B	Chinonbindungsstelle im D_1-Komplex
r	Diffusionswiderstand [$s \cdot mm^{-1}$]
r	Molarer Diffusionswiderstand [$mol \cdot m^{-2} \cdot s^{-1}$]
r_{CO_2}	Diffusionswiderstand für CO_2
$^{Mes}r_{CO_2}$	Diffusionswiderstand des Mesophylls für CO_2
$^{St}r_{CO_2}$	stomatärer Diffusionswiderstand für CO_2

r_δ	Diffusionswiderstand der Grenzschicht
r_G	Diffusionswiderstand der Gewebsoberfläche
r_h	thermischer Diffusionswiderstand
r_{H_2O}	Diffusionswiderstand für Wasserdampf
r_K	kutikulärer Diffusionswiderstand
r_{St}	stomatärer Diffusionswiderstand
r	Radius [m]
r	Reflektionsvermögen
rF	Relative Luftfeuchte (dimensionslos)
R	Allgemeine Gaskonstante ($R = 8{,}3143\ J \cdot mol^{-1} \cdot K^{-1}$)
R	Elektrischer Widerstand [Ω]
R_I	Innenwiderstand
R_a	Energiemenge der absorbierten langwelligen thermischen Strahlung
R_e	Energiemenge der emittierten langwelligen thermischen Strahlung
Re	Reynolds-Zahl (dimensionslos)
Rubisco	Ribulose-1,5-bisphosphat Carboxylase/Oxigenase
RWD	Relatives Blattwasserdefizit
RWG	Relativer Wassergehalt
s	Sekunde
s	Spinquantenzahl
s	Strecke [m]
s_{th}	Thermische Sensitivität [$V \cdot K^{-1}$]
S	Entropie [$J \cdot K^{-1} \cdot mol^{-1}$]
$\overline{S}_w$	partielle molare Entropie
S	Gesamtspinquantenzahl
S	Saugspannung [Pa]
S_Z	Saugkraft der Zelle
S_{Zi}	Saugkraft des Zellinhaltes
S_0	Singulett-Grundzustand
$S_{1,\,2}$	erster bzw. zweiter Singulett-Anregungszustand
$s_{1/2}$	Thermokraft [$V \cdot K^{-1}$]
Sc	Sclerophylliegrad [$g \cdot dm^{-2}$]
Sg	Sukkulenzgrad [$g \cdot dm^{-2}$]
Sq	Sukkulenzquotient [$kg \cdot kg^{-1}$]
t	Zeit [s]
$t_{1/2}$	Halbwertszeit
t	Transmissionsvermögen (dimensionslos)
T	Temperatur [°C oder K]
T_B	Blattemperatur
T_f	Oberfächentemperatur des Feuchtthermometers
T_H	Temperatur des Himmels
T_k	kritische Temperatur
T_S	Temperatur am Siedepunkt
T_{Sch}	Temperatur am Schmelzpunkt

T_U	Temperatur der Umgeburig
ΔT_{max}	maximale Temperaturdifferenz
T_1	Erster Triplettzustand
TG	Trockengewicht [kg]
TNP	Turgornullpunkt
u	Mobilitätsfaktor
u_{H_2O}	Mobilitätsfaktor für Wasserdampf
U	Elektrische Spannung [V]
U_{Therm}	Thermospannung
U	Innere Energie [J; J · mol^{-1}]
ΔU	Änderung der inneren Energie
UV	Ultraviolettes Licht
v	Geschwindigkeit [m · s^{-1}]
V	Volumen [m^3]
V_0	Zellvolumen am Turgornullpunkt
^{max}V	maximales Zellvolumen
V_w	Wasservolumen
$\overline{V}_w$	Partielles Molvolumen des Wassers; 18,048 · 10^{-6} m^3 · mol^{-1} bei 20 °C
VDP	Wasserdampfsättigungsdefizit [mPa · Pa^{-1}; Pa · kPa^{-1}; mmol · mol^{-1}]
w	Molenbruch des Wasserdampfes [mPa · Pa^{-1}; Pa · kPa^{-1}; mmol · mol^{-1}]
w_a	Wasserdampfmolenbruch der Außenluft
w_e	Molenbruch des einströmenden Wasserdampfes
w_i	Wasserdampfmolenbruch der Luft im Blattinneren
w_L	Molenbruch von Wasserdampf in Luft
w_{MK}	Wasserdampfmolenbruch der Luft nach Durchlaufen einer Kältefalle
w_v	Molenbruch des ausströmenden Wasserdampfes
Δw	Differenz der Wasserdampfmolenbrüche zwischen Blatt und Umgebungsluft
Δw_K	Wasserdampfmolenbruchdifferenz in der Küvette
Δw_L	Differenz der Molenbrüche von maximaler und absoluter Luftfeuchte
w_i	gesamter Wassergehalt im Symplasten der *i*-ten Zelle
W	Arbeit [N · m]
W_G	Arbeit gegen die Erdanziehung
W	Gesamter Wassergehalt im Symplasten eines Gewebes
W	Wachstumsrate
W	Wanddruck
W	Watt [J · s^{-1}]
WUE	Molarer Wasserausnützungskoeffizient (water-use efficiency) [mmol · mol^{-1}]
x	Strecke [m]
Δx	Übertragungsstrecke, Wegstrecke
Y	Schwellen-Turgorpotential
Z	Zahl der offenen Reaktionszentren

Griechische Symbole

α	Bunsenscher Absorptionskoeffizient [$\ell\ \ell^{-1}$]
β	Randwinkel
β	Thermischer Koeffizient der Volumenausdehnung [K^{-1}]
χ	Molenbruch (eigentlich dimensionslos, aber vielfach mit den Einheiten [ppm] oder [$\mu\ell\ \ell^{-1}$] oder [$\mu mol \cdot mol^{-1}$] oder [$\mu bar\ bar^{-1}$] oder [$\mu Pa\ Pa^{-1}$] benutzt)
χ_{CO_2}	Molenbruch von CO_2
$\Delta\chi_{CO_2}$	Differenz der CO_2-Molenbrüche in der Luft zwischen Blattinnerem und Umgebungsluft ($c_a - c_i$)
${}^{e}\chi_{CO_2}$	CO_2-Molenbruch der einströmenden Luft
${}^{v}\chi_{CO_2}$	CO_2-Molenbruch der ausströmenden Luft
δ	Grenzschicht bzw. Grenzschichtdicke [m]
ε	Dielektizitätskonstante [$C^2 \cdot J^{-1} \cdot m^{-1}$; $C^2 \cdot M^{-1} m^{-2}$]
ε°	elektrische Feldkonstante ($8{,}854 \cdot 10^{-12}\ C^2 \cdot J^{-1} \cdot m^{-1}$)
ε	Emissionsvermögen, -koeffizient (dimensionslos)
ε	Volumetrisches Elastizitätsmodul [Pa]
Φ	Photonenwirksamkeit
Φ_F	Fluoreszenzausbeute
Φ_{PSII}	Photonenwirksamkeit des Elektronentransportes durch PS II
γ	Aktivitätskoeffizient (dimensionslos)
γ	Osmotischer Koeffizient (dimensionslos)
Γ	CO_2-Konzentration am Kompensationspunkt [$\mu mol \cdot mol^{-1}$]
η	Viskosität [$Pa \cdot s$]
η_k	Kinematische Viskosität [$m^2 \cdot s^{-1}$]
λ	Wellenlänge [m]
λ_{max}	Wellenlänge maximaler Energieflussdichte
μ	Chemisches Potential, partielle molare freie Enthalpie [$J \cdot mol^{-1}$]
μ°	Standardpotential
μ_i	chemisches Potential der Komponente i
μ_w	chemisches Potential von Wasser
ν	Frequenz [Zyclen s^{-1} = Hertz]
π	Kreiszahl = 3,14159
Π	Osmotischer Druck [Pa]
Π^*	osmotischer Wert, potentieller osmotischer Druck
Π_V	Kühlungskoeffizient
$\Pi_{1/2}$	Peltier-Koeffizient
ϱ	Dichte [$kg \cdot m^{-3}$]
ϱ^0	Luftdichte auf Meeresniveau
ϱ_w^0	Wasserdampfdichte bei Sättigung
ϱ_w	Wasserdampfdichte bzw. Dichte von Wasser
σ	Oberflächenspannung [$N \cdot m^{-1}$; $7{,}28 \cdot 10^{-3}$ für Wasser bei 20 °C]
σ	Spezifischer elektrischer Widerstand [Ω]
σ	Stefan-Boltzmann-Konstante [$5{,}670 \cdot 10^{-8}\ W \cdot m^{-2} \cdot K^{-4}$]

τ	Matrixkomponente
τ	Taupunkttemperatur [°C]
τ_K	Taupunkttemperatur in der Messküvette
τ_E	Taupunkttemperatur am Küvetteneingang
τ_N	vorgegebene konstante Taupunkttemperatur
Ψ	Wasserpotential [Pa]
${}^{aG}\Psi$	Wasserpotential im ausdifferenzierten Gewebe
${}^{G}\Psi$	Wasserpotential eines Gewebes
${}^{L}\Psi$	Wasserpotential einer Lösung
${}^{wG}\Psi$	Wasserpotential im wachsenden Gewebe
${}^{X}\Psi$	Wasserpotential im Xylem
Ψ_G	Gravitationspotential
Ψ_P	Druckpotential oder Turgorpotential
$\Psi_P(i)$	Druckpotential der *i*-ten Zelle
${}^{Xylem}\Psi_P$	Druckpotential im Xylem
Ψ_Π	osmotisches Potential
$\Psi_\Pi(i)$	osmotisches Potential der *i*-ten Zelle
Ψ_t	Gesamtwasserpotential
Ψ_τ	Matrixpotential

Teil I

Einführung

Ökologie, Standort, Arbeitsfelder, Konzepte

1

Inhalt

Zusammenfassung

Dieses Kapitel definiert „Ökologie" als naturwissenschaftlichen Teilbereich der „Biologie" und fokussiert die Forschung der „Experimentellen Pflanzenökologie" auf den pflanzlichen „Standort" im Feld als kleinste ökologische Einheit mit ihren multifaktoriellen Interaktionen. Charakteristische Arbeitsfelder, Konzepte sowie der wissenschaftliche Anspruch der vorgestellten Disziplin werden skizziert.

Schlüsselwörter

Abiotische Faktoren · Biotische Faktoren · Biologische Standorterfassung · Fehler-Fortpflanzungs-Gesetz · Faktorenanalyse · Messfehler · Messmethode · Messwert · Naturwissenschaftliche Definitionen · Ökologische Feld- und Laborforschung · Pflanze · Physiografische Standorterfassung · Validierung (Verifizierung/Falsifizierung)

R. Matyssek, W. B. Herppich, *Experimentelle Pflanzenökologie*, Springer Reference Naturwissenschaften, https://doi.org/10.1007/978-3-662-67530-4_1

1 Der Begriff Ökologie

„Ökologie" ist zu einem viel gebrauchten Wort unserer Gegenwart geworden. Als Begriff steht „Ökologie" in seiner eigentlichen Bedeutung für eine Teildisziplin der Biologie und damit für einen Bereich der Naturwissenschaften. Leider werden „Ökologie" und vor allem die Vorsilbe „Öko-" auch im kommerziellen Kontext oder ideologisierend verwendet, wobei der naturwissenschaftliche Bezug oft verfälscht oder ignoriert wird und die verfolgte Argumentation nicht mehr objektiv gedeckt ist. In solchen Fällen wird der Begriff missbräuchlich verwendet, was zu einem Zerrbild führt und in weiten Teilen der Öffentlichkeit durchaus auch als ein solches erkannt wird. Die Folge sind Diskreditierung und schwindende Akzeptanz des Begriffs, was sich bis in die Naturwissenschaften hinein nachteilig auswirken und die ökologische Forschung behindern kann.

Demgegenüber war naturwissenschaftlich fundierte, ökologische Forschung wohl noch nie so wichtig wie heute – sie ist zu einem für die Menschheit zentralen Aspekt geworden, angesichts der fortschreitenden globalen Bevölkerungsexplosion und der Folgeprobleme der Ernährungssicherheit, des Landnutzungs- und Klimawandels, der Umweltzerstörung und Ressourcenübernutzung. Die genannten Probleme erreichen gegenwärtig menschheitsbedrohende Ausmaße. Um die Probleme verlässlich einschätzen zu können und zumindest eine Chance zur Beherrschung zu erhalten – oder wenigstens entgegenwirken zu können – braucht es solide prozess- und Ursache-Wirkungs-bezogene Forschung, und dazu gehört vor allem auch die ökologische. Das vorliegende Buch vertritt daher die naturwissenschaftliche Dimension des Begriffs „Ökologie" und will diese stärken.

Jede wissenschaftliche Forschung benötigt eine solide methodische Fundierung. Hierin bildet „Ökologie" als Teildisziplin der Biologie keine Ausnahme. Das Buch will daher in einen wesentlichen methodischen Teilbereich der naturwissenschaftlichen Grundlagenforschung einführen, jenen der experimentellen Pflanzenökologie und Ökophysiologie, und eine Auswahl an physikalisch-chemischen Gesetzmäßigkeiten, deren Anwendungen sowie erzielte Forschungsergebnisse demonstrieren.

Wie ist aber nun „Ökologie" als Naturwissenschaft definiert?

Hierzu müssen wir in das Jahr 1860 zurückblicken. In jenem Jahr hat der Zoologe und Pflanzenwissenschaftler Ernst Haeckel, zugleich eng verbundener Mitstreiter Darwins, den Begriff Ökologie (abgeleitet vom altgriechischen *oikos*: ein Ort, um darin zu leben) in die Wissenschaft eingeführt und allgemeingültig definiert. Er schrieb:

> „Unter Oecologie verstehen wir die gesamte Wissenschaft von den Beziehungen des Organismus zur umgebenden Außenwelt, wohin wir im weiteren Sinne alle „Existenzbedingungen" rechnen können. Diese sind teils organischer, teils anorganischer Natur. ... Zu den anorganischen Existenzbedingungen, welchen sich jeder Organismus anpassen muss, gehören zunächst die physikalischen und chemischen Eigenschaften seines Wohnorts, das Klima (Licht, Wärme, Feuchtigkeits- ... verhältnisse der Atmosphäre), die anorganischen Nahrungsmittel, Beschaffenheit des Wassers und des Bodens etc. Als organische Existenzbedingungen betrachten wir sämtliche Verhältnisse des Organismus zu den übrigen Organismen, mit denen er in Berührung kommt, und von denen die meisten entweder zu seinem Nutzen oder zu seinem Schaden beitragen."

Entscheidend ist hierbei bereits der erste Satz: „*Unter Ökologie verstehen wir die gesamte Wissenschaft von der Beziehung des Organismus zur umgebenden Außenwelt.*"

Oder im heutigen Sprachduktus auf den Punkt gebracht: Ökologie ist die Wissenschaft von den Umweltbeziehungen der Lebewesen.

Diese gleichermaßen einfache wie umfassende Definition ist von allen Autoren, die nach Haeckel versucht haben, Ökologie zu umschreiben, weder erreicht noch übertroffen worden. Aus ihr leiten sich die Aufgaben der Ökologie als einer messenden und exakten Naturwissenschaft ab.

Zu betonen ist hierbei, dass „Umweltbeziehungen" durchaus Wechselwirkungen zwischen Lebewesen (Organismen) und Umwelt ausdrückt, da Lebewesen nicht nur von der abiotischen und biotischen Umwelt beeinflusst werden, sondern diese auch selbst beeinflussen (z. B. Bodenbildung oder Bestandsinnenklima). Lebewesen verändern durch ihre Existenz daher auch die Umwelt, an die sie sich anpassen.

Trotz der Prägnanz ergänzte Haeckel seine obige Definition 1866 und 1870 noch um die folgenden zwei wesentlichen Aspekte, die kommentierend zur Präzisierung beitragen:

- „Ökologie soll Bedingungen im Kampf ums Dasein untersuchen."

und

- „Ökologie ist die Lehre von der Ökonomie der Organismen."

Begründet in den 1860er-Jahren wird die Ökologie nicht nur als vergleichsweise junge Disziplin der Biologie erkennbar, sondern es werden in der letzten Ergänzung auch erstmals die beiden Begriffe Ökologie und Ökonomie miteinander in Beziehung gesetzt. Betrachten wir daher nochmals das Wort *oikos*. Mit dem „Ort, um darin zu leben" meinte man im antiken Griechenland Haus oder Haushalt und die Wirtschaftsgemeinschaft, die beides gestaltete. *Logos* steht für Lehre. Somit ist „Ökologie" die Wissenschaft über das Haushalten – im gegebenen Fall der natürlichen Ressourcen (Energie, Nährelemente, Wasser) durch die organismischen Lebensgemeinschaften. Auch der von den Organismen nutzbare Raum ist eine Ressource, da er die übrigen Ressourcen bereithält. Die begriffliche Nähe von Ökologie und Ökonomie wird damit unmittelbar deutlich und auch, dass Ökologie die Lehre von der Ökonomie der Organismen ist.

Wie lässt sich aber Ökonomie im Kontext der Ökologie präzisieren?

Ökonomie bedeutet hier: Die Lebensfunktionen eines Organismus sind hinsichtlich einer (d. h. seiner) stofflichen und energetischen Kosten-Nutzen-Bilanz gerade so weit auf die Umwelt abgestimmt, dass seine Existenz (und Persistenz) möglich ist. Bei Pflanzen stehen die Kosten für den Bedarf an Licht, Wasser und Nährelementen (inkl. Kohlenstoff), dessen Ausmaß den marginalen Vorteil (als Nutzen) gegenüber den Konkurrenten im Ökosystem bedingen kann. Somit kann Ökologie als Naturwissenschaft auch unmittelbar die „Bedingungen im Kampf ums Dasein" verständlich machen. Ökologie wird damit zum **Schauplatz der Selektion** und infolgedessen der Evolution.

Aus den beiden Ergänzungen Haeckels lässt sich somit erkennen, dass Ökologie untrennbar mit der **Evolution der Organismen** verbunden ist.

Hintergrundinformation

Hutchinson (1956) hat das Zusammenspiel von Ökologie und Evolution in einer sehr anschaulichen Allegorie dargestellt. Er beschreibt Evolution als ein Theaterstück. Die Bühne entspricht dabei dem Ökosystem, das Bühnenbild der abiotischen Umwelt. Die einzelnen Rollen des Theaterstückes entsprechen den verschiedenen Arten. Die Schauspieler verkörpern in diesem Gleichnis die Individuen der einzelnen Arten. Hier wird deutlich, dass die Individuen einer Art (= Schauspieler) bedingt durch ihre begrenzte Lebensspanne austauschbar sind, während die Art selbst (= Rolle) langfristigen Bestand hat. Das Besondere an den Rollen ist nun, dass sie nicht starr festgeschrieben sind, sondern dass sie sich fortlaufend weiterentwickeln. Wie in einem Fortsetzungsroman verschwinden auch manche Rollen und kommen neue dazu. Diese Weiterentwicklung und Veränderung der Rollen sowie Beendigung und Neuentstehung resultieren aus dem Zusammenspiel der Rollen untereinander und der Abstimmung mit dem „abiotischen" Bühnenbild. Auch das Bühnenbild (= abiotische Umwelt) ist nicht immer gleich, sondern verändert sich infolge von Abnutzung (Erosion) und Neubildung ebenfalls. Dieses Zusammenwirken formt die einzelnen Arten (= Rollen) und stellt den Selektionsdruck dar, der auf die Arten einwirkt. Die Regie in diesem Theaterstück spielt der Zufall. Er bestimmt die Kombination und Intensität der auf die Arten (= Rollen) einwirkenden Faktorenregime.

Man erkennt im Zusammenwirken der einzelnen Faktoren (Arten untereinander [= Rollenbeziehungen] und Arten mit der abiotischen Umwelt [= Rollen und Bühnenbild]) die ökologischen Wechselwirkungen im Gesamtsystem, das dem Ökosystem (= Bühne) entspricht, und dass der Selektionsdruck aus diesen Wechselwirkungen resultiert.

Damit sind **ökologische Beziehungen** (= „die Ökologie") die **Grundbausteine der Evolution**, und die Evolution ist langfristig die Konsequenz aus der Auseinandersetzung mit vielen kurzfristigen ökologischen Szenarien (= Momentaufnahmen des Theaterstücks, Szenenbilder). Man könnte auch sagen: Evolution ist der Spielfilm, wobei in jedem Einzelbild der Filmrolle die Ökologie verkörpert ist.

Als **Fazit** bleibt festzuhalten: **Evolution und Ökologie sind nicht voneinander trennbar, sie bilden ein Kontinuum**; oder im Sinne von Hutchinson ausgedrückt: **Ökologie untersucht das Schauspiel der Evolution**.

Zusammenfassend lässt sich also Ökologie als die Wissenschaft der **Wechselwirkungen zwischen den Organismen und deren abiotischer Umwelt** definieren. Hierzu ist es nötig, die Umwelt des Organismus und diesen selbst messend zu erfassen und zu analysieren. In den folgenden zwei Abschnitten werden wir dies näher ausführen.

Zuvor wird jedoch noch auf eine begriffliche Vermengung zwischen „Umwelt" und „Umgebung" hingewiesen, die zu vermeiden ist. Es gelten die Definitionen:

- **Umwelt** ist bezogen auf den Organismus durch Ursache-Wirkungs-Beziehungen bestimmt und daher für diesen von existenzieller Bedeutung und für dessen Lebensweise relevant.
- **Umgebung** ist nur durch räumliche Nähe zum Organismus bestimmt, die ausschließlich aus der Perspektive des menschlichen Beobachters resultiert.

2 Der Standort als kleinste ökologische Einheit

Ein **Ökosystem** ist definiert als ein Ausschnitt aus der Biosphäre und stellt ein multifaktorielles (und multiorganismisches) Beziehungsgefüge mit in sich teilweise geschlossenen Stoffflüssen dar, die durch einen nicht reversiblen Energiefluss durch das Gefüge angetrieben werden. Nach dieser Definition kann man auch den gesamten Erdball als *ein globales Ökosystem* auffassen. Folgende Feststellungen sind aber noch wichtig:

- Ökosysteme haben immer eine räumliche Verortung, sind jedoch räumlich nicht präzise abgrenzbar.
- Ursache hierfür ist, dass Ökosysteme offene Systeme sind – sie stehen im Stoff- und Energieaustausch mit der Umwelt (anderen Ökosystemen), was bedingt, dass die internen Stoffflüsse nur teilweise in sich zu Kreisläufen geschlossen sind.
- Ökosysteme sind begrenzt zur Selbstregulation befähigt und gehorchen hierbei der Thermodynamik mit ihren drei Hauptsätzen. Wichtig ist, dass die Energieflüsse durch Ökosysteme stets die Entropie „im gesamten Universum" vergrößern müssen, was durch Wärmefreisetzung erfolgt. Jedoch können nur andere Energieformen als Wärme zur biologischen Arbeitsleistung und lokalen Verringerung der Entropie im Ökosystem genutzt werden. Die Wärmefreisetzung zur Entropievergrößerung insgesamt bedingt somit, dass die Energieflüsse durch das Ökosystem irreversibel sind – und damit im Ökosystem keine geschlossenen Kreisläufe bilden können. Andernfalls läge ein Perpetuum mobile vor.

Die Definition auf den Punkt gebracht:

► Ökosysteme sind Beziehungsgeflechte zwischen Organismen und ihrer abiotischen und biotischen Umwelt auf begrenztem (aber nicht präzise abgrenzbarem) Raum, die als offene Systeme mit der Außenwelt Stoff- und Energieflüsse austauschen und zur Selbstregulation befähigt sind.

Ökosysteme kann man in funktionelle Untereinheiten aufteilen (*compartments*, z. B. Bodenbereich oder Organismengruppen) und sie lassen sich in Ausprägungen als z. B. Wald, Wiese, Wüste oder Meer voneinander unterscheiden. Solche Einteilungen und Abgrenzungen können je nach Fragestellung von Forschungsprojekten nützlich sein, sind aber willkürlich, da Ökosysteme oft gleitend ineinander übergehen und zudem äußerst vielgestaltig sind. Zum Beispiel können Waldökosysteme als boreale Fichtenwälder oder tropische Regenwälder auftreten.

Vielfach ist es nützlich, den **Lebensraum einer Pflanze**, in dem sie mit anderen Organismen zusammenlebt, zu erfassen und gegen Lebensräume anderer Arten abzugrenzen. Solche Lebensräume sind kleinere und daher überschaubarere Untereinheiten von Ökosystemen. Man bezeichnet den *Lebensraum einer Organismengemeinschaft* als **Biotop**. Ein solcher Biotop kann z. B. eine Hecke, ein Kahlschlag, ein Tümpel oder eine Salzwiese sein. Man sollte einen Biotop allerdings nicht mit einem Standort gleichsetzen (s. u.), wie dies verschiedentlich gemacht wird, denn *ein Biotop besteht in der Regel aus einer Vielzahl von Standorten.*

Dies lässt sich an einigen Beispielen verdeutlichen. Ein Feuchtbiotop ist kein einheitliches Gefüge, sondern umfasst offenes Wasser, Verlandungszonen, staunasse Bereiche, bis hin zu trockenen Zonen. Er ist durch mindestens einen Gradienten geprägt, entlang dem es viele verschiedene Standorte gibt.

Ähnlich ist der Biotop Salzwiese als Teil des Ökosystems Wattenmeer zu beurteilen. Auch auf einer Salzwiese gibt es vom offenen Meer bis zum Deichfuß deutliche Gradienten, deren augenfälligster der abnehmende Salzgehalt im Boden ist. Das bedeutet, dass es im Biotop Salzwiese viele verschiedene Standorte gibt. Betrachten wir *Salicornia europaea*, so steht diese Art als Erstbesiedler des Wattbodens auf regelmäßig überfluteten, offenen Stellen genauso wie in Flächen, auf denen andere Salzwiesenarten dominieren und die nur gelegentlich überflutet werden. Im Biotop Salzwiese kann *Salicornia* also sehr unterschiedliche Standorte besiedeln.

Damit sind wir auf der ökologisch kleinsten Betrachtungsebene, der des **Standorts**, angelangt. Dieser ist ein räumlich eng begrenzter Bereich, in dessen Zentrum – im Kontext dieses Lehrbuchs – die Pflanze steht. Er ist in der Pflanzenökologie aufgrund der pflanzlichen Ortsgebundenheit gut definierbar und als *kleinste ökologische Einheit* erkennbar.

Die Untersuchung der Wechselbeziehungen zwischen der Pflanze und allen abiotischen und biotischen Faktoren des Standortes ist das Hauptanliegen der experimentellen Pflanzenökologie und Ökophysiologie. Wegen der Bedeutung des Standortes für experimentelles ökologisches Arbeiten müssen wir uns näher mit dem Begriff „Standort" beschäftigen.

Der Standort besitzt als wichtigste Merkmale eine *räumliche und zeitliche Ausdehnung* sowie eine *stoffliche Komponente*. Für die messende Erfassung genügt daher nicht eine Momentaufnahme im Sinne eines Schnappschusses, denn dynamische Abläufe lassen sich nicht mit den Mitteln statischer Betrachtung darstellen. Die richtige Beschreibung eines Standortes ist eher mit einem Film zu vergleichen. Anzahl und Verteilung von Beobachtungszeiträumen im Jahresverlauf und über die Jahre hin entscheiden darüber, wie umfassend unser Wissen über den Standort wird.

Die Schwierigkeit, einen Standort zu beschreiben, liegt in der Tatsache, dass er sich genau wie ein Ökosystem und ein Biotop immer in einem offenen Fließgleichgewicht (*Pseudo-Steady-State*) der Stoff- und Energieflüsse und nie in einem statischen, geschlossenen Gleichgewicht (*Steady-State*) befindet. Die Variabilität langer Beobachtungszeiträume wird einen Standort als zeitlich „instabil" erscheinen lassen, obwohl er durchaus ökologisch stabil ist. Es kann daher mitunter zweckmäßig sein, „ausreichend kurze" Beobachtungszeiträume zu wählen, die quasi-stationäre Zustände liefern, die aber trotzdem für ein streng umrissenes Zeitraster standortgültige Aussagen erlauben. Es wird im Wesentlichen von der Fragestellung des Beobachters (oder Experimentators) abhängen, welches Vorgehen das geeignete ist.

Unter Berücksichtigung der zeitlichen, räumlichen und stofflichen Komponente lässt sich der Standort in einem Schaubild darstellen (Abb. 1). Er besteht im Wesentlichen aus drei Teilen:

- der Summe aller abiotischen Faktoren,
- der Pflanze selbst mit ihren Strukturen und Funktionen sowie
- einer Vielzahl biotischer Faktoren und ihrer Interaktionen.

Zwischen allen aufgeführten Faktoren gibt es mannigfaltige Abhängigkeiten und Wechselwirkungen, die nur begrenzt in einem Schema eingezeichnet werden können. Angedeutet in Abb. 1 sind weitere biotische Faktoren (andere Pflanzen, Tiere und Mikroben sowie der Mensch), die in unterschiedlicher Weise auf das unmittelbare biotisch-abiotische Umfeld der Pflanze einwirken. Wir werden uns in diesem Buch ausschließlich mit den unmittelbar auf die Einzelpflanze wirkenden abiotischen Faktoren beschäftigen, dürfen dabei aber nicht vergessen, dass die Pflanze die abiotischen Faktoren ihres Standorts ganz wesentlich mitprägt (in Abb. 1 haben wir dies durch Doppelpfeile zum Ausdruck gebracht). Durch Ausscheidungen der Wurzeln wird die Bodenstruktur verändert, durch Beschattung werden die Strahlungs- und Temperaturverhältnisse beeinflusst, durch Transpiration wird die Wasserverfügbarkeit im Boden vermindert und die Temperatur herabgesetzt, um nur drei Beispiele zu nennen.

Interaktionen, wie sie zwischen Strahlung und Temperatur, Wind und Temperatur oder Temperatur und Transpiration bestehen, werden wir in den nachfolgenden

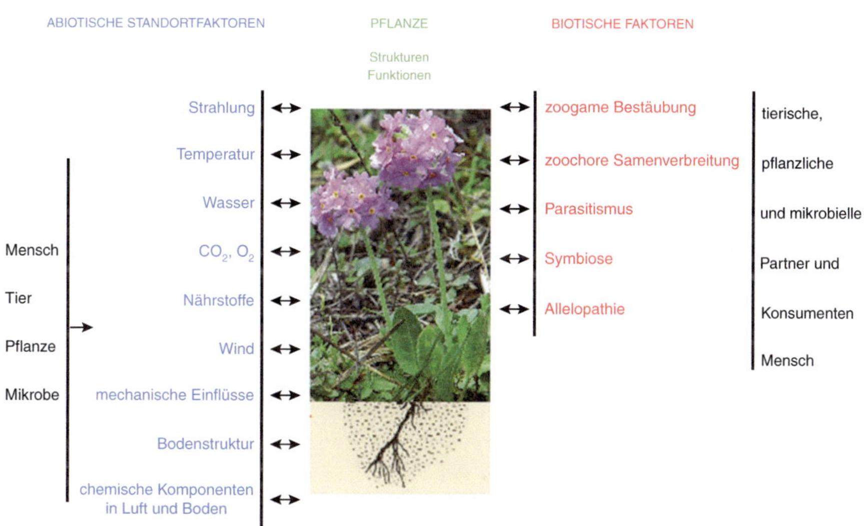

Abb. 1 Der Standort als kleinste ökologische Einheit. Dieses Schema versucht, die zahlreichen Wechselwirkungen zwischen dem Organismus und seiner Umwelt darzustellen. Im Zentrum des Standortes steht die Pflanze mit ihren Strukturen und Funktionen und damit ihrem Potenzial an Antworten (Reaktionen). Auf der linken Seite sind die abiotischen Faktoren des Standortes aufgelistet, die auf die Pflanze wirken, aber auch von ihr mitgeprägt werden. Die abiotischen Faktoren werden in mannigfaltiger Weise aufgrund der Aktivitäten von Mensch, Tier und Mikrobe verändert. Auf der rechten Seite sind die biotischen Faktoren aufgelistet, die die Pflanze am Standort positiv oder negativ beeinflussen können. (Quelle: eigene Darstellung)

Kapiteln ausführlich behandeln und so zum mechanistischen Verständnis des Standortes beitragen. Zu den drei Teilbereichen der Abb. 1 soll an dieser Stelle nur eine kurze Erläuterung gegeben werden.

2.1 Die abiotischen Faktoren

Die Gesamtheit der abiotischen Faktoren lässt sich in zwei Gruppen, die meteorologischen und die edaphischen (= bodenbezogenen), einteilen.

Als Erstes seien die **meteorologischen Faktoren** Strahlung, Temperatur, Niederschlag, Luftfeuchte und Wind genannt, die in ihrer Gesamtheit über die Zeit betrachtet das Mikroklima des Standortes darstellen.

Es ist nötig, den Unterschied zwischen Großklima (**Makroklima**) und **Mikroklima** aufzuzeigen und beide Begriffe klar zu trennen. Das Klima unserer Erde lässt sich großräumig in Klimazonen einteilen. Dies wird in den Benennungen wie tropisches Sommerregenklima, subtropisches Wüstenklima, Winterregenklima, gemäßigtes Klima mit kurzer kalter Jahreszeit, um nur einige aufzuführen, deutlich. Innerhalb einer solchen Zone, die sich von anderen Zonen aufgrund ihres über einen weiten Zeitraum einheitlichen Makroklimas unterscheidet, ändert sich das Klima erneut deutlich in Anhängigkeit von Relief und Exposition. Dies bedeutet, dass sich Süd- und Nordhang oder Ost- und Westhang eines Berges in klimatischer Hinsicht beträchtlich voneinander unterscheiden. Ein solitärer Felsen eines südexponierten Hanges wird auf seiner Süd- bzw. Nordseite ebenfalls ein unterschiedliches Klima haben, das man wegen seiner kleinräumigen Gültigkeit als Mikroklima bezeichnet. Da es sich bei Nord- und Südseite eines Felsens um zwei voneinander verschiedene Standorte handelt, können wir feststellen:

► Jeder Standort ist durch ein Mikroklima charakterisiert. Das Mikroklima zweier Standorte kann über kurze Distanzen große Änderungen aufweisen.

Die zweite Gruppe abiotischer Faktoren, die einen Standort prägen, sind die **edaphischen** (= den Boden betreffend). Hierzu gehört nicht nur das Substrat, mit dem die Pflanze interagiert, sondern auch die Bodenstruktur, die Nährstoffe und Schadstoffe des Bodens, sein Wassergehalt oder Bodenbewegungen.

In der schematischen Darstellung der Abb. 1 sind bei den abiotischen Standortfaktoren neben dem Mikroklima und dem Boden noch Konkurrenten am Standort (Mensch, Tier, Pflanze und Mikroorganismus) aufgeführt. Dies mag auf den ersten Blick unverständlich erscheinen, denn Mensch, Tier und Mikroorganismus sind natürlich keine abiotischen Faktoren. Gemeint sind die Auswirkungen der Aktivitäten dieser Gruppen auf die abiotischen Standortfaktoren, die dann erst sekundär die Pflanze erreichen. Ein Viehtritt verdichtet den Boden erheblich und verändert damit die Bodeneigenschaften des Standortes ähnlich stark wie etwa eine Mahd das Strahlungs- und Temperaturklima. Ein Stoffeintrag aus landwirtschaftlichen Aktivitäten hat einschneidende Auswirkungen auf das Nährstoffangebot im Boden. Insbesondere der Mensch greift oft erheblich und dauerhaft in das labile Fließgleichgewicht der abiotischen Faktoren eines Standortes ein. Die Analyse der Auswirkungen dieser Veränderungen auf die Organismen des Standortes ist eine wesentliche Aufgabe der experimentellen Ökologie.

Wir werden uns in diesem Buch vor allem auf die Beschreibung der Reaktionen der oberirdischen Pflanzenorgane konzentrieren und daher die Behandlung des Mikroklimas in den Mittelpunkt stellen, die edaphischen Faktoren des Standortes aber weitgehend ausklammern.

2.2 Die biotischen Faktoren

Tierische, pflanzliche und mikrobielle Partner oder Konsumenten wirken in vielfältiger Weise auf die Pflanze an einem Standort ein. Sie können dabei direkt oder indirekt Strukturen und/oder Funktionen verändern. Diese Einflüsse können die Pflanze in ihrer Lebensfähigkeit am Standort fördern, wie dies bei etlichen Mutualismen (wie z. B. Mykorrhizen, Wurzelknöllchen) der Fall ist, oder sie können die Lebensfähigkeit einschränken, wie etwa Konkurrenz, Allelopathie oder Parasitismus. Um gemeinsame Ressourcen konkurrierende Pflanzen limitieren sich gegenseitig. Manchmal kann die Präsenz einer Nachbarart aber förderlich sein (siehe z. B. „hydraulischer Lift"), man spricht dann von Fazilitation. Alle diese Formen des organismischen „Zusammenlebens" stellen „Symbiosen" dar (in der ursprünglichen, nicht wertenden Bedeutung und Definition des Begriffs), die lange Zeit verkürzt mit Mutualismen gleichgesetzt wurden. Unabhängig von den Begrifflichkeiten stellen die biotischen Faktoren sehr enge Wechselbeziehungen oder gar Abhängigkeiten zwischen den Organismen des Standortes dar. Eine Behandlung biotischer Wechselbeziehungen und Funktionsmechanismen läge jedoch außerhalb der hier verfolgten Thematik und ist daher ebenfalls nicht Anliegen dieses Buches.

2.3 Die Pflanze

Wir wollen im Folgenden die Pflanze mit ihren aus der Evolution resultierenden Anpassungen als zentralen Bestandteil des Standortes betrachten.

Höhere Pflanzen gehören der kormophytischen Organisationsstufe an, das heißt, sie haben Wurzel, Spross und Blätter und besitzen somit einen gemeinsamen morphologischen Grundbauplan, ihre **Wuchsform**, die wir mit dem Habitus gleichsetzen können. Daneben besitzen sie ein Muster fundamentaler physiologischer Funktionen. Zwischen Wuchsform und Funktion besteht eine enge, genetisch fixierte Bindung und Abstimmung.

Bei der Eroberung immer neuer Lebensräume sind im Rahmen der Evolution als Antwort auf die jeweiligen Herausforderungen des Standorts Abänderungen und Spezialisationen sowohl der Wuchsform als auch der fundamentalen physiologischen Funktionen aufgetreten und selektioniert worden. In ihrer Gesamtheit und wechselseitigen Abstimmung bilden die veränderten Grundstrukturen und Grundfunktionen die **Lebensform** der Pflanze. Während die Wuchsform die morphologische Kennzeichnung der Pflanze ist, verstehen wir unter der Lebensform die Einheit von Struktur und Funktion als Ergebnis einer unter dem Selektionsdruck der Umwelt abgelaufenen evolutionären Adaptation. Das wohl eindrucksvollste Beispiel dieses Prozesses stellen die C_4-Pflanzen dar, deren besonderer Weg des CO_2 in der Photosynthese in der Kranzanatomie der Blätter strukturell verankert ist. Abb. 2 versucht, die hier gegebenen Definitionen grafisch darzustellen. Man muss sich vergegenwärtigen, dass Funktionen und Prozesse immer an **Strukturen** gebunden sind (ohne Strukturen keine biologischen Prozesse), und Strukturen immer das Ergebnis von **Prozessen** sind.

Wuchsform und Lebensform beschreiben die Struktur und Funktion einer Pflanze zu einem bestimmten Zeitpunkt und sind daher statisch definierte Konzepte. Sie erlauben zwar eine Typologisierung und Klassifizierung und damit auch schon in begrenztem Umfang eine funktionale Beschreibung des Organismus an seinem Standort, zu einer ökophysiologischen Bewertung von Anpassungen fehlt diesen Konzepten aber noch die Einbeziehung der zeitlichen Komponente. Dies wird dadurch erreicht, dass die dynamischen Aspekte der Wechselwirkungen zwischen Standort und Pflanze im Ablauf des gesamten Lebenszyklus der Pflanze zusätzlich berücksichtigt werden. Betrachtet man die Lebensform also vor dem Hintergrund des Lebenszyklus, so führt dies zum Konzept der Strategie oder **Lebensstrategie** (englisch: *life strategy*) der Pflanze (siehe Abb. 2).

Diese Feststellung bedarf jedoch einiger Erläuterungen zur Vermeidung von Missverständnissen. Im alltäglichen Sprachgebrauch bedeutet Strategie, mit einem vorgefassten, wohldurchdachten Plan ein angestrebtes Ziel zu erreichen. Übertragen auf die Evolution könnte der Eindruck entstehen, Pflanzen hätten sich nach einem vorgezeichneten Plan entwickelt, um schließlich bestimmte optimale Anpassungen an einen Standort zu erreichen (was einer nicht zutreffenden teleologischen Betrachtung gleichkäme). Verfolgt man von heute aus die Evolution bestimmter Taxa

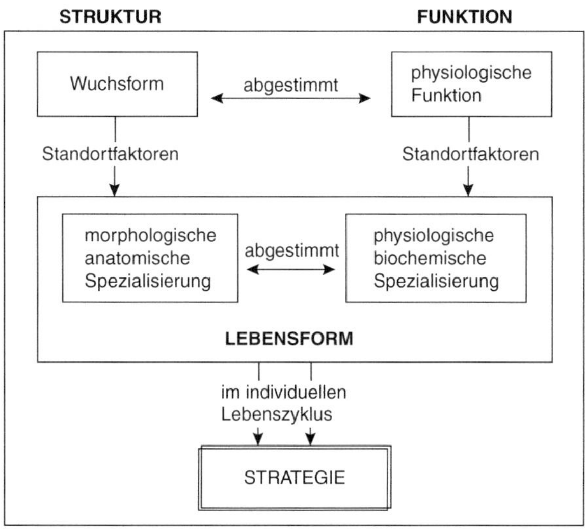

Abb. 2 **Schema zur Definition von Wuchsform, Lebensform und Lebensstrategie** nach von Willert et al. (1992)

retrospektiv über die erdgeschichtlichen Epochen hinweg, so mag tatsächlich der Eindruck entstehen, als hätte die Evolution konsequent ein bestimmtes Ziel verfolgt. Ein solcher „teleologisch" geprägter Eindruck steht jedoch im Widerspruch zu evolutionären Mechanismen.

Tatsächlich ist der Motor der Evolution aber die **Mutationshäufigkeit** und damit eine Abfolge von Zufallsprozessen. Erst die natürliche Auslese gibt über den Kampf ums Dasein (in der Definition von Darwin) das Ergebnis der **Selektion** aus. Dies geschieht aber nicht nach einem vorgefassten Plan, sondern zufällig. Die Pflanzen, die wir heute in einem Lebensraum finden, sind diejenigen, die evolutionsgeschichtlich überlebensfähig und insbesondere fortpflanzungsfähig waren. Wir betrachten also den momentanen Endpunkt einer langen Selektion, der durchaus nicht die bestmögliche Anpassung an einen veränderlichen Lebensraum darstellen muss und schon gar nicht nur eine einzige.

Im Rahmen der Evolution haben sich **Anpassungsmuster** bei Pflanzen als Antwort auf die Anforderungen eines Lebensraumes entwickelt, die nur im Nachhinein eine „zielgerichtete Strategie" suggerieren. Da auch in ein und demselben Lebensraum sehr unterschiedliche Anforderungen bestehen, folgt, dass sich verschiedene Anpassungsmuster oder Strategien nebeneinander herausgebildet haben. Außerdem herrschen in einem Lebensraum weder von Jahr zu Jahr noch in längeren Zeitabschnitten konstante Bedingungen, vielmehr zeigt sich besonders in allen Umweltfaktoren eine starke Variabilität, sodass auch aus diesem Grunde die natürliche Auslese mehrere Strategien für einen Lebensraum selektioniert hat. Wir können dieses Nebeneinander verschiedener Strategien heute sehr deutlich an extremen Standorten erkennen, wo je nach Kombination entscheidender Standortfaktoren Pflanzenarten und Genotypen vorübergehend Vorteile haben und nicht permanent dominieren.

Hintergrundinformation

Eine evolutionäre Strategie besteht aus einer Anzahl von Elementen, die hierarchisch aufgebaut sind. Dabei muss aber ein gleiches Strategieelement in verschiedenen Strategien durchaus nicht immer den gleichen Stellenwert besitzen. Ein eindrucksvolles Beispiel liefert das Strategieelement Crassulaceen-Säurestoffwechsel (CAM), das in ariden Gebieten bei einer Vielzahl von Pflanzen mit unterschiedlichen Strategien vorkommt (von Willert et al. 1992). Bei sukkulenten Ephemeren oder Annuellen besitzt der CAM einen hohen Stellenwert in der Strategie. Er ist in der Lage, Kohlenstoff- und Wasserverluste bei ungünstiger Klimaentwicklung zu minimieren und nach einem Regen die Samen- und Fruchtreife dieser Pflanzen gegenüber Ephemeren und Annuellen ohne diesen besonderen Stoffwechselweg entscheidend zu begünstigen oder überhaupt erst zu ermöglichen. Treten solche Klimabedingungen nicht auf, fällt der Vorteil nicht ins Gewicht und andere Strategien können gleich gut oder erfolgreicher sein.

Besitzt eine Pflanze außer den Strategieelementen Sukkulenz und CAM noch die Elemente ausdauernd (statt ephemer oder annuell) und wechselgrün, so tritt die Bedeutung des CAM in der Strategie dieser Pflanze ganz in den Hintergrund. Hier spielt das Element wechselgrün eine dominierende Rolle, denn die Blätter, selbst die mit dem Kohlenstoff und Wasser sparenden CAM, werden bei einsetzender Trockenheit abgeworfen.

Es ist auch möglich, von einer Strategie auf ihre Elemente zu schließen. Wenn ein Baum in einem ariden Gebiet mit saisonalem Niederschlag einen photoperiodisch gesteuerten Laubaustrieb besitzt, das heißt, auch ohne vorherigen Regen Blätter treibt, dann muss dieser Baum über das

Strategieelement Sukkulenz für Spross und/oder Wurzel verfügen. Hat er dieses Element nicht, kann er nur die Strategie regengrün innerhalb der Lebensform wechselgrüner Bäume besitzen.

Das hier nur kurz vorgestellte Konzept der Strategie kann im Bereich der experimentellen Ökologie und Ökophysiologie bei der Bewertung von Anpassungsmechanismen überaus hilfreich sein, wie wir im nachfolgenden Kapitel noch sehen werden.

Zum Abschluss der ökologischen Charakterisierung des „Standorts" sollen auch noch zwei weitere Begriffe genannt werden, mit denen häufig konzeptionelle Vermengungen erfolgen:

- **Habitat** bezeichnet den Lebensraum des Organismus (= „Wohnort" = Verortung), ohne das faktorielle Beziehungsgefüge zu berücksichtigen.
- **Ökologische Nische** umfasst alle Aspekte der infolge Adaptation entstandenen Lebensweise des Organismus, also die Verortung *und* Funktion im Ökosystem.

3 Arbeitsfelder und Vorgehen experimenteller Ökologie

Blom (1987) hat die Arbeitsfelder der Ökophysiologie und die Vorgehensweise experimentell ökologischer Arbeiten in einem Schaubild dargestellt, das wir modifiziert an dieser Stelle wiedergeben (Abb. 3). Wir können den gesamten Arbeitsablauf in drei Teilbereiche gliedern.

- Der erste Bereich umfasst die **messende Erfassung des Standortes**. Diese überaus wichtigen und häufig entscheidenden „Vorarbeiten" münden in die Formulierung einer Arbeitshypothese, mit der gleichzeitig die Weiterführung der Untersuchungen vorgezeichnet und abgesteckt wird.
- Es folgt der zweite Teilbereich, den wir die **Faktorenanalyse** nennen. Er umfasst Experimente unter Feldbedingungen, aber auch darauf abgestimmte Experimente unter kontrollierten Bedingungen, etwa in Klimakammern, Gewächshäusern oder anderen Modellanlagen. Die Interaktion zwischen „Outdoor-" und „Indoor"-Untersuchungen ermöglicht im Labor das „Aufbrechen" feldtypischer, komplexer Faktorensysteme sowie das Testen von Laborbefunden auf ihre ökologische Gültigkeit im Feld. Auf diese Weise kann die Faktorenanalyse Zug um Zug Arbeitshypothesen experimentell testen und weiter schärfen, bis Anpassungsmechanismen oder Strategieelemente auf ökologisch relevante Weise zutage treten.
- Vor allem der letzte Schritt, und das ist der dritte Teilbereich, befasst sich schwerpunktartig mit der **Überprüfung und ökologischen Bewertung** der Laborerkenntnisse am Feldstandort (sofern „Indoor"-Experimente eingebunden waren). Darüber hinaus gibt es aber Fragestellungen, die ausschließlich im Freiland experimentell bearbeitet werden können.

Wir wollen uns im Folgenden kurz mit den drei Teilbereichen beschäftigen.

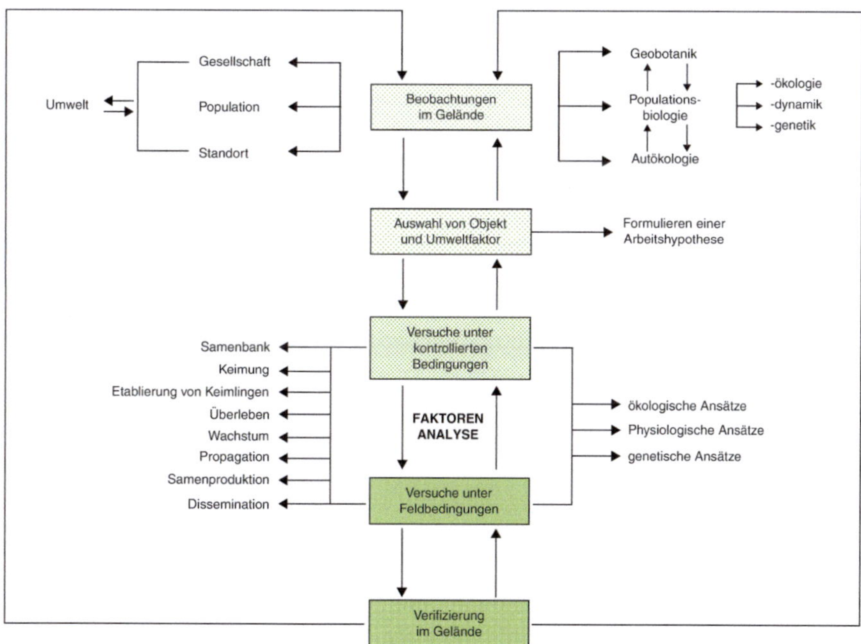

Abb. 3 Schema der Vorgehensweise bei experimentellen ökologischen Arbeiten. Die Darstellung macht die Wechselbeziehungen zwischen den verschiedenen ökologischen Disziplinen und den Methoden experimentell ökologischer Arbeiten deutlich. Die messende Beschreibung im Gelände kann auf der Ebene des Standortes, der Population oder der Gesellschaft erfolgen und bedient sich dann der Methoden der Autökologie, Populationsbiologie oder Geobotanik. Die Faktorenanalyse kann alle Phasen des Lebenszyklus einer Pflanze umfassen und je nach Anliegen und Zielrichtung der Untersuchung ökologische, physiologische oder genetische Aspekte allein oder in verschiedener Kombination behandeln. Die auf- und absteigenden Pfeile in der Mittelreihe sollen verdeutlichen, dass der Ablauf der Arbeiten nicht streng in einer Richtung geht, sondern dass eine ständige Rückkopplung und Überprüfung erfolgen müssen. Schema verändert nach Blom (1987)

3.1 Die physiografische und biologische Erfassung des Standortes

Die oben gegebene Definition von Ökologie als der Wissenschaft, die Wechselwirkungen zwischen den Organismen und ihrer Umgebung beschreibt sowie die Vorstellung des Standorts als kleinster ökologischer Einheit unterstreichen die Notwendigkeit sowohl einer detaillierten Analyse der abiotischen und biotischen Standortbedingungen als auch der pflanzlichen Strukturen und Funktionen. Die Erfassung der abiotischen Faktoren ist eine *messende* Analyse des Standortes und erfordert gute Kenntnisse auf den Gebieten der Klimatologie, Hydrologie, Bodenkunde, physikalischen Chemie und Physik. Wir werden das in diesem Buch verdeutlichen.

In die **biologische Standorterfassung** fallen die Analyse von Lebensumständen, Strukturen und Abläufen unter den *natürlichen* Bedingungen des Standorts. Um der Zufälligkeit von Ergebnissen vorzubeugen, sollten die Beobachtungszeiträume hinreichend lang sein. Zufallsbeobachtungen können zwar für das Erkennen neuer Fragestellungen sehr wichtig sein, sie reichen aber nicht für eine seriöse wissenschaftlich und damit statistisch gesicherte Interpretation aus.

Ob eine Pflanze eine saisonal gesteuerte Keimbereitschaft besitzt, also annuellen Charakter hat, oder grundsätzlich jedes Regenereignis mit einer Keimung beantwortet und damit in die Gruppe der Ephemeren gehört, wird nicht mit einem einmaligen Regenereignis zu beantworten sein. Die Bearbeitung dieser Frage wird auch nur bedingt – wenn überhaupt – in Laborexperimente übertragen werden können. Hier können nur Langzeitbeobachtungen am Standort Antworten liefern.

Anders verhält es sich mit der Abhängigkeit der Keimung von Strahlung und Temperatur. Die Temperatur, insbesondere die Bodentemperatur, kann am natürlichen Standort nicht ohne Weiteres verändert werden, sodass sich derartige Fragestellungen zeitsparender und eindeutiger unter den kontrollierten Bedingungen einer Klimakammer vorklären lassen. Dennoch müssen die erhaltenen Antworten, soweit dies möglich ist, anschließend noch am Standort überprüft werden.

Von entscheidender Bedeutung für die Beurteilung von Reaktionen der Pflanze am Standort ist die Kenntnis der klimatischen Vorgeschichte. Eine photosynthetische CO_2-Aufnahme oder ein „Predawn"-Wasserpotenzial sind ohne Kenntnis dieser Vorgeschichte nicht eindeutig zu interpretieren. Dass hierbei das Mikroklima, also das Klima des Standortes entscheidend ist, und nicht die Aufzeichnungen einer viele Kilometer entfernten Wetterstation, ist offensichtlich.

Jede Messung im Gelände bedeutet einen Eingriff in das faktorielle Gefüge des Standortes. Man muss sich daher stets bemühen, die durch die Messung bedingte Veränderung am Standort so gering wie möglich zu halten. Nur selten wird man sie ganz vermeiden können. Von genereller Bedeutung ist es, das räumliche Gefüge eines Standortes nicht zu verändern. Wenn zur Messung der photosynthetischen CO_2-Aufnahme eines im spitzen Winkel zur Sprossachse stehenden Blattes dieses horizontal in die Gaswechselmesskammer eingebaut wird, dann erhält man zwar CO_2-Aufnahmeraten, diese erlauben aber keine Rückschlüsse auf die CO_2-Aufnahme unter natürlicher Exposition. Fehlermöglichkeiten für die Interpretation sind also mannigfaltig. Es kommt auf die Sorgfalt und Umsicht des Experimentators an und vor allem auf die zu klärende Fragestellung selbst, um Interpretationsfehler zu vermeiden.

Zur biologischen Standorterfassung gehört zwingend die sorgfältige **phänologische Erfassung** der Pflanze in ihrem Jahreszyklus, der zudem insbesondere bei mehrjährigen Pflanzen von der Ontogenie überlagert ist. Die phänologischen Phasen Keimung, Etablierung der Keimlinge, Blütenbildung und Dissemination müssen parallel zu z. B. Photosynthese, Transpiration, Wasserzuständen oder Produktivität erfasst werden, um Fehlinterpretationen auszuschließen. Dies verlangt gute Kenntnisse der Morphologie, Physiologie und Biochemie.

Abb. 3 verdeutlicht, dass die messende Erfassung im Gelände auf Ebenen unterschiedlicher Komplexität und räumlich-zeitlicher Dimension vorgenommen werden kann, das heißt, man kann die Pflanze am Standort betrachten, eine Population analysieren oder eine Pflanzengesellschaft mit ihren verschiedenen Spezies und zahlreichen Wechselwirkungen untersuchen. Je nachdem, welche Ebene man analysiert, erfordert dies die Einbeziehung populationsbiologischer und geobotanischer Methoden. Ziel der Geländebeobachtung sollte aber in jedem Fall die Ableitung und Formulierung einer Arbeitshypothese zu den Wechselbeziehungen zwischen Organismus und Umwelt sein.

3.2 Faktorenanalyse

Am Standort wirken, wie wir gesehen haben, viele Faktoren auf die Pflanze ein. Da aber verschiedene Faktoren untereinander abhängig sind – Strahlung beeinflusst die Temperatur, diese wiederum die Feuchte – ist es sehr schwer, Abhängigkeiten untersuchter Reaktionen der Pflanze eindeutig der Änderung eines bestimmten Faktors zuzuordnen. Es kommt deswegen darauf an, Experimente so durchzuführen, dass *alle* Einflüsse auf die Pflanze konstant gehalten werden und nur *ein* Faktor verändert wird. Diese Arbeiten können am natürlichen Standort nur mit erheblichem Aufwand oder auch gar nicht durchgeführt werden und sind daher besser unter kontrollierbaren und kontrollierten Bedingungen in der Klimakammer oder anderen Modellanlagen vorzunehmen.

Ein Beispiel soll dies veranschaulichen.

Hintergrundinformation

In einem Versuch soll die Abhängigkeit der photosynthetischen CO_2-Aufnahme von der Temperatur im Bereich zwischen 15 und 35 °C bestimmt werden. Für diesen Versuch wird eine Pflanze in eine Klimakammer gestellt und der Zweig in eine Gaswechselmesskammer eingespannt. Klimakammer und Gaswechselmesskammer werden bei gleicher Temperatur gehalten, durch beide strömt Luft mit einer Taupunkttemperatur von 10 °C (das heißt, wird die Luft auf 10 °C abgekühlt, fällt aus ihr Tau aus). Durch Änderung um 5 °C wird in beiden Kammern die Temperatur schrittweise erhöht und die CO_2-Aufnahme gemessen. Die erhaltenen Daten lassen sich in einer Grafik darstellen (Abb. 4a), die deutlich macht, dass die CO_2-Aufnahme mit steigender Temperatur zunächst ansteigt, ein Optimum durchläuft und dann wieder abnimmt. Da die Taupunkttemperatur in diesem Versuch konstant gehalten wurde, ändert sich mit zunehmender Temperatur das Wasserdampfsättigungsdefizit der Luft (VPD), das heißt, die Luft wird nicht nur wärmer, sondern gleichzeitig auch trockener. Wir gehen auf diese Begriffe und ihre Bedeutung in diesem Buch ausführlich ein. Wie sich das VPD mit steigender Temperatur verändert, kann der Tab. 1 entnommen werden. Trägt man nun die CO_2-Aufnahme gegen das VPD auf, so erhält man die entsprechende Abhängigkeit (Abb. 4b), die jener von der Temperatur weitgehend entspricht.

Mit einer solchen Versuchsführung kann daher keine Antwort auf die Temperaturabhängigkeit der CO_2-Aufnahme gegeben werden, da gleichzeitig auch das VPD verändert wurde. Um die Frage der Temperaturabhängigkeit eindeutig zu beantworten, ist es erforderlich, das Wasserdampfsättigungsdefizit der Luft für alle Temperaturen konstant zu halten. Dies erfordert eine Veränderung der Taupunkttemperatur zusammen mit der Änderung der Lufttemperatur. Die Tab. 1 zeigt, wie die Taupunkttemperatur verändert werden muss, um für alle Temperaturen ein konstantes VPD von 1,5 kPa zu erhalten.

Der technische Aufwand für die Durchführung des Versuches zur Bestimmung der Temperaturabhängigkeit der photosynthetischen CO_2-Aufnahme ist groß und kann daher nicht ohne Weiteres im Freiland betrieben werden. Hier erlangt das Laborexperiment seine Bedeutung.

Abb. 3 verdeutlicht, dass Faktorenanalysen alle Phasen des Lebenszyklus einer Pflanze, von der Samenbank im Boden bis hin zur erneuten Samenverbreitung

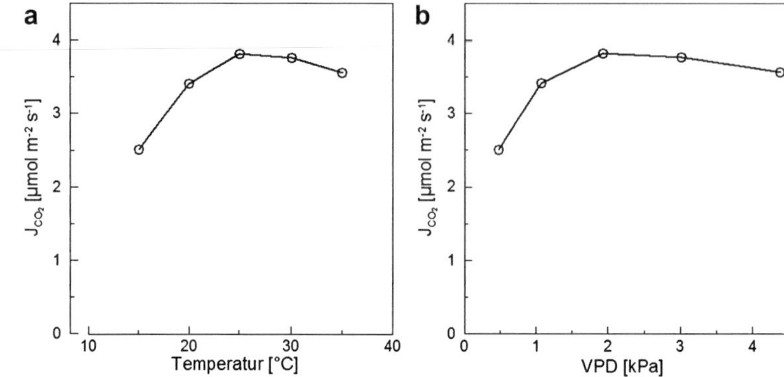

Abb. 4 (a) **Abhängigkeit der photosynthetischen CO_2-Aufnahme von der Temperatur** bei einer konstanten Taupunkttemperatur der Luft von 10 °C. Wird der Taupunkt konstant gehalten, so steigt mit der Temperatur auch das Wasserdampfsättigungsdefizit der Luft (VPD), sodass in diesem Falle zwei Faktoren gleichzeitig verändert werden. Die Kurve gibt daher nur eine scheinbare Abhängigkeit der CO_2-Aufnahme von der Temperatur wieder. Eine echte Temperaturabhängigkeit würde man erhalten, wenn man das VPD konstant halten würde. Dies würde bedeuten, dass für jede Temperatur ein anderer Taupunkt eingestellt werden muss. Tab. 1 gibt an, wie die Taupunkttemperatur mit steigender Lufttemperatur eingestellt werden muss, um ein konstantes VPD von 1,5 kPa zu erhalten. (b) **Abhängigkeit der photosynthetischen CO_2-Aufnahme vom Wasserdampfsättigungsdefizit der Luft**, wenn der Taupunkt 10 °C beträgt und die Lufttemperatur schrittweise von 15 auf 35 °C erhöht wird. Man kann die eben dargestellten CO_2-Daten wegen der doppelten Abhängigkeit auch als Funktion des sich ändernden Wasserdampfsättigungsdefizits der Luft (VPD) darstellen. Soll die wirkliche Abhängigkeit der photosynthetischen CO_2-Aufnahme vom VPD gemessen werden, so müssen die Versuche bei konstanter Temperatur unter Veränderung der Taupunkttemperatur durchgeführt werden. (Quelle: eigene Darstellung)

Tab. 1 Umgebungstemperatur (T_U) und zugehörige Taupunkttemperatur (τ), die ein Wasserdampfsättigungsdefizit der Luft (VPD) von 1,5 kPa ergeben bzw. Umgebungstemperatur und zugehöriges VPD bei konstanter Taupunkttemperatur von 10 °C

T_U	τ	VPD	T_U	τ	VPD
[°C]	[°C]	[kPa]	[°C]	[°C]	[kPa]
15	−14,2	1,5	15	10	0,48
20	4,4	1,5	20	10	1,07
25	14,7	1,5	25	10	1,94
30	22,6	1,5	30	10	3,02
35	29,5	1,5	35	10	4,40

(Dissemination), betreffen können. Je dichter das Netz der Faktorenanalyse geknüpft wird, umso umfassender wird das Verständnis der Wechselwirkungen zwischen der Pflanze und den Umweltbedingungen und damit der Strategie der Pflanze.

Es muss an dieser Stelle hervorgehoben werden, dass in früheren Jahrzehnten, in den Anfängen ökophysiologischer Untersuchungen, viele Zusammenhänge in Ökosystemen richtig verstanden wurden. Infolge fehlender apparativer Voraussetzungen musste dieses Verstehen jedoch oft weitgehend *qualitativ* bleiben. Da heute in zunehmendem Maße quantitative Aussagen gefordert werden und auch möglich geworden sind, muss das qualitative Verstehen mit „harten Zahlen“ belegt werden.

Potenzielle Schadstoffe und das Ausmaß ihrer schädigenden Wirkung auf den Standort müssen *quantitativ* angegeben werden. Nur so können Toleranzen, Pufferkapazitäten und Schwellenwerte gegenüber Schadstoffen angegeben werden. Wir benötigen Zahlen für mathematische Modelle, um komplexe Zusammenhänge in Teilsysteme zu zerlegen und analysieren zu können. Nur auf solidem Datengrund lassen sich Risikoabschätzungen vornehmen. Um potenzielle Anfälligkeiten, Ursachen und das Ausmaß von Schädigungen überhaupt beurteilen zu können, bedarf es der quantitativen Kenntnis von Abläufen und Mechanismen (d. h. Ursache-Wirkungs-Beziehungen, Prozessverständnis) in intakten Systemen. Quantitative Zusammenhänge sind auch in der Pflanzenzüchtung gefragt, um Produktivitätssteigerungen zu erfassen und quantitativ mit pflanzeninternen oder -externen Mechanismen in Beziehung zu setzen. Nur so wird züchterischer Erfolg reproduzierbar.

Je mehr ökologische Kenntnisse in praktische Anwendungen wie z. B. des Forstwesens, der Landwirtschaft und Pflanzenzüchtung einfließen sollen und auch müssen, umso stärker ist die quantitative ökologische Grundlagenforschung gefordert. Für eine solche Anforderung ist es jedoch von unschätzbarem Wert, dass wir bereits auf einer breiten Ausgangsbasis qualitativer Kenntnisse (z. B. für die Formulierung von experimentell zu prüfenden Arbeitshypothesen) aufbauen können.

3.3 Verifizierung

Die Faktorenanalyse hat Schritt für Schritt die wesentlichen Argumente der Arbeitshypothese getestet und Ergebnisse gebracht. Wird durch die Faktorenanalyse die Hypothese erhärtet, kann die untersuchte Fragestellung als nachvollziehbar gelten. Jedoch ist der zu prüfende Mechanismus damit nicht allgemeingültig bestätigt, denn es könnten verschiedene Mechanismen zu gleichen Ergebnissen führen. Daher ist es erkenntnistheoretisch wertvoller, wenn Arbeitshypothesen zu verwerfen sind, denn dann kann der postulierte Mechanismus definitiv ausgeschlossen werden. Damit ist die Anzahl der Möglichkeiten um eine ganz bestimmte eindeutig verringert worden. Das System funktioniert also anders als gedacht, und die Arbeitshypothese kann für den nächsten experimentellen Untersuchungsschritt entsprechend neu geschärft werden.

Hat man durch (wiederholte) Hypothesenprüfung bestimmende Mechanismen des untersuchten Systems erkannt, so muss als letzter Schritt stets die Verifizierung unter Standortbedingungen folgen (was umso entscheidender ist, falls Mechanismen unter Laborbedingungen erarbeitet worden sind). Unterbleibt dieser entscheidende Schritt, sind falsche Schlussfolgerungen vorgezeichnet. Dies lässt sich an einfachen Beispielen verdeutlichen.

Für die Blätter einer Pflanze des subtropischen Winterregengebietes ist ein Optimum der photosynthetischen CO_2-Aufnahme im Temperaturbereich von 35–40 °C ermittelt worden. Hierin könnte bei oberflächlicher Betrachtung eine gute Anpassung an die Bedingungen des Standortes gesehen werden. Eine Überprüfung ergibt jedoch, dass diese Pflanze regengrün ist, das heißt, nur in den Wintermonaten Blätter trägt, und dass während dieser Zeit solch hohe Temperaturen gar nicht auftreten. Oder wenn sie vorkommen, dann ist der Boden schon wieder so trocken, dass die Pflanze infolge ungenügender Wasserversorgung die Stomata nicht öffnet. Die Fähigkeit zur optimalen Photosynthese kann bei diesen Temperaturen also gar nicht genutzt werden. Für eine andere Pflanze, z. B. *Tylecodon paniculatus*, hatte man einen Crassulaceen-Säurestoffwechsel (CAM) in den Blättern gefunden und interpretierte dies als eine Anpassung an die Trockenheit des Standortes. Die fragliche Pflanze ist aber saisonal wechselgrün und wirft ihre Blätter vor Beginn der Dürreperiode ab.

Solche Beispiele lehren, dass eine **Verifizierung am natürlichen Standort** dann besonders wichtig ist, wenn Ergebnisse in Laborversuchen gewonnen wurden. Dies gilt auch für Ergebnisse und Erklärungen von Lebensstrategien, die aufgrund von Laborversuchen überzeugend und einleuchtend erscheinen, wie das Beispiel von *Tylecodon paniculatus* gezeigt hat. Leonardo da Vinci (1452–1519) hat diese Problematik in seinen naturwissenschaftlichen Schriften so formuliert: „*Das Experiment irrt nie, es irren nur eure Vorstellungen, sich von diesem etwas versprechend, was nicht in ihm selbst begründet ruht.*"

Den Vorgang des Verstehens biologischer und ökologischer Mechanismen kann man sich als Prozess einer **iterativen Annäherung** zunächst hypothetischer Modellvorstellungen (mathematische Modelle einschließend) an die ökologische Wirklichkeit denken.

Hintergrundinformation

Man kann sich in die Rolle eines Ingenieurs versetzen, der z. B. die ökologische Anpassung einer Pflanzenart möglichst wirkungsvoll konstruieren soll. Um eine hohe Effizienz der Anpassung zu erzielen, kann er z. B. Prinzipien einer ökonomischen Kosten-Nutzen-Optimierung seinem Konstruktionsplan zugrunde legen und mit ihnen Kohlenstoffgewinn auf Wasserverluste, den Nährstoffbedarf und alles zusammen auf die Standortverhältnisse abstimmen. Der Ingenieur wird auf diese Weise zunächst zu einem detaillierten Wissen über die Eigenheiten und Rahmenbedingungen seiner Konstruktion gelangen. Dieses Wissen muss er nun mit der „realen Welt", das heißt, den Ergebnissen der tatsächlichen ökophysiologischen Untersuchung kritisch vergleichen. Er kann hierzu die Untersuchungsergebnisse erneut mithilfe der bereits verwendeten Kosten-Nutzen-Optimierungsprinzipien analysieren.

Findet er eine weitgehende Übereinstimmung zwischen den Mechanismen seiner gedanklichen Konstruktion und denen der „Wirklichkeit", dann ist das Prinzip der untersuchten Anpassung nachvollziehbar. Allein eine solche wiederholte Nachvollziehbarkeit ist die Voraussetzung für ein tatsächliches Verstehen der Anpassung und, vor allem auch, das Wesen einer Anpassung anderen verständlich erklären zu können.

Findet er jedoch Abweichungen, so wurde das Prinzip der Anpassung nicht verstanden. Die gedankliche Konstruktion und damit die hypothetische Modellvorstellung müssen modifiziert und erneut mit der „Wirklichkeit" verglichen werden. Dieser Vorgang ist so oft zu wiederholen, bis die Modellvorstellung mit der „Wirklichkeit" deckungsgleich ist. Es wird deutlich, dass diese wiederholten Vergleiche uns iterativ dem analytischen Verstehen ökophysiologischer Anpassungen näherbringen.

Diese Betrachtung zeigt aber auch, dass technische und biologische Lösungen des gleichen Problems (d. h. einer konkreten Anpassung) durchaus stark voneinander differieren können. In anderen Worten: Es ist gefährlich, sich bei „magerer Datengrundlage" zu sehr auf den „gesunden

Menschenverstand" zu verlassen, um zu einem gesicherten Verstehen biologischer Prinzipien zu gelangen.

4 „Philosophie" der experimentellen Pflanzenökologie

Im Rahmen dieses Buches lernen wir wichtige abiotische Faktoren eines Standortes und deren biophysikalischen Grundlagen und Gesetzmäßigkeiten kennen, die für die Funktionen und Reaktionsabläufe der oberirdischen Pflanzenorgane von Bedeutung sind. Wir werden darstellen, dass Kenntnisse der Faktoreneigenschaften häufig die Grundlage für Messmethoden bilden, deren Anwendung wiederum die Ökologie der Pflanzen zu charakterisieren helfen (z. B. Wasserdampfphysik → Taupunktspiegel, Strahlungsphysik → Quantumsensor). Aber auch Kenntnisse aus Bereichen der Physik ohne direkten Bezug zur pflanzlichen Ökologie müssen genutzt werden, um Fragestellungen experimentell bearbeiten zu können (z. B. Metalleigenschaften → Thermoelemente, Absorptionseigenschaften → Infrarot-Gasanalysator [IRGA]). Es wird deutlich werden, dass in der experimentellen Ökologie neben einer detaillierten Kenntnis der Strukturen und Funktionen der Untersuchungsobjekte auch physikalische und chemische Grundlagenkenntnisse eminent wichtig sind. Solche Grundlagen sind entscheidend für die richtige Anwendung und Verfeinerung von Messmethoden, aber auch für die Entwicklung neuer Messverfahren. Längst sind noch nicht alle Fragestellungen abschließend bearbeitet (z. B. die direkte Messung der Verteilung der CO_2-Konzentration in den Mesophyll-Interzellularen), und die Beantwortung einer Frage wirft meist etliche neue Fragen auf. Um im angegebenen Beispiel zu bleiben, welchem Mechanismus ist die Regulation der einzelnen Spaltöffnung beim Auftreten stomatärer „Patchiness" unterworfen, wenn sich Teilflächen der Blattspreite durch jeweils sehr verschiedene Spaltöffnungsweiten voneinander unterscheiden?

Die in diesem Buch vorgestellten Methoden gehören zu den heute wichtigsten in der experimentellen Pflanzenökologie, soweit sie Gaswechsel- und Wasserhaushaltsfragen betreffen, und decken weite Anwendungsbereiche ab. Jedoch soll nicht der Eindruck entstehen, die gezeigten Methoden seien vollständig, endgültig und nicht mehr entwicklungsfähig. Ein gutes Beispiel für die Fortentwicklung von Methoden stellt die technische und theoretische „Evolution" der Messung des pflanzlichen Gaswechsels dar. Oft stehen mehrere Messmethoden zur Ermittlung derselben Zielgröße zur Auswahl (z. B. bei der Messung des Wasserdampfes, des Wasserpotenzials oder des Blattgaswechsels). Wie löst man aber das Problem, die geeignete Messmethode auszuwählen?

Eine pauschale, dennoch richtige Antwort lautet, die für die Lösung einer Problemstellung ausreichend genaue Methode einzusetzen. Dem Alltagsbeispiel, dass man beim Kauf eines Teppichbodens das Wohnzimmer nicht mit der Schublehre, sondern ausreichend genau mit einem normalen Zollstock vermisst, wird wohl jeder zustimmen. Entsprechend wird man zur Angabe einer auf 5 % genauen relativen Luftfeuchte mit einem Thermohygrografen arbeiten können, nicht aber Thermometer und Taupunktspiegel mit einer Messauflösung von 0,1 K verwenden müssen.

Vor Beginn einer jeden Untersuchung ist daher zu klären, welche Messgenauigkeit, welcher Messaufwand und welche Kosten einzusetzen sind, um das gestellte Problem eindeutig zu lösen. Nicht zuletzt müssen Forschungskosten in einem angemessenen Verhältnis zu den Ergebnissen stehen.

Lässt sich die **Auswahl der ausreichend genauen Messmethode** auch wissenschaftlich objektiv und quantifizierbar treffen? Eine solche Möglichkeit bietet z. B. das Potenzproduktgesetz der Fehlerfortpflanzung, zurückgehend auf den Mathematiker C. F. Gauß (1777–1855). Es gibt an, wie sich die *Fehler der Messsysteme* $x, y, z, \ldots$ auf das abgeleitete Ergebnis h auswirken, wenn ein funktionaler Zusammenhang $h = k \cdot x^a \cdot y^b \cdot z^c \ldots$ besteht (oder $h = x \cdot y \cdot z \ldots$, falls die Konstanten $k = a = b = c = 1$). Ein Fehler ist in der Statistik definiert als der Quotient $s_x/\overline{x}$, mit s_x als Standardabweichung und $\overline{x}$ als Mittelwert einer Stichprobe x. Der jeweilige Messfehler der Systeme $x, y, z, \ldots$ lässt sich ermitteln, wenn man zunächst jedes der Systeme auf die Reproduzierbarkeit seiner Messung überprüft (also die Messung einer Zielgröße mehrfach wiederholt). Man erhält $s_x/\overline{x}$, $s_y/\overline{y}$, $s_z/\overline{z}, \ldots$ als Fehler der Teilsysteme $x, y, z, \ldots$

Messfehler lassen sich in *systematische* und *zufällige* Fehler unterteilen. Der systematische Fehler ist ein spezifisches immanentes Charakteristikum des Messsystems, bedingt durch fehlerhaften Bau oder falsche Kalibrierung. Die Messabweichung erfolgt tendenziell immer in die gleiche Richtung. Dieser Fehler ist im Prinzip vermeidbar. Dagegen ist der zufällige Fehler nicht vermeidbar, er ist gegeben durch Ablesefehler und die Messauflösung der Apparatur (bei Erreichen der Empfindlichkeitsgrenze). Die Messabweichung folgt keiner Tendenz und schwankt zufällig, kann aber durch mehrfache Wiederholung der Messung reduziert werden.

Das *Fehlerfortpflanzungsgesetz* kombiniert die Fehler der Teilsysteme zum mittleren Fehler des abgeleiteten Ergebnisses h:

$$s_h/\overline{h} = \sqrt{\left[(a \cdot s_x/\overline{x})^2 + \left(b \cdot s_y/\overline{y}\right)^2 + (c \cdot s_z/\overline{z})^2 + \cdots\right]} \tag{1}$$

Man kann die Messfehler der Teilsysteme als prozentuale Abweichung von der jeweils zu messenden Zielgröße ausdrücken. Damit lässt sich die Unschärfe oder der Wahrscheinlichkeitsbereich des abgeleiteten Ergebnisses h ebenfalls als mittlerer prozentualer Fehler bezogen auf h ermitteln:

$$F_h = \sqrt{\left[(F_x)^2 + \left(F_y\right)^2 + (F_z)^2 + \cdots\right]} \tag{2}$$

oder

$$F_h = \sqrt{\sum_{n=1}^{m} (F_n)^2}$$

wobei $(F_n)^2 = (a \cdot s_x/\overline{x})^2$, $\left(b \cdot s_y/\overline{y}\right)^2$ usw. ist.

Wir wollen zunächst fragen, wie ein Fehlerbezug auf den Maximalwert des Messbereiches zu interpretieren ist und dann ein Beispiel für eine Fehlerfortpflanzung berechnen.

Hintergrundinformation

Der Messbereich eines Flussmessers sei 0 – 20 $l \cdot min^{-1}$; der Messfehler, bezogen auf den Vollausschlag, sei 1 % und somit 0,2 $l \cdot min^{-1}$. Die Unschärfe eines jeden Messwertes innerhalb des Messbereiches ist demnach ± 0,1 $l \cdot min^{-1}$ (z. B. 2 ± 0,1 $l \cdot min^{-1}$). Daraus folgt, dass bei der Flussrate 2 $l \cdot min^{-1}$ der relative Fehler 10 % beträgt (0,2 $l \cdot min^{-1}$ entsprechend ± 0,1 $l \cdot min^{-1}$). Man muss sich daher bei einem angegebenen Bezug des Messfehlers auf den gesamten Messbereich bewusst sein, dass die (relative) Genauigkeit eines Messwertes abnimmt, je weiter letzterer unterhalb des Maximalwertes liegt (Definition der Genauigkeit oder Messauflösung beachten!). Die Messwertauflösung von Messgeräten ist meist deren technischen Datenblättern zu entnehmen. Dennoch ist es ratsam, sich nicht blind auf Herstellerangaben zu verlassen, sondern sich durch eigene Überprüfungen ein Urteil über ein Messgerät zu bilden.

Die Fehlerfortpflanzung soll nun für die Ermittlung der Transpirationsrate J_{H_2O} aus der Messung des Blattgaswechsels demonstriert werden. Nach dem ▶ Kap.10, „Physikalische Grundlagen von Transpiration, CO_2-Aufnahme, Gasleitfähigkeiten und deren Bestimmungen" ergibt sich für die Transpirationsrate:

$$J_{H_2O} = \frac{f_e(w_v - w_e)}{A(1 - w_v)}$$

J_{H_2O} leitet sich als Ergebnis aus den Messungen fünf verschiedener Geräte (Teilsysteme) ab, eines Massenflussmessers (Messung von f_e), Blattflächenmessgerätes (A), Wasserdampfanalysators ($w_v - w_e$), Taupunktspiegels und Barometers (w_v).

f_e ist der Massenfluss der Luft in die Gaswechselküvette (ausgegeben in $l \cdot min^{-1}$). Der Messbereich des Flussmessers sei 0 – 20 $l \cdot min^{-1}$, der Messfehler 0,2 $l \cdot min^{-1}$. Bei einer mittleren Flussrate von 10 $l \cdot min^{-1}$ beträgt der Messfehler 2 % des Messwertes.

A bezeichnet die Blattfläche. Der Messfehler bei Ermittlung mit einem elektronischen Blattflächenmessgerät liegt innerhalb 1 cm^2. Bei einer gegebenen Blattfläche von 100 cm^2 beträgt der Fehler somit 1 %.

w_v gibt den Molenbruch des Wasserdampfes in der Luft am Küvetteneingang an, w_e den entsprechenden Molenbruch am Küvettenausgang. Die Differenz wird von einem H_2O-IRGA (= Infrarot-Gasanalysator) in ppm = $\mu mol \cdot mol^{-1}$ ermittelt. Sein Messbereich sei 0–5000 ppm, der Messfehler sei < 100 ppm. Bezogen auf einen Messwert von 2500 ppm, beträgt der Fehler somit 4 %.

Im Faktor $1/(1 - w_v)$ muss w_v als Absolutgröße bekannt sein, wobei $w_v = e/P$ (e = Wasserdampfpartialdruck am Küvettenausgang, P = Luftdruck), e wird durch einen Taupunktspiegel mit der Messauflösung 0,2 °C gemessen. Eine gegebene Taupunkttemperatur von 20 °C entspricht einem Wasserdampfpartialdruck von 2337 Pa, die Unschärfe von 0,2 °C beträgt bei diesem Taupunkt etwa 30 Pa. Damit beläuft sich der Messfehler bei der Taupunkttemperatur 20 °C auf ca. 1 %. Die Messauflösung des Barometers sei 1 kPa. Bei einem Luftdruck P = 100 kPa beträgt der Messfehler 1 %.

Nach Gl. 2 kann zunächst der mittlere Fehler bei der Ermittlung von w_v bestimmt werden:

$$Fw_v = \sqrt{(1^2 + 1^2)} = \pm 1{,}4 \quad [\%]$$

Man kann also für die Ermittlung von w_v eine Genauigkeit von ca. 3 % (± 1,4 %) annehmen. Damit sind für die Ermittlung des Fehlers von J_{H_2O} die Fehler sämtlicher Teilkomponenten bekannt. Wiederum mithilfe von Gl. 2 ergibt sich:

$$F_{J_{H_2O}} = \sqrt{(2^2 + 1^2 + 4^2 + 3^2)} = \sqrt{(4 + 1 + 16 + 9)} = \pm\ 5{,}5 \quad [\%]$$

Somit beträgt der mittlere Fehler (Unschärfe) der gemessenen Transpirationsrate J_{H_2O} ca. 11 % (± 5,5 %), bezogen auf den Wert von J_{H_2O}.

Die Überprüfung der Genauigkeit eines Messverfahrens kann neben einer solchen theoretischen Ermittlung auch durch experimentelle Systemtests erfolgen. Nehmen wir an, ein Piche-Evaporimenter (s. ▶ Kap. 9, „Physik des Wasserdampfes – Luftfeuchte und Wasserdampfgradienten") sei so in eine Gaswechselmessküvette eingedichtet, dass aus der Filterscheibe Wasser in das Küvettenvolumen verdunsten kann. Das Evaporimeter simuliert eine Blatttranspiration. Man kann nun die Verdunstungsrate direkt durch Ablesen der Evaporimeterskala bestimmen und mit der Ermittlung von J_{H_2O} durch das Gaswechselmesssystem vergleichen. Solche Überprüfungen moderner Gaswechselmesssysteme ergeben unter Laborbedingungen typischerweise für J_{H_2O} Abweichungen von 1–5 % bezogen auf die Evaporimeterverdunstung; die Abweichungen betragen ca. 1–10 % bei Messungen im Feld. Es ist also eine gute Übereinstimmung zwischen der praktischen und theoretischen Fehlerermittlung bei der Bestimmung von J_{H_2O} gegeben. Das Beispiel verdeutlicht zugleich die physikalischen Grenzen der gegenwärtig verfügbaren Gaswechselmesstechnik.

Für vertiefte Abhandlungen der Experimentplanung, Fehler- und Ergebnisanalyse sei auf Lehrbücher der Statistik verwiesen, die obigen Ausführungen können im Rahmen dieses Buches nur die allgemeine Problematik der Messwertbeurteilung vermitteln. Jeder Experimentator ist zudem angehalten, neben der Durchführung theoretischer Fehlerbetrachtungen geeignete experimentelle Tests zur Beurteilung von Messgenauigkeiten zu entwickeln. Beide Möglichkeiten bilden eine quantitative Basis für die Auswahl geeigneter, der Problemstellung genügender Messmethoden. Vor allem ist es wichtig zu erkennen, dass jedes Ergebnis nur für eine bestimmte Genauigkeit, einen **Wahrscheinlichkeitsbereich** gilt, das heißt, mit einer gewissen Unschärfe behaftet ist. Ergebnisse sind wissenschaftlich wertlos, wenn ihre Genauigkeit und andere Rahmenbedingungen nicht nachvollziehbar sind. Fehlerbetrachtungen legen außerdem fest, für wie viele Dezimalstellen die Angabe von Ergebnissen sinnvoll ist. Höhere Rechen- als Messgenauigkeiten sind sinnlos und irreführend, da Scheingenauigkeiten vorgetäuscht werden, die messtechnisch nicht gesichert sind.

Hintergrundinformation

Wenn also jede Messung mit einer methodisch bedingten Unschärfe behaftet ist, wo liegt dann der eigentlich wahre und einzig richtige **Messwert**, gibt es ihn überhaupt? Die naturwissenschaftliche Grundlagenforschung kann und wird wohl auch versuchen, die Unschärfe von Messverfahren fortschreitend einzuengen – das Bestreben nach Verbesserung und Neuentwicklung von Methoden und Erweiterung von Kenntnissen sind Eigenschaften wissenschaftlicher Neugier. Mit zunehmender Messauflösung werden Methoden aber häufig zugleich sensibel für Störeinflüsse, ein Problem, das sich oft im sogenannten Hintergrundrauschen von Messungen widerspiegelt. Das interessierende Messsignal kann dann kaum noch aus den von Störquellen verursachten Überlagerungen herausgelöst werden. Die zunehmende Erhöhung der Messgenauigkeit kann mit hohem technischem Aufwand verbunden sein; dennoch erfolgt die Annäherung an den eigentlichen Messwert asymptotisch, das heißt, letzterer bleibt unerreichbar. Je kleiner die verbleibende Restunschärfe wird, umso präziser wird Letztere selbst durch die verfeinerte Messmethode quantifizierbar: Obwohl die Abweichung abnimmt, wird ihre Überwindung immer schwieriger.

Messgenauigkeiten können also gesteigert werden, dennoch bleiben Messwerte mit Unschärfen behaftet. Damit ist die Frage nach dem eigentlichen, wahren Messwert eher philosophischer Natur. Die Erörterung der Unerreichbarkeit des Idealbildes eines Messwertes soll aber nicht den Eindruck erwecken, dass Messungen nicht der Sorgfalt bedürfen. Die Bearbeitung einer jeden Fragestellung, gleichgültig welcher erforderlichen Genauigkeit, muss nach den gleichen Regeln wissenschaftlicher Seriosität erfolgen. Zum Beispiel muss eine Hypothese durch geeignete Methodenwahl bearbeitbar sein, Kontrollpflanzen sind als Bezug für Behandlungen vorzusehen, Artefakte zu vermeiden, Ergebnisse zu reproduzieren und statistisch abzusichern und schließlich so zu interpretieren, dass die Datenbasis nicht verlassen wird. Vielmehr soll noch einmal daran erinnert werden, dass jedes Ergebnis immer zusammen mit seiner Genauigkeit zu beurteilen ist, und dass Genauigkeiten nicht beliebig hoch sein müssen.

Nach der Betrachtung von Messmethoden und Messgenauigkeiten sollen abschließend noch ein paar Gedanken zur *Ökologie der Pflanze* folgen. Eigentlich sollte das heute verfügbare Instrumentarium von Messmethoden ausreichen, die ökologischen Anpassungen von Pflanzen weitestgehend zu erkennen und zu verstehen. Verstehen von Sachverhalten bedeutet, Modellvorstellungen zu entwickeln, aus diesen Hypothesen abzuleiten und Letztere im Experiment zu testen. Wir haben dies in Abschn. 3 (s. o.) ausführlich dargestellt. Im gegebenen Zusammenhang bieten sich mathematische Optimierungsmodelle an, da ökologische Anpassungen als pflanzliche Kosten-Nutzen-Bilanzen vorstellbar sind. Wie zahlen sich veränderte stoffliche Investitionen in pflanzliche Struktur und Funktion als verbesserte Existenzsicherung am Standort aus (etwa durch verbesserte zwischenartliche Konkurrenztüchtigkeit und/oder Toleranz oder Vermeidung von Stress)? Die Frage liegt nahe, ob pflanzliche Reaktionen auf Umweltreize **Optimierungsprinzipien** folgen.

Optimierung darf hier keinesfalls im teleologischen Sinne verstanden werden. Es ist nicht gemeint, dass Pflanzen ihre Entwicklung aktiv so lange modifizieren, bis die für den gegebenen Standort einzig optimale Anpassung resultiert. Gefragt ist, ob Prozesse im pflanzlichen Verhalten oder in Anpassungen so aufeinander abgestimmt sind, dass diese Abstimmung Optimierungsprinzipien der Ökonomie ähnelt. Solche Optimierungen hätten sich somit nicht zielgerichtet, sondern zufällig unter dem Selektionsdruck ergeben. Das Erkennen ihres Vorhandenseins oder auch Fehlens kann helfen, zu einem vertieften Verständnis der Prinzipien pflanzlicher Biologie und Ökologie zu gelangen. Diese Fragen wurden anfangs im Zusammenhang mit der Evolution behandelt.

Tatsächlich können Optimierungsprinzipien im pflanzlichen Verhalten angedeutet sein, etwa in der Abstimmung zwischen Wasserverlust und Kohlenstoffgewinn während Tagesgängen des Blattgaswechsels, oder im Verhältnis zwischen Biomassezuwachs, Nährstoffversorgung und Wasserbedarf der gesamten Pflanze. Dennoch bleibt meist die Bestätigung solcher Optimierungshypothesen auf Teilaspekte der pflanzlichen Existenz und für experimentelle Rahmenbedingungen beschränkt (z. B. auf das Verhalten im Tagesgang, während einer bestimmten Phase in der pflanzlichen

Ontogenie oder bei guter Wasser- und Nährstoffversorgung) – eine Tatsache, der man sich bei der Interpretation „optimalen" pflanzlichen Verhaltens bewusst sein muss.

Betrachtet man die Lebensstrategie der Art als Integral sämtlicher Aspekte ökologischer Anpassung, so nimmt die Überprüfung von Optimierungshypothesen an Komplexität zu. Auf dieser Betrachtungsebene gewinnen langfristig wirksame, nicht immer kalkulierbare, das heißt, episodische Ereignisse wie Frost, Dürre und Feuer an Bedeutung. Zu nennen sind aber auch besondere Fähigkeiten oder Mechanismen der Pflanzen, wie etwa die Austrocknungsfähigkeit der **Auferstehungspflanzen** (*resurrection plants*), der poikilohydren Phanerogamen oder besondere Mechanismen der Samenverbreitung. Muss man so gesehen nicht fragen, ob nicht bereits die heutige Existenz einer Art nach den langen Zeiträumen der Evolution Ausdruck einer optimierten Lebensstrategie ist? Oder beruhen Anpassungen grundsätzlich nicht auf optimierten pflanzlichen Reaktionen gegenüber Umweltreizen, weil unter dem Selektionsdruck gerade die am wenigsten schlechten Lebensstrategien existieren können und auch in unserer Gegenwart die Evolution nicht ihren Endpunkt erreicht hat?

Diese Erörterung will nicht das Für und Wider für das Messen pflanzlichen Verhaltens hinsichtlich Optimierungsprinzipien entscheiden. Vielmehr soll verdeutlicht werden, dass bei Wertungen über „optimales" pflanzliches Verhalten immer auch der Gültigkeitsbereich solcher Aussagen eindeutig festgelegt sein muss. Nichtsdestoweniger kann der Vergleich mit mathematischen Optimierungsprinzipien helfen, unser Verstehen pflanzlicher Reaktionen, vor allem aber unsere verbleibenden Kenntnislücken zu überprüfen. Das Schaffen von gedanklichen und mathematischen Testszenarien für experimentelle Befunde kann das Formulieren weiterführender Fragestellungen erleichtern.

Hintergrundinformation

Ultimative Optimierung kann im Kontext evolutionärer Prozesse grundsätzlich nicht erwartet werden, da sich Umweltbedingungen typischerweise rascher ändern als organismische Anpassungen im strikten Sinne optimiert sein können. Man findet also eher Prinzipien einer sich *via* Selektion optimierenden adaptiven Annäherung an Umweltbedingungen vor (Matyssek et al. 2022).

Die Suche nach Optimierungsprinzipien im pflanzlichen Verhalten wie auch nach dem wahren Messwert zeigt als Beispiel, dass auch Naturwissenschaft über eine philosophische Perspektive verfügen kann, vielleicht sogar verfügen muss. Erst seit der jüngeren Vergangenheit ist das Studium der Naturwissenschaften nicht mehr obligatorisch mit dem der Philosophie verbunden. Ohne eine kritische Distanz zu seiner Arbeit und deren Betrachtung „von höherer Warte aus" ist ein Naturwissenschaftler nicht viel mehr als ein Erfüllungsgehilfe im Anlegen von Datenbanken, oder er verliert sich in den reduktionistischen Details seiner Spezialisierung. Die philosophische Komponente darf sicher nicht die naturwissenschaftliche Betrachtung der pflanzlichen Biologie und Ökologie ersetzen, aber sie kann naturwissenschaftlicher Forschung zu Kreativität und auch Verantwortungsbewusstsein verhelfen. Wissenschaft muss ihrem Wesen nach als ein schöpferischer Prozess der Kenntnismehrung verstanden sein. Nicht der Einsatz moderner Messtechniken, die

Sorgfalt wissenschaftlicher Arbeit oder umfangreiche Fachkenntnisse allein, sondern erst die Kombination mit originellen Fragestellungen zeichnen erfolgreiche Forschung aus.

Literatur

Blom CWPM (1987) Experimental plant ecology as an approach in coastal population biology. In: Huiskes AHL, Blom CWPM, Rozema J (Hrsg) Vegetation between land and sea. Dr. W Junk Publishers, Dordrecht/Boston/Lancaster

Hutchinson GE (1956) The ecological theatre and evolution replay. Yale University Press, New Haven

Matyssek R, Lüttge U, zu Castell W (2022) Evolution of holobiont-like systems: from individual to composed ecological and global units. In: Lüttge U, Risueno M-C, Leuschner C, Pretzsch H (Hrsg) Progress in Botany, Bd 83. Springer, Heidelberg, S 203–248

Willert DJ von, Eller BM, Werger MJA, Brinckmann E, Ihlenfeldt H-D (1992) Life strategies of succulents in deserts. With special reference to the Namib desert, Cambridge studies in ecology. Cambridge University Press, Cambridge

Teil II

Strahlung und Temperatur

Qualitäten, Quantitäten und Gesetzmäßigkeiten der Strahlung

2

Inhalt

Zusammenfassung

Die verschiedenen Strahlungsqualitäten (kurzwellige Global- oder „Solarstrahlung“ vs. langwellig-thermische „Schwarzkörper“-Strahlung oder „Erdstrahlung“), deren Messverfahren und die für Photosynthese und Wärmehaushalt relevanten Gesetzmäßigkeiten sind zentraler Gegenstand dieses Kapitels. Die Behandlung der von Strahlung und Energie vermittelten „Farbtemperatur“ dient zur Vorbereitung der vertiefenden Besprechung der Temperaturmessung mit diversen Thermometertypen und der experimentellen Temperierung (s. Kap. 3, „Wärme und Temperatur – Messung und Temperierung“).

Schlüsselwörter

Albedo · Atmosphärische Gegenstrahlung · Cosinus-Gesetz · Gesamtstrahlung · Globalstrahlung · Himmelslicht · Kurzwellige und langwellige thermische Strahlung · Photoelektrischer Effekt · Photosynthetisch aktive Strahlung · Planck-Gesetz · Pyranometer · Pyrradiometer · Quantumsensor ·

Die Originalversion dieses Kapitels wurde korrigiert. Ein Erratum finden Sie unter https://doi.org/10.1007/978-3-662-67530-4_22

R. Matyssek, W. B. Herppich, *Experimentelle Pflanzenökologie*, Springer Reference Naturwissenschaften, https://doi.org/10.1007/978-3-662-67530-4_5

Schwarze Körper · Solarimeter · Sonnenstrahlung · Stefan-Boltzmann-Gesetz · Strahlungsflussdichte · Strahlungsgesetze · Wien-Gesetz · Wolkenlicht

Strahlung und Temperatur sind zwei Erscheinungsformen von Energie, die nicht voneinander zu trennen sind. Diese Verquickung wird in unserem täglichen Sprachgebrauch deutlich, wenn wir z. B. sagen, in der Sonne ist es wärmer als im Schatten. Wir können uns diese Verknüpfung von Strahlung und Temperatur am Beispiel eines Feuers klar machen: Solange ein Feuer hell lodert, empfinden wir es als sehr heiß. In dem Maße, wie das Feuer zurückgeht, ändert sich seine Farbe über gelb nach rot, bis schließlich alle Farbe erloschen ist. Aber selbst dann spüren wir, dass uns die Asche immer noch wärmt.

Das Beispiel des Feuers lehrt uns zweierlei:

- Mit der Temperatur ändert sich die spektrale Zusammensetzung (Farbe) der Strahlung, die vom Feuer ausgeht.
- Die vom Feuer insgesamt ausgestrahlte Energie hängt mit der Farbe und damit der Temperatur des Feuers zusammen.

Wir werden den physikalischen Hintergrund dieser Erfahrungen im Folgenden klären.

1 Strahlungsgesetze

Strahlung ist eine Form von Energie, die von oszillierenden Elementarteilchen, den Photonen, vermittelt wird und zugleich Eigenschaften elektromagnetischer Wellen besitzt („Welle-Teilchen-Dualismus" als eine – vom Messverfahren abhängige – Erscheinung der Quantenphysik). Jede **elektromagnetische Welle** besitzt eine zeitliche und räumliche Dimension und ist daher durch **Schwingungsfrequenz** und **Wellenlänge** charakterisiert. Elektromagnetische Wellen breiten sich im Vakuum mit der maximalen Geschwindigkeit von $3 \cdot 10^8\ \mathrm{m \cdot s^{-1}}$ (**Lichtgeschwindigkeit**) aus. Frequenz, Wellenlänge und Ausbreitungsgeschwindigkeit stehen über die Gleichung

$$\nu = c/\lambda \tag{1}$$

miteinander in Beziehung.

Die Ausbreitungsgeschwindigkeit c und die Wellenlänge λ ändern sich mit dem Medium, das durchstrahlt wird. Im Vergleich zum Vakuum mindert Luft c um 0,03 %, Wasser gar um 25 %. Die Frequenz der Schwingung aber bleibt in allen Medien konstant. Daher wird zur Charakterisierung von Strahlung häufig deren Frequenz ν (Zyklen $\cdot\ \mathrm{s^{-1}}$ = Hertz) verwendet.

Seit Planck und Einstein wissen wir, dass Strahlung nicht nur als elektromagnetische Welle, sondern auch als **Partikelstrahlung** aufgefasst werden muss (Doppelnatur der Strahlung, s. o.). Nach der Partikeltheorie besteht Strahlung aus diskreten Einheiten, den **Quanten**. Diese besitzen nicht nur einen Energieinhalt, sondern auch Masse und Impuls. Unter Hervorhebung des Teilchencharakters ist daher auch die Definition des **Photons** gegeben. Die Energiebeladung des Photons entspricht daher dem Quant. Das Ausmaß der dem Quant eigenen Energie hängt nur von der Frequenz und damit der Wellenlänge der Strahlung ab und wird durch die Beziehung

$$E_\lambda = \mathrm{h} \cdot \nu = \frac{\mathrm{h} \cdot c}{\lambda} \tag{2}$$

beschrieben, wobei h das Plancksche Wirkungsquant ($6{,}626 \cdot 10^{-34} \cdot \mathrm{J} \cdot \mathrm{s}^{-1}$) und c die Ausbreitungsgeschwindigkeit der Strahlung im Vakuum sind.

Monochromatisches Licht, das heißt, Strahlung einer bestimmten Wellenlänge, ist sowohl durch eine Energieflussdichte mit der Einheit „$\mathrm{J} \cdot \mathrm{m}^{-2} \cdot \mathrm{s}^{-1}$“ als auch durch eine Teilchenflussdichte (= Mengenflussdichte) mit „$\mathrm{mol}_{\mathrm{Photonen}} \cdot \mathrm{m}^{-2} \cdot \mathrm{s}^{-1}$“ charakterisiert. Für die Analyse der Photosynthese sind die „Photoneneinschläge“ im Chlorophyll relevant, deren Energie den photosynthetischen Elektronenfluss der Lichtreaktionen starten. Uns interessiert hierbei weniger die Energie eines Photons als die Energie eines Mols Photonen. Letzteres ist durch die Einbeziehung der Avogadroschen Zahl $\mathrm{N_A}$ ($6{,}022 \cdot 10^{23}$) in Gl. 3

$$\overline{E}_\lambda = \mathrm{N_A} \cdot \mathrm{h} \cdot \nu = \frac{\mathrm{N_A} \cdot \mathrm{h} \cdot c}{\lambda} \tag{3}$$

berücksichtigt, wodurch die Energie der Strahlung als molare Größe dargestellt ist.

Wir erkennen, dass die Energie der Photonen mit steigender Frequenz und somit abnehmender Wellenlänge zunimmt. Dies erklärt die zerstörende Wirkung kurzwelliger Strahlung (UV-Strahlung). Die Energie einer Strahlung von 254 nm im UV-Bereich beträgt nach (Gl. 3) 471 $\mathrm{kJ} \cdot \mathrm{mol}^{-1}$ und reicht damit aus, alle in Tab. 1 aufgelisteten chemischen Bindungen zu brechen, da deren Bindungsenergie kleiner als 471 $\mathrm{kJ} \cdot \mathrm{mol}^{-1}$ ist.

Die Mutagenität kurzwelliger Strahlung liegt also im hohen Energiegehalt der Photonen dieser Strahlung begründet.

Es stellt sich abschließend noch die Frage nach der Distanzabhängigkeit der abgestrahlten Energieflussdichte (E_D) von der Strahlungsquelle. Die Antwort gibt das **Strahlungsabstandsgesetz**, welches besagt, dass E_D umgekehrt proportional zum Quadrat der Distanz zur Strahlungsquelle ist, also durch D^{-2} bestimmt ist (D = Distanz zur Strahlungsquelle). Da die von der Quelle abgestrahlte Strahlung

Tab. 1 Bindungsenergien einer Reihe chemischer Bindungen in kJ mol^{-1} sowie der Energie eines Mols Photonen der Wellenlänge 254 nm. (Daten aus Pitzer 1953)

Bindung	Bindungsenergie [$\mathrm{kJ} \cdot \mathrm{mol}^{-1}$]
O–O	142
C–Cl	327
C–O	330
C–C	337
N–H	386
C–H	411
O–H	458
$\lambda = 254$ nm	471

i. d. R. einen kugelförmigen Raum beschreibt, entspricht D dem Kugelradius r, und die Bezugsfläche der Strahlungsdichte ist gekrümmt, wobei das Krümmungsausmaß bei großem D vernachlässigbar ist. Dies ist z. B. für den Abstand der Erde zur Sonne mit $D = 150 \cdot 10^6$ km gegeben (= 1 astronomische Einheit, AE). Für eine quantitative Betrachtung ist außerdem der Kugelradius der Strahlungsquelle (R_{Quelle}) von Bedeutung. Es gilt, dass das Produkt aus Energieflussdichte und Kugeloberfläche auf der Strahlungsquelle (E_{Quelle} bzw. $4 \cdot \pi \cdot R^2{}_{\text{Quelle}}$) und im Abstand D identisch sein muss (dies fordert der 1. Hauptsatz der Thermodynamik). Mathematisch formuliert ergibt sich also:

$$\mathrm{E_D} \cdot 4 \cdot \pi \cdot D^2 = 4 \cdot \pi \cdot R^2{}_{\text{Quelle}} \cdot E_{\text{Quelle}}$$

oder

$$E_{\mathrm{D}} = R^2{}_{\text{Quelle}} \cdot E_{\text{Quelle}} \cdot D^{-2} \tag{4}$$

wobei D = Abstand zu Strahlungsquelle, E_{D} = Energieflussdichte bei D, sowie $R^2{}_{\text{Quelle}}$ und E_{Quelle} Kugelradius bzw. Energieflussdichte an der Oberfläche der Strahlungsquelle bedeuten. Das erhaltene Strahlungsabstandsgesetz gilt für Strahlungsquellen aller Art (sowie für Schallquellen), einschließlich Versuchsscheinwerfern, LED-Lichtquellen und für die Sonne – oder im weitesten Sinne für alle energieabstrahlenden „schwarzen Körper“ (s. u.).

Hintergrundinformation

Das Strahlungsabstandsgesetz erklärt auch, warum die Erde bei D = 1 AE zur Sonne eine extraterrestrische E_{D} (d. h. oberhalb der Atmosphäre) von 1,3 kW m^{-2} empfängt (s. u. Abb. 2), wohingegen die Venus mit D = 0,72 AE eine um 100 % relativ zur Erde erhöhte Energieflussdichte erhält ($E_{\text{D\_Venus}}$ = 2,6 kW m^{-2}). Hingegen erhält der Mars bei D = 1,5 AE eine verglichen mit der Erde um ca. 50 % reduzierte Energieflussdichte ($E_{\text{D\_Mars}}$ = 0,6 kW m^{-2}).

1.1 Schwarze Körper

Wird ein Körper von Strahlung getroffen, so hängt es von den Eigenschaften des Körpers und seiner Oberfläche ab, ob die Strahlung reflektiert, absorbiert oder transmittiert wird. Das **Absorptionsvermögen** $\boldsymbol{\alpha}$ eines Körpers ist dabei definiert als das Verhältnis zwischen absorbierter und auftreffender Strahlung, das heißt, es kann maximal 1 sein. Erfüllt ein Körper im Bereich des sichtbaren Spektrums die Bedingung $\alpha = 1$, so bezeichnen wir ihn als schwarz (wir nehmen ihn als schwarz wahr, etwa Steinkohle). Dehnen wir die Bedingung $\alpha = 1$ auf alle Wellenlängen der Strahlung aus, so erhalten wir den sogenannten **Schwarzen Körper**, entsprechend der Definition der Physik.

Hintergrundinformation

Da kein Stoff die Bedingung erfüllt, alle Strahlen quantitativ zu absorbieren, stellt die Definition des Schwarzen Körpers eine theoretische Grenzsituation dar. Dennoch kann man sich den Bedingungen eines idealen Schwarzen Körpers annähern, indem man ein Loch in einen Karton schneidet, den man im Inneren noch zusätzlich mit schwarzem Stoff ausgekleidet hat. Das Loch erscheint dann tiefschwarz. Jeder Strahl, der in den Kasten eintritt, wird beim Auftreffen auf die schwarze Innenwandung zu einem erheblichen Anteil absorbiert, und nur ein geringer Teil (z. B. 5 %) dieser Strahlung wird reflektiert. Bei jedem weiteren Reflexionsvorgang werden erneut 95 % absorbiert und nur 5 % reflektiert. Dadurch wird die Intensität des eingetretenen Strahls nach 3 aufeinanderfolgenden Reflexionen bereits auf 0,0125 % der einfallenden Strahlung gemindert. Da ein Strahl aber meist erst nach vielen Reflexionsvorgängen – wenn überhaupt – den Kasten wieder verlassen kann, ist das Absorptionsvermögen dieses Körpers (im Modell hier besser als Hohlkörper zu bezeichnen) praktisch 1. Das Loch dieses (Hohl-)Körpers verhält sich zumindest sehr ähnlich einem Schwarzen Körper. Dass diese Überlegung richtig ist, kann man zeigen, wenn man in mehrere gleichgroße Kästen unterschiedlich große Löcher schneidet. Man stellt dann fest: Je kleiner das Loch ist, also je geringer die Chance für Licht ist, wieder herauszukommen, desto „schwärzer" erscheint das Loch. Wenn man die Fläche um das Loch noch zusätzlich schwärzt, so kann man feststellen, dass das Loch stets „schwärzer" ist als die es umgebende schwarze Fläche, für die eben die Bedingung $\alpha = 1$ nicht erfüllt ist.

Wir haben also ein Modell eines Schwarzen Körpers vor uns, von dem ein Teilbereich (der Hohlraum) die Strahlung maximal absorbiert.

Kirchhoff zeigte, dass das spektrale Absorptionsvermögen eines Körpers gleich seinem spektralen Emissionsvermögen ist – also gleich der Fähigkeit ist, Strahlung auszusenden. Bei gegebener Temperatur ist das Verhältnis des Emissions- zum Absorptionsvermögen von der Art und Beschaffenheit des Körpers unabhängig und nur eine Funktion der Wellenlänge. Das bedeutet aber, dass ein Körper, der maximal Strahlung absorbiert, für gleiches λ und T auch maximal Strahlung emittiert. Aus diesem Grund ist die Strahlung aus der Oberfläche eines idealen Schwarzen Körpers heraus bei gegebener Temperatur für jede Wellenlänge stärker als die entsprechende Strahlung irgendeines anderen Körpers von gleicher Temperatur. Die Strahlung aus der Oberfläche eines Schwarzen Körpers wird als **Schwarzkörperstrahlung** oder kurz schwarze Strahlung bezeichnet (d. h. sie erfolgt im für uns nicht sichtbaren, langwelligen Spektralbereich). Eigentlich alle Stoffe, auch wenn sie für uns aufgrund von Reflexion im sichtbaren Spektralbereich farbig erscheinen, kommen in ihrem Aus- oder Abstrahlungsverhalten jenem idealer Schwarzer Körper sehr nahe. Dies gilt auch z. B. für Schnee!

Vielfach wird schwarze Strahlung gemäß dem oben gegebenen Beispiel des Kartonmodells im Deutschen als **Hohlraumstrahlung** bezeichnet. Der entsprechende Begriff im Englischen lautet *full radiation*.

Das **Emissionsvermögen** ε eines Strahlers ist definiert als das Verhältnis der Emission des Körpers zur Emission eines idealen Schwarzen Körpers bei gleicher Temperatur. Daraus folgt, dass ε für einen idealen Schwarzen Körper selbst gleich 1 ist und für alle anderen Körper kleiner als 1 sein muss.

Körper, die gegenüber einem Schwarzen Körper die Strahlung über den gesamten Spektralbereich nur um einen konstanten Anteil weniger absorbieren oder emittieren, werden als **Graue Körper** bezeichnet. Ein Laubblatt ist ein grauer Strahler mit α und ε von 0,96.

Dass der Bereich maximaler Emission auch der Bereich maximaler Absorption ist, belegt folgendes Beispiel: Wird Natrium in eine Flamme gehalten, so färbt sie sich deutlich gelb. Bei der hohen Temperatur der Flamme (d. h. der hohen Temperatur des entstehenden Natriumdampfs) liefert die emittierte Strahlung des Natriumdampfs eine Doppellinie im gelben Wellenlängenbereich des Strahlungsspektrums. Wird durch die leuchtende Natriumflamme weißes Licht geschickt, so wird bei eben diesen beiden Wellenlängen die Strahlung absorbiert, und in der Spektralanalyse entstehen an dieser Stelle zwei dunkle Banden, die spezifischen Absorptionsbanden des Natriums. Natriumdampf absorbiert jene Wellenlängen weißen Lichtes, die der gelb leuchtende Natriumdampf emittiert. Dies steht mit dem Kirchhoff-Gesetz im Einklang, dass ein Körper die Frequenzen am stärksten emittiert, die er selbst absorbiert.

1.2 Stefan-Boltzmann Gesetz

Jeder Schwarze Körper sendet eine seiner Oberflächentemperatur entsprechende Strahlung aus – die schwarze Strahlung (im für uns nicht sichtbaren, langwelligen Spektralbereich, s. o.). Die Energieflussdichte dieser Strahlung (J_{SK}) ist zur 4. Potenz der Oberflächentemperatur des Schwarzen Körpers proportional, wobei der Proportionalitätsfaktor die **Stefan-Boltzmann-Konstante σ** ist ($\sigma = 5{,}673 \cdot 10^{-8}$ W · m^{-2} · K^{-4}).

$$J_{\mathrm{SK}} = \sigma \cdot T^4 \qquad (5)$$

Da reale Körper typischerweise keine idealen Schwarzen Körper sind, muss das Emissionsvermögen ε des Körpers berücksichtigt werden. In seiner allgemeinen Form lautet die Stefan-Boltzmann-Beziehung dann

$$J_{\mathrm{K}} = \varepsilon \cdot \sigma \cdot T^4 \qquad (6)$$

Für $\varepsilon = 1$ wird J_K zu J_{SK}.

Mithilfe dieser Beziehung kann die Energieflussdichte der emittierten Strahlung eines beliebigen Strahlers bei Kenntnis seiner Oberflächentemperatur berechnet werden.

Wir können die Stefan-Boltzmann-Beziehung verwenden, um die Strahlungsflussdichte der Sonne für eine Oberflächentemperatur T_{Sonne} von 6000 K und eines Blattes bei 27 °C ($T_{\mathrm{B}} = 300$ K) zu berechnen, wobei wir beide Körper wie Schwarze Körper mit $\varepsilon = 1$ behandeln wollen.

$$J_{\mathrm{Sonne}} = 5{,}673 \cdot 10^{-8}\ \mathrm{W} \cdot \mathrm{m}^{-2} \cdot \mathrm{K}^{-4} \cdot (6000\mathrm{K})^4 = 7{,}35 \cdot 10^7\ \mathrm{W} \cdot \mathrm{m}^{-2}$$
$$J_{\mathrm{Blatt}} = 5{,}673 \cdot 10^{-8}\ \mathrm{W} \cdot \mathrm{m}^{-2} \cdot \mathrm{K}^{-4} \cdot (300\ \mathrm{K})^4 = 460\ \mathrm{W} \cdot \mathrm{m}^{-2}$$

Die Stefan-Boltzmann-Beziehung sagt zwar etwas über die gesamte Energieflussdichte der Strahlung aus, sie erlaubt aber keine Angaben über die spektrale Verteilung und über die Wellenlänge des Maximums der Strahlung.

Wien fand 1893 heraus, dass die Wellenlänge mit höchster Strahlenflussdichte eines Schwarzen Körpers zur absoluten Oberflächentemperatur des Körpers umgekehrt proportional ist. Diese als **Wien-Verschiebungsgesetz** (oder kurz „*Wiensches Gesetz*") bekannte Beziehung

$$\begin{aligned} \lambda_{\max} \cdot T &= \text{const} \\ &= 289{,}7 \cdot 10^{-5}\,\text{m} \cdot \text{K} \end{aligned} \tag{7}$$

erlaubt die Berechnung der Wellenlänge maximaler Energieflussdichte.

Hintergrundinformation

Verfolgen wir unser Beispiel von der Sonne und dem Blatt weiter, so lassen sich die Wellenlängen der maximalen Energieflussdichte der von der Sonne und vom Laubblatt abgegebenen Strahlung wie folgt berechnen:

$$\lambda_{\max}(\text{Sonne}) = \frac{289{,}7 \cdot 10^{-5}\,\text{m} \cdot \text{K}}{6000\ \text{K}} = 483\ \text{nm}$$

$$\lambda_{\max}(\text{Blatt}) = \frac{289{,}7 \cdot 10^{-5}\,\text{m} \cdot \text{K}}{300\ \text{K}} = 9{,}6\ \mu\text{m}$$

Die Wellenlänge maximaler Energieflussdichte der Sonnenstrahlung liegt im sichtbaren Wellenlängenbereich des Strahlungsspektrums bei ungefähr 480 nm. Grund hierfür ist die hohe Oberflächentemperatur der Sonne, sodass die emittierte Schwarzkörperstrahlung ebenfalls sehr hoch ist. Daher erfolgt das Maximum der Abstrahlung bei einer energiereichen kurzen Wellenlänge in jenem Spektralbereich, der für uns sichtbar (= farbig) ist. Entsprechend ist die „Farbtemperatur" der Sonne 6000 K, was für uns also eine Lichtqualität definiert. Entsprechende Angaben findet man auf Leuchtmitteln oder für den „Weißabgleich" Ihrer Digitalkamera (früher auch auf analogen Farbfilmen).

Im „irdischen" niedrigen Temperaturbereich des Blattes liegt für dessen Schwarzkörperstrahlung das Maximum der Abstrahlung bei einer entsprechend energiearmen, langen Wellenlänge von knapp 10.000 nm = 10 µm. Diese Wellenlänge ist für uns nicht sichtbar (entsprechend spiegelt die Farbtemperatur von 300 K den nicht sichtbaren Bereich des Spektralbereichs wider).

Unter Zuhilfenahme des Planckschen Strahlungsgesetzes, auf das wir hier nicht näher eingehen wollen, kann man die Energieverteilung eines Schwarzen Körpers in Abhängigkeit von der Wellenlänge exakt berechnen und darstellen. Führt man solche Berechnungen für einen Schwarzen Körper mit der Temperatur der Sonne bzw. der Erde durch, so erhält man eine spektrale Verteilung der emittierten Strahlung wie in Abb. 1.

Wir erkennen aus Abb. 1, dass sich die Spektralbereiche der Sonnenstrahlung und der Erdstrahlung wenig überlappen, eher tangieren. Daher wird die Sonnenstrahlung, die im Wesentlichen im Bereich 0,2 bis ca. (maximal) 5 µm liegt, als **kurzwellige Strahlung** bezeichnet und von der **Erdstrahlung** oder **langwelligen thermischen Strahlung** mit Wellenlängen $\geq$ 3–5 µm unterschieden. Der Übergang zur langwelligen thermischen Strahlung vollzieht sich somit im Bereich von 3–5 µm.

Nachdem wir die Doppelnatur der Strahlung behandelt haben, erscheint es notwendig, auf den Unterschied zwischen der Energie einer Strahlung, wie sie nach Stefan-Boltzmann berechnet werden kann, und der Energie eines Photons kurz einzugehen. Hierbei hilft uns das Phänomen des **photoelektrischen Effekts**, der die physikalische Grundlage einer Photozelle bildet, mit der man den Teilchencharakter des Lichts darstellen kann.

Unter dem photoelektrischen Effekt versteht man das Freisetzen von Elektronen aus metallischen Oberflächen, wenn diese von kurzwelliger Strahlung getroffen werden (mit entsprechend energiereichen Photonen kollidieren). Die genaue Analyse zeigte, dass der photoelektrische Effekt bei allen Wellenlängen auftritt, die kleiner sind als eine für das betreffende Metall charakteristische Wellenlänge, die **Grenzwellenlänge**. Das bedeutet, nicht die Gesamtenergie der Strahlung ist entscheidend, sondern die Energie bestimmter Wellenlängen und entsprechender Photonen. Diese Energie muss hoch genug (d. h. die Wellenlänge kurz genug) sein, um das Elektron aus dem Metall herauszulösen. Die Grenzwellenlänge ist damit von der *Austrittsarbeit* abhängig. Da diese für Alkalimetalle sehr klein ist, vermag ein Photon der Wellenlänge 683 nm oder kleiner den photoelektrischen Effekt bei Natrium auszulösen. Bei Wellenlängen, die über der Grenzwellenlänge liegen, werden keine Elektronen aus der

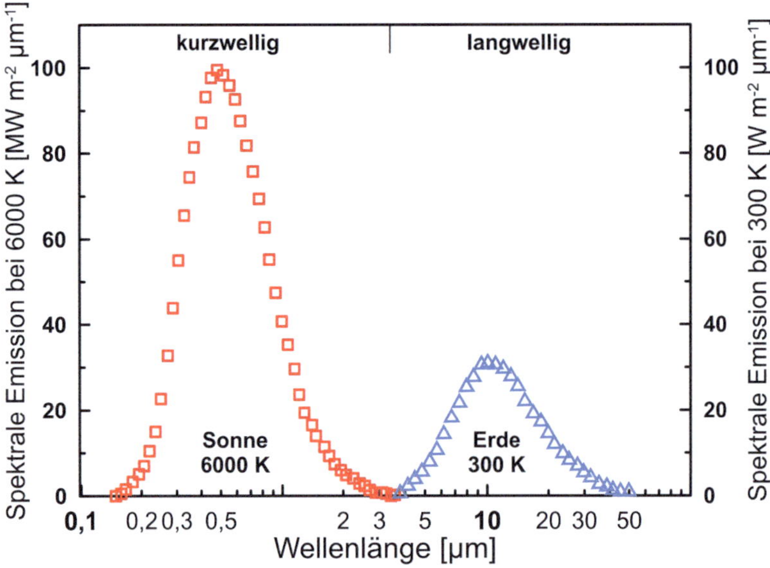

Abb. 1 **Spektrale Verteilung der Strahlung eines Schwarzen Körpers** mit einer Oberflächentemperatur von 6000 K (= Sonne) und eines Schwarzen Körpers mit der Oberflächentemperatur 300 K (= Erde), in Abhängigkeit von der Wellenlänge. Man beachte die unterschiedliche Dimension der beiden y-Achsen, die jeweils für Sonne bzw. Erde (Blattbeispiel) gelten (Sonne 'MW', Erde 'W'). (Verändert nach Gates 1980)

bestrahlten Metalloberfläche herausgeschlagen, völlig unabhängig davon, wie viel Energie des eingestrahlten Lichtes insgesamt von ihr absorbiert wird.

Diese Betrachtung hat eine ganz besondere Bedeutung für uns, da alle photochemischen Prozesse bei Pflanzen, wie z. B. die Photosynthese, nach dem Prinzip des photoelektrischen Effektes ablaufen: Der Prozess der Photosynthese wird durch „Herausschlagen" von Elektronen aus bestimmten Chlorophyllmolekülen nach Photonenkollision in Gang gesetzt (s. o.). In Pflanzen bestimmt das Absorptionsspektrum des Photorezeptors (= Chlorophyll) die Wellenlänge der Reaktion und damit der effektiven Strahlung. Dieser Sachverhalt bestätigt die oben getroffene Feststellung, dass nicht die Energie der Strahlung, sondern ihre Quantenverteilung auf Photonen unterschiedlicher Wellenlängen für den Ablauf einer photochemischen Reaktion entscheidend ist. Nach den Eigenschaften des Photorezeptors richtet sich auch die Qualität des sogenannten Sicherheitslichtes bei Versuchen zum Phototropismus, zur Photosynthese und anderer Photoprozesse (meist „grün" wie im Beispiel der ► Abb. 24 im Kap. 17, „Methoden der Wasserzustandsmessung – Kompensationsmethoden, Psychrometrie und Zelldrucksonde").

2 Sonnenstrahlung

Wir sahen schon in Abb. 1 die ungefähre spektrale Verteilung der von der Sonne emittierten kurzwelligen Strahlung oder Sonnenstrahlung. Wir müssen uns nun näher mit der Sonnenstrahlung beschäftigen und insbesondere die Strahlungsflüsse charakterisieren, die auf ein horizontal orientiertes Blatt auftreffen.

Die **Strahlungsflussdichte** (englisch: *radiant flux density*) der Sonne, die auf die äußere Atmosphäre der Erde trifft, wird **Solarkonstante** genannt. Sie beträgt gegenwärtig, da mit dem Alter der Sonne zunehmend, ca. 1360 $W \cdot m^{-2}$. Das Spektrum der Sonnenstrahlung oberhalb der äußeren Atmosphäre besitzt eine charakteristische Wellenlängenverteilung, die beim Strahlungsdurchgang durch die Atmosphäre modifiziert wird (Abb. 2). Die Strahlungsabsorption der Atmosphäre reduziert die extraterrestrische Strahlungsflussdichte auf 935 $W \cdot m^{-2}$ an der Erdoberfläche (bei NN = 0 m).

Dennoch tritt eine hohe Einstrahlung auch in Bodennähe bei vergleichsweise niedrigen Wellenlängen auf, die sowohl die Spanne der **„photosynthetisch aktiven Strahlung"** (= radiation, **PAR**; 400–700 nm; Abb. 2) als auch des für den Menschen sichtbaren Lichts (380–780 nm) abdecken. Für die Unterstützung physiologischer Prozesse bietet dieser Spektralbereich den Vorteil hoher Energieverfügbarkeit ohne „Ausblendung" bestimmter Wellenlängen in Bodennähe, also anders als oberhalb des PAR-Bereichs. Spektrale Einschnitte (etwa $>$ 800 nm) entstehen infolge **Absorption** und **Streuung** der Strahlung in der Atmosphäre, wodurch die Strahlungsflussdichte erheblich gemindert und teilweise ausgelöscht wird. Für die Strahlungslöschung ist vornehmlich die Absorption durch Wasserdampf, Kohlendioxid und Ozon bei spezifischen Wellenlängen verantwortlich.

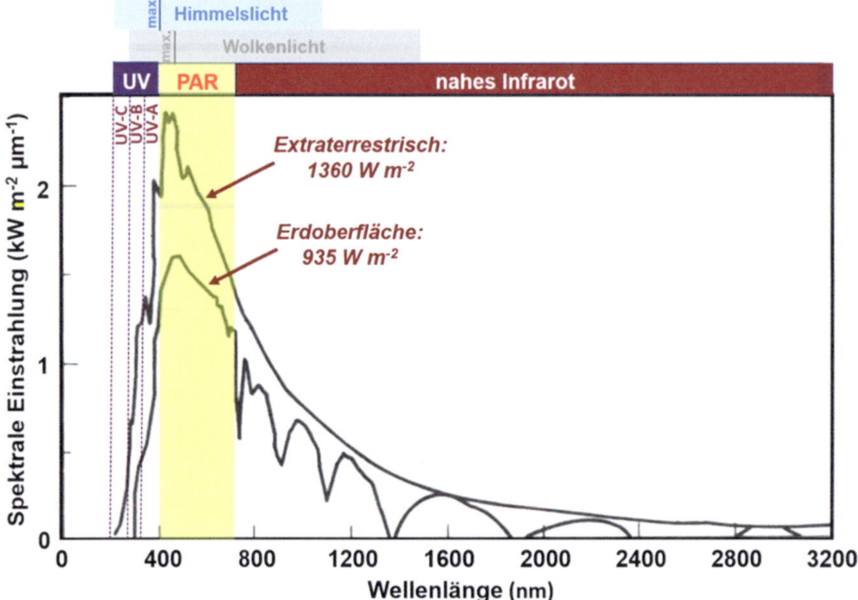

Abb. 2 **Direkte Sonnenstrahlung** (als Strahlungsflussdichte; $W = J \cdot s^{-1}$) **als Funktion der Wellenlänge** oberhalb der Atmosphäre (extraterrestrisch) und auf Meereshöhe. Balken kennzeichnen die spektralen Bereiche der UV-Strahlung, der PAR („*photosynthetically active radiation*"), des nahen Infrarots sowie des Wolken- und Himmelslichts (in den beiden letzteren Fällen mit markierten Wellenlängen maximaler Einstrahlung). Die UV-Strahlung ist unterteilt in die Spektralbereiche des UV-A, UV-B und UV-C (s. Text). Wiedergegeben ist die jeweils auf eine horizontale Fläche treffende Strahlung. Man beachte die Minderung der Strahlung beim Durchgang durch die Atmosphäre und die dabei auftretende Verschiebung der Strahlungsmaxima und spektralen Spannweiten des diffusen Wolken- und Himmelslichts im Vergleich zur direkten Sonnenstrahlung. Letztere weist an der Erdoberfläche tiefe Einschnitte im Wellenlängenbereich der Infrarot-Strahlung auf, die durch die Strahlungsabsorption der CO_2- und Wasserdampfanteile in der Atmosphäre verursacht werden. UV-A und UV-B werden teilweise, und UV-C vollständig von der Ozonschicht der Stratosphäre absorbiert. (Adaptiert aus Campbell 1977)

Hintergrundinformation

Im Infrarot-Bereich der Globalstrahlung (Abb. 2) ist Wasserdampf für einen Großteil der Strahlungsabsorption verantwortlich. Besonders effektiv absorbiert Wasserdampf Wellenlängen nahe 900 und 1100 nm sowie oberhalb von 1200 nm (mit einem Maximum bei 1400 nm).

Oberhalb des PAR-Bereichs nimmt die Strahlungsflussdichte exponentiell ab und nähert sich an der Erdoberfläche asymptotisch Null in Richtung Wellenlängen nahe 5000 nm innerhalb der Übergangszone zur langwellig-thermischen Strahlung (s. o.). Den Bereich zwischen PAR und 5000 nm nennt man auch „**nahes Infrarot**" (in Abgrenzung zum „**fernen Infrarot**" des bei ca. 5000 nm einsetzenden langwellig-thermischen Strahlungsspektrums; nicht gezeigt).

Von besonderer Bedeutung für das Leben an Land ist die atmosphärische Absorption des kurzwelligen und daher energiereichen **UV-Bereichs** bei Wellenlängen

< 300 nm (Abb. 2). Dadurch wird der energiereichste Bereich der extraterrestrischen UV-Strahlung mit einer Wellenlängenspanne von < 200–400 nm ausgeblendet. Für die Absorption unterhalb 300 nm sind vor allem die Ozonschicht in 20–30 km Höhe innerhalb der Stratosphäre sowie die äußere Atmosphäre verantwortlich. Die Bildung der Ozonschicht begann vor ca. 500 Mio. Jahren mit der allmählichen Sauerstoffakkumulation in der Atmosphäre, was erst die Evolution hoch entwickelter, terrestrischer Lebensformen ermöglichte. Es entstand ein atmosphärischer Schutzschild für die UV-empfindliche DNA als unverzichtbare Voraussetzung für die Existenz komplexer Lebewesen an Land.

Das von der Sonne insgesamt emittierte UV-Spektrum ist wesentlich enger (wenngleich sehr energiereich) als der nahe Infrarot-Bereich (Abb. 2). Dennoch unterteilt man das von der Sonne emittierte und auf die Atmosphäre treffende, ökologisch relevante UV-Spektrum in die drei Teilbereiche **UV-A** (320–400 nm), **UV-B** (280–320 nm) und **UV-C** (200–280 nm). Nach Eindringen der UV-Strahlung in die äußere Atmosphäre werden die Wellenlängen < 280 nm des besonders energiereichen und extrem schädlichen UV-C absorbiert, welches somit nicht zur Erdoberfläche vordringen kann. Die Energieabsorption in der äußeren Atmosphäre ermöglicht jedoch die Ozonbildung als Ausgangspunkt für den Aufbau der stratosphärischen Ozonschicht. Bei Eindringen der verbliebenen UV-A- und UV-B-Anteile in die Ozonschicht werden diese teilweise absorbiert, was vor allem für das energiereichere und daher für DNA potenziell schädlichere UV-B zutrifft.

Dennoch kann der verbleibende UV-B-Anteil Sonnenbrand auf der menschlichen Haut auslösen und nimmt zudem mit steigender Meereshöhe zu; auf 3000 m Höhe im Sommer um ca. 200 % relativ zu NN = 0 m, jedoch im Winter um mehr als 400 % (Veit 2002; Körner 2003). Ursache des jahreszeitlichen Unterschieds ist die während der kalten Jahreszeit und mit steigender Meereshöhe abnehmende Lufttemperatur, was mit sinkender absoluter Luftfeuchte und damit abnehmender Strahlungsabsorption verbunden ist. Entsprechend ist in hochmontanen Lagen auch die Besonnung erhöht (reduzierte Bewölkung). UV-B dringt vermehrt auch während der sich jährlich wiederholenden Bildung des stratosphärischen Ozonlochs zur Erdoberfläche vor (Abb. 3).

Hintergrundinformation
Die Bildung des Ozonlochs in der Stratosphäre wird seit 1979 beobachtet, jährlich mit seiner größten Ausdehnung während des süd-hemisphärischen Frühlings. Im Zentrum des Ozonlochs liegt die Antarktis (Abb. 3), aber auch Australien und Neuseeland sind tangiert. Mit der Verarmung an stratosphärischem Ozon steigt die Durchlässigkeit der Atmosphäre für UV-B überproportional an, was in Australien und Neuseeland seit Beginn des Phänomens mit einer Zunahme an Hautkrebserkrankungen korreliert. Auch über der Arktis und vor allem Nordeuropa ist eine saisonale, wenn auch weniger ausgeprägte Ozonlochbildung beobachtbar. Verantwortlich sind unter anderem für Kühlungszwecke (z. B. Kühlschränke, Klimaanlagen) eingesetzte Fluorchlorkohlenwasserstoffe (FCKW) nach deren Entweichen in die Atmosphäre. Mit dem 1987 verhandelten Montreal-Protocol, das auf internationaler Ebene zum Verzicht weiterer FCKW-Verwendung führte, wurde eine Regeneration der Ozonschicht eingeleitet. Dennoch hat sich bis heute (2023) die Ozonschicht nicht stabilisiert (Abb. 3). Dies liegt an der Langlebigkeit der freigesetzten FCKW, sodass der völlige Regenerationsprozess der Ozonschicht noch mehrere Jahrzehnte in Anspruch nehmen wird.

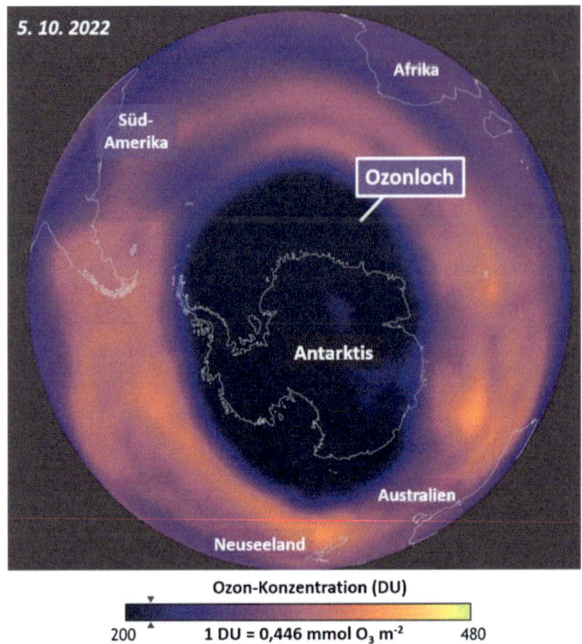

Abb. 3 **Satellitenaufnahme vom 05.10.2020**. Die schwarze Fläche mit der zentral gelegenen Antarktis repräsentiert das Ozonloch und umfasst $26{,}4 \cdot 10^6$ km^2 (September bis Dezember entspricht dem südhemisphärischen Frühjahr). Die Dobson Unit (DU) drückt die gesamte Ozonmenge innerhalb einer Luftsäule von Atmosphärenhöhe pro Quadratmeter Grundfläche aus (1 DU = 0,446 mmol · m^{-2}). Die niedrigste Ozon-Konzentration während 2022 trat mit 101 DU am 03.10. über dem Südpol auf. Die niedrigste Ozon-Konzentration überhaupt betrug 73 DU im Jahr 1994, und das Maximum der Flächenausdehnung des Ozonlochs trat 2006 mit ca. $29 \cdot 10^6$ km^2 auf (jeweils ermittelt Ende September), was mehr ist als die Flächensumme der USA und Russlands. DU $<$ 220 gilt als Indiz des Ozonlochs. (Foto zur Verfügung gestellt von NOAA Climate.gov)

Das stratosphärische Ozon ist allerdings nicht mit dem troposphärischen, natürlicherweise in Bodennähe als Spurengas auftretenden Ozon zu verwechseln. Wird die bodennahe Ozonkonzentration jedoch durch Interaktion mit Luftschadstoffen (z. B. Stickoxide) und unter Energiezufuhr aus der verbliebenen UV-Strahlung signifikant erhöht, wird Ozon selbst zu einem sekundären Luftschadstoff mit dem Risiko schädlicher Auswirkungen auf Pflanzen, Tieren und Menschen.

UV-B und UV-A wurden während der Evolution der Pflanzen aber auch zum Signalgeber für die Bildung UV-absorbierender Pigmente als Schutzschilde sowie für weitere funktionelle und strukturelle Differenzierungen während der Morphogenese.

Hintergrundinformation
UV-Strahlung führt auf DNA-Ebene u. a. zu Strangbrüchen und Genschädigungen sowie zur Zerstörung von Phytohormonen und Biomembranen, inklusive der Thylakoide mit ihren Pigmenten (z. B. Chlorophyll) in den Chloroplasten. Deaktiviert werden zudem Enzyme des Photosynthese-

Apparates (auf Gen-Ebene z. B. die Synthese des Enzyms „Rubisco“). Als Abwehrmaßnahmen gegen UV-Schädigung werden neben UV-absorbierenden Pigmenten (z. B. Flavonoide, Anthocyane) auch vermehrt Antioxidantien (z. B. Ascorbat = Vitamin C) und epikutikuläre Wachse gebildet. Antioxidantien reduzieren durch UV-Schädigung bereits freigesetzte „reactive oxygen species“ (ROS), die als starke Oxidationsmittel zusätzliches Schädigungspotenzial darstellen. Die induzierten Wachse reflektieren auftreffende UV-Strahlung, bevor diese in Gewebe eindringen kann. Vermehrte Wachsbildung und durch Anthocyane violett verfärbte Sprossteile sind z. B. an Pflanzen montaner Hochlagen unter der dort erhöhten UV-Belastung (s. o.) zu beobachten.

Mit der selektiven Absorption in der Atmosphäre ist eine charakteristische Verschiebung der prozentualen Anteile der Wellenlängenbereiche der Sonnenstrahlung zwischen dem Auftreffen auf die äußere Atmosphäre und dem Erreichen der Erdoberfläche verbunden (Tab. 2).

Der Anteil der Sonnenstrahlung, der auf direktem Weg die Erdoberfläche oder z. B. ein Blatt trifft, wird als **direkte Sonnenstrahlung** (direktes Sonnenlicht) bezeichnet.

Ein Teil der Sonnenstrahlung wird an Luftmolekülen oder Partikeln gestreut und liefert das sogenannte **Himmelslicht** (Abb. 2). Die Streuung an Molekülen wird als **Rayleigh-Streuung** bezeichnet, sie ist etwa zu $1/\lambda^4$ proportional, während die Streuung an Partikeln, die man **Mie-Streuung** nennt, proportional zu $1/\lambda$ ist. In beiden Fällen werden kurze Wellenlängen stärker gestreut als lange. Wegen der Rayleigh-Streuung werden besonders die Wellenlängen unter 400 nm an den Gasmolekülen aus dem Sonnenstrahl herausgestreut und bilden das blaue Himmelslicht. Blaulicht wird 4-mal stärker als Rotlicht gestreut, welches erst während der Dämmerungsphasen zur Geltung kommt. Da während der Dämmerungen bei niedrigem Sonnenstand der Strahlungsweg durch die Atmosphäre länger ist als gegen Mittag, wird der Blaulichtanteil annähernd „weggestreut“. Dadurch setzt sich der Rotlichtanteil im Spektrum durch, ein Effekt, durch partikuläre Luftverschmutzung noch verstärkt wird. Hierbei wirkt die durch Pollen, Staub, Ruß oder Wassertröpfchen verursachte Mie-Streuung mit, da solche Partikel größer sind als die Wellenlängen des auftreffenden Lichtes. Insbesondere die Streuung durch Wassertröpfchen und kleine Eiskristalle bedingt die weiße Farbe von Wolken.

Das Himmelslicht ist eine diffuse Strahlung mit einer anderen spektralen Verteilung als die direkte Sonnenstrahlung (Abb. 2). An wolkenlosen, trockenen Tagen mit der Sonne im Zenit beträgt das Himmelslicht etwa 10 % der direkten Sonnenstrahlung. Dies wird bei einem Vergleich der photosynthetisch aktiven Strahlung deutlich, die auf einen ost- bzw. westexponierten Hang eines Berggrates in der südlichen Namib auftrifft (Abb. 4). Während der ostexponierte Hang um 8:30 Uhr

Tab. 2 Prozentuale Anteile der von der Sonne eingestrahlten Wellenlängenbereiche in der äußeren Atmosphäre und auf der Erdoberfläche

	Äußere Atmosphäre	Erdoberfläche
< 400 nm	5 %	2 %
400–700 nm (PAR)	28 %	45 %
> 700 nm	67 %	53 %

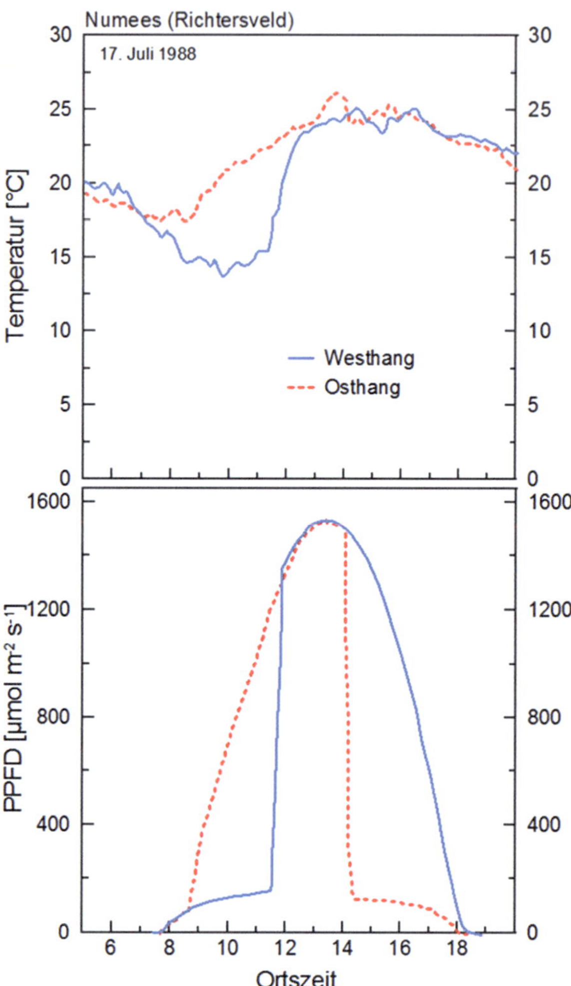

Abb. 4 **Tagesgang der Lufttemperatur und der photosynthetisch aktiven Photonenflussdichte (PPFD)** am 17. Juli 1988 an einem Osthang (*gestrichelte Kurve*) und einem Westhang in der südlichen Namib-Wüste. Für den Osthang fallen am Nachmittag hohe Temperaturen mit niedriger, nur diffuser Strahlung zusammen, während am Westhang geringe Strahlung am Vormittag mit deutlich niedrigeren Temperaturen einhergeht. Bei hohen Temperaturen am Nachmittag herrscht auch hohe Strahlung. Licht- und Temperaturklima begünstigen das Pflanzenwachstum am Westhang deutlich. (Verändert nach von Willert et al. 1995)

direkt von der Sonne beschienen wird, verbleibt der westexponierte Hang bis 11:30 Uhr im Schatten. Zu dieser Zeit beträgt die **photosynthetisch aktive Photonenflussdichte** (**PPFD**) in der Sonne 1360, im Schatten aber nur 160 $\mu mol \cdot m^{-2} \cdot s^{-1}$. Bei Eintritt des Osthanges in den Schatten kurz nach 14:00 Uhr fällt die Strahlung von 1506 auf 134 $\mu mol \cdot m^{-2} \cdot s^{-1}$ ab. Das unterschiedliche Lichtklima beider nur wenige Meter voneinander entfernter Standorte bedingt zusammen mit dem Temperaturklima eine unterschiedliche Vegetation auf beiden Hängen. Am Nachmittag reicht die geringe Strahlung bei der hohen Temperatur nicht für eine Nettophotosynthese der Pflanzen des Osthanges aus, während die geringen Temperaturen am

Morgen trotz niedriger Strahlung den Pflanzen des Westhanges eine gute Photosyntheseleistung erlauben.

An bedeckten Tagen erreicht uns keine direkte Sonnenstrahlung, sondern nur das sogenannte **Wolkenlicht**. Eine 100 m dicke Wolkenschicht mindert die Strahlung um etwa 50 %, während eine 1 km dicke Wolke nur noch etwa 10 % der auftreffenden Strahlung durchlässt. Da die Sonnenstrahlen beim Durchgang durch die Wolke mannigfaltig gestreut, reflektiert und absorbiert werden, hat das Wolkenlicht, das wie das Himmelslicht eine diffuse Strahlung ist, eine vom direkten Sonnenlicht abweichende spektrale Zusammensetzung (Abb. 2).

Wir nennen die gesamte kurzwellige Strahlung (= Sonnenstrahlung = Solarstrahlung), die auf die Erde oder z. B. ein Blatt trifft, die **Globalstrahlung**. Diese Globalstrahlung setzt sich aus zwei Anteilen zusammen:

- der direkten Sonnenstrahlung und
- der diffusen kurzwelligen Strahlung, die aus Wolkenlicht und Himmelslicht besteht.

▶ Globalstrahlung = direkte Sonnenstrahlung + diffuse kurzwellige Strahlung

Hierbei muss man allerdings berücksichtigen, dass die drei Strahlungsarten sowohl unmittelbar als auch nach Reflexion an der Umgebung auf das Blatt treffen können (Strahlungsflüsse werden im ▶ Kap. 20, „Strahlungs- und Energieflüsse" näher behandelt). Steht die Sonne am Morgen und am Abend nahe dem Horizont, übertrifft das Himmelslicht (= diffuse Strahlung) die direkte Sonnenstrahlung.

Die Globalstrahlung ändert sich im Tagesverlauf, im Jahresverlauf, mit der geografischen Breite, der Höhe über NN und den atmosphärischen Bedingungen. Abb. 5 zeigt sowohl die tageszeitliche als auch die jahreszeitliche Veränderung der Globalstrahlung an drei wolkenlosen Tagen (Strahlungstagen) für einen Ort in Südafrika. Man kann deutlich die zunehmende Tageslänge und die mit höherem Sonnenstand verbundene Zunahme der Globalstrahlung erkennen. Die Kurven der Globalstrahlung erinnern an den Verlauf einer Sinusfunktion.

Monteith und Unworth (1990) führen aus, dass zu jeder beliebigen Tageszeit die Globalstrahlung J_{GS}, bei Kenntnis von J_{GS} (max) zum Tageszeitpunkt des höchsten Sonnenstands, nach

$$J_{GS} = J_{GS}(\max) \cdot \sin(\pi \cdot t/n) \qquad (8)$$

berechnet werden kann, wobei t die Zeit nach Sonnenaufgang und n die Gesamtzeit zwischen Sonnenaufgang und Sonnenuntergang bezeichnet. Durch Integration dieser Gleichung erhält man ferner einen Zusammenhang zwischen der Globalstrahlung zum Zeitpunkt des Sonnenhöchststandes und der täglichen Strahlungsmenge, die dem Integral der Funktion (also der Fläche unter der Funktion) entspricht.

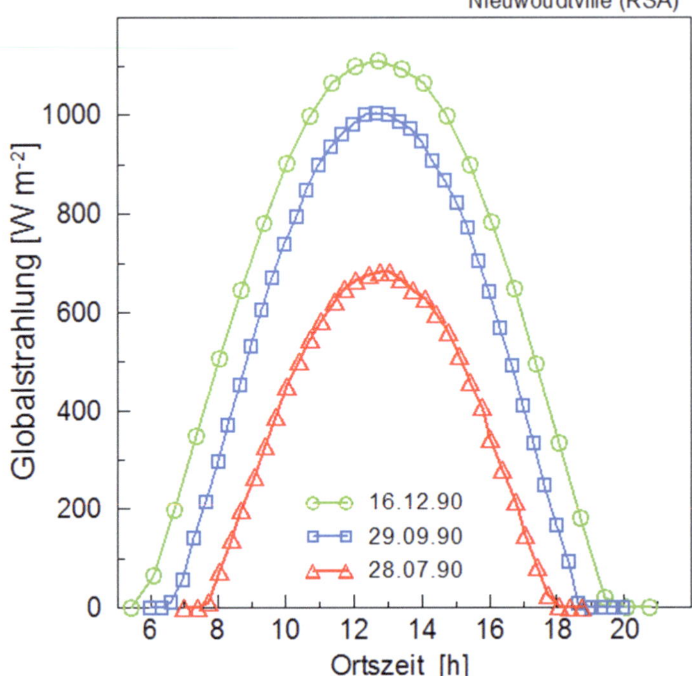

Abb. 5 Diurnaler Verlauf der Globalstrahlung an drei Strahlungstagen zu verschiedenen Jahreszeiten. Man beachte, dass auf der Südhalbkugel der Dezember im Sommer liegt. (Verändert nach von Willert et al. 1995)

$$\int_0^n J_{GS} dt \approx 2 \cdot J_{GS}(\max) \int_0^{n/2} \sin(\pi \cdot t/n) dt = (2n/\pi) \cdot J_{GS}(\max) \tag{9}$$

Diese Beziehung ist eine Näherung, die Fehler bis zu 10 % ergeben kann. Ermöglicht wird aber die Berechnung von Strahlungssummen eines Standortes bei Kenntnis von dessen Globalstrahlung zum Zeitpunkt des täglichen Sonnenhöchststandes.

Wir können diese Beziehung verwenden, um die täglichen Strahlungssummen für unser in Abb. 5 gegebenes Beispiel zu berechnen. Für die drei Strahlungstage lassen sich die erforderlichen Daten in Tabellenform darstellen und die berechneten und gemessenen Werte vergleichen (Tab. 3).

Das Zusammenfallen von maximaler Globalstrahlung und Sonnenhöchststand gilt nur für wolkenlose Tage. An Tagen mit leichten Kumuluswolken kann infolge erhöhter Reflexion die Globalstrahlung nicht nur gegenüber einem Strahlungstag erhöht sein, die maximale Globalstrahlung kann auch zu einem anderen Zeitpunkt als dem des Sonnenhöchststandes auftreten. Dies wird in Abb. 6 durch einen Vergleich

Tab. 3 Vergleich der nach Gl. 8 berechneten mit den tatsächlich gemessenen täglichen Summen der Globalstrahlung. Die Messungen wurden an Strahlungstagen in Nieuwoudtville (RSA) 860 m über NN durchgeführt. Die Strahlung wurde alle 15 s gemessen, über einen Zeitraum von 10 min gemittelt und aufgezeichnet. Die Fläche unter der Strahlungskurve wurde mit einem Computerprogramm ermittelt

Datum	J_{GS}(max) [W · m^{-2}]	Tageslänge [s]	J_{GS} berechnet [MJ · m^{-2}]	J_{GS} gemessen [MJ · m^{-2}]
28.07.1990	624	39.600	15,7	14,4
29.09.1990	922	45.300	26,6	24,9
26.12.1990	1024	53.400	34,8	31,7

der Globalstrahlung an zwei aufeinanderfolgenden Tagen deutlich, von denen der eine ein Strahlungstag, der andere durch Kumuluswolken gekennzeichnet war.

3 Langwellige thermische Strahlung

Wie wir gesehen haben, ist die Emission von Strahlung eine Eigenschaft eines jeden Körpers, dessen Temperatur > 0 K ist, also oberhalb des absoluten Temperaturnullpunkts liegt. Somit kommt es im physiologisch relevanten Temperaturbereich zwangsläufig zur Übertragung von Wärmeenergie durch Strahlung. Die Energiemenge, die dabei ausgetauscht wird, richtet sich nach der Temperaturdifferenz zwischen dem Körper und seiner Umgebung. Diese Differenz bestimmt das Verhältnis der Strahlungsflüsse, was sowohl im mikroklimatischen Bereich als auch auf globaler Ebene von grundlegender Bedeutung ist.

Die ökologische Relevanz dieser Aussage wird am Beispiel einer vereinzelt mit Ahornbäumen (*Acer pseudoplatanus*) bestandenen Bergwiese im zeitigen Frühjahr deutlich (Abb. 7). Innerhalb der die Bäume umgebenden Ablotung der Kronenausdehnung, also der projizierten Kronenfläche entsprechend, gelangen die Primeln der Wiese (*Primula elatior*) deutlich eher zur Blüte als außerhalb dieser Grundflächen (Abb. 7a). Auch der Neuaustrieb anderer Wiesenpflanzen, erkennbar an der hellgrünen Färbung der Grundflächen, ist bereits weiter fortgeschritten. Diese Effekte treten ein, obwohl die Bäume noch unbelaubt sind. Die genaue Betrachtung zeigt, dass die beschleunigte Entwicklung der Primeln insbesondere der Ablotung einzelner Astachsen folgt (Abb. 7b). Offensichtlich erwärmt die langwellig-thermische Abstrahlung des Bodens zunächst die Äste. Diese strahlen dann aufgrund ihrer Energieaufnahme und infolgedessen erhöhten Eigentemperatur langwellig-thermisch zum Boden zurück. Obwohl die involvierten Temperaturerhöhungen marginal sind, reichen diese aufgrund ihres permanenten Einwirkens aus, die phänologische Entwicklung der Wiesenpflanzen in Baumnähe zu beschleunigen. Wirksam wird die resultierende, unter den Ästen rascher voranschreitende Temperaturdosis. Es ist bekannt, dass zeitliche Temperaturintegrale bei Erreichen kritischer Temperaturdosen den pflanzlichen Austrieb im Frühjahr triggern.

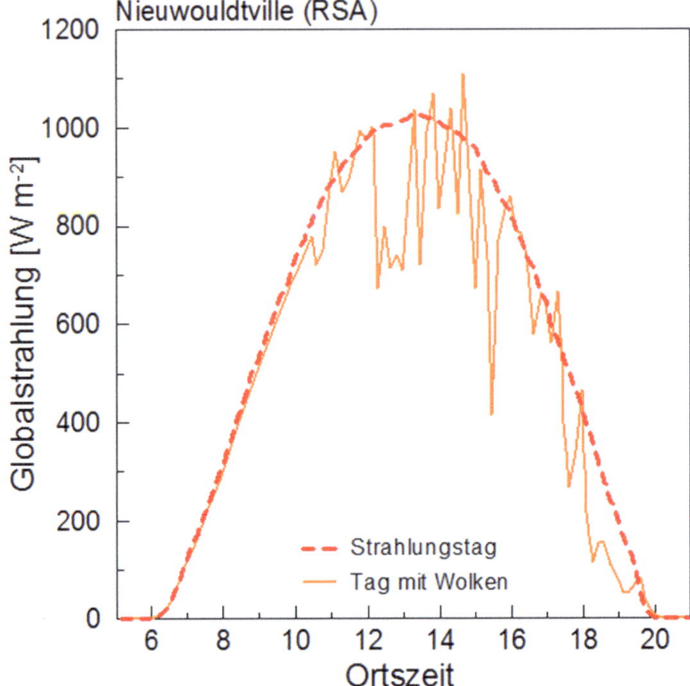

Abb. 6 **Diurnaler Verlauf der Globalstrahlung an einem Strahlungstag** im Vergleich zu einem Tag mit leichter Kumulusbewölkung ab dem späten Vormittag. (Verändert nach von Willert et al. 1995)

Den begünstigenden Effekt auf die Entwicklung der Wiesenpflanzen durch die Präsenz der Bäume nennt man *Fazilitation*.

Die langwellige thermische Strahlung der Erde (J_E) ist in den Weltraum gerichtet. Die abgestrahlte Energie gehorcht der Stefan-Boltzmann-Beziehung $J_E = \varepsilon \cdot \sigma \cdot (T_E)^4$. Wir hatten J_E für 27 °C (= 300 K) bereits berechnet.

Die Sonnenstrahlung wird beim Durchgang durch die Atmosphäre vor allem von Ozon, Wasserdampf und CO_2 bereits zu erheblichen Anteilen absorbiert. Gleiches gilt auch für die in den Weltraum gerichtete langwellige thermische Strahlung der Erde. Diese wird zu etwa 70 % in der Atmosphäre absorbiert. Die Absorption der Strahlung führt zu einer Erwärmung der Atmosphäre und damit auch zu einer verstärkten Emission langwelliger thermischer Strahlung der Atmosphäre selbst. Ein Teil dieser Strahlung ist auf die Erde zurückgerichtet und wird daher als **atmosphärische Gegenstrahlung** bezeichnet.

Hintergrundinformation

Wenn die Atmosphäre für die langwellige thermische Strahlung der Erde transparent wäre, würde die abgestrahlte Energie der Erde in den Weltraum verloren gehen, und es wäre insbesondere nachts erheblich kälter. Dies wird durch den Wasserdampf und das Kohlendioxid der unteren Atmosphäre

Abb. 7 **Beschleunigte phänologische Entwicklung von Wiesenpflanzen** (insbesondere Blüte von *Primula elatior*) durch langwellig-thermische Abstrahlung der Ahornbäume (*Acer pseudoplatanus*) auf einer Bergwiese (1300 m ü. NN) im zeitigen Frühjahr. (**a**) Effekt innerhalb der den Stamm umgebenden projizierten Kronenfläche, und (**b**) entlang der Ablotung einer Ast-Hauptachse. (Fotos R. Matyssek)

(= Troposphäre) verhindert, aber auch das Ozon der Stratosphäre, die wie eine Decke über der Erde liegen und sie durch die atmosphärische Gegenstrahlung wärmen. Man spricht vom natürlichen **Treibhauseffekt der Atmosphäre**. In der Antarktis ist die Luft extrem trocken (da niedrige Temperaturen nur geringe, maximal mögliche Wasserdampfsättigungsfeuchten in der Atmosphäre zulassen), sodass hier die Absorption der langwelligen thermischen Strahlung in der Atmosphäre und damit auch die atmosphärische Gegenstrahlung sehr gering sind. Dieser Effekt wird durch das Ozonloch (s. Abb. 3) noch verstärkt. Folglich werden hier die tiefsten Temperaturen (– 88,3 °C) auf unserer Erde gemessen.

Das **Spektrum der atmosphärischen Gegenstrahlung** kann aus dem Absorptionsspektrum der Atmosphäre vorausgesagt werden, denn Kirchhoffs Gesetz besagt, dass bei gleicher Temperatur und Wellenlänge ein guter Absorber auch ein guter Emitter ist (s. o.). Abb. 8a zeigt das Transmissionsspektrum der Atmosphäre für die langwellige thermische Strahlung. Man erkennt deutlich, dass in bestimmten Spektralbereichen Wasserdampf und Kohlendioxid die langwellige thermische Strahlung erheblich bis vollständig absorbieren. Nehmen wir an, dass die Temperatur der unteren Atmosphäre 263 K (= – 10 °C) sei, und nehmen wir ferner an, diese sei völlig undurchsichtig, dann würde die Atmosphäre ein breites Emissionsspektrum haben, wie es der typischen Schwarzkörperstrahlung eines Schwarzen Körpers bei 263 K entspräche. In Abb. 8b ist die spektrale Verteilung einer solchen Schwarzkörperstrahlung für eine Temperatur von 263 K dargestellt. Da die Atmosphäre aber nur in bestimmten Banden Strahlung absorbiert (Abb. 8a), kann sie auch nur in denselben Banden Strahlung emittieren (s. Kirchhoff). Die aus der Absorptionsfunktion der Atmosphäre erwartete spektrale Verteilung der von der Atmosphäre emittierten langwelligen thermischen Strahlung ist ebenfalls in Abb. 8b wiedergegeben. Dieses Spektrum stimmt mit einem in einer klaren Nacht gemessenen Spektrum der atmosphärischen Gegenstrahlung (Abb. 8c) gut überein. Die insgesamt von der Atmosphäre emittierte langwellige thermische Strahlung ist wesentlich geringer als die eines undurchsichtigen Schwarzen Körpers gleicher Temperatur (Abb. 8b). Das heißt aber, dass die Temperatur der Atmosphäre höher ist als die eines Schwarzen Körpers gleicher Emission.

Die gesamte Strahlung, die ein Blatt trifft, setzt sich also aus zwei Komponenten zusammen, der kurzwelligen Strahlung oder Globalstrahlung und der langwelligen thermischen Strahlung; letztere besteht wiederum aus der atmosphärischen Gegenstrahlung und der Strahlung der Umgebung. Man bezeichnet die Summe als **Gesamtstrahlung** (englisch: *total radiation*).

▶ Gesamtstrahlung = Globalstrahlung + langwellige thermische Strahlung

4 Messprinzipien, Einheiten

Welche Strahlungsmessungen sind für den experimentellen Ökologen von Bedeutung? Das richtet sich ganz nach der jeweiligen Fragestellung.

4.1 Photosynthetisch aktive Strahlung

Für Messungen der Photosynthese ist weniger die Gesamtstrahlung von Bedeutung als der Anteil und Bereich der Gesamtstrahlung, der von der Photosynthese genutzt wird. Jener Spektralbereich umfasst die Wellenlängen 400–700 nm und wird die photosynthetisch aktive Strahlung (PAR = *photosynthetically active radiation*) genannt (Abb. 2). Für die Photosynthese als photochemischen Prozess ist weniger die Energie der Strahlung als die Photonenflussdichte innerhalb von PAR wichtig, da die Absorption von Photonen durch die Chlorophyllmoleküle die Photosynthese in Gang setzt. Die photosynthetisch aktive Photonenflussdichte wird PPFD oder *PFD* abgekürzt und meint, physikalisch präzise, den auf die Einheitsfläche (typischerweise Blattfläche) *senkrecht* (!) auftreffenden Photonenfluss im Spektralbereich der PAR. Da bei der Absorption die Photonen ihre Energie auf Chlorophyllmoleküle übertragen, ist die PPFD selbstverständlich auch ein Maß für Energie und zwar genau jene, die für den Prozess der Photosynthese relevant ist und sich – in einem gewissen Ausmaß – schließlich in der gebildeten Glucose wiederfindet.

Hintergrundinformation

Damit sind PPFD und PAR nicht synonym zu verwenden (wie es oft zu beobachten ist): die PPFD ist ein quantitatives Maß für Licht, während die PAR einen Bereich des Lichtspektrums bezeichnet.

Auch werden die Begriffe **Quant** und **Photon** oft synonym verwendet, was ebenfalls nicht richtig ist. Ein Photon besitzt Masse und Impuls und ist ein diskreter, partikulärer Teil einer elektromagnetischen Strahlung. Demgegenüber bezeichnet ein Quant den Energieinhalt eines Photons. Deswegen bedeutet *Quantenflussdichte* etwas anderes als *Photonenflussdichte*. Erstere

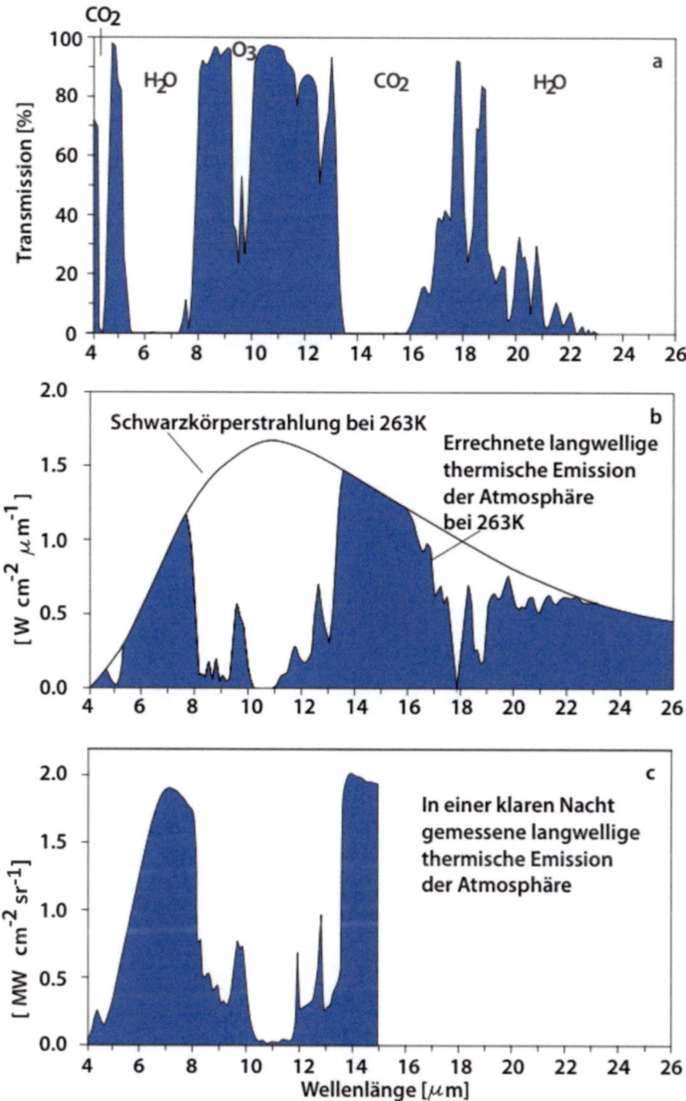

Abb. 8 (**a**) **Transmissionsspektrum der Atmosphäre für langwellige thermische Strahlung**. Die Durchlässigkeit der Atmosphäre für diese Strahlung wird in bestimmten Spektralbereichen (= Banden) durch Wasserdampf und Kohlendioxid vollständig aufgehoben. (**b**) Die kräftige Linie gibt die spektrale Verteilung der **Emission eines Schwarzen Körpers** bei 263 K (= – 10 °C) wieder, die dünnere Linie, die aus dem Absorptionsvermögen der Atmosphäre berechnete spektrale Verteilung der **atmosphärischen Gegenstrahlung**. (**c**) Die in einer klaren Nacht gemessene **spektrale Verteilung der atmosphärischen Gegenstrahlung**. Die Maßeinheit ‚sr' für *Steradiant* (= *Sterad*) drückt den Raumwinkel einer Kreisfläche A in einer Sphärenoberfläche aus, der sich kegelförmig öffnend im Sphärenmittelpunkt verankert ist. Bei gegebenem Sphärenradius r gilt: $A = r^2$. (Verändert nach Gates 1980)

bezeichnet einen Energiefluss durch eine Flächeneinheit oder auch je Flächeneinheit ($J \cdot m^{-2} \cdot s^{-1}$ gleichbedeutend mit $W \cdot m^{-2}$), Letztere einen flächenbezogenen Teilchenfluss ($mol \cdot m^{-2} \cdot s^{-1}$).

Gleiche Quanten-(Energie-)Flussdichten bei zwei verschiedenen Wellenlängen bedeuten unterschiedliche Photonen-(Teilchen-)Flussdichten. Wir wollen dies einmal für 400 nm und 700 nm durchrechnen. Nach Gl. 3 ist der Energiegehalt eines Mols Photonen bei 400 nm 299,3 kJ, bei 700 nm 171 kJ. Damit ein Sensor, der primär den Energiefluss registriert, Photonenflussdichten richtig messen kann, muss seine **spektrale Empfindlichkeit** mit steigender Wellenlänge zunehmen (d. h., auftreffende Quanten müssen innerhalb der PAR mit zunehmender Wellenlänge „nachverstärkt" werden). Setzen wir die relative Empfindlichkeit bei 700 nm = 1, so darf sie bei 400 nm nur 171/299,3 = 0,57 betragen. Das heißt, relativ zu 400 nm ist die Empfindlichkeit der Registrierung auftreffender Quanten bei 700 nm um den Faktor 1,75 erhöht. Daraus resultiert die in Abb. 9 gestrichelt gezeichnete Linie für einen idealen Photonensensor. Die Empfindlichkeit des „Quantumsensors" der Fa. LI-COR Modell 190S (Abb. 10a, b) kommt dieser Ideallinie sehr nahe und ist zusammen mit ähnlichen Sensoren anderer Firmen (Abb. 10c, d) ein gutes Hilfsmittel, um Photonenflussdichten zu messen.

Der LICOR 190S Sensor (Abb. 10a, b) besteht aus einer Silizium-Fotodiode, in der Elektronen durch die Absorption von Photonen energetisch angeregt werden. Die Anregung entspricht der Energiebeladung der absorbierten Photonen, was in einer Ausgangsspannung resultiert, die auf Basis der empfangenen Energiequanten auf Photonenzahl korrigiert ist (Abb. 9). Die Fotodiode ist geschützt durch einen optischen Glasfilter (weiße Scheibe), der neben seiner Schutzfunktion nur Wellenlängen innerhalb 400–700 nm (= PAR) passieren lässt.

Da Blätter eines Baumes mit ihren Blattspreiten in alle Richtungen des Raumes zeigen, ist der Strahlungsgenuss eines jeden Blattes unterschiedlich. Der Einfallswinkel des Photonenflusses variiert, und damit die PPFD und mit ihr die je Flächeneinheit eingebrachte Energie. Zudem ändert sich der Einfallswinkel im Jahres- und

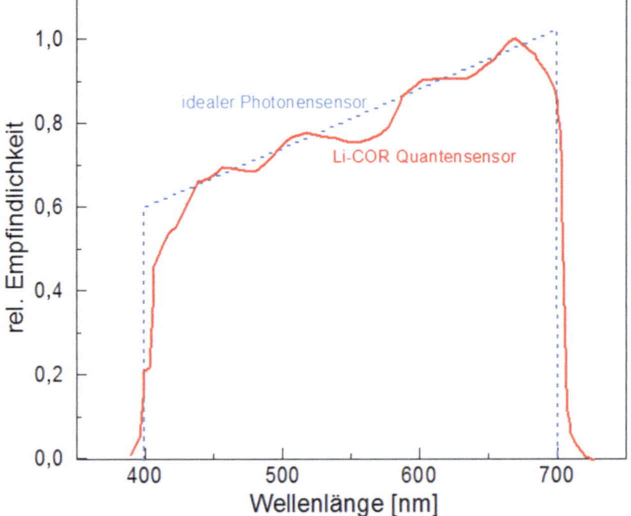

Abb. 9 Relative spektrale Empfindlichkeit des LI-COR-Quantumsensors im Vergleich zur errechneten Empfindlichkeitsänderung eines idealen Sensors. (In Anlehnung an das Handbuch für den LI-COR-Sensor 190S, LI-COR 2005)

Abb. 10 **Strahlungsmesssensoren**. (**a-c**), Photonenflussmesser, jeweils eingesetzt innerhalb und außerhalb von Gaswechselmessküvetten (s. ▶ Kap. 11, „Methoden der Gaswechselmessung – historische und aktuelle"). (**a**) und (**b**) zeigen LI-COR-190S Sensoren (weiße Asteriske), (**c**) einen miniaturisierten Hamamatsu-Sensor, (**d**) einen zum portablem Photonenflusssensor verbauten Hamamatsu-Senor mit angezeigtem Messwert von 443 µmol Photonen m^{-2} s^{-1}. In (**b**) ist zudem die Messleitung eines Thermoelements (s. ▶ Kap. 3, „Wärme und Temperatur – Messung und Temperierung") zu sehen, dessen temperaturempfindlicher Endpunkt zwischen die Schuppen eines Lärchenzapfens eingesenkt ist (Pfeil). (**e**) zeigt das Sternpyranometer (= Solarimeter; Type 8101) der Fa. Philipp Schenk zur Messung der Globalstrahlung; das Gerät kann am Rand seiner Basisscheibe auch mit einer „Libelle" (= runde Wasserwaage) zur exakten horizontalen Justierung des Sensors ausgestattet sein (s. u.). (Fotos (**a**), K.-H. Häberle; (**b**, **c**, **d**) R. Matyssek; (**e**) Foto zur Verfügung gestellt von Philipp Schenk GmbH, Korneuburg/Austria)

im Tagesverlauf mit dem Sonnenstand. Die PPFD – physikalisch als J_Q terminiert – ist bei senkrechtem Einfallswinkel am größten. Bei schrägem Winkel verteilt sich die Photonenmenge auf eine größere Fläche und wird damit zwangsläufig pro Flächeneinheit geringer. Zwischen dem Einfallswinkel der Strahlung und der Photonenflussdichte auf der bestrahlten Fläche gibt es eine quantitative Beziehung, die durch das Cosinus-Gesetz beschrieben wird (Abb. 11).

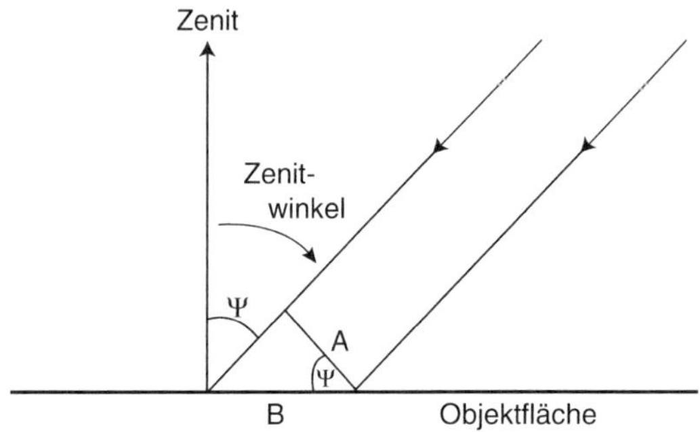

Abb. 11 Das Cosinus-Gesetz. (Nach von Willert et al. 1995)

Eine senkrecht einfallende Strahlung treffe auf eine Fläche A. Wenn die Photonenflussdichte dieser Strahlung J_{QA} ist, dann ist die gesamte auf die Fläche A fallende Photonenmenge pro Zeiteinheit ($J_{QA} \cdot A$). Drehen wir die Lichtquelle um den Winkel ψ aus der Lotrechten, so trifft die Strahlung nun auf die Fläche B, die größer ist als die Fläche A. Die Menge Photonen pro Zeiteinheit ist aber für die beiden Flächen gleich, das heißt, die Photonenflussdichte J_{QB}, die auf die Fläche B trifft, ist geringer als J_{QA}. Es gilt:

$$\begin{aligned} A \cdot J_{QA} &= B \cdot J_{QB} \\ J_{QB} &= J_{QA} \cdot A/B \\ J_{QB} &= J_{QA} \cdot \cos \Psi \end{aligned} \tag{10}$$

Die in Abb. 4 bis 5 gezeigten Tagesgänge der Strahlung verdeutlichen die Abhängigkeit der Strahlung vom Einfallswinkel. Um Strahlungsverläufe von verschiedenen Standorten miteinander vergleichen zu können, ist es daher wichtig, die Sensoren immer exakt in der Horizontalen zu fixieren.

4.2 Globalstrahlung

Die Messung der Globalstrahlung setzt eine Erfassung des gesamten Bereichs der Sonnenstrahlung von 300 nm bis mehr als 3000 nm voraus (Abb. 2). Messinstrumente, die diesen Anforderungen genügen, werden **Pyranometer** oder **Solarimeter** genannt. Pyranometer können nach dem *thermoelektrischen Prinzip* arbeiten oder wie eine *Photozelle,* also unter Ausnutzung des schon erwähnten photoelektrischen Effekts. Der meist verwendete, weil kostengünstigere, ist der thermoelektrische Sensor.

Bei bestimmten Pyranometern besteht der eigentliche Sensor aus einer kreisförmigen Scheibe mit alternierend weißen und schwarzen Sektoren (z. B. Sternpyranometer, Abb. 10e), die der Sonnenstrahlung ausgesetzt wird. Aufgrund der unterschiedlichen Strahlungsabsorption der weißen und schwarzen Felder baut sich entsprechend ein Temperaturunterschied in Abhängigkeit von der Energieflussdichte der Sonnenstrahlung auf. Um Wärmeübertragung durch Konvektion (infolge Windeinwirkung) auszuschalten, ist die Scheibe mit einer oder zwei Kuppeln aus Quarzglas überdeckt. Die Kuppeln filtern zudem Wellenlängen > 3000 nm aus, sodass nur die Globalstrahlung, nicht aber zusätzlich die langwellige thermische Strahlung erfasst wird. Die Temperaturen der weißen und schwarzen Felder werden mit verbauten, elektrischen Thermometern (Thermoelementen oder Thermistoren) gemessen; die Temperaturdifferenz entspricht der Energieflussdichte in $W \cdot m^{-2}$.

Ein mit seinem Messfeld nach oben horizontal orientierter Sensor misst die Globalstrahlung. Zeigt der Sensor nach unten, wird nur die Globalstrahlung gemessen, die von unten auf eine horizontale Fläche auftrifft (entsprechend dem von der Umgebung reflektierten Anteil der Globalstrahlung). Die Differenz dieser beiden Strahlungsflüsse gibt den Strahlungsgewinn der horizontalen Erdoberfläche an. Der Quotient aus reflektierter und von oben auftreffender Globalstrahlung wird das *Reflexionsvermögen* oder die **Albedo** der Erdoberfläche genannt. Für ein Laubblatt über dem Erdboden entspricht die gesamte auftreffende Globalstrahlung der Summe beider Strahlungsflüsse, worauf wir im ► Kap. 20, „Strahlungs- und Energieflüsse“ näher eingehen werden.

Durch Drehung des Pyranometers aus der Horizontalen wird für beliebig orientierte Flächen die auftreffende Strahlung gemessen, etwa auf eine vertikale Felswand oder eine geneigte Hangfläche.

4.3 Gesamtstrahlung

Die Gesamtstrahlung (= Globalstrahlung + langwellige thermische Strahlung; s. o.) wird mit **Pyrradiometern** gemessen.

Pyrradiometer haben im Gegensatz zu Pyranometern oder Solarimetern eine halbkugelige Abdeckung aus Polyethylenfolie oder ähnlichen Materialien, die im Gegensatz zu Quarzglas auch die langwellige thermische Strahlung passieren lassen. Das Pyrradiometer kann senkrecht nach oben oder unten exponiert werden, um die abwärts oder aufwärts gerichtete Gesamtstrahlung zu messen. Zu beachten ist, dass die schwarze Sensorfläche selbst entsprechend ihrer Oberflächentemperatur langwellige thermische Strahlung emittiert.

Bei Kenntnis des Emissionskoeffizienten ε der Oberfläche lässt sich die Emission nach dem Stefan-Boltzman-Gesetz berechnen. Ein Pyrradiometer misst also stets eine Strahlungsbilanz oder Nettostrahlung.

Anstelle von Sensoren mit nur einer Sensorfläche gibt es auch Pyrradiometer mit zwei schwarzen thermisch voneinander isolierten Sensorflächen, die gleichzeitig sowohl die Strahlung von oben als auch von unten aufnehmen. Mit solchen „zweiäugigen“ Pyrradiometern, die man auch als **Strahlungsbilanzmesser** (englisch *net radiometer*) bezeichnet, wird die Nettogesamtstrahlung, d. h. die Summe aller absorbierten und emittierten Strahlungen gemessen. Die Kenntnis der Nettogesamtstrahlung ist die Voraussetzung zur Ermittlung von Strahlungs- und Energiebilanzen. Möchte man nur den Anteil der thermisch-langwelligen Strahlung erfassen, so ergibt sich dieser aus der Differenz der Messungen von Solarimeter und Pyrradiometer.

Literatur

Campbell GS (1977) An introduction to environmental biophysics. Springer, Heidelberg
Gates DM (1980) Biophysical ecology. Springer, New York
Körner C (2003) Alpine plant life. Springer, Heidelberg
LI-COR (2005) Terrestrial radiation sensors. Instruction manual. LI-COR, Lincoln
Monteith JL, Unworth MH (1990) Principles of environmental physics. Arnold, London
Pitzer KS (1953) Quantum chemistry. Prentice-Hall, New York
Veit H (2002) Die Alpen – Geoökologie und Landschaftsentwicklung. UTB Ulmer, Stuttgart
Willert DJ von, Matyssek R, Herppich WB (1995) Experimentelle Pflanzenökologie. Thieme, Stuttgart

Wärme und Temperatur – Messung und Temperierung

3

Inhalt

Zusammenfassung

Anders als bei der Strahlung sind uns Messung und Angabe von Temperaturen als etwas Alltägliches vertraut. Verschiedene Temperaturen spiegeln unterschiedliche Erwärmungen wider, wobei letztere aus der Sonnenstrahlung oder anderen Energieumsetzungen folgen. Wir müssen zunächst die physikalischen Grundlagen dieser qualitativen Feststellung behandeln, bevor wir auf ökologisch relevante Methoden der Temperaturmessung und Temperierung eingehen.

Schlüsselwörter

Energie · Enthalpie · Flüssigkeitsthermometer · Infrarotthermometer · Peltier-Element · Schwarzkörperstrahlung · Spezifische Wärme · Temperatur · Thermoelemente · Wärmeleitung (Konduktion) · Wärmestrahlung · Wärmeströmung (Konvektion) · Wärmetauscher · Widerstandsthermometer

R. Matyssek, W. B. Herppich, *Experimentelle Pflanzenökologie*, Springer Reference Naturwissenschaften, https://doi.org/10.1007/978-3-662-67530-4_6

1 Energie, Temperatur und spezifische Wärme

Wie von Helmholtz 1874 (z. B. Gerthsen et al. 1989) formuliert, ist die Summe aller Energieformen in einem abgeschlossenen System konstant. Somit kann Energie weder vernichtet noch aus dem Nichts gewonnen werden, und entsprechende Maschinen sind physikalisch nicht möglich (**Perpetuum mobile**). Diese Erkenntnis beinhaltet der **1. Hauptsatz der Thermodynamik**:

► Die Summe der Änderungen aller Energieformen (z. B. chemische, elektrische) in einem System ergibt sich aus der zugeführten oder entzogenen Wärme, *Q* (= kalorische Energie), und der Arbeit, *W*, die das System leistet oder die an ihm verrichtet wird:

$$\Delta U = Q + W \tag{1}$$

ΔU wird als **Änderung der inneren Energie** des Systems bezeichnet. W ist negativ, wenn das System Arbeit leistet, jedoch positiv, wenn am System Arbeit geleistet wird. Da Energie die Fähigkeit ist, Arbeit zu verrichten (Arbeit also auch eine Form von Energie darstellt), tragen alle drei Größen der Gl. 1 Energieeinheiten, z. B. „N · m". Diese Einheit (Newton · Meter) leitet sich aus der Definition Energie = Arbeit = Kraft (F) · Weg (s) ab. Somit lässt sich Arbeit auch ausdrücken als

$$W = P \cdot \Delta V = \frac{F}{A} \cdot \Delta V = F \cdot s$$

und

$$\Delta U = Q - P \cdot \Delta V \tag{2}$$

P steht für Druck, V für Volumen und A für (Ober-)Fläche. Führen wir einem gasgefüllten Zylinder mit starren Wänden, aber verschiebbarem Kolben, von außen Wärme zu, so ist die Volumenänderung (hier proportional zur zurückgelegten, nach außen gerichteten Wegstrecke des Kolbens) ein Maß für die verrichtete Arbeit.

Stellen wir uns nun einen starren Gasbehälter ohne beweglichen Kolben vor. Erneut führen wir von außen Wärme zu. Da in diesem Behälter $\Delta V = 0$ ist, werden $W = 0$ und

$$Q = \Delta U \tag{3}$$

Die Änderung der inneren Energie wird also ausschließlich durch die Menge der zugeführten Wärme bestimmt. Gleichzeitig stellen wir eine Druck- und Temperaturerhöhung des Gases fest.

Wie hängen Druck und Temperatur mit innerer Energie und Wärme zusammen? Die zugeführte Wärme intensiviert die Translation (thermische Unruhe) der Gasmoleküle, was vermehrt Kollisionen mit Nachbarmolekülen und den Gefäßwänden bewirkt. Aus den Kollisionen zwischen Molekülen und der Wand resultiert eine erhöhte Kraft pro Wandflächeneinheit (= Druckanstieg). Die gesteigerte thermische Unruhe der Moleküle äußert sich zugleich im Temperaturanstieg des Gases. Das Ausmaß, in dem die Zufuhr von Wärme Molekültranslationen und einen Temperaturanstieg bewirkt, ist stoffspezifisch. Diese Aussage gilt nicht nur für Gase, sondern für alle physikalischen Zustandsformen, Substanzen und Stoffgemische.

Die benötigte Energiemenge, die in einem Gramm einer Substanz einen Temperaturanstieg um 1 K bewirkt, ist als **Wärmekapazität** oder **spezifische Wärme** der Substanz definiert. Bei Bezug auf 1 mol spricht man von **Molwärme**. Es gilt:

$$\begin{aligned} C_{\mathrm{V}} &= \frac{\Delta U}{\Delta T \cdot M} \\ &= \frac{Q}{\Delta T \cdot M} \quad \left[\mathrm{J} \cdot \mathrm{mol}^{-1} \cdot \mathrm{K}^{-1}\right] \end{aligned} \tag{4}$$

C_{V} gilt nur für Systeme mit konstantem Volumen, die also keine Arbeit verrichten ($V =$ konstant; $W = 0$), ΔT bedeutet Temperaturänderung und M die Molmasse der gegebenen Substanz.

Mit Temperaturänderungen verbundene Prozesse, die in der Natur kurzfristig die Ökologie der Pflanze betreffen, laufen typischerweise nicht in einem konstanten (geschlossenen) Volumen ab, sie sind eher durch konstante Druckverhältnisse bestimmt. Als Modell für solche Systeme können wir uns noch einmal den Gaszylinder mit beweglichem Kolben vorstellen, da es hier möglich ist, dass die Wärmezufuhr Q bei konstant bleibendem Druck zu einer Volumenausdehnung führt. In einem solchen System erfordert die gleiche Erhöhung der Gastemperatur wie im völlig starren Behälter mehr Wärme, da ein Teil der zugeführten Energie über die erfolgende Volumenausdehnung Arbeit leistet.

Im Gegensatz zu Gl. 3 gilt daher bei konstantem Druck:

$$Q = \Delta U + P \cdot \Delta V = \Delta H \tag{5}$$

ΔH wird die **Änderung der Enthalpie** des Systems genannt. Sie stellt die Summe der Änderungen an innerer Energie und geleisteter Arbeit dar. In festen und flüssigen Systemen, deren Volumina in der Regel wenig veränderbar bleiben, sind ΔH und ΔU einander ähnlich. In gasförmigen Systemen jedoch weichen ΔH und ΔU aufgrund der starken Volumenänderung und der damit verbundenen Arbeitsleistung deutlich voneinander ab. Der Unterschied zwischen ΔU und ΔH wirkt sich auf die Bestimmung der spezifischen Wärme bei konstantem Druck aus ($P =$ konstant; $W < 0$ oder $W > 0$):

$$C_{\mathrm{P}} = \frac{\Delta H}{\Delta T \cdot M} = \frac{\Delta U + (P \cdot \Delta V)}{\Delta T \cdot M} \tag{6}$$

Der Vergleich mit Gl. 4 verdeutlicht, dass die spezifische Wärme einer Substanz bei konstantem Druck, C_{P}, größer ist als bei konstantem Volumen ($C_{\mathrm{P}} > C_{\mathrm{V}}$). In anderen

Worten: Um den Betrag der geleisteten Arbeit muss bei konstantem Druck mehr Wärme aufgebracht werden, um die Masseneinheit einer Substanz um $\Delta T = 1\ K$ zu erhöhen, als dies bei konstantem Volumen erforderlich ist.

Der Unterschied zwischen C_V und C_P lässt sich auch aus der Temperaturabhängigkeit von Gl. 5 veranschaulichen:

$$dH/dT = dU/dT + d(P \cdot V)/dT \tag{7}$$

wobei jeweils pro Masseneinheit gilt:

$$dH/dT = C_P$$

und

$$dU/dT = \mathrm{C_V}\ (\text{s. Gl. 6 und 4})$$

Wie ΔH und ΔU unterscheiden sich C_P und C_V um den Betrag der geleisteten Arbeit: $d(P \cdot V)/dT$. Den Zähler in letzterem Term kann man nach dem allgemeinen Gasgesetz ($P \cdot V = n \cdot R \cdot T$) umformen in $d(n \cdot \mathrm{R} \cdot T)$, wonach aus Gl. 7 folgt:

$$C_P = C_V + d(n \cdot R \cdot T)/dT$$

Für $n = 1$ mol ergibt sich nach Differenzierung:

$$C_P = C_V + R \tag{8}$$

C_P ist also um den Betrag der allgemeinen Gaskonstante R größer als C_V. Genauso wie das allgemeine Gasgesetz (s. ▶ Kap. 4, „Allgemeine Gasgesetze – Grundlagen ökophysiologischer Messung") gilt Gl. 8 in ihrer Einfachheit nur für ideale Gase. Die Gleichung verdeutlicht jedoch den prinzipiellen Unterschied zwischen C_P und C_V und somit auch zwischen ΔH und ΔU.

In der Regel erfordern pflanzenökologische Anwendungen die Berücksichtigung der unter konstantem Druck und variablem Volumen ermittelten Wärmekapazität, C_P, von Substanzen (z. B. Wasser, Luft) und Organen (z. B. Blätter, Stämme). Bei einem Normalluftdruck (auf Meereshöhe) von 0,1013 MPa (früher 1 atm) beträgt $C_P = 4{,}18\ \mathrm{kJ} \cdot \mathrm{kg}^{-1} \cdot \mathrm{K}^{-1}$ für Wasser und ist somit ca. 4-mal so hoch wie für trockene Luft ($C_P = 1\ \mathrm{kJ} \cdot \mathrm{kg}^{-1} \cdot \mathrm{K}^{-1}$). Im Vergleich zu 1 kg Luft wird also etwa die 4-fache Energiemenge benötigt, um in 1 kg Wasser die Temperatur um 1 K zu erhöhen.

Noch größer wird der Unterschied im Energiebedarf, sollen gleiche Volumina von Wasser und Luft um 1 K erhöht werden, da die Dichte von Wasser bei z. B. 20 °C mit 998 $\mathrm{kg} \cdot \mathrm{m}^{-3}$ ca. 1000-mal größer ist als für Luft (1,2 $\mathrm{kg} \cdot \mathrm{m}^{-3}$). Pro Kubikmeter benötigt man 4,18 MJ, um die Wassertemperatur um 1 K zu heben, der gleiche Temperaturanstieg erfordert für Luft dagegen nur 1,21 kJ!

2 Wärmeübertragung

Zwischen zwei Körpern kann Wärmeübertragung auf drei Arten stattfinden: durch **Wärmestrahlung, Wärmeleitung** und **Wärmeströmung (Konvektion)**. In den letzteren beiden Möglichkeiten wird der Wärmefluss unmittelbar durch die Temperaturdifferenz der Körper angetrieben (s. u.).

Die Wärmestrahlung wurde bereits im ▶ Kap. 2, „Qualitäten, Quantitäten und Gesetzmäßigkeiten der Strahlung“ behandelt. Nach dem Stefan-Boltzmann-Gesetz gilt für einen Nettoenergiefluss zwischen einem Körper hoher Temperatur T_1 und einem anderen mit niedrigerer Temperatur T_2:

$$J_{SK} = \sigma \cdot \left(T_1^4 - T_2^4\right) \tag{9}$$

Energieübertragung durch Wärmestrahlung findet z. B. zwischen Blattoberfläche und Umgebung statt (s. ▶ Kap. 20, „Strahlungs- und Energieflüsse“). Wärmestrahlung zwischen Körpern erfolgt auch durch ein Vakuum (z. B. im Weltall).

Dagegen können die beiden übrigen Arten der Energieübertragung nur durch Materie vermittelt werden. Die **Wärmeleitung (Konduktion)** lässt Energie durch Körper fließen, wenn diese einen internen Temperaturgradienten aufweisen. Ein solcher Körper kann z. B. ein Draht zwischen zwei verschieden warmen Wasserbädern sein oder auch ein Baumstamm, dessen eine Seite von der Sonne beschienen ist. Wiederum findet ein Nettoenergiefluss von der Position der hohen zur Position der niedrigen Temperatur statt:

$$J = \frac{K \cdot \Delta T}{\Delta x} = \frac{K \cdot (T_1 - T_2)}{\Delta x} \tag{10}$$

wobei Δx die Übertragungsstrecke und K den **Wärmeleitfähigkeitskoeffizienten** darstellen; $\Delta T/\Delta x$ ist der Temperaturgradient. K ist stoffspezifisch.

Der Wärmefluss sinkt mit zunehmender Wegstrecke Δx, über der eine gegebene Temperaturdifferenz ΔT wirksam ist. Der Grund: Mit der Wegstrecke nimmt die Anzahl der Teilchen zu, die im übertragenden Medium vom Energiefluss angeregt werden und infolgedessen den Wärmefluss verringern.

Die Energieübertragung durch **Wärmeströmung (Konvektion)** schließlich findet zwischen einem festen Körper und einem über ihn hinwegströmenden flüssigen oder gasförmigen Medium statt. Die Konvektion ist für die Energieübertragung zwischen Blattoberfläche und Umgebungsluft bedeutsam. Es gilt:

$$J_C = \overline{h}_c \cdot (T_1 - T_2) \tag{11}$$

$\overline{h}_c$ ist definiert als **Wärmeübergangszahl (Konvektionskoeffizient)**. Sie hängt ab von der Wärmeleitfähigkeit der Luft, aber auch von der Fließgeschwindigkeit des bewegten Mediums und der Länge des umströmten Körpers. Ein Blatt mit höherer

Temperatur als der der Luft gibt über die Konvektion umso mehr Wärme an die Luft ab, je kleiner die Blattlänge und je höher die Windgeschwindigkeit ist. In Laubblättern mit zwei Oberflächen muss in Gl. 11 noch der Faktor „2“ eingefügt werden (s. Abschn. 4, im ▶ Kap. 6, „Bewegte Luft – Wind, Grenzschicht, Konvektion und deren Bestimmung“).

3 Methoden der Temperaturmessung

Die beiden vorangegangenen Kapitel verdeutlichten die enge Kopplung zwischen Energie, Temperatur und Wärmeübertragung. Die Messung der Temperatur bietet somit die Möglichkeit, den Wärmehaushalt von Pflanzen zu charakterisieren. Die Kenntnis der Temperatur ist aber auch zur Beurteilung der physiologischen Aktivität der Pflanze und des die Pflanze umgebenden Mikroklimas unentbehrlich. Die folgenden Abschnitte behandeln daher verschiedene, für ökologische Fragestellungen relevante Prinzipien der Temperaturmessung.

3.1 Flüssigkeitsthermometer

In diesen Thermometern nutzt man Flüssigkeiten (meist Alkohole oder Quecksilber), deren Volumenausdehnung in dem zu messenden Temperaturbereich linear mit der Temperaturänderung korreliert ist. Ein Flüssigkeitsreservoir (Bulbus) dient als Temperatursensor und geht in eine kalibrierte Kapillare über, in der die Volumenänderung als sich bewegender Flüssigkeitsfaden sichtbar wird. Die Wärmeaufnahme aus dem zu messenden Medium erfolgt über die drei Arten der Wärmeübertragung.

Um rasche und geringe Temperaturänderungen im Medium möglichst verzögerungsfrei anzuzeigen, sollte das Reservoir dünnwandig sowie klein im Durchmesser sein, und die verwendete Flüssigkeit sollte eine geringe spezifische Wärme aufweisen. Die Dünnwandigkeit erhöht die Wärmeleitung in den Bulbus, und ein kleiner Bulbusdurchmesser erleichtert die gleichmäßige Erwärmung der gesamten Flüssigkeit (Voraussetzung für eine repräsentative Volumenausdehnung). Eine niedrige spezifische Wärme der Flüssigkeit ermöglicht aufgrund des nur begrenzt erforderlichen Wärmeaustausches einen raschen Temperaturangleich des Thermometers an das Medium und damit eine rasche Reaktionszeit.

Flüssigkeitsthermometer eignen sich meist dazu, die Temperatur im Inneren von festen Körpern (Metallblöcke, Erdboden, Baumstämme), in Flüssigkeiten (Wasser) oder von Gasen (Luft) zu messen. Bei der Messung der Lufttemperatur muss jedoch der Bulbus vor direkter Sonneneinstrahlung geschützt werden (z. B. Beschattung durch Aluminiumfolie), andernfalls würde die kurzwellige Strahlung das Thermometer (als optisch dichteres Medium) stärker aufheizen als die Luft. Dadurch käme es im Thermometer neben der eigentlich interessierenden Wärmeaufnahme durch Konvektion aus der Umgebungsluft zu einer zusätzlichen strahlungsbedingten Energieaufnahme. Infolgedessen würde das Thermometer seine über der Lufttemperatur liegende Eigentemperatur anzeigen.

Da in Flüssigkeitsthermometern der Bulbus (= Temperatursensor) nicht beliebig verkleinerbar ist und meist der Glaskörper mit der Ableseskala weit vom Messpunkt weg ragt, ist die Messung von Oberflächentemperaturen (z. B. an Laubblättern oder Nadeln) kaum möglich. Generell wird nämlich mit zunehmender Sensorgröße die der Oberfläche anliegende Luftgrenzschicht gestört. Diese wenig bewegte Luftzone hat eine oberflächenähnliche Temperatur, durchmischt sich aber nach Eindringen eines großen Sensors mit der Umgebungsluft, wodurch die Temperatur am Messpunkt verfälscht wird. Eine Temperaturbeeinflussung kann außerdem durch Wärmeleitung im Sensor selbst zwischen Messpunkt und Umgebung erfolgen, wenn das Thermometer weit aus der Grenzschicht herausragt und eine große Masse besitzt. Schließlich lässt sich ein Bulbus bei der Temperaturmessung kleiner Strukturen (wie z. B. von Fichtennadeln) nicht vor direkter Sonneneinstrahlung schützen, ohne auch die Nadeltemperatur zu beeinflussen.

Wie müssten also geeignete Fühler zur Temperaturmessung an (kleinen) Oberflächen aussehen? Am besten wäre zweifellos, die Oberfläche während der Temperaturmessung überhaupt nicht zu berühren. Eine solche Möglichkeit bieten Infrarotthermometer.

3.2 Infrarotthermometer

Das Funktionsprinzip des Infrarot(IR)thermometers basiert auf dem Stefan-Boltzmann-Gesetz, wonach jeder Körper entsprechend seiner Oberflächentemperatur eine langwellige Wärmestrahlung aussendet (Schwarzkörperstrahlung = „schwarze Strahlung“; s. ▶ Kap. 2, „Qualitäten, Quantitäten und Gesetzmäßigkeiten der Strahlung“). Die absorbierte Wärmestrahlung wird im Messgerät in Temperaturwerte umgerechnet. Es sind Sensoren erhältlich, die aus einigen Zentimetern Entfernung die Temperatur einer ca. 1 mm^2 großen Oberfläche erfassen können. Allerdings kann es in der Praxis schwierig sein, bei kontinuierlichen Messungen im Freiland sehr kleine Oberflächen exakt anzuvisieren (Windbewegung). Außerdem kann die Wärmestrahlung benachbarter Objekte stören und die oft erforderlichen Temperaturauflösungen von 0,1 K erschweren. IR-Thermometer bieten eine Option, wenn unter dem natürlichen Mikroklima innerhalb kurzer Zeitspannen rasche (diskontinuierliche) Temperaturmessungen an möglichst vielen, nicht zu kleinen Blättern erfolgen sollen.

3.3 Widerstandsthermometer und Thermoelemente

In der experimentellen Pflanzenökologie sind elektrische Widerstandsthermometer und Thermoelemente weit verbreitet. Sie bestehen aus Metallen oder Halbleitern, deren Thermosensoren sich bis auf Durchmesser von weniger als 1 mm begrenzen lassen und über elektrische Zuleitungen mit Registriergeräten verbunden sind. Solche Fühler sind daher auch an schlecht zugänglichen Stellen komplexer Messsysteme und in pflanzlichen Geweben positionierbar. Aufgrund der geringen Masse und spezifischen Wärme der verwendeten Materialien reagieren die Fühler fast verzögerungsfrei auf kleine Temperaturschwankungen und können eine Temperaturauflösung von 0,1 K erreichen (je nach Rahmenbedingungen kann die Auflösung sogar < 0,1 K sein). Diese Thermometer eignen sich sehr gut für präzise und punktuelle Temperaturmessungen und zur Steuerung von empfindlichen Temperaturregelsystemen in Messapparaturen.

Meist werden Widerstandsthermometer zur Temperaturmessung in Wärmetauschern oder der Luft eingesetzt, Thermoelemente dagegen zur Bestimmung von Oberflächen- und Gewebetemperaturen. Wir wollen zunächst auf Widerstandsthermometer eingehen.

3.3.1 Widerstandsthermometer

Dieser Thermometertyp lässt sich in zwei Gruppen unterteilen, die **PTC-Thermometer** und die **NTC-Thermometer**. Die erstere Gruppe besitzt metallische Sensoren, deren elektrischer Widerstand bei Temperaturanstieg zunimmt (*positive temperature coefficient*), während die Widerstände der aus Halbleitern bestehenden zweiten Gruppe mit zunehmender Temperatur abnehmen (*negative temperature coefficient*). Das Ausmaß der Widerstandsänderungen wird bedingt durch die Temperaturabhängigkeit des spezifischen elektrischen Widerstandes des verwendeten Materials. Dieser leitet sich nach dem Ohmschen Gesetz ab als:

$$U = R \cdot I$$
$$U = \sigma \cdot \frac{\ell}{O} \cdot I$$

σ ist der spezifische elektrische Widerstand des Leiters und eine materialspezifische Größe, I stellt die Länge und O die Querschnittfläche des Leiters dar.

Was bestimmt die gegensätzliche Temperaturabhängigkeit von σ in Metallen und Halbleitern?

Bekanntlich sind in Metallen die Valenzelektronen nicht einzelnen Atomen zugeordnet, sondern bewegen sich als Elektronenwolke in der atomaren Gitterstruktur. Dieses Elektronenverhalten ist die Ursache der guten elektrischen Leitfähigkeit und Wärmeleitfähigkeit der Metalle. Bei Erwärmung nehmen die Schwingungen der Atome in der Gitterstruktur zu. Dadurch werden die Strecken eines unbehinderten Elektronenflusses in der Gitterstruktur verringert, was sich im erhöhten elektrischen Widerstand des Metalls bei Temperaturanstieg äußert (PTC). In vielen Fällen gilt die Beziehung:

$$\sigma \sim T^{3/2} \tag{12}$$

Den Spezialfall eines PTC-Thermometers stellt das Pt-100-Thermometer dar. Dies ist ein Platindraht (Pt) mit zwei vorteilhaften Eigenschaften:

- Bei 0 °C beträgt sein elektrischer Widerstand 100 Ω („100").
- Der Widerstand ändert sich im biologischen Temperaturbereich annähernd linear.

Das Pt-100-Thermometer findet daher in der experimentellen Pflanzenökologie eine weite Anwendung.

Im Gegensatz zu den Metallen bedarf es in den ebenfalls kristallinen Halbleitern (z. B. Si, Ge) einer Energiezufuhr, um die Valenzelektronen von den einzelnen Atomen zu lösen und energetisch in das sogenannte Leitungsband zu heben. Hier sind die Elektronen frei beweglich. Dies erklärt, warum in Halbleitern mit zunehmender Temperatur der elektrische Widerstand abnimmt (NTC). Der spezifische elektrische Widerstand von Halbleitern folgt meist der exponentiellen Beziehung:

$$\sigma \sim e^{(A/T)} \tag{13}$$

A ist eine materialspezifische Konstante.

Mit Ausnahme des Pt-100-Thermometers korrelieren nach den Gleichungen 12 und 13 die elektrischen Widerstände von PTC- und NTC-Thermometern nicht unbedingt linear mit der Temperatur. Infolge Neuentwicklung von Metalllegierungen und Halbleiterforschung sind jedoch Materialien verfügbar, deren Widerstände sich im biologischen Temperaturbereich annähernd linear verhalten.

Den Einsatz elektrischer Widerstandsthermometer unter Feldbedingungen zeigt Abb. 1 mit einem Beispiel, in dem NTC-Sensoren den zeitlichen Verlauf vertikaler Temperaturprofile (einschließlich des Oberbodens) in vier verschiedenen Pflanzenbeständen ermittelten. Während im unterirdischen Bereich des Profils auf engen Kontakt zwischen Sensoren und Bodenmaterial zu achten war, sollten die im Luftraum exponierten Sensoren idealerweise beschattet und ventiliert sein. Beide Bedingungen vermeiden, dass die Sensoren anstatt einer repräsentativen Lufttemperatur bei direkter Besonnung ihre Eigentemperatur bzw. bei fehlender Luftdurchmischung die Temperatur der den Sensor umgebenden Luftgrenzschicht angeben. Unter den Rahmenbedingungen des gezeigten Beispiels, eines studentischen Feldpraktikums, waren die im Luftraum verwendeten Sensoren durch schirmartig geformte Aluminiumfolie gegen direkte Besonnung geschützt.

Hintergrundinformation

Wie sind die Ergebnisse der Abb. 1 zu interpretieren? Am frühen Vormittag (Abb. 1a) beginnt die Besonnung die Bodenoberfläche der gemähten Wiese bereits aufzuheizen, auf ca. 23 °C gegenüber ca. 21 °C im freien Luftraum in 4 m Höhe: Für den kurzgeschnittenen Pflanzenbewuchs gibt es keine Beschattung, und die geringe Wärmeleitung des Bodens führt zu einem Wärmestau an der Oberfläche. Anders die Situation in der ungemähten Wiese, in der die Beschattung des Aufwuchses Bodenoberfläche noch bei 18 °C belässt, also ca. 3 °C unterhalb der Lufttemperatur über den beiden Wiesenflächen. In 30 cm Bodentiefe beträgt die Temperatur mit ca. 13 °C in der ungemähten Wiese zwei Grad weniger als in der stärker exponierten gemähten Wiese. Ab 30 cm aufwärts sind ist die Temperaurprofile über beiden Wiesen identisch.

Dramatisch erwärmt sich die Bodenoberfläche der gemähten Wiese am frühen Nachmittag (Abb. 1b) bis auf 40 °C gegenüber der nun ebenfalls über beiden Wiesen in 4 m Höhe auf ca. 33 °C angestiegenen Lufttemperatur. Auch in der ungemähten Wiese sind nun die oberflächennahen Temperaturen von Boden und Luft markant angestiegen, auf 18, 23 und 32 °C in den Positionen − 5, − 1 bzw. + 1 cm. Bei − 30 cm sind unter beiden Wiesen die Bodentemperaturen seit den Morgenstunden auf unverändertem Niveau verblieben. An der Bestandsoberkante der ungemähten

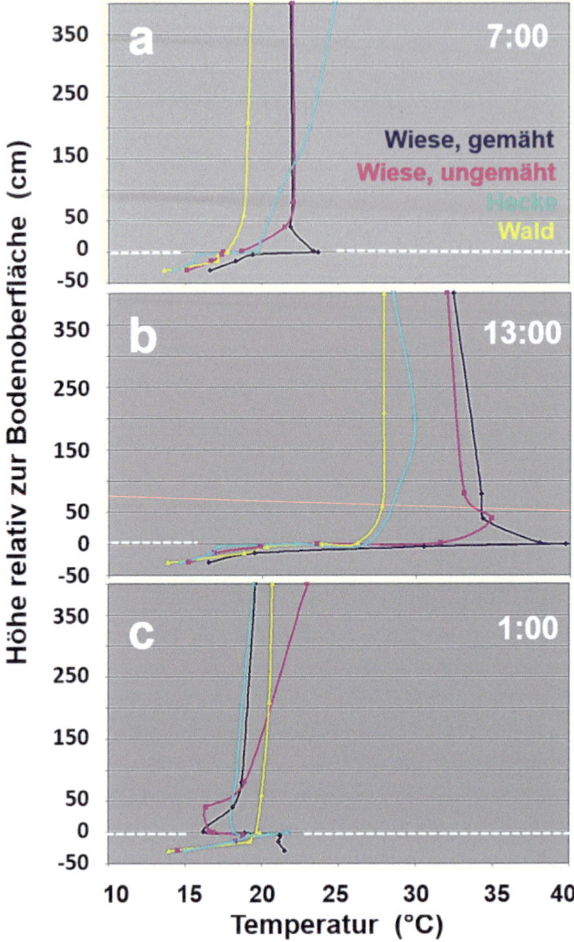

Abb. 1 Mit NTC-Sensoren im Boden und Luftraum von vier Pflanzenbeständen bei sonnig-warmen Juniwetter gemessene Temperaturprofile (Wiese gemäht und ungemäht, Hecke und Wald), dargestellt zu drei ausgewählten Tageszeiten (7:00, 13:00 und 1:00 Uhr, **a-c**). Der Bewuchs der gemähten Wiese war ca. 1 cm hoch, jener in der ungemähten ca. 50 cm. In einer Hecke mit Strauchbreite wurde eine ca. 4 m hohe Hasel (*Corylus avellana*) für die Profilmessung gewählt, und in einem 20 m hohen Fichtenbestand (*Picea abies*) mit lückigem Kronendach wurden die untersten 4 m erfasst. Das in (**a**) abgebildete Profil repräsentiert den Zeitpunkt etwa 2,5 h nach Sonnenaufgang, und das Profil in (**b**) das Maximum der täglichen Lufttemperatur am frühen Nachmittag. In (**c**) ist ein nächtlicher Zeitpunkt bei fehlender Sonneneinstrahlung, aber ausschließlich langwellig-thermischer Abstrahlung in den wolkenfreien Himmel dargestellt. Die Sensoren waren oberirdisch senkrecht an im Boden verankerten Profilstangen montiert und mit Aluminiumfolie gegen direkte Besonnung abgeschirmt. Die unterirdisch positionierten Sensoren wurden in unmittelbarer Nähe zu den Stangen am Ende dünner Vorbohrungen in die jeweils vorgesehenen Bodentiefen eingebracht und danach die Bohrkanäle mit Bodenmaterial dicht verfüllt. Die Bodentiefen waren 30, 5 und 1 cm, und die oberirdischen Positionen lagen auf beiden Wiesenflächen bei + 1, + 30, + 80, + 210 und + 400 cm. In der Hecke lagen die oberirdischen Profilpositionen bei + 1, + 210 und + 400 cm, und im Wald die obersten drei Positionen bei + 60, + 210 und + 400 cm (Daten: studentisches Feldpraktikum)

Wiese beträgt die Lufttemperatur am frühen Nachmittag nunmehr fast 35 °C und ist damit ähnlich zur Temperatur in gleicher Position über der gemähten Wiese bei + 30 cm.

Unter der nächtlichen langwellig-thermischen Abstrahlung (Abb. 1c) fallen die Temperaturen in Bodennähe in gemähter und ungemähter auf ca. 16 °C, wobei das gleiche Temperaturniveau auch an der Bewuchsoberkante der ungemähten Wiese herrscht. Diese Temperatur ist damit um ca. 2 °C niedriger als die Lufttemperatur in 4 m Höhe über der ungemähten Wiese, und um ca. 5 °C niedriger in gleicher Höhe als über der gemähten Wiese. Für beide Effekte ist die Energieabstrahlung aus jenen Bereichen des Profils verantwortlich, die untertags auch die meiste Sonnenenergie aufgenommen und in sich akkumuliert haben. Diese sind Bodenoberfläche und Bestandsoberkante in gemähter bzw. ungemähter Wiese. In diesen Bereichen sind die Energieabstrahlungen aufgrund der geringen Energiespeicherkapazitäten besonders hoch, und damit auch die Temperaturabsenkungen erheblich. Verstärkt wird dieser Effekt zudem durch die geringe thermische Leitfähigkeit des Bodens, die neben der begünstigten Energieakkumulation an der Bodenoberfläche auch die Wärmeleitung aus dem Boden heraus erschwert. Die von der Oberflächentemperatur getriebene Abstrahlung kann ihren nach dem Stefan-Boltzmann Gesetz erzwungenen Energiebedarf daher nur durch Energieentzug aus der Oberfläche selbst decken, sodass diese rasch und deutlich abfällt. Die Energieabstrahlung der Bodenoberfläche mag auch erklären, dass der Sensor in 4 m Höhe über der gemähten Wiese eine erhöhte Temperatur gegenüber der ungemähten Wiese in gleicher Position anzeigt. Der Abkühlungseffekt in der ungemähten Wiese ist geringer, da deren hoher Aufwuchs die Abstrahlung vom Boden aus dem Bestand heraus behindert.

Die beschriebenen nächtlichen, bei klarem Himmel auftretenden Abkühlungsphänomene in Bodennähe und Bestandsoberkante führen hier jeweils zur Taubildung oder in Frühjahr und Herbst zu Bodenfrost, wenn die Lufttemperatur unter die Taupunkttemperatur sinkt (und bei Bodenfrost zusätzlich unter den Gefrierpunkt; s. ▶ Kap. 9, „Physik des Wasserdampfes – Luftfeuchte und Wasserdampfgradienten“).

Im Boden stellen sich unter der ungemähten Wiese nachts die gleichen Temperaturen wie am Morgen ein (Abb. 1a, c), jedoch bleiben sie in – 30, – 5 und – 1 cm unter der gemähten Wiese weiterhin erhöht (Abb. 1c), zwischen 21–22 °C. Infolge der geringen Wärmeleitung in den Boden und dem damit untertags an der Bodenoberfläche sich einstellenden Wärmestau ist nun nachts die von der Sonne eingestrahlte Energie in genannten Bodenpositionen angekommen.

Was ist über die Temperaturprofile in Hecke und Wald zu sagen? Beginnen wir mit dem Wald, in dessen unterem Stammraum die Lufttemperatur zu jeder der ausgewählten Tageszeiten zwischen 4 m Höhe bis hinunter auf ca. + 60 cm über dem Boden um höchstens 1 °C abfällt (Abb. 1a–c): Am frühen Vormittag war der höchste Wert in 4 m Höhe ca. 17 °C, am frühen Nachmittag in gleicher Position ca. 28 °C, und nachts entsprechend 20 °C. Das lückige Kronendach lässt also auch im Stammraum eine markante Erwärmung zu, bedingt aber auch nachts die Abkühlung durch langwellig-thermische Abstrahlung aus dem Kronendach hinaus. Dennoch bleibt nachts, nach den heißen Lichtstunden, die Lufttemperatur gegenüber den vorangegangenen Morgenstunden um ca. 3 °C erhöht, da das Kronendach die Abstrahlung zugleich behindert. Das Maximum der nächtlichen Energieabstrahlung und infolgedessen der Abkühlung ist an der Bestandsoberkante zu verorten (in ca. 20 m Höhe, jedoch nicht erfasst), ähnlich wie dies in der gemähten Wiese an der Bodenoberfläche, und in der ungemähten Wiese an deren Bestandsoberkante der Fall war. Man kann daher eine ungemähte Wiese als „thermisches Miniatur-Modell“ eines Waldbestands betrachten.

Erst unterhalb + 60 cm fällt im Wald die Lufttemperatur zu allen gezeigten Tageszeiten um 1–2 °C hin zur Position + 1 cm ab. Dies ist ebenfalls einem Unterwuchs aus Sträuchern und Kräutern von ca. 50 cm Höhe geschuldet, der infolge Beschattung die Energieaufnahme am Boden limitiert. Der Temperaturgradient zwischen + 1 cm und – 1 cm bleibt nachts und am frühen Vormittag auf ca. 1 °C beschränkt, nicht so jedoch am frühen Nachmittag, wenn der Gradient auf ca. 6 °C anwächst (Abb. 1b). Ansonsten ist das Temperaturprofil in den vier untersuchten Pflanzenbeständen, also einschließlich der Hecke, unterhalb – 5 cm ähnlich und zeigt zudem keine Variation während des Beobachtungszeitraums.

Damit kommen wir abschließend zur Hecke, deren Temperaturprofil im Luftraum den Messungen im unteren Stammraum des Waldes ähnelt (Abb. 1a–c), dies jedoch mit zwei Ausnahmen:

(1) am frühen Vormittag (Abb. 1a) in 4 m Höhe, und (2) nachts (Abb. 1c) an der Bodenoberfläche. Zu (1): 4 m Höhe entspricht dem Kronenraum der Hecke, in dessen Wipfelbereich sich der Temperatursensor befindet. Expositionsbedingt erfährt aber die Heckenkrone am frühen Vormittag seitlich durch den noch niedrigen Einstrahlungswinkel der Sonne bereits eine deutliche Erwärmung (um ca. 3 °C gegenüber den Lufttemperaturen auf gleicher Höhe über den beiden Wiesenflächen; Abb. 1a).

Zu (2): Wie über der gemähten Wiese kommt es an der Bodenoberfläche der Hecke zu einer deutlichen nächtlichen Abkühlung, in beiden Fällen verursacht durch eine signifikante thermische Abstrahlung (Abb. 1c). Dies mag für die Hecke überraschen, jedoch war deren seitliche Ausdehnung auf eine Strauchbreite beschränkt. Die Abstrahlung kann seitlich somit ungehindert aus der Bodenoberfläche in den klaren Nachthimmel erfolgen. Zudem ist die Abkühlung der Bodenoberfläche, wie im Fall der gemähten Wiese, durch die geringe Wärmeleitung aus dem Boden heraus begünstigt. Die am frühen Nachmittag zumindest seitlich hohe Einstrahlung führt an der Bodenoberfläche der Hecke ähnlich markant zu Wärmestau und Überhitzung wie im Fall der gemähten Wiese (gleichermaßen gefördert durch die geringe Wärmeleitung in den Boden; Abb. 1b).

Insgesamt ist festzustellen, dass die Temperaturprofile der vier Pflanzenbestände zu den drei ausgewählten Tageszeiten vom Oberboden in den Luftraum hinein ähnliche Trends aufweisen, allerdings mikroskalig bei teilweise ausgeprägter Variation.

3.3.2 Thermoelemente

Abb. 2 zeigt ein einfaches Thermoelement. Zwei Kupferdrähte sind mit jeweils einem Ende an ein Voltmeter angeschlossen, während die beiden anderen Enden über einen Draht der Metalllegierung Konstantan verbunden sind. Wir erhalten die beiden verlöteten oder verschweißten Thermokontakte 1 und 2. Diese geben eine Thermospannung im Voltmeter aus, die zur Temperaturdifferenz zwischen ihnen proportional ist. ► Abb. 9 im Kap. 2, „Qualitäten, Quantitäten und Gesetzmäßigkeiten der Strahlung“ zeigt eine Anwendung eines Thermoelements.

Konstantan ist der Industriename einer Legierung aus Kupfer und Nickel. Da sich die Bezeichnung Konstantan allgemein durchgesetzt hat, werden wir sie im Folgenden beibehalten.

► Thermoelemente ermitteln aufgrund ihrer Konstruktionsweise primär Temperaturdifferenzen zwischen (mindestens zwei) Thermokontakten und unterscheiden sich somit von anderen Thermometern, die absolute Temperaturen erfassen.

Hintergrundinformation

Wie erklärt sich diese Funktionsweise von Thermoelementen?

Sollen einem Metall (oder einer Legierung) Elektronen entzogen werden, muss eine materialspezifische **Austrittsarbeit** (Galvani-Spannung) an den Elektronen verrichtet werden. Entsprechend der Galvani-Spannung lassen sich die Metallarten in einer **thermoelektrischen Spannungsreihe** anordnen (Tab. 1). Metallarten mit hoher erforderlicher Austrittsarbeit geben weniger leicht Elektronen ab und erscheinen damit positiver als Metallarten mit niedrigerer Austrittsarbeit. Der Nullpunkt dieser Spannungsreihe ist in Tab. 1 willkürlich Platin zugeordnet.

Berühren sich zwei verschiedene Metallarten, so treten an der Kontaktfläche Elektronen aus dem Metall mit der niedrigen erforderlichen Austrittsarbeit in das Metall mit der hohen über.

Entlang der Kontaktfläche baut sich daher eine elektrische Potenzialdifferenz auf, die **Kontaktspannung**. Sie ist temperaturabhängig und entspricht pro Temperaturänderung von 1 K der Spannungsdifferenz zwischen Metallpaaren in Tab. 1. Die Kontaktspannung stellt energetisch die Differenz der Austrittsarbeiten zwischen den Elektronen zweier Metallarten dar.

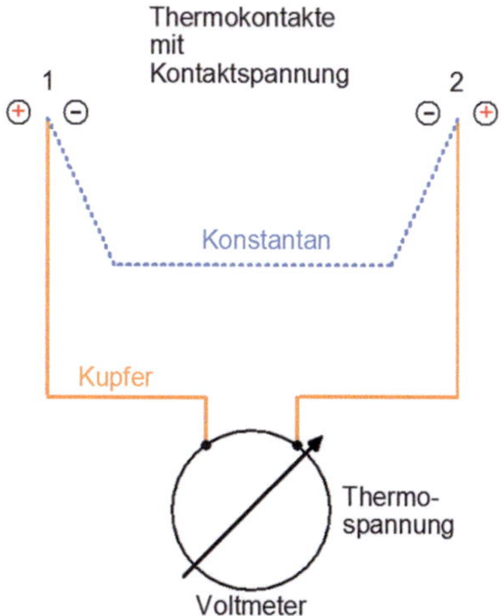

Abb. 2 **Funktionsprinzip eines Thermoelements** (z. B. Thermokontakte aus Kupfer und Konstantan, Letztere eine Kupfer-Nickel-Legierung). Die Berührungspunkte der beiden Metallarten bilden die Thermokontakte 1 und 2, in denen sich abhängig von der jeweils herrschenden Temperatur eine Kontaktspannung aufbaut. Die Differenz dieser Spannungen wird am Ausgang des Thermoelements als Thermospannung gemessen und ist proportional zur Temperaturdifferenz zwischen 1 und 2. Thermoelemente geben primär Temperaturdifferenzen aus. (Quelle: eigene Darstellung)

Tab. 1 Thermoelektrische Spannungsreihe von Metallen. Die Potenzialdifferenz zwischen jeweils zwei Metallen ergibt die entsprechende Kontaktspannung in µVolt pro 1 K (z. B. 14 $\mu V \cdot K^{-1}$ zwischen Fe und Al). Der Nullpunkt dieser Reihe ist willkürlich Platin zugeordnet. Die Angabe der Kontaktspannung pro Kelvin ist nur für den biologischen Temperaturbereich gültig

Metall oder Legierung	Thermoelektrisches Potenzial [µV]	
Chrom-Nickel	22	(Legierung)
Eisen	18	
Wolfram	8	
Kupfer	7,5	
Silber	7…7,5	
Zink	7	
Zinn	4…4,5	
Blei	4…4,5	
Aluminium	4	
Platin	0	
Nickel	– 15…– 16	
Konstantan (Kupfer-Nickel)	– 34…– 35	(Legierung)

In Abb. 2 treten Kontaktspannungen jeweils zwischen den beiden Metallarten an den Thermokontakten 1 und 2 auf. Wärmezufuhr aus der Umgebung der Kontakte erleichtert die Austrittsarbeit der Elektronen und erklärt die Temperaturabhängigkeit der Kontaktspannung. Die Wärmezufuhr erhöht also die Energie pro Elektron (= Ladungseinheit).

Der Quotient Energieeinheit/Ladungseinheit stellt aber auch die Definition der Einheit Volt dar:

$$\text{Volt} = \text{Joule}/\text{Coulomb}$$

Diese Beziehung ist unabhängig von der Größe betrachteter Flächen, in denen sich die Elektronen befinden. Somit ist auch die Kontaktspannung nur von der Energiebeladung der Elektronen, nicht aber von der Größe der Kontaktfläche zwischen den Metallarten abhängig.

Nur aus messtechnischen Gründen sollten die Kontaktflächen möglichst klein gehalten werden, um bei punktuellen Temperaturmessungen Temperaturgradienten innerhalb der Thermokontakte zu vermeiden.

Unterschiedliche Temperaturen an den Thermokontakten 1 und 2 resultieren somit in unterschiedlichen Kontaktspannungen, deren Differenz ihrerseits die im Voltmeter messbare **Thermospannung** des gesamten Thermoelements ergibt.

Beispiel

Herrscht an beiden Kontakten genau die gleiche Temperatur, so ergeben sich im Kontakt 1 entsprechend dem Potenzialgradienten zwischen Kupfer und dem thermoelektrisch negativeren Konstantan $-$ 42,5 $\mu V \cdot K^{-1}$, und in 2 bei umgekehrtem Potenzialgradienten zwischen Konstantan und Kupfer + 42,5 $\mu V \cdot K^{-1}$. Im Thermoelement ist also keine Thermospannung messbar. Ist die Temperatur in 2 um 1 K erhöht, so gilt in 1 weiterhin $-$ 42,5 $\mu V \cdot K^{-1}$, aber in 2 (42,5 + 42,5) $\mu V \cdot K^{-1}$. Es resultiert nun im Thermoelement eine Thermospannung von + 42,5 $\mu V \cdot K^{-1}$. Das Vorzeichen der Thermospannung kehrt sich um, wenn man am Voltmeter die Anschlüsse des Thermoelements vertauscht. ◀

Die Thermospannung pro 1 K Temperaturdifferenz zwischen zwei Thermokontakten ist in Tab. 2 für einige gebräuchliche Thermoelemente aufgelistet. Die Messauflösung eines Thermoelementes nimmt mit der µVolt-Ausbeute pro Kelvin zu.

Hintergrundinformation

Wieso braucht man zwei Thermokontakte in einem Thermoelement?

Würde man z. B. nur den Kontakt 1 zur Messung verwenden, müsste der Cu-Ni(Konstantan)-Draht direkt an das Voltmeter angeschlossen werden. An dieser Klemme würde nun Konstantan mit der Kupferleitung des Voltmeters in Berührung kommen – und man erhielte im Messgerät selbst den zweiten Thermokontakt. Dieser würde jedoch aufgrund seiner unkontrollierten Temperatur die Messung des Kontakts 1 verfälschen. Die gezeigte Anordnung in Abb. 1 bietet dagegen den Vorteil, dass nur Kupferdrähte an das Voltmeter gelangen. Sich berührende gleiche Metallarten (in Volt-

Tab. 2 Thermoelemente und ihre Thermospannung im biologischen Temperaturbereich. Die Angaben verstehen sich für eine Temperaturdifferenz $\Delta T = 1$ K zwischen zwei Thermokontakten eines Thermoelements. (Thermoelementanordnung wie in Abb. 1)

Thermoelement (aus Metall und Legierung)	Thermospannung nach DIN-Standard [$\mu V \cdot K^{-1}$]	Typ
Cu–Konstantan	42,5	T
Fe–Konstantan	53,7	J
Ni–Chrom-Nickel	40,4	
Pt–Platin-Rhodium	6,4	S

meter wie Zuleitungen) bauen jedoch nur vernachlässigbare Kontaktspannungen auf (bedingt nur durch unterschiedliche Metallreinheitsgrade).

Was geschähe aber, wenn im gezeigten Thermoelement anstatt Kupfer Eisen verwendet würde und die Eisenzuleitungen an den Kupferklemmen des Voltmeters befestigt wären? In diesem Falle wären die Kontaktspannungen an beiden Klemmen des Voltmeters zueinander entgegengesetzt polarisiert. Ist der Temperaturgradient zwischen den Klemmen des Voltmeters außerdem vernachlässigbar, was durch enge Zusammenlegung und eine gemeinsame Isolierung der Klemmen erreicht wird, sind die beiden entgegengesetzt polarisierten Kontaktspannungen auch gleich groß. Damit heben sich die Kontaktspannungen an den Klemmen des Voltmeters auf, und die Temperatur des Voltmeters beeinflusst die Messung der Kontakte 1 und 2 nicht.

Die Berechtigung der in Abb. 1 gezeigten Messanordnung eines Thermoelements mit zwei Thermokontakten wird somit deutlich: Im Englischen wird ein Thermoelement treffend als *„thermocouple“* bezeichnet.

Wenngleich Thermoelemente aus (mindestens) zwei Thermokontakten aufgebaut sind, lassen sich dennoch Adaptationen zur Messung absoluter Temperaturen erzielen. Halten wir beispielsweise den Kontakt 1 in ein Eisbad bei 0 °C, ergibt die Temperaturdifferenz zu Kontakt 2 eine absolute Celsius-Temperatur. Kontakt 1 fungiert somit als **Thermonullstelle** des Thermoelements. Wir können Kontakt 1 aber auch an einem elektrischen Widerstandsthermometer befestigen, das die absolute Lufttemperatur erfasst. Addieren wir nun die Differenz zwischen 1 und 2 zur Temperaturmessung des Widerstandsthermometers, erhalten wir mit Kontakt 2 ebenfalls absolute Temperaturen. Wichtig ist also bei absoluten Temperaturmessungen mit Thermoelementen, dass ein Thermokontakt bei einer bekannten Referenztemperatur gehalten wird.

Wegen ihrer einfachen Verarbeitung (Löten) sind Thermoelemente aus Kupfer-Konstantan weit verbreitet. Da Thermodrähte mit 0,1 mm Durchmesser verfügbar sind, lassen sich entsprechend kleine Thermokontakte herstellen. Dies bedingt die besondere Eignung der Thermoelemente zur Messung von Oberflächen- und Gewebetemperaturen.

Solch kleine Sensoren lassen sich weitgehend störungsfrei in die Luftgrenzschicht (s. ▶ Kap. 6, „Bewegte Luft – Wind, Grenzschicht, Konvektion und deren Bestimmung“) der Oberflächen einführen, wodurch die Temperatur am Messpunkt nicht beeinflusst wird. Auch die Wärmeleitung im Sensor zwischen Messpunkt und Umgebung ist unbedeutend. Zum einen sind die Drahtdurchmesser der Kontaktzuleitungen sehr gering, was die Wärmeleitung minimiert, zum anderen können diese dünnen Drähte über eine gewisse Distanz (1–2 cm) der Oberfläche innerhalb der Luftgrenzschicht anliegen, bevor sie zum Voltmeter geführt werden. Somit tritt der ohnehin geringe Wärmeaustausch mit der Umgebung durch Wärmeleitung in den Drähten erst in einiger Entfernung vom Thermokontakt auf. Der Einfluss der kurzwelligen Sonnenstrahlung auf die Temperaturmessung bleibt bei der geringen Masse des Sensors ebenfalls unbedeutend. Thermoelemente bieten daher eine zuverlässige Temperaturmessung auch an kleinen Oberflächen, wie etwa Koniferennadeln, an denen Beschattung des Thermokontakts meist nicht hinreichend gewährleistet ist. Die Absolutmessung der Blatt- und Nadeltemperaturen wird durch Anbringung des zweiten Thermokontaktes an ein elektrisches Widerstandsthermometer zur Lufttemperaturmessung erzielt, wie oben bereits erläutert.

Wir haben somit vier verschiedene Thermometertypen kennengelernt, die alle in der experimentellen Pflanzenökologie angewandt werden. Messobjekte und erforderliche Genauigkeiten bestimmen in der Praxis die Auswahl der Sensoren.

4 Beispiele von Thermoelementmessanordnungen

Im Folgenden sollen Thermoelementverschaltungen demonstriert werden, die in Messsystemen, wie den in den ▶ Kap. 11, „Methoden der Gaswechselmessung – historische und aktuelle“ sowie ▶ Kap. 17, „Methoden der Wasserzustandsmessung – Kompensationsmethoden, Psychrometrie und Zelldrucksonde“ und ▶ Kap. 19, „Wasserferntransport in der Pflanze – Grundlagen und Messverfahren“ vorgestellten, verwendet werden. Wir beschränken uns hier zunächst auf die Errechnung von Thermospannungen dieser Systeme.

4.1 Beispiel 1: Die Thermoelementanordnung im Xylemflussmesser nach Cermak und Kucera

Die Abb. 3 zeigt eine Anordnung von vier Thermoelementen, die miteinander verdrahtet an ein Voltmeter angeschlossen sind und die Temperaturdifferenz zwischen den Positionen A und B erfassen sollen. Die verwendeten Materialien sind Kupfer und Konstantan. Es ist offensichtlich, dass sich bei gleicher Temperatur in A und B die einander entgegengesetzt orientierten Kontaktspannungen jedes Thermoelements aufheben und somit im Voltmeter keine Thermospannung messbar ist.

Hintergrundinformation

Nehmen wir an, die Temperatur in Position A sei um 1 K höher als in B. Greifen wir nun die Spannung zwischen 1 und 2 ab (Eingang c am Voltmeter an 1 und d direkt an 2), so erhalten wir eine Thermospannung von 42,5 µV (s. Tab. 2). Verbinden wir aber c direkt mit 3 und d direkt mit 4, so messen wir denselben Temperaturgradienten in entgegengesetzter Richtung, das Voltmeter zeigt nun – 42,5 µV als Thermospannung. Somit heben sich die Thermospannungen der beiden linken Elementpaare auf, wenn wir c mit 1 und d direkt mit 4 verbinden.

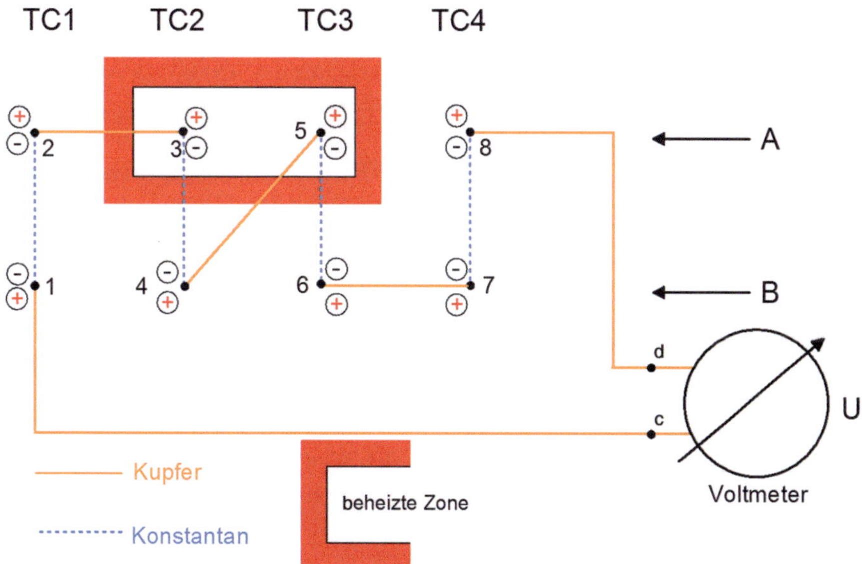

Abb. 3 **Thermoelementanordnung im Xylemflussmesser für Baumstämme** nach Cermak und Kucera (1981). Vier Thermoelemente (*thermocouple;* TC1–TC4) sind zu einem Gesamtsystem verdrahtet, die Thermokontakte 2, 3, 5 und 8 jeweils 10 cm höher am Stamm montiert (im Xylem der Position A) als die Thermokontakte 1, 4, 6 und 7 (im Xylem der Position B). TC2 und TC3 sind in Serie verdrahtet und erfassen jeweils die gleiche Temperaturdifferenz zwischen der beheizten Zone und der darunterliegenden Referenzposition; sie addieren also ihre Thermospannungen zu einem gemeinsamen Signal (integrieren über die Fläche zwischen 3 und 6). TC1 ist differenziell zu TC2, und TC3 ebenso zu TC4 verdrahtet; d. h., TC1 und TC4 subtrahieren die Thermospannungen von Temperaturgradienten im Stamm außerhalb der beheizten Zone vom TC2 + TC3-Signal. Die insgesamt aus TC1–TC4 resultierende Thermospannung *U* wird am Ausgang des Systems gemessen (bei c und d). (Quelle: eigene Darstellung)

Verbinden wir jedoch c direkt mit 3 und d direkt mit 6, so messen wir eine Thermospannung von − 85 μV, da die beiden mittleren Thermoelemente zweimal nacheinander denselben Temperaturgradienten in der gleichen Richtung erfassen.

Die Kontakte 7 und 8 sind schließlich genauso orientiert wie 1 und 2, womit sich auch die Spannungen zwischen 5 und 8 (den beiden rechten Elementen) aufheben. Welche Thermospannung resultiert somit insgesamt in der Anordnung der Abb. 3?

Addieren wir die Thermospannungen der vier Einzelelemente von links nach rechts, so erhalten wir Null:

$$42{,}5\ \mu\text{V} + (-\ 42{,}5\ \mu\text{V}) + (-\ 42{,}5\ \mu\text{V}) + 42{,}4\ \mu\text{V} = 0\ \mu\text{V}$$

Die gezeigte Thermoelementanordnung kompensiert somit den angenommenen Temperaturgradienten zwischen A und B.

Man mag sich fragen, wozu der ganze Aufwand, wenn sich eine Temperaturdifferenz von 1 K zwischen A und B in keiner messbaren Thermospannung widerspiegelt. Um die Anordnung in Abb. 2 für die spätere Anwendung zu verstehen, müssen wir daher noch eine weitere Temperaturverteilung durchdenken.

Nehmen wir an, die Temperaturdifferenz zwischen A und B sei ein Background-Gradient. Nun führen wir der Zone um 3 und 5 gerade die Wärmemenge eines weiteren Temperaturanstiegs um

1 K zu. Somit wäre die neue Temperaturdifferenz zwischen 3 und 4 sowie 5 und 6 jeweils 2 K, wovon jedoch 1 K durch den Background-Gradienten verursacht wird. Dieser Background-Gradient soll nach wie vor zwischen 1 und 2 sowie 7 und 8 vorhanden sein. Addieren wir also nochmals von links nach rechts die Thermospannungen der Einzelelemente, ergibt sich:

$$42{,}5\ \mu V + (-\ 85\ \mu V) + (-\ 85\ \mu V) + 42{,}4\ \mu V = -\ 85\ \mu V$$

Die Rechnung zeigt, dass die Summe der Thermospannungen aus den mittleren Thermoelementen zweimal um den Betrag des Background-Gradienten der Temperatur verringert wurde. Die verbleibenden – 85 µV sind das Integral der beiden mittleren Thermoelemente über den Temperaturunterschied in der Fläche zwischen 3 und 6, und zwar für den der Wärmezufuhr entsprechenden Temperaturanstieg von 1 K.

Welches sind nun zusammenfassend die Vorzüge von Thermoelementanordnungen wie in Abb. 3?

- Durch gegenpolige Verdrahtungen lassen sich Background-Gradienten der Temperatur in Thermoelementmessungen kompensieren.
- Thermoelemente können mehrfach in Serie verdrahtet werden („Thermoelementbatterie"), wodurch über die Temperaturverteilung in einer Fläche integriert wird. Im Falle von Kupfer/Konstantan ergeben n Thermoelemente in Serie $n \cdot 42{,}5\ \mu V$ für eine Temperaturdifferenz von 1 K. Die mehrfache Aufsummierung derselben Temperaturdifferenz bewirkt zugleich eine erhöhte µVolt-Ausbeute pro Temperatureinheit (1 K). Letzteres ist vorteilhaft, wenn wärmetauschende Regelsysteme kleine Temperaturdifferenzen möglichst präzise aufrechterhalten sollen. Eine solche Anwendung ist im Xylemflussmesser nach Cermak und Kucera (1981) (s. ► Kap. 19, „Wasserferntransport in der Pflanze – Grundlagen und Messverfahren") gegeben.

4.2 Beispiel 2: Das isopiestische Psychrometer nach Boyer und Knipling

In diesem Messsystem wird ein Thermoelement verwendet, das aus mehr als zwei Metallarten aufgebaut ist (Abb. 4). Die linke Kupferleitung ist über Konstantan, Silber und die Legierung Chrom-Nickel mit der rechten Kupferleitung verbunden. Der zu messende Temperaturgradient liegt zwischen den Positionen A und B. Ist auch in diesem komplexen Thermoelement keine Thermospannung messbar, wenn die Temperatur in A und B gleich ist?

Hierzu müssen wir die Kontaktspannungen von 1–4 kennen, die aus Tab. 1 zu entnehmen sind:

- In Kontakt 1 fällt der Potenzialgradient vom thermoelektrisch positiveren Kupfer auf das negativere Konstantan ab, man erhält $-\ 42{,}5\ \mu V \cdot K^{-1}$ als Kontaktspannung.
- In 2 steigt der Gradient vom Konstantan auf das positivere Silber an, es resultieren $42{,}5\ \mu V \cdot K^{-1}$.

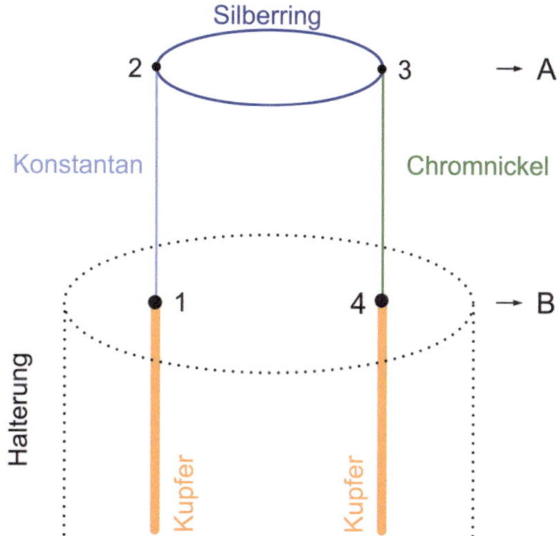

Abb. 4 Im isopiestischen Psychrometer verwendetes Thermoelement aus vier Metallarten: Kupfer, Silber sowie die Legierungen Konstantan und Chrom-Nickel. Ermittelt wird die Temperaturdifferenz zwischen einem am Silberring befestigten Wassertropfen (Position A) und der Halterung (Position B). Die Differenz resultiert aus dem Wasserdampfaustausch des Tropfens (Verdunstungskühlung oder Kondensationswärme) mit einem in der Nähe des Thermoelements exponierten pflanzlichen Gewebe (nicht gezeigt). Temperaturgradienten zwischen den Thermokontakten 1 und 4 sowie 2 und 3 sind jeweils vernachlässigbar. Die Messvorrichtung dient zur Ermittlung des Wasserpotenzials im pflanzlichen Gewebe. (Quelle: eigene Darstellung)

- In 3 ergeben sich im Kontakt von Silber auf das thermoelektrisch positivere Chrom-Nickel 14,5 $\mu V \cdot K^{-1}$.
- Zwischen Chrom-Nickel und dem relativ zu ihm negativen Kupfer resultieren – 14,5 $\mu V \cdot K^{-1}$ in Kontakt 4.

Wir addieren: $(-\ 42{,}5 + 42{,}5 + 14{,}5 + (-\ 14{,}5))\ \mu V = 0\ \mu V$.

Herrscht also keine Temperaturdifferenz zwischen A und B, so heben sich diese Kontaktspannungen auf, und es ist im abgebildeten Thermoelementsystem keine Thermospannung messbar.

Dieses Ergebnis ist allgemeingültig für fehlende Temperaturgradienten zwischen Thermokontakten, unabhängig von der Art und Anzahl der im Thermoelementsystem verwendeten Metalle – stets müssen sich alle Kontaktspannungen aufheben. Zur weiteren Prüfung dieser Aussage ermöglicht Tab. 1 die „gedankliche Konstruktion“ beliebiger Thermoelementsysteme aus mehreren Metallarten.

Welche Thermospannung erhalten wir im Thermoelement der Abb. 4 bei einer Temperaturdifferenz von 1 K zwischen A und B, wenn zugleich Temperaturgleichheit zwischen 1 und 4 sowie 2 und 3 herrscht?

Stellen wir nochmals die Kontaktspannungen zusammen: Gegenüber dem unveränderten Temperaturniveau von 1 und 4 sei nun die Temperatur der Kontakte 2 und 3 um jeweils 1 K erhöht.

Während für 1 weiterhin die Kontaktspannung $-42{,}5\ \mu V \cdot K^{-1}$ und für 4–4,5 $\mu V \cdot K^{-1}$ gilt, ist in 2 (bei der gegebenen Temperaturerhöhung um 1 K) nun (42,5 + 42,5) $\mu V \cdot K^{-1}$ einzusetzen und entsprechend (14,5 + 14,5) $\mu V \cdot K^{-1}$ bei 3. Somit folgt für $\Delta T = 1$ K zwischen A und B als Thermospannung am Ausgang des gesamten Thermoelementsystems:

$$(-42,5 + 85 + 29 - 14,5)\ \mu V = 57\ \mu V$$

Im Psychrometer nach Boyer und Knipling (s. ▶ Kap. 17, „Methoden der Wasserzustandsmessung – Kompensationsmethoden, Psychrometrie und Zelldrucksonde“) formt der Silberdraht einen Ring, in dem ein Flüssigkeitstropfen angebracht ist. Die Temperaturänderung, die Verdunstung oder Kondensation von Wasser am Ring hervorruft, wird mit der Temperatur am Kupferdraht verglichen. Unter den Rahmenbedingungen dieser Messanordnung bleiben Temperaturgradienten zwischen 1 und 4 sowie zwischen 2 und 3 vernachlässigbar klein.

5 Wärmeaustausch mittels Peltier-Elementen

Das Peltier-Element stellt die **physikalische Umkehrung des Thermoelements** dar. Wurden in den Kontaktflächen des Thermoelements mit der Umgebung ausgetauschte (geringe!) Wärmemengen in elektrische Energiedifferenzen (= Spannung) umgewandelt, so erzeugt im Peltier-Element das Anlegen einer Spannung Temperaturdifferenzen zwischen den Kontaktflächen. Analog zum Thermoelement (s. Abb. 2) entspricht das Peltier-Element dem in Abb. 5 gezeigten Schema, wobei neben Metallen auch Halbleiter verwendet werden. Worauf beruht das Funktionsprinzip dieses Elements, wenn man einen elektrischen Strom in der gezeigten Pfeilrichtung fließen lässt?

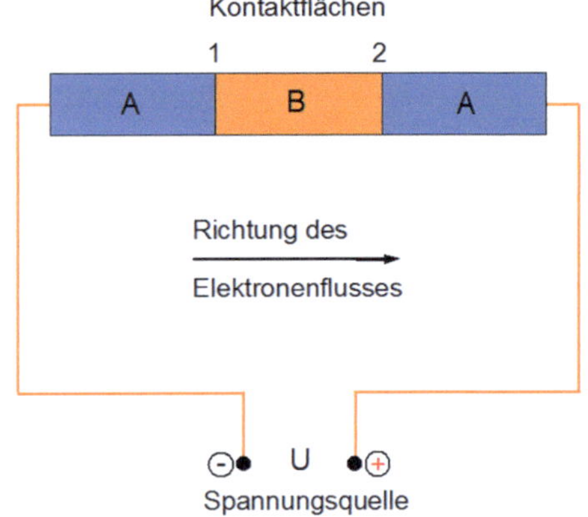

Abb. 5 Funktionsprinzip eines Peltier-Elements. Die Kontaktflächen 1 und 2 zwischen den Metallarten oder Halbleitern A und B erwärmen sich oder kühlen sich ab in Abhängigkeit von der durch die Spannungsquelle (Gleichspannung) festgelegten Flussrichtung des Elektronenstromes. (Quelle: eigene Darstellung)

Die mitgeführte Energie von Leitungselektronen (Joule/Coulomb = Volt) variiert von Metallart zu Metallart (oder Halbleiter). Dieses Verhalten verursacht z. B. die bei Elektronenentzug aus einem Metall erforderliche materialspezifische Austrittsarbeit. Erzwingt man einen Elektronenfluss in der in Abb. 5 gezeigten Anordnung durch Anlegen einer Spannung, müssen die von Material A nach B übertretenden Elektronen ihre Energie materialspezifisch anpassen. Wärme wird daher an die Umgebung abgegeben, wenn die mitgeführte Energie der Elektronen in A höher ist als in B. Somit erwärmt sich Kontaktfläche 1. Entsprechend müssen die Elektronen bei Übertritt von Material B nach A der Umgebung Wärme entziehen, die Kontaktfläche

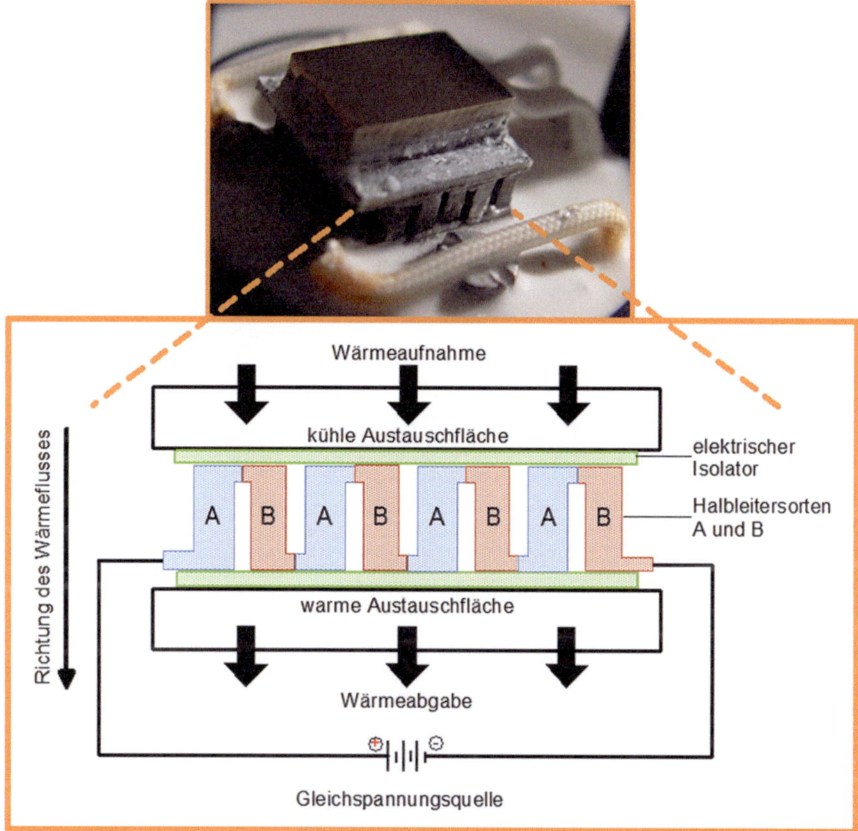

Abb. 6 Schematische Darstellung eines Wärmetauschers aus Peltier-Elementen (z. B. in klimatisierten Gaswechselküvetten oder Taupunktspiegeln (siehe Foto) verwendet; s. ► Kap. 11, „Methoden der Gaswechselmessung – historische und aktuelle"). Je nach Flussrichtung des Elektronenstromes kann der obere Wärmeleiter Energie aufnehmen (kühle Austauschfläche, hier Goldspiegeloberfläche) und an den unteren Wärmeleiter abführen (warme Austauschfläche). Bei Umpolung der Elektronenflussrichtung kehrt sich auch der Wärmefluss um. Somit erlaubt wiederholte rasche Spannungsumpolung eine präzise Temperierung (Temperaturregelung). (Quelle: eigene Darstellung, Schema nach Vorlage Heinz Walz GmbH, Effeltrich)

2 kühlt sich ab. Auf diese Weise entsteht zwischen den Flächen 1 und 2 eine Temperaturdifferenz.

Ebenfalls wird deutlich, was nach Umpolung der angelegten Spannung geschieht: Die Fließrichtung des in Abb. 5 induzierten Stromes kehrt sich um, wodurch Kontaktfläche 2 sich nun erwärmt, Fläche 1 sich aber abkühlt. Eine Kontaktfläche kann somit fast verzögerungsfrei von Heiz- auf Kühlbetrieb und umgekehrt geschaltet werden.

Peltier-Elemente eignen sich ausgezeichnet für präzise Temperaturklimatisierungen und werden in empfindlichen Temperaturregelsystemen als Wärmetauscher eingesetzt. Eine solche Anwendung ist zum Beispiel in Systemen zur Messung des pflanzlichen Gaswechsels erforderlich (s. ▶ Kap. 11, „Methoden der Gaswechselmessung – historische und aktuelle"). Dort in Peltier-Elementen verwendete Materialkombinationen bestehen meist aus Mischungen von Wismut und Tellur. Das Prinzip der elektrotechnischen Anwendung eines Peltier-Elements, wie es in einer Gaswechselmesskuvette genutzt wird, ist in Abb. 6 dargestellt.

Literatur

Cermak J, Kucera J (1981) The compensation of natural temperature gradient in the measuring point during the sap flow rate determination in trees. Biol Plant 23:469–471

Gerthsen C, Kneser HO, Vogel H (1989) Physik. Springer, Berlin/Heidelberg/New York

Teil III

Luft und Wind

Allgemeine Gasgesetze – Grundlagen ökophysiologischer Messung

4

Inhalt

Zusammenfassung

Für ein Verständnis der (Öko-)Physiologie der Pflanzen ist ein fundiertes Wissen um die Gesetzmäßigkeiten des „Hauptlebensraums" Luft unerlässlich. Hierfür wiederum sind grundlegende Kenntnisse der chemischen und physikalischen Gesetzmäßigkeiten dieses Mediums essenziell. In diesem Kapitel führen deshalb die allgemeinen Gas- und Diffusionsgesetze in die Eigenschaften der Atmosphäre ein. Darauf aufbauend werden dann das Verhalten von Kohlendioxid und Sauerstoff in Luft sowie deren Wasserlöslichkeiten, die zusammen praktisch alle Lebensvorgänge direkt und indirekt beeinflussen, näher betrachtet.

Schlüsselwörter

Allgemeines Gasgesetz · Barometrische Höhenformel · Boyle-Mariotte-Gesetz · Dalton-Partialdruckgesetz · Diffusionsgesetz · Gay-Lussac-Gesetz · Ideale Gase · Reale Gase · Satz des Avogadro

R. Matyssek, W. B. Herppich, *Experimentelle Pflanzenökologie*, Springer Reference Naturwissenschaften, https://doi.org/10.1007/978-3-662-67530-4_7

1 Luft – ganz allgemein betrachtet

Der Luftraum erwies sich in der Evolution der Pflanzen als so attraktiv, dass sie von ihrem ursprünglichen Lebensraum, dem Wasser, zunehmend das Land besiedelten. Abgesehen von der höheren Lichtverfügbarkeit in der Atmosphäre als unter Wasser (und dem Ausweichen pflanzlicher Konkurrenz auf dem zunächst noch unbesiedelten Festland), war eine Ursache hierfür die in Luft etwa *10.000-mal schnellere Diffusion* von CO_2 und O_2 als in Wasser. Dies bedeutet an Land für die photosynthetische Stoffproduktion eine erheblich erleichterte CO_2-Nachlieferung in die Pflanze sowie eine gleichzeitig verbesserte Sauerstoffversorgung für die Atmungsprozesse. Somit kann die Atmung effizient Energie aus der begünstigten Produktion für den Unterhalts- und Wachstumsstoffwechsel der Pflanze bereitstellen. Zudem gelang es einigen Landpflanzen (Fabaceae, *Alnus* sp.), mittels Wurzelsymbionten das beträchtliche Stickstoffreservoir der Luft (Tab. 1) für die Proteinsynthese anzuzapfen. Solche Pflanzen sind somit nicht ausschließlich auf den mineralisierten Stickstoff (NO_3^-, NH_4^+) im Boden angewiesen.

Hintergrundinformation zu Tab. 1

Bis zum Beginn der Industriellen Revolution gegen Ende des 18. Jahrhunderts wies die atmosphärische CO_2-Konzentration während ca. 12.000 Jahren (seit Ende der letzten Glazials = Kaltzeit; früher Eiszeit genannt) im Mittel 280 ppm auf. Infolge der Nutzung fossiler Energieträger (Verbrennung von Erdöl, Erdgas, Stein- und Braunkohle) und großflächigen Brandrodungen von Wäldern (z. B. in den

Tab. 1 Die Gaszusammensetzung der Troposphäre

Gas	Konzentration in der Luft [Vol.-%]
Stickstoff (N_2)	ca. 78
Sauerstoff (O_2)	ca. 21
Wasserdampf (H_2O)	ca. 0,2–3,0
Argon (Ar)	ca. 0,9
Kohlendioxid (CO_2)	ca. 0,0416 = 416 ppm (Stand 2022)
Neon (Ne)	ca. 0,002 = 20 ppm
Helium (He)	ca. 0,0005 = 5 ppm
Radon (Rn, radioaktiv)	in Spuren
Luftverunreinigungen meist < 0,00001 % = 0,1 ppm = 100 ppb	
wenngleich lokal deutlich erhöhte Konzentrationen auftreten können, z. B.:	
Ozon (*)	(O_3)
Stickoxide	(NO, NO_2, N_2O)
Schwefeldioxid	(SO_2)
Kohlenmonoxid	(CO)
Ammoniak	(NH_3)
(Chlor-)Kohlenwasserstoffe	
u. a.	

(*) Das als Luftschadstoff in der Gaszusammensetzung auftretende Ozon entsteht hauptsächlich durch Wechselwirkungen mit den abgasbedingten Stickoxiden, es ist nicht zu verwechseln mit der lebensnotwendigen Ozonschicht in der Stratosphäre

Tropen) stieg die CO_2-Konzentration bis 1995 (Erscheinungsjahr der 1. Auflage dieses Buches) auf 360 ppm an. Der weitere Anstieg verlief dramatisch auf 419,5 ppm im Januar 2023 (Erstellung der 3. Auflage), d. h. um weitere 60 ppm in nur 27 Jahren. CO_2 ist das die globale Klimaerwärmung am stärksten vorantreibende Treibhausgas. Es scheint, dass die Menschheit nicht in der Lage ist, die CO_2-Emissionen in einem Maße zu senken, welches erlauben würde, den Klimakollaps mit unabsehbaren Folgen für den Fortbestand der Zivilisation abzuwenden.

Im Gegensatz zum Wasser, in dem das Leben entstanden ist, stellt die Luft jedoch ein sehr trockenes Medium dar, was eine potenzielle Austrocknungsgefahr für die Pflanze bedeutet. Während die Interzellularen im Blatt (annähernd) mit Wasserdampf gesättigt sind (eine *relative Luftfeuchte* von nahezu 100 % aufweisen), entspricht thermodynamisch eine 98 %ige Feuchte der Umgebungsluft bereits der verminderten *Wasserverfügbarkeit* einer stark konzentrierten Lösung (*osmotisches Potenzial* = − 27 bar = − 2,7 MPa). Somit entweichen die Wassermoleküle über steile *Diffusionsgradienten* aus dem Blatt, wann immer die Umgebungsluft nicht ebenfalls mit Wasserdampf gesättigt ist.

Nicht zuletzt unterscheidet sich auch die mechanische Beanspruchung der Pflanze im gasförmigen von der im flüssigen Medium. Während unter Wasser dessen Auftrieb die Pflanze stützt sowie die räumliche Entfaltung der Organe und senkrechten Aufwuchs ermöglicht, war an Land die Ausbildung spezifischer Stützgewebe erforderlich. Wasserströmungen bedeuten außerdem meist gleichmäßige Zugbelastungen für den pflanzlichen Spross, wogegen die *Windbewegung* der Luft eine sporadisch wechselnde Bruchbelastung darstellt.

Solche evolutionären Herausforderungen trockener und windbewegter Luft bildeten jedoch zugleich Voraussetzungen für ein Überleben der Pflanze an Land. Während im Wasser aufgrund seiner, verglichen mit Luft, größeren Dichte mehr *Strahlungsenergie* vor dem Auftreffen auf die Pflanze (zum Nachteil der Photosynthese) absorbiert wird und die große *spezifische Wärme des Wassers* (s. ▶ Kap. 3, „Wärme und Temperatur – Messung und Temperierung“) einen starken Temperaturanstieg verhindert, besteht für Landpflanzen bei direkter Sonneneinstrahlung Überhitzungsgefahr. Hier kann nun trockene Luft als treibende Kraft der pflanzlichen Transpiration hilfreich sein, da letztere – wie jeder Verdunstungsprozess – der Umgebung Energie entzieht. Diese zur Transpiration erforderliche Energiemenge wird der auf die Pflanze eingestrahlten Sonnenenergie entzogen, was der Überhitzung der Pflanze entgegenwirkt. Auch Windbewegung entzieht der Pflanze Wärme durch den Vorgang der *Konvektion* (s. ▶ Kap. 3, „Wärme und Temperatur – Messung und Temperierung“) und begrenzt so die Aufheizung. Die vermeintlichen Nachteile des Mediums Luft verhelfen somit der Landpflanze zu einer erträglichen *Energiebilanz*. Vergessen wir auch nicht, dass die unvermeidliche Transpiration den Wasserfluss in der Pflanze antreibt und dadurch den Nährstofftransport unterstützt.

Alle Wechselwirkungen zwischen Pflanze und Atmosphäre – gekennzeichnet durch Energie- und Stoffaustausch – sind durch die stofflichen Eigenschaften und zeitweiligen thermodynamischen Zustände des Mediums Luft beeinflusst. Kurzfristige *Zustandsänderungen* der Luft sind die Folge von Witterungsschwankungen im Rahmen des langfristigen Standortklimas. Wenn auch für die Pflanze meist die Witterungsverhältnisse in unmittelbarer Nähe ihrer Organoberflächen bestimmend

Tab. 2 Die Schichten der Erdatmosphäre

Höhe über Meeresniveau [km]	Atmosphärenschicht	Eigenschaften
0–11	Troposphäre	mit der in Tab. 1 gezeigten Gaszusammensetzung; Zone des Witterungsgeschehens
11–50	Stratosphäre	wenig bewegt, arm an O_2, aber mit UV-absorbierender Ozonschicht in ca. 25–35 km Höhe (O_3 max. 15 ppm = 15 µl l^{-1})
50–85	Mesosphäre	
> 85	Ionosphäre	Ort der Polarlichterscheinungen

sind (in der *Grenzschichtzone*), so hängt ein solches relevantes Mikroklima zugleich vom großräumig herrschenden (Makro-)Klima ab. Letzteres stellt sich in der *Troposphäre* ein, in den untersten 11 km der Atmosphäre (Tab. 2). In dieser untersten Zone herrscht die in Tab. 1 gezeigte Gaszusammensetzung der Luft. Die übrigen Atmosphärenschichten (Tab. 2) nehmen keinen direkten Einfluss auf die Vegetation, wenngleich die Stratosphäre mit ihrer UV-absorbierenden Ozonschicht erst die Evolution aller höheren Lebensformen an Land ermöglicht hat.

Bereits diese kurze Einführung in die Wechselwirkungen zwischen Pflanze und Luft verdeutlicht die Komplexität dieser Beziehungen. Besondere Bedeutung besitzen die bislang in diesem Kapitel *kursiv* hervorgehobenen Begriffe, die im Folgenden geklärt werden müssen, will man die Ökologie von Landpflanzen verstehen. Weitere Kapitel werden die physikalisch-chemischen Eigenschaften der Luft und ihrer Komponenten behandeln. Nach den Prinzipien der Gasgesetze werden wir uns den Eigenschaften von Kohlendioxid und Sauerstoff sowie dem Umweltfaktor Wind und seiner Mitwirkung beim Prozess der Konvektion zuwenden. Die Physik des Wasserdampfes wird im ► Kap. 9, „Physik des Wasserdampfes – Luftfeuchte und Wasserdampfgradienten“ behandelt. Somit werden Voraussetzungen geschaffen, die physikalisch-physiologischen Wechselwirkungen im Energie- und Stoffaustausch zwischen Pflanze und Umwelt zu behandeln.

2 Satz des Avogadro

Die Aussage der Gasgesetze lässt sich in einem einzigen Satz zusammenfassen, dem des Avogadro. Dieser formulierte 1811:

► Gleiche Volumina verschiedener Gase enthalten unter gleichen äußeren Bedingungen die gleiche Anzahl kleinster Teilchen.

Mit den kleinsten Teilchen sind Atome oder Moleküle gemeint, die äußeren Bedingungen sind durch Druck und Temperatur gegeben. Diese Feststellung bedeutet, dass Druck und Temperatur bei gegebener Teilchenzahl das Volumen eines Gases bedingen und dass diese Beziehung von der Art des Gases unabhängig ist:

$$V = f(P, T)$$

für V = Volumen, P = Druck, T = Temperatur. Diese Beziehung nennt man **thermische Zustandsgleichung** mit P und T als Zustandsvariablen und V als Zustandsfunktion des idealen Gases.

Stellen wir uns vor, das Volumen V enthielte 1 mol eines idealen Gases. Bekanntlich bezeichnet 1 mol einer Substanz eine Stoffmenge, in der ebenso viele elementare Einheiten enthalten sind wie Kohlenstoffatome in 0,012 kg ^{12}C, nämlich $6{,}02214 \cdot 10^{23}$. Diese Zahl wird **Avogadro-Zahl** (N_A) und inkorrekt in der deutschen Fachliteratur oft auch **Loschmidt-Zahl** (N_L) genannt (genau genommen aber gilt $N_L = N_A / 22{,}414 * 10^{-3} = 2{,}6867 \cdot 10^{25}$). Bei einer Temperatur von 0 °C und einem normalen Luftdruck (auf Meereshöhe) von 0,1013 MPa (= 1,013 mbar, veraltet: 1 atm) beansprucht N_A ein Volumen von 22,414 l (Molvolumen; V_{mol}), wenn sich das Gas annähernd ideal verhält.

Was geschieht, wenn wir die Zustandsvariablen P und T verändern? Die Antwort gibt das Boyle-Mariotte-Gesetz (s. u.).

3 Boyle-Mariotte-Gesetz

Wir erhöhen zunächst den Druck bei konstant bleibender Temperatur und Teilchenzahl des Gases, wobei wir uns eine Luftpumpe vorstellen können, deren Austrittsöffnung wir zuhalten. Je weiter wir den Kolben in den Zylinder pressen, desto mehr Kraftaufwand ist erforderlich, umso kleiner wird aber gleichzeitig das Luftvolumen im Zylinder. Kraft pro Fläche (= die Kolbenfläche) bedeutet jedoch nichts anderes als Druck, und dieser ausgeübte Druck entspricht dem Gegendruck im komprimierten Gas. Der Druckanstieg im Gas ist die Folge der durch die Volumenverkleinerung nun erhöhten Aufprallhäufigkeit der Teilchen an den Zylinderwänden und der Kolbenfläche. Diese Vorgänge zeigen, dass Druck und Volumen zueinander indirekt proportional sind:

$$V \sim 1/P$$

oder nach Einführen einer Proportionalitätskonstanten: $V = \text{const} \cdot 1/P$, was umgeformt

$$V \cdot P = \text{const} \tag{1}$$

ergibt. Das Produkt aus Volumen und Druck des Gases ist also eine Konstante; dies gilt jedoch nur bei konstanter Temperatur. Damit haben wir das Boyle-Mariotte-Gesetz (oder auch Boyle-Mariottesche Gesetz) erhalten:

► Das Volumen einer bestimmten Gasmenge ist bei konstanter Temperatur indirekt proportional zum Druck.

Bei konstanter Temperatur und Teilchenzahl verlaufen Druck- und Volumenänderungen eines Gases von Zustand 1 nach 2 entsprechend Gl. 1:

$$V_1/V_2 = P_2/P_1 \quad \text{oder} \quad V_1 \cdot P_1 = V_2 \cdot P_2$$

Wie reagiert nun das Gasvolumen bei konstantem Druck (und konstanter Teilchenzahl) auf Temperaturänderungen? Hierauf antwortet das Gay-Lussac-Gesetz (s. u.).

4 Gay-Lussac-Gesetz

Stellen wir uns einen Heißluftballon vor, der sich bei Erwärmung der eingeschlossenen Luft prall ausdehnt. Wenn auch in einem solchen Ballon die Teilchenzahl der Luft nicht unbedingt konstant bleibt, wird doch die Beziehung zwischen Gasvolumen und Temperatur erkennbar. Unter der Voraussetzung, dass der Druck P konstant bleibt, besteht eine direkte Proportionalität zwischen Volumen und Temperatur, also $V \sim T$, wobei T der absoluten Temperatur entspricht. Durch Einführen einer Proportionalitätskonstanten ergibt sich

$$V = T \cdot \text{const}$$

oder

$$\frac{V}{T} = \text{const} \tag{2}$$

Somit lautet das Gay-Lussac-Gesetz (oder auch Gay-Lussacsche Gesetz):

▶ Das Volumen einer bestimmten Gasmenge ist bei konstantem Druck zur absoluten Temperatur direkt proportional.

Bei konstantem Druck und konstanter Teilchenzahl verlaufen Temperatur- und Volumenänderungen eines Gases von Zustand 1 nach 2 entsprechend Gl. 2:

$$V_1/T_1 = V_2/T_2 \quad \text{oder} \quad V_1 = V_2 \cdot T_1/T_2$$

Wie lassen sich nun das Gay-Lussac- und das Boyle-Mariotte-Gesetz kombinieren? Das Allgemeine Gasgesetz verkörpert diese Kombination (s. u.).

5 Allgemeines Gasgesetz

Wir wollen die Zustandsvariablen P und T gleichzeitig von den Bedingungen P_1 und T_1 nach P_2 und T_2 ändern, um die Änderung der Zustandsfunktion von V_1 nach V_2 zu bestimmen. Dabei soll die Teilchenzahl des Gases konstant bleiben.

Gedanklich lässt sich dieser Übergang in zwei Einzelprozesse zerlegen, entsprechend dem Boyle-Mariotte- und dem Gay-Lussac-Gesetz. Halten wir also zunächst T_1 konstant und ändern P_1 nach P_2, so erhalten wir das Übergangsvolumen V_x (nach Boyle-Mariotte)

$$V_x = \frac{V_1 \cdot P_1}{P_2} \qquad (3)$$

Sodann ändern wir T_1 nach T_2 bei konstantem Druck P_2, wobei in diesem zweiten Schritt (nach Gay-Lussac) V_x in das Volumen V_2 übergeht:

$$V_2 = \frac{V_x \cdot T_2}{T_1} \qquad (4)$$

Eliminieren wir V_x durch Kombination der Gl. 3 und 4, lassen sich die Wirkungen von gleichzeitiger Druck- und Temperaturänderung auf das Volumen in einem einzigen Schritt ermitteln:

$$V_2 = V_1 \cdot \frac{P_1}{P_2} \cdot \frac{T_2}{T_1}$$

oder

$$\frac{P_1 \cdot V_1}{T_1} = \frac{P_2 \cdot V_2}{T_2}$$

Da in diesen letzteren Gleichungen das Boyle-Mariotte- (Gl. 1) und das Gay-Lussac-Gesetz (Gl. 2) enthalten sind, kann man die folgende Verallgemeinerung ableiten:

$$\frac{P \cdot V}{T} = \text{const} \qquad (5)$$

Aus dem Satz des Avogadro ist außerdem offensichtlich, dass bei gegebenem Druck und Temperatur das Gasvolumen den Raumbedarf der vorhandenen Teilchenmenge darstellt. Der Einfluss der Teilchenzahl auf Gl. 5 muss daher in der Konstanten berücksichtigt werden als: const $= n \cdot$ const$'$. Gl. 5 wird zu

$$\frac{P \cdot V}{T} = n \cdot \text{const}' \qquad (6)$$

wobei n die **Stoffmenge** angibt.

Hintergrundinformation

n ist definiert als $n = m/M$, wobei m die Masse (kg) und M die Molmasse (= Masse pro 1 mol; $\text{kg} \cdot \text{mol}^{-1}$) des Gases darstellen. M ist also die Masse von N_A Teilchen (im Falle von z. B. Wasser ist $M = 18\ \text{g} \cdot \text{mol}^{-1}$). M ist numerisch gleich der Atom- oder Molekülmasse, die als das dimensionslose Vielfache von einem Zwölftel der Masse des in der Natur vorherrschenden Kohlenstoffisotops ^{12}C definiert ist (somit besitzt Wasser die Molekülmasse 18).

Tab. 3 Die allgemeine Gaskonstante R in verschiedenen Einheiten, von denen die Angaben in Zeile 2 und 4 heute nicht mehr verwendet werden sollten

R	Einheit
8,3143	$J \cdot mol^{-1} \cdot K^{-1}$
1,987	$cal \cdot mol^{-1} \cdot K^{-1}$
8,3143	$m^3 \cdot Pa \cdot mol^{-1} \cdot K^{-1}$
0,082054	$l \cdot atm \cdot mol^{-1} \cdot K^{-1}$
0,083143	$l \cdot bar \cdot mol^{-1} \cdot K^{-1}$

Daraus folgt, dass const′ für 1 mol des Gases definiert ist. Const′ wird in der Regel als R abgekürzt und **allgemeine Gaskonstante** genannt. Aus Gl. 6 wird daher:

$$P \cdot V = n \cdot \mathrm{R} \cdot T \tag{7}$$

Mit Gl. 7 haben wir das **allgemeine Gasgesetz** erhalten. Alle Gase, die dem Satz des Avogadro und dem Boyle-Mariotte- sowie Gay-Lussac-Gesetz folgen, lassen sich durch das allgemeine Gasgesetz beschreiben. Somit besitzt R für alle Gase auch denselben Wert. In Tab. 3 ist R in verschiedenen üblichen Einheiten angegeben. R spielt bei vielen Problemen der physikalischen Chemie eine fundamentale Rolle, nicht nur bei Volumenberechnungen von Gasen, sondern auch in energetischen Prozessen.

Allerdings gilt das allgemeine Gasgesetz (mit Gl. 1–7) nur für ideale Gase. Wir müssen uns im Folgenden daher kurz mit den Unterschieden zwischen idealen und realen Gasen beschäftigen.

6 Ideale und reale Gase

Die bisher behandelten Gesetzmäßigkeiten gelten nur für ideale Gase und stellen den Grenzfall realen Gasverhaltens dar. Folgendes Beispiel verdeutlicht dies: Nach dem Gay-Lussac-Gesetz müssten alle Gase den absoluten Nullpunkt erreichen, ohne sich zu verflüssigen oder zu verfestigen. Außerdem wäre am absoluten Nullpunkt das Gasvolumen gleich Null:

$$V_2 = V_1/T_1 \cdot 0 = 0$$

Wir wissen, dass dieses ideale Gasverhalten nicht zutrifft. Tatsächlich stimmen reale Gase nur unter bestimmten Bedingungen und dann auch nur unterschiedlich gut mit den Eigenschaften idealer Gase überein.

Der Grund für diese Diskrepanz liegt in der Annahme, ideale Gase bestünden aus **punktförmigen Teilchen ohne Eigenvolumen** und **ohne Wechselwirkungskräfte**. Die Teilchen realer Gase besitzen jedoch ein Eigenvolumen und üben aufeinander mindestens **Van-der-Waals-Massenanziehungskräfte** aus. *Reale Gase* werden daher dem Verhalten idealer Gase ähneln, wenn die Teilchendichte (n/V) gering ist. Zudem sollte der Druck etwa 1 bar nicht überschreiten und die Temperatur weit über dem Siedepunkt liegen. Zumindest der Druck stellt für die Gase der Luft kein Hindernis zu idealem Verhalten dar.

Hintergrundinformation
Am besten entsprechen Sauerstoff, Stickstoff und die Edelgase dem idealen Verhalten: ihre Teilchen (aufgebaut aus einem oder zwei – dann aber gleichartigen – Atomen) ähneln obiger Annahme idealer Gase, und die Lufttemperatur liegt unter ökologisch relevanten Bedingungen weit über den Siedetemperaturen dieser Gase. Die mehratomigen (und aus verschiedenen Elementen aufgebauten) Wasserdampf- und CO_2-Moleküle mit ihren ausgeprägten Anziehungskräften besitzen dagegen schon weniger ideale Eigenschaften, jedoch ist ihre Teilchendichte in normaler Luft gering.

Das allgemeine Gasgesetz lässt sich demnach für die realen Gase der Luft unter den ökologisch und physiologisch bedeutsamen Umweltbedingungen anwenden. Die Übereinstimmung realen Verhaltens mit der idealen Theorie ist meist ausreichend, um Veränderungen in den Gaszuständen der Luft nachvollziehen und verstehen zu können.

7 Dalton-Partialdruckgesetz

Luft stellt ein Gemisch aus mehreren Gasen dar, weist aber einen Gesamtdruck auf. Dieser setzt sich anteilig aus den Einzeldrücken der vorhandenen Gase zusammen. Jedes Gas übt also im Gemisch einen Partialdruck aus. Es gilt:

$$P = p_1 + p_2 + \cdots + p_i + \cdots + p_n \tag{8}$$

P stellt den **Gesamtdruck des Gasgemisches,** p_1 .. p_i .. p_n stellen die einzelnen **Partialdrücke der Gaskomponenten** des Gemisches dar. Die Beziehung gibt das Dalton-Partialdruckgesetz wieder. Der Partialdruck entspricht dem Druck, den nach Verflüchtigung aller übrigen Gase des Gasgemisches die einzig verbleibende Gaskomponente ausüben würde.

Für jeden Partialdruck der Gl. 8 und den Gesamtdruck lässt sich das allgemeine Gasgesetz anwenden:

$$\frac{N \cdot \mathrm{R} \cdot T}{V} = \frac{n_1 \cdot \mathrm{R} \cdot T}{V} + \cdots + \frac{n_i \cdot \mathrm{R} \cdot T}{V} + \cdots + \frac{n_n \cdot \mathrm{R} \cdot T}{V}$$

vereinfacht:

$$N = n_1 + n_2 + \cdots + n_i + \cdots + n_n \tag{9}$$

In Analogie zu Gl. 8 ergibt die Summe der Stoffmengen der Einzelkomponenten die Stoffmenge des Gemisches. Möchte man den Anteil einer Komponente am Gemisch ausdrücken, so lässt sich entweder der Partialdruck der Komponente auf den Gesamtdruck (p_i/P) oder ihre Stoffmenge auf die Stoffmenge des Gemisches beziehen (n_i/N). Beide Quotienten sind numerisch einander gleich, da gilt:

$$\frac{p_i}{P} = \frac{n_i \cdot \mathrm{R} \cdot T/V}{N \cdot \mathrm{R} \cdot T/V} = \frac{n_i}{N}$$

n_i/N nennt man den **Molenbruch** der Komponente *i*. Nach Gl. 8 und 9 muss die Summe aller Molenbrüche (sowie aller Quotienten p_i/P) eines Gemisches den Wert 1 ergeben.

8 Barometrische Höhenformel

Die Masse der Gaskomponenten in der Atmosphäre übt auf die Erdoberfläche einen Druck aus, der auf Meereshöhe etwa 0,1013 MPa = 1,013 bar beträgt. Bei diesem Druck lastet auf einer Fläche von 1 cm^2 eine Luftsäule von etwa 1 kg Masse. Folgt man dieser Säule in die Höhe, so sinkt mit steigendem Niveau der Druck, da die Anzahl der über jedem Niveau verbleibenden Gasteilchen abnimmt. Die Druckabnahme erfolgt nicht linear mit zunehmender Höhe, da die Dichte der Luft nicht konstant bleibt. Diesen Zusammenhang verdeutlicht das Boyle-Mariotte-Gesetz. Bei (angenommener) konstanter Temperatur gilt:

$$P \cdot V = \text{const}$$

oder

$$P \cdot V = n \cdot \text{const}'$$

Umgeformt ergibt dies

$$P = (n/V) \cdot \text{const}'$$

wobei (n/V) die Luftdichte darstellt. Damit diese Beziehung erfüllt ist, müssen sich Luftdruck und Luftdichte parallel zueinander ändern, das heißt, mit zunehmender Höhe müssen Luftdruck und Luftdichte sinken. Die mit der Höhe abnehmende Dichte der Atmosphäre spiegelt das energetische Gleichgewicht wider zwischen dem Bestreben der Gase sich auszudehnen und der Anziehungskraft der Erdmasse auf die Gasteilchen.

Nähme bei 1 bar am Erdboden der Luftdruck mit der Höhe linear ab und wäre damit in der ganzen Luftsäule über dem Erdboden die Luftdichte konstant, dann wäre die Atmosphäre nur 8000 m hoch, und der Gipfel des Mount Everest läge bereits im Vakuum!

Da mit zunehmender Höhe die Luftdichte sinkt, also über jedem Höhenniveau immer weniger Teilchen pro Volumeneinheit übrig bleiben, muss der Luftdruck *exponentiell mit der Höhe abnehmen* und sich asymptotisch Null nähern (Abb. 1). Diese Höhenabhängigkeit des Luftdruckes beschreibt die **barometrische Höhenformel**

$$P_h = P^0 \cdot e^{(-h/H)} \tag{10}$$

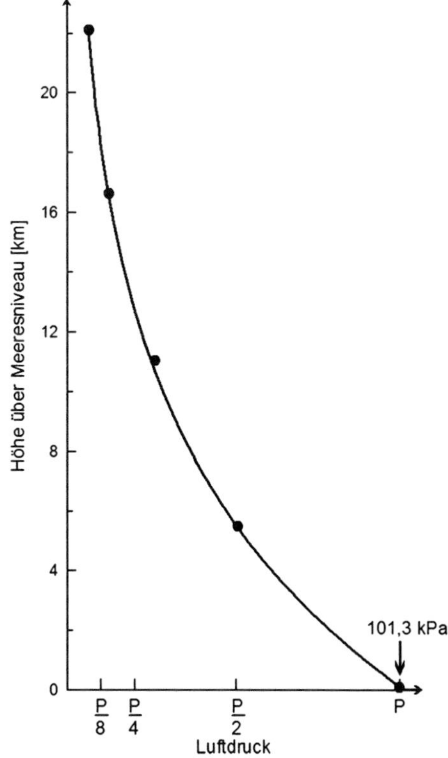

Abb. 1 Die Höhenabhängigkeit des Luftdruckes. In 11 km Höhe beträgt der Luftdruck nur noch 25 % des Druckes auf Meeresniveau (*P*/4). In dieser Höhe geht die unterste Atmosphärenschicht (Troposphäre) in die darüber liegende Stratosphäre über (s. Tab. 2). (Quelle: von Willert et al. 1995, nach Gerthsen et al. 1989)

P_h gibt den Luftdruck in der Höhe h an, P^0 den auf Meeresniveau. Die **Skalenhöhe** H ist gegeben als:

$$H = \frac{P^0}{\rho^0 \cdot g} \tag{11}$$

Mit H gehen der Einfluss der Luftdichte auf Meeresniveau ρ^0, und die Erdbeschleunigung, g, in die Höhenformel ein. Bei z. B. 0 °C beträgt $H = 8000$ m. Gl. 10 zeigt, dass jede Höhenzunahme um H Luftdruck und Luftdichte um den Faktor $1/e = 0{,}368$ sinken lässt.

Mit Gl. 10 kann man eine grobe barometrische Höhenbestimmung vornehmen, sofern P^0 bekannt ist. Eine hohe Präzision der Höhenbestimmung erfordert die Berücksichtigung des Temperatureinflusses auf Gl. 10, da H durch die temperaturabhängige Luftdichte bestimmt wird und in einer Luftsäule von Atmosphärendicke die Temperatur nicht konstant ist. Es ist daher auch die höhenabhängige Temperaturverteilung zu ermitteln und Gl. 10 mit temperaturkorrigiertem H für genügend enge Höhenzonen anzuwenden.

9 Diffusionsgesetze

In den vorangegangenen Abschnitten haben wir uns mit Gaszuständen und den sie bestimmenden Faktoren befasst – wir haben Gase unter einer gewissermaßen statischen Perspektive betrachtet. Gase strömen aber auch, etwa wenn ihre Teilchendichte in einem System nicht ausgeglichen ist. Solch einen Teilchenstrom stellt z. B. die Transpiration oder, während der Photosynthese, der Fluss von CO_2 aus der Umgebungsluft (CO_2-Konzentration ca. 417,2 ppm; Stand 2022) in die Blattinterzellularen (CO_2-Konzentration < 417 ppm) dar. Wie lassen sich solche Teilchenflüsse physikalisch beschreiben?

Im ▶ Kap. 3, „Wärme und Temperatur – Messung und Temperierung" haben wir uns mit dem Fluss von Wärme zwischen Körpern unterschiedlicher Temperatur beschäftigt, der **Energieübertragung durch Wärmeleitung**. Wir sahen, dass die übertragene Energiemenge proportional zur Temperaturdifferenz entlang einer Wegstrecke war:

$$J \sim \frac{\Delta T}{\Delta x} \tag{12}$$

Mit Zunahme von ΔT nahm die übertragene Energiemenge zu, sie nahm ab mit Zunahme von Δx. Der Quotient $\Delta T/\Delta x$ trieb als **Temperaturgradient** die Übertragung von Wärme an.

Analog zu Gl. 12 können wir den Teilchenfluss eines Gases entlang einer Wegstrecke beschreiben. Angetrieben wird er allerdings durch die Differenz der Gaskonzentration entlang der Wegstrecke:

$$J \sim \frac{\Delta c}{\Delta x} \tag{13}$$

wobei $\Delta c/\Delta x$ den **Konzentrationsgradienten** darstellt und J den Teilchenstrom.

Hintergrundinformation

Die Ursache dieses Massenflusses liegt in der thermischen Energie der einzelnen Gasteilchen, die sich in der ungerichteten, zufälligen **Brown-Molekularbewegung** äußert. So können aufgrund dieser Bewegung dort, wo das Gas stark konzentriert ist, mehr Teilchen pro Zeiteinheit (zufällig) in Richtung einer verdünnten Zone driften als aus letzterer in die konzentrierte Zone gelangen. Es resultiert ein Nettofluss, der aus der konzentrierten in die verdünnte Zone gerichtet ist und als **Diffusion** bezeichnet wird. In einem sich selbst überlassenen System führt die Diffusion schließlich zu einem Konzentrationsausgleich, ein gerichteter Nettofluss ist dann nicht mehr feststellbar. Dennoch können die einzelnen Teilchen auch dann noch aufgrund der Brown-Molekularbewegung Wegstrecken zurücklegen, Letztere bleiben in der Nettobilanz jedoch ungerichtet (*Selbstdiffusion*).

Nehmen wir einen existierenden Konzentrationsgradienten an und führen wir in Gl. 13 den Proportionalitätsfaktor D ein, so erhalten wir das **1. Ficksche Diffusionsgesetz**.

$$J = -D \cdot \frac{dc}{dx} \tag{14}$$

Diese Beziehung gilt für die Diffusion in flüssigen und gasförmigen Medien. J stellt den pro Zeiteinheit senkrecht durch eine Fläche diffundierenden Nettoteilchenstrom dar, ist also eine **(Stoff-)Mengenflussdichte** (z. B. mol $\cdot$ m^{-2} $\cdot$ s^{-1}). J ist eine positive Größe, womit sich die Frage nach dem in Gl. 14 eingeführten Minuszeichen stellt. Da in Flussrichtung von J die Konzentration entlang der Diffusionsstrecke abnimmt, ist die Konzentrationsänderung pro Streckeneinheit negativ, also $(dc/dx) < 0$. Daher muss ein Minuszeichen eingeführt werden, um $J > 0$ zu erhalten.

D mit der Einheit m^2 $\cdot$ s^{-1} ist substanzspezifisch und wird oft *Diffusionskonstante* genannt. Die Bezeichnung Konstante ist allerdings irreführend, da D nicht nur von Temperatur und Druck, sondern auch vom Medium abhängt, in dem die Diffusion stattfindet (Tab. 4). Die richtige Bezeichnung für D ist daher **Diffusionskoeffizient**.

Was die Substanzspezifität betrifft, so nimmt D im Allgemeinen mit zunehmender Molekülgröße ab (Tab. 4). Dennoch lässt sich nicht immer ein enger Zusammenhang mit der Molekülmasse angeben, z. B. wegen Anziehungskräften und, je nach Molekülstruktur, der Reibung zwischen allen im Diffusionsmedium enthaltenen Teilchen. Die Temperaturabhängigkeit von D lässt sich (ohne die folgende Beziehung physikalisch herzuleiten) als

$$D = u \cdot \mathrm{R} \cdot T$$

ausdrücken, wobei u den *Mobilitätsfaktor* der diffundierenden Substanz darstellt und uns mit R die allgemeine Gaskonstante wiederbegegnet. D nimmt also mit steigender Temperatur zu (Tab. 4) und erhöht bei konstantem Konzentrationsgradienten die Mengenflussdichte J.

Der Mobilitätsfaktor u, definiert als Diffusionsgeschwindigkeit einer Substanz bei gegebener treibender Kraft, ist seinerseits indirekt proportional zur **Viskosität η** des Diffusionsmediums:

$$u \sim \frac{1}{\eta}$$

Die Viskosität kann man als *innere Reibung* eines Mediums bezeichnen; sie nimmt mit steigender Temperatur ab, wodurch das *Fließvermögen* des Mediums zunimmt. Dadurch wird gleichzeitig die Mobilität der diffundierenden Substanz erhöht. Somit wirkt T auch über u steigernd auf D (Tab. 4). Da Viskosität als Druck $\times$ Zeit definiert ist, nimmt η außerdem mit sinkendem Druck ab. Auch dies führt zur Erhöhung von u und damit D.

Näherungsweise lässt sich für Gase in Luft die Temperaturabhängigkeit von D angeben als

Tab. 4 Der Diffusionskoeffizient D verschiedener Substanzen in Luft und Wasser bei 0,1013 MPa (1,013 bar)

Substanz	Molekülmasse	D [$m^2 \cdot s^{-1}$] bei 20 °C in	
		Luft	Wasser
CO_2	44	$1{,}51 \cdot 10^{-5}$	$1{,}8 \cdot 10^{-9}$
O_2	32	$1{,}95 \cdot 10^{-5}$	$2{,}0 \cdot 10^{-9}$
H_2O (Dampf)	18	$2{,}42 \cdot 10^{-5}$	_/_
Temperatur [°C]		D [$m^2 s^{-1}$] in Luft von	
		CO_2	H_2O (Dampf)
0		$1{,}33 \cdot 10^{-5}$	$2{,}13 \cdot 10^{-5}$
10		$1{,}42 \cdot 10^{-5}$	$2{,}27 \cdot 10^{-5}$
20		$1{,}51 \cdot 10^{-8}$	$2{,}42 \cdot 10^{-5}$
30		$1{,}60 \cdot 10^{-5}$	$2{,}57 \cdot 10^{-5}$
40		$1{,}70 \cdot 10^{-5}$	$2{,}72 \cdot 10^{-5}$

$$D \sim T^{1,8}$$

Kombiniert mit der Druckabhängigkeit von D ergibt sich:

$$D = D^0 \cdot \left(T/T^0\right) \cdot \left(P^0/P\right)$$

wobei $T^0 = 273$ K, $P^0 = 101{,}3$ kPa und D^0 bei T^0 und P^0 gilt.

Was bedeuten diese Überlegungen für die Ökologie der Pflanze?

Wir haben gesehen, dass mit steigender Höhe der Luftdruck abnimmt. Da sinkender Druck D erhöht, nimmt bei konstantem Konzentrationsgradienten die Diffusion mit steigender Meereshöhe zu. Im Vergleich zu Pflanzen der Tieflagen ist damit die Transpiration der Gebirgspflanzen bei gleicher Spaltöffnungsweite und gleichem Konzentrationsgradienten des Wasserdampfes zwischen den Blattinterzellularen und der Außenluft erhöht.

Wegen der höheren Dichte flüssigen Wassers ist auch seine Viskosität höher als die der Luft. Die Teilchen eines diffundierenden Gases werden daher in Wasser weit häufiger mit dessen Molekülen kollidieren als in der Luft mit den Molekülen der übrigen Gase. Damit ist D für ein Gas in Wasser wesentlich niedriger als in Luft (Tab. 4), was bei gleichen Konzentrationsgradienten die in Wasser etwa um den Faktor 10.000 langsamere Diffusion von CO_2 und O_2 erklärt.

Soweit haben wir die Diffusion als einen von einem Konzentrationsgradienten getriebenen Teilchenfluss betrachtet. Es interessiert aber auch, wie viel Zeit eine diffundierende Substanz für eine bestimmte Diffusionsstrecke benötigt, und welche Konzentrationsänderungen damit verbunden sind. Der Beantwortung dieser Frage bringt uns die folgende *Kontinuitätsgleichung* näher, die im Wesentlichen aussagt, dass Materie weder aus dem Nichts geschaffen noch vernichtet werden kann:

$$\frac{dJ}{dx} = \frac{dc}{dt} \tag{15}$$

Mit Abnahme der Teilchenflussdichte pro Streckeneinheit muss gleichzeitig die Konzentration der diffundierenden Substanz pro Zeiteinheit zunehmen. Oder anders formuliert, die z. B. in der unteren Hälfte der Diffusionszone mit der Zeit lokal zunehmende Konzentration bedingt dort eine Abnahme der Teilchenflussdichte.

Wenn wir in Gl. 15 J durch das 1. Ficksche Diffusionsgesetz substituieren, erhalten wir mit folgender Differenzialgleichung das **2. Ficksche Diffusionsgesetz**:

$$\begin{aligned} dc/dt &= -d(-D \cdot dc/dx)/dx \\ &= D \cdot d^2c/dx^2 \end{aligned} \tag{16}$$

Die Beziehung beschreibt, wie sich abhängig von Zeit und Ort die Konzentration einer Substanz infolge der Diffusion ändert. Die Differenzialgleichung 16 erlaubt mehrere Lösungen, sodass wir Randbedingungen vorgeben müssen. Wir wollen annehmen, dass sich in der Diffusionsstrecke keine Diffusionshindernisse befinden und dass sich zu Beginn alle Teilchen der diffundierenden Substanz bei $x = 0$ in einer von y und z aufgespannten Ebene befinden. Somit ergibt sich als eine Lösung von Gl. 16 (ohne auf Details der Ableitung einzugehen):

$$c = \frac{N}{2(\pi \cdot D \cdot t)^{1/2}} \cdot e^{-x^2/(4 \cdot D \cdot t)} \tag{17}$$

Zum Zeitpunkt $t = 0$ und bei $x = 0$ ist N die Menge sämtlicher Teilchen der diffundierenden Substanz pro Flächeneinheit (der Fläche zwischen y und z). Zum Zeitpunkt $t > 0$ ist c die Konzentration der diffundierenden Substanz bei $x > 0$ oder $x < 0$.

In anderen Worten: Für die in Richtung $x < 0$ und $x > 0$ diffundierenden Teilchen stellt Gl. 17 eine Beziehung zwischen Konzentration, Ort und Zeit dar. Somit lässt sich z. B. berechnen, wie groß nach einer bestimmten Zeit die Konzentration an einem Punkt $\pm\, x$ ist.

Für Schätzungen, wie weit eine Substanz in einer bestimmten Zeit diffundiert, ist die Distanz $\pm\, x$, bei der $c = 37\ \%$ der Konzentration am Punkt $x = 0$ (in der yz-Ebene) beträgt, ein nützlicher Parameter. Die Konzentration ($c_0 \cdot 0{,}37$) ist gegeben, wenn in Gl. 17 der Ausdruck $N/[2(\pi \cdot D \cdot t)^{0{,}5}]$ mit $1/e = e^{-1} = 0{,}37$ multipliziert wird. Somit muss in Gl. 17 der Exponent über e den Wert $-\ 1$ annehmen:

$$-1 = \ x^2/(4 \cdot D \cdot t)$$

oder

$$x^2 = 4 \cdot D \cdot t$$

oder

$$x = \sqrt{4 \cdot D \cdot t} \tag{18}$$

Gl. 18 zeigt eine wichtige Charakteristik der Diffusion:

► Mit zunehmender Wegstrecke nimmt die benötigte Diffusionszeit im Quadrat zu.

Die Beziehung beschreibt die Veränderung der statistischen Verteilung der diffundierenden Teilchen abhängig von der Zeit. Einzelne Teilchen können somit weiter oder weniger weit in einer Zeitspanne diffundieren als durch Gl. 18 geschätzt wird. Dennoch vermittelt die Gleichung für gesamte Molekülpopulationen einen hinreichenden Eindruck mittlerer Diffusionszeiten und Diffusionsstrecken.

Nach so viel Theorie wollen wir wieder nach der ökologischen Bedeutung der gewonnenen Aussagen fragen. Stellen wir uns die Diffusion von CO_2 oder O_2 über eine Distanz von z. B. 50 μm in Wasser vor; wie viel Zeit ist dafür erforderlich? Nach Tab. 4 ist der entsprechende Diffusionskoeffizient ca. $10^{-9}\ \mathrm{m}^2 \cdot \mathrm{s}^{-1}$, womit sich für die in Gl. 18 enthaltenen Annahmen errechnet:

$$t = \frac{\left(50 \cdot 10^{-6}\mathrm{m}\right)^2}{4 \cdot \left(10^{-9}\mathrm{m}^2 \cdot \mathrm{s}^{-1}\right)} = 0{,}6\ \mathrm{s}$$

Nach 0,6 s beträgt also die CO_2- oder O_2-Konzentration bei $x = \pm\ 50$ μm 37 % des Wertes bei $x = 0$ und $t = 0$. Dagegen ergibt sich für eine Diffusionsstrecke von 1 m in Wasser

$$t = \frac{1\ \mathrm{m}^2}{4 \cdot \left(10^{-9}\mathrm{m}^2 \cdot \mathrm{s}^{-1}\right)} = 2{,}5 \cdot 10^8\ \mathrm{s} \approx 8\ \text{Jahre!}$$

Über kurze Wegstrecken in Wasser ($<$ 100 μm) ist die Diffusion also ein rascher Vorgang, ausreichend, um z. B. innerhalb von Zellorganellen den Substrattransport zu gewährleisten. Im Zellplasma wird darüber hinaus die Diffusion durch die Stoffwechselenergie (ATP) verbrauchende Plasmaströmung unterstützt. Dagegen könnten Baumkronen nur mittels Diffusion nicht mit Nährstoffen aus dem Boden über die mehrere Meter langen Wasserstränge im Stammxylem versorgt werden. Diese Aufgabe muss der vom Wasserpotenzialgradienten zwischen Boden und Atmosphäre getriebene Wassermassenfluss im Xylem übernehmen.

Sollen CO_2 oder O_2 in Luft per Diffusion eine Strecke von 1 m zurücklegen, verringert sich t beträchtlich,

$$t = \frac{1\ \mathrm{m}^2}{4 \cdot \left(10^{-5}\mathrm{m}^2 \cdot \mathrm{s}^{-1}\right)} = 2{,}5 \cdot 10^4\ \mathrm{s} \approx 7\ \mathrm{h}$$

was die Bedeutung der unterschiedlichen Diffusionskoeffizienten in Wasser und Luft für die Diffusion kleiner Moleküle eindrücklich unterstreicht.

Diese Prinzipien der Diffusion gingen in die Evolution vieler Landpflanzen ein, deren Blätter meist ein locker aufgebautes, von weiten Lufträumen durchzogenes

Schwamm- und Palisadenparenchym aufweisen. Die luftgefüllten Interzellularen ermöglichen für CO_2 und O_2 kurze Diffusionszeiten zwischen Stomata und Parenchymzellen, während die Diffusion im wässrigen Medium, zwischen Zellwänden und Organellen (Chloroplasten, Mitochondrien), auf sehr kurze Strecken beschränkt bleibt.

Abschließend noch ein paar Worte zur **Diffusion aus energetischer Sicht**. Alle Prozesse in der Natur werden durch Energiegradienten getrieben, so auch die Diffusion. In ihrem Fall wird dieser Gradient durch den Konzentrationsgradienten der diffundierenden Substanz repräsentiert. Da jedes Teilchen thermische Energie mit sich führt, ist dort, wo die Teilchendichte groß ist, auch die Energiedichte hoch. Die Umsetzung dieses Konzentrations- und somit Energiegradienten durch die Brown-Molekularbewegung in einen Diffusionsstrom wurde oben erläutert. Die Konzentration kann daher zusammen mit weiteren Eigenschaften als die energetische Potenz einer Substanz in einem System gelten. Aus diesem Zusammenhang leitet sich das chemische Potenzial einer Substanz ab, das in ▶ Kap. 8, „Energetik des Wassers – chemisches Potenzial und Wasserpotenzial mit seinen Teil-Komponenten“ behandelt wird. Die Differenz des chemischen Potenzials einer Substanz entlang einer Wegstrecke ist die eigentliche treibende Kraft der Diffusion. Auf diesen energetischen Aspekt der Diffusion werden wir bei der Besprechung des pflanzlichen Gasaustausches zurückkommen.

Literatur

Gerthsen C, Kneser HO, Vogel H (1989) Physik. Springer, Berlin/Heidelberg/New York

Willert DJ von, Matyssek R, Herppich WB (1995) Experimentelle Pflanzenökologie. Thieme, Stuttgart

Atmosphäre und ihre Gase – Messung in Luft und Wasser

5

Inhalt

Zusammenfassung

Als experimentelle Disziplin ist die Ökophysiologie der Pflanzen darauf angewiesen, die „Auswirkungen" der Interaktionen zwischen Pflanzen und der Umwelt messend zu erfassen. Der pflanzliche Gaswechsel ist hierbei eine wichtige Zielgröße ökologischer Forschung. Als Folge der Stoffwechselvorgänge in Photosynthese und Respiration tauscht die Pflanze O_2 und CO_2 mit der Umgebungsluft aus. Die Transpiration repräsentiert primär die Abgabe von Wasserdampf an die Umwelt. Die Konzentrationen der besagten Gase in der Umgebungsluft wiederum beeinflussen direkt den Gasaustausch der Pflanze. Die Messung der Gaskonzentrationen in der Umgebungsluft und in der Pflanze bzw. deren Austausch zwischen Umgebungsluft und Pflanze liefern somit essenzielle Hinweise über die physiologische Aktivität der Pflanzen.

Schlüsselwörter

CO_2-Messung in Luft · Henry-Gesetz · Infrarot-Gas-Analysator (IRGA) · O_2-Messung in Luft · Paramagnetische Sauerstoffbestimmung · Sauerstoffelektrode · Sauerstoffoptode · Wasserlöslichkeit von Gasen · Zusammensetzung der Atmosphäre

R. Matyssek, W. B. Herppich, *Experimentelle Pflanzenökologie*, Springer Reference Naturwissenschaften, https://doi.org/10.1007/978-3-662-67530-4_8

1 Gase und Pflanzenphysiologie, eine kurze Einführung

In Volumenprozent ausgedrückt sind Stickstoff (N_2) mit ca. 78 % und Sauerstoff (O_2) mit ca. 21 % die Hauptgase unserer Atmosphäre. Danach folgen Wasserdampf mit 0,2–3,0 %, Argon und andere Edelgase mit ca. 0,9 % und das für die Photosynthese so wichtige CO_2 mit ca. 0,042 % im Jahr 2022 (zu Beginn der 1970er-Jahre waren es noch 0,034 %, vor 1840 seit der letzten Eiszeit ca. 0,028 %). Die dramatische Erhöhung der atmosphärischen CO_2-Konzentration während der letzten 200 Jahre als Ursache der gegenwärtigen Klimaerwärmung ist anthropogen, infolge der übermäßigen Verbrennung fossiler Energieträger und großflächiger Brandrodungen von Wäldern. Übersehen werden sollte auch nicht das bodennahe, für die Landökosysteme unmittelbar relevante troposphärische Ozon (O_3), ein Derivat des Sauerstoffs. Die troposphärische O_3-Konzentration wäre in einer präindustriellen Umwelt auf $< 0{,}000001$ % beschränkt, kann aber infolge Luftverschmutzung kurzfristig auf über 0,000015 % ansteigen. In erhöhten Konzentrationen wird O_3 zum Schadstoff, mit Risiken für Pflanzen und Tiere, einschließlich des Menschen.

Die Angabe der Gasanteile kann außer in Volumenprozent auch in ppm (*parts per million*), im Fall von O_3 in ppb (*parts per billion*) oder als Partialdruck erfolgen. 0,042 % CO_2 entsprechen 420 ppm ($= \mu l \cdot l^{-1} = \mu mol \cdot mol^{-1}$) oder 42 Pa. Die 420 ppm CO_2 bestehen zu ca. 98,9 % aus $^{12}CO_2$, während 1,1 % des CO_2 ^{13}C enthalten, das stabile schwerere Isotop des Kohlenstoffs. Wir werden auf die Auswirkungen dieser Isotopenverteilung in ▶ Kap. 15, „Analyse stabiler Isotope“ zurückkommen. Sie liefert die Grundlage für die massenspektroskopische Unterscheidung zwischen C_3-, C_4- und CAM-Pflanzen. Die 0,000001 % für O_3 sind gleichbedeutend mit 10 ppb O_3 (wobei *billion* im deutschen Sprachgebrauch als *Milliarde* bezeichnet wird).

Hintergrundinformation
Da die atmosphärische CO_2-Konzentration einem vom Menschen verantworteten, exponentiell dynamischen Verlauf folgt, wollen wir im Folgenden in beispielhaften CO_2-abhängigen Berechnungen von 400 ppm als Konzentration ausgehen, wie sie etwa für 2015 kennzeichnend war.

Wir hatten gesehen, dass die Aufnahme von CO_2 in die Pflanze und die Abgabe von O_2 durch die Pflanze den Gesetzen der Diffusion gehorchen. Die Energiedifferenz (repräsentiert durch die Konzentrationsdifferenz) entlang der Diffusionsstrecke hatten wir dabei als treibende Kraft der Diffusion kennengelernt. Bei einer solchen Betrachtung hatten wir aber außer Acht gelassen, dass ein Teil dieser Diffusionsstrecke im wässrigen Milieu des Cytoplasmas abläuft und damit wesentlich von der Lösungsbereitschaft der Gase und deren Konzentration im Wasser abhängt.

Wir haben im Pflanzenreich zwei Enzyme, die an der Primärfixierung von CO_2 beteiligt sind. Bei C_3-Pflanzen ist dies die **Rubisco** (Ribulose-1,5-Bisphosphat-Carboxylase/-Oxigenase), bei C_4- und CAM-Pflanzen die Phosphoenolpyruvat-Carboxylase **(PEP-Carboxylase)**.

Während Rubisco CO_2 als anorganisches Kohlenstoffsubstrat verwendet, ist das Substrat bei der PEP-Carboxylase HCO_3^-, das Bicarbonat-Anion. Wir müssen uns daher an dieser Stelle nicht nur mit der Löslichkeit von CO_2 im Wasser beschäftigen, sondern auch mit der Bereitstellung des Substrates HCO_3^-.

Das CO_2-fixierende Enzym Rubisco besitzt, wie der ausführliche Name andeutet, neben der *Carboxylasenaktivität* auch eine *Oxigenasenaktivität*, es fixiert sowohl CO_2 als auch O_2. Mit CO_2 reagiert die Rubisco unter Bildung von zwei Molekülen Phosphoglycerinsäure, während mit O_2 als Substrat Ribulose-1,5,-Bisphosphat (RuBP) in Phosphoglycerinsäure (C_3-Körper) und Phosphoglycolat (C_2-Körper) gespalten wird. Aus zwei Molekülen Phosphoglycolat wird in einer komplexen Reaktionskette unter Beteiligung von drei verschiedenen Kompartimenten der Zelle (Chloroplasten, Mitochondrien und Peroxisomen), neben Glycin und Serin, nur ein Molekül Phosphoglycerinsäure gebildet. Da während dieser Prozesse O_2 gebunden und CO_2 freigesetzt werden und die Spaltung von RuBP nur im Licht abläuft, nennt man diese Reaktionsfolge **Lichtatmung** oder **Photorespiration**, da dies „formal" der Dunkelatmung ähnelt, aber ohne Bereitstellung von ATP abläuft. Auch wird deutlich, dass die Photorespiration ein inhärenter Prozess der Photosynthese ist.

Es hat sich gezeigt, dass das Verhältnis der Partialdrücke von O_2 zu CO_2 die Ausbeute der beiden möglichen, von Rubisco katalysierten Endprodukte bestimmt. CO_2 und O_2 sind nicht nur Substrat, sondern gleichzeitig auch kompetitiver Hemmstoff der Bindung des jeweils anderen Gases an die Rubisco. Im Gegensatz zur Rubisco reagiert die PEP-Carboxylase nicht mit O_2.

2 Löslichkeit von Gasen

Die Löslichkeit von Gasen wird vom **Henry-Gesetz** beschrieben. Es besagt, dass in einem geschlossenen System bei gegebener Temperatur eine Substanz in Lösung über dieser einen Partialdruck aufbaut, der bei thermodynamischem Gleichgewicht proportional zum Molenbruch in der Lösung ist. Dies können wir allgemein formulieren als:

$$p_{\mathrm{Gas}} = k_{\mathrm{Gas}} \cdot \chi_{\mathrm{Gas}} \tag{1}$$

wobei p_{Gas} der Partialdruck des Gases über der Lösung, k_{Gas} der Löslichkeitskoeffizient des Gases und χ_{Gas} der Molenbruch des Gases in der Lösung ist. Der Löslichkeitskoeffizient k ändert sich mit der Natur des Gases, der Temperatur und dem Lösungsmittel. Beispiele für die Löslichkeitskoeffizienten von Stickstoff, Sauerstoff und Kohlendioxid in Wasser liefert Tab. 1.

Der Molenbruch des Gases χ_{Gas} ist gegeben durch:

$$\chi_{\mathrm{Gas}} = \frac{n_{\mathrm{Gas}}}{n_{\mathrm{w}} + n_{\mathrm{Gas}} + n_i} \tag{2}$$

Tab. 1 Löslichkeitskoeffizient k für Stickstoff, Sauerstoff und Kohlendioxid in Wasser. Alle Angaben in Pa · 10^{-9}

Temperatur [°C]	Stickstoff N_2	Sauerstoff O_2	Kohlendioxid CO_2
0	5,48	2,68	0,072
10	6,89	3,41	0,113
15	7,63	3,81	0,123
20	8,29	4,19	0,144
30	9,47	4,85	0,195

wobei n_{Gas} die Stoffmenge des gelösten Gases, n_w die Stoffmenge des Wassers und n_i die Stoffmengen aller übrigen gelösten Stoffe angibt. Handelt es sich um sehr verdünnte wässrige Lösungen, dann ist $n_w \gg (n_{Gas} + n_i)$. Damit vereinfacht sich der Nenner zu n_w und Gl. 2 zu:

$$\chi_{Gas} \approx \frac{n_{Gas}}{n_w} \tag{2a}$$

Durch Einsetzen von 2a in Gl. 1 und Auflösen nach n_{Gas}, der uns interessierenden Größe, erhalten wir:

$$n_{Gas} \approx \frac{p_{Gas} \cdot n_w}{k_{Gas}} \tag{2b}$$

Diese Gleichung zeigt, dass die Löslichkeit von Gasen mit steigender Temperatur (= steigendes k_{Gas}) abnimmt, dass der Partialdruck des Gases über der Lösung seine Konzentration in der Lösung bestimmt und dass die Anwesenheit weiterer gelöster Stoffe im Wasser (n_w nimmt dann ab) die Konzentration des Gases im Wasser herabsetzt. Dies bedeutet, dass die Konzentration von O_2 und CO_2 in *Meerwasser* bei gleicher Temperatur und gleichen Partialdrücken geringer ist als im *Süßwasser*.

Enthält der Raum über der Lösung nicht nur ein Gas, sondern, wie unsere Luft, mehrere Gase, dann lösen sich diese unabhängig voneinander in Abhängigkeit vom jeweiligen Partialdruck und k-Wert.

Mithilfe der k-Werte in Tab. 1 können wir die CO_2- und O_2-Konzentration in Wasser ausrechnen. Für $T = 20$ °C, $p_{CO_2} = 40$ Pa und $p_{O_2} = 21 \cdot 10^3$ Pa errechnen sich nach Gl. 2b:

$$\begin{aligned} c_{CO_2} &= \frac{p_{CO_2} \cdot c_w}{k_{CO_2}} \\ &= \frac{40\,\text{Pa} \cdot 55{,}6\ \text{mol} \cdot \text{l}^{-1}}{0{,}144 \cdot 10^9\ \text{Pa}} = 15{,}44\ \mu\text{mol} \cdot \text{l}^{-1} \\ c_{O_2} &= \frac{p_{O_2} \cdot c_w}{k_{O_2}} \\ &= \frac{21 \cdot 10^3\,\text{Pa} \cdot 55{,}6\ \text{mol} \cdot \text{l}^{-1}}{4{,}19 \cdot 10^9\ \text{Pa}} = 278{,}7\ \mu\text{mol} \cdot \text{l}^{-1} \end{aligned}$$

Die Berechnung der CO_2- und O_2-Konzentrationen in wässrigen Lösungen kann auch mithilfe des **Bunsenschen Absorptionskoeffizienten α** vorgenommen werden. Der Absorptionskoeffizient α gibt an, wie viel Liter eines Gases sich bei gegebener Temperatur von 0 °C und Normaldruck in 1 l reinem Wasser lösen, wenn der Partialdruck des Gases gleich dem Normaldruck, also 101,3 kPa, ist. Natürlich ist auch α von der Temperatur abhängig. Tab. 2 gibt einige Werte des Bunsenschen Absorptionskoeffizienten für CO_2 und O_2 an.

Sind der CO_2-Partialdruck 400 µbar und die Temperatur 15 °C, dann beträgt die CO_2-Konzentration, die mit diesem CO_2-Partialdruck im Gleichgewicht steht:

$$c_{CO_2} = \frac{p_{CO_2} \cdot \alpha_{CO_2} \cdot 10^6}{22{,}414}$$

$$= \frac{0{,}000400 \cdot 1{,}019 \cdot 10^6}{22{,}414} = 18{,}19\ \mu\text{mol} \cdot \text{l}^{-1}$$

In gleicher Weise wird die O_2-Konzentration unter Verwendung des O_2-Partialdrucks und α_{O_2} berechnet. Mithilfe der in Tab. 2 angegebenen α-Werte lassen sich die O_2- und CO_2-Konzentrationen für die verschiedenen Temperaturen ausrechnen (siehe Tab. 3).

Man erkennt, dass die Konzentrationen von O_2 und CO_2 mit steigender Temperatur deutlich abnehmen. Da die CO_2-Konzentration rascher abnimmt als die O_2-Konzentration, ändert sich das p_{O_2}/p_{CO_2}-Verhältnis mit steigender Temperatur zugunsten von O_2. Da das Verhältnis der Partialdrücke von O_2 und CO_2 am Ort der Rubisco darüber entscheidet, ob dieses Enzym CO_2 fixiert oder die Photorespiration initiiert, wird verständlich, dass ein Temperaturanstieg die Oxigenaseaktivität und damit die Photorespiration von C_3-Pflanzen begünstigt.

Die eben errechneten CO_2- und O_2-Konzentrationen gelten mit Einschränkungen auch für das Cytoplasma einer Pflanzenzelle. Die zusätzlich im Cytoplasma gelösten Stoffe erniedrigen allerdings hier den Molenbruch der Gase gegenüber jenem reinen Wassers und setzen damit deren Löslichkeit herab. Die Minderung der Löslichkeit wird mit 5–10 % angegeben (Edwards und Walker 1983).

Im Wasser gelöstes CO_2 steht mit dem Bicarbonat-Anion $\mathbf{HCO_3^-}$ im Gleichgewicht. Die Lage des Gleichgewichtes ist abhängig vom pH-Wert der Lösung. Es gilt:

Tab. 2 Zahlenwerte des Bunsenschen Absorptionskoeffizienten für O_2 und CO_2 in reinem Wasser

Temperatur [°C]	α_{O_2} [$\text{l} \cdot \text{l}^{-1}$]	α_{CO_2} [$\text{l} \cdot \text{l}^{-1}$]
10	0,0379	1,194
15	0,0344	1,019
20	0,0309	0,878
25	0,0282	0,759
30	0,0261	0,665
35	0,0245	0,530
40	0,0230	0,592

$$\begin{aligned} H_2O + CO_2 &\underset{pK1}{\rightleftarrows} H^+ + HCO_3^- \\ H^+ + HCO_3^- &\underset{pK2}{\rightleftarrows} 2H^+ + CO_3^{2-} \end{aligned} \qquad (3)$$

Die pK-Werte sind 6,39 für pK_1 und 10,38 für pK_2.

K ist die **Gleichgewichtskonstante** einer chemischen Reaktion. Für den in Gl. 3 beschriebenen Fall ist K_1 definiert als

$$K_1 = \frac{[H^+][HCO_3^-]}{[CO_2][H_2O]}$$

und $\mathbf{pK_1}$ *ist* der *negative dekadische Logarithmus* von K_1. Dies kann in Analogie zum pH verstanden werden, der als negativer dekadischer Logarithmus der Protonenkonzentration einer Lösung definiert ist. pH und pK stehen über die **Henderson-Hasselbach-Gleichung** miteinander in Beziehung. In der allgemeinen Form lautet diese Gleichung für eine Säure

$$pH = pK + \log \frac{[A^-]}{[AH]} \qquad (4)$$

Liegt die Säure AH zu 50 % dissoziiert vor, dann ist $[A^-] = [AH]$ und $pH = pK$, da $\log 1 = 0$ ist. Aus diesem Zusammenhang folgt die Definition des pK-Wertes.

► Der pK-Wert einer Säure gibt an, bei welchem pH-Wert die Säure zur Hälfte dissoziiert vorliegt.

Im Falle einer mehrbasischen Säure folgt daraus, dass sie mehrere pK-Werte haben muss, für jede Dissoziationsstelle einen. Für CO_2 in Wasser müssen wir nur die erste Dissoziationsstelle berücksichtigen, da die zweite mit einem pK_2-Wert von 10,38 nicht mehr im physiologischen pH-Bereich des Cytoplasmas liegt.

Mit der eben beschriebenen Gl. 4 können wir die HCO_3^--Konzentration berechnen, mit der das im Wasser gelöste CO_2 im Gleichgewicht steht. Es gilt:

$$pH = pK_1 + \log \frac{[HCO_3^-]}{[CO_2]}$$

Bei und einer Temperatur von 20 °C hatten wir eine CO_2-Konzentration von 15,67 $\mu mol \cdot l^{-1}$ errechnet (Tab. 3). Der pK_1-Wert ist 6,39.

Der pK_1-Wert für Bicarbonat ist nach Umbreit et al. (1972) temperaturabhängig. Er ändert sich von 6,392 bei 20 °C auf 6,312 bei 40 °C, also mit 0,004 Einheiten pro Kelvin.

Setzen wir diese Werte in Gl. 4 ein, erhalten wir

$$pH = 6{,}392 + \log \frac{[HCO_3^-]}{15{,}67}$$

Tab. 3 Sauerstoff- und Kohlendioxidkonzentrationen in reinem Wasser unter Normaldruck bei einer Atmosphäre mit 0,040 % CO_2 und 21 % O_2 sowie das Verhältnis der Konzentrationen zueinander bei verschiedenen Temperaturen

Temperatur [°C]	c_{O_2} [µmol · l^{-1}]	c_{CO_2} [µmol · l^{-1}]	c_{O_2}/c_{CO_2}
10	355,1	21,31	16,7
15	322,3	18,19	17,7
20	289,5	15,67	18,5
25	264,2	13,54	19,5
30	244,5	11,87	20,6
35	229,5	10,56	21,7
40	215,5	9,46	22,8

Für pH = 6 errechnet sich

$$6 = 6{,}392 + \log \frac{[HCO_3^-]}{15{,}67}$$

$$-0{,}392 = \log \frac{[HCO_3^-]}{15{,}67}$$

mit – 0,392 = log 0,4055 folgt hieraus

$$\frac{[HCO_3^-]}{15{,}67} = 0{,}4055$$

$$[HCO_3^-] = 6{,}36 \quad [\mu mol \cdot l^{-1}]$$

In Analogie errechnet sich für pH = 6,392 natürlich 15,67 (da pH = pK und folglich $[HCO_3^-] = [CO_2]$), für pH = 7 entsprechend 64 und für pH = 8 bereits 635 µmol · l^{-1}. Jenseits des pK_1-Wertes nimmt die HCO_3^--Konzentration exponentiell mit steigendem pH zu, während die CO_2-Konzentration unverändert bleibt.

In grünen Pflanzenzellen befindet sich ein Enzym, die **Carboanhydrase**. die bei Verbrauch von CO_2 und/oder HCO_3^- das Gleichgewicht zwischen diesen rasch wieder einstellt. Man stellt sich den CO_2-Transport in die Chloroplasten der C_3-Pflanzen so vor, dass im Cytoplasma HCO_3^- die Transportform darstellt, da es einen steileren Konzentrationsgradienten ausbilden kann als CO_2. Da HCO_3^- im Gegensatz zu CO_2 aber nicht die Chloroplastenmembran passieren kann, muss es vorher über die Carboanhydrase wieder in CO_2 zurückgeführt werden. Im Chloroplasten steht das eindiffundierte CO_2 wieder mit HCO_3^- im Gleichgewicht und kann erneut über die Carboanhydrase in HCO_3^- überführt werden (für weitergehende Informationen siehe Edwards und Walker 1983).

Das **Verhältnis von O_2:CO_2** liegt in der Atmosphäre bei 525:1, in **Wasser** aber, wie Tab. 3 zeigt, etwa bei 19:1, d. h., CO_2 löst sich weitaus besser in Wasser als O_2. Dies hat für die Messung von CO_2- und O_2-Umsätzen Konsequenzen. Wegen der 1-zu-1-Stöchiometrie von CO_2- und O_2-Umsätzen bei Photosynthese und Dunkelatmung können sich Messungen dieser Gase grundsätzlich vertreten. Wegen des hohen O_2/CO_2-Verhältnisses in Luft ist eine Änderung von CO_2 sehr viel leichter zu messen als die entsprechende O_2-Änderung. Werden von einem Blatt z. B. 10 ppm CO_2 oder O_2 aufgenommen bzw. abgegeben, ändert sich das Messsignal für CO_2 um 2,5 %, das für O_2 dagegen um weniger als 0,005 %. In wässriger Lösung gleichen sich die Konzentrationen von O_2 und CO_2 an, das Verhältnis ist hier ca. 19:1. Dadurch wird es möglich, Photosynthese und Atmung von Pflanzen im Wasser via O_2-Messung zu ermitteln. Inzwischen sind auch Geräte erhältlich, die O_2-Änderungen in Luft messen, z. B. mittels Nutzung paramagnetischer Prinzipien (s. u.). Eine Messeinrichtung, auf die wir noch zurückkommen werden, misst den Sauerstoff polarografisch und geht auf Delieu und Walker (1981) zurück. Sie verlangt ein geschlossenes System mit möglichst kleinem Volumen (1–5 ml) und künstlich veränderte O_2/CO_2-Verhältnisse.

Nachdem wir die grundsätzlichen Fragen der Löslichkeit von CO_2 und O_2 in wässrigen Lösungen behandelt haben, müssen wir uns jetzt mit den entsprechenden Messprinzipien und geeigneten Messgeräten beschäftigen.

3 CO_2-Messung in Luft (Infrarot-Gasanalyse)

Die Messung der CO_2-Konzentration der Luft beruht auf der **Absorption infraroter Strahlung** durch das CO_2-Molekül. Die Hauptabsorptionsbande des CO_2 (Abb. 1) liegt bei 4,26 µm, weitere Absorptionsbereiche liegen zwischen 2,5 und 3 µm sowie jenseits von 15 µm. Wie der Abbildung auch zu entnehmen ist, absorbiert aber auch Wasserdampf im Bereich 2,5–3 µm. Da die Konzentration von Wasserdampf in Luft etwa 100-mal größer ist als die von CO_2, muss zur Messung von CO_2 der Störeffekt des Wasserdampfes ausgeschaltet werden. Dies kann entweder dadurch erreicht werden, dass die Bandbreite des Strahlungsemitters durch spektrale Zerlegung und Ausfilterung auf den Hauptabsorptionsbereich des CO_2 begrenzt wird, oder die

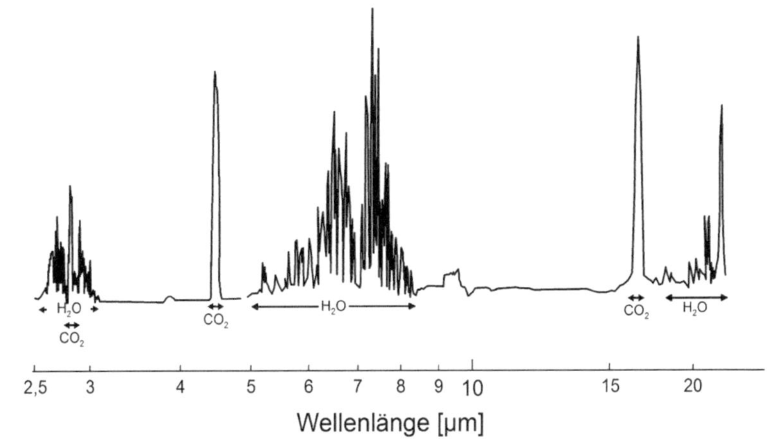

Abb. 1 Spektrum der Absorption infraroter Strahlung durch CO_2 und Wasserdampf. (Verändert nach Sestak et al. 1971)

Ausfilterung wird auf der Detektorseite vorgenommen. Weitaus einfacher ist es jedoch, den Luftstrom vor der CO_2-Messung mit einer „Kältefalle“ auf eine niedrige und konstante Wasserdampfkonzentration zu trocknen.

Da also auch Wasserdampf Energie im Bereich infraroter Strahlung absorbiert, kann die Konzentration von Wasserdampf in Luft mit denselben Methoden wie für die CO_2-Konzentration ermittelt werden. Wir demonstrieren entsprechende Verfahren zunächst am Beispiel der CO_2-Messung.

Gemessen wird mit dem Infrarot-Gas-Analysator (**IRGA**), der im Wesentlichen aus drei Teilen besteht, einer *Infrarotstrahlungsquelle*, einer *Analysenkammer*, in der es zur Absorption der IR-Strahlung durch das Messgas kommt, und einem *Detektor*. Für eine Differenzmessung werden zwei parallele Messkammern benötigt. Eine mögliche Anordnung zeigt Abb. 2a. Durch die eine Messkammer (R) strömt das *Referenzgas* (ungestörte Außenluft oder ein Gasgemisch bekannter CO_2-Konzentration) und durch die andere Messkammer (M) das *Messgas*, welches von Photosynthese und/oder Atmung der Pflanze beeinflusst wurde. In Längsrichtung tritt durch beide Messkammern ein IR-Strahl gleicher Intensität. In Abhängigkeit von der CO_2-Konzentration der die beiden Messkammern durchströmenden Gase wird die Intensität der IR-Strahlung durch Absorption herabgesetzt. Der nicht absorbierte Strahlungsanteil tritt aus der Messkammer aus und in den Detektor ein. Detektoren vom LUFT-Typ bestehen aus zwei mit CO_2 gefüllten dickwandigen Kammern. Lediglich die Trennwand zwischen den beiden Kammern besteht aus einer dünnen Membran (z. B. Goldfolie). Die Trennwand ist gleichzeitig die eine Platte eines Kondensators, die andere ist fest in einer der beiden Detektorkammern montiert. Da die Detektorkammern mit CO_2 gefüllt sind, absorbieren sie die Reststrahlung im Bereich der CO_2-Absorptionsbanden vollständig. Diese quantitative Absorption führt zu einer Temperaturerhöhung und damit zu einer Druckerhöhung und Volumenvergrößerung in den Detektorkammern. Unterschiedliche CO_2-Konzentrationen in Referenz- und Messgas mindern den IR-Strahl verschieden stark. Dies hat eine unterschiedliche Erwärmung des Gasraumes in beiden Detektorkammern zur Folge, was wiederum zu unterschiedlichen Drücken in beiden Detektorkammern führt. Wird die aus der Referenzgas- und Messgaskammer austretende IR-Strahlung vor ihrem Eintritt in die jeweilige Detektorkammer periodisch durch ein sich drehendes Flügelrad (Chopper) unterbrochen, entstehen in den Detektorkammern pulsierende Druckveränderungen und damit eine Vibration der gemeinsamen dünnen Trennwand. Die Amplitude der Vibration ist abhängig von der Druckdifferenz in beiden Detektorkammern, die wiederum abhängig ist von der Differenz der CO_2-Konzentrationen zwischen Referenz- und Messgas. Die Bewegung der Trennwand, d. h. der einen Platte des Kondensators, variiert dessen Kapazität und damit das Volt-Ausgangssignal des Kondensators. Damit liefert die Differenz der CO_2-Konzentration zwischen Messgas und Referenzgas eine Spannungsänderung.

Wird die Referenzgaskammer nicht durchströmt, sondern mit CO_2-freier Luft (oder N_2) gefüllt, so erlaubt ein solcher IRGA die Messung der absoluten CO_2-Konzentration. Je nachdem, ob eine CO_2-Konzentrationsdifferenz zwischen zwei Gasen oder die absolute CO_2-Konzentration eines Gases gemessen wird, spricht man von **Differenz-IRGA** bzw. **Absolut-IRGA**.

Wir haben in Abb. 1 gesehen, dass sich die Absorptionsbanden von CO_2 und Wasserdampf zum Teil überlagern. Man kann aus dieser Not eine Tugend machen und mit einem IRGA oder NDIR-Gasanalysator (nichtdispersives Infrarotphotometer) nicht nur CO_2, sondern auch Wasserdampf im selben Luftstrom messen. Da Gasanalysatoren solchen Prinzips, wenn auch heute in technischen Details modifiziert und

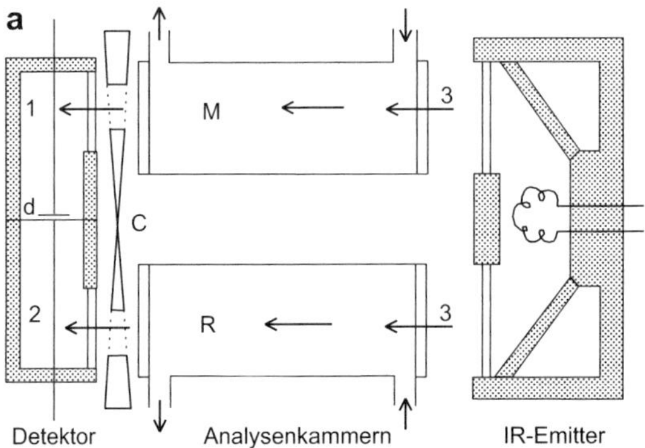

Abb. 2 (a) Beispiel für die **Anordnung von Analysenkammern und Detektorkammern eines Differenz-IRGA**. Die Analysenkammern R (Referenzgas) und M (Messgas) werden vom jeweiligen Gasgemisch (z. B. CO_2 enthaltende Luft) durchströmt. Die Strahlung des Infrarot(IR)-Emitters tritt bei 3 in die durchströmten Analysenkammern ein. Der austretende, in Abhängigkeit von der CO_2-Konzentration der Luft teilabsorbierte Strahl (d. h. die Reststrahlung) wird periodisch von einem Chopper (C = Flügelrad) unterbrochen. Die Flügel des Choppers geben die Strahlengänge gleichzeitig für beide Strahlenwege (R und M) frei, d. h., die Strahlung wird periodisch „zerhackt" (*to chop* = zerhacken). Die aus R und M verbleibende Strahlung, die in die mit reinem CO_2 gefüllten Detektorkammern des LUFT-Typs (1 und 2) eintritt, wird in diesen jeweils quantitativ im Bereich der CO_2-Banden absorbiert. Dies führt über eine differenzielle Erwärmung zwischen den Detektorkammern zu einer entsprechenden Volumen- und Druckänderung. Unterschiedlicher Druck in beiden Kammern führt zu einer pulsierenden Veränderung des Abstandes der beiden Kondensatorplatten und damit der Kapazität des Kondensators, was in einem Spannungssignal resultiert. Dieses ist direkt proportional zur Konzentrationsdifferenz von CO_2 zwischen Mess- und Referenzgas. (nach von Willert et al. 1995) (**b**) **Aufbauprinzip des Gasdetektors eines BINOS®**. Die Strahlung tritt durch das CaF_2-Fenster in die mit reinem CO_2 gefüllte Absorptionskammer ein und führt dort infolge von Temperaturänderungen zu einem Gasfluss durch den Strömungskanal, der die Absorptionskammer mit der ringförmigen Ausgleichskammer verbindet. Durch periodisch (im Gegensatz zu a) alternierende Freigabe des Strahlenganges aus Mess- oder Referenzgas kommt es zu einer periodischen Umkehr der Strömung zwischen Absorptions- und Ausgleichskammer. Die Strömung wird von Mikroströmungsmessern erfasst und in elektrische Spannungssignale umgesetzt (verändert nach Vorlagen des Herstellers) (**c**) **Aufbauprinzip des BINOS® 100 4P** (Rosemount Analytical, Hanau) zur gleichzeitigen Messung von CO_2 und Wasserdampf im Luftstrom. Das Chopperrad zwischen Strahler und zweigeteilter Analysenküvette führt den Strahl abwechselnd durch die entsprechende Referenz- bzw. Messgasseite. Mit den Filterblenden werden die für den Messvorgang von CO_2 und Wasserdampf jeweils optimalen Wellenlängenbereiche eingestellt. Der CO_2-Detektor entspricht dem der Abb. 2b, die Strahlung durch die Wasserdampfküvette wird mit einem pyroelektrischen (*solid state*) Detektor erfasst. Dieser basiert auf einem Kristall, dessen Polarisation sich bei Wärmeeinwirkung ändert, womit Ladungstrennung und Induktion einer elektrischen Ausgangsspannung einhergehen. Der BINOS® 100 4P kann im Differenz- und im Absolutmessmodus arbeiten. (verändert nach Vorlagen des Herstellers)

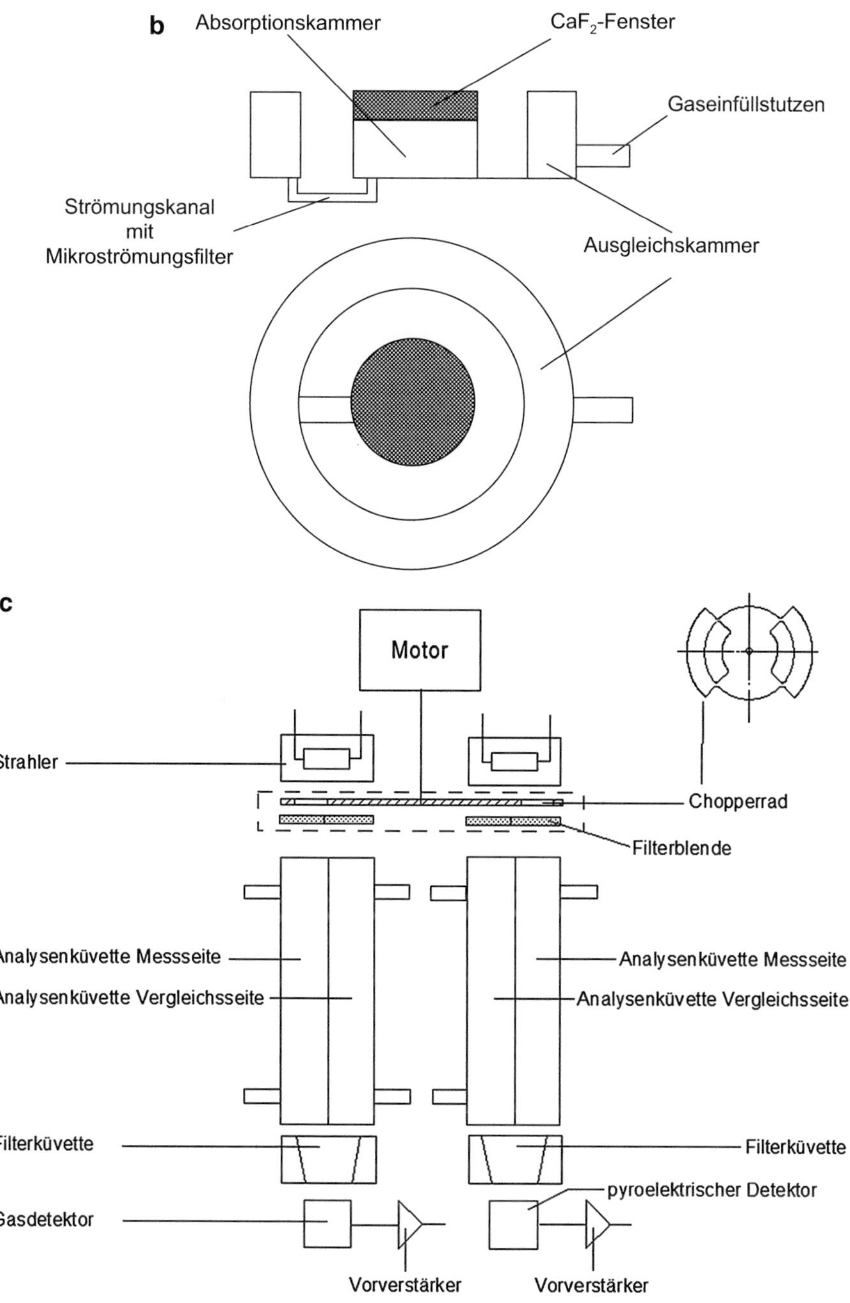

Abb. 2 (Fortsetzung)

weiterentwickelt, das Herzstück von Gaswechselmessanlagen und CO_2/H_2O-Porometern bilden, die wir in ► Kap. 11, „Methoden der Gaswechselmessung – historische und aktuelle“ ausführlich besprechen werden, soll an dieser Stelle exemplarisch der BINOS® 100 4P (Rosemount Analytical, Hanau) näher beschrieben werden.

Das Messprinzip für CO_2 weicht vom bisher vorgestellten insofern ab, als der CO_2-Detektor (s. Gasdetektor für CO_2 in Abb. 2c) aus zwei Kammern, einer Absorptions- und einer Ausgleichskammer besteht, die über einen Strömungskanal miteinander verbunden sind (Abb. 2b Gasdetektor für CO_2 aus Abb. 2c, hier im Detail dargestellt). Die Absorptionskammer ist ausschließlich mit dem zu messenden infrarotaktiven Gas gefüllt, in unserem Fall CO_2. Das IR-durchlässige Fenster besteht aus Calciumfluorid (CaF_2). In der dem Gasdetektor vorgeschalteten Analysenküvette (siehe Abb. 2c) wird die von der Strahlungsquelle ausgehende Strahlung abhängig von der Gaskonzentration abgeschwächt (d. h. absorbiert), bevor die übrigbleibende Strahlung in die Absorptionskammer des Detektors eintritt und dort völlig absorbiert wird. Das Chopperrad gibt abwechselnd den Strahlengang der Referenz- und der Messgasseite in die Absorptionskammer des Gasdetektors frei. Entsprechend pulsiert die Temperatur im Gasdetektor, sodass sich periodisch dessen Füllgas infolge der Chopperfrequenz ausdehnt und zusammenzieht. Als Konsequenz kommt es über den Strömungskanal zwischen Absorptionskammer des Gasdetektors und Ausgleichskammer zu einer Ausgleichsströmung, die periodisch die Richtung umkehrt. Der Strömungskanal ist so dimensioniert, dass er die Strömung nur wenig behindert. Die unterschiedlichen, alternierend aus der Referenz- und Messgasseite eintreffenden Strahlungsintensitäten führen also im Detektor zu periodisch wechselnden Strömungsvorgängen. Diese Strömungen werden von einem Mikroströmungssensor erfasst und in ein elektrisches Spannungssignal umgesetzt.

Die Wasserdampfkonzentration der Luft wird mit einem **pyroelektrischen Detektor** erfasst. Dieser „*solid state*“-Detektor, ein Kristall, absorbiert IR-Strahlung quantitativ, wodurch er sich erwärmt. Diese führt zu einer Ladungsumverteilung im Kristall. Durch den Vergleich zwischen Referenz- und Messgasseite entsteht ein Wechselspannungssignal, das verstärkt und angezeigt wird.

Zusammenfassend können wir festhalten, dass beim IRGA-Prinzip eine durch Gase verursachte Absorption von IR-Strahlung erfasst wird, die dem Lambert-Beer-Gesetz gehorcht und proportional zur Gaskonzentration ist. Bei Differenzmessung zwischen Mess- und Referenzgas ist je nach Füllgas auf der Referenzseite das Ausgangssignal ein Maß für den Konzentrationsunterschied oder die absolute Konzentration des zu analysierenden Gases (bei Messung des pflanzlichen Gaswechsels z. B. unbeeinflusste Umgebungsluft bzw. CO_2-freie Luft oder N_2). Durch den Einsatz von optischen Filtern wird eine Erhöhung der Selektivität für bestimmte IR-aktive Gase erreicht; d. h., Quereinflüsse anderer IR-aktiver Gase werden reduziert.

Das Bauprinzip des BINOS® 100 4P ist in Abb. 2c dargestellt. In der Praxis wird mittels entsprechender Verschlauchung (nicht gezeigt) zuerst der Wasserdampfgehalt gemessen, danach wird der Luftstrom zur Trocknung durch eine sog. Kältefalle geleitet (in der z. B. eine Taupunkttemperatur von 0,5 °C eingestellt ist), und erst im letzten Schritt wird die CO_2-Konzentration bestimmt.

Hintergrundinformation

Konzentrationen weiterer Infrarot-Strahlung absorbierender Gase (wie z. B. Methan, CH_4, oder Sickstoffdioxid, NO_2) lassen sich ebenfalls mit dem IRGA-Verfahren quantifizieren. Wasserdampf mit seinen physikalischen Eigenschaften wird detailliert in ▶ Kap. 9, „Physik des Wasserdampfes – Luftfeuchte und Wasserdampfgradienten" behandelt. Dort finden sich auch weitere Methoden der Messung von Wasserdampf, die durch dessen physikalische Eigenschaften ermöglicht werden.

4 O_2-Messung in Wasser und in Luft

4.1 Die Sauerstoffelektrode

Die Messung der O_2-Konzentration der Luft oder in wässrigen Lösungen beruht häufig auf einem **polarografischen Verfahren** und wird mit einer **Sauerstoffelektrode** – auch **Clark-Elektrode** genannt – durchgeführt. Die Clark-Elektrode besteht aus einer Platinkathode und einer Silberanode, die z. B. in die Spitze eines Epoxidharzstabes eingegossen sind, sodass die Anode die Kathode ring- oder hufeisenförmig umgibt. Beim Hansatech-Gerät, das häufig in der Photosyntheseforschung verwendet und mit einem Anwendungsbeispiel in ▶ Kap. 13, „Sauerstoffgaswechsel" behandelt wird, ragt die Kathode kuppelartig in den Messraum vor, während die Anode in einer ringförmigen Vertiefung am Fuße der Kuppel sitzt. Kathode und Anode tauchen in einen Elektrolyten ein, über den sie elektrisch verbunden sind. Der Elektrolyt ist eine Lösung aus 95 % Ethylenglykol und 5 % KCl. Über den Elektrolyt wird eine Teflonmembran gespannt, die die Elektrode gegen den Luftraum oder das wässrige Medium abgrenzt und die nur für Gase, nicht jedoch für Ionen durchlässig ist. An die beiden Elektroden wird eine Gleichspannung von 0,6–0,7 V angelegt. Diese Spannung sorgt dafür, dass an der Platinelektrode Elektronen an den eindiffundierenden Sauerstoff übertragen werden. Gleichzeitig wird Silber an der Anode oxidiert und Silberchlorid schlägt sich auf ihr nieder. Der Stromfluss zwischen den beiden Elektroden wird durch das KCl vermittelt, er ist im stöchiometrischen Verhältnis direkt proportional zu dem an der Kathode reduzierten Sauerstoff und wird in eine Spannung transformiert. Dies ergibt das Messsignal in Volt. Abb. 3 zeigt die Reaktionen, die im Kopf einer solchen Sauerstoffelektrode ablaufen.

4.2 Paramagnetische Sauerstoffbestimmung

Paramagnetismus beruht auf der Elektronenverteilung zwischen den Orbitalen einer Substanz, seien es Atome, Ionen oder Moleküle. Entscheidend ist, dass unpaarig von

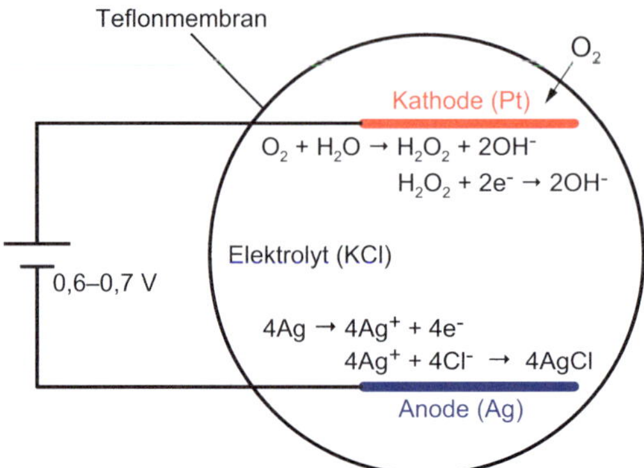

Abb. 3 **Reaktionen in einer Sauerstoffelektrode**. Legt man an die beiden Elektroden eine Gleichspannung von 0,6–0,7 V an, werden die Silberelektrode zur Anode und die Platinelektrode zur Kathode. Das durch die Teflonmembran in den KCl-Elektrolyten eindiffundierende O_2 wird an der Kathode reduziert. Durch den Elektrolyten fließt ein elektrischer Strom, der die Silberanode oxidiert, wobei sich auf ihr Silberchlorid niederschlägt. Der Stromfluss zwischen den beiden Elektroden ist direkt proportional zur eindiffundierenden O_2-Menge, die ihrerseits eine Funktion des O_2-Partiaidrucks über der Membran ist. (Quelle: eigene Darstellung)

Elektronen besetzte Orbitale vorliegen. Aufgrund ihres Spins besitzen unpaarig vorhandene Elektronen magnetische Dipoleigenschaften. Wird ein äußeres Magnetfeld angelegt, richten sich die Spins parallel zu den Feldlinien aus, und es entsteht eine schwache Netto-Anziehung zu den einwirkenden Magnetpolen. Die induzierte Paramagnetisierung der Substanz bleibt nur so lange erhalten, wie das externe Magnetfeld einwirkt. Dies ist der grundsätzliche Unterschied zur Dauermagnetisierung von Ferro-Magneten. Entfällt das externe Magnetfeld, wird unmittelbar der paramagnetische Effekt durch thermische Einflüsse aufgehoben. Die sog. „thermische Unruhe" von Atomen und Molekülen zerstört die geordnete Dipol-Ausrichtung der unpaarigen Elektronen. Aus diesem Grund müssen paramagnetische Bestimmungsverfahren temperaturkompensiert sein.

Paramagnetische Substanzen sind z. B. Aluminium, Titan, Eisenoxid (FeO) und auch Sauerstoff. Abb. 4 zeigt die unpaarige Orbitalbesetzung von Sauerstoff mit Elektronen. Die paramagnetische Sauerstoffbestimmung wird technisch umgesetzt durch magnetodynamische Analysatoren, wie z. B. den „O_2 Analyzer 570A" der Firma Servomex (Abb. 5a). Solche Analysatoren nutzen die sogenannte „Faraday-Methode" unter Anlegung eines „nicht-uniformen", d. h. in Form und Ausrichtung variierenden, äußeren Magnetfelds, aufgebaut durch Permanentmagnete (Abb. 5b). Die Wirkung der induzierten Anziehungskraft zwischen den Magnetpolen und dem im Luft-Gasgemisch vorbeiströmenden Sauerstoff auf eine diamagnetische Substanz, in diesem Fall Stickstoff, wird elektromechanisch erfasst (Abb. 5b).

Hintergrundinformation

In diamagnetischen Substanzen sind alle Orbitale paarig mit Elektronen besetzt, wie es auch für Stickstoff zutrifft. Solche Substanzen senken die Feldliniendichte von Magnetfeldern und werden tendenziell aus diesen herausgedrängt.

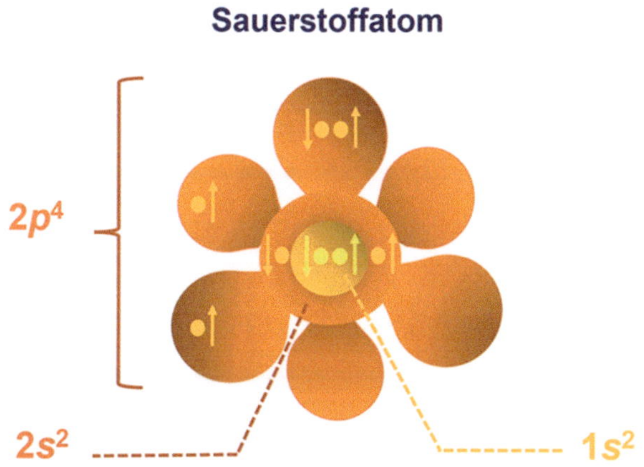

Sauerstoffatom

2p4

2s2

1s2

Abb. 4 **Modellvorstellung des Sauerstoffatoms mit seinen s- und p-Orbitalen**. Das 1 s-Orbital ist paarig mit zwei Elektronen besetzt ($1s^2$) und sein Energiezustand niedriger als das umhüllende, ebenfalls mit zwei Elektronen paarig besetzte 2 s-Orbital ($2s^2$). Die drei 2p-Orbitale sind insgesamt mit vier Elektronen besetzt ($2p^4$), jedoch sind davon ein Orbital paarig mit zwei Elektronen, und zwei Orbitale mit jeweils einem Elektron unpaarig besetzt (Punkte symbolisieren Elektronen und Pfeile die Spin-Ausrichtung der Elektronen). (Quelle: eigene Darstellung)

Im beschriebenen O_2-Analysator befindet sich der Stickstoff in zwei hantelförmig miteinander verbundenen Quarzkugeln (Abb. 5b, graue Kreise). Die Verbindungsstrebe ist in deren Zentrum auf einer Drehachse gelagert, sodass die paramagnetischen Effekte zwischen Sauerstoff und den Magnetpolen zu Auslenkungen der Hantelstruktur mit den stickstoffgefüllten Quarzkugeln von der Nullsignal-Ebene führen (Abb. 5b). Die Auslenkung ist direkt proportional zur herrschenden Sauerstoffkonzentration und wird von zwei parallel ausgerichteten Lichtsensoren erfasst, die einen von einer Lichtquelle emittierten Lichtstrahl auffangen, der von einem an der Hantel-Drehachse angebrachten Spiegel reflektiert wird (Abb. 5b). Die differentielle Lichtstrahlerfassung der Lichtsensoren erzeugt ein vom Nullsignal abweichendes Ausgangssignal (d. h. bei Abwesenheit von Sauerstoff empfangen beide Lichtsensoren die gleiche Lichtmenge).

Das Ausgangssignal der Lichtsensoren ist ein zur Sauerstoffkonzentration proportionaler Elektronenfluss und zugleich Teil einer negativen Feedbackregelung, welche die Hantel mit den stickstoffgefüllten Quarzkugeln in Richtung Nullsignal-Ebene drängt und damit in der ausgelenkten Position hält. Die Regelung wird über eine elektromagnetische Spule gewährleistet (Abb. 5b), die mittels des elektronenflussinduzierten Magnetfelds der Hantelauslenkung entgegenwirkt. Der für die Hantelpositionierung erforderliche, kompensatorische Elektronenfluss entspricht somit direkt der im Messgas herrschenden Sauerstoffkonzentration und bildet die Grundlage der Signalausgabe via integriertem Voltmeter (Abb. 5b).

Die Einstellung des Nullsignals im Analysator erfolgt durch Einspeisung von N_2 als Messgas. Zur Festlegung der Steigung des Ausgangssignals dient Außenluft als Messgas mit der natürlichen Sauerstoffkonzentration von 20,95 % (ge-

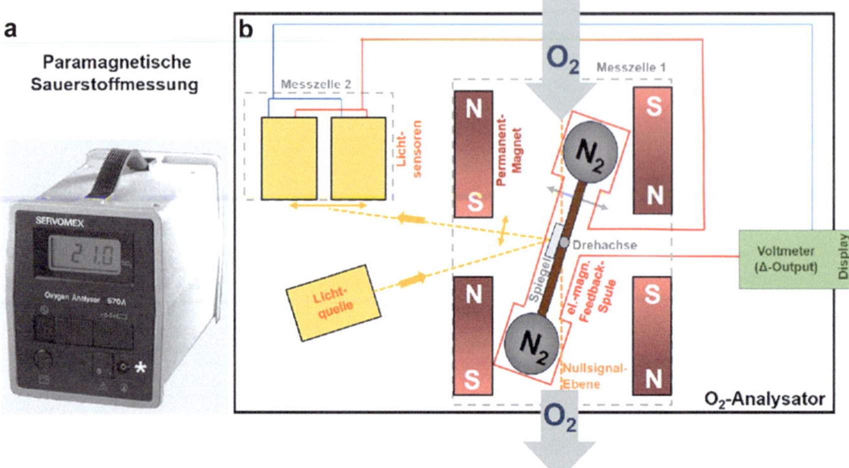

Abb. 5 **„Oxygen Analyzer 570A" des Herstellers Servomex**. (**a**) **Außenansicht**, weißer Stern markiert den Gaseingang. (**b**) **Funktionsprinzip**: Der O_2-Sensor besteht aus zwei Quarzkugeln (gefüllt mit diamagnetisch sich verhaltendem N_2) und einer Verbindungsachse, über deren Drehgelenk ein Spiegel montiert ist, insgesamt eine Hantelstruktur bildend. Die Sensorhantel ist unmittelbar umgeben von einer elektromagnetischen Spule sowie vier Permanentmagneten, die das äußere „nicht-uniforme" Magnetfeld erzeugen (s. Text). Die genannten Komponenten bilden die Messzelle 1 und sind Teil eines elektrischen Mess-Schaltkreises. Messzelle 2 im System besteht aus zwei Lichtsensoren, die das von einer Lichtquelle eingestrahlte und vom Spiegel reflektierte Licht entsprechend der O_2-induzierten Auslenkbewegungen der O_2-Sensorhantel auffangen (Doppelpfeile) und ein differentielles Ausgangssignal in Form eines Elektronenflusses liefern. Der induzierte Elektronenfluss erzeugt in der elektromagnetischen Spule ein Magnetfeld, welches via negativer Feedback-Regelung der Hantelauslenkung entgegenwirkt. Der kompensatorische Elektronenfluss ist direkt proportional zur O_2-Konzentration im Messgas (breite graue Pfeile) und wird als Spannungssignal ausgegeben. Blaue Linien markieren den Elektronenfluss zur Messzelle 2, und rote Linien den Elektronenfluss aus der Messzelle 2 (weitere Details im Text). (Quellen: Foto in (**a**), zur Verfügung gestellt durch European Business CentreServomex Group, Cluj, Romania; **b**, eigene Darstellung nach Handbuch des Oxygen Analyzer 570A)

rundet 21 %). Die Messignalauflösung des in Abb. 5a gezeigten Analysators beträgt 0,1 % O_2.

Magnetodynamische Analysatoren werden in der experimentellen Pflanzenökologie zur Überwachung der Sauerstoffkonzentration in Luft-Gasgemischen eingesetzt, unter denen Versuchspflanzen exponiert sind. Dies ist zum Beispiel in den Luftströmen von Gaswechselmessanlagen der Fall, die in ▶ Kap. 11, „Methoden der Gaswechselmessung – historische und aktuelle" behandelt werden (s. dort Abb. 13). Bei der Ermittlung der Brutto-Photosyntheserate von Blättern ist es erforderlich, Luftgemische in Gaswechselmessanlagen mit 1–2 % O_2 einzustellen, um der CO_2-fixierenden Rubisco die um die Bindungsstelle konkurrierenden O_2-Moleküle zu entziehen (Abb. 6). Alternativ kann man in der Luftzufuhr der Blätter die CO_2-Konzentration um das ca. fünffache erhöhen (etwa von 400 auf 2000 ppm), was die O_2-Moleküle von der Bindungsstelle der Rubisco für CO_2 verdrängt.

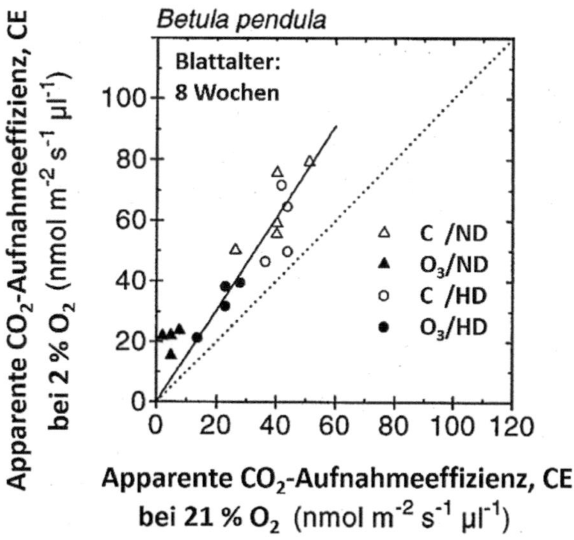

Abb. 6 **Beziehung zwischen der photosynthetischen Effizienz** der CO_2-Aufnahme (*carboxylation efficiency,* CE) bei 21 % und 2 % O_2 in Luft von acht Wochen alten Blättern an *Betula pendula*. Unter der CE versteht man die Abhängigkeit der Photosyntheserate von CO_2-Molenbrüchen zwischen 0–100 ppm in den Blattinterzellularen (annähernd linearer Steigungsbereich der Abhängigkeitsfunktion; s. ▶ Kap. 11, „Methoden der Gaswechselmessung – historische und aktuelle" und ▶ 12, „Ergebnisbeispiele aus Gaswechseluntersuchungen"). Bestimmt bei 2 % O_2, entspricht CE der CO_2-Abhängigkeit der Brutto-Photosyntheserate. Bei 2 % O_2 analysiert ist CE ca. 1,5-fach höher als bei der Messung unter 21 % O_2. Dabei war die Nährstoffversorgung unerheblich (HD und ND = hoch bzw. niedrig gedüngt), jedoch senkte die Exponierung unter erhöhter troposphärischer Ozonbelastung CE unter beiden O_2-Regimen proportional zueinander (O_3 = 40 ppb nachts und 90 ppb während der Lichtstunden versus Kontrolle C = O_3-freie Luft). Die Einstellung und Überwachung der niedrigen O_2-Konzentration erfolgte mit dem hier beschriebenen „Oxygen Analyzer 570A" von Servomex. (Adaptiert von Maurer et al. 1997)

4.3 Sauerstoffbestimmung mit Optode

Optoden sind Messensoren, die auf optischen Prinzipien basieren. Mit ihnen können in hoher Auflösung im wässrigen Medium der pH-Wert, aber auch die Konzentrationen von Metallionen (z. B. Natrium, Kalium, Calcium), von organischen Verbindungen (z. B. Glucose) und von Gasen wie Ammoniak/Ammonium, Kohlendioxid oder Sauerstoff bestimmt werden (Gansert und Blossfeld 2008). Je nach Bauweise können mit manchen Optoden auch zwei Parameter gleichzeitig gemessen werden, z. B. pH und Sauerstoffkonzentration. Generell erfolgt die Messung mit Hilfe von Fluoreszenzfarbstoffen, die auf die zu messenden Substanzen abgestimmt werden. Bei der Messung werden die Farbstoffe substanzspezifisch durch Lichtpulse aus dem kurzwelligen (blauen) Spektralbereich belichtet, wodurch aus dem Farbstoff ebenfalls gepulstes, aber langwelliges Rotlicht abgestrahlt wird. Die von eingestrahltem (kurzwelligen) Licht induzierte Emission von (langwelligen) Photonen nennt man **Fluoreszenz** (s. auch ► Kap. 14, „Chlorophyllfluoreszenzanalyse"). Der Optodenfarbstoff fluoresziert mit Pulsen im Bereich von Nano- bis Millisekunden umgekehrt proportional zur Konzentration der zumessenden Substanz, jedoch direkt proportional zur eingestrahlten Photonenmenge.

Hintergrundinformation

„Optode" ist synonym zu dem weniger gebräuchlichen Begriff „Optrode". Die Energiedifferenz zwischen den eingestrahlten blauen Photonen und den emittierten, energieärmeren roten wird als Wärme freigesetzt, entsprechend der thermodynamisch unumgänglichen Zunahme an Entropie. Konzentrationen von Gasen in wässriger Lösung lassen sich mit Hilfe des Henry'schen Gesetzes (das am Anfang dieses Kap. 5, „Atmosphäre und ihre Gase – Messung in Luft und Wasser" bereits behandelt wurde) in Gaspartialdrücke über der Flüssigkeit umrechnen.

Beispielhaft sei hier die Sauerstoffoptode vorgestellt, die in ihrer Funktion auf der dynamischen Fluoreszenz-Löschung durch O_2 beruht. O_2 fungiert somit als Quencher (s. ► Kap. 14, „Chlorophyllfluoreszenzanalyse"), der mit steigender Konzentration das Fluoreszenzsignal reduziert. Der hierfür verwendete Fluoreszenzfarbstoff, ein Platin-Porphyrinkomplex, ist in einer gasdurchlässigen Folie eingeschlossen, welche eine ebene Kontaktfläche zum wässrigen Medium bildet (daher auch die Bezeichnung „planare Optode") und damit den eigentlichen O_2-Sensor darstellt (Abb. 7). Das von einer LED eingestrahlte blaue Anregungslicht ist moduliert (gepulst), während die gleichzeitig emittierten Fluoreszenzlichtpulse nach Durchgang durch einen Rotlichtfilter von einer Photodiode registriert werden. Die Pho-

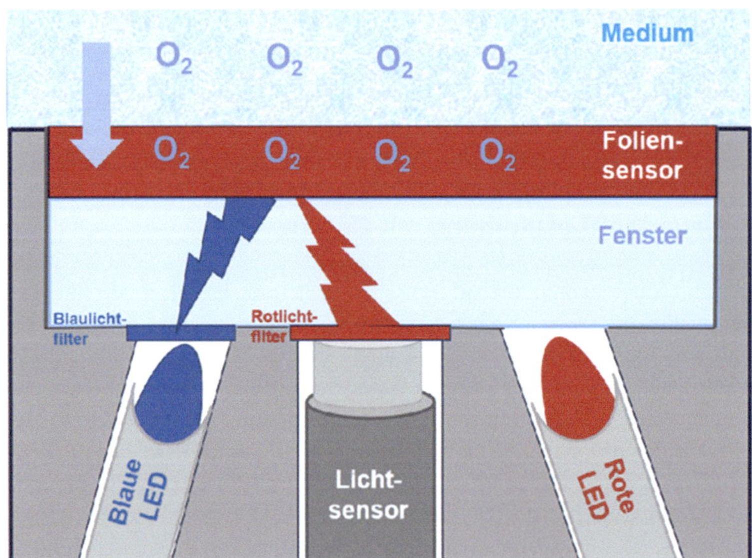

Abb. 7 **Funktionsprinzip des Messkopfes einer Sauerstoffoptode** (schematischer Längsschnitt) in Kontakt mit wässrigem Medium (rote LED als Referenzlicht einsetzbar; Details im Text. Miniaturisierungen auf Messkopfdurchmesser < 1 mm sind verfügbar (s. Abb. 8). (Quelle: eigene Darstellung nach Angaben in Tengberg et al. 2006)

todiode wandelt das optische Signal in ein elektrisches um. Zur Stabilisierung der Signalerfassung wird aus einer weiteren LED zusätzlich Rotlicht als fluoreszenzneutrales Referenzsignal eingestrahlt (dieses induziert also keine Fluoreszenz). Ein in die Optode integrierter elektrischer Temperatursensor (Thermistor, s. ▶ Kap. 3, „Wärme und Temperatur – Messung und Temperierung") ermöglicht nach Temperaturkompensation nicht nur die Linearisierung der Messignale, welche absoluten O_2-Konzentrationen entsprechen, sondern auch die Erfassung der während der Messung herrschenden Temperatur.

Optoden sind aufgrund ihrer kompakten Bauweise (Messkopfdurchmesser bis < 1 mm) ideal für Einsätze in der experimentellen Pflanzenökologie, neben ihrer nicht-invasiven Verwendungen auch für Sondierungen in pflanzlichen Geweben. Besonders eignet sich hierfür der Xylemkörper von Baumstämmen, in denen mit verschiedenen implantierten Optoden gleichzeitig und „online" neben dem pH-Wert des transportierten Xylemwassers auch dessen Konzentrationen von O_2, CO_2 und diverser Metallionen registriert werden können (auch zwei Parameter gleichzeitig mit einer Optode, s. o.).

4.3.1 Anwendungsbeispiel von O_2-Optoden

Im Folgenden wird die Verwendung von O_2-Optoden in der Forschung anhand einer Untersuchung an Spargel (*Asparagus officinalis* L.) betrachtet. Nach den in Deutschland geltenden Normen muss „Bleichspargel" ausschließlich „weiß" sein. Jegliche Verfärbung vermindert die Qualität der frischen Spargelstangen und damit potenziell auch den Verkaufserlös. Häufig findet man aber rötlich gefärbte Stangen. Diese Farbänderung tritt oft an den (Trieb-)Spitzen auf und ist auf eine Anthocyanbildung zurückzuführen, die schon durch kurzzeitige Belichtung mit geringen PPFD induziert wird. Dies wiederum ist als eine physiologische Schutzreaktion der rasch wachsenden etiolierten Triebspitzen auf die Strahlung anzusehen (vor allem die UV-Anteile), sobald die Spargelstangen die Bodenoberfläche durchstoßen und „plötzlich" belichtet werden. Als Antioxidantien sind Anthocyane eigentlich wertvolle Lebensmittelinhaltsstoffe, im Falle des Bleichspargels sind sie aber unerwünscht.

Hintergrundinformation

Um die Rotfärbung zu verhindern oder wenigstens zu verzögern, werden die Spargelstangen vielfach schon auf dem Feld, zumindest aber während der Kurzzeitlagerung, für mehrere Stunden in frisches, kühles Wasser „getaucht". Diese Methode gilt als sehr effektiv. Die genauen physiologischen Mechanismen, die bei dieser vielgenutzten „Nacherntetechnik" die Anthocyansynthese behindern, sind bislang ungeklärt. Die Wirkung könnte darauf beruhen, dass aufgrund der geringen Gasdiffusion im Wasser und durch die Atmungsaktivität in den Stangen eine hohe CO_2- und entsprechend niedrige O_2-Konzentration entsteht. Diese Konzentrationsänderungen könnten neben einer Verminderung der physiologischen Aktivität auch das Schlüsselenzym der Phenol- und damit der Anthocyan-Biosynthese, die Phenylalanin-ammonium-lyase (PAL), hemmen. Ob eine andauernde Wässerung zusätzlich einen negativen Effekt auf den Stoffwechsel insgesamt oder die wertgebend gewünschten Inhaltsstoffe des Bleichspargels zeigt, ist unbekannt.

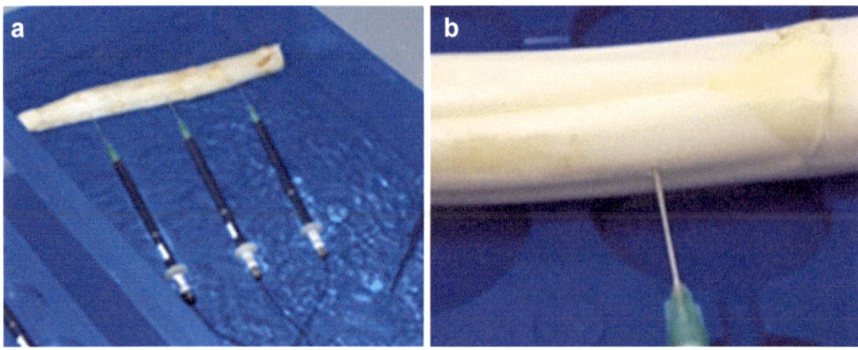

Abb. 8 ***In situ*-Messung der Sauerstoffkonzentration in Bleichspargelstangen mit Glasfasersauerstoffoptoden (O_2-Profiling-Mikrosensor PM-PSt7) der Firma PreSens Precision Sensing GmbH**. (**a**) Drei Sensoren wurden in unterschiedlich ausdifferenzierten Bereichen der Spargeltriebe platziert. (**b**) Detailaufnahme einer in die Spargelstange eingestochenen Kanüle des Mikrosensors. (Fotos: G Rux)

Um zu klären, ob Änderungen der stangeninternen CO_2- und O_2-Konzentrationen bei Einwirken kühlen Wassers tatsächlich auftreten und damit potenziell für eine Unterdrückung der Anthocyanbildung in Betracht kommen, wurden frisch geerntete Spargelstangen bei 18 oder 1 °C für definierte Zeitspannen in frisches Wasser getaucht. Beispielhaft wurde die dynamische Veränderung der O_2-Konzentration in unterschiedlich ausdifferenzierten Bereichen von Spargelstangen während des Tauchens und nach Entfernen des Wassers mit hochauflösenden Glasfaseroptoden verfolgt (O_2-Profiling-Mikrosensor PM-PSt7, PreSens Precision Sensing GmbH; Abb. 8). Der Messbereich der Sensoren umfasste 0–100 % O_2, mit einer Nachweisgrenze von < 0,03 % O_2.

Hintergrundinformation

Beim verwendeten Optodentyp (s. o.) ist die stabile Glasfaserkonstruktion beweglich in eine schützende Spritzenkanüle eingebaut, deren Spitze mit einem O_2-sensitiven Fluoreszenzfarbstoff imprägniert ist. Nach dem Installieren (Einstechen) der Optode in das Gewebe kann die Metallkanüle etwas zurückgezogen und die Glasfaser vorsichtig direkt im Gewebe platziert werden. Die Intensität der dann durch Anregungslicht ausgelösten Fluoreszenz ist direkt von der O_2-Konzentration des umgebenden Mediums abhängig. Mit dieser Anordnung eignet sich die Sonde auch für O_2-Messungen in halbfesten Proben, und es können zudem O_2-Konzentrationen direkt in Grenzschichten und entlang von Gradienten verfolgt werden, während der Sensor innerhalb der Probe bewegt wird. Die Messwertausgabe kann über Anzeigesysteme erfolgen.

Beim Einstechen der Mikrosensoren in das Gewebe des vollständig ausdifferenzierten Basisbereichs der Spargelstangen (Abb. 8) wird eine Abnahme der O_2-Konzentration von ca. 21 % in der Außenluft auf etwa 14–15 % im stangeninternen Luftgemisch gemessen (Abb. 9a). In der stoffwechselaktiveren Spitze der wachsenden Stangen ist die O_2-Konzentration dagegen noch deutlich niedriger (Abb. 9b). Werden die Stangen in Wasser von 18 °C getaucht (Abb. 9a), sinkt die Sauerstoffkonzentration innerhalb von etwa 15 min bis auf die Nachweisgrenze des Sensors

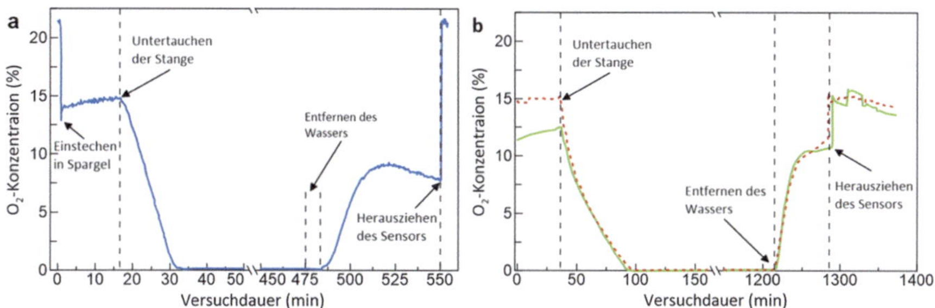

Abb. 9 Einfluss der Messbedingung auf die Sauerstoffkonzentration im Gewebe einer Spargelstange. Die Messungen erfolgten bei einer Luft bzw. Wassertemperatur von (**a**) 18 °C bzw. (**b**) von 1 °C. In (**b**) wurden die Sensoren in unterschiedlich ausdifferenzierten Bereichen der Spargeltriebe (Stangenspitze: grüne, durchgezogene Linie; Basis: rote, gestrichelte Linie) platziert. Gestrichelte vertikale Linien markieren das Untertauchen der Stange, das Entfernen des Wassers bzw. das Herausziehen des Sensors aus dem Gewebe. (Quelle: eigene Darstellung unveröffentlichter Ergebnisse, WB Herppich und G Rux)

(0,03 %) ab. Bei einer Wassertemperatur von 1 °C ist die Stoffwechselaktivität naturgemäß herabgesetzt (Abb. 9b). Entsprechend länger dauert es, bis sich die Minimalkonzentration einstellt. Nach dem Entfernen des Wassers erhöht sich die O_2-Konzentration im Spargelgewebe wiederum rasch, erreicht allerdings die nicht Werte, die vor dem Eintauchen gemessen wurden (Abb. 9a, b). Auch in dieser Reaktion unterscheidet sich die aktiv wachsende Triebspitze von der ausdifferenzierten Stangenbasis.

Die aufgezeigten Ergebnisse belegen, dass das Untertauchen die physiologische Aktivität im Gewebe nachhaltig reduziert. Dies ist umso ausgeprägter, je niedriger die Wassertemperaturen sind. Die Versuche zeigen, dass die Anthocyansynthese durch die stark verringerte Sauerstoffkonzentration zusätzlich behindert sein sollte. Man sieht aber auch, dass das Untertauchen den Spargelstangen nicht „schadet". Dies konnte auch durch die Analyse weiterer physiologischer Parameter belegt werden, auf die hier nicht eingegangen werden kann (Herppich et al. 2017).

Literatur

Delieu T, Walker DA (1981) Polarographic measurement of photosynthetic O_2 evolution by leaf discs. New Phytol 89:165–175

Edwards G, Walker DA (1983) C_3, C_4: mechanisms, and cellular and environmental regulation, of photosynthesis. Blackwell, Oxford

Gansert D, Blossfeld S (2008) The application of novel optical sensors (optodes) in experimental plant ecology. In: Lüttge U, Beyschlag W, Murata J (Hrsg) Progress in botany, Bd 69. Springer, Berlin/Heidelberg, S 333–358

Herppich WB, Rux G, Geyer M (2017) Does submerging of white asparagus shoots negatively affect postharvest spear quality? Book of abstracts, VI Postharvest Unlimited, Madrid:70

Maurer S, Matyssek R, Günthardt-Goerg MS, Landolt W, Einig W (1997) Nutrition and the ozone sensitivity of birch (*Betula pendula*), I. Responses at the leaf level. Trees 12:1–10

Sestak Z, Catsky J, Jarvis PG (1971) Plant photosynthetic production: manual of methods. Dr. W Junk, The Hague

Tengberg A, Hovdenes J, Andersson HJ et al (2006) Evaluation of a lifetime-based optode to measure oxygen in aquatic systems. Limnol Oceanogr Methods 4:7–17

Umbreit WW, Burris RH, Stauffer JF (1972) Manometric techniques and related methods for the study of tissue metabolism. Burgess, Minneapolis

Willert DJ von, Matyssek R, Herppich WB (1995) Experimentelle Pflanzenökologie. Thieme, Stuttgart

Bewegte Luft – Wind, Grenzschicht, Konvektion und deren Bestimmung

6

Inhalt

Zusammenfassung

Neben den O_2-, CO_2- und Wasserdampfgehalten der (Umgebungs-)Luft kann eine weitere, oft unterschätzte, Umweltgröße den Gaswechsel der Pflanzen entscheidend beeinflussen: der Wind. Darüber hinaus ist die bewegte Luft von großer Bedeutung für den pflanzlichen Wärmehaushalt. Wind kann aber auch rein mechanisch auf Einzelpflanzen oder Pflanzenbestände einwirken, wie nicht nur Orkane wie Zeynep, Kyrill und Wiebke in den Jahren 2022, 2007 bzw. 1990 bewiesen haben. In diesem Kapitel sollen deshalb Gesetzmäßigkeiten, ökologische Relevanz und Erfassung von Grenzschichten, Strömungen (laminar vs. turbulent) sowie die Energieübertragung durch freie und erzwungene Konvektion erläutert werden.

Schlüsselwörter

Beaufort-Skala · Fourier-Gesetz der Wärmeübertragung · Grashof-Zahl · Heizdrahtanemometer · Konvektion · Laminare Strömung · Luftgrenzschicht · Nusselt-Zahl · Pitot-Rohr · Reynolds-Zahl · Schalenkreuzanemometer · Turbulente Strömung · Viskosität · Wärmediffusion · Wind · Windmessung

R. Matyssek, W. B. Herppich, *Experimentelle Pflanzenökologie*, Springer Reference Naturwissenschaften, https://doi.org/10.1007/978-3-662-67530-4_9

1 Wind

Die *Luftströmungen der Atmosphäre nehmen wir als Wind* wahr. Sie werden erzeugt durch die Sonnenstrahlung, deren lokal unterschiedliche Erwärmung der Erdoberfläche (einschließlich Vegetation und Meere) zu temperaturbedingten Dichte- und damit Luftdruckunterschieden in der erdnahen Atmosphäre führt. Luft strömt aus Zonen hoher Dichte (*barometrisches Hoch*, sinkende Luft) in solche niedriger Dichte (*barometrisches Tief*, steigende Luft). Infolge fehlender Sonneneinstrahlung ist nachts die Luftbewegung oft geringer als am Tag.

Die Windgeschwindigkeit wird durch die Topografie der Erdoberfläche beeinflusst (Ebenen, Stauzonen sowie Fallwinde an Gebirgen). Mittlere Windgeschwindigkeiten variieren in ca. 10 m Höhe über der Vegetation zwischen $1 \text{ m} \cdot \text{s}^{-1}$ und bis zu $7 \text{ m} \cdot \text{s}^{-1}$ ($= 25 \text{ km} \cdot \text{h}^{-1}$, Küste), während in Pflanzenbeständen Windstille herrschen kann. Geschwindigkeiten von etwa $0{,}1 \text{ m} \cdot \text{s}^{-1}$ werden bereits als stille Luft bezeichnet.

Als **ökologische Wirkungen des Windes** kennen wir die Beeinflussung pflanzlichen Wachstums (Organdifferenzierungen wie z. B. Reaktionsholz in Bäumen, Wachstumshemmung), seine Bedeutung bei der Verbreitung von Pollen, Samen und Krankheitserregern sowie bei der Zufuhr von CO_2 für die Photosynthese, aber auch von Luftschadstoffen. Nicht so offensichtlich ist die Bedeutung des Windes im Wärmehaushalt der Pflanze, sodass wir hier hauptsächlich diesen Aspekt untersuchen wollen. Der Wärmeaustausch durch Wind zwischen Pflanze und Luft erfolgt über Molekülkollisionen, die ihrerseits von der Art der Luftströmung abhängen. Über Blattoberflächen kann die Luft in parallelen Schichten *laminar* fließen oder in *turbulente*, durch verwirbelte Luftpakete (engl. *eddies*) gekennzeichnete Strömungen übergehen. Die Art der Strömung steht in Wechselwirkung mit Luftgrenzschichten, die den Oberflächen anliegen und den Wärmeaustausch zwischen Pflanze und Luft beeinflussen. Wir müssen uns daher zunächst mit solchen Grenzschichten beschäftigen.

2 Luftgrenzschicht

Strömt Luft entlang einer ebenen Oberfläche, baut sich ein Luftraum auf, in dem die Fließgeschwindigkeit der Luft, v, verglichen mit der freien Strömung reduziert ist. Die ungefähre Begrenzung dieses Luftraumes, Luftgrenzschicht genannt, ist in Abb. 1a schematisch durch die dicke blaue Linie dargestellt. Die Dicke der Luftgrenzschicht nimmt von der angeströmten Kante ausgehend über der Objektoberfläche zu. Ursache solcher Grenzschichten sind die aus der Viskosität (innere Reibung) der Luft resultierenden, über der Oberfläche entstehenden Scherkräfte.

Während in der Grenzschicht unmittelbar über der Oberfläche Windstille herrscht, gleicht sich v mit zunehmendem Abstand von der Fläche asymptotisch der freien Strömung an (Abb. 1b). Dabei treten mit wachsender Grenzschichtdicke und Entfernung vom Flächenrand neben zunächst **laminaren** auch **turbulente** Strömungen auf (Abb. 1c). Das Verhältnis zwischen diesen Strömungsarten variiert

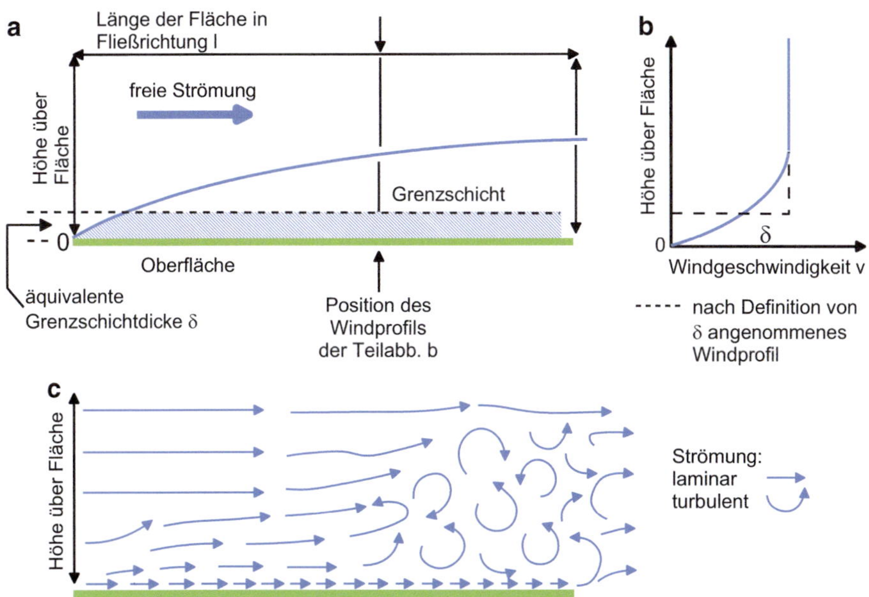

Abb. 1 Die **Luftgrenzschicht**. (**a**) Schematischer Grenzschichtverlauf über einer ebenen Oberfläche. Die *dick gezeichnete gekrümmte Linie* gibt qualitativ die Grenzschichtausdehnung über der Oberfläche an. Innerhalb der Grenzschicht ist die konstante Ausdehnung der äquivalenten Grenzschichtdicke δ hervorgehoben. (**b**) Profil der Windgeschwindigkeit über der Fläche an der in Teilabbildung a markierten Position. Die Ausdehnung von δ als unbewegte Luft ist so definiert, dass ein gedachtes Windprofil (*unterbrochene Linie*) die über der Oberfläche transportierte Luftmenge im gleichen Ausmaß reduziert wie das tatsächliche Windprofil. (**c**) Schematische Verteilung laminarer und turbulenter Strömung über einer Oberfläche. Die Länge der Strömungspfeile ist ein (qualitatives) Maß für die Windgeschwindigkeit. (Quelle: nach von Willert et al. 1995, verändert nach Monteith und Unsworth 1990)

in Fließrichtung entlang der Oberfläche, wodurch die Grenzschichtdicke unregelmäßig von der schematischen (idealisierten) Darstellung der Abb. 1a abweicht. Da der Wärmehaushalt von Blättern durch die Grenzschichtdicke und die Strömungsart beeinflusst ist, wäre die genaue Kenntnis der letzteren beiden Parameter hilfreich. Allerdings können die sich unscharf ausdehnende Grenzschicht und deren komplexen Strömungsverhältnisse nicht direkt und quantitativ gemessen werden.

Man behilft sich daher mit der Annahme einer mittleren und für das ganze Blatt repräsentativen **äquivalenten Grenzschichtdicke** $\boldsymbol{\delta}$ (engl. *equivalent boundary layer*; Abb. 1a). δ ist als eine dem Blatt anliegende windstille und unmittelbar an die freie Strömung grenzende Zone konstanter Dicke definiert. Dabei soll die Schichtdicke den Fluss einer parallel zur Oberfläche strömenden Luftmenge gleichermaßen wie das tatsächliche Strömungsprofil in der Grenzschicht reduzieren (Abb. 1a, b).

δ wird mit messtechnisch einfach bestimmbaren Parametern in Beziehung gesetzt, wie der mittleren Blattlänge in Fließrichtung der Luft, ℓ (in m), und der Fließgeschwindigkeit der freien Strömung, v (in $\mathrm{m \cdot s^{-1}}$):

$$\delta = a \cdot \ell^{0,5} \cdot \upsilon^{-0,5} \qquad (1)$$

mit dem empirisch ermittelten Faktor $a = 4{,}0 \text{ mm} \cdot \text{s}^{-0,5}$.

Nicht von ℓ und υ erfasste Faktoren (z. B. Flächenausdehnung, Form, Oberflächenbeschaffenheit und Vibrationsverhalten des Blattes, Viskosität der Strömung) werden durch Änderung von a und den Exponenten der Gl. 1 berücksichtigt. Damit können für im Luftstrom vibrierende, flache Blätter a zwischen 3,7 und $4{,}0 \text{ mm} \cdot \text{s}^{-0,5}$ und die Exponenten von ℓ zwischen 0,3 und 0,5 sowie die von υ zwischen − 0,5 und − 0,7 variieren. Solche Zahlenwerte lassen sich für konkrete Blatt- und Strömungssituationen empirisch in Windkanalversuchen zum Wärmeaustausch von Blättern ermitteln. Wir wollen im Folgenden die oben in Gl. 1 gezeigten Werte verwenden.

δ ist ein Näherungswert, der auf die in der Grenzschicht zu untersuchenden Prozesse (z. B. Wärmeaustausch) abgestimmt ist. Dennoch gibt Gl. 1 die prinzipielle Beziehung zwischen δ, ℓ und υ wieder (Abb. 2). Mit zunehmender überströmter Blattlänge nimmt δ zu, mit zunehmender Fließgeschwindigkeit der freien Strömung nimmt δ ab. Variierende hohe Windgeschwindigkeiten beeinflussen δ weniger als niedrige.

Gl. 1 lässt sich nach Nobel (1991) für Zylinderoberflächen (z. B. Ast- und Stammachsen) modifizieren als

$$\delta = a \cdot d^{0,5} \cdot \upsilon^{-0,5}$$

oder für Kugeloberflächen (z. B. Früchte) als

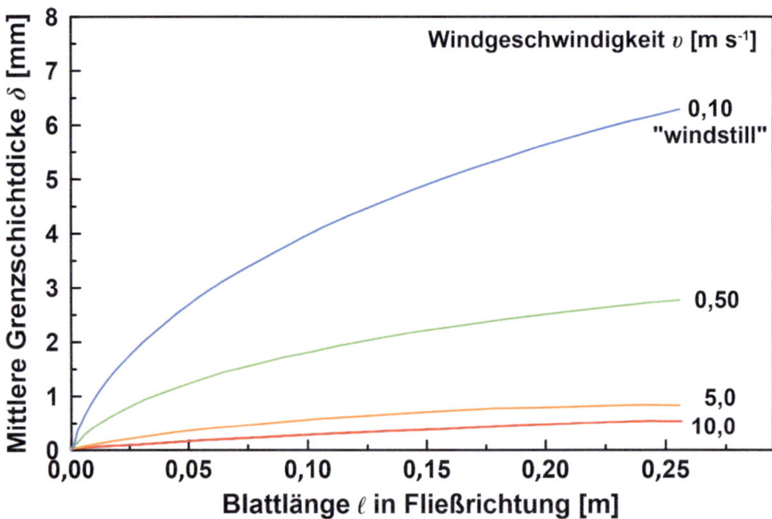

Abb. 2 **Ausdehnung der äquivalenten Grenzschichtdicke** δ in Abhängigkeit von der Windgeschwindigkeit υ und der Blattlänge ℓ in Fließrichtung der Luft (Berechnung nach Gl. 1). Änderungen niedriger Windgeschwindigkeiten beeinflussen δ stärker als solche hoher. (Quelle: eigene Darstellungen)

$$\delta = a \cdot d^{0,5} \cdot v^{-0,5} + b/v$$

mit a und b als Konstanten und d als Zylinder- oder Kugeldurchmesser.

Gl. 1 und ihre Modifikationen gelten in analoger Weise auch in Flüssigkeiten (z. B. Wasser), wobei die Konstanten und Exponenten den veränderten Strömungseigenschaften (z. B. Viskosität) des flüssigen Mediums anzupassen sind.

Die *Luftbewegung außerhalb der Blattgrenzschicht* kann gleichzeitig Grenzschichten in oder über Pflanzenbeständen angehören. Meist lässt sich über Beständen bis zu einer Höhe von 10 m eine Beeinflussung der Luftströmung feststellen. Jedoch sind bestandsbeeinflusste Strömungsverhältnisse der Luft aufgrund sehr unterschiedlicher Oberflächenrauigkeiten der Vegetation noch komplexer als über ebenen Blättern. Da solche Rauigkeit über Grasland geringer ist als über Wäldern, ist über letzteren die durch Wind erzwungene Luftdurchmischung intensiver (turbulenter). Wir wollen uns hier auf den Wärmetransport via Konvektion durch die Grenzschicht einzelner Blätter hindurch in die Umgebungsluft beschränken.

3 Definition der Konvektion

Einen Wärmeaustausch, der senkrecht zu einer Oberfläche mit einem anliegenden gasförmigen oder flüssigen Medium durch eine Grenzschicht hindurch erfolgt, nennt man **Konvektion**.

Wenn wir eine konvektive Energieabgabe eines Blattes an die Umgebungsluft und δ als mittlere, dem Blatt anliegende windstille Zone annehmen, können wir uns die Wärme zuerst durch δ geleitet und dann aufgenommen von der freien Strömung vorstellen. Entsprechend kann man die Konvektion als einen Vorgang der Wärmeleitung definieren:

$$J_C = \frac{2 \cdot K \cdot \Delta T}{\delta} \qquad (2)$$

Gl. 2 stellt das **Fourier-Gesetz der Wärmeübertragung** dar, nach dem die *konvektive Wärmeflussdichte* zwischen Blatt und Luft, J_C, über den *Wärmeleitungskoeffizienten* der Luft, K, proportional zur Temperaturdifferenz entlang der Grenzschicht, $\Delta T/\delta$, ist. Der Faktor 2 drückt den in ebenen Blättern auf zwei Blattseiten erfolgenden Energieaustausch aus. J_C ist positiv, wenn das Blatt Wärme an die Umgebungsluft abgibt und negativ bei Energieaufnahme des Blattes aus der Luft. Für J_C in der Einheit $[\mathrm{W} \cdot \mathrm{m}^{-2}]$ folgen für $\Delta T/\delta$ $[\mathrm{K} \cdot \mathrm{m}^{-1}]$ und für K $[\mathrm{W} \cdot \mathrm{m}^{-1} \cdot \mathrm{K}^{-1}]$.

Die Konvektion von Zylinder- und Kugeloberflächen mit jeweiligem Radius r ist nach Nobel (1991) gegeben als:

$$J_C = \frac{K \cdot \Delta T}{r \cdot \ln\left(\frac{r+\delta}{r}\right)} \qquad \text{(Zylinder)}$$

und

$$J_\text{C} = \frac{(r+\delta)\cdot K \cdot \Delta T}{r+\delta} \quad \text{(Kugel)}$$

Gl. 2 entspricht aber auch dem 1. Fickschen Diffusionsgesetz, was die Eigenschaft der Konvektion auch als eine **Wärmediffusion** verdeutlicht. Die an Wärmeübertragung durch Molekülkollisionen innerhalb δ gebundene Konvektion nimmt daher mit zunehmendem δ ab. Der Diffusionscharakter der Konvektion wird für ebene Blätter durch Umformung der Gl. 2 berücksichtigt:

$$\begin{aligned} J_\text{C} &= 2\cdot \overline{h}_c \cdot (T_\text{B} - T_\text{U}) \\ &= 2\cdot D_h \cdot \rho \cdot C_p \cdot \frac{\Delta T}{\delta} \end{aligned} \tag{3}$$

mit D_h als *thermischem Diffusionskoeffizienten* und ρ als Dichte sowie C_p als spezifischer Wärme der Luft. $\overline{h}_c = K/\delta$ (s. Gl. 2) $= D_h \cdot \rho \cdot C_p/\delta$ wird *Wärmeübergangszahl* genannt und stellt den *Wärmeleitfähigkeitskoeffizienten* dar.

Ähnlich wie die Teilchendiffusion wird die Wärmediffusion der Konvektion durch Strömungen im Diffusionsmedium unterstützt. Man kann daher zwei **Konvektionsarten** unterscheiden:

- die *erzwungene Konvektion*, in der die Wärme senkrecht zur Oberfläche mit einem über δ vorbeiziehenden Medium ausgetauscht wird, und
- die *freie Konvektion*, in der die Oberfläche, ebenfalls senkrecht, mit einem stehenden Medium (z. B. windstille Luft) Energie austauscht. Dieser Vorgang beruht auf *Dichteänderungen* der Luft innerhalb δ infolge von Erwärmung oder Abkühlung der Oberfläche, wodurch sich Luftpakete turbulent von der Oberfläche lösen oder auf sie sinken und dabei Energie mit sich führen.

Die Konvektion ist zu unterscheiden von der meist an Bestände gebundenen **Advektion**. Letztere ist durch einen Wärmefluss innerhalb der Grenzschicht zur seitlich benachbarten Umgebung (also parallel zur Fläche!) gekennzeichnet.

Gl. 3 lässt sich weiter präzisieren, wenn man in $\overline{h}_c$ die Abhängigkeit vom Näherungswert δ eliminiert und gleichzeitig die Strömungseigenschaften des fließenden Mediums einbringt. Zu diesem Zweck kann man $\overline{h}_c$, aus dimensionslosen, empirisch ermittelten Zahlen zusammensetzen, also Erfahrungswerten, die z. B. in Windkanalversuchen auf konvektive Wärmeflüsse abgestimmt wurden. Solche Zahlen lassen sich auf verschiedene, auch komplexe Strömungsverhältnisse übertragen, solange letztere zueinander geometrisch ähnlich sind. Auf diese Weise können die Ausmaße von laminarer zu turbulenter Strömung und von freier zu erzwungener Konvektion geschätzt werden.

Eine solche empirische Größe ist die **Nusselt-Zahl**. Sie setzt die Blattdimension ℓ mit δ in Beziehung:

$$\text{Nu} = \frac{\overline{h}_c \cdot \ell}{K} = \frac{K}{\delta}\cdot\frac{\ell}{K} = \frac{\ell}{\delta} \tag{4}$$

Nu lässt sich zugleich als Funktion der ebenfalls empirischen **Reynolds-Zahl** darstellen:

$$\mathrm{Nu} = 0{,}97 \cdot \mathrm{Re}^{0{,}5} \tag{5}$$

mit

$$\mathrm{Re} = \frac{v \cdot \ell}{\eta_k} \tag{6}$$

η_k ist die **kinematische Viskosität** (= Viskosität η/Dichte) des Konvektionsmediums.

Re vergleicht das bewegungserhaltende Trägheitsverhalten des Mediums (repräsentiert durch v) mit den bewegungsbehindernden viskosen Eigenschaften (repräsentiert durch η_k), woraus sich das Ausmaß von turbulenter zu laminarer Strömung empirisch schließen lässt. Wenn für Pflanzen in Luft Re $>10^4$ (dimensionslos!) ist, so überwiegt v in Gl. 6 und damit der turbulente Strömungsanteil. Ansonsten herrscht die laminare Strömung infolge des Einflusses von η_k vor. Diese Aussage von Re lässt sich in Gl. 3 einbringen, da gilt

$$\overline{h}_c = \mathrm{Nu} \cdot \frac{K}{\ell} \quad \text{(nach Gl. 4)}$$

und somit wird

$$J_\mathrm{C} = 2 \cdot 0{,}97 \cdot \mathrm{Re}^{0{,}5} \cdot \frac{K}{\ell} \cdot (T_\mathrm{B} - T_\mathrm{U}) \tag{7}$$

Für sehr kleine Strömungsgeschwindigkeiten des Mediums, bei denen die erzwungene mit der freien Konvektion konkurriert, sollte in Gl. 5 (und damit in Gl. 7) Re durch Gr, die **Grashof-Zahl**, ersetzt werden (z. B. Nu $= 0{,}5 \cdot \mathrm{Gr}^{0{,}25}$). Gr gibt empirisch das Auftriebsverhalten des Mediums wieder und dient damit als Maß für die freie Konvektion:

$$\mathrm{Gr} = g \cdot \beta \cdot \Delta T \cdot \frac{\ell^2}{\eta_k^2} \tag{8}$$

wobei g die Erdbeschleunigung, β den *thermischen Koeffizienten der Volumenausdehnung* von Luft und $\Delta T = T_\mathrm{B} - T_\mathrm{U}$ darstellen. Der Empirie folgend vergleicht der Quotient $\mathrm{Re}^2/\mathrm{Gr}$ das Trägheitsverhalten der Luft (Re-Einfluss) mit deren Auftriebsverhalten (Gr-Einfluss), woraus sich das Verhältnis von erzwungener zu freier Konvektion ergibt.

Für $\mathrm{Re}^2/\mathrm{Gr} > 10$ (dimensionslos!) überwiegt die erzwungene, für $\mathrm{Re}^2/\mathrm{Gr} < 1$ die freie Konvektion. Für Werte zwischen 1 und 10 sind beide Konvektionsarten von Bedeutung (gemischte Konvektion).

Wir können nun ermitteln, bei welchem v erzwungene oder freie Konvektion auftritt. Für $g = 9{,}8\ \mathrm{m} \cdot \mathrm{s}^{-2}$ und $\beta = 3{,}4 \cdot 10^{-3}\ \mathrm{K}^{-1}$ (Luft bei 20 °C) errechnet sich:

$$\frac{\mathrm{Re}^2}{\mathrm{Gr}} = \frac{\left(\frac{\upsilon \cdot \ell}{\eta_k}\right)^2}{\left(\frac{\mathrm{g} \cdot \beta \cdot \Delta T \cdot \ell^3}{\eta_k^2}\right)}$$

$$= \frac{\upsilon^2}{\mathrm{g} \cdot \beta \cdot \Delta T \cdot \ell}$$

$$= \frac{\upsilon^2}{9{,}8\,\mathrm{m} \cdot \mathrm{s}^{-2} \cdot 3{,}4 \cdot 10^{-3}\mathrm{K}^{-1} \cdot \Delta T \cdot \ell}$$

$$= 30\,\mathrm{s}^2 \cdot \mathrm{K} \cdot \mathrm{m}^{-1} \cdot \frac{\upsilon^2}{\Delta T \cdot \ell}$$

Beträgt $\Delta T = 5$ °C, $\ell = 0{,}1$ m und $\upsilon = 0{,}13$ m · s^{-1}, so wird Re^2/Gr = 1. Das heißt, für $\upsilon \geq 0{,}1$ m · s^{-1} gewinnt die erzwungene Konvektion zunehmend an Bedeutung. Wir haben $\upsilon = 0{,}1$ m · s^{-1} als windstill bezeichnet, was nun auch als Grenzwert für eine dominierende freie Konvektion erkennbar wird. Die obige Rechnung zeigt auch, dass abnehmendes ΔT und ℓ der freien Konvektion entgegenwirken.

Sind also ΔT, ℓ, υ durch direkte Messung zusammen mit den physikalischen Konstanten g, β, η_k bekannt, erlauben die dimensionslosen Zahlen Nu, Re und Gr eine auf die (erfahrungsgemäß) herrschenden Strömungsverhältnisse abgestimmte Berechnung von J_c.

Wie bei der Definition von δ sei auch in diesem Abschnitt daran erinnert, dass die Gesetzmäßigkeiten der Konvektion nicht nur in gasförmigen Medien (Luft), sondern auch in Flüssigkeiten gelten. Allerdings sind auch hier empirische Werte und physikalische Konstanten an das jeweilige Konvektionsmedium anzupassen.

4 Ökologische Bedeutung von Grenzschicht und Konvektion für Blätter

Je weniger Energie ein Blatt bei gegebener Einstrahlung an die Umgebung abgeben kann, desto stärker steigt die Blatttemperatur T_B, was im Extremfall zum Hitzetod führt. Die Bedeutung der Luft zur Vermeidung von Hitzestress belegt ein Experiment nach Gates.

Stellen wir uns ein 5 cm langes Blatt vor, dessen Transpiration und damit die Verdunstungskühlung mit einem Antitranspirant (z. B. durch Besprühen mit Haarspray) unterbunden ist und das in einem Vakuum exponiert wird. Trifft auf dieses Blatt eine Globalstrahlung von ca. 700 W · m^{-2}, steigt T_B auf 60 °C. Da im Vakuum keine Konvektion stattfinden kann, gibt das Blatt Energie nur über langwellig thermische Abstrahlung ab. Sobald wir aber das Blatt windstiller ($\upsilon = 0{,}1$ m · s^{-1}), 30 °C warmer Luft aussetzen, tritt zur Abstrahlung die konvektive Wärmeabgabe hinzu, und T_B fällt markant auf 41 °C. Erhöhen wir υ auf 5 m · s^{-1}, sinkt T_B auf 32 °C.

Bei gegebener Einstrahlung ermöglicht bereits die Anwesenheit unbewegter Luft dem Blatt eine Energieabgabe durch (freie) Konvektion und dadurch ein Erreichen physiologisch tolerierbarer Temperaturen. Die bei Windstille unter natürlichen Bedingungen geförderte Grenzschichtdicke und Blatterwärmung begünstigt die Induktion vom Blatt aufsteigender kleiner Luftwirbel („*micro-eddies*") und damit der freien Konvektion. Da in der Natur selten völlige Windstille herrscht, wirkt meist die erzwungene Konvektion an der Einstellung von T_B mit. Die Konvektion wird durch zunehmendes υ und damit abnehmende Luftgrenzschicht auf dem Blatt verstärkt (s. Gl. 1 und Abb. 2).

Wie wir gesehen haben, treibt ΔT den konvektiven Wärmefluss an. Dennoch kann eine große Blattübertemperatur im Vergleich zur Temperatur der Umgebungsluft (also großes $\Delta T = T_B - T_U > 0$) eine eingeschränkte Energieabgabe des Blattes anzeigen.

Erinnern wir uns: Die Wärmeflussdichte J_C wird sowohl durch $\Delta T = T_B - T_U$ als auch durch $\overline{h}_c$ bestimmt. Da die Wärmeübergangszahl $\overline{h}_c = K/\delta$ ist, kann trotz großem ΔT ein ebenfalls großes δ die Konvektion limitieren, während ein kleines δ den Wärmefluss fördert und damit ΔT senkt.

δ stellt für die Konvektion des Blattes bei gegebenem ΔT den *thermischen Diffusionswiderstand* r_h dar. r_h steht mit $\overline{h}_c$ in folgender Beziehung:

$$\overline{h}_c = \frac{K}{\delta} = \rho \cdot \frac{C_p}{r_h}$$

Somit ändert sich δ parallel zu r_h.

Bei einer über der gesamten Blattfläche gleichmäßigen Einstrahlung ist T_B an Blattspitze und Blatträndern niedriger als in der Blattmitte (Abb. 3). Dies kann die Folge einer an den Blatträndern erhöhten konvektiven Wärmeabgabe sein, weil hier die Grenzschicht meist dünner ist als im Blattzentrum (s. Abb. 1 und 2).

Diese **Temperaturverteilung** kann daneben auch von der Transpirationsrate bestimmt sein. Bei idealisierter Annahme einer in der gesamten Blattfläche gleichmäßigen Verteilung und Öffnungsweite der Stomata muss nach dem 1. Fickschen Diffusionsgesetz die Transpirationsrate und damit die Verdunstungskühlung mit abnehmender Diffusionsstrecke durch die Grenzschicht am Blattrand zunehmen. Blattspitzen und -ränder begünstigen zudem die langwellig thermische Energieabstrahlung.

Die Konvektion ist zusammen mit der variierenden Grenzschichtdicke eine Ursache für die *ungleichmäßige Temperaturverteilung in Blattflächen* und beeinflusst daher die Blattphysiologie. Zusammen mit der langwelligen thermischen Abstrahlung bewirkt die Konvektion die meist in den dünnen Grenzschichten der Blattränder einsetzende Taubildung sowie Unterkühlungs- und Frostschädigungen.

Mit abnehmender Grenzschichtdicke ist nicht nur die Wärme-, sondern auch die CO_2- und Wasserdampfdiffusion erleichtert, was für den pflanzlichen Gaswechsel Konsequenzen hat. Somit finden sich in der Grenzschicht von Blättern neben Strömungs- und Temperaturgradienten auch *Gradienten der ausgetauschten Gase* (mit CO_2-Verarmung und Wasserdampfanreicherung nahe der Blattoberfläche).

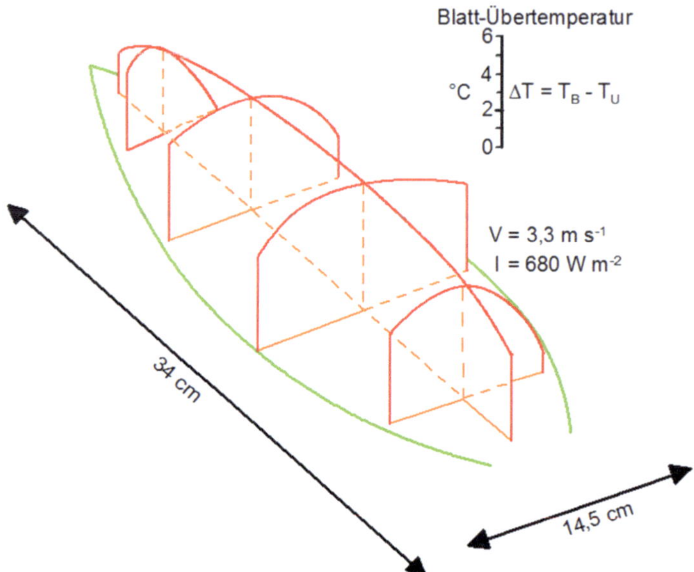

Abb. 3 **Temperaturverteilung in der Blattfläche von *Canna indica*** (nach von Willert et al. 1995, verändert nach Raschke 1956). Mit zunehmender Blattfläche und abnehmender Windgeschwindigkeit nimmt in der Blattmitte die Erwärmung zu

Den empirischen Charakter von δ, das nach Gl. 1 meist ausreichend genau bestimmt wird, verdeutlicht ein Experiment nach Vogel (Abb. 4), das neben der Blattlänge auch den Einfluss weiterer Blattparameter auf δ (und damit r_h sowie die Konvektion) demonstriert.

Beheizte Kupfermodelle natürlicher und künstlicher Blattformen wurden unter niedrigen Windgeschwindigkeiten exponiert. Die elektrische Energie, P, die zur Kompensation der Wärmeabgabe durch Konvektion und zur Aufrechterhaltung einer gegenüber T_{U} konstanten Modellübertemperatur nötig ist, verhält sich hierbei indirekt proportional zu r_{h} und δ $(P \sim 1/r_{\mathrm{h}};\ P \sim 1/\delta)$. r_{h} und δ waren in sternförmigen und gelappten Blattformen geringer und damit die Konvektion größer als in rundlichen. Auch im schmalflächigen Sonnenblattmodell war die Konvektion größer als im Modell des größerflächigen Schattenblattes. So erleichtert die morphologische Differenzierung der hohen Einstrahlungen ausgesetzten Sonnenblätter die konvektive Wärmeabgabe und damit die Vermeidung von Hitzestress. Im Gegensatz zum Anströmwinkel der Luft bewirkten Einschnitte im Rand der Modelle von weniger als 5 mm Tiefe (ähnlich Zähnelungen und Kerben in Blatträndern) keinen messbaren Effekt auf r_{h} und damit auf die Konvektion.

Anhand der folgenden Übungsaufgabe wollen wir einige **quantitative Überlegungen** zu δ und J_{C} durchführen.

Entlang eines Blattes der Länge $\ell = 10$ cm und der Temperatur $T_{\mathrm{B}} = 25$ °C strömt Luft der Temperatur $T_{\mathrm{U}} = 20$ °C mit der Fließgeschwindigkeit $\upsilon = 0{,}8\ \mathrm{m \cdot s^{-1}}$.

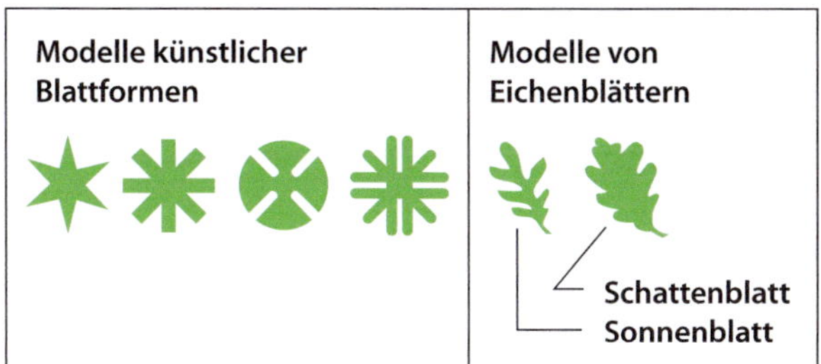

Abb. 4 Experiment zur Konvektion verschiedener Blattformen (nach von Willert et al. 1995, verändert nach Monteith 1973 und Vogel 1970). Je mehr elektrische Energie zur Erwärmung der Kupfermodelle auf die gleiche konstante Temperatur benötigt wird, desto größer sind Konvektion und Wärmeübergangszahl h_c, umso kleiner jedoch δ und r_h (der thermische Diffusionswiderstand); Ergebnisse s. Text

Wie errechnen sich δ und J_C aus Gl. 1 und 2? (Für 20-25 °C beträgt $K = 0{,}0259\ W \cdot m^{-1} \cdot K^{-1}$). Das *Ergebnis* lautet: $\delta = 1{,}4$ mm; $J_C = 185\ W \cdot m^{-2}$.

Unter direkter Sonneneinstrahlung kann die Strahlungsbilanz des Blattes (d. h. die Differenz zwischen ein- und abgestrahlter Energie (s. ► Kap. 20, „Strahlungs- und Energieflüsse") z. B. 370 $W \cdot m^{-2}$ betragen. Dies ist eine Energiemenge, der sich das Blatt zur Vermeidung von Hitzestress entledigen muss. Bereits die Hälfte dieser Energiemenge kann somit nach obiger Rechnung die auf den beiden Blattseiten erfolgende Konvektion ($=185\ W \cdot m^{-2}$) an die Umgebung abführen.

Ein 2 mm langes Blatt würde dagegen bei unverändertem $v = 0{,}8\ m \cdot s^{-1}$, J_C und K ein $\delta = 0{,}2$ mm und damit ein T_B von nur 20,7 °C aufweisen. Im Gegensatz zu großen Blättern tendieren kleine bereits bei niedrigem v zu dünner Grenzschicht und einer zur Lufttemperatur ähnlichen Blatttemperatur. Eine kleine Blattform kann daher besonders in heißen ariden Gebieten die Aufrechterhaltung physiologisch tolerierbarer Blatttemperaturen begünstigen und dadurch zugleich die Feuchtedifferenz zwischen Blatt und Luft begrenzen. Entsprechend begünstigend wirken sich schuppen- oder nadelförmige Blattorgane aus.

J_C kann besonders in warmen Sommernächten negativ werden, wenn die Transpirationsrate infolge nicht geschlossener Stomata T_B unter T_U sinken lässt ($\Delta T < 0$). Unter solchen Bedingungen nimmt das Blatt über die Konvektion Wärme aus der Luft auf.

5 Methoden der Windmessung

Schalenkreuz- und Heizdrahtanemometer sind in der Pflanzenökologie häufig eingesetzte Geräte zur Messung der Windgeschwindigkeit (Anemometer = Windmesser).

Das **Schalenkreuzanemometer** (Abb. 5a) besteht aus drei hohlen, im 120°-Winkel an einer drehbaren Achse montierten Halbkugeln. Das Funktionsprinzip basiert auf der Proportionalität zwischen den Umdrehungen pro Zeiteinheit und der Windgeschwindigkeit. Das Summieren der Umdrehungen erlaubt zudem die Integration der

Windgeschwindigkeit über langfristige Zeiträume und somit Angaben über das Windklima eines Standortes. Schalenkreuzanemometer werden meist in Klimamessstationen verwendet. Die Anbringung mehrerer Sensoren in verschiedenen Höhen meteorologischer Messtürme ermöglicht die Erfassung vertikaler Windprofile inner- und oberhalb z. B. von Wäldern oder Getreidefeldern. Derartige Windverteilungen werden zur Berechnung von Energiebilanzen großflächiger pflanzlicher Bestände benötigt.

Das **Heizdrahtanemometer** (Abb. 5b) eignet sich zur Messung kleinräumiger Windverteilungen. Es besteht aus einem dünnen Draht (1–3 mm lang), der im Luftstrom zur Temperaturkonstanz beheizt wird. Die dazu benötigte Energie ist proportional zur Windgeschwindigkeit. Der sehr feine Fühler erlaubt Windmessungen in engen Lufträumen wie z. B. in einer Wiese oder innerhalb von Sträuchern. Jedoch kann auch ein solcher Fühler die Ausdehnung von Blattgrenzschichten aus den oben dargelegten Gründen nicht direkt erfassen. Allein das Eindringen des Sensors in die Blattgrenzschicht stört deren Strömungsverhältnisse und Dicke erheblich.

Flügelradanemometer (Abb. 5c) bestehen aus einer Axialturbine mit einem Rotor, der sich proportional zur durchströmenden Luft dreht. Zugunsten von geringen Anlaufwiderständen und damit einer hohen Empfindlichkeit besteht der Rotor aus leichtem Material und einer dünnen Drehachse mit niedrigem Reibungswiderstand. Die Außenwand der Turbine dient dem mechanischen Schutz. Einsätze sind kleinräumig möglich, da die Rotordurchmesser auf ca. 14 mm minimierbar sind. Eine weite Spanne von Fließgeschwindigkeiten kann erfasst werden, beginnend bei sehr schwachen Strömungen. Flügelradanemometer sind auch zur Messung der Fließgeschwindigkeit von Flüssigkeiten einsetzbar. Die Fließgeschwindigkeit wird aus der Drehzahl des Rotors elektronisch oder mechanisch abgeleitet.

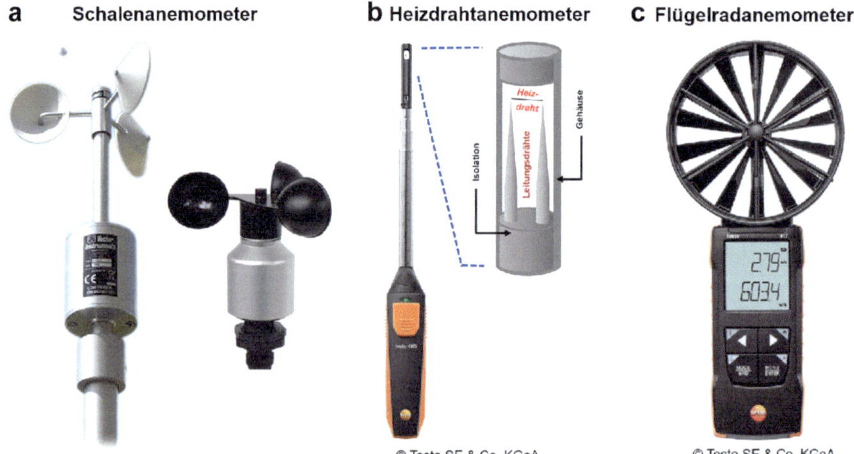

Abb. 5 Verschiedene **Typen von Windmessgeräten**: (**a**) Schalenanemometer, links: AN3 Hi-Res Anemometer des Herstellers Delta-T Devices, Cambridge /UK (image courtesy of Delta-T Devices), rechts: Windgeber Thies Compact 4.3520.10.000, Adolf Thies GmbH & Co. KG, Göttingen; Foto mit freundlicher Genehmigung. (**b**) Heizdrahtanemometer „Testo 417" und (**c**) Flügelradanemometer „Testo 405i" (b, c Geräte und Fotos des Herstellers Testo SE & Co. KGaA, Titisee-Neustadt; Funktionsschema in b Eigendarstellung)

Für makroklimatische Anwendungen seien auch die **Vektorwindmesser** zur Bestimmung der Windrichtung und das **Staudruckrohr (Pitot-Rohr)** zur Registrierung von anströmender Luft (z. B. Windböen) genannt (Abb. 6). Die auf die Öffnung des Staudruckrohres, dem Staupunkt (Abb. 6a), auftreffende Luftströmung baut im Rohr einen Druck $P_{atm} + \Delta P$ auf (= Gesamtdruck), dessen Überdruck ΔP gegenüber dem atmosphärischen Außendruck der anströmenden Luft auch statischer Druck oder Staudruck genannt wird. ΔP lässt die Strömungsgeschwindigkeit am Staupunkt auf Null sinken und ist damit Ausgangspunkt für die Ableitung der Strömungsgeschwindigkeit. Bei der technischen Umsetzung (Abb. 6b) wird der durch die Anströmung sich in einer Druckkammer aufbauende Gesamtdruck ($P_{atm} + \Delta P$) mit Hilfe eines elektrischen Druckaufnehmers mit dem atmosphärischen Außendruck (P_{atm}) in einer angrenzenden Kammer verglichen, die über Kanülen mit der Außenluft in Verbindung steht. Das differenzielle Ausgangssignal des Druckaufnehmers gibt nach Messwertwandlung den Staudruck ΔP an, und damit die Strömungsgeschwindigkeit. Nach dem Prinzip des Pitot-Rohrs können auch Fließgeschwindigkeiten von Flüssigkeiten gemessen werden. In Flugzeugen wird mit Pitot-Sensoren die Fluggeschwindigkeit ermittelt.

Luftbewegungen werden zudem mit **Ultraschallanemometern** gemessen (Abb. 6c). Diese dienen der Bestimmung der Evapotranspiration (Summe aus pflanzlicher Transpiration und Evaporation) von Waldbeständen oder krautigen Beständen (Grasland, Agrarflächen). Für die dreidimensionalen Erfassung von Luftbewegungen werden hochempfindliche Ultraschallmikrofone mit niedriger Reaktionsschwelle und kurzer Reaktionszeit eingesetzt. Aus den Messignalen lassen sich der vertikale Energie- und Massenaustausch zwischen Bestand und Atmosphäre errechnen und daraus, in Kombination mit Messungen der Vertikalprofile der Konzentrationen von Wasserdampf, CO_2 und/oder O_3, die Evapotranspirations- und Photosyntheseraten sowie ggf. Raten der O_3-Deposition auf Bestandsebene ermitteln. Die zugrunde liegenden Berechnungen ergeben sich aus der Eddy-Kovarianz-Analyse. Da sich Eddy-Kovarianz-Analyse auf die Bestandsebene bezieht und somit außerhalb des Schwerpunkts dieses Buches auf der Einzelpflanze liegt, wird diese

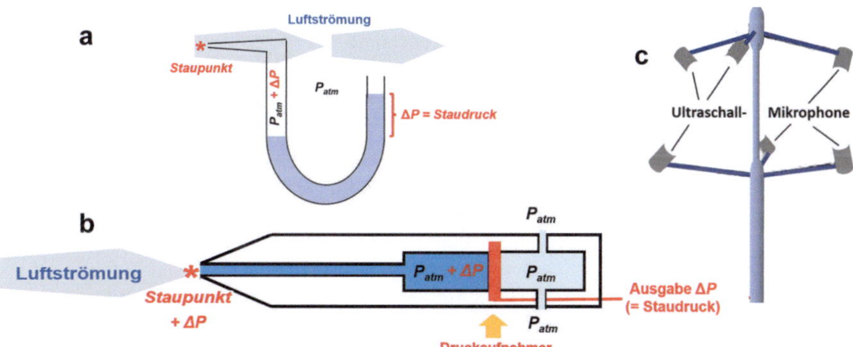

Abb. 6 Funktionsweise des Staudruckrohrs (a, b) und des Ultraschallanemometers (c): (**a**) theoretische Grundlage und (**b**) Prinzip der technischen Umsetzung eines Staudruckrohres, (**c**) Schema eines Ultraschallanemometers mit dreidimensionaler Ausrichtung von Ultraschallmikrofonen; Details s. jeweils Text. (Eigene Darstellungen)

Analytik hier nicht vertieft, sondern auf weiterführende Literatur verwiesen (z. B. Deiss und Lackmann 2001; Lassoie und Hinckley 1991).

Die klassische Art der Schätzung von Windstärken kommt aus der Seefahrt. In der **Beaufort-Skala**, die auf einen Admiral des 19. Jahrhunderts zurückgeht, sind Windstärken qualitativ durch phänomenologische Beobachtungen in der Natur definiert (Tab. 1). In neuerer Zeit wurde die Skala von 12 auf 17 Windstärken

Tab. 1 Die Beaufort-Skala zur Schätzung der Windstärke. (Nach dem englischen Admiral Sir F. Beaufort (Skala eingeführt 1806, mit den ursprünglich 12 Windstärken; nach von Willert et al. 1995))

	Windwirkungen		Ungefähre Windgeschwindigkeit	
Windstärke	Im Binnenland	Auf See	$[m \cdot s^{-1}]$	$[km \cdot h^{-1}]$
0: Windstille	Rauch steigt gerade empor	Spiegelglatte See	0–0,2	0–0,7
1: Leichter Zug	Windrichtung nur durch Rauch erkennbar	Schuppenförmige Kräuselwellen	0,3–1,5	0,8–5,4
2: Lichte Brise	Wind im Gesicht fühlbar, Blätter säuseln	Kurze kleine Wellen, Kämme brechen nicht	1,6–3,3	5,5–11
3: Schwache Brise	Blätter und dünne Zweige bewegen sich	Wellenkämme brechen, Schaum meist glasig	3,4–5,4	12–19
4: Mäßige Brise	Bewegt Zweige, dünne Äste, hebt Staub	Noch kleine Wellen, vielfach weiße Schaumköpfe	5,5–7,9	20–28
5: Frische Brise	Kleine Bäume schwanken	Mäßige lange Wellen mit Schaumkämmen	8,0–10,7	29–38
6: Starker Wind	Drahtleitungen pfeifen	Große Wellen bis 4 m, Schaumflächen	10,8–13,8	39–49
7: Steifer Wind	Fühlbare Hemmung beim Gehen	See türmt sich, Schaumstreifen in Windrichtung	13,9–17,1	50–61
8: Stürmischer Wind	Bricht Zweige, erschwert Gehen erheblich	Wellenberge über 7 m, Gipfel verwehen	17,2–20,7	62–74
9: Sturm	Kleine Schäden an Häusern	Dichte Schaumstreifen, Gischt verweht, Rollen der See	20,8–24,4	75–87
10: Schwerer Sturm	Entwurzelt Bäume, erhebliche Schäden	Sehr hohe Wellenberge, See weiß, Schaum	24,5–28,4	88–102
11: Orkanartiger Sturm	Verbreitete schwere Sturmschäden	Außergewöhnlich hohe Wellenberge, Kämme überall zu Gischt verweht	28,5–32,6	103–117
12: Orkan	Schwere Sturmschäden	Luft mit Schaum und Gischt gefüllt, keine Fernsicht mehr	> 32,6	> 117

erweitert (bis etwa $\upsilon > 56\ \mathrm{m \cdot s^{-1}} \sim 200\ \mathrm{km \cdot h^{-1}}$). Windgeschwindigkeiten werden in der Seefahrt häufig in der Einheit Knoten angegeben (1 Knoten = 1,852 km $\mathrm{h^{-1}}$ = 0,5 $\mathrm{m \cdot s^{-1}}$).

Mit der Besprechung von Strahlung, Temperatur und zuletzt der Konvektion haben wir wesentliche Voraussetzungen geschaffen, den Energieumsatz von Blättern zu verstehen. Zur Vervollständigung des Energieumsatzes und quantitativer Energiebilanzen müssen wir uns zuvor allerdings auch noch mit den chemischen Eigenschaften des Wassers und mit der Wasserdampfphysik als Einflussfaktoren auf die Blattphysiologie beschäftigen. Dies soll nun in den anschließenden Kapiteln 7, 8, 9 und 10 (▶ Kap. 7, „Wasser in seinen drei Zustandsformen – Struktur und Chemie“, ▶ Kap. 8, „Energetik des Wassers – chemisches Potenzial und Wasserpotenzial mit seinen Teil-Komponenten“, ▶ Kap. 9, „Physik des Wasserdampfes – Luftfeuchte und Wasserdampfgradienten“ bzw. ▶ Kap. 10, „Physikalische Grundlagen von Transpiration, CO_2-Aufnahme, Gasleitfähigkeiten und deren Bestimmungen“) sowie in Teil VIII („Wasser in der Pflanze“) geschehen. Danach werden wir uns in ▶ Kap. 20, „Strahlungs- und Energieflüsse“ abschließend der Strahlungs- und Energiebilanz von Blättern und auf globaler Ebene zuwenden.

Literatur

Deiss O, Lackmann F (2001) Eine Untersuchung im Windkanal zum Einfluss der Turbulenz bei Halbschalen- und Ultraschallanemometern für den Einsatz an Windkraftanlagen. Diplomarbeit Fachhochschule Düsseldorf, Fachbereich Maschinenbau und Verfahrenstechnik, Institut für Strömungsmaschinen

Lassoie JP, Hinckley TM (1991) Techniques and approaches in forest tree ecophysiology. CRC Press, Boca Raton

Monteith JL (1973) Principles of environmental physics. Arnold, London

Monteith JL, Unsworth MH (1990) Principles of environmental physics. Arnold, London

Nobel PS (1991) Physicochemical and environmental plant physiology. Academic, San Diego

Raschke K (1956) Über die physikalischen Beziehungen zwischen Wärmeübergangszahl, Strahlungsaustausch, Temperatur und Transpiration eines Blattes. Planta 48:200–239

Vogel S (1970) Convective cooling at low airspeeds and the shapes of broad leaves. J Exp Bot 21:91–101

Willert DJ von, Matyssek R, Herppich WB (1995) Experimentelle Pflanzenökologie. Thieme, Stuttgart

Teil IV

Wasser als physikalisch-chemische Substanz

Wasser in seinen drei Zustandsformen – Struktur und Chemie

7

Inhalt

Zusammenfassung

Beinahe drei Viertel der Erdoberfläche werden von Meeren bedeckt. Auch auf dem restlichen Teil gibt es Wasser, entweder gefroren als Eis oder Schnee, als fließendes oder stehendes Gewässer oder als Grundwasser. Leben hat sich im wässrigen Milieu entwickelt, sodass die Lebensvorgänge an dieses gebunden sind. Auch die Integrität Leben gebender und lebensfähiger Strukturen ist erst durch das Vorhandensein von ausreichenden Wassermengen gewährleistet. Wasser ist deshalb für Pflanzen ein entscheidender abiotischer Faktor. In diesem Kapitel wollen wir uns vor allem mit der Substanz Wasser befassen. Wir werden den Aufbau des Wassermoleküls und die Strukturen der festen und flüssigen Phase erarbeiten.

Schlüsselwörter

Adhäsion · Kapillareffekt · Kohäsion · Molekülstruktur von H_2O · Oberflächenspannung · Physikalische Eigenschaften von H_2O · Struktur von Eis · Struktur von flüssigem Wasser · Wasser als Lösungsmittel · Wasserstoffbrückenbindung

R. Matyssek, W. B. Herppich, *Experimentelle Pflanzenökologie*, Springer Reference Naturwissenschaften, https://doi.org/10.1007/978-3-662-67530-4_2

Wasser nimmt unter allen vergleichbaren Substanzen eine Ausnahmestellung ein. Diese ist in seinen physikalischen und chemischen Eigenschaften begründet, die in vielerlei Hinsicht einzigartig sind. Die Eigenheiten lassen sich direkt aus der Struktur des H_2O-Moleküls verstehen. Ein besonderes Strukturelement dieses kovalenten Wasserstoffoxides ist seine Fähigkeit, starke Wasserstoffbrückenbindungen ausbilden zu können. Wir wollen uns in den folgenden Abschnitten mit diesem „Bindungstyp" näher befassen und seinen Einfluss auf die physikalischen Eigenschaften von Wasser analysieren.

1 Einige Bemerkungen zur Molekülstruktur von H_2O

Sauerstoff, ein Element der Gruppe VI des Periodensystems (Chalkogene: Sauerstoff, Schwefel, Selen, Tellur und Polonium) besitzt mit seinen acht Elektronen die Konfiguration $1s^2\,2s^2\,2p^4$. Bei Besetzung der einzelnen Atomorbitale (AO) nach der **Hund-Regel** könnten je zwei einfach besetzte p-Orbitale (z. B. p_x und p_y) des Sauerstoffatoms bei geeigneter räumlicher Orientierung mit je einem s-AO eines Wasserstoffatoms überlappen. Die dabei entstehenden bindenden ${}_{sp}\sigma_{\text{O-H}}$-Molekülorbitale (MO) sollten einen idealen Winkel von 90° zueinander aufweisen. Die vier verbleibenden freien nichtbindenden Elektronen wären auf die $2s$- bzw. $2p_z$-AO verteilt (Abb. 1).

Messungen zeigen jedoch, dass der Winkel tatsächlich 105° beträgt. Eine solche Abweichung lässt sich nicht etwa durch eine gegenseitige Abstoßung der H-Atome erklären. Zur Beschreibung der tatsächlichen Verhältnisse muss man also einen anderen Ansatz verwenden und die Bildung von *Hybridatomorbitalen* voraussetzen. Aus den Eigenfunktionen eines $2s$- und dreier $2p$-Orbitale, die energetisch ähnlich sind, lassen sich im Sauerstoffatom durch lineare Kombination vier völlig äquivalente sogenannte sp^3-Hybridorbitale erschließen. Diese sind nach den vier Ecken

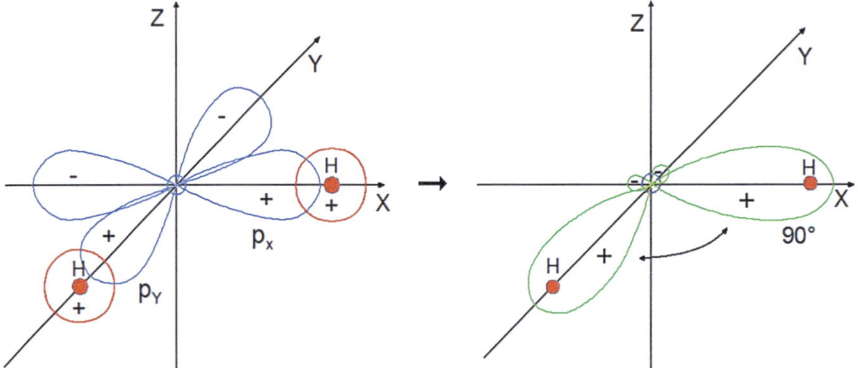

Abb. 1 **Die hypothetische Bildung zweier ${}_{sp}\sigma$-Molekülorbitale des Wassermoleküls** durch die lineare Überlappung der einfach besetzten $2p_x$- bzw. p_y Atomorbitale (AO) des Sauerstoffs mit zwei, ebenfalls einfach besetzten $1s$-AO der Wasserstoffatome. (Quelle: eigene Darstellung nach verschiedenen Lehrbüchern der Chemie)

eines Tetraeders ausgerichtet. Zwei dieser sp^3-Hybridorbitale können nun doppelt besetzt sein und verbleiben als *nichtbindende* AO am O-Atom. Die beiden einfach besetzten AO des Sauerstoffs überlappen mit je einem H-Atom unter Bildung von je einem *bindenden* $\sigma_{\text{O-H}}$- und einem *antibindenden* $\sigma^*{}_{\text{O-H}}$-MO.

Dass der gemessene Bindungswinkel nicht wie im idealen Tetraeder 109°, sondern nur 105° beträgt, lässt sich mit dem **Elektronenpaarabstoßungsmodell** nach Gillespie und Nieholm (vgl. Christen und Meyer 1997) als Interaktion der beiden freien nichtbindenden Elektronenpaare des Sauerstoffs erklären. Diese stehen nur unter dem Einfluss eines Atomrumpfes. Sie beanspruchen deshalb in dessen Bereich einen größeren Raum zur maximalen Abstoßung (gleichnamige Ladungen!) als die Elektronen in einem bindenden, sich über zwei (oder mehr) Atomrümpfe erstreckenden Realisationsraumes (Molekülorbital). Ein Vergleich der Bindungswinkel in der Reihe CH_4 (109°, kein freies Elektronenpaar), NH_3 (107°, ein freies Elektronenpaar) und H_2O (105°, zwei freie Elektronenpaare) verdeutlicht diesen Effekt.

2 Wasserstoffbrückenbindung

Im gasförmigen Zustand konnte man für ein solitäres H_2O-Molekül eine O-H-Bindungslänge von 96 pm bestimmen, in flüssigem oder festem Wasser beträgt diese dagegen 99 pm. Dieser Veränderung der Bindungslänge liegt die Ausbildung von sogenannten **Wasserstoffbrücken** zwischen den H_2O-Molekülen zugrunde. Die Fähigkeit des Wassermoleküls zur Formierung von Wasserstoffbrücken und die hieraus folgenden physikalischen Eigenschaften des Wassers machen das Leben auf der Erde in der existenten Form erst möglich.

Einfach gesagt liegt eine Wasserstoffbrückenbindung dann vor, wenn ein H-Atom an zwei oder mehrere elektronegativere Atome gebunden ist. Der Wasserstoff zeigt in solchen „Verbindungen" also quasi die Koordinationszahl 2. Nach dem **Donor-Akzeptor-Modell** (vgl. Cotton und Wilkinson 1988 oder Purcell und Kotz 1980) stellt ein *Protonendonator* X-H (z. B. O-H), in dem der Wasserstoff an ein stark elektronegatives Atom (z. B. N, O, F aber auch Cl, Br, S oder P) gebunden ist, einem anderen, ebenfalls stark elektronegativen Atom mit einem oder mehreren freien Elektronenpaaren, dem *Protonenakzeptor* |Y (z. B. |O|), sein H-Atom teilweise zur Verfügung. Im Gegensatz zu einer Protonierungsreaktion

$$\text{Säure A} - \text{H} + \text{Base B} \rightarrow \text{Säureanion A}^- + \text{korrespondierende Säure B} - \text{H}^+$$

erfolgt aber kein vollständiger Protonenübergang. Stattdessen binden X und Y mehr oder weniger gleichstark an H ($X \cdots H \cdots Y$).

Wegen der großen Elektronegativitätsunterschiede zwischen Sauerstoff (X) und Wasserstoff muss in der O-H-Bindung (X-H) eine deutliche **Ladungsungleichverteilung** herrschen. Dabei weist der elektronegativere Sauerstoff die größeren negativen Ladungsanteile auf. Man ordnet ihm eine *negative* Teilladung *(δ^-)* zu. Das Wasser-

Tab. 1 Bindungsenthalpien der Wasserstoffbrücken einiger ausgewählter Substanzen

	Verbindung	ΔH^{+} [kJ · mol^{-1}]
O-H · · · O	H_2O	21
O-H · · · O	$(HCOOH)_2$	30
F-H · · · F	HF	29
F-H-F	KHF_2	113
N-H · · · N	NH_3	15

stoffatom besitzt analog einen positivierten Charakter, eine *positive* Teilladung δ^{+}. Die O-H-Bindung (X-H-Bindung) stellt folglich einen **permanenten Dipol** dar.

Die **Bindungsenthalpie** einer Wasserstoffbrücke beträgt im H_2O-Molekül etwa 20–21 kJ · mol^{-1}, bei anderen Molekülen liegt sie zwischen 4 und ca. 40 kJ · mol^{-1}, in Ausnahmefällen sogar bei über 100 kJ · mol^{-1} (Tab. 1). Damit ist sie also zwischen dem Enthalpieniveau einer **Van-der-Waals-Bindung** (0,5–4 kJ · mol^{-1}), die auf Wechselwirkungen *induzierter Dipole* beruht, und dem einer „echten" *kovalenten* bzw. einer *polaren Bindung* im Ionenkristall (40–500 kJ · mol^{-1}) einzuordnen. Die Wasserstoffbrücken sind damit eigentlich eher schwache Bindungen.

Am einfachsten lässt sich die Natur der Wasserstoffbrückenbindung (X-H · · · Y) durch die rein elektrostatische Anziehung zwischen dem positivierten H-Atom des Wasserstoffdonors X-H (O-H) und der hohen negativen Ladungsdichte am Akzeptormolekül |Y, im Wasser also dem Sauerstoff eines benachbarten Wassermoleküls, erklären. Je elektronegativer X in der X-H-Bindung ist, desto polarer ist diese Bindung, das heißt, umso größer sind die Teilladungen. Wenn weiterhin auch der Wasserstoffakzeptor |Y eine hohe Elektronegativität und damit eine hohe Elektronendichte besitzt, kann die elektrostatische Anziehung der Dipole $X^{\delta-}$-$H^{\delta+}$ · · · $|Y^{\delta-}$ besonders stark sein. Durch diese Wechselwirkung mit dem Wasserstoffakzeptoratom wird die kovalente X-H-Bindung im Addukt X-H · · · |Y geweitet. So kommt es, verglichen mit den isolierten Molekülen im Gas, zu unterschiedlichen Bindungslängen. Die Adduktbindungslänge H · · · Y selbst ist deutlich größer als die der Bindung im Wasserstoffdonor und beträgt im Wassermolekül 177 pm. Die O-H · · · |O-Bindung ist in etwa linear und unsymmetrisch (Abb. 2).

Der Wasserstoffbrücke im Wassermolekül, insbesondere aber in der symmetrischen Bindung im $[F\text{-}H\text{-}F]^{-}$-Ion, muss man jedoch auch einen **kovalenten Anteil** zuordnen. Man könnte folgern, dass eine besonders feste Wasserstoffbrücke einen höheren kovalenten Anteil hat. Wie lässt sich ein solcher „kovalenter Anteil" erklären? Ausgehend vom Modell einer linearen Kombination von Atom- bzw. Molekülorbitalen (LCAO-Methode) kann man eine Überlappung des unbesetzten antibindenden $\sigma^{*}_{\text{O-H}}$ Molekülorbitals des Wasserstoffdonators mit dem nichtbindenden freien Elektronenpaar in einem sp^{n}-Orbital des Sauerstoffatoms annehmen. Damit „lagert" das Sauerstoffmolekül einen Teil seiner Ladungsdichte quasi auf die H-O-Bindung eines benachbarten Wassermoleküls aus. Durch die mit der verstärkten Delokalisation der Elektronen verbundene „Ausweitung" werden größere Realisationsräume geschaffen und somit die Bindung stabilisiert (Abb. 3).

Die ebenfalls mögliche Wechselwirkung des sp^{n}-Orbitals mit dem doppelt besetzten σX-H-Molekülorbital des Wasserstoffdonors trägt nicht zur Bindung bei, da

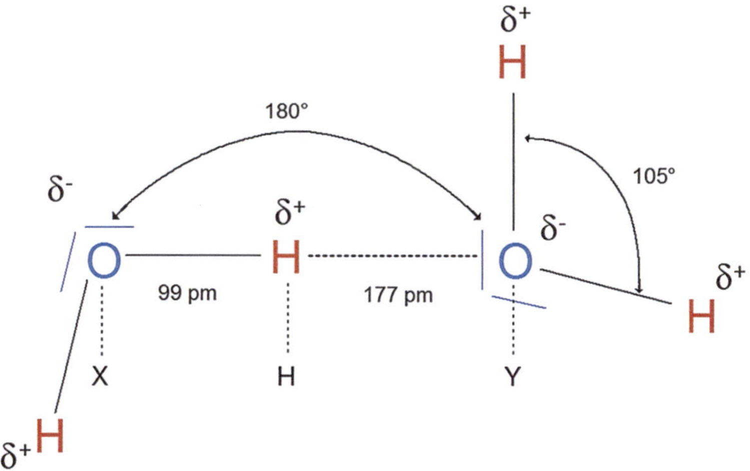

Abb. 2 **Teilladungen**, **Bindungslängen** und **-winkel** im H_2O-Molekül sowie zwischen zwei Wassermolekülen. (Quelle: eigene Darstellung nach verschiedenen Lehrbüchern der Chemie)

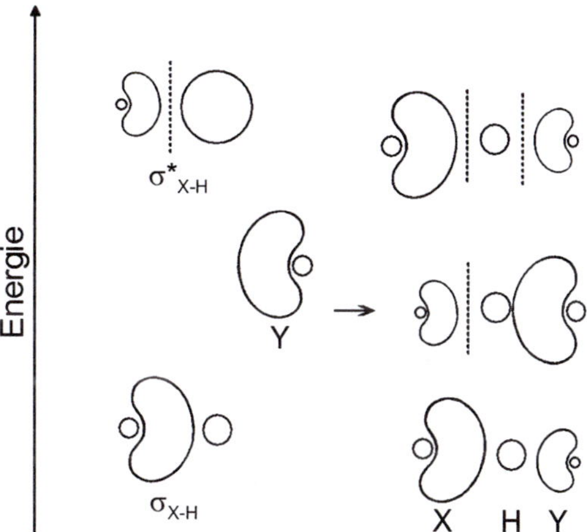

Abb. 3 **Energieniveaus** der möglichen Realisation der linearen Kombination eines $\sigma_{X\text{-}H}$- bzw. $\sigma^*_{X\text{-}H}$-Molekülorbitals des Donors X-H mit einem freien, nichtbindenden sp^n-Orbital des Akzeptors |Y. (Quelle: eigene Darstellung nach verschiedenen Lehrbüchern der Chemie)

hierbei die Stabilisierung der O-H-Bindung durch eine Destabilisierung des Wasserstoffakzeptors (der natürlich wiederum ein Elektronendonor ist!) ausgeglichen wird. Auch mit diesem Modell lässt sich der Einfluss der Elektronegativität des Atoms X in der X-H-Bindung und des Wasserstoffakzeptormoleküls |Y an der Stärke der Wasserstoffbrücke erklären.

Wie oben erwähnt, bewirkt eine hohe Elektronegativität von X eine starke Polarisierung von X-H. Dadurch wird aber die Wechselwirkung von $\sigma_{X\text{-}H}$-MO mit dem nichtbindenden Elektronenpaar des Wasserstoffakzeptors verringert und dieses in geringem Maße destabilisiert. Gleichzeitig wird das $\sigma^*_{X\text{-}H}$ näher zum Wasser-

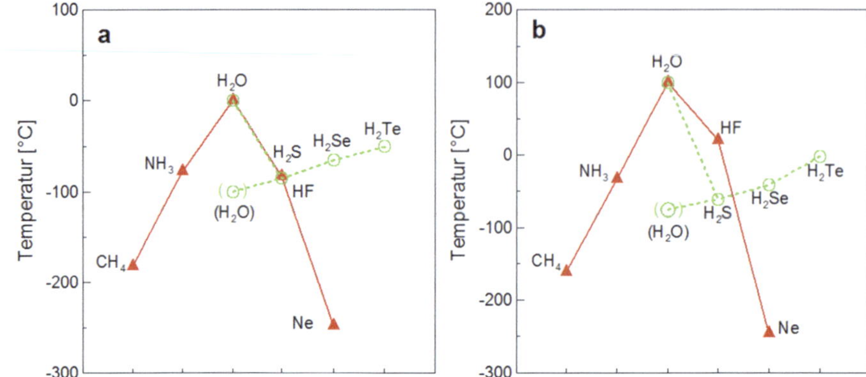

Abb. 4 Schmelz- (a) und Siedepunkte (b) der Chalkogenwasserstoffe (H_2O, H_2S, H_2Se und H_2Te; gestrichelte Linie) sowie einiger 10-Elektronen-Moleküle von Elementen der zweiten Periode (CH_4, NH_3, H_2O, HF, Ne; durchgezogene Linie). Die hypothetischen Werte für H_2O sind jeweils in Klammern angetragen. (Quelle: eigene Darstellung nach verschiedenen Lehrbüchern der Chemie)

stoffatom polarisiert und eine größere Überlappung mit dem Wasserstoffakzeptor |Y ermöglicht. Je höher zudem die Elektronegativität von X ist, desto niedriger sind die Energieniveaus von $\sigma_{X\text{-}H}$ und $\sigma^*_{X\text{-}H}$ im Vergleich zum sp^n-Orbital des Akzeptoratoms Y. Dadurch wird der Energieangleich zwischen sp^n und $\sigma_{X\text{-}H}$ verschlechtert, zwischen sp^n und $\sigma^*_{X\text{-}H}$ dagegen erleichtert.

Die Fähigkeit der Wassermoleküle zur Ausbildung von zwei Wasserstoffbrücken (entspricht einer Bindungsenthalpie von $2 \times 20 = 40\ \text{kJ} \cdot \text{mol}^{-1}$) ist der Grund für den im Vergleich mit den anderen Chalkogenhydriden (Abb. 4) ungewöhnlich **hohen Schmelz-** und **Siedepunkt**. Ohne diese *zwischenmolekularen Kräfte* würde Wasser unter Standardbedingungen bei ca. 173 K (– 100 °C) schmelzen und bereits bei 198 K (– 75 °C) und nicht erst bei 373 K (100 °C) sieden.

Den Einfluss der Wasserstoffbrücken macht auch ein Vergleich von H_2O mit anderen *10-Elektronen*-Molekülen deutlich. Neon (Ne) zeigt als Edelgas keinerlei Tendenz zur Anlagerung. Methan (CH_4) hat kein freies Elektronenpaar und ist deshalb nicht zur Ausbildung der Wasserstoffbrücken befähigt. Sowohl die Schmelzpunkte als auch die Siedepunkte von Ammoniak (NH_3) und Fluorwasserstoff (HF) sind in etwa vergleichbar. Zwar ist bei NH_3 die Zahl der möglichen Brücken größer, bei HF ist jedoch die Bindungsenthalpie pro Wasserstoffbindung fast doppelt so hoch.

3 Struktur von festem und flüssigem Wasser

Abhängig vom Druck, unter dem Wasser auskristallisiert, können **verschiedene Modifikationen von Eis** auftreten. Diese sind jeweils in bestimmten Temperatur- und Druckbereichen stabil. „Normales" Eis, auch **Eis I** genannt, kristallisiert bei

0 °C und 0,1013 MPa Außendruck in einer lockeren cyclohexanartigen Struktur aus. Analog einer stabilen Siliciumdioxid-(SiO_2)-Modifikation wird diese als *β-Tridymit*-Struktur bezeichnet. In Eis I ist sie aus gewellten Ringen von je sechs O-Atomen aufgebaut (Abb. 5). Jedes Sauerstoffatom ist tetraedrisch von den O-Atomen vier benachbarter Wassermoleküle umgeben. Die Sauerstoffatome selbst sind in diesem Gitter durch unsymmetrische Wasserstoffbrücken verbunden.

Schmilzt Eis I bei 0 °C, so kommt es zu einem teilweisen Zusammenbrechen der geordneten Strukturen, die Moleküle können dichter zusammengepackt werden. Deshalb besitzt Wasser von 0 °C auch eine höhere **Dichte** als Eis. Zwar lässt weitere Energiezufuhr über die ansteigende Wärmebewegung die Raumbeanspruchung der Wassermoleküle zunehmen, jedoch überwiegt dieser Effekt den der abnehmenden Ordnung erst bei Temperaturen von *mehr* als 4 °C. Bei dieser Temperatur weist Wasser auch seine größte Dichte auf (Tab. 2). Aus diesem Grund gefrieren Seen auch nur langsam von oben nach unten zu. Ist das Wasser auf 4 °C abgekühlt, sinkt es wegen der höheren Dichte nach unten. Kälteres Wasser und Eis bleiben dagegen an der Oberfläche, da sie „leichter" sind. Aufgrund dieser Eigenschaft des Wassers

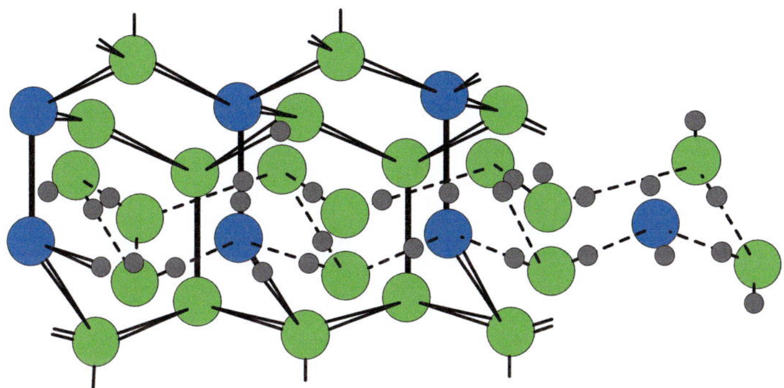

Abb. 5 **Struktur von Eis I**. In der lockeren Kristallstruktur dieser Eismodifikation, die bei 0 °C und 0,1013 MPa Luftdruck auskristallisiert, sind die Sauerstoffatome in einem gewellten Sechsring angeordnet. Jedes Sauerstoffatom ist hierin tetraedrisch von vier Wasserstoffatomen (auszugsweise eingezeichnet) weiterer vier Wassermoleküle umgeben. Zwei der H-Atome sind kovalent, die beiden anderen über Wasserstoffbrücken gebunden. (Quelle: eigene Darstellung nach verschiedenen Lehrbüchern der Chemie)

Tab. 2 Dichte von festem und flüssigem H_2O bei unterschiedlichen Temperaturen

	T [°C]	ρ_W [kg · m^{-3} · 10^{-3}]
Eis I	0	0,9168
Wasser	0	0,9998
	4	1,0000
	10	0,9997
	20	0,9982
	30	0,9956
	40	0,9922
	50	0,9880

gefrieren Seen auch nicht bis zu deren Grund durch, was für aquatische Lebewesen katastrophale Folgen hätte.

Einen weiteren, für das Leben auf unserem Planeten wichtigen Effekt der ungewöhnlichen Dichteänderungen bei Wasser kann man im Winter beobachten. Durch die Volumenzunahme beim Ausgefrieren kann Wasser, das in Felsspalten eingedrungen war, die Steine sprengen, durch die Freilegung neuer Oberflächen die Verwitterung unterstützen und so eine Bodenbildung in Gang setzen.

Wasser besitzt nicht nur im festen, sondern auch im flüssigen Zustand noch eine hochgeordnete, nicht in allen Einzelheiten erforschte Struktur. Legt man die experimentell bestimmte molare Schmelzenthalpie von 6,007 $kJ \cdot mol^{-1}$ zugrunde, so kann man abschätzen, dass im flüssigen Wasser bei 0 °C erst etwa 15 % der Wasserstoffbrücken gebrochen sind. Für die vollständige Auflösung aller Brücken sind ca. 40 $kJ \cdot mol^{-1}$ nötig.

$$\frac{6{,}007\ \mathrm{kJ \cdot mol^{-1}}}{40\ \mathrm{kJ \cdot mol^{-1}}} \approx 0{,}15 = 15\ \%$$

Aber auch für 25 °C lässt sich immer noch ein Ordnungsgrad von etwa 80 % errechnen. Wenn man davon ausgeht, dass einem Mol flüssigen Wassers eine Wärmemenge von etwa 75,5 J zugeführt werden muss, um es um ein Grad zu erwärmen (die *molare Wärmekapazität* C_p wurde im ▶ Kap. 3, „Wärme und Temperatur – Messung und Temperierung" ausführlich erklärt), kann man für die Erwärmung von 0 °C auf 25 °C eine Enthalpiezunahme von

$$\begin{aligned} \Delta H &= 75{,}5 \cdot 1 \cdot 25 && \mathrm{J \cdot mol^{-1} \cdot K^{-1} \cdot mol \cdot K} \\ &= 188755 && \mathrm{J} \\ &\approx 1{,}9 && \mathrm{kJ} \end{aligned}$$

für 1 mol flüssiges Wasser ausrechnen. Damit lassen sich wiederum

$$\frac{1{,}9\ \mathrm{kJ}}{40\ \mathrm{kJ}} = 4{,}75 \cdot 10^{-2} \approx 5\ \%$$

der Wasserstoffbrücken aufbrechen. Diese Beispiele sind als Überschlagsrechnungen anzusehen, da zusätzlich noch Van-der-Waals-Kräfte zu überwinden sind. Auch die hierfür oft genannten 40 $kJ \cdot mol^{-1}$ sind nur eine Richtgröße, deren tatsächlicher Wert in großem Maße von den Rahmenbedingungen abhängt, unter denen er bestimmt wird.

Nichtsdestoweniger erkennt man aus diesen Überlegungen, dass flüssiges Wasser eigentlich noch hochstrukturiert ist. Ein noch immer aktuelles, aber nicht überall anerkanntes Modell, ***flickering cluster*** genannt, geht auch vom Vorliegen von Gittern aus, die dem Eis I ähnlich sind. Diese Gitter sind unvollkommen und in ihrer Ausdehnung beschränkt. Sie sind weiterhin nicht statisch, sondern zerfallen in einem dynamischen Prozess und bilden sich an anderer Stelle neu. Die Hohlräume in diesen Gittern sind mit strukturstörenden H_2O-Molekülen gefüllt. Je höher die

Temperatur ist, desto kleiner sind die geordneten Bereiche und desto schneller laufen die Auf- und Abbauprozesse der Gitterstruktur ab.

Unter Normalbedingungen siedet Wasser, wie oben angeführt, bei 100 °C. Für diesen **Phasenübergang** ist wiederum eine – verglichen mit anderen ähnlichen Substanzen – hohe Energiemenge notwendig (Abb. 4), um die restlichen H-Bindungen aufzubrechen; im gasförmigen Zustand liegen dann vollständig isolierte Moleküle vor. Gehen wir nun davon aus, dass bei 25 °C noch 80 % der Wasserstoffbrückenbindungen bestehen, dann sollten 40 kJ · mol^{-1} × 0,8 = 32 kJ · mol^{-1} ausreichen, diese Bindungen zu überwinden. Tatsächlich bestimmt man bei dieser Temperatur experimentell eine Verdampfungsenthalpie von 44 kJ · mol^{-1}.

Ein Vergleich der **Differenz der Verdampfungsenthalpie** bei 25 °C (44,0 kJ · mol^{-1}) und am Siedepunkt (40,6 kJ · mol^{-1}) von 3,4 kJ · mol^{-1} mit der geschätzten Enthalpiezunahme bei der Temperaturerhöhung von 25 °C auf 100 °C von

$$\begin{aligned}\Delta H &= 75{,}5 \ \mathrm{J \cdot mol^{-1} \cdot K^{-1} \cdot mol \cdot 75 \ K} \\ &= 5{,}7 \ \mathrm{kJ \cdot mol^{-1}}\end{aligned}$$

zeigt die Richtigkeit unserer Überlegungen, da der Größenordnung nach Übereinstimmung vorliegt. Eine Abweichung von > 67 % [(5,7–3,4)/3,4] mahnt aber, daran zu denken, dass es sich um *Abschätzungen* handelt. Dies gilt auch für das Beispiel der für den Phasenübergang tatsächlich benötigten Enthalpie. Der Mehrbetrag von immerhin 12 kJ · mol^{-1}, der sich beim Vergleich des errechneten mit dem experimentell bestimmten Wert ergibt, kann jedoch durch den Anteil der Van-der-Waals-Bindungskräfte sowie durch die Volumenarbeit, die während des Phasenübergangs gegen den äußeren Druck geleistet werden muss, erklärt werden.

4 Oberflächenspannung, Kohäsion, Adhäsion und Kapillareffekt

Wie wir gesehen haben, ist die Bindungsenthalpie einer Wasserstoffbrücke zwischen den Molekülen flüssigen Wassers mit etwa 20 kJ · mol^{-1} als gering anzusehen, verglichen etwa mit den 450 kJ · mol^{-1} der kovalenten O-H-Bindung im H_2O-Molekül. Natürlich gibt es in jeder Flüssigkeit zwischen den einzelnen Teilchen verschiedenartige Wechselwirkungen, die sich in Reichweite und Bindungsenthalpie unterscheiden. Gerade das Vorhandensein von intermolekularen Kräften trennt eine (ideale) Flüssigkeit von einem (idealen) Gas. Die Bindungsenthalpie der meisten dieser Wechselwirkungstypen (z. B. permanenter Dipol – permanenter Dipol, permanenter Dipol – induzierter Dipol, oder induzierter Dipol – induzierter Dipol) liegt jedoch wesentlich niedriger als die der Wasserstoffbrücken. Die Summe aller Wechselwirkungskräfte nennt man auch **Kohäsionskräfte** (*cohaerere* = miteinander zusammenhängen). Verglichen mit reinen Stoffen ähnlicher Struktur oder Molekülmasse sind die Kohäsionskräfte im Wasser sehr groß und bedingen dessen Sonderstellung.

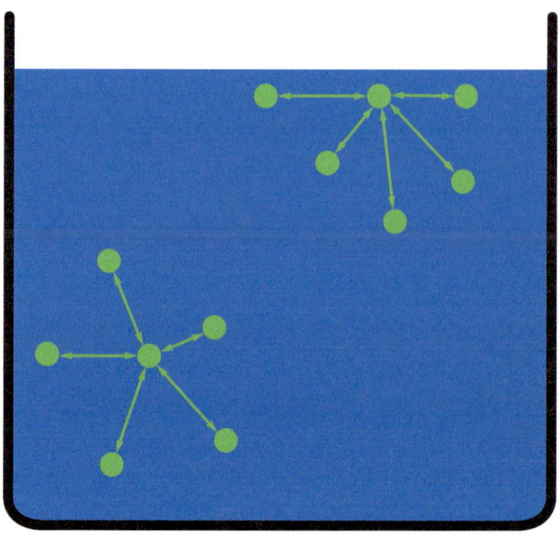

Abb. 6 **Modell der intermolekularen Wechselwirkungen in einer Flüssigkeit** und an der Grenzfläche zwischen Flüssigkeit und einem darüber befindlichen Gasraum. (Quelle: eigene Darstellung)

Im Inneren einer Flüssigkeit beeinflussen diese Wechselwirkungskräfte gleichmäßig alle Atome oder Moleküle sowie eingestreute gelöste Teilchen anderer Substanzen (Abb. 6). Dabei kompensieren sich die Kräfte vollständig. Anders ist dies jedoch an einer Grenzfläche, beispielsweise der zwischen Flüssigkeit und Gasraum. Da die Wahrscheinlichkeit gering ist, mit den wesentlich weiter verteilten Molekülen der Gasphase wechselwirken zu können, befinden sich die Grenzflächenmoleküle hauptsächlich unter dem Einfluss der weiter innen in der flüssigen Phase liegenden Moleküle. Diese ziehen Grenzflächenmoleküle zur Flüssigkeit hin. Die molare freie Enthalpie der Moleküle in der Grenzfläche ist deshalb größer als innerhalb der Flüssigkeit.

Diese auf die Moleküle in der Grenzfläche wirkende, in die Flüssigkeit gerichtete Kraft wird **Oberflächenspannung** genannt und mit σ symbolisiert. Die Oberflächenspannung setzt sich einer weiteren Vergrößerung der Grenzfläche entgegen. Der Kraftvektor liegt dabei in der Oberfläche selbst. Obwohl Spannung als ein „negativer" Druck die Dimension $N \cdot m^{-2}$ (Kraft pro Fläche) implizieren würde, besitzt die Oberflächenspannung entsprechend ihrer Definition die Einheit $N \cdot m^{-1}$. Es wird also die Kraft F beschrieben, die aufzuwenden ist, um die Oberfläche der Flüssigkeit um eine bestimmte Strecke (ℓ) nach außen zu verschieben, das heißt zu vergrößern; oder anders betrachtet, die Kraft, mit der Grenzflächenmoleküle in die Flüssigkeit gezogen werden.

$$\sigma = \frac{F}{\ell} \quad N \cdot m^{-1} \tag{1}$$

Die Oberflächenspannung ist *substanzspezifisch*. Sie nimmt mit steigender Temperatur ab, da dann immer mehr Teilchen genügend Energie besitzen, die flüssige Phase vollständig verlassen zu können. In Tab. 3 sind die Oberflächenspannungen einiger Substanzen aufgeführt, für Wasser auch bei unterschiedlichen Temperaturen.

Tab. 3 Oberflächenspannung σ [$N \cdot m^{-1} \cdot 10^{-3}$] einiger ausgewählter Substanzen. Für σ_{H_2O} ist auch die Temperaturabhängigkeit aufgezeigt

Flüssigkeit	0 °C	20 °C	60 °C	100 °C
H_2O	75,6	72,8	62,2	58,9
C_2H_5OH		22,3		
$(C_2H_5)_2O$		17,0		
C_6H_{12}		18,4		
C_6H_6		28,9		
CCl_4		26,7		
Hg		470,0		

Man erkennt, dass H_2O unter vergleichbaren Flüssigkeiten die größte Oberflächenspannung aufweist. Dies ist wiederum eine Folge der hohen Kohäsionskräfte.

Wenn nun die Kraft F die Grenzfläche doch um eine kleine Strecke dx verschiebt, dann ist die benötigte Energie zur Arbeitsleistung gegen die anziehende Kraft der Moleküle im Inneren der Flüssigkeit durch das Produkt aus Kraft mal Weg ($F \cdot dx$) gegeben. Durch das Verschieben um dx wurde auch die Oberfläche um das Produkt $\ell \cdot dx$ vergrößert. Das bedeutet, dass die Teilchen in dem zusätzlichen Oberflächenstück einen um den Betrag der geleisteten Arbeit höheren Energieinhalt besitzen. Es gilt somit

$$F \cdot dx = \sigma \cdot \ell \cdot dx$$

oder

$$\sigma = \frac{F \cdot dx}{\ell \cdot dx} \tag{2}$$

Die Oberflächenspannung gibt an, wie viel Energie notwendig ist, um eine Einheit neuer Oberfläche zu schaffen. Sie benennt damit ebenfalls den Betrag, um den Moleküle in 1 m^2 Oberfläche energiereicher sind als eine vergleichbare Teilchenmenge im Inneren der Flüssigkeit. σ wird daher auch **Oberflächenenergie** genannt.

Wie kann man die Oberflächenspannung von Wasser experimentell bestimmen? Bei der **Kapillarmethode** wird der sogenannte **Kapillareffekt** genutzt. Taucht man eine Kapillare in Wasser, so beobachtet man, dass die Flüssigkeit im Inneren der Kapillare eine gewisse Strecke hochsteigt. Dabei spielen Adhäsionskräfte eine wichtige Rolle.

Unter **Adhäsion** (*adhaerere* = anhängen) versteht man die Summe der gegenseitig anziehenden Wechselwirkungen zwischen der Flüssigkeit und der Kapillarinnenwand. Sind die Adhäsionskräfte von ähnlicher Größenordnung wie die Kohäsionskräfte zwischen den Molekülen in der Flüssigkeit, kommt es zu einem Ansteigen des Meniskus in der Kapillare (***Kapillaraszension***). Dies gilt für Wasser in einer Glaskapillare, da die H_2O-Moleküle als permanenter Dipol mit den polaren Bestandteilen der Glasoberfläche relativ starke Dipol-Ionen-Wechselwirkungen ausbilden können. Wasser ist also an Glas eine *benetzende* Flüssigkeit und Glas für Wasser eine *benetzbare*

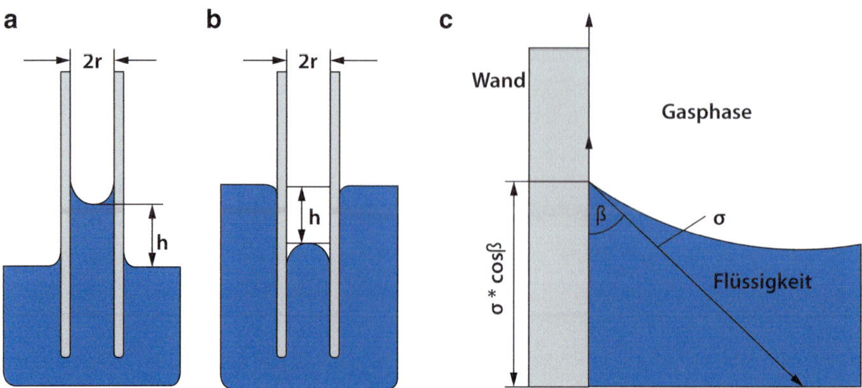

Abb. 7 **Beispiele für Kapillaraszension** (a), **Kapillardepression** (b) und die **Kräfteverhältnisse** (c) an der Kapillarwandung. Weitere Erläuterungen sind im Text gegeben. (Verändert nach von Willert et al. 1995)

Oberfläche. Sind die Kohäsionskräfte bedeutend größer als die Adhäsionskräfte, wie dies z. B. bei Quecksilber in einer Glasröhre der Fall ist, dann kommt es zu einem Absinken des Meniskus (***Kapillardepression***).

Aufgrund der Adhäsionskräfte zieht sich ein dünner Wasserfilm an der Kapillarinnenwand hoch, und die Flüssigkeitsoberfläche wird vergrößert. Die hohe Oberflächenspannung bewirkt, dass Wasser gegen die Gravitationskraft in dem Röhrchen mit dem Radius r hochsteigt und an der Phasengrenze die kleinstmögliche Oberfläche ausbildet. Es ist somit ein konkaver, fast halbkugelförmiger Meniskus zu beobachten (Abb. 7). Der Kraftvektor der Oberflächenspannung, die über den gesamten Innenumfang der Kapillare ($2 \cdot r \cdot \pi$) wirkt, ist zum Krümmungsmittelpunkt gerichtet.

Die entscheidende Komponente von σ ist die der **Gravitationskraft (F_G) entgegen gerichtete**. F_G ist nach dem zweiten Newton-Gesetz durch das Produkt aus Masse · Beschleunigung (hier die Erdbeschleunigung $g = 9{,}81\ m \cdot s^{-2}$) gegeben. Sie beträgt somit $F_G = m_w \cdot g$. Die Masse des Wassers (m_w) in der Kapillare errechnet sich aus dessen Dichte (ρ_w) und Volumen (gegeben als die Höhe h über der Wasserfläche und der Querschnittfläche der Kapillare: $V = r^2 \cdot \pi \cdot h$). Die Gravitationskraft, die einem weiteren Ansteigen der Wassersäule entgegenwirkt, lässt sich also mit

$$F_G = r^2 \cdot \pi \cdot h \cdot \rho_w \cdot g \tag{3}$$

beschreiben. Die effektive, senkrecht nach oben gerichtete Komponente der Oberflächenspannung kann man ausdrücken durch

$$F_\sigma = 2 \cdot \pi \cdot r \cdot \sigma \cdot \cos\beta \tag{4}$$

Die Größe des Randwinkels β (Abb. 7) wird durch das Verhältnis von Kohäsion und Adhäsion bestimmt.

Im Gleichgewicht sind beide Kräfte gleich groß ($F_G = F_\sigma$). Man kann σ aus der Steighöhe h und dem Kapillarinnenradius r errechnen

$$\sigma = \frac{h \cdot \rho_W \cdot g \cdot r}{2 \cdot \cos\beta} \tag{5}$$

Da für benetzende Flüssigkeiten der Randwinkel β sehr kleine Werte annimmt, kann man cos β in guter Näherung gleich eins setzen ($\cos(0) = 1$). Die Gleichung vereinfacht sich damit zu

$$\sigma = \frac{1}{2} \cdot h \cdot \rho_W \cdot g \cdot r \tag{6}$$

Die Steighöhe h in einer Kapillare für eine benetzende Flüssigkeit ist folglich indirekt proportional zum Radius r. Für Wasser sind die Innenwandungen von Tracheen und Tracheiden benetzbare Oberflächen. Bei Tracheen findet man Innendurchmesser von 60 µm bis über 700 µm. Selbst in einem englumigen Gefäß von 60 µm Durchmesser könnte das Wasser durch Kapillarkräfte nur eine maximale Höhe von

$$h = \frac{2 \cdot \sigma}{\rho_W \cdot g \cdot r} = \frac{2 \cdot 72{,}8 \cdot 10^{-6}}{1 \cdot 9{,}81 \cdot 30 \cdot 10^{-6}} \approx 0{,}50 \text{ m}$$

erreichen. Diese einfache Rechnung verdeutlicht, dass die Kapillarkräfte in den meisten Pflanzen für den Ferntransport des Wassers im Xylem kaum eine Rolle spielen.

Ein weiteres, wesentlich englumigeres Kapillarsystem findet sich in den Zellwänden. Die unzähligen Interfibrillarräume zwischen den Cellulosemikrofibrillen haben eine durchschnittliche Weite von etwa 10 nm. In ihnen könnte ein Wasserfaden eine Höhe von 3 km erreichen. Jedoch ergeben diese Zwischenräume kein zusammenhängendes Leitbahnensystem. Eine hohe Wasserflussrate ist aber auch deshalb unmöglich, weil der mechanische Widerstand hier sehr groß wäre. Der Anteil dieses Weges an der Wasserfernleitung ist deshalb ebenfalls vernachlässigbar. Mit den Mechanismen des für die Pflanzen enorm wichtigen internen Wasserferntransports werden wir uns im ▶ Kap. 19, „Wasserferntransport in der Pflanze – Grundlagen und Messverfahren“ noch beschäftigen.

Damit Wasser aber überhaupt in einer Kapillare weiter aufsteigen kann, müssen am unteren Ende ständig Moleküle nachgezogen werden. Es sind die Kohäsionskräfte, die dies ermöglichen. Im Inneren der Wassersäule herrscht unter diesen Umständen eine Saugspannung. Allerdings kann diese Spannung nicht unendlich groß werden. Es muss eine definierte maximale Zugkraft geben, bei der in einer Kapillare mit einem gegebenen Innendurchmesser der Wasserfaden reißt. Diese **Zugfestigkeit**, also die maximale Kraft pro Angriffsfläche, hängt in einem biologischen System auch von der Art und Ausbildung der Gefäßwandung sowie dem Vorhandensein gelöster Stoffe ab. Experimentell konnte gezeigt werden, dass ein Wasserfaden bei 20 °C bis zu Grenzspannungen von etwa 30 MPa (Nobel 1991) hält.

Die Zugfestigkeit von Wasser beträgt damit beinahe 10 % der von Kupfer oder Aluminium.

Hintergrundinformation
Eine hydraulische „Spannung" stellt einen „negativen Druck" dar, d. h. der Kraftvektor ist von der Bezugsfläche weggerichtet (im Gegensatz zu einem auf die Fläche gerichteten, positiven Druck). Damit stellt ein negativer Druck eine Zugkraft dar. Im deutschen Sprachgebrauch hat sich dafür der Begriff „Saugspannung" etabliert. Jedoch ist die Silbe „Saug-" im gegebenen Kontext begrifflich nicht mit dem physikalischen Konzept eines „Soges" gleichzusetzen. Per Definition leitet sich „Sog" aus dem Unterschied zum Druck in einem Referenzvolumen ab, einer „mechanischen", eher ingenieurswissenschaftlichen Betrachtung entsprechend. Das Referenzvolumen für einen Sog ist die Atmosphäre. Somit kann ein Sog maximal, unter Vakuumbedingungen, Atmosphärendruck aufweisen (= – 1,013 bar = – 0,1013 MPa). Negative Drücke können *a priori* auch nicht Unterdrücken gleichgesetzt werden, da letztere per Definition sich nur bis zum Eintritt des Vakuums einstellen und dann ebenfalls maximal dem Atmosphärendruck entsprechen können.

Die negativen Drücke mit ihren inhärenten, an den Wasserfäden im Xylem von Pflanzen ziehenden Kräften unterschreiten unter gemäßigten Klimabedingungen jedoch – 2 MPa und erreichen in arid-subtropischen Regionen sogar – 10 MPa. Die Atmosphäre entwickelt bei 50 % relativer Luftfeuchte und 20 °C hydraulische Zugkräfte entsprechend negativer Drücke von < – 90 MPa. Solche negativen Drücke resultieren im Gegensatz zu einem Sog aus Unterschieden im chemischen Potential des Wassers innerhalb hydraulischer Systeme. Dieses Sachverhalts muss man sich daher bewusst sein, wenn man den Begriff „Saugspannung" im Kontext der hydraulischen Zugkräfte im System „Boden-Pflanze-Atmosphäre" verwendet. Im englischen Sprachgebrauch wird in diesem Kontext der Begriff „*water tension*" verwendet, abgeleitet vom lateinischen „*tensio*" (= Spannung, Dehnung). Die dargelegten Unterschiede in den „Begriffswelten" zwischen Physikalischer Chemie (und Experimenteller Pflanzenökologie) gegenüber Fluid-Ingenieurswissenschaften dürfen bei der Betrachtung und Diskussion von Strömungsantrieben in hydraulischen Röhrensystemen (chemische Potentialunterschiede des Wassers versus hydrodynamisch erzeugte Über-/Unterdrücke) nicht übersehen werden.

5 Wasser als Lösungsmittel

Aus dem Verständnis der Struktur des Wassermoleküls heraus konnten wir eine Vielzahl seiner wichtigen physikalischen Eigenschaften erklären. Diese Grundlage sollte es uns daher auch ermöglichen zu verstehen, warum gerade Wasser ein so universelles und für biologische Vorgänge unabdingbares Lösungsmittel darstellt.

Was aber besagt der Begriff „lösen" eigentlich?

Eine homogene einphasige Mischung unterschiedlicher Stoffe bezeichnet man dann als Lösung, wenn eine Substanz, das Lösungsmittel, alle anderen in ihm als individuelle Teilchen (ungeladene Moleküle, Ionen) homogen verteilten Stoffe mengenmäßig deutlich überwiegt. Eine solche Mischung entsteht auch, wenn man Quecksilber und Zink vermengt oder Palladium mit Wasserstoff begast. Im engeren Sinne meint man aber wässrige Lösungen, wenn man diesen Begriff gebraucht.

Ein Stück Würfelzucker in Wasser wird sich allmählich „auflösen" und schließlich nicht mehr sichtbar sein. An den Oberflächen der Zuckerkristalle bilden sich dabei zwischen den Hydroxylgruppen der polaren Zuckermoleküle und den H_2O-Molekülen Wasserstoffbrücken aus. Aufgrund dieser **Dipol-Dipol-Wechselwirkungen** wird Energie frei und die Gitterkräfte werden dadurch nahezu vollständig kompensiert. Schließlich können sich die einzelnen Zuckermoleküle aus dem Kristallgitter lösen und gänzlich mit einer Hülle aus Wassermolekülen, einer *Hydrathülle*, umgeben.

Die Tendenz polarer Moleküle und Ionen, Lösungsmittelmoleküle unter Freisetzen von Energie zu binden, bezeichnet man als **Solvation** oder **Solvatation**. Im speziellen Fall des Lösungsmittels Wasser werden meist die Begriffe **Hydration** bzw. **Hydratation** verwendet. Da die Wechselwirkungsenergie, die **Hydratationsenthalpie**, zwischen den Wassermolekülen und den polaren Molekülen zum Teil größer ist als die zwischen den einzelnen Zuckermolekülen im Kristall, kann genügend Arbeit gegen die Gitterkräfte geleistet und die Gitterenergie überwunden werden. Zusätzlich muss beim Lösungsvorgang auch Arbeit gegen die großen zwischenmolekularen Wechselwirkungskräfte der noch mehr oder weniger stark geordneten H_2O-Moleküle im flüssigen Wasser geleistet werden. Es müssen quasi „Löcher" in der Struktur des Lösungsmittels geschaffen bzw. bereits vorhandene vergrößert werden, um die Zuckermoleküle aufzunehmen. Allerdings können sich die dann vollständig hydratisierten Moleküle, durch die Wärmebewegung bedingt, im Lösungsmittelvolumen möglichst weit ausbreiten. Man bezeichnet diesen Vorgang als **Dispersion**. Auf diese Weise erreichen die Moleküle einen Zustand größtmöglicher Unordnung entsprechend einer Entropiezunahme. Wie wir später noch sehen werden, ist dieser Zustand entsprechend der thermodynamischen Hauptsätze energetisch günstiger als der hochgeordnete. Ganz offensichtlich ist also für die Zuckermoleküle der Zustand in der Lösung energieärmer als im Kristallverband. Nur wenn diese Bedingung zutrifft, kann sich ein Stoff lösen.

Wesentlich größer als bei polar gebauten Molekülen sind die Wechselwirkungskräfte und damit die Hydratationsenthalpie beim **Lösen von Salzen**, die im Lösungsmittel als Ionen freigesetzt werden. Salze sind daher immer, wenn auch manchmal nur in geringem Maße, in Wasser löslich. Die Hydratation beruht bei Salzen auf starken Ion-Dipol-Wechselwirkungskräften. Wie hoch die *Löslichkeit* (die maximale Substanzmenge, die sich in einer vorgegebenen Menge Lösungsmittel gerade noch löst) tatsächlich ist, hängt nicht nur von den stoffspezifischen Eigenschaften ab, sondern auch in einem hohen Maße von der Temperatur. Die Löslichkeit ist aber vor allem davon bestimmt, ob die beim Lösen aufzubringende Gitterenthalpie durch die bei der Hydratisierung der Ionen freiwerdende Energiemenge gedeckt werden kann.

NaCl besitzt beispielsweise eine Gitterenthalpie von $-$ 787 kJ $\cdot$ mol^{-1}. Für die Hydratationsenthalpie wurde ein Wert von $-$ 783 kJ $\cdot$ mol^{-1} errechnet. Damit ist *Lösungswärme* mit + 4 kJ $\cdot$ mol^{-1} bei NaCl zwar geringfügig positiv, jedoch muss der Umgebung nur wenig Energie entzogen werden. Wie bei Zucker ist auch in diesem Fall die Zunahme der molekularen Unordnung (d. h. der Entropie) im Lösungsvorgang ein entscheidender Faktor.

Die dabei wichtige, durchgängig homogene Verteilung der einzelnen Ionen als voneinander getrennte Anionen und Kationen wird gerade in Wasser sehr erleichtert,

Tab. 4 Dielektrizitätskonstante einiger polarer und unpolarer Lösungsmittel

Lösungsmittel	ε	Temperatur [°C]
Aceton	20,7	25
Ethanol	24,3	25
Methanol	32,6	25
Wasser	78,4	25
Cyanwasserstoff	114,0	20
Hexan	1,9	20
Benzol	2,3	20
Chloroform	4,8	20

da es als Lösungsmittel eine sehr hohe **Dielektrizitätskonstante** ε besitzt (Tab. 4). Diese Konstante ist ein Maß für die Reduktion der Anziehungskraft zwischen zwei ungleichnamigen Ladungen im Lösungsmittel relativ zur Anziehungskraft im Vakuum. ε gibt also an, wie leicht in dem Lösungsmittel An- und Kationen durch die Lösungsmittelmoleküle getrennt werden können. Man kann die Kraft ($F_{\text{elektrostatisch}}$), mit der sich zwei um die Strecke r voneinander entfernte Ionen mit den gegensinnigen Ladungen Q^+ und Q^- in einem Lösungsmittel anziehen, mit dem **Coulombschen Gesetz** berechnen. Es gilt dabei

$$F_{\text{elektrostatisch}} = \frac{Q^+ \cdot Q^-}{4 \cdot \pi \cdot \varepsilon^\circ \cdot \varepsilon \cdot r^2} \tag{7}$$

Die als Feldkonstante bezeichnete Größe ε° gibt die Dielektrizitätskonstante im Vakuum an. Je größer ε ist, desto geringer ist die gegenseitige Anziehungskraft.

Die hohe Dielektrizitätskonstante von Wasser ist wiederum eine Folge der Molekülstruktur. Wassermoleküle können mit Anionen über die positiven Teilladungen der Wasserstoffatome, mit Kationen durch die negative Teilladung des Sauerstoffatoms elektrostatisch wechselwirken. Die Wassermoleküle können mehrschichtig Ionen umhüllen und auf diese Weise ein lokal entgegengesetzt wirkendes elektrisches Feld erzeugen. Hierdurch wird die Ladung der Ionen abgeschirmt, was deren elektrische Wechselwirkungen untereinander verringert. Die Ionen können sich deshalb leichter trennen und in Lösung bleiben.

Alle Ionen sind in wässriger Lösung hydratisiert, das heißt von einem „Wassermantel“, einer **Hydrathülle** umgeben. Die Ionen und die Wassermoleküle bilden sogenannte Aqua- oder Aquokomplexe aus. Wie viele Wassermoleküle von einem Ion in einer ersten Schicht koordinativ angelagert werden können, hängt primär von Größe und Ladungszahl des Ions ab. Die **Hydratationszahl** des *Aquokomplexes* ist umso größer, je höher die Ladungsdichte des Ions ist. Kleine, mehrfach geladene Ionen können mehr H_2O-Moleküle koordinieren als große, einfach oder zweifach geladene, z. B. $[H(H_2O)_2]^+$, $[Na(H_2O)_4]^+$, $[Ca(H_2O)_6]^{2+}$, $[Ba(H_2O)_8]^{2+}$. Der erstere Ionentyp kann auch in den weiter außen liegenden, weniger fest gebundenen „Schalen“ des Wassermantels mehr H_2O-Moleküle festhalten. Damit vergrößert sich der **effektive Ionenradius** verglichen mit dem des letztgenannten Ionentyps.

Im Gegensatz zu Ionen und Molekülen mit polaren funktionellen Gruppen (z. B. Zucker, Alkohole, Aldehyde, Ketone) zeigen **unpolar gebaute Moleküle** wie Benzol, Hexan oder Tetrachlorkohlenstoff nur ein sehr geringes Bestreben, sich in dem polaren Lösungsmittel Wasser zu lösen. Bei solchen geringlöslichen Substanzen muss zwar kaum Arbeit gegen zwischenmolekulare Kräfte geleistet werden, jedoch können sie nicht mit den H_2O-Molekülen wechselwirken und damit auch nicht die Bildung von „Löchern“ in der Wasserstruktur erleichtern und stabilisieren. Dass sie dennoch geringfügig löslich sind und in Dispersion vorliegen, ist nur dem Zustand geringerer Ordnung (der Entropiezunahme) in der Lösung geschuldet. Im Gegensatz zu den dispergierten Molekülen werden die Lösungsmittelmoleküle allerdings in deren direkter Umgebung in relativ geordnete Strukturen gezwungen. Thermodynamische Daten deuten darauf hin, dass im Bereich dieser Störungen die Wasserstruktur dichter ist. Die Wassermoleküle müssen quasi einen eisartigen Käfig um die Störstellen bilden. Der Vollständigkeit halber sei erwähnt, dass die Dispersion der entscheidende Faktor für die Löslichkeit von unpolaren Molekülen in ebenso unpolaren Lösungsmitteln ist. Benzol und Tetrachlorkohlenstoff mischen sich praktisch in jedem beliebigen Verhältnis.

Ein ganz spezielles Verhalten in Wasser zeigen die Moleküle einer weiteren Verbindungsklasse. Zu dieser gehören die **Seifen** (Salze langkettiger Fettsäuren, Abb. 8), die **Phospholipide** (Abb. 8), die **Proteine** und die **Nucleinsäuren**. Solche Makromoleküle weisen sowohl einen großen unpolaren aliphatischen Teil als auch eine oder mehrere polare funktionelle Gruppen auf. Letztere treten mit Wassermolekülen in Wechselwirkung und bilden Wasserstoffbrückenbindungen aus. Man sagt auch, solche funktionellen Gruppen sind *hydrophil* („wasserliebend“). Der unpolare Teil ist dagegen *hydrophob*, das heißt „wasserfürchtend“. Moleküle mit zugleich hydrophilem und hydrophobem Charakter werden auch als amphipathisch oder *amphiphil* bezeichnet.

In einer wässrigen Lösung liegen die genannten Makromoleküle bei sehr hoher Verdünnung zunächst moleküldispers vor. Bei langsamer Erhöhung ihrer Konzentration kommt es ab einem bestimmten kritischen Wert, der *kritischen Micellenbildungskonzentration*, plötzlich zu einer Assoziation der Moleküle zu **Micellen** (Abb. 8a). Im polaren Lösungsmittel Wasser sind dabei die Makromoleküle durch die Wechselwirkung mit den H_2O-Molekülen so ausgerichtet, dass die hydrophilen „Köpfe“ den Lösungsmittelmolekülen zugewandt sind. Die hydrophoben langkettigen Kohlenwasserstoffreste („Schwänze“) werden dagegen aus dem polaren wässrigen Bereich heraus und in das hydrophobe Innere einer sich bildenden Kugel gedrängt. Die Aussage, die unpolaren, hydrophoben Reste assoziierten, weil sie eine große Affinität zueinander aufwiesen oder etwa untereinander Bindungen ausbildeten, ist somit falsch. Es existieren zwar zwischen den Kohlenwasserstoffresten Van-der-Waals-Anziehungskräfte, welche die Kugelstruktur stützen und die enge Packung der Ketten begünstigen, dennoch ist auch in diesem Fall die Fähigkeit der Wassermoleküle zur Ausbildung von Wasserstoffbrücken die strukturgebende

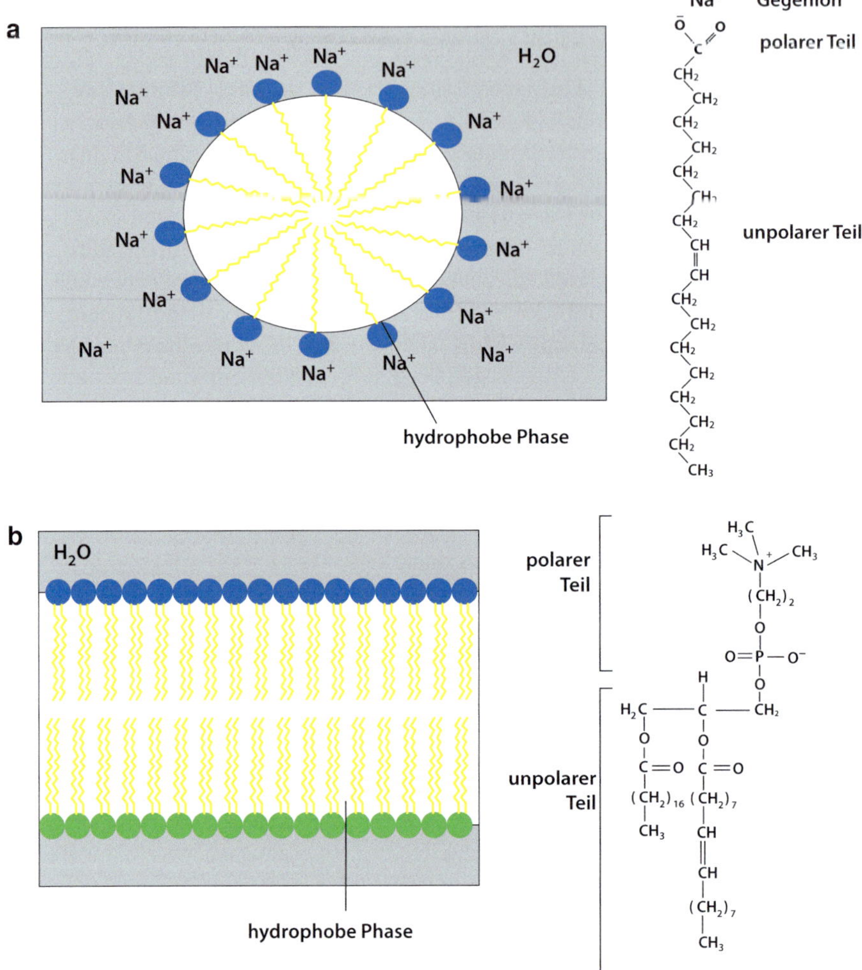

Abb. 8 (**a**) **Beispiel einer Micelle**, gebildet aus Natriumoleatmolekülen, einem typischen Vertreter einer Seife. (**b**) Ausschnitt aus einer **Doppelmembran von Phospholipidmolekülen**. Als Beispiel für ein solches Lipid ist ein Phosphatidylcholinmolekül dargestellt. In den Symbolen sind die polaren Gruppen jeweils durch Kreise, die aliphatischen Reste durch Striche beschrieben. (Verändert nach von Willert et al. 1995)

Kraft. Der alte Ausdruck „lipophile Bindung" ist also unzutreffend und muss durch den Begriff **hydrophobe Wechselwirkung** ersetzt werden.

Übungsfrage

Charakterisieren Sie die Begriffe Oberflächenspannung, Kohäsion, Adhäsion und Kapillareffekt. ◀

Literatur

Christen HR, Meyer G (1997) Grundlagen der Allgemeinen und Anorganischen Chemie: Neubearbeitung. Salle, Frankfurt am Main
Cotton FA, Wilkinson G (1988) Advanced inorganic chemistry. Wiley, Hoboken
Nobel PS (1991) Physicochemical and environmental plant physiology. Academic, San Diego
Purcell KF, Kotz JC (1980) Inorganic chemistry. WB Saunders, Philadelphia
Willert DJ von, Matyssek R, Herppich WB (1995) Experimentelle Pflanzenökologie. Grundlagen und Anwendungen. Georg Thieme, Stuttgart/New York

Energetik des Wassers – chemisches Potenzial und Wasserpotenzial mit seinen Teil-Komponenten

8

Inhalt

Zusammenfassung

In diesem Kapitel wollen wir uns mit der thermodynamischen Beschreibung des momentanen Zustands von Wasser, dem Wasserpotenzial, befassen. Dieses wird vom chemischen Potenzial des Wassers abgeleitet. Wir müssen uns also auch mit dem chemischen Potenzial auseinandersetzen, bevor wir den Begriff Wasserpotenzial definieren können. Der energetische Zustand von Wasser wird nahezu ausschließlich von zwei Faktoren bestimmt. Es sind dies die Anzahl der im Wasser gelösten Teilchen sowie die Kräfte, die auf das Wasser einwirken. Die Einflüsse beider Komponenten müssen sorgfältig beschrieben werden.

Schlüsselwörter

Chemisches Potenzial · Druckpotenzial · Entropie · Gibbssche freie Enthalpie · Ideale Mischungen · Lösungen · Osmotisches Potenzial · Wasserpotenzial

1 Wasserpotenzial – eine kurze Einleitung

Wie schwierig es ist, den „Zustand" von Wasser zu definieren und quantitativ zu fassen, erkennt man an der Tatsache, dass es erst 1960 gelang, ein allgemeingültiges und heute gut etabliertes Konzept durchzusetzen. Das lag einerseits am Fehlen

R. Matyssek, W. B. Herppich, *Experimentelle Pflanzenökologie*, Springer Reference Naturwissenschaften, https://doi.org/10.1007/978-3-662-67530-4_3

exakter, einfacher und praktikabler Messmethoden, zum anderen aber auch daran, dass die meisten bis dahin verwendeten Ansätze nur beschreibender Natur waren. Im Laufe des 20. Jahrhunderts hatten manche Wissenschaftler bereits versucht, den Wasserzustand mit thermodynamischen Gesetzmäßigkeiten zu verbinden. Dies gelang grundlegend jedoch erst Slatyer und Taylor im Jahr 1960.

Die beiden Autoren schlugen als Maß für die effektive Verfügbarkeit des Wassers in Pflanzen, im Boden, in der Luft oder in einer freien Lösung das **chemische Potenzial** vor. Da aber Einzelpotenziale nicht messbar sind, sondern nur vergleichend als differenzielle Größen angegeben werden können, wurde als Bezugssystem per Definition das chemische Potenzial reinen Wassers unter Standarddruckbedingung und gleicher Temperatur wie des Testsystems gewählt. Wie in ähnlichen Fällen im Bereich der Physikalischen Chemie wird das chemische Potenzial des festgelegten Bezugssystems „gleich Null" gesetzt. Somit lautet die ursprüngliche Definition:

► Wasserpotenzial = chemisches Potenzial (Testsystem) – chemisches Potenzial (reines Wasser).

Was ist unter dem chemischen Potenzial zu verstehen? Wie kann man sich diesen Begriff, ebenso wie den des Wasserpotenzials, veranschaulichen? Solche Überlegungen sollen in den nächsten Abschnitten im Mittelpunkt stehen.

2 Gibbssche freie Enthalpie

Jedem physikalisch-chemischen System ist ein endlicher Energieinhalt zuzuordnen, den wir als **innere Energie** bezeichnen und mit U symbolisieren (vgl. ► Kap. 3, „Wärme und Temperatur – Messung und Temperierung"), wobei unterschiedliche Systeme (z. B. Substanzen oder Substanzgemische) auch unterschiedliche Energieinhalte aufweisen. U eines beliebigen Systems A kann verändert werden, wenn dieses entweder weitere Energie aus der Umgebung aufnimmt, U_A nimmt dann zu, oder aber Energie an die Umgebung abgibt, wodurch U_A abnimmt. Die Energieaufnahme bzw. -abgabe kann durch Zuführen oder Entziehen von Wärme und/oder durch Arbeitsleistung erfolgen. Wenn wir die Wärmemenge als Q und die Arbeitsleistung als W bezeichnen, kann die Änderung der inneren Energie als

$$\begin{aligned} \Delta U_A &= U_A(\text{nachher}) - U_A(\text{vorher}) \\ &= Q + W \end{aligned} \qquad (1)$$

dargestellt werden. Der absolute Wert von U_A wird experimentell beispielsweise durch vollständige Verbrennung eines Aliquots von A bestimmt. Die dabei abgegebene Wärmemenge wird aus der Erwärmung der unmittelbaren Umgebung ermittelt. Eine solche Bestimmung führt man vorzugsweise bei sehr hoher Sauerstoffkonzentration in einem Druckgefäß, einem **Kalorimeter** (früher: „kalorimetrische Bombe") durch. Damit wird sowohl die Vollständigkeit der Verbrennung gewährleistet als auch verhindert, dass Volumenarbeit geleistet wird. Der Betrag der Arbeit ist also gleich Null und die freiwerdende Wärme entspricht der inneren Energie ($\Delta U_A = Q$).

Natürliche Vorgänge und Reaktionen laufen jedoch normalerweise nicht unter konstantem Volumen, sondern unter konstantem Druck ab. Führt man A unter Laborbedingungen Wärme zu, kann daher nur ein Teil der zugeführten Energie U_A vergrößern. Der andere Teil dient der Arbeit gegen den konstanten äußeren Atmosphärendruck. Relativ zu diesem muss immer Volumenarbeit verrichtet werden, auch wenn sich das Volumen während der Reaktion nur geringfügig ändert. Diesem Umstand trug man durch die Definition einer neuen Zustandsfunktion Rechnung, der **Enthalpie *H***. Diese, oder besser deren Änderung ΔH, stellt ein Maß für die unter konstantem Druck aufgenommene Energiemenge dar. Wir können somit formulieren

$$\Delta H = \Delta U_A + P \cdot \Delta V \quad (P = \text{const}) \tag{2}$$

wenn wir voraussetzen, dass nur Volumenarbeit und sonst keine andere Art von Arbeit verrichtet wird. Da während einer chemischen Reaktion Wärmeenergie aufgenommen oder frei wird, bezeichnet man diese als **Reaktionsenthalpie**. Vorgänge und Reaktionen, die unter Wärmeabgabe ablaufen, werden **exotherm** genannt, solche die Wärme aufnehmen („verbrauchen") **endotherm.**

Die Enthalpie erlaubt uns, Aussagen über den **Energieumsatz** einer Reaktion zu machen, nicht aber zu entscheiden, ob eine Reaktion *freiwillig* abläuft. Auch endotherme Umsetzungen, wie z. B. das Lösen von NaCl in Wasser oder das Verdunsten von Wasser bei Raumtemperatur (z. B. 20 °C), laufen vollständig und von selbst ab. Es muss also noch weitere Kriterien geben, die Freiwilligkeit und Richtung der Umsetzung bestimmen. Gerade das zweite Beispiel, das Verdunsten von flüssigem Wasser, gibt uns einen Hinweis auf ein solches Kriterium. Während in der Flüssigkeit noch teilweise wohlgeordnete H_2O-Molekülverbände vorherrschen, liegen in der Gasphase einzelne Moleküle vor. Sie bewegen sich regellos durch den Raum und sind völlig ungeordnet. Ganz offensichtlich besitzen physikalisch-chemische Systeme nicht nur das Bestreben, einen *enthalpiearmen Zustand*, sondern auch einen *möglichst hohen Grad molekularer Unordnung* zu erreichen. Reaktionen, die dies erlauben, verlaufen auch dann freiwillig, wenn dabei Wärme aufgenommen wird.

In der Thermodynamik verwendet man als Maß für diese Unordnung eine von Clausius im Jahr 1850 eingeführte Größe, die **Entropie *S***. Wenn sich bei irgendeinem Prozess die molekulare Unordnung erhöht, ist ΔS positiv. Wie der *zweite Hauptsatz der Thermodynamik* besagt, nimmt in einem abgeschlossenen System bei einem spontanen, irreversiblen Vorgang die Entropie immer zu. Damit vermindert sich die Fähigkeit des betrachteten Systems zu weiteren spontanen Zustandsänderungen.

Unter dem Begriff *System* versteht man in der Thermodynamik einen gegen unkontrollierbare Einflüsse von außen abgeschlossenen Teil des Universums, der selbst Gegenstand der Betrachtung ist. Die Änderung der Entropie kann auch als die Energieaufnahme oder -abgabe während einer reversiblen und bei einer bestimmten Temperatur T ablaufenden Reaktion aufgefasst werden, was die Definition von $\Delta S = Q_{rev}/T$ erlaubt. Mithilfe dieser Definition und dem Wissen, dass in einem idealen

System die Entropie am absoluten Temperaturnullpunkt ebenfalls Null sein muss (*dritter Hauptsatz der Thermodynamik*), kann man für beliebige Systeme und Temperaturen Entropiewerte berechnen.

Wenn nun in einer Reaktion sowohl die Enthalpie ab- als auch die Entropie zunimmt, wird die Reaktion freiwillig ablaufen. Beim Lösen von NaCl in Wasser beobachtet man zwar eine Enthalpiezunahme, die mit dem Lösungsvorgang verbundene Zunahme der molekularen Unordnung gibt aber offensichtlich den Ausschlag. Der Vorgang läuft freiwillig und ohne äußeren Zwang ab. Die Tatsache, dass Freiwilligkeit und Richtung einer Reaktion sowohl von der Abnahme der Enthalpie als auch von der Zunahme der Entropie bestimmt werden, veranlasste Gibbs (1875) zur Einführung einer neuen Zustandsgröße, der nach ihm benannten **Gibbsschen freien Enthalpie** G. Unter isothermen Bedingungen, das heißt bei konstanter Temperatur, ergibt sich aus der Änderung von Enthalpie und Entropie während eines physikalisch-chemischen Prozesses die Änderung der freien Enthalpie nach

$$\Delta G = \Delta H - T \cdot \Delta S \tag{3}$$

Mit ΔG kann nun überprüft werden, ob eine Reaktion unter gegebenen Temperatur- und Druckbedingungen überhaupt stattfinden kann und ob sie freiwillig in eine bestimmte Richtung abläuft. Ist ΔG für einen Vorgang negativ, nennt man diesen **exergon**, und er läuft freiwillig ab (z. B. Respiration als Oxidationsprozess). Ist ΔG dagegen positiv, das heißt, der Vorgang ist **endergon**, kann er nicht von selbst (= spontan) ablaufen, d. h. er muss durch Energiezufuhr „erzwungen" werden – wie z. B. die Photosynthese durch Lichtenergie. Ist kein energetischer Nettoumsatz zwischen Ausgangs- und Endzustand oder umgekehrt zu beobachten, dann ist $\Delta G = 0$. Man kann weiterhin beweisen, dass ΔG ein Maß für die von einem System unter *reversiblen* Reaktionsbedingungen **maximal leistbare Nutzarbeit** ist. Mithilfe der freien Enthalpie ΔG wird somit der Teil von ΔH quantifizierbar, der bei einer Umsetzung maximal für Arbeit nutzbar ist.

Letztere Aussage gilt insbesondere für biologische Systeme (z. B. auf zellulärer oder mikroklimatischer Ebene), die anders als Dampfmaschinen nicht Wärmeenergie zur Arbeitsleistung verwenden können. Der Unterschied ist darin begründet, dass, im Gegensatz zu Dampfmaschinen, die im Arbeitszyklus von biologischen Systemen durchlaufenen Temperaturgradienten sehr klein sind (zwischen 0,001 K bis wenige Kelvin).

Hintergrundinformation

Soll die Arbeit W mit Hilfe von Wärmeenergie geleistet werden, ist entscheidend, wie groß der Temperaturunterschied im System zu Beginn und am Ende des Arbeitsprozesses ist. Ein solcher Arbeitsprozess kann z. B. das Komprimieren und Entspannen von Wasserdampf durch einen zyklisch sich bewegenden Kolben in einer Dampfmaschine sein. Es gilt die Formel

$$\Delta W = Q\frac{(T2 - T1)}{T2}$$

wobei W die Arbeitsleistung, Q die zugeführte Wärmeenergie und $T1$ und $T2$ die Temperatur des Systems (in K) zu Beginn bzw. am Ende des zyklischen Arbeitsprozesses darstellen (mit $T2 > T1$;

Lehninger 1974). Die maximale Energienutzung für die Arbeit (100 %) ist demnach zu erwarten, wenn T1 den absoluten Temperaturnullpunkt bei 0 K darstellt. Diese Bedingung ist jedoch nicht einmal in Dampfmaschinen erfüllt, mit Temperaturdifferenzen zwischen T1 > 273 K und T2 >> 373 K. Ursache ist der unvermeidliche Energiefluss in die Zunahme der Entropie, der nur bei $T1 = 0$ K nicht existent ist (entsprechend Drittem Hauptsatz der Thermodynamik). Tatsächlich beträgt, bezogen auf Q, der arbeitstechnisch nutzbare Wirkungsgrad in Dampfmaschinen maximal 16 % (in Glühbirnen sogar nur 5 %). Der aufgrund der Entropieerhöhung nicht arbeitstechnisch nutzbare Wärmeenergieanteil wird während des Betriebs von Dampfmaschinen, Glühbirnen oder auch Verbrennungsmotoren in deren Erhitzung erkennbar. In stoffwechselaktiven Zellen herrschen jedoch Temperaturdifferenzen von << 0,1 K. Damit wird offensichtlich, dass in biologischen Systemen Wärmeenergie zur Arbeitsleistung nicht genutzt werden kann. Vielmehr wird im Stoffwechsel Arbeit aus dem Umsatz biochemisch gebundener Energie geleistet. Die resultierende, für Arbeit nutzbare Energie erreicht deutlich höhere Wirkungsgrade als während Umsätzen von Wärmeenergie; z. B. 28 % bei der Assimilatbildung in der Photosynthese und 42 % bei der Oxidation der Assimilate in der aeroben Respiration. Der zur Arbeitsleistung aus dem Energieumsatz zur Verfügung stehende Energieanteil wird durch ΔG repräsentiert. Wie oben hergeleitet, enthält ΔG nicht mehr den für die Entropiezunahme thermodynamisch obligatorischen Energieanteil.

3 Chemisches Potenzial

Die Gibbssche freie Enthalpie G ist eine **Zustandsfunktion** oder **Zustandsgröße**. G beschreibt daher die gesetzmäßige Weise, in der Zustandsvariablen wie Temperatur, Druck und chemische Zusammensetzung den momentanen energetischen Zustand des betrachteten Systems bestimmen. G einer wässrigen Lösung ist also eine Funktion des herrschenden Druckes, der aktuellen Temperatur und der Zusammensetzung der Lösung.

$$G = f(T, P, n_1, n_2, \ldots, n_i)$$

Ändert man den Zustand, so ändern sich auch die Zustandsgrößen. Dies muss aber *unabhängig* davon sein, auf welche Art und Weise die Zustandsänderung vonstattengeht.

Eine Abhängigkeit von der Zusammensetzung kann natürlich nur dann bestehen, wenn das betrachtete System auch tatsächlich *mehrkomponentig* ist. Es muss, wie in den oben genannten Beispielen, aus mehreren chemisch unabhängigen Substanzen (= *Komponenten*) zusammengesetzt sein. Wir können verschiedene mehrkomponentige Systeme unterscheiden.

Bei einer **Lösung** überwiegt immer eine der Komponenten, das *Lösungsmittel* oder *Solvens*. Von einer **Mischung** spricht man dagegen, wenn sämtliche Komponenten in zumindest ähnlichen Mengen vorliegen. Zur näheren Charakterisierung der Anteile der einzelnen Komponenten in einer Lösung oder in Mischung verwendet man primär drei verschiedene Einheiten. Für Gemische wird dabei zweckmäßigerweise der sogenannte **Molenbruch** eingesetzt (Tab. 1). Er gibt den molaren Anteil n der betrachteten Komponente an der Gesamtheit aller Komponenten im System Σn_i wieder und wird meist durch ein χ symbolisiert. Bei einer Mischung aus den Stoffen A und B ergibt dies

Tab. 1 Vergleich der gebräuchlichen Konzentrationseinheiten

Bezeichnung	Einheit	Definition
Molenbruch	Dimensionslos	Molzahl einer Komponente bezogen auf die Gesamtheit der Molzahlen aller Komponenten
Molarität	$mol \cdot m^{-3}$	Mol gelösten Stoffes in einem m^3 Lösung
Molalität	$mol \cdot kg^{-1}$	Mol gelösten Stoffes in einem Kilogramm Lösungsmittel
Volumenmolalität	$mol \cdot m^{-3}$	Mol gelösten Stoffes in einem m^3 Lösungsmittel

$$\chi_A = \frac{n_A}{n_A + n_B} \quad \text{bzw.} \quad \chi_B = \frac{n_B}{n_A + n_B} \tag{4}$$

Die **Konzentration** (Tab. 1) eines gelösten Stoffes (als Komponente) wird dagegen entweder als **Molarität** oder als **Molalität** angegeben. Die Konzentrationsangabe als Molarität, abgekürzt mit $\boldsymbol{c}$, nennt die Anzahl der Mole der betrachteten Komponente in einem Liter Lösung. Die Molalität, symbolisiert durch $\boldsymbol{m}$, gibt dagegen die Anzahl der Mole in einem Kilogramm des Lösungsmittels an.

Ein- und mehrkomponentige Systeme liegen zudem je nach äußeren Bedingungen in verschiedenen **Phasen** vor. Der Begriff Phase bezeichnet dabei einen Teil dieses Systems, der bis in die molekulare Ebene hinab physikalisch gleichartig, also *homogen*, aufgebaut ist. Bei H_2O sind die drei möglichen ökologisch relevanten Phasen das Eis (fest), das Wasser *per se* (flüssige Form) und der Wasserdampf (Gasphase). Aber auch chemisch völlig verschiedenartige Stoffe können eine einzige Phase, die sogenannte *Mischphase* bilden. Mit den Gesetzen der *Mischphasenthermodynamik* sind solche Systeme eindeutig zu charakterisieren.

ΔG beschreibt also die **gesamte – totale – Zustandsänderung** eines Systems, die bei Variation einer oder mehrerer Zustandsvariablen auftritt, und zwar ungeachtet dessen, welche und wie viele der Variablen die Änderung bedingen. Dies kann man formell mit einer Differenzialgleichung darstellen. Das totale Differenzial dG lautet somit

$$\begin{aligned} dG = {} & \left(\frac{\partial G}{\partial P}\right)_{T,n_A,\ldots,n_M} dP + \left(\frac{\partial G}{\partial T}\right)_{P,n_A,\ldots,n_M} dT \\ & + \left(\frac{\partial G}{\partial n_A}\right)_{T,P,n_B,\ldots,n_M} dn_A + \left(\frac{\partial G}{\partial n_B}\right)_{T,P,n_A,\ldots,n_M} dn_B \\ & + \cdots + \left(\frac{\partial G}{\partial n_M}\right)_{T,P,n_A,\ldots,n_{M-1}} dn_M \end{aligned} \tag{5}$$

Die partiellen Differenziale $(\partial G/\partial P)$, $(\partial G/\partial T)$ sowie $(\partial G/\partial n_A)$ usw. beziehen sich speziell auf die Variation der freien Enthalpie des Systems, wenn nur jeweils eine der Variablen geändert wird (z. B. dP, dT, dn_A), alle anderen aber konstant bleiben.

Das partielle Differenzial $(\partial G/\partial n_A)$ beschreibt die Änderung der Gibbsschen freien Enthalpie des *gesamten* betrachteten Systems (∂G), wie z. B. einer wässrigen Lösung, bei Änderung der Stoffmenge, das heißt, der Molzahl von A (dn_A) in dem System. Alle anderen Zustandsvariablen, also auch die Anteile der anderen gelösten

Stoffe, bleiben konstant. Man bezeichnet dieses partielle Differenzial ($\partial G/\partial n_A$) als **chemisches Potenzial** $\boldsymbol{\mu}$ der Komponente A (μ_A):

$\boldsymbol{\mu}_A = \partial G/\partial n_A$ chemisches Potenzial μ der Komponente A

Das chemische Potenzial ist auf 1 mol der betrachteten Substanz bezogen und damit eine partielle molare Eigenschaft – präzise gesagt die *partielle molare freie Enthalpie*. Während μ von den Substanzmengen unabhängig ist und somit eine *intensive* Größe darstellt, ist die Gibbssche freie Enthalpie G dagegen eine *extensive*, stoffmengenabhängige Größe (s. obige Gleichung). Da die Zusammensetzung des Systems, wie auch seine gesamte Stoffmenge, faktisch nicht variiert werden soll, ist nur eine *infinitesimale*, das heißt, eine sehr kleine Veränderung von G zugelassen (dG). Damit darf natürlich auch nur eine sehr kleine Menge von A (dn_A) zusätzlich eingebracht oder entnommen werden. Stark vereinfacht kann man also das chemische Potenzial als die freie Enthalpie eines Mols der betreffenden Substanz bezeichnen, da $G_{(\text{Lösung})}$ eben durch das Hinzufügen von n Mol von A beeinflusst wurde. Die Dimension des chemischen Potenzials muss folglich Enthalpie pro Stoffmenge, also $\text{J} \cdot \text{mol}^{-1}$, lauten.

4 Definition des Wasserpotenzials

Mit diesem wichtigen Grundlagenwissen sollte es jetzt kein Problem mehr darstellen, die Bedeutung der anfangs gegebenen Definition des Wasserpotenzials Ψ als Differenz zwischen dem chemischen Potenzial von Wasser (μ_w) im Testsystem, z. B. einer wässrigen Lösung, und dem chemischen Potenzial reinen Wassers (μ_w^o) als Bezugssystem zu verstehen. Wir können jetzt formulieren

$$\Psi = \mu_w - \mu_w^o \quad \left[\text{J} \cdot \text{mol}^{-1}\right] \tag{6}$$

▶ Das Wasserpotenzial gibt den Betrag an, um den ein Mol Wasser in der Lösung enthalpieärmer ist als reines Wassers.

Es ist somit ein Maß für die Arbeit, die ein Mol reinen Wassers im Lösungsvorgang leistete, wodurch es das energetisch niedrigere Niveau von Wasser in der Lösung erreichte. Anders ausgedrückt, der Betrag des Wasserpotenzials gibt an, *wie viel* Arbeit man aufwenden müsste, um ein Mol der Lösungskomponente Wasser auf den Enthalpiezustand der reinen Komponente anzuheben. Insgesamt gilt: Je höher das Wasserpotenzial eines Systems, umso mehr Arbeit kann das Wasser des Systems leisten.

Veranschaulichend kann man zudem sagen, dass die energetischen Freiheitsgrade der Molekülbeweglichkeit des Wassers durch die gelöste Komponente eingeschränkt sind. Kurz gesagt, die energetische Verfügbarkeit des Wassers für Arbeitsleistung hat abgenommen. Damit ist der Energiezustand des Wassers in der Lösung niedriger als in Reinform. Verallgemeinernd kann man fortführen, dass jeder Einfluss, der die energetische Verfügbarkeit des Wassers senkt, also auch einwirkende, externe Kräfte – wie z. B. Saug- oder Zugspannungen – zugleich das Wasserpotenzial des betreffenden Systems gegenüber jenem von reinem (unbeeinflusstem) Wasser erniedrigt.

Zwei allgemeingültige Konventionen müssen in diesem Zusammenhang noch genannt werden. Es ist praktisch *nicht* möglich, **Einzelpotenziale** als Absolutgrößen zu messen. Das ist eine Tatsache der Physikalischen Chemie.

Diese Tatsache ist auch aus der Elektrochemie bekannt. Man kann Potenzialdifferenzen (= Spannungen) bestimmen, nicht jedoch das einer Halbzelle eigene Redoxpotenzial. Für vergleichende Betrachtungen definierte man daher eine **Bezugselektrode**, die Normalwasserstoffelektrode, und setzt deren Eigenpotenzial unter Standardbedingungen per Definition gleich Null.

Analog z. B. zur Elektrochemie (s. o.) hat man im Falle des Wasserpotenzials das chemische Potenzial der Bezugsgröße, also der reinen Substanz Wasser, unter Standardbedingungen *per definitionem* als Null festgelegt. Zur Kennzeichnung reiner Komponenten im Standardzustand wird immer das Symbol eines hochgestellten kleinen Kreises (gesprochen Null) verwendet, z. B. μ_A^o.

Die zweite Konvention betrifft das **Vorzeichen des Wertes** von μ_w. Wenn ein System Arbeit leistet, nimmt sein Energiegehalt ab, d. h. es verringert sich die energetische Verfügbarkeit für weitere Arbeitsleistung. Um die Änderung des Energieinhaltes zu errechnen, muss der abgegebene Betrag von dem ursprünglichen Wert abgezogen werden. Der abgegebene Energiebetrag bekommt daher ein *negatives* Vorzeichen. Es ist deshalb begründet und konsistent Veränderungen, bei denen durch Leistung von mechanischer, elektrischer oder chemischer Arbeit, oder durch Wärmeabgabe die Enthalpie verringert wird, grundsätzlich durch ein Minuszeichen zu kennzeichnen. Da Wasser in der Lösung einen niedrigeren Enthalpiegehalt aufweist als reines H_2O, muss das Vorzeichen von μ_w negativ sein. Für das Wasserpotenzial bedeutet dies, dass von einer negativen Größe (μ_w) der „Standardwert" $\mu_w^o = 0$ abgezogen wird. Ψ ist daher typischerweise in pflanzlichen Systemen, in der Atmosphäre und im Boden unter Standardbedingungen negativ.

Wieder veranschaulichend kann man genauso gut auch sagen, dass bei gegebenem, typischerweise energetisch eingeschränktem μ_w des betrachteten Systems die Subtraktion des energetisch höheren μ_w^o des reinen Wassers in ein negatives Ψ für das betrachtete System resultieren muss.

Die Festlegung, dass man mit dem Wasserpotenzial eine negative Größe bestimmt, wurde im wissenschaftshistorischen Rückblick auch von „Nichtphysikern" wie z. B. Biologen akzeptiert, da diese ja ein Maß für geleistete Arbeit darstellt. Mit einer Dimension des Wasserpotenzials von Energie pro Stoffmenge konnte man dagegen aus messtechnischen Gründen wenig anfangen. Nicht nur in der Pflanzenwissenschaft war man es gewohnt, in der Vorstellungswelt der Mechanik zu messen und zu rechnen – abgesehen von der methodologischen Schwierigkeit, Energiegrößen direkt zu erfassen und zu quantifizieren. Einen Ausweg bildeten jedoch Druckgrößen, die mechanischer Natur und zugleich Ausdruck von Energie sind. Deshalb wurde die oben gegebene Definition des Wasserpotenzials modifiziert. Nach Division von Ψ durch das partielle Molvolumen von H_2O ergibt sich nämlich aus der Dimension $J \cdot mol^{-1}$ die Einheit $N \cdot m^{-2}$ und damit ein **Druck**.

Hintergrundinformation

Das partielle Molvolumen einer stofflichen Komponente in einer Mischung ist das Volumen, um welches die Komponente das Gesamtvolumen der Mischung erhöht. Daher wird das partielle Molvolumen auch vom Mischungsverhältnis der Komponente mit weiteren, in der Mischung vorhandenen Komponenten beeinflusst.

Der Druck (P) ist als die auf eine Fläche (A) wirkende Kraft (F) definiert. Es gilt also

$$P = F/A \quad \left[\mathrm{N/m^2}\right] \tag{7}$$

Arbeit (W) und, damit äquivalent, Energie (E) ist das Produkt aus dem Weg (s), entlang dessen eine Kraft wirkt und der Kraft selbst:

$$W = F \cdot s = E \quad [\mathrm{N \cdot m}] = [\mathrm{J}] \tag{8}$$

Druck kann somit auch als die in einem vorgegebenen Volumen wirkende Energie dargestellt werden. Formell kann man dies schreiben als

$$\begin{aligned} P &= (F/A) \cdot (s/s) \quad \left[\mathrm{N/m^2}\right] \cdot [\mathrm{m/m}] \\ P &= (F \cdot s)/(A \cdot s) \quad [\mathrm{N \cdot m}]/\left[\mathrm{m^2 \cdot m}\right] \\ P &= W/V = E/V \quad \left[\mathrm{J/m^3}\right] \end{aligned}$$

Ein Mol jeder Substanz nimmt je nach Aggregatzustand ein bestimmtes Volumen, das **Molvolumen ($^\circ V$)**, ein. Damit kann man die partielle molare freie Enthalpie μ in die Enthalpiemenge pro Volumen umrechnen, das ein Mol der betrachteten Substanz ausfüllt. Da μ aber eine partielle molare Größe ist, muss in diesem Zusammenhang auch das **partielle Molvolumen** verwendet werden. Wie oben erläutert, handelt es sich um die Volumenzunahme, die bei der Zugabe von einem Mol der betrachteten Substanz (= Komponente) zu einem schon vorher großen Volumen der Lösung zu beobachten ist. Das partielle Molvolumen ($\overline{V}$) und das eigentliche Molvolumen ($^\circ V$) werden zueinander umso ähnlicher, je größer der Anteil der betrachteten Komponente an der Lösung ist. Dies ist typischerweise für die Komponente H_2O der Fall. Für die reine Komponente, also H_2O ohne Anwesenheit anderer Komponenten, sind beide Größen identisch.

Mit der Einführung von $\overline{V}_A$ können wir als Dimension von μ_A nun schreiben

$$\begin{aligned} (\mathrm{J/mol}) \cdot \left(\mathrm{mol/m^3}\right) &= \mathrm{J/m^3} \\ &= (\mathrm{N \cdot m})/\mathrm{m^3} \\ &= \mathrm{N \cdot m^{-2}} \\ &= \mathrm{Pa} \end{aligned}$$

Die **SI-Einheit** (= Système International d'Unités), das heißt die auf dem *mks-System* (Grundeinheiten: Meter m, Kilogramm kg, Sekunde s) beruhende Einheit für

Druck ist **Pascal (Pa)**. Sie ersetzt die vorher gebräuchliche Druckeinheit **Bar (bar)**, die als eine *cgs-System-Größe* (Grundeinheiten: Zentimeter cm, Gramm g, Sekunde s) aber immer noch zugelassen ist.

Die Umrechnung zwischen beiden Druckeinheiten ist einfach, da gilt: 1 bar = 10^5 Pa. Normalerweise verwendet man aber „Megapascal" (MPa), das sind 10^6 Pa, als Standardgröße (1 MPa = 10 bar).

Durch Einführen des partiellen Molvolumens ändert sich die Definitionsgleichung des Wasserpotenzials damit zu

$$\Psi = \frac{\mu_{\mathrm{W}} - \mu_{\mathrm{W}}^{\mathrm{o}}}{\overline{V}_{\mathrm{W}}} \tag{9}$$

Die Division durch $\overline{V}_{\mathrm{W}}$ ist allerdings nicht ganz unproblematisch, da das partielle Molvolumen von Wasser keine Konstante darstellt. $\overline{V}_{\mathrm{W}}$ variiert z. B. mit der Komponentenzusammensetzung (s. obige Hintergrundinformation) und mit der Temperatur. Jedoch ändert sich das partielle Molvolumen von Wasser in einer verdünnten Lösung im physiologischen Temperaturbereich von 5–35 °C nur um etwa 0,6 %. $\overline{V}_{\mathrm{W}}$ ist also in diesem Rahmen in sehr guter Näherung als konstant anzusehen.

5 Druckpotenzial

Die Änderung der freien Enthalpie eines Systems bei Variation einer oder mehrerer Zustandsvariablen (dT, dP, dn_{A}, $dn_{\mathrm{B}}, \ldots$) lässt sich durch das totale Differenzial (dG) vollständig darstellen. Mit dem partiellen Differenzial $\partial G/\partial n_{\mathrm{A}}$, also dem chemischen Potenzial μ, können wir die Änderung der freien Enthalpie bei Variation des Anteils der entsprechenden Komponente berechnen. Eine solche **partielle Bewertung** ist ebenso für den Einfluss der Zustandsvariablen Druck und Temperatur auf G von Interesse. Auch für die Differenziale ($\partial G/\partial P$) und ($\partial G/\partial T$) lassen sich einfache Ausdrücke ableiten.

Wie in den oberen Abschnitten dargestellt, muss für die Änderung der freien Enthalpie allgemein gelten

$$\begin{aligned} dG &= dH - d(T \cdot S) \\ &= dH - S \cdot dT - T \cdot dS \end{aligned} \tag{10}$$

Nach Einsetzen der vollständigen Definitionsgleichung der Enthalpie $dH = dU + d(P \cdot V)$ wird dies zu

$$dG = dU + P \cdot dV + V \cdot dP - S \cdot dT - T \cdot dS$$

und mit

$$dU = dQ + dW$$

zu

$$dG = dQ + dW + P \cdot dV + V \cdot dP - S \cdot dT - T \cdot dS \tag{11}$$

Die **Entropieänderung** ist auch als $dS = dQ/T$ darstellbar, womit der Summand $T \cdot dS$ durch dQ ersetzt werden kann. Weiterhin wissen wir, dass $dW = -P \cdot dV$ bzw. $P \cdot dV = -dW$ ist. Jetzt können wir den Ansatz vereinfachen

$$\begin{aligned} dG &= dQ + dW - dW + V \cdot dP - S \cdot dT - dQ \\ &= V \cdot dP - S \cdot dT \end{aligned} \tag{12}$$

Aus dem Vergleich mit dem totalen Differenzial von G (Gl. 12) ergibt sich letztendlich

$$(\partial G/\partial T)_{\mathrm{P}} = -S \quad \text{bzw.} \quad (\partial G/\partial P)_{\mathrm{T}} = +V \tag{13}$$

Mit diesen Ausdrücken wird Gl. 5 somit zu

$$dG = V \cdot dP - S \cdot dT + \mu_{\mathrm{A}} \cdot dn_{\mathrm{A}} + \cdots + \mu_i \cdot dn_i + \cdots + \mu_{\mathrm{M}} \cdot dn_{\mathrm{M}} \tag{14}$$

bzw. mit

$$\sum \mu_i \cdot dn_i = \mu_{\mathrm{A}} \cdot dn_{\mathrm{A}} + \cdots + \mu_i \cdot dn_i + \cdots + \mu_{\mathrm{M}} \cdot dn_{\mathrm{M}}$$

zu

$$dG = V \cdot dP - S \cdot dT + \sum \mu_i \cdot dn_i \tag{15}$$

Da wir in der Praxis unter isothermen Bedingungen ($dT = 0$) arbeiten, können wir den Term $-S \cdot dT$ vernachlässigen. Für das totale Differenzial kann man damit schreiben

$$dG = V \cdot dP + \sum \mu_i \cdot dn_i \tag{16}$$

Diese Überlegungen gelten nicht nur für die freie Enthalpie, sondern auch für die **partiellen molaren Größen**.

Für das chemische Potenzial μ müssen wir ebenfalls eine Abhängigkeit von der Variation der Zustandsvariablen berücksichtigen. Da wir die Änderung einer partiellen molaren Eigenschaft betrachten, sind auch die abgeleiteten Koeffizienten V und S partielle molare Eigenschaften, also das partielle Molvolumen $\overline{V}_{\mathrm{w}}$ genauso wie die partielle molare Entropie $\overline{S}_{\mathrm{w}}$. In Analogie zu G ergibt sich deshalb für das chemische Potenzial von Wasser

$$d\mu_{\mathrm{w}} = (\partial \mu_{\mathrm{w}}/\partial P)dP + (\partial \mu_{\mathrm{w}}/\partial T)dT + (\partial \mu_{\mathrm{w}}/\partial n_{\mathrm{A}})dn_{\mathrm{A}} + \cdots + (\partial \mu_{\mathrm{w}}/\partial n_{\mathrm{M}})dn_{\mathrm{M}}$$

und weiter

$$d\mu_W = \overline{V}_W \cdot P - \overline{S}_w \cdot dT + \sum \mu_i \cdot dn_i$$

und da $dT = 0$ (vgl. Gl. 16)

$$d\mu_W = \overline{V}_W \cdot dP + \sum \mu_i \cdot dn_i. \quad (17)$$

Da wir uns speziell für die Druckabhängigkeit des chemischen Potenzials interessieren, setzen wir weiter voraus, dass die Komponentenzusammensetzung der Lösung unverändert bleibt. Dann ist der Summand $\Sigma\mu_i dn_i$ gleich Null, und wir können schreiben

$$d\mu_W = \overline{V}_W \cdot dP \quad (18)$$

Das partielle molare Volumen einer Substanz in einer Lösung ist in guter Näherung unabhängig vom Druck. Wir können die Gleichung deshalb zwischen dem energetischen Zustand des Wassers im untersuchten System und in Reinform unter Standardbedingung integrieren

$$\begin{aligned} \int d\mu_W &= \overline{V}_W \int dP \\ \mu_W - \mu_W^o &= \overline{V}_W \cdot P \\ \Psi &= \frac{\mu_W - \mu_W^o}{\overline{V}_W} = P = \Psi_P \end{aligned} \quad (19)$$

Der Term $\overline{V}_W \cdot P$ beschreibt den Effekt von Druck auf das chemische Potenzial, und zwar wiederum unabhängig davon, auf welche Art und Weise Druck ausgeübt wird. Bezugspunkt für den Druck P ist hier allerdings nicht ein Druck von 0 MPa, sondern der Standarddruck, also der atmosphärische Druck (0,1013 MPa) auf Meereshöhe. Hieraus ist auch zu ersehen, dass das Wasserpotenzial einen positiven Wert annehmen muss, wenn man reines Wasser unter einen von den Standardbedingungen verschiedenen höheren Druck setzt. Es wird dann am Wasser Arbeit geleistet und damit Energie eingebracht. Wird in dem betrachteten System nur der Druck variiert, lässt sich das dadurch bedingte Wasserpotenzial mit dem ausgeübten Druck selbst beschreiben. Wir wollen diese Abhängigkeit als eine Komponente des gesamten Wasserpotenzials ansehen und nennen diese **Druckpotenzial**. Für die Betrachtung freier Lösungen spielt sie keine Rolle. Jedoch in Pflanzen, aber auch im Boden, ist sie von essenzieller Bedeutung für den Wasserzustand. Auf das Druckpotenzial werden wir deshalb in ► Kap. 16, „Wasserzustand der Pflanze" noch ausführlicher zu sprechen kommen.

Im Vorgriff sei bereits darauf verwiesen, dass Drücke, die Energie einbringen, als positive Drücke (mit entsprechendem Vorzeichen) zu betrachten sind. Ein entsprechendes Beispiel ist der Turgor. Es gibt aber auch negative Drücke, als Saug- oder Zugspannungen (= „*water tensions*") bezeichnet. Diese entziehen Energie (senken Wasserpotenziale) und werden mit negativem Vorzeichen versehen. Die obigen mathematischen Ausführungen gelten für positive und negative Drücke.

Hintergrundinformation

Negative Drücke mögen abstrakt erscheinen, lassen sich aber mit dem Öffnen und Schließen einer Tür veranschaulichen. Für das Schließen muss man eine Kraft auf die Fläche der Klinke einwirken lassen – es ist also ein positiver Druck erforderlich. Für das Öffnen derselben Tür ist die identische Kraft vonnöten, die nun aber an der Fläche der Klinke zieht. Nun liegt ein negativer Druck vor, der energetisch dem Absolutbetrag nach gleich dem positiven Druck ist. Solche negativen Drücke sind aufgrund ihrer inhärenten Zugkräfte (= induzierten „*Saugspannungen*") für den Wassertransport im Xylem und das Xylemwasserpotenzial verantwortlich.

6 Osmotisches Potenzial

Das Wasserpotenzial einer Lösung ist bei einer vorgegebenen Temperatur und unter atmosphärischem Druck *ausschließlich* von der Komponentenzusammensetzung des Systems bestimmt. Es ist deshalb wichtig, diese Abhängigkeit genau zu charakterisieren.

Betrachten wir eine stark verdünnte wässrige Lösung und den darüber befindlichen Gasraum als ein geschlossenes System. In diesem stellt sich nach einiger Zeit ein **Gleichgewicht** ein, zwischen den Komponenten der flüssigen Phase (gekennzeichnet durch ein ℓ für das lateinische Wort für flüssig: *liquidus*) und ihren Partialdrücken in der Gasphase (g). Gleichgewicht bedeutet in diesem Fall keinen statischen, sondern einen dynamischen Zustand. Alle Veränderungen laufen in beide Richtungen gleich schnell und gleich häufig ab. Es verdampft in einem bestimmten Zeitraum ebenso viel Wasser wie auch Wasserdampf kondensiert, die Nettoänderung ist also gleich Null. Diese Form eines Gleichgewichtes nennt man **Fließgleichgewicht** und bezeichnet den Zustand, in dem sich das System befindet, als stationär (englisch: ***steady state***).

Hintergrundwissen

Dieser englische Begriff hat sich im Sprachgebrauch eingebürgert, obwohl er im thermodynamischen Sinne nicht korrekt ist. „Steady State" ist gültig für adiabatische Systeme, also solche, die mit ihrer Umgebung keine Energie austauschen. Solche Systeme sind im biologisch-ökologischen Kontext aber unrealistisch – Organismen betreiben Stoffwechsel und damit Energieaustausch mit der Umwelt. Für energetisch offene Systeme sollte daher physikalisch korrekt der Begriff „**Pseudo-Steady-State**" verwendet werden.

Der Gleichgewichtszustand ist dadurch charakterisiert, dass hier keine Änderung der Gibbsschen freien Enthalpie auftritt, das heißt

$$^{g}G - {}^{\ell}G = dG = 0 \tag{20}$$

Für das chemische Potenzial von Wasser bedeutet dies in dem betrachteten System

$$^{g}\mu_{\mathrm{w}} - {}^{\ell}\mu_{\mathrm{w}} = d\mu_{\mathrm{w}} = 0$$

oder auch

$$^{g}\mu_{\mathrm{w}} = {}^{\ell}\mu_{\mathrm{w}}$$

In diesem Beispiel gilt für die Abhängigkeit der molaren freien Enthalpie des Wasserdampfes von Druckänderung bei konstanter Temperatur

$$d\mu_{\mathrm{w}} = \overline{V}_{\mathrm{w}} \cdot dP$$

da wir ebenfalls eine konstante Zusammensetzung der flüssigen und der Gasphase annehmen können ($\Sigma dn_{\mathrm{i}} = 0$). Bei idealem Verhalten gilt nach dem allgemeinen Gasgesetz, auf das wir im ► Kap. 4, „Allgemeine Gasgesetze – Grundlagen ökophysiologischer Messung" eingegangen sind, aber auch

$$P \cdot V = n \cdot \mathrm{R} \cdot T \quad \text{bzw.} \quad V = \frac{n \cdot \mathrm{R} \cdot T}{P}$$

Da wir partielle molare Eigenschaften untersuchen, wird $n = 1$. Weiterhin können wir sowohl das Volumen V durch das partielle Molvolumen $\overline{V}_{\mathrm{w}}$ als auch den Gesamtdruck P durch den Partialdruck p_{w} (= e, s. ► Kap. 9, „Physik des Wasserdampfes – Luftfeuchte und Wasserdampfgradienten") ersetzen. Unter dem **Partialdruck** versteht man den Gasdruck der betrachteten Komponente im vorgegebenen Volumen. Damit können wir jetzt formulieren

$$d^{g}\mu_{w} = \left(\frac{\mathrm{R} \cdot T}{e}\right) \cdot de \tag{21}$$

Bei einer Integration mit der Standardbedingung ($P = 1{,}013\ 10^{5}$ Pa, $T = 25$ °C) als untere Integrationsgrenze ergibt sich

$$\int_{\mu_{\mathrm{w}}^{\mathrm{o}}}^{\mu_{\mathrm{w}}} d^{g}\mu_{w} = \int_{P}^{e} \mathrm{R} \cdot T(1/e) \cdot de$$

und damit

$$^{g}\mu_{w} - {}^{g}\mu_{w}^{\mathrm{o}} = \mathrm{R} \cdot T \cdot \ln(e/1)$$

oder

$$^{g}\mu_{w} = {}^{g}\mu_{w}^{\mathrm{o}} + \mathrm{R} \cdot T \cdot \ln e \tag{22}$$

In Worten ausgedrückt bedeutet dies, dass das chemische Potenzial von Wasserdampf nur von seinem Partialdruck abhängt. Da wir aber in unserem Beispiel vom Vorliegen eines Phasengleichgewichtes ausgehen, können wir voraussetzen

$$^{\ell}\mu_{w} = {}^{g}\mu_{w} = {}^{g}\mu_{w}^{\mathrm{o}} + \mathrm{R} \cdot T \cdot \ln e$$

Diese Beziehung muss auch gelten, wenn wir reines Wasser im Gleichgewicht mit seiner Gasphase betrachten. Wir können dann schreiben

$$^{\ell}\mu_{w}^{o} = {}^{g}\mu_{w}^{o} + \mathrm{R} \cdot T \cdot \ln e^{o}$$

Wenn man diese Gleichung nach ${}^{g}\mu_{\mathrm{w}}^{o}$ auflöst und dies in die Beziehung für das chemische Potenzial von Wasser in der Lösung einsetzt, erhält man schließlich

$$^{\ell}\mu_{w} = {}^{\ell}\mu_{w}^{o} + \mathrm{R} \cdot T \cdot \ln(e/e^{o}) \tag{23}$$

${}^{\ell}\mu_{\mathrm{w}}^{o}$ stellt hierbei ein Standardpotenzial dar und entspricht der freien Enthalpie von einem Mol reinen flüssigen Wassers.

Raoult konnte durch umfangreiche Dampfdruckmessungen über Mischungen mit unterschiedlichen Anteilen der jeweiligen Komponenten zeigen, dass sich der Partialdruck *linear* mit der Zusammensetzung der Mischung (Lösung) ändert. Anders gesagt: Teilchen einer betrachteten Komponente entweichen umso öfter, je größer der Anteil der Komponente ist, das heißt, je größer ihr Molenbruch ist. Diese als **Raoult-Gesetz** bezeichnete empirische Regel lässt sich mathematisch beschreiben

$$\begin{gathered} p_{\mathrm{A}} \sim \chi_{\mathrm{A}} => p_{\mathrm{A}} = \chi_{\mathrm{A}} \cdot p_{\mathrm{A}}^{o} \\ \chi_{\mathrm{A}} = p_{\mathrm{A}}/p_{\mathrm{A}}^{o} \end{gathered} \tag{24}$$

wobei der Proportionalitätsfaktor p_{A}^{o} der Partialdruck über der reinen Komponente A ist.

Mit diesem Gesetz erhalten wir eine Beziehung, die den Zusammenhang zwischen dem chemischen Potenzial von Wasser und der Zusammensetzung der Lösung beschreibt

$$\begin{aligned} ^{\ell}\mu_{\mathrm{w}} &= {}^{\ell}\mu_{\mathrm{w}}^{o} + \mathrm{R} \cdot T \cdot \ln(e/e^{o}) \\ &= {}^{\ell}\mu_{\mathrm{w}}^{o} + \mathrm{R} \cdot T \cdot \ln \chi_{\mathrm{w}} \end{aligned} \tag{25}$$

Das chemische Potenzial von Wasser in der Lösung hängt direkt von seinem Anteil an der Lösung ab.

Eine sehr wichtige Einschränkung wurde zunächst stillschweigend unterschlagen. Das bisher Gesagte gilt nur für **ideale Mischungen** und **Lösungen**. In einem idealen Gas sollten zwischen den einzelnen Atomen oder Molekülen keinerlei Wechselwirkungen außer den Kollisionen auftreten. Das Gleiche gilt auch für eine ideale Lösung idealer Gase. Der flüssige Zustand wird erst durch das Auftreten von zwischenmolekularen Kräften ermöglicht. In der idealen flüssigen Mischung oder Lösung sind aber alle Wechselwirkungen zwischen allen Teilchen gleichartig, das heißt, sowohl zwischen den Molekülen der Komponente A oder B jeweils untereinander als auch zwischen A und B. Das bedeutet weiterhin, dass beim Vermischen der reinen Komponenten A und B keine Änderung des Enthalpiegehaltes auftreten darf und die Mischungswärme $\Delta H_{\mathrm{Misch}}$ folglich Null ist. Solche idealen Bedingungen stellen im ökologisch relevanten Kontext aber den „theoretischen Grenzfall“ dar.

Es ist daher notwendig, die Definition des chemischen Potenzials an die nichtidealen Bedingungen anzupassen. Dieser Tatsache wird durch die Einführung einer neuen, korrigierten Konzentrationsgröße, der **Aktivität**, Rechnung getragen. Die Aktivität der Komponente A (α_A) unterscheidet sich vom Molenbruch χa um einen Korrekturfaktor für eben dieses nichtideale Verhalten, um den **Aktivitätskoeffizienten** $^{\chi}\gamma$a. Er ist durch

$$^{\chi}\gamma_A = \frac{\alpha_A}{\chi_A}$$

definiert. Für das chemische Potenzial μ_A ergibt sich

$$\begin{aligned}\mu_A &= \mu_A^o + R \cdot T \cdot \ln(^{\chi}\gamma_A \cdot \chi_A) \\ &= \mu_A^o + R \cdot T \cdot \ln \alpha_A\end{aligned}$$

Das chemische Potenzial der Komponente A ist direkt von ihrer Aktivität in der nichtidealen Mischung abhängig.

Man unterscheidet die Aktivität, die sich vom Molenbruch abgeleitet, von der molaren und molalen Aktivität

$$\begin{aligned}^{\chi}a_i &= {}^{\chi}\gamma_i \cdot \chi_i \\ ^{c}a_i &= {}^{c}\gamma_i \cdot c_i \\ ^{m}a_i &= {}^{m}\gamma_i \cdot m_i\end{aligned}$$

Die jeweiligen Aktivitätskoeffizienten stimmen nicht überein.

$$^{\chi}\gamma_i \neq {}^{c}\gamma_i \neq {}^{m}\gamma_i$$

Wenn man diese Gleichung für das chemische Potenzial von Wasser verwendet, umformt und durch das partielle Molvolumen dividiert, ergibt sich eine Beziehung, die es ermöglicht, das Wasserpotenzial einer freien Lösung zu berechnen.

$$\mu_w = \mu_w^o + R \cdot T \cdot \ln a_w \tag{26}$$

$$\mu_w - \mu_w^o = R \cdot T \cdot \ln a_w \qquad \Big| : \overline{V}_w$$

$$\frac{\mu_w - \mu_w^o}{\overline{V}_w} = \frac{R \cdot T}{\overline{V}_w} \cdot \ln a_w = \Psi \tag{27}$$

Damit haben wir gezeigt, dass das Wasserpotenzial eine Funktion der Aktivität des Lösungsmittels Wasser ist. Allerdings ist diese Gleichung noch kompliziert und für die Anwendung unhandlich. Außerdem ist a_w keine einfach zu bestimmende Größe. Mit weiteren mathematischen Näherungen und Umformungen können wir die Gleichung allerdings wesentlich vereinfachen.

Wenn wir von einer idealen, das heißt sehr stark verdünnten wässrigen Lösung ausgehen, können wir anstelle der Aktivität a_w in guter Näherung den Molenbruch

χ_w verwenden. In diesem Fall nähert ${}^{\chi}\gamma_w$ sich 1. Der Molenbruch des Wassers ist definiert als

$$\chi_w = \frac{n_w}{n_w + n_A + n_B + \cdots + n_M} = \frac{n_w}{n_w + N}$$

wenn wir die Summen der Anteile der gelösten Stoffe (A, B, ..., M) mit N bezeichnen ($N = \Sigma[n_A + n_B + \cdots + n_M]$). χ_w ergibt sich auch als

$$\chi_w = 1 - \chi_N$$

da die Summe aller Molenbrüche eins sein muss ($\Sigma(\chi_w + \chi_A + \chi_B + \cdots + \chi_M) = 1$). Wir können die Gleichung jetzt so formulieren

$$\Psi = \frac{R \cdot T}{\overline{V}_w} \cdot \ln(1 - \chi_N) \tag{28}$$

Der Logarithmus $\ln(1 - x)$ lässt sich durch eine Reihenentwicklung ausdrücken

$$\ln(1 - x) = -\left(x + \frac{1}{2} \cdot x^2 + \frac{1}{3} \cdot x^3 + \cdots + \frac{1}{m} \cdot x^m + \cdots\right) \tag{29}$$

bzw. in unserem konkreten Falle

$$\ln(1 - \chi_N) = -\left(\chi_N + \frac{1}{2} \cdot \chi_N^2 + \frac{1}{3} \cdot \chi_N^3 + \cdots + \frac{1}{m} \cdot \chi_N^m + \cdots\right)$$

Der Anteil des Wassers muss die Summe der Anteile der gelösten Stoffe bei weitem überschreiten ($n_w >> N$), da wir typischerweise im ökologischen Kontext eine – fast – ideale Lösung betrachten. Damit wird schon das zweite Glied (und erst recht das dritte usw.) der Reihe vernachlässigbar klein

$$\frac{1}{2} \cdot \chi_N^2 = \frac{1}{2} \cdot \left(\frac{N}{n_w + N}\right)^2$$

und wir können in guter Näherung $\ln(1 - \chi_N)$ durch $-\chi_N$ ersetzen.

$$\Psi - \frac{R \cdot T}{\overline{V}_w} \cdot (-\chi_N) \tag{30}$$

Die Tatsache, dass n_w sehr viel größer ist als N, erlaubt auch, den Ausdruck für den Molenbruch aller gelösten Teilchen zu vereinfachen.

$$\chi_N = \frac{N}{n_w + N} \approx \frac{N}{n_w}$$

Gl. 30 wird damit zu

$$\Psi = \frac{\mathrm{R} \cdot T}{\overline{V}_{\mathrm{W}}} \cdot \left(-\frac{N}{n_{\mathrm{W}}}\right) \tag{31}$$

Das Gesamtvolumen einer verdünnten Lösung wird nahezu ausschließlich vom Volumen des Lösungsmittels Wasser bestimmt.

$$V = \overline{V}_{\mathrm{w}} \cdot n_{\mathrm{w}} \quad \text{bzw.} \quad \overline{V}_{\mathrm{W}} = V/n_{\mathrm{W}}$$

Die Gleichung kann damit weiter umgeformt werden

$$\begin{aligned} \Psi &= -\mathrm{R} \cdot T \cdot \frac{n_{\mathrm{W}}}{V} \cdot \frac{N}{n_{\mathrm{W}}} \\ &= -\mathrm{R} \cdot T \cdot \frac{N}{V} = \Psi_{\Pi} \end{aligned} \tag{32}$$

Mit Gl. 32 haben wir die gesuchte Beziehung zwischen dem Wasserpotenzial einer Lösung und ihrer Zusammensetzung in einer sehr einfachen Form erhalten. Je mehr gelöste Teilchen in dem vorgegebenen Gesamtvolumen enthalten sind, das heißt, je konzentrierter die Lösung ist, desto negativer ist ihr Wasserpotenzial. Dies bedeutet also eine reduzierte energetische Verfügbarkeit der Wassermoleküle zur Arbeitsleistung entsprechend der eingeschränkten molekularen Beweglichkeit durch die zwischen ihnen gelösten Teilchen. Es ist jedoch zu beachten, dass nur niedermolekulare Teilchen eine solche Wirkung gegenüber den Wassermolekülen entfalten können. Das auf diese Weise resultierende Wasserpotenzial einer freien Lösung wird auch als **osmotisches Potenzial** Ψ_{Π} bezeichnet.

Wir füllen nun obige Lösung in ein Gefäß, das mit einem Steigrohr versehen ist und dessen Wandung aus einer Membran besteht, die nur für das Lösungsmittel durchlässig ist, jedoch nicht für die gelösten Teilchen (Abb. 1). Eine solche Membran nennt man **semipermeabel**. Dieses Gefäß stellen wir in einen zweiten, mit reinem Wasser ($\Psi = 0$) gefüllten Behälter, sodass die wässrige Lösung und das reine Wasser über die Membran in Kontakt stehen (Abb. 1). Es strömt nun reines Wasser in die Lösung ein. Wie kann man das erklären?

Ψ des reinen Wassers im Behälter hat ein hohes energetisches Niveau ($\Psi = 0$), während die Wassermoleküle im Gefäß mit der Lösung energetisch eingeschränkt sind ($\Psi < 0$). Somit bewegt sich das Wasser per Diffusion dorthin, wo Ψ im Gesamtsystem am niedrigsten ist – nämlich in die Lösung. Zugleich ist die gelöste Komponente bestrebt, dorthin zu diffundieren, wo deren Konzentration (und daher chemisches Potenzial) am niedrigsten ist. Dies ist im Behälter mit reinem Wasser der Fall. Die semipermeable Membran, undurchlässig für die Komponente, verhindert deren Diffusion aber. Der Nettostoffaustausch erfolgt daher nur in einer Richtung – Wasser strömt vom Behälter ins Gefäß. Die semipermeable Membran bedingt also einen asymmetrischen Diffusionsvorgang. Was können wir daraus folgern:

- Das Vorhandensein von semipermeablen Membranen bildet für osmotische Prozesse eine grundlegende Voraussetzung. Auf Zellebene fungieren zwischen Zell-

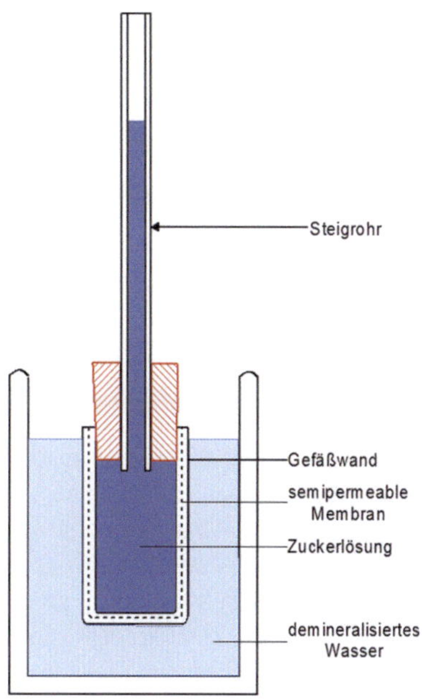

Abb. 1 Schematische Darstellung einer osmotischen Zelle (Pfeffer-Zelle). (Verändert nach von Willert et al. 1995)

wand und Vakuole auf diese Weise Plasmalemma, Tonoplast sowie dazwischen das Cytoplasma funktionell gemeinsam als semipermeable Membran.

- Die obigen thermodynamischen Überlegungen zur Osmose bilden die mechanistische Basis für das „deskriptive" 1. Ficksche Diffusionsgesetz.

Mit dem Wassereinstrom ist eine Vergrößerung des Wasservolumens im Gefäß mit der Lösung verbunden, sodass die sich verdünnende Lösung in dem eingesetzten Rohr aufsteigt. Damit bildet sich aber ein stetig ansteigender hydrostatischer Druck auf die Lösung aus. Unsere Überlegungen zur Druckabhängigkeit haben gezeigt, dass ein auf eine Lösung ausgeübter positiver Druck deren Wasserpotenzial anheben kann. Je größer der Druck auf die Lösung im Gefäß, desto positiver wird das Wasserpotenzial. Wenn Ψ der Lösung schließlich 0 MPa erreicht und damit keine Potenzialdifferenz zum reinen Wasser mehr besteht, gibt es auch keinen Nettoeinstrom von Wasser mehr in das Gefäß. In diesem Zustand hat der hydrostatische Druck nun das osmotische Potenzial kompensiert.

Mit dem hier beschriebenen Aufbau ist es möglich, den sich aufbauenden Druck zu berechnen.

Aus dem ▶ Kap. 7, „Wasser in seinen drei Zustandsformen – Struktur und Chemie" wissen wir, dass sich die auf der Grundfläche des Steigrohres ($A_{\text{Steigrohr}}$) lastende Gewichtskraft der Wassersäule aus dem Produkt ihrer Masse (m_{W}), der Erdbeschleunigung g und der erreichten Höhe h ergibt. Dieses Produkt repräsentiert die **potenzielle Energie**, welche die Wassersäule entsprechend h aufgenommen hat.

Die Masse des Wassers kann man aus dem Produkt des Volumens der Säule und der Dichte von Wasser erhalten. Für die Gewichtskraft F_G kann man schreiben

$$F_G = r^2 \cdot \pi \cdot h \cdot \rho_w \cdot g \tag{33}$$

Der hydrostatische Druck der Wassersäule im Steigrohr ergibt sich damit als

$$\begin{aligned} P &= F_G / A_{\text{Steigrohr}} \\ &= \left(r^2 \cdot \pi \cdot h \cdot \rho_w \cdot g\right) / r^2 \cdot \pi \\ &= h \cdot \rho_w \cdot g \end{aligned} \tag{34}$$

Aus der Steighöhe kann man also den hydrostatischen Druck der Wassersäule errechnen. Dieser entspricht im Gleichgewicht dem Druck im Lösungsgefäß.

Die beschriebene einfache Messanordnung bezeichnet man als **Pfeffer-Zelle**, den Vorgang der Wasseraufnahme aufgrund von Konzentrationsunterschieden über eine semipermeable Membran hinweg als **Osmose**. In Analogie dazu wird der messbare Druck **osmotischer Druck** Π genannt.

Es ist unzweckmäßig, einer freien Lösung (also außerhalb einer Pfeffer-Zelle = osmotischen Zelle) einen osmotischen Druck zuzuordnen, da sie erst in einer osmotischen Zelle einen solchen Druck aufbauen kann. Daher sollte man bei freien Lösungen entweder vom **potenziellen osmotischen Druck** oder – besser – vom **osmotischen Wert** Π^* sprechen oder aber das Wasserpotenzial für die Zustandsbeschreibung der Lösung verwenden.

In einer realen pflanzlichen Zelle bilden Plasmalemma, Cytoplasma und Tonoplast gemeinsam funktionell die semipermeable Membran, welche die Vakuole von der – apoplastischen – Zellwand trennt. Der sich in der Vakuole osmotisch aufbauende hydrostatische Innendruck kann hierbei nicht in ein Steigrohr „ausweichen". Aufgrund ihrer Elastizitätseigenschaften sind Zellwand und Membransystem vielmehr reversibel unter dem sich aufbauenden Innendruck verformbar. Diese Elastizitätseigenschaften erlauben ein maximales Zurückweichen, bis sie unter der entstehenden Anspannung dem Druckanstieg und damit der Volumenzunahme einen Widerstand entgegensetzen, der ein weiteres Ansteigen des hydrostatischen Innendrucks verhindert. Dieser Innendruck wird als **Turgor** bezeichnet. Der Turgor hebt hierbei das Wasserpotenzial der gesamten Zelle energetisch an, was aus der teilweisen bis völligen, turgorbedingten Kompensation des osmotischen Potenzials resultiert.

Wir müssen noch klären, ob Π^* und Ψ tatsächlich austauschbar sind. Die Wirkung eines angelegten äußeren Druckes auf das chemische Potenzial lässt sich mit der Gleichung

$$d\mu_w = \overline{V}_w \cdot dP \tag{18}$$

vollständig beschreiben, wenn Temperatur und Zusammensetzung der Lösung konstant gehalten werden. Wenn man davon ausgeht, dass der osmotische Druck einer Druckerhöhung in dem Gefäß über den normalerweise auf der Lösung lastenden atmosphärischen Druck hinaus entspricht, also einen *Überdruck* darstellt, kann diese Gleichung innerhalb dieser Rahmenbedingung integriert werden

$$\int d\mu_{\mathrm{w}} = \overline{V}_{\mathrm{w}} \cdot \int_{0}^{\mathrm{P}} dP = \overline{V}_{\mathrm{w}} \cdot \Pi$$

Der osmotische Druck ist eine direkte Folge des Konzentrationsunterschiedes zwischen der Lösung und der reinen wässrigen Phase, die über die semipermeable Membran in Kontakt stehen. Nach Gl. 26 können wir für die Konzentrationsabhängigkeit des chemischen Potenzials schreiben

$$\mu_{\mathrm{w}} - \mu_{\mathrm{w}}^{\mathrm{o}} = \mathrm{R} \cdot T \cdot \ln a_{\mathrm{w}}$$

Im Gleichgewicht kompensiert die Arbeitsleistung durch den Überdruck die durch das Lösen der Teilchen bewirkte Erniedrigung des chemischen Potenzials, das heißt, das Wasserpotenzial der Lösung im Gefäß ist nun Null. Es gilt somit

$$\begin{aligned} \mu_{\mathrm{w}} - \mu_{\mathrm{w}}^{\mathrm{o}} &= \mathrm{R} \cdot T \cdot \ln a_{\mathrm{w}} + \overline{V}_{\mathrm{w}} \cdot \Pi = 0 \\ 0 &= \frac{\mathrm{R} \cdot T}{\overline{V}_{\mathrm{w}}} \cdot \ln a_{\mathrm{w}} + \Pi \end{aligned} \tag{35}$$

Mit Gl. 32 haben wir auch gezeigt, dass der Ausdruck $(R \cdot T/\overline{V}_{\mathrm{w}}) \cdot \ln a_{\mathrm{w}}$ stark vereinfacht werden kann.

Damit lässt sich schreiben

$$0 = -\mathrm{R} \cdot T \cdot \frac{N}{V} + \Pi$$

oder

$$\Pi = \mathrm{R} \cdot T \cdot \frac{N}{V} \tag{36}$$

Diese einfache Beziehung zwischen der Konzentration der Teilchen in einer Lösung und dem osmotischen Druck, den sie in einem Osmometer aufbauen kann, wird auch als **Van't-Hoff-Gesetz** bezeichnet. Aus dem Vergleich dieser Abhängigkeit mit Gl. 32 wird ersichtlich, dass das Wasserpotenzial einer freien Lösung, gleichbedeutend mit seinem (negativen) osmotischen Potenzial, dem Betrag nach dem (positiven) osmotischen Wert Π^* entspricht. Man kann sagen, die erstere (thermodynamische) Größe beschreibt die Ursache, die letztere (deskriptive) Größe dagegen die Wirkung. Funktionell repräsentieren beide Größen gleichwertig die Voraussetzung für Osmose.

Der potenzielle osmotische Druck Π^* ist, wie auch die Dampfdruckerniedrigung, die Siedepunkterhöhung und die Gefrierpunkterniedrigung eine kolligative Eigenschaft von Lösungen. Sie sind allesamt eine Funktion der Konzentration aller wirksamen Teilchen in der Lösung. In einer Glucoselösung sind bei ausreichender Verdünnung alle gelösten Moleküle auch osmotisch wirksam.

Schwieriger wird die Sachlage dagegen bei dissoziierenden Substanzen, z. B. bei Salzen. Grundsätzlich bezieht sich die Konzentrationsangabe auf den undissoziierten Stoff. Eine 0,1-molare Lösung von Kochsalz enthält deshalb im Idealfall 0,1 mol Na^+ *und* 0,1 mol Cl^-, also *0,2 mol* aktive Ionen. Allerdings weicht eine Lösung dieser Konzentration vom idealen Verhalten schon deutlich ab. Bedingt durch Ionen-Ionen- und Ionen-Lösungsmittel-Wechselwirkungen finden wir eine reale Konzentration von nur 0,187 mol · l^{-1}. Analog zur Aktivität muss man auch in diesem Zusammenhang einen Korrekturfaktor definieren, den **osmotischen Koeffizienten** *g*. Wir können ihn durch den Vergleich von realer und idealer osmotischer Konzentration erhalten nach

$$g = \frac{\text{reale Konzentration osmotisch wirksamer Teilchen}}{\text{ideale Konzentration osmotisch wirksamer Teilchen}}$$

In diesem Zusammenhang wird sehr häufig der Begriff der osmotischen Konzentration oder **Osmolarität** und **Osmolalität** verwendet. Man versteht darunter diejenige Molarität bzw. Molalität, die eine ideale Lösung eines nichtdissoziierenden Stoffes besitzen müsste, um denselben osmotischen Druck ausüben zu können, wie die betrachtete Lösung. Je höher die Konzentration einer Lösung ist, desto stärker weicht sie von der Idealität ab und *g* nimmt mit der Konzentration ab. In Tab. 2 ist der Zusammenhang zwischen Molarität, realer und idealer Osmolarität, *g* sowie der Molalität für Kochsalz und Glucose aufgezeigt.

Die sehr genau durchführbare **Messung der Gefrierpunktserniedrigung** bietet eine Möglichkeit, die osmotische Konzentration einer Lösung zu bestimmen. Hieraus kann man wiederum für eine gegebene Temperatur mithilfe des Van't-Hoff-Gesetzes (Gl. 32 bzw. 36) das osmotische Potenzial berechnen. Für diese häufig angewendete indirekte Methode werden Geräte der verschiedensten Ausführungen angeboten. Wir wollen als Beispiel das Messprinzip des Osmomat 030 (Gonotec, Berlin) kurz erläutern.

Ein Aliquot (50 µl) der Probelösung wird in einem Plastikreaktionsgefäß langsam thermoelektrisch unterkühlt. Die Temperatur im Gefäß wird dabei mit einem Thermosensor kontinuierlich registriert. Ist eine Temperatur von beispielsweise – 7 °C erreicht, wird automatisch durch das Einbringen von Kristallisationskeimen schlagartig das Gefrieren ausgelöst. Dadurch wird Wärme, die **Kristallisationswärme**, frei, und die Temperatur der Probe erhöht sich wieder, bis der Gefrierpunkt erreicht ist. Dieser kann nicht überschritten werden, da alle freiwerdende Wärme zu einer Phasenumwandlung, das heißt zum Schmelzen und nicht zu einer weiteren Temperaturerhöhung führt. Da die Probe aber weiterhin thermoelektrisch gekühlt und ihr damit Wärme entzogen wird, kann schließlich die gesamte Lösung gefrieren. Ist dies der Fall, sinkt die Temperatur wieder ab. Die kurzzeitig auftretende Temperaturkonstanz repräsentiert den Gefrierpunkt und wird vom Gerät angezeigt (Abb. 2).

Mithilfe der **kryoskopischen Konstante** E_K kann man aus der gemessenen Gefrierpunktserniedrigung ΔT die osmolale Konzentration berechnen. E_K stellt dabei den Proportionalitätsfaktor zwischen ΔT und der Osmolalität m_{Osmol} dar.

$$\Delta T = E_K \cdot m_{Osmol} \tag{37}$$

Tab. 2 Zusammenhang zwischen Molarität, realer und idealer Osmolarität, *g* und Molalität am Beispiel wässriger Lösungen von Kochsalz und Glucose. (Verändert nach Geigy-Tabellen 1979 und Weast 1978)

NaCl					Glucose				
	Osmolarität					Osmolarität			
Molarität	ideal	real	*g*	Molalität	Molarität	ideal	real	*g*	Molalität
10	20	19,42	0,9711	10,0	10	10	10,00	1,0005	10,0
50	100	94,65	0,9465	49,9	50	50	50,11	1,0023	49,6
100	200	186,76	0,9338	99,6	100	100	100,45	1,0045	98,7
200	400	368,63	0,9216	199,0	200	200	201,79	1,0090	195,2
300	600	549,47	0,9158	297,9	300	300	303,99	1,0133	289,4
400	800	730,07	0,9128	396,5	400	400	407,01	1,0175	381,5
500	1000	901,42	0,9109	494,8	500	500	510,70	1,0214	471,1

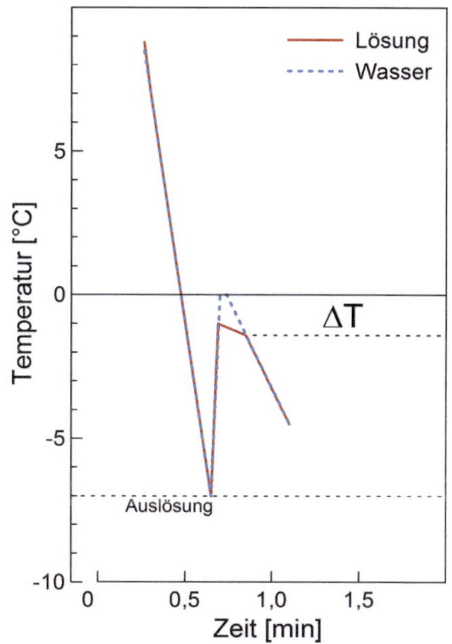

Abb. 2 Beispiel für den Zeitverlauf der Temperaturänderung in einer Probelösung bei der Messung der Gefrierpunktserniedrigung mit einem Osmomat 030. (Verändert nach von Willert et al. 1995)

Die kryoskopische Konstante, die stoffspezifisch ist, gibt an, wie groß die Gefrierpunktserniedrigung von einem Mol einer gelösten Substanz in einem Kilogramm des Lösungsmittels ist. E_K von Wasser beträgt $-$ 1,858 K · kg · mol^{-1}.

Es ist auch möglich, die Osmolalität der Probelösung durch den Vergleich der gemessenen Gefrierpunktserniedrigung mit jenen von Lösungen bekannter osmotischer Konzentration zu erhalten. Am einfachsten erstellt man dafür eine Kalibrierkurve im erwarteten Konzentrationsbereich. Über die Geradengleichung dieser Kalibrierkurve kann man aus der Gefrierpunktserniedrigung der Probelösung deren osmotische Konzentration ableiten. Weitere Methoden zur Bestimmung des osmotischen Potenzials, nicht nur von freien Lösungen, werden im ▶ Kap. 17, „Methoden der Wasserzustandsmessung – Kompensationsmethoden, Psychrometrie und Zelldrucksonde“ ausführlich vorgestellt.

Übungsfragen

- Was versteht man unter Entropie, und welchen Bezug hat sie zur Enthalpie?
- Wie ist die freie Gibbsche Reaktionsenthalpie definiert, und welchen Bezug hat sie zum chemischen Potenzial?
- In welchem Bezug stehen chemisches Potenzial und Wasserpotenzial zueinander, und wie ist letzteres definiert?
- Warum ist der Bezug des Wasserpotenzials auf das partielle Molvolumen vorteilhaft, und wie ist letzteres definiert? ◀

Literatur

Geigy-Tabellen (1979) Wissenschaftliche Tabellen Geigy: Physikalische Chemie, Blut, Humangenetik. Stoffwechsel von Xenobiotika, Ciba-Geigy, Basel

Gibbs JW (1875) On the equilibrium of heterogeneous substances. Connecticut Acad. Sci. (Reprinted in The Scientific Papers of J. Willard Gibbs. Dover Publications, New York (1961))

Lehninger AL (1974) Bioenergetik – molekulare Grundlagen der biologischen Energieumwandlungen. Thieme, Stuttgart

Slatyer RO, Taylor SA (1960) Terminology in plant- and soil-water relations. Nature 187:922–924

Willert DJ von, Matyssek R, Herppich WB (1995) Experimentelle Pflanzenökologie. Grundlagen und Anwendungen. Thieme, Stuttgart/New York

Weast RC (1978) Handbook of chemistry and physics. 59. Ausgabe. CRC Press, Boca Rotan

Physik des Wasserdampfes – Luftfeuchte und Wasserdampfgradienten

9

Inhalt

Zusammenfassung

Selbst feuchte Umgebungsluft kann gegenüber der in den Blattinterzellularen (annähernd) herrschenden Wasserdampfsättigung steile Diffusionsgradienten aufbauen und so die Transpiration antreiben. Was heißt im physikalischen Sinne Wasserdampfsättigung und feuchte Luft? Diese Frage erscheint wichtig, da die Wasserdampfphysik in der Evolution der Pflanzen die wohl größte Herausforderung für ein langfristiges Überleben an Land bedeutete. Zum Verständnis der Ökologie von Landpflanzen ist daher die Kenntnis der physikalischen Eigenschaften des Wasserdampfes unumgänglich.

Schlüsselwörter

Assmann-Psychrometer · Enthalpie · Luftfeuchtedefinition · Luftfeuchtedefizit · Luftfeuchtemessmethoden · Haarhygrometer · Infrarot-Gas-Analysatoren · Kondensatorhygrometer · LiCl-Taupunktfühler · Phasendiagramm des Wassers · Piche-Evaporimeter · Taupunktspiegel · Thermoelemente · Taupunkt · Verdampfungsenthalpie · Wasserdampfsättigungspartialdruck · Wasserdampfgradient · Wild-Schale

R. Matyssek, W. B. Herppich, *Experimentelle Pflanzenökologie*, Springer Reference Naturwissenschaften, https://doi.org/10.1007/978-3-662-67530-4_4

1 Phasendiagramm des Wassers

Wie für andere Substanzen ist auch für Wasser die gasförmige Phase nur eine der möglichen Zustandsformen. Das Phasendiagramm gibt die Druck- und Temperaturbereiche an, in denen Wasser in fester, flüssiger oder gasförmiger Form stabil ist (Abb. 1). Dabei zeigen die Funktionslinien jene Druck- und Temperaturkombinationen, bei denen jeweils zwei Zustandsformen miteinander im Gleichgewicht stehen. Am **Tripelpunkt** (bei ca. 0,01 °C und 610 Pa = 6,1 mbar; Abb. 1, Punkt B) befinden sich sogar alle drei Phasen in einem Gleichgewicht zueinander.

Der Tripelpunkt ist nicht zu verwechseln mit dem **kritischen Punkt** (Abb. 1, Punkt C). Bei diesem endet die Gleichgewichtsfunktion zwischen flüssiger und gasförmiger Phase abrupt, da Dampf und Flüssigkeit oberhalb von **kritischem** Druck und **kritischer Temperatur** identisch werden und ohne Ausbildung einer Phasengrenze ineinander übergehen. Allerdings liegt der kritische Punkt für Wasser weit außerhalb des ökologischen Bereiches bei 374 °C und 22,3 MPa!

Wie stellen sich physikalische Gleichgewichte zwischen Phasen ein? Ein zu Phasengleichgewichten führender Prozess ist z. B. die **Verdampfung,** die nicht nur aus flüssigem Wasser, sondern auch aus Eis Moleküle in die Gasphase übertreten lässt. Den direkten Übertritt von Molekülen von der festen in die gasförmige Phase

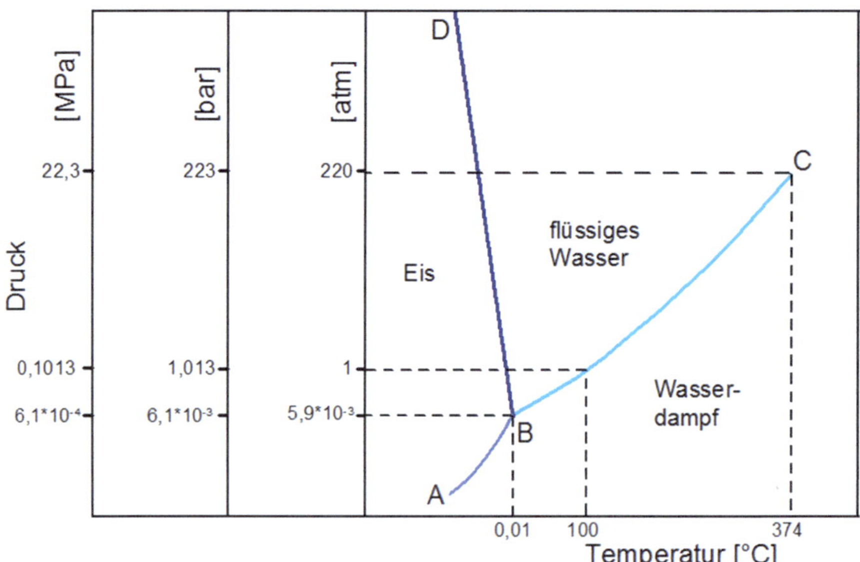

Abb. 1 Schematische Darstellung des Phasendiagramms von Wasser. Zwischen den durchgezogenen Funktionslinien sind die Druck- und Temperaturbereiche angegeben, in denen Wasser im festen, flüssigen und gasförmigen Zustand stabil ist. Die Funktionslinien selbst repräsentieren die Phasengleichgewichte zwischen jeweils zwei Zustandsformen: A – B fest/dampfförmig, B – C flüssig/dampfförmig, B – D fest/flüssig. B ist der Tripelpunkt (hier sind alle drei Zustände im Gleichgewicht zueinander), C ist der kritische Punkt (s. Text). Bei einem Druck von 0,1013 MPa (1 atm) schneidet die entsprechende unterbrochene Linie die Funktion B – D in einem Schmelzpunkt von 0 °C und B – C in einem Siedepunkt von 100 °C. (Verändert nach von Willert et al. 1995)

(und umgekehrt) nennt man **Sublimation** (= Überspringen der flüssigen Phase; in Abb. 1 bei Überschreiten der Linie A – B).

Stellen wir uns einen offenen Behälter vor. Aus ihm wird mit der Zeit flüssiges Wasser (oder Eis) vollständig verdampfen, weil die für die Aufnahme der Wassermoleküle zur Verfügung stehende Atmosphäre sehr groß ist und der sich über der Flüssigkeitsoberfläche „bildende Dampf" durch Luftbewegung verfrachtet werden kann. Anders die Situation in einem geschlossenen, mit Wasser halb gefüllten Behälter; auch hier verdampfen einzelne Moleküle aus der Wasseroberfläche heraus, nach einiger Zeit verlassen jedoch pro Zeiteinheit genauso viele Wassermoleküle die Oberfläche wie in letztere wieder zurückkehren (kondensieren). Es findet schließlich kein Nettomolekülaustausch zwischen den Phasen mehr statt. Der nun herrschende Partialdruck der verdampften Wassermoleküle steht mit der Flüssigkeit (oder dem Eis) im Gleichgewicht, er wird **Gleichgewichts-** oder **Sättigungsdampfdruck,** e^{o}, genannt. Das über der festen oder flüssigen Oberfläche befindliche Volumen ist nun wasserdampfgesättigt. Für eine gegebene Temperatur entspricht e^{o} in Abb. 1 einem Phasengleichgewicht in genau einem Punkt auf der Linie A – C. e^{o} ist unabhängig von der Größe der Phasengrenzfläche, weil eine z. B. vergrößerte Fläche vermehrt Moleküle abgibt, aber ebenso vermehrt aufnimmt. Wie steht es aber mit der Druckabhängigkeit von e^{o}?

Wenn wir das Volumen über der Wasseroberfläche im geschlossenen Behälter z. B. verkleinern (bei weiterhin konstanter Temperatur), erhöhen wir dadurch den Luftdruck. Gleichzeitig werden von den verdampften Wassermolekülen jedoch genau so viele zurück in die Flüssigkeit (oder ins Eis) ausweichen, dass e^{o} konstant bleibt. e^{o} bliebe auch konstant, würden wir nun noch trockene Luft zusätzlich in das Volumen pressen und so den Luftdruck kräftig erhöhen. Selbst im theoretischen Grenzfall eines Vakuums über der Wasseroberfläche würde sich derselbe e^{o} einstellen wie in Luft. Somit lässt sich feststellen:

► Der mit der festen oder flüssigen Phase im Gleichgewicht stehende Sättigungsdampfdruck e^{o} stellt sich unabhängig vom Luftdruck ein.

Beim Verdampfen müssen Wasserstoffbrückenbindungen zwischen den Molekülen getrennt werden, dieser Vorgang benötigt Energie. Die kinetische Energie (= thermische Unruhe) der Moleküle muss beim Verlassen der flüssigen oder festen Phase größer werden als die zwischenmolekulare Bindungsenergie E. Der Anteil der Teilchen, die E überwinden, nimmt daher bei Energiezufuhr und somit steigender Temperatur zu (s. ► Kap. 3, „Wärme und Temperatur – Messung und Temperierung"). So erhöht sich e^{o}:

$$e^{o} \sim e^{(-E/\mathrm{R}/T)}$$

Die bei einer bestimmten Temperatur pro Menge der verdampften Flüssigkeit erforderliche Energiezufuhr, oder, präziser, Enthalpiezufuhr, wird **Verdampfungsenthalpie**, ΔH_{verd}, genannt. Sie ist substanzspezifisch (Einheit z. B. $\mathrm{kJ \cdot mol^{-1}}$).

ΔH_{verd} ist abhängig von der Temperatur, bei der die Verdampfung stattfindet, der Änderung von e^{o} bei dieser Temperatur und der Differenz der spezifischen Volumina

Tab. 1 Die Temperaturabhängigkeit der Verdampfungsenthalpie ΔH_{verd} von Wasser

A: ΔH_{verd} bei der Verdampfung von Eis (Sublimation)		B: ΔH_{verd} bei der Verdampfung von flüssigem Wasser	
T [°C]	ΔH_{verd} [kJ · mol^{-1}]	T [°C]	ΔH_{verd} [kJ · mol^{-1}]
– 10	51,37	0	45,06
– 5	51,17	10	44,63
0	51,00	20	44,21
		30	43,78
		.	.
		100	40,68
		.	.
		.	.
		374	0,00 (kritischer Punkt)

(Volumen pro Masse) zwischen flüssiger und gasförmiger Phase. ΔH_{verd} nimmt mit steigender Temperatur ab, von ca. 45 kJ · mol^{-1} bei 0 °C auf 0 kJ · mol^{-1} beim kritischen Punkt (Tab. 1).

Da die molekularen Bindungskräfte im Eis größer sind als im flüssigen Wasser, ist auch ΔH_{verd} für Eis größer – es ist also mehr Energie nötig, um die gleiche Molekülmenge aus Eis als aus flüssigem Wasser zu verdampfen (Tab. 1).

Da sich ΔH_{verd} über kleine Temperaturbereiche nur wenig ändert (Tab. 1), lässt sich e^o auch definieren:

$$\ln e^o = \frac{\Delta H_{verd}}{R \cdot T} + C \tag{1}$$

wobei C eine Integrationskonstante und ln den natürlichen Logarithmus darstellen. Mit Gl. 1 haben wir die **Clausius-Clapeyron-Gleichung** für die exponentielle Temperaturabhängigkeit von e^o erhalten. In der Praxis werden für diese Beziehung gut angepasste Näherungsgleichungen verwendet, die in Tab. 2 aufgeführt sind; aus ihnen wurden auch Werte von Tab. 3 für die Temperaturabhängigkeit des Sättigungsdampfdrucks von Wasser errechnet.

Da auch Gl. 1 nichts über den Luftdruck aussagt und ΔH_{verd} ebenfalls druckunabhängig ist, können wir feststellen: der mit der festen oder flüssigen Phase im Gleichgewicht stehende Sättigungsdampfdruck e^o ist nur von der Temperatur abhängig. Die Funktionsverläufe von e^o zwischen A – B und B – C in Abb. 1 sind damit definiert, sie repräsentieren den Sättigungsdampfdruck des Gleichgewichts von Wasserdampf mit Eis oder flüssigem Wasser.

Das Phasendiagramm für Wasser ist nun physikalisch beschrieben. Aus diesem Diagramm lassen sich aber noch weitere Informationen ziehen. Bislang haben wir die Phasengleichgewichte zwischen Wasserdampf und flüssigem Wasser oder Eis betrachtet, die sich durch Verdampfung eingestellt haben. Eis kann aber auch *Schmelzen* (in die flüssige Phase übergehen) oder flüssiges Wasser durch *Sieden* verdampfen. Während **Schmelz- und Siedeprozessen** bleibt trotz Energiezufuhr die

Tab. 2 Berechnungsgleichungen des Sättigungsdampfdruckes für Wasser e^o

Gleichung 1 (nach Campbell):

$$e^o = \exp\left(52{,}57633 - \frac{6790{,}4985}{T} - 5{,}02808 \cdot \ln T\right)$$

Eingabe von T in K Ausgabe von e^o in kPa

Sehr präzise Berechnungen ergeben sich nach den von Goff und Gratch aufgestellten Gleichungen, mit denen die Werte der Tab. 3 und der Abb. 1, 2 und 3 errechnet wurden.

Gleichung 2: Sättigungsdampfdruck über Eis

$$\lg\ e^o = -\,9{,}09718 \cdot (T_{Sch}/T - 1) - 3{,}56654 \cdot \lg(T_{Sch}/T) + 0{,}876793 \cdot (1 - T/T_{Sch}) + \lg\ e^o_{Sch}$$

wobei T_{Sch} die Temperatur am Schmelzpunkt (273,16 K) und e^o_{Sch} der Sättigungsdampfdruck am Schmelzpunkt über Eis (6,1071 mbar) ist. e^o ist der gesuchte Sättigungsdampfdruck bei der Temperatur T (in K). Er wird in dieser Gleichung in mbar erhalten.

Gleichung 3: Sättigungsdampfdruck über flüssigem Wasser

$$\lg\ e^o = -\,7{,}90298 \cdot (T_S/T - 1) - 5{,}02808 \cdot \lg(T_S/T) - 1{,}3816 \cdot 10^{-7} \cdot \left(10^{11{,}344(1-T/T_S)} - 1\right) + 8{,}1328 \cdot 10^{-3} \cdot \left(10^{-3{,}49149(T_S/T-1)}\right) + \lg\ e^o_S$$

wobei T_s die Temperatur am Siedepunkt (373,16 K) und e^o_S der Sättigungsdampfdruck am Siedepunkt über reinem Wasser (1013,246 mbar = Luftdruck bei NN) ist. e^o ist der gesuchte Sättigungsdampfdruck bei der Temperatur T (in K). Er wird in dieser Gleichung in mbar erhalten.

Temperatur konstant, solange die jeweilige Phasenumwandlung abläuft und damit Eis und flüssiges Wasser (Eiswasser) bzw. flüssiges Wasser und Wasserdampf (Gasblasen in siedendem Wasser) koexistieren. Auch hier herrschen also Phasengleichgewichte. Welches ist der wesentliche Unterschied zwischen Sieden und der Verdampfung unterhalb des Siedepunktes?

Normalerweise lastet der Atmosphärendruck auf Wasseroberflächen, der, wie wir gesehen haben, das Einstellen von e^o nicht beeinflusst. Wir können uns daher den Luftdruck wie einen auf der Flüssigkeit liegenden Kolben vorstellen, der allerdings für die Aufnahme von Wasserdampf porös ist, sodass sich e^o im Kolbeninneren aufbauen kann. Ein Temperaturanstieg in der Flüssigkeit kann nach Abb. 1 e^o aber auf das gleiche Druckniveau wie der Atmosphäre bringen. In diesem Moment beginnt e^o den Kolben anzuheben und über der Flüssigkeit schweben zu lassen. Der Atmosphärendruck lastet nun also nicht mehr auf der Flüssigkeit. Damit können nun überall innerhalb der Flüssigkeit (auch unter der Oberfläche!) Moleküle in die gasförmige Phase übertreten. Das Sich-Einstellen letzteren Phänomens ist gleichbedeutend mit dem Erreichen des Siedepunkts.

Eine Verdampfung unterhalb des Siedepunktes wird auch als **Verdunstung** bezeichnet. Bei diesem Prozess können sich die Wassermoleküle nur aus der Flüssigkeitsoberfläche herauslösen und werden – entsprechend der beispielhaften, obigen Veranschaulichung – im porösen Kolben aufgenommen. Es gilt also:

▶ Die Druckgleichheit zwischen e^o und dem Luftdruck bedingt das Sieden, während bei Verdunstung e^o kleiner als der Luftdruck ist. Verdampfung kann also in Form von Sieden oder Verdunstung stattfinden.

Tab. 3 Sättigungsdampfdruck e° für Wasser

Temperatur T [°C], Sättigungsdampfdruck e° [kPa]							
A: Phasengleichgewicht zwischen Wasserdampf und Eis							
T	e°	T	e°	T	e°	T	e°
– 39	0,014	– 29	0,042	– 19	0,114	– 9	0,284
– 38	0,016	– 28	0,047	– 18	0,125	– 8	0,310
– 37	0,018	– 27	0,052	– 17	0,137	– 7	0,338
– 36	0,020	– 26	0,057	– 16	0,151	– 6	0,368
– 35	0,022	– 25	0,063	– 15	0,165	– 5	0,401
– 34	0,025	– 24	0,070	– 14	0,181	– 4	0,437
– 33	0,028	– 23	0,077	– 13	0,198	– 3	0,476
– 32	0,031	– 22	0,085	– 12	0,217	– 2	0,517
– 31	0,034	– 21	0,094	– 11	0,238	– 1	0,562
– 30	0,038	– 20	0,103	– 10	0,260	0	0,611
B: Phasengleichgewicht zwischen Wasserdampf und flüssigem Wasser							
T	e°	T	e°	T	e°	T	e°
1	0,657	11	1,312	21	2,486	31	4,493
2	0,705	12	1,402	22	2,643	32	4,755
3	0,758	13	1,497	23	2,809	33	5,031
4	0,813	14	1,598	24	2,983	34	5,320
5	0,872	15	1,704	25	3,167	35	5,624
6	0,935	16	1,817	26	3,361	36	5,942
7	1,001	17	1,937	27	3,565	37	6,276
8	1,072	18	2,063	28	3,780	38	6,626
9	1,147	19	2,196	29	4,005	39	6,993
10	1,227	20	2,337	30	4,243	40	7,378
.							
.							
100	100,3 ⇒ Siedepunkt bei 1 atm Luftdruck						
Drücke in Teil A sind errechnet mit Gl. 2 aus Tab. 2							
Drücke in Teil B sind errechnet mit Gl. 3 aus Tab. 2							

In Abb. 1 erkennen wir, dass die Schnittpunkte zwischen 101,3 kPa Luftdruck und den Linien B – D und B – C den **Schmelzpunkt** (bei 0 °C) bzw. **Siedepunkt** (bei 100 °C) wiedergeben. Sinkt der Luftdruck, so steigt die Schmelztemperatur entlang der Phasengleichgewichtsfunktion D – B geringfügig an (von 0 °C auf 0,01 °C am Tripelpunkt), während die Siedetemperatur entlang C – B markant sinkt (von 100 °C auf 0,01 °C am Tripelpunkt). Wasser siedet in 2000 m Höhe unter ca. 80 kPa Luftdruck bei 93 °C, und in 8000 m (unter ca. 40 kPa) bereits bei 76 °C (Eierkochen wird zum Problem).

Schmelz- und Siedepunkt ändern sich also abhängig vom Luftdruck, folgen dabei aber den Phasengleichgewichtsfunktionen, deren Verlauf vom Luftdruck unabhängig ist.

Hintergrundinformation

Wenn in Abb. 1 auf der Y-Achse die Größe Druck aufgetragen ist, welcher Druck ist nun gemeint – der Luftdruck oder e°?

Antwort: beide sind gemeint, sowohl der (luftdruckunabhängige) Sättigungsdampfdruck e° (Funktion A – C) als auch ein von außen einwirkender Druck (z. B. Luftdruck)! Allerdings bedingt letzterer, wie gesehen, nur die Temperatur des Schmelz- und Siedepunktes. Der einwirkende Druck kann z. B. auch in Form eines aufliegenden Gewichtes die Schmelztemperatur von Eis entlang der Funktion B – D unter 0 °C senken.

Abschließend noch zwei Gedankenexperimente, die uns auf die später folgenden Anwendungen des Phasendiagramms vorbereiten sollen.

Nehmen wir an, in unserem geschlossenen Behälter würde bei Erreichen von e° gerade alles flüssige Wasser verdunstet sein. Vergrößern wir nun das Volumen, so sinkt der Wasserdampfpartialdruck unter e°, die Luft ist jetzt nicht mehr wasserdampfgesättigt. Gleichzeitig fällt der Wasserdampfpartialdruck nun gemeinsam mit dem Luftdruck ab. Da kein Phasengleichgewicht mehr besteht, ändert sich der Partialdruck parallel zum Luftdruck (entsprechend dem Partialdruckgesetz; s. ▶ Kap. 4, „Allgemeine Gasgesetze – Grundlagen ökophysiologischer Messung“)! In Abb. 1 befinden wir uns jetzt bei gegebener Temperatur unterhalb der Linie B – C, wo nur Wasserdampf stabil ist. Die Situation im Behälter ist nun ähnlich wie in der freien Atmosphäre, wenn die Luft nicht wasserdampfgesättigt ist.

Verkleinern wir wieder das Volumen im Behälter, so steigt der Wasserdampfpartialdruck (zusammen mit dem Luftdruck) so lange, bis die ersten Wassermoleküle kondensieren. Genau in diesem Moment ist der Sättigungspartialdruck e° erreicht, und wir befinden uns wieder auf einem Punkt der Linie B – C. Hier bleibt e° konstant, solange Wasserdampf und flüssiges Wasser koexistieren, auch wenn bei fortschreitender Volumenverkleinerung der Luftdruck steigt.

Stellen wir uns vor, wir hätten das Volumen über der Wasseroberfläche auf Null komprimiert und so die letzten Wassermoleküle in die Flüssigkeit zurückgedrängt.

Dies ist nur dann (theoretisch) ohne Kraftaufwand vorstellbar, wenn Wasserdampf das einzige Gas über der Flüssigkeit gewesen ist. Andernfalls würden die anderen Gase der Luft über der Flüssigkeit ein unser Experiment erschwerendes Luftpolster bilden.

Da Flüssigkeiten wie Wasser (fast) nicht komprimierbar sind, ist jeder Versuch einer Volumenverkleinerung mit einem stark steigenden Druck auf die flüssige Phase verbunden. Wir sind jetzt oberhalb der Linie B – C im Bereich der flüssigen Phase angelangt.

Dies ist nun ein Extremfall eines einwirkenden Druckes, dennoch ist die Situation ähnlich wie unter Atmosphärendruck. Da letzterer einen porösen Kolben (s. obige Veranschaulichung) auf der Flüssigkeit darstellt, der Wasserdampf aufnimmt, kann sich aufgrund der Verdunstung auch Wasserdampf bilden und maximal e° erreichen. Das Auftreten von Dampf und Flüssigkeit unter einem Luftdruck oberhalb der Linie B – C soll uns nicht verwirren – dieser Bereich einwirkender Drücke bedeutet nur, dass flüssiges Wasser hier stabil ist. Diese Feststellung gibt auch die folgende verallgemeinerte Formulierung wieder:

- Immer wenn ein einwirkender Druck größer als e° ist, ist die flüssige Phase stabil. Ist dieser Druck der Luftdruck, sind die Bildung von Wasserdampf und das Erreichen von e° möglich.

- Ist der einwirkende Druck kleiner als e°, ist die gasförmige Phase stabil. Erreicht in dieser Situation der Partialdruck des Wasserdampfes den Wert e°, bildet sich flüssiges Wasser, und es herrscht ein Phasengleichgewicht. Letzteres würde auch dann erreicht, wenn ein einwirkender Druck völlig fehlen würde.

Nun zum *zweiten Gedankenexperiment*: Nehmen wir an, der Wasserdampfpartialdruck sei in unserem geschlossenen Behälter bei einer gegebenen Temperatur kleiner als e°. Somit finden wir im Behälter nur Wasserdampf, aber keine Flüssigkeit vor, was in Abb. 1 einem Datenpunkt unterhalb der Linie B – C entspricht. Senken wir die Temperatur, so nähert sich der Datenpunkt der Linie B – C. Auf ihr wird der Wasserdampfpartialdruck zu e°, und die ersten Wassermoleküle beginnen zu kondensieren. Senken wir die Temperatur weiter, so sinkt auch e°, aber entlang der Linie B – C. Keine Manipulation kann e° über die Linie B – C heben. Oder anders formuliert:

▶ Der Wasserdampfpartialdruck kann höchstens e° erreichen.

Da wir im Folgenden nur den Wasserdampf betrachten wollen, werden wir uns ausschließlich mit Situationen unterhalb oder auf der Linie B – C der Abb. 1 zu beschäftigen haben.

2 Sättigungsdampfdruck von Wasser im ökologischen Temperaturbereich

Im Zusammenhang mit der Wasserdampfphysik interessieren uns hauptsächlich die Gleichgewichtsfunktionen des Phasendiagramms zwischen festem und gasförmigem sowie flüssigem und gasförmigem Zustand des Wassers. In Abb. 2 ist die Sättigungsdampfdruckkurve des Phasendiagramms im ökologisch repräsentativen Temperaturbereich (– 40 bis + 40 °C) abgebildet. Unter 0 °C ist das Phasengleichgewicht zwischen Wasserdampf und Eis, über 0 °C das zwischen Wasserdampf und flüssigem Wasser angegeben. Der exponentielle Verlauf der Temperaturabhängigkeit von e° ist offensichtlich. Zwischen 0 °C und 2 °C ändert sich e° um 100 Pa, zwischen 25 und 27 °C bereits um 400 Pa, jedoch zwischen – 27 bis – 25 °C um nur 10 Pa (s. auch Tab. 3). Wie lässt sich die Information der Abb. 2 auf die freie Natur übertragen? Immerhin spielten sich die meisten unserer Gedankenexperimente in einem geschlossenen Behälter ab.

In der Natur haben wir natürlich nicht überall Wasser- oder Eisflächen, dennoch wird die Luft befeuchtet durch **Wasserdampfverfrachtung** (z. B. aus den Ozeanen), **Niederschläge** und Wasserverdunstung ganzer Landstriche (**Evapotranspiration**). Kann sich unter diesen Bedingungen in der Luft bei einer gegebenen Temperatur Wasserdampfsättigung einstellen?

e° kann sich in unbewegter Luft nur durch Diffusion aufbauen, zugleich ist das für die Aufnahme verdampfter Wassermoleküle zur Verfügung stehende Luftvolumen sehr groß. Für Wassermoleküle verläuft jedoch die Diffusion auch in Luft über

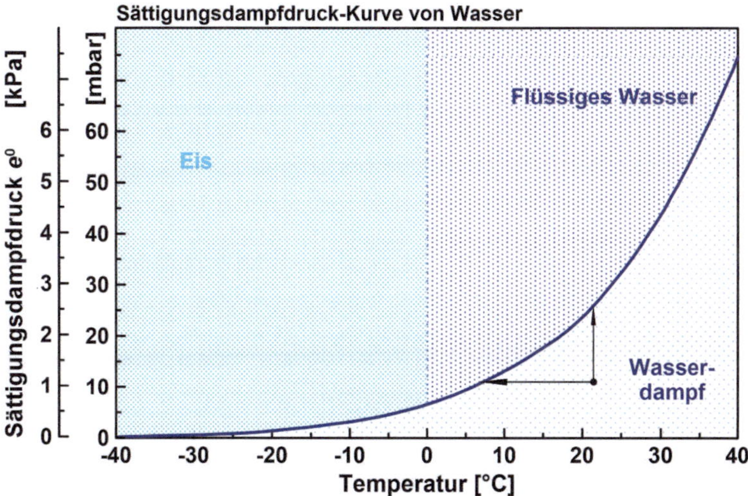

Abb. 2 Die Sättigungsdampfdruck-Kurve für Wasser im Temperaturbereich – 40 °C bis + 40 °C. Die Funktionslinie unterhalb 0 °C stellt das Phasengleichgewicht zwischen festem und dampfförmigem, oberhalb 0 °C jenes zwischen flüssigem und dampfförmigem Zustand dar. Der *Punkt* repräsentiert bei gegebener Temperatur einen Wasserdampfpartialdruck. Wasserdampfsättigung (Kondensation) wird erzielt, wenn bei dieser Temperatur der Dampfdruck durch Zufuhr weiterer Wassermoleküle die Funktionslinie erreicht (*vertikaler Pfeil*) oder wenn durch Temperatursenkung der ursprüngliche Dampfdruck zum Sättigungsdampfdruck wird (*horizontaler Pfeil*). (Eigene Darstellung, verändert nach von Willert et al. 1995)

lange Distanzen sehr langsam (s. 2. Ficksches Diffusionsgesetz, ► Kap. 4, „Allgemeine Gasgesetze – Grundlagen ökophysiologischer Messung"), was das Erreichen von e° verzögert. Sehr rasch können sich dagegen Temperatur und Windbewegung ändern und damit ein sich aufbauendes e° stören, besonders, wenn der Wind den Wasserdampf abtransportiert und/oder die Temperatur steigt. Diese Gegebenheiten können selbst über Seen und Ozeanen die Wasserdampfsättigung großer Luftvolumina verhindern; e° wird sich oft nur in Luftschichten (= Grenzschichten; s. ► Kap. 6, „Bewegte Luft – Wind, Grenzschicht, Konvektion und deren Bestimmung") begrenzter Ausdehnung einstellen, die den flüssigen Oberflächen oder der Vegetation unmittelbar anliegen. Somit wird deutlich, dass die Wahrscheinlichkeit eines sich einstellenden e° von der Größe des betrachteten Teilvolumens der Atmosphäre abhängt.

Besonders in geschützten Lufträumen (bei Windstille ohne starke Temperaturschwankungen), die als wenige Millimeter bis Zentimeter dicke Grenzschichten auf Blattoberflächen oder, bis einige Meter dick, über Wiesen und Wäldern auftreten, kann sich e° eher als im großen Luftraum der freien Atmosphäre aufbauen. Hier spiegelt sich ein wichtiger Unterschied zwischen dem kleinräumigen Mikroklima und dem großräumigen Makroklima wider.

Kann man wenigstens bei Niederschlag oder Nebelbildung Wasserdampfsättigung in der Atmosphäre erwarten? Hier ist zu berücksichtigen, dass bei der Tröpfchenbildung **Kondensationswärme** frei wird, also die energetische Umkehrung der Verdunstung abläuft. Für eine gegebene Teilchenmenge ist die bei der Kondensation an die Umgebung abgegebene Energiemenge gleich groß wie die zuvor bei der Verdunstung aus der Umgebung aufgenommene. Somit ist die **Verdampfungsenthalpie** einer Substanz (bei gleicher Temperatur – s. o.) gleich groß wie die **Kondensationsenthalpie**.

Die mit der Kondensation einhergehende Temperaturerhöhung der Luft kann daher einen Wasserdampfpartialdruck, der zu Beginn der Kondensation e° entsprochen hat, in Abb. 2 geringfügig nach rechts und damit unter die Sättigungsdampfdruckkurve verschieben. Wenn auch in einer solchen Situation der Wasserdampfpartialdruck nur knapp unter dem Sättigungsdampfdruck bleibt, so garantieren doch Regen und Nebel nicht unbedingt eine Wasserdampfsättigung der Luft. Auch in feuchten Klimaten liegen daher die in der Umgebungsluft ermittelten Kombinationen aus Wasserdampfpartialdruck und Temperatur in Abb. 2 oft unterhalb der Sättigungsdampfdruckkurve.

Wasserdampfpartialdrücke, die kleiner als e° sind, werden vielfach mit e bzw. e_a abgekürzt (*partial pressure of water vapour in ambient air*). Wir werden für den aktuellen Wasserdampfpartialdruck der Umgebung jedoch nur e verwenden. Damit e° erreicht wird, müssen entweder bei einer gegebenen Temperatur noch Wassermoleküle zugeführt werden (z. B. durch Luftströmung, Advektion), oder es muss bei unverändertem e die Temperatur entsprechend sinken (s. Pfeile in Abb. 2). Letzteres findet z. B. bei der **Taubildung** auf Vegetations- oder Bodenoberflächen statt. Durch langwellige Abstrahlung (s. ▶ Kap. 2, „Qualitäten, Quantitäten und Gesetzmäßigkeiten der Strahlung“) kann den exponierten Oberflächen und anliegenden Lufträumen so viel Energie entzogen werden, dass durch Temperatursenkung $e = e^\circ$ wird. Dadurch kondensieren Wassermoleküle, und es fällt **Tau** aus. Bei starker Abkühlung unter den Gefrierpunkt tritt **Raureif** oder **Bodenfrost** auf.

Hintergrundinformation

Damit Wasserdampf kondensieren kann, müssen sich jedoch genügend **Kondensationskeime** (sehr kleine Staubpartikel oder ionisierte Moleküle) in der Luft befinden, d. h., in reiner Luft ist die Bildung molekularer Tröpfchen erschwert. Sehr kleine Tröpfchen sind instabil (verdampfen sofort wieder), da der Wasserdampfpartialdruck über stark gekrümmten Wasseroberflächen höher ist als über ebenen. Luft kann daher bei gegebener Temperatur mit Wasserdampf *übersättigt* sein. Diese Übersättigung stellt eine tatsächlich existierende Abweichung vom idealisierten Wasserdampfverhalten der Sättigungsdampfdruckkurve in Abb. 2 dar.

Entsprechend kann auch *flüssiges* Wasser unterkühlen, wenn in ihm keine Kristallisationskeime vorhanden sind. Es gefriert dann erst bei Temperaturen unter 0 °C, wobei e° über unterkühltem Wasser etwas größer ist als über Eis, da für flüssiges Wasser ΔH_{verd} kleiner ist als für Eis (Tab. 4).

Schließlich bleibt zu fragen, wie e vom **atmosphärischen Gesamtdruck** abhängt. Hier muss die Antwort differenziert ausfallen: e bleibt konstant, wenn durch meteorologische Einflüsse eine Gesamtdruckänderung eintritt, die Wasserdampfdichte in der Luft aber konstant bleibt ($e \sim n_{\mathrm{w}}/V$).

Ändert sich jedoch bei Luftdruckschwankungen die Dichte der gesamten Luft, also inklusive des Wasserdampfs, dann ändert sich die Wasserdampfdichte parallel,

Tab. 4 Sättigungsdampfdruck $e°$ über Eis und unterkühltem (flüssigem) Wasser

Temperatur [°C]	$e°$ [kPa]	
	Eis	unterkühltes Wasser
0	0,611	0,611
– 5	0,402	0,422
– 10	0,260	0,286
– 20	0,103	0,125
– 30	0,038	0,051
– 40	0,013	0,018

und e verhält sich entsprechend des Dalton-Partialdruckgesetzes (s. ► Kap. 4, „Allgemeine Gasgesetze – Grundlagen ökophysiologischer Messung"):

$$1 = \frac{e}{P} + \cdots = \frac{\frac{n_{\mathrm{W}}}{V} \cdot \mathrm{R} \cdot T}{\frac{N}{V} \cdot \mathrm{R} \cdot T} + \cdots = \frac{n_{\mathrm{W}}}{N}$$

Damit das Partialdruckgesetz erfüllt ist, muss e mit P steigen oder fallen. Dies ist in der Praxis z. B. bei der Messung von e zu beachten, falls in Messgeräten Stau- oder Unterdrücke der Messluft auftreten. Bleiben solche Effekte unbemerkt, wird e entsprechend über- oder unterschätzt.

3 Definitionen der Luftfeuchte

In Abb. 3a ist bei der Lufttemperatur (= Temperatur der Umgebung) T_{U} die dem Wasserdampfpartialdruck e entsprechende Luftfeuchte als durchgezogene Linie „a" dargestellt. Wie kann man Luftfeuchte physikalisch definieren?

Als eine Möglichkeit lässt sich T_{U} solange senken, bis das unveränderte e die Luft mit Wasserdampf sättigt, dann gilt $e = e°$. Wir verschieben also in Abb. 3a die durchgezogene Linie gedanklich nach links, bis die Sättigungsdampfdruckkurve berührt wird und die Wassermoleküle gerade zu kondensieren beginnen. Die Taubildung findet damit bei einer tieferen Temperatur als T_{U} statt, bei der **Taupunkttemperatur** $\boldsymbol{\tau}$ oder (umgangssprachlich) dem **Taupunkt** (englisch *dewpoint*).

Hintergrundinformation

Im deutschen Sprachraum wird die Taupunkttemperatur oft mit dem griechischen Buchstaben τ abgekürzt, der phonetisch als „tau" ausgesprochen wird – ein Wortspiel, das nur in der deutschen Sprache möglich ist.

Die Taupunkttemperatur gibt zunächst den bei ihr geltenden Sättigungsdampfdruck $e°$ an. Letzterer entspricht aber dem gesuchten Wasserdampfpartialdruck e bei T_{U}. Der bei T_{U} herrschende Wasserdampfpartialdruck e wird **absolute Feuchte**

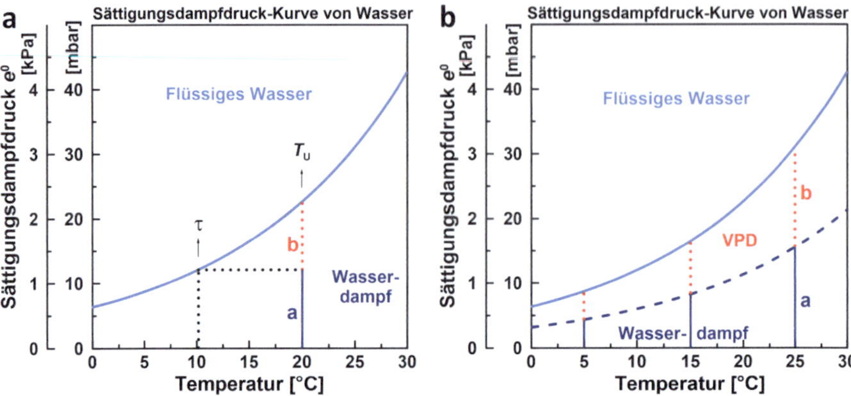

Abb. 3 Sättigungsdampfdruck-Kurve für Wasser zwischen 0 °C und 30 °C. (**a**) Für die gegebene Lufttemperatur T_U stellt die Strecke a die absolute Luftfeuchte e und die Strecke a + b die maximale Luftfeuchte $e°$ (= Sättigungsdampfdruck) dar. Demnach folgt die relative Luftfeuchte bei T_U als rF = a/(a + b) · 100 (%). Durch (tatsächliche oder gedachte) Temperatursenkung wird die absolute Luftfeuchte e bei der Taupunkttemperatur τ zum Sättigungsdampfdruck $e°$. Somit gibt τ die absolute Luftfeuchte e bei T_U eindeutig an. (**b**) Die unterbrochene Linie stellt für jede Temperatur die absolute Luftfeuchte $e = e°/2$ und somit $rF = 50$ % dar. Jedoch nimmt das Wasserverdampfungsdefizit (*vapour pressure deficit* = VPD = [a + b] – a) mit steigender Temperatur zu. (Eigene Darstellung, verändert nach von Willert et al. 1995)

genannt (in Abb. 3a die Strecke „a" bei T_U). Durch die Angabe von τ als Temperatur ist die absolute Feuchte e bei T_U eindeutig bestimmt. Es gilt stets $\tau \leq T_U$.

Hintergrundinformation

Tatsächlich werden wir im vorletzten Abschnitt dieses Kapitels ein Messgerät, den Taupunktspiegel, kennenlernen, das durch Luftabkühlung die absolute Feuchte bestimmt. Hierbei wird der Luft mit der Temperatur T_U ein Aliquot entzogen, das solange abgekühlt wird, bis Wasser kondensiert. Die Temperatur der beginnenden Kondensation ist τ. In unserem Beispiel von Abb. 3a müssen wir im Luftaliquot T_U von 20 °C auf 10,5 °C senken, um τ zu erreichen. Das Beispiel zeigt ein $e° = 1{,}27$ kPa bei erreichtem τ an, und somit herrscht bei $T_U = 20$ °C die absolute Feuchte $e = 1{,}27$ kPa.

In unserem Beispiel der Abb. 3a ist e kleiner als der bei T_U mögliche Sättigungsdampfdruck $e°$. Da $e°$ nicht überschritten werden kann, wird $e°$ auch **maximale Feuchte bei T_U** genannt. Wie lässt sich nun der Sättigungsgrad der Luft bei T_U ausdrücken?

Ein solches Maß stellt die **relative Luftfeuchte** rF dar (Englisch „*relative humidity*" = rH). Sie ist definiert als Quotient aus absoluter zu maximaler Feuchte bei T_U und wird meist in Prozent angegeben:

$$rF = \frac{e}{e^o} \cdot 100\,[\%] \tag{2}$$

rF ist in Abb. 3a gegeben durch den Quotienten der Strecken „a" zu „a + b".

Zur Berechnung von rF wird die absolute Feuchte meist durch Messung ermittelt und die maximale Feuchte bei gegebenem T_U aus der Sättigungsdampfdruckkurve oder -tabelle entnommen (oder entsprechend der Kurvenfunktion berechnet).

In Abb. 3a sind bei $T_U = 20\ °C$ die absolute Feuchte $e = 1{,}27$ kPa und die maximale Feuchte $e^\circ = 2{,}340$ kPa. Somit beträgt die relative Feuchte:

$$rF = \frac{1{,}27}{2{,}34} \cdot 100 = 54\,[\%]$$

Für $T_U = \tau = 20\ °C$ ergäbe $rF = 100\ \%$. Abb. 3a zeigt auch, dass bei $T_U = 20\ °C$ alle relativen Luftfeuchten $< 26\ \%$ negative Taupunkte ($\tau < 0\ °C$) aufweisen müssen.

Nicht zu verwechseln mit der relativen Feuchte ist die Angabe der **absoluten Feuchte als Molenbruch,** wobei der Partialdruck des Wasserdampfes auf den bei T_U herrschenden aktuellen Luftdruck bezogen wird. Es gilt:

$$w_L = \frac{e}{P}$$

mit w_L als Molenbruch des Wasserdampfs in Luft. Nach dem Partialdruckgesetz (▶ Kap. 4, „Allgemeine Gasgesetze – Grundlagen ökophysiologischer Messung") gilt:

$$w_L = \frac{e}{P} = \frac{n_w}{N} \tag{3}$$

w_L ist als Molenbruch eigentlich dimensionslos, dennoch werden oft Dimensionen verwendet (z. B. Pa · kPa^{-1}). In Abb. 3a entspricht w_L dem Quotienten mit der Strecke „a" *versus* dem bei T_U herrschenden aktuellen Luftdruck. Der Molenbruch definiert also ebenfalls die absolute Feuchte.

Wir hatten in Abb. 3a ein $e = 1{,}270$ kPa ermittelt. Wenn bei T_U ein Luftdruck von z. B. 98 kPa herrscht, so ergibt sich

$$w_L = \frac{1{,}27 \cdot 10^3}{98} = 13{,}0 \quad \left[\mathrm{Pa} \cdot \mathrm{kPa}^{-1}\right]$$

Bei einem Luftdruck von 80 kPa im Hochgebirge erhalten wir bei gleichem $e = 1{,}270$ kPa ein $w_L = 15{,}9$ Pa · kPa^{-1}. Der Wert von w_L nimmt also bei sonst unveränderten mikroklimatischen Bedingungen mit fallendem Luftdruck zu. Solche Molenbrüche spielen bei der Messung des pflanzlichen Gaswechsels eine wichtige Rolle (s. ▶ Kap. 10, „Physikalische Grundlagen von Transpiration, CO_2-Aufnahme, Gasleitfähigkeiten und deren Bestimmungen").

Bislang haben wir absolute Feuchten als Wasserdampfpartialdrücke betrachtet oder als Molenbruch. Im 1. Fickschen Diffusionsgesetz sind Teilchenmengen jedoch als Volumenkonzentrationen oder Dichten definiert (Wasserdampf pro Luftvolumen). Der Zusammenhang zwischen Dampfdruck und Teilchendichte ergibt sich aus dem allgemeinen Gasgesetz:

$$e = \frac{n_\mathrm{W}}{V} \cdot \mathrm{R} \cdot T$$

wobei n_W/V der Wasserdampfkonzentration oder -dichte in Luft entspricht. Ein Wasserdampfmolenbruch lässt sich in eine **Wasserdampfkonzentration** wie folgt umrechnen:

$$\frac{e}{P} = \frac{n_\mathrm{W}}{N}$$

Nach e aufgelöst ergibt sich

$$\begin{aligned} e &= n_\mathrm{W}/N \cdot P = n_\mathrm{W}/N \cdot N \cdot \mathrm{R} \cdot T/V \\ &= (n_\mathrm{W}/V) \cdot \mathrm{R} \cdot T = c_\mathrm{W} \cdot \mathrm{R} \cdot T \end{aligned}$$

oder umgeformt: $c_\mathrm{W} = e/(\mathrm{R} \cdot T)$ in der Einheit $\mathrm{mol} \cdot \mathrm{l}^{-1}$.

Wollen wir die Einheit $\mathrm{g} \cdot \mathrm{l}^{-1}$ erhalten, müssen wir die obige Gleichung mit der Molmasse für Wasser, $M = 18\ \mathrm{g} \cdot \mathrm{mol}^{-1}$, multiplizieren:

$$\rho_\mathrm{W} = e \cdot \frac{M}{\mathrm{R} \cdot T} \tag{4}$$

Liegen e in der Druckeinheit Pa, ρ_W in $\mathrm{g} \cdot \mathrm{m}^{-3}$ und T_U in K vor, so ergibt sich:

$$\rho_\mathrm{W} = (2{,}17/T) \cdot e$$

In unserem Beispiel der Abb. 3a ist $e = 1{,}27$ kPa bei $T_v = 20\ ^\circ\mathrm{C} = 293$ K; so wird

$$\rho_\mathrm{W} = (2{,}17/293) \cdot \left(1{,}27 \cdot 10^3\right) = 9{,}4 \quad \left[\mathrm{g} \cdot \mathrm{m}^{-3}\right]$$

Bei $T_\mathrm{U} = 30\ ^\circ\mathrm{C}$ ergäbe sich $9{,}1\ \mathrm{g} \cdot \mathrm{m}^{-3}$, und bei $10\ ^\circ\mathrm{C}$ $9{,}7\ \mathrm{g} \cdot \mathrm{m}^{-3}$, wobei der Wasserdampfpartialdruck unverändert 1,271 kPa beträgt!

Somit folgt die wichtige Feststellung:

▶ Während Wasserdampfpartialdrücke, die kleiner als e° sind, temperaturunabhängig sind, hängen die entsprechenden Wasserdampfkonzentrationen von der Temperatur ab.

Die Temperaturabhängigkeit von ρ_W und c_W hat natürlich Konsequenzen für eine Bestimmung der absoluten Feuchte durch Temperaturabkühlung. Wenn immer $\tau < T_\mathrm{U}$ ist, wird bei unverändertem e das bei τ ermittelte $\rho_\mathrm{W}^\mathrm{o}$ (die Sättigungskonzentration) größer sein als das gesuchte ρ_W bei T_U. Ein bei τ gültiges $\rho_\mathrm{W}^\mathrm{o}$ muss daher für die ursprüngliche Temperatur T_U korrigiert werden. Dies ist nach dem Gay-Lussac-Gesetz (s. ▶ Kap. 4, „Allgemeine Gasgesetze – Grundlagen ökophysiologischer Messung“) möglich als:

$$V_1/(n_1 \cdot T_1) = V_2/(n_2 \cdot T_2)$$

oder

$$\rho_{\mathrm{w}}^{\mathrm{o}} \cdot \tau = \rho_{\mathrm{w}} \cdot T_{\mathrm{U}}$$

oder

$$\rho_{\mathrm{w}} = \tau / T_{\mathrm{U}} \cdot \rho_{\mathrm{w}}^{\mathrm{o}} \qquad (5)$$

Die Temperaturwerte sind hierbei in Kelvin einzusetzen. Eine solche Korrektur entfällt nur wenn $\tau = T_{\mathrm{U}}$ und somit $rF = 100$ % ist.

In unserem Beispiel entspricht bei $\tau = 10{,}5$ °C ein $e^{\circ} = 1{,}27$ kPa der Sättigungskonzentration

$$\rho_{\mathrm{w}}^{\mathrm{o}} = \frac{2{,}17}{283{,}5} \cdot \left(1,27 \cdot 10^{3}\right) = 9{,}7 \quad \left[\mathrm{g} \cdot \mathrm{m}^{-3}\right]$$

Korrigiert auf $T_{\mathrm{U}} = 20$ °C ergibt sich bei nach wie vor $e = 1{,}27$ kPa:

$$\rho_{\mathrm{w}} = 283{,}5/293 \cdot 9{,}7 = 9{,}4 \quad \left[\mathrm{g} \cdot \mathrm{m}^{-3}\right]$$

Die maximale Feuchte bei $T_{\mathrm{U}} = 20$ °C beträgt nach Gl. 5 als Sättigungskonzentration 17,3 $\mathrm{g} \cdot \mathrm{m}^{-3}$, damit errechnet sich für die relative Feuchte:

$$rF = \frac{9{,}4}{17{,}3} \cdot 100 = 54 \quad [\%]$$

Dies ist der gleiche Wert, den wir für rF auch bei Berechnung aus Wasserdampfpartialdrücken erhalten haben.

Es ist also komplizierter, mit Wasserdampfkonzentrationen anstatt mit Wasserdampfpartialdrücken zu arbeiten, daher werden letztere in Berechnungen meist bevorzugt.

Somit haben wir die absolute Feuchte der Luft auf verschiedene Weise definiert, als Taupunkt und Molenbruch und in Druck- oder Konzentrationseinheiten des Wasserdampfes sowie, bei Bezug auf die maximale Feuchte, als Sättigungsgrad der Luft.

4 Angabe der Luftfeuchte bei unterschiedlichem Luftdruck

Wir haben gesehen, dass je nach Definition der Luftfeuchte deren Angabe auch vom herrschenden Luftdruck bestimmt werden kann. Hierzu zwei Gedankenexperimente:

Experiment 1: Auf Meeresniveau und im Hochgebirge ermitteln wir bei $T_{\mathrm{U}} = 20$ °C vor Ort jeweils denselben Taupunkt ($\tau = 10{,}5$ °C). Damit sind trotz niedrigerem Luftdruck im Gebirge die absolute Feuchte und rF gleich groß wie auf Meeresniveau ($e = 12{,}7$ mbar, $rF = 54$ %). Jedoch ist der Molenbruch für Wasserdampf im Gebirge aufgrund des hier niedrigeren Gesamtluftdrucks verglichen mit dem Molenbruch auf Meeresniveau erhöht (s. o.).

Experiment 2: Während der Messung der absoluten Feuchte ändert sich bei gegebenem T_U der Luftdruck, wobei der Molenbruch für Wasserdampf konstant bleibt. Somit muss sich e ändern, was sich in ebenfalls veränderten τ und rF widerspiegelt. Sind solche Luftdruckänderungen messtechnisch bedingt, werden die Messwerte für e verfälscht.

Es ist also im Einzelfall zu prüfen, ob bei einer Luftdruckänderung der Wasserdampfmolenbruch oder die absolute Feuchte konstant bleibt.

5 Definitionen des Luftfeuchtedefizits und des Wasserdampfgradienten

Wir haben gesehen, dass die relative Feuchte den Sättigungsgrad der Luft mit Wasserdampf angibt. Im Beispiel der Abb. 3a hatten wir ein rF von 54 % ermittelt. Folglich stellen die zur Sättigung fehlenden 46 % das Feuchtedefizit der Luft dar. Verdunstungsprozesse, wie während der pflanzlichen Transpiration, werden jedoch durch die absolute Größe des Feuchtedefizits bestimmt. Wir wollen die Beziehung zwischen Luftfeuchte und Feuchtedefizit der Luft in Abb. 3b untersuchen.

Die durchbrochene Kurve in Abb. 3b gibt im gesamten Temperaturbereich die absolute Luftfeuchte als $e = e°/2$ an. Somit gilt bei jeder Temperatur $rF = 50$ %, obwohl e in diesem Beispiel (gegeben als Strecke „a" in Abb. 3b) mit steigender Temperatur zunimmt. Entsprechend beträgt auch das Feuchtedefizit bei jeder Temperatur 50 % der jeweils maximalen Feuchte $e°$, absolut betrachtet nimmt es jedoch als Differenz $e° - e°/2$ (Strecke „b" in Abb. 3b) zusammen mit e zu.

Wir sehen also: Bei unterschiedlicher Lufttemperatur herrschen trotz gleicher relativer Luftfeuchte unterschiedliche absolute Luftfeuchtedefizite. Letztere werden mit *VPD* (= *vapour pressure deficit*) abgekürzt und im deutschen Sprachgebrauch **Dampfdruckdefizit, Luftfeuchtedefizit** oder auch **Sättigungsdefizit der Luft** genannt. *VPD* gibt die absolute Differenz zwischen maximaler und absoluter Feuchte und somit die zur Wasserdampfsättigung der Luft fehlende Wasserdampfmenge an:

$$VPD = e^{o} - e \tag{6}$$

Als Differenz von Wasserdampfpartialdrücken trägt *VPD* Druckeinheiten (z. B. Pa, mbar). Das Luftfeuchtedefizit kann aber auch als Dichtedifferenz des Wasserdampfes (z. B. in $g \cdot m^{-3}$) angegeben werden.

Aus Abb. 3b sind *VPD* (Linie „b") und rF (Quotient aus „a" zu „a + b") bei $T_U = 5{,}15$ und 25 °C berechnet (Tab. 5):

Bei konstanter relativer Feuchte nimmt das *VPD* zwischen 5 und 25 °C fast um den Faktor 4 zu.

Wenn wir nun fragen, ob auch rF als Maß für das Feuchtedefizit der Luft dienen kann, so müssen wir differenziert antworten. Geben wir nur rF an, lässt sich, wie wir gesehen haben, nichts über das absolute *VPD* aussagen (s. Abb. 3b). Nennen wir

Tab. 5 *VPD* und *rF* bei drei ausgewählten Luftemperaturen, zusammen mit herrschendem absoluten Wasserdampfpartialdruck (e) und dem bei T_U gegebenem Wasserdampfsättigungspartialdruck (e°)

T_U [°C]	e [Pa]	e° [Pa]	*VPD* [Pa]	*rF* [%]
5	436	872	436	50
15	852	1704	852	50
25	1584	3167	1584	50

aber *rF* zusammen mit der gleichzeitig herrschenden Temperatur T_U, so sind für diese e° und damit der Quotient e/e° eindeutig definiert, und das $VPD = e^\circ - e$ lässt sich ermitteln.

Hintergrundinformation

Als Beispiel legt eine Angabe von $rF = 70$ % bei $T_U = 20$ °C das *VPD* eindeutig fest:

Bei $T_U = 20$ °C ist $e^\circ = 2337$ Pa, somit errechnet sich:

$$e = 70/100 \cdot 2337 \text{ Pa} = 1636 \text{ Pa}$$

Daraus folgt:

$$VPD = (2337 - 1636)\text{Pa} = 701 \text{ Pa}$$

Das *VPD* ist als absolutes Sättigungsdefizit (z. B. 701 Pa) auch ohne Angabe von T_U eindeutig definiert.

Aus der relativen Feuchte lässt sich nur bei Kenntnis der herrschenden Temperatur T_U das absolute Luftfeuchtedefizit *VPD* ermitteln. Es ist daher grundsätzlich zu empfehlen, *rF* stets zusammen mit T_U zu ermitteln, damit alle folgenden Berechnungsoptionen erhalten bleiben.

Das Sättigungsdefizit der Luft kann außer durch das *VPD* auch als Differenz zwischen den Molenbrüchen maximaler und absoluter Feuchte, Δw_L, ausgedrückt werden. Nach dem Dalton-Partialdruckgesetz ist der Quotient aus der Stoffmenge eines Gases pro Stoffmenge der gesamten Luft gleich groß wie der Quotient des Gaspartialdruckes pro Luftgesamtdruck (s. ▶ Kap. 4, „Allgemeine Gasgesetze – Grundlagen ökophysiologischer Messung“). Somit gilt:

$$\Delta w_L = \frac{e^o - e}{P} \tag{7}$$

Dieser *per se* dimensionslose Ausdruck wird im Folgenden mit der zulässigen Einheit $\text{Pa} \cdot \text{kPa}^{-1}$ gebraucht, um mit praktikablen Zahlenwerten vor (= links) der Kommaposition operieren zu können.

Hintergrundinformation

Im Beispiel der Abb. 3b errechneten wir bei $T_U = 25$ °C ein $VPD = e^\circ - e = 1584$ Pa.

Herrscht ein Luftdruck von 98 kPa, erhalten wir:

$$\Delta w_L = \frac{e^o - e}{P} = \frac{1584\ \text{Pa}}{98\ \text{kPa}} = 16{,}2 \quad \left[\text{Pa} \cdot \text{kPa}^{-1}\right]$$

Man beachte, dass bei sinkendem Luftdruck Δw_L steigt, selbst wenn sich e° und e, und damit *VPD*, nicht ändern. So kann im Gebirge, ebenso wie auf Meeresniveau, das *VPD* 1584 Pa aufweisen, während Δw_L bei einem Luftdruck von $P = 80$ kPa in der Hochlage auf 1584 Pa/80 kPa = 19,8 Pa ·kPa^{-1} steigt.

Die Definitionen von *VPD* und Δw_L zur Angabe von Sättigungsdefiziten der Luft lassen sich auch zur Beschreibung der **Wasserdampfdifferenzen zwischen Blättern und der Umgebungsluft** erweitern. Für ein Blatt, dessen Temperatur von jener der Umgebungsluft abweicht, können wir bei der Blatttemperatur T_BWasserdampfsättigung in den Blattinterzellularen annehmen. Eine solche Annahme ist in erster Näherung für viele Fragestellungen der experimentellen Pflanzenökologie zulässig. Den Sättigungsdampfdruck im Blatt (d. h. bei T_B) bezeichnen wir mit e_B (ermittelbar aus der Sättigungsdampfdruckfunktion, s. o.). e_B bildet zur absoluten Feuchte e der Umgebungsluft die „*leaf-air water vapour difference*" (VPD_B):

$$VPD_B = e_B - e \tag{8}$$

Diese Feuchtedifferenz lässt sich wiederum als Differenz der Wasserdampfmolenbrüche zwischen Blatt und Umgebungsluft darstellen und wird „Delta-w", abgekürzt Δw, genannt:

$$\Delta w = \frac{e_B - e}{P} \tag{9}$$

Im Englischen wird Δw meist als „*leaf-air mole fraction difference of water vapour*" bezeichnet. Die Analogie der Definitionen von Luftfeuchtedefizit und Blatt-Luft-Wasserdampfdifferenz kommt in gleichen Einheiten von jeweils VPD_B und *VPD* sowie Δw_L und Δw zum Ausdruck.

Hintergrundinformation

Ein Beispiel soll die Bedeutung von VPD_B und Δw sowie von *VPD*, Δw_L und *rF* verdeutlichen:

Es herrsche $T_B = 25{,}5$ °C, $T_U = 24$ °C, $\tau = 14$ °C, $P = 95$ kPa. Daraus folgt $e_B = 3263$ Pa bei $T_B = 25{,}5$ °C, und $e = 1598$ Pa bei $\tau = 14$ °C. Somit sind

$$VPD_B = (3263 - 1598)\text{Pa} = 1665\ \ \text{Pa}$$

und

$$\Delta w = (3263 - 1598)\ \text{Pa}/95\,\text{kPa} = 17{,}53\,\text{Pa} \cdot \text{kPa}^{-1}$$

Die maximale Feuchte der Umgebungsluft beträgt $e^\circ = 2983$ Pa bei $T_U = 24$ °C. Für das Sättigungsdefizit der Luft folgen daher $VPD = 1385$ Pa sowie $\Delta w_L = 14{,}58$ Pa · kPa^{-1}.

Gleichzeitig ergibt $rF = 1598/2983 \cdot 100 = 54$ %.

Es sei daran erinnert, dass die Berechnung der *relativen Luftfeuchte* sich stets auf die maximale Feuchte e° der Umgebungsluft (also nie auf den Sättigungsdampfdruck e_B im Blatt!) bezieht.

Auch im Falle von $T_B = T_U$ wäre rF kein geeignetes Maß für den Feuchtegradienten zwischen Blättern und Umgebungsluft, da es keinen direkten Schluss auf die absolute Größe des Gradienten und somit die für die Pflanze bedeutsame, eigentlich treibende Kraft der Transpiration zulässt.

Wir wollen abschließend fragen, ob VPD_B und Δw Diffusionsgradienten im Sinne des 1. Fickschen Diffusionsgesetzes darstellen.

Das 1. Ficksche Diffusionsgesetz wurde definiert als $J = -D \cdot (dc/dx)$, wobei J die Massenflussdichte, D den Diffusionskoeffizienten und dc/dx den Diffusionsgradienten im Sinne einer Konzentrationsdifferenz (dc) pro Diffusionsstrecke (dx) bedeuten. Entspricht dc also VPD_B?

Da jeder Wasserdampfkonzentration n_w/V ein Wasserdampfpartialdruck e entspricht, lässt sich $(e_B - e) = VPD_B$ auch als Konzentrationsdifferenz Δc darstellen. Ferner können wir J als Transpirationsrate J_{H_2O} des Blattes betrachten. So erhalten wir:

$$J_{H_2O} = -D \cdot (dc/dx) = (D_{H_2O}/\Delta x) \cdot \Delta c_w$$

VPD_B erfüllt also die Anforderungen des Diffusionsgesetzes, wobei $D_{H_2O}/\Delta x$ zur **Leitfähigkeit für Wasserdampf** zusammengefasst wird (s. auch ▶ Kap. 10, „Physikalische Grundlagen von Transpiration, CO_2-Aufnahme, Gasleitfähigkeiten und deren Bestimmungen“).

Lässt sich auch Δw als Parameter des Diffusionsgesetzes darstellen?

$$\begin{aligned} J_{H_2O} &= (D_{H_2O}/\Delta x) \cdot \Delta c_w \\ &= D_{H_2O}/\Delta x \cdot \Delta n_w/V \\ &= D_{H_2O}/\Delta x \cdot P/(\mathrm{R} \cdot T) \cdot \Delta n_w/N \\ &= (D_{H_2O}/\Delta x \cdot P/(\mathrm{R} \cdot T)) \cdot VPD_B/P \\ &= (D_{H_2O}/\Delta x \cdot P/(\mathrm{R} \cdot T)) \cdot \Delta w \end{aligned}$$

Durch Umformung haben wir dc durch $VPD_B/P = \Delta w$ ersetzt, ohne dadurch das 1. Ficksche Diffusionsgesetz zu verletzen. Wiederum wird $(D_{H_2O}/\Delta x \cdot P/(\mathrm{R} \cdot T))$ zu einer Leitfähigkeit für Wasserdampf zusammengefasst, die allerdings ungleich $(D_{H_2O}/\Delta x)$ ist.

VPD_B und Δw lassen sich also in den Diffusionsgesetzen anwenden. Wir werden im ▶ Kap. 10, „Physikalische Grundlagen von Transpiration, CO_2-Aufnahme, Gasleitfähigkeiten und deren Bestimmungen“ bei der Behandlung des pflanzlichen Gaswechsels die Vorteile der Definition von Δw gegenüber der von VPD_B diskutieren.

6 Luftfeuchte als thermodynamische Größe

Nach Gl. 26 im ▶ Kap. 8, „Energetik des Wassers – chemisches Potenzial und Wasserpotenzial mit seinen Teil-Komponenten“ ist das chemische Potenzial des Wassers gegeben durch

$$\mu_\text{w} = \mu_\text{w}^\text{o} + \text{R} \cdot T \cdot \ln \ a_\text{w}$$

Außerdem lässt sich das **chemische Potenzial von Wasserdampf in Luft** ausdrücken als

$$\begin{aligned} \mu_\text{w} &= \mu_\text{w}^\text{o} + \text{R} \cdot T \cdot \ln(e/e^\text{o}) \\ &= \mu_\text{w}^\text{o} + \text{R} \cdot T \cdot \ln(rF/100) \end{aligned} \tag{10}$$

Das chemische Potenzial des Wasserdampfes wird durch die relative Luftfeuchte bei gegebener Temperatur bestimmt. Nach Gl. 26 im ► Kap. 8, „Energetik des Wassers – chemisches Potenzial und Wasserpotenzial mit seinen Teil-Komponenten" und Gl. 10 muss die Aktivität a_w von flüssigem Wasser gleich dem Wasserdampfquotienten e/e° sein. Dies lässt sich folgendermaßen zeigen:

Für ein Lösungsmittel wie Wasser gilt

$$a_\text{w} = \gamma \cdot \chi_\text{w}$$

wobei γ den Aktivitätskoeffizienten und χ den Molenbruch von Wasser in der Lösung darstellen. Gleichzeitig gilt das Raoult-Gesetz:

$$\frac{e}{e^\text{o}} = \gamma \cdot \chi$$

Es besagt, dass sich über dem reinen Lösungsmittel ($\chi = \gamma = 1$) der Sättigungsdampfdruck e° einstellt. Nimmt der Molenbruch des Lösungsmittels in der Lösung aber ab ($\chi < 1$), dann wird der sich aufbauende Partialdruck kleiner als e° ($e < e^\circ$).

Somit folgt aus beiden Gleichungen:

$$a_\text{w} = \frac{e}{e^\text{o}}$$

Das Wasserpotenzial wurde im ► Kap. 8, „Energetik des Wassers – chemisches Potenzial und Wasserpotenzial mit seinen Teil-Komponenten" definiert als $\Psi = \left(\mu_\text{w} - \mu_\text{w}^\text{o}\right)/\overline{V}_\text{w}$, wobei $\overline{V}_\text{w}$ das partielle Molvolumen flüssigen Wassers darstellt. Somit folgt aus Gl. 10 für das **Wasserpotenzial von Wasserdampf in Luft**:

$$\Psi_\text{U} = \frac{\text{R} \cdot T}{\overline{V}_\text{w}} \cdot \ln \frac{rF}{100} \tag{11}$$

Bei 20 °C nimmt z. B. der Faktor ($R \cdot T/\overline{V}_\text{w}$) den Wert 135 MPa an. Gl. 11 ermöglicht nun, die relative Luftfeuchte in Form der thermodynamischen Größe Ψ_U auszudrücken (Tab. 6). Eine geringe Abnahme der relativen Feuchte von 100 % auf z. B. 96 % lässt Ψ_U bei 20 °C bereits auf – 5,51 MPa (= – 55 bar!) sinken.

In der Natur treten selten sehr hohe Luftfeuchten während der täglichen Lichtstunden auf, sodass Ψ_U meist sehr niedrig ist (z. B. – 93,6 MPa = – 936 bar bei $rF = 50$ %; Tab. 6). Dagegen liegen die **Wasserpotenziale der Blätter** (Ψ_B)

Tab. 6 Das Wasserpotenzial von Wasserdampf in Luft

	Alle Werte sind für 20 °C errechnet			
Relative Luftfeuchte, rF	Wasserpotenzial von Wasserdampf in Luft, Ψ_U		Wasserdampfpartialdruck der absoluten Feuchte, e	
[%]	[MPa]	[bar]	[kPa]	[mbar]
100	0,00	0,0	2,33	23,3
99,6	– 0,54	– 5,4	2,32	23,2
99	– 1,36	– 13,6	2,31	23,1
98	– 2,72	– 27,3	2,28	22,8
97	– 4,11	– 41,1	2,26	22,6
96	– 5,51	– 55,1	2,24	22,4
95	– 6,93	– 69,3	2,21	22,1
:				
90	– 14,2	– 142	2,10	21,0
:				
50	– 93,6	– 936	1,17	11,7
:				
0	– ∞	– ∞	0,0	0,0

mitteleuropäischer Pflanzen meist zwischen – 0,5 und – 2,5 MPa. Die Wasserpotenzialdifferenz zwischen Blatt und Umgebungsluft ($\Delta\Psi = \Psi_B - \Psi_U$) ist daher meist sehr groß. Alle Abläufe in der Natur (wie z. B. die Diffusion) werden von Gradienten zwischen chemischen Potenzialen (hier ausgedrückt als Wasserpotenziale) angetrieben. Es werden also die Wassermoleküle über steile energetische Gradienten aus den Blättern in die Außenluft gesogen. Um die Transpiration in einem Blatt mit einem Wasserpotenzial von nur – 0,54 MPa zu stoppen, müsste die relative Feuchte der Umgebungsluft auf mindestens 99,6 % steigen (Tab. 6)! Wir erkennen daher: Ohne eine effiziente stomatäre Regulation und transpirationshemmende Strukturen (Epidermis, Kutikula, Kork in der Ast- und Stammrinde) würden daher die Landpflanzen selbst in feuchten Klimaten sehr rasch austrocknen.

Damit wird deutlich, dass auch Ψ_U als Maß für das Sättigungsdefizit der Luft gelten kann. Jedoch ändert sich Ψ_U nach Gl. 11 bei konstanter absoluter Feuchte e abhängig von der Temperatur: Ψ_U wird negativer, wenn die Temperatur ansteigt.

Chemische (oder Wasser-)Potenzialgradienten treiben die Diffusion an. Ist es somit zulässig, im 1. Fickschen Diffusionsgesetz Δc (oder Δw) anstelle von $\Delta\mu$ zu verwenden? Dazu die folgende Überlegung:

Nach ▶ Kap. 4, „Allgemeine Gasgesetze – Grundlagen ökophysiologischer Messung" lässt sich ein Diffusionskoeffizient auch als $D = u \cdot \mathrm{R} \cdot T$ darstellen (u ist ein Mobilitätsfaktor). Somit erhalten wir $J = (D/\Delta x) \cdot \Delta c = -(\mathrm{u} \cdot \mathrm{R} \cdot T/dx) \cdot dc$. Die weitere Umformung ergibt (mit c als Wasserdampfkonzentration und e als Wasserdampfpartialdruck):

$$\begin{aligned} J &= -(u \cdot \mathrm{R} \cdot T/dx) \cdot dc \\ &= -(u \cdot \mathrm{R} \cdot T/dx) \cdot (de/\mathrm{R}/T) \\ &= -(u/dx) \cdot de \\ &= -(u \cdot c \cdot \mathrm{R} \cdot T/dx/e) \cdot de \\ &= -(u \cdot c/dx) \cdot d\mu \end{aligned}$$

Der letzte Schritt der Umformung ist möglich, da wir aus der Herleitung der Gl. 4 wissen, dass $c_{\mathrm{w}} = e/(\mathrm{R} \cdot T)$ und $(\mathrm{R} \cdot T/e) \cdot de = \mathrm{R} \cdot \mathrm{T} \cdot d\ln(e) = d\mu$ ist. Somit können wir schreiben:

$$J = \frac{D}{\Delta x} \cdot \Delta c = -u \cdot \frac{c}{\Delta x} \cdot \Delta\mu$$

Dabei ist

$$\Delta\mu = \Delta\Psi \cdot \overline{V}_{\mathrm{w}} \quad (12)$$

$(u \cdot c/\Delta x)$ wird zu einer Leitfähigkeit fürWasserdampf erklärt. Die Umformung ersetzt also Δc durch $\Delta\mu$ (und somit $\Delta\Psi$), ohne das 1. Ficksche Diffusionsgesetz zu verletzen.

Die Verwendung von Δc (und damit Δw) im Diffusionsgesetz anstelle von $\Delta\mu$ oder $\Delta\Psi$ ist also zulässig. Trotzdem lässt sich fragen, warum man nicht das Diffusionsgesetz in der für $\Delta\mu$ (oder $\Delta\Psi$) angepassten Form anwendet.

In einem solchen Fall wäre die Leitfähigkeit für Wasserdampf konzentrationsabhängig (s. Gl. 12), was man in der Praxis vermeiden will. Außerdem wäre die Bestimmung von $\Delta\mu$ (und somit auch $\Delta\Psi$) zwischen Blatt und Luft aufwendiger als die Ermittlung von Wasserdampfpartialdrücken, deren Kenntnis zur Verwendung von z. B. Δw im Diffusionsgesetz genügt. In der Regel analysiert man daher die pflanzliche Transpiration mit dem für Δw umgeformten 1. Fickschen Diffusionsgesetz.

Schließlich wollen wir überlegen, ob die Annahme einer aus der Blatttemperatur abgeleiteten Wasserdampfsättigung in den Blattinterzellularen zur Berechnung von Δw zulässig ist. Immerhin wird das Wasserpotenzial in den Mesophyllzellen, Ψ_{M}, das sich mit dem Wasserdampfpotenzial in den Interzellularen, Ψ_{B}, im Gleichgewicht befindet, nur selten gleich Null sein. Nur bei $\Psi_{\mathrm{B}} = 0$ MPa kann aber in den Interzellularen Wasserdampfsättigung und damit der Sättigungsdampfdruck bei Blatttemperatur, $e^{\mathrm{o}}_{\mathrm{B}}$, erreicht werden ($\Psi_{\mathrm{B}} = 0$ MPa, wenn rF in den Interzellularen = 100 %; s. Gl. 10).

Allerdings liegt in mitteleuropäischen Pflanzen der Dampfdruck bei den in den Blättern vorherrschenden Wasserpotenzialen nur wenig unterhalb $e^{\mathrm{o}}_{\mathrm{B}}$ (Tab. 6). Bei $\Psi_{\mathrm{B}} = -1{,}36$ MPa und $T_{\mathrm{U}} = 20$ °C beträgt die Partialdruckabweichung von $e_{\mathrm{B}} = 2{,}33$ kPa nur 1 %, bei $\Psi_{\mathrm{B}} = -2{,}73$ MPa nur 2 %. Diese Abweichungen von $e^{\mathrm{o}}_{\mathrm{B}}$ sind meist geringer als die bei der Blatttemperaturmessung in die Berechnung von Δw eingehenden Fehler.

Fassen wir zusammen: Die Annahme einer Wasserdampfsättigung in den Blattinterzellularen und die Verwendung von Δw als repräsentative *diffusionstreibende Größe* erfüllen in der experimentellen Pflanzenökologie die Anforderungen der meisten Fragestellungen zur pflanzlichen Transpiration.

7 Methoden der Luftfeuchteerfassung

Die im Folgenden vorgestellten **Feuchtefühler** lassen sich abhängig davon gruppieren, ob sie primär die *relative* oder die *absolute* Feuchte oder (qualitativ) das Feuchtedefizit der Luft ermitteln.

7.1 Messung der relativen Luftfeuchte

Seit dem 18. Jahrhundert haben sich **Haarhygrometer** als Messgeräte der relativen Luftfeuchte bewährt. Diese übersetzen die feuchteabhängige Längsquellung von Haaren, Kunstfasern oder Folien mechanisch und durch geeignete Kalibration in Angaben der relativen Luftfeuchte (Abb. 4a rechts und b). Besonders Menschenhaar, eingespannt in einer sog. „Haarharfe" (Abb. 4b), erlaubt zwischen $T_U = -10$ bis $+50$ °C eine weitgehend verzerrungsfreie Angabe von rF zwischen 40 und 90 %. Die Messgenauigkeit von etwa ± 5 % rF wird durch Kalibration der Geräte in

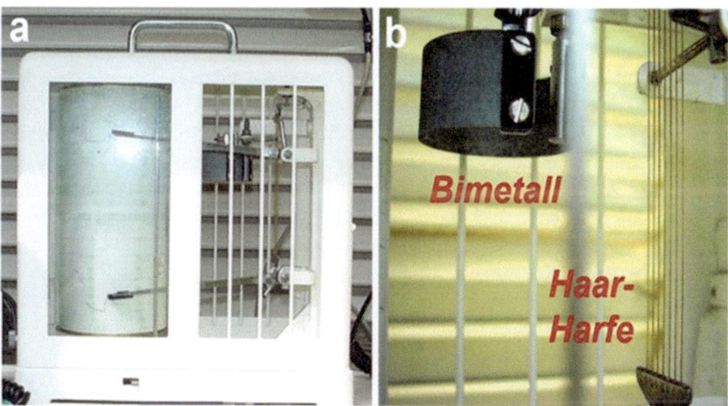

Abb. 4 **Thermohygrograf:** (**a**), Außenansicht: hinter Schutzglas befindliche und mit Registrierpapier bespannte, von einem Uhrwerk angetriebene Walze, auf deren oberen Hälfte die Lufttemperatur, und der unteren Hälfte die relative Luftfeuchte mit Tintenstiften aufgezeichnet werden. Eine Walzenumdrehung dauert eine Woche, wonach der Papierstreifen manuell ausgewertet wird (Erfassung der täglichen Minima und Maxima von Lufttemperatur und relativer Luftfeuchte, sodann Berechnung jeweils der einzelnen Tages- und Wochenmittelwerte sowie der wöchentlichen Mittelwerte der Minima und Maxima). (**b**), Blick in offenen, durch Gitter geschützten Innenraum: Temperatur- und Feuchtemessung durch temperatur- und luftfeuchteabhängige Bewegungen eines Bimetalls bzw. der Haarharfe (s. Text), die auf die vertikal beweglichen Halterungen der Tintenstifte übertragen werden. (Fotos: R. Matyssek)

Abb. 5 **(a) Wetterhütte mit Instrumentierung**. Gezeigt ist die standardisierte Montage auf Gerüst, jedoch neben konventionellem Thermohygrografen (1) ausgestattet mit weiteren mikrometeorologischen Messinstrumenten (die zusätzliche Instrumentierung erfolgte zu Demonstrationszwecken für ein ökologisches Feldpraktikum; daher auch der Geräteschrank rechts mit analoger und digitaler Datenausgabe): (2) zwei kapazitive Feuchtesensoren in Kombination mit elektrischen Temperaturfühlern (unter ventilierten Abdeckungen zur Luftdurchmischung und Schutz gegen Strahlungseffekte) mit digitalen Anzeigegeräten der Fa. Rotronic; (3) Taupunktspiegel (halb verdeckt) der Fa. Walz (s. u., Abschn. 7.2); (4) zusätzlich LICOR 190S-Sensor auf Dach zur Erfassung der Photonenflussdichte im PAR-Bereich (Lambda Instruments, **s.** ▶ Kap. 2, „Qualitäten, Quantitäten und Gesetzmäßigkeiten der Strahlung"). Bei regulärem Messbetrieb ist die Fronttür der Wetterhütte geschlossen. (**b**) Digitale Ydoc-WS700-Kompakt-Wetterstation (UP GmbH) zur kontinuierlichen Messung von Niederschlag (Kippzähler), Luftfeuchte, Lufttemperatur und Globalstrahlung. Die Datenerfassung erfolgt mit einem Ydoc-Datenlogger (UP GmbH), der über 4G-Modem die Daten in die UP-Cloud (www.logstar-online.de) schickt. (Fotos: (a) Matyssek, (b) UP GmbH, mit feundlicher Genehmigung)

Klimaräumen erreicht. Haarhygrometer werden meist im **Thermohygrografen** (Abb. 4a), einem meteorologischen Standardgerät, verwendet. In diesem werden rF und T_U (letzteres gemessen mit einem Bimetallstreifen; Abb. 4b) auf eine uhrwerkgetriebene, mit Registrierpapier bespannte Walze übertragen (Laufzeit meist eine Woche).

Thermohygrografen werden zur mikroklimatischen Überwachung von Innenräumen, einschließlich Gewächshäusern und Klimakammern eingesetzt (z. B. Phytotrone und Mikrokosmen für pflanzenwissenschaftliche Untersuchungen). Für die meteorologische Dauerbeobachtung an ausgewählten Mess-Standorten werden in der klassische Verwendung standardisierte **Wetterhütten** genutzt (Abb. 5a). Diese bestehen meist aus Holz und besitzen lamellierte, den Luftaustausch erlaubenden

Seitenwände und Fronttüren, sodass der Innenraum gegen Wind, Regen und messwertverfälschende Effekte kurzwelliger und langwellig-thermischer Bestrahlung (z. B. von der Boden- oder Vegetationsoberfläche) geschützt ist. Die Messhütten sind meist auf einem Gerüst ca. 2 m über der Boden-/Vegetationsoberfläche angebracht und müssen zur Vermeidung von Beschattungen und Dämpfung thermischer Strahlung genügend weit von Wald bzw. Bäumen oder Gebäuden entfernt sein. Die Standardisierung von Konstruktion und Aufstellung erlaubt vergleichbare Messbedingungen und verfälschungsfreie Messergebnisse. Wetterhütten können von ehrenamtlichen Wettermeldern betrieben werden, die wöchentlich ihre Datenauswertungen an die Wetterdienste weiterleiten. Solche großflächig erhobenen Daten-Zeitreihen dienen der makroklimatischen Validierung und Weiterentwicklung meteorologischer Modelle, z. B. für Wettervorhersagen. Abb. 5b zeigt eine der heute in Forschungsvorhaben der Experimentellen Pflanzenökologie meist verwendeten digitalen Wettermessstationen.

Moderner, aber auch seit langem im Gebrauch, sind **Kondensatorhygrometer**, die eine „kapazitive“ Messtechnik nutzen. Elektrisch gemessen wird die relative Luftfeuchte dabei durch die Erfassung der Kapazität eines hygroskopischen Dielektrikums, die sich feuchteabhängig ändert. Das Dielektrikum besteht meist aus Kunststofffolien oder Metalloxidschichten. Die Messgenauigkeit der kleinen (ca. 0,3 cm^2 großen), aber verschmutzungsempfindlichen Sensoren liegt bei etwa 3 % *rF*. Kondensatorhygrometer werden z. B. in Porometern (s. ► Kap. 11, „Methoden der Gaswechselmessung – historische und aktuelle“) zur Gaswechselmessung verwendet. Sie sind vielfach in portablen Luftfeuchtemessgeräten eingesetzt (Abb. 6a, b).

7.2 Messung der absoluten Luftfeuchte

Ein zu messender Luftstrom wird über einem **Taupunktspiegel** (polierte Goldplatte < 1 cm^2; Abb. 7a, c, d) bis zur beginnenden Wasserdampfkondensation (oder Eisbildung) abgekühlt. Die Kühlung des Spiegels übernimmt ein Peltier-Element, dessen jeweilige Temperatur von z. B. einem Pt-100-Sensor registriert wird. Beschlägt der Spiegel, so wird der auf ihn gerichtete Lichtstrahl (meist IR) gestreut und nicht mehr vom Fotorezeptor empfangen (Abb. 7b). Dadurch wird der Kühlstrom im Peltier-Element unterbrochen, bis der (sehr dünne) Wasser- oder Eisfilm wieder verdunstet. Die vom Pt-100-Thermometer gemessene, beim kontinuierlichen Wechsel von Verdunstung und Kondensation sich einstellende Spiegeltemperatur gibt den Taupunkt der transportierten Luft an. Die Messgenauigkeit dieser Technik beträgt 0,1 K, sofern Spiegelverunreinigungen und Druckänderungen beim Lufttransport vermieden werden (eine Luftdruckänderung von 1,0 kPa verfälscht τ um ca. 0,1 K!). Taupunktspiegel werden in Klimamessstationen und Gaswechselmesssystemen verwendet.

Im **LiCl-Taupunktfühler** wird ein mit LiCl-Lösung getränktes Glasgewebe von einem Wechselstrom erwärmt. Je höher der Wassergehalt des Gewebes, desto leichter kann der Strom durch das Gewebe fließen und desto höher ist die Erwärmung. Letztere hält an, bis zunächst in der unmittelbar dem Gewebe anliegenden

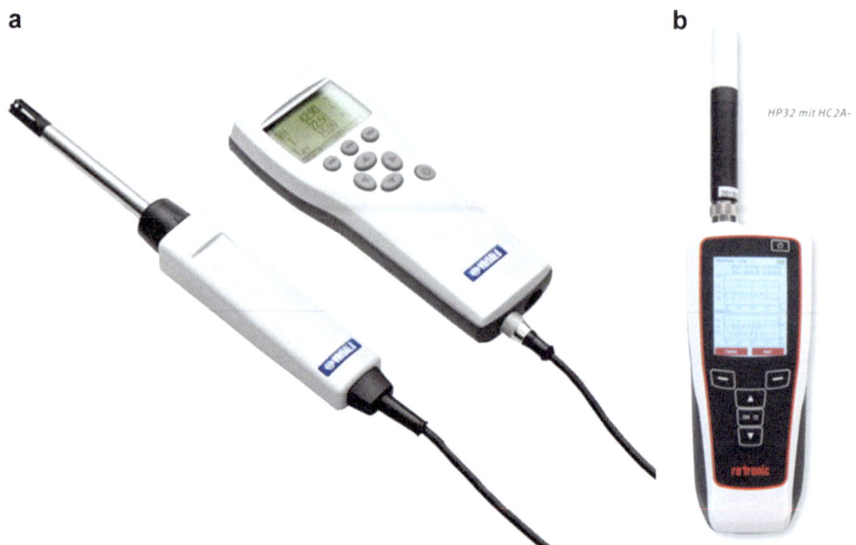

Abb. 6 **Beispiele für zwei aktuelle feldtaugliche Luftfeuchte/Temperatur-Handmesssysteme** der Firmen (**a**) Vaisala (HM70 Feuchtemessgerät bestehend aus dem MI70 Anzeigegerät und der HMP75 Messsonde mit Vaisala HUMICAP® Feuchtemessfühler) bzw. (**b**) Rotronic Messgeräte GmbH (HygroPalm HP32 mit HC2A-Messfühler). Beide Geräte bestehen aus einer kombinierten Anzeige/Datenspeichereinheit, die mit kapazitiven Luftfeuchte/Temperatur-Messfühlern ausgestattet sind. Aus den erfassten Messwerten werden weitere Ergebnisse wie Tau-/Frostpunkt, Feuchtkugeltemperatur, Enthalpie, Wasserdampfdichte, spezifische Feuchte usw. errechnet. (Fotos mit freundlicher Genehmigung der Firmen Vaisala bzw. Rotronic Messgeräte GmbH)

Luftschicht (= Grenzschicht, s. ▶ Kap. 6, „Bewegte Luft – Wind, Grenzschicht, Konvektion und deren Bestimmung“) der Wasserdampfpartialdruck gleich groß wird wie das zu messende e der Umgebungsluft. Schreitet die Erwärmung fort, so trocknet das Glasgewebe geringfügig aus, sein Wasserdampfpartialdruck sinkt unter e, zugleich nehmen Stromfluss und Erwärmung ab. Nun kann das Glasgewebe mit seiner hygroskopischen LiCl-Lösung wieder Feuchtigkeit aus der Luft aufnehmen, sodass Stromfluss und Gewebetemperatur wieder steigen, bis der Dampfdruck erneut e erreicht. Die Temperatur im Glasgewebe pendelt sich also auf einen bestimmten Wert ein. Dieser ist aber um einen konstanten Betrag höher als die Taupunkttemperatur der Umgebungsluft, da der Aufbau von gleich großen Partialdrücken über salzigen Lösungen mehr Energie erfordert als über reinem Wasser. Durch Kalibration wird diese Temperaturabweichung korrigiert und danach direkt die Taupunkttemperatur angezeigt. Die Messgenauigkeit der bis auf Chipgröße verkleinerbaren Fühler liegt etwa bei $\pm$ 0,5–1 K.

Da Wasserdampf, ähnlich wie CO_2, IR-Strahlung absorbiert, ist die Wasserdampfkonzentration der Luft, und damit e, ebenfalls mit **Infrarot-Gas-Analysatoren** (IRGA) messbar (s. Messprinzip in ▶ Kap. 5, „Atmosphäre und ihre Gase – Messung in Luft und Wasser“ und ▶ Kap. 11, „Methoden der Gaswechselmessung – historische

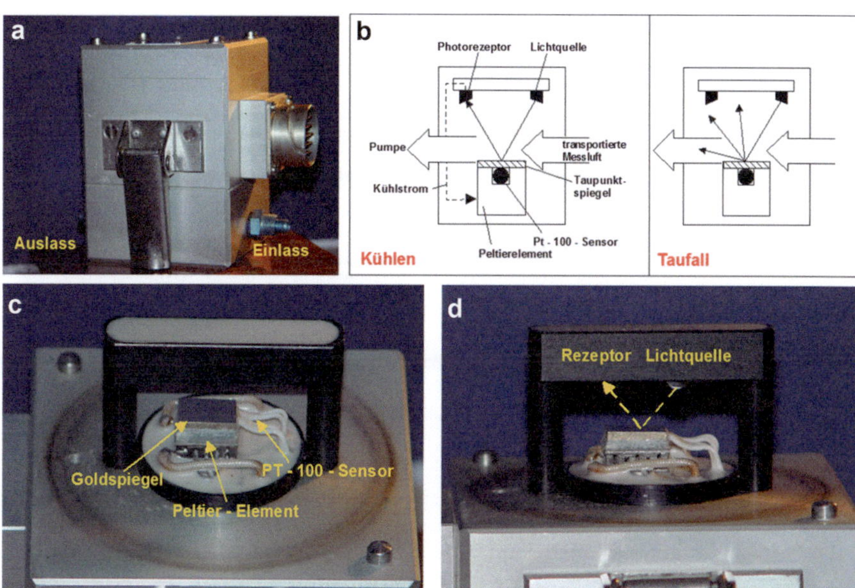

Abb. 7 Schematische Darstellung der Funktionsweise eines Taupunktspiegels (a, c, d). Mittels einer Pumpe wird die zu messende Luft über den Taupunktspiegel transportiert **(b)**. Solange der Spiegel nicht beschlägt, wird ein von der Lichtquelle ausgesandter Lichtstrahl vom Fotorezeptor empfangen und schaltet den Kühlstrom im Peltier-Element unter dem Spiegel an. Der Spiegel beschlägt, wenn durch die Kühlung die Taupunkttemperatur an seiner Oberfläche erreicht wird. Dadurch wird der Lichtstrahl gestreut, der Fotorezeptor empfängt kein Licht mehr, der Kühlstrom wird unterbrochen, und das Wasser auf der Spiegeloberfläche verdampft wieder. Der wiederholte Wechsel von Kondensation und Verdampfung resultiert in einem geringen Pendeln der Temperatur um die Taupunkttemperatur; letztere wird von einem Temperatursensor (z. B. Pt-100) unter dem Spiegel erfasst und ausgegeben. (Eigene Darstellung; nach von Willert et al. 1995, Fotos: Matyssek)

und aktuelle“). Wie bei der CO_2-Messung kann auch die Differenz der Wasserdampfkonzentration zwischen zwei verschiedenen Luftströmen ermittelt werden.

Der Klassiker zur Bestimmung von e ist das **Assmann-Psychrometer** (Abb. 8). Es besteht aus zwei parallel angeordneten Flüssigkeitsthermometern, dem Trocken – und dem Feuchtthermometer sowie einem uhrwerkgetriebenen Ventilator. Der Bulbus des Feuchtthermometers ist mit einem wassergetränkten Strumpf überzogen. Bei laufendem Ventilator stellt sich aufgrund der Verdunstungskühlung am feuchten Thermometer eine konstante Temperaturdifferenz zum trockenen Thermometer ein, aus der sich e ermitteln lässt.

Die Verdunstung, das heißt, der Wechsel von der flüssigen zur gasförmigen Phase ist, wie im ersten Abschnitt ausgeführt, ein Energie verbrauchender Vorgang. Man bezeichnet diese Wärmeenergie- oder Enthalpiemenge H_{verd} auch als latente, verborgene Wärme (ein Begriff, der historisch in die Erforschung der Grundlagen der Thermodynamik im 19. Jahrhundert zurückreicht).

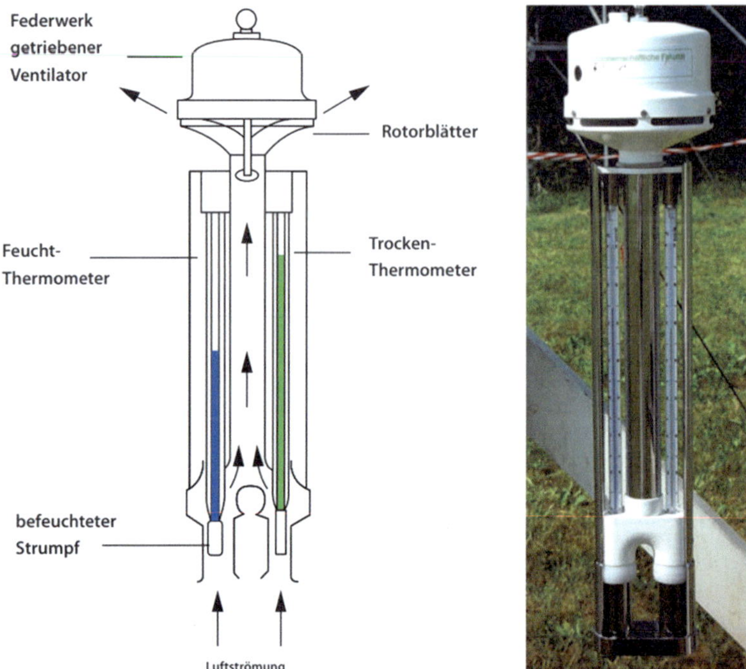

Abb. 8 **Das Assmann-Psychrometer**. (Eigene Darstellung; nach von Willert et al. 1995, Foto: Matyssek)

Lässt man vom befeuchteten Bulbus des Feuchtthermometers Wasser verdunsten, so wird die notwendige Verdampfungsenthalpie der Umgebung, das heißt, primär dem Bulbus, entzogen. Es ändert sich dessen Wärmezustand hin zur Abkühlung. Dabei verhält sich die entzogene Enthalpiemenge H_{verd} zur verdunsteten Wassermenge direkt proportional. Der Proportionalitätsfaktor ist die molare Verdampfungsenthalpie ΔH_{verd} ($\mathrm{J} \cdot \mathrm{mol}^{-1}$).

Wir können schreiben

$$H_{\mathrm{verd}} = \chi_{\mathrm{w}} \cdot \Delta H_{\mathrm{verd}}$$

Da die Evaporation einen Diffusionsvorgang darstellt, muss die Menge des verdampften Wassers nach dem 1. Fickschen Gesetz wiederum zum Gradienten der Wasserdampfkonzentration direkt proportional sein. Direkt an der Wasseroberfläche des nassen Bulbus entspricht die Wasserdampfkonzentration dem Sättigungsdampfdruck $e_{\mathrm{f}}^{\mathrm{o}}$ bei der Oberflächentemperatur des Feuchtthermometers T_{f}, weiter entfernt von diesem aber der absoluten Luftfeuchtigkeit e. Die Menge des verdunsteten Wassers lässt sich somit angeben als

$$\chi_{\mathrm{w}} = \frac{e_{\mathrm{f}}^{\mathrm{o}} - e}{P}$$

Je größer nun die Differenz, das heißt, je trockener die Luft ist, desto mehr Wasser wird verdampfen und desto mehr Wärmeenergie wird hierfür gebraucht. Dem Bulbus und letztendlich der in Oberflächennähe befindlichen Luft wird so lange Energie entzogen, bis sich ein Gleichgewicht zwischen der Wärmenachlieferung aus der Luft und der Wärmeaufnahme durch die Verdampfung eingestellt hat.

Die der Luft entzogene Wärmemenge H_U („fühlbare Wärme"; Begriff ebenfalls historisch geprägt, s. o.) ist zum Temperaturgradienten zwischen der Umgebungsluft T_U und der Temperatur der Feuchtthermometeroberfläche T_f wiederum direkt proportional. Der Proportionalitätsfaktor ist hierbei die molare Wärmekapazität oder Molwärme C_p der Luft. Es gilt

$$H_U = C_p \cdot (T_U - T_f)$$

Auch die Molwärme selbst ist eine Funktion der absoluten Temperatur, kann aber ebenso wie die Verdampfungsenthalpie in der für uns wichtigen Temperaturspanne von 0–50 °C in guter Näherung als konstant angesehen werden. Nach Erreichen eines dynamischen Gleichgewichtes lautet die Bedingung:

$$H_U = H_{verd}$$

Eingesetzt ergibt sich daraus

$$C_p \cdot (T_U - T_f) = \frac{e_f^o - e}{P} \cdot \Delta H_{verd}$$

Wenn man diese Gleichung nach e auflöst, resultiert:

$$e = e_f^o - \frac{C_p \cdot P}{\Delta H_{verd}} \cdot (T_U - T_f) \tag{13}$$

Die Größe $(C_p \cdot P)/\Delta H_{verd}$ wird oft auch als **Psychrometerkonstante** γ bezeichnet und besitzt bei 20 °C und 0,1 MPa Gesamtdruck einen Wert von 66 Pa · K^{-1}. Dieser variiert mit Druck und Temperatur von 65 Pa · K^{-1} bei 0 °C bis 67 Pa · K^{-1} bei 40 °C. Damit handelt es sich strenggenommen nicht um eine Konstante, sondern um einen Koeffizienten. Jedoch ist der Temperatureinfluss auf γ im physiologisch relevanten Temperaturbereich gering, wie das obige Zahlenbeispiel zeigt.

Die Psychrometrie bietet also die Möglichkeit, auf relativ einfache Weise über die Bestimmung der Temperatur der Umgebungsluft und der einer befeuchteten Oberfläche die absolute Feuchte der Luft zu errechnen. Die gezeigte Herleitung stellt eine Vereinfachung dar, denn eigentlich müssten nicht die Gesamtänderungen von Enthalpie und Wassermenge, sondern deren zeitliche Änderung, also Flüsse, betrachtet werden, da es sich um einen dynamischen Prozess handelt. Jedoch ist die Vereinfachung zulässig, weil sich letztendlich ein Gleichgewicht einstellt.

Man verwechsle allerdings nicht e_f^o mit e° (der maximalen Feuchte bei T_U) und T_f mit τ (der Taupunkttemperatur der absoluten Feuchte e: s. Abb. 9)!

Meist wertet man Psychrometermessungen mit einer Grafik wie in Abb. 10 aus. Aus der Temperatur des Feuchtthermometers T_f ermittelt man in der Grafik e_f^o. Von

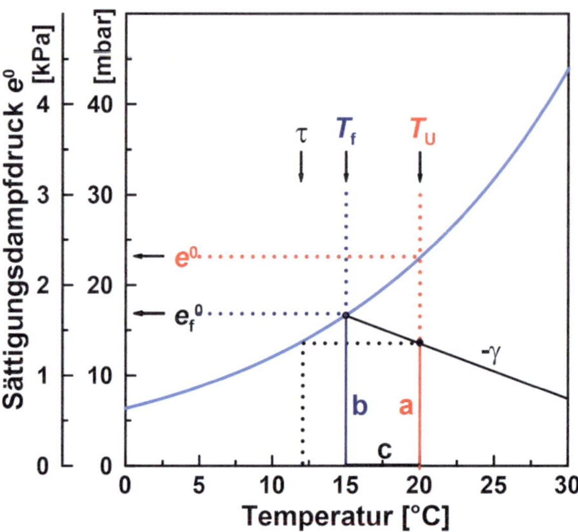

Abb. 9 Feuchttemperaturpsychrometrie mit dem Assmann-Psychrometer. Für die gemessene Feuchttemperatur T_f wird zunächst der Sättigungsdampfdruck e_f^o (Strecke b) als Schnittpunkt mit der Sättigungsdampfdruckkurve ermittelt. Von diesem Schnittpunkt ausgehend wird nach Gl. 13 eine Gerade mit der Steigung $-\gamma$ konstruiert. Sodann wird die Temperaturdifferenz $T_U - T_f$ (Strecke c) entlang der Temperaturachse aufgetragen und bei der gemessenen Trockentemperatur T_U der Schnittpunkt mit der konstruierten Geraden bestimmt. Damit liegt die absolute Luftfeuchte e als Strecke a fest und kann als Wasserdampfpartialdruck oder Taupunkttemperatur τ angegeben werden. Man verwechsle nicht τ mit T_f ($\tau < T_f$) und e_f^o mit e° ($e_f^o < e^\circ$). Unser Beispiel ergibt für $T_f = 15$ °C und $T_U = 20$ °C ein $e_f^0 = 1700$ Pa und $e = 1400$ Pa. (Nach von Willert et al. 1995)

diesem Wertepaar ausgehend sucht man parallel zu den Diagonalen den Schnittpunkt zwischen $-\gamma$ und T_U, der den gesuchten Wasserdampfpartialdruck e als absolute und relative Luftfeuchte angibt. Bei dieser auf einer Teilchen- und Energiediffusion beruhenden Psychrometertechnik sind Diffusionswiderstände an den Bulbusoberflächen durch Ventilierungsgeschwindigkeiten >3 m · s^{-1} zu minimieren (daher die Notwendigkeit des uhrwerkgetriebenen Ventilators). Die Messgenauigkeit dieser Technik für den Taupunkt liegt etwa bei 0,5 K.

Hintergrundinformation

Wie lässt sich auf einfache Weise die relative Luftfeuchte in die absolute Luftfeuchte umrechnen, und letztere als Taupunkttemperatur oder Wasserdampfpartialdruck angeben (und vice versa?). Diese Frage scheint heute „aus der Zeit gefallen" zu sein, haben wir uns doch längst daran gewöhnt, solche Umrechnungen elektronisch durchzuführen, sei es mit Apps auf dem Handy, speziellen Taschenrechnerfunktionen oder einfachen Computer-Programmen. Die entsprechenden Berechnungsgrundlagen und Tabellenwerke haben wir in diesem Kap. 9, „Physik des Wasserdampfes – Luftfeuchte und Wasserdampfgradienten" bereits kennengelernt.

Schwieriger waren solche Umrechnungen bis in die 1970er-Jahre hinein, noch bevor der PC seinen Siegeszug antrat und man entsprechende Programme auch selbst schreiben konnte. Ein gleichermaßen praktikables wie elegantes mechanisches (!) Rechengerät war damals – und ist

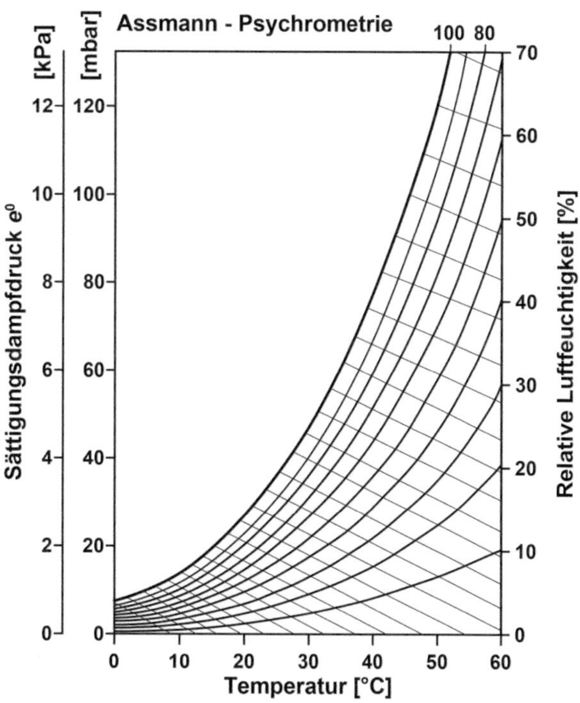

Abb. 10 Entsprechend Abb. 9 vorbereitete **Auswertegrafik für die Assmann-Psychrometrie**. Die dicke Linie stellt die Sättigungsdampfdruckkurve dar, die geraden Diagonalen entsprechen – γ, beginnend bei ausgewählten Sättigungsdampfdrücken e° (– γ wird interpoliert für übrige e°). Die Ermittlung von e und τ erfolgt wie in Abb. 9 demonstriert. Die Kurvenschar unterhalb der Sättigungsdampfdruckkurve gibt e bei (entlang steigender Temperatur) jeweils konstanter relativer Luftfeuchte an, d. h. ein ermitteltes e kann direkt als rF abgelesen werden. Beispiel: Bei $T_f = 22$ °C und $T_U = 33$ °C beträgt $rF = 40$ %. (Nach von Willert et al. 1995, verändert nach Jones 2014)

immer noch – der Luftfeuchte-Rechenstab (Abb. 11a). Ähnlich dem mathematischen Rechenstab (auch Rechenschieber genannt) mit seinen Multiplikations- und Divisionsmöglichkeiten besteht der Luftfeuchte-Rechenstab aus einem Rahmen, dem „Stabkörper", welcher der zentralen verschiebbaren „Zunge" und dem aufgesetzten, ebenfalls verschiebbaren „Läufer" (transparent, aus Plexiglas) als Führungsschiene dient. Anders als der mathematische Rechenstab, der mit dem Aufkommen des elektronischen Taschenrechners in Vergessenheit geriet, kann der Luftfeuchte-Rechenstab nach wie vor hilfreich sein, wenn man z. B. auf elektronische oder tabellarische Hilfsmittel keinen Zugriff hat.

Die Luftfeuchteumrechnung erfolgt nach folgendem Beispiel: Nehmen wir an, wir hätten von einem Taupunktspiegel eine Taupunkttemperatur von 11 °C angezeigt bekommen. Welcher relativen Luftfeuchte entspricht diese? Die Frage können wir zunächst nur beantworten, wenn wir gleichzeitig auch die Lufttemperatur gemessen haben. Da wir die Ratschläge aus diesem Kapitel befolgt haben, kennen wir natürlich die Lufttemperatur, sie beträgt 20 °C.

In Schritt 1 suchen wir auf dem oberen Teil des Stabkörpers die Skalenposition von 20 °C und markieren diese mit der Orientierungslinie auf dem Läufer (Abb. 11b). Sodann verschieben wir die Zunge mit ihrer oberen Skala der Taupunkttemperatur, bis die 11 °C-Position deckungsgleich mit der Orientierungslinie und der 20 °C-Position auf dem Stabkörper ist (Schritt 2). Bei dieser Einstellung suchen wir dann auf der unteren Zungenskala, welche die Spanne der relativen Luftfeuchte abbildet, jene Position, die gegenüber der Pfeilspitze auf dem unteren Teil des Stabkörpers zu liegen kommt (Schritt 3). In unserem Beispiel ergibt sich über der Pfeilspitze 56 % als gesuchte relative Luftfeuchte. Entsprechend kann man natürlich auch von der relativen Luftfeuchte ausgehend die Taupunkttemperatur ermitteln (sofern man wiederum die Lufttemperatur kennt!).

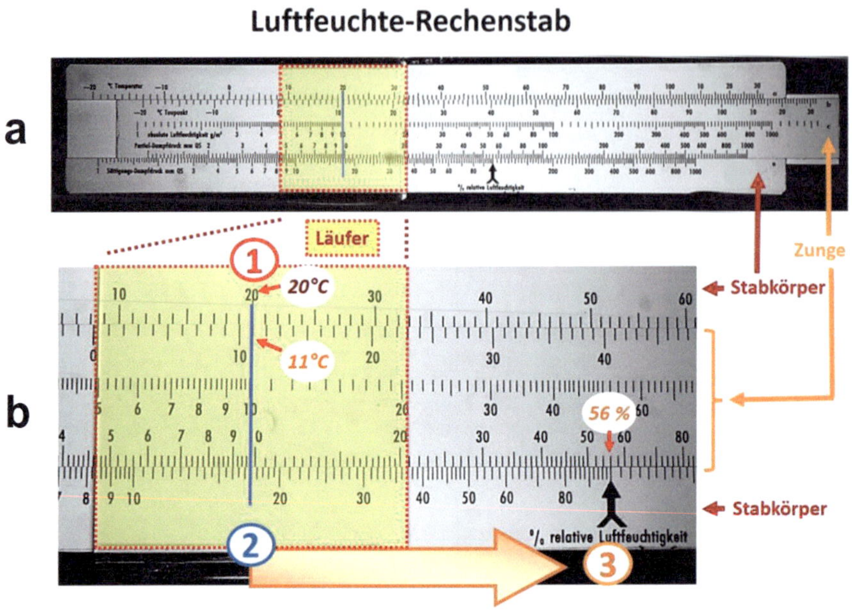

Abb. 11 Luftfeuchte-Rechenstab. (**a**) Genereller Aufbau, der transparente Läufer ist der besseren Übersichtlichkeit halber gelb getönt und rot umrandet; (**b**) vergrößerter Ausschnitt zur Verdeutlichung der Funktionsweise. *Schritt 1* – Lokalisierung der Lufttemperatur auf oberer Skala des Stabkörpers, Markierung der Position mit Orientierungslinie (blau) auf dem Läufer; *Schritt 2* – obere Skala der Taupunkttemperatur auf der Zunge verschieben, bis die Taupunkttemperatur in einer Linie mit der Lufttemperatur (und Orientierungslinie des Läufers) zu liegen kommt; *Schritt 3* – Lokalisierung der relativen Luftfeuchte auf unterer Skala der Zunge in jener Position, die der auf dem Stabkörper markierten Pfeilspitze gegenüber liegt. In umgekehrter Reihenfolge entsprechend, falls von der relativen Luftfeuchte ausgehend (bei gegebener Lufttemperatur) die Taupunkttemperatur ermittelt werden soll. (Fotos: R. Matyssek)

7.3 Qualitative Ermittlung des Luftfeuchtedefizits

Ein *qualitatives* Maß des Luftfeuchtedefizits liefert die Evaporationsmessung mit dem **Piche-Evaporimeter** (Abb. 12). Im Gegensatz zur Transpiration der Lebewesen bezeichnet Evaporation die Wasserverdunstung aus *unbelebter* Materie. Das Evaporimeter bestimmt den Wasserverbrauch einer grünen Filterpapierscheibe (Durchmesser meist 3 cm), mit deren Farbe die Strahlungsverhältnisse von Blättern und somit eine potenzielle Blattverdunstung simuliert wird. Die Filterscheibe wird aus einer graduierten, oben geschlossenen, mit destilliertem Wasser gefüllten Glasröhre befeuchtet und vor der Messung mit einer dünnen Nadel durchstochen (zum Druckausgleich in der Röhre während der Verdunstung – sonst kommt letztere zum Erliegen!). Ablesungen des Wasserstandes erfolgen meist in stündlichen Intervallen.

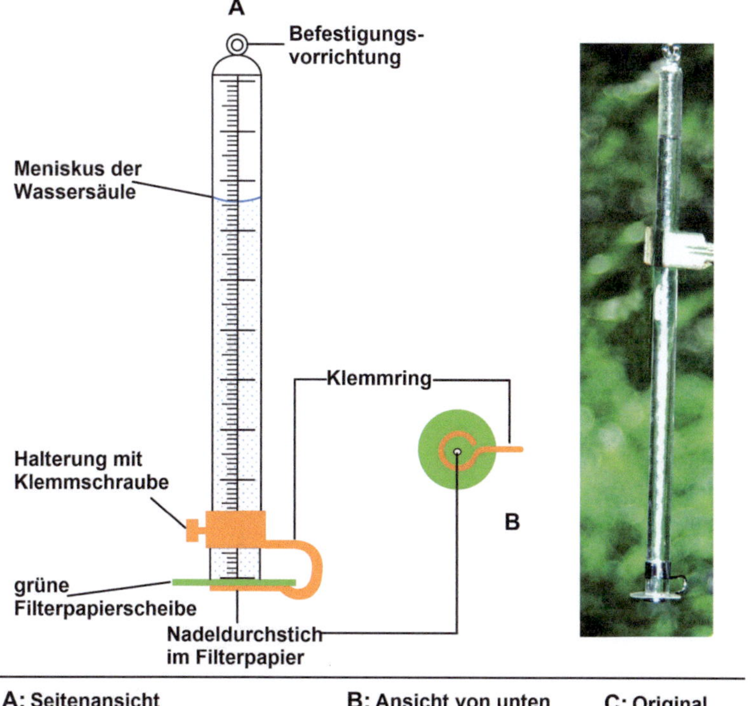

Abb. 12 **Schematische Darstellung des Piche-Evaporimeters**. Infolge der Verdunstung des Wassers an der Filterpapierscheibe sinkt der Meniskus in der Glasröhre, der Wasserverbrauch gilt als qualitatives Maß des Luftfeuchtedefizits (der „Verdunstungskraft"). (Quellen: eigene Darstellung; Foto: Matyssek)

Der Wasserverbrauch ist neben der absoluten Feuchte der Umgebungsluft auch von der Windgeschwindigkeit und den Filterpapiereigenschaften abhängig.

Durch Verteilung mehrerer Röhren, z. B. in Baumkronen oder Wiesenbeständen, erlauben Piche-Evaporimeter qualitativ einen relativen Vergleich kleinräumiger Unterschiede der Evaporation und somit des Luftfeuchtedefizits. Die Evaporation kann auch durch Messung des Absinkens offener Wasseroberflächen, z. B. mit der **Wildschen Schale (Wildsche Waage)**, volumetrisch oder durch Wägung erfasst werden.

Übungsbeispiel

Ein in einer Hecke aufgestellter Thermohygrograf zeigt eine Lufttemperatur $T_U = 20$ °C und eine relative Luftfeuchte $rF = 61$ % an. Die mit einem Thermoelement an einem benachbarten Blatt gemessene Temperatur T_B beträgt 21 °C, das Barometer gibt am Standort den aktuell herrschenden Luftdruck $P = 99$ kPa an.

- Ermitteln Sie die absolute (e) und maximale (e°) Luftfeuchte, das Luftfeuchtedefizit (VPD) und den Taupunkt der Luft in der Hecke.
- Wie groß ist die Differenz des Wasserdampfpartialdruckes (VPD_B) und Wasserdampfmolenbruches (Δw) zwischen dem Blatt und der Umgebungsluft der Hecke?
- Wie groß ist die Wasserdampfpotenzialdifferenz $\Delta\Psi$ zwischen Blatt und Luft, wenn das Blattwasserpotenzial $\Psi_B = -\ 1$ MPa beträgt?
- Außerhalb der Hecke messen wir mit dem Assmann-Psychrometer die Feuchttemperatur $T_f = 14\ °C$ und die Trockentemperatur $T_U = 19\ °C$. Welchen Taupunkt hat die Außenluft?

Ergebnisse:

$e = 1{,}57$ kPa; $e^\circ = 2{,}34$ kPa; $VPD = 770$ Pa; τ (in Hecke) $= 13{,}7\ °C$
$VPD_B = 920$ Pa; $\Delta w = 9{,}3\ \text{Pa} \cdot \text{kPa}^{-1}$; $\Delta\Psi = 53{,}1$ MPa τ;
(außerhalb Hecke) $= 10{,}5\ °C$ ◀

Weitere Übungsfragen

- Auf welche unterschiedlichen Arten kann man Luftfeuchte definieren und als Messgröße ausdrücken?
- In welchem Bezug stehen Luftfeuchte und Wasserpotenzial der Luft zueinander?
- Wie ist das Feuchtedefizit der Luft definiert?
- Warum sollte man die relative Luftfeuchte stets zusammen mit der gleichzeitig herrschenden Lufttemperatur angeben?
- Auf welcher Funktionsweise basiert ein Taupunktspiegel?
- Das Assmann-Psychrometer basiert auf der Erfassung der fühlbaren und der latenten Energie. Was bedeuten letztere, und auf welche Weise kann man die Luftfeuchte ableiten? ◀

Literatur

Jones HG (2014) Plants and microclimate: a quantitative approach to environmental plant physiology. Cambridge Press, Cambridge

Willert DJ von, Matyssek R, Herppich WB (1995) Experimentelle Pflanzenökologie. Thieme, Stuttgart

Teil V

Gaswechsel der Blattorgane

Physikalische Grundlagen von Transpiration, CO_2-Aufnahme, Gasleitfähigkeiten und deren Bestimmungen

10

Inhalt

Zusammenfassung

In diesem Kapitel sollen die wichtigsten Grundlagen des Blattgaswechsels erarbeitet werden, um relevante Gaswechselgrößen wie CO_2/O_2-Austausch- und Transpirationsrate, Wasserdampf- und CO_2-Leitfähigkeit (stomatär, kutikulär, Grenzschicht-, Mesophyll-) und daraus abgeleitete Parameter verstehen und nutzen zu können. Weiterhin sollen aber auch die Vorteile der „neuen Gaswechseleinheiten" gegenüber den „alten" demonstriert, wichtige Korrekturverfahren bei deren Berechnung besprochen sowie deren Sinnhaftigkeit beispielhaft aufgezeigt werden.

Schlüsselwörter

Blattleitfähigkeit für CO_2 · Blattleitfähigkeit für Wasserdampf · c_i-Wert (CO_2-Molenbruch der Luft in den Mesophyllinterzellularen) · Grenzschichtleitfähigkeit für Wasserdampf · Kutikuläre Leitfähigkeit · Mesophyllleitfähigkeit ·

R. Matyssek, W. B. Herppich, *Experimentelle Pflanzenökologie*, Springer Reference Naturwissenschaften, https://doi.org/10.1007/978-3-662-67530-4_10

Mesophyllwiderstand · Netto-CO_2-Austauschrate · Stomatäre Leitfähigkeit · Transpirationsrate · Verteilung der relativen Stomataöffnungsweiten · Wassernutzungskoeffizient

1 Gaswechsel – eine kurze Einführung

Unter Gaswechsel verstehen wir den Austausch von Gasen zwischen der Pflanze und ihrer Umgebung. Wir wollen die Behandlung des Gaswechsels allerdings auf die drei wichtigsten Gase *Kohlendioxid*, *Sauerstoff* und *Wasserdampf* beschränken. Dies soll nicht bedeuten, dass die Aufnahme von Stickoxiden, Schwefeldioxid und Ozon oder die Abgabe von z. B. Ethylen, Methan und weiteren sog. flüchtigen organischen Verbindungen (*volatile organic compounds* = VOC) unwichtige Gaswechselvorgänge sind. Die Auswirkungen letzterer Gase auf die Pflanzen sind aber nicht Gegenstand dieses Buches. Physikalisch folgt der Austausch solcher Gase insgesamt jedoch den gleichen hier vorgestellten Gesetzmäßigkeiten.

Es ist ein weitverbreiteter Irrtum, man messe mit Gaswechselanlagen Photosynthese im Sinne von CO_2-Fixierung. Tatsächlich misst man einen **Netto-CO_2-Austausch** zwischen Pflanze und Umgebungsluft. In den Netto-CO_2-Austausch gehen CO_2-fixierende und CO_2-freisetzende Reaktionen ein.

Zu den **CO_2-fixierenden Reaktionen** gehören die photosynthetische CO_2-Fixierung, auch CO_2-Assimilation genannt, und die zusätzliche nächtliche CO_2-Fixierung der CAM-Pflanzen (CAM = *crassulacean acid metabolism*). Es wird also in C_3-, C_4- und CAM-Pflanzen CO_2 an ein Akzeptormolekül gebunden und in den Stoffwechsel einbezogen.

Zu den **CO_2-freisetzenden Reaktionen** gehören:

- Die *mitochondriale Atmung*, die in Blättern auch im Licht, wenn auch reduziert, abläuft.
- Die *Photorespiration* oder *Lichtatmung*, die besonders bei C_3-Pflanzen nur im Licht als Seitenweg der Photosynthese unter O_2-Verbrauch CO_2 freisetzt.
- Bei den CAM-Pflanzen die *Decarboxylierung* von Äpfelsäure im Licht durch z. B. das Malatenzym.

Dass der CO_2-Austausch nur bedingt Rückschlüsse auf die CO_2-Fixierung zulässt, kann eindrucksvoll am Gaswechsel der CAM-Pflanzen klargemacht werden. Abb. 1 zeigt den **CO_2-Austausch der CAM-Pflanze** *Tylecodon paniculatus* in einem Klimakammerversuch. Der CO_2-Gaswechsel dieser Pflanze unterscheidet sich von dem einer C_3- oder C_4-Pflanze erheblich. Während C_3- und C_4-Pflanzen in der Nettobilanz im Licht CO_2 aufnehmen und im Dunkeln CO_2 abgeben, nehmen CAM-Pflanzen die Hauptmenge an CO_2 im Dunkeln auf. Hier wird CO_2 als HCO_3^- von der Phosphoenolpyruvat(PEP)-Carboxylase fixiert. Das entstehende Oxalacetat wird von Malatdehydrogenase in die stabilere Dicarbonsäure Äpfelsäure reduziert, die sich während der Nacht in der Zellvakuole ansammelt (s. Abb. 1b). Mit Beginn des Tages sinkt die CO_2-Aufnahme nach einer kurzen morgendlichen Aufnahme-

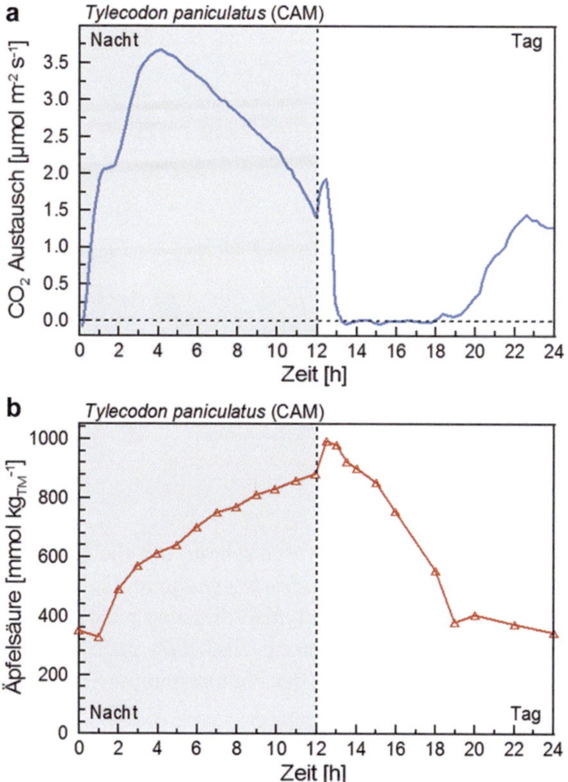

Abb. 1 (a) **CO_2-Austausch der Blätter der CAM-Pflanze** *Tylecodon paniculatus* in einem Klimakammerversuch im Licht-Dunkel-Wechsel von 12 zu 12 h. Die Temperatur in der Nacht betrug 17 °C, die am Tag 27 °C. Die Taupunkttemperatur war konstant 12 °C, die PPFD 560 µmol · $m^{-2} \cdot s^{-1}$, die Pflanze war ausreichend gewässert. Die Messung erfolgte mit einer Gaswechselmessanlage der Fa. Walz ohne Nebenschlussfeuchteregelung. (**b**) Während des Tag-Nacht-Zyklus wurden Proben von der gleichen Pflanze genommen und in ihnen die Konzentration an Äpfelsäure enzymatisch bestimmt. *Tylecodon paniculatus* gehört zur Familie der Crassulaceae und ist eine laubabwerfende Charakterart der ariden Winterregengebiete Südafrikas. (Nach von Willert et al. 1995)

phase rasch ab und steigt erst wieder an, wenn der am Morgen einsetzende blattinterne Abbau der Äpfelsäure aufgehört hat. Das bei der Decarboxylierung der Äpfelsaure freigesetzte CO_2 wird über die C_3-Photosynthese sofort assimiliert. Dieser Vorgang läuft bei fast geschlossenen Stomata ab. Es findet in dieser Phase also kein oder nur ein unbedeutender CO_2-Austausch mit der Umgebung statt, obwohl viel CO_2 blattintern fixiert wird. Wir erkennen bei CAM-Pflanzen den Unterschied zwischen CO_2-Assimilation und CO_2-Austausch besonders deutlich.

Häufig wird die mitochondriale Atmung bei **Gaswechselexperimenten** unter konstanten Küvettentemperaturen durch kurzzeitiges Verdunkeln der Pflanzen als Netto-CO_2-Abgabe gemessen und dieser Wert später der Netto-CO_2-Aufnahme zugeschlagen, um die Brutto-CO_2-Aufnahme zu ermitteln. Dieses Verfahren liefert nur dann

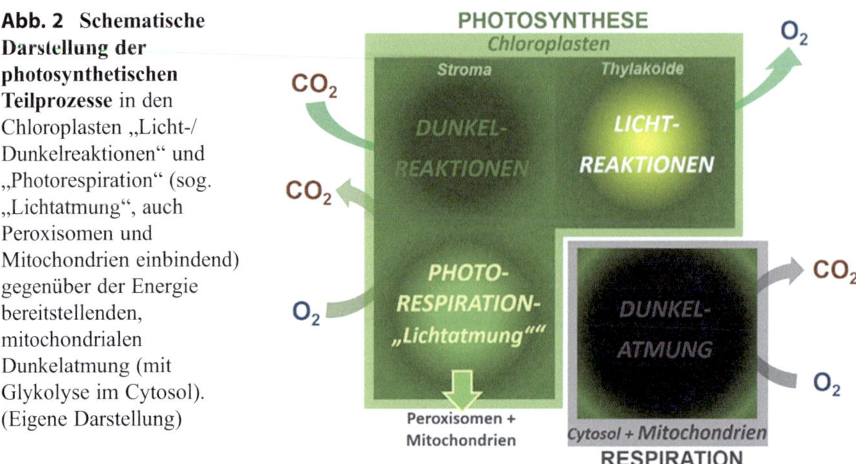

Abb. 2 Schematische Darstellung der photosynthetischen Teilprozesse in den Chloroplasten „Licht-/Dunkelreaktionen" und „Photorespiration" (sog. „Lichtatmung", auch Peroxisomen und Mitochondrien einbindend) gegenüber der Energie bereitstellenden, mitochondrialen Dunkelatmung (mit Glykolyse im Cytosol). (Eigene Darstellung)

eine zuverlässige Korrektur der CO_2-Austauschrate um die CO_2-Abgabe der mitochondrialen Atmung, wenn die *mitochondriale Atmung* im Licht genau so groß ist wie im Dunkeln. Nach allem, was bekannt ist, trifft dies aber nicht zu. Für C_3-Pflanzen ist zum Abschätzen der Brutto-CO_2-Fixierung zusätzlich noch eine Bestimmung der CO_2-Freisetzung während des Prozesses der Photorespiration (= **Lichtatmung**) nötig.

Hintergrundinformation

Photosynthetische und respiratorische Prozesse bergen ein gewisses Risiko der Begriffsverwechslung angesichts von Licht- und Dunkelreaktionen sowie der Licht- und Dunkelatmung (Abb. 2). Bekanntlich sind die Licht- und Dunkelreaktionen Teilprozesse der Photosynthese, die in den Thylakoiden (Photonenabsorption, Elektronentransport) und im Stroma der Chloroplasten (CO_2-Fixierung, Zuckerbildung) ablaufen. Aber auch die Photorespiration ist ein Teilprozess der Photosynthese, in den neben den Dunkelreaktionen im Chloroplastenstroma auch Prozesse in Peroxisomen und Mitochondrien involviert sind. Hierbei wird O_2 um- und CO_2 freigesetzt, was formal an Atmung („Respiration") erinnert, jedoch lichtabhängig ist (daher „Photorespiration" oder auch „Lichtatmung"). Die Lichtatmung stellt jedoch keine Energie bereit, im Gegensatz zur lichtunabhängigen aeroben Dunkelatmung, die neben weiteren Funktionen Energie für den Stoffwechsel bereitstellt und ausschließlich in den Mitochondrien stattfindet. Da die Dunkelatmung (anders als die Lichtatmung) keinen photosynthetischen Teilprozess darstellt, ist sie grafisch in Abb. 2 abseits positioniert.

Die Photorespiration kann mit Gaswechselmessanlagen relativ einfach bestimmt werden, sofern eine Gasmischanlage zur Veränderung der Zusammensetzung des Messgases zur Verfügung steht. Für die Messung der Photorespiration ist wichtig zu wissen, dass die Oxygenasenaktivität der Rubisco durch Verringerung des O_2-Partialdrucks am Ort des Enzyms minimiert werden kann. Man senkt daher die O_2-Konzentration der Außenluft durch Zumischen von N_2 auf 1–2 % und vergleicht die Netto-CO_2-Austauschrate, die man unter diesen Bedingungen erhält, mit der bei 21 % O_2 in der Außenluft. Führt man solche Messungen bei sättigender Photonenflussdichte *PPFD*, $T_C = 27\ °C$, $\Delta w = 18\ mPa \cdot Pa^{-1}$, $c_a = 340\ \mu mol \cdot mol^{-1}$

(CO_2-Molenbruch der Atmosphäre während 1980er-Jahre) und mit gut gewässerten C_3-Pflanzen durch, so erhält man z. B. für Gerste (*Hordeum vulgare*) einen Anteil von 30 % und für Erbse (*Pisum sativum*) einen Anteil von 37 % der Photorespiration in der Netto-CO_2-Austauschrate. Letztere ist also unter 21 % Sauerstoff um den ermittelten Anteil der Photorespiration gemindert.

Aus vielen Originalarbeiten geht leider nicht klar hervor, ob die gemessenen CO_2-Austauschraten, wenn sie als Assimilationsraten bezeichnet werden, sorgfältig für CO_2-freisetzende Reaktionen korrigiert wurden, sodass vielfach irreführende Bezeichnungen verwendet werden. In der englischsprachigen Literatur hat sich für die Netto-CO_2-Aufnahme die Abkürzung A (von *assimilation*) eingebürgert. Da es sich bei der Netto-CO_2-Aufnahme aber – wie ausgeführt – nicht um eine CO_2-Assimilation, sondern um eine Teilchenflussdichte handelt, werden wir diese Abkürzung nicht gebrauchen, sondern stattdessen J_{CO_2} verwenden. Es gibt allerdings einen in der Literatur fest verankerten Ausdruck: *A-c_i-Kurve*. Hierunter versteht man die Abhängigkeit der CO_2-Austauschrate von der CO_2-Konzentration (oder dem CO_2-Molenbruch) in den Interzellularen.

Der **CO_2-Austausch** einer Pflanze mit ihrer Umgebung kann zahlreichen **Einschränkungen** unterliegen. Als limitierende Faktoren für den CO_2-Austausch treten auf: Photonenflussdichte, Temperatur, Δw, Wasserzustand, Spaltöffnungsweite, CO_2-Konzentration. Was bedeutet unter solchen Voraussetzungen der Begriff $^{max}J_{CO_2}$ (häufig auch als A_{max} bezeichnet)? Auch hier herrscht kein einheitlicher Gebrauch des Begriffes vor. Vielfach wird die im Tagesverlauf gemessene maximale Netto-CO_2-Aufnahmerate damit bezeichnet. Zu Beginn der 1980er-Jahre wurde von A_{max} gesprochen, wenn Strahlung, Temperatur und Feuchte nicht limitierend für die CO_2-Aufnahme waren, CO_2 aber der damaligen Außenkonzentration von 340 ppm entsprach. Andere verstehen unter $^{max}J_{CO_2}$ die CO_2-Aufnahme-*Kapazität* unter nichtlimitierenden Bedingungen, das heißt, *alle* oben aufgelisteten Faktoren (inkl. CO_2!) dürfen die CO_2-Aufnahme nicht begrenzen. Die letztere Definition erscheint uns überaus klar und sinnvoll, und wir empfehlen, $^{max}J_{CO_2}$ nur in letzterem Sinne zu verwenden.

Hintergrundinformation

Die CO_2-Konzentration der Atmosphäre wird meist in der Einheit „ppm" (= *parts per million*) angegeben, was gleichbedeutend ist mit „$\mu l\ l^{-1}$", „$\mu bar\ bar^{-1}$ ($\mu Pa\ Pa^{-1}$)" oder auch „$\mu mol\ mol^{-1}$". Gerade letztere Einheit zeigt aber an, dass „ppm" einen Molenbruch bezeichnet. Damit ist es falsch, von CO_2-Konzentration zu sprechen, wenn „ppm" oder die anderen genannten Einheiten verwendet werden, auch wenn sich dies im umgangssprachlichen Wissenschaftsalltag so eingebürgert hat. Die Bezeichnung „Konzentration" ist stets als volumenbezogene Menge mit entsprechenden Einheiten definiert (wie z. B. „$\mu mol\ l^{-1}$"). Aus Gründen, die im späteren Verlauf dieses Kapitels erkennbar werden, sollte für CO_2 als partielle atmosphärische Komponente die Einheit „$\mu mol\ mol^{-1}$" verwendet und gegenüber „ppm", was ebenfalls sehr gebräuchlich ist, bevorzugt werden.

Es erschien uns an dieser Stelle wichtig, auf die „babylonische" Sprachverwirrung hinzuweisen, um die Aufmerksamkeit des Lesers hierfür zu schärfen und zu verdeutlichen, wie wichtig es ist, sich an klare Definitionen zu halten. Wir werden im

Verlaufe der nächsten Kapitel noch weitere kritische Anmerkungen zu Bezeichnungen von Gaswechselparametern machen müssen.

In diesem Kapitel werden wir als Gaswechsel die Wasserdampfabgabe und den CO_2-Austausch der Pflanze mit der Umgebung als Diffusionsprozesse kennenlernen, auf die wir die Erkenntnisse des ▶ Kap. 4, „Allgemeine Gasgesetze – Grundlagen ökophysiologischer Messung“ anwenden können. ▶ Kap. 13, „Sauerstoffgaswechsel“ wird den O_2-Austausch behandeln. Im Zuge der nun folgenden Betrachtung. Im Zuge dieser Betrachtung werden wir die Blattleitfähigkeit für Wasserdampf und für CO_2 definieren und die Frage behandeln, wodurch Leitfähigkeiten bestimmt werden. Als abgeleitete Parameter aus Gaswechselmessungen werden wir den Quotienten aus der CO_2-Aufnahmerate und der Transpirationsrate als (photosynthetische oder momentane) „*water-use efficiency*“ (*WUE*) kennenlernen, die man im Deutschen Wassernutzungseffizienz nennt. Weiterhin werden wir uns mit Fragen der Berechnung der blattinternen CO_2-Konzentration sowie der Gültigkeit dieser Berechnung beschäftigen. Eine Bezugsgrößenbetrachtung wird die Behandlung der physikalischen Grundlagen des Gaswechsels abschließen.

Im ▶ Kap. 11, „Methoden der Gaswechselmessung – historische und aktuelle“ werden dann eine Reihe von Methoden und Geräten vorgestellt, mit denen der Gaswechsel der Pflanzen gemessen werden kann, und es werden die Vor- und Nachteile der verschiedenen Systeme aufgezeigt. Nachdem wir im Verlauf dieses Kapitels die notwendigen Berechnungsformeln für die Gaswechseldaten angegeben haben, werden wir auf Korrekturverfahren eingehen und – auf den physikalischen Grundlagen aufbauend – systemspezifische Anpassungen darstellen. Die Korrekturverfahren haben heute breiten Eingang in die Berechnung von Gaswechseldaten gefunden, sodass wir ihre Behandlung für überaus wichtig ansehen. Bei computergestützter Auswertung ist der Aufwand solcher Korrekturen gering. Ein Vergleich von Gaswechseldaten, deren Berechnung ohne und mit Korrekturverfahren vorgenommen wurden, zeigt den Einfluss auf die Ergebnisse.

Nach den theoretischen Abhandlungen werden wir im ▶ Kap. 12, „Ergebnisbeispiele aus Gaswechseluntersuchungen“ Ergebnisse und Schlussfolgerungen von Gaswechselmessungen vorstellen. Hierbei werden wir zunächst die sogenannten Nachlaufmessungen vorstellen, die unter den natürlichen Bedingungen des Standortes die Abhängigkeit des Gaswechsels von den Klimafaktoren aufzeigen. Danach wollen wir uns der Wirkung von Temperatur, Luft- und Bodenfeuchte zuwenden und die Abhängigkeit des Gaswechsels von der CO_2-Konzentration und der Bestrahlungsstärke behandeln. Wir werden dabei eine Reihe wichtiger, aus Gaswechselmessungen abgeleiteter Größen wie Photonenwirksamkeit, Carboxylierungseffizienz sowie CO_2-Bedarfs- und Versorgungsfunktion kennenlernen.

Theorie, Methoden und Durchführung von Gaswechselmessungen, insbesondere des CO_2-Austausches, sind nur ein Aspekt der Erfassung von Photosyntheseprozessen, worauf wir zunächst in diesem und in den folgenden ▶ Kap. 11, „Methoden der Gaswechselmessung – historische und aktuelle“ und ▶ Kap. 12, „Ergebnisbeispiele aus Gaswechseluntersuchungen“ schwerpunktmäßig eingehen wollen. Vielfach können aber auch begleitende Messungen mit anderen Methoden weitere Informationen liefern. Zu ergänzenden und weiterführenden Methoden gehören die in ▶ Kap. 13, „Sauerstoffgaswechsel“ dargestellte Messung des Sauerstoffgaswechsels von Blattstücken, in ▶ Kap. 14, „Chlorophyllfluoreszenzanalyse“ die Messung und Interpretation der „Chlorophyllfluoreszenz“, und in ▶ Kap. 15, „Analyse stabiler Isotope“ in der Pflanze. Wir werden fragen, in welchem Maße Messungen des O_2-Austausches jene des CO_2-Austausches ersetzen oder ergänzen können. Wertvolle Informationen über den Photosyntheseapparat liefert die Analyse der Chlorophyllfluoreszenz, welche die Interpretation von Gaswechseldaten wesentlich erweitern kann. Desgleichen ist die Analyse von stabilen Isotopen in der pflanzlichen Biomasse zu bewerten, mit mechanistischen Erkenntnissen über Gaswechselprozesse sowie pflanzeninterne Kohlenstoff-, Wasser- und Nährstoffflüsse. Bei all diesen grundlegenden und weiterführenden Aspekten muss uns jedoch bewusst bleiben, dass Gaswechsel inhärent immer auch diffusive Wasserdampfabgabe bedeutet, auf Blattebene stets auf dem gleichen Weg über die Spaltöffnungen wie auch für CO_2. Aus der Kenntnis der Transpirationsrate und Luftfeuchte sowie dem Wasserzustand der Pflanze lassen sich Schlüsse über die stomatäre Regulation ziehen, ausgedrückt als diffusive stomatäre oder Blattleitfähigkeiten für Wasserdampf. Deshalb wollen wir in der weiteren Betrachtung des Gaswechsels zunächst die Gesetzmäßigkeiten der pflanzlichen Transpiration und Wasserdampfleitfähigkeit vertiefen.

2 Transpirationsrate und Blattleitfähigkeit für Wasserdampf

Alle physikalisch-chemischen Prozesse beruhen auf treibenden Kräften. Letztere resultieren aus energetischen **Potenzialunterschieden**, wie der Differenz zwischen chemischen Potenzialen, und bestimmen auch den Teilchenstrom der Wasserdampfdiffusion während der pflanzlichen Transpiration. Die Transpirationsrate J_{H_2O} ist proportional zur Differenz der chemischen Potenziale des Wasserdampfes $\Delta\mu_w$ zwischen Blattinnerem und Umgebungsluft. Diese Differenz ist wirksam entlang der Wegstrecke Δx durch die Spaltöffnungen und die außen am Blatt anliegende Luftgrenzschicht. Somit gilt $J_{H_2O} \sim \Delta\mu/\Delta x$. Zugleich ist J_{H_2O} proportional zur Wasserdampfkonzentration, c_w, entlang der Diffusionsstrecke. Durch Kombination dieser beiden Teilbeziehungen und Einführung einer Proportionalitätskonstanten (dem Mobilitätsfaktor für Wasserdampf u_{H_2O}) erhält man folgende Gleichung:

$$J_{H_2O} = u_{H_2O} \cdot c_w \cdot \frac{\Delta\mu}{\Delta x} \tag{1}$$

Somit ist die Transpirationsrate durch Gl. 1 mathematisch eindeutig beschrieben, allerdings ist die erforderliche Bestimmung des chemischen Potenzials von Wasserdampf für praktische Anwendungen wenig geeignet.

Wenn wir von einem differenziellen Ansatz ausgehen, d. h. nur die sehr geringe Änderung von μ_w, also $-d\mu_w$, entlang einer sehr kleinen Strecke dx betrachten, lässt sich J_{H_2O} berechnen

$$J_{H_2O} = u_{H_2O} \cdot c_w \cdot \frac{-d\mu_w}{dx} \tag{2}$$

Aus dem ▶ Kap. 8, „Energetik des Wassers – chemisches Potenzial und Wasserpotenzial mit seinen Teil-Komponenten" wissen wir, dass $\mu_w = R \cdot T \cdot \ln(e/e^\circ)$ ist. Da e° für eine vorgegebene Temperatur konstant ist, fällt $d \ln(e^\circ)$ bei der Differenzierung weg. Damit wird $d\mu_w$ zu $R \cdot T \cdot d \ln(e)$. Der Ausdruck $d \ln(z)/dx$ stellt die logarithmische Ableitung einer Funktion dar $(1/z \cdot dz/dx)$. Wenden wir dies auf den Ansatz der Gl. 2 an, erhalten wir

$$J_{H_2O} = -u_{H_2O} \cdot c_W \cdot \frac{R \cdot T}{e} \cdot \frac{de}{dx} \tag{2a}$$

Aus dem allgemeinen Gasgesetz können wir für Wasserdampf ableiten, dass

$$c_W = \frac{n_W}{V} = \frac{e}{R \cdot T}$$

ist. Setzen wir dies in Gl. 2a ein, ergibt sich

$$J_{H_2O} = -u_{H_2O} \cdot \frac{de}{dx} \tag{2b}$$

Mit $de = dc_W \cdot R \cdot T$ wird Gl. 2b zu

$$J_{H_2O} = -u_{H_2O} \cdot R \cdot T \cdot \frac{dc_W}{dx} \tag{2c}$$

$$J_{H_2O} = u_{H_2O} \cdot R \cdot T \cdot \frac{\Delta c_W}{\Delta x} \tag{2d}$$

In der Endform von Gl. 2d haben wir den negativen Konzentrationsgradienten nur noch durch die endliche Konzentrationsdifferenz von Wasserdampf über die Diffusionsstrecke Δx ausgetauscht.

Die erhaltene Gl. 2d entspricht unmittelbar dem 1. Fickschen Diffusionsgesetz, wenn man $u_{H_2O} \cdot R \cdot T$ mit D_{H_2O} gleichsetzt. Somit kann man schreiben

$$J_{H_2O} = \frac{D_{H_2O}}{\Delta x} \cdot \Delta c_W \tag{3}$$

Gl. 3 gibt zugleich das Ohm-Gesetz wieder, wenn $D_{H_2O}/\Delta x$ durch g'_{H_2O}, die Blattleitfähigkeit für die Wasserdampfdiffusion in Luft, ersetzt wird. g'_{H_2O} ist der Kehrwert des Diffusionswiderstandes r'_{H_2O}. Man erhält

Tab. 1 Ursprünglich sich aus Gl. 4 ergebende Einheiten

J_{H_2O}	$mg \cdot m^{-2} \cdot s^{-1}$ (H_2O in Masseneinheit mg)		
Δc_W	$mg \cdot m^{-3}$		
g'_{H_2O}	$m \cdot s^{-1}$	oder	$mm \cdot s^{-1}$
r'_{H_2O}	$s \cdot m^{-1}$	oder	$s \cdot mm^{-1}$

$$J_{H_2O} = 1/r'_{H_2O} \cdot \Delta c_w \\ = g'_{H_2O} \cdot \Delta c_w \tag{4}$$

analog zu $I = 1/R \cdot U = G \cdot U$ in der Elektrizitätslehre.

Verglichen mit Gl. 1 stellt nun Gl. 4 für die Praxis eine einfache Beziehung dar. In der Regel werden J_{H_2O} und Δc_w durch Messung ermittelt (s. ▶ Kap. 11, „Methoden der Gaswechselmessung – historische und aktuelle"), woraus sich g'_{H_2O} errechnen lässt. Die mit der Herleitung der Gl. 4 gegebenen und lange Zeit gültigen Einheiten sind in Tab. 1 zusammengefasst.

Im Abschn. 4 werden wir eine weitere, heute gebräuchliche Definition (mit „neuen" Einheiten) zur Blattleitfähigkeit für Wasserdampf kennenlernen, dann als g_{H_2O} bezeichnet. Mithilfe von g'_{H_2O} und g_{H_2O} lassen sich Spaltöffnungsbewegungen beurteilen. Im folgenden Abschn. 3 werden wir bereits ausschließlich von g_{H_2O} reden.

3 Stomatäre, kutikuläre und Grenzschichtleitfähigkeit für Wasserdampf

Die Blattleitfähigkeit für Wasserdampf ist eine errechnete Größe, die sich aus den Messwerten von J_{H_2O} und Δc_w ableitet: $g_{H_2O} = J_{H_2O}/\Delta c_w$. Man kann sich g_{H_2O} als Porosität der Blattepidermis für den Wasserdampfaustritt in die Umgebungsluft vorstellen. Die Porosität ist im Wesentlichen bestimmt durch die **Öffnungsweiten** und die **Anzahl der Spaltöffnungen** pro Blattfläche (= Spaltöffnungsdichte). Da letztere in ausdifferenzierten Blättern konstant ist, kann g_{H_2O} ein Maß sein für den *mittleren Öffnungsgrad* der vorhandenen Stomata, und Änderungen von g_{H_2O} können Spaltöffnungsbewegungen anzeigen. Damit eine solche Interpretation zulässig ist, darf in $g_{H_2O} = D_{H_2O}/\Delta x$ die Länge der Diffusionsstrecke Δx nur auf den Durchtritt durch die Stomata beschränkt sein. Wie ist das zu verstehen? Hierzu müssen wir den Diffusionsweg von Wasserdampf aus dem Blatt detailliert betrachten.

Für die Transpiration stehen zwei parallel zueinander verlaufende Diffusionswege zur Verfügung (Abb. 3):

- *Weg 1* führt aus den Interzellularen des Mesophylls und dem substomatären Raum (Atemhöhle) durch die Spaltöffnungen und die außen anliegende Luftgrenzschicht.
- *Weg 2* führt aus den Epidermiszellen durch die Kutikula und ebenfalls durch die Grenzschicht. Nach dem Ohm-Gesetz ist in einer solchen Parallelschaltung der Kehrwert des gesamten Flusswiderstandes r_{H_2O} gleich der Summe der reziproken Einzelwiderstände, wobei r_1 den Widerstand des Weges 1 und r_2 den des Weges 2 bezeichnet: $1/r_{H_2O} = 1/r_1 + 1/r_2$. Umgeformt gilt für die entsprechenden Leitfähigkeiten:

$$g_{H_2O} = g_1 + g_2 \tag{5}$$

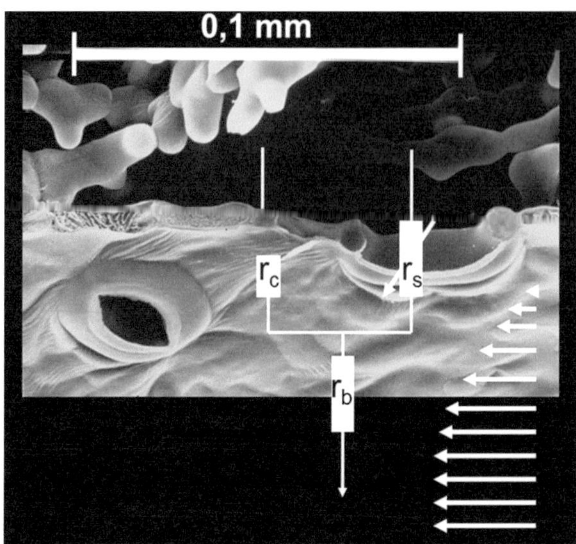

Abb. 3 **Diffusionswege von Wasserdampf aus der Blattunterseite in die Umgebungsluft.** Diffusionsweg 1 verläuft aus dem substomatären Raum („Atemhöhle") durch die Spaltöffnung und die der Blattoberfläche anliegende Luftgrenzschicht in die Umgebungsluft. Stomata und Grenzschicht stellen jeweils Widerstände (Widerstand = 1/Leitfähigkeit) für die Wasserdampfdiffusion dar ($r_S = r_{St}$ = stomatärer Widerstand; $r_b = r_\delta$ = Grenzschichtwiderstand, b = *boundary*). Diffusionsweg 2 ist zu den Stomata „parallel geschaltet", wobei die Wassermoleküle aus den Epidermiszellen durch die Kutikula in die Grenzschicht und dann ebenfalls in die Umgebungsluft diffundieren. Auch die Kutikula bildet einen Diffusionswiderstand (entsprechend einer Leitfähigkeit) für Wasserdampf ($r_C = r_k$ = kutikulärer Widerstand). Der diagonale Pfeil durch r_s zeigt an, dass dieser Widerstand regelbar ist. (Foto: M.S. Günthardt-Goerg u. C. Scheidegger)

Weg 1 stellt eine Serienschaltung dar, deren Einzelwiderstände sich zu einem Gesamtwiderstand summieren, wobei die Indizes St für Stomata und δ für Grenzschicht stehen:

$$r_1 = r_{St} + r_\delta$$

Ausgedrückt in Leitfähigkeiten erhält man

$$\frac{1}{g_1} = \frac{1}{g_{St}} + \frac{1}{g_\delta}$$

oder umgeformt

$$g_1 = \frac{g_{St} \cdot g_\delta}{g_{St} + g_\delta} \tag{6}$$

Tab. 2 Leitfähigkeiten und Widerstände der Wasserdampfdiffusion durch Grenzschicht, Stomata und Kutikula von Blättern

	Leitfähigkeit		Widerstand
	[$mm \cdot s^{-1}$]	[$mmol \cdot m^{-2} \cdot s^{-1}$]	[$s \cdot m^{-1}$]
Grenzschicht			
dünn	80	3000	13
dick	8	300	130
Stomata			
offen, weichlaubige Blätter	2–20	80–800	50–500
Kutikula			
weichlaubige Blätter	0,05–0.2	2–8	5000–20.000

Damit ergibt sich eingesetzt in Gl. 5:

$$g_{H_2O} = \frac{g_{St} \cdot g_\delta}{g_{St} + g_\delta} + g_K \quad (7)$$

Der Index K steht für Kutikula.

Wir sehen also, die Blattleitfähigkeit g_{H_2O} (bzw. der Diffusionswiderstand r_{H_2O}) umfasst außer der stomatären Leitfähigkeit (bzw. dem stomatären Diffusionswiderstand) auch noch weitere Leitfähigkeiten (und Diffusionswiderstände) für Wasserdampf.

In der Regel ist die **kutikuläre Leitfähigkeit** für Wasserdampf ca. 100-mal kleiner als die *stomatäre* und kann je nach Fragestellung in Gl. 7 meist vernachlässigt werden (Tab. 2).

Die **Wasserdampfleitfähigkeit der Grenzschicht** kann dagegen größer als die der Stomata sein und behindert dann die Transpiration durch die Stomata nicht. Unter bestimmten Bedingungen (z. B. niedrige Windgeschwindigkeit, große Blätter; s. ▶ Kap. 6, „Bewegte Luft – Wind, Grenzschicht, Konvektion und deren Bestimmung"; Tab. 2) ist die **Grenzschichtleitfähigkeit** aber kleiner als die stomatäre Leitfähigkeit; dann ist der Diffusionswiderstand der Grenzschicht größer und behindert die Transpiration stärker als der stomatäre Widerstand. Die Berechnung von g_{H_2O} würde bei gegebenem J_{H_2O} und Δc_w nun den Diffusionswiderstand der Stomata überschätzen bzw. dic Wasserdampfleitfähigkeit der Stomata in Gl. 7 unterschätzen.

Wie lässt sich g_δ schätzen? Nehmen wir eine Windgeschwindigkeit $\upsilon = 0{,}45\ m \cdot s^{-1}$ an, die über eine Blattlänge $\ell = 0{,}25$ m streicht. Dann errechnet sich die Grenzschichtdicke als:

$$\delta = 4{,}0 \cdot 10^{-3} m \cdot s^{-0{,}5} \cdot \sqrt{(\ell/\upsilon)} = 3 \ \ mm$$

Es folgt sodann

$$\begin{aligned} g_\delta &= D_{H_2O}/\Delta x \\ &= 2{,}4 \cdot 10^{-5}\ \text{m}^2 \cdot \text{s}^{-1}/3 \cdot 10^{-3}\ \text{m} \\ &= 8\ \text{mm} \cdot \text{s}^{-1} \end{aligned}$$

Bei unverändertem v, aber $\ell = 2$ mm nimmt g_δ um den Faktor 10 zu (auf 80 mm · s^{-1}). Siehe in Tab. 2 g_δ im Vergleich zu stomatären und kutikulären Leitfähigkeiten.

Will man die **stomatäre Leitfähigkeit** ermitteln, muss bei der Messung von J_{H_2O} und Δc_w durch genügend hohe Windgeschwindigkeit das dem Blatt anliegende δ (und somit der Diffusionsweg durch die Grenzschicht) minimiert werden. Dadurch wird g_δ im Zähler der Gl. 7 so weit erhöht, dass es im Nenner ungefähr der Summe $g_{St} + g_\delta$ entspricht und gegen g_δ im Zähler gekürzt werden kann. Nur auf diese Weise resultiert aus Gl. 7 (und Gl. 4) ein der stomatären Leitfähigkeit entsprechendes g_{H_2O} mit einem nur noch durch die Stomata bestimmten Diffusionsweg. Somit ist g_{H_2O} ein Maß für die mittlere Öffnungsweite aller Stomata des Blattes und für Spaltöffnungsbewegungen.

Die Bedeutung von Öffnungsweite und Anzahl der Stomata für g_{H_2O} lässt sich veranschaulichen, wird J_{H_2O} nicht auf die Blattfläche A, sondern auf die Summe aller Porenflächen sämtlicher Stomata im Blatt, A_{St}, bezogen. Dann wird Gl. 3 zu

$$J_{H_2O} \cdot \frac{A}{A_{St}} = \frac{D_{H_2O}}{\Delta x} \cdot \Delta c_w$$

oder

$$J_{H_2O} = \frac{D_{H_2O}}{\Delta x} \cdot \frac{A_{St}}{A} \cdot \Delta c_w$$

A_{St} lässt sich ausdrücken als $a_{St} \cdot n_{St} \cdot A$, wobei a_{St} die mittlere Porenfläche, n_{St} die Anzahl der Stomata pro Blattflächeneinheit und $n_{St} \cdot A$ die Anzahl der Stomata in der gesamten Blattfläche A darstellen. Gl. 3 lässt sich nun angeben als:

$$J_{H_2O} = \frac{D_{H_2O} \cdot n_{St} \cdot a_{St}}{\Delta x} \cdot \Delta c_w$$

Betrachtet man den Quotienten als stomatäre Leitfähigkeit, so nimmt dieser mit der Anzahl und Öffnungsweite der Stomata zu. Dieser Quotient lässt sich nach Abb. 4 visualisieren.

Hintergrundinformation

Die stomatäre Leitfähigkeit für ein im Blattgaswechsel betrachtetes Gas (g_{Gas}) lässt sich als Produkt darstellen aus dem auf den Diffusionsweg (Δx) bezogenen Diffusionskoeffizienten des Gases (D_{Gas}) sowie der Stomatadichte (n_{St}) und der mittleren Porenfläche aller Stomata in der Blattfläche (a_{St}, Abb. 4). In einem ausdifferenzierten Blatt mit konstantem n_{St} ist die einzige Variable a_{St}, da Δx und für das betrachtete Gas auch D_{Gas} vorgegeben sind (entsprechend ist D gasabhängig als z. B. D_{H_2O} oder D_{CO_2}, oder für andere Gase, zu wählen). Somit bestimmt a_{St} die stomatäre Leitfähigkeit g_{Gas}, im Fall von Wasserdampf also g_{H_2O}. Wir erkennen aber, dass g_{Gas} nicht nur von den anatomischen Blatteigenschaften, sondern auch vom Diffusionskoeffizienten des jeweiligen Gases abhängt. Bei unveränderten n_{St} und a_{St} ist z. B. g_{CO_2} niedriger als g_{H_2O} ($g_{CO_2} = 0{,}624 \times g_{H_2O}$). g_{Gas} hängt also von anatomischen, physiologischen und physikalischen Rahmenbedingungen ab.

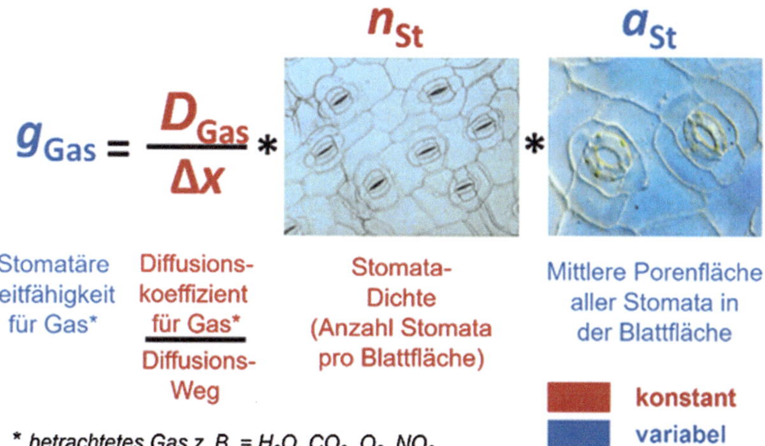

Abb. 4 Visualisierung der stomatären Leitfähigkeit von Blättern für Gase (g_{Gas}) in Abhängigkeit vom betreffenden, gasspezifischen Diffusionskoeffizienten (D_{Gas}), dem Diffusionsweg (Δx), der Stomatadichte (n_{St}) und der mittleren Porenfläche (a_{St}, entsprechend der Öffnungsweite) sämtlicher Stomata in der Blattfläche. Mit zunehmender a_{St} (und n_{St} konstant) nimmt in ausdifferenzierten, nicht mehr wachsenden Blättern g_{Gas} zu (blau markiert, s. Details im Text). (Fotos Screenshots aus Bereiter-Hahn und Peters 1999; eigene Darstellung)

4 Transpirationsrate und Blattleitfähigkeit für Wasserdampf in den neuen Einheiten

Nach der gegebenen Herleitung in Gl. 1, 2, 3 und 4 und dem allgemeinen Gasgesetz (s. Abschn. 2) ist die Blattleitfähigkeit für Wasserdampf druck- und temperaturabhängig. Es gilt:

$$D_{H_2O} = D^o_{H_2O} \cdot (T/T^o)^{1,8} \cdot (P^o/P) \tag{8}$$

und

$$g'_{H_2O} = \frac{D_{H_2O}}{\Delta x} \quad \text{(s. Gl. 3 und 4)}$$

Wir wollen im Folgenden die nach Gl. 3 definierte Blattleitfähigkeit, wie in Abschn. 2, zunächst mit g'_{H_2O} bezeichnen. Im Vergleich zu Standardbedingungen ($D^o_{H_2O}$ bei $T^\circ = 273$ K und $P^\circ = 101{,}3$ kPa) nimmt die Diffusionskonstante mit steigender Temperatur und fallendem Druck zu. Entsprechend verhält sich g'_{H_2O}, selbst wenn sich Öffnungszustand und Anzahl der Stomata im Blatt nicht ändern!

Dies erschwert die direkte Vergleichbarkeit von unter verschiedenen Bedingungen ermittelten stomatären Leitfähigkeiten (z. B. zwischen Pflanzen auf Meereshöhe und im Hochgebirge). Lässt sich dieses Problem durch Umformung von Gl. 2 beheben?

Aus Gl. 2 und dem allgemeinen Gasgesetz lässt sich die folgende Beziehung ableiten:

$$J_{H_2O} = u_{H_2O} \cdot \frac{R \cdot T}{\Delta x} \cdot \Delta c_w \tag{2d}$$

$$= u_{H_2O} \cdot \frac{R \cdot T}{\Delta x} \cdot \frac{\Delta n_w}{V}$$

$$= u_{H_2O} \cdot \frac{R \cdot T}{\Delta x} \cdot \frac{\Delta n_w \cdot P}{N \cdot R \cdot T} \tag{2e}$$

Ersetzt man, wie in der Herleitung von Gl. 4 erläutert, $u_{H_2O} \cdot (R \cdot T/\Delta x)$ durch g'_{H_2O} so ergibt sich:

$$J_{H_2O} = g'_{H_2O} \cdot \frac{P}{R \cdot T} \cdot \frac{\Delta n_w}{N}$$

Wir können nun $g'_{H_2O} \cdot (P/R/T)$ zu einer neuen Beschreibung der Blattleitfähigkeit g_{H_2O} zusammenfassen:

$$g'_{H_2O} \cdot \frac{P}{R \cdot T} = g_{H_2O} \tag{9}$$

Außerdem können wir die Molenbruchdifferenz $\Delta n_w/N$ ersetzen durch die Differenz der Wasserdampfpartialdrücke zwischen dem Blattinneren und der Außenluft, normiert für den herrschenden Gesamtdruck. Diese Größe hatten wir als Δw bereits kennengelernt.

$$\frac{\Delta n_w}{N} = \frac{e_B - e}{P} = \Delta w \tag{10}$$

Durch Einsetzen der Gl. 9 und 10 in Gl. 2e erhält man die einfache Beziehung:

$$J_{H_2O} = g_{H_2O} \cdot \Delta w \tag{11}$$

Welche Vorteile bestehen nun gegenüber Gl. 4? Die Leitfähigkeit g_{H_2O} in Gl. 9 enthält den zusätzlichen Faktor $P/(R \cdot T)$ gegenüber g'_{H_2O}. Der wesentliche Vorteil dieser Umformung wird sichtbar bei einem Vergleich zwischen Gl. 9 und 8. Wir erkennen die vollständige Eliminierung des Druckeinflusses auf g_{H_2O}! Auch der Temperatureinfluss auf g_{H_2O} wird deutlich abgeschwächt: g_{H_2O} ändert sich nur noch proportional zu $T^{0,8}$ und nicht mehr zu $T^{1,8}$ wie bei der Definition von g'_{H_2O}.

Nehmen wir ein Blatt mit konstanten anatomischen Eigenschaften (konstanter mittlerer Öffnungsweite und Anzahl der Stomata in der Blattfläche) bei variablen Umweltbedingungen an. Erwärmt es sich von 10 °C auf 40 °C, würde bei unveränderten Blatteigenschaften g'_{H_2O} um 20 % steigen. Wird es nun noch auf 2000 m Meereshöhe gebracht, steigt g'_{H_2O} nochmals um 26 %. Dagegen ändert der gleiche Temperaturanstieg g_{H_2O} nur um 8 %, während der Druckabfall g_{H_2O} überhaupt nicht beeinflusst.

Durch die Umformung ließ sich Δw aus Gl. 1 ableiten und repräsentiert in Gl. 11 die Differenz des chemischen Potenzials von Wasserdampf zwischen beiden Seiten der Blattepidermis. Als Differenz der Wasserdampfmolenbrüche zwischen Blattinnerem und Umgebungsluft repräsentiert Δw die „Verdunstungskraft" (= *evaporative demand*), die auf ein Blatt einwirkt. Man erkennt, dass bei gleichbleibendem g_{H_2O} und unveränderten Wasserdampfpartialdrücken in Blattinnerem und der Umgebungsluft $(e_B - e)$ die Transpirationsrate J_{H_2O} mit sinkendem Luftdruck P zunimmt, bedingt durch ein zunehmendes Δw. Dies ist von Bedeutung in der Hochgebirgsökologie: Anatomisch identische Blätter sind bei gleichen klimatischen Verhältnissen einer stärkeren Verdunstungskraft ausgesetzt als auf Meeresniveau.

Die in Gl. 11 verwendeten Einheiten werden für die eigentlich dimensionslose Größe Δw meist in $\text{Pa} \cdot \text{kPa}^{-1} = \text{mbar} \cdot \text{bar}^{-1} = \text{mmol} \cdot \text{mol}^{-1}$ angegeben. Alle Einheiten zeigen den gleichen numerischen Wert für Δw. J_{H_2O} erhält Einheiten einer molaren Mengenflussdichte: $\text{mmol} \cdot \text{m}^{-2} \cdot \text{s}^{-1}$. Setzt man Δw mit der Dimension $\text{mmol} \cdot \text{mol}^{-1}$ oder als dimensionslosen Wert in Gl. 11 ein, so folgt $g_{H_2O} = J_{H_2O}/\Delta w$ in der gleichen Einheit wie J_{H_2O}: in $\text{mmol} \cdot \text{m}^{-2} \cdot \text{s}^{-1}$. Die Definitionen und Einheiten der Gl. 8, 9, 10 und 11 gehen auf Cowan (1977) zurück.

Die gleichen Einheiten für eine Mengenflussdichte (wie J_{H_2O}) und eine Leitfähigkeit sind mathematisch eindeutig abgeleitet, erscheinen aber vielleicht verblüffend, wenn man an das Ohm-Gesetz mit verschiedenen Einheiten für die Stromstärke (= Elektronenflussdichte) I und die elektrische Leitfähigkeit G denkt. Wir wollen daher die Aussage der neuen Gaswechseleinheiten veranschaulichen.

J_{H_2O}, die Transpirationsrate, wird bestimmt durch Δw, die Grenzschichtdicke, sowie Öffnungsweite und Anzahl der Stomata. Wenn uns die Bedeutung der Stomata in der Transpiration interessiert, dann müssen wir zunächst die Grenzschichtdicke durch Erhöhung der Windbewegung abtragen (s. ▶ Kap. 6, „Bewegte Luft – Wind, Grenzschicht, Konvektion und deren Bestimmung"). Sodann können wir J_{H_2O} für die gerade herrschende Verdunstungskraft Δw standardisieren, was folgende Beziehung ausdrückt: $d(J_{H_2O})/d(\Delta w) = J_{H_2O}$ (St). Es verbleibt also eine physikalisch korrigierte Transpirationsrate J_{H_2O} (St), die nur noch biologisch durch die Stomata bestimmt ist. Das heißt aber nichts anderes, als dass nun J_{H_2O} (St) als „Porosität" des Blattes die stomatäre Leitfähigkeit für Wasserdampf, g_{H_2O}, darstellt. Somit sind gleiche Einheiten für J_{H_2O} und g_{H_2O} gerechtfertigt.

Man beachte auch, dass nach Gl. 9 $g_{H_2O} = g'_{H_2O} \cdot P/(\text{R} \cdot T)$ ist, wobei nur g'_{H_2O} der im Ohm-Gesetz definierten Leitfähigkeit $G = I/U$ entspricht. Dies veranschaulicht folgende Rechnung für I in der Einheit Ampere und U in Volt:

Für I

$$\left(A = \text{Cb} \cdot \text{s}^{-1} = 3 \cdot 10^7 \text{dyn}^{0,5} \cdot \text{m} \cdot \text{s}^{-1}\right)$$

und U

$$\left(V = \mathrm{N} \cdot \mathrm{m} \cdot \mathrm{Cb}^{-1} = 10^5 \mathrm{dyn} \cdot \mathrm{m}/3 \cdot 10^7 \mathrm{dyn}^{0,5} \cdot \mathrm{m}\right)$$

ergibt sich

$$G = \left(9 \cdot 10^9 \cdot \mathrm{m} \cdot \mathrm{s}^{-1}\right).$$

Man erhält somit für G die gleiche Einheit wie für g'_{H_2O} in Gl. 4.

Gl. 9 erlaubt es, Leitfähigkeiten, die nach Gl. 4 errechnet wurden (g'_{H_2O}), in die neuen Einheiten nach Gl. 11 (g_{H_2O}) umzurechnen. Voraussetzung ist allerdings, dass Luftdruck und Temperatur bekannt sind, bei denen g'_{H_2O} ermittelt wurde.

Die Gaskonstante beträgt in den für diese Umrechnung zweckmäßigen Einheiten 8,3143 $m^3 \cdot Pa \cdot mol^{-1} \cdot K^{-1}$. Bei 101,3 kPa Luftdruck und 20 °C beträgt $P/(R \cdot T) = 41{,}6$ mol $\cdot$ m^{-3}. Somit wird ein $g'_{H_2O} = 1$ mm $\cdot$ s^{-1} zu $g_{H_2O} = (1 \text{ mm} \cdot s^{-1}) \cdot (41{,}6 \text{ mol} \cdot m^{-3})$ oder 41,6 mmol $\cdot$ $m^{-2} \cdot s^{-1}$. Wir werden ab jetzt also die neuen Einheiten verwenden.

5 Netto-CO_2-Austauschrate und Blattleitfähigkeit für CO_2

Wie die Transpiration ist der CO_2-Austausch des Blattes ein Diffusionsvorgang, der durch die chemische Potenzialdifferenz von Kohlendioxid zwischen Blattinnerem und Umgebungsluft angetrieben wird. Je nachdem, ob die respiratorischen oder die photosynthetischen Prozesse im Blatt überwiegen, resultiert eine *Netto-CO_2-Abgabe* bzw. eine *Netto-CO_2-Aufnahme*. Überwiegen CO_2-freisetzende Prozesse, liegt ein höherer CO_2-Partialdruck im Blatt als in der Außenluft vor. Der Gradient kehrt sich um, wenn die photosynthetischen Prozesse überwiegen. Bei einer Netto-CO_2-Aufnahme gibt man J_{CO_2} meist als positiven Wert an (die Pflanze gewinnt CO_2), eine Netto-CO_2-Abgabe bedingt dann ein negatives Vorzeichen für J_{CO_2} (CO_2-Verlust).

Analog zu Δw treibt die Differenz der CO_2-Molenbrüche in der Luft zwischen Blattinnerem und Umgebungsluft, $\Delta\chi_{CO_2}$, die CO_2-Diffusion durch die Stomata. Wir erhalten:

$$J_{CO_2} = g_{CO_2} \cdot \Delta\chi_{CO_2} \tag{12}$$

und

$$\Delta\chi_{CO_2} = \frac{p_a - p_i}{P} \tag{13}$$

mit den CO_2-Partialdrücken p_a in der Außenluft und p_i in der Luft der Mesophyllinterzellularen. g_{CO_2} ist die Blattleitfähigkeit für CO_2. Wir werden im Folgenden die Ausdrücke p_a und p_i für die CO_2-Partialdrücke in der Außenluft bzw. in den Interzellularen und c_a und c_i für die entsprechenden Molenbrüche von CO_2 verwenden, da sich diese Bezeichnungen in der Literatur etabliert haben. Für die Differenz

($c_a - c_i$) verwenden wir im Folgenden stets den Ausdruck $\Delta\chi_{CO_2}$, um zu verdeutlichen, dass es sich hierbei um Molenbrüche handelt. Wir ziehen dies der Verwendung von Δc analog zu Δw vor.

g_{CO_2} ist stets niedriger als das im gleichen Blatt und unter gleichen Bedingungen ermittelte g_{H_2O} (s. o.), da CO_2 langsamer diffundiert als Wasserdampf. In Luft gilt $D_{H_2O} = 2{,}13 \cdot 10^{-5}\,\mathrm{m}^2 \cdot \mathrm{s}^{-1} > D_{CO_2} = 1{,}33 \cdot 10^{-5}\,\mathrm{m}^2 \cdot \mathrm{s}^{-1}$ (bei 0 °C und 101,3 kPa Luftdruck). Weiter ist $g_{CO_2} = D_{CO_2}/\Delta x \cdot P/(\mathrm{R} \cdot T)$ entsprechend $g_{H_2O} = D_{H_2O}/\Delta x \cdot P/(\mathrm{R} \cdot T)$, was zu folgender Gleichung kombiniert werden kann:

$$g_{CO_2} = \frac{D_{CO_2}}{D_{H_2O}} \cdot g_{H_2O}$$

oder

$$g_{CO_2} = 0{,}624 \cdot g_{H_2O}$$

bzw.

$$g_{H_2O} = 1{,}603 \cdot g_{CO_2} \tag{14}$$

Somit lassen sich mit Gl. 14 die Blattleitfähigkeiten für CO_2 und H_2O ineinander umrechnen.

$\Delta\chi_{CO_2}$ in Gl. 12 ist dimensionslos, wird jedoch häufig in ppm = $\mu\mathrm{l} \cdot \mathrm{l}^{-1} = \mu\mathrm{mol} \cdot \mathrm{mol}^{-1} = \mu\mathrm{bar} \cdot \mathrm{bar}^{-1} = \mu\mathrm{Pa} \cdot \mathrm{Pa}^{-1}$ ausgedrückt. Alle diese Einheiten führen den gleichen numerischen Wert, sind aber kleiner dimensioniert als für Δw, weil der Partialdruck für CO_2 in Luft (inzwischen im Jahr 2023 fast 42 Pa) ca. 60-mal niedriger als der für Wasserdampf ist (2,33 kPa bei 20 °C Taupunkt). Die Netto-CO_2-Austauschrate J_{CO_2} führt die Dimension $\mu\mathrm{mol} \cdot \mathrm{m}^{-2} \cdot \mathrm{s}^{-1}$. Die Blattleitfähigkeit für CO_2, g_{CO_2}, wird in $\mu\mathrm{mol} \cdot \mathrm{m}^{-2} \cdot \mathrm{s}^{-1}$ oder wie die für Wasserdampf, g_{H_2O}, in $\mathrm{mmol} \cdot \mathrm{m}^{-2} \cdot \mathrm{s}^{-1}$ angegeben.

Somit sind J_{CO_2}, g_{CO_2} und $\Delta\chi_{CO_2}$ in den sogenannten **neuen Einheiten** nach Cowan (1977) analog zu den Definitionen in Abschn. 4 gegeben. Allerdings kann meist nur J_{CO_2} direkt gemessen werden. In $\Delta\chi_{CO_2} = (p_a - p_i)/P$ ist p_i in der Regel einer direkten Messung nicht zugänglich und damit $\Delta\chi_{CO_2}$ nicht ermittelbar. Somit lässt sich auch g_{CO_2} nicht aus Gl. 12 bestimmen, sondern wird aus g_{H_2O} errechnet. Ist auf diese Weise g_{CO_2} bekannt, kann man sodann p_i aus Gl. 12 herleiten.

Es bleibt festzustellen, dass sich seit Beginn der 1980er-Jahre die neuen molaren Einheiten für J_{CO_2}, J_{H_2O} und die entsprechenden Blattleitfähigkeiten durchgesetzt haben.

6 Abgeleitete Parameter aus Gaswechselmessungen

Da heute verfügbare Gaswechselmesssysteme auf einer direkten Messung von J_{CO_2} und J_{H_2O} beruhen, kann unmittelbar der **molare Wasserausnutzungskoeffizient** (vgl. Larcher 1994) abgeleitet werden. In der Literatur hat sich hierfür der englische

Tab. 3 Die drei Varianten der Wassernutzungseffizienz (*water-use efficiency*, *WUE*)

Name	Abkürzung	Bezug	Berechnung	Objekt	Zeitebene
Momentane molare „*instantaneous*" *WUE*	WUE_i	Netto-CO_2-Austauschrate und Transpirationsrate	J_{CO_2}/J_{H_2O}	Blatt	Sekunde, Minute, Stunde
Intrinsische „*intrinsic*" *WUE*	WUE_g	Netto-CO_2-Austauschrate und stomatäre Leitfähigkeit	$J_{CO_2}/^{st}g_{H_2O}$	Blatt	Sekunde
Produktionsbezogene *WUE*	WUE_p	Nettoprimärproduktion (*NPP*) oder Ertrag und tatsächlicher Wasserverbrauch (*E*)	*NPP*/*E*	Gesamte Pflanze oder Bestand	Monat, Saison, Jahr

Ausdruck *water-use efficiency* eingebürgert, dessen Abkürzung *WUE* wir für diese Größe verwenden wollen. Es gilt

$$WUE = \frac{J_{CO_2}}{J_{H_2O}}$$

Diese unmittelbar aus dem Gaswechsel abgeleitete Größe wird meist mit dem englischen Adjektiv *instantaneous* versehen (auf Deutsch „momentan"), also *instantaneous WUE* oder WUE_i, da sie sich augenblicklich und unmittelbar aus J_{CO_2} und J_{H_2O} ergibt. Letztere sind ja Raten im Sekundenbereich (Tab. 3).

Die WUE_i gibt den Kohlenstoffgewinn pro transpirierter Wassermenge an, also die Effizienz des Wasserverbrauchs bei der Netto-CO_2-Aufnahme und kann in $\mu mol \cdot mmol^{-1}$ angegeben werden. Ihr Zahlenwert liegt meist zwischen 1 und 10. Der auch verwendete Kehrwert von WUE_i, J_{H_2O}/J_{CO_2}, veranschaulicht die in der Regel 100- bis 1000-mal größere Abgabe von Wassermolekülen gegenüber der gleichzeitigen Nettoaufnahme von CO_2-Molekülen. Daneben sind die intrinsische WUE_g in Bezug auf g_{H_2O} und die produktionsbezogene WUE_p in Verwendung (Tab. 3).

Parallel zu J_{CO_2} und J_{H_2O} sind c_a und, durch die Ermittlung von e_B, e und P, Δw direkt bestimmbar. Hieraus lassen sich g_{H_2O} und g_{CO_2} berechnen. Diese Leitfähigkeiten sind daher entsprechend den in Gl. 1–14 demonstrierten physikalischen Zusammenhänge abgeleitete Größen.

Ein weiterer wichtiger Gaswechselparameter lässt sich aus den Blattleitfähigkeiten, die bei reduzierter Grenzschichtdicke die stomatären Leitfähigkeiten darstellen (s. Abschn. 3), und c_a (z. B. in ppm) errechnen. Es ist dies der c_i**-Wert**, das heißt der **CO_2-Molenbruch der Luft in den Mesophyllinterzellularen**. Dieser kann aus dem in Gl. 12 dargestellten Ansatz abgeleitet werden. Danach gilt

$$J_{CO_2} = g_{CO_2} \cdot \Delta\chi_{CO_2} = g_{CO_2} \cdot (c_a - c_i)$$

Für c_i gilt damit

$$(c_a - c_i) = \frac{J_{CO_2}}{g_{CO_2}}$$

bzw.

$$c_i = c_a - \frac{J_{CO_2}}{g_{CO_2}} = c_a - \frac{J_{CO_2}}{g_{H_2O} \cdot 0{,}62} \quad [\text{ppm}] \tag{15}$$

Hieraus folgt für den internen CO_2-Partialdruck

$$p_i = c_i \cdot P$$

c_i kann in dünnen weichlaubigen Blattorganen mit weiten Interzellularen für das ganze Blatt repräsentativ sein, gilt zumindest aber für den substomatären Raum. Das aus Gaswechselmessungen abgeleitete c_i liegt in C_3-Pflanzen bei hoher Luftfeuchte und die CO_2-Aufnahme nicht limitierender Temperatur und Lichtstärke bei etwa 240 $\mu l \cdot l^{-1}$, in C_4-Pflanzen meist unter 200 $\mu l \cdot l^{-1}$ (Angaben bezogen auf früheres $c_a = 340\ \mu l \cdot l^{-1}$; heute bei $c_a > 400\ \mu l\ l^{-1}$ entsprechend höher).

Alle bisher vorgestellten Ansätze zur Berechnung der Blatt- bzw. der stomatären Leitfähigkeit gingen von einer einheitlichen Öffnungsweite aller Stomata eines Blattes aus. Diese ist aber offensichtlich unter keinen Bedingungen zu finden. Vielmehr sind verschiedene Spaltöffnungen auch unter konstanten „günstigen" Umweltbedingungen unterschiedlich weit geöffnet. Die Verteilung der Öffnungsweiten lässt sich, unabhängig von der Pflanzen- und damit Stomataform (z. B. Grammineentyp, Helleborustyp, Koniferentyp), gut mit einer Glockenfunktion beschreiben. Dabei sind zwei Grenzwerte vorgegeben: der geschlossene Zustand und eine hypothetische durchschnittliche maximale Öffnungsweite. Auch wenn die gemessene Blattleitfähigkeit einen (von Null verschiedenen!) Minimalwert erreicht, ist ein Teil der Stomatagesamtpopulation des Blattes zumindest teilweise offen (Abb. 5). Die Wahrscheinlichkeit, dass Spaltöffnungen geschlossen sind, wird dann aber sehr groß.

Welche Auswirkungen hat der eben vorgestellte Effekt auf die Kalkulation der abgeleiteten Gaswechselparameter?

Die Nettogasaustauschraten J_{CO_2} bzw. J_{H_2O} und damit auch die Blattleitfähigkeit g_{H_2O} sind auf die gesamte Blattoberfläche bezogene und damit über das ganze Blatt gemittelte Größen. Wenn sich beispielsweise trockenstressbedingt oder auch nach Applikation von ABA (*abscisic acid*, Abscisinsäure) die Stomata schließen, kann bei sogenannten *heterobaren* Blättern in verschiedenen Bereichen der Blattspreite der Gasaustausch nahezu vollständig unterbunden sein. In diesem Blatttypus (z. B. bei *Helianthus annuus*, *Phaseolus vulgaris* oder *Arbutus unedo*) ist eine blattintern laterale Gasdiffusion durch deutlich ausgeprägte Leitbündelscheidenerweiterungen (z. B. Sklerenchymscheide bei *Fagus sylvatica*) nahezu vollständig unterbunden. Damit kann aber in den Intercostalfeldern, deren Stomata geschlossen sind, weder CO_2 aufgenommen noch H_2O abgegeben werden.

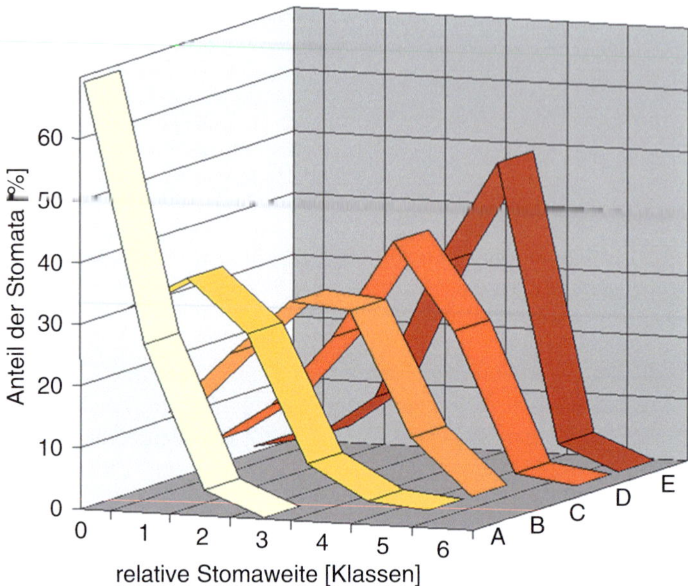

Abb. 5 Beispiele für die statistische Verteilung der tatsächlichen relativen Öffnungsweite der Stomata, eingeteilt nach Klassen stomatärer Öffnungsweite, während verschiedener Öffnungszustände bei *Hordeum vulgare*. Man erkennt deutlich, dass auch im „geschlossenen" Zustand (A) ein beträchtlicher Teil der Stomata (≈ 30 %) noch als offen anzusehen ist. Es wird andererseits aber auch klar, dass bei der Bedingung „weit geöffnet" (E) nicht alle Stomaporen gleich weit sind. Somit gibt es unter keinen Umständen einen uniformen Öffnungszustand der Stomata. (Nach von Willert et al. 1995 und Daten von Laisk et al. 1980)

Bei *homobaren* Blättern, denen diese klare Aufteilung in separate Luftkammern fehlt, kann der Gasaustausch weiterhin, wenn auch aufgrund des vergrößerten Diffusionsweges verlangsamt, über benachbarte Interkostalfelder und Blattbereiche hinweg ablaufen. Sind aber in einem größeren Teil der Intercostalfelder die Stomata vollständig geschlossen, reduziert sich die *effektive Blattfläche* um diesen Blattabschnitt. In ihm kann auch keine Netto-CO_2-Fixierung mehr stattfinden, da bei unveränderter Photosynthesekapazität c_i rasch den CO_2-Kompensationspunkt erreicht. Eine funktionierende Photosynthese, und damit eine CO_2-Aufnahme, bleibt auf solche Blattbereiche beschränkt, in denen noch ein signifikanter Anteil der Stomata weit genug geöffnet ist. Damit befindet sich der interzellulare CO_2-Molenbruch in diesen letzteren Regionen auf dem Niveau, das sich aus dem entsprechenden J_{CO_2} bzw. g_{H_2O} ergibt. In diesem Falle spricht man von einer fleckenartigen (englisch: *patchy*) Photosynthese oder Transpiration (Substantiv = *patchiness*), da bei einer experimentellen Überprüfung des Effektes etwa mit der Jod-Stärke-Methode oder in Markierungsversuchen mit $^{14}CO_2$ die noch aktiven Bereiche als Flecken auf dem Blatt erscheinen.

Wenn man davon ausgeht, dass unter den geschilderten Bedingungen die Reduktion der gemessenen Netto-CO_2-Austauschrate nur durch eine drastische Erhöhung

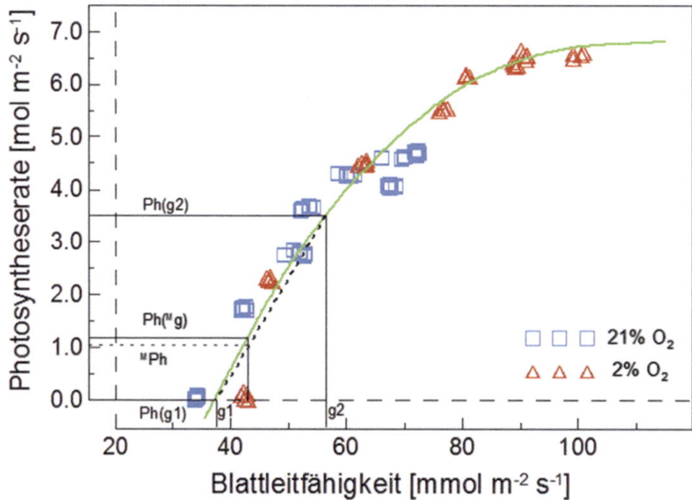

Abb. 6 **Abhängigkeit der Brutto-Photosyntheserate (Ph) von der Blattleitfähigkeit für Wasserdampf** g_{H_2O} (Photorespiration durch 2 % O_2 unterdrückt). Die Photosynthese Ph (= CO_2-Fixierungsrate) wurde durch die Addition der Dunkelatmungsrate (J_{CO_2} bei PPFD = 0) zur jeweiligen gemessenen Netto-CO_2-Austauschrate (J_{CO_2}) geschätzt. Die Änderung von J_{CO_2} bzw. g_{H_2O} wurde durch Variation der PPFD erreicht. Die äußeren Bedingungen waren T_B = 25 °C, $\Delta w = 21$ mPa · Pa^{-1}, $c_a = 370$ µmol · mol^{-1}, $O_2 = 21$ % bzw. 2 % und PPFD 0–1750 µmol · m^{-2} · s^{-1}. Unter der Annahme, dass g_{H_2O} in erster Näherung auch einen hypothetischen uniformen Öffnungszustand der Stomata widerspiegelt, ergibt Ph(^{M}g) die aus der dargestellten Abhängigkeit für eine mittlere Blattleitfähigkeit ^{M}g abgeleitete Fixierungsrate (1,2 µmol · m^{-2} · s^{-1}). ^{M}g stellt die aus der statistischen Verteilung der relativen Stomataweiten, wie sie in Abb. 5 aufgezeigt ist, geschätzte Blattleitfähigkeit dar (70 % der Stomata geschlossen [aber $g_{H_2O} \neq 0$!], 30 % Öffnungsklasse 1). Die Photosynthese ^{M}Ph (=1,05 µmol · m^{-2} · s^{-1}) wurde ermittelt nach (0,7 · Ph(g1) + 0,3 · Ph(g2)). (Nach von Willert et al. 1995)

des Diffusionswiderstandes bedingt ist, kann c_i für das gesamte Blatt in diesem Fall bei Verwendung von Gl. 15 überschätzt werden.

Gehen wir davon aus, dass eine Beziehung zwischen annähernder Brutto-Photosyntheserate ($\approx J_{CO_2}$ + Dunkelatmungsrate + Photorespirationsrate; s. Abb. 2) und Blattleitfähigkeit, wie sie in Abb. 6 dargestellt ist, streng gilt. Bei sehr geringer Blattleitfähigkeit sollten nach dem dargestellten Beispiel etwa 70 % des Blattes ein g_{H_2O} von etwa 37 mmol · m^{-2} · s^{-1} und immerhin 30 % ein solches von 57 mmol · m^{-2} · s^{-1} aufweisen (vgl. Abb. 5). Die dazugehörigen Photosyntheseraten sind dann 0 bzw. 3,5 µmol · m^{-2} · s^{-1}.

Die mittlere Photosyntheserate ^{M}Ph bzw. die mittlere Blattleitfähigkeit $^Mg_{H_2O}$ für das Blatt ergibt sich hieraus als

$$^M\mathrm{Ph} = 0{,}7 \cdot 0 + 0{,}3 \cdot 3{,}5 = 1{,}05\ \mu\mathrm{mol} \cdot \mathrm{m}^{-2} \cdot \mathrm{s}^{-1}$$

$$^Mg_{H_2O} = 0{,}7 \cdot 37 + 0{,}3 \cdot 57 = 43\ \mathrm{mmol} \cdot \mathrm{m}^{-2} \cdot \mathrm{s}^{-1}$$

Eine Blattleitfähigkeit von 43 mmol · $m^{-2} \cdot s^{-1}$ sollte aber eine Photosyntheserate von 1,2 µmol · $m^{-2} \cdot s^{-1}$ erlauben (Abb. 6). Für die Berechnung von c_i ergibt sich mit diesen Zahlenbeispielen

$$^{M}c_i = 370 - 1{,}05 \cdot 1600/43 = 331 \text{ ppm}$$

bzw.

$$c_i\left(^{M}g_{H_2O}\right) = 370 - 1{,}2 \cdot 1600/43 = 325 \text{ ppm}$$

Man sieht, dass die Mittelungen der Gaswechselraten zu einer – wenn auch geringen – Überschätzung (≈ 2 %) der internen CO_2-Konzentration führen kann. Dieser stressbedingte Effekt sollte aber, wie Modellberechnungen zeigten (Cheeseman 1991), auch im Extremfall eine Abweichung von 15 % nicht überschreiten.

Anhand der vorliegenden Literatur erscheint es auf jeden Fall sinnvoll, die effektive Blattfläche z. B. mit den oben genannten Methoden oder auch durch Infiltration von Wasser (Beyschlag und Pfanz 1990) zu bestimmen und die Gaswechselparameter damit zu korrigieren. Nur dann können die in Versuchen zu Stressreaktionen erhaltenen Gaswechselergebnisse fehlerfrei interpretiert werden.

Gl. 15 berücksichtigt auch nicht, dass jedem einströmenden CO_2-Molekül einige 100 Wassermoleküle entgegendiffundieren und es abbremsen. Somit kann die tatsächliche CO_2-Leitfähigkeit niedriger sein als aus $g_{H_2O} \cdot 0{,}62$ errechnet wird, und c_i kann überschätzt werden. Die hier angesprochene Problematik wird in ▶ Kap. 11, „Methoden der Gaswechselmessung – historische und aktuelle“ ausführlich dargestellt.

7 Widerstand und Leitfähigkeit des Mesophylls während des Blattgaswechsels

Neben den bisher betrachteten Diffusionswiderständen, aus theoretischen wie praktischen Gründen heute vorteilhaft als Diffusionsleitfähigkeiten ausgedrückt (s. o.), ist für den Gasaustausch der Blätter auch der **Mesophyllwiderstand** (bzw. die **Mesophyllleitfähigkeit**) relevant und Forschungsgegenstand. Besonders der Diffusionsweg des CO_2, den wir im Folgenden im gesamten Verlauf skizzieren wollen, verdient hierbei Beachtung.

Zunächst passiert CO_2 auf seinem Weg ins Blatt, dem Wasserdampf entgegengesetzt, die Grenzschicht (soweit vorhanden) und dann die Stomata. Da die Kutikula annähernd CO_2 undurchlässig ist, entfällt eine zur stomatären parallel geschaltete kutikuläre Leitfähigkeit für CO_2. Jedoch trifft das CO_2 an den Mesophyllzellen auf einen weiteren Diffusionswiderstand, wenn es aus der Gasphase in die wässrige Phase übertritt.

Ein vergleichbarer Mesophyllwiderstand existiert für Wasser dagegen nicht, da es als Lösungsmittel aus den Zellen in die bei Blatttemperatur (annähernd) wasserdampfgesättigte Gasphase der Interzellularen übertritt. Die Verdunstung von Wasser ist energetisch günstiger als das Lösen von CO_2 in Wasser.

In den Mesophyllzellen diffundiert das gelöste CO_2 durch die Zellkompartimente, die ihrerseits – insbesondere die Membranen – Diffusionswiderstände darstellen, in das Cytoplasma (C_4-Pflanzen) bzw. bis in die Chloroplasten (C_3-Pflanzen) zum jeweiligen CO_2-Akzeptormolekül. Für die Chloroplasten wurde früher angenommen, dass in ihnen ein CO_2-Molenbruch $\chi_{CO_2}(\mathrm{Chl}) = 0\ \mu\mathrm{l} \cdot \mathrm{l}^{-1}$ herrsche.

Damit wäre für eine gegebene Netto-CO_2-Aufnahmerate bei C_3-Pflanzen der gesamte Diffusionswiderstand für CO_2 von der Außenluft bis in die Chloroplasten

$$\begin{aligned} J_{CO_2} &= 1/r_{CO_2} \cdot \left(c_a - \chi_{CO_2}(\mathrm{Chl})\right) \\ &= 1/r_{CO_2} \cdot c_a \end{aligned} \tag{16}$$

größer als der stomatäre Widerstand gemäß

$$J_{CO_2} = 1/{}^{\mathrm{St}}r_{CO_2} \cdot (c_a - c_i)$$

Die Differenz zwischen r_{CO_2} und ${}^{\mathrm{St}}r_{CO_2}$ entspräche damit dem Mesophyllwiderstand ${}^{\mathrm{Mes}}r_{CO_2}$:

$$\begin{aligned} {}^{\mathrm{Mes}}r_{CO_2} &= r_{CO_2} - {}^{\mathrm{St}}r_{CO_2} \\ &= \left(c_i - \chi_{CO_2}(\mathrm{Chl})\right)/J_{CO_2} \end{aligned} \tag{17}$$

Für $(c_a - c_i) = 100\ \mu\mathrm{mol} \cdot \mathrm{mol}^{-1}$ und $(c_i - \chi_{CO_2}\ (\mathrm{Chl})) = 240\ \mu\mathrm{mol} \cdot \mathrm{mol}^{-1}$ (bei $c_a = 340$ ppm) wäre also ${}^{\mathrm{Mes}}r_{CO_2}$ größer als der stomatäre Widerstand ${}^{\mathrm{St}}r_{CO_2}$.

Allerdings gibt es Hinweise, dass χ_{CO_2} (Chl) größer als $0\ \mu\mathrm{l} \cdot \mathrm{l}^{-1}$ und möglicherweise zu c_i ähnlich ist (s. Farquhar und Sharkey 1982). Damit wird ${}^{\mathrm{Mes}}r_{CO_2}$ nach Gl. 17 klein, und es entfällt die Möglichkeit der oben gezeigten Herleitung von ${}^{\mathrm{Mes}}r_{CO_2}$ aus Gaswechselmessungen. Die weiterführenden Überlegungen wollen wir konsequent dem Leitfähigkeitskonzept entsprechend durchführen.

7.1 Mesophyllleitfähigkeit für CO_2 (${}^{\mathrm{Mes}}g_{CO_2}$)

Konzeptionell wird ${}^{\mathrm{Mes}}g_{CO_2}$ aus mindestens drei Untereinheiten bestehend angenommen, d. h. der Leitfähigkeit des CO_2 durch den interzellularen Luftraum des Mesophylls (g_{ias}, *intercellular air space* = ias), jener durch die Zellwände des Mesophylls (${}^{\mathrm{ZW}}g_{CO_2}$) und jener durch die flüssige Phase in den Mesophyllzellen (g_{liq}). Die Kenntnis hat sich in den letzten Jahren erhärtet, dass ${}^{\mathrm{Mes}}g_{CO_2}$ hinreichend niedrig ist (also der Widerstand hoch ist), sodass der Molenbruch des CO_2 in C_3-Pflanzen von dem fixierenden Enzym Rubisco (c_c) signifikant gegenüber dem CO_2-Molenbruch im Interzellularenluftraum (c_i) abgesenkt ist, aber nicht zwingend $0\ \mu\mathrm{l}\ CO_2 \cdot \mathrm{l}^{-1}$ erreicht (wir wollen aus Gründen der leichteren Übersichtlichkeit die Überlegungen hier an C_3-Pflanzen durchführen). ${}^{\mathrm{Mes}}g_{CO_2}$ limitiert daher die Photosynthese. Jedoch ist ${}^{Mes}g_{CO_2}$ variabel, was für c_c unterschiedliche Abweichungen von 0 µl $CO_2 \cdot l^{-1}$ erklärt. Für die Variabilität sind vor allem ${}^{ZW}g_{CO_2}$ und g_{liq} verantwortlich, was teilweise artspezifisch bedingt ist, aber auch deutlich den Einflüssen der Umweltfaktoren unterliegt. ${}^{Mes}g_{CO_2}$-Schwankungen können höchst dynamisch sein, im Maßstab von Sekunden bis Minuten durchaus schneller als Änderungen der stomatären Leitfähigkeit (${}^{St}g_{CO_2}$).

Im Rahmen des Leitfähigkeitskonzeptes muss für gegebenes J_{CO_2} gelten:

$$J_{CO_2} = {}^{St}g_{CO_2}(c_a - c_i) = {}^{Mes}g_{CO_2}(c_i - c_c).$$

Wenn also ${}^{Mes}g_{CO_2}$ gegenüber ${}^{St}g_{CO_2}$ hoch sein sollte, dann müssen gleichzeitig $c_i - c_c$ klein sein (also c_c hoch), und $c_a - c_i$ groß (also c_i klein). Welche Konsequenzen hat obige Gleichung – und damit ${}^{Mes}g_{CO_2}$ – für die Interpretation der Photosynthese?

7.2 Implikationen für die Interpretation der Photosynthese

Wie gerade ausgeführt, variiert ${}^{Mes}g_{CO_2}$ die Differenz zwischen c_i und c_c. Eine zunehmende Differenz führt zu Unterschätzungen der *maximum velocity of carboxylation* (Vc_{max}) und der *maximum capacity for electron transport* (J_{max}), was bei niedrigem ${}^{Mes}g_{CO_2}$ gravierend ist. Ein solches Szenario herrscht typischerweise bei Trockenstress. Arbeiten Photosynthesemodelle mit c_i anstelle von c_c, können in der Berechnung von Vc_{max} Fehler von bis zu 100 % auftreten. Eine dem heutigen Kenntnisstand entsprechende Photosynthesemodellierung muss sich daher auf Algorithmen stützen, die ${}^{Mes}g_{CO_2}$ als einen endlichen, aber variablen Parameter berücksichtigen.

${}^{Mes}g_{CO_2}$ nimmt zudem Einfluss auf Modellierungen, die aus dem $^{13}C/^{12}C$-Isotopenverhältnis der Blattbiomasse Aussagen über die mittlere „intrinsische" *WUE* (WUE_g), also den Quotienten aus J_{CO_2} und g_{H_2O}, ableiten (Tab. 2), was durch den mittleren c_i/c_a-Quotienten während der Blattlebensspanne vermittelt wird. Nach einem solchen Prinzip arbeitet z. B. das Diskriminierungsmodell zur Kohlenstoffisotopie von Farquhar und Sharkey (1982) in der ursprünglichen Form (s. ▶ Kap. 15, „Analyse stabiler Isotope"). Annahme hierbei war, dass die Diskriminierung gegen ^{13}C hauptsächlich durch Rubisco (und, in C_4-Pflanzen, abgeschwächt, durch PEP-Carboxylase) sowie, in geringerem Umfang, durch diffusive Fraktionierung des CO_2 bei dessen Einstrom durch die Stomata erfolgt. Infolgedessen erscheint die ^{13}C-Diskrimnierung ΔC proportional zu c_i/c_a. Es fällt jedoch auf, dass Korrelationen deutlich höher sein können, wenn die Diskriminierung mit c_c/c_a als mit c_i/c_a in Beziehung gesetzt wird (Abb. 7). Es kann also die Variation von $\delta^{13}C$ in der Blattbiomasse durch Variation in ${}^{Mes}g_{CO_2}$ gedeutet werden, obwohl gleichzeitig die *WUE* (auch die intrinsische) unverändert bleibt.

Der Vollständigkeit halber seien hier noch eine weitere Betrachtungsweise mit einem zusätzlichen Berechnungsansatz der Wassernutzungseffizienz und des Wassernutzungskoeffizienten aufgeführt, bezeichnet als produktionsbezogene Wassernutzungseffizienz (WUE_p; Englisch auch *integrated water-use efficiency*; Tab. 2).

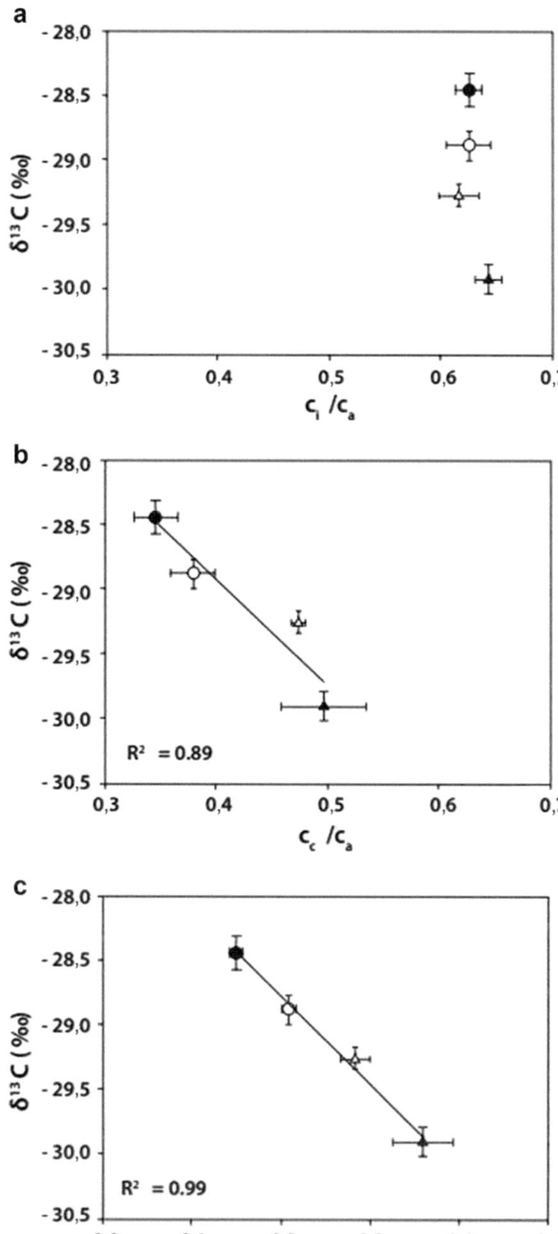

Abb. 7 Beziehung zwischen δ^{13}C der Blattbiomasse und momentanen c_i/c_a- (a) und c_c/c_i-Verhältnissen (**b**) sowie entsprechendem $^{Mes}g_{CO_2}$ (**c**) am Beispiel von Tabak, teilweise gentechnisch verändert. Ein weniger negatives δ^{13}C bedeutet geringere Diskriminierung (= geringerer Ausschluss) von ^{13}C gegenüber ^{12}C (s. ▶ Kap. 15, „Analyse stabiler Isotope“). (Verändert nach Flexas et al. 2008)

Diese ist besonders für den Agrarbereich bedeutsam. Hierbei wird der erzielte Biomasseertrag bzw. die Nettoprimärproduktion (*NPP*) in Relation zur Gesamtmenge des dafür verbrauchten Wassers gesetzt. Im Gegensatz zu den „molaren" Wassernutzungseffizienzen, intrinsischer (WUE_g) und auch der momentanen *WUE* (WUE_i), deren zeitlicher Bezug im Bereich von Sekunden bis bestenfalls Minuten liegt, werden bei der WUE_p lange Zeiträume betrachtet (Monat, Jahr oder Saison bzw. Wachstumsperiode).

Abb. 7 belegt, dass bei Modellierung von *WUE* auf Basis der ^{13}C-Diskriminierung auch die CO_2-Diffusion innerhalb des Blattes zu berücksichtigen ist, bestimmt von $^{Mes}g_{CO_2} = f(g_{ias}, g_w, g_{liq})$.

7.3 Die ökophysiologische Dimension von $^{Mes}g_{CO_2}$

$^{Mes}g_{CO_2}$ gilt heute als quantitativ definierbarer Parameter, der innerhalb einer ähnlichen Größenordnung variiert wie $^{St}g_{CO_2}$. Zudem erlaubt $^{Mes}g_{CO_2}$, pflanzliche Lebensformtypen zu unterscheiden (Abb. 8). $^{Mes}g_{CO_2}$ ist hoch (wenngleich bei teilweise großer Variabilität), wenn es sich um Pflanzen mit weichlaubigen (mesomorphen) Blattorganen handelt, wie etwa bei *semi-deciduous* und *deciduous angiosperms*, oder explizit bei krautigen Lebensformen (*herbaceous annuals*, *perennial herbs*). Tendenz zu niedrigem $^{Mes}g_{CO_2}$ besteht dagegen bei immergrünen Pflanzen mit xeromorphen Blattorganen (*evergreen gymnosperms* und *angiosperms*). Ursache scheint

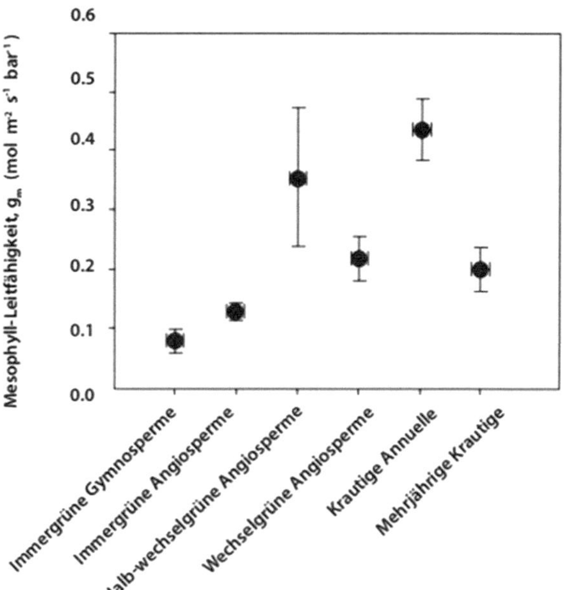

Abb. 8 Maximales $^{Mes}g_{CO_2}$ von verschiedenen pflanzlichen Lebensformtypen, ermittelt in Abwesenheit von gravierendem Umweltstress. (Verändert nach Flexas et al. 2008)

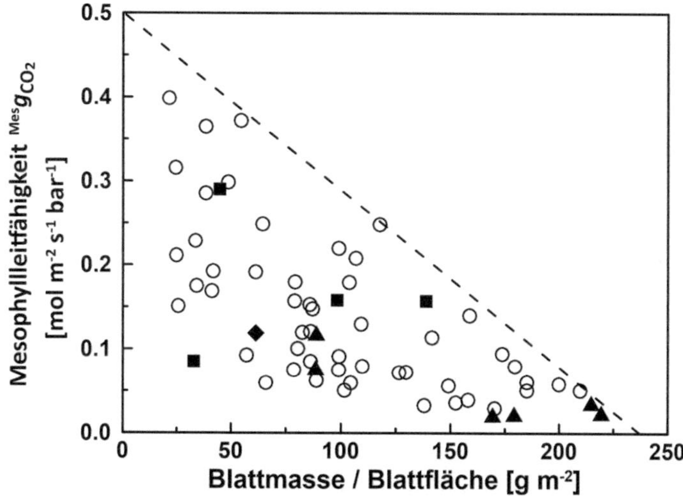

Abb. 9 **Beziehung zwischen Mesophyllleitfähigkeit ($^{Mes}g_{CO_2}$) und Blattmasse/Blattfläche** (*leaf mass per area* = LMA) verschiedener Pflanzenarten, Höhenstufen und Blatttypen. (Verändert nach Flexas et al. 2008)

das Ausmaß der blattinternen Mesophylloberfläche zu sein, welche von krautigen Pflanzen über laubabwerfende zu immergrünen Bäumen hin abnimmt.

Bei globaler Betrachtung tritt eine Gesetzmäßigkeit zutage, die eine negative Korrelation zwischen $^{Mes}g_{CO_2}$ und der *relativen blattflächenbezogenen Blattmasse* (*leaf mass per area ratio, LMA*), dem Kehrwert der spezifischen Blattfläche (*specific leaf area, SLA*), als Begrenzung der auftretenden Wertepaare aufweist (Abb. 9). Dabei ergibt sich für $^{Mes}g_{CO_2}$ bei leichten Blättern ein nicht überschreitbares Maximum, wohingegen sich $^{Mes}g_{CO_2}$ bei den schwersten bekannten Blattorganen Null annähert. Zugleich korreliert *LMA* typischerweise negativ mit Photosyntheseleistung und N-Ausstattung, aber positiv mit der Lebensspanne (in Monaten und Jahren) der Blattorgane, was ebenfalls globale Gesetzmäßigkeiten widerspiegelt. Diese hat man unter dem Begriff „*worldwide leaf economics spectrum*" zusammengefasst (Wright et al. 2004). Er besagt, dass Blattorgane mit robuster Morphologie und daher hoher C-Investition aufgrund der zugleich niedrigen N-Ausstattung und infolgedessen niedrigen Photosyntheseleistung (verbunden mit niedriger $^{St}g_{CO_2}$ und Transpiration) entsprechend lange leben, bis sie sich „amortisiert" haben. Die Lebensspanne entspricht daher einer, wie man sagt, „*payback time*". Das Nutzen-Kosten-Verhältnis des gesamten kumulativen C-Gewinns zur C-Investition muss also einen kritischen Schwellenwert >1 erreicht haben. Blattorgane mit hohem *LMA* benötigen demnach viel Zeit. Offensichtlich ist auch der in Abb. 9 gezeigte Zusammenhang zwischen $^{Mes}g_{CO_2}$ und *LMA* ein Bestandteil des *worldwide leaf economics spectrum*, welches ein aus der Evolution hervorgegangenes, grundlegendes ökophysiologisches Konzept der Blattorgane darstellt.

${}^{Mes}g_{CO_2}$ lässt sich aber auch mit der Wuchsleistung von Pflanzentypen in Beziehung setzen. Da krautige Pflanzen verglichen mit Holzpflanzen (Sträucher, Bäume) schnellwüchsig sind und unter letzteren die Koniferen eher trägwüchsig, besteht tendenziell eine positive Korrelation zwischen ${}^{Mes}g_{CO_2}$ und Wüchsigkeit (vergl. Abb. 8). Meist sind trägwüchsige Pflanzentypen mit niedrigem ${}^{Mes}g_{CO_2}$ und geringen N-Ansprüchen (typischerweise gepaart mit photosynthetisch niedriger *nitrogen-use efficiency, NUE*) ausdauernder unter Stress als raschwüchsige. Raschwüchsigkeit ist oft assoziiert mit hoher ${}^{St}g_{CO_2}$, sodass eine niedrige *WUE* resultieren kann, solange die Wasserverfügbarkeit hoch ist. Einer solchen Tendenz kann jedoch ${}^{Mes}g_{CO_2}$ entgegenwirken, welches im Fall der Zunahme J_{CO_2} fördern und damit die *WUE* ansteigen lassen kann, was durchaus bei unverändertem ${}^{St}g_{CO_2}$ möglich ist. Genotypen aus trockenen Regionen können ein hohes ${}^{Mes}g_{CO_2}$ und eine hohe *WUE* aufweisen, mit einem ${}^{Mes}g_{CO_2}/{}^{St}g_{CO_2}$-Quotienten von fast 1, wogegen in Genotypen aus humiden Regionen der Quotient eher deutlich erniedrigt ist. Zusammenfassend kann bei gegebenem J_{CO_2} und ${}^{St}g_{CO_2}$ eine Zunahme von ${}^{Mes}g_{CO_2}$ die *WUE* ansteigen lassen, ${}^{Mes}g_{CO_2}/{}^{St}g_{CO_2}$ ist dann hoch. Eine solche Tendenz ist besonders bei Pflanzen erkennbar, deren Evolution sich in ariden Regionen vollzogen hat.

Die bisher angesprochenen Beziehungen und Gesetzmäßigkeiten sind langfristiger Natur. Sie sind genetisch verankerte Adaptationen an Standortsbedingungen und damit Kennzeichen von Genotypen und Arten. Kurzfristige Modifikation erfolgt aber zusätzlich durch fluktuierende pflanzenexterne und interne Faktoren. ${}^{Mes}g_{CO_2}$ sinkt mit steigendem c_i und abnehmender *PPFD* und weist ein variables Temperaturoptimum auf, je nach Akklimatisierung der Pflanze. Auch Trockenstress, N-Mangel, Salzbelastung und Hochlage senken ${}^{Mes}g_{CO_2}$, genauso wie Staunässe und Virusinfektionen. In Schattenblättern ist ${}^{Mes}g_{CO_2}$ meist niedriger als in Sonnenblättern. ${}^{Mes}g_{CO_2}$ kann innerhalb von Minuten reagieren, dies jedoch durchaus rascher, aber auf gleiche einwirkende Faktoren wie im Fall von ${}^{St}g_{CO_2}$. Über die chloroplasteninterne CO_2-Verfügbarkeit scheinen ${}^{Mes}g_{CO_2}$ und ${}^{St}g_{CO_2}$ co-reguliert zu sein. Überlagert werden die kurzfristigen Modifikationen durch die Ontogenie der Blätter. ${}^{Mes}g_{CO_2}$ steigt mit zunehmender Photosynthesekapazität junger Blätter, und sinkt im Verlauf der Blattalterung, unabhängig davon, ob diese Tage oder Jahre andauert.

7.4 Mechanistische Grundlagen von ${}^{Mes}g_{CO_2}$

Die mechanistische Basis der angesprochenen Variationen von ${}^{Mes}g_{CO_2}$ ist noch nicht umfassend geklärt. Die Teilkomponenten von ${}^{Mes}g_{CO_2}$ betreffend erweist sich g_{liq} deutlich kleiner als g_{ias}, sodass erstere jene Komponente ist, welche die Photosynthese am stärksten limitiert. g_{liq} scheint durch zelluläre Prozesse und solche im Chloroplasten bestimmt. Hierfür kommen Aquaporine, die auch für die Membrandurchlässigkeit von CO_2 verantwortlich sind, bzw. die Carboanhydrase in Betracht, vor allem, wenn die raschen Schwankungen von ${}^{Mes}g_{CO_2}$ erklärt werden sollen. CO_2-transportierende Aquaporine befinden sich nicht nur in den Cytoplasmamembranen, sondern auch in der inneren Chloroplastenmembran (also in der eigentlichen Außenhülle des Chloroplasten). Deutliche Unterschiede in ${}^{Mes}g_{CO_2}$ ließen sich mit solchen in der Aquaporindichte der Membranen in Beziehung setzen. Auch scheint der mitochondriale Elektronentransport an der Regulation von ${}^{Mes}g_{CO_2}$ beteiligt zu sein.

7.5 Bestimmungsverfahren von ${}^{Mes}g_{CO_2}$

Im Wesentlichen stehen zwei Ansätze von Bestimmungsverfahren zur Verfügung; der eine stützt sich auf die Analytik stabiler Isotope (s. Abb. 7), der andere auf die Chlorophyllfluoreszenzanalyse. Die Ansätze reichen bis in die 1980er-Jahre zurück und sind seitdem jeweils in mehreren Varianten bis heute weiterentwickelt worden. Die Varianten sind zu vielfältig, als dass sie in diesem Rahmen vollumfänglich dargestellt werden könnten. Für eine Übersicht zum Einstieg in die diversen Verfahrensvarianten wird daher der ausgezeichnete Review-Artikel von Flexas et al. (2008) empfohlen. Der aktuelle Stand kann jedoch nur aus der neueren Originalliteratur zum weiteren Verlauf der Erforschung von ${}^{Mes}g_{CO_2}$ entnommen werden. Exemplarisch wird aber im ▶ Kap. 14, „Chlorophyllfluoreszenzanalyse“ aufgezeigt, wie mittels Analyse der Chlorophyllfluoreszenz Schlüsse zu ${}^{Mes}g_{CO_2}$ gezogen werden können.

Allgemein lässt sich feststellen, dass alle verfügbaren Verfahrensvarianten auf diversen Annahmen beruhen und teilweise komplexe Erfassungen von Messparametern erfordern. Die Verfahren sind insgesamt wenig geeignet, geringe Variation in ${}^{Mes}g_{CO_2}$ vergleichend auf verlässlich quantitative Weise darzustellen. Demgegenüber erlaubt die Vielfalt an Verfahren unabhängige methodische Vergleiche und Konsistenzprüfungen der mit verschiedenen Annahmen erzielten Ergebnisse. Solche Konsistenzen sind hinreichend gegeben, den heutigen Kenntnisstand zu ${}^{Mes}g_{CO_2}$, wie im vorangegangenen Text geschehen, skizzieren zu können.

7.6 Praktische Relevanz

Die Klärung der mechanistischen Grundlagen zu ${}^{Mes}g_{CO_2}$, welche die molekulare und (öko-)physiologische Regulation integrieren muss, erscheint lohnend, um Wissen über die Evolution und Adaptationen von ${}^{Mes}g_{CO_2}$ und damit die Entstehung solcher Genotypen zu generieren, die sich durch hohe *NUE* und *WUE* auszeichnen. Hierin besteht hohe Relevanz für die Landwirtschaft sowie die Produktion biogener Rohstoffe und Energieträger, gerade hinsichtlich der Eindämmung des Klimawandels. Für diese Perspektiven müssen jedoch Modelle zur Photosynthese bzw. zur Diskriminierung der stabilen C-Isotope die Effekte von ${}^{Mes}g_{CO_2}$ berücksichtigen. Nur so kann eine ausreichende Präzision beim Skalieren von C-Gewinnen und Produktivität auf räumlich-zeitlich hohe ökologische Hierarchieebenen gewährleistet werden (von Pflanzen über Bestände/Ökosysteme bis zu globalen Stoffflüssen). Dieser letztere Schritt ist zwingend, um realistische Beurteilungen der globalen Wirkungen von Klimawandel und Landnutzungsänderungen zu erhalten und effiziente Gegenmaßnahmen ergreifen zu können.

8 Bezugsgrößen für Gaswechselmessungen

Die Netto-Gasaustauschraten sowie die Leitfähigkeit wurden bisher stillschweigend immer als molare Änderungen ($mol \cdot s^{-1}$), normiert auf die Blattflächeneinheit m^2, angegeben. Aus dem 1. Fickschen Gesetz in der Form

$$\frac{dn}{dt} = -D \cdot A \cdot \frac{dc}{dx}$$

ergibt sich für Diffusionsvorgänge, dass die Flussrate (dn/dt) direkt proportional zur Austauschfläche (A) ist. Es bietet sich folglich an, eben diese Austauschfläche als Normierungsfaktor einzusetzen.

Was aber ist die Gasaustauschfläche eines Blattes? Eine Möglichkeit wäre das **Porenareal**, das heißt, die Fläche, die alle Stomata eines Blattes insgesamt bei maximaler Öffnung einnehmen würden, also das Produkt aus Anzahl der Stomata pro Einheitsfläche und maximaler Porenfläche. Dies böte sich insofern an, als der Gasaustausch hauptsächlich *via* Spaltöffnungen erfolgt. Es ist jedoch leicht einzusehen, dass es überaus mühsam ist, das Porenareal eines „normalen" Blattes zu bestimmen. Bei solchen, gar nicht seltenen Fällen wie dem Ericaceen-Rollblatt oder den in Gruben versenkten Stomatabereichen zahlreicher Hartlaubarten (z. B. *Nerium oleander*) ist eine solche Bestimmung praktisch nicht bestimmbar (Abb. 10).

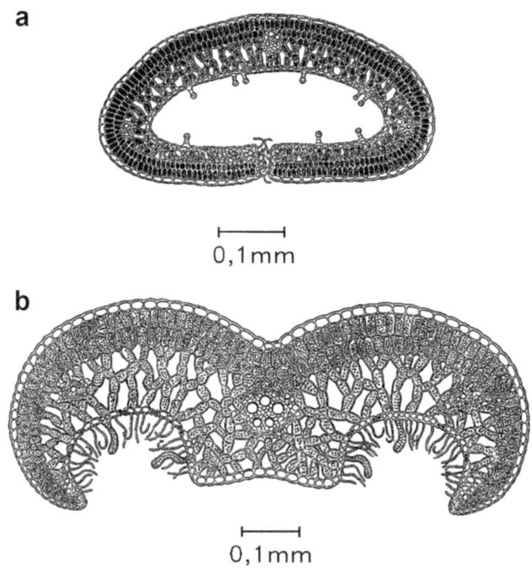

Abb. 10 Querschnitt durch die Blätter von (a) *Empetrum nigrum* und (b) *Loiseleuria procumbens*. Die Abbildung verdeutlicht die Schwierigkeit bei der Festlegung der Gasaustauschfläche zwischen Blatt und Umgebung, da die Stomata entweder im Inneren eines Rollblattes verborgen sind und nur über einen durch Haare verschlossenen Längsspalt mit der Umgebung in Wechselwirkung treten können (**a**) oder nur in bestimmten Bezirken eines Blattes vorkommen (**b**). (Nach Kerner von Marilaun 1900)

Eine vielfach verwendete Definition des Austauschareals ist die gesamte Teilfläche eines Blattes über die ein Austausch abläuft. Für ein hypostomatisches flächiges Blatt, wie es die meisten heimischen Laubbäume besitzen, wäre somit die Unterseite als **projizierte Blattfläche** heranzuziehen. Für amphistomatische Blätter müsste man die gesamte Blattoberfläche verwenden. Aber auch bei solchen Ansätzen bleibt für die genannten Grenzbeispiele, *Erica* und *Nerium*, eine gewisse Unschärfe bestehen. Weiterhin müsste man bei vergleichenden Untersuchungen an verschiedenen Pflanzen immer bestimmen, welchem Blatttyp sie zuzuordnen ist.

Um eine Vereinheitlichung und Vereinfachung zu erreichen, wird häufig die projizierte Blattfläche verwendet. Allerdings wird dann ein Vergleich zwischen den Gaswechselraten eines flächigen Blattes, eines drehrunden sukkulenten Blattorgans und einer Koniferennadel (oder Nadelschuppe wie bei den *Cupressaceae*) wenig sinnvoll. Wir schlagen deshalb vor, trotz aller Unzulänglichkeiten, grundsätzlich die Gesamtoberfläche als Bezugsgröße einzusetzen. Unabhängig davon, für welche Bezugsgröße man sich entscheidet, sollte man diese zur Vermeidung von Unklarheiten und Missverständnissen bei Datenvergleichen zwischen verschiedenen Blattypen immer angeben.

Wenn nicht speziell Diffusionsvorgänge betrachtet werden sollen, besteht auch die Möglichkeit, andere Größen (z. B. Blattfrischmasse, Blatttrockenmasse, Chlorophyll-, Stickstoffgehalt) als Bezug zu verwenden. Zum Beispiel sind Blattmasse oder Stickstoff geeignet, will man C-Gewinne in Relation zu Strukturkosten bzw. zur Stickstoffausstattung der Blätter, also im Sinne von Kosten-/Nutzen-Effizienzen, ausdrücken.

9 Zahlenbeispiel

An einem Birkenblatt (*Betula pendula*) wurden folgende Messgrößen ermittelt:

$$
\begin{aligned}
J_{CO_2} &= 14{,}2\ \mu\text{mol} \cdot \text{m}^{-2} \cdot \text{s}^{-1} \\
J_{H_2O} &= 3{,}18\ \text{mmol} \cdot \text{m}^{-2} \cdot \text{s}^{-1} \\
c_a &= 314\ \ \mu\text{mol} \cdot \text{mol}^{-1} \\
\text{Blattemperatur} &= 20\ ^\circ\text{C} \\
\text{Taupunkt der Luft} &= 9{,}1\ ^\circ\text{C} \\
\text{Luftdruck } P &= 0{,}098\ \text{MPa}
\end{aligned}
$$

Gesucht sind: J_{H_2O}/J_{CO_2}, Δw (s. ▶ Kap. 9, „Physik des Wasserdampfes – Luftfeuchte und Wasserdampfgradienten“ zur Ermittlung von Δw aus Blatttemperatur, Taupunkt und Luftdruck), g_{H_2O}, g_{CO_2} sowie c_i (nach Gl. 15)

Ergebnisse:

$$J_{H_2O}/J_{CO_2} = 224 \ \text{mol} \cdot \text{mol}^{-1}$$
$$\Delta w = 12{,}1 \ \text{mmol} \cdot \text{mol}^{-1}$$
$$g_{H_2O} = 263 \ \text{mmol} \cdot \text{m}^{-2} \cdot \text{s}^{-1}$$
$$g_{CO_2} = 164 \ \text{mmol} \cdot \text{m}^{-2} \cdot \text{s}^{-1}$$
$$c_i = 227 \ \mu\text{mol} \cdot \text{mol}^{-1} \quad \text{(nach Gl. 15)}$$

Übungsfragen

- Welche Parameter des Blattgaswechsels werden in den dargestellten Messsystemen direkt gemessen, und welche werden aus den Messergebnissen abgeleitet, d. h. berechnet?
- Wieso heißt es „Transpirationsrate“, jedoch „Netto-CO_2-Aufnahmerate“?
- Warum ist für die Ermittlung der stomatären Leitfähigkeit für Wasserdampf die Kenntnis der Blatttemperatur unverzichtbar?
- Was ist der entscheidende Vorteil der Verwendung der „neuen“ gegenüber den „alten“ Einheiten bei der quantitativen Angabe der Gaswechselparameter?
- Was bedeutet jeweils stomatäre, kutikuläre, Grenzschicht- und Mesophyllleitfähigkeit der Blätter?

Literatur

Bereiter-Hahn J, Peters W (1999) Die Zelle: Chloroplast und Photosynthese, CD-ROM. Quelle & Meyer/Institut für Wissenschaftlichen Film (IWF), Göttingen

Beyschlag W, Pfanz H (1990) A fast method to detect the occurrence of nonhomogeneous distribution of stomatal aperture in heterobaric plant leaves. Experiments with *Arbutus unedo* L. during the diurnal course. Oecologia 82:52–55

Cheeseman JM (1991) Patchy: simulating and visualizing the effect of stomatal patchiness on photosynthetic CO_2 exchange. Plant Cell Environ 14:593–599

Cowan LR (1977) Stomatal behavior and environment. Adv Bot Res 4:117–228. (Appendix A)

Farquhar GD, Sharkey TD (1982) Stomatal conductance and photosynthesis. Ann Rev Plant Physiol 33:317–345

Flexas J, Ribas-Carbó M, Diaz-Espejo A, Galmés J, Medrano H (2008) Mesophyll conductance to CO_2: current knowledge and future prospects. Plant Cell Environ 31:602–621

Laisk A, Oja V, Kuli K (1980) Statistical distribution of stomatal apertures of *Vicia faba* and *Hordeum vulgare* and the Spannungsphase of stomatal opening. J Exp Bot 31:49–58

Larcher W (1994) Ökophysiologie der Pflanzen: Leben, Leistung und Stressbewältigung der Pflanzen in ihrer Umwelt. Ulmer, Stuttgart

Marilaun AK von (1900) Pflanzenleben, Bd 1, Gestalt und Leben der Pflanze. Bibliographisches Institut, Leipzig/Wien

Willert DJ von, Matyssek R, Herppich WB (1995) Experimentelle Pflanzenökologie. Grundlagen und Anwendungen. Thieme, Stuttgart/New York

Wright IJ, Reich PB, Westoby M et al (2004) The world-wide leaf economics spectrum. Nature 428:821–827

Methoden der Gaswechselmessung – historische und aktuelle

11

Inhalt

Zusammenfassung

Die Erfassung des CO_2/O_2-Austausches und der Wasserdampfabgabe von Blättern machen Photosynthese, Atmung und Transpiration einer Pflanze objektiv mess- und damit „begreifbar“. Deshalb gab es schon sehr früh intensive Bestrebungen, die relevanten Gaswechselgrößen messtechnisch zu bestimmen. Hier sei nur die Warburg-Apparatur genannt. Aber erst die Nutzung der Elektronik ermöglichte die Konstruktion und den weitverbreiteten Einsatz von feldtauglichen und vor allem mobilen Gaswechselmesssystemen. In diesem Kapitel werden „klassische“ und aktuelle Methoden und Geräte zur Messung der Photosynthese und Transpiration sowie der Ermittlung der Wasserdampfleitfähigkeit von Blättern und abgeleiteter Parameter vorgestellt. Weiterhin werden deren Berechnung und wichtige Korrekturverfahren ausführlich besprochen.

Schlüsselwörter

Berechnung von Gaswechseldaten · „Blattwiderstandsmeter“ nach Van Bavel · Differenzmessung · Gaswechselmessanlage · Gaswechselmesssysteme · Geschlossene und offene Gaswechselmessysteme · Infrarot-Gas-Analysatoren (IRGA) · Korrektur von Gaswechseldaten · Massendurchflussmesser · „Match Mode“ · CO_2-Mischanlage · Momentanmethode nach Stocker · Nachlaufmessungen · Offenes Wasserdampfdiffusionsporometer · Steady-State-

R. Matyssek, W. B. Herppich, *Experimentelle Pflanzenökologie*, Springer Reference Naturwissenschaften, https://doi.org/10.1007/978-3-662-67530-4_11

Porometer · Temperaturklimatisierte Küvetten · Wasserdampfabscheider (= Kältefalle)

1 Momentanmethode nach Stocker

Die Momentanmethode nach Stocker stellt ein einfaches Verfahren zur Messung der Transpiration von Blättern dar. Unmittelbar nach dem Abschneiden wird der transpirationsbedingte Masseverlust des Blattes mehrere Minuten lang auf einer Waage beobachtet. Für die Zeitspanne einer annähernd linearen Massenabnahme erhält man eine mittlere Transpirationsrate: $J_{H_2O} = \Delta FM/\Delta t$ (FM = Frischmasse, t = Zeit).

Diese Methode wurde in der Feldökologie vor der Entwicklung der im Folgenden beschriebenen Messtechniken angewandt. Allerdings können unmittelbar nach dem Abschneiden hydraulische und physiologische Veränderungen im Blatt, bedingt durch die unterbrochene Wassernachleitung bei fortlaufendem Wasserverlust, die Öffnungsweiten der Stomata beeinflussen. Das ermittelte J_{H_2O} repräsentiert daher nicht verlässlich die meist interessierende Transpiration des intakten Blattes vor dem Abschneiden. Die Ergebnisse der Momentanmethode sind im Einzelfall je nach Fragestellung, stomatärer Empfindlichkeit gegenüber unterbrochener Wasserversorgung und im Vergleich zu den folgenden Messtechniken zu überprüfen.

2 Offene und geschlossene Gaswechselmesssysteme

Die folgenden Messtechniken des Blattgaswechsels werden mit intakten, an der Pflanze belassenen Blättern durchgeführt. Hierzu werden das Blatt oder Bereiche der Blattoberfläche in ein Messvolumen eingedichtet (in Küvetten aus Metall oder Plexiglas), das von der Außenluft getrennt (*geschlossene* Messsysteme) oder mit dieser verbunden sein kann (*offene* Messsysteme). Im ersteren Fall beruht das Messprinzip auf der vom Blattgaswechsel verursachten kontinuierlichen Anreicherung des Wasserdampfes und Abnahme von CO_2 in der Küvettenluft. Dagegen werden in offenen Systemen Konzentrationsänderungen von Wasserdampf und CO_2 mittels Durchsatz von Außenluft durch die Küvette begrenzt. In beiden Messprinzipien können zusätzliche Regelvorrichtungen Feuchte und CO_2-Konzentration der Küvettenluft auf dem Niveau der Außenluft halten (Kompensationsprinzip). Offene und geschlossene Systeme werden wir zunächst anhand dreier Transpirationsmessverfahren darstellen, bevor wir die technischen Anforderungen einer gleichzeitigen Messung der Transpirationsrate und CO_2-Aufnahmerate behandeln.

Alle diese Messsysteme erfordern eine Ventilierung der Blattoberflächen zum Abbau anliegender Luftgrenzschichten, sollen stomatäre Leitfähigkeiten ermittelt werden (s. ▶ Kap. 10, „Physikalische Grundlagen von Transpiration, CO_2-Aufnahme, Gasleitfähigkeiten und deren Bestimmungen“). Die Ventilierung kann allerdings J_{H_2O} und J_{CO_2} verglichen mit den Bedingungen einer unbeeinflussten Blattumgebung erhöhen. Eine gleichmäßige Luftumwälzung in der Küvette ist zugleich

Voraussetzung für die repräsentative Messung der Wasserdampf- und CO_2-Konzentration im Messvolumen. Zudem begrenzt die Ventilierung mittels Konvektion die Blattaufheizung, die in den Messküvetten durch den Glashauseffekt bedingt wird (s. ▶ Kap. 2, „Qualitäten, Quantitäten und Gesetzmäßigkeiten der Strahlung“ und ▶ Kap. 20, „Strahlungs- und Energieflüsse“ Die Blatterwärmung wird auch durch eine möglichst kurze Messdauer (wenige Sekunden), den Kontakt nur einer Blattseite zum Küvettenvolumen oder eine thermoelektrische Küvettenklimatisierung verhindert.

Hintergrundinformation

Die Begriffe „Glashauseffekt“ und „Treibhauseffekt“ sind synonym zu betrachten, wenngleich letztere Bezeichnung gebräuchlicher ist. Beide Begriffe entsprechen dem Englischen „greenhouse effect“.

Die Einführung in die folgenden Gaswechselmesssysteme kann ein für wissenschaftliche Einsätze erforderliches Studium der Originalhandbücher nicht ersetzen. Vielmehr sollen verschiedene technische Lösungsprinzipien für die physikalischen Anforderungen von Gaswechselmessungen demonstriert werden. Die für die Messsysteme spezifischen Berechnungen der Gaswechselgrößen sind zu diesem Zweck teilweise vereinfacht wiedergegeben.

2.1 Porometer zur Wasserdampfdiffusion

Das **„Blattwiderstandsmeter“ nach Van Bavel et al.** (1965) ermittelt den Diffusionswiderstand des Blattes für Wasserdampf. In dem geschlossenen System aus den 1960er-Jahren wird die Zeitspanne Δt (meist < 60 s) für eine transpirationsbedingte Erhöhung der Küvettenluftfeuchte um einen vorgegebenen Betrag gemessen, damals noch in den alten Einheiten:

$$r'_{H_2O} = \frac{\Delta x}{D_{H_2O}} = \frac{S \cdot \Delta t - L_0}{D_{H_2O}} \quad \left[\mathrm{s \cdot m^{-1}}\right] \tag{1}$$

Durch Kalibration mit simulierten Widerständen (Variation der Diffusionsstrecke Δx) ergeben sich S [m s^{-1}] und L_0 [m] als gerätespezifische Empfindlichkeits- und Formkonstanten.

Einem ähnlichen Prinzip folgt das **Diffusionsporometer nach Körner** aus den 1970er-Jahren (Abb. 1), jedoch ermittelt dieses Gerät die Transpirationsrate J_{H_2O}. In dem geschlossenen System geht neben der Zeitspanne Δt (ca. 30 s) für den Luftfeuchteanstieg in der Küvette (von 46 auf 54 % rF) die Feuchteänderung quantitativ in die Messung ein:

$$J_{H_2O} = \frac{V \cdot [\rho_w(2) - \rho_w(1)]}{A \cdot \Delta t} \quad \left[\mathrm{mg \cdot m^{-2} \cdot s^{-1}}\right] \tag{2}$$

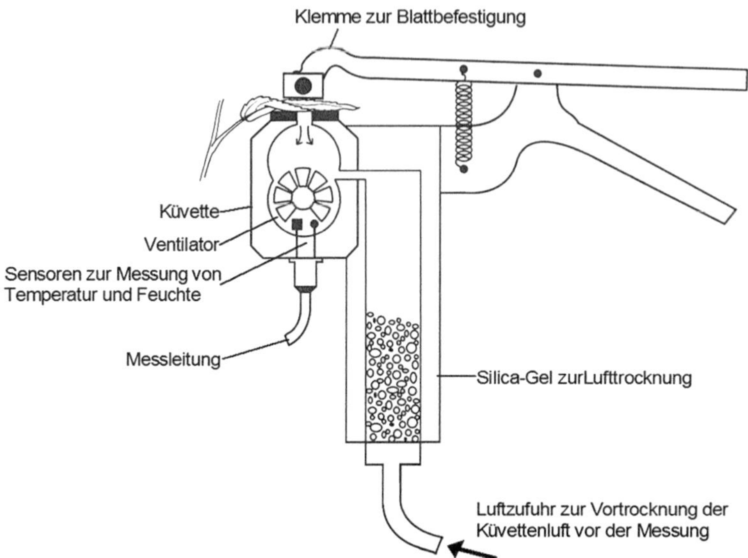

Abb. 1 Schematische Darstellung der Messküvette des Wasserdampfdiffusionsporometers nach Körner (geschlossenes System). Das leicht an die Küvettendecke angedrückte Blatt transpiriert durch eine kleine Öffnung (*Pfeile*) in das Küvettenvolumen. Es wird die Zeitspanne gemessen, in der die relative Luftfeuchte in der Küvette um einen bestimmten Betrag ansteigt. Vor der Messung wird die Küvettenluftfeuchte durch Pumpen (manuell mit Blasebalg) in Silica-Gel getrockneter Luft auf den Feuchtestartwert gesenkt. Die Küvette ist mit einem Anzeigegerät für die Messwerte verbunden (nicht gezeigt). (Verändert nach von Willert et al. 1995)

wobei V das Küvettenvolumen, A die Blattoberfläche sowie $\rho_w(1) < \rho_w(2)$ die Absolutfeuchte (Wasserdampfdichte) zu Beginn und Ende der Messung darstellen. Die Zunahme der Absolutfeuchte entspricht den pro Blattfläche transpirierten Wassermolekülen. Im Vergleich zum System nach Van Bavel wird der Diffusionswiderstand des Blattes nicht gemessen, sondern aus J_{H_2O} und dem transpirationswirksamen Feuchtegradienten errechnet. Letzterer resultiert aus der Sättigungsluftfeuchte im Blatt $\rho_w(B)$ (bei gegebener Blatttemperatur) und der mittleren Absolutfeuchte in der Küvette, $\rho_w(\text{Cuv}) = (\rho_w(2) + \rho_w(1))/2$ während der Messung. Somit folgt:

$$r'_{H_2O} = \frac{\rho_w(B) - \rho_w(\text{Cuv})}{J_{H_2O}} \quad \left[s \cdot m^{-1}\right] \tag{3}$$

Eine automatisierte Weiterentwicklung der Messprinzipien nach Van Bavel und Körner stellt das von Delta-T Devices (Cambridge, UK) produzierte Porometer **AP4** bzw. das **SC-1** Leaf Porometer von Decagon Devices (Pullman, USA) dar (Abb. 2).

Die direkte Messung der Transpirationsrate ist gegenüber der des Diffusionswiderstandes vorteilhaft, da bei der Kalibration vom Messsystem ermittelte Transpirationsraten mit tatsächlich verdunsteten Wassermengen verglichen werden können. Letztere werden mit modifizierten, in die Küvette eingedichteten Piche-Evapo-

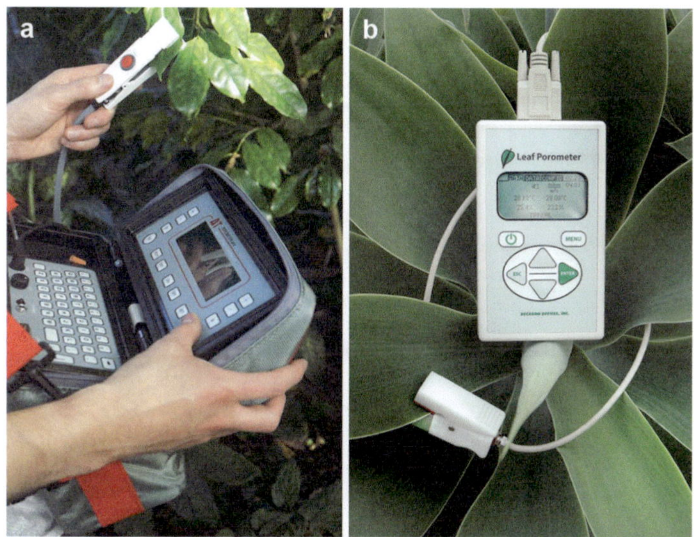

Abb. 2 **Aktuelle Blattporometer**, die automatisierte Weiterentwicklungen der Messprinzipien nach Van Bavel und Körner darstellen. (**a**) Das von Delta-T Devices (Cambridge, UK) produzierte AP4 Porometer; (**b**) das SC-1 Leaf Porometer von Decagon Devices (Pullman, USA). (Beide Abbildungen mit freundlicher Genehmigung der Firmen; das jeweilige Copyright liegt bei den Firmen)

rimetern bestimmt (s. ▶ Kap. 9, „Physik des Wasserdampfes – Luftfeuchte und Wasserdampfgradienten"). Neben der Überprüfung der Feuchtefühler sind solche Tests zur Korrektur der temperaturabhängigen, die Gaswechselmessung verfälschenden Wasserdampfadsorption der Küvettenwände erforderlich.

Da im Körner-Porometer von der Außenluft abweichende Luftfeuchten herrschen, entspricht die ermittelte Transpirationsrate nicht der des unbeeinflussten Blattes. Jedoch berechnet sich ein für die Außenbedingungen gültiges $r'_{H_2O} = \Delta\rho_w / J_{H_2O}$, da die messtechnisch bedingten Beeinflussungen von $\Delta\rho_w$ und J_{H_2O} zueinander proportional sind und sich so in ihrer Wirkung auf r'_{H_2O} eliminieren. Dies gilt aber nur, solange die Spaltöffnungsweiten sich während der Messung nicht ändern.

Jedoch können Stomata empfindlicher Blätter schon während kurzer Messspannen auf abrupte Feuchteänderungen in der Porometerküvette reagieren und vom unbeeinflussten Verhalten unter Außenluftbedingungen abweichen. Eine Lösung bietet das Porometer **LI-1600**, ein offenes Messsystem der Firma LI-COR (Lincoln, USA), in dem auch während der Messung die Außenluftfeuchte in der Küvette herrscht (Abb. 3).

Vor der Blatteindichtung wird zunächst in der geöffneten Küvette die Außenluftfeuchte gemessen und elektronisch gespeichert. Dieser Feuchte-Sollwert muss in der Küvette während der folgenden Messung der Blatttranspiration aufrechterhalten werden. Hierzu lässt ein Durchflussregler proportional zur transpirationsbedingten (geringen) Abweichung des Feuchte-Istwertes vom gespeicherten Sollwert trockene Außenluft in die Küvette einströmen (Abb. 4). In empirischer Näherung muss dieser

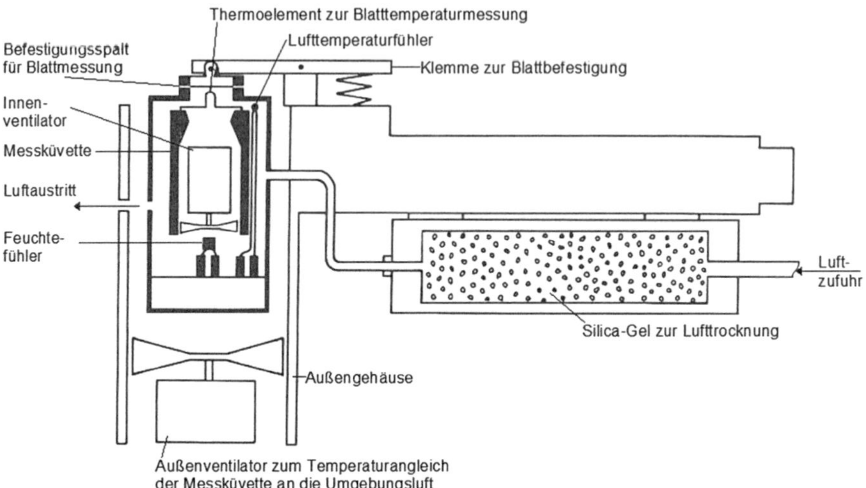

Abb. 3 Schematische Darstellung der Messküvette des Wasserdampfdiffusionsporometers LI-1600 (offenes System). Die Messküvette ist mit einer Konsole verbunden, die der Feuchteregelung in der Küvette, der Datenaufzeichnung und der Berechnung von Messergebnissen dient (Konsole nicht gezeigt; Funktionsprinzip des Porometers dargestellt in Abb. 4). (Verändert nach von Willert et al. 1995)

Einstrom eine Luftmenge mit einer der Transpirationsrate entsprechenden Anzahl von Wassermolekülen aus der Küvette in die Außenluft drängen. Es gilt:

$$f_{\text{trocken}} = \frac{N}{\Delta t} = f_{\text{feucht}}$$

wobei f_{feucht} die aus der Küvette austretende und f_{trocken} die einströmende Massenflussrate $N/\Delta t$ der Luft in mol · s^{-1} darstellen. Damit folgt:

$$J_{H_2O} = \frac{f_{\text{trocken}} \cdot e}{P \cdot A} \quad \left[\text{mmol} \cdot \text{m}^{-2} \cdot \text{s}^{-1}\right] \tag{4}$$

Der Molenbruch der Außenluftfeuchte (e/P) multipliziert mit der Massenflussrate der Luft ergibt die Anzahl der transpirierten Wassermoleküle pro Zeiteinheit und Fläche.

f_{trocken} wird mit einem **Massendurchflussmesser** bestimmt. Dieser ermittelt aus der Wärmeaufnahme der durch eine Messkanüle strömenden Luft die pro Zeiteinheit transportierte Teilchenmenge. Die Messung selbst ist damit außer von der Teilchenzahl nur von der Wärmekapazität C_p des entsprechenden Gases, in unserem Fall Luft, abhängig. C_p ist in dem physiologischen Temperaturbereich von 0–50 °C praktisch konstant. Da Massendurchflussmesser meist werksseitig unter Standardbedingungen kalibriert werden (0 °C; 0,1013 MPa Gesamtdruck), entspricht der erfasste Wert einer auf diese Bedingungen bezogenen, relativen Durchflussrate, auch Normalflussrate genannt. Somit entfällt die Notwendigkeit einer Korrektur der

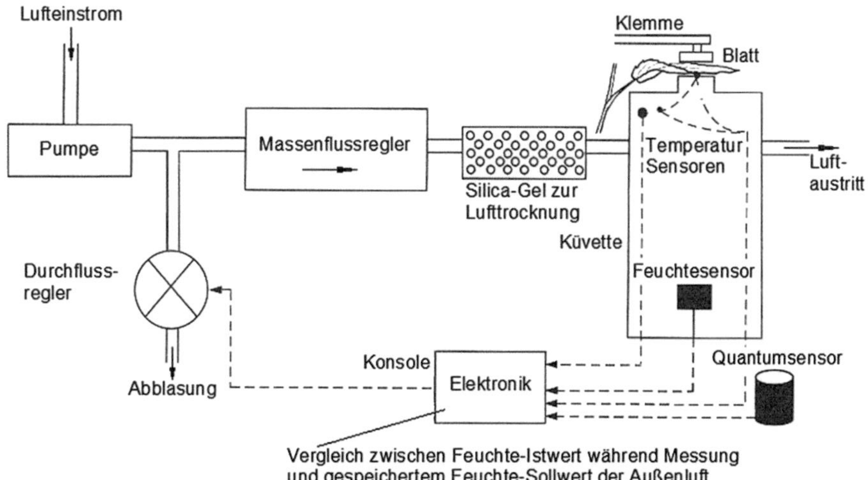

Abb. 4 Funktionsprinzip des Porometers LI-1600 (offenes System; s. Abb. 3). In der Konsole wird die vor der Blattbefestigung in der Küvette gemessene Luftfeuchte elektronisch gespeichert (Sollwert). Steigt während der Blattmessung der Luftfeuchte-Istwert über den Sollwert, reduziert der Durchflussregler die abgeblasene Luftmenge, wodurch der Luftstrom durch die Küvette erhöht wird. Letzterer Luftstrom wird in Silica-Gel getrocknet und nähert dadurch den Luftfeuchte-Istwert wieder dem Sollwert an (unterbrochene Linien repräsentieren elektrische Verbindungen). (Verändert nach von Willert et al. 1995)

Ergebnisse bei Messungen unter unterschiedlichen, von 0 °C verschiedenen Temperaturen.

Der Wasserdampfpartialdruck e ergibt sich aus der Luftfeuchtemessung eines Kondensatorhygrometers (s. ▶ Kap. 9, „Physik des Wasserdampfes – Luftfeuchte und Wasserdampfgradienten“), und durch Messung der Blatttemperatur lässt sich Δw bestimmen. Daraufhin lässt sich $g_{H_2O} = J_{H_2O}/\Delta w$ in mmol · m^{-2} · s^{-1} berechnen.

2.2 Systeme zur gleichzeitigen Messung der Transpirationsrate und der Netto-CO_2-Austauschrate

Da ein assimilierendes Blatt 100 bis 1000 Wassermoleküle pro aufgenommenem CO_2-Molekül transpiriert, ergeben sich für die gleichzeitige Messung von J_{H_2O} und J_{CO_2} besondere technische Anforderungen. In einem geschlossenen System ist eine messbare Abnahme der CO_2-Konzentration der Luft zu erzielen, aber zugleich eine Luftbefeuchtung bis zur Wasserdampfkondensation zu vermeiden. Kondensation bedeutet das Ende jeder Gaswechselmessung, da flüssiges Wasser im Messsystem weitere verdunstende und CO_2 austauschende Oberflächen neben dem Blatt darstellt. In offenen Systemen (wie dem LI-1600) können hohe, zur Aufrechterhaltung der Feuchtekonstanz erforderliche Flussraten messbare Abnahmen der CO_2-Konzentration verhindern. Welche technischen Lösungsmöglichkeiten gibt es?

Im **Porometer LI-6200**, einem geschlossenen System der Firma LI-COR, wird während der sich einstellenden messbaren CO_2-Abnahme der transpirierte Wasserdampf der Luft in einem Nebenschluss entzogen (Abb. 5). Durch den Nebenschluss fließt gerade so viel Luft, dass eine der Transpirationsrate entsprechende Wassermenge in einem Trocknungsmittel ausgefällt wird. Die zur annähernden Feuchtekonstanz in der Küvette erforderliche Massenflussrate der Luft durch den Nebenschluss, f_N, wird in einer Testmessung mit einem für die folgenden Messungen repräsentativen Blatt manuell eingestellt (Abb. 5).

Die Transpirationsrate ergibt sich (vereinfacht) als

$$J_{H_2O} = \frac{f_N \cdot e}{P \cdot A} + \frac{K \cdot N}{P \cdot A} \cdot \frac{de}{dt}$$

Der erste Summand entspricht Gl. 4, während der zweite geringe Abweichungen von der Feuchtekonstanz in der Küvette berücksichtigt: $(N \cdot de)/(P \cdot dt)$. N ist die Luftmenge, e der Wasserdampfpartialdruck im Messsystem und K ein systemspezifischer Kalibrationsfaktor.

Der Nebenschluss ermöglicht messbare Abnahmen der CO_2-Konzentration (oder präziser, des CO_2-Molenbruchs) in der Küvette ohne die Gefahr der Wasserkondensation. Die meist innerhalb weniger Sekunden erfolgende Abnahme des CO_2-Molenbruches in der Küvettenluft um 10 µmol · mol^{-1} (ermittelt durch

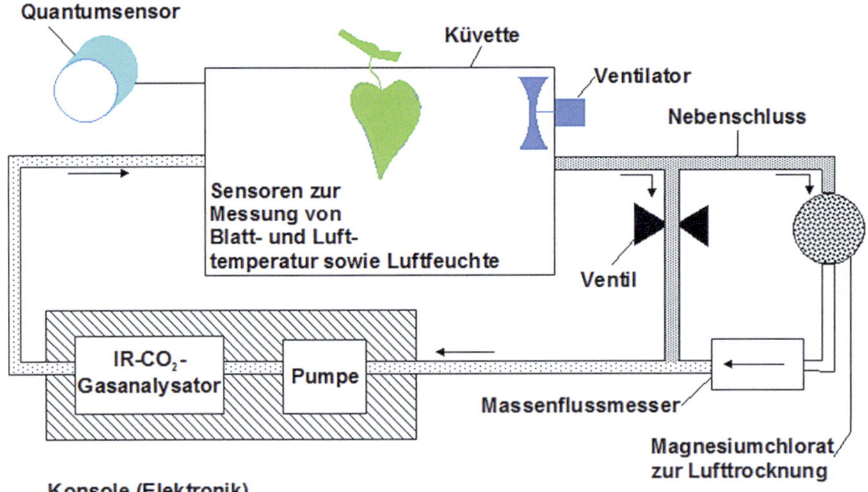

Abb. 5 Funktionsprinzip des Diffusionsporometers LI-6200 für Wasserdampf und CO_2 (geschlossenes System). Ein IR-CO_2-Gasanalysator (in der Konsole) misst die vom eingedichteten Blatt verursachte CO_2-Abreicherung in der Systemluft (Küvette und Schlauchverbindungen). Gleichzeitig wird der Systemluft im Nebenschluss eine der Blatttranspiration entsprechende Wasserdampfmenge im Trocknungsmittel entzogen und dadurch die Luftfeuchte in der Küvette annähernd konstant gehalten. Hierzu wurde in einer vorangegangenen Testmessung durch manuelles Verstellen des Ventils die durch den Nebenschluss zu lenkende Luftmenge ermittelt. (Verändert nach von Willert et al. 1995)

IR-Gasanalyse, Abb. 5) kann als Signal für eine automatische Beendigung der Messung dienen. Es gilt im Prinzip:

$$J_{CO_2} = \frac{N}{A} \cdot \frac{d\chi_{CO_2}}{dt} \cdot C$$

Der systemspezifische Term C korrigiert J_{CO_2} für die unterschiedlichen Wasserdampfpartialdrücke in der Küvette und, nach der Lufttrocknung, im IR-Gasanalysator (Abb. 5). Aus den Messungen von J_{H_2O} und J_{CO_2} leiten sich g_{H_2O} und c_i ab (siehe das Originalhandbuch zur detaillierten Herleitung der gemessenen und errechneten Größen).

Die Abnahme des CO_2-Molenbruchs in der Küvettenluft kann (in anderen Messsystemen) auch durch eine entsprechende Zudosierung von CO_2 kompensiert werden, woraus sich J_{CO_2} berechnen lässt (Kompensationsprinzip).

Das **LI-6400** ist ebenfalls ein **CO_2/H_2O-Porometer**, jedoch im Gegensatz zum LI-6200 ein offenes System. Gegenwärtig unter den Gaswechselmesssystemen weltweit wohl am weitesten verbreitet, stellt das LI-6400 den Standard an technologischer Entwicklung bei der Erfassung, Analyse und elektronischen Weiterverarbeitung der Messdaten dar. Es besteht wie das LI-1600 und das LI-6200 aus einem „Messkopf" (der Messküvette) und einer am Körper tragbaren Konsole (Abb. 6), die neben der Pumpe sowie Massenflusssensoren und Dosiervorrichtungen für die Gasströme auch die Elektronik für Steuerung und Datenverarbeitung beinhaltet. Abb. 7 illustriert Einsätze des LI-6400 im Feld. Das pneumatische Schaltbild der Abb. 8c zeigt die an der Außenseite der Konsole befindlichen Zylinder für die Entfeuchtung der von der Pumpe angesaugten Außenluft sowie für die Absorption von CO_2 (CO_2-Absorber bzw. Trocknungsmittel, auch *CO_2-/H_2O-Scrubber* genannt). Reines CO_2 aus der unter Überdruck stehenden Gaspatrone kann für die dosierte CO_2-Einspeisung in die Luft zugeschaltet werden. Als Besonderheit ist in

Abb. 6 Drei LI-6400 Messsysteme. In Vorbereitung für den parallelen Einsatz in einer Messkampagne aufgebaut zum direkten Quervergleich der Messsensoren und deren Abgleich zwischen den individuellen LI-6400-Systemen. (Foto: Matyssek)

Abb. 7 **Einsätze des LI-6400 an verschiedenen Messpositionen im Gelände** an krautigen Pflanzen und Sträuchern (**a**), in Baumkronen (**b**), mit integriertem Aufsatz zur zeitgleichen Messung der Chlorophyllfluoreszenz und montiert auf einem Fotostativ mit Kunstlichtaufsatz (**c**). (Fotos: Matyssek)

den Messkopf unmittelbar der IR-Analysator für CO_2 und Wasserdampf integriert, sodass distanzüberbrückende Verbindungsschläuche entfallen (Abb. 8a, b). Hierdurch wird das LI-6400 zum derzeit reaktionsschnellsten CO_2/H_2O-Porometer und besitzt zugleich eine sehr hohe Auflösung des Messsignals. Der Messkopf verfügt zudem über elektrische Sensoren für Luft- und Blatttemperaturmessung (Thermoelement), zur Feuchtemessung (kapazitiv) und Erfassung der Photonenflussdichte.

Die von der Pumpe in die Konsole gesaugte Außenluft kann zunächst mit einem Nadelventil nach Bedarf variabel parallel verzweigt werden, sodass ein Gasweg durch den CO_2-Scrubber geführt und dort von CO_2 befreit wird (Abb. 8c). Hierdurch lassen sich, je nach Mischungsverhältnis infolge Nadelventilstellung, niedrigere CO_2-Konzentrationen im Gasstrom als in der Außenluft einstellen, wobei die Fluktuation der Konzentration wie in der Außenluft erhalten bleibt. Entsprechend kann danach mit dem Wasserdampf-Scrubber die Luftfeuchte unter jene der Außenluft gesenkt werden. In einem weiteren Schritt kann im Innern der Konsole mittels eines Dosierventils CO_2 aus der Gaspatrone über einen Kapillarschlauch in den Gasstrom eingespeist werden (*CO_2 flow control*, Abb. 8c), bevor dieser von der Pumpe aufgenommen wird. Auf diese Weise werden CO_2-Konzentrationen oberhalb der Außenkonzentration eingestellt, ebenfalls unter Beibehaltung der externen Fluktuation. Werden stabile CO_2-Konzentrationen im Gasstrom angestrebt, ist zunächst mittels CO_2-Scrubber die Außenluft völlig von CO_2 zu befreien. Sodann kann die CO_2-Einspeisung stabile CO_2-Konzentrationen im Gasstrom aufbauen.

Ab der Pumpe wird der Gasstrom in Richtung Messkopf gepresst und mittels eines Flussreglers auf eine konstante Flussrate eingestellt (*flow rate control*, Abb. 8c). Sodann wird der Gasstrom ein weiteres Mal parallel verzweigt, in die beiden Gaswege Messgas (*sample*) und Referenzgas (*reference*) geleitet, wobei nur das erstere, nach Erfassung der Flussrate mit einem Massenflusssensor (*flow meter*), in den Messkopf eingeführt wird. Mit starren Flussrestriktoren (die als Fließwiderstände wirken) wird der Fluss des ursprünglichen Gasstroms in 75 % für das Messgas und 25 % für das Referenzgas aufgeteilt. Im Messgas, das in Kontakt mit dem

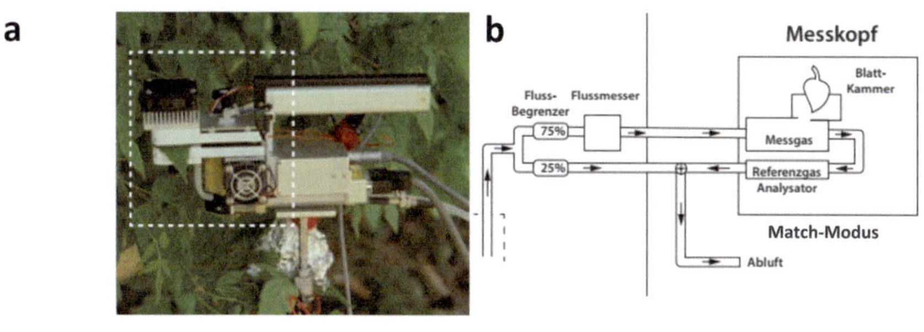

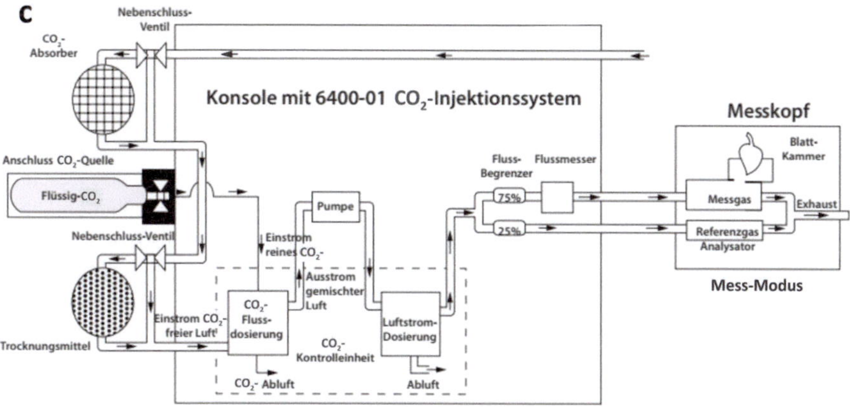

Abb. 8 **LI-6400**, (**a**) Außenansicht des Messkopfes (Foto: Matyssek) mit Kunstlichtaufsatz und integriertem IR-Analysator (unterhalb der Blattkammer; innerhalb *Rahmens*), (**b**) Match-Mode, (**c**) Übersicht des pneumatischen Aufbaus eines LI-6400 während des Mess-Modus. (Abbildung verändert nach Original-Handbuch; mit freundlicher Genehmigung der Firma)

Messblatt steht, ermittelt der integrierte IR-Analysator die CO_2-Konzentration, und entsprechendes geschieht räumlich abgetrennt für das Referenzgas in der anderen IR-Analysekammer. Es erfolgt eine **Differenzmessung** jeweils zwischen den CO_2- und Wasserdampfkonzentrationen. Hinter dem Messkopf werden die beiden Gase wieder vereinigt und in die Außenluft entlassen (*exhaust*, Abb. 8c).

Da der von der Pumpe im Messkopf erzeugte Überdruck gegenüber der Außenluft sehr gering ist, muss die Eindichtung des Messblattes hermetisch sein (bereits kleine Lecks führen zu fehlerhaften Messsignalen). Die Eindichtung des Blattes erfolgt mittels einer rahmenartigen, federgespannten Klammervorrichtung mit weichem Filzmaterial. Wird der Rahmen mit einer transparenten Folie bespannt und damit die Messküvette von der Außenluft getrennt, kann der Blattgaswechsel unter den gegebenen Fluktuationen der Sonneneinstrahlung verfolgt werden. Alternativ kann ein Kunstlichtaufsatz (je nach Baujahr bestehend aus roten und blauen oder weißen Leuchtdioden) montiert werden, der Messungen unter einstellbaren, stabilen Lichtintensitäten erlaubt (Abb. 6 und 7, jeweils Messköpfe links und rechts;

Abb. 8a). Als zusätzliche Alternative kann der Kunstlichtaufsatz durch eine Vorrichtung zur Messung der Chlorophyllfluoreszenz (s. ▶ Kap. 14, „Chlorophyllfluoreszenzanalyse“) erweitert werden (Abb. 6 und 7, jeweils mittlerer Messkopf). Aufgrund der Kompaktheit und des geringen Gewichts von Messkopf und Konsole lässt sich das LI-6400 für diskontinuierliche Messungen in kurzer Folge zu verschiedenen Geländepunkten tragen, in Baumkronen einsetzen oder auf Fotostative montieren (Abb. 7).

Ein wichtiger Betriebsmodus ist abschließend noch anzusprechen – der sog. **Match-Mode** (Abb. 8b). Dieser ist erforderlich, da bei gleicher Gaszusammensetzung in Mess- und Referenzgas Nullsignale aus der Differenzmessung jeweils der CO_2- und Wasserdampfkonzentrationen resultieren müssen. Solche Signale, die typischerweise bei Licht- oder CO_2-Kompensationspunkten bzw. geschlossenen Spaltöffnungen auftreten, sind aber messtechnisch aufgrund der variablen Umwelteinflüsse auf die Systemelektronik nicht zwingend zu erwarten. Die Elektronik muss daher in Intervallen (z. B. nach jeder fünften tatsächlichen Blattmessung) auf Gasgleichheit abgeglichen werden (*to match* = abgleichen). Hierzu werden in der Pneumatik des Messkopfes zwei Magnetventile gleichzeitig auf eine Weise geschaltet, dass der gleiche Gasstrom, in diesem Fall das Messgas, unmittelbar nacheinander durch die Mess- und Referenzkammer des IR-Analysators fließt. Hierbei ergibt sich zwangsläufig die benötigte Nulldifferenz, deren Ausgangssignal nun „per Knopfdruck“ elektrisch auf Null gesetzt und gespeichert wird. Der Nullabgleich ist somit für das folgende Messintervall gültig, d. h. es bleiben CO_2- und Wasserdampfdifferenzen zwischen Mess- und Referenzgas, die nicht aus dem Blattgaswechsel resultieren, in der Berechnung der Netto-CO_2-Austauschrate und Transpirationsrate unwirksam. Die Gasumleitung im Match-Mode erfordert das Schließen des Gastromausgangs (*exhaust*) und das Öffnen einer neuen Abblasung im Referenzgasweg nach Gaspassage durch die Referenz-IR-Analysekammer (Abb. 8b). Vorteilhafterweise muss während des Match-Mode das Messblatt nicht aus dem Messkopf entfernt werden.

Die **CO_2/H_2O-Porometer** des offenen Messsystemprinzips werden auch **Steady-State-Porometer** genannt. Sie registrieren den Gaswechsel der Versuchspflanzen in einem dynamischen Gleichgewichtszustand, der sich bei einer Messung innerhalb weniger Minuten einstellt. Die Blätter werden bei hinreichend hoher Durchflussrate unter konstanten, von der Umgebung meist nur unwesentlich abweichenden Bedingungen gehalten. In den Blattmesskammern werden die Blattgrenzschichten durch turbulente Strömungen, erzeugt von eingebauten Ventilatoren, drastisch reduziert.

Die auf die Blattfläche (A) bezogene Netto-CO_2-Austauschrate und Transpirationsrate berechnen sich jeweils aus der eingestellten molaren Durchflussrate (f) und der mit dem IRGA gemessenen CO_2-Molenbruchdifferenz $\Delta\chi_{CO_2}$ (bzw. Wasserdampfmolenbruchdifferenz Δw_K)

$$J_{CO_2} = \frac{\Delta\chi_{CO_2} \cdot f}{A}$$

$$J_{H_2O} = \frac{\Delta w_K \cdot f}{A}$$

Weitere ältere offene Messsysteme unter **CO_2/H_2O-Porometern,** die auch die Entwicklung der Systeme verdeutlichen, sind etwa das **LCA-2** und das **LCA-4** der Firma ADC BioScientific (Hoddesdon, UK; Bernt GmbH, Düsseldorf, Deutschland) oder das **Kompakt-CO_2/H_2O-Porometer** der Heinz Walz GmbH (Effeltrich, Deutschland), die im Gegensatz zum LI-6200 als *offene Messsysteme* ausgelegt sind.

Das **LCA-2** erfasst die CO_2-Aufnahme bzw. -Abgabe eines in die Plexiglasmesskammer (*plant leaf chamber*, PLC-2) eingespannten Blattes oder Zweiges in einem IRGA durch Vergleich des CO_2-Molenbruchs im Luftstrom vor und nach dem Durchlaufen der Messkammer. Dieses Messgerät besitzt einen pyroelektrischen Detektor und kann sowohl im Differenz- als auch im Absolutmodus eingesetzt werden.

Die Transpiration wird beim LCA-2 aus der Änderung der Luftfeuchtigkeit in der Blattkammer durch das Messblatt berechnet. Als Luftfeuchtesensoren dienen hier kapazitive Feuchtefühler. Für die Berechnung der Transpirationsrate muss zuerst die Wasserdampf-Molenbruchdifferenz zwischen Blattinnerem und Außenluft (Δw_K) aus der Differenz der Luftfeuchte vor und nach der Blattkammer bestimmt werden. Die Blattleitfähigkeit für Wasserdampf wird dann im LCA-2 aus der Transpirationsrate J_{H_2O} und Δw bestimmt als

$$g_{H_2O} = \frac{J_{H_2O}}{\Delta w}$$

Δw_K und Δw müssen aus den ebenfalls erfassten Parametern Blatttemperatur, Lufttemperatur, Luftfeuchtigkeit in der Küvette und dem Luftdruck nach den in ▶ Kap. 5, „Atmosphäre und ihre Gase – Messung in Luft und Wasser“ und ▶ Kap. 9, „Physik des Wasserdampfes – Luftfeuchte und Wasserdampfgradienten“ vorgestellten Gleichungen berechnet werden.

Der schematische Aufbau des gesamten LCA-2-Systems, das aus einer mit einem Massendurchflussmesser ausgestatteten Luftversorgungsanlage (ASU), der Blattmesskammer (PLC-2), dem IRGA (LCA-2) und einer Datenerfassungseinheit besteht (DL-2), ist in Abb. 9a als Blockschaltbild dargestellt.

Ähnlich dem LI-6400, werden beim **LCA-4** (Abb. 9b) und beim **Kompakt-CO_2/H_2O-Porometer** (Fa. Walz, Abb. 9c) sowohl der CO_2-Austausch als auch die Wasserdampfabgabe als Differenz der entsprechenden Molenbrüche zwischen der vom Messblatt veränderten und der unbeeinflussten Außenluft mittels eines Infrarot-Gas-Analysators erfasst. Das gut transportable LCA-4 bietet die Möglichkeit, sowohl CO_2 als auch Wasserdampf in der Messkammer (PLC-4) auf Molenbrüche zwischen denen der Außenluft und Null einzustellen und automatisch konstant zu halten.

Das CO_2/H_2O-Porometer, das einen BINOS 100 4P (Rosemount Analytical, Hanau, Deutschland) nutzt, stellt im Wesentlichen eine vereinfachte, portable Ausführung der im folgenden Abschnitt beschriebenen Walz-Gaswechselmessanlage

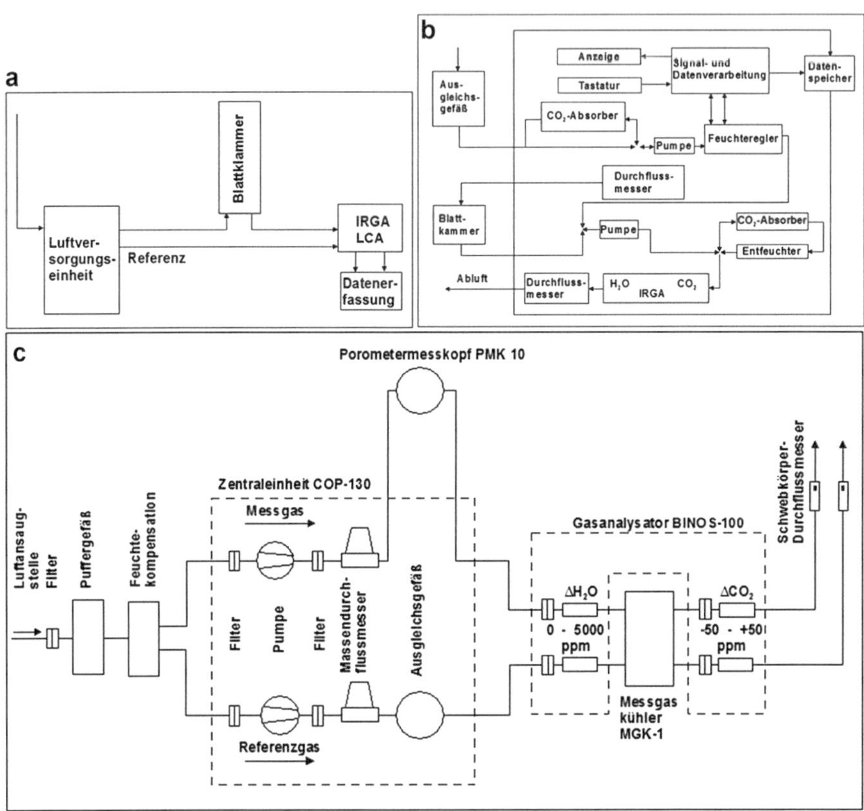

Abb. 9 Schematische Darstellung der CO_2/H_2O-Porometersysteme, (**a**) LCA-2 (ADC BioScientific Ltd., Hoddesdon, UK), (**b**) LCA-4 (ADC BioScientific Ltd., Hoddesdon, UK) und (**c**) Kompaktporometer (Heinz Walz GmbH, Effeltrich, Deutschland). Die Abbildungen sind nach Vorlagen der Hersteller verändert. (Mit freundlicher Genehmigung der Firma)

dar. Mit dem Porometer, das mit einer temperierbaren Messkammer ausgestattet werden kann, sind ebenfalls Taupunkt und CO_2-Molenbruch der angesaugten Luft durch vorschaltbare, mit elektronischen Datenerfassungseinheiten versehene Geräte (Feuchtekompensationseinheit bzw. Gasmischanlage) kontrollierbar.

Eine Weiterentwicklung des Kompakt-CO_2/H_2O-Porometers stellt das in Abb. 10a gezeigte GFS-3000 Gaswechselmesssystem dar (ebenfalls Heinz Walz GmbH, Effeltrich, Deutschland). Die weiteren Beispiele zeitgemäßer CO_2/H_2O-Porometersysteme (Abb. 10) sind von unterschiedlicher Komplexität und Größe, besitzen aber alle eine hohe Leistungsfähigkeit und Flexibilität im Feldeinsatz.

Alle bisher vorgestellten Gaswechselmesssysteme sind weitgehend transportabel und für eine hohe Anzahl diskontinuierlicher Messungen innerhalb kurzer Zeitspannen konzipiert. Die folgende Gaswechselmessanlage der Firma Walz lässt sich dagegen stationär im Feld (z. B. in Baumkronen) für kontinuierliche, bis zu ein-

Abb. 10 **Beispiele für aktuelle moderne mobile CO_2/H_2O-Porometersysteme**: (**a**) GFS-3000 Gaswechselsystem (Heinz Walz GmbH, Effeltrich, Deutschland), (**b**) LCi-SD, (**c**) iFL (beide ADC BioScientific Ltd., Hoddesdon, UK), (**d**) LI-6800 (LI-COR Inc., Lincoln, USA) (**e**) CIRAS-3, (**f**) TARGAS-1 (beide PP Systems, Amesbury, USA). (Abbildungen mit freundlicher Genehmigung der Firmen, das Copyright liegt bei der jeweiligen Firma)

wöchige Messungen an Blattorganen einsetzen. Zur Kompensation von Glashauseffekten ist die Messküvette mittels Peltier-Elementen thermoelektrisch klimatisiert (s. Abb. 11 und ▶ Kap. 3, „Wärme und Temperatur – Messung und Temperierung").

Abb. 11 Schematische Darstellung der temperaturklimatisierten Küvette einer Walz-Gaswechselmessanlage (offenes System). (**a**) Die Küvette besteht aus dem Plexiglasteil, in den das zu messende Blatt eingedichtet wird, und dem Klimatisierungsteil mit den Peltier-Blöcken, Wärmetauschern und dem

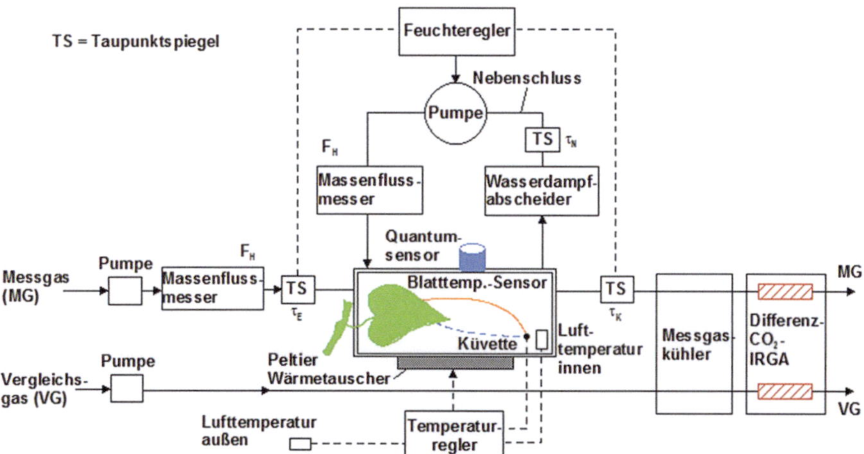

Abb. 12 Funktionsprinzip einer Walz-Gaswechselmessanlage (offenes System). Ein Differenz-CO_2-Gasanalysator (*IRGA*) vergleicht die CO_2-Konzentration im Messgas (*MG*), das in der Küvette mit dem Blatt in Kontakt kommt, mit der im Vergleichsgas (*VG*). Die CO_2-Konzentration im MG ist höchstens 30 µmol · mol^{-1} niedriger als im VG. Diese Differenz, multipliziert mit der Massenflussrate *f*, ergibt die CO_2-Austauschrate. Zugleich wird im Nebenschluss die Transpirationsrate bestimmt. Weicht die mit Taupunktspiegel (*TS*) gemessene Luftfeuchte der Küvette (τ_K) von der am Küvetteneingang ab (τ_E), aktiviert der Feuchteregler die Pumpe im Nebenschluss. Diese transportiert eine Luftmenge, aus der eine der Transpiration entsprechende Wasserdampfmenge im Wasserdampfabscheider (Kältefalle) ausgefällt wird. Erzielt die Feuchteregelung $\tau_K = \tau_E$, dann ergibt die Feuchtedifferenz zwischen τ_K und τ_N, multipliziert mit der Massenflussrate der Luft im Nebenschluss (f_N), die Transpirationsrate (weitere Details im Text; *unterbrochene Linien* repräsentieren elektrische Verbindungen. (Verändert nach von Willert et al. 1995)

Im offenen System zur gleichzeitigen Messung von J_{CO_2} und J_{H_2O} wird das transpirierte Wasser – ähnlich dem LI-6200 – in einem Nebenschluss entzogen (Abb. 12). Anstelle eines Trocknungsmittels wird jedoch ein **Wasserdampfabscheider** (= **Kältefalle**) eingesetzt. In diesem Gerät wird die Luft auf einen vorgegebenen konstanten Taupunkt τ_N abgekühlt; das heißt, Wasserdampfmengen > τ_N werden dem Luftstrom durch Kondensation entzogen. τ_N ist niedriger als der Taupunkt in der Messküvette τ_K. Aus τ_K und τ_N ergibt sich die Partialdruckdifferenz $e_K - e_N$ und

Abb. 11 (Fortsetzung) Innenventilator zur Luftumwälzung in der Küvette. Ein Außenventilator (nicht gezeigt) transportiert Luft durch die Kühlrippen der äußeren Wärmetauscher. Mess- und Steuerkabel verbinden die Küvette mit dem Temperaturregler und der Datenaufzeichnung (verändert nach von Willert et al. 1995). Messküvette im „Nachlaufbetrieb" (**b**) bei natürlichem Licht (s. Text). (**c**) Messküvette im „Steady-State Modus" bei Kunstlicht aus einem aufgesetzten Scheinwerfer. Die zusätzliche Außenverkleidung schirmt gegen Störung durch natürliches Licht ab (Fotos b und c Matyssek). (**d**) Die aktuelle Version einer temperaturklimatisierten Küvette (Gas-Exchange Chamber 3010-GWK1) zum Anschluss an das GFS-3000 Gaswechselsystem der Firma Heinz Walz GmbH. (**a** und **d** mit freundlicher Genehmigung der Heinz Walz GmbH; das Copyright liegt bei der Firma)

damit die Wassermenge, die in der Kältefalle kondensiert. Die Massenflussrate der Luft f_N durch die Kältefalle im Nebenschluss muss sich während der Messung so einregeln, dass τ_K (als Istwert) möglichst nicht vom Taupunkt um Küvetteneingang τ_E (Sollwert) abweicht. Für $\tau_E = \tau_K$ entspricht die im Nebenschluss pro Zeiteinheit ausgefällte Wassermenge der Transpirationsrate.

Falls $\tau_E = \tau_K$ gilt

$$J_{H_2O} = \frac{e_K - e_N}{P} \cdot \frac{f_N}{A} \tag{5}$$

wobei aus f_N (mmol · s^{-1}), A (m^2) und der Molenbruchdifferenz $(e_K - e_N)/P$ (mmol · mol^{-1}) die Transpirationsrate in mmol · m^{-2} · s^{-1} folgt. τ_K, τ_E und τ_N werden mit Taupunktspiegeln gemessen (s. ▶ Kap. 9, „Physik des Wasserdampfes – Luftfeuchte und Wasserdampfgradienten").

Da Regelvorgänge geringe Abweichungen zwischen Soll- und Istwerten bedingen, kann z. B. eine zeitweise zu niedrige Flussrate im Nebenschluss in $\tau_K > \tau_E$ resultieren. Damit würde $e_K - e_E > 0$ eine transpirierte, nicht im Nebenschluss ausgefällte Wassermenge darstellen, und J_{H_2O} wäre nach Gl. 5 unterschätzt. Solche Regelabweichungen werden durch die folgende Erweiterung der Gl. 5 berücksichtigt:

$$J_{H_2O} = \frac{e_K - e_N}{P} \cdot \frac{f_N}{A} + \frac{e_K - e_E}{P} \cdot \frac{f}{A} \tag{5a}$$

wobei f die Massenflussrate der Luft im Hauptschluss, auch Messgasweg genannt, darstellt (Abb. 8).

Die Massenflussrate f geht gleichzeitig in die Messung von J_{CO_2} ein. f wird manuell so eingestellt, dass die CO_2-Assimilation des Blattes in der Küvette eine messbare, aber geringgehaltene Abnahme des CO_2-Molenbruchs der Luft erzielt. Somit entsteht am Küvettenausgang eine Differenz der CO_2-Molenbrüche zwischen den Gasströmen *MG* (Messgas, nach Kontakt mit Pflanze) und *VG* (Vergleichsgas = Außenluft), die kontinuierlich mit einem IR-Gasanalysator ermittelt wird.

Hintergrundinformation

Die Absenkung des CO_2-Molenbruchs im Mess- (*MG*) gegenüber jenem im Vergleichsgas (*VG*) ist gering zu halten, da die Blattphotosyntheserate J_{CO_2} durch den Molenbruch (d. h. das CO_2-Angebot als Substrat der Photosynthese) beeinflusst ist. Damit stellt die Absenkung eine Abstimmung zwischen zu erzielender Messbarkeit der *MG*-*VG*-Molenbruchdifferenz und eines noch vernachlässigbaren Einflusses auf die Photosyntheserate dar.

Die Netto-CO_2-Austauschrate folgt wie beim CO_2/H_2O-Porometer als Produkt aus der Massenflussrate f und der Differenz der CO_2-Molenbrüche zwischen *MG* und *VG*, $\Delta\chi_{CO_2}$:

$$J_{CO_2} = \Delta\chi_{CO_2} \cdot \frac{f}{A} \quad \left[\mu\text{mol} \cdot \text{m}^{-2} \cdot \text{s}^{-1}\right] \tag{6}$$

Bei gegebenem J_{CO_2} ist das Produkt ($\Delta\chi_{CO_2} \cdot f$) konstant, die Größe von $\Delta\chi_{CO_2}$ wird also durch *f* bestimmt (z. B. nimmt $\Delta\chi_{CO_2}$ bei sinkendem *f* zu, da dem Blatt „mehr Zeit" zum Gasaustausch bleibt). $\Delta\chi_{CO_2}$ sollte jedoch klein (< 30 µmol · mol^{-1}) bleiben, damit die in der Küvette gemessene Netto-CO_2-Austauschrate für die Außenluftbedingungen repräsentativ bleibt (s. o. und ▶ Kap. 12, „Ergebnisbeispiele aus Gaswechseluntersuchungen"). Bei konstanter Massenflussrate *f* variiert $\Delta\chi_{CO_2}$ parallel zu Änderungen in der Netto-CO_2-Austauschrate. Dies ist ein wesentlicher Unterschied zu einem geschlossenen System (wie dem LI-6200), in dem der CO_2-Molenbruch der Küvettenluft infolge der Blattassimilation kontinuierlich sinkt und sich fortschreitend von jenem der Außenluft entfernt (mit potenziellem Effekt auf die Photosyntheserate).

Die in Abb. 12 gezeigte Messanordnung lässt in der Küvette alle Änderungen der Außenluftfeuchte wirksam werden. Gleichzeitig wird die Außentemperatur als Sollwert von einem Pt-100-Thermometer gemessen und in der Küvette mittels Peltier-Elementen (s. ▶ Kap. 3, „Wärme und Temperatur – Messung und Temperierung") annähernd verzögerungsfrei nachgeregelt. Kontinuierliche Gaswechselmessungen unter natürlichen Strahlungsverhältnissen und stets gleichen Feuchte- und Temperaturbedingungen in Küvette und Außenluft bezeichnet man als **Nachlaufmessungen**.

Die Kammertemperatur lässt sich aber auch manuell auf konstante Werte einstellen, und die Eingangsfeuchte kann mit einer vorgeschalteten **Befeuchtungseinheit** variiert werden. In letzterer wird die Außenluft in einer wassergefüllten Befeuchtungsflasche zunächst mit Wasserdampf gesättigt und danach in einer Kältefalle auf definierte Taupunkttemperaturen eingestellt, die natürlich unterhalb der Luftaußen- und Küvetteninnentemperatur liegen müssen (Kondensationsgefahr!). Variiert man außerdem die Photonenflussdichte über der Küvette mit einer Kunstlichtquelle (mit möglichst natürlichem Spektrum) und Lichtfiltern, lassen sich die Einzelabhängigkeiten von J_{CO_2} und J_{H_2O} gegenüber Strahlung, Temperatur und Luftfeuchte bestimmen.

Schließlich kann man dem ganzen System noch eine **CO_2-Mischanlage** vorschalten (Abb. 13). In ihr wird Außenluft zunächst mit einem CO_2-Absorber (*soda-lime* = Natronkalk) von CO_2 befreit und danach mittels Massenflussreglern mit definierten CO_2-Mengen aus einer angeschlossenen CO_2-Druckflasche versetzt. Diese Vorrichtung ermöglicht die Bestimmung der Blattassimilation in Abhängigkeit vom CO_2-Molenbruch der Küvettenluft, zwischen 0 und 2000 µmol · mol^{-1}.

Die bei stationären Gaswechselmessanlagen, aber auch bei Porometern verwendeten **Messküvetten** enthalten häufig Bauteile aus Plexiglas, einem Polymethacryl-Kunststoff. Dieser Werkstoff hat die Vorteile billig, leicht bearbeit- und verklebbar zu sein und Strahlung im Bereich der PAR (*photosynthetically active radiation*) sowie, im Gegensatz z. B. zu Fensterglas, langwelliges UV ($\lambda > 280$ nm) kaum zu absorbieren. Die Transmission liegt bei ca. 92 %. Plexiglas besitzt aber auch die messtechnisch kritische Eigenschaft, Wasserdampf zu adsorbieren. Ein Abkleben der Plexiglasoberflächen mit Teflonfolie, die wesentlich weniger Wasserdampf aufnimmt, vermindert den Wasserdampfaustausch zwar, kann ihn aber nicht beseitigen. Auch andere im Küvettenbau verwendete Materialien wie z. B. Aluminium adsor-

Abb. 13 **Kompakte Walz-Gaswechselmessanlage mit vorgeschalteter CO_2-Mischanlage** (auf dem Tisch oben rechts, integriert zwei IRGA für Differenz- und Absolutmessung sowie zwei Massenflussregler zur Kontrolle der CO_2-Beimischung in CO_2-freie Luft; auf der Mischanlage der Servomex-O_2-Analyzer 570A nach paramagnetischem Messprinzip; s. ▶ Kap. 5, „Atmosphäre und ihre Gase – Messung in Luft und Wasser“). Links daneben Temperaturregler für Messküvette und Wasserdampfabscheider (zwei unten links zu sehen). Unten befindet sich das Nebenschlusssystem für den Entzug des transpirierten Wasserdampfes zur Feuchteregelung und Ermittlung der Transpirationsrate. (Foto Matyssek)

bieren Wasserdampf reversibel. Durch Verchromen bzw. Verzinken der Aluminiumteile lässt sich diese Adsorption weitgehend unterdrücken. Jedoch kann Staubablagerung alle solche, die Wasserdampfabsorption mindernde Effekte wieder einschränken.

Werden in Laborversuchen Temperatur und absolute Feuchte in einer klimatisierbaren Plexiglas-Messküvette verändert (z. B. im Tag-Nacht-Rhythmus), kommt es zu Austauschreaktionen von Wasserdampf mit den Wandflächen. Der zeitliche Verlauf von Adsorption und Desorption lässt sich mit einer Exponentialfunktion beschreiben (Abb. 14a).

Die Höhe der maximalen Auslenkung sowie die Durchschnittsmenge des ausgetauschten Wasserdampfes sind bei konstanter Durchflussrate primär von der Änderung der relativen Luftfeuchte und erstaunlicherweise nicht von der Änderung der Absolutfeuchte abhängig (Abb. 14b). Die Adsorptionseigenschaften können aber auch eine Funktion der Temperatur *per se* sein. Es lässt sich immer dann kein Wasserdampfaustausch feststellen, wenn einerseits weder Temperatur- noch Luft-

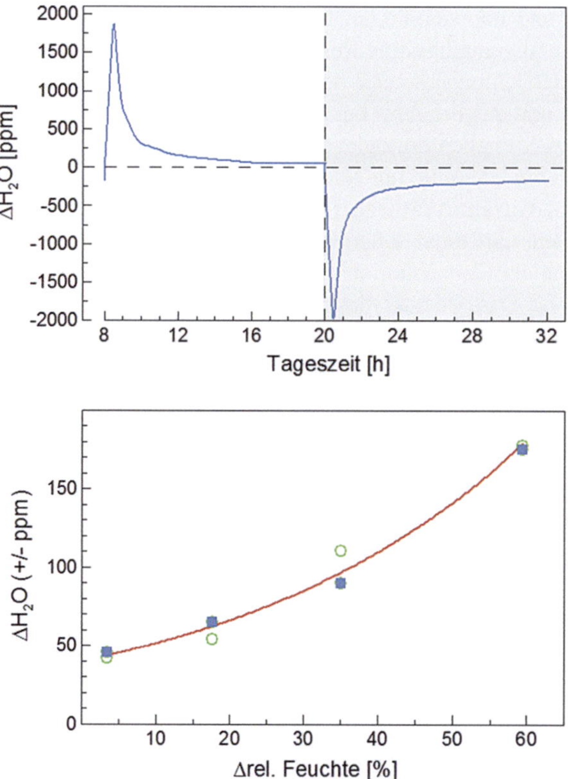

Abb. 14 (a) **Typischer zeitlicher Verlauf der Wasserdampfadsorption bzw. -desorption** einer leeren Gaswechselmessküvette aus Plexiglas (Typ GMK 3, Walz, Effeltrich, Deutschland). Die Klimaeinstellung wurde für die Licht- bzw. Dunkelperioden in einem Rhythmus von 12:12 h gewechselt ($T_{\text{Licht/Dunkel}} = 35/20$ °C, $\Delta w_{\text{Licht/Dunkel}} = 30/2$ mPa · Pa^{-1}, $rF_{\text{Licht/Dunkel}} = 30/90$ %). (**b**) Abhängigkeit der **mittleren Wasserdampfadsorptions- bzw. -desorptionsraten** an den Plexiglaswänden einer leeren Gaswechselmessküvette in der Licht- und Dunkelphase (*Punkte* bzw. *Kreise*) von der Differenz zwischen den jeweiligen mittleren relativen Feuchten (Δrel. Feuchte) in beiden Tagesabschnitten; $rF_{\text{Licht/Dunkel}}$ wurde dabei zwischen 40/90 % und 30/35 % variiert. (Eigene Darstellung, Daten Herppich)

feuchteänderungen erfolgen oder anderseits die Parameter gegensinnig variiert werden. Die Konstanz einer der beiden Größen ist dagegen wirkungslos.

Wird der Wasserdampfaustausch an der Küvettenoberfläche bei der Auswertung nicht berücksichtigt, kann es zu einer deutlichen Unterschätzung der Transpiration in der Nacht und zu einer Überschätzung in der Lichtphase kommen. Insgesamt hängt der prozentuale Fehler von der Transpirationsintensität ab. Bei hohen Austauschmengen und schwach transpirierenden Pflanzen kann der entstehende Fehler bis zu 50 % der Transpirationsrate betragen. Die momentane Transpirationsrate wird vor allem während der ersten Stunden nach jedem stufenartigen Wechsel der Klimabedingungen signifikant beeinflusst.

Da es aufgrund der vielfältigen Interaktionen der unterschiedlichen Parameter schwer ist, eine allgemeingültige Beziehung abzuleiten, sollte für jede eingestellte Kombination der Klimaparameter der Wasserdampfaustausch in einer leeren Küvette bestimmt und das Ergebnis bei der Versuchsauswertung einberechnet werden. Erst ein solches Vorgehen ermöglicht eine verlässliche Auswertung auch geringer Transpirationsraten während Tag-Nacht-Wechsel.

Bei **Infrarot-Gasanalysatoren** (IRGA), die nach dem Prinzip der Differenzmessung arbeiten, darf nicht außer Acht gelassen werden, dass die Sensitivität des Messgerätes von der Konzentration des zu bestimmenden Gases in der Referenzküvette abhängig ist. Das bedeutet, dass das erhaltene Differenzsignal (Istwert) nur bei jener Absolutkonzentration dem tatsächlichen (Sollwert) entspricht, bei welcher der IRGA auf Differenzen kalibriert wurde. Dann ist das sogenannte Ist/Soll-Verhältnis gleich eins. Bei niedrigeren Konzentrationen wird es größer als eins, bei höheren dagegen kleiner. Man muss für die zu messenden Gase in regelmäßigen Abständen Kalibrierungskurven aufnehmen, da die Einstellung nicht langzeitstabil ist. Typische Beispiele solcher Kurven eines Differenz-IRGA vom Typ BINOS sind für CO_2 und Wasserdampf in Abb. 15 dargestellt. Die jeweiligen Abweichungen des Ist/Soll-Verhältnisses müssen bei der Auswertung unbedingt berücksichtigt werden, da die Konzentrationen in den verwendeten Gasmischungen nur selten mit der Grundeinstellung übereinstimmen (Abb. 15).

Dies gilt nicht nur im Labor, sondern speziell bei **Freilandmessungen**, denn sowohl die Wasserdampf- als auch die CO_2-Molenbrüche der angesaugten Luft können starken tageszeitlichen und saisonalen Schwankungen unterliegen. Da bei Außenversuchen, ebenso wie im Labor – nicht zuletzt aus Kostengründen – anstelle von künstlichen Gasmischungen meist „unbeeinflusste" Außenluft eingesetzt wird, ist es wichtig, c_a (den CO_2-Molenbruch der Außenluft) zu messen. Dies gilt insbesondere für die Ermittlung des internen CO_2-Molenbruchs in den Mesophyll-Interzelluren, c_i. Die natürliche Variation von c_a, das sowohl in Stadtnähe als auch im „ungestörten" Freiland vom momentanen Standardwert abweichen kann (derzeit > 410 ppm, noch 340 ppm in Abb. 16), wird häufig vernachlässigt. Wird bei fehlender Kenntnis des tatsächlichen CO_2-Molenbruchs (c_a) dessen Standardwert verwendet, kann es zu Verfälschungen bei der Berechnung von c_i kommen. Grundsätzlich sollte man Hilfsannahmen zu c_a also immer angeben, um aussagekräftige Vergleiche mit anderen Untersuchungen zu erleichtern (oder überhaupt zu ermöglichen).

3 Berechnung und Korrektur von Gaswechseldaten

In den beschriebenen Systemen verwendet man zur Berechnung der Flussraten J_{CO_2} und J_{H_2O} die Massenflüsse der einströmenden „Außenluft". Bei Anlagen ohne Nebenschlussfeuchteregelung bedeutet dies aber eine zusätzliche **Messfehlerquelle**. Es bleibt nämlich unberücksichtigt, dass die mittels Massendurchflussmesser eingestellte und kontrollierte Durchflussrate der Luft durch die Transpiration selbst erhöht wird, und zwar eben um den Betrag der Transpirationsrate. Dies bedeutet wiederum,

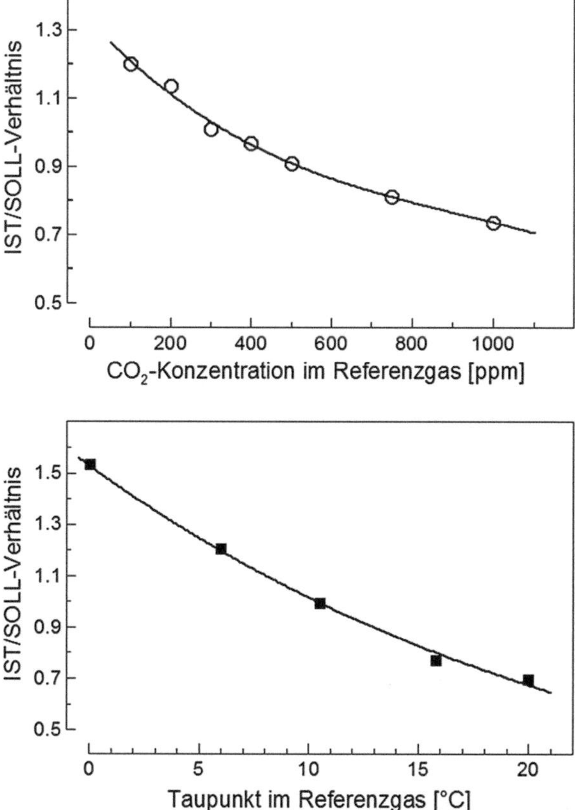

Abb. 15 **Beispiele für typische, mit einem Differenz-IRGA (BINOS 4b.2) aufgenommene Kalibrationskurven für die Gase CO_2 (a) und Wasserdampf (b).** Bei einer Kalibrierung wird, ausgehend von einer Grundkonzentration, die Konzentration von CO_2 bzw. Wasserdampf im Luftstrom durch die IRGA-Messküvette schrittweise gesenkt bzw. erhöht, während die jeweilige CO_2- oder H_2O-Grundkonzentration im Referenzgas konstant gehalten wird. Dieser Vorgang wird bei weiteren Grundkonzentrationen wiederholt. Der Ist/Soll-Wert stellt dann das Verhältnis aus eingestellter (Sollwert) und tatsächlich mit dem IRGA gemessener (Istwert) Konzentrationsdifferenz zwischen Referenz- und Messküvette bei den unterschiedlichen Grundkonzentrationen im Referenzgas dar. Das Ist/Soll-Verhältnis gilt für die Differenzmessung. (Eigene Darstellung, Daten Matyssek)

dass der zur Berechnung verwendete Fluss kleiner ist als der tatsächlich durchströmende (und somit die durchgesetzte Luftmenge unterschätzt wird). Es kommt daher zu einer Unterschätzung der Transpirationsrate und davon abgeleiteter Größen und auch zur Verfälschung von J_{CO_2}. Will man präzise Werte von J_{CO_2}, J_{H_2O} und g_{H_2O} erhalten, so sollte man, wie von Caemmerer und Farquhar (1981) zeigten, die „Verdünnung" durch transpirierten Wasserdampf herausrechnen. Da solche Berechnungswege inzwischen Standard geworden sind, sollen sie im Folgenden näher erläutert werden.

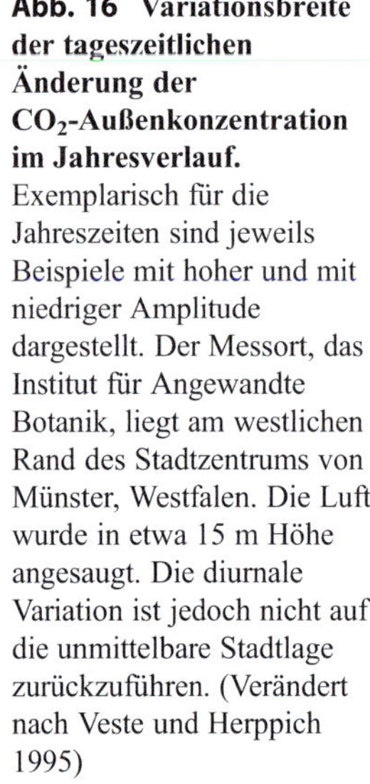

Abb. 16 Variationsbreite der tageszeitlichen Änderung der CO_2-Außenkonzentration im Jahresverlauf. Exemplarisch für die Jahreszeiten sind jeweils Beispiele mit hoher und mit niedriger Amplitude dargestellt. Der Messort, das Institut für Angewandte Botanik, liegt am westlichen Rand des Stadtzentrums von Münster, Westfalen. Die Luft wurde in etwa 15 m Höhe angesaugt. Die diurnale Variation ist jedoch nicht auf die unmittelbare Stadtlage zurückzuführen. (Verändert nach Veste und Herppich 1995)

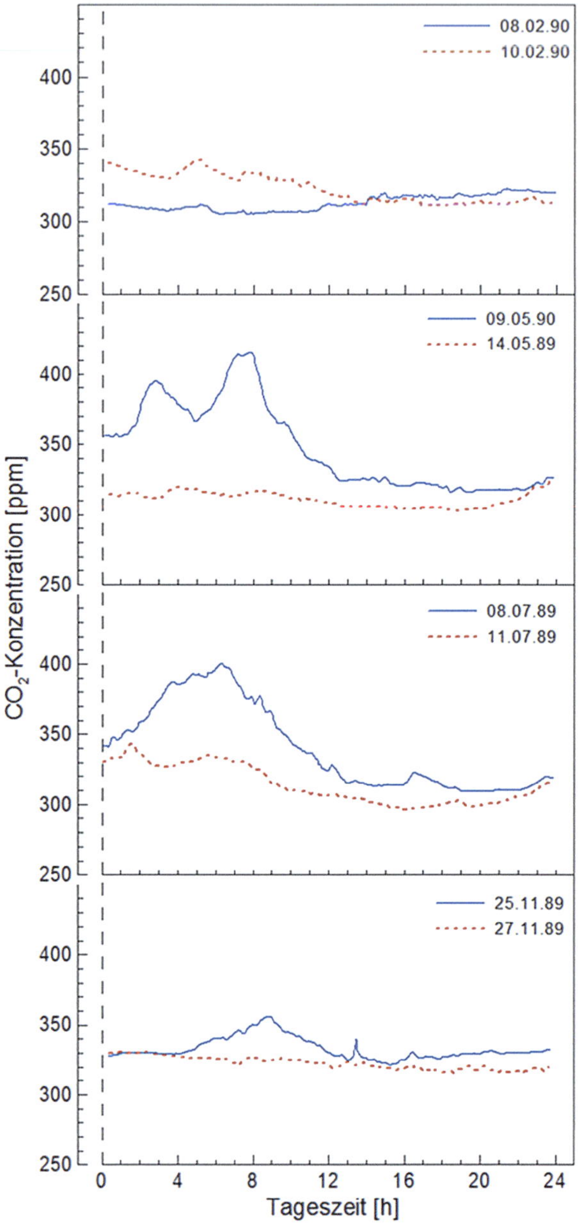

Die **Transpirationsrate**, J_{H_2O}, lässt sich als Differenz zwischen der Wasserdampfkonzentration der die Gaswechselmesskürvette verlassenden und der in diese einströmenden Luft bestimmen:

$$\begin{aligned} J_{H_2O} \cdot A &= f \cdot \Delta w_K \\ &= f_v \cdot w_v - f_e \cdot w_e \quad [\text{mol} \cdot \text{s}^{-1}] \end{aligned} \tag{7a}$$

Dabei steht A für die Blattoberfläche in m^2, f_e bzw. f_v für die molaren Flussraten der ein- bzw. ausströmenden Luft in mol · s^{-1} und w_e bzw. w_v, für die Molenbrüche des ein- bzw. ausströmenden Wasserdampfes.

Die **molare Flussrate** f wiederum berechnet sich aus der mit dem Massendurchflussmesser bestimmten temperaturunabhängigen Normalflussrate Fl (l · min^{-1}) und dem Molvolumen von Luft (= 22,414 l · mol^{-1} bei 0 °C und 0,1013 MPa Gesamtdruck).

$$f = Fl/(22{,}414 \cdot 60) \quad [\text{mol} \cdot \text{s}^{-1}]$$

Nach dem oben Gesagten ergibt sich die **tatsächliche Flussrate am Küvettenausgang** also nach

$$f_v = f_e + J_{H_2O} \cdot A \tag{7b}$$

Aus den Gl. 7a und 7b wird damit

$$\begin{aligned} f_v &= f_e + (f_v \cdot w_v - f_e \cdot w_e) \\ f_v - f_v \cdot w_v &= f_e - f_e \cdot w_e \\ f_v &= \frac{f_e \cdot (1 - w_e)}{1 - w_v} \end{aligned} \tag{7c}$$

Wenn man nun Gl. 7c in Gl. 7a einsetzt, ergibt dies

$$\begin{aligned} J_{H_2O} \cdot A &= \frac{f_e \cdot (1 - w_e)}{1 - w_v} \cdot w_v - f_e \cdot w_e \\ &= f_e \cdot \left(\frac{(1 - w_e) \cdot w_v}{1 - w_v} - \frac{(1 - w_v) \cdot w_e}{1 - w_v} \right) \\ &= f_e \cdot \frac{w_v - w_v \cdot w_e - w_e + w_e \cdot w_v}{1 - w_v} \end{aligned}$$

und somit

$$J_{H_2O} \cdot A = f_e \cdot \frac{w_v - w_e}{1 - w_v} \tag{7d}$$

Der **Korrekturfaktor** ist also mit $1/(1 - w_v)$ gegeben. Wie groß ist nun die Änderung, die durch diese Korrektur eingeführt wird? Gehen wir z. B. von einem Wasserdampfpartialdruck von 2 kPa in der ausströmenden Luft und einem Gesamtluftdruck von 0,1 MPa aus, ergibt sich für w_v ein Wert von 0,02 und damit für $1/(1 - w_v)$ ein solcher von 1,02. Mit anderen Worten, der Wert für J_{H_2O} ändert sich um ca. 2 %, er war um 2 % unterschätzt. Weitere Beispiele sind in Tab. 1 gegeben.

Tab. 1 Vergleich von Gaswechselergebnissen, die entweder nach den einfachen Ansätzen (jeweils erste Zeile) oder mit den korrigierten Formeln nach von Caemmerer und Farquhar (1981; zweite Zeile) berechnet wurden. In der dritten Zeile ist die prozentuale Abweichung angegeben. Ein negativer Zahlenwert bedeutet, dass die einfache Berechnung zu einer Überschätzung führt, ein positiver, dass Unterschätzung resultiert. Die Daten wurden an verschiedenen Pflanzen mit einem CO_2/H_2O-Porometer der Firma Walz unter gleichen Umweltbedingungen gewonnen. (Eigene Daten)

	J_{CO_2} [μmol · m^{-2} · s^{-1}]	J_{H_2O} [mmol · m^{-2} · s^{-1}]	g_{H_2O} [mmol · m^{-2} · s^{-1}]	c_i [μmol · mol^{-1}]	WUE [μmol · $mmol^{-1}$]
Taxus baccata	1,7	0,506	17,8	189,0	3,3
	1,5	0,512	17,3	197,0	2,9
% Diff.	− 10,5	1,2	− 2,7	4,3	− 11,6
Pisum sativum	6,9	4,012	173	276	1,7
	5,5	4,082	169	286	1,3
% Diff.	− 19,8	1,7	− 2,3	3,7	− 21,2
Hordeum vulgare	4,4	1,708	50	200	2,6
	3,8	1,730	49	212	2,2
% Diff.	− 13,5	1,3	− 3,1	5,8	− 14,6
Zea mays	11,2	2,519	93	145	4,5
	10,4	2,560	90	150	4,1
% Diff.	− 7,5	1,6	− 2,6	3,5	− 9,0

Diese Abweichung ist somit geringer als die durch die Messauflösung der Feuchte- und Flussmesser sowie die Materialeigenschaften (z. B. Wasserdampfadsorption an Messküvettenoberflächen) auch bei modernen Porometern und Gaswechselmessanlagen erreichbare Genauigkeit von etwa ± 5 % des Messwertes. Dennoch ist die Verwendung der erweiterten, korrigierten Formeln angeraten, da man den physikalischen Grundlagen folgt und dies bei EDV-gestützter Auswertung auch keinen zusätzlichen Aufwand bedeutet. Dazu kommt, dass sich die transpirationsbedingte Vergrößerung des Durchflusses auch auf die CO_2-Nettoaustauschrate auswirkt, und zwar in weit deutlicherem Ausmaß.

Für die **CO_2-Nettoaustauschrate** gilt analog

$$\begin{aligned} J_{CO_2} \cdot A &= f \cdot \Delta\chi_{CO_2} \\ &= f_e \cdot {}^e\chi_{CO_2} - f_v \cdot {}^v\chi_{CO_2} \end{aligned} \tag{8a}$$

${}^v\chi_{CO_2}$ bzw. ${}^e\chi_{CO_2}$ stellen entsprechend die CO_2-Molenbrüche der aus- bzw. einströmenden Luft dar. Da der Influx an CO_2 mengenmäßig durch den Efflux an O_2 abgedeckt wird, bedarf es hierfür keiner Korrektur.

Wenn man nun die korrigierte Flussrate der ausströmenden Luft f_v (Gl. 9c) hier einsetzt, ergibt das

$$\begin{aligned} J_{CO_2} \cdot A &= f_e \cdot {}^e\chi_{CO_2} - f_e \cdot \frac{1-w_e}{1-w_v} \cdot {}^v\chi_{CO_2} \\ &= f_e \cdot \left[{}^e\chi_{CO_2} - \frac{1-w_e}{1-w_v} \cdot {}^v\chi_{CO_2} \right] \end{aligned}$$

Mit $\Delta\chi_{CO_2} = {}^e\chi_{CO_2} - {}^v\chi_{CO_2}$ und damit ${}^v\chi_{CO_2} = {}^e\chi_{CO_2} - \Delta\chi_{CO_2}$ wird daraus

$$\begin{aligned} J_{CO_2} \cdot A &= f_e \cdot \left[{}^e\chi_{CO_2} - \frac{1-w_e}{1-w_v} \cdot \left({}^e\chi_{CO_2} - \Delta\chi_{CO_2} \right) \right] \\ &= f_e \cdot \left[{}^e\chi_{CO_2} - \frac{{}^e\chi_{CO_2} \cdot (1-w_e)}{1-w_v} + \frac{\Delta\chi_{CO_2} \cdot (1-w_e)}{1-w_v} \right] \\ &= f_e \cdot \left[\Delta\chi_{CO_2} \cdot \frac{1-w_e}{1-w_v} - {}^e\chi_{CO_2} \cdot \left(\frac{1-w_e}{1-w_v} - 1 \right) \right] \\ &= f_e \cdot \left[\Delta\chi_{CO_2} \cdot \frac{1-w_e}{1-w_v} - {}^e\chi_{CO_2} \cdot \left(\frac{1-w_e}{1-w_v} - \frac{1-w_v}{1-w_v} \right) \right] \\ &= f_e \cdot \left[\Delta\chi_{CO_2} \cdot \frac{1-w_e}{1-w_v} - {}^e\chi_{CO_2} \cdot \frac{1-w_e-1+w_v}{1-w_v} \right] \\ &= f_e \cdot \left[\Delta\chi_{CO_2} \cdot \frac{1-w_e}{1-w_v} - {}^e\chi_{CO_2} \cdot \frac{w_v-w_e}{1-w_v} \right] \\ &= f_e \cdot \Delta\chi_{CO_2} \cdot \frac{1-w_e}{1-w_v} - f_e \cdot {}^e\chi_{CO_2} \cdot \frac{w_v-w_e}{1-w_v} \end{aligned}$$

Mit Gl. 7d $J_{H_2O} \cdot A = f_e \cdot [(w_v - w_e)/(1 - w_v)]$ lässt sich dies vereinfachen zu

$$J_{CO_2} \cdot A = f_e \cdot \Delta\chi_{CO_2} \cdot \frac{1 - w_e}{1 - w_v} - {}^{e}\chi_{CO_2} \cdot J_{H_2O} \cdot A \tag{8b}$$

Ohne die hier eingeführte Korrektur kommt es, in Abhängigkeit von der Transpirationsrate, zu einer Überschätzung von J_{CO_2} um 5–20 % (vgl. Tab. 1).

Ist in der Gaswechselmessanlage zwischen der H_2O- und der CO_2-Messung eine Kältefalle (z. B. ein thermoelektrischer Messgaskühler, MK) eingesetzt, die durch Kondensation den Wasserdampfgehalt der Luft vor dem CO_2-IRGA auf ein konstantes, niedriges Niveau bringt (w_{MK}), verringert sich der Mengenfluss deutlich (f_{MK}). Er unterscheidet sich dann von f_e um die (bezogen auf w_e) in der gleichen Zeiteinheit ausgefällte Wassermenge ${}^{MK}H_2O$. Diese Menge berechnet sich analog zur Transpiration nach

$${}^{MK}H_2O = f_e \cdot w_e - f_{MK} \cdot w_{MK} \tag{9a}$$

Für f_{MK} ergibt sich daraus

$$\begin{aligned} f_{MK} &= f_e - (f_e \cdot w_e - f_{MK} \cdot w_{MK}) \\ f_{MK} - f_{MK} \cdot w_{MK} &= f_e - f_e \cdot w_e \\ f_{MK} \cdot (1 - w_{MK}) &= f_e \cdot (1 - w_e) \\ f_{MK} &= \frac{f_e(1 - w_e)}{1 - w_{MK}} \end{aligned} \tag{9b}$$

Für die Berechnung der CO_2-Nettoaustauschrate J_{CO_2} gilt bei Verwendung eines Messgaskühlers somit

$$\begin{aligned} J_{CO_2} \cdot A &= f_{MK} \cdot \Delta\chi_{CO_2} \\ &= f_e \cdot \frac{1 - w_e}{1 - w_{MK}} \cdot \Delta\chi_{CO_2} \end{aligned} \tag{9c}$$

Die hiermit eingeführte Korrektur beschränkt sich also auf den Faktor $[(1 - w_e)/(1 - w_{MK})]$. Um auch hier dessen maximale Größe abzuschätzen, wählen wir für den Taupunkt der Außenluft den (sehr hohen) Wert von 20 °C, der einem w_e von ca. $23 \cdot 10^{-3}$ entspricht und für w_{MK} ca. $7 \cdot 10^{-3}$, das heißt, eine Temperatur der Kältefalle von 2 °C. Der Faktor beträgt somit

$$\frac{1 - 0{,}023}{1 - 0{,}007} = 0{,}984$$

Mit anderen Worten, ohne diese Korrektur würde J_{CO_2} bei Verwendung eines Messgaskühlers nur um etwa 1,6 % überschätzt. Da die Herabsetzung des Wasserdampfgehaltes der Luft vor Durchlaufen des CO_2-IRGA zugleich die Querempfindlichkeit der CO_2-Messung gegenüber Wasserdampf reduziert, ist eine Messanordnung mit Lufttrocknung vor dem CO_2-IRGA nicht nur für stationäre Anlagen empfehlenswert.

Zur **Berechnung der korrigierten Blattleitfähigkeit für Wasserdampf** sollte man nach von Caemmerer und Farquhar (1981) von einem etwas komplexeren Ansatz ausgehen. In einem ternären System – CO_2, Wasserdampf und (trockene) Luft (hierin sind alle restlichen Gasanteile zusammengefasst) – in dem es *keinen molaren Nettofluss* von trockener Luft gibt, müssen sowohl Kollisionen zwischen H_2O- und CO_2-Molekülen als auch zwischen H_2O und Luft bzw. CO_2 und Luft berücksichtigt werden.

Aus dieser Überlegung ergibt sich für die genaue Beschreibung der Wasserdampfmolenbruchdifferenz (Δw) zwischen dem Blattinneren (w_i) und der Außenluft (w_a) die Beziehung

$$\begin{aligned} \Delta w &= w_i - w_a \\ &= \frac{\ell^*}{g_{wl}} \cdot J_{H_2O} + \frac{c^*}{g_{wc}} \cdot J_{H_2O} + \frac{w^*}{g_{wc}} \cdot J_{CO_2} \end{aligned} \tag{10a}$$

Meist ist dabei w_i sehr viel größer als w_a. In dieser Gleichung stellt w^* den gemittelten Wasserdampfmolenbruch, also $(w_i + w_a)/2$ dar. Entsprechend sind ℓ^* und c^* die mittleren Molenbrüche von trockener Luft und CO_2 [$(\ell_i + \ell_a)/2$ bzw. $(c_i + c_a)/2$]. Die Summe aller gemittelten Molenbrüche muss hierbei eins sein ($\ell^* + c^* + w^* = 1$). Die spezifischen Leitfähigkeiten der betreffenden binären Teilsysteme werden durch g_{wl} (Leitfähigkeit für Wasserdampfmoleküle in trockener Luft) und g_{wc} (Leitfähigkeit für Kohlendioxidmoleküle in Wasserdampf) ausgedrückt.

Wie in ▶ Kap. 10, „Physikalische Grundlagen von Transpiration, CO_2-Aufnahme, Gasleitfähigkeiten und deren Bestimmungen" ausgeführt, gilt nach dem 1. Fickschen Diffusionsgesetz (s. ▶ Kap. 5, „Atmosphäre und ihre Gase – Messung in Luft und Wasser") für die Leitfähigkeiten der einzelnen Teilkomponenten auch

$$g_{wl} = \frac{n \cdot D_{wl}}{x}$$

$$g_{cl} = \frac{n \cdot D_{cl}}{x}$$

$$g_{wc} = \frac{n \cdot D_{wc}}{x}$$

wobei n die Gesamtmenge an Gas ($\text{mol} \cdot \text{m}^{-3}$), x der effektive Diffusionsweg (das heißt, die Stomataporenlänge) und D_{wl}, D_{cl} bzw. D_{wc} die jeweiligen binären Diffusionskoeffizienten darstellen. Für diese konnte gezeigt werden, dass bei einer vernachlässigbar kleinen Grenzschichtdicke $D_{cl} \approx D_{wc}$ und $D_{wl} \approx 1{,}6 \cdot D_{cl}$ ist. Hieraus folgt wiederum, dass

$$g_{wc} = g_{cl} \quad \text{und} \quad g_{wl} = 1{,}6 \cdot g_{cl}$$

Der erste Ausdruck in Gl. 10a beschreibt die Kollision von Wasser- und Luft-, der zweite und dritte die von H_2O- und CO_2-Molekülen in beiden Austauschrichtungen. Die beiden letzten sind allerdings vernachlässigbar, da einerseits der Molenbruch von CO_2 nur einen kleinen Teil der Gesamtgasmenge darstellt (eben ca. $400 \cdot 10^{-6}$) und andererseits der Flux von Wasserdampf den entgegengesetzten CO_2-Fluss bei weitem übersteigt ($J_{H_2O}/J_{CO_2} \approx 10^3$).

Damit vereinfacht sich Gl. 10a entscheidend. Mit $c^* \ll w^*$ und $c^* \ll \ell^*$ wird $\ell^* + c^* + w^* = 1$ zu $\ell^* + w^* = 1$ bzw. $\ell^* = 1 - w^*$, Gl. 10a lässt sich somit umformen

$$\Delta w = \frac{1 - w^*}{g_{wl}} \cdot J_{H_2O}$$

Die korrigierte Leitfähigkeit für Wasserdampf in Luft (g_{wl}), die der Blattleitfähigkeit für Wasserdampf entspricht, berechnet sich nun wie folgt

$$g_{wl} = \frac{J_{H_2O}}{\Delta w} \cdot (1 - w^*) = g_{H_2O} \tag{10b}$$

Die Diffusion von CO_2 lässt sich analog zu der des Wasserdampfes beschreiben. Es gilt dann unter Berücksichtigung der umgekehrten Fließrichtung

$$\begin{aligned} \Delta c &= c_i - c_a \\ &= -\frac{\ell^*}{g_{cl}} \cdot J_{CO_2} - \frac{w^*}{g_{wc}} \cdot J_{CO_2} - \frac{c^*}{g_{wc}} \cdot J_{H_2O} \end{aligned} \tag{11a}$$

Da, wie oben festgestellt, $\ell^* + w^* = 1$ und $g_{cl} = g_{wc}$, vereinfacht sich Gl. 11a zu

$$c_i - c_a = -J_{CO_2} \cdot \frac{1 - w^*}{g_{cl}} - J_{CO_2} \cdot \frac{w^*}{g_{cl}} - J_{H_2O} \cdot \frac{c^*}{g_{cl}}$$

$$(c_i - c_a) \cdot g_{cl} = -J_{CO_2} + J_{CO_2} \cdot w^* - J_{CO_2} \cdot w^* - c^* \cdot J_{H_2O}$$

Und mit $(c_i - c_a) = -(c_a - c_i)$ wird daraus

$$J_{CO_2} = g_{cl} \cdot (c_a - c_i) - c^* \cdot J_{H_2O} \tag{11b}$$

In diesem Fall sind die Wechselwirkungen zwischen H_2O und CO_2 wichtig, da der molare Flux von H_2O durch die Stomata hinaus deutlich größer ist (100 bis 1000-fach) als der von CO_2 in das Blatt. Gl. 11b lässt sich umformen nach

$$J_{CO_2} = g_{cl} \cdot (c_a - c_i) - (c_a + c_i) \cdot \frac{J_{H_2O}}{2}$$

da $c^* = (c_a + c_i)/2$ ist. Weiter wird

$$J_{CO_2} = g_{cl} \cdot c_a - g_{cl} \cdot c_i - c_a \cdot \frac{J_{H_2O}}{2} - c_i \cdot \frac{J_{H_2O}}{2}$$

$$J_{CO_2} = c_a \cdot \left(g_{cl} - \frac{J_{H_2O}}{2}\right) - c_i \cdot \left(g_{cl} + \frac{J_{H_2O}}{2}\right)$$

und

$$c_i \cdot \left(g_{cl} + \frac{J_{H_2O}}{2}\right) = c_a \cdot \left(g_{cl} - \frac{J_{H_2O}}{2}\right) - J_{CO_2}$$

Somit gilt für c_i mit $g_{cl} = g_{CO_2}$

$$c_i = \frac{c_a \cdot \left(g_{CO_2} - \frac{J_{H_2O}}{2}\right) - J_{CO_2}}{g_{CO_2} + \frac{J_{H_2O}}{2}} \tag{11c}$$

Da, wie oben festgestellt, $g_{H_2O} = 1{,}6 \cdot g_{CO_2}$ ist, lässt sich Gl. 11c auch schreiben

$$c_i = \frac{c_a \cdot \left(\frac{g_{H_2O}}{1{,}6} - \frac{J_{H_2O}}{2}\right) - J_{CO_2}}{\frac{g_{H_2O}}{1{,}6} + \frac{J_{H_2O}}{2}} \tag{11d}$$

Nach all diesen doch sehr theoretischen Abschnitten ist es notwendig, das Ausmaß der Abweichung zwischen den Ergebnissen, die mit den „einfachen" Berechnungen bzw. den oben dargestellten komplexen Formeln erhalten wurden, an praktischen Beispielen aufzuzeigen. Die in Tab. 1 dargestellten Werte wurden aus Daten berechnet, die mit einem CO_2/H_2O-Porometer der Firma Walz an verschiedenen Pflanzen unter gleichen Umweltbedingungen gemessen wurden.

Übungsfragen

- Worin unterscheiden sich funktionell offene von geschlossenen Messsystemen des Blattgaswechsels?
- Welche Parameter des Blattgaswechsels werden in den dargestellten Messsystemen direkt gemessen und welche werden aus den Messergebnissen abgeleitet, d. h. berechnet? ◀

Literatur

Van Bavel CHM, Nakayama FS, Ehrler WL (1965) Measuring transpiration resistance of leaves. Plant Physiol 40:535–540

Veste M, Herppich WB (1995) Influence of diurnal and seasonal fluctuations in atmospheric CO_2 concentration on the net CO_2 exchange of popular trees. Photosynthetica 31:371–378

Von Caemmerer S, Farquhar GD (1981) Some relationships between the biochemistry of photosynthesis and the gas exchange of leaves. Planta 153:376–387

Willert DJ von, Matyssek R, Herppich WB (1995) Experimentelle Pflanzenökologie. Grundlagen und Anwendungen. Thieme, Stuttgart/New York

Ergebnisbeispiele aus Gaswechseluntersuchungen

12

Inhalt

Zusammenfassung

In diesem Kapitel werden Beispiele des Gaswechsels von Blättern und anderen oberirdischen Pflanzenorganen gezeigt. Den Beispielen liegen Untersuchungen mit kommerziell erhältlichen oder spezifisch von Nutzern zusammengestellten Gaswechselmesssystemen zugrunde. Dabei werden wir uns speziell mit der Erfassung und den Aussagemöglichkeiten von CO_2/O_2-Austausch- und Transpirationsrate, Wasserdampf/CO_2-Leitfähigkeit (stomatär, kutikulär, Grenzschicht, Mesophyll) und den abgeleiteten Parametern beschäftigen. Anhand von Steady-State-Experimenten und Nachlaufmessungen wird in die Analyse der Einflüsse unterschiedlicher Klimafaktoren auf den pflanzlichen Gasaustausch eingeführt.

Schlüsselwörter

Abhängigkeit des Gaswechsels von Blättern, Früchten, Zapfen und Stamm-/Astachsen von den Klimafaktoren · Abhängigkeit des Gaswechsels von der CO_2-Konzentration in den Mesophyllinterzellularen der Blätter · Apparente Photonenwirksamkeit · Blattalterung · Carboxylierungseffizienz · CO_2-Abhängigkeit des Blatt-Gaswechsels · CO_2-Bedarfsfunktionen · CO_2-Düngung · Photosynthesekapazität · Stomatäre Limitierung der CO_2-Austauschrate · Versorgungsfunktion der CO_2-Austauschrate

R. Matyssek, W. B. Herppich, *Experimentelle Pflanzenökologie*, Springer Reference Naturwissenschaften, https://doi.org/10.1007/978-3-662-67530-4_12

1 Blattgaswechsel

In den folgenden Beispielen von sogenannten Steady-State-Experimenten und Nachlaufmessungen (engl. „*tracking*") wurde mit Walz-Gaswechselmessanlagen der Einfluss der Klimafaktoren auf den pflanzlichen Gasaustausch untersucht. Dabei ist zu beachten, dass neben den externen Klimafaktoren auch pflanzeninterne Faktoren (z. B. Wasser- und Nährstoffversorgung, Entwicklungszustand) den Gaswechsel bestimmen. Interne Faktoren geben den Rahmen vor, in dem die Klimafaktoren kurzfristig wirksam werden. Gaswechselmessungen können den Einfluss der Klimafaktoren wiedergeben, kontrollieren oder variieren. Steady-State-Experimente ermitteln die Abhängigkeit des Gaswechsels von einzelnen Klimafaktoren (durch Variation jeweils eines Faktors bei gleichzeitiger Konstanthaltung der übrigen). In solchen Experimenten wird nach Änderung des Klimafaktors das Erreichen einer stabilen Gaswechselreaktion (eines sog. „Steady-State") abgewartet.

1.1 Abhängigkeit von Klimafaktoren

Wir beginnen mit der **Strahlungsabhängigkeit des Gaswechsels**: Bei Dunkelheit diffundiert CO_2 aus den Blattorganen, man misst eine Nettoatmungsrate ($J_{CO_2} < 0$; Abb. 1a). Mit zunehmender Einstrahlung beginnt die CO_2-Assimilation die CO_2-abgebenden Prozessen zu kompensieren, bis am **Lichtkompensationspunkt** Ein- und Ausstrom von CO_2 einander quantitativ ausgleichen ($J_{CO_2} = 0$). Bei weiter steigender *PPFD* resultiert eine Netto-CO_2-Aufnahme ($J_{CO_2} > 0$) mit einer zunächst steilen, annähernd linearen Abhängigkeit von der Strahlung. Die Steigung dieses Abhängigkeitsbereiches repräsentiert als apparente (= offenbare, augenscheinliche, von außen erkennbare) Photonenwirksamkeit oder Quantenausbeute (= *apparent quantum yield*) der Netto-CO_2-Aufnahme den Quotienten eindiffundierter CO_2-Moleküle pro Anzahl auf das Blatt oder den Messzweig auftreffender Photonen. Im Bereich hoher *PPFD* stellt sich asymptotisch eine maximale CO_2-Aufnahmerate ein. Das Maximum hängt (neben anderen pflanzeninternen Prozessen) von der Kapazität des photosynthetischen Elektronentransportes ab. Die Lichtsättigung der CO_2-Assimilation ist meist bei > 90 % der maximalen CO_2-Aufnahmerate definiert.

Hintergrundinformation

An dieser Stelle müssen wir ein paar kritische Anmerkungen zur Photonenwirksamkeit oder Quantenausbeute machen.

Die Photonenwirksamkeit Φ eines photochemischen Prozesses ist definiert als:

$$\Phi = \frac{\text{Anzahl der umgesetzten Moleküle der Ausgangssubstanz}}{\text{Anzahl der absorbierten Photonen}}$$

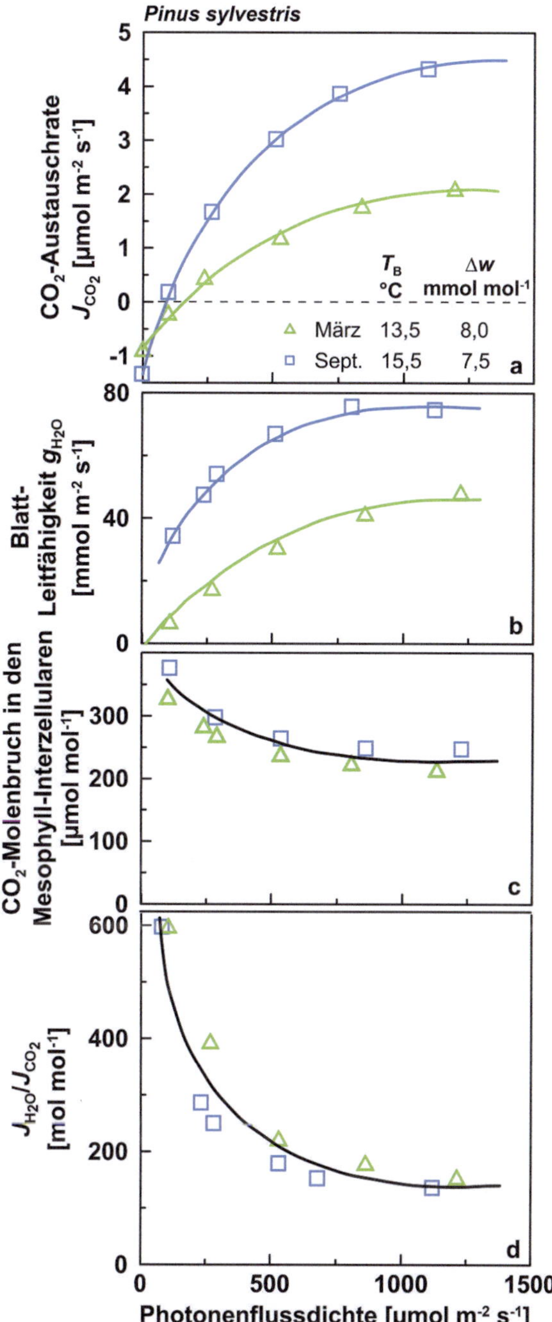

Abb. 1 Lichtabhängigkeit der CO_2-Austauschrate J_{CO_2} (**a**), der Blattleitfähigkeit g_{H_2O} (**b**), der CO_2-Molenbruch in den Mesophyllinterzellularen c_i (**c**) und des Quotienten aus Transpirationsrate und CO_2-Austauschrate, J_{H_2O}/J_{CO_2} ($= WUE_i^{-1}$) (**d**) eines Kiefernzweiges. Zu den gezeigten Zeitpunkten wurde jeweils ein Kiefernzweig untersucht. Man beachte die jahreszeitlichen Unterschiede in J_{CO_2} und g_{H_2O}, aber auch die jeweils ähnlichen Ergebnisse in c_i und J_{H_2O}/J_{CO_2} bei jeweils ähnlichem T_B und Δw (T_B = Nadeltemperatur, B für Blatt, Δw = Luftfeuchtedifferenz als Wasserdampf-Molenbruchdifferenz zwischen Nadel und Umgebungsluft). Die Photonenflussdichte wurde mit einem Kunstlichtstrahler variiert. (Daten Matyssek, nach von Willert et al. 1995)

Für die CO_2-Assimilation ergibt sich dann:

$$\Phi = \frac{\text{fixierte Mole } CO_2}{\text{absorbierte Mole Photonen}}$$

Daraus folgt, dass mit Gaswechselmessungen streng genommen überhaupt keine Aussagen über die Photonenwirksamkeit gemacht werden können, denn weder die Anzahl der primär (also enzymatisch) fixierten Mole CO_2 noch die Menge *absorbierter* Mole Photonen werden gemessen (es werden die auftreffenden Photonen gemessen, s. o.).

Wie wir in der Einleitung zum ► Kap. 10, „Physikalische Grundlagen von Transpiration, CO_2-Aufnahme, Gasleitfähigkeiten und deren Bestimmungen" jedoch festgestellt haben, können wir im Gleichgewicht der CO_2-Austauschreaktionen davon ausgehen, dass zumindest bei C_4-Pflanzen die CO_2-Assimilation nicht wesentlich von der CO_2-Aufnahmerate abweicht. Zudem erfasst die Anfangssteigung der Lichtsättigungskurve die mitochondriale Atmung im Dunkeln, sodass insgesamt bei geringen Photonenflussdichten eine zuverlässige Abschätzung der tatsächlichen enzymatischen CO_2-Fixierung gegeben ist.

In ► Kap. 20, „Strahlungs- und Energieflüsse" wird deutlich, dass das Absorptionsvermögen der Blätter im Bereich der photosynthetisch aktiven Strahlung weder 100 % ist noch für alle Blätter als gleich angenommen werden kann. Hieraus und aus der Definition der Photonenwirksamkeit folgt, dass die CO_2-Austauschrate nicht gegen die eingestrahlte Photonenflussdichte, sondern nur gegen den absorbierten Anteil dieser Strahlung aufgetragen werden darf. Das setzt aber voraus, dass man die optischen Eigenschaften der jeweils untersuchten Blätter zuvor bestimmt oder bereits kennt.

Wir wollen den an sich augenfälligen Unterschied an einem Beispiel demonstrieren. Die großen tiefgrünen Blätter von *Welwitschia mirabilis* haben ein bemerkenswert hohes Reflexionsvermögen. Wie Messungen der optischen Eigenschaften am natürlichen Standardort in der Namib-Wüste mit einer Ulbricht-Kugel ergaben (s. ► Kap. 20, „Strahlungs- und Energieflüsse"), werden für den Bereich der Gesamtstrahlung 55 %, für den Bereich der PAR 75 % der auftreffenden Strahlung absorbiert. Die Kenntnis dieses Absorptionsvermögens von *Welwitschia mirabilis* erlaubt es, die CO_2-Austauschrate gegen die tatsächlich absorbierte Strahlung aufzutragen. Abb. 2 zeigt eine solche Lichtsättigungskurve für *Welwitschia mirabilis* am natürlichen Standort. Die CO_2-Austauschrate ist dabei einmal gegen die auftreffende Strahlung, zum anderen gegen die absorbierte Strahlung aufgetragen. Die Abbildung macht deutlich, dass sehr unterschiedliche Aussagen über die Photonenwirksamkeit und die sättigende Photonenflussdichte aus den beiden Kurven abgeleitet werden. In vielen Fällen ist publizierten Studien nicht zu entnehmen, ob in der Darstellung der Lichtsättigung die tatsächlich absorbierte Strahlung verwendet wurden. Oft wird ein Faktor von 0,8 zur Korrektur der auftreffenden Strahlung verwendet. Wurde die absorbierte *PPFD* tatsächlich nicht gemessen, dann sollte man den Ausdruck *apparente* Photonenwirksamkeit für die Anfangssteigung der Lichtsättigungskurve verwenden (es ist eben nur die augenscheinliche Wirksamkeit, nicht die tatsächliche – s. o.).

Bei konstantem Feuchtegradienten Δw zwischen Blatt und Umgebungsluft ähnelt die Lichtabhängigkeit der Transpirationsrate der von J_{CO_2} und spiegelt ein Öffnen der Stomata mit zunehmender *PPFD* wider. Diese stomatäre Reaktion kommt in der Lichtabhängigkeit von g_{H_2O} zum Ausdruck (Abb. 1b). Infolge der Lichtabhängigkeit von g_{H_2O} resultiert eine bei lichtgesättigter Photosynthese geringere CO_2-Konzentration der Luft in den Mesophyllinterzellularen (c_i) als bei niedriger *PPFD* (Abb. 1c). Zugleich ist bei geringer *PPFD* der Quotient aus Transpirationsrate und Netto-CO_2-Aufnahmerate, J_{H_2O}/J_{CO_2} ($= WUE_i^{-1}$), erhöht (Abb. 1d), – oder in anderen Worten, WUE_i nimmt mit sinkender *PPFD* ab.

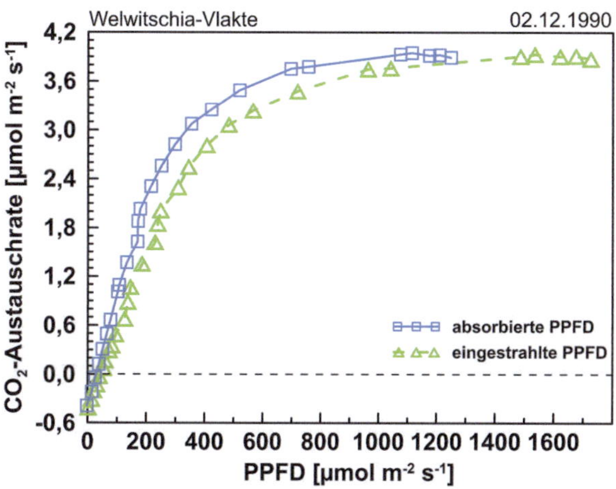

Abb. 2 **Abhängigkeit der CO_2-Austauschrate von der eingestrahlten bzw. absorbierten Photonenflussdichte** bei *Welwitschia mirabilis* am Standort. Die Messungen wurden unter den diffusen Strahlungsbedingungen eines Nebeltages in der Namib-Wüste bei 14 °C Außen- und Küvettentemperatur am Morgen mit einer Gaswechselmessanlage durchgeführt. Das Absorptionsvermögen von *W. mirabilis* im Bereich der PAR ist von Eller et al. (1983) an Pflanzen des gleichen Standortes mit 75 % bestimmt worden. (Nach von Willert et al. 1995)

Bei Lichtsättigung und geringem konstanten Δw können maximale CO_2-Aufnahmeraten in einem weiten Bereich der Blatt- oder Nadeltemperatur auftreten (Abb. 3). Das Temperaturoptimum von J_{CO_2} verlagert sich bei abnehmender *PPFD* hin zu niedrigen Temperaturen. In Dunkelheit schließlich nimmt die Netto-CO_2-Abgabe (Abb. 3, Atmungsrate $J_{CO_2} < 0$) exponentiell mit der Temperatur zu ($Q_{10} \sim 2$ zwischen 15 u. 25 °C). Die Stomata öffnen im Allgemeinen bei zunehmender Temperatur und gleichzeitig geringem Δw.

Bei Lichtsättigung von J_{CO_2} und geringem Feuchtegradienten Δw bleibt die Transpirationsrate trotz weit geöffneter Stomata niedrig (Abb. 4b, c: hohes g_{H_2O}). *Mit steigendem* Δw nimmt jedoch J_{H_2O} zu und erreicht schließlich ein Plateau (Abb. 4b), J_{H_2O} kann aber auch nach Durchlaufen eines Maximums bei hohem Δw wieder abnehmen (wenn Stomata sich sehr effektiv verengen). Die mit steigendem Δw erfolgende Spaltenverengung (sinkendes g_{H_2O}, Abb. 4c) verhindert die lineare Zunahme von J_{H_2O}. Gleichzeitig limitiert die Spaltenverengung J_{CO_2}, was durch abnehmendes c_i sichtbar wird (Abb. 4a, d). Jedoch verhindert die Spaltenverengung meist nicht die Zunahme von J_{H_2O}/J_{CO_2} und damit eine verschlechterte WUE_i (Abb. 4e).

In **Nachlaufmessungen** wirken die natürlichen, standortcharakteristischen Änderungen von *PPFD*, Temperatur und Luftfeuchte (sowie interne Faktoren) gleichzeitig auf das Blatt ein. Der Blattgaswechsel spiegelt also Reaktionen auf Kombinationen verschiedener, gleichzeitig sich ändernder Faktoren im zeitlichen Verlauf wider. Abb. 5 zeigt als „Nachlaufmessung" einen Tagesgang des Blattgaswechsels von *Welwitschia mirabilis* unter den natürlich variierenden Standortbedingungen.

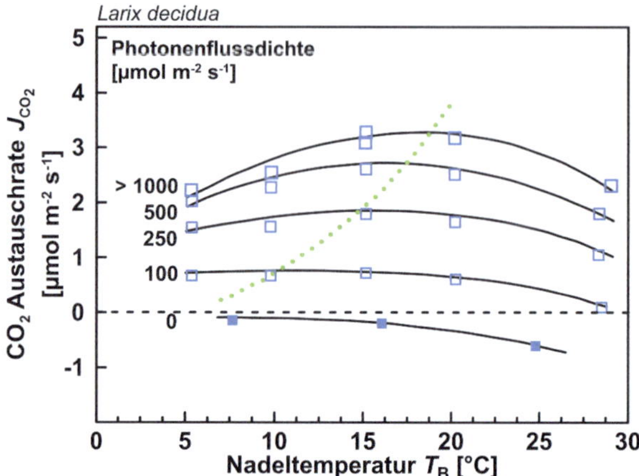

Abb. 3 Temperaturabhängigkeit der CO_2-Austauschrate bei verschiedenen Photonenflussdichten (Zahlen neben den Funktionslinien in µmol Photonen · $m^{-2} \cdot s^{-1}$; $\Delta w < 5$ mmol · mol^{-1}) für einen Messzweig der Europäischen Lärche. Mit sinkender Lichtintensität verschiebt sich der Scheitelpunkt der Funktionen in Richtung niedriger Temperaturen (unterbrochene Linie). Bei 0 µmol Photonen · $m^{-2} \cdot s^{-1}$ misst man die Temperaturabhängigkeit der Dunkelatmung. (Daten Matyssek, nach von Willert et al. 1995)

Die Abb. 5 fasst einige mikroklimatische Faktoren wie *PPFD*, Blatttemperatur und Δw zusammen und stellt sie dem CO_2-Austausch und der Transpiration gegenüber, gleichzeitig mit einer Gaswechselmessanlage an zwei unterschiedlich alten Bereichen desselben Blattes gemessen. Die Blattabschnitte waren 31–38 cm und 73–80 cm vom Blattmeristem entfernt und etwa 2 bzw. 3–4 Jahre alt.

Mit zunehmender *PPFD* am Morgen steigt J_{CO_2} bei gleichfalls steigenden Blatttemperaturen markant an und erreicht knapp zwei Stunden nach Sonnenaufgang ein Maximum. Um die Mittagszeit, wenn *PPFD*, die Blatttemperatur und Δw ein Maximum erreicht haben, ist J_{CO_2} auf ein Minimum abgefallen – und es überwiegen beim jüngeren Blattabschnitt sogar die CO_2-abgebenden Prozesse. Am Nachmittag erholt sich die Photosynthese tendenziell, was vor allem im älteren Blattabschnitt der Fall ist. Der ab 18:00 Uhr einsetzende erneute Abfall in J_{CO_2} spiegelt die abnehmende *PPFD* wider.

Hintergrundinformation

Welwitschia mirabilis ist eine im System der Pflanzen isoliert stehende endemische Art der nördlichen und mittleren Namib-Wüste. Sie gehört in den Verwandtschaftskreis der Gymnospermen, weist aber etliche Ähnlichkeiten zu den Angiospermen auf. Tatsächlich deuten molekulargenetische Analysen auf die Abstammung von einer evolutionär konkurrierenden Schwestergruppe der Angiospermen hin, den Bennetiten. Diese starben schon am Ende der Jura-Zeit weitgehend aus – offensichtlich jedoch bis auf die Vorfahren von drei heute existierenden Gattungen, von denen *Welwitschia*, mit der besagten einen Art, eine ist (neben *Gnetum* und *Ephedra*).

Die von *Welwitschia mirabilis* jährlich in Zapfen reichlich gebildeten Samen sind nur wenige Monate keimfähig. Bei der Keimung wird zunächst eine lange Keimwurzel gebildet, ehe sich zwei große Keimblätter am Sprosspol entwickeln, die weit über ein Jahr funktionsfähig bleiben können. Außer den beiden Keimblättern entwickelt *Welwitschia* nur noch zwei weitere Folgeblätter. Der Sprossvegetationspunkt geht kurz nach der Keimung zugrunde, sodass ein Längenwachstum der

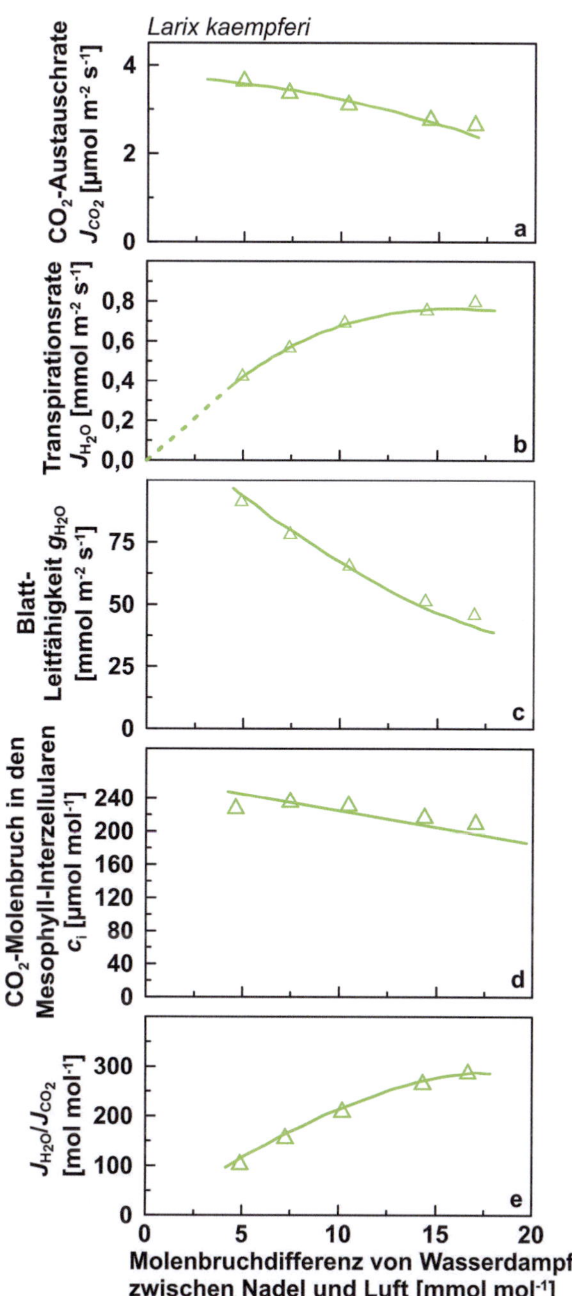

Abb. 4 Abhängigkeit der CO_2-Austauschrate J_{CO_2} (**a**), der Transpirationsrate J_{H_2O} (**b**), der stomatären Leitfähigkeit g_{H_2O} (**c**), der CO_2-Molenbruch in den Mesophyllinterzellularen c_i (**d**) und des Quotienten J_{H_2O}/J_{CO_2} ($= WUE_i^{-1}$) (**e**) von der Nadel/Luft-Molenbruchdifferenz des Wasserdampfes Δw ($PPFD > 1000$ µmol Photonen $\cdot$ m^{-2} $\cdot$ s^{-1}, $T_B = 18$ °C) für einen Messzweig der Japanischen Lärche. (Daten Matyssek, nach von Willert et al. 1995)

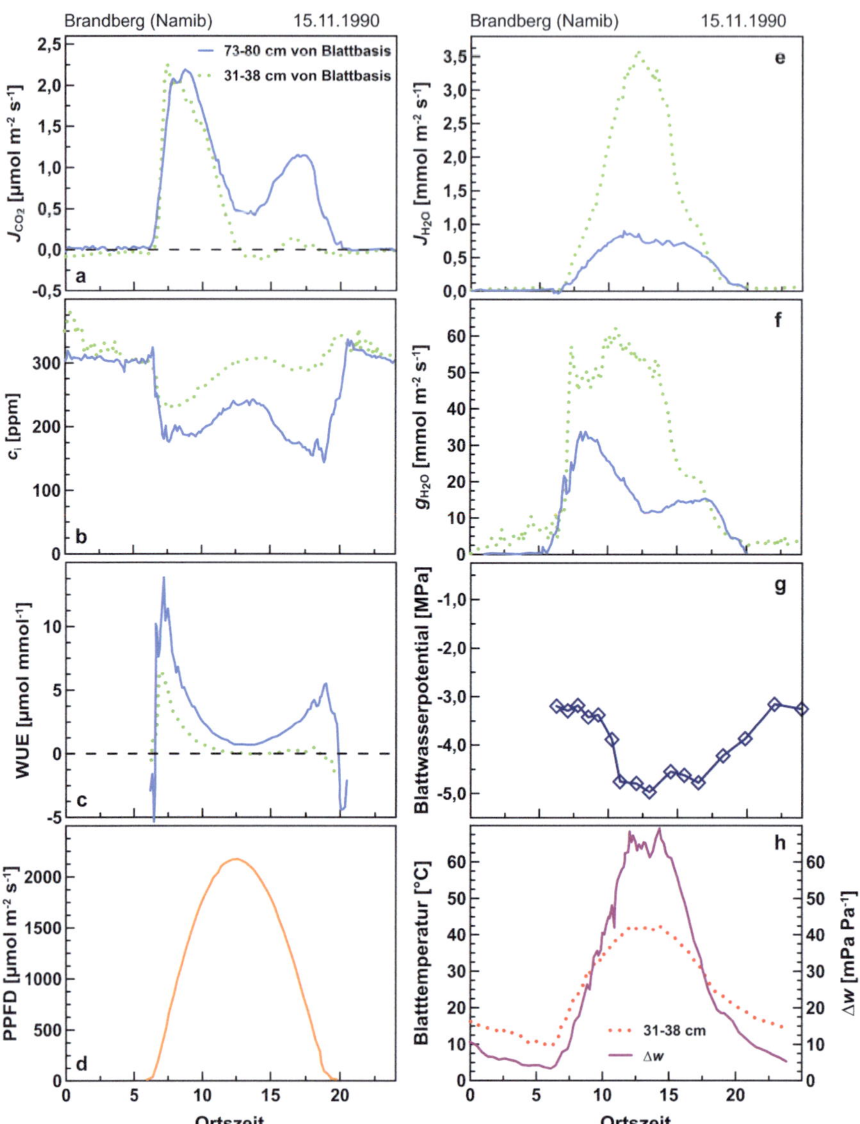

Abb. 5 Gaswechselmessungen an *Welwitschia mirabilis* in der Namib-Wüste. Die Messungen wurden mit einer Gaswechselmessanlage der Fa. Walz durchgeführt. Die Anlage besaß zwei identische feuchte- und temperaturregulierbare Messküvetten, sodass an zwei Stellen des *Welwitschia*-Blattes gleichzeitig gemessen wurde. Die Messungen erfolgten im Nachlauf, d. h. die eingeschlossenen Blattabschnitte waren dem gleichermaßen im Tagesgang variierenden Mikroklima wie der Rest der Pflanze ausgesetzt. Die Messwerte wurden unmittelbar in ein Computerprogramm eingelesen und entsprechend der hier vorgestellten Verfahren weiterverarbeitet. Die Abbildungen (**a**) bis (**e**) geben die Daten für einen ca. 2 Jahre alten (31–38 cm von Blattbasis) im Vergleich zu einem 3–4 Jahre alten Abschnitt (73–80 cm von Blattbasis) eines 128 cm langen *Welwitschia*-

Sprossachse unterbleibt. Die Meristeme der Blätter sind in einer Spalte im Hypokotyl des zu einem Xylopodium stagnierten „Stammes" verborgen, aus dem die Blätter pro Jahr zwischen 10 und 20 cm herausgeschoben werden. Während das Blatt, das je nach Umweltbedingungen 0,05–2,5 m lang sein kann, an der Basis kontinuierlich wächst, stirbt es an der Blattspitze ebenso kontinuierlich ab und verrottet dort.

Welwitschia besiedelt die Kies- und Steinflächen der Sommerregen-Namib. Nur an wenigen Stellen dringt sie bis in die buschige Mopane-Savanne ostwärts vor, das heißt, ihre ökologische Amplitude ist groß. Sie deckt Gebiete mit jährlichen Niederschlagsmengen von ca. 10–250 mm ab und dringt westwärts bis auf etwa 12 km an die Atlantikküste vor. Damit reicht auch das Temperaturklima ihrer Standorte von sehr kühl im Westen bis zu sehr heiß im Osten (Abb. 6).

Die Lebensspanne dieser Pflanzenart kann sich über mehrere Jahrhunderte erstrecken, für einige Individuen werden Alter von bis zu 2000 Jahren angenommen. Alte Individuen überwiegen wegen der begrenzten Samenkeimfähigkeit (s. o.), die vor allem von der Durchfeuchtung der oberen Bodenhorizonte nach den seltenen Starkregen abhängt. Die Pfahlwurzel muss während der Bodendurchfeuchtung rasch zum Grundwasserhorizont vordringen, andernfalls sterben die Keimlinge ab. Unterhalb von ca. 3 m Bodentiefe ist die Pfahlwurzel der alten Individuen wegen massiver kalkverkrusteter Kiesschichten kaum nachverfolgbar. Diese Rahmenbedingungen zusammen mit den durch den Klimawandel sich verlängernden Niederschlagsintervallen gefährden langfristig den Fortbestand von *Welwitschia mirabilis* an ihrem natürlichen Standort.

Wir wollen an dieser Stelle nicht mit der detaillierten Beschreibung der in Abb. 5 wiedergegebenen Kurven fortfahren, jedoch den Leser ermutigen, für sich die funktionellen Zusammenhänge zwischen den gemessenen Parametern nachzuvollziehen, zumal alle dargestellten Messgrößen und ihre wechselseitigen Abhängigkeiten schon ausführlich behandelt wurden.

Vergleicht man Nachlaufmessungen mit parallel zu ihnen durchgeführten Steady-State-Experimenten, so lässt sich die Bedeutung einzelner externer Faktoren für CO_2-Gewinne und Wasserverluste unter Standortbedingungen quantifizieren. Solche Faktorenanalysen werden auch für die Entwicklung numerischer, auf den Ergebnissen von Steady-State-Experimenten basierender Modelle eingesetzt. Entsprechende Modelle können blattinterne Regelmechanismen und Abstimmungen zwischen CO_2-Aufnahme und Transpiration mathematisch abbilden und Hypothesen für weiterführende analytische Experimente entwickeln.

1.2 CO_2-Abhängigkeit

Alle bisher gezeigten Messungen wurden mit der CO_2-Konzentration unveränderter Umgebungsluft durchgeführt. In diesem Kapitel werden wir aber nicht von

Abb. 5 (Fortsetzung) Blattes im Tagesgang wieder. Parallel zu den Gaswechselmessungen wurde das Blattwasserpotenzial mithilfe einer Scholander-Druckkammer bestimmt. Der Tagesgang des Blattwasserpotenzials junger Blattabschnitte ist in (**f**), die Photonenflussdichte des Strahlungstages in (**g**), die Blatttemperatur des jungen Blattabschnittes und das aus Blatttemperatur und Taupunkttemperatur der Luft berechnete Δw in (**h**) dargestellt. (Daten von Willert und Veste, nach von Willert et al. 1995)

Abb. 6 ***Welwitschia mirabilis*** **in der Namib-Wüste**. (**a**) Die bekannte „große" *Welwitschia*-Pflanze in der *Welwitschia*-Vlakte in der Zentral-Namib nahe Swakopmund (Namibia) gelegen, im Dreieck zwischen Khan und Swakop-Fluss (Foto: Herppich). (**b**) Gaswechselmessungen an einer *Welwitschia*-Pflanze südwestlich des Brandbergmassivs in Namibia. (Foto: M. Veste)

CO_2-Konzentrationen der Luft sprechen (die als Massen- oder Mengen- pro Volumeneinheiten definiert sind), sondern konsequent von CO_2-Molenbrüchen, da die nun demonstrierten Analysen auf c_i und c_a basieren. In den folgenden Steady-State-Experimenten variiert man c_a (mit einer CO_2-Mischanlage, z. B. zwischen 0 und 1500 µmol · mol^{-1}) bei Kontrolle der übrigen Faktoren in der Messküvette.

Es wurde bereits im ▶ Kap. 10, „Physikalische Grundlagen von Transpiration, CO_2-Aufnahme, Gasleitfähigkeiten und deren Bestimmungen" darauf hingewiesen, dass J_{CO_2} und g_{H_2O} innerhalb einer gegebenen Blattfläche stark variieren können, besonders wenn das Blatt Trockenstress unterliegt oder die Blattanatomie die CO_2-Diffusion im Mesophyll erschwert. Die obige Herleitung von c_i impliziert aber, dass J_{CO_2} und g_{CO_2} in allen Bereichen der gesamten Blattfläche jeweils etwa gleich sind, da aus der Gaswechselmessung J_{CO_2} und g_{CO_2} als Mittelwerte pro gesamtes Blatt hervorgehen. Berechnet man für ein gegebenes Blatt c_i aus solchen Mittelwerten, können Abweichungen gegenüber einem c_i resultieren, das sich aus der Mittelung lokaler c_i-Werte ergibt (abgeleitet von den lokal unterschiedlichen J_{CO_2} und g_{CO_2}). Man sollte daher ein c_i, das aus Gaswechselmessungen mit J_{CO_2} und g_{CO_2} als Mittelwerte pro gesamte Blattfläche abgeleitet wird, als „*apparentes* c_i" kennzeichnen. Auch sollten neben den Gaswechselmessungen begleitende Untersuchungen zur Stressphysiologie und Anatomie der Blätter die Gültigkeit des apparenten c_i kommentieren.

Meist trägt man J_{CO_2} als Funktion von c_i auf (Abb. 7a), wobei c_i der Molenbruch des CO_2 in den Mesophyllinterzellularen ist und zugleich die Verfügbarkeit des Substrates für die CO_2-Assimilation darstellt. Die CO_2-Abhängigkeit der Assimilationsrate folgt einer **Michaelis-Menten-Kinetik**, ähnlich der Substratabhängigkeit von Enzymen. Zwar spiegeln Gaswechselmessungen sämtliche den CO_2-Austausch bestimmenden physiologischen Prozesse in Blattorganen wider, dennoch lässt sich die CO_2-Abhängigkeit ganzer Blätter oder Messzweige ähnlich den Enzymkinetiken interpretieren; das Blatt erscheint als funktionelle Einheit wie ein einziges CO_2-bindendes Enzym.

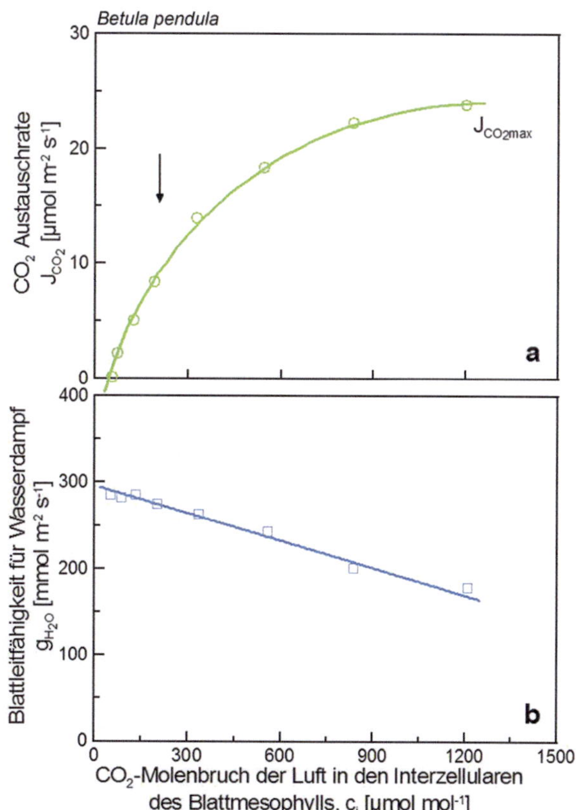

Abb. 7 **Abhängigkeit der CO_2-Austauschrate J_{CO_2} (a) und der Blattleitfähigkeit g_{H_2O} (b) vom CO_2-Molenbruch** in den Mesophyllinterzellularen c_i für ein Birkenblatt (*PPFD* > 1200 µmol Photonen · m^{-2} · s^{-1}; $T_B = 20$ °C; $\Delta w = 10$ mmol · mol^{-1}). J_{CO_2} (max) bezeichnet die Photosynthesekapazität bei beginnender Licht- und CO_2-Sättigung, der *Pfeil* den c_i-Bereich beim CO_2-Molenbruch der Umgebungsluft $c_a = 340$ µmol · mol^{-1} während der 1980er-Jahre. (Daten Matyssek, nach von Willert et al. 1995)

Zunächst kehrt sich mit steigendem Substratangebot die Rate der Netto-CO_2-Abgabe am CO_2-Kompensationspunkt, *Γ*, in eine Netto-CO_2-Aufnahme um (Abb. 7a). Wie für Enzyme kann die Steigung des folgenden steilen Abschnitts der Abhängigkeitskurve als Affinität des Blattes zum Substrat CO_2 interpretiert werden. Diese Anfangssteigung wird als **Carboxylierungseffizienz** (*carboxylation efficiency*) bezeichnet und durch die Aktivität der vorhandenen CO_2-bindenden Rubisco-Enzyme bestimmt.

Die weitere Erhöhung des CO_2-Molenbruchs c_i (infolge experimenteller c_a-Erhöhung) führt zur Substratsättigung, angezeigt durch die maximale CO_2-Aufnahmerate $^{max}J_{CO_2}$ (Abb. 7a). Bei Licht- und CO_2-Sättigung stellt $^{max}J_{CO_2}$ die unter den gegebenen pflanzeninternen Rahmenbedingungen mögliche **Photosynthesekapazität** des Blattes dar. Letztere wird erreicht, wenn die Regenerierung des Akzeptormoleküls für CO_2, Ribulose-1,5-Bisphosphat, die Assimilationsrate zu limitieren beginnt. Die Regenerierung ihrerseits hängt bei gegebener *PPFD* neben anderen Stoffwechseleinflüssen von der Kapazität des photosynthetischen Elektronentransportes ab. Daher sinkt $^{max}J_{CO_2}$ mit abnehmender Lichtstärke, während dazu parallel CO_2-Sättigung bereits bei niedrigem c_i erreicht wird (Abb. 8).

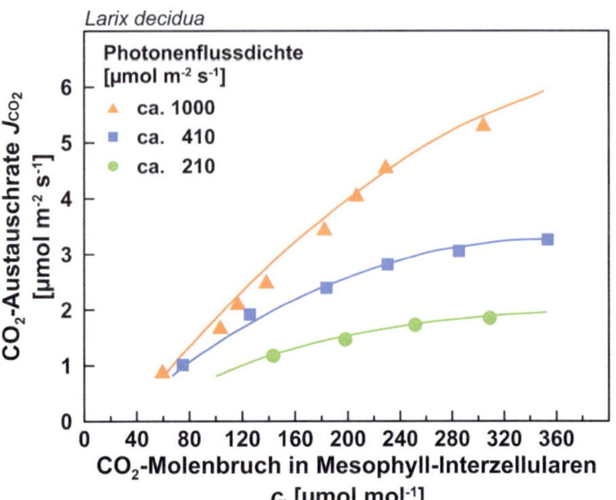

Abb. 8 **Abhängigkeit der CO_2-Austauschrate J_{CO_2} vom CO_2-Molenbruch** in den Mesophyllinterzellularen c_i eines Messzweiges der Europäischen Lärche bei drei verschiedenen Photonenflussdichten ($T_B = 15\ °C$; $\Delta w = 7$ mmol · mol^{-1}). (Daten Matyssek, nach von Willert et al. 1995)

Bei den Gaswechsel nicht limitierenden Bedingungen (wie z. B. in Abb. 7) stellt sich in C_3-Pflanzen bei z. B. $c_a = 340$ µmol · mol^{-1} meist ein c_i von etwa 220–240 µmol · mol^{-1} ein (Situation während der 1980er-Jahre, Abb. 7, Pfeil). Die CO_2-Assimilation operiert also unter vorherrschender Umgebungsluft (mit $c_a = 340$ µmol · mol^{-1}, s. o.) in einem für CO_2-Änderungen empfindlichen Teil der CO_2-Abhängigkeitskurve. Unter gleichen Bedingungen liegt das c_i von C_4-Pflanzen meist unterhalb von 200 µmol · mol^{-1}. Hier gilt $c_a - c_i > 100$ ppm.

Der Verlauf von g_{H_2O} in Abb. 7b zeigt bei niedrigem c_i weiter geöffnete und bei hohem c_i stärker verengte Stomata als in der unveränderten (damaligen) Umgebungsluft. Entsprechend sinkt J_{H_2O}/J_{CO_2} (d. h. nimmt WUE$_i$ zu), je mehr sich c_i der CO_2-Sättigung von J_{CO_2} nähert. Somit kann **CO_2-Düngung** – durch „kurzfristige" (!) Erhöhung der CO_2-Konzentration der Luft – den Kohlenstoffgewinn steigern und zugleich den Wasserverbrauch senken. „Langfristige" Düngung durch CO_2, wie unter dem gegenwärtig fortschreitenden, anthropogenen Anstieg der CO_2-Konzentration in der Atmosphäre, kann aber nur erfolgen, wenn andere Faktoren wie Licht-, Wasser- und Nährelementversorgung die Photosynthese dauerhaft nicht limitieren (s. u., Abb. 14).

Abhängigkeitskurven wie in Abb. 7a und 8 bezeichnet man auch als **CO_2-Bedarfsfunktionen** (*demand functions*) des Mesophylls. Diese Stoffwechselfunktionen lassen sich abhängig von c_i, Blatttemperatur und *PPFD* definieren:

$$J_{CO_2} = f(c_i, T_B, PPFD) \tag{1}$$

Bedarfsfunktionen für verschiedene Licht- und Temperaturbedingungen können mit den aus Nachlaufmessungen (wie in Abb. 5) oder Steady-State-Experimenten (wie in Abb. 1 und 3) errechneten c_i-Werten verglichen werden, c_i-Werte von Gaswechselmessungen unter Umgebungsluft errechnen sich z. B. als

$$c_i = c_a - J_{CO_2}/g_{CO_2}$$

für $c_a = 340$ µmol · mol^{-1} (während der 1980er-Jahre). Solchermaßen errechnete c_i-Werte, projiziert in Bedarfsfunktionen, geben den Operationsbereich der CO_2-Assimilation unter den variablen Klimafaktoren der vorherrschenden Umgebungsluft an (Abb. 9).

Vergleiche wie in Abb. 9 ermöglichen außerdem eine Gewichtung des Einflusses der Stomata und des Mesophylls auf die CO_2-Aufnahme des Blattes. Dies soll die folgende Analyse zeigen:
J_{CO_2} lässt sich auch als

$$J_{CO_2} = -g_{CO_2} \cdot c_i + g_{CO_2} \cdot c_a \tag{2}$$

ausdrücken. Für c_i als Variable dieses Polynoms 1. Grades hat Gl. 2 eine Nullstelle bei $c_i = c_a$ und einen Ordinatenschnittpunkt bei $J_{CO_2} = g_{CO_2} \cdot c_a$ (Abb. 10a). Somit ist $-g_{CO_2}$ als Steigung dieser linearen Funktion definiert. Da die Steilheit der Steigung dem Öffnungsgrad der Stomata entspricht, wird Gl. 2 auch **CO_2-Versorgungsfunktion** (*supply function*) der CO_2-Assimilation im Mesophyll genannt. Die Versorgungsfunktion bestimmt den Operationsbereich der CO_2-Assimilation auf der CO_2-Bedarfsfunktion des Mesophylls entsprechend dem Schnittpunkt aus Gl. 1 und 2:

$$f(c_i, T_B, PPFD) = -g_{CO_2} \cdot c_i + g_{CO_2} \cdot c_a \tag{3}$$

In anderen Worten: Die Abstimmung zwischen dem CO_2-Bedarf im Mesophyll (gegeben durch J_{CO_2}) und dem CO_2-Nachschub aus der Außenluft durch die Stomata (gegeben durch die stomatäre Leitfähigkeit für CO_2, g_{CO_2}) bedingt das sich einstellende c_i (Abb. 10a).

Somit stellen die Einzelpunkte der Abb. 8 Schnittpunkte von CO_2-Bedarfsfunktionen bestimmter *PPFD* und Blatttemperatur mit CO_2-Versorgungsfunktionen aus Nachlaufmessungen entsprechender Licht- und Temperaturbedingungen dar. Drei der Bedarfsfunktionen (in Abb. 9 gezeigt als durchgezogene Linien) wurden in Steady-State-Experimenten (wie in Abb. 8) ermittelt. Jeder einzelne Messpunkt liegt auf einer Geraden, die jeweils durch $c_i = c_a = 340$ µmol · mol^{-1} führt. Eine dieser CO_2-Versorgungsfunktionen ist in Abb. 10a exemplarisch gezeigt.

In der **Feuchteabhängigkeit des Gaswechsels** limitieren die Stomata die CO_2-Aufnahme. Abb. 10b zeigt schematisch bei sinkendem J_{CO_2} und c_i die mit zunehmendem Δw geringere Steigung $-g_{CO_2}$. Diesen Zusammenhang gab in anderer Auftragung das Beispiel der Abb. 4 wieder.

Bei abnehmender *PPFD* resultieren sinkende J_{CO_2} und g_{H_2O} dagegen meist in steigendem c_i (Abb. 4). Die Abb. 10c veranschaulicht schematisch, warum c_i steigt. Die bei geringer *PPFD* abflachende Bedarfsfunktion (aufgrund der verminderten Regeneration des CO_2-Akzeptors) limitiert die CO_2-Assimilation stärker als der Spaltenschluss (angezeigt durch die abflachende Versorgungsfunktion $-g_{CO_2}$).

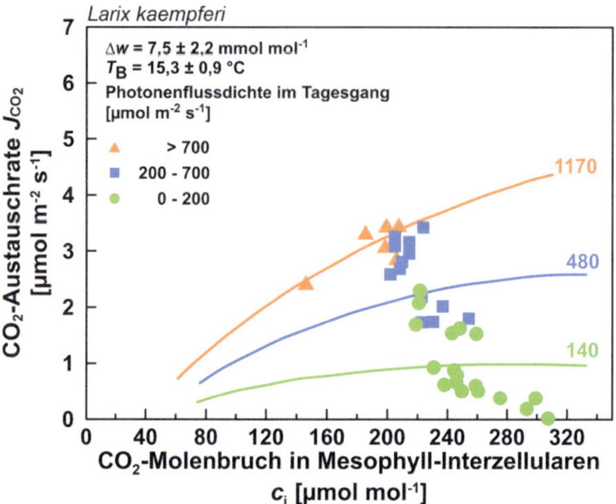

Abb. 9 **CO_2-Bedarfsfunktionen eines Zweiges der Japanischen Lärche**. CO_2-Bedarfsfunktionen wurden in Steady-State-Experimenten bei drei verschiedenen Photonenflussdichten ermittelt (durchgezogene Linien, bei 1170, 480 und 140 µmol m^{-2} s^{-1}). In diese Funktionen wurden (J_{CO_2}, c_i)-Wertepaare aus Nachlaufmessungen bei $c_a = 340$ µmol · mol^{-1} projiziert (Symbole für verschiedene Bereiche von *PPFD*). Die gedachte Verbindungslinie zwischen jedem der Symbole mit $c_i = c_a = 340$ µmol · mol^{-1} auf der X-Achse stellt jeweils eine CO_2-Versorgungsfunktion dar (s. Text). 340 µmol · mol^{-1} entspricht c_a während der 1980er-Jahre. (Daten Matyssek, nach von Willert et al. 1995)

Auch lassen sich **Störungen im Blattstoffwechsel** feststellen. Im einen Fall sind die Stomata zu weit geöffnet bei intaktem Mesophyll (Abb. 10d), im anderen Fall ist das Photosynthesesystem des Mesophylls geschädigt (Abb. 10e).

Bei manchen **Stoffwechselprozessen und Entwicklungsabläufen** im Blatt ändern sich J_{CO_2} und g_{CO_2} proportional zueinander, sodass c_i annähernd konstant bleibt (Abb. 11a). Werden solche Änderungen bei konstantem Δw verfolgt, ergibt eine Auftragung von J_{CO_2} gegen g_{CO_2} (oder g_{H_2O}) eine lineare Funktion (Abb. 11b). Entlang solcher Geraden lassen sich meist Unterschiede zwischen z. B. jahreszeitlichen Entwicklungszuständen, Düngungs-, Bewässerungs- und Lichtregimen sowie zwischen Genotypen einer Art oder verschiedenen pflanzlichen Lebensformen eingrenzen (Abb. 11c). Abb. 12 zeigt ein Beispiel für die herbstliche Alterung von Birkenblättern. Der lineare Zusammenhang zwischen J_{CO_2} und g_{H_2O} spiegelt ein für alle Messpunkte ähnliches c_i von etwa 230 µmol · mol^{-1} wider (bei $c_a = 340$ ppm, 1980er-Jahre).

Geraden unterschiedlicher Steigung lassen Rückschlüsse auf WUE_i und c_i zu (Abb. 11c). Je flacher die Steigung bei sonst unveränderten Bedingungen (z. B. Δw), umso geringer ist WUE_i, aber umso höher ist c_i. Der Grund: Sinkt die Steigung, so bleibt für ein gegebenes g_{H_2O} die Transpirationsrate konstant, während die Assimilationsrate abnimmt. In C_4-Pflanzen ist aufgrund der effizienteren CO_2-Assimilation WUE_i größer und damit die Steigung $J_{CO_2} = f\left(g_{H_2O}\right)$ steiler, c_i infolgedessen niedriger als in C_3-Pflanzen unter gleichen Bedingungen. In immissionsgeschädigten

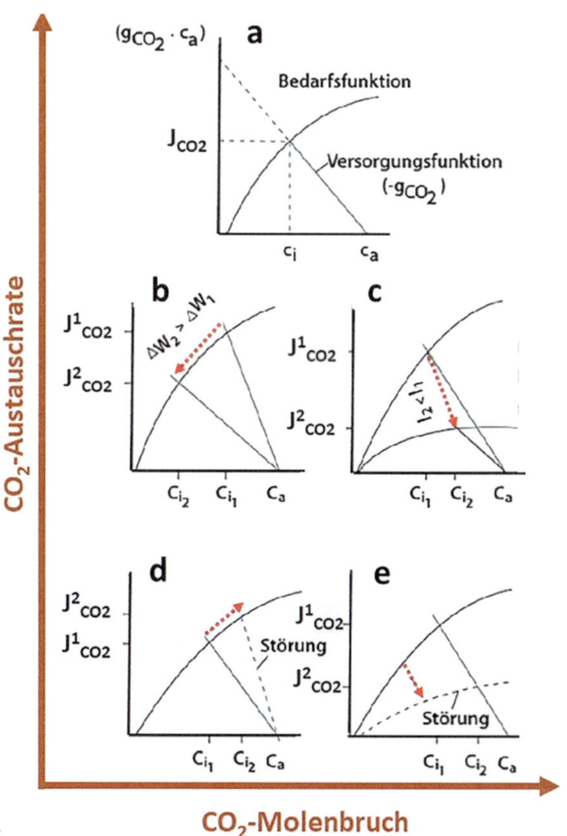

Abb. 10 **Bedarfs – und Versorgungsfunktion der CO_2-Austauschrate**. (**a**) Der Schnittpunkt zwischen Bedarfs- und Versorgungsfunktion legt die CO_2-Austauschrate J_{CO_2} und den dabei herrschenden CO_2-Molenbruch in den Mesophyllinterzellularen c_i fest. Die Versorgungsfunktion mit der Steigung $-\, g_{CO_2}$ schneidet die X-Achse in c_a und die Y-Achse in $g_{CO_2} \cdot c_a$ (s. Text). (**b**) Mit zunehmendem Δw (zunehmender Lufttrockenheit) verengen sich die Stomata, somit nimmt die Steigung der Versorgungsfunktion ab, und sowohl J_{CO_2} als auch c_i sinken. (**c**) Mit abnehmender Lichtintensität flachen Bedarfs- und Versorgungsfunktion ab, woraus ein sinkendes J_{CO_2}, aber auch ein steigendes c_i resultieren. (**d**) Störung im Gaswechsel durch übermäßig geöffnete Stomata (J_{CO_2} und c_i steigen), (**e**) Störung durch Mesophyllschädigung (Bedarfsfunktion und J_{CO_2} sinken, c_i nimmt zu). I_1 und I_2 bedeuten $PPFD_1$ bzw. $PPFD_2$, $J^1{}_{CO_2}$ und $J^2{}_{CO_2}$ bedeuten CO_2-Austauschrate_1 bzw. CO_2-Austauschrate_2. (Eigene Darstellung, nach von Willert et al. 1995)

Pflanzen (z. B. nach langfristiger Ozoneinwirkung) sind oft c_i erhöht, aber WUE_i geringer und somit die Steigung $J_{CO_2} = f\left(g_{H_2O}\right)$ flacher als in intakten Kontrollpflanzen.

Hintergrundinformation

Wie stark limitieren unter gegebenem c_a der Umgebungsluft die Stomata den CO_2-Einstrom ins Blatt? Eine solche Quantifizierung ist mit einer einfachen Formel nach Farquhar und Sharkey (1982) möglich:

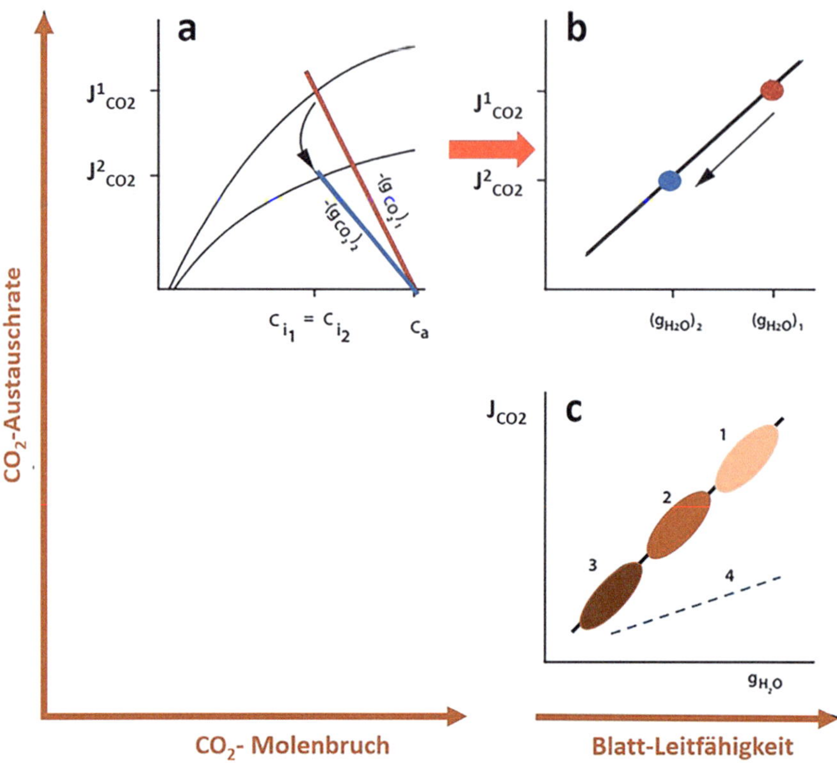

Abb. 11 Änderung von Bedarfs – und Versorgungsfunktion der CO_2-Austauschrate bei konstantem CO_2-Molenbruch in den Mesophyllinterzellularen c_i. (**a**) Im gezeigten Beispiel flachen Bedarfs- und Versorgungsfunktion auf eine Weise ab, dass J_{CO_2} und g_{CO_2} (und damit g_{H_2O}) sinken, c_i aber konstant bleibt. Konstantes c_i zeigt an, dass die sich verengenden Stomata J_{CO_2} nicht limitieren. (**b**) Trägt man J_{CO_2} gegen g_{H_2O} auf, so verläuft die in Teilabb. (**a**) gezeigte Änderung entlang einer Geraden. (**c**) In einer Auftragung wie in Teilabb. (**b**) verlaufen langfristige Änderungen in J_{CO_2} und g_{H_2O} oft entlang von Geraden. Die mit *1*, *2* und *3* bezeichneten Datenpopulationen könnten jahreszeitliche Entwicklungszustände, verschiedene Düngungs-, Bewässerungs- und Lichtregime einer Art oder verschiedene pflanzliche Lebensformen repräsentieren. Im Vergleich zur durchgezogenen Geraden stellt die *unterbrochene Linie* (*4*) Wertepaare von J_{CO_2} und g_{H_2O} mit niedrigerer WUE_i dar (s. Text). $J^1{}_{CO_2}$ und $J^2{}_{CO_2}$ bedeuten CO_2-Austauschrate_$_1$ bzw. CO_2-Austauschrate_$_2$. (Eigene Darstellung, nach von Willert et al. 1995)

$$\Delta J_{CO_2} = \frac{J^0_{CO_2} - J_{CO_2}}{J^0_{CO_2}} \quad [\%]$$

wobei ΔJ_{CO_2} die stomatäre Limitierung der CO_2-Assimilation und J_{CO_2} die Netto-CO_2-Aufnahmerate für c_a darstellen (Abb. 13a). $J^0_{CO_2}$ ist die potenzielle Netto-CO_2-Aufnahmerate bei angenommener fehlender Limitierung durch die Stomata. $J^0_{CO_2}$ ergibt sich daher für $c_i = c_a$ und damit für eine zur Ordinate parallele senkrechte Versorgungsfunktion (Abb. 13a). Unter Lichtsättigung von J_{CO_2}

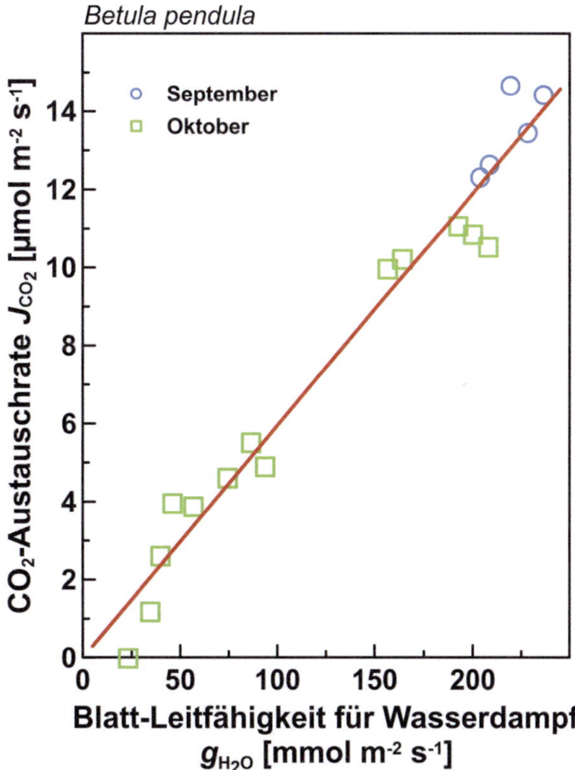

Abb. 12 **Herbstliche Alterung von Birkenblättern** (jeder Messpunkt ein Blatt, gemessen zwischen Anfang September und Anfang November). Zwischen Spätsommer (blaue Kreissymbole) und fortschreitendem bis vollständigem Chlorophyllabbau (grüne Quadrate) sinken die CO_2-Austauschrate J_{CO_2} und die stomatäre Leitfähigkeit g_{H_2O} entlang einer Geraden. Somit bleiben während der Alterung WUE_i und die CO_2-Konzentration in den Mesophyllinterzellularen c_i annähernd konstant (s. Text). (Adaptiert nach Matyssek et al. 1991, nach von Willert et al. 1995)

und geringem Δw beträgt ΔJ_{CO_2} meist 10–20 %, im Vergleich zu $J^0_{CO_2}$ bei „unendlich hoher" stomatärer Leitfähigkeit (angezeigt durch die zur Ordinate parallele Versorgungsfunktion).

Oft wird auch die **Lichtabhängigkeit des Gaswechsels** bei CO_2-Molenbrüchen gemessen, bei denen die Assimilation von CO_2 gesättigt ist ($c_a > 1500\ \mu mol \cdot mol^{-1}$). Ein solchermaßen erhöhtes c_a eliminiert die stomatäre Limitierung der CO_2-Aufnahmerate durch Verschieben der CO_2-Versorgungsfunktion in den CO_2-gesättigten Bereich der CO_2-Abhängigkeitskurve (Abb. 13b). Man erkennt, dass im Plateau der CO_2-Abhängigkeit von J_{CO_2} die Steigung der CO_2-Versorgungsfunktion, und damit der Öffnungsgrad der Stomata, die CO_2-Aufnahmerate nicht mehr beeinflusst (allerdings nur, solange die Stomata bei hohem CO_2-Molenbruch nicht völlig geschlossen sind!).

Eine unter CO_2-Sättigung gemessene Lichtabhängigkeit von J_{CO_2} erlaubt die direkte Ermittlung der photosynthetischen Leistungsfähigkeit des Mesophylls. Misst man am gleichen Blatt oder Messzweig auch die CO_2-Abhängigkeit der Assimilation bei Lichtsättigung, so erfasst man das gesamte potenzielle Leistungsvermögen des Photosyntheseapparates (man beobachtet dadurch die Blattorgane wie

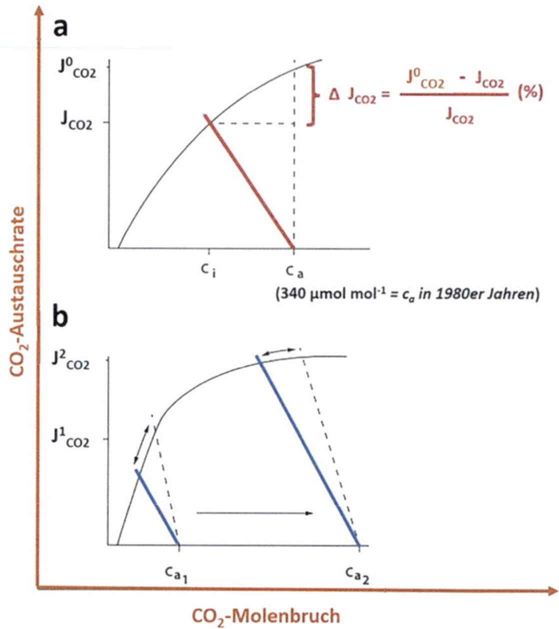

Abb. 13 **(a) Limitierung der CO_2-AustauschrateGaswecchsel** J_{CO_2} durch die Stomata (und Epidermis). Würden Stomata (und Epidermis) nicht existieren, dann wäre der CO_2-Molenbruch in den Mesophyllinterzellularen c_i gleich dem der Umgebungsluft c_a ($c_i = c_a$). Theoretisch könnte dadurch die Austauschrate auf $J^0_{CO_2}$ steigen ($J^0_{CO_2} > J_{CO_2}$). In einem realen Blatt bestimmen aber die Stomata die CO_2-Versorgungsfunktion und damit das tatsächliche J_{CO_2} mit $c_i < c_a$. Somit ist die Differenz $J^0_{CO_2} - J_{CO_2}$ gegeben durch die Existenz der Stomata (und Epidermis; s. Text). **(b) Eliminierung der stomatären Limitierung auf** $\boldsymbol{J_{CO_2}}$ durch Erhöhung von c_a. Während bei niedrigem c_a (c_{a1}) die CO_2-Versorgungsfunktion im noch steilen Abschnitt der CO_2-Bedarfsfunktion operiert und damit J_{CO_2} beeinflusst, betreffen Änderungen der Versorgungsfunktion bei erhöhtem $c_a > 1500$ µmol · mol^{-1} (c_{a2}) das Plateau der Bedarfsfunktion und beeinflussen J_{CO_2} damit nicht (s. Text). $J^1{}_{CO_2}$ und $J^2{}_{CO_2}$ bedeuten CO_2-Austauschrate_$_1$ bzw. CO_2-Austauschrate_$_2$. (Eigene Darstellung, nach von Willert et al. 1995)

auf einem Prüfstand). Solche Experimente bieten wertvolle diagnostische Möglichkeiten, Wirkungen von Stressfaktoren (z. B. Wassermangel, Immissionen) auf die CO_2-Assimilation nachzuweisen.

1.3 Blatt-Gaswechsel unter steigender CO_2-Konzentration der Atmosphäre

In diesem Kapitel lernten wir bereits Reaktionen des Gaswechsels von Blattorganen auf die CO_2-Konzentration (ausgedrückt als Molenbruch) und deren Variation in der Umgebungsluft kennen. Diese Reaktionen erfolgten in Blättern, angepasst an die vorherrschend mittlere CO_2-Konzentration der Atmosphäre, auf kurzfristige, meist experimentell induzierte Variationen. Gegenwärtig müssen wir uns jedoch fragen, unter welcher CO_2-Konzentration, oder präziser gesagt, welchem CO_2-Molenbruch (c_a) der Atmosphäre, wir eigentlich gerade arbeiten.

Hintergrundinformation

Seit Ende der letzten Eiszeit bis zu Beginn des 19. Jahrhunderts entsprach c_a etwa 270 ppm (Schlesinger und Bernhardt 2013). Mit der Fortdauer der „Industriellen Revolution" begann c_a bis auf ungefähr 340 ppm Mitte der 1980er-Jahre anzusteigen. Dramatisch verlief der Anstieg bis 2020 dann auf über 400 ppm. Die Problematik wurde auch an den in diesem Buch gezeigten Datenbeispielen deutlich, die vor Ende des 20. Jahrhunderts erarbeitet wurden, vor allem, wenn Gaswechselreaktionen mit c_a in Beziehungen zu setzen waren. Wir haben in solchen Fällen immer diesen Sachverhalt angesprochen.

Damit stellen sich aber auch zwei weitere Fragen: (1) Werden die CO_2-Abhängigkeitsfunktionen von J_{CO_2}, die an $c_a < 340$ ppm angepasst waren, ähnlich jenen sein, die sich in Blättern unter $c_a > 400$ ppm entwickelt haben oder noch entwickeln werden? Und (2), da während Tagesgängen J_{CO_2} entlang der Funktionen typischerweise unterhalb der CO_2-Sättigung operierte (Abb. 7, 8, 9, 10, 11 und 13), können wir künftig bei $c_a > 400$ ppm eine CO_2-gesättigte Photosynthese erwarten? Frage (2) erscheint plausibel, da entsprechend den bislang bekannten, kurzfristig ermittelten CO_2-Abhängigkeitsfunktionen eine langfristig erhöhte CO_2-Versorgung wie ein Dünger erscheinen könnte.

Da Antworten auf diese Fragen unsicher sind, haben wir darauf verzichtet, Messergebnisse aus dem 20. Jahrhundert auf gegenwärtige c_a-Molenbrüche umzurechnen, die aufgrund des rasanten Anstiegs der atmosphärischen CO_2-Konzentration ohnehin nur Momentaufnahmen darstellen würden. Dennoch wollen wir eine Antwort auf beide Fragen versuchen, auch wenn diese nur für C_3-Pflanzen wegen ihrer (bislang?) unter Feldbedingungen nicht CO_2-gesättigten Photosyntheseleistung berechtigt sind. In C_4-Pflanzen ist nicht zuletzt aufgrund der hohen CO_2- (genauer HCO_3^-) Affinität des primären CO_2-fixierenden (und O_2-unempfindlichen) Enzyms Phosphoenolpyruvat-Carboxylase (PEPc) die Photosynthese inhärent CO_2-gesättigt und somit die Photorespiration unterdrückt. Die Photosynthese der C_4-Pflanzen ist daher gegenüber weiter steigendem c_a unempfindlich. Angesichts der weltweiten Dominanz der C_3-Pflanzen sind die aufgeworfenen Fragen jedoch relevant für die CO_2-Bindungskapazität (und letztlich Kohlenstoff-Speicherkapazität) des „Ökosystem Erde" und damit den weiteren Fortgang der Klimaerwärmung.

Hintergrundinformation

Wir müssen uns zunächst bewusst sein, dass eine erhöhte CO_2-Versorgung in C_3-Pflanzen nicht *a priori* eine Düngerwirkung entfaltet, da selbst bei Wegfall der CO_2-Limitierung andere Umweltfaktoren die Photosynthese weiterhin einschränken. Solche Faktoren sind z. B. die Klimaerwärmung, die durch Stimulierung der Respiration Netto-CO_2-Gewinne schmälern kann. Von der Klimaerwärmung verursachte Trockenheit, aber auch Staunässe, wirken sich ebenfalls negativ aus, genauso wie dadurch begünstigte Pflanzenkrankheiten. Und schließlich stellen Luftbelastungen durch anthropogen erhöhte troposphärische Ozonkonzentrationen sowie Emissionen reaktiver Stickstoff- und Schwefelverbindungen weitere Risiken dar.

Nicht zu vergessen ist, dass CO_2 nur dann als Dünger wirken kann, wenn zugleich Licht, Wasser und Nährelemente nicht-limitierend vorherrschen. Wo aber ist dies der Fall? Möglich ist dies in Treibhäusern, wodurch im Gartenbau rasche und üppige Erträge, wenn auch unter erheblichem Energieaufwand, erzielt werden können. Dagegen herrscht in Trockengebieten Licht zwar im Überfluss vor, jedoch ist das Hauptproblem der Wassermangel, der auch die Nährstoffaufnahme einschränkt. In regenreichen Regionen dagegen limitiert am meisten die Bewölkung, und generell sind auf natürlichen Standorten Nährelemente kaum im Überfluss vorhanden. Solche Limitierungen führen zu Abflachungen der CO_2-Abhängigkeitsfunktionen (= CO_2-Bedarfsfunktionen, vergl. Abb. 11) und, infolgedessen, zu sinkendem J_{CO_2}.

Es gilt die wachstumsphysiologische Grundregel:
Wenngleich Photosynthese die Voraussetzung für Wachstum ist, so bestimmt J_{CO_2} nicht das Ausmaß von Wachstum, vielmehr stimuliert ein durch Licht und insbesondere durch Wasser und Nährelemente gefördertes Wachstum das Ausmaß von J_{CO_2}.

Oder kurz: *Nicht die Photosynthese treibt das Wachstum an, sondern das Wachstum die Photosynthese!*

Die Wirkung von erhöhter CO_2-Verfügbarkeit allein als Dünger auf Wachstum und, infolgedessen, auf J_{CO_2} ist unter natürlichen Bedingungen also alles andere als sicher. Diese Einschätzung basiert auch auf Beobachtungen, dass Trockenheit und/oder Nährelementmangel zunächst das Wachstum (im Sinne der Biomasseproduktion) und dann erst J_{CO_2} einschränkt. Umgekehrt stimuliert auch eine Zufuhr dieser Ressourcen J_{CO_2} erst nach dem Wachstum. Die Düngerwirkung von CO_2 auf J_{CO_2} ist zusätzlich zu hinterfragen, da J_{CO_2} im Freiland bei nicht-limitierendem Lichtgenuss im kurvilinearen Abschnitt der CO_2-Bedarfsfunktion operiert, innerhalb dessen c_a im Tagesgang um bis zu $\pm$ 50 ppm variiert, und nicht im Bereich der CO_2-Sättigung (vergl. Abb. 7, 8, 9, 10, 11 und 13). Solche CO_2-Tagesschwankungen kann J_{CO_2} effektiv nutzen, jedoch blieben diese im CO_2-gesättigten Bereich wirkungslos. Ähnliches lässt sich in der bewölkungsreichen gemäßigten Klimazone auch über die Lichtabhängigkeit der Photosynthese folgern, da J_{CO_2} vorwiegend im kurvilinearen Bereich der Abhängigkeitsfunktion operiert und deren Form bei der vorherrschenden Lichtverfügbarkeit Lichtsättigung weitgehend ausschließt.

Entsprechend der vorangegangenen Ausführungen erscheint es fraglich, ob C_3-Pflanzen im Gegensatz zu kurzfristigen CO_2-Fluktuationen Nutzen aus dem langfristigen Anstieg der atmosphärischen CO_2-Konzentration ziehen werden (vergl. Frage 2). Angesichts der vielfältigen Wachstumslimitierungen durch andere Umweltfaktoren sind ein dauerhafter Anstieg von J_{CO_2} und damit eine anhaltende Nutzung des erhöhten c_a eher nicht zu erwarten (entsprechend der wachstumsphysiologischen Grundregel, s. o.). Eine realistische Möglichkeit ist, dass bei erhöhtem c_a das anfänglich stimulierte J_{CO_2} allmählich auf das bei früheren, niedrigeren c_a-Molenbrüchen erreichte Niveau zurückdriftet. In Abb. 14 wollen wir die regulativen Möglichkeiten der Akklimatisierung von J_{CO_2} an den langfristigen Anstieg des c_a-Molenbruchs ausloten.

Wenig wahrscheinlich ist, dass bei potentiellem c_a = 800 ppm sowohl die CO_2-Bedarfsfunktion als auch die CO_2-Versorgungsfunktion unverändert wie bei c_a = 400 ppm bleiben, da zumindest die Stomata bei erhöhtem c_a zur Verengung der Öffnungsweiten tendieren (in Abb. 14 mit „X" durchgestrichene, unterbrochene Versorgungsfunktion; vergl. Abb. 7). Zugleich ist eine Abflachung der CO_2-Bedarfs-

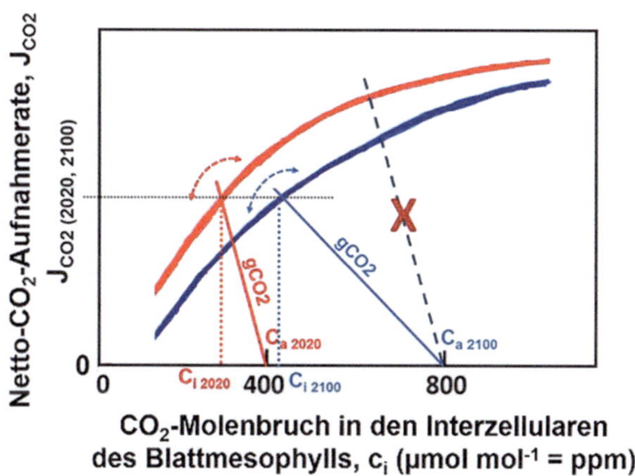

Abb. 14 **Hyperbolische CO_2-Bedarfsfunktionen** (Abhängigkeitsfunktionen des J_{CO_2} vom Molenbruch in den Interzellularen des Blatt-Mesophylls, c_i) **sowie lineare CO_2-Versorgungsfunktionen** in Blättern von C_3-Pflanzen (vergl. Abb. 11) unter gegenwärtigem CO_2-Molenbruch der Atmosphäre ($c_a \sim 400$ ppm im Jahr 2020; rot) und dem für das Jahr 2100 angenommenen $c_a =$ 800 ppm (blau, schematische Darstellung). Die Bedarfsfunktionen spiegeln die photosynthetische Leistungsfähigkeit des Blatt-Mesophylls wider und die Versorgungsfunktionen den stomatären Öffnungsgrad (= Leitfähigkeit) für den CO_2-Einstrom ins Blatt (entsprechend g_{CO_2}). Je steiler die negative Steigung der Versorgungsfunktion, umso größer ist g_{CO_2} (Doppelpfeile deuten Spannweiten der stomatären Regulation an). Unwahrscheinlich sind J_{CO_2}-Niveaus ermöglicht durch die unterbrochen skizzierte Versorgungsfunktion (durchgestrichen mit „X"), da Stomata typischerweise auf erhöhtes c_a mit Verengung der Öffnungsweiten reagieren. (Vergl. Abb. 7; weitere Details im Text; eigene Darstellung)

funktion erwartbar, da auf natürlichen Feldstandorten gleichzeitig nicht-limitierende Licht-, Wasser- und Nährelementverfügbarkeiten eher die Ausnahme als die Regel sind. Damit fehlt die Wachstumsstimulierung als Voraussetzung einer induzierten J_{CO_2}-Steigerung und somit dauerhaft „düngerartigen" Verwertung des erhöhten c_a (s. wachstumsphysiologische Grundregel). Vielmehr ist zu erwarten, dass mit der Abflachung der CO_2-Bedarfsfunktion unter erhöhtem c_a auch eine Verengung der Stomata und damit ein abnehmendes g_{CO_2} einhergeht, woraus eine neue CO_2-Versorgungsfunktion mit deutlich verringerter Steigung resultiert (Abb. 14, durchgezogene blaue Linie). Es ist nicht auszuschließen, dass der sich neu einstellende Schnittpunkt mit der abgeflachten CO_2-Bedarfsfunktion ein J_{CO_2} ergibt, das unter $c_a = 800$ ppm auf ähnlichem Niveau wie ursprünglich bei $c_a = 400$ ppm liegt (Abb. 14, Schnittpunkt der roten Funktionen). Bei ähnlich resultierendem J_{CO_2}, aber $c_a = 800$ ppm, wäre c_i ebenfalls gegenüber dem früheren Niveau bei $c_a = 400$ ppm erhöht. Wie der Vergleich der CO_2-Versorgungsfunktionen zwischen $c_a = 400$ und 800 ppm zeigt, wäre aufgrund der flacheren Steigung bei erhöhtem c_a auch die „water-use efficiency" der Photosynthese erhöht (Abb. 14). Obwohl J_{CO_2} im täglichen Verlauf wohl ähnlich bliebe, wären dennoch die Funktionen für CO_2-Bedarf und CO_2-Versorgung verändert, was gegen eine Bejahung der Frage (1) spricht.

Das Ergebnis der Abb. 14 stellt den Extremfall der Reaktion der Blattphotosynthese von C_3-Pflanzen auf die langfristige Erhöhung der atmosphärischen CO_2-Konzentration dar. Entsprechend dieser Betrachtung würde ein erhöhtes c_a, Frage (2) betreffend, nicht als Dünger wirken. Vielmehr ist Kohlenstoff (in Form von CO_2) ein Substrat, das zwar unverzichtbar für Wachstum ist, sich jedoch nur dann in Biomasse wiederfindet, wenn andere Ressourcen ausreichend zur Verfügung stehen. Abgesehen von Licht und Wasser sind hierzu Makro- und Mikro-Nährelemente als Ressourcen und eigentlicher Dünger gefordert, die es erst erlauben, dass der Kohlenstoff in Biomasse umgesetzt wird. Pflanzen „überladen" sich nicht mit Kohlenstoff, wenn Wachstum aus anderen Gründen limitiert ist, und verhalten sich daher anders als gegenüber luxurierender Versorgung mit Nährelementen. Diese Verhaltensweise scheint eine inhärente Eigenschaft seit den Anfängen der pflanzlichen Evolution zu sein, obwohl c_a während der frühen Erdgeschichte um ein Vielfaches höher war als heute und auch als es für die anthropogen beeinflusste Zukunft zu erwarten ist. So gesehen wäre also Frage (2) zu verneinen. Was spricht für diese Folgerung?

Der ultimative Test für diese Folgerung ist der Vergleich auf globaler Ebene mit der Reaktion des „Ökosystem Erde" auf den steten Anstieg der atmosphärischen CO_2-Konzentration seit dem 19. Jahrhundert. Wir müssen uns jedoch bewusst sein, dass Photosyntheseleistung auf Blattebene und Wachstum (im Sinne von Kohlenspeicherung in Biomasse) auf Baum- und Ökosystemebene nicht zwangsläufig linear korrelieren (was noch weniger hinsichtlich der globalen Ebene zu erwarten ist), da gleichzeitig Kohlenstoffgewinne für Atmungsprozesse (z. B. Wachstumsatmung) verbraucht werden. Hätte aber tatsächlich die anthropogen erhöhte CO_2-Verfügbarkeit *per se* wie eine Düngung gewirkt, dann sollte es zu einer „Explosion" der globalen Biomasseakkumulation gekommen sein, und dies vor allem während des rasanten atmosphärischen CO_2-Anstiegs der letzten Jahrzehnte. In einem solchen Fall wäre auch eine deutliche Pufferung des Anstiegs der atmosphärischen CO_2-Konzentration durch die globale Photosyntheseleistung zu erwarten gewesen, mehr als bisher feststellbar. Beide Entwicklungen sind jedoch nicht eingetreten, was die obige Beurteilung der Frage (2) stützt.

Trotzdem ist der dämpfende Einfluss der globalen Photosyntheseleistung auf den atmosphärischen CO_2-Anstieg nicht zu leugnen. Es sind vor allem die Wald-Ökosysteme, die mit ihrer Kohlenstoffspeicherung den CO_2-Anstieg dämpfen, wofür entscheidend die Stammbildung der Bäume verantwortlich ist. Diese Dämpfung ist sogar noch steigerbar, wenn durch nachhaltige Forstwirtschaft und Holznutzung Kohlenstoff langfristig seinem globalen Kreislauf entzogen wird, bevor durch Verbrennung oder biologischen Abbau CO_2 schließlich wieder in die Atmosphäre entweicht. Dennoch können die Wälder als Teil des „Ökosystem Erde" den CO_2-Anstieg in der Atmosphäre und somit die Klimaerwärmung nur verlangsamen, die drohende globale Klimakatastrophe aber nicht abwenden. Die fortschreitende Klimaerwärmung kann nur zusätzlich durch massive Reduktion der globalen CO_2-Emissionen (aus der Verbrennung fossiler Energieträger und großflächiger Waldzerstörung) in einem Maße kontrolliert werden, das dem Fortbestand von Zivilisation und Menschheit eine Chance lässt. Entsprechend ausreichende Maßnahmen sind bislang auf globaler Ebene leider nicht erkennbar.

Hintergrundinformation

Richten wir abschließend den Blick aber nochmals auf die Photosyntheseleistung der globalen, von C_3-Pflanzen beherrschten Vegetation mit ihrer Kohlenstoffspeicherung in den Waldökosystemen. Wie groß ist der globale jährliche Netto-Zugewinn an gespeichertem Kohlenstoff? Zur Einschätzung der Signifikanz müssen wir die Relation zum jährlich anthropogen in die Atmosphäre als CO_2 emittierten Kohlenstoff herstellen. Die gesamte Kohlenstoffemission beläuft sich auf 10,5 Gt · a^{-1}, wovon 1,5 Gt · a^{-1} der Waldzerstörung (Brandrodung, Landnutzungsänderung) hauptsächlich in den Tropen, und 9 Gt · a^{-1} der Verbrennung fossiler Energieträger (Kohle, Erdgas, Erdöl) in Industrie, Wärmeerzeugung und Verkehr zuzurechnen sind (jene 0,1 Gt · a^{-1} vulkanischer Emission sind von untergeordneter Bedeutung). Von den 10,5 Gt · a^{-1} gelangen 4,5 Gt · a^{-1} in die Atmosphäre, erhöhen derzeit deren CO_2-Konzentration um jährlich 0,5 % und stellen jenen Anteil der anthropogenen CO_2-Freisetzung dar, der die Aufnahmekapazität des „Ökosystem Erde" überschreitet. Die übrigen 6 Gt · a^{-1} werden von abiotischen und biotischen Senken absorbiert: 2,5 Gt · a^{-1} im Wesentlichen abiotisch von den Ozeanen und 3 Gt · a^{-1} photosynthetisch von der terrestrischen Vegetation mit ihren Waldökosystemen. Die biotische Komponente bindet immerhin 29 % der anthropogenen CO_2-Emission. Jene vulkanisch emittierten 0,1 Gt · a^{-1} werden durch C-Sedimentation in den Ozeanböden kompensiert, während 0,4 Gt · a^{-1} in ihrem Verbleib ungeklärt sind.

Der jährliche Verbleib von 3 Gt · a^{-1} in der globalen Vegetation zeigt an, dass parallel zum atmosphärischen CO_2-Anstieg durchaus Netto-Zugewinne an C-Akkumulation, hauptsächlich in den Wäldern, möglich sind. Die Ursachen hierfür sind ungewiss, jedoch können verlängerte Vegetationsperioden infolge der Klimaerwärmung und auch Stickstoffeinträge aus der Verbrennung der fossilen Energieträger, aber auch aus dem erheblichen Düngereinsatz intensiver Landwirtschaft, eine förderliche Rolle spielen (Hannah 2014). Das Ausmaß der globalen C-Akkumulation ist jedoch labil und durch zunehmend andauernde und jährlich sich wiederholende Trockenperioden sowie die Zerstörung vor allem des tropischen Regenwaldes bedroht (Matyssek et al. 2017). Zudem kann die fortschreitende Klimaerwärmung durch die Stimulierung pflanzlicher Atmungsprozesse den Netto-Kohlenstoffgewinn schmälern. Die derzeitigen Zugewinne der C-Akkumulation sind teilweise auch vorübergehender Natur, da während der letzten Jahrzehnte verbreitet Aufforstungen initiiert wurden, jedoch Wälder nur in ihrer Aufwuchsphase mehr CO_2 binden als freisetzen. Dieser die C-Absorption begünstigende Effekt wird allerdings mit dem Erreichen des Reifestadiums der Aufforstungen abklingen.

Die oben ausgeführte Tatsache, dass die globale Vegetation parallel zur steigenden CO_2-Konzentration der Atmosphäre jährliche Zugewinne der C-Akkumulation verzeichnet, erfordert nochmals einen kritischen Blick auf die Simulation der Abb. 14. Die Aussage der Abbildung stellt den Extremfall einer völligen Unempfindlichkeit der Photosynthese auf das langfristig erhöhte CO_2-Angebot dar. Solange dieser Grenzfall, aus welchen Gründen auch immer, nicht eintritt, ist zu erwarten, dass die derzeitige „rote" CO_2-Bedarfsfunktion sich nicht völlig der möglichen „blauen" annähert. Zugleich oder alternativ könnte die „blaue" CO_2-Versorgungsfunktion etwas steiler bleiben als in Abb. 14 vermutet, sofern die Stomata sich unter dem erhöhten c_a weniger stark verengen. Insofern wären der in der Abbildung gezeigte Grenzfall und damit unsere Bewertung der Frage (2) relativiert.

Festzuhalten bleibt allerdings, dass (i) der in Abb. 14 ausgelotete Spielraum der Photosynthese zur Nutzung des steigenden CO_2-Angebots begrenzt ist. Und (ii), dass die photosynthetische Reaktion auf das langfristig steigende CO_2-Angebot sich grundlegend in ihrer physiologischen Regulation von der Reaktion auf kurzfristige Schwankungen der CO_2-Konzentration in der Umgebungsluft unterscheidet (wie in Abb. 7 und 8 gezeigt).

2 Gaswechsel anderer pflanzlicher Organe

2.1 Früchte

Früchte sind natürlicherweise ausgeprägte Assimilatsenken. Je mehr Früchte beispielsweise ein Obstbaum trägt, desto mehr Blätter benötigt dieser, um den gesamten Assimilat- oder Kohlenstoffbedarf (engl. „carbon demand“) zu decken. Allerdings ist die Anzahl der Blätter durch eine Vielzahl bauminterner und externer Faktoren der Umwelt begrenzt. Auf einen möglichen Versorgungsengpass reagieren die Bäume frühzeitig mit einem Blüten- bzw. Fruchtwurf. So wird ein Gleichgewicht zwischen Kohlenstoffbereitstellung und -nutzung und damit die Entwicklung der „Verbreitungsorgane“, also der Früchte, garantiert (Penzel et al. 2020).

Hintergrundinformation
Für den Erwerbsobstbau ist es nicht nur wichtig, eine große Menge an Früchten zu produzieren, diese müssen auch von gleichmäßig hoher Qualität sein. Daher wurde schon seit Jahrhunderten der Fruchtbehang der Bäume zusätzlich aktiv von den Anbauern beeinflusst. Während sich die Produzenten früher auf ihre Erfahrung verlassen mussten, setzt man in der modernen Obstproduktion zunehmend auf sensorgestützte, modellbasierte Kontroll- und Regulationstechniken. Schon seit langem werden daher jeweils aktuell verfügbare Methoden (z. B. ursprünglich Warburgapparatur oder $^{14}CO_2$-Augnahme, seit etwa 1967 v. a. Gaswechselmessung; vgl. ▶ Kap. 11, „Methoden der Gaswechselmessung – historische und aktuelle“) genutzt, um den tatsächlichen Assimilatbedarf der Früchte objektiv zu erfassen (Blanke und Lenz 1989).

In Untersuchungen zeigte sich schnell, dass junge, grüne Früchte nicht nur die mitochondriale Atmung für ihren Aufbaustoffwechsel nutzen, sondern auch sehr effizient Photosynthese betreiben. Dies wurde klar, als man zeigen konnte, dass die bei Dunkelheit gemessene CO_2-Abgabe, d. h. die Respirationsrate (R_D) höher war als die im Licht (R_L). Dieser Rückgang verstärkt sich mit einer Erhöhung der *PPFD* und kann durch Applikation des Photosynthesehemmstoffs DCMU (3-(3,4-Dichlorphenyl)-1,1-dimethylharnstoff, vgl. ▶ Kap. 14, „Chlorophyllfluoreszenzanalyse“) unterbunden werden. Bis auf manche Hülsenfrüchte (z. B. Erbsen) in einem frühen Entwicklungsstadium, führt die Photosynthese allerdings bei den allermeisten Früchten nicht zu einer Netto CO_2-Aufnahme. Daher wird die Fruchtphotosynthese oft als die Differenz zwischen R_D und R_L definiert und auch so gemessen (Abb. 15; Blanke und Lenz 1989; Penzel et al. 2020).

In fleischigen Früchten ist die Photosynthese auf die äußeren Gewebeschichten beschränkt, da nur deren Zellen ausreichend mit Licht versorgt werden. Wie in Abb. 15 am Beispiel von Pfirsichen gezeigt, ist die Photosyntheseleistung auch bei diesen Früchten direkt von der aufgenommenen Photonenmenge abhängig. Ebenso wenig wie die Lichtabhängigkeit unterscheidet sich die Temperaturabhängigkeit der Fruchtphotosynthese von jener der Blätter (Pavel und DeJong 1993). Allerdings kann die ausgeprägte Zunahme der Respiration mit steigender Temperatur die exakte Analyse des Photosyntheseanteils am gesamten CO_2-Gaswechsel durchaus erschweren (Blanke und Lenz 1989).

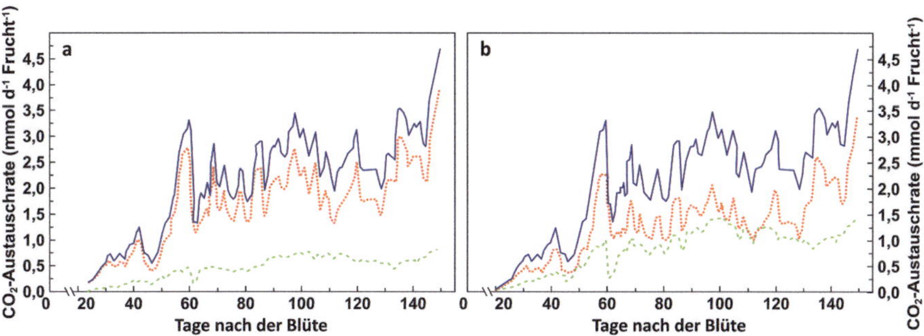

Abb. 15 **Tagesmittel der CO_2-Austauschraten von ‚Cal Red' Pfirsichfrüchten** (*Prunus persica* L.) im Verlauf der Fruchtentwicklung (gegeben in Tage nach der Blüte). Die Raten der Fruchtphotosynthese (grüne gestrichelte Linie) wurden aus denen der Dunkelatmung (R_D, blaue Linie) und der Atmung im Licht (R_L, gelbe gestrichelte Linie) berechnet. R_L wurde (**a**) bei 7 % bzw. (**b**) bei 35 % der PPFD bestimmt. (Verändert nach Pavel und DeJong 1993)

Auf die ganze Frucht bezogen, nimmt die Photosynthese mit der Fruchtentwicklung bis zu einem mehr oder weniger konstanten Wert zu (Abb. 15). Nutzt man dagegen die Frisch- oder die Trockenmasse der Früchte als Basis, dann verringert sich die Photosyntheserate (Pavel und DeJong 1993), wie auch die Atmungsrate (Abb. 16a) bzw. der gesamte CO_2-Austausch. Mit dem Wachstum nimmt die Fruchtoberfläche und damit die Diffusionsfläche stetig bis zur Maximalgröße zu. Die erhöhte Fruchtmasse dagegen wird zunehmend von weiter innen in der Frucht liegenden, nicht photosynthetisch aktiven Zellen bedingt. Damit steigt der relative Anteil dieser Zellen und folglich auch Respiration bzw. CO_2-Freisetztung. Mit der vollständigen Reife und dem dadurch bedingten Chlorophyllabbau verringert sich die Photosyntheseaktivität dagegen entsprechend und geht schließlich ganz auf Null zurück.

Speziell in den sich ausdifferenzierenden jungen Früchten ist die Photosynthese damit wichtig, um den respiratorischen Kohlenstoffverlust zu minimieren. Zu einem zusätzlichen Netto-Assimilatgewinn kann sie allerdings je nach Entwicklungsstadium der Früchte nur etwa 3–15 % beitragen (Pavel und DeJong 1993). Zur Abschätzung des potenziellen Kohlenstoffbedarfs bzw. der Assimilatversorgung als wichtiger Faktor von Fruchtwachstum und als Indikator der Fruchtqualität wird daher oft die Erfassung der Atmungsraten als ausreichend angesehen (Penzel et al. 2020). Die damit erhaltenen Informationen (Abb. 16a) können im Präzisionsobstbau genutzt werden, um den Kohlenstoff- bzw. Assimilatbedarf der Früchte zu modellieren (Abb. 16b). Diese Kenntnis wiederum ist wichtig für ein präzises Management von Gesamtblattfläche und Fruchtbehang der Bäume als Voraussetzung einer effektiven Ertragsoptimierung.

2.2 Koniferenzapfen

Das folgende Beispiel behandelt den Zapfengaswechsel einer Hybridlärche (*Larix x eurolepis*; Kreuzung aus europäischer und japanischer Lärche, *L. decidua* x

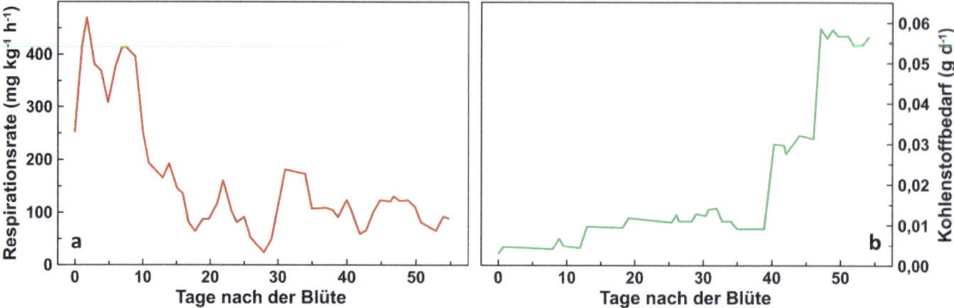

Abb. 16 (**a**) **Mittlere frischmassenbezogene Fruchtatmungsraten von ‚Regina' Kirschen** (*Prunus avium* L.) im Verlauf der Fruchtentwicklung (gegeben als Tage nach der Blüte). (**b**) Unter Nutzung der Werte in (**a**) wurde der jeweilige mittlere Kohlenstoffbedarf der Früchte modelliert. (Verändert nach Penzel et al. 2020)

L. kaempferi). Der Gasaustausch wurde in der thermo-elektrisch klimatisierten Küvette einer Gaswechselmessanlage an jenen drei Zapfen gemeinsam verfolgt, die in Abb. 10b des ▶ Kap. 2, „Qualitäten, Quantitäten und Gesetzmäßigkeiten der Strahlung" bereits in anderem Zusammenhang gezeigt wurden. Erkennbar ist das mittlere Stadium der Zapfenreife mit den während der Embryonalentwicklung geschlossenen und noch grünlichen Deck-Samenschuppenkomplexen.

Hintergrundinformation

Koniferenzapfen sind keine Früchte, gleichwohl dienen sie der Reproduktion und Samenverbreitung. Um von Früchten reden zu können, müssten die Samenanlagen der Koniferen im Innern von Fruchtblättern eingeschlossen sein, wie dies in den „bedecktsamigen" *Angiospermen* der Fall ist. In den Koniferenzapfen befinden sich die Samenanlagen jedoch frei exponiert auf Samenschuppen, die Fruchtblättern entsprechen. Koniferen sind daher „nacktsamig" (= *gymnosperm*). Die einzelnen Samenschuppen sitzen jeweils in den Achseln steriler Deckschuppen („Tragblättern" entsprechend) und verwachsen mit letzteren zu „Deck-Samenschuppenkomplexen". Diese bilden die eigentlichen weiblichen Einzelblüten, womit Koniferenzapfen Blütenstände sind. Zum Zeitpunkt der Bestäubung sind die Deck-Samenschuppenkomplexe voneinander abgespreizt, sodass der aus zapfenähnlichen männlichen Einzelblüten stammende, windübertragene Pollen die Samenanlagen erreichen kann. Sodann schließen sich die Spalten, bis die Deck-Samenschuppenkomplexe eng aneinander zu liegen kommen. Somit sind die Samenanlagen während der Befruchtung und Embryonalentwicklung von der Außenwelt abgeschirmt. Mit Ende der Embryonalentwicklung und erreichter Samenreife weichen die Deck-Samenschuppenkomplexe wieder auseinander und erlauben die wiederum windunterstützte Samenverbreitung. In den Gattungen *Abies, Cedrus* und *Pseudolarix* zerfallen hierbei die Zapfen noch am Baum in ihre einzelnen Deck-Samenschuppenkomplexe.

Wie in Abb. 10b des (▶ Kap. 2, „Qualitäten, Quantitäten und Gesetzmäßigkeiten der Strahlung") erkennbar, wurde der Zapfengaswechsel zunächst unter dem natürlichen Licht eines bedeckten Julitages verfolgt (Abb. 17a). Abb. 11b im ▶ Kap. 11, „Methoden der Gaswechselmessung – historische und aktuelle" zeigt eine stationäre Gaswechselmessküvette im hierfür gewählten, sogenannten Nachlaufmodus. Unabhängig von der Tages- und Nachtzeit herrschte jedoch eine Netto-Atmungsrate vor (Abb. 17b), obwohl das Chlorophyll in den Zapfenschuppen noch die Voraussetzung

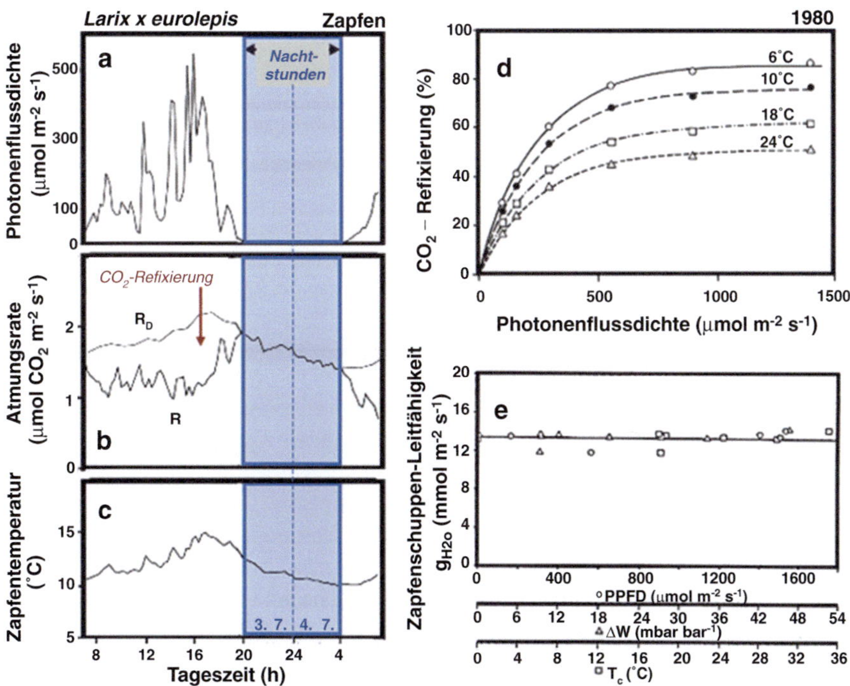

Abb. 17 Gaswechsel von Lärchenzapfen (*Larix* x *eurolepis*) während der Embryonalentwicklung im Verlauf von zwei Julitagen; Tagesgänge (**a**) der *PPFD*, (**b**) der Respirationsrate bei Tageslicht (*R*) und in Dunkelheit (R_D, gemessen während der Nachtstunden, aber für Lichtstunden interpoliert, entsprechend der Hintergrundinformation) und (**c**) der Zapfentemperatur (T_c, gemessen mit Thermoelement zwischen Zapfenschuppen). Unter sonnenähnlichem Kunstlicht ermittelt wurde (**d**), die proportionale Abhängigkeit der R_D-Minderung (dem Anteil der CO_2-Refixierung entsprechend) von *PPFD* und der Zapfentemperatur, sowie (**e**), die Abhängigkeit der Zapfenleitfähigkeit für Wasserdampf (g_{H_2O}) von *PPFD*, Δw (Luft-Zapfen-Molenbruchdifferenz von Wasserdampf) und der Zapfentemperatur T_c. (Adaptiert von Matyssek und Benecke 2005)

für Photosynthese andeutete. Insofern war auffällig, dass bei gleicher Zapfentemperatur die Atmungsrate während der Lichtstunden, *R*, niedriger war als nachts (R_D, $_D$ = *dunkel*; Abb. 17b, c). Der Unterschied zwischen *R* und R_D deutet photosynthetische Aktivität während der Lichtstunden an. Diese Aktivität wird als CO_2-Refixierung bezeichnet (Abb. 17b) und entspricht den Beobachtungen bei reifenden Früchten (s. o.). Es wird aus der Respiration freigesetztes CO_2 zumindest zu einem Teil wieder photosynthetisch gebunden (und damit im Zapfen in Assimilatform zurückgehalten), bevor es in die Außenluft entweichen kann.

Die Zapfenphotosynthese entlastet somit innerhalb der Kohlenstoffbilanz des Baumes die Photosynthese der Blätter hinsichtlich des hohen Assimilatbedarfs der energieaufwendigen Embryonalentwicklung. Diese Entlastung durch CO_2-Refixierung entsprach der Minderung der Zapfenrespiration um 22 % unter den Lichtverhältnissen des gezeigten 3. Juli, entsprechend der Fläche zwischen den Verlaufslinien von R und R_D in Abb. 17b.

Hintergrundinformation

Die CO_2-Refixierung in Abb. 17b wurde ermittelt, wie folgt: Zunächst wurde (i) bei Dunkelheit die Temperaturabhängigkeit der Zapfenrespiration (R_D) durch stufenweise Variation der Lufttemperatur in der Messküvette aufgezeichnet. Die resultierende Zapfentemperatur (T_c, c = *cone*) wurde mit einem zwischen den Zapfenschuppen eingesenkten Thermoelement erfasst, wie in ▶ Kap. 2, „Qualitäten, Quantitäten und Gesetzmäßigkeiten der Strahlung", Abb. 10b, ersichtlich. Es ergab sich eine für R_D typische Exponentialfunktion der Temperaturabhängigkeit. Sodann wurden (ii) für die während der Lichtstunden aufgezeichneten Zapfentemperaturen (T_c, Abb. 17c) die zugehörigen R_D-Werte in der Exponentialfunktion interpoliert und mit den in Abb. 17b unter Sonnenlicht gemessenen Respirationsraten (R) in Beziehung gesetzt. Somit wurde die Fläche zwischen den tageszeitlichen Verlaufslinien von R und R_D als Gesamtbetrag der CO_2-Refixierung während des gezeigten Julitages bestimmbar.

Der Prozentanteil der CO_2-Refixierung steigt mit zunehmender Einstrahlung (*PPFD*), allerdings abhängig von der vorherrschenden Zapfentemperatur (ähnlich wie für Früchte in Abschn. 2.1 gezeigt). Verdeutlicht wurde dies durch experimentell vorgegebene Kombinationen von *PPFD*- und Temperaturstufen, bis sich konstante R-Signale jeweils einstellten (Abb. 17d). Hierbei wurde eine Kunstlichtquelle sonnenähnlichen Spektrums über der Gaswechselmessküvette installiert, wie in Abb. 11c des ▶ Kap. 11, „Methoden der Gaswechselmessung – historische und aktuelle" gezeigt. Temperaturunabhängig nimmt die CO_2-Refixierungsrate mit *PPFD*-Erhöhung zu, bis bei ca. 900 $\mu mol \cdot m^{-2} \cdot s^{-1}$ Lichtsättigung erreicht wird (etwa der photosynthetischen Lichtsättigung von Sonnennadeln der Lärche entsprechend). Der Anteil der CO_2-Refixierung im Gasaustausch nimmt mit steigender Zapfentemperatur ab (Abb. 17d). Jedoch selbst bei niedriger Temperatur erreicht die CO_2-Refixierung nicht 100 %, was den photosynthetischen Lichtkompensationspunkt anzeigen würde. Es treten auch keine Werte > 100 % auf, was einer Netto-Zapfenphotosynthese gleichbedeutend wäre.

Hintergrundinformation

Damit wird der grundlegende Unterschied zwischen der Funktion von Zapfen- und Blattphotosynthese deutlich. Während es Aufgabe von Blättern und Nadeln ist, CO_2 aus der Außenluft aufzunehmen und in energiereiche Assimilate umzuwandeln, ist es die Wirkungsweise der Zapfenphotosynthese, einmal in Assimilaten gebundenen Kohlenstoff nicht als respiriertes CO_2 entweichen zu lassen, sondern sofort wieder photosynthetisch festzulegen. Daher besitzen Zapfenschuppen anders als Blattorgane auch keine Stomata mit Reaktionen auf pflanzeninterne und -externe Einflüsse. In Zapfen besteht keine Notwendigkeit, Wasserdampfverluste gegenüber einer CO_2-Aufnahme von außen zu regulieren. Dies wird in Abb. 17e ersichtlich.

Unabhängig von Variationen in *PPFD*, Δw und/oder T_c bleibt die Leitfähigkeit der Zapfen für Wasserdampf (g_{H_2O}) unverändert bei ca. 13 $mmol \cdot mol^{-1} \cdot s^{-1}$ (Abb. 17e). Bei fehlenden Stomata ist g_{H_2O} der Zapfen damit deutlich niedriger als in Sonnennadeln der Lärche (ca. 70 $mmol \cdot mol^{-1} \cdot s^{-1}$, bei $PPFD > 900$ $\mu mol \cdot mol^{-1} \cdot s^{-1}$, $\Delta w = 10$ $mmol \cdot mol^{-1}$ und $T_c = 15$ °C).

2.3 Sprossachsen (Stämme, Äste)

Noch mehr als für Zapfen ist für Sprossachsen (Stämme, Äste) der Wasserdampfefflux quantitativ marginal, da mit Ausnahme junger, noch grüner Zweigabschnitte Stomata in den Achsenoberflächen fehlen. Und auch in den jungen Trieben ist, verglichen mit Blättern, die Stomatadichte der Epidermis deutlich reduziert. Nur aus einigen der Stomata entstehen bei beginnendem, sekundären Dickenwachstum und einsetzender Peridermbildung Lenticellen mit erheblich verlängerten und mit toten Füllzellen verengten Diffusionswegen. Die Periderme und spätere Borkenbildung bilden erhebliche Diffusionsbarrieren für den Gasaustausch. Die Achsentranspiration ist daher vernachlässigbar und auch zu gering, um mit den verfügbaren Gaswechsel-Messverfahren noch verlässlich erfassbar zu sein. Dennoch diffundiert CO_2 in signifikanten Mengen aus den Sprossachsen heraus, und O_2 in die Achsen hinein. Wie ist dies möglich?

Hintergrundinformation
Diffusionswege sind zunächst, neben den Lenticellen, im späteren Verlauf des Achsenwachstums vor allem Risse in der sich bildenden und abschuppenden Borke. Dass im Gegensatz zu Wasserdampf CO_2 und O_2 offensichtlich die hohen Diffusionswiderstände überwinden, liegt an den steilen Diffusionsgradienten der beiden letzteren Gase. Die oberen Enden der Gradienten sind gegeben durch die ca. 21 %-ige Konzentration von O_2 in der Atmosphäre, und durch CO_2-Partialdrücke, die aufgrund der hohen Diffusionswiderstände insbesondere in dicken Stämmen weit über dem Niveau in der Außenluft liegen (mikroskalig mit CO_2-Konzentrationen bis in den Prozentbereich).

Gibt es darüber hinaus Grund zur Annahme, dass die Diffusion von CO_2 und O_2 durch Achsenoberflächen hindurch möglicherweise Netto-Flüsse darstellen? Falls ja, dann müsste auch in Achsen CO_2 photosynthetisch gebunden und O_2 freigesetzt werden. Achsen werden oft pauschal als „nicht-grüne", heterotrophe Organe bezeichnet. Gibt es dennoch Anzeichen einer achseninternen, photosynthetischen Aktivität?

Hintergrundinformation
Anatomische Untersuchungen bestätigen grüne, chloroplastenführende Gewebe unter den äußerlich „nicht-grün" erscheinenden Peridermen und Borken, und selbst in den lebenden Geweben des zentralen Holzkörpers befinden sich vereinzelt Chloroplasten. Diese weisen extreme Schattenadaptierung auf, deutlich ausgeprägter als in Chloroplasten von Schattenblättern, die photosynthetische Nutzung der in den Achsen extrem niedrigen Lichtverfügbarkeit betreffend (in den Parenchymen der Holzkörper nur noch 0,01 bis 0,001 % der außen eingestrahlten *PPFD*). Die Annahme erscheint daher begründet, dass Chloroplasten selbst im Achseninnern auf photosynthetische CO_2-Refixierung hindeuten.

Das erste Beispiel untersucht daher den CO_2-Efflux aus Stammachsen junger Birkenpflanzen (*Betula pendula*) während der Tageslichtstunden und nachts. Transparente, zylindrische Plexiglas-Küvetten umschlossen im Juli und August die unteren Achsenbereiche, die sich aus Stecklingen seit März entwickelt und bereits ein Periderm und sekundäres Dickenwachstum initiiert hatten (Abb. 18a). Die Küvetten waren Teil einer Messvorrichtung, durch welche Außenluft gepresst wurde, bis am Ausgang des Systems mittels IRGA die CO_2-Konzentration ermittelt wurde (Abb. 18b). Die durch die Küvetten geleiteten Gasströme wurden über Magnetventile konsekutiv als Messgas (MG) der IRGA zugeführt, die im Modus der Absolutmessung arbeitete. Daher wurde alternierend auch unbeeinflusste Außenluft als Referenzgas (RG) zur Ermittlung der CO_2-Bezugskonzentration in die IRGA eingespeist. Die CO_2-Konzentrationsdifferenzen zwischen MG und RG (ΔCO_2) wurden per Computer ermittelt. ΔCO_2 multipliziert mit dem auf Massenfluss abgeglichenen Luftstrom durch die Volumenflussmesser und Messküvetten ergab schließlich den CO_2-Efflux aus der Oberfläche der umschlossenen Achsenabschnitte (d. h. die flächenbezogene, diffusive CO_2-Austrittsrate).

In Abb. 18c wurden aus Gaswechsel-Nachlaufmessungen Tage mit Zeitspannen gleicher Stammtemperatur (gemessen mit Pt-100-Sensor, Abb. 18a) unter Sonnenlicht und bei Dunkelheit ausgewählt. Überwiegend war der CO_2-Efflux im Juli nachts etwa doppelt so hoch wie unter Tageslicht (Abb. 18c), d. h. die Differenz ist der photosynthetischen CO_2-Refixierung innerhalb des unteren Stammabschnitts

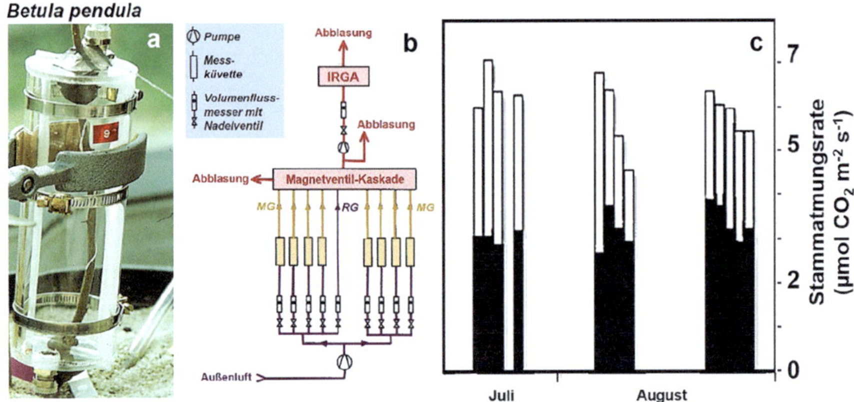

Abb. 18 **CO_2-Efflux aus der Oberfläche unterer Stammabschnitte** aus Stecklingen sich entwickelnder junger Birkenpflanzen (*Betula pendula*). (**a**) Zylindrische Messküvette auf Stammabschnitt mit bereits erfolgter Peridermbildung. Das um die Sprossachse gewundene weiße Kabel ist die Zuführung zu einem an das Periderm angedrückten Pt-100 Thermosensor. (**b**) Pneumatisches Schaltbild zum Prinzip der Messvorrichtung, in der eine eingangs positionierte Pumpe Außenluft durch das System presst. Die Flussraten durch die Volumenflussmesser vor den Messküvetten wurden mit einem zeitweise in den verzweigten Gasweg nach der Pumpe eingesetzten Massenflussmesser abgeglichen. Die kleine Pumpe vor dem Systemausgang entnahm ein Aliquot des jeweils mit zeitgesteuerten Magnetventilen freigeschalteten Gaswegs (alternierend MG oder RG, rot markierter Gasweg) für die CO_2-IRGA. Die Querempfindlichkeit gegenüber Wasserdampf wurde durch entsprechende Lichtfilterung eliminiert (Details s. Text). (**c**) Anteil der photosynthetischen CO_2-Refixierung bei Tageslicht (weiße Balkenanschnitte) bezogen auf den nächtlichen CO_2-Efflux (gesamte Balkenlänge) während Tagen mit Zeitspannen gleicher Achsentemperatur nachts und tagsüber. (Adaptiert von Matyssek et al. 2002; Foto Matyssek)

zuzuschreiben. Bei abnehmender Einstrahlung Ende August belief sich die CO_2-Refixierung immer noch auf ca. 30 % des nächtlichen CO_2-Efflux. Die Überprüfung ergab ein chloroplastenführendes Parenchym unter dem Periderm.

Bislang haben wir den CO_2-Austritt aus Sprossachsen als „Efflux“ bezeichnet anstelle von „Atmungsrate“ zu sprechen. Warum diese Differenzierung? Bereits die CO_2-Refixierung hat bei Einstrahlung erkennen lassen, dass der diffusive CO_2-Austritt nur einen Teil der tatsächlichen Atmungsrate darstellt. Es gibt aber auch noch weitere Aspekte, welche die Atmungsraten von Sprossachsen verzerren können, da das in die Messküvetten diffundierende CO_2 auch aus anderen Quellen als der lokalen Achsenrespiration stammen kann (Teskey et al. 2008).

Hintergrundinformation

Eine solche „Kontaminationsquelle“ ist das Xylemwasser, aus dem CO_2 austreten kann, welches zuvor als Gas mit hoher Wasserlöslichkeit (s. ► Kap. 5, „Atmosphäre und ihre Gase – Messung in Luft und Wasser“) möglicherweise aus der Wurzel- und/oder Bodenatmung aufgenommen und absorbiert wurde. Ebenso kann auch CO_2 der Achsenatmung sich im Xylemwasser lösen und abtransportiert werden, ohne aus der Achsenoberfläche in die Außenluft zu diffundieren. Zudem ist die CO_2-Löslichkeit in Wasser temperaturabhängig (s. ► Kap. 5, „Atmosphäre und ihre Gase – Messung in Luft und Wasser“), und es besteht auch ein Einfluss durch die Fließgeschwindigkeit des Xylemwassers auf die CO_2-Verfrachtung. Mehr als hohe Transportraten verlängern niedrige die Verweildauer und erleichtern damit die Sättigung des Xylemwassers in den Achsen mit respiriertem CO_2, wobei gleichzeitig die CO_2-Kontamination aus dem Wurzel-/Bodenbereich sowie der Entzug von respiriertem CO_2 aus den Achsen via Xylemtransport reduziert sind. Somit ist auch die CO_2-Diffusion aus der Achsenatmung in die Außenluft wenig beeinflusst. Tatsächlich wurden signifikante Kontaminationen vor allem in (meistens ringporigen) Bäumen mit hohen Xylemflussraten beobachtet (Teskey et al. 2008). Somit sollten Verfälschungen der Achsenatmungsraten in Koniferen mit den niedrigsten Xylemflussraten unter den Holzpflanzen am wenigsten ausgeprägt sein.

Das zweite hier demonstrierte Beispiel behandelt den CO_2-Efflux aus dem Stamm einer ca. 20 m hohen Hybridlärche (*Larix* x *eurolepis*; Messposition in 1,80 m Höhe, Stammdurchmesser ca. 25 cm). Gleichzeitig wurde der CO_2-Efflux aus einer 2 cm dicken Astachse in 13 m Höhe erfasst (Abb. 19a). Wir werden abschließend bewerten, inwieweit der gemessene CO_2-Efflux Respirationsraten entsprach. Im Vorgriff wollen wir aber im Folgenden bereits von Respirationsraten ausgehen.

Da die Messungen der Ermittlung einer Kohlenstoffbilanz des gesamten Baumes dienten, wurde die Messküvette am Stamm mit Aluminiumfolie abgedunkelt (Abb. 19b, Foto), um potenzielle Beeinflussungen durch photosynthetisch aktive, die Borke besiedelnde Luftalgen auszuschließen. Zudem war eine messbare, wenn überhaupt in diesem Stammabschnitt erwartbare CO_2-Refixierung, auszuschließen (s. o.). Aufgrund des starken Durchmessers wurde eine schalenartige Messküvette gewählt, die einen Teil des Stammumfangs bedeckte. Für die Interpretation der Messignale wurde am Stamm unterhalb der Küvette ein mechanisches Metall-Dendrometer zur Erfassung der Dickenzuwachsrate montiert (Abb. 19b, Foto). Die zylindrische Messküvette umschloss den Ast (ähnlich wie in Abb. 18a), war aber ebenfalls intransparent. Im Innern beider Küvetten wurden Pt-100 Thermosensoren in das Achsenkambium zur Temperaturmessung eingesenkt. Das eingesetzte Gas-

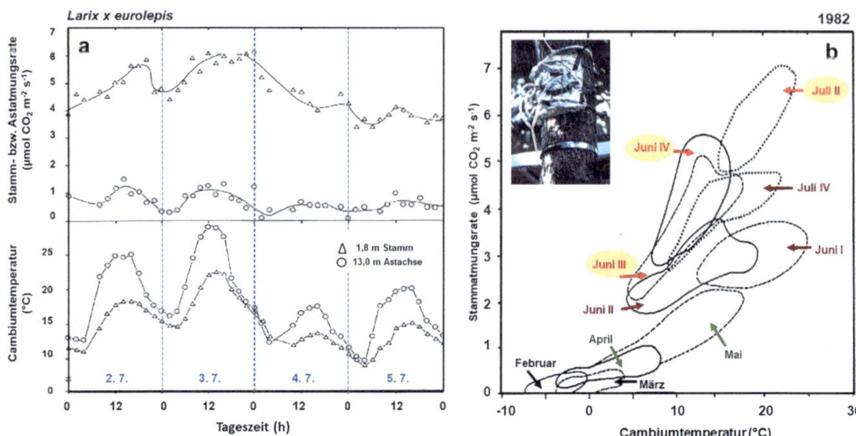

Abb. 19 CO_2-Efflux, interpretiert als Atmungsrate (s. Text), aus dem Stamm und einer Astachse (in 1,8 bzw. 13 m über Grund) zusammen mit deren Kambiumtemperatur in einer 20 m hohen und 33 Jahre alten Hybridlärche (*Larix* x *eurolepis*); Durchmesser von Stamm und Achse 25 cm bzw. 2 cm. (**a**) Exemplarische zeitliche Verläufe während vier Julitagen (adaptiert von Matyssek und Schulze 1988). (**b**) Abhängigkeit der Stammatmungsrate von der Kambiumtemperatur von Februar bis Juli; römische Ziffern geben Woche innerhalb der Monate Juni und Juli an, ellipsoide Flächen beinhalten gesamte monatliche, in 10-minütigen Intervallen aufgezeichnete Datensätze. Februar/März (schwarz) repräsentieren den winterlichen Ruhezustand, April/Mai (grün) Austrieb und Wachstum der Nadeln, Juni I/II und Juli IV (dunkelrot) das beginnende bzw. abklingende sekundäre Dickenwachstum des Stammes, Juni III/IV bis Juli II (hellrot) den Zeitraum maximalen sekundären Dickenwachstums (> 90 % der Ende Juni erreichten Zuwachsrate der Querschnittfläche von 28 mm^2 pro Tag). Foto in **b**: verwendete Gaswechselmessküvette am Stamm (Details s. Text), darunter mechanisches Metall-Dendrometer zur Erfassung der Dickenzuwachsrate des Stammes. (Daten und Foto in **b** Matyssek)

wechselmesssystem entsprach dem in Abb. 18b gezeigten Prinzip, allerdings mit zwei Unterschieden: (i) Die Außenluft wurde nicht in das System gepresst, sondern durch dieses gesaugt, und (ii), der Gaseinstrom in die CO_2-IRGA wurde mit einer sog. „Kältefalle", d. h. einem elektrischen Wasserdampfabscheider, getrocknet.

Hintergrundinformation

Grundsätzlich ist es unerheblich, ob Luft durch Gaswechsel-Messysteme gepresst oder gesaugt wird, solange ausgeprägte Über- bzw. Unterdrücke in den Systemen vermieden werden. Bei der Hybridlärche bestand die Herausforderung jedoch darin, die verwendeten Messküvetten auf der Stamm- und Astborke abzudichten. Selbst wenn die Küvettenränder in die Borke eingesenkt werden, so ist diese porös, was eine hermetische Abdichtung verhindert. Eine Einsenkung der Küvettenränder bis ins Stammkambium ist jedoch mit Verletzung verbunden, was zu vermeiden ist. Sofern die Undichtigkeit minimiert werden kann, ist es gleichgültig, ob die Außenluft nur über den vorgesehenen Ansaugschlauch in die Küvette einfließt oder zusätzlich auch über feine Poren. Solange der Luftstrom durch die Poren erheblich niedriger bleibt als durch den Schlauch und keine nicht-durchströmten Totvolumina in den Küvetten entstehen, bleiben die Messignale unverfälscht. Zudem bleibt unter solchen Bedingungen der Einstrom über den Schlauch dominant, da hier der Fließwiderstand, anders als in den Poren, sehr gering ist.

Auch in einem System wie in Abb. 18b, in welchem Luft durch die Küvetten gepresst wird, bleiben geringe Undichtigkeiten folgenlos, da es unwesentlich ist, ob Messgas über kleine Poren in der Küvettenabdichtung oder die vorgesehenen Abblasungen entlassen wird. Auch hier erfolgt der Großteil des Gasaustritts über den Weg des geringsten Fließwiderstandes, also über die Schläuche.

Weiterentwicklungen der hier vorgestellten Messysteme für den Gasaustausch von Stamm- und Astachsen, insbesondere geeignet für die Analyse stabiler Isotope in den Gasströmen (s. ▶ Kap. 15, „Analyse stabiler Isotope"), wurden z. B. publiziert von Kuptz et al. (2011) und Grams et al. (2011).

Der CO_2-Efflux aus der unteren Stammposition und aus der Astachse, in der Konifere Lärche mit Atmungsraten gleichgesetzt (s. u.), verläuft annähernd parallel in den Tagesgängen zu jenen der betreffenden Kambiumtemperatur (Abb. 19a). Diese war in der Baumkrone, vor allem während der Lichtstunden, höher als an der Stammbasis unter dem geschlossenen Bestandskronendach. Die relativ zu den mittäglichen Einstrahlungsmaxima in beiden Messpositionen zum frühen Nachmittag hin verzögerten Maxima der Kambiumtemperatur und Atmungsrate wurden nicht nur durch die träge Lufterwärmung bedingt, sondern auch durch die geringe Wärmeleitfähigkeit in den Sprossachsen. Die höheren Stammatmungsraten waren durch das größere Volumen hinter der aufgesetzten Messküvette verursacht im Vergleich zum vollständig eingeschlossenen Astachsenvolumen, obwohl im Kronenraum die Kambiumtemperatur höher war als im unteren Stammbereich. In beiden Messpositionen waren die täglichen Maxima der Atmungsraten höher während der sonnig-warmen Witterung des 2. und 3. Juli als unter den bedeckt-kühlen Bedingungen am 4. und 5. Juli.

Die Abhängigkeit der Stammatmungsrate von der Kambiumtemperatur spiegelte von Februar bis in die erste Juniwoche hinein den für respiratorische Prozesse typischen exponentiellen Verlauf wider (Abb. 19b). Die Steigung dieser Exponentialfunktion wurde jedoch mit der zweiten Juniwoche abrupt steiler, mit dem Einsetzen des sekundären Stammdickenwachstums, obwohl die Kambiumtemperatur im Vergleich zur ersten Juniwoche abnahm. Diese Steigungsänderung manifestierte sich noch mehr während der dritten und vierten Juniwoche bei weiterhin unveränderten Temperaturbedingungen, jedoch durchschritt nun die Dickenzuwachsrate ihr Maximum bis in die zweite Juliwoche hinein (s. u.). Die Steigung begann erst in der vierten Juliwoche mit abklingendem Dickenwachstum allmählich wieder abzuflachen.

Hintergrundinformation

Wie erklärt sich funktionell die Steigerung der Stammatmungsrate (R_d) durch das sekundäre Dickenwachstum? Konzeptionell kann man sich R_d aus mindestens zwei Komponenten bestehend vorstellen: Die eine beschreibt die „Grundatmung" (R_m, m = *maintenance*), und die andere den mit der neuen Biomassesynthese zusätzlich verbundenen Atmungsaufwand (R_g, g = *growth*). Funktion von R_m ist die Erhaltung der bereits vorhandenen, lebenden Biomasse hauptsächlich durch Reparatur- und Erneuerungsprozesse. Daher wird R_m auch Unterhaltsatmungrate genannt. R_m stellt die temperaturabhängige Komponente dar. R_g verkörpert dagegen jenen Energieaufwand, der unmittelbar mit der Menge an neu synthetisierter (Holz-)Biomasse korreliert und von einer Freisetzung entsprechend respirierten CO_2 begleitet wird. Für jede gebildete Biomasseeinheit steht quantitativ also eine freigesetzte CO_2-Menge, wobei die Temperatur nur auf die Geschwindigkeit der Biomassebildung Einfluss nimmt. Wir können somit formulieren:

$$R_d = R_m + R_g \quad \text{und} \quad R_g = f(\mathit{Wachstumsrate}),$$

da R_g selbst eine Rate darstellt. Die *Wachstumsrate* wird hierfür als *„relative Wachstumsrate“* (*RGR*) ausgedrückt, wobei gilt:

$$RGR = \mathrm{d}DM/(DM \cdot \mathrm{d}t),$$

mit *DM* als *„dry mass“* und d*DM*/d*t* als Zuwachs an Trockenmasse pro Zeiteinheit (*DM* stellt die in der Mitte des Beobachtungsintervalls d*t* existierende Trockenmasse dar). Die erzielte Standardisierung erlaubt Vergleiche von Zuwachsaktivitäten zwischen Pflanzen unterschiedlicher Größe. Wir können damit schreiben:

$$R_g = \mathrm{c} \cdot RGR.$$

c stellt den Wachstumskoeffizienten dar, der für die stofflichen Eigenschaften des gebildeten Zuwachses spezifisch ist. Anstelle des Trockengewichtsbezugs kann *RGR* zum Beispiel auch flächenbezogen formuliert werden, was sich für die verletzungsfreie Erfassung des Querschnittflächenzuwachses zeitgleich zur Atmung mit mechanischen oder elektronischen Dendrometern anbietet (s. Foto in Abb. 19b). Wir betrachten im folgenden daher

$$RGR = \mathrm{d}A/(A \cdot \mathrm{d}t),$$

mit *A* als Stammquerschnittfläche an der Messposition. Auf der Basis dieser Vorüberlegungen können wir somit R_d mathematisch aufschlüsseln:

$$R_d = R_m + \mathrm{c} \cdot RGR.$$

Wir erhalten eine lineare Funktion mit R_d als abhängige Variable von *RGR*, mit der Steigung c und mit dem Ordinatenschnittpunkt R_m. Lässt sich diese Funktion auf die Messungen der Abb. 19a und b anwenden? Hierzu wurde der aus den Dendrometerablesungen ermittelte, relative tägliche Querschnittflächenzuwachs (*RGR*) mit R_d bei Kambiumtemperaturen von 10 °C verglichen (Abb. 20). Man erkennt den linearen Zusammenhang zwischen *RGR* und R_d, mit R_m als Ordinatenschnittpunkt. R_g entspricht damit dem Abstand zwischen R_m und der linearen Funktion mit der Steigung c. R_m repräsentiert R_d bei 10 °C im Mai. Allerdings muss die Frage offenbleiben, inwieweit die Aktivität der Unterhaltsatmung über den in Abb. 20 dargestellten Beobachtungszeitraum bis in die zweite Juliwoche hinein tatsächlich unverändert bleibt.

Das in Abb. 20 vorgestellte Konzept nach Gent und Enoch (1983) und McCree (1974) approximiert die Trennung von R_m und R_g als Ausgangspunkt für weitere verfeinerte, durch Modellierungsansätze gestützte Wachstumsanalysen. Eine solche Weiterentwicklung stellt der Ansatz von Kuptz et al. (2011), abgeleitet von Amthor (1989), dar:

$$R = R_{15} \cdot Q_{10}^{\left(\frac{T_{Cambium} - 10}{15}\right)}$$

wobei $R_{15} = R_d$ bei einer Kambiumtemperatur *T* von 15 °C und Q_{10} die Temperaturempfindlichkeit von R_d bedeuten ($T_{Cambium}$ sowie Zahlenwerte im Exponenten in °C). Für wachstumsfreie Zeitspannen kann $R_d = R_m$ angenommen werden, sodass während solcher Zeitspannen R_{15} und Q_{10} für die Berechnung von R_m zu ermitteln sind. Während Wachstumsphasen repräsentiert dann die Differenz zwischen berechnetem R_m und gemessenem R_d die Wachstumsatmungsrate R_g (somit $R_d - R_m = R_g$).

Damit kommen wir zu der eingangs aufgeworfenen Frage zurück, inwieweit der gemessene CO_2-Efflux tatsächlich der Stammatmungsrate R_d entspricht. Die lineare

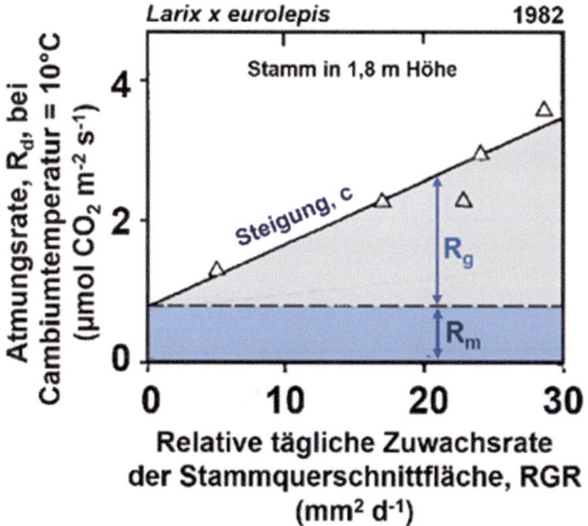

Abb. 20 **Atmungsrate R_d mit den Komponenten R_m (Unterhaltsatmungsrate) und R_g (Wachstumsatmungsrate)** zusammen mit dem Wachstumskoeffizienten c in 1,8 m Stammhöhe der Hybridlärche (*Larix* x *eurolepis*) als Funktion der relativen täglichen Zuwachsrate der Stammquerschnittsfläche (*RGR*) bei Kambiumtemperatur = 10 °C. Baum und Datensatz wie in Abb. 19, Zeitraum Mai bis zweite Juliwoche, weitere Details im Text. (Nach Konzepten von Gent und Enoch 1983 sowie McCree 1974; adaptiert aus Matyssek und Schulze 1988)

Beziehung der Abb. 20 spricht dafür, da weitere CO_2-Quellen neben R_m und R_g innerhalb der Messposition die Linearität schwächen würden. Zumindest wären aber Einflüsse solcherart für die Erfassbarkeit mit den eingesetzten Messmethoden zu gering geblieben. Jedoch zeigen die „Punktewolken" in Abb. 19b, dass entsprechende Einflüsse nicht ignoriert werden können. Streuungen können aber auch (und zusätzlich) durch die geringe Wärmeleifähigkeit des Stammes verursacht sein, die eine Entkopplung der respiratorischen CO_2-Freisetzung von der punktuell gemessenen Kambiumtemperatur begünstigt. Diese Überlegungen gelten gleichermaßen für den in Abb. 19a demonstrierten Astachsenabschnitt. Den Stamm betreffend, blieben die erhaltenen Streuungen jedoch auf ein Ausmaß beschränkt, das weiterführende Analysen und Interpretationen zuließ (cf. Abb. 19b und 20). Dies erscheint als eine Folge der spezifischen Anatomie des Koniferenxylems ohne weitlumige Tracheen und infolgedessen niedrigen Transportraten des Xylemwassers.

Hintergrundinformation

Damit bestehen jedoch gravierende Unterschiede zum Xylem und seinen beträchtlich höheren Transportraten in angiospermen Bäumen und krautigen Pflanzen. In angiospermen Pflanzen kann es fraglich sein, ob der CO_2-Efflux Atmungsraten gleichzusetzen ist. Entsprechende Beobachtungen liegen vor, die potenziell eine Erweiterung des oben dargestellten konzeptionellen Ansatzes erfordern:

$$(EF_{CO_2})_{Achse} = R_m + R_g + \Sigma(EF_{CO_2})_i$$

Hierbei stehen $(EF_{CO_2})_{Achse}$ für den CO_2-Efflux aus den Sprossachsen und $\Sigma(EF_{CO_2})_i$ für weitere kontaminierende CO_2-Quellen im Achsenbereich zusätzlich zur lokalen Geweberespiration. Einsätze von implantierten Optoden (s. ▶ Kap. 5, „Atmosphäre und ihre Gase – Messung in Luft und Wasser") und stabilen Isotopen als Tracer (s. ▶ Kap. 15, „Analyse stabiler Isotope") bieten Möglichkeiten zur Aufschlüsselung von $\Sigma(EF_{CO_2})_i$ und Abgrenzung gegenüber R_m und R_g des untersuchten Achsenabschnitts. Im Fall von Koniferenachsen wie in Lärche lässt sich $\Sigma(EF_{CO_2})_i$, wie gezeigt, in erster Näherung gleich Null setzen, womit $(EF_{CO_2})_{Achse} = R_d$ resultiert.

Literatur

Amthor JS (1989) Respiration and crop productivity. Springer, New York

Blanke MM, Lenz F (1989) Fruit photosynthesis. Plant Cell Environ 12:31–46

Eller BM, von Willert DJ, Brinckmann E, Baasch R (1983) Ecophysiological studies on Welwitschia mirabilis in the Namib desert. S Afr J Bot 2:209–223

Farquhar GD, Sharkey TD (1982) Stomatal conductance and photosynthesis. Ann Rev Plant Physiol 33:317–345

Gent MPN, Enoch HZ (1983) Temperature dependence of vegetative growth and dark respiration: a mathematical model. Plant Physiol 71:562–567

Grams TEE, Werner H, Kuptz D, Ritter W, Fleischmann F, Andersen C, Matyssek R (2011) A free-air system for long-term stable carbon isotope labeling of adult forest trees. Trees 25:187–198

Hannah L (2014) Climate change biology. Elsevier, Academic, S 455

Kuptz D, Matyssek R, Grams TEE (2011) Seasonal dynamics in the stable carbon isotope composition ($\delta^{13}C$) from non-leafy branch, trunk and coarse root CO_2 efflux of adult deciduous (*Fagus sylvatica*) and evergreen (*Picea abies*) trees. Plant Cell Environ 34:363–373

Matyssek R, Benecke U (2005) Gas exchange and crop yield of the reproductive organs in hybrid larch (*Larix decidua x L. kaempferi*) in relation to the vegetative carbon demand. Phyton 45:179–194

Matyssek R, Schulze E-D (1988) Carbon uptake and respiration in above-ground parts of a *Larix decidua x leptolepis* tree. Trees 2:233–241

Matyssek R, Günthardt-Goerg MS, Keller T, Scheidegger C (1991) Impairment of the gas exchange and structure in birch leaves (*Betula pendula*) caused by low ozone concentrations. Trees 5:5–13

Matyssek R, Günthardt-Goerg MS, Maurer S, Christ R (2002) Tissue structure and respiration of stems of *Betula pendula* under contrasting ozone exposure and nutrition. Trees 16:375–385

Matyssek R, Kozovits AR, Wieser G, King J, Rennenberg H (2017) Woody-plant ecosystems under climate change and air pollution – response consistencies across zonobiomes? Tree Physiol 37:706–732

McCree KJ (1974) Equations for the rate of dark respiration of white clover and grain sorghum as function of dry weight, photosynthetic rate and temperature. Crop Sci 14:509–514

Pavel EW, DeJong TM (1993) Estimating the photosynthetic contribution of developing peach *(Prunus persica)* fruits to their growth and maintenance carbohydrate requirements. Physiol Plant 88:331–338

Penzel M, Möhler M, Weltzien W, Herppich WB, Zude-Sasse M (2020) Estimation of daily carbon demand in sweet cherry (*Prunus avium* L.) production. J Appl Bot Food Qual 93:149–158

Schlesinger WH, Bernhardt ES (2013) Biogeochemistry – an analysis of global change. Academic, Amsterdam/New York, S 672

Teskey RO, Saveyn A, Steppe K, McGuire MA (2008) Origin, fate and significance of CO_2 in tree stems. New Phytol 177:17–32

Willert DJ von, Matyssek R, Herppich WB (1995) Experimentelle Pflanzenökologie. Grundlagen und Anwendungen. Thieme, Stuttgart/New York

Sauerstoffgaswechsel 13

Inhalt

Zusammenfassung

Da in der komplexen Reaktionsfolge der Photosynthese nicht nur CO_2 fixiert und reduziert, sondern äquimolar in der Photolyse aus Wasser Sauerstoff freigesetzt wird, gab und gibt es viele Versuche und Methoden, die O_2-Entwicklung zu messen. Da aber diese Messung aus verschiedenen Gründen problembehaftet ist, wird die Analyse des Sauerstoffgaswechsels (äquimolar zu CO_2 umgesetztes O_2, und *vice versa*) primär für spezielle Fragestellungen genutzt. Exemplarisch wird die O_2-Freisetzung während der Blatt-Photosynthese mit Hilfe eines polarografischen Verfahrens dargestellt. Dieses findet als O_2-Zelle des Clark-Typs, auch Blattstückelektrode genannt, seine Anwendung.

Schlüsselwörter

Sauerstoffgaswechsel · Sauerstoffmessung in der Gasphase · O_2-Zelle nach Clark · Blattstückelektrode · Kombinierte Bestimmung der photosynthetischen Energiedissipation

R. Matyssek, W. B. Herppich, *Experimentelle Pflanzenökologie*, Springer Reference Naturwissenschaften, https://doi.org/10.1007/978-3-662-67530-4_18

1 Messung des Sauerstoffgaswechsels von Blattstücken

Eine bewährte Methode, die O_2-Entwicklung zu messen, ist die manometrische Bestimmung des Gaswechsels. Bei diesem von Otto Warburg vervollkommneten System werden bei konstanter Temperatur und konstantem Volumen die mit dem Gasaustausch verbundenen Partialdruckänderungen von CO_2 und O_2 erfasst. Man kann damit neben Untersuchungen zur Photosynthese auch Messungen von Atmungsraten durchführen. Dies ist bei intakten Blättern oder Blattstücken ebenso möglich wie an suspendierten Algen oder isolierten Chloroplasten bzw. Mitochondrien. Ohne großen Aufwand kann zwischen dem Sauerstoff- und dem Kohlendioxidgaswechsel unterschieden werden. Allerdings ist diese Technik alles andere als leicht einsetzbar. Es bedarf gewissenhafter Kalibrierung und Messung sowie sorgfältigster Wartung der Messvorrichtung, die auch als „**Warburg-Apparatur**" bekannt ist. Die Versuche können zudem nicht über einen längeren Zeitraum durchgeführt werden, da sich in dem geschlossenen Messsystem die Zusammensetzung der Gasmischung durch die ablaufenden physiologischen Reaktionen erheblich ändern können und somit diese selbst beeinflusst werden. Treffend gesagt, ist die Warburg-Manometrie keine Methode, „für die man leicht Freunde gewinnen kann" (Walker 1987).

1.1 Polarografische Sauerstoffmessung in der Gasphase

Als Alternative zur manometrischen Warburg-Methode (s. o.) bietet es sich an, die Änderung der O_2-Konzentration während Photosynthese oder Atmung polarografisch zu bestimmen. Delieu und Walker (Edwards und Walker 1983; Walker 1987) entwickelten ein System, das die Messung von O_2-Änderungen im Luftraum an intakten Blättern oder auch bei Verwendung von Blattstücken erlaubt. Die Messapparatur verwendet die schon im ▶ Kap. 5, „Atmosphäre und ihre Gase – Messung in Luft und Wasser" beschriebene O_2-Zelle vom Clark-Typ, welche auch als **Blattstückelektrode** bezeichnet wird.

In diesem *Messsystem* (Abb. 1) ist der O_2-Sensor in einem Gehäuse aus schwarzem Kunststoff angebracht, worin eine Platin-Kathode direkt der Atmosphäre in der eigentlichen Blattkammer ausgesetzt ist. Das gesamte Gerät besteht neben der Clark-Zelle aus drei weiteren Teilen. Sowohl der Gehäuseboden als auch das obere Teil dienen der Temperaturkontrolle, da die Elektrodenpotenziale der Clark-Zelle von der Temperatur abhängig sind. Im Gehäuseoberteil ist außerdem ein Adapter zum Anschluss eines Fluorometers integriert. Damit wird es möglich, gleichzeitig zur photosynthetischen Sauerstoffentwicklung auch die Chlorophyllfluoreszenzausbeute bzw. Chlorophyllfluoreszenzsignatur zu registrieren (Walker 1987). Die wasserdurchflossene Temperierkammer ist nach oben hin mit einer Glasplatte abgeschlossen, durch die das Blattstück dem Licht einer geeigneten Beleuchtungseinheit ausgesetzt werden kann. In der eigentlichen Blattkammer, dem mittleren Teil, finden Blätter oder Blattstücke bis zu einer Gesamtfläche von 10 cm^2 Platz. Um einen konstanten Abstand zur Lichtquelle und zum Lichtleiter des Fluorometers zu ge-

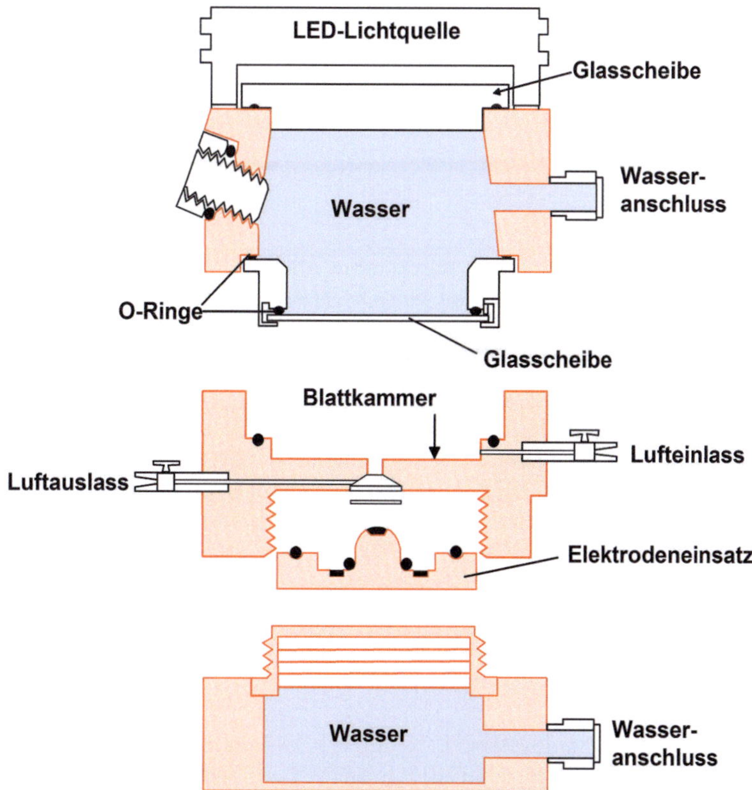

Abb. 1 **Schema einer Blattstückelektrode** (LD1 oder LD2; Hersteller: Hansatech Instruments Ltd., Kings Lynn, UK) zur Messung von Sauerstoff in der Gasphase. Bei diesem aus vier Teilen bestehenden Gerät ist der O_2-Sensor (eine Clark-Zelle) so unter der eigentlichen Blattkammer angebracht, dass die Platin-Kathode der Atmosphäre in der Kammer ausgesetzt ist. Die Kammer kann Blätter oder Blattstücke bis zu einer Maximalgröße von 10 cm^2 aufnehmen. Sie werden durch einen Stapel von Stahlgitter-, Plastikschwamm- und Gewebemattenscheibchen leicht gegen den Plexiglasboden des Gehäuseoberteils gepresst. Dieses dient, ebenso wie der Bodenteil des Gerätes, der Temperaturkontrolle und kann zu diesem Zweck mit temperiertem Wasser durchströmt werden. Das Gehäuseoberteil ist zur Blattkammer hin und nach oben mit Glas- bzw. Plexiglasplatten abgeschlossen, über die das Blattmaterial belichtet werden kann. In dieses Gehäuseteil ist auch ein Adapter zur Aufnahme des Lichtleiters eines Fluorometers eingebaut. Mit der Blattstückelektrode kann also gleichzeitig die photosynthetische Sauerstoffentwicklung und die Chlorophyllfluoreszenz gemessen werden. Zur Kalibrierung des Gerätes und zur Anpassung der Gasphase kann die Blattkammer über zwei Hähne belüftet werden. (Verändert nach Walker 1987)

währleisten, werden diese durch einen Stapel von Stahlgitter-, Plastikschwamm- und Gewebemattenscheibchen leicht gegen den Plexiglasboden des Gehäuseoberteils gepresst. Dabei sollen die in der Mitte perforierten Plättchen aus Schaumgummi die Blattscheiben auch von den Matten abtrennen, die mit Carbonat/Hydrogencarbonatpuffer getränkt werden können. Mit solchen Pufferlösungen („Warburg-Puffer") kann für eine bestimmte Zeit eine CO_2-Konzentration vorgegeben und konstant gehalten werden. Die gewünschte CO_2-Anfangskonzentration kann auch durch Belüften der Blattkammer mit Luft entsprechender Zusammensetzung eingestellt werden.

1.2 Verfahren

Wurde die Kammer mit reinem N_2 durchströmt, erhält man das Spannungssignal der Sauerstoffelektrode in Abwesenheit von O_2 (Nullsignal). Die Differenz zwischen dem Nullsignal und dem Signal bei unveränderter Außenluft in der Kammer ist ein Maß für die Sauerstoffkonzentration in der Atmosphäre. Die Sauerstoffkonzentration ist die eigentliche Messgröße für die Clark-Zelle. Da die Messungen in dem geschlossenen Messsystem bei konstantem Volumen ablaufen, erhöht sich bei laufender Photosynthese nicht nur die Konzentration, sondern auch die absolute Menge an O_2. Da die Absolutmenge für die weitere Berechnung von Gasaustauschraten die benötigte Größe ist, lässt sich das Gerät unkompliziert mit einer indirekten Methode kalibrieren. Über einen der beiden an der Blattkammer angebrachten Gashähne wird mit einer gasdichten Spritze ein bekanntes Volumen Luft, z. B. 1 ml, in die Kammer gepresst, während der andere Gashahn geschlossen bleibt. Es tritt dann eine Änderung des Spannungssignals auf, die direkt proportional zur Änderung der O_2-Konzentration in der Luft und damit zur Menge des in dem Volumen enthaltenen Sauerstoffs ist.

Wir wissen, dass 1 mol Luft bei 0 °C und 0,1013 MPa ein Volumen von 22,414 l einnimmt. Nach dem Gesetz von Gay-Lussac (V/T = const) können wir das für die Versuchstemperatur, z. B. 20 °C, geltende Volumen berechnen:

$$\frac{22{,}414\ \text{l}}{273\text{K}} = \frac{V(20\,^\circ\text{C})\ \text{l}}{293\text{K}} \quad V(20\,^\circ\text{C}) = 24{,}056\ \text{l}$$

Das heißt, in 1 ml Luft ist die Stoffmenge

$$\frac{1\ \text{ml}}{24{,}056\ \text{ml}\cdot\text{mmol}^{-1}} = 0{,}0416\ \text{mmol}$$

enthalten. Bei einem Sauerstoffgehalt der Luft von 20,9 % entspricht dies einer Menge von

$$0{,}0416\ \text{mmol}\cdot 0{,}209 = 0{,}00869\ \text{mmol} = 8{,}69\ \mu\text{mol}\ O_2$$

Wenn in diesem Beispiel die zusätzlich eingebrachten 8,69 µmol O_2 eine Spannungsänderung von 0,869 mV bewirken, entspricht 1 mV folglich einer O_2-Menge von 10 µmol. Jede weitere Variation der Spannung im Versuchsverlauf ist direkt in eine Ab- oder Zunahme der Sauerstoffmenge übertragbar, da bei konstantem Volumen ein linearer Zusammenhang zwischen der Änderung des Elektrodenpotenzials und der Sauerstoffkonzentration besteht. Die Daten werden üblicherweise mit einem

Computer erfasst. Bezogen auf die Blattfläche oder die Gesamtfläche der verwendeten Blattscheibe wird entsprechend der Spannungsänderung pro Zeiteinheit die O_2-Austauschrate in der üblichen Einheit μmol · m^{-2} · s^{-1} berechnet.

2 Einsatzmöglichkeiten

Mit diesem System ist die **Bestimmung der Photosynthesekapazität**, das heißt, der im Temperaturoptimum bei Licht- und CO_2-Sättigung maximal erreichbaren O_2-Austauschrate, vergleichsweise unkompliziert. Die sättigenden CO_2-Konzentrationen bewirken im Allgemeinen einen Stomataschluss und erhöhen damit den Diffusionswiderstand beträchtlich. Diese stomatäre Limitierung wird allerdings ganz offensichtlich durch die drastische Vergrößerung des Konzentrationsgradienten mehr als wettgemacht, wenn man standardmäßig eine Anfangskonzentration von 5 % CO_2 in der Kammer einsetzt. Die optimale CO_2-Versorgung sollte auch eine Unterdrückung der Photorespiration bewirken, deren Ausmaß primär vom Verhältnis der CO_2- und O_2-Konzentration am Ort der Bindungsstelle der Rubisco abhängig ist. Da die hohe CO_2-Konzentration auch die mitochondriale Atmung im Licht unterdrückt, kann man mit diesem Ansatz die maximal mögliche **(Brutto)Photosyntheserate** bestimmen. Das Gleiche gilt bei nicht-sättigender *PPFD* oder suboptimaler Temperatur. Auch unter letzteren Bedingungen sollte die größtmögliche Photosyntheserate erhalten werden. Die Verwendung einer sehr hohen Ausgangskonzentration von CO_2 ist auch empfehlenswert, da sonst bei hoher Photosyntheserate eine CO_2-Verarmung in der Kammer eintreten und infolgedessen CO_2 zum reaktionslimitierenden Faktor werden kann.

In der geschlossenen Kammer kann durch die Befeuchtung der Gewebematten mit Wasser oder Pufferlösung eine nahezu vollständig **wasserdampfgesättigte Atmosphäre** erzeugt werden. Damit werden ein Wasserverlust des pflanzlichen Materials verhindert und Experimente ermöglicht, bei denen die Blattepidermis teilweise oder vollständig entfernt wurde, um jegliche stomatäre Limitierung des Gasaustausches aufzuheben.

Mit Blattstückelektroden kann auch die apparente Photonenwirksamkeit bestimmt werden. So lässt sich z. B. die Wirkung von Lichtstress (d. h. mehr als sättigender Einstrahlung) bei Dürre- oder Kältebehandlung über die Messung der Photonenwirksamkeit als Photoinhibition erkennen. Dies ist möglich, da durch den Stress zwar die effektive Photonenwirksamkeit oft deutlich beeinflusst wird, sich die Absorptionseigenschaften des Blattes aber nicht oder nur unwesentlich verändern.

Bei allen geschilderten Vorzügen des O_2-Messsystems muss aber betont werden, dass es in der experimentellen Pflanzenökologie eher wenig eingesetzt wird. Dies mag daran liegen, dass die Messungen destruktiv sind und eine Wiederholung des Versuches mit dem gleichen Blattmaterial nicht möglich ist. Ein Einsatz im Gelände ist zudem schwierig. Auch erfolgt die Messung nicht in einem Gleichgewichtszustand, das heißt, die Bedingungen in der Messkammer ändern sich während der Messung. Dennoch kann es Pflanzenökologen z. B. bei Fragen der Stressreaktion des Photosyntheseapparates zusätzlich zu den CO_2/H_2O-Gaswechselmessungen wertvolle Informationen liefern.

2.1 Beispiel: Analyse von Photosyntheseleistung und Energiedissipation der CAM-Epiphyte *Tillandsia ionantha*

Der Einsatz von Blattstücksauerstoffelektroden in der experimentellen Pflanzenökologie soll im Folgenden am Extrembeispiel einer CAM-Pflanze illustriert werden (CAM = „*Crassulacean acid metabolism*", vgl. ▶ Kap. 14, „Chlorophyllfluoreszenzanalyse").

Die meisten CAM-Pflanzenarten wachsen sonnenexponiert in ariden Regionen der Erde. Dementsprechend zeigen sie oft das Spektrum der für „Sonnenpflanzen" charakteristischen morphologischen und physiologischen Anpassungen. In den tropischen und subtropischen Primärwäldern besiedeln allerdings viele CAM-Arten, speziell Orchideen und Bromeliazeen, aber auch Farne, typische epiphytische Schattenstandorte in den Baumkronen ihrer Wirtspflanzen. Entsprechend sollten sie schattenadaptiert sein, zumindest aber unfähig, volles Sonnenlicht zu nutzen. Allerdings widersprachen die Ergebnisse verschiedener Untersuchungen dieser Ansicht (Martin 1994). Diesen Widerspruch sollte eine Studie an Pflanzen der Bromelie *Tillandsia ionantha* klären.

Versuchspflanzen der CAM-Epiphyte *Tillandsia ionantha* wurden während vier Wochen entweder unter Schattenbedingungen oder hohen Photonenflussdichten angezogen (PPFD = 100 bzw. 800 mmol $\cdot$ m^{-2} $\cdot$ s^{-1}; Martin et al. 1999). Sodann wurden sowohl die Photosynthesekapazität mittels Sauerstoffblattstückelektroden als auch die photosynthetische Energienutzung durch Chlorophyllfluoreszenzanalyse untersucht. Tatsächlich nutzten „Schwachlichtpflanzen" die absorbierten Photonen deutlich effektiver als „Starklichtpflanzen" (Abb. 2a), besaßen aber auch eine geringere Fähigkeit, unter hohen PPFD überschüssige absorbierte Lichtenergie zu dissipieren (Abb. 2b). Unter hohen Messlichtbedingungen (Abb. 2a, L und SL) waren die Photosyntheseraten, dargestellt als O_2-Freisetzungsraten, unabhängig von den Anzuchtsbedingungen. Dies belegte eine effektivere Energieumwandlung bei den „Schwachlichtpflanzen", aber auch die offensichtliche Lichtsättigung der Photosynthesekapazität bei den „Starklichtpflanzen". Letzteres könnte durch eine beginnende Photoinhibition, vor allem aber durch die effektivere nichtphotochemische Energiedissipation bedingt sein. Diese hohe Kapazität der „Starklichtpflanzen" zur gefahrlosen Abgabe von überschüssiger absorbierter Lichtenergie ist für Pflanzen vorteilhaft, die an lichtexponierten Stellen wachsen (müssen) und so auch Trockenheit und Nährstoffmangel ausgesetzt sein können.

Die Ergebnisse zeigen, dass *Tillandsia ionantha* sich sowohl an Schatten- als auch an Lichtstandorte anpassen kann, die jeweiligen Anpassungsmechanismen allerdings sehr verschieden sind. Die hohe Anpassungsfähigkeit des Photosyntheseapparates an sich drastisch ändernde Lichtbedingungen ist von großem Vorteil für Pflanzen, die als Epiphyten auf den unterschiedlichsten Mikrostandorten in den Kronen der Wirtsbäume wachsen.

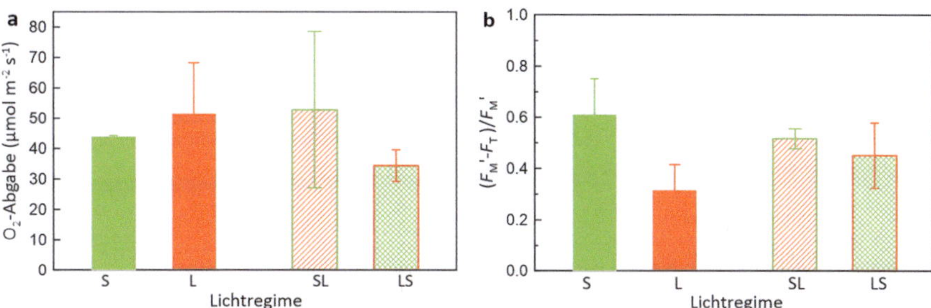

Abb. 2 Analyse von (a) Photosyntheseleistung und (b) Energiedissipation bei der CAM-Epiphyte *Tillandsia ionantha* (Bromeliaceae). Versuchspflanzen wurden unter Schattenbedingungen (S, PPFD = 100 µmol · m^{-2} · s^{-1}) oder Starklicht angezogen (L, PPFD = 800 µmol · m^{-2} · s^{-1}). Mit Blattstücksauerstoffelektroden (LD2, Hansatech) und einem Fluorometer (PAM 102, H. Walz GmbH) wurden Photosyntheseleistung bzw. photosynthetische Energienutzung bestimmt. Die potenzielle Anpassungsfähigkeit an variierende Lichtregime wurde in **a** und **b** nicht nur unter jeweiligen Anzuchtslichtbedingungen (S, L) ermittelt, sondern auch an Pflanzen, die für zwei Tage dem jeweils anderen PPFD-Regime ausgesetzt waren. (SL: von S auf L; LS: von L nach S; verändert nach Martin et al. 1999)

Übungsfragen

- Was ist die eigentliche Messgröße bei den hier vorgestellten Blattstücksauerstoffelektroden?
- Wodurch wird der potenzielle Einsatz von Blattstücksauerstoffelektroden in der ökophysiologischen Forschung limitiert? ◀

Literatur

Edwards GE, Walker DA (1983) C_3, C_4: mechanism, and cellular and environmental regulation, of photosynthesis. Blackwell Scientific Publications, Oxford

Martin CE (1994) Physiological ecology of the Bromeliaceae. Bot Rev 60:1–82

Martin CE, Tüffers A, Herppich WB, von Willert DJ (1999) Utilization and dissipation of absorbed light energy in the epiphytic crassulacean acid metabolism bromeliad *Tillandsia ionantha*. Int J Plant Sci 160:307–313

Walker DA (1987) The use of the oxygen electrode and fluorescence probes in simple measurements of photosynthesis. Research Institute for Photosynthesis, University of Sheffield, Sheffield

Teil VI

Chlorophyllfluoreszenz

Chlorophyllfluoreszenzanalyse

14

Inhalt

Zusammenfassung

Chlorophyllfluoreszenzanalysen (CFA) sind schnell, einfach und nichtzerstörend bzw. berührungsfrei einsetzbar. Sie liefern umfassende und komplexe Informationen über die potenzielle oder die momentane Leistungsfähigkeit der Photosynthese, die Intaktheit des gesamten Photosyntheseapparates, die relative Aktivität verschiedener physiologischer Schutzmechanismen, das Ausmaß des photosynthetischen Elektronentransports und noch einiges mehr (von Willert et al. 1995). Das macht diese Methode zu einem vielseitigen Indikator der physiologischen Aktivität von chlorophyllhaltigen Pflanzen und Pflanzenteilen.

Bis Mitte der 1980er-Jahre war die Messung der Chlorophyllfluoreszenz praktisch nur im Labor durchführbar. Erst die Einführung der Puls-Amplituden-Modulationsmethode erweiterte das Einsatzspektrum der Chlorophyllfluores-

R. Matyssek, W. B. Herppich, *Experimentelle Pflanzenökologie*, Springer Reference Naturwissenschaften, https://doi.org/10.1007/978-3-662-67530-4_13

zenzmessung auf ökologische Fragestellungen und die Verwendung im Freiland. Die seit einigen Jahren verfügbaren Bildanalysesysteme (CFI = *chlorophyll fluorescence imaging*) erhöhten die Einsatzbreite und die Genauigkeit der Chlorophyllfluoreszenzanalyse weiterhin in hohem Maße.

Auch bei der Anwendung von CFA und CFI ist es wichtig, die Messsysteme zu verstehen, die Pflanzeneigenschaften und Rahmenbedingungen der Messung zu beachten und bei einer klar definierten Fragestellung die geeigneten Messparameter und Messprotokolle zu wählen. Mit wenigen schnellen Messungen lassen sich auch hier keine sorgfältigen Untersuchungen ersetzen (Matschke et al. 1996). Bevor auf die Technik selbst und die sich damit bietenden Möglichkeiten sowie deren konkrete Nutzung eingegangen wird, sollen deshalb die physikalischen und physiologischen Grundlagen der Chlorophyllfluoreszenzanalyse dargestellt werden.

Schlüsselwörter

Chlorophyll · Carotinoide · Fluoreszenzinduktion · Lichtabsorption · Kautsky-Effekt · Nichtphotochemische Fluoreszenzlöschung · OJIP-Test · Photochemische Fluoreszenzlöschung · Photoinhibition · Photosyntheseinduktion · Puls-Amplituden-Modulationsmethode (PAM) · Quenching · Quenching-Analyse · Thylakoidmembran · Xanthophyllzyklus

1 Theorie

1.1 Chlorophyll – Lichtabsorption, Absorptionsspektren und konjugierte Systeme

Man kann die Photosynthese als einen physiologischen Prozess ansehen, in dem photoautotrophe Organismen Strahlungsenergie in eine für die Aufrechterhaltung der Lebensvorgänge verwendbare Form umwandeln. Dies kann nur geschehen, wenn die vom Organismus absorbierte Strahlungsenergie zur Arbeitsleistung genutzt wird. Einstein postulierte, dass die gesamte Energie eines Photons im Absorptionsprozess auf ein einziges Elektron eines Atoms oder Moleküls übergeht und dieses dadurch auf ein höheres Energieniveau promoviert. Wie Planck darlegte, sind solche Übergänge, stets verbunden mit Änderungen des Energieinhaltes (2. Hauptsatz der Thermodynamik), nicht willkürlich und kontinuierlich, sondern nur in bestimmten Portionen möglich. Der kleinste energetische Schritt ist dabei durch das **Planck-Wirkungsquant, h**, charakterisiert ($\mathrm{h} = 6{,}626\ 10^{-34}\ \mathrm{J} \cdot \mathrm{s}^{-1}$).

In einem **einatomigen** System gibt es ganz **konkrete**, mehr oder weniger deutlich voneinander abgesetzte Energieniveaus, wie z. B. an den bekannten Linienserien des **Absorptionsspektrums** von Wasserstoff ersichtlich ist. Die Energie, E, die für einen solchen Übergang notwendig ist, lässt sich nach

$$E_\lambda = \mathrm{h} \cdot \nu \quad \text{bzw.} \quad E_\lambda = \mathrm{h} \cdot c/\lambda \tag{1}$$

aus der Frequenz bzw. der Wellenlänge der absorbierten Strahlung berechnen.

In einem **mehratomigen System** entstehen durch die Molekülbildung selbst neue, anders verteilte erlaubte Energiezustände. Hierdurch verringert sich die Distanz zwischen den einzelnen Niveaus. Diese **Molekülorbitale (MO)** bezeichnen Aufenthaltswahrscheinlichkeiten für Elektronen eines bestimmten Energieinhaltes im Bereich um die Kerne des betrachteten Moleküls.

Moleküle können aber auch schwingen (vibrieren) und rotieren. Hierdurch wird die Zuordnung der Atomkerne zueinander und das Feld, das durch die „Anordnung" der Elektronen um diese Atomkerne bedingt ist, verändert. Damit variiert auch der Energieinhalt der möglichen Zustände. Die dabei entstehenden Schwingungsniveaus und Rotationsunterzustände mit ihren verringerten energetischen Differenzen führen bei Molekülen zu einer Aufweitung der diskreten und für Einzelatome typischen Absorptionslinien zu Banden erlaubter Übergänge. Anders gesagt, es wird nicht nur Strahlung einer ganz bestimmten Wellenlänge absorbiert, sondern die Absorptionslinien werden zu Absorptionsbanden erweitert und liefern das charakteristische Absorptionsspektrum des Moleküls.

Abb. 1 gibt solche Spektren für die **Chlorophylle a** und **b** wieder. Durch die Wahl des Lösungsmittels können die einzelnen Absorptionsmaxima verschoben werden, da Wechselwirkungen zwischen gelösten Molekülen und dem Solvens die Energieinhalte der möglichen Niveaus verändern können. Als ein solches „Lösungsmittel" kann man auch die „Proteinumgebung" der Chlorophyllmoleküle in den Photosystemen der Chloroplasten ansehen.

Ein Vergleich der Absorptionsspektren von Chlorophyll a und b mit der relativen Wellenlängenverteilung der auf die Erdoberfläche fallenden Strahlung macht deutlich, warum gerade die Pigmentgruppe der Chlorophylle, ebenso wie die der Carotinoide, für die Absorption der Energie des Sonnenlichts besonders geeignet ist. Diese Moleküle absorbieren im Bereich des optischen Fensters der Atmosphäre maximal und ermöglichen damit den Pflanzen, die relativ energiearme, nichtschädigende Strahlung zu nutzen. Dies ist möglich, da das Chlorophyllmolekül ein hoch-

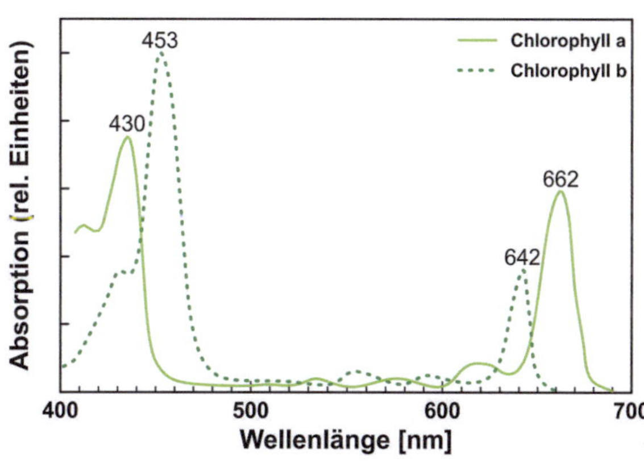

Abb. 1 Absorptionsspektren von Chlorophyll a und Chlorophyll b in einer Ätherlösung. (Eigene Darstellung nach Vorlagen aus verschiedenen Lehrbüchern)

konjugiertes System darstellt (Abb. 2). Im **Porphyrinring** (genauer eigentlich **Chlorinring**) des **Tetrapyrrol-Grundkörpers** liegen 9 Doppelbindungen konjugiert, das heißt im Wechsel mit Einfachbindungen vor, wenn sie in der üblichen Kekulé-Schreibweise dargestellt werden. Man darf jedoch nie vergessen, dass durch diese Schreibweise nur Grenzfälle der tatsächlichen Struktur aufgezeigt werden können.

Die Auswirkungen der Konjugation sollen am einfachsten Beispiel, dem 1,3-Butadien (Abb. 3a), erläutert werden. Verschiedene experimentelle Ergebnisse (s. u.) deuten darauf hin, dass nicht nur, wie hier gezeichnet, zwei lokalisierte Doppelbindungen vorliegen. Jeweils eine der zwei Bindungen mit den betreffenden

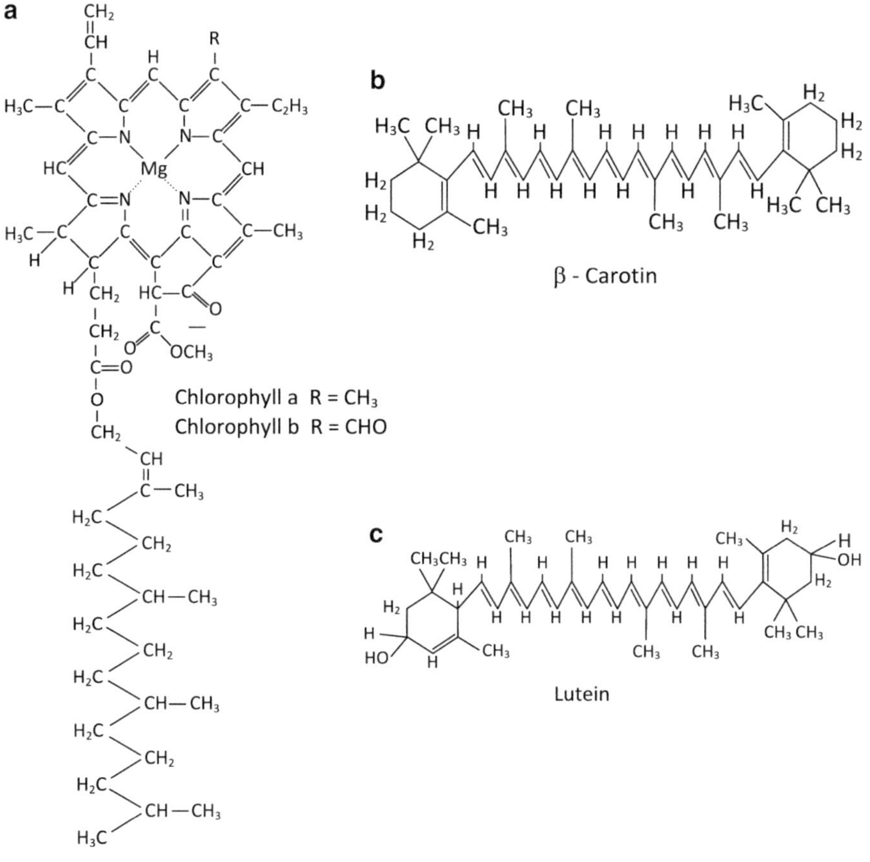

a

Chlorophyll a R = CH_3

Chlorophyll b R = CHO

b

β - Carotin

c

Lutein

Abb. 2 Molekülstruktur einiger wichtiger photosynthetisch aktiver Pigmente. (**a**) Die Chlorophylle a und b, (**b**) das Carotin *β*-Carotin und (**c**) das Xanthophyll Lutein. Die beiden letzten Verbindungen gehören in die Gruppe der Carotinoide, wobei sich die Xanthophylle durch zusätzliche Sauerstoffatome von den Carotinen unterscheiden. (Eigene Darstellung nach Vorlagen aus verschiedenen Lehrbüchern)

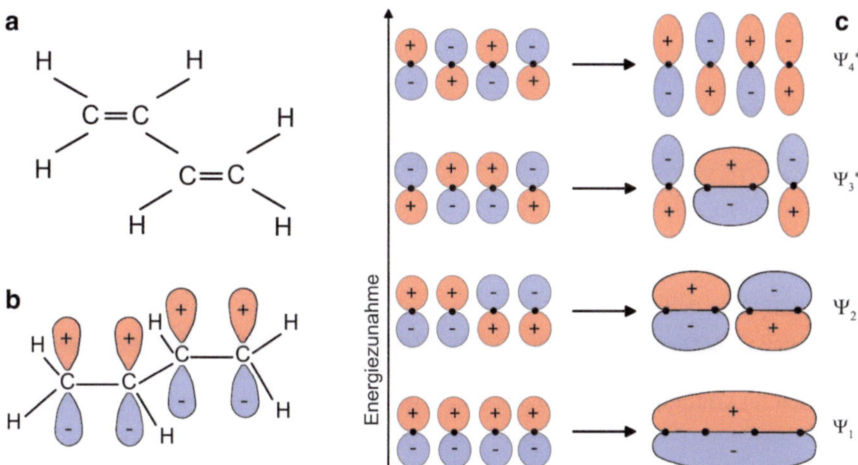

Abb. 3 (a) **Molekülstruktur des 1,3-Butadien** in der klassischen Kekulé-Schreibweise. (**b**) Schematische Darstellung des **Molekülgrundgerüstes** aus (sp^2-sp^2)-σ- bzw. (sp^2-s)-σ-Bindungen und den freien p_z-Atomorbitalen. (**c**) **Molekülorbitalschema des 1,3-Butadien**. Ψ_1 ist das energieärmste delokalisierte Molekülorbital und wirkt zwischen allen vier C-Atomen bindend, Ψ_2 dagegen nur zwischen C_1 und C_2 bzw. C_3 und C_4 ist zwischen C_2 und C_3 aber antibindend. Ψ_3* wirkt nur zwischen C_2 und C_3 bindend, trägt also zur Molekülstabilität kaum bei, Ψ_4* ist ausschließlich antibindend. (Eigene Darstellung nach Vorlagen aus verschiedenen Lehrbüchern)

Elektronen („π-Elektronen") ist „delokalisiert" und bildet ein gemeinsames „π-Orbital" über das gesamte Molekül. Damit gilt:

- Butadien absorbiert bei 217 nm (UV), Ethylen ($H_2C{=}CH_2$) bei 180 nm, das heißt, die π-Elektronen sind beim Butadien leichter anzuregen, es ist weniger Energie dafür notwendig.
- Die mittlere Bindung ist wesentlich kürzer als eine normale C-C-Bindung (143 pm anstelle von 154 pm).
- Die beiden äußeren Bindungen sind dagegen etwas länger als eine isolierte C=C-Bindung (136 pm statt 134 pm).
- Die für C=C-Bindungen charakteristische Bromaddition geschieht vornehmlich in 1,-4-Stellung.

Diese Befunde lassen sich nun wie folgt deuten (Abb. 3b):

- Das C-Gerüst besteht aus sp^2-Hybrid-Atomorbitalen (AO), die H-Atome sind ebenfalls über solche gebunden.
- Die jedem C-Atom verbleibenden und senkrecht zur Molekülebene angeordneten $2p_z$-AO können zu 4 delokalisierten MO kombiniert werden.
- Im Grundzustand sind die Molekülorbitale Ψ_1 und Ψ_2 doppelt mit Elektronen besetzt.

- Der Absorption bei 217 nm entspricht der Übergang eines Elektrons vom Molekülorbital Ψ_2 nach $\Psi_3{}^*$.

Je mehr konjugierte Bindungen in einem Molekül vorhanden sind, desto geringer wird die Energiedifferenz zwischen dem besetzten Orbital mit dem höchsten Energieniveau (**HOMO**, *highest occupied molecular orbital*) und dem ersten, das heißt energieärmsten, unbesetzten (**LUMO**, *lowest unoccupied molecular orbital*). Es stehen immer mehr Möglichkeiten der Realisation zur Verfügung, während die durchschnittliche Energiemenge gleich bleibt (Abb. 4). Dadurch wird die für die Anregung, das heißt, für den Übergang vom π-Orbital zum π*-Orbital notwendige Energie niedriger. Das wiederum bedeutet, dass die Wellenlänge der anregenden Strahlung immer weiter in den langwelligen Teil des Spektrums verschoben ist.

Auch im Chlorophyll entsprechen den Absorptionsbanden mit den Maxima bei ca. 430 nm und 660 nm Übergänge von π- zu π*-Molekülorbitalen. Prinzipiell wäre in Chlorophyllmolekülen auch ein Übergang von Elektronen aus einem nichtbindenden sogenannten n-Orbital denkbar. Diese weisen im Allgemeinen einen höheren Energieeigenwert auf als die durch Delokalisation stabilisierten π-Orbitale. Folglich ist die Energiedifferenz zu den π*-Molekülorbitalen geringer und damit auch die notwendige Anregungsenergie. Im Gegensatz zu π- bzw. π*-Orbitalen zeigen n-Orbitale jedoch eine geringe räumliche Überlappung mit anderen Orbitalen. Aus diesem Grund ist ein n-π*-Übergang wenig wahrscheinlich, wie man auch aus den Absorptionsspektren ersehen kann (vgl. Nobel 1991).

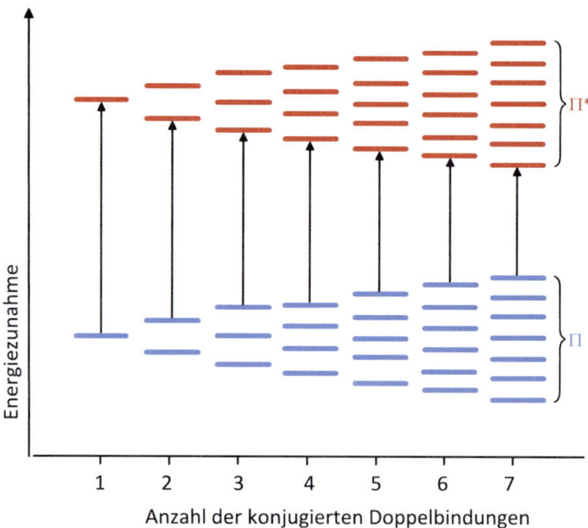

Abb. 4 Zusammenhang zwischen der Anzahl konjugierter Doppelbindungen und der für die Anregung eines π-Elektrons, das heißt, für den Übergang vom energetisch höchsten, besetzten Molekülorbital (HOMO) π auf das energieärmste, unbesetzte Molekülorbital π* (LUMO), aufzubringenden Energie. Die Länge der Pfeile zwischen dem energiereichsten π-Orbital und dem energieärmsten π*-Orbital symbolisiert die **Energiedifferenz zwischen HOMO und LUMO**. (Eigene Darstellung verändert nach Goodwin und Mercer 1982)

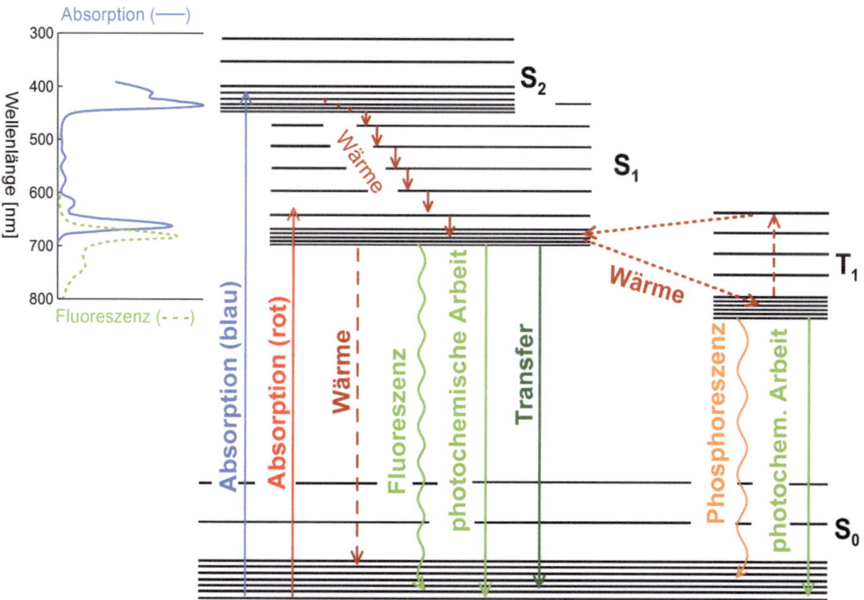

Abb. 5 **Absorptions- und Emissionsspektrum und deren Zuordnung zu den unterschiedlichen Energieniveaus im Chlorophyll-a-Molekül**. Die Absorption von Quanten aus dem roten Spektralbereich bewirkt die Promotion von (π-)Elektronen aus dem Grundzustand S_0 in den S_1-Zustand (1. Singulett; π^*-Orbital), bei Quanten aus dem blauen Spektralbereich dagegen eine solche in den energetisch höheren S_2-Zustand. Die elektronischen Terme (S_0, S_1 usw.) sind weiter in Schwingungs- (Vibrations-) und diese in Rotationsniveaus aufgespalten, wie dies jeweils nur für die niedrigsten Schwingungsniveaus angedeutet ist. In dem Termschema sind auch die möglichen Wege der Energiedissipation aufgezeigt. Hierzu sind nähere Informationen dem Text zu entnehmen. (Eigene Darstellung verändert nach Mohr und Schopfer 1992)

Das kurzwelligere Licht bewirkt den Übergang vom Grundzustand S_0, der im Chlorophyll ein **Singulett** (S steht für Singulett) darstellt, in den angeregten Zustand S_2, das langwelligere dagegen den Übergang in den S_1-Anregungszustand (Abb. 5). Unter bestimmten Bedingungen ist auch ein Übergang von S_1 in den T_1-Zustand, das heißt, den ersten **Triplettzustand**, möglich.

Hintergrundinformation

Was versteht man eigentlich unter Singulett- bzw. Triplettzustand? Elektronen sind negativ geladene Partikel (Elementarladung $e = 1{,}6021892 \cdot 10^{-19}$ C), die zusätzlich zu ihrer Bewegung im Feld des Atomkerns bzw. der Kerne eines Moleküls auch um ihre eigene Achse rotieren. Neben ihrem auf die Bahnbewegung bezogenen Bahndrehimpuls besitzen Elektronen folglich auch einen Eigendrehimpuls oder Spin. Zu seiner Beschreibung führt man die **Spinquantenzahl** s ein. Da die Eigenrotation des Elektrons, bezogen auf die Richtung der Gesamtbewegung, nur zwei Orientierungen annehmen kann (entweder im oder gegen den Uhrzeigersinn), nimmt die Spinquantenzahl ausschließlich die Werte + 1/2 oder − 1/2 an. Aus der Summe der Einzelspins aller Elektronen kann man die für die Charakterisierung der Energiezustände (Terme) des betrachteten Systems wichtige Gesamtspinquantenzahl (S) errechnen. Daraus abgeleitet bezeichnet die **Spinmultiplizität**, definiert als

$$\text{Multiplizität} = 2 \cdot |S| + 1$$

das resultierende Spinelement. Ist S beispielsweise 0, das heißt, heben sich die Einzelspins aller Elektronen auf, wird die Multiplizität 1. Dieser Zustand wird Singulett genannt. Ist S dagegen 1, ergibt sich für die Multiplizität der Wert 3 und das System befindet sich im Triplettzustand, bei $S = 2$ im **Quintettzustand** usw. Für das betrachtete Molekül mit der geraden Anzahl von Elektronen bedeutet das, dass Elektronen mit parallelem Spin in unterschiedlichen Orbitalen (Pauli-Verbot!) existieren. Besitzt ein Atom oder Molekül eine ungerade Elektronenzahl (z. B. freie Radikale oder Moleküle wie die Stickoxide NO und NO_2), ist $S = \pm\ 1/2$ (3/2, 5/2, ...). Da die Multiplizität dann 2 (4, 6, ...) beträgt, befindet sich das System im **Duplettzustand** (Quartett, Sextett, ...).

1.2 Lichtabsorptions- und Energiedissipationsvorgänge im Chlorophyllmolekül

Die Absorption eines Lichtquants aus dem blauen Spektralbereich bewirkt die Promotion eines Elektrons aus dem Grundzustand in den angeregten S_2-Zustand (Abb. 5). Dieser Vorgang läuft extrem rasch ab, wie man direkt aus der Frequenz der betreffenden Wellenlängen errechnen kann. Es gilt

$$\nu = c/\lambda$$
$$\nu = \frac{3 \cdot 10^8 \ \mathrm{m} \cdot \mathrm{s}^{-1}}{430 \cdot 10^{-9} \ \mathrm{m}} \approx 7 \cdot 10^{14}\,\mathrm{s}^{-1}$$

und damit die Zeit für eine Schwingung, das heißt, für die Absorption selbst

$$t = \frac{1}{7 \cdot 10^{14}} \ \mathrm{s} \approx 10^{-15}\,\mathrm{s}$$

Dies ist also ein sehr rasches Ereignis. Da der S_2-Zustand sehr energiereich ist, ist er auch sehr instabil, und das angeregte Elektron kann aufgrund der Überlappung der Unterniveaus innerhalb kürzester Zeit in vielen kleinen aufeinanderfolgenden Schritten unter Wärmefreigabe auf das S_1-Niveau zurückfallen. Die Energie wird dabei durch Kollision an die umgebenden Moleküle weitergegeben. Dieser strahlungsfreie Übergang dauert etwa 10^{-12} s und ist damit zu schnell, um daraus chemische Energie gewinnen zu können. Quanten aus dem blauen und dem roten Bereich des Spektrums haben deshalb für die Photosynthese die gleiche Bedeutung.

Vom ersten Singulett aus kann die **Dissipation**, das heißt, die Abgabe der Anregungsenergie, nun auf unterschiedlichen Wegen erfolgen (Abb. 5). So ist ein ebenfalls sehr schneller strahlungsfreier Übergang von S_1 auf S_0 möglich.

Eine zweite Möglichkeit ist der Energietransfer, das heißt, die Übertragung der nahezu vollständigen Anregungsenergie auf ein anderes im Grundzustand befindliches Nachbarmolekül durch Resonanz. Das dissipierende Molekül kehrt dabei wieder in den Grundzustand zurück, während das Akzeptormolekül in den Anregungszustand übergeht. Die hierfür notwendige räumliche Nähe ist in den Photosystemen und zum Teil auch zwischen ihnen gegeben. Dieser auch als **Excitonwanderung** bezeichnete Prozess erlaubt eine extrem schnelle Energieweiterleitung.

Ein angeregtes Elektron in einem S_1-Niveau kann auch unter Spinumkehr in ein energieäquivalentes T_1-Niveau und von dort unter kaskadenartiger Energiefreigabe in den T_1-Grundzustand übergehen. Da eine Spinumkehr nur bei einer relativ unwahrscheinlichen direkten Kollision stattfinden kann und ein Übergang in den S_0 eine zweite Spinumkehr voraussetzen würde, ist T_1 einigermaßen stabil. Eine Emission der Energie erfolgt deshalb erst 10^{-2} bis mehrere Sekunden nach der Anregung. Diese letztere Art der Energieabgabe wird **Phosphoreszenz** genannt. Der T_1-Zustand ist auch als Ausgangspunkt photochemischer Reaktionen geeignet. Substanzen, die leicht vom Singulett in den Triplettzustand übergehen können, dienen deshalb auch als Sensibilisatoren zur Auslösung von photochemischen Vorgängen. In Lösung wirken Chlorophyllmoleküle im Triplettzustand tatsächlich als ebensolche Initiatoren. In der intakten Thylakoidmembran ist jedoch ein T_1-Chlorophyll nur unter extremen Stressbedingungen nachzuweisen.

Die Abgabe elektromagnetischer Strahlung beim Übergang eines angeregten Elektrons vom S_1-Niveau in ein Niveau des S_0-Zustandes wird als **Fluoreszenz** bezeichnet. Dieser Vorgang setzt keine Spinumkehr voraus. Das emittierte Photon besitzt eine geringere Energie als das anregende, und zwar um den Teil, der bei den Vibrationskaskaden als Wärme frei wurde. Das Fluoreszenzlicht ist damit rot und auch größtenteils langwelliger als ein rotes Anregungslicht (Abb. 5). Die Halbwertszeit für diesen Vorgang beträgt etwa 10^{-10}–10^{-8} s. Von dieser **prompten Fluoreszenz**, die uns im Weiteren beschäftigen wird, kann man die **verzögerte Fluoreszenz** unterscheiden. Sie soll durch die Rekombination der im primären photochemischen Prozess im PS II getrennten Ladungen entstehen (= Rekombinationslumineszens). Die Halbwertszeit dieser Reaktion ist deshalb wesentlich größer als bei der prompten Fluoreszenz und mit der Phosphoreszenz vergleichbar.

Die absorbierte Lichtenergie wird vom S_1-Zustand aus hauptsächlich für **photochemische Reaktionen** verwendet. Im Falle der Photosysteme bedeutet dies die Reduktion eines Akzeptors unter gleichzeitiger Oxidation des Reaktionszentrums. Das angeregte Chlorophyllmolekül gibt also nicht nur die Energie weiter, sondern auch das angeregte Elektron. Die entstandene Elektronenlücke wird durch die Oxidation eines Donors wieder geschlossen.

Alle hier aufgeführten **Prozesse der Energieabgabe konkurrieren miteinander**. Das bedeutet, dass der Anteil der Fluoreszenz an der Dissipation der gesamten absorbierten Anregungsenergie, der normalerweise 1–3 % beträgt, dann ansteigen muss, wenn unter Stress die Gewinnung chemischer Energie gestört wird, ohne dass gleichzeitig vermehrt Wärme abgegeben werden kann. Der Fluoreszenzanteil kann abnehmen, wenn die Umwandlung in chemische Energie optimal abläuft oder die thermische Dissipation gefördert wird. Die unterschiedlichen Prozesse beeinflussen sich also gegenseitig. Damit ist das experimentelle Fluoreszenzsignal F nicht nur direkt proportional zur pro Zeiteinheit absorbierten Lichtmenge, sondern ist ebenso eine Funktion der Verhältnisse der konkurrierenden Reaktionen zueinander. Weiterhin muss der Anteil der oxidierten, der „offenen" Reaktionszentren beachtet werden, da nur diese zur photochemischen Energieableitung beitragen können.

Nach einem von Butler und Kitajima (vgl. Krause und Weis 1991) vorgestellten Modell kann man für F schreiben

$$F = Q_{abs} \cdot \frac{k_F \cdot Z}{k_F + k_D + k_T + k_P} + Q_{abs} \cdot \frac{k_F \cdot (1 - Z)}{k_F + k_D + k_T}$$

Dabei sind k_F, k_D, k_P und k_T die Geschwindigkeitskonstanten der Fluoreszenz, der nichtstrahlenden und der photochemischen Energieableitung sowie für den Energietransfer. Sie stellen ein Maß für die Reaktionsgeschwindigkeit des jeweiligen Prozesses dar. Q_{abs} bezeichnet die absorbierte Lichtmenge und Z die Zahl der offenen Reaktionszentren. Mit einem konventionellen Fluorometer bestimmt man die Rate der Fluoreszenzemission. Von besonderem Interesse ist die **Fluoreszenzausbeute** Φ_F, die als

$$\Phi_F = F/Q_{abs}$$

definiert und damit der Photonenwirksamkeit der Photosynthese vergleichbar ist.

Ein bei Raumtemperatur aufgenommenes **Fluoreszenzemissionsspektrum intakter Chloroplasten** (Abb. 6) zeigt ein deutliches Maximum bei 682 nm und eine breite Schulter bei 740 nm. Bei Messungen an intakten Blättern ist das Verhältnis beider Maxima durch Lichtstreuung und Reabsorption des Fluoreszenzlichtes in den verschiedenen Geweben allerdings verändert. Das Photosystem I (PS I) hat, unabhängig von der Wellenlänge, einen Anteil am Fluoreszenzsignal von mehr als 5 % bei 720 nm und von mindestens 2 % bei 685 nm. Die Fluoreszenz geht also unter dieser Bedingung weitgehend von Chlorophyll-a-Molekülen der Photosysteme II (PS II) aus, und zwar von den Antennensystemen (Krause und Weis 1991). Bei sehr niedrigen Temperaturen (77 K bzw. 4 K) gemessen, ändert sich das Spektrum deutlich. Es lassen sich dann drei abgesetzte Emissionsmaxima erkennen (Abb. 6), von denen sich das relativ breite Band bei 735 nm weiter auflösen lässt, wenn die Lichtstreuung und die Reabsorption des Fluoreszenzlichtes weitgehend minimiert werden. Diese einzelnen Peaks lassen sich, wie aus Tab. 1 ersichtlich, den verschiedenen chlorophyllhaltigen Proteinkomplexen der Thylakoidmembran zuordnen (Krause und Weis 1991).

Ein Fluoreszenzemissionsspektrum, wie das in Abb. 6 dargestellte, lässt sich bei Raumtemperatur auch an intakten Blättern aufnehmen. Untersuchungen von Buschmann et al. (2008) zeigten, dass insbesondere das Maximum bei etwa 685 nm stark vom Chlorophyllgehalt der Blätter beeinflusst wird und mit zunehmender Chlorophyllkonzentration abnimmt, während die Schulter im Bereich von 740 nm unverändert bleibt. Dies lässt sich mit einer Zunahme der Reabsorption des kurzwelligeren Fluoreszenzlichts durch andere Chlorophyllmoleküle mit entsprechenden Absorptionseigenschaften erklären.

Tatsächlich konnte gezeigt werden, dass sich die Variation des Chlorophyllfluoreszenzquotienten F685/F735 zu mindestens 92 % auf die Änderung der Chlorophyllabsorption bzw. der Reabsorption von Chlorophyllfluoreszenzphotonen zurückführen lässt. Beide Prozesse hängen direkt vom Chlorophyllgehalt ab. Die nahezu ausschließliche Veränderung im Bereich von 685 nm belegt auch, dass das

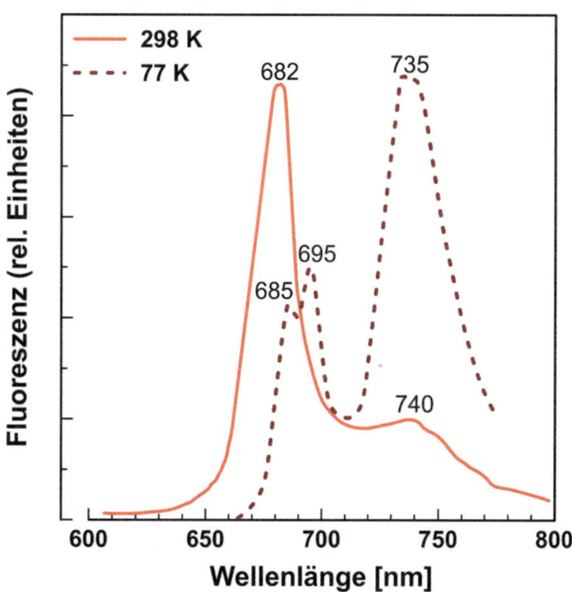

Abb. 6 **Fluoreszenzspektren von isolierten Chloroplasten** bei Raumtemperatur (298 K) und bei 77 K. Die Zahlen an den Spektren entsprechen den Wellenlängen der jeweiligen Fluoreszenzmaxima. (Eigene Darstellung, verändert nach Krause und Weis 1991)

Tab. 1 Zuordnung der Fluoreszenzemissionsmaxima von Tieftemperaturspektren (77 K bzw. 4 K) von Chlorophyll a zu den möglichen Emissionskomplexen. (Nach Krause und Weis 1991)

λ des Maximums	Ausgangskomplex
680 nm	Lichternteantennenkomplex von PS II
685 nm	inneres Antennensystem von PS II
695 nm	inneres Antennensystem von PS II
720 nm	inneres Antennensystem von PS I
735 nm	Lichternteantennenkomplex von PS I

Chlorophyllfluoreszenzsignal, zumindest bei Raumtemperatur (298 K), von Chlorophyllmolekülen des PS II ausgeht. Insgesamt ist das tatsächliche Ausmaß der Chlorophyllfluoreszenz deutlich höher als die real gemessene Netto-Fluoreszenz. Die reale Brutto-Chlorophyllfluoreszenz soll – je nach Autor – zwischen 50 % und 70 % der absorbierten Strahlung liegen. Die ausgeprägte Reabsorption des Fluoreszenzlichts bewirkt aber, dass unter „normalen" Umweltbedingungen der Steady-State-Anteil nur noch etwa 2–3 % der vorher absorbierten Strahlung ausmacht.

1.3 Struktur und Funktion des Photosyntheseapparates

An dieser Stelle erscheint es angebracht, die **Struktur der Photosynthesekomplexe**, ihre Anordnung in der **Thylakoidmembran** und der damit verbundenen Sequenz der Elektronentransportkette zu rekapitulieren und Begriffe wie PS I, PS II,

LHC usw. eindeutig zu definieren. Dies ist für das Verständnis der Chlorophyllfluoreszenz, ihrer Regulation und die Interpretation der Messdaten essenziell.

Abb. 7 zeigt schematisch, wie die für Lichtabsortion und Elektronentransport verantwortlichen **Superproteinkomplexe Photosystem I, Photosystem II** und **Cytochrom-b$_6$-f (Cyt b$_6$-f)**, auf die hier näher eingegangen werden soll, sowie die ATP-Synthasen (**Kopplungsfaktoren** CF_0 und CF_1) in den photosynthetischen Membranen der Chloroplasten angeordnet sein könnten (Dekker und Boekema 2005). Nach vielen Jahren intensiver Forschung hat man einigermaßen gesicherte Vorstellungen von der molekularen und räumlichen Struktur dieser Komplexe. Dagegen sind deren genaue Anordnung in der Membran und vor allem der zum Teil davon abhängige dreidimensionale Aufbau der Thylakoidmembran selbst noch nicht vollständig aufgeklärt. Dies ist nach wie vor Thema der aktuellen Forschung und von durchaus kontrovers geführten Diskussionen begleitet (vgl. Pribil et al. 2014). Daher können hier nur Modelle nach Arbeiten verschiedener Autoren vorgestellt werden.

Die **Photosystem-II-Komplexe** (Abb. 7), die für den nichtzyklischen Elektronentransport von H_2O zum Plastochinon zuständig sind, bestehen aus über 25 Untereinheiten (Caffarri et al. 2014) und zwar den peripheren und den inneren **Lichternteantennenkomplexen (LHC** = *light harvesting complex*), dem wasserspaltenden oder manganstabilisierenden Proteinkomplex (MSP) und einem sogenannten **Kernkomplex**. Dieser besteht selbst wiederum aus verschiedenen, unterschiedlich großen und teilweise die Thylakoidmembran durchsetzenden Proteinen. Es sind dies die zwei relativ fest gebundenen Kernantennenapoproteine CP47 (PsbB) und CP43 (PsbC), die die meisten Chlorophyll-a-Moleküle des Kernkomplexes binden (je 16 bzw. 13 oder 14 und zusätzlich je 5 bzw. 4 β-Carotin). Weiterhin lassen sich zwei Cytochrom-b-559-Proteinkomplexe isolieren, die wahrscheinlich als Heterodimer (PsbE und PsbF) vorliegen und die pro Proteineinheit ein einzelnes Häm (b-Typ) binden. Die Funktion ist noch unklar, könnte einerseits Strukturstabilisierung sein, aber auch der Schutz vor Zerstörung des Kernkomplexes bei einem Übermaß an Energie durch einen zyklischen Elektronenfluss zurück auf P^+_{680} oder den Transfer von Oxidationsäquivalenten während des Aufbaus des wasserspaltenden Komplexes werden diskutiert. In den gestapelten Bereichen der Thylakoidmembranen, den „Grana“, treten die Photosystem-II-Komplexe wohl meist als Dimere auf.

Der Reaktionszentrumkomplex wird von zwei membrandurchsetzenden Polypeptiden (D1 und D2) gebildet (D steht für diffuses Band; die Proteine werden auch als PsbA bzw. PsbD bezeichnet), die als ein annähernd symmetrisches Dimer angeordnet sind. Sie enthalten ein Paar oder möglicherweise auch vier überlappende Chlorophyll-a-Moleküle (P_{680}), die zentralen Pigmente des Reaktionszentrums. Ferner weisen sie noch zwei weitere Chlorophylle, zwei Phaeophytine, zwei Plastochinonbindungsstellen und ein einzelnes Nicht-Häm-Eisen auf. Während im D2-Protein ein Plastochinon Q_A relativ fest gebunden ist, wird an die Chinonbindungsstelle in D1 (Q_B) oxidiertes Plastochinon aus dem **Plastochinonpool** (PQ) reversibel gebunden. Nachdem dieses in einer Zwei-Elektronen-zwei-Protonen-Reaktion reduziert wurde, löst es sich wieder von der Bindungsstelle und diffundiert

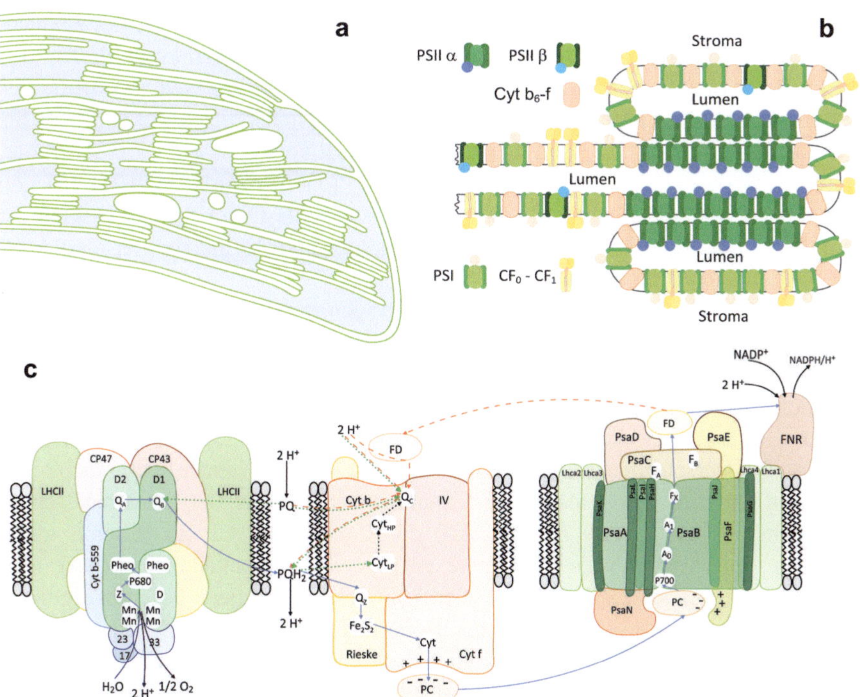

Abb. 7 Aufbau und Organisation der Thylakoidmembran sowie der Hauptkomponenten der photosynthetischen Elektronentransportkette höherer Pflanzen. (**a**) Halbschematische Darstellung des Chloroplasten einer C_3-Pflanze mit Stärkekörnern, osmophilen Lipidtropfen sowie gestapelten (Grana) und ungestapelten Thylakoidmembranbereichen. (**b**) Mögliche Organisation der Superproteinkomplexe (PS I, PS II, Cyt-b_6-f) der photosynthetischen Elektronentransportkette sowie der Kopplungsfaktoren (CF_0-CF_1) im Bereich der Kontaktzone zwischen Grana- und Stromamembranen. (**c**) Wahrscheinlicher Aufbau der PS-II-, Cyt-b_6-f- und PS-I-Komplexe. Weiterhin sind der nichtzyklische (*durchgezogene Pfeile*) und der zyklische Elektronentransportweg (*gestrichelte Pfeile*) sowie der Q-Zyklus im Cyt-b_6-f-Komplex (*Punkte*) gekennzeichnet. (Eigene Darstellung verändert nach mehreren Autoren)

durch die Membran zum Cytochrom-b_6-f-Komplex. An die Bindungsstelle von Q_B können auch Herbizide vom DCMU- oder Triazin-Typ (hauptsächlich Phenylharnstoffderivate) kompetitiv anlagern und so den Elektronentransport über das PS II hinaus blockieren. Aus diesem Grund wird D1 auch oft herbizidbindendes Protein genannt.

Eng mit dem D1-D2-Dimer assoziiert sind drei weitere, in das Thylakoidlumen weisende Polypeptide mit einer Molekülgröße von 33 (PsbO), 23 (PsbP) bzw. 16 kDa (PsbQ), die meist als wasserspaltender Komplex, aber auch als *regulatory cap* bezeichnet werden. Die für die Hydrolyse essenziellen 4 Manganionen sind jedoch wohl nicht an diese Proteine, sondern entweder zwischen dem 33-kDa-Polypeptid und den Carboxylenden von D1 und D2 oder ausschließlich an D1-D2 komplex gebunden. Auch Chlorid- und Calciumionen sind offensichtlich am aktiven

Zentrum beteiligt. Vieles spricht dafür, dass diese Proteine nicht nur das Mangan stabilisieren, sondern auch die Bindung der letztgenannten Ionen kontrollieren.

Im Reaktionszentrumskomplex sind alle Elektronentransportkettenelemente des PS II konzentriert, und es laufen hier alle Elektronentransportschritte von H_2O bis PQ ab. Im D1-Protein wird ein Oxidationspotenzial von mehr als + 1,0 V erzeugt, durch die Photooxidation von P_{680} über Z bzw. Y_Z (das Tyrosinmolekül Tyr 161 von D1) auf Mn weitergegeben und so die Photolyse von H_2O ermöglicht. Deshalb ist gerade das D1-Protein einer Vielzahl von Störungen und Behinderungen ausgesetzt, was seine hohe Turnover-Rate verständlich macht.

Die LHC II, die alle der sogenannten lhc-Supergenfamilie zuzuordnen sind, zeigen ein sehr niedriges Chlorophyll-a/b-Verhältnis ($\approx$ 1,2) und enthalten verschiedene Xanthophylle (insbesondere Lutein, Violaxanthin und Neoxanthin) als hauptsächliche Carotinoide. Speziell die peripheren Hauptlichterntekomplexe bilden Vielfaches von Trimeren, die wiederum variabel aus einer Gesamtpopulation von mindestens drei verschiedenen Polypeptiden (codiert von den Genen lhcb1, lhcb2 und lhcb3, in etwa im Verhältnis 8:3:1) zusammengesetzt sind. Die kleineren Nebenantennenkomplexe CP 29 (Lhcb4), CP 26 (Lhcb5) und CP 24 (Lhcb6) treten dagegen typischerweise als Monomere auf. Diese Nebenantennenkomplexe sind möglicherweise auch fester mit den Kernkomplexen assoziiert. Es konnte gezeigt werden, dass aus Erbsenchloroplasten isolierte LHC-II-Trimere 42 Chlorophylle (24 Chlorophyll a und 18 Chlorophyll b) sowie 12 Carotinoide enthalten. Beide LHC-II-Subpopulationen binden wenigstens 80 Chlorophyllmoleküle. Damit ergibt sich für ein vollentwickeltes PS II einer höheren Pflanze eine Gesamtsumme von mindestens 210 Chlorophyllmolekülen, da der Kernkomplex (PS IIγ) etwa 50 Chlorophylle enthalten soll. Der hier vorgestellte Aufbau der Chlorophyll-a/b-Antennensysteme ist allerdings nur eines von mehreren Modellen.

Der etwa 220 kDa große membranintegrierte **Cytochrom-b_6-f-Komplex (Cyt-b_6-f**; Abb. 7c), der in der linearen Elektronentransportkette Plastochinon oxidiert und Plastocyanin reduziert, übernimmt die Elektronen vom PS II via den Plastochinonpool. Cyt-b_6-f fungiert somit als eine Art Protonenpumpe. Der Gesamtkomplex selbst besteht aus acht oder neun Polypeptiduntereinheiten. Cyt-b_6-f enthält drei Häm (2 Cytochrom b_{563} in der 24 kDa großen **Cytochrom-b-**Untereinheit und ein Cyt-f in der 31 kDa großen **Cytochrom-f-**Untereinheit) und ein Rieske-Eisen-Schwefelzentrum (2Fe-2S); letzteres in einem 19 kDa großen Protein. Weiterhin sind noch die 17-kDa-Untereinheit IV sowie zumindest vier kleinere Proteine (PetG, PetL, PetM und PetN) aufgeklärt. Der Cyt-b_6-f-Komplex bindet offensichtlich auch je ein Plastochinon-, ein Chlorophyll-a- und ein β-Carotin-Molekül, deren Funktionen allerdings noch unbekannt sind.

Plastocyanin, ein peripheres Protein mit einem Kupferion als Redoxzentrum (Cu^+/Cu^{2+}), transferiert die Elektronen in einem Ein-Elektronen-Transport vom Cytochrom-b_6-f-Komplex zum PS I. Das Polypeptid kann dabei offensichtlich frei an der Thylakoidmembran diffundieren.

Ein weiteres, schwach membrangebundenes Protein ist das 11 kDa große **Ferredoxin (Fd)**, das ein 2Fe-2S-Zentrum aufweist. Genau genommen gibt es im Pflanzen- und Tierreich sowie bei Bakterien eine Vielzahl von ähnlichen Proteinen mit

Ferredoxinfunktion. In der Photosynthese liegt die Hauptaufgabe von Fd im Transfer von zwei Elektronen in zwei aufeinanderfolgenden Schritten vom PS I auf die **Ferredoxin-NADP-Oxidoreduktase (FNR)**.

Die FNR, quasi der Endpunkt der linearen photosynthetischen Elektronentransportkette, reduziert das $NADP^+$ zu $NADPH/H^+$, das unter anderem zur Assimilation von CO_2 genutzt wird. Die etwa 35 kDa große, hydrophile FNR scheint über ein weiteres 10 kDa-Protein („Connectein") sowie ein 16,5–17,5 kDa großes Polypeptid (*binding protein*) als ein Proteintrimer in der dem Stroma zugewandten Seite der Thylakoidmembran verankert zu sein. Die FNR könnte aber auch an Cyt-b_6-f gebunden sein und/oder mit PS I sowie weiteren Komplexen interagieren.

Ferredoxin ist wahrscheinlich auch wichtiger Bestandteil des **zyklischen Elektronentransports** (zyklische Phosphorylierung). Hierbei gelangen die Elektronen vom PS I über Fd auf den Plastochinonpool bzw. den Cytochrom-b_6-f-Komplex zurück. Möglich scheint auch ein zweiter Elektronentransportzyklus über den in geringen Mengen in der Membran enthaltenen NADPH-Dehydrogenase(NDH)-Superkomplex zu erfolgen. Der zyklische Elektronentransport dient wohl der Synthese von zusätzlichem ATP und damit einer Feinregulation des ATP-NADPH/H^+-Verhältnisses. Ein direkter In-situ-Nachweis dieser Funktion steht aber noch aus. Dem zyklischen Elektronentransport könnte aber auch eine photoprotektive Rolle zukommen, was jedoch immer noch sehr kontrovers diskutiert wird.

Das **Photosystem I** als die dritte große membrandurchsetzende Einheit der photosynthetischen Elektronentransportkette höherer Pflanzen besteht wie das PS II aus einem Kernkomplex und Chlorophyll b enthaltenden Antennenproteinen (Lhca1-4; Abb. 7c). Die LHC I binden insgesamt bis zu 58 Chlorophyllmoleküle mit einem Chlorophyll-a/b-Verhältnis von 3,5–4:1. Der gesamte PS-I-Superkomplex bindet wenigstens 173 Chlorophylle und, je nach Autor, 15 bis 34 Carotinoide.

Der Kernkomplex ist wahrscheinlich aus wenigstens 15 Untereinheiten zusammengesetzt. Das Reaktionszentrums-Chlorophyll-a-Dimer **P700** sowie die Transportkettenelemente A_0 (ebenfalls ein Chlorophyll a), A_1 (wahrscheinlich ein Phyllochinon) und ein 4Fe-4S-Cluster (F_X) sind zwischen den beiden Proteinen PsaA und PsaB lokalisiert (der Name des codierenden Gens wird synonym für das Protein verwendet). Diese Untereinheiten enthalten auch alle Chlorophyllmoleküle des Kernkomplexes (≈ 80) sowie etwa 20 β-Carotin-Moleküle. Zwei weitere Elemente der Elektronentransportkette (zwei 4Fe-4S-Zentren, F_A bzw. F_B) sind im Protein PsaC enthalten, das stromaseitig zusammen mit den Untereinheiten PsaD und PsaE das Ferredoxin bindet und die Elektronen an dieses weitergibt. Diese drei Untereinheiten sind quasi auf den PS-I-Komplex „aufgesetzt", d. h. sie besitzen keine in die Membran reichenden Ketten. Stattdessen können sie zusammen mit Fd und der FNR große, in das Stroma reichende ternäre Komplexe bilden.

Zusammen mit dem lumenseitigen PsaB bindet PsaF das Plastocyanin. Für eine effiziente Oxidation von PC ist allerdings auch noch die Untereinheit PsaN vonnöten. Die Polypeptide PsaF und PsaJ sind für die funktionelle Bindung der LHC I-Einheiten Lhca4 und Lhca2 essenziell, während die Untereinheiten PsaG und PsaK die Proteine Lhca1 bzw. Lhca3 koordinieren. Diese Interaktionen erlauben eine spezifische halbmondförmige Anordnung der vier Lichterntekomplexe in je zwei benachbarten Heterodimeren auf einer Seite des PS I. Das Protein PsaN stabilisiert dabei durch seine Wechselwirkung mit Lhca2 und Lhca3 die Heterodimerbildung (Abb. 7c).

Auf der dem LHC-I-Heterokomplex „gegenüberliegenden" Seite des PS I wird durch die Untereinheiten PsaH, PsaI, PsaL und PsaO eine nasenförmige Struktur gebildet. Diese soll im Rahmen des „Zustands"-Übergangs (*state-transition*) als Bindungsstelle von wenigstens einem LHC-II-Trimer fungieren. Im *state-transition* wird der Lichterntequerschnitt des PS II durch die Abgabe von LHC II verkleinert (im Maximum um etwa 20 %), der des PS I dagegen vergrößert. Diese Reaktion dient als eine Kurzzeitanpassung der relativen Lichterntefähigkeit als Reaktion auf sich ändernde Photonenflussdichten bzw. der spektralen Zusammensetzung der photosynthetischen Strahlung.

In der **Thylakoidmembran** herrscht eine deutliche laterale Asymmetrie der Komplexe (Abb. 7b). Die Grana- und Stromabereiche zeigen unterschiedliche Zusammensetzung, Funktion und strukturelle Organisation. Etwa 75–85 % der gesamten, meist dimeren PS-II/LHC-II-Komplexe (PS IIα) sind in den Granabereichen zu finden (Albertsson 2001), aber einige PS II, denen die peripheren LHC II zumindest teilweise fehlen (PS II*β*), gibt es im Stromabereich bzw. in den Randbereichen der Granastapel. Dies bezeichnet man als PS-II-Heterogenität. Die weit in das Stroma ausladenden PS-I-Komplexe (Abb. 7c) und die ATPasen (Abb. 7b) finden sich dagegen nur in Stromabereichen bzw. in den dem Stroma zugewandten Endflächen der Granastapel. Sterische Hinderung durch die voluminösen dem Stroma zugewandten Strukturen beider Komplexe wiederum ist der Grund, dass diese im Gegensatz zu den PS IIα nicht in den dicht gepackten Granastapelbereich wandern können.

Obwohl die Oberfläche der in den PS IIα eng mit PS-II-Komplexen verbundenen LHC II selbst negativ geladen ist, können sie aufgrund ihrer relativ großen Masse über **van-der-Waals-Kräfte** (Massenanziehungskräfte) die gegenseitige elektrostatische Abstoßung der Membranen mit ihrer deutlichen negativen Oberflächenladung überwinden und so hauptsächlich zur Granabildung beitragen (Dekker und Boekema 2005). Das bedeutet, dass das große Lichternteantennensystem der PS-IIα-Komplexe (Chl a + b: PS IIα $\approx 250 \pm 40$, PS II*β* $\approx 120 \pm 20$) deren Lokalisierung in den Grana ermöglicht. Anders gesagt, kann durch diesen Effekt im Zusammenspiel mit einer Ladungsabdeckung durch zweiwertige Kationen (Mg^{2+}) die Membranstapel überhaupt erst zustande kommen. Im Zusammenhang mit der Stapelbildung bzw. der Aufrechterhaltung der Trennung zwischen Grana- und Stromabereichen könnte aber auch molekulare Erkennung eine wichtige Rolle spielen (Allen und Forsberg 2001). Darunter versteht man eine nichtkovalente spezifische Wechselwirkung zwischen unterschiedlichen Molekülen, hier Proteinkomplexen.

Da sie auf der ins Stroma gerichteten Seite eine „ausladende" Struktur und eine hohe negative Ladungsdichte besitzen, finden sich die PS I sowie die für die ATP-Bildung verantwortlichen Enzymkomplexe (ATPasen) ausschließlich in „exponierten" („*exposed*") Membranbereichen. Dies sind einerseits die „freien" nichtgestapelten Regionen der Thylakoidmembranen, aber auch die Endbereiche der Grana. Cyt-b_6-f-Komplexe finden sich in allen Regionen dieser Membranen. „Schmalere" Proteinkomplexe wie ATPasen, PS I oder PS II*β* könnten auch in den „gerundeten"

Randbereichen der Granastapel (englisch: *grana margins*) vorkommen (Tikkanen und Aro 2014). Manche Autoren (z. B. Dekker und Boekema 2005) gehen allerdings davon aus, dass aufgrund von räumlicher (sterischer) Behinderung in diesen Thylakoidbereichen keine Proteine eingelagert sind.

Obwohl der relative Anteil der Stromabereiche über unterschiedlichste Pflanzenarten hinweg als bemerkenswert konstant angesehen wird und, nach Albertsson (2001), etwa 20,5 % ± 2,0 % beträgt, darf man Struktur und Komposition der Thylakoidmembranen aber nicht als etwas Statisches betrachten. Vielmehr reagieren diese dynamisch auf unterschiedliche Umweltfaktoren und deren Veränderungen. So beeinflussen kurzzeitige, aber auch über einen längeren Zeitraum auftretende Veränderungen von Lichtquantität und/oder -qualität unter anderem die Menge der LHC II und damit das Ausmaß der Thylakoidmembranstapelung und das Chlorophyll-a/b-Verhältnis. Ebenso kann die relative Menge von PS I (PS II/PS I) und von Cyt-b_6-f (Cyt-b_6-f/PS I) davon variiert werden. Diese Reaktionen sind für die Pflanzen essenziell, da hierdurch die Leistungsfähigkeit der Photosynthese optimal an die jeweils herrschenden Umweltbedingungen angepasst wird. Die Reaktionen schützen aber auch den Photosyntheseapparat vor photooxidativer Schädigung (Minagawa 2013).

Die Anpassungsreaktionen sind nicht zuletzt für den schon angesprochenen „Zustands"-Übergang wichtig, der unter anderem durch einen Wechsel von Schwachlicht zu Starklichtbedingungen und vice versa induziert wird. Die dynamische Um- oder Neuverteilung des spezifischen Energieeinfangquerschnitts der Antennenkomplexe ist auch beim Wechsel von verstärkter Lichternte bei geringem Lichtangebot zur bevorzugten sicheren Dissipation überschüssiger Energie essenziell. Eine verringerte Thylakoidmembranstapelung vereinfacht aber auch den Zugang zu und den Turnover von geschädigten D1-Proteinen der PS-II-Komplexe und erleichtert damit ihre Reparatur durch die entsprechenden Schritte des PS-II-Reparaturzyklus (*„damage-repair-cycle"*).

Die mit der lateralen Asymmetrie der Thylakoidmembran verbundene klare physikalische Trennung von PS-II- und PS-I-Komplexen verhindert einen unkontrollierten Energiefluss zwischen beiden Systemen. Die Fähigkeit zur dynamischen Anpassung des relativen Anteils von Stroma- und Granabereichen ermöglicht eine optimale Regulation von linearem und zyklischem Elektronenfluss (Dekker und Boekema 2005) und damit die Feinabstimmung der Bereitstellung von biochemischer Energie (ATP) und Reduktionsäquivalenten ($NADPH/H^+$) an den tatsächlichen Bedarf.

1.4 Schnelle und langsame Fluoreszenzinduktionskinetik – Kautsky-Effekt

Das der **Fluoreszenzinduktionskinetik** zugrunde liegende Phänomen wurde Anfang der 1930er-Jahre von Kautsky und Mitarbeitern (Kautsky und Hirsch 1931) entdeckt. Es beschreibt die charakteristische Änderung des messbaren Fluoreszenzsignals, die dann auftritt, wenn man beispielsweise nach ausgedehnter Abdunkelung ein solchermaßen akklimatisiertes Blatt belichtet.

Bestrahlt man ein solches Blatt mit **aktinischem**, das heißt die Photosynthese treibendem **Licht**, kann man über mehrere Minuten eine ganz charakteristische Änderung der Fluoreszenz registrieren, bevor diese schließlich einen mehr oder weniger konstanten Wert annimmt (Abb. 8). Dieses Phänomen wird **Fluoreszenzinduktion** oder nach seinem Entdecker auch **Kautsky-Effekt** genannt. Bei Fluoreszenzinduktionskurven sind einige Fixpunkte bemerkenswert, denen nach Lavorel und Etienne (1977) die Buchstaben O, I, D, P, S, M und T zugeordnet werden. Entsprechend bezeichnet man die Fluoreszenz an diesen Punkten als F_O, F_I, F_D usw. (van Kooten und Snel 1990).

Mit Einsetzen der aktinischen Belichtung erhöht sich die Fluoreszenz innerhalb weniger Picosekunden von einem Grundwert F_0 bis zu einem ersten Maximum F_I (I = *inflection*). Nach dem Durchlaufen einer Schulter D (*dip*) steigt das Fluoreszenzsignal etwas langsamer (in ca. 1 s) bis zu einem Spitzenwert F_P (P = *peak*). Die Höhe des Signals nimmt mit der Stärke des aktinischen Lichtes bis zu einem Maximalwert zu. Bei sättigender Lichtintensität wird F_P also zu F_M. Nach dem Spitzenwert fällt das Fluoreszenzsignal wieder bis auf einen mehr oder weniger konstanten Endwert F_T (T = *terminal*). Diese Abnahme der Fluoreszenz kann je nach Lichtintensität und Dauer der Vorverdunklung von einem oder mehreren quasistationären Zuständen S (= *steady-state* oder *semi steady-state*) und sekundären Maxima (M) unterbrochen sein. Der Rückgang der Fluoreszenz von F_P bis F_T dauert meist mehrere Minuten und wird deshalb auch als die **langsame Fluoreszenzkinetik**

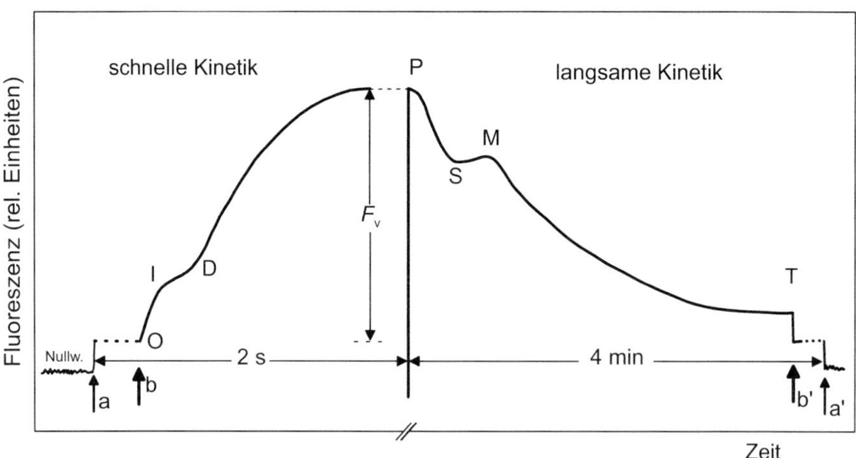

Abb. 8 Schnelle (linker Teil) und langsame (rechter Teil) **Kinetik der In-vivo-Chlorophyllfluoreszenzinduktion**, aufgenommen mit einem PAM-Fluorometer. Bei diesem Messsystem (vgl. unten) wird gepulstes Schwachlicht (= Messlicht) quasi als Fluoreszenzsignalträger verwendet. a bzw. a′ bezeichnen das An- bzw. Ausschalten dieses Messlichtes, b und b′ das der aktinischen Belichtung. Die Erläuterung der Fixpunkte O, I, D, P, S, M und T sowie von F_V ist im Text gegeben. (Eigene Darstellung, nach unterschiedlichen Vorlagen)

von der **schnellen Fluoreszenzkinetik** ($F_0 \rightarrow F_P$) unterschieden. Die einzelnen Abschnitte des Induktionsverlaufs stimmen gut mit den biophysikalischen Vorgängen des photosynthetischen Elektronentransports, aber auch mit dem Einsetzen der biochemischen Abläufe der CO_2-Reduktion überein.

Die Fluoreszenzausbeute bei O ($= F_0$) wird meist **Grundfluoreszenz** oder **konstante** bzw. **minimale Fluoreszenz** genannt. Sie spiegelt die Fluoreszenzemission angeregter Chlorophyll-a-Moleküle in den Antennensystemen des Photosystems II wider und zwar bevor die Anregungszustände (die Anregungsenergie) die Reaktionszentren erreichen. F_0 ist somit von photochemischen Vorgängen unabhängig. Die tatsächliche, maximale Grundfluoreszenz kann man nur erhalten, wenn nach Abbau des Protonengradienten über der Thylakoidmembran der erste stabile Akzeptor der **Elektronentransportkette (Q_A)** vollständig oxidiert vorliegt. Dann befinden sich alle Reaktionszentren im Grundzustand, man sagt, sie sind „offen". Da eine Vorverdunklung des Messobjektes dies nicht unbedingt gewährleistet, wird F_0, wenn nicht anders erwähnt, im Weiteren als **Dunkelfluoreszenz** bezeichnet.

Eine Messung der tatsächlichen Grundfluoreszenz ist aber durchaus möglich. Dazu belichtet man mit dem Ausschalten des aktinischen Lichtes die nun verdunkelten Blätter mit Fernrotlicht (z. B. 720 nm). So werden nur die PS I angeregt und dadurch die Komponenten der photosynthetischen Elektronentransportkette sowie schließlich alle Reaktionszentren der PS II vollständig oxidiert.

Die **variable Fluoreszenz** F_V, also der sehr komplexe Anstieg bis F_P (bzw. F_M), ist eng mit den photochemischen Reaktionen verknüpft und spiegelt in erster Linie Änderungen im Redoxzustand von Q_A wider. Liegt nämlich Q_A oxidiert vor, kann es Elektronen über Phaeophytin von einem angeregten P_{680} aufnehmen; ist es dagegen reduziert, kommt der Elektronenfluss über diesen Weg zum Erliegen. Damit wird es wahrscheinlich, dass ein Teil der Anregungsenergie der Chlorophyll-a-Moleküle von PS II als Fluoreszenz abgegeben wird. Wenn nun die Rate der Q_A-Reduktion die der Reoxidation übersteigt, was z. B. bei genügend hoher Lichtintensität der Fall ist, wird innerhalb relativ kurzer Zeit Q_A vollständig reduziert und somit die maximale Fluoreszenz F_M erreicht. Ist dies der Fall, spricht man auch von vollständig geschlossenen Reaktionszentren P_{680}.

1.4.1 Analyse der Fluoreszenzkinetik

Die Mehrphasigkeit des Anstiegs, der nicht direkt proportional zum Redoxzustand von Q_A ist, kann unter anderem mit dem komplexen Gleichgewicht zwischen der Reduktion von Q_A durch PS II und seiner Reoxidation durch das Elektronentransportsystem erklärt werden. So übersteigt bei hoher Photonenflussdichte des aktinischen Lichtes in der O-I-Phase die Reduktionsrate das Ausmaß der Reoxidation. Dieser Abschnitt ist auch mit dem Einsetzen der O_2-Bildung, das heißt, der elektronenliefernden Wasserspaltung verbunden.

Die Verzögerung der weiteren Erhöhung des Fluoreszenzsignals (I-D-Übergang) ist durch eine verstärkte Reoxidation von Q_A durch die Elektronentransportkette bedingt. Während der D-P-Phase korreliert der deutliche Fluoreszenzanstieg mit dem Rückgang der O_2-Entwicklung und geht mit einer weitgehenden Reduktion des Elektronentransportsystems einher. Dieser vorübergehende „Elektronenrückstau" könnte entstehen, wenn das Endprodukt des linearen Elektronentransports – $NADPH/H^+$ – nicht reoxidiert werden kann, da der Kohlenstoffreduktionszyklus erst mit einer deutlichen Verzögerung wieder aktiv wird. Der „Block" und, damit verbunden, der maximale Fluoreszenzanstieg tritt also vor allem dann auf, wenn die Voraussetzungen für eine rasche Reoxidation der Reduktionsäquivalente nicht gegeben sind. Das kann nicht nur durch eine längere Dunkelphase, sondern auch durch CO_2-freie Luft erfolgen.

Nach einer nur kurzen Dunkelphase wird die Fluoreszenz, ebenso wie die O_2-Produktion oder die CO_2-Fixierung, den stationären Zustand sehr schnell erreichen (P-T-Phase). Q_A kann dann durch den linearen Elektronenfluss auf NADP und weiter auf CO_2 im gleichen Maße reoxidiert werden, wie es reduziert wird. In dunkeladaptierten Blättern bedarf es dagegen einer längeren Anlaufphase, bis nach dem Wiederbelichten die maximale photosynthetische CO_2-Assimilation möglich wird.

Diese **Photosyntheseinduktion** soll durch eine Lichtaktivierung der Enzyme und – wesentlich wahrscheinlicher – einen Neuaufbau des Metabolitenspiegels des Kohlenstoffreduktionszyklus bedingt sein. Die Photosyntheseinduktion darf aber nicht mit der Fluoreszenzinduktion verwechselt werden. Dennoch sind beide Vorgänge nicht voneinander trennbar, da die Kinetik der Fluoreszenzänderung von F_P auf F_T über die Änderung des Redoxzustands von Q_A fest mit dem Ablauf und dem Abschluss der Photosyntheseinduktion verbunden ist.

1.4.2 Fluoreszenzlöschung und Elektronentransport

Photochemische Prozesse bedingen also zumindest teilweise die Abnahme des Fluoreszenzsignals und damit ein „Löschen" der messbaren Fluoreszenz. Man bezeichnet dies daher auch als **photochemische Fluoreszenzlöschung**. Den Anteil dieses Mechanismus am gesamten Prozess kann man mit dem **photochemischen Löschungskoeffizienten q_P** (q = *quenching* = löschen) beschreiben. In der Literatur findet man oft den eingedeutschten englischen Begriff **Quenching-Koeffizient**.

Außer der photochemischen Fluoreszenzlöschung sind noch weitere, von der photochemischen Arbeitsleistung unabhängige Mechanismen von Bedeutung. Sie werden unter dem Begriff **nichtphotochemische Fluoreszenzlöschung** zusammengefasst und mit dem **nichtphotochemischen Löschungskoeffizienten q_N** oder **q_{NP}** beschrieben. Der Vollständigkeit halber sei erwähnt, dass es außer dieser Definition der Begriffe Fluoreszenzlöschung und Löschungskoeffizient noch weitere, spezifischere gibt (vgl. Krause und Weis 1991, und dort zitierte Literatur).

Unter physiologischen Bedingungen kann man *in vivo* hauptsächlich drei Komponenten von q_N unterscheiden. Die wichtigste davon, die **energieabhängige Fluoreszenzlöschung q_E**, könnte durch den Protonengradienten über die Thylakoidmembran bedingt sein, zu dem sie direkt proportional ist. Die genaue Funktionsweise ist noch nicht völlig aufgeklärt. Ein mit dem Aufbau bzw. der Größe des H^+-Gradienten (ΔH^+) verbundener Prozess scheint aber den Energieabbau von Fluoreszenz auf Wärmeabgabe „umzuschalten". Allerdings kann Antimycin (ein Inhibitor des zyklischen Elektronentransportes) q_E abbauen, ohne den Protonengradienten zu beeinflussen. Daher müssen noch andere Faktoren involviert sein. Dafür spricht auch, dass man durch sogenannte Entkoppler das ΔH^+ verringern kann, ohne dass

q_E davon betroffen wird. Über den genauen Mechanismus gibt keine gesicherten Erkenntnisse. So bleibt noch zu klären, ob die Löschung z. B. in den Antennensystemen oder in den Reaktionszentren oder auch in beiden stattfindet.

In diesem Zusammenhang spielt sicherlich der sogenannte Violaxanthin- oder Xanthophyll-Zyklus eine wichtige Rolle (Demmig-Adams und Adams 1996). Hierunter versteht man die schnell (innerhalb von Minuten) ablaufende und vor allem reversible Photokonversion des Diepoxids Violaxanthin über das Monoepoxid Antheraxanthin zum epoxidfreien Xanthophyll Zeaxanthin (Abb. 9). Dabei ist Ascorbat ein essenzieller Cofaktor der Deepoxidierung. Es gibt einige sehr unterschiedliche Theorien über die Funktionsweise(n) des Xanthophyll-Zyklus. Während Violaxanthin als akzessorisches Pigment gilt, d. h. seine absorbierte Energie an Chlorophyll weitergeben kann, fungieren Antheraxanthin und Zeaxanthin als Anregungsenergiesenken, die verstärkt Anregungszustände (Excitone) aufnehmen und gefahrlos nichtstrahlend als Wärme abgeben (dissipieren) können. Es wird also quasi von Energieaufnahme auf Energieabgabe „umgeschaltet". Durch das Ablaufen des Xanthophyll-Zyklus könnte aber auch generell q_E verstärkt werden, z. B. durch Konformationsänderung der Thylakoidmembran oder durch die Kontrolle des Aggregationszustandes der LHC II.

Als zweite Komponente von q_N ist q_T zu nennen. Hierunter versteht man den Anteil der Fluoreszenzlöschung, der durch einen Übergang von **Zustand 1** der Fluoreszenz („Normalzustand", bei dem die Fluoreszenz hauptsächlich vom PS II ausgeht) auf **Zustand 2** bedingt wird (PS I hat einen erhöhten Anteil). Man weiß, dass die LHC II durch ihre, vom Redoxzustand der photosynthetischen Elektronentransportkette bzw. des Plastochinonpools gesteuerte, reversible Phosphorylierung von den PS-II-Kernkomplexen abgelöst werden und in die ungestapelten Bereiche der Thylakoidmembran wandern bzw. dorthin gedrängt werden. Da hierdurch der Absorptionsquerschnitt der Photosysteme II kleiner wird, verringert sich auch deren Lichtemission. Andererseits kann aber auch vermehrt Anregungsenergie von der größeren Anzahl der PS II*ß* auf PS I übergehen. Letzteres wird auch mit dem Fachterminus *spill over* bezeichnet. Da dieser Prozess jedoch offensichtlich schon bei relativ geringen Lichtintensitäten „gesättigt" ist, kommt q_T unter normalen Bedingungen nur eine geringe Bedeutung zu. Bei Schwachlicht kann dieser Mechanismus aber bis 20 % der gesamten Löschung ausmachen. In diesem Zusammenhang ist es interessant, dass auch unter „normalen" Lichtbedingungen ein Teil der PS-II- und der LHC-II-Proteine phosphoryliert sind. Entscheidend für die Regulation des Zustandsübergangs ist somit die Zunahme des Phosphorylierungsgrades (Tikkanen und Aro 2014).

Unter Starklicht ist die **photoinhibitorische Fluoreszenzlöschung q_I**, die dritte Teilkomponente von q_N, am bedeutendsten. Wie bei der energieabhängigen Fluoreszenzlöschung könnte hier eine langanhaltende (mehrere Minuten bis Stunden) Erhöhung der thermischen Deaktivierung in den Antennen des Photosystems II durch den Xanthophyllzyklus wichtig sein, auch wenn hier der zugrundeliegende Mechanismus weit weniger klar ist (Demmig-Adams und Adams 1996). Außerdem wird für die Regeneration von Mono-Dehydroascorbat und von Dehydroascorbat $NADPH/H^+$ benötigt (Abb. 9). In der Rückreaktion von Zeaxanthin zu Violaxanthin

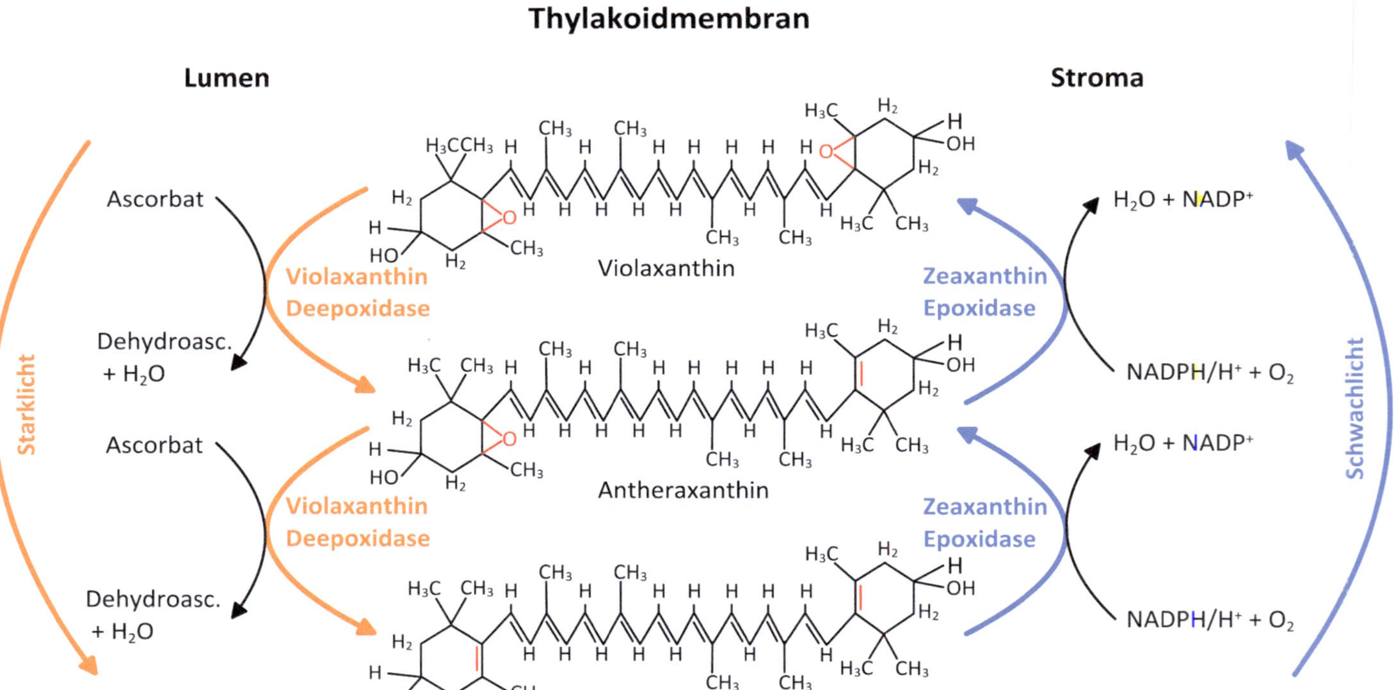

Abb. 9 Schema des Xanthophyllzyklus und seiner Komponenten, Violaxanthin, Antheraxanthin und Zeaxanthin. Auf der linken Seite sind die unter Starklicht auf der Lumenseite der Thylakoidmembran ablaufenden Deepoxidierungsreaktionen dargestellt, rechts die während der Relaxation unter schwachem Licht oder bei Dunkelheit auf der Stromaseite stattfindenden Rückreaktionen. (Eigene Darstellung, verändert nach unterschiedlichen Vorlagen)

(Epoxidierung) während der Entspannung unter abgeschwächter Belichtung werden weiterhin O_2 und NADPH/H^+ verbraucht und so der Redoxdruck zusätzlich reduziert.

Als weitere Gründe für den Rückgang des Fluoreszenzsignals kommen auch die verstärkte photochemische Inaktivierung der Reaktionszentren P_{680} (hauptsächlich von PS IIα) und/oder zunehmend Zerstörung und Abbau des Photosystem-II-Kernkomplexprotein D1 bzw. seine verzögerte Regenerierung (Krause et al. 1990) in Frage. Bei laufender Photosynthese ist das D1-Protein einem enormen Oxidationspotenzial von mehr als 1,0 V ausgesetzt. Daher ist es nicht überraschend, dass das D1 auch unter Schwachlicht eine sehr hohe Umsatzrate („*turn-over*") von weniger als 60 min aufweist. Das zeigt, dass die Chloroplasten sehr effektive, wenn auch sehr komplexe Reparaturmechanismen besitzen, die eine kontinuierliche und schnelle „Instandsetzung" von D1 als essenzielle photochemische Maschine ermöglichen (Aro et al. 1993). Starklicht kann jedoch rasch dazu führen, dass die Beschädigungsrate die Kapazität des Reparaturzyklus übersteigt und damit Energieaufnahme bzw. Energieweitergabe abnehmen, was einen Aspekt der **Photoinhibition** darstellt.

Die drei genannten Komponenten von q_N, also q_E, q_T und q_I, lassen sich relativ einfach durch die Analyse der Dunkelentspannungskinetik von q_N nach definierter Vorbelichtung extrapolieren (Abb. 10). Untersuchungen zeigen, dass der Einfluss von q_E schon nach etwa 2–3 min vollständig verschwunden ist. Die Komponente q_T, die erst nach etwa 3–15 min nicht mehr auftritt, ist allerdings nicht immer nachweisbar. Verständlicherweise gilt Gleiches für die photoinhibitorische Fluoreszenzlöschung q_I, die natürlich nur unter Lichtstressbedingungen auftritt (Herppich et al. 1998). Anstelle der Dunkelentspannungskinetik von q_N analysieren manche Autoren auch die Zunahme von F_M'. Neben der Nutzung einer linearen Zeitachse bietet sich alternativ eine logarithmische Darstellung an.

Die Analyse der Dunkelentspannungskinetik zeigt auch, dass eine optimale Dauer der Vorverdunklung stark von der Messsituation abhängt. Fehlen die Vorbedingungen für Photoinhibition, dann sollte eine Vorverdunklung von wenigstens 15 min ausreichen, um q_E und q_T vollständig zu entspannen. Auch eine mehr oder weniger vollständige Deaktivierung der Rubisco und damit ein „Abschalten" der Dunkelreaktion, ist schon nach dieser Zeitspanne gegeben. Liegen Bedingungen vor, die eine Photoinhibition wahrscheinlich machen, so ist die tatsächlich notwendige Zeit bis zur vollständigen Entspannung von q_N nur schwer vorherzusagen. Im Extremfall sind Stunden erforderlich. Folglich stellt eine konstante Vorverdunklungszeit von z. B. 15 min einen guten Kompromiss dar (q_E und q_T sind entspannt). Längere Zeitspannen sind ungünstig, da sie zusätzliche Ungewissheit (q_I) bedingen.

Im lichtadaptierten Zustand, das heißt, bei konstanter Photosynthese und hohem Protonengradienten über die Thylakoidmembran, kann die Grundfluoreszenz deutlich von der Dunkelfluoreszenz F_0 abweichen. Letztere ist dann als F_0' zu bezeichnen. Der Unterschied zwischen F_0 und F_0' ist z. B. eine Funktion der Intensität des verwendeten aktinischen Lichtes (Abb. 11) oder aber Folge von Stress. Ist das verwendete aktinische Licht von geringer Intensität, kann F_0' größer als F_0 sein. Ein Rückgang der Grundfluoreszenzausbeute nach Belichtung des Messobjektes mit Starklicht wird auch als **q_0-quenching** ($1 - F_0'/F_0$) bezeichnet (Schreiber und Bilger

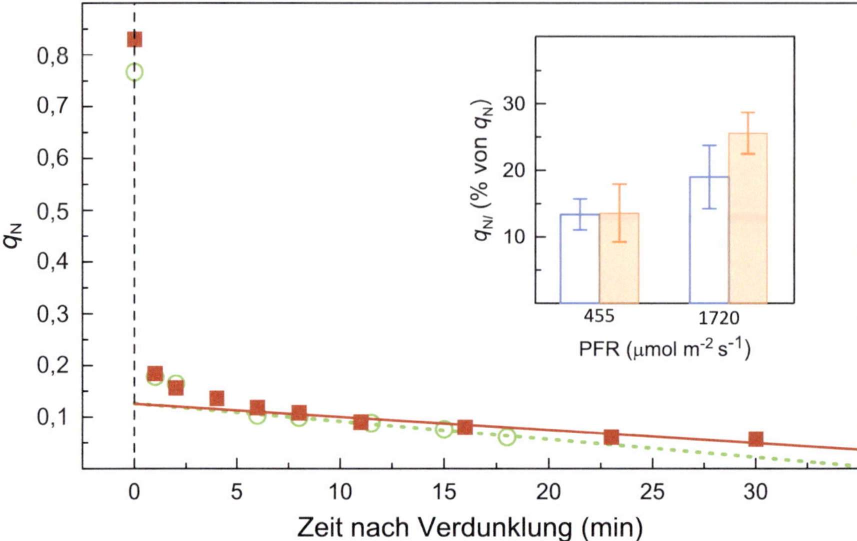

Abb. 10 **Dunkelentspannungskinetik von q_N nach 15 min Belichtung** bei einer Photonenflussrate (PFR) von 1720 µmol · m^{-2} · s^{-1} in gewässerten (*Kreise*) und ungewässerten (*Quadrate*) Pflanzen von *Delosperma tradescantioides*. Die lineare Regression über das langsam „entspannende" q_N ist durch die gestrichelte bzw. die durchgezogene Linie gekennzeichnet. In der eingefügten Teilabbildung sind die extrapolierten relativen Anteile der langsam entspannenden Komponente, q_{NI}, am gesamten q_N für gewässerte (*offene Balken*) und ungewässerte (*gefüllte Balken*) und zusätzlich bei 455 · µmol m^{-2} · s^{-1} aufgezeigt. (Eigene Darstellung, verändert nach von Herppich et al. 1998)

1987). Ursprünglich wurde angenommen, das Löschen von q_0 beruhe auf einem Zustand-l-Zustand-2-Übergang. Wahrscheinlich liegen hier jedoch die gleichen Mechanismen wie bei q_E zugrunde (Abb. 12).

Wird das zu untersuchende Blatt unzureichend vorverdunkelt, unterliegt es starkem Stress oder wird, verglichen mit den Anzuchtsbedingungen, während der Fluoreszenzmessung nur eine geringe aktinische Lichtintensität verwendet, kann man das **Auftreten von sekundären Maxima** (M) als Folge verzögert einsetzender Induktion beobachten (Abb. 8; Walker 1990). Auch unter diesen Umständen setzt nach Wiederbelichtung umgehend die Reoxidation von Q_A ein; jedoch ist diese aufgrund der verzögert beginnenden CO_2-Assimilation verringert. Wie oben beschrieben, bewirkt dies zusammen mit dem langsamen Wiederaufbau des Protonengradienten bei Einsetzen von zyklischem und linearem Elektronentransport die Abnahme der Fluoreszenz von F_P auf S. Wenn der ATP-Verbrauch mit Anlaufen des Calvin-Zyklus steigt, wird ΔH^+ erst signifikant verkleinert und damit q_E verringert. Die Fluoreszenz kann dann von S wieder auf M ansteigen. Sehr schnell beschleunigen jedoch die Verringerung des Protonengradienten und die erhöhte Verfügbarkeit von NADP (reoxidiert bei der Reduktion von PGA) den linearen Elektronentransport wieder. Photochemische und energieabhängige Fluoreszenzlöschung bewirken gemeinsam den Rückgang der Chlorophyllfluoreszenz von M

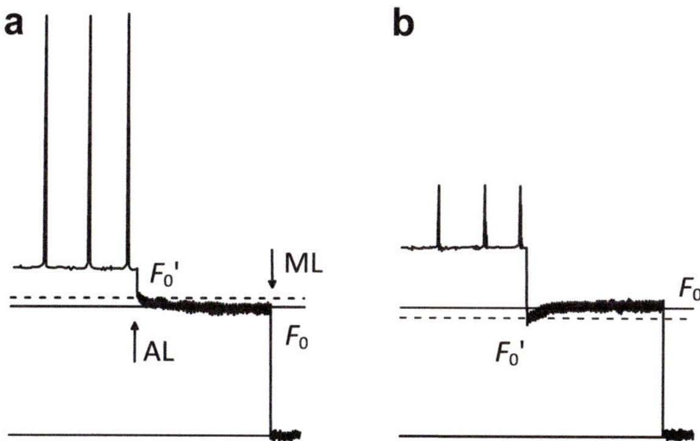

Abb. 11 Abhängigkeit der Grundfluoreszenz F_0' von der Intensität der vorausgehenden 10-minütigen aktinischen Belichtung (AL) bei der Mesembryanthemaceae *Delosperma tradescantioides*. (**a**) Die PPFD betrug 330 µmol · m^{-2} · s^{-1}. (**b**) Hier wurde eine PPFD von 1700 µmol · m^{-2} · s^{-1} verwendet, die für die Messpflanze lichtsättigend war. (Eigene Darstellung, verändert nach von Willert et al. 1995)

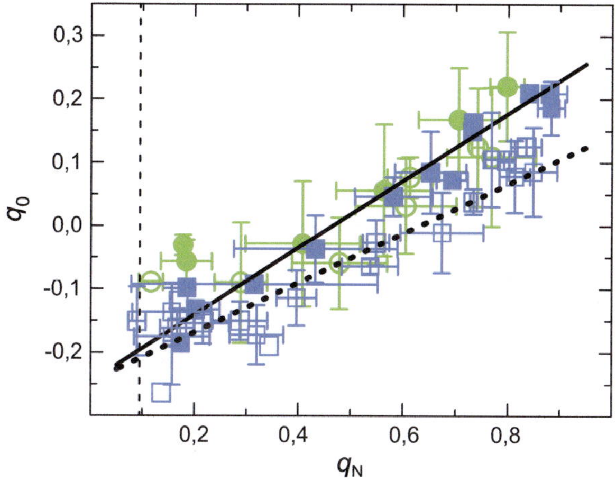

Abb. 12 Zusammenhang zwischen nichtphotochemischer (q_N) und Grundfluoreszenzlöschung (q_0). Die Daten wurden an gut wasserversorgten (*offene Symbole*) bzw. trocken gehaltenen (*gefüllte Symbole*) Pflanzen von *Delosperma tradescantioides* gemessen, die entweder bei einer mittleren *PPFD* von 220 (*Kreise*) oder 550 µmol · m^{-2} · s^{-1} (*Quadrate*) gewachsen waren. Die *gestrichelte* Regressionsgerade kennzeichnet die lineare Abhängigkeit von q_N und q_0 für trockengehaltene, die *durchgezogene* für gewässerte Pflanzen. (Eigene Darstellung, verändert nach Herppich et al. 1998)

auf T. Bei ausreichender Lichtstärke und in ungestressten Pflanzen wird ΔH^+ in nahezu gleichem Maße wiederaufgebaut, wie ATP verbraucht wird. Unter diesen Bedingungen tritt kein sekundäres Maximum auf.

Bei konstant ablaufender Photosynthese stellt der **terminale Fluoreszenzwert F_T** schließlich den Anteil der Fluoreszenz (1–3 %) am Gesamtenergieabbau dar.

Man darf auf keinen Fall die stationäre Fluoreszenz F_T mit der Fluoreszenzinduktion, das heißt, der Änderung der Fluoreszenzausbeute beim Dunkel-Licht-Übergang, verwechseln.

2 Chlorophyllfluoreszenz-Messsysteme

Während in den Anfängen der Fluoreszenzforschung die Geräte von den Wissenschaftlern selbst angefertigt werden mussten, kann man heute zwischen unterschiedlichen Messsystemen vieler Firmen auswählen. Grundsätzlich werden zwei Typen von Fluorometern angeboten, die sich in ihrem Aufbau deutlich unterscheiden. Es sind dies einerseits **konventionelle Systeme** (s. Abschn. 2.1), die mit **kontinuierlich eingestrahltem Anregungslicht** arbeiten und andererseits die sogenannten **modulierten Fluorometer** (s. Abschn. 2.2). Insbesondere auf dem letztgenannten Fluorometertyp bauen heute verfügbare **Chlorophyllfluoreszenz-Bildanalysesysteme** auf (s. Abschn. 2.3).

2.1 Systeme mit kontinuierlich eingestrahltem Anregungslicht

Das sogenannte Plant Stress Meter (PSM, BioMonitor AB S.C.I., Umea, Schweden; vgl. Bolhar-Nordenkampf et al. 1989) war eines der ersten kommerziell verfügbaren konventionellen Fluorometer. Bei diesem Gerät wurde das fluoreszenzanregende, aber zugleich auch aktinisch wirkende Licht kontinuierlich auf das zu untersuchende Blatt eingestrahlt (Abb. 13). Das Licht wurde von einer in die Zentraleinheit eingebauten Halogenlampe (λ: 300–660 nm) erzeugt und durch einen Kurzpassfilter vom langwelligen Anteil befreit. Zur Auslösung der Fluoreszenzinduktion wurde die Strahlung über den einen Weg einer zweiarmigen, zu einem Bündel zusammengefassten Glasfiberoptik geleitet. Die Intensität des Anregungslichtes konnte dabei zwischen 0 und 600 $\mu mol \cdot m^{-2} \cdot s^{-1}$ variiert werden. Das emittierte Fluoreszenzlicht gelangte über den zweiten Arm des Lichtleiters zum Detektor, einer Photodiode. Diese wurde durch einen Langpassfilter vor reflektierter aktinischer Strahlung geschützt. Da für die Messung der Fluoreszenz das Blatt dunkeladaptiert sein muss, konnte dieses in einer einfachen, undurchsichtigen Blattklammer, die zur Ausstattung des Gerätes gehörte, eingeklemmt werden. Mit diesem System konnte sowohl die schnelle als auch die langsame Induktionskinetik gemessen, über einen eingebauten Mikroprozessor ausgewertet und die Ergebnisse an einer Anzeige abgefragt werden.

Dem PSM sehr ähnliche Fluorometer sind die Geräte der Plant-Efficiency-Analyser-Serie (PEA, Hansatech Ltd., King's Lynn, UK). Zwei aktuelle, sehr handliche PEA-Messgeräte sind beispielhaft in Abb. 14 gezeigt. Diese Systeme werden ausschließlich für die Messung der schnellen Induktionskinetik eingesetzt und dabei primär zur Analyse der Parameter des sogenannten OJIP-Tests (Strasser und Strasser 1995) genutzt (s. Abschn. 3.1.2).

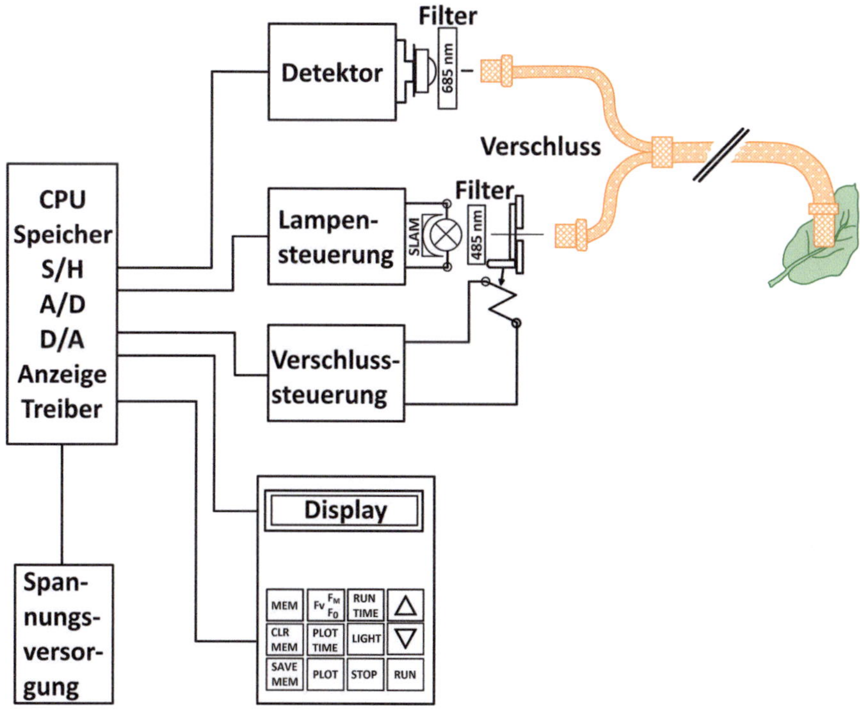

Abb. 13 **Schema des prinzipiellen Aufbaus eines konventionellen Fluorometers mit kontinuierlich eingestrahltem Anregungslicht** am Beispiel des Plant Stress Meter (PSM; BioMonitor AB S.C.I., Umea, Schweden). Dieses Messgerät war eines der ersten auf dem Markt und ist inzwischen schon nicht mehr erhältlich, *CPU* central processing unit. (Verändert nach Bolhar-Nordenkampf et al. 1989)

2.2 Modulierte Fluorometer

Im Gegensatz zu der konventionellen Auslegung zeichnen sich die sogenannten **modulierten Fluorometer** durch eine Trennung von Messlicht und aktinischer Strahlung aus. Dieses Prinzip soll am Beispiel des PAM-Fluorometers (PAM = *Puls-Amplituden-Modulation*) näher erläutert werden (Abb. 15). Die Fluoreszenz des Untersuchungsobjektes wird durch kurze, wenige Mikrosekunden dauernde Pulse amplitudenmodulierten Schwachlichts einer lichtemittierenden Diode (LED) angeregt, die eine Peak-Wellenlänge von 655 nm aufweist. Das durch einen Kurzpassfilter vom langwelligen Anteil befreite Rotlicht wird entweder in einer Frequenz von 1,6 oder 100 kHz abgegeben. Auch beim PAM dient eine Glasfiberoptik als Lichtleiter. Die angeregten kurzen Fluoreszenzpulse werden von einer durch einen Langpassfilter vor kurzwelligem Streulicht geschützten schnellen PIN-Photodiode detektiert. Diese Signale werden vorverstärkt und durch einen Ausschnittsverstärker, der von demselben Taktgeber gesteuert wird wie die LED, selektiv endverstärkt.

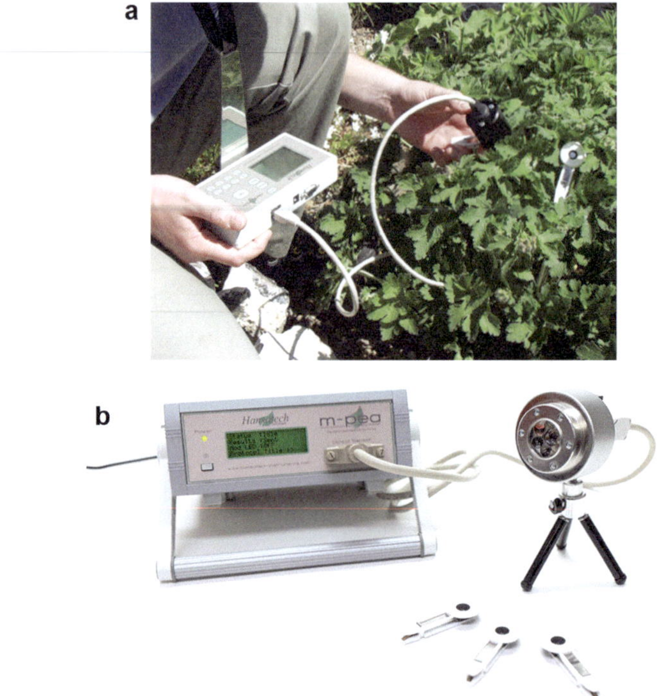

Abb. 14 **Zwei Beispiele für aktuelle konventionelle Fluorometer mit kontinuierlich eingestrahltem Anregungslicht.** Die Firma Hansatech Instruments Ltd (King's Lynn, UK) bietet seit vielen Jahren ihre PEA (Plant Efficiency Analyser)-Messgeräte an. Das Bild (**a**) stellt ein Handy-PEA dar, das sich auch sehr gut im Freiland einsetzen lässt. Weiterhin ist ein M-PEA (**b**) gezeigt, das zur parallelen Analyse von Chlorophyllfluoreszenz und der Absorptionseigenschaften von oxidierten PSI-Reaktionszentren (P700+) geeignet ist. In diesem Bild sind auch die für die Messung unbedingt notwendigen Blattklammern für die Abdunkelung der Messblätter zu sehen. (Fotos mit freundlicher Genehmigung der Firma Hansatech Instruments Ltd, King's Lynn, UK)

Durch diese Methode werden die Messsignale zuverlässig von überlagernden Lichtsignalen getrennt. Die Intensität des gepulsten Messlichtes kann dabei so gering sein, dass damit praktisch die Dunkelfluoreszenzausbeute bzw. im stationären Zustand die Grundfluoreszenz der energetisierten Thylakoidmembran messbar wird. Durch diesen Aufbau ist es möglich, die Fluoreszenzkinetik mit Starklicht beliebiger Wellenlänge und Intensität, aber auch mit Weißlicht oder Sonnenlicht auszulösen. Ebenso kann F_T kontinuierlich an nicht vorverdunkelten Blättern, z. B. in einer Küvette bei parallel laufender Gaswechselmessung, bestimmt werden. Eine Störung, etwa durch Streulicht, wird mittels Selektivverstärkung in hohem Maße ausgeschlossen und praktisch nur die Pulssignale endverstärkt. Beispiele für einige typische aktuelle Messgeräte dieser Geräteklasse von unterschiedlichen Firmen (z. B. PAM, Heinz Walz GmbH, Effeltrich, Deutschland; FMS-Serie, Hansatech Instruments Ltd., King's Lynn, UK; OS-Serie, Opti-Sciences, Inc., Hudson, USA) sind in Abb. 16

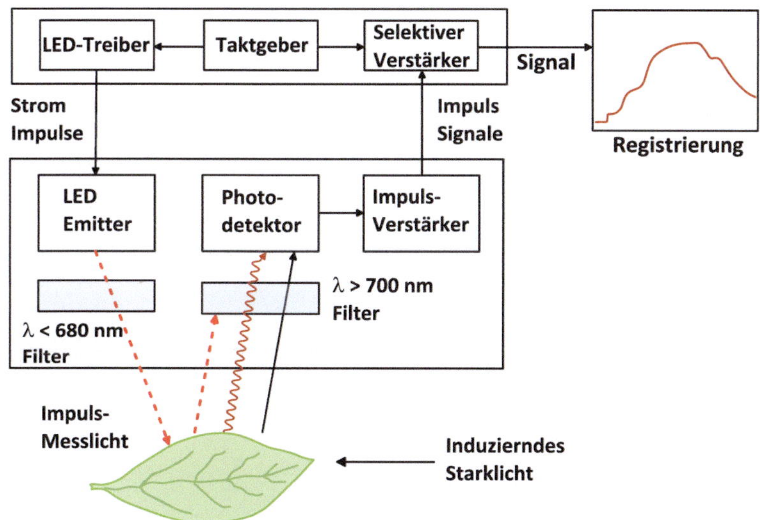

Abb. 15 **Schema eines pulsamplitudenmodulierten PAM-Fluorometer** (Heinz Walz GmbH, Effeltrich, Deutschland). Die Erklärung des Schaltbildes und der Funktionsweise des Gerätes wird im Text gegeben, *LED* lichtemittierenden Diode. (Eigene Darstellung, verändert nach von Willert et al. 1995)

gezeigt. Neben diesen Standardgeräten erlaubt es die fortschreitende technische Entwicklung inzwischen auch, wesentlich kleinere Fluorometer im „Hosentaschenformat" (*pocket-sized*) herzustellen (Abb. 17). Diese zeigen oft nahezu die gleiche Fülle an Messmöglichkeiten wie die vorher genannten Messsysteme.

Eine andere Weiterentwicklung der Fluorometertechnik stellen die sogenannten Monitoringsysteme dar (Abb. 18). Diese ebenfalls modulierte Geräte erlauben es, automatisch in Langzeitmessungen die Veränderungen der unterschiedlichen Fluoreszenzparameter zu bestimmen und damit die aktuellen Photosyntheseeigenschaften der untersuchten Pflanzen zu erfassen. Parallel werden bei diesen Systemen auch immer die Photonenflussrate und die Blatttemperatur registriert. Unterschiedliche Blattklammern erlauben die Untersuchung verschiedenster Blattformen. Selbst für Unterwasseranalyse lassen sich diese Fluormeter anpassen.

2.3 Chlorophyllfluoreszenz-Bildanalysesysteme

Als Antwort auf sehr viele Stressfaktoren kann es häufig zu lokal begrenzten Reaktionen bzw. einer ausgeprägten räumlichen Dynamik der Photosynthese kommen. Ein Nichtbeachten dieser Effekte erhöht die Variabilität der Ergebnisse und kann zu Fehlinterpretationen führen. Bei den bisher vorgestellten, ausschließlich für Spotmessungen geeigneten Fluorometern kann man derartigen Problemen nur durch die Erhöhung von Probenumfang und Anzahl der Messungen begegnen. Hier bieten Bildanalysesysteme klare Vorteile (Abb. 19). In den 1990er-Jahren wurden in

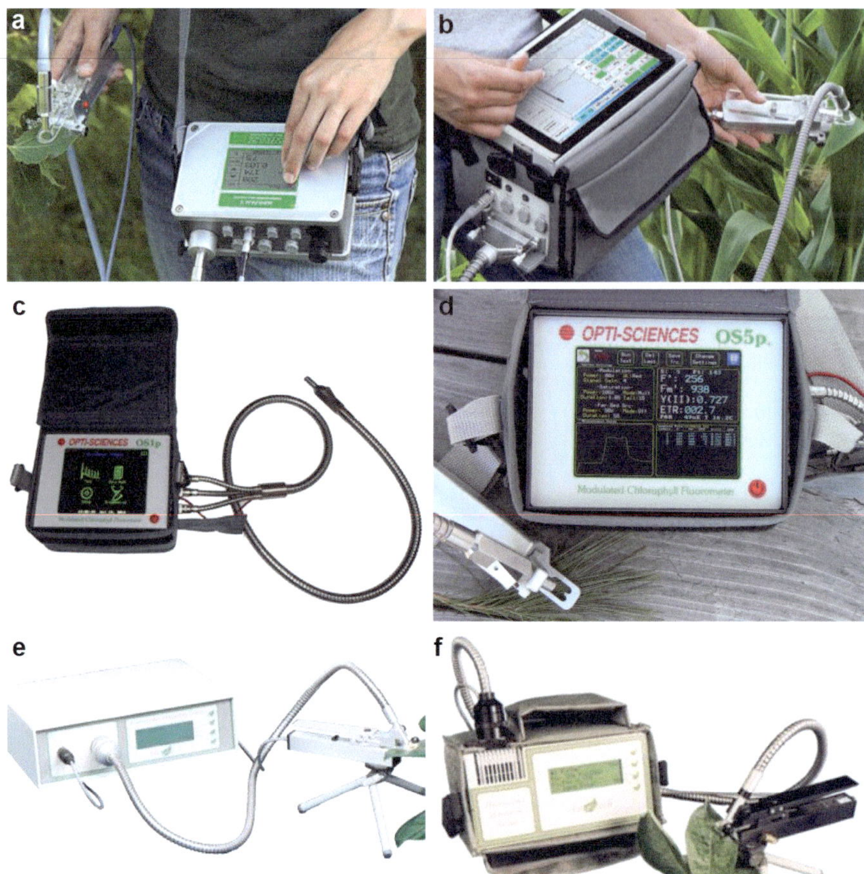

Abb. 16 **Beispiele für aktuelle pulsamplitudenmodulierte Fluorometer**; (**a**) MiniPAM bzw. (**b**) PAM 2500, beide Heinz Walz GmbH, Effeltrich, Deutschland; (**c**) OS1p und (**d**) OS5p, Opti-Sciences, Inc., Hudson, USA sowie (**e**) FMS1 und (**f**) FMS2, Hansatech Instruments Ltd., King's Lynn, UK. (Fotos mit freundlicher Genehmigung der Firmen)

einigen grundlagenorientierten Forschungslaboren entsprechende selbstgebaute Systeme entwickelt und mit Erfolg eingesetzt (vgl. Herppich et al. 2012).

Kommerzielle Chlorophyllfluoreszenzbildanalysesysteme sind seit vielen Jahren erhältlich. Eines der ersten Geräte war die FluorCam MF von Photon Systems Instruments (PSI, Brno Tschechische Republik; Herppich 2002). Bei der FluorCam (Abb. 20a) werden das gepulste Messlicht sowie die kontinuierliche aktinische Strahlung von zwei LED-Einheiten mit orangen Dioden ($\lambda_{max} = 620$ nm) und die Sättigungspulse (max. ca. 2500 mmol $\cdot$ m^{-2} $\cdot$ s^{-1} Photonen) von einer Halogenlampe (250 W) erzeugt, die mit einem elektronisch gesteuerten Verschluss ausgestattet ist. Das Fluoreszenzbild wird mit einer Frequenz von maximal 25 Bildern pro Sekunde in einer 8-Bit-Graustufenskala (400 $\times$ 300 Pixel) von einer CCD-

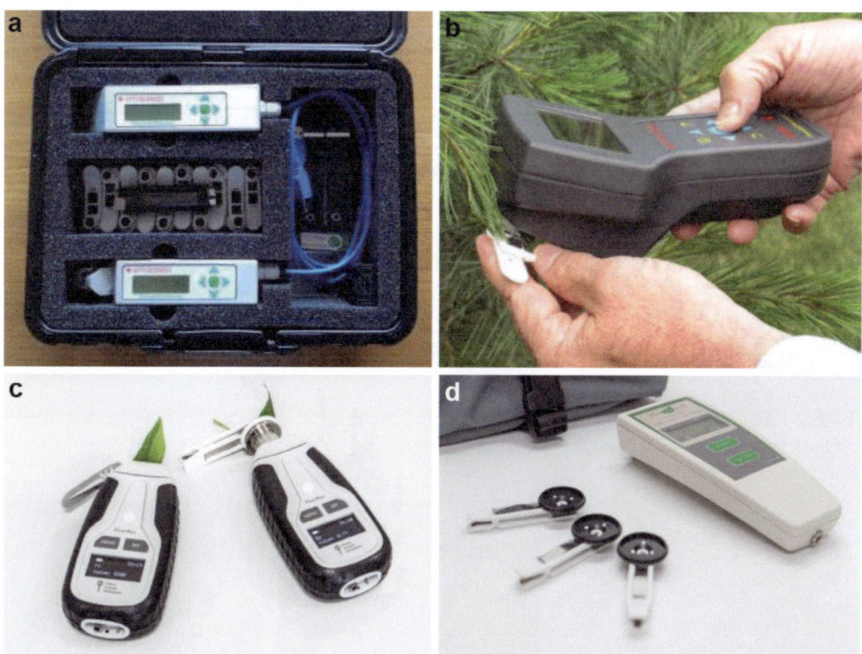

Abb. 17 **Einige aktuelle Fluorometer im „Pocket"-Format**; (**a**) das „Plant Stress Kit" (PSK) bzw. (**b**) PS30p+, beide Opti-Sciences, Inc., Hudson, USA; (**c**) der FluorPen PSI (Photon Systems Instruments, Drásov, Tschechische Republik) und (**d**) das Pocket PEA (Hansatech Instruments Ltd., King's Lynn, UK; Fotos mit freundlicher Genehmigung der Firmen)

Abb. 18 **Zwei „Monitoringfluorometer" Systeme**; (**a**) das Monitoring PAM (Heinz Walz GmbH, Effeltrich, Deutschland) und (**b**) die PSP32 Plant Stress Probe (Opti-Sciences, Inc., Hudson, USA; Fotos mit freundlicher Genehmigung der Firmen)

Kamera aufgenommen. Die Steuerung des Systems und die Auswertung der Daten erfolgen über einen PC. Per Software lassen sich alle vorgestellten Analysemodi durchführen, wobei der Nutzer die vorgeschlagenen Prozeduren frei verändern kann. Die FluorCAM ermöglicht die Untersuchung der Photosyntheseeigenschaften von

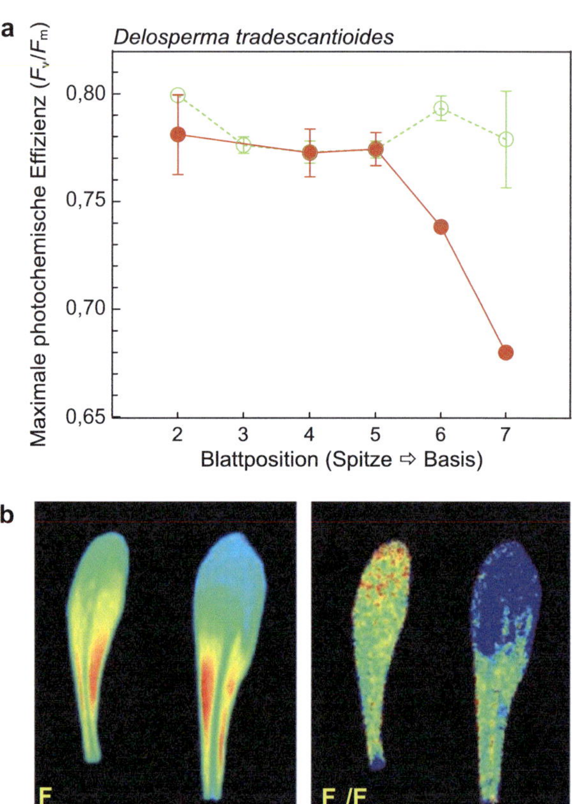

Abb. 19 Einfluss der Blattposition auf die maximale photochemische Effizienz (F_V/F_M) gut gewässerter (*offene Kreise*) bzw. trockengestresster (*gefüllte Kreise*) Blätter von *Delosperma tradescantioides* (**a**). Lokale Trockenstresswirkung (**b**) an verschieden lange gestressten Blättern. Je dunkler der Blattbereich, desto geringer ist die Aktivität des Photosyntheseapparates. (Eigene Darstellung, verändert nach Herppich 2002)

Blättern und kleinen Pflanzen mit relativ hoher räumlicher und zeitlicher Auflösung. Inzwischen sind verschiedene weitere Systeme von unterschiedlichen Firmen auf dem Markt (Abb. 20). Die meisten nutzen ebenfalls die PAM-Technik.

3 Analyse von Fluoreszenzmessungen

Die Analyse sowohl der **schnellen** (s. Abschn. 3.1) als auch der **langsamen Fluoreszenzkinetik** (s. Abschn. 3.2) ermöglicht es, mit relativ einfachen, nichtdestruktiven Messungen eine Vielzahl an relevanten Photosyntheseparametern zu gewinnen (Abb. 21). Diese Parameter liefern auf unterschiedlich komplexen Ebenen umfangreiche und wertvolle Hinweise über die aktuelle Nutzung der absorbierten Lichtenergie (aktuelle Quantenausbeute), den Aktivitätszustand von PS II sowie dessen Behinderung oder Schädigung durch Umwelt- und Stressfaktoren (Bolhar-Nordenkampf et al. 1989).

Abb. 20 **Unterschiedliche kommerziell erhältliche Chlorophyllfluoreszenzbildanalysesysteme**; (**a**) FluorCAM MF, (**b**) Open FluorCam FC 800-O/1010 und (**e**) Handy GFPCam FC 1000-H/GFP (Photon Systems Instruments PSI, Drásov, Tschechische Republik); Maxi- (**c**) und (**d**, **f**) Mini-Version der IMAGING-PAM M-Series der Walz GmbH, Effeltrich, Deutschland (Fotos: **a**, **c** WB Herppich; **f** R Matyssek; **b**, **d**, **e** mit freundlicher Genehmigung der Hersteller)

3.1 Analyse der schnellen Kinetik

3.1.1 F_0, F_V/F_M

Da die Höhe des F_0-Signals von der Dichte der Anregungszustände in den PS-II-Antennen abhängt, wird sie von allen **Stresssituationen** variiert, die Struktur und Anzahl der PS-II-Superkomplexe verändern. So schädigt **Hitzebehandlung** die PS-II-Reaktionszentren und erhöht damit das F_0-Signal. Ebenso verstärkt **Photoinhibition**

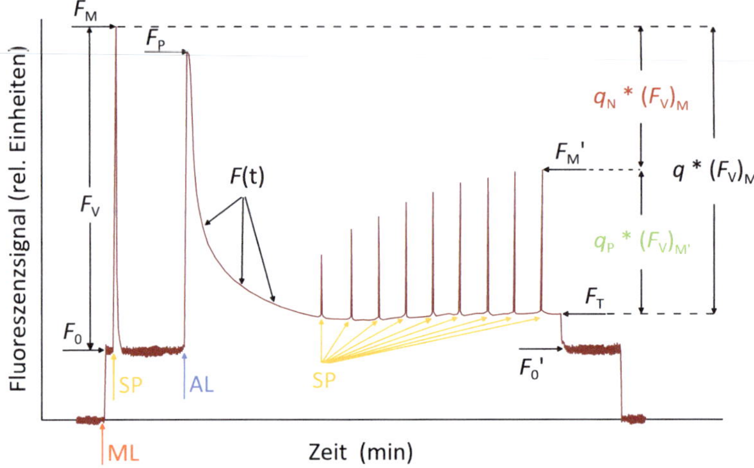

Abb. 21 Typischer Chlorophyll-Fluoreszenz-Signalverlauf bei Verwendung der Sättigungspulsmethode. Gemessen wurde an einem Blatt einer gut gewässerten *Delosperma tradescantioides*-Pflanze (Mesembryanthemaceae). Die PPFD des aktinischen Lichtes betrug 455 µmol · m^{-2} · s^{-1}, die Blatttemperatur 27 °C. Vor Beginn der Messung wurde das Blatt 15 min lang verdunkelt. An diesem Beispiel sollen die Grundlagen der Fluoreszenzlöschungs(*Quenching*)-Analyse verdeutlicht und die aktuelle Terminologie aufgezeigt werden. Nach Einschalten des Messlichtes (ML, PPFD < 1 µmol · m^{-2} · s^{-1}) wird die Dunkelfluoreszenz F_0 registriert; q_N ist zu diesem Zeitpunkt Null, q_P dagegen maximal, also 1. Durch den Sättigungspuls (SP, Dauer 700 ms, PPFD ca. 7500 µmol · m^{-2} · s^{-1}) werden alle PS-II-Reaktionszentren geschlossen und damit q_P eliminiert. q_N bleibt weiterhin 0, da die Lichtmenge nicht ausreicht, einen der mit diesem Löschungskoeffizienten beschriebenen Mechanismen zu aktivieren. Damit erreicht die Fluoreszenzausbeute ihren Maximalwert F_M. Nach Einschalten der aktinischen Belichtung (AL) steigt das Fluoreszenzsignal auf einen von der verwendeten PPFD abhängigen kurzzeitigen Höchstwert F_P an, um anschließend, bedingt durch das Zusammenspiel der verschiedenen Löschungsmechanismen (es gilt $0 < q_P < 1$ und $0 < q_N < 1$), auf einen terminalen Wert F_T abzusinken. Auch in dieser Phase sollen die Sättigungsimpulse ein vollständiges Schließen aller P_{680} bewirken ($q_P = 0$; $0 < q_N < 1$). Die Fluoreszenzausbeute F erreicht dann ihr intermediäres Maximum F_M'. Schaltet man nach Erreichen von F_T das aktinische Licht aus, registriert man für kurze Zeit F_0', die Grundfluoreszenz im energetisierten Zustand der Thylakoidmembran ($q_P = 1$ und $0 < q_N < 1$). Mit zunehmender Entspannung des verdunkelten Systems wird wieder die Ausgangssituation erreicht. (Eigene Darstellung, verändert nach von Willert et al. 1995)

unter anderem die photooxidative Zerstörung der PS II und kann sich somit auch auf die Grundfluoreszenz auswirken. Jedoch ist hier die Reaktion indifferent. Je nach dem vorherrschenden Wirkort und dem zugrundeliegenden Mechanismus kann die Schädigung entweder eine Erhöhung (Inhibition auf der Akzeptorseite) oder ein Erniedrigung (Inhibition auf der Donorseite des PS II) von F_0 bedingen (Krause 1988).

Meist wird F_0 zur Standardisierung der anderen Fluoreszenzparameter genutzt. Da die absolute Höhe des erhaltenen Signales nicht nur von physiologischen Größen bestimmt ist, sondern auch durch bloße Änderung der Messanordnung (z. B. Abstand zwischen Lichtleiter und Messobjekt) variiert wird, ist es zweckmäßig, die variable Fluoreszenz F_V nicht als Differenz zwischen F_P und F_0, sondern als Quotient aus beiden, den F_P/F_0-Wert, darzustellen.

Nach einer Hypothese von Butler und Kitajima (vgl. Baker 1991) ist das Verhältnis $F_V/F_M = [(F_M - F_0)/F_M]$ als ein Maß für die Effizienz anzusehen, mit der **die Anregungsenergie aus den Antennenkomplexen von offenen PS-II-Reaktionszentren übernommen wird**. Bei vielen Pflanzenarten und Ökotypen liegen die Maximalwerte von F_V/F_M in dem sehr engen Bereich von 0,832 ± 0,004. Unter vergleichbaren experimentellen Bedingungen konnten an denselben Pflanzen Photonenwirksamkeiten von 0,106 ± 0,001 mol freigesetztem O_2 pro Mol absorbierter Photonen bestimmt werden (Björkman und Demmig 1987). Im Idealfall werden aber, wie den Lehrbüchern zu entnehmen ist, insgesamt 8 mol Photonen benötigt, um 1 mol O_2 zu erzeugen bzw. 4 mol Elektronen zu transportieren. Damit ergibt sich eine theoretische maximale Photonenwirksamkeit von 1/8 = 0,125. Tatsächlich werden folglich nicht 1 mol Elektronen pro 2 mol Photonen durch das Photosystem II geschleust, sondern 0,106/0,125 ≈ 0,85. F_v/F_M spiegelt also in guter Näherung die **maximale relative Elektronentransportwirksamkeit** und damit die **maximale photochemische Effizienz von PS II** wider.

In einer Reihe von Versuchen konnte gezeigt werden, dass F_V/F_M zu der mit Gaswechselmessungen bestimmten **photochemischen Photonenwirksamkeit** direkt proportional ist. Weiterhin ist unter photoinhibitorischen Bedingungen eine Änderung dieses Quotienten signifikant mit dem Rückgang der Photonenwirksamkeit der CO_2-Aufnahme korreliert (Demmig und Björkman 1987). Damit bietet sich dieser Parameter als Indikator einer photoinhibitorischen Behinderung oder Schädigung des Photosyntheseapparates durch hohe Lichtintensitäten an.

Gerade die Analyse von F_V/F_M im Tagesverlauf bietet eine gute Möglichkeit, das Ausmaß einer Photoinhibition relative einfach zu bestimmen. Misst man F_V/F_M unter stressfreien Bedingungen, z. B. kurz vor oder nach Sonnenaufgang (${}^0F_V/F_M$) und bestimmt diesen Parameter wiederholt über den Tag (${}^tF_V/F_M$) nach einer Vorverdunklungszeit von 10–12 min, kann man die photoinhibitorische Behinderung (i_P) bestimmen (Herppich et al. 1997) als

$$i_P = 1 - \frac{{}^tF_V/F_M}{{}^0F_V/F_M}$$

Grundsätzlich darf nicht unerwähnt bleiben, dass auch die absoluten Änderungen von F_0 und F_M auf unterschiedliche Wirkmechanismen des einwirkenden Stresses schließen lassen, die bei ausschließlicher Beachtung der Quotienten unentdeckt bleiben. Wie oben erwähnt, deutet ein Anstieg der Grundfluoreszenz auf eine Schädigung der PS-II-Zentren auf der Akzeptorseite hin, ein Rückgang von F_M dagegen z. B. auf einen Anstieg der nichtphotochemischen Fluoreszenzlöschung. Beide Reaktionen können beispielsweise bei Photoinhibition beobachtet werden und bedingen zusammen die Abnahme von F_V/F_M.

Ganz allgemein erlaubt F_V/F_M nicht nur Rückschlüsse auf die maximale photochemische Effizienz, sondern in einem weiteren Sinne auch auf die **Intaktheit des**

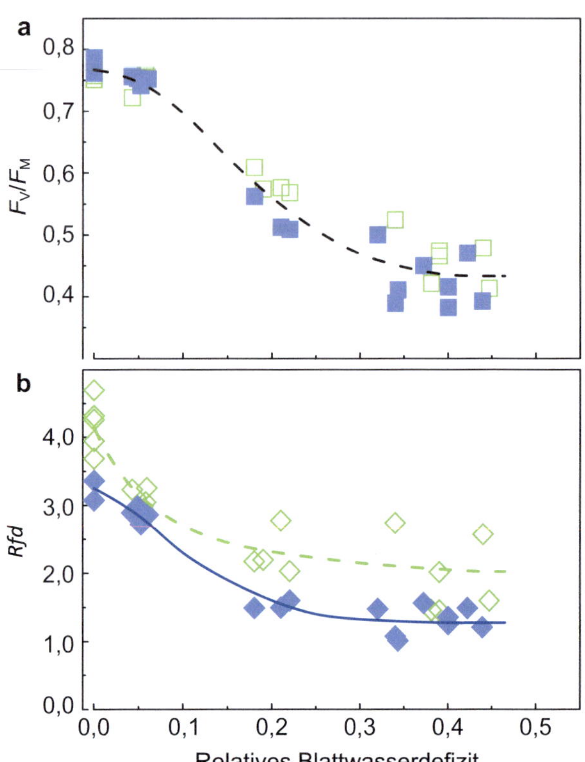

Abb. 22 **Änderung (a) der maximalen photochemischen Effizienz (F_V/F_M)** bzw. **(b) des Vitalitätsindex (*Rfd*)** mit einem zunehmendem Blattwasserdefizit bei abgeschnittenen vollturgeszenten Blättern (n = 6; mittleres Alter) der blattsukkulenten CAM-Pflanze *Plectranthus marrubioides*. Die Messungen erfolgten in der Decarboxylierungsphase (*offene Symbole*) bzw. nach vollständigem Malatabbau (*geschlossene Symbole*). Während des Experimentes konnten die Blätter bei $T_{T/N}$ = 30/15 °C, $rF_{T/N}$ = 30/60 % und einer *PPFD* von ca. 300 µmol · m^{-2} · s^{-1} (12 h) auf Nylonnetzen frei transpirieren (T/N = Tag/Nacht). (Eigene Darstellung, verändert nach Herppich 1989)

gesamten Photosyntheseapparates (vgl. Bolhar-Nordenkampf et al. 1989). Damit ist F_V/F_M als rasch zu ermittelnder Parameter für die Analyse der Auswirkung einer Vielzahl von Stresssituationen wie Untertemperatur (*chilling*), Frost, Hitze, Salinität oder z. T. Trockenheit (Abb. 22a) sehr gut geeignet.

3.1.2 OJIP-Test

Der weiter oben schon genannte **OJIP-Test** ist ein gänzlich anderer, umfassender und inzwischen sehr weit verbreiteter Ansatz zur Analyse der schnellen Kinetik. Er geht in erster Linie auf Arbeiten von Reto Strasser (vgl. Strasser und Strasser 1995) zurück. Ein Vorteil dieser Methode ist, dass die sehr handlichen kontinuierlichen Fluorometer, wie etwa die PEA-Geräte oder der FluorPen für die Erfassung schneller Kinetiken sehr gut geeignet sind. Wie ebenfalls schon erwähnt, sind bei allen an vorverdunkelten Proben gemessenen Fluoreszenzinduktionskurven einige Fixpunkte bemerkenswert, die sich bestimmten Zustandsänderungen bzw. photophysikalischen und photochemischen Vorgängen zuordnen lassen (vgl. Abb. 8).

Ähnlich den in Abb. 8 genannten Kardinalpunkten O, I, D, P (nach Lavorell und Etienne 1977) definierte Strasser die Fixpunkte O, J, I und P (Abb. 23). Dabei

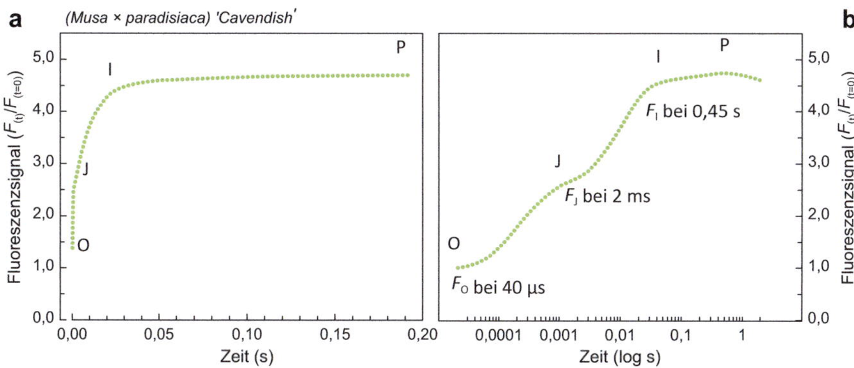

Abb. 23 Beispiel für die Analyse der schnellen Kinetik nach dem OJIP-Ansatz. Gemessen wurde mit einem FluorPen (PSI) an unreifen, grünen Bananenfrüchten. Die (**a**) lineare Darstellung zeigt bis auf die verkürzte Zeitachse die „normale" Kautsky-Kurve (vgl. Abb. 8). Bei logarithmischer Zeitachse (**b**) sind die Kardinalpunkte O, J, I und P leichter bestimmbar. In (**b**) sind auch die Zeiten angegeben, nach denen die entsprechenden Fluoreszenzsignale (F_O, F_J, F_I und F_P) registriert werden können. (Eigene Darstellung, nach Daten von Zsom und Herppich)

bezeichnet O wiederum den Wert der Grundfluoreszenz (F_O), gemessen etwa 50 µs nach Einsetzen der aktinischen Belichtung. J und I stellen intermediäre Schultern dar, die nach etwa 2 ms bzw. nach 30 ms zu registrieren sind. Die zugehörigen Fluoreszenzsignale sind dementsprechend F_J und F_I. P entspricht (vgl. Abb. 8) dem bei der jeweiligen, nicht notwendigerweise sättigenden Photonenflussdichte messbaren maximalen Fluoreszenzsignal, F_P.

Nach der gängigen Nomenklatur wird der O-J-Übergang als die photochemische und der von J-I-P als die thermische Phase der gesamten Induktionskurve bezeichnet. Auf die möglichen photophysikalischen und photochemischen Vorgänge, die in diesen beiden Abschnitten ablaufen, wurde schon bei der Besprechung des Kautsky-Effekts eingegangen.

Aus diesen Fluoreszenzsignalen lassen sich wiederum eine Vielzahl unterschiedlichster Parameter errechnen, die mehr oder weniger klare Aussagen über die aktuelle Effizienz der Photosynthese und die Funktion des Photosyntheseapparates zulassen. Dazu gehören auch die bekannten klassischen Parameter F_V/F_M und F_M/F_O bzw. Abwandlungen wie die „Quantenausbeute der grundständigen Energiedissipation" F_O/F_M oder das „Verhältnis der maximalen photochemischen Quantenausbeute und der nichtphotochemischen Prozesse im PS II" F_V/F_0 (vgl. Schreiber et al. 1986; Bilger und Björkman 1990). Weiterhin lässt die Fläche zwischen der Fluoreszenzinduktionskurve (Abb. 23a) und der x-Achsenparallelen Asymptote an F_M Rückschlüsse auf die Menge an reduziertem Plastochinon zu.

Nach den von Strasser erarbeiteten biophysikalischen Modellen der Energieflüsse in und um das PS II (vgl. Strasser und Strasser 1995; Brestic und Zivcak 2013 und andere) lassen sich durch verschiedenste Verrechnungen der Kardinalwerte des OJIP-Testes eine Vielzahl ökophysiologisch bedeutsamer (aber auch weniger aussagekräftiger) Parameter errechnen. Unter Anderem liefern sie Informationen über die Energieflüsse pro absorbiertem Photon, die Energieflüsse pro Reaktionszentrum, die Energieflüsse pro angeregtem Absorptionsquerschnitt bei offenen Reaktionszentren, die Dichte der aktiven Reaktionszentren (*RC*), aber auch die Wahrscheinlichkeiten des photosynthetischen Elektronentransports (z. B. Brestic und Zivcak 2013).

Eine sehr viel für die Untersuchung von photosynthetischen Stressreaktionen genutzte Größe ist der sogenannte ***performance index*** (***PI_{abs}***). Der Index integriert die drei wichtigen Teilkomponenten: Dichte der aktiven Reaktionszentren, Effizienz des Transportes von Anregungszuständen und Wahrscheinlichkeit deren Nutzung durch die Reaktionszentren. PI_{abs} spiegelt sowohl die Aktivität des PS II als auch des PS I wider und kann als ein empfindlicher Indikator der **Vitalität der Pflanze** unter biotischem und abiotischem Stress angesehen werden.

Entsprechend der großen Anzahl relevanter Parameter ist die Präsentation der Ergebnisse eines OJIP-Tests auch komplex. Eine oft genutzte Möglichkeit ist die Darstellung der originalen sowie der normierten Daten in entsprechenden Liniengrafiken. Dies ist insbesondere hilfreich, wenn als eine Reaktion auf Hitzestress im O-J-Übergang noch eine weitere Schulter (K) auftaucht (Abb. 24). Weitverbreitet sind auch Netzdiagramme, mit denen ein Teil der wichtigen Parameter z. B. relativ zu den an Kontrollen erzielten Ergebnissen dargestellt werden können. Ein solcher Ansatz ist speziell geeignet, behandlungsbedingte Veränderungen von Photosyntheseeigenschaften hervorzuheben und so quasi einen Fingerabdruck der Stressreaktionen zu erzeugen. Informationen über die auftretenden Energieflüsse bzw. deren Modifikationen lassen sich in Form eines Energie-Pipeline-Modells veranschaulichen (z. B. Brestic und Zivcak 2013).

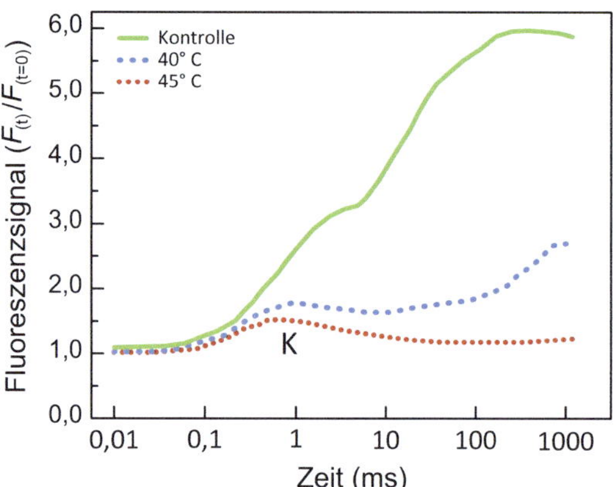

Abb. 24 Hitzestressreaktionen von Weizenpflanzen, analysiert mit dem OJIP-Test. Die Pflanzen wurden für 1 h den genannten Temperaturen ausgesetzt. (Verändert nach Brestic und Zivcak 2013)

3.2 Analyse der langsamen Kinetik

3.2.1 *Rfd*-Wert

Eine weitere, klassische Möglichkeit zur Analyse der langsamen Kinetik stellt der sogenannte ***Rfd*-Wert** (= *relative fluorescence decrease*) oder **Vitalitätsindex** dar (Lichtenthaler 1988). Bei diesem Ansatz reicht die Belichtung mit „normalen" aktinischen Photonenflussraten aus, so dass man auf einen Sättigungslichtpuls verzichten kann. Da die Höhe von F_T von verschiedenen Reaktionsparametern beeinflusst werden kann, die den Ablauf der photochemischen Licht- bzw. Dunkelreaktionen stören, stellt der Quotient $(F_P - F_T)/F_T$ ein ungefähres Maß für die Aktivität des Photosyntheseapparates dar. Je höher der *Rfd*-Wert, desto höher ist die Aktivität. Der *Rfd*-Wert spiegelt auch in guter Näherung die relative Nettophotosyntheserate wider (Lichtenthaler 1988). Wie in Abb. 22b ersichtlich, ist bei der blattsukkulenten CAM-Pflanze *Plectranthus marrubioides* der *Rfd* und damit die tatsächliche Photosyntheserate in der Decarboxylierungsphase (gekennzeichnet durch hohes c_i) auch oder speziell unter starkem Trockenstress deutlich höher als nach vollständigem Malatabbau (vgl. Herppich et al. 1998).

Es konnte weiterhin gezeigt werden, dass der *Rfd*-Wert von Sonnenblättern deutlich höher ist als in Schattenblättern. Die Wirkung unterschiedlicher Stressoren (u. a. Hitze, Kälte, Trockenheit) lässt sich mit dieser relativ einfachen Messmethode gut nachweisen (Abb. 22b).

3.2.2 Analyse der Fluoreszenzlöschung (*Quenching*)

Über die schon vielfältigen Möglichkeiten der schnellen Kinetik hinaus erlauben die **pulsmodulierten Fluorometer** eine wesentlich erweiterte Analyse von Fluoreszenzmessungen. Durch die Trennung von Messlicht und aktinischem Licht und der aufgrund der Selektivverstärkung geringen Empfindlichkeit gegen Streulicht lassen diese Systeme die überlagernde Messung mit aktinischem Licht unterschiedlicher Intensität zu. Diese Geräte sind damit für Untersuchungen mit der von Bradbury und Baker (vgl. Schreiber und Bilger 1987) entwickelten **Lichtverdopplungsmethode** (*light-doubling*) bzw. der davon abgeleiteten **Sättigungspulsmethode** (Schreiber et al. 1986), bestens geeignet. Wie oben dargelegt, wird der Rückgang der Fluoreszenzausbeute in der Induktionskinetik von F_P auf F_T primär durch das Zusammenwirken zweier Mechanismen der Fluoreszenzlöschung bedingt. Für die variable Fluoreszenz zu einem beliebigen Zeitpunkt t gilt

$$\begin{aligned} F_V(t) &= [(F_M - F_0) - q \cdot (F_M - F_0)] \\ &= (F_V)_M - q \cdot (F_V)_M \\ &= (1 - q) \cdot (F_V)_M \end{aligned}$$

q beschreibt hierbei das gesamte **Ausmaß der Fluoreszenzlöschung**, unabhängig vom zugrundeliegenden Mechanismus zum Zeitpunkt t. Nach Erreichen der terminalen Fluoreszenzausbeute F_T gibt die Differenz $1 - q$ ($= F_V/(F_V)_M$) den Steady-State-Anteil der Fluoreszenz an der Dissipation der absorbierten Energie an.

Man kann die gesamte Fluoreszenzlöschung als Funktion der relativen anteiligen Größe der jeweiligen Mechanismen ausdrücken. Es gilt dann

$$q = 1 - (1 - q_N) \cdot (1 - q_P)$$

Wenn nun zum Zeitpunkt (*t*) das die Fluoreszenzkinetik auslösende aktinische Licht von einem kurzen Lichtpuls (200 ms bis 1 s) sehr hoher *PPFD* (z. B. 4–5 mmol $\cdot$ $m^{-2} \cdot s^{-1}$) überlagert wird, reduziert dieser Q_A vollständig. Dadurch wird eine photochemische Fluoreszenzlöschung unterbunden, so dass $q_P = 0$ wird. Die Fluoreszenzausbeute steigt dann kurzzeitig auf einen *intermediären Maximalwert* (F_M') an, bevor sie wieder auf den Ausgangswert *F*(*t*) zurückfällt (Abb. 21). Dieser reversible Anstieg ($F(t) \rightarrow F_M'$) kann als ein Maß für den zum Zeitpunkt (*t*) relevanten Anteil des photochemischen Mechanismus an der gesamten Löschung und somit für q_P dienen. Für die variable Fluoreszenz bei *t* gilt

$$\begin{aligned} F_M' - F_0' &= (F_V)_M' \\ &= F_V(t) + q_P \cdot (F_V)_M' \end{aligned}$$

q_P kann den Wert 0 annehmen, wenn Q_A vollständig reduziert ist. Andererseits nimmt q_P seinen Maximalwert von 1 an, wenn alles verfügbare O_A oxidiert (offen) vorliegt. Das sollte beispielsweise nach längerer ausschließlicher Bestrahlung mit schwachem langwelligem Rotlicht ($\lambda > 700$ nm) oder nach einer längeren Vorverdunklung annähernd der Fall sein. Unter dieser Bedingung kann keine nichtphotochemische Fluoreszenzlöschung vorliegen ($q_N = 0$).

Gibt man den Sättigungspuls auf ein solchermaßen dunkeladaptiertes Blatt, wird Q_A wiederum für kurze Zeit reduziert (das heißt, $q_P = 0$). Die Geschwindigkeit der Änderung des Redoxzustands von Q_A und damit von q_P ist sehr viel höher als etwa die der Xanthophyllzyklus-Intermediate oder des pH-Gradienten, die eine Variationen von q_N bedingen. Damit erreicht die Fluoreszenzausbeute ihren tatsächlichen Maximalwert F_M (das heißt, q_N bleibt 0!). Aus der Differenz zwischen F_M und F_M' kann auf die **nichtphotochemische Fluoreszenzlöschung** zum Zeitpunkt *t* geschlossen werden, da ja nur dadurch die Fluoreszenzausbeute um eben den Betrag ($F_M - F_M'$) erniedrigt wird. Hier gilt also

$$(F_V)_M' = (F_V)_M - q_N \cdot (F_V)_M$$

Damit lassen sich q_P bzw. q_N aus entsprechenden Messdaten errechnen nach

$$q_P = \frac{(F_V)_M' - F_V(t)}{(F_V)_M'} = 1 - \frac{F_V(t)}{(F_V)_M'}$$

bzw.

$$q_N = \frac{(F_V)_M - (F_V)_M'}{(F_V)_M} = 1 - \frac{(F_V)_M'}{(F_V)_M}$$

Bei der Auswertung von Fluoreszenzmessungen müssen $(F_V)_M'$ und $F_V(t)$ korrekterweise immer als die Differenz von F_M' bzw. F(t) und F_0' (und nicht F_0!) errechnet werden.

Mithilfe der Sättigungspulsmethode lassen sich aber noch weit mehr Informationen über den momentanen Aktivitätszustand des Photosyntheseapparates erhalten. F_V/F_M stellt ein Maß für die Effizienz dar, mit der offene Reaktionszentren die absorbierte Strahlungsenergie übernehmen und letztendlich weitergeben. q_P gibt eben diesen relativen Anteil von offenen Zentren an. Nach einem Konzept von Genty und Mitarbeitern (vgl. Baker 1991) sollte es möglich sein, aus dem Produkt aus F_V/F_M und q_P die Anregungsenergiedichte D_A abzuschätzen, die genutzt wird, um die photochemischen Vorgänge im PS II anzutreiben, das heißt Elektronen zu liefern.

Genty et al. formulierten

$$D_A = F_V \cdot {F_M}^{-1} \cdot q_P \cdot Q_{abs}$$

Teilt man D_A durch die Menge der absorbierten Photonen (Q_{abs}, das heißt, die Menge der Anregungsenergie), sollte man in guter Näherung auf die **Quantenausbeute des Elektronentransports durch PS II** schließen können. Für den stationären Zustand kann man dann annehmen

$$\begin{aligned} \Phi_{PSII} &= \frac{D_A}{Q_{abs}} = \frac{F_V'}{F_M'} \cdot q_P \\ &= \frac{F_M' - F_0'}{F_M'} \cdot \frac{(F_M' - F_0') - (F_T - F_0')}{F_M' - F_0'} \\ &= \frac{F_M' - F_T}{F_M'} \end{aligned}$$

Der Parameter $(F_M' - F_T)/F_M'$ oder Φ_{PSII} ist somit quasi das Äquivalent zu F_V/F_M, allerdings gemessen am belichteten Blatt. Sieht man nun $\boldsymbol{F_V/F_M}$ als die **potenzielle maximale Effizienz des Elektronentransportes durch das Photosystem II** an, also als ein Maß für die **potenziell leistbare maximale photochemische Arbeit** eines vorverdunkelten – entspannten – Blattes, dann ergibt $\boldsymbol{\Phi_{PSII}}$ den **tatsächlich davon nutzbaren Anteil.** Φ_{PSII} beschreibt damit die **aktuelle Effizienz des Elektronentransportes durch das Photosystem II** eines photochemisch „arbeitenden" belichteten Blattes.

Welche **Aussagen** lassen sich nun mit q_P und q_N treffen? Wie wir sahen, ist die photochemische Fluoreszenzlöschung eng mit dem Redoxzustand von Q_A verknüpft. Da Q_A nur im oxidierten Zustand Elektronen von P_{680} übernehmen und damit den Anteil der Fluoreszenz an der gesamten Energiedissipation niedrig halten kann (die Fluoreszenz „löscht"), spiegelt ein großes q_P einen hohen Anteil an oxidiertem Q_A an der Gesamtmenge von Q_A wider. q_P ist damit ein relatives Maß für den oxidierten Zustand sowie für die reaktionsbereiten offenen Reaktionszentren. Anders ausgedrückt gibt **1-q_P** den **relativen Anteil der „geschlossenen" Reaktionszentren** an und wird manchmal auch zur Beurteilung des „**Anregungsdrucks**" (*excitation pressure*, Maxwell und Johnson 2000) genutzt.

q_N wird dagegen von einer Vielzahl von Faktoren beeinflusst. So erlaubt q_N Aussagen über das **Ausmaß der Energetisierung** der **Thylakoidmembran**, das heißt, den Protonengradienten ΔH^+ sowie der **Aktivität des Xanthophyllzyklus**. Ist ΔH^+ groß, ist meist auch die Aktivität des Xanthophyllzyklus hoch. Unter dieser Bedingung ist die nichtphotochemische Fluoreszenzlöschung q_N hoch. *Vice versa* zeigt hohes q_N einen aktiven Xanthophyllzyklus an.

Eine weitere Möglichkeit, die nichtphotochemische Fluoreszenzlöschung zu beurteilen, wurde 1990 von Bilger und Björkman vorgeschlagen. Nach der **Stern-Vollmer-Theorie** der dynamischen Fluoreszenzlöschung ist nur das Vorhandensein bzw. die Konzentration eines Fluoreszenzlöschers relevant, nicht jedoch dessen Eigenschaft oder zugrunde liegende Mechanismus. Diesem Ansatz folgend, formulierten Bilger und Björkman (1990) den **Stern-Vollmer-nichtphotochemischen Fluoreszenzlöschungskoeffizienten *NPQ*** (oder auch ***SV*$_N$**)

$$NPQ = \frac{F_M - F_M'}{F_M'}$$

Entsprechend der Stern-Vollmer-Theorie ist *NPQ* ein Indikator für das Ausmaß der nichtphotochemischen Fluoreszenzlöschung und ist der Konzentration des Fluoreszenzlöschers direkt proportional. Entsprechend gilt dies unabhängig von der Art des Fluoreszenzlöschers und, partiell, vom Mechanismus der Fluoreszenzlöschung.

Einen etwas weiter gefassten Ansatz erarbeiteten Demmig-Adams et al. (vgl. Demmig-Adams und Adams 1996). Diese Autoren unterschieden die **relativen Anteile der Dissipation der absorbierten Lichtenergie** durch **thermische (*D*)** und durch **photochemische (*P*) Vorgänge**. Während *P* durch Φ_{PSII} repräsentiert wird, errechnet sich *D* als

$$D = 1 - \frac{F_M - F_0'}{F_M'}$$

Insgesamt gilt bei dieser Herangehensweise

$$1 = D + P + R$$

Genauer wird der **Rest (*R*)** selbst eigentlich errechnet als

$$R = 1 - D - P$$

Die Analyse der Fluoreszenzlöschung mit additiven, sich zu 1 ergänzenden Koeffizienten ist sicherlich vorteilhaft. Deshalb wurde dieser Ansatz mehrfach genutzt. Entsprechend schlug Buschmann (1999) vor, q_P und q_N als relative Koeffizienten, $q_{(P)rel}$ und $q_{(N)rel}$ zu berechnen.

$$q_{(P)rel} = \frac{F_M' - F_T}{F_M - F_0'}$$

$$q_{(N)rel} = \frac{F_M - F_M'}{F_M - F_0'}$$

Sowohl die Herleitung von q_P als auch von q_N bzw. *NPQ* geht auf ein Modell der Anregungszustandsverteilung in den PS-II/LHC-II-Superkomplexen zurück. Das Modell geht von separaten Einheiten dieser Komplexe aus und sieht zwischen diesen keinen lateralen Excitonentransfer vor. Es wird daher auch **„Pfützen-Modell"** (***puddle model***) genannt. Jedoch entsprechen die zugrunde liegenden Vorstellungen zurzeit nicht dem aktuellen Kenntnisstand. Vielmehr geht man davon aus, dass sich in den Granastapeln alle Reaktionszentren der benachbarten PS-II/LHC-II-Superkomplexe einen gemeinsamen **„Antennensee"** (***lake model***) teilen, in dem Excitonen frei wandern können. Ausgehend von den damit verbundenen theoretischen Vereinfachungen formulierten Kramer et al. (2004) neue Parameter für die Bewertung der **Quantenausbeuten der photochemischen (Y_{II})** sowie der **„geregelten" (Y_{NPQ})** und der **„ungeregelten" (Y_{NO}) nichtphotochemischen Fluoreszenzlöschung**. Diese Parameter sind additiv und es gilt

$$1 = Y_{II} + Y_{NPQ} + Y_{NO}$$

Weiterhin kommt man für die Berechnung dieser Parameter ohne die Bestimmung von F_0' aus, was auch deren Ermittlung vereinfacht. Es gilt damit

$$Y_{II} = (F_M' - F_T) \cdot F_M'^{-1}$$

$$Y_{NPQ} = F_T \cdot F_M'^{-1} - F_T \cdot F_M^{-1}$$

$$Y_{NO} = F_T \cdot F_M^{-1}$$

Geht man von den Bedingungen des „Antennensee"-Modells aus, muss auch der Koeffizient der photochemischen Fluoreszenzlöschung, q_P, neu berechnet werden. Basierend auf dem Stern-Volmer-Ansatz formulierten Kramer et al. (vgl. 2004) diesen Koeffizienten neu als

$$q_L = \frac{(F_M' - F_T) \cdot F_0'}{(F_M' - F_0') \cdot F_T}$$

Vergleicht man die bisher vorgestellten Fluoreszenzlöschungsparameter direkt anhand eines konkreten Beispiels (Abb. 25), werden doch deutliche Unterschiede zwischen den verschiedenen Größen offensichtlich. Hieraus ergeben sich durchaus Variationen bei der Interpretation der möglichen physiologischen Mechanismen

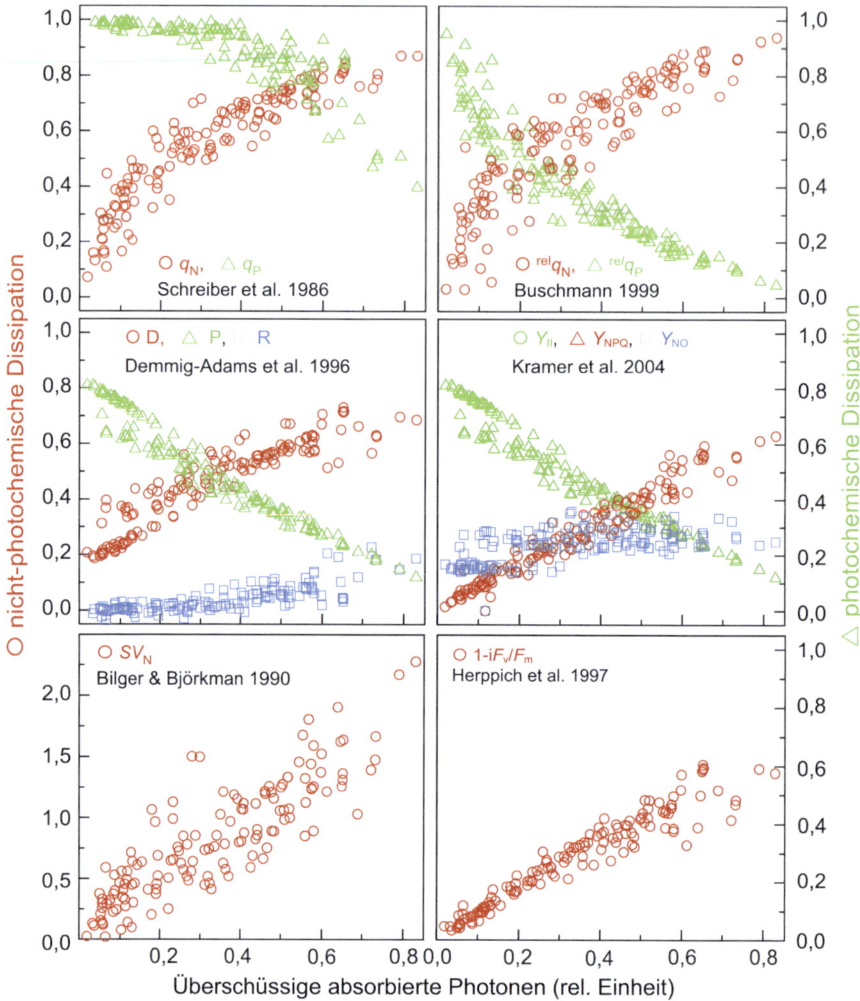

Abb. 25 Vergleich der relevanten photochemischen und nichtphotochemischen Fluoreszenzlöschungsparameter. Gezeigt werden Ergebnisse, die an Blättern von *Welwitschia mirabilis* in der Namib-Wüste gewonnen wurden. Der relative Anteil an überschüssigen absorbierten Photonen wurde errechnet als $(F_V/F_M - F_V'/F_M') \cdot (F_V/F_M)^{-1}$. (Eigene Darstellung, verändert nach Herppich 2002)

und den entsprechenden Aussagen. So geht q_P erst dann zurück, wenn q_N bei zunehmendem Energieüberschuss nahezu gesättigt ist, dagegen verringern sich $q_{(P)rel}$ und vor allem Φ_{PSII} unter dieser Bedingung kontinuierlich. SV_N (oder NPQ) steigt linear mit dem Anteil an überschüssigen Photonen an, gleiches gilt für die Inhibierung der maximalen photochemischen Effizienz. Man könnte sagen, SV_N gibt den Gesamtgehalt an „*Quenchern*" an und damit die mögliche nichtphotochemische Fluoreszenzlöschung, q_N dagegen steht für die sich tatsächlich daraus ergebende Wirkung der nichtphotochemische Fluoreszenzlöschung. Erst wenn diese Reaktionsfähigkeit trotz weiter ansteigendem Quencher-Gehalt mehr oder wenige erschöpft ist, nimmt die photochemische Leistungsfähigkeit ab und q_P sinkt. Aber das ist nur eine von vielen Interpretationsmöglichkeiten der Fluoreszenzlöschungsparameter.

3.2.3 Photosynthetische Elektronentransportrate

Da offensichtlich auch in einem weiten Lichtintensitätsbereich eine strikte Linearität zwischen der Photonenwirksamkeit von PS II und der von PS I erhalten wird, kann man Φ_{PSII} auch als die Photonenwirksamkeit des linearen Elektronentransportes ansehen (vgl. Baker 1991). Wenn man also die Menge der absorbierten Photonen kennt, oder zumindest abschätzen kann, dann sollte es möglich sein, von Φ_{PSII} auf die Gesamtmenge der durch PS II „transportierten" Elektronen zu schließen. Ein relativ einfacher Ansatz ermöglicht auch tatsächlich die Schätzung der **photosynthetischen Elektronentransportrate** (*ETR*; vgl. Herppich et al. 1998). Multipliziert man die erfasste Photonenflussdichte mit dem **Absorptionskoeffizienten** (***a***) und geht von einer Gleichverteilung der absorbierten Photonen zwischen PS I und PS II aus (**Verteilungsfaktor *f*** = 0,5), dann ergibt sich

$$ETR = \Phi_{PSII} \cdot PPFD \cdot a \cdot f$$

Vereinfachend wird für den Absorptionskoeffizienten sehr oft ein mittlerer Wert von $a = 0{,}84$ angenommen. Dieser Wert ist für die meisten Pflanzen mit mesomorphen Blättern moderater Standorte eine gute Näherung.

Für C_4-Pflanzen konnte weiterhin gezeigt werden, dass unter verschiedensten *PPFD* und CO_2-Konzentrationen in der Außenluft zwischen Φ_{PSII} und der Photonenwirksamkeit des CO_2- bzw. des O_2-Austausches eine lineare Beziehung besteht. Dies gilt auch für C_3-Pflanzen, sofern deren Photorespiration, z. B. unter einer O_2-Konzentration von 2 %, annähernd unterbunden ist. Somit besteht die Möglichkeit, über *ETR* aus Messungen der Fluoreszenz auch J_{CO_2} bzw. J_{O_2} abzuschätzen (vgl. Herppich et al. 1998). Mit der Bestimmung von *ETR* hat man zudem einen einfachen Ansatz zur Hand, die Gesamtleistung der Photosynthese, die **Bruttophotosynthese**, zu ermitteln. Das genau ist die Aussage dieses Parameters, der die Gesamtmenge der durch PS II fließenden und aus der Wasserspaltung stammenden Elektronen angibt und zwar unabhängig von deren weiteren Nutzung. Aufgrund der einfachen Bestimmbarkeit wird *ETR* in sehr vielen Untersuchungen von pflanzlichen Reaktionen auf biotische und abiotische Stressoren bzw. auf unterschiedlichste Umweltbedingungen und deren Änderungen eingesetzt.

Eine weitere, weniger bekannte, aber dennoch wichtige Anwendung von *ETR* wurde schon im ▶ Kap. 10, „Physikalische Grundlagen von Transpiration, CO_2-Aufnahme, Gasleitfähigkeiten und deren Bestimmungen" angesprochen. Die Bestimmung der *ETR* erlaubt es auch, den nicht nur für biochemische Modelle wichtigen **CO_2-Molenbruch** am Ort der Photosynthese, d. h. **im Chloroplasten (*c_c*)** zu ermittelten. Dieser ist essenziell für die Bestimmung der aktuellen **Mesophyllleitfähigkeit für CO_2** (*g_{mes}*; s. ▶ Kap. 10, „Physikalische Grundlagen von Transpiration, CO_2-Aufnahme, Gasleitfähigkeiten und deren Bestimmungen", Abschn. 7). Harley et al. (1992) schlugen vor, den Molenbruch zu berechnen als

Tab. 2 Bedeutung, Bezeichnung und Berechnung der wichtigsten, im Text erklärten Fluoreszenzanalyseparameter. (Nach unterschiedlichen Autoren)

Bedeutung	Abkürzungen	Berechnung
Potenzielle maximale photochemische Effizienz	F_V/F_M	$(F_M - F_0)/F_M$
Momentane photochemische Effizienz	Φ_{PSII}, Yield, $\Delta F/F_M'$	$(F_M' - F_T)/F_M'$
Elektronentransportrate (μmol $\cdot$ m^{-2} $\cdot$ s^{-1})	ETR, J_e, J_F	$(F_M' - F_T)/F_M' \cdot 0{,}5 \cdot 0{,}84 \cdot PPFD$
Photochemischer Fluoreszenzlöschungskoeffizient (puddle model)	q_P	$(F_M' - F_T)/(F_M' - F_0')$
Photochemischer Fluoreszenzlöschungskoeffizient (lake model)	q_L	$(F_M' - F_T)/(F_M' - F_0') \cdot (F_0'/F_T)$
Momentane photochemische Effizienz des PS II	Y_{II}	$(F_M' - F_T)/F_M'$
Photochemische Dissipation	P	$(F_M' - F_T)/F_M'$
Nichtphotochemischer Fluoreszenzlöschungskoeffizient	q_N	$1 - (F_M' - F_0')/(F_M - F_0)$
Stern-Volmer nichtphotochemischer Fluoreszenzlöschungskoeffizient	NPQ, SV_N	$(F_M - F_M')/F_M'$
Quantenausbeute der regulierten nichtphotochemischen Fluoreszenzlöschung	Y_{NPQ}	$F_T/F_M' - F_T/F_M$
Nichtphotochemische Dissipation	D	$1 - (F_M' - F_0')/F_M'$
Nichtphotochemischer Grundfluoreszenzlöschungskoeffizient	q_0	$1 - F_0'/F_0$
Stern-Volmer nichtphotochemischer Grundfluoreszenzlöschungskoeffizient	SV_0	$F_0/F_0' - 1$
Quantenausbeute der nichtregulierten nichtphotochemischen Fluoreszenzlöschung	Y_{NO}	F/F_M
„restliche" ungeklärte Fluoreszenzlöschung	R	$R = 1 - D - P$

$$c_c = \frac{\Gamma^* \cdot [ETR + 8(J_{CO_2} + R_d)]}{ETR - 4(J_{CO_2} + R_d)}$$

dabei ist Γ^* ein Maß für den CO_2-Kompensationspunkt in Abwesenheit der mitochondrialen Atmung und R_d für die Respirationsrate (im Licht). Die Mesophyllleitfähigkeit für CO_2 selbst errechnet sich dann nach

$$g_{mes} = \frac{J_{CO_2}}{c_i - c_c}$$

In Tab. 2 sind zum Abschluss noch einmal wesentliche Parameter der Chlorophyllfluoreszenzanalyse, primär der langsamen Fluoreszenzkinetik, zusammengefasst. Nach all diesen eher theoretischen Erwägungen und Ableitungen sollen in den nächsten Abschnitten Beispiele für die Nutzungsmöglichkeiten der vorgestellten Fluoreszenzparameter in konkreten Untersuchungen behandelt werden.

4 Anwendungsbeispiele für Chlorophyllfluoreszenzanalysen

4.1 Herbizidresistenz

Hemmstoffe werden sehr oft in der Photosyntheseforschung eingesetzt (vgl. Schreiber und Bilger 1987), da man mit ihnen gezielt in die verschiedenen Abläufe der Photosynthese eingreifen kann, vorausgesetzt, Wirkort und Mechanismus sind bekannt. So unterbinden Substanzen wie **DCMU** (3(3,4-Dichlorphenyl)-1,1-dimethylharnstoff) oder **Atrazin** (2-Chlor-4-(2-propylamino)-6-ethylamin-5-triazin) den linearen Elektronentransport über das PS II hinaus. **Methylviologen** oder **Paraquat** (N,N-Dimethyl-4,4′-dipyridyl-dichlorid) dient als sehr wirksamer Elektronenakzeptor des PS I und unterbindet dadurch die Reduktion von NADP. **Nigerizin**, als Beispiel für ein Protonenionophor, wirkt als Entkoppler der photosynthetischen ATP-Bildung, da es den pH-Gradienten über die Thylakoidmembran abbaut. Solche Hemmstoffe werden aber nicht nur in der Forschung genutzt, sondern fanden bis vor einigen Jahren vielfach als Herbizide in der Landwirtschaft Verwendung.

Hintergrundinformation

Beispielsweise erfolgte die Unkrautbekämpfung im Maisanbau weitgehend mit preiswerten, einfach handhabbaren und überwiegend wirkungsvollen atrazinhaltigen Präparaten, bis zu deren Verbot 1991. Atrazin gilt zwar als nur geringfügig giftig für den Menschen, soll aber Brustkrebs begünstigen und reichert sich – ebenso wie sein Hauptabbauprodukt – im Grundwasser an. Außerdem förderte es bei intensiver und einseitiger Verwendung in Mais-Monokulturen sehr rasch die Selektion von atrazintoleranten bzw. -resistenten Pflanzen.

Die Chlorophyllfluoreszenzanalyse bietet eine sehr einfache und rasche Möglichkeit, das Vorhandensein einer Resistenz zu testen. Da Atrazin, wie DCMU, am D1-Protein des PS-II-Kernkomplexes bindet und damit die Reduktion von oxidiertem Plastochinon in Q_B verhindert, bricht der weitere Elektronentransport zusammen. Q_A bleibt reduziert und kann die Fluoreszenz nicht „löschen", der Rückgang des Fluoreszenzsignals von F_P auf F_T wird unterbunden.

In Abb. 26 ist die deutliche Zunahme der terminalen Fluoreszenz F_T bei atrazinsensitiven Pflanzen am Beispiel von *Solanum nigrum* dargestellt. Man erkennt aber auch, dass bei Resistenz gegen das Herbizid eine Behandlung mit Atrazin, ebenso wie bei den Kontrollpflanzen, über den gesamten Versuchszeitraum keinerlei Veränderung von F_T hervorruft. Damit kann man auf eine tatsächliche chloroplastische Resistenz schließen, das heißt, bei diesen Varietäten wird die Anlagerung des Herbizids an D1 unterbunden.

Manche Arten, wie z. B. Mais, sind in der Lage, das aufgenommene Atrazin innerhalb kurzer Zeit abzubauen, sie sind atrazintolerant. Werden die Versuchsbedingungen so gewählt, dass die Stoffwechselkapazität nicht groß genug ist, um einen vollständigen Abbau zu gewährleisten, findet man bei Herbizidbehandlung ebenfalls einen Anstieg von F_T, wenn auch deutlich schwächer als bei den sensitiven Pflanzen (Abb. 27).

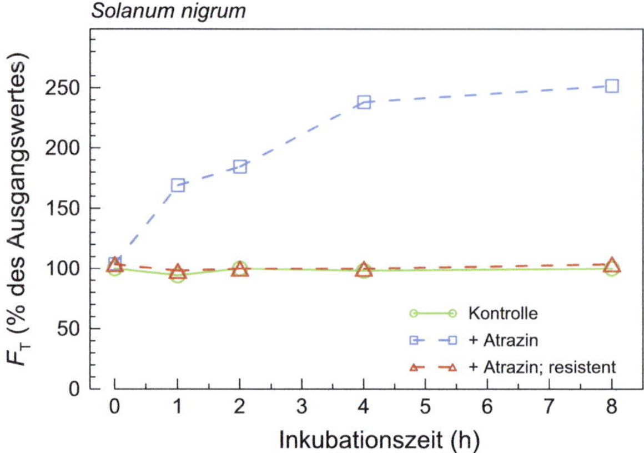

Abb. 26 Änderung der terminalen Fluoreszenz F_T von unbehandelten und herbizidbehandelten Blattscheiben atrazinresistenter bzw. -sensitiver Pflanzen von *Solanum nigrum*. Alle Werte sind auf den Ausgangswert der Kontrolle (= 100 %) bezogen. Die Messung wurde an Blattscheiben durchgeführt, die in einer 10^{-4} mol L^{-1} Atrazinlösung (in einem 0,05 M Phosphat-Puffer, pH 6) bzw. nur in der Pufferlösung über den angegebenen Zeitraum inkubiert worden waren. Die Intensität der aktinischen Belichtung betrug ca. 30 µmol · m^{-2} · s^{-1}, die Temperatur während der Messung ca. 25 °C. (Eigene Darstellung, verändert nach von Willert et al. 1995)

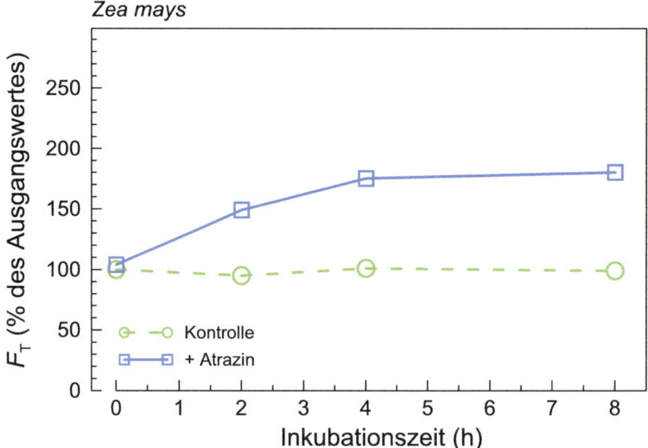

Abb. 27 Chlorophyllfluoreszenzmessungen an Blattscheiben von *Zea mays*, einer atrazintoleranten Art, nach Inkubation in 10^{-4} mol L^{-1} Atrazinlösung. Die genauen Versuchsbedingungen sind in Abb. 26 beschrieben. (Eigene Darstellung, verändert nach von Willert et al. 1995)

4.2 Hitzestress

Die Temperatur beeinflusst die Stoffwechselaktivität von Pflanzen ganz entscheidend. Nach Überschreiten eines Optimalwerts behindert ein weiterer Temperaturanstieg den Stoffwechsel in zunehmendem Maße. Ab einer kritischen Temperatur kommt es zu irreversible Schädigungen und schließlich zum Absterben der Pflanze.

Je nach Standort stellen sich spezifische Anforderungen an die Hitzeresistenz der dort wachsenden Pflanzen.

Hintergrundinformation

Hitzeresistenz wurde früher mit sogenannten **Nekrosetests** ermittelt. Hierzu wurden Blätter der zu untersuchenden Arten in Plastiksäckchen eingeschlossen und eine bestimmte Zeit in einem Wasserbad verschiedenen Temperaturen ausgesetzt (Schockmethode). Nach 4–14 Tagen Nachkultur bei geringer Lichtintensität und sehr hoher Luftfeuchtigkeit wurde der Anteil der Blattbereiche mit sichtbaren Schädigungen, wie Schwarz- oder Braunfärbung, Ausbleichung oder Turgeszenzverlust abgeschätzt und auf die Gesamtblattfläche bezogen. Als **maximal tolerierbare Temperatur** wurde diejenige angegeben, bei der 50 % des Blattes letal geschädigt war (T_{L50}).

Auch für die Ermittlung pflanzlicher Hitzeanpassung bietet sich die Fluoreszenzmessung als eine wesentlich schnellere und sensitivere Methode als der Nekrosetest an (s. o.). Schädigung des Photosyntheseapparates durch eine hitzeverursachte Destabilisierung von Struktur, Organisation und Funktion der Thylakoidmembran zeigen sich bereits bevor andere Symptome des Hitzestress erkennbar werden. Da beispielsweise bei kontinuierlich zunehmender Hitzebelastung die Aktivität der PS II verringert wird, steigt die Grundfluoreszenz zunächst langsam, ab einem bestimmten Temperaturbereich aber drastisch an (Abb. 28), bevor schließlich eine deutliche Abnahme eintritt. Aus dem Verlauf der Grundfluoreszenz lässt sich eine **kritische Temperatur** $\boldsymbol{T_K}$ ableiten, die sehr gut den Ergebnissen vergleichend durchgeführter Nekrosetests entspricht (vgl. Schreiber und Bilger 1987).

In dem in Abb. 28 dargestellten Beispiel einer Untersuchung an *Plectranthus marrubioides* lag T_{L50} bei 52,4 ± 0,7 °C und T_K bei 52,7 ± 0,8 °C (n = 10). Kühlt man das Blatt wieder ab, ist der Anstieg von F_0 allerdings größtenteils reversibel

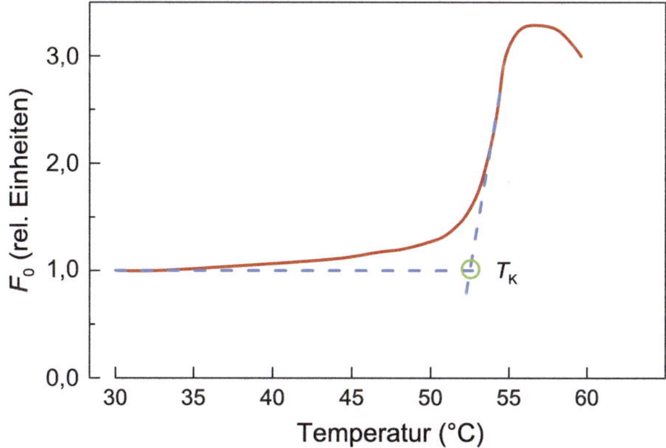

Abb. 28 **Grundfluoreszenz F_0 bei stetiger Zunahme der Blatttemperatur** (Rate: 1 K · min^{-1}) am Beispiel der Blattsukkulenten *Plectranthus marrubioides*. Die Werte sind auf F_0 bei 30 °C bezogen und in relativen Einheiten angegeben. Die kritische Temperatur T_K wurde mit 52,5 °C, wie aus der Abbildung zu entnehmen, extrapoliert. (Eigene Darstellung, verändert nach von Willert et al. 1995)

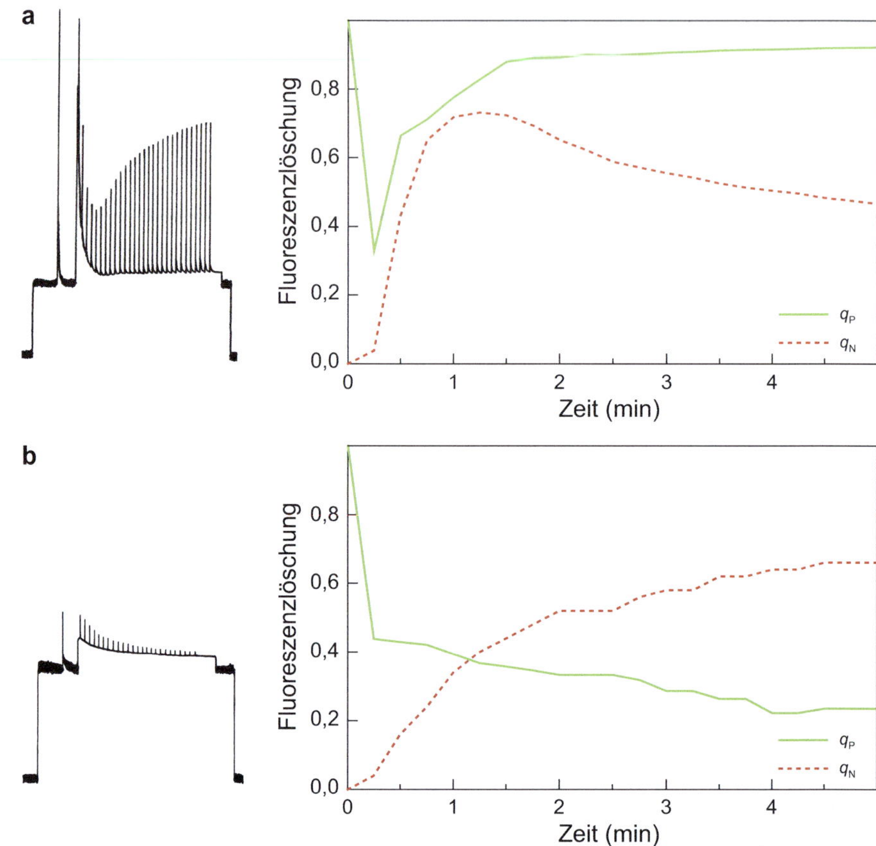

Abb. 29 **Vergleich der Chlorophyllfluoreszenzkinetik** (Sättigungspulsmethode) von unbehandelten (**a**) und hitzegestressten (**b**) Blättern von *Plectranthus marrubioides*. Dargestellt sind jeweils die originalen Induktionskurven sowie die daraus errechneten Quenching-Koeffizienten q_P und q_N. Die hitzegestressten Blätter wurden 5 min bei 53 °C inkubiert und nach dem Abkühlen auf 25 °C 10 min vorverdunkelt. Danach wurde F_0 und, mit einem Sättigungspuls ($PPFD = 7000\ \mu mol \cdot m^{-2} \cdot s^{-1}$) von 500 ms Dauer, F_M gemessen. Nachdem das F_0-Signal wieder den ursprünglichen Wert erreicht hatte, wurde die aktinische Belichtung (70 $\mu mol \cdot m^{-2} \cdot s^{-1}$) gestartet und diese (in Abständen von 10 s) von weiteren Sättigungspulsen überlagert. Nach 5 min wurde das aktinische Licht ausgeschaltet und die Dunkelfluoreszenz ohne weitere Sättigungspulse noch mindestens 1 min registriert. Aus den so erhaltenen Daten wurde nach den im letzten Abschnitt angegebenen Formeln q_P und q_N berechnet. (Eigene Darstellung, verändert nach von Willert et al. 1995)

(Schreiber und Bilger 1987). Es spiegelt sich also ein mehr oder weniger reversibler Temperatureinfluss auf den Photosyntheseapparat wider. Dies hat keinen Einfluss auf die Aussagekraft, wie der Vergleich von T_{L50} und T_K zeigt.

Informationen über Ort und Mechanismus dauerhafter Schädigung der Photosynthese nach einer Hitzevorbehandlung erhält man dagegen sehr detailliert mit der Quenching-Analyse (Abb. 29). In der hier vorgestellten Untersuchung an *Plectran-*

thus marrubioides ist F_0 auch nach Wiederabkühlen auf 25 °C deutlich erhöht. Dies deutet auf eine reduzierte photochemische Aktivität der PS-II-Reaktionszentren hin, ebenso wie der Rückgang des F_V/F_M-Wertes von 0,79 bei der Kontrolle auf 0,35 nach einer 5-minütigen Inkubation bei 53 °C. Die Hitzebehandlung führt auch zu einer deutlichen Verringerung des ATP-Verbrauchs im Calvin-Zyklus und, damit verbunden, zu einem größeren ΔH^+. Dies geht aus dem, verglichen mit der Kontrolle, im Steady-State erhöhten q_N hervor. Auch dass der erhöhte Anteil von reduziertem Q_A nach der Hitzebehandlung, erkennbar am Rückgang von q_P von 0,92 bei der Kontrolle auf 0,24 sinkt (Abb. 29a, b), lässt auf eine Verringerung der Aktivität des Calvin-Zyklus schließen. Ein geringerer Verbrauch von $NADPH/H^+$ kann zu einer Erniedrigung der Elektronentransportrate, und daraus folgend zu einer Verringerung der Reoxidation von Q_A führen und damit zu einem niedrigeren q_P.

4.3 Trockenstress

Auf Wassermangel reagieren Pflanzen mit einer erheblichen Erhöhung des stomatären Widerstandes. Dadurch wird nicht nur die Transpiration vermindert, sondern auch die Versorgung der photosynthetisch aktiven Gewebe mit CO_2 behindert. Allerdings wirkt die Abnahme des Blattwassergehaltes auch direkt auf die biophysikalischen und biochemischen Prozesse der Photosynthese. Dementsprechend muss man zwischen einer **stomatären** und einer **nichtstomatären Limitierung** oder Behinderung der Photosynthese bei Trockenstress unterscheiden. Dies ist aber mit der Messung des CO_2/H_2O-Gaswechsels oder der O_2-Produktion nur bedingt möglich. Ein extremes Beispiel liefern wiederum die CAM-Pflanzen. Diese stellen bei Dürrestress ihre CO_2-Aufnahme im Licht vollständig ein, sodass sie Gaswechselmessungen nicht mehr zugänglich sind. Hier bietet die Messung der Chlorophyllfluoreszenz die einzige Möglichkeit, Informationen über den Aktivitätszustand des Photosyntheseapparates zu erhalten.

Wie ändern sich die Fluoreszenzsignale mit zunehmendem Trockenstress in abgeschnittenen Blättern? Die relative PS-II-Aktivität nimmt bei *Plectranthus marrubioides* erst ab einem bestimmten Schwellenwert des relativen Blattwasserdefizits (*RWD*) deutlich ab (Abb. 30a). Dieser Schwellenwert stimmt gut mit dem in PV-Analysen (vgl. ► Kap. 18, „Methoden der Wasserzustandsmessung – Druckkammer und Druck-Volumen-Analyse") ermittelten **Turgorverlustbereich** überein.

Wird ein relatives Blattwasserdefizit von etwa 0,35 überschritten, bleibt die PS-II-Aktivität konstant. Die so gestressten Blätter lassen sich nicht wieder rehydrieren, sie sind offensichtlich irreversibel geschädigt. Führt man die gleichen Messungen mit Blättern an einem abgeschnittenen Zweig durch, verringert sich F_V/F_M scheinbar erst bei wesentlich höheren Wasserverlusten (Abb. 30b). Da aber hier das *RWD* auf den Wassergehalt des Zweiges und nicht des Blattes bezogen wurde, an dem die Fluorometermessung erfolgte, darf nicht auf eine erhöhte Stabilität des Photosyntheseapparates auf Blattebene geschlossen werden. Die für die Fluoreszenzmessung verwendeten aktiven Blätter können offensichtlich ihre Wasserbilanz lange Zeit

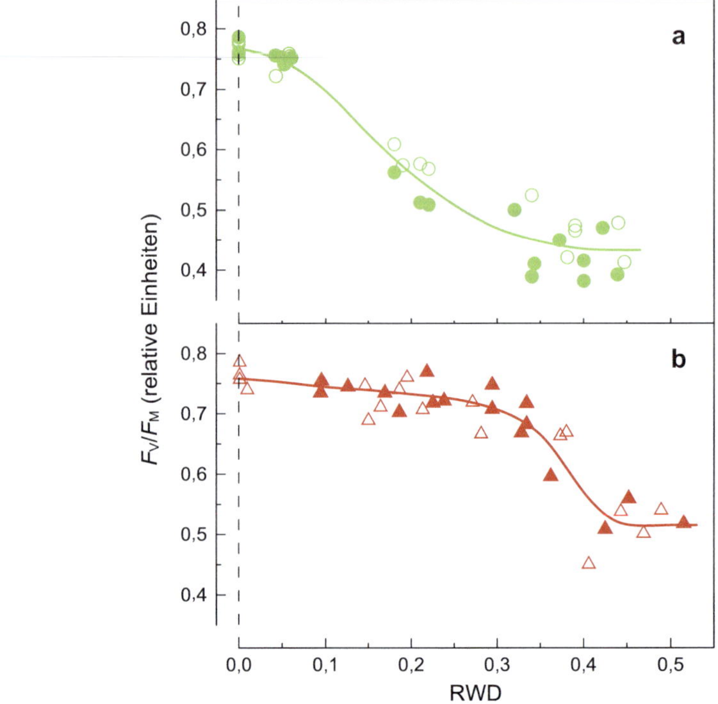

Abb. 30 Maximale photochemische Effizienz des PS II bei Zunahme des relativen Blattwasserdefizits (RWD) am Beispiel der blattsukkulenten CAM-Pflanze *Plectranthus marrubioides*. (**a**) Für die Messung, die entweder in der Decarboxylierungsphase (*offene Symbole*) oder nach Ende der Malatabbauphase (*geschlossene Symbole*) erfolgten, wurden abgeschnittene vollturgeszente Blätter mittleren Alters (n = 6) verwendet. Diese konnten unter kontrollierten Bedingungen ($T_{T/N}$ = 30/15 °C, $rF_{T/N}$ = 30/60 %, PPFD = 300 µmol · m^{-2} · s^{-1}; T/N = Tag/Nacht), auf Nylonnetzen liegend, frei transpirieren. Zwischen den einzelnen Messungen lagen jeweils 24 h. (**b**) In diesem Versuch wurden die untersuchten Blätter (mittleres Blattalter, n = 4) an den abgeschnittenen Zweigen belassen. Die Änderung des RWD bezieht sich somit auf den gesamten Zweig und nicht auf ein einzelnes Blatt. (Eigene Darstellung, verändert nach von Willert et al. 1995)

konstant halten. Dies ist auf Kosten alter Blätter möglich, die quasi als ein Wasserreservoir dienen, das langsam entleert werden kann.

Dieses Beispiel verdeutlicht, wie problematisch es sein kann, in unterschiedlich konzipierten Versuchen gewonnene Ergebnisse direkt zu vergleichen. Es zeigt auch, dass die Reaktionen von Blättern, die erst im Verlaufe eines Versuches von einer dürregestressten Pflanze für die Messungen entfernt wurden, bei weitem nicht so deutlich ausfallen müssen, wie bei einem abgeschnittenen austrocknenden Einzelblatt. Bei diesem ist die „Stressrate" viel größer, da eine Pufferung durch die „Wasserspeicher" des Zweig fehlt. Dies gilt nicht nur für sukkulente Pflanzen.

Wie aber ändern sich nun die Chlorophyllfluoreszenz und die hieraus ableitbaren Parameter bei langsam zunehmendem Trockenstress? Bleiben wir bei dem Extrembeispiel einer sukkulenten CAM-Pflanze, in diesem Falle der Mesembryanthemaceae *Delosperma tradescantioides*, und beachten das unterschiedliche Verhalten von alten und jungen Blättern. Stellt man bei diesen Pflanzen das Gießen ein, findet in der Lichtphase schon ab dem dritten Tag kein messbarer Gasaustausch mehr statt. Die Stomata sind geschlossen, und damit ist der weitere Wasserverlust, aber auch die CO_2-Aufnahme unterbunden. Sowohl bei alten als auch jungen Blättern nimmt dann die nichtphotochemische Fluoreszenzlöschung (q_N) signifikant zu, und der Quotient aus der Grundfluoreszenz F_0' und der Dunkelfluoreszenz F_0 geht zurück. Da sowohl Änderungen von q_N als auch von F_0' offensichtlich mit der Variation der Größe des Protonengradienten über die Thylakoidmembran ΔH^+ direkt korreliert sind, können wir den Anstieg von q_N als eine Vergrößerung von ΔH^+ in Folge einer Verlangsamung des ATP-Umsatzes deuten. Dies ist nicht verwunderlich, da der Energieumsatz im Calvin-Zyklus durch den Substratmangel (CO_2) stark reduziert sein muss.

Bei C_3- und C_4-Pflanzen könnte unter diesen Trockenstressbedingungen der Gesamtprozess der Photosynthese nur sehr stark eingeschränkt weitergeführt werden. *Delosperma tradescantioides* dagegen kann als CAM-Pflanze das in der Nacht aufgenommene und als Äpfelsäure zwischengespeicherte CO_2 in der Lichtphase freisetzen und so zusätzlich zu den respiratorischen Prozessen (Photorespiration und mitochondrialen Atmung) Substrat für den Calvin-Zyklus liefern. Damit kann auch die im gleichen Maße wie bei ungestörter Wasserversorgung zur Verfügung stehende Lichtenergie verwertet und so die bei einem Energiestau drohende photooxidative Zerstörung der Photosynthesepigmente oder der Proteinkomplexe verhindert oder zumindest reduziert werden (vgl. Abb. 22b). Den Beleg liefern Fluoreszenzmessungen (Tab. 3). Weder die maximale relative Kapazität von Photosystem II, also F_V/F_M, noch die variable Fluoreszenz (F_P/F_0) oder der Vitalitätsindex (*Rfd*-Wert) gehen signifikant zurück. Da sich weiterhin die aktuelle photochemische Effizienz (Φ_{PSII}), ein relatives Maß für den linearen Elektronentransport, ebenso wenig ändert

Tab. 3 Veränderung verschiedener Fluoreszenzparameter mit abnehmender Bodenwasserversorgung (+ H_2O = tägliches, ausreichendes Gießen; – H_2O = 3.–5. Tag ohne Gießen) bei jungen (Blattpaar 2 bzw. 3) und alten (Blattpaar 4–6) Blättern von *Delosperma tradescantioides*. Die Intensität des aktinischen Lichtes im Versuch entsprach den Anzuchtbedingungen (ca. 455 µmol · $m^{-2} \cdot s^{-1}$), die Blatttemperatur betrug 26 ± 2 °C. Gegeben sind die Mittelwerte und die Standardabweichung. (Vgl. Herppich et al. 1998)

		F_V/F_M	F_P/F_0	*Rfd*	q_N	q_P	F_0'/F_0	Φ_{PSII}
Alle Blätter	+ H_2O	0,780 ± 0,027	4,176 ± 0,536	2,007 ± 0,285	0,493 ± 0,038	0,813 ± 0,027	1,046 ± 0,032	0,514 ± 0,042
	– H_2O	0,778 ± 0,053	4,124 ± 0,877	2,423 ± 0,476	0,618 ± 0,055	0,789 ± 0,062	0,929 ± 0,059	0,468 ± 0,073
Junge Blätter	+ H_2O	0,793 ± 0,028	4,488 ± 0,638	2,207 ± 0,284	0,487 ± 0,054	0,833 ± 0,017	1,064 ± 0,011	0,540 ± 0,046
	– H_2O	0,825 ± 0,016	4,994 ± 0,372	2,746 ± 0,350	0,646 ± 0,025	0,766 ± 0,094	0,952 ± 0,042	0,489 ± 0,071
Alte Blätter	+ H_2O	0,767 ± 0,023	3,863 ± 0,307	1,807 ± 0,051	0,498 ± 0,025	0,792 ± 0,018	1,027 ± 0,036	0,488 ± 0,014
	– H_2O	0,750 ± 0,047	3,602 ± 0,606	2,229 ± 0,458	0,602 ± 0,065	0,803 ± 0,041	0,915 ± 0,068	0,456 ± 0,079

wie der Anteil der offenen PS-II-Zentren (repräsentiert durch q_P), kann auch der photosynthetische Elektronentransport nicht behindert sein. Man muss also folgern, dass bei *Delosperma tradescantioides* unter den beschriebenen Versuchsbedingungen die Photosynthese quasi hinter „geschlossenen Türen" nahezu unbehindert weiterläuft (Herppich et al. 1998).

4.4 Ausbreitung von Stresssignalen in Blatt und Spross

Lässt sich die Analyse der Chlorophyllfluoreszenz auch für das Nachverfolgen von elektrischen Signalen einsetzen, die unabhängig von der Photosynthese in der Pflanze durch Stress ausgelöst werden? Beeinflussen solche Signale möglicherweise die elektrochemischen Prozesse der photosynthetischen Lichtreaktionen? Diese beiden Fragen wollen wir im Folgenden am Beispiel von Mimose und Pappel untersuchen.

Hintergrundinformation

Das lateinische „*pudicus*" in seiner Bedeutung „schamhaft" wurde zum Bestandteil des wissenschaftlichen Namens der wohl bekanntesten Mimosenart, *Mimosa pudica*. Die Namensgebung spielt auf „sensible" Bewegungsreaktionen (Nastien) der doppelt gefiederten Blätter auf diverse Umweltreize an (z. B. Temperatur- und Lichtschwankungen, Vibrationen durch Wind oder Berührung sowie Beschädigungen durch Insektenfraß oder Überhitzung). Die Nastien äußern sich nach Reizeinwirkung (und auch durch nächtliche Dunkelheit) als schrittweises („schamhaftes") Zusammenfalten der Fiederblätter, bis deren paarweise angeordneten Fiederblättchen nach Hochklappen in Vertikalposition mit ihren Oberseiten aufeinander zu liegen kommen. Zu interpretieren ist diese Blattzusammenfaltung als eine Schutzstellung gegenüber Stresseinwirkung und potentielle Beschädigung, auch nachts, wenn die Blätter bei fehlender Sonnenstrahlung nicht aufgefaltet sein müssen. Die turgorabhängigen Nastien werden durch stressinduzierte elektrische Signale ausgelöst.

Damit stellt sich die Frage, ob die induzierten Signale, die sich rasch innerhalb der Fiederblätter ausbreiten, mit der Photosynthese interferieren. Denn die sogenannten photosynthetischen Lichtreaktionen beruhen ebenfalls auf elektrischen Prozessen, dem Elektronenfluss durch die Thylakoiden der Chloroplasten in deren Elektronentransportkette. Die gestellte Frage lässt sich durch Anwendung der Chlorophyllfluoreszenz-Bildanalyse beantworten (vgl. Abschn. 2.3, s. o.).

Den Versuchsaufbau für Mimose zeigt Abb. 31a. An zwei benachbarten Untereinheiten eines Fiederblattes wurden jeweils eine KCl-gefüllte Glas-Mikroelektrode (Spitzendurchmesser $< 1\ \mu m$) zur Registrierung stressinduzierter elektrischer Signale in die Epidermis eines Fiederblättchens eingestochen. Eine Messposition befand sich in der einen Blattuntereinheit ca. 20–25 mm entfernt von deren Spitze, auf welche Hitzestress mit einer Flamme für wenige Sekunden einwirkte (Untereinheit 1). In einem ca. 80 mm entfernten Flächenabschnitt der Untereinheit 2 (Abb. 31a) wurde eine zweite Mikroelektrode angebracht und gleichzeitig die Chlorophyllfluoreszenz erfasst. Aus den emittierten Fluoreszenzsignalen wurde die Quantenausbeute von PS II, $\Delta F/F_M'$, abgeleitet und per Bildanalyse für den untersuchten Flächenabschnitt dargestellt (Abb. 31b). Ca. 90 s nach der Hitzereizung in Untereinheit 1 erkennt man in Untereinheit 2 eine beginnende Abnahme von $\Delta F/F_M'$

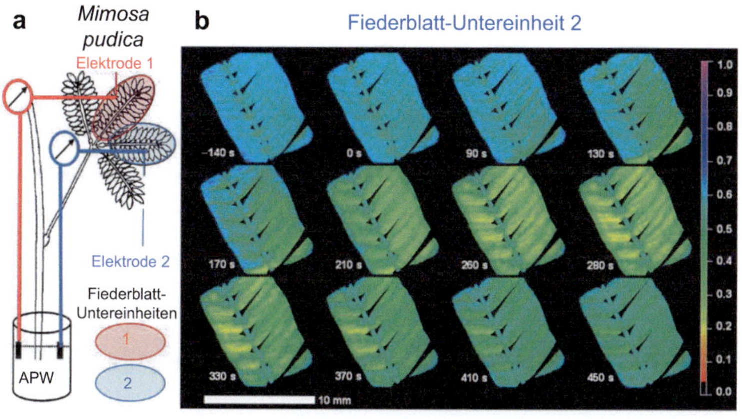

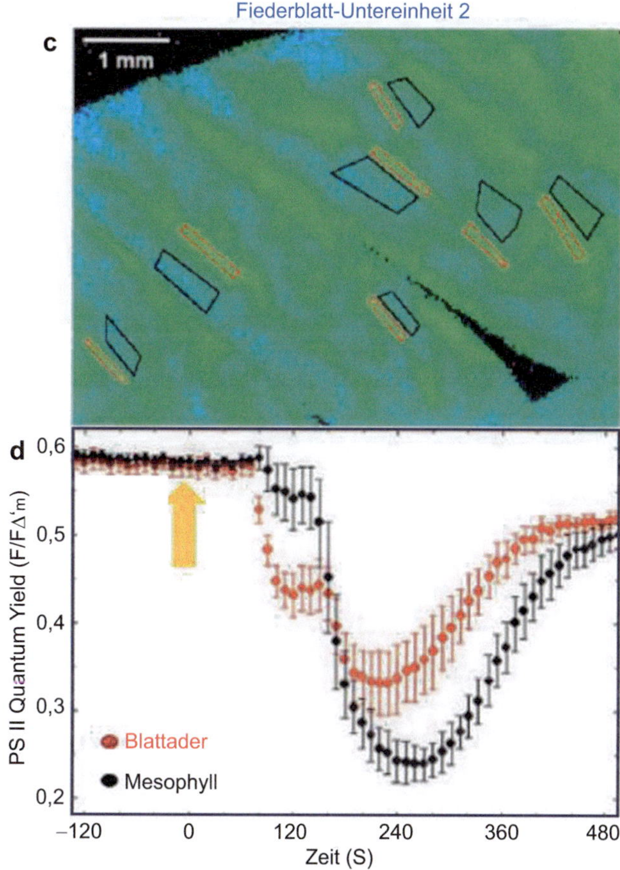

Abb. 31 Auswirkung von Hitzestress in einer Untereinheit eines Fiederblatts von Mimosa pudica auf die Quantenausbeute von PSII ($\Delta F/F_M'$) in einer benachbarten Blattuntereinheit. (**a**) Versuchsanordnung mit der Anbringung von zwei Elektroden und Voltmetern zur Erfassung induzierter elektrischer Signale: Die Hitzereizung erfolgte an der Spitze der Untereinheit 1, ca. 20–

von 0,6–0,7 auf weniger als 0,2. Das Maximum der $\Delta F/F_M'$-Abschwächung trat 280 s nach der Stresseinwirkung auf, mit Quotienten punktuell bei 0,1. Danach erholte sich $\Delta F/F_M'$, bis sich nach 450 s in Untereinheit 2 der Ausgangszustand annähernd wieder einstellte.

Das in der Fiederblatt-Untereinheit 1 durch Hitzestress sofort induzierte elektrische Signal traf mit einer Verzögerung von ca. 20 s in Untereinheit 2 ein (Abb. 32a), bevor sich deren Reaktion in $\Delta F/F_M'$ zeigte (Abb. 31b). Die Ausbreitungsgeschwindigkeit des Signals von Blattuntereinheit 1 zu 2 variierte zwischen 0,4 und 0,8 mm · s^{-1}. Das elektrische Signal war in beiden Blattuntereinheiten kein Aktionspotential, da sich das Ausgangsniveau (Ruhepotential) vor der Stresseinwirkung nicht wieder einstellte.

Die Bildanalyse der Chlorophyllfluoreszenz ermöglichte zudem die Erfassung der Ausbreitungsdynamik der $\Delta F/F_M'$-Fluktuation in den Fiederblättchen der Blattuntereinheit 2 (Abb. 31c). Es wurde Mesophyll (schwarze Rahmen) mit Abschnitten entlang von Mittelrippen (rote Rahmen) in den Fiederblättchen verglichen. Bei den Mittelrippen änderte sich $\Delta F/F_M'$ rascher als im benachbarten Mesophyll (Abb. 31d). Dies zeigt, dass sich die $\Delta F/F_M'$-Störung über die Mittelrippen ins Mesophyll ausbreitete.

Nachdem die Frage einer Störung der photosynthetischen Lichtreaktionen durch stressinduzierte elektrische Signale zu bejahen ist, bleibt zu klären, ob es auch Effekte auf die Dunkelreaktionen im Stroma der Chloroplasten gibt. Hierzu wurde parallel zur Stressapplikation in der Blattuntereinheit 1 auch der Gaswechsel der Untereinheit 2 mit einem Porometer registriert (Abb. 32b). 40 s nach der Hitzereizung der Untereinheit 1 begann die Netto-CO_2-Aufnahmerate (J_{CO_2}) der Untereinheit 2 abrupt bis unter den Kompensationspunkt zu sinken und blieb für ca. 100 s konstant. Parallel weiteten sich vorübergehend die Stomata (Zunahme von g_{H_2O}) mit einem Maximum der Öffnungsreaktion nach 150 s. Danach sank g_{H_2O} jedoch deutlich unter das Ausgangsniveau vor der Stresseinwirkung in Untereinheit 1. g_{H_2O} blieb während der Erholungsphase von J_{CO_2} reduziert und erreichte das Ausgangsniveau annähernd erst nach ca. 2200 s.

Abb. 31 (Fortsetzung) 25 mm entfernt von Elektrode 1, und ca. 80 mm entfernt von Elektrode 2 auf der Blattuntereinheit 2. Die Auswirkung des Hitzestress auf Untereinheit 2 wurde anhand deren Reaktionen von $\Delta F/F_M'$ (**b**, **c** und **d**) und des Blatt-Gaswechsels (Abb. 32b) verfolgt (APW = sog. „*artificial pond water*" zur Wasser- und Nährelementversorgung des von der Wurzel abgetrennten Sprosses). (**b**) Räumlich-zeitliche Änderung von $\Delta F/F_M'$ in den Fiederblättchen eines Teilbereichs (15×10 mm^2) in Fiederblatt-Untereinheit 2 infolge der Hitzereizung von Untereinheit 1, ermittelt durch Bildanalyse der Chlorophyllfluoreszenz mit dem Imaging-PAM-System des Herstellers Walz; die Falschfarbenskala rechts gibt $\Delta F/F_M'$-Niveaus an (Zeitpunkt 0 s markiert Stresseinwirkung in Untereinheit 1). (**c**) Vergrößerter Ausschnitt aus (**b**) zur Ermittlung der $\Delta F/F_M'$-Dynamik zwischen Mesophyll (schwarze Rahmen) und Abschnitten der Mittelrippen in den Fiederblättchen (rote Rahmen). (**d**) Auswertung von (**c**) im zeitlichen Verlauf in Mesophyll und entlang Mittelrippen (gelber Pfeil bei „0 s" markiert Zeitpunkt der Stresseinwirkung in Untereinheit 1). (Adaptiert von Koziolek et al. 2003)

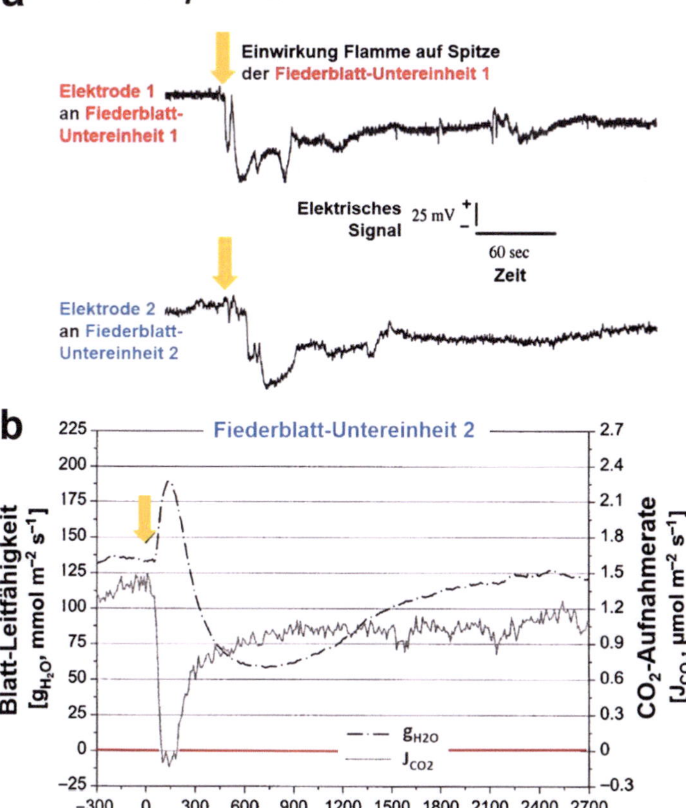

Abb. 32 **Zeitverläufe der elektrischen Signale und des Gaswechsels in *Mimosa pudica*** aus dem in Abb. 31 dargestellten Hitzestress-Experiment. (**a**) Elektrische Signale in der unmittelbar hitzegestressten Fiederblattuntereinheit 1 (oben) sowie in Untereinheit 2 (unten; Positionen der Messelektroden s. Abb. 31a). Das Signal stellt kein Aktionspotential dar (s. Text). (**b**) Netto-CO_2-Aufnahmerate (J_{CO_2}) und Blattleitfähigkeit (g_{H_2O}), gemessen mit einem Walz CO_2/H_2O-Porometer, in der Fiederblattuntereinheit 2 nach Hitzereizung der Untereinheit 1. Gelbe Pfeile in a und b markieren den Zeitpunkt der Hitzereizung. (Adaptiert von Koziolek et al. 2003)

Hintergrundinformation

Aus der inversen Reaktion von g_{H_2O} und J_{CO_2} (Abb. 32b) folgt, dass weder der Rückgang noch die folgende Erholung von J_{CO_2} durch eine stomatäre Regulation bedingt wurden. Offensichtlich wurde die reversible Verringerung der Netto-CO_2-Aufnahme durch die Behinderung der aktuellen photochemischen Effizienz von PSII ($\Delta F/F_M'$, Abb. 31b) und damit der Energieversorgung der Dunkelreaktionen induziert. Der anfängliche Anstieg von g_{H_2O} während des Rückgangs von J_{CO_2} könnte eine hydropassive stomatäre Bewegung darstellen, möglicherweise indirekt ausgelöst durch das stressinduzierte elektrische Signal mit seiner turgorsenkenden Wirkung auf die Gelenke der Fiederblättchen und damit durch eine veränderte Blatthydraulik insgesamt. Der Vergleich von Abb. 32a mit Abb. 31b und 32b verdeutlicht den drastischen, die Photosynthese modifizierenden Einfluss des elektrischen Stressignals das den photosynthetischen Reaktionen offensichtlich vorauseilt.

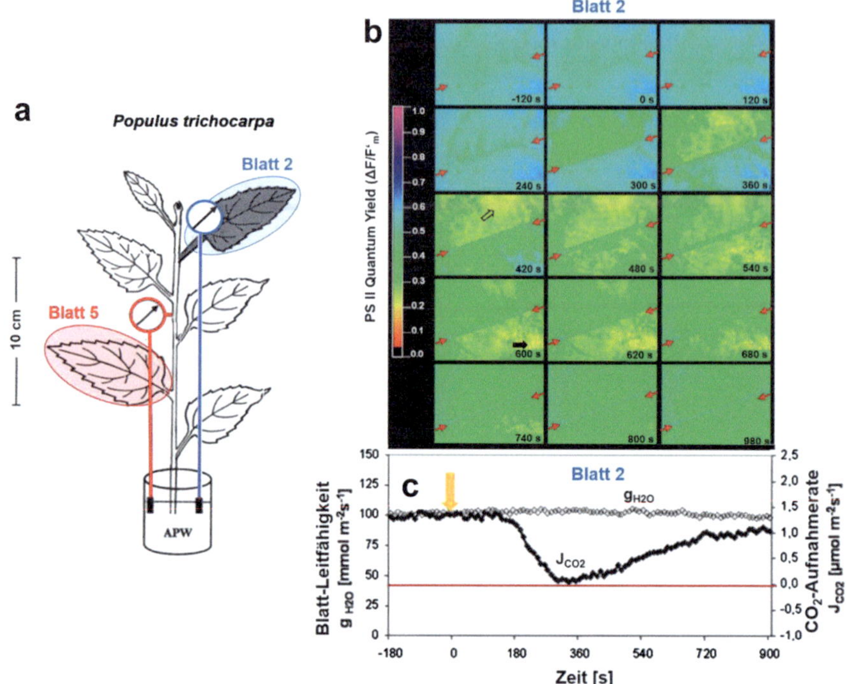

Abb. 33 **Hitzestress-Experiment an *Populus trichocarpa*.** (**a**) Versuchsaufbau: Die Basis von Blatt 5 (entlang der Sprossachse) wurde 3 s lang durch eine offene Flamme gestresst. Die elektrische Signalausbreitung wurde mit Elektroden im Phloem der Sprossachse (rotes Voltmeter-Symbol) und im Mesophyll von Blatt 2 registriert (blaues Voltmeter-Symbol; APW s. Abb. 31a; Distanz zwischen Blatt 5 und Blatt 2 ca. 11 cm). (**b**) Bildanalyse (Imaging-PAM-System, H. Walz GmbH) der Quantenausbeute von PSII ($\Delta F/F_M'$) in Blatt 2 über einen Zeitraum von 980 s nach Hitzereizung von Blatt 5 (Reizapplikation bei 0 s, Falschfarbenskala links gibt $\Delta F/F_M'$-Niveaus an). Rote Pfeilspitzen markieren die diagonale Verlaufsrichtung der Blatt-Mittelrippe im Erfassungsbereich (22 mm × 17 mm). $\Delta F/F_M'$ nahm in Blatt 2 zunächst links und danach rechts der Mittelrippe ab, mit Minima bei 420 bzw. 600 s nach der Hitzereizung. (**c**) Zeitlicher Verlauf des Gaswechsels (CO_2/H_2O-Porometer, H. Walz GmbH) von Blatt 2 nach Hitzereizung von Blatt 5 zum Zeitpunkt „0 s" (gelber Pfeil). Dargestellt sind Blattleitfähigkeit (g_{H_2O}) und Netto-CO_2-Austauschrate (J_{CO_2}) von Blatt 2. (Adaptiert von Lautner et al. 2005)

Sind die in Abb. 31 und 32 dargestellten Befunde ein Spezialfall der hochsensitiven Mimosenblätter? Zur Klärung dieser Frage wurde ein weiteres Experiment an einem Spross der Pappelart *Populus trichocarpa* durchgeführt (Abb. 33a). Entsprechend der akropetalen Bildungssequenz während des Sprosslängenwachstums erfolgte die Blattnummerierung entlang der Sprossachse. Das Eintreffen elektrischer Signale und potentieller Reaktionen von $\Delta F/F_M'$ und des Gaswechsels wurde am zweitjüngsten Blatt (Blatt 2) analysiert, nachdem die Spreitenbasis von

Blatt 5 für 3 s Hitzestress durch eine Flamme ausgesetzt war. Mit Elektroden im Sprossphloem oberhalb von Blatt 5 und im Mesophyll von Blatt 2 wurde sprossaufwärts eine Ausbreitungsgeschwindigkeit von 1–2 mm s^{-1} eines elektrischen Signals ähnlicher Qualität wie in Abb. 32a gemessen (für Pappel nicht gezeigt).

Es dauerte ca. 240 s, bis auch in Pappel $\Delta F/F_M'$ im Spreitenmesophyll des von der Reizquelle (Blatt 5) deutlich entfernten Blatt 2 zu sinken begann (Abb. 33b). Die Mittelrippe bildete dabei vorübergehend eine Barriere; links der Mittelrippe trat das Minimum von $\Delta F/F_M'$ nach ca. 420 s (offener Pfeil), rechts jedoch erst nach 600 s auf (geschlossener Pfeil). Insgesamt sank $\Delta F/F_M'$ damit in ähnlichem Ausmaß (von 0,5–0,7 bis auf 0,2) wie in den Mimosenblättern (Abb. 31b). Noch nach 980 s hatte $\Delta F/F_M'$ im Pappelblatt 2 mit 0,4 das Ausgangsniveau allerdings nicht wieder erreicht.

Ähnlich wie in den Blättern der Mimose sank in den Pappelblättern J_{CO_2} 120 s nach der Stresseinwirkung (Abb. 33c), jedoch weniger abrupt, bis zum Kompensationspunkt und blieb für ca. 100 s auf diesem Niveau. Danach erholte sich J_{CO_2} auch in Pappel allmählich und stieg wieder annähernd auf das Ausgangsniveau. Im Gegensatz zu Mimose zeigte g_{H_2O} bei der Pappel jedoch keine Reaktion (Abb. 33c).

Hintergrundinformation

Die Ähnlichkeit der Stressreaktionen bei Mimose und Pappel lässt vermuten, dass die stressinduzierten elektrischen Signale generell die aktuelle Quantenausbeute von PSII ($\Delta F/F_M'$) hemmen, damit die Energieversorgung der CO_2-Assimilation verringern und die Abnahme von J_{CO_2} bis zum Kompensationspunkt bedingen. In beiden Fällen breitete sich das Signal über das vaskuläre System aus, in Mimose gezeigt für Blätter über die Blattadern (Abb. 32c, d), und in Pappel über die Phloemelemente der Sprossachse (Abb. 33a). In beiden Experimenten zeigten $^{14}CO_2$-Blattmarkierungen, dass biochemische Signale (über das Phloem) erheblich zu langsam sind, um Photosynthesereaktionen innerhalb von Fiederblättern oder in Sprossachsenblättern infolge von Hitzestress benachbarter Blattuntereinheiten bzw. entfernter Sprossblätter auslösen zu können.

Die weitere mechanistische Klärung der in Abb. 31, 32, 33 demonstrierten Phänomene erfordert die Identifizierung jener molekularen Komponenten in den Thylakoiden mit hoher Empfindlichkeit gegenüber Interferenzen durch stressverursachte elektrische Signale. Forschungspotential besteht auch zur ökologischen Signifikanz der Befunde unter Standortsbedingungen und hinsichtlich potentieller Auswirkungen auf die pflanzliche Kohlenstoffbilanz.

Übungsfragen

- Was versteht man unter dem Kautsky-Effekt?
- Welche physiologischen Vorgänge erfassen die schnelle und die langsame Fluoreszenzkinetik?
- Welche Fluoreszenzanalyseparameter beschreiben die Wirkung der photosynthetischen Schutzmechanismen?
- Was sind die Unterschiede von geregelter und ungeregelter nichtphotochemischer Fluoreszenzlöschung? ◄

Literatur

Albertsson PA (2001) A quantitative model of the domain structure of the photosynthetic membrane. Trends Plant Sci 6:349–354

Allen JF, Forsberg J (2001) Molecular recognition in thylakoid structure and function. Trends Plant Sci 6:317–326

Aro EM, Virgin I, Andersson B (1993) Photoinhibition of photosystem II. Inactivation, protein damage and turnover. Biochim Biophys Acta 1143:113–134

Baker NR (1991) A possible role for photosystem II in environmental perturbations of photosynthesis. Physiol Plant 81:563–570

Bilger W, Björkman O (1990) Role of the xanthophyll cycle in photoprotection elucidated by measurements of light-induced absorbance changes, fluorescence, and photosynthesis in leaves of *Hedera canariensis* Willd. Photosynth Res 25:173–185

Björkman O, Demmig B (1987) Photon yield of O_2 evolution and chlorophyll fluorescence characteristics at 77 K among vascular plants of diverse origins. Planta 170:489–504

Bolhar-Nordenkampf HR, Long SP, Baker NR, Oquist G, Schreiber U, Lechner EG (1989) Chlorophyll fluorescence as a probe of the photosynthetic competence of leaves in the field: a review of current instrumentation. Funct Ecol 3:497–514

Brestic M, Zivcak M (2013) PSII fluorescence techniques for measurements of drought and high temperature stress signals in crop plants: protocols and applications. In: Rout GR, Dass AB (Hrsg) Molecular stress physiology of plants. Springer, New Delhi, S 87–131

Buschmann C (1999) Photochemical and non-photochemical quenching coefficients of the chlorophyll fluorescence: comparison of variation and limits. Photosynthetica 37:217–224

Buschmann C, Langsdorf G, Lichtenthaler HK (2008) The blue, green, red and far-red fluorescence signatures of plant tissues, their multicolor fluorescence imaging and application for agrofood assessment. In: Zude M (Hrsg) Optical methods for monitoring fresh and processed food – basics and applications for a better understanding of non-destructive sensing. CRC-Press, Boca Raton, S 272–319

Caffarri S, Tibiletti T, Jennings RC, Santabarbara S (2014) A comparison between photosystem I and photosystem II architecture and functioning. Curr Protein Pept Sci 15:296–331

Dekker JP, Boekema EJ (2005) Supramolekular organization of thylakoid membrane proteins in green plants. Biochim Biophys Acta 1706:12–39

Demmig B, Björkman O (1987) Comparison of the effect of excessive light on chlorophyll fluorescence (77K) and photon yield of O_2 evolution in leaves of higher plants. Planta 171:171–184

Demmig-Adams B, Adams WW III (1996) The role of the xanthophyll cycle carotenoids in the protection of photosynthesis. Trends Plant Sci 1:21–26

Goodwin TW, Mercer EI (1982) Introduction to plant biochemistry. Pergamon Press, Oxford

Harley PC, Loreto F, Marco GD, Sharkey TD (1992) Theoretical considerations when estimating the mesophyll conductance to CO_2 flux by analysis of the response of photosynthesis to CO_2. Plant Physiol 98:1429–1436

Herppich WB (1989) CAM-Ausprägung in *Plectranthus marrubioides* Benth. (Fam. Lamiaceae). Einfluss der Faktoren Licht, Blatttemperatur, Luftfeuchtigkeit, Bodenwasserverfügbarkeit und Blattwasserzustand. Westfälische Wilhelms-Universität, Münster

Herppich WB (2002) Application potential of chlorophyll fluorescence imaging analysis in horticultural research. In: Zude M, Herold B, Geyer M (Hrsg) Fruit, nut and vegetable production engineering. Institut für Agrartechnik Bornim e.V, Potsdam, S 609–614

Herppich WB, Flach BMT, von Willert DJ, Herppich M (1997) Field investigations in *Welwitschia mirabilis* during a severe drought. II. Influence of leaf age, leaf temperature and irradiance on photosynthesis and photoinhibition. Flora 192:165–174

Herppich WB, Herppich M, Tüffers A, von Willert DJ, Midgley GF, Veste M (1998) Photosynthetic responses to CO_2 concentration and photon fluence rates in the CAM-cycling plant *Delosperma tradescantioides* (Mesembryanthemaceae). New Phytol 138:433–440

Herppich WB, Foerster J, Zeymer J, Geyer M, Schlüter O (2012) Chlorophyll fluorescence imaging for non-destructively monitoring of changes in fresh and fresh-cut produce. In: Nunes C (Hrsg) Environmentally friendly and safe technologies for quality of fruits and vegetables. Universidade do Algave, Faro, S 45–51

Kautsky H, Hirsch A (1931) Neue Versuche zur Kohlenstoffassimilation. Naturwissenschaften 19:964

Kooten O van, Snel JEH (1990) The use of chlorophyll fluorescence nomenclature in plant stress physiology. Photosynth Res 25:147–150

Koziolek C, Grams TEE, Schreiber U, Matyssek R, Fromm J (2003) Transient knockout of photosynthesis mediated by electrical signals. New Phytol 161:715–722

Kramer DM, Johnson G, Kiirats O, Edwards GE (2004) New fluorescence parameters for the determination of Q_A redox state and excitation energy fluxes. Photosynth Res 79:209–218

Krause GH (1988) Photoinhibition of photosynthesis. An evaluation of damaging and protective mechanisms. Physiol Plant 74:566–574

Krause GH, Weis E (1991) Chlorophyll fluorescence and photosynthesis: the basis. Annu Rev Plant Physiol Plant Mol Biol 42:313–349

Krause GH, Somersalo S, Zumbusch E, Weyer B, Laasch H (1990) On the mechanism of photoinhibition in chloroplasts. Relationship between changes in fluorescence and activity of photosystem II. J Plant Physiol 136:472–479

Lautner S, Grams TEE, Matyssek R, Fromm J (2005) Characteristics of electrical signals in poplar and responses in photosynthesis. Plant Physiol 138:2200–2209

Lavorell J, Etienne AL (1977) In vivo chlorophyll fluorescence. In: Barber J (Hrsg) Primary processes of photosynthesis. Elsevier, Amsterdam, S 203–268

Lichtenthaler HK (Hrsg) (1988) In vivo chlorophyll fluorescence as a tool for stress detection in plant. In: Application of chlorophyll fluorescence. Kluwer, Dordrecht, S 129–142

Matschke J, Amenda R, Herppich WB (1996) Fluoreszenzmessungen an Zierpflanzen. Gärtnerbörse 23:1099–1102

Maxwell K, Johnson GN (2000) Chlorophyll fluorescence-a practical guide. J Exp Bot 51:659–668

Minagawa J (2013) Dynamic reorganization of photosynthetic supercomplexes during environmental acclimation of photosynthesis. Front Plant Sci 513:1–11

Mohr H, Schopfer P (1992) Pflanzenphysiologie. Springer, Berlin

Nobel PS (1991) Physicochemical and environmental plant physiology. Academic, San Diego

Pribil M, Labs M, Leister D (2014) Structure and dynamics of thylakoids in land plants. J Exp Bot 65:1955–1972

Schreiber U, Bilger W (1987) Rapid assessment of stress effects on plant leaves by chlorophyll fluorescence measurements. In: Tenhunen GD (Hrsg) Plant response to stress. Springer, Berlin, S 27–53

Schreiber U, Schliwa U, Bilger W (1986) Continuous recording of photochemical and nonphotochemical quenching with a new type of modulation fluorometer. Photosynth Res 10:51–62

Strasser BJ, Strasser RJ (1995) Measuring fast fluorescence transients to address environmental questions: the JIP-test. In: Mathis P (Hrsg) Photosynthesis: from light to biosphere. Kluwer, Dordrecht, S 977–980

Tikkanen M, Aro EM (2014) Integrative regulatory network of plant thylakoid energy transduction. Trends Plant Sci 19:10–17

Walker D (1990) The use of the oxygen electrode and fluorescence probes in simple measurements of photosynthesis. Oxygraphics Ltd, Sheffield, S 1–145

Willert DJ von, Matyssek R, Herppich WB (1995) Experimentelle Pflanzenökologie. Grundlagen und Anwendungen. Thieme, Stuttgart/New York

Teil VII

Stabile Isotope in der Pflanze

15 Analyse stabiler Isotope

Inhalt

Zusammenfassung

Die Analyse stabiler Isotope ist seit den 1980er-Jahren im Forschungsbereich der experimentellen Ökologie und Umweltforschung, nicht nur mit Fokus auf Einzelpflanzen, sondern darüber hinaus auch auf Ökosystem- und globaler Ebene, zu einem zentralen Instrument für die Interpretation und Quantifizierung ökophysiologischer und physikochemischer Prozesse geworden. Nach Klärung der Definition und Eigenschaften sowie Erfassungsmethodologie von stabilen Isotopen werden weiterführende Interpretationen von Gaswechselmessungen an Blättern auf der Basis pflanzeninterner Verteilungsmuster demonstriert. Hierbei sind sowohl natürlich sich einstellende Verteilungsmuster als auch das Nachverfolgen experimentell applizierter stabiler Isotope von Interesse. Abgesehen von der Bedeutung für die experimentelle Pflanzenökologie erlaubt die vorgestellte Analytik auch die Integration ökophysiologischer Prozesse in die Ökosystem-Ebene und in globale Stoffflüsse.

Schlüsselwörter

Stabile Isotope · Massenspektrometrie · δ- vs. Δ-Wert · $\delta^{13}C$-Signaturen von C_3- und C_4-Pflanzen · Farquhar-Modell der $^{13}CO_2$-Diskriminierung · Free-Air-Begasungstechnik · Markierung mit stabilen Isotopen als Tracer

R. Matyssek, W. B. Herppich, *Experimentelle Pflanzenökologie*, Springer Reference Naturwissenschaften, https://doi.org/10.1007/978-3-662-67530-4_21

1 Analyse stabiler Isotope

1.1 Stabile Isotope – Definition und Eigenschaften

Das Periodensystem listet die chemischen Elemente entsprechend ihrer Ordnungszahl (OZ) auf, die durch die Anzahl von Protonen im Atomkern gegeben ist. Beispielsweise gilt für Wasserstoff (H) mit einem Proton die OZ 1, und für die Elemente Kohlenstoff (C) mit 6 Protonen, Stickstoff (N) mit 7 und Sauerstoff (O) mit 8 ist die damit OZ 6, 7 bzw. 8. Im Periodensystem wird für die Elemente auch die Atommasse angezeigt (AM mit Einheit Dalton = Da), die im Fall von H nicht, bei C, N und O aber deutlich von der jeweiligen OZ abweicht (letztere Elemente mit AM = 12, 14 bzw. 16 Da). Für die Abweichungen sind Neutronen verantwortlich, die sich zusätzlich in den Atomkernen befinden – 6 Neutronen bei C, 7 bei N und 8 bei O, jedoch keines bei H. Die eben gemachte Aussage gilt aber jeweils immer nur für eine bestimmte von potenziell mehreren Varianten eines Elements. Im Periodensystem wird jeweils die am häufigsten auf der Erde vorhandene Variante besonders hervorgehoben, im Fall von H, C, N und O also jene mit AM = 1, 12, 14 bzw. 16 Da. Mit der häufigsten Variante je Element liegt bereits jeweils eines seiner **Isotope** vor. Der Begriff besagt, dass für jedes Element an dessen Ort im Periodensystem (griechisch *topos*) alternative Varianten mit gleicher OZ (griechisch *iso*) – somit weitere „*Isotope*" – auftreten können. Die bisher konkret angesprochenen (und jeweils häufigsten) Isotope werden als ^{1}H, ^{12}C, ^{14}N und ^{16}O gekennzeichnet.

Worin unterscheiden sich nun aber verschiedene Isotope eines Elements? Bei gleicher OZ (d. h. gleicher Protonenanzahl) variieren sie in der AM, wofür somit die unterschiedliche Anzahl von Neutronen verantwortlich ist. Weitere Isotope von H sind ^{2}H und ^{3}H (auch Deuterium = D bzw. Tritium = T genannt). D besitzt also ein weiteres Neutron, und T zwei weitere im Vergleich zu ^{1}H. Entsprechend gibt es auch ^{11}C, ^{13}C und ^{14}C (mit einem Neutron weniger bzw. einem oder zweien mehr als in ^{12}C), ^{15}N (eines mehr als in ^{14}N) sowie ^{17}O und ^{18}O (mit einem bzw. zweien mehr als in ^{16}O).

Von allen bisher genannten Isotopen sind die meisten stabil, d. h. sie sind natürliche Bestandteile der Umwelt, sie zerfallen nicht und setzen daher auch keine radioaktive Strahlung frei. Das heißt, als **stabile Isotope** sind ^{1}H, D, ^{12}C, ^{13}C, ^{14}N, ^{15}N, ^{16}O, ^{17}O und ^{18}O ökologisch ungefährlich. Damit haben wir zugleich aber die **instabilen Isotope** unserer Beispiele identifiziert; es sind dies T, ^{11}C und ^{14}C. Sie zerfallen entsprechend spezifischer Halbwertszeiten und sind radioaktiv, setzen dabei *alpha*-, *beta*- oder *gamma*-Strahlung frei (d. h. Heliumkerne, Elektronen/Positronen bzw. elektromagnetische Wellen). In instabilen Isotopen resultiert der radioaktive Zerfall aus energetischen Ungleichgewichten, die sich aufgrund jeweiliger Mengenverhältnisse zwischen Protonen und Neutronen im Atomkern ergeben.

Für die heute 118 benannten chemischen Elemente sind insgesamt etwa ca. 254 stabile Isotope bekannt. Demgegenüber stehen mehr als 3000 instabile Isotope, wovon ca. 600 natürlichen Ursprungs sind. Die oben konkret angesprochenen Isotope sind daher als eine exemplarische Auswahl zu verstehen.

Natürlicherweise treten instabile Isotope nur in Spuren auf, stammen entweder aus dem Inneren des Planeten oder sind kosmischen Ursprungs (z. B. ^{14}C) oder bringen als Ergebnis von Nukleartechnologien des Menschen je nach freigesetzten Mengen hohe Schädigungsrisiken in die belebte Umwelt ein. Entsprechend der oben skizzierten Zielstellung dieses Kapitels werden wir uns im Folgenden mit den instabilen Isotopen nicht weiter beschäftigen.

Auch die meisten der stabilen Isotope treten nur in Spuren in der natürlichen Umwelt auf. Bei der Mehrzahl der in Tab. 1 gezeigten Elemente liegen die proportionalen Anteile der nichthäufigen stabilen Isotope meist nur im Bereich von 0,01–0,1 % der Menge des Elements insgesamt. ^{13}C erreicht ungefähr den 1 %-Bereich der Gesamtmenge von C. Auch für S gibt es stabile Isotope: ^{32}S (mit 95 % Häufigkeit), ^{33}S (1 %), ^{34}S (4 %) und ^{36}S (0,02 %). Die relativen Massenunterschiede von chemischen Verbindungen, die unterschiedliche Ausmaße verschiedener stabiler Isotope enthalten, können jedoch erheblich variieren. Ist z. B. bei H_2 ein Proton gegen D ausgetauscht, dann liegt der relative Massenunterschied im Vergleich zu 2-protonigem H_2 bei 50 %. Ein ähnlicher Austausch bei N_2 (ein ^{14}N gegen ein ^{15}N) liegt dagegen bei 3,6 %. Die relativen Unterschiede bleiben in ähnlich kleiner Größenordnung bei CO_2 bestehen, unabhängig davon, ob einmal das schwerere C-Isotop (^{13}C) oder das schwerere O-Isotop (hier ^{18}O) in der Verbindung enthalten ist.

Wir werden im Folgenden jedoch erkennen, dass bereits kleine relative, durch unterschiedliche Isotope bedingte Massenunterschiede in einem Ausmaß die Molekülbeweglichkeit beeinflussen, dass darauf eine differenzielle Analytik abgestimmt werden kann (s. u.). Für die folgenden Betrachtungen wird auch der Hintergrund für unsere Elementauswahl bei der Einführung in die Analytik stabiler Isotope ersichtlich, da H, C, N, O und S die häufigsten in organische Substanz eingebundenen Elemente sind. Für diese biologisch relevanten Elemente lässt sich das nun vorgestellte Messverfahren sehr effektiv anwenden.

1.2 Erfassung und Analytik mit Massenspektrometrie

Zur Anwendung kommt die Isotopenverhältnis-Massenspektrometrie (*isotope ratio mass spectrometry*, IRMS), deren apparativer Aufbau aus vier wesentlichen Kom-

Tab. 1 Isotope der Elemente H, C, N und O mit ihren relativen Häufigkeiten und Massenunterschieden

Element	Isotop	Häufigkeit [%]	Formen u. relative Molmassendifferenz
Wasserstoff	^{1}H	99,984	$^{1}HD/^{1}H^{1}H$
	^{2}H (D)	0,016	(3/2), 50 %
Kohlenstoff	^{12}C	98,982	$^{13}C^{16}O^{16}O/^{12}C^{16}O^{16}O$
	^{13}C	1,108	(45/44), 2,3 %
Stickstoff	^{14}N	99,630	$^{15}N^{14}N/^{14}N^{14}N$
	^{15}N	0,366	(29/28), 3,6 %
Sauerstoff	^{16}O	99,759	$^{12}C^{16}O^{18}O/^{12}C^{16}O^{16}O$
	^{17}O	0,037	(46/44), 4,5 %
	^{18}O	0,204	

ponenten besteht: Ionisator, Flugröhre, Magnet und isotopenspezifisch angeordnete Detektoren (Abb. 1).

Im Vorfeld der Messung muss die zu analysierende, organische Substanz in Gase umgewandelt werden, in denen dann die verschiedenen Isotope enthalten sind. Dies geschieht quantitativ durch vorgeschaltete Verbrennung (**Pyrolyse**), aus der die relevanten Gase H_2, CO_2, N_2, O_2 und SO_2 hervorgehen. Diese werden durch eine Ionisationskammer geleitet und mit einem Elektronenstrahl beschossen, wobei aus den Gasmolekülen Elektronen herausgeschlagen werden und Ionen der Masse m mit jeweils einer positiven Ladung e^+ entstehen, also $e^+ \cdot m^{-1}$. Die Ionen werden in einem elektrischen Feld beschleunigt und in ein Magnetfeld gelenkt, das senkrecht zur Flugbahn wirkt. Abhängig von m, das mit der Präsenz der verschiedenen Isotope eines Elements variiert, werden die Flugbahnen der Ionen nun in unterschiedlichem Ausmaß abgelenkt. Die Krümmung der Flugbahnen ist je nach isotopischer Zusammensetzung der Ionen präzise berechenbar, sodass die Aufschlagspunkte in einer Zielebene je nach m exakt vorhersagbar sind. Detektoren an den Aufschlagspunkten registrieren dann die jeweilige Anzahl der Treffer. Auf diese Weise werden die für die besagten Gase möglichen Kombinationen isotopischer Zusammensetzung trennbar und quantifizierbar. Das Massenspektrometer ist im Vorfeld der Analyse zu kalibrieren. Dies geschieht mit Substanzen bekannter isotopischer Zusammensetzung als Referenz für die Identifizierung und Quantifizierung unbekannter Substanzproben.

Die Weiterverarbeitung der Messsignale erfolgt nach der Regel, dass das jeweils schwerere Isotop eines Elements mengenmäßig auf das jeweils leichtere bezogen wird – allgemein darstellbar als Isotopenverhältnis R:

$$R = \frac{\text{schweres Isotop}}{\text{leichtes Isotop}}$$

oder konkret für N:

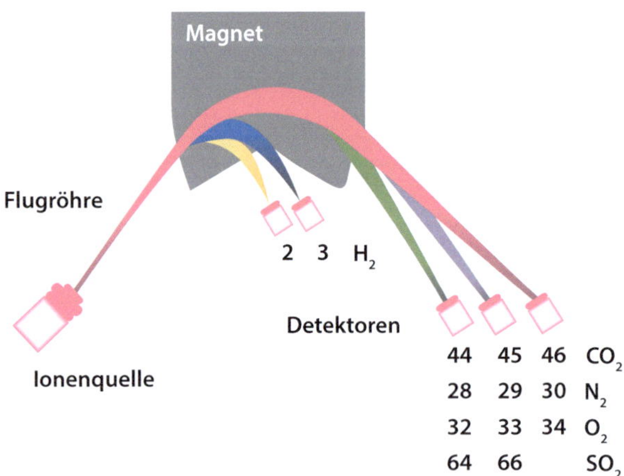

Abb. 1 Aufbau und Systemkomponenten eines Massenspektrometers. (Verändert nach Handbuch des Herstellers Thermo Fisher Scientific)

$$R^{15}\mathrm{N} = \frac{^{15}\mathrm{N}}{^{14}\mathrm{N}}$$

In welcher Größenordnung liegt nun aber R? Entsprechend der in Tab. 1 gezeigten, meist sehr geringen relativen Mengenverhältnisse der schweren gegenüber den leichten Isotopen muss (mit Ausnahme von D/H) auch R niedrig sein. Für N visualisiert dies zunächst Abb. 2.

In absoluten Zahlen würde man für ein Gras und Klee z. B.

$$R^{15}\mathrm{N} = 0{,}003681$$

bzw.

$$R^{15}\mathrm{N} = 0{,}003678$$

erhalten. Eine solche Dezimalangabe ist für die Weiterverarbeitung gleichermaßen ungeschickt wie riskant, da durch Rundungsfehler die entscheidende Information verloren gehen kann. In den beiden Beispielen ist diese erst in den letzten beiden Zifferpositionen enthalten, die den Unterschied zwischen Gras und Klee in R^{15}N ausmachen. Wir sollten daher nach einer anderen Möglichkeit suchen, R auszudrücken. Eine solche bietet die folgende Gleichung, nach der R der Probe auf das R eines Standards bezogen wird. Die Gleichung ist vorerst in allgemeiner Form gehalten, also noch nicht elementspezifisch (mit Φ anstelle der Elementabkürzung):

$$\delta^{s}\Phi = \left(\frac{^{s}\Phi/^{l}\Phi\ \text{Probe}}{^{s}\Phi/^{l}\Phi\ \text{Standard}} - 1\right) \times 1000\ [‰] \tag{1}$$

Hierbei steht „s" für das schwere, „l" für das leichte Isotop, und $^{s}\Phi/^{l}\Phi_{\text{Probe}} = R^{s}\Phi_{\text{Probe}}$ (entsprechendes für $R^{s}\Phi_{\text{Standard}}$). Der Vorteil ist, dass sich nun durch die Division von zwei sehr kleinen Quotienten in Zähler und Nenner (d. h. R_{Probe}

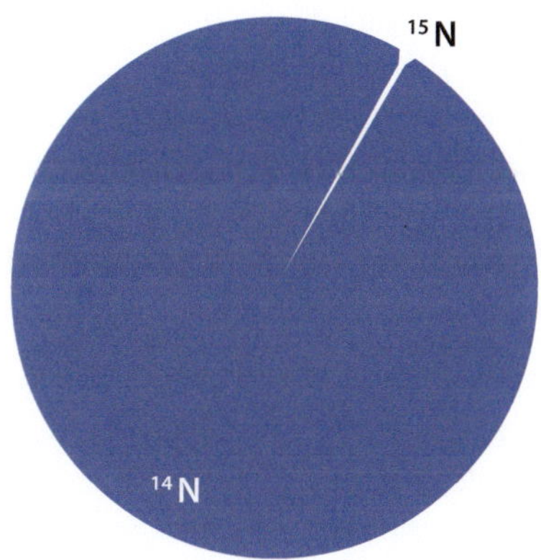

Abb. 2 Darstellung des Isotopenverhältnisses zwischen ^{15}N und ^{14}N. (verändert nach verschiedenen Vorlagen)

durch R_{Standard}) Dezimalstellen kürzen lassen und der Hauptquotient numerisch zunimmt. Ist $R_{\text{Probe}} < R_{\text{Standard}}$, wird durch Subtraktion der Zahl „eins" das Ergebnis der Gleichung negativ, > 0 resultiert aus $R_{\text{Probe}} > R_{\text{Standard}}$ und Null, wenn $R_{\text{Probe}} = R_{\text{Standard}}$ gilt. Das Ergebnis wird – zunächst allgemeingültig formuliert – in folgender Form dargestellt:

$$\delta^{s}\Phi\ [‰]$$

hierbei steht Φ wieder für die Abkürzung des Elements, und „s" bezeichnet das schwere Isotop. Grundsätzlich gilt:

► Je höher der δ-Wert, desto höher die Konzentration des schwereren Isotops.

Was bedeutet nun die Anwendung obiger Gleichung für unsere R^{15}N-Beispiele bei Gras und Klee? Um die Gleichung lösen zu können, müssen wir zunächst noch nach R_{Standard} für die Angabe von δ^{15}N fragen. Die Antwort gibt Tab. 2, in der per internationaler Konvention als R_{Standard} für δ^{15}N die Isotopensignatur von N_2 in der Atmosphäre gesetzt ist.

Mit dieser Kenntnis ergibt sich nun für Gras und Klee:

$$\delta^{15}\text{N} = 1\,‰ \text{ bzw. } \delta^{15}\text{N} = 0\,‰.$$

Nun haben wir, auch dank der Angabe in Promille, leicht handhabbare Zahlenwerte erhalten. Verblüffen mag aber – auf den ersten Blick – das Ergebnis für Klee mit $\delta^{15}\text{N} = 0\,‰$. Nach obigen Überlegungen sollte dies $R_{\text{Probe}} = R_{\text{Standard}}$ widerspiegeln. Wie ist das möglich? Hierzu müssen wir uns vergegenwärtigen, dass Klee zu der Familie der Leguminosen (= Schmetterlingsblütler = Fabaceae) gehört, und hier alle Arten „Symbiosen" in den Wurzeln mit Knöllchenbakterien eingehen (heute treffender als „Mutualismen" bezeichnet). Letztere sind befähigt, N_2 unmittelbar aus der Atmosphäre aufzunehmen und (mittels des Enzyms Nitrogenase) in Amino-N umzuwandeln, allerdings unter hohem Energieaufwand, den die Pflanze mit ATP-Zufuhr sicherstellt. Den Amino-N baut die Pflanze in ihre Aminosäuren und Proteine ein. Offensichtlich wird bei der Inkorporation δ^{15}N des atmosphärischen N (und damit R^{15}N) nicht verändert. Damit erscheint die Angabe von $\delta^{15}\text{N} = 0\,‰$ plausibel.

Anders aber die Situation beim Gras, das als Vertreter der Poaceae über keine Knöllchenbakterien verfügt und daher seinen gesamten N-Bedarf in Form von Nitrat und/oder Ammonium aus dem Boden aufnehmen muss. N im Boden stammt aus der Verwitterung des Ausgangsgesteins und dem mikrobiellen Abbau abgestorbener pflanzlicher Biomasse und ist vielfältigen biochemischen und physikalischen Umsetzungen (z. B. Transportprozesse) unterworfen. Entsprechende Einflüsse können δ^{15}N (und damit R^{15}N) verändern. Bei $\delta^{15}\text{N} = 1\,‰$ für das Grasbeispiel ist somit ^{15}N gegenüber ^{14}N proportional erhöht, oder, wie man typischerweise auch sagt, ^{14}N wurde gegenüber ^{15}N diskriminiert. Wir haben somit einen ersten Eindruck gewonnen, dass physiko-chemische und/oder physiologische Prozesse in der Umwelt und in den Organismen Isotopenverhältnisse verschieben können.

Tab. 2 **Isotopenstandards** für die Elemente H, C, N und O

		Referenz
1 H 1.0076	δD	Ozeanwasser „Standard Mean"
6 C 12.011	$\delta^{13}C$	Pee Dee Belemnite
7 N 14.007	$\delta^{15}N$	N_2 der Atmosphäre
8 O 15.999	$\delta^{18}O$	Ozeanwasser „Standard Mean"

Kommen wir zurück zur Tab. 2 und fragen nach den Standards für die Ermittlung von δ-Werten der weiteren Elemente H, C und O. Für δD und δ^{18}O wurde jeweils Ozeanwasser (standard mean ocean water = SMOW nach Tab. 2) definiert. Sehr spezifisch ist die Definition für δ^{13}C, wofür das Pee-Dee-Sediment der Kreidezeit gewählt wurde, das reich an Belemniten ist (= Großgruppe fossiler Tintenfische [Kopffüßler/Cephalopoda]; PDB nach Tab. 2). Letztere Definition bedingt, dass z. B. für pflanzliche Biomasse $\delta^{13}C < 0$ typisch ist (für C_3-Pflanzen oft im Bereich −25 bis −30 ‰). Solche Ergebnisse werden wir im Folgenden antreffen, wenn wir Gl. 1 konkret für das Verhältnis $^{13}C/^{12}C$ anwenden:

$$\delta^{13}C = \left(\frac{^{13}C/^{12}C \text{ in der Probe}}{^{13}C/^{12}C \text{ im Standard}} - 1 \right) \times 1000 \ [‰]$$

Entsprechend ist die Gleichung für δD, δ^{15}N und δ^{18}O umzuformulieren.

2 Bezüge zum Gasaustausch der Blattorgane

Wie gerade festgestellt, können physiko-chemische und ökophysiologische Prozesse in Umwelt und Organismen Isotopenverhältnisse verschieben. Verschaffen wir uns hierzu einen kurzen Überblick: δ^{18}O von flüssigem Wasser kann z. B. um 10 ‰ höher sein als in der Dampfphase. Ähnliches sehen wir bei δ^{15}N, das in Gras, welches Weidevieh aufgenommen hat, um ca. 3 ‰ niedriger sein kann als in der gebildeten tierischen Biomasse. δ^{13}C des CO_2 der Atmosphäre liegt gegenwärtig bei etwa − 8,5 ‰ (s. u., Abb. 11), nach photosynthetischer Fixierung weist die pflanzliche Biomasse jedoch ungefähr $\delta^{13}C = -28$ ‰ auf. Wir erkennen, dass bei $\delta^{18}O$ und $\delta^{15}N$ jeweils eine Anreicherung des schweren Isotops stattgefunden hat, jedoch bei $\delta^{13}C$ eine Diskriminierung. Lassen sich die Ursachen präzisieren?

Beginnen wir mit $\delta^{18}O$, da im gewählten Beispiel nur physikalische Effekte verantwortlich sein können. Hierbei ist die Regel zu beachten, dass schwere Moleküle sich in Transportprozessen (z. B. Diffusion, Evaporation) langsamer fortbewegen als leichte. Das gilt auch für Moleküle, die schwere Isotope enthalten. Damit wird ersichtlich, dass $\delta^{18}O$ in der Dampfphase des Wassers niedriger sein muss als in flüssigem Wasser (Wassermoleküle mit ^{16}O anstelle ^{18}O entweichen rascher), in welchem bevorzugt Wassermoleküle mit ^{18}O zurückbleiben und sich anreichern. Entsprechend lösen sich schwere Moleküle in Wasser besser als leichte, was nicht nur für $H_2{}^{18}O$, sondern auch für $^{13}CO_2$ relativ zu $^{12}CO_2$ gilt. Für D-haltige Wassermoleküle besteht die gleiche Regel – DHO und noch mehr D_2O (und z. B. erst recht $D_2{}^{18}O$) verbleiben eher in der flüssigen Phase (und lösen sich besser) als $^1H_2{}^{16}O$.

Die aufgezeigte Gesetzmäßigkeit hat weitreichende ökologische Folgen. Wenn Wasserdampf aus dem Ozean evaporiert, und da das Ozeanwasser dem SMOW-Standard entspricht (hier also $\delta^{18}O = 0$ ‰), muss Dampf ein $\delta^{18}O < 0$ aufweisen (z. B. -13 ‰, da Evaporation ^{18}O diskriminiert). Wird der Wasserdampf landeinwärts verfrachtet, verstärkt sich die Tendenz zu negativem $\delta^{18}O$, da Wassermoleküle mit ^{18}O leichter kondensieren und abregnen als mit ^{16}O ($\delta^{18}O$ kann in den Wolken also bis auf -17 ‰ weiter absinken). Weniger stark negativ sind dagegen die fallenden Regentropfen mit $\delta^{18}O$ von nur -5 bis -3 ‰: Es regnen bevorzugt die schweren Wassermoleküle ab.

Hintergrundinformation

Die oben angesprochenen Zusammenhänge kann man auch für den Ursprungsnachweis von Naturprodukten nutzen, z. B. für Orangensaft. Hier kann sich die Frage stellen, ob der Saft in den (Sub-) Tropen oder im Mediterranklima frisch gepresst in die gemäßigt Klimazone verschifft wurde, oder als Konzentrat, das erst nach Eintreffen am Zielort wieder mit örtlichem Wasser versetzt wurde. Im ersteren Fall muss der Saft ein hohes $\delta^{18}O$ aufweisen (wegen der starken Evaporation in den Herkunftsländern), in letzterem Fall muss $\delta^{18}O$ niedriger sein.

Ähnliches lässt sich für D demonstrieren (Abb. 3). Durch Kondensation des Wasserdampfes in den Wolken zu Regenwasser nimmt δD zu (die schweren DHO und D_2O-Moleküle kondensieren bevorzugt), wobei dieser Effekt durch hohe sommerliche Einstrahlung in der hier gezeigten Halbwüste und damit beschleunigte Evaporation noch verstärkt wird. δD ist im sommerlichen Regenwasser also höher als im winterlichen und im Grundwasser. Zudem ändert Regenwasser, sobald im Boden angekommen, während des Transports der Schwerkraft folgend erneut die Isotopensignatur – schweres, D-haltiges Wasser ist mehr in den oberen als unteren Bodenhorizonten nachweisbar (d. h. unten niedrigeres δD). Ursache ist neben der in den Feinporen des Bodensubstrats nach unten langsameren Bewegung des schweren Wassers (stärkere Interaktion mit Porenwänden) dessen Anreicherung in oberen Bodenhorizonten infolge auch der bevorzugten Evaporation des leichten (D-freien) Wassers in die Atmosphäre (s. o.). Somit lassen sich die Wasserquellen der ver-

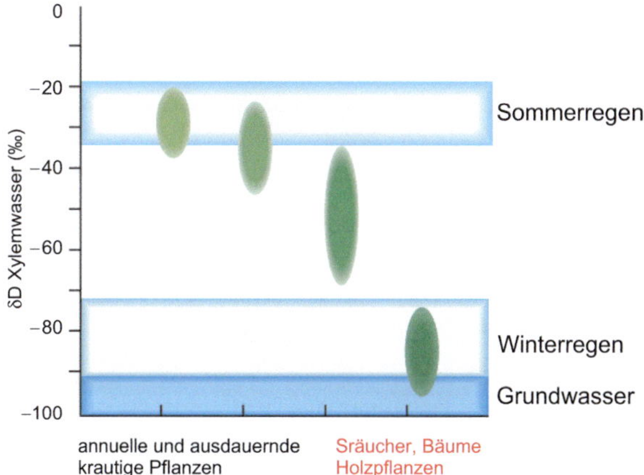

Abb. 3 **Anteil von Deuterium (δD) im Xylemwasser** verschiedener Pflanzentypen je nach Wurzeltiefe und Erreichbarkeit von Wasserquellen für Transpiration. Sinkende Deuteriumwerte („negativer" werdendes δD) stellen einen abnehmenden Anteil der Isotops D gegenüber Protonen (H) in Wassermolekülen dar, Beispiel Wüstenvegetation in S-Utah, USA. (nach Ehleringer et al. 1991; verändert nach Matyssek et al. 2010a)

schiedenen Pflanzentypen unterschieden – für die flachwurzelnden krautigen eher im oberen Bodenbereich, für die tiefwurzelnden Bäume aus dem Grundwasser und unteren Bodenbereich, und die Sträuchern in vermittelnder Position.

Komplex wird der Sachverhalt für $\delta^{18}O$ bei der Transpiration von Wassermolekülen aus den Mesophyllzellen über den substomatären Raum und durch die Stomata hinaus in die Atmosphäre (Abb. 4: #1, aus Stomata heraustretende Pfeile). Bei moderater Transpirationsrate (Stomata wenig geöffnet) geschieht, was zu erwarten steht. Schweres, ^{18}O-haltiges Wasser ($H_2{}^{18}O$) bleibt überproportional in der Dampfphase zurück (Abb. 4: #2, $H_2{}^{18}O$ im substomatären Raum). Somit baut sich ein $H_2{}^{18}O$-Gradient in den Interzellularen auf, der aus dem substomatären Raum zu den Mesophyllzellen gerichtet ist (gelber Pfeil bei #2). $H_2{}^{18}O$ kann nach Eintritt in die Mesophyllzellen (Abb. 4: #3) dann zu den Chloroplasten zurückdiffundieren (#4), wo es teilweise in der Assimilat- und Zellulosebildung (#5) für den Aufbau der Zellwände verarbeitet wird. Somit wird $\delta^{18}O$ in den Zellen ansteigen. Ist die Transpirationsrate jedoch hoch (bei weit geöffneten Stomata), verdampft so viel Wasser aus den Mesophyllzellen in den substomatären Raum (Abb. 4, breiter grauer Pfeil), dass die Rückdiffusion von $H_2{}^{18}O$ gebremst wird und daher $\delta^{18}O$ schließlich in der Zellbiomasse abnimmt – trotz der bei starker Transpiration erhöhten relativen Akkumulation von $H_2{}^{18}O$ im substomatären Raum. Dieses Phänomen wird **Péclet-Effekt** genannt, d. h. $\delta^{18}O$ der Blattstruktur korreliert invers mit der stomatären Leitfähigkeit für Wasserdampf, g_{H_2O} (und damit der Transpirationsrate, J_{H_2O}). Genau dies ist in Abb. 5a zu sehen. Bei sinkender stomatärer Leitfähigkeit zeigten Buchen ein steigendes $\delta^{18}O$, wenn immer sie mit Fichten in Mischung wuchsen und zwar unabhängig vom CO_2/O_3-Begasungsregime, dem die Bäume ausgesetzt waren.

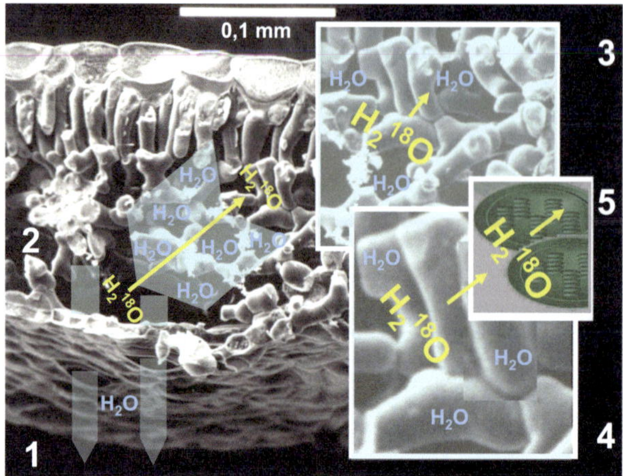

Abb. 4 Péclet-Effekt auf $\delta^{18}O$ in der Blattbiomasse als Folge der Transpirationsrate durch die Stomata. H_2O (türkis markiert) entspricht dem Gemisch aus $H_2{}^{16}O$ und $H_2{}^{18}O$. Das schwerere $H_2{}^{18}O$ (gelb) bleibt während der Transpiration gegenüber $H_2{}^{16}O$ überproportional im substomatären Raum zurück und akkumuliert, wodurch $H_2{}^{18}O$-Rückdiffusion in die Mesophyllzellen und Chloroplasten einsetzt (gelbe Pfeile). #1, H_2O-Diffusion durch die Blattstomata, #2, relative $H_2{}^{18}O$-Anreicherung im substomatären Raum, Pfeile geben Diffusionsrichtungen an (grau: durch Stomata; gelb: $H_2{}^{18}O$-Rückdiffusion). Je höher die H_2O-Diffusion aus den Stomata (also J_{H_2O}) und je höher daher die H_2O-Diffusion in den Mesophyll-Interzellularen in Richtung der Stomata (breiter grauer Pfeil), umso stärker werden die akkumulierenden $H_2{}^{18}O$-Moleküle in ihrer Rückdiffusion in den Interzellularen zu den Mesophyllzellen behindert (d. h. je größer die Behinderung, umso größer der Péclet-Effekt, der als Verarmung von ^{18}O, und damit Abnahme des $\delta^{18}O$-Werts, in den Photosyntheseprodukten erkennbar wird). #3–#5 zeigen Vergrößerungen des Mesophylls: #3 die $H_2{}^{18}O$-Rückdiffusion zu, und #4 den $H_2{}^{18}O$-Eintritt in die Mesophyllzellen ($H_2{}^{18}O$, jeweils innerhalb der Dampfphase, H_2O), sowie #5 den Eintritt des $H_2{}^{18}O$ in die Chloroplasten, in denen ^{18}O in die gebildeten Photosyntheseprodukte inkorporiert wird. (Details zu #1–#5 s. Text; Quelle: eigene Darstellung; Foto: © M.S. Günthardt-Goerg u. C. Scheidegger)

Ergebnisse dieser Schärfe lassen sich erzielen, wenn während des Experiments die $\delta^{18}O$-Signaturen von Bodenwasser und Luftfeuchte in allen Regimen nicht variieren.

Die bisher demonstrierten Verschiebungen in $\delta^{18}O$ und δD waren ausschließlich durch abiotisch-physikalische Effekte erklärbar, diese führten zu neuen „Fraktionierungen“ zwischen den Anteilen der jeweils betrachteten Isotopenpaare. Fraktionierungen können aber auch aus biochemischen Prozessen resultieren, wie es in den eingangs genannten Beispielen für $\delta^{15}N$ und $\delta^{13}C$ der Fall ist. Zugunsten des Bezugs zum Blattgasaustausch wollen wir im Folgenden schwerpunktartig die Variation in $\delta^{13}C$ auf Blattebene betrachten. Die Situation ist hier komplex, da die Verschiebung des $\delta^{13}C$ der Außenluft zu jenem in der Pflanze sowohl von einer biochemischen als auch einer physikalischen Fraktionierung bestimmt wird (Abb. 6).

Beide Fraktionierungen diskriminieren $^{13}CO_2$, da $\delta^{13}C$ in der Pflanze gegenüber der Außenluft erniedrigt ist (also negativer wurde). Der physikalische Anteil ist durch den Fraktionierungskoeffizienten a gegeben, der vom Diffusionsweg des CO_2

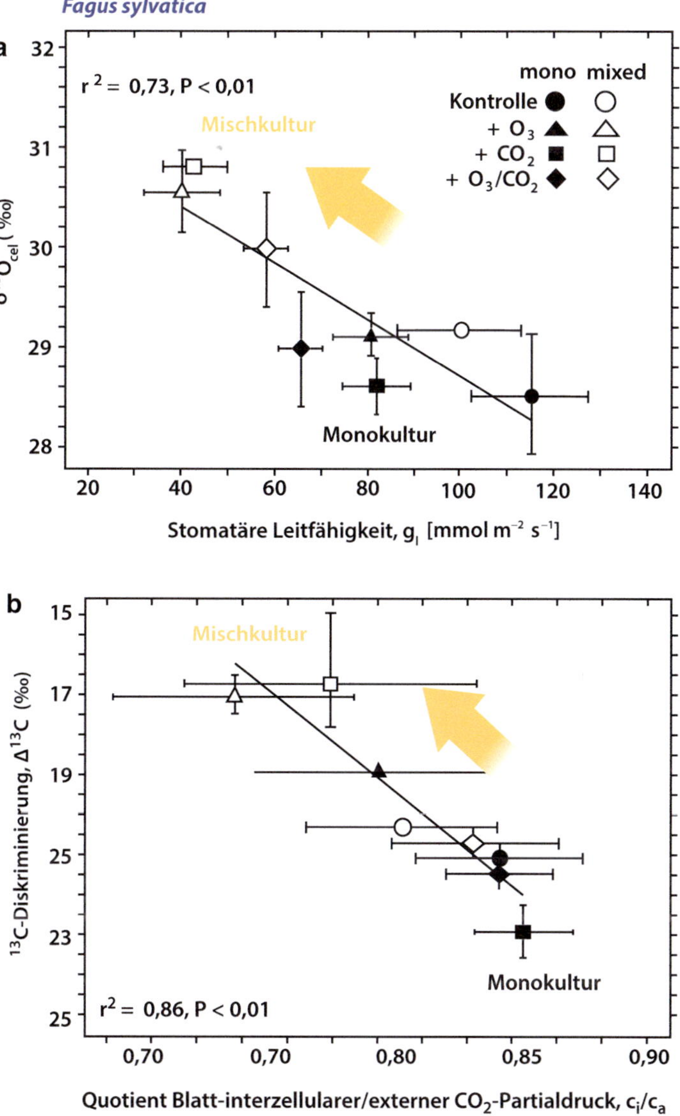

Abb. 5 Beziehung zwischen $\delta^{18}O$ und stomatärer Leitfähigkeit (**a**) sowie $\Delta^{13}C$ und c_i/c_a (**b**) in einem Phytotronexperiment mit 4-jährigen Buchen in Reinkultur oder Mischung mit gleichaltrigen Fichten; zugleich Exponierung unter gezeigten Begasungsregimen sämtlicher Kombinationen mit erhöhten und nicht erhöhten CO_2- und O_3-Konzentrationen. (Verändert nach Grams et al. 2007)

über die Blattgrenzschicht (a_b), Stomata und Zellwände der Mesophyllzellen (a_m) zu deren Cytoplasma bestimmt ist (Abb. 6). Der biochemische Anteil mit dem Fraktionierungskoeffizienten b ist die unmittelbare Folge der Anlagerung von CO_2 an der

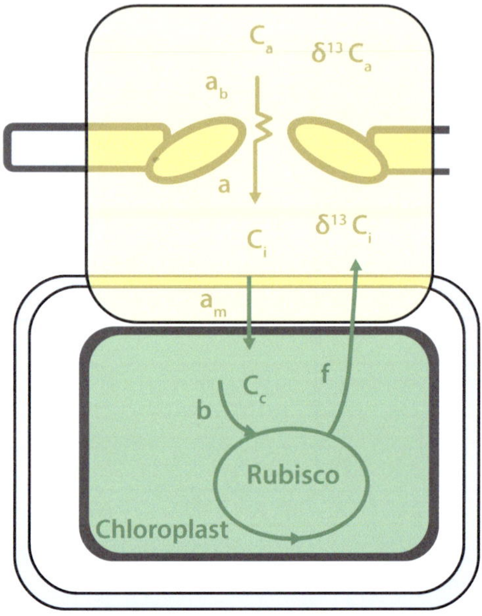

Abb. 6 Fraktionierungen des $^{13}C/^{12}C$-Verhältnisses von CO_2 in Blättern auf dem Weg aus der Außenluft zur Rubisco. (Vereinfacht nach Wingate et al. 2007)

Bindungsstelle des in der Photosynthese zentralen Enzyms Rubisco. Dieses Enzym diskriminiert erheblich $^{13}CO_2$ relativ zu $^{12}CO_2$. Für das in der Pflanze resultierende $\delta^{13}C = -28$ ‰ ist mit ca. 27 ‰ hauptsächlich b verantwortlich, gegenüber 4,4 ‰ durch a. Vorerst halten wir fest, dass a und b offensichtlich nicht unmittelbar und linear $\delta^{13}C = -28$ ‰ erklären.

Der starke Einfluss von b auf $\delta^{13}C$ in der Pflanze wird besonders aus dem Vergleich zwischen C_3- und C_4-Pflanzen deutlich (Abb. 7). In C_4-Pflanzen ist der Rubisco die PEP-Carboxylase (PEPc; PEP = Phosphoenolpyruvat) bei der CO_2-Bindung vorgeschaltet, wobei letzteres Enzym bei hoher Affinität für CO_2 (in Form von HCO_3^-) nur geringfügig gegenüber $^{13}CO_2$ diskriminiert. Die meisten Befunde in der Biomasse von C_4-Pflanzen zeigen ein erhöhtes $\delta^{13}C = -13$ ‰ gegenüber besagten -28 ‰ in C_3-Pflanzen. Der zugrunde liegende Mechanismus beruht darauf, dass das von der PEPc akkumulierte CO_2 nach wenigen Zwischenschritten mit einem so hohen Partialdruck vor der Bindungsstelle der Rubisco freigesetzt wird, dass die $^{13}CO_2$-Diskriminierung letzteren Enzyms überspielt wird (d. h. der hohe CO_2-Partialdruck erzwingt nun auch die Bindung von $^{13}CO_2$). CAM-Pflanzen (diese verfügen über den *crassulacean acid metabolism*), die CO_2 über unterschiedlich ausgeprägte Kombinationen von Rubisco- und PEPc-Aktivitäten fixieren können, weisen $\delta^{13}C$ zwischen -10 und -24 ‰ auf, abhängig davon, welcher der beiden CO_2-Fixierungswege überwiegt.

Die in Abb. 8 dargestellte Gleichung verdeutlicht nun das Zusammenwirken von a und b, wobei die beiden Koeffizienten nicht allein die ^{13}C-Diskriminierung erklären. Vielmehr sind c_i und c_a zusätzlich entscheidend. Das Ergebnis dieser

Abb. 7 **Typische δ^{13}C-Signaturen** von C_3- und C_4-Pflanzen. (Verändert nach Bender et al. 1973)

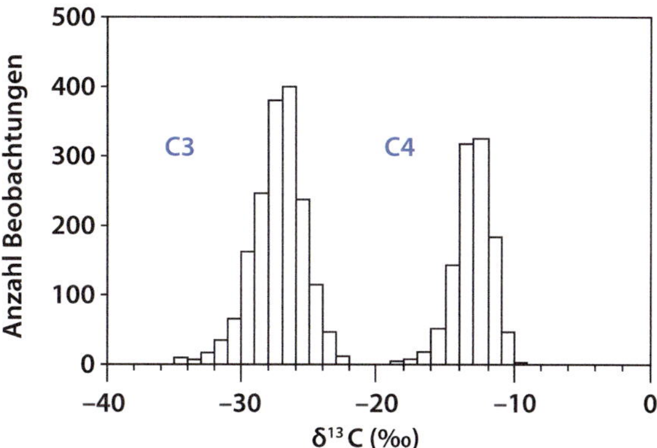

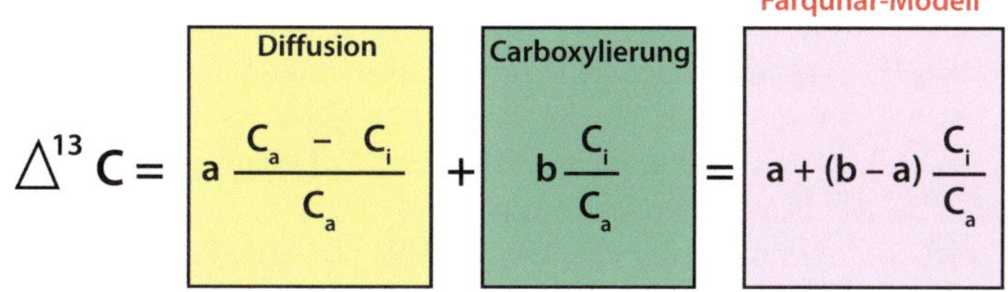

Abb. 8 **Zusammenwirken der beiden Koeffizienten** *a* und *b* sowie von c_i/c_a auf die Diskriminierung von $^{13}CO_2$. (Verändert nach Farquhar et al. 1982)

Gleichung drückt zudem unmittelbar die Diskriminierung von $^{13}CO_2$ aus, abgekürzt als Δ^{13}C.

Die Gleichung wird auch **Farquhar-Modell der $^{13}CO_2$-Diskriminierung** genannt, wobei im Allgemeinen die Koeffizienten als konstant betrachtet werden (Werte s. o.), was in erster Näherung zulässig ist. Somit wird besonders in der kompakten, mathematischen Darstellung der Gleichung rechts c_i/c_a als unabhängige Variable ersichtlich, mit Δ^{13}C als abhängiger Variablen. Der Funktionstyp stellt eine lineare Beziehung zwischen c_i/c_a und Δ^{13}C dar, die eine positive Korrelation erwarten lässt: Δ^{13}C muss mit c_i/c_a ansteigen, während δ^{13}C negativer wird. Hierbei stellt $(b - a)$ die Steigung der Funktion dar, und a den Ordinatenschnittpunkt.

In der Regel variiert c_i stärker als das langfristig vorherrschende c_a, da ersterer Molenbruch unmittelbar von den kurzfristigen Schwankungen der stomatären Regulation und der Photosyntheseleistung im Mesophyll abhängt. Wir erinnern uns, dass c_i das Fließgleichgewicht zwischen photosynthetischem CO_2-Bedarf des Mesophylls und CO_2-Nachschub über die Stomata abbildet, und dass die Stomata den Nachschub gegenüber dem Bedarf limitieren können. In letzterem Fall würde c_i sinken. Prüfen wir also den Zusammenhang mit den in Abb. 9 gezeigten Messungen. Wir sehen in der Tat ein abnehmendes Δ^{13}C mit sinkendem c_i/c_a – entsprechend eines steigendem δ-Wertes!

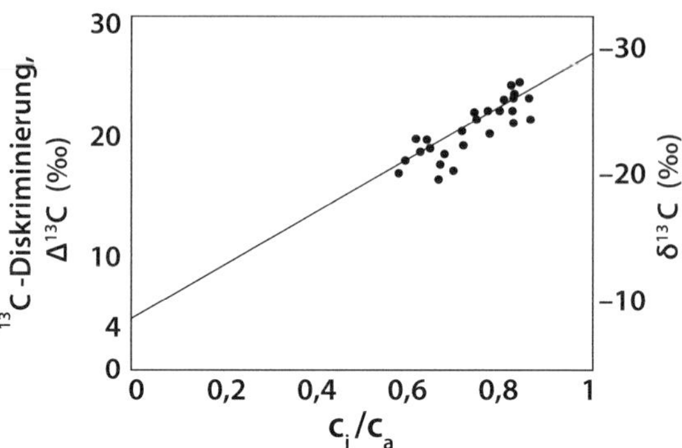

Abb. 9 **Beziehung zwischen** c_i/c_a **und** $\Delta^{13}C$ oder $\delta^{13}C$ in Blättern. Beachte die positive Skalierung der linken Ordinate, jedoch die negative und invers orientierte der rechten. (Verändert nach Farquhar et al. 1982)

Wenn wir bei stabilem c_a annehmen, dass auch die Photosyntheseleistung konstant war, dann würde das sinkende c_i eine zunehmende Limitierung des CO_2-Einstroms ins Blatt durch die Stomata widerspiegeln. In einem solchen Fall würde sich aber auch *WUE* erhöht haben. Wir können also unter den gegebenen Rahmenbedingungen folgern, dass eine abnehmende $^{13}CO_2$-Diskriminierung (d. h. kleiner werdendes $\Delta^{13}C$), vermittelt durch ein sinkendes c_i/c_a (sofern c_a stabil ist) eine sich erhöhende *WUE* des Blattgaswechsels anzeigt.

Einen solchen Zusammenhang sehen wir in Abb. 5b verwirklicht, für die gleichen Buchenbäume aus jenem Experiment, aus welchem wir schon in Abb. 5a die negative Korrelation zwischen stomatärer Leitfähigkeit und $\delta^{18}O$ dargestellt hatten. Auch in Buchen sinkt $\Delta^{13}C$ (man beachte, dass die Achsenskalierung hier invers dargestellt ist) bei abnehmendem c_i/c_a (wobei c_a stabil gehalten wurde), was vor allem für Bäume in Mischung mit Fichten der Fall ist (wiederum unabhängig von den Gasregimen). Aus Abb. 5a wissen wir aber auch, dass in diesem Experiment bei Buchen in Mischung die stomatäre Leitfähigkeit für Wasserdampf niedriger war als in Reinkultur, was mit einem steigenden $\delta^{18}O$ dokumentiert war. Damit können wir schließen, dass eine Steigerung der *WUE* den Effekt in Abb. 5b begleitete.

Hintergrundinformation

Ähnliche Befunde wie in Abb. 5b, nämlich abnehmende Diskriminierung des $^{13}CO_2$ (zunehmendes $\delta^{13}C$) bei sich verengenden Stomata (abnehmendes g_{H_2O}) treten auch bei Einwirkung abiotischer Umweltfaktoren auf, z. B. durch Wassermangel oder auch chronisch erhöhte troposphärische Ozon-Konzentrationen (O_3). Diese stellen eine sekundäre Luftverschmutzung dar, die u. a. infolge primär freigesetzter Stickoxide (und unter Mitwirkung der solaren UV-Komponente, s. ► Kap. 2, „Qualitäten, Quantitäten und Gesetzmäßigkeiten der Strahlung") bei der Verbrennung fossiler Energieträger entstehen. Als Beispiel zeigt Abb. 10 Reaktionen des Blattgaswechsels 70 Jahre alter und ca. 30 m hoher Buchen (*Fagus sylvatica*) in einem Mischbestand auf eine während der Vegetationsperiode experimentell erhöhte O_3-Belastung ($2 \times O_3$) der Umgebungsluft gegenüber Bäumen mit unverändert im Bestandskronenraum vorherrschendem O_3-Regime ($1 \times O_3$, Kontrolle).

Während $^{max}J_{CO_2}$ (gemessen bei CO_2-Sättigung) höchstens gering auf $2 \times O_3$ reagiert (Abb. 10a), ist die Stomata verengende Wirkung (abnehmendes g_{H_2O}) zu beiden Messzeitpunkten deutlich feststellbar (**a**). Entsprechend nimmt die Diskriminierung gegenüber $^{13}CO_2$ ab, was sich im zunehmenden $\delta^{13}C$ der Blattbiomasse im gesamten Kronenraum, über Sonnen- und Schattenkrone hinweg, widerspiegelt (**c**). Während die in (**a**) und (**b**) gezeigten Befunde kurzfristige Momentaufnahmen darstellen, bedeutet das Isotopensignal in der Blattbiomasse (**c**) ein zeitliches Integral jeweils bis zum Messzeitpunkt. Das heißt (i), das in (a) und (b) abgebildete Gaswechselverhalten hat während der gesamten Vegetationszeit vorgeherrscht, und (ii), das δ^{13}C-Signal ist ein Beleg der chronischen Wirkung der chronisch erhöhten O_3-Einwirkung.

Die Folgerung, dass im gezeigten Beispiel die abnehmende $^{13}CO_2$-Diskriminierung auf eine Limitierung der CO_2-Bedarfsfunktion im Mesophyll durch die stomatäre Versorgungfunktion (s. ▶ Kap. 12, „Ergebnisbeispiele aus Gaswechseluntersuchungen") zurückzuführen ist, wird durch eine festgestellte, nicht erfolgte Aktivitätssteigerung der Phosphoenolpyruvat-Carboxylase (PEPc) gestützt. Hierbei ist zu beachten, dass PEPc auch in C_3-Pflanzen vorhanden ist, allerdings nicht im Bereich der Photosynthese, sondern mit Bezug zum Citrat-Zyklus. PEPc unterstützt diesen Zyklus mit einer C-auffüllenden (= anaplerotischen) Funktion, falls stressbedingt der Kohlenstoffhaushalt limitiert ist. Abgesehen von der fehlenden enzymatischen Bestätigung einer PEPc-Stimulierung ist eine solche Limitierung im CO_2-Bedarf auch nicht erkennbar (zumindest nicht im CO_2-gesättigten $^{max}J_{CO_2}$; Abb. 10a). In anderen Fällen wurde unter O_3-Stress tatsächlich eine Stimulierung der PEPc-Aktivität in C_3-Pflanzen beobachtet, in denen allerdings das Mesophyll und die Photosynthese unmittelbar durch Ozon geschädigt waren und gleichzeitig die Limitierung des CO_2-Einstroms durch die stomatäre Versorgungsfunktion abgenommen hatte.

Die Ausführungen zu PEPc in C_3-Pflanzen sollen unsere Aufmerksamkeit bei der Interpretation von δ^{13}C-Signalen in Blättern erhöhen. Anstiege des δ^{13}C können nicht nur durch stomatäre Limitierung des CO_2-Einstroms ins Blatt und damit des CO_2-Bedarfs zustande kommen, sondern gleichzeitig oder alternativ auch durch PEPc-Aktivierung. In letzteren Fällen würde das Farquhar-Modell nicht uneingeschränkt gelten (vergl. Abb. 8). Da auch andere Stressfaktoren außer erhöhten

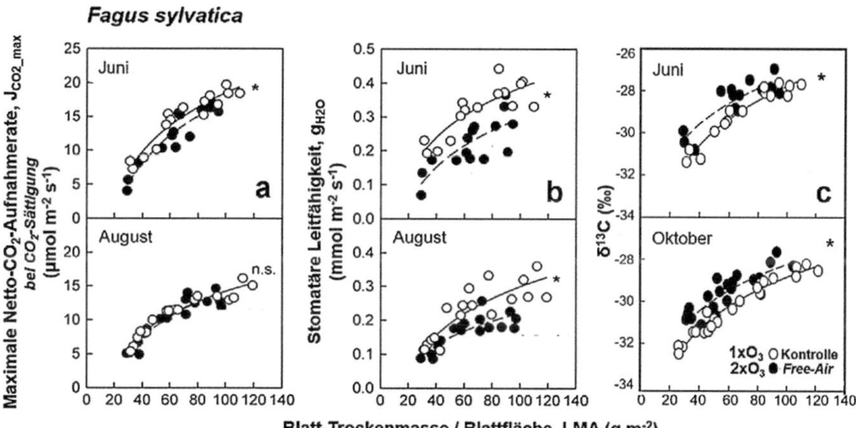

Abb. 10 70 Jahre alte Buchenbäume (*Fagus sylvatica*) in einem Mischbestand unter „Free-Air" Kronenraumbegasung mit Ozon (s. Begasungsmethode in Abb. 16). Die im Tagesverlauf im Bestand fluktuierende Ozon-Konzentration (1 × O_3, Kontrolle) wurde kontinuierlich während der Vegetationsperiode um den Faktor 2, nicht aber über 150 ppb, erhöht (2 × O_3). Entsprechend wurden Blattreaktionen von Bäumen unter 1 × O_3 und 2 × O_3 im Frühsommer und Spätsommer/Herbst miteinander verglichen und mit der flächenbezogenen Trockenmasse der untersuchten Blätter (LMA = „*leaf mass per area*") in Beziehung gesetzt. Hierbei repräsentiert ein niedriges LMA die Blätter der Schattenkrone und ein hohes LMA solche der Sonnenkrone. (a) maximale Netto-CO_2-Aufnahmerate, $^{max}J_{CO_2}$; (b) stomatäre Leitfähigkeit für Wasserdampf, g_{H_2O}; (c) δ^{13}C derselben Blätter (sofern zu gleichen Zeitpunkten gemessen; n. s. = statistisch nicht signifikante, * = signifikante Unterschiede zwischen den O_3-Regimen). (Verändert nach Kitao et al. 2009)

troposphärischen O_3-Regimen die PEPc-Aktivität in C_3-Pflanzen stimulieren können, ist eine Überprüfung der entsprechenden Enzymaktivität bei $\delta^{13}C$-Interpretationen stets empfehlenswert.

Aus den Abb. 5 und 9 lässt sich auch noch eine weitere Folgerung ziehen, dass jeweils kurzfristige, momentane („instantaneous") Gaswechselmessungen mit Isotopensignaturen in der langfristig akkumulierenden Biomasse konsistent waren, und somit die Anwendung des Farquhar-Modells erfolgreich war. Bei den gefundenen Entsprechungen waren also die kurzfristigen Gaswechselmessungen für die langfristige Biomasseentwicklung repräsentativ, d. h. keine episodischen Zufallsbefunde. Damit können wir festhalten, dass Isotopenbefunde in der Biomasse das zeitliche Integral des Blattgaswechsels wiedergeben.

Kommen wir nochmals zurück zur Abb. 9, die neben dem Parameter $\Delta^{13}C$ aus dem Farquhar-Modell auf der linken Ordinate auch die „konventionelle" entsprechende Darstellung der ^{13}C-Diskriminierung mit $\delta^{13}C$ auf der rechten zeigt. Für den gleichen Sachverhalt ist eine zunehmende Diskriminierung von ^{13}C (also Abnahme relativ zu ^{12}C) durch steigende Zahlenwerte von $\Delta^{13}C$ gegeben, aber fallende, d. h. negativere Zahlenwerte von $\delta^{13}C$. Man beachte auch, dass die Berechnungsgrundlagen und Definitionen der beiden Parameter grundlegend verschieden sind, obwohl beide in Promille ausgedrückt werden.

Die abweichende Definition von $\Delta^{13}C$ birgt aber einen entscheidenden Vorteil. Wir haben bislang impliziert, dass c_a eine langfristig stabile Größe ist. Das wäre längerfristig (aber nicht erdgeschichtlich) in einer vom Menschen unbeeinflussten Umwelt durchaus auch gegeben. Seit Anfang des 19. Jahrhunderts, mit Einsetzen der industriellen Revolution, setzt der Mensch jedoch in großem Umfang fossile Energieträger ein, deren Verbrennung nicht nur in großem Maße CO_2 in die Atmosphäre entlassen (CO_2-Konzentration von damals 270 ppm auf heute über 400 ppm), sondern auch die $\delta^{13}C$-Signatur der Atmosphäre verändern (Abb. 11).

Man erkennt ein stetiges Sinken der atmosphärischen $\delta^{13}C$-Signatur von −6,5 ‰ im Jahr 1800 auf ca. −8,5 ‰ im Jahr 2020. Ursache dafür ist, dass die fossilen Energieträger aus Biomasse hervorgegangen sind, die in früheren Erdepochen von C_3-Pflanzen gebildet wurde, die $^{13}CO_2$ im Prozess der Photosynthese deutlich diskriminieren. Folglich besitzt das freigesetzte CO_2 ebenfalls eine deutlich negative $\delta^{13}C$-Signatur, was dann jene der Atmosphäre ebenfalls senkt. Für ökophysiologische Interpretationen ist aber problematisch, dass allein schon der atmosphärische $\delta^{13}C$-Effekt die $\delta^{13}C$-Signatur der Pflanzen verändert, ohne dass physiologische Prozesse involviert sein müssen. Auch nimmt die physiologische Vergleichbarkeit pflanzlicher $\delta^{13}C$-Signaturen in Beprobungen zu verschiedenen Zeitpunkten über die Jahrzehnte hinweg ab (man beachte die rasche Änderung der atmosphärischen $\delta^{13}C$-Signatur seit 1950). Die Definition von $\Delta^{13}C$ bietet einen Ausweg, da im Quotienten c_i/c_a immer auch das jeweils herrschende c_a zu berücksichtigen ist, der c_a-Einfluss also korrigiert wird. Für die Berechnung der ^{13}C-Diskriminierung (d. h. von $\Delta^{13}C$) durch die Pflanze spielt die atmosphärische $\delta^{13}C$-Signatur also keine Rolle.

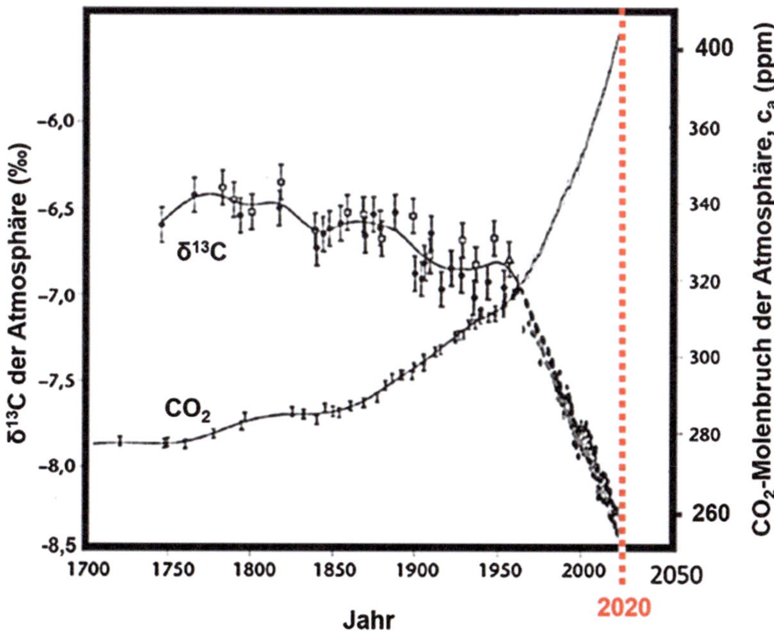

Abb. 11 **Zeitlicher Verlauf von CO_2-Konzentration und $\delta^{13}C$** in der Atmosphäre seit dem Jahr 1700. (Verändert nach Schulze et al. 2002 und aktualisiert mit Daten von Keeling et al. 2017)

Die Frage nach dem Mechanismus ist jedoch zu stellen, warum sinkendes c_i/c_a zu abnehmenden $\Delta^{13}C$ führt. Da in C_3-Pflanzen photosynthetische $^{13}CO_2$-Diskriminierung herrscht, bleibt im substomatären Raum infolgedessen $^{13}CO_2$ zurück, das über seinen eigenen Partialdruck die gegebene $^{13}C/^{12}C$-Fraktionierung, parallel zu den Eigenschaften der CO_2-Bindungsstelle der Rubisco, mitbestimmt. Diese Rückkopplung zwischen Rubisco und $\delta^{13}C$ in der Luft des substomatären Raums ist in Abb. 6 durch den Pfeil ‚***f***' ersichtlich. Der Partialdruckeffekt verstärkt sich zugunsten von $^{13}CO_2$, wenn die innere CO_2-Verfügbarkeit im substomatären Raum (also c_i) gegenüber der äußeren in der Atmosphäre abnimmt. Die proportionale Partialdruckzunahme von $^{13}CO_2$ gegenüber $^{12}CO_2$ erleichtert dann das „Andocken" an der Rubisco-Bindungsstelle, sodass die $^{13}CO_2$-Diskriminierung abnimmt.

Ein bemerkenswertes Beispiel für das Farquhar-Modell (vgl. Abb. 8) liefert *Welwitschia mirabilis*, deren Gaswechsel bereits im ▶ Kap. 12, „Ergebnisbeispiele aus Gaswechseluntersuchungen" vorgestellt wurde. Dieser zeigt C_3-Charakteristik und schließt CAM-Verhalten aus (d. h. es findet keine nächtliche Netto-CO_2-Aufnahme statt). Dennoch ist $\delta^{13}C$ in *Welwitschia mirabilis* mit −19,6 bis −20,4 ‰ für eine C_3-Pflanze auffällig gering negativ, was die Annahme eines CAM-Verhaltens genährt hat. Intensive Gaswechselanalysen in der Namib-Wüste konnten jedoch nachweisen, dass zu Zeiten maximaler CO_2-Aufnahme c_i/c_a zwischen 0,4 und 0,6 lag. Dies ist für eine C_3-Pflanze ein sehr niedriger c_i/c_a-Bereich. Typischerweise liegt

c_i/c_a von C_3-Pflanzen bei 0,8, was nach dem Farquhar-Modell die oftmals gemessenen −28 ‰ ergibt. Der in *Welwitschia* gefundene c_i/c_a-Bereich ist jedoch mit ihren −20 ‰ konsistent. Damit erweist sich, dass infolge nur geringfügig geöffneter Stomata und dadurch erschwerter CO_2-Zufuhr die Rubisco $^{13}CO_2$ nur wenig effektiv von der Fixierung ausschließt, was den gering negativen $\delta^{13}C$-Bereich in der Biomasse von *Welwitschia mirabilis* erklärt. Das heißt, die Diskriminierung von $^{13}CO_2$ ist abgeschwächt. Das Beispiel verdeutlicht, dass das Zusammenspiel verschiedener Methoden zuverlässige Interpretationen erlaubt.

Auch die Kombination von Analysen verschiedener stabiler Isotope erweitert den Interpretationshorizont. Wir wollen dies exemplarisch für die $^{18}O/^{16}O$- und $^{13}C/^{12}C$-Isotopenverhältnisse tun und hierbei erneut auf die Abb. 5 zurückgreifen. Würden wir nämlich nur die Analyse der ^{13}C-Diskriminierung in Abb. 5b kennen, würden wir auch bei konstantem c_a nicht sagen können, ob das berechnete, sinkende c_i/c_a bei fallendem $\Delta^{13}C$ aufgrund von abnehmendem g_{H_2O} oder steigender Photosyntheseleistung zustande gekommen ist. Beide Möglichkeiten würden limitierenden CO_2-Nachschub gegenüber dem CO_2-Bedarf bedingen. Zur Klärung wurde das in Abb. 12 dargestellte konzeptionelle Modell von Grams et al. (2007) in Weiterentwicklung des Ansatzes von Scheidegger et al. (2000) entworfen. Das Modell zeigt alle Kombinationen, die zwischen $\delta^{13}C$ (oder $\Delta^{13}C$), $\delta^{18}O$, c_i/c_a, g_{H_2O} und Photosyntheseleistung möglich sind. Die blau markierten Pfeile geben das Beispiel der Abb. 5 wieder.

Sofern als Input neben $\delta^{13}C$ auch $\delta^{18}O$ bekannt ist (hier in beiden Fällen Anstieg, wie in Abb. 5 gegeben; Beispiel B in Abb. 12), lässt sich nicht nur eine Aussage zu c_i/c_a machen (Abnahme, im gegebenen Fall), sondern auch aus $\delta^{18}O$ eine entsprechende zu g_{H_2O} gewinnen (ebenfalls Abnahme). Bei einem solchen Szenario gibt es

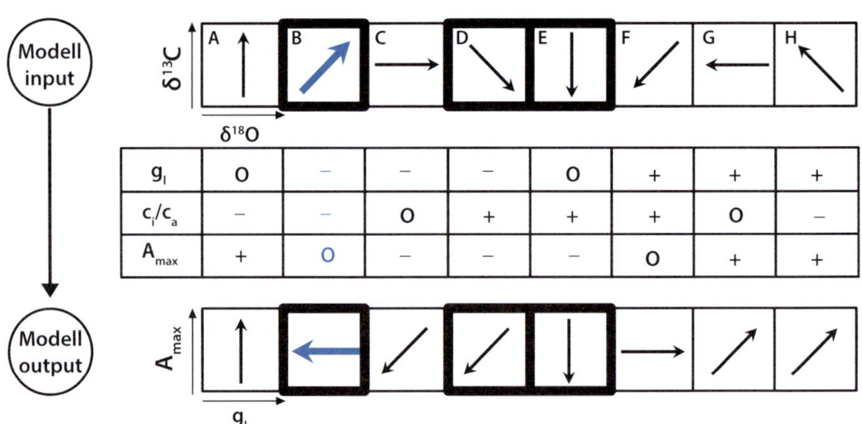

	A	B	C	D	E	F	G	H
g_l	O	–	–	–	O	+	+	+
c_i/c_a	–	–	O	+	+	+	O	–
A_{max}	+	O	–	–	–	O	+	+

Abb. 12 Erklärungsmodell von Grams et al. (2007) in Weiterentwicklung des Ansatzes von Scheidegger et al. (2000) der möglichen Kombinationen zwischen $\delta^{13}C$, $\delta^{18}O$, c_i/c_a, stomatärer Leitfähigkeit und Photosyntheseleistung (g_l bzw. A_{max}). Keine Reaktion in g_l, c_i/c_a oder A_{max} sind durch ‚O' gekennzeichnet, Zunahme oder Abnahme durch ‚+' bzw. ‚−'. D und E zeigen weitere experimentell belegte Kombinationen. (Details s. Text, Abb. verändert)

keine andere Möglichkeit, als dass die Photosyntheseleistung der Buchen in Mischung mit Fichten wie in Reinkultur unverändert geblieben ist. Der Modell-Output zeigt daher an, dass die Isotopenbefunde in Abb. 5 durch Abnahme von g_{H_2O} bei unveränderter Photosynthesekapazität erklärbar sind.

Nach den Interpretationsmöglichkeiten von Gaswechselbefunden der Blätter mittels stabiler Isotope werden wir im nächsten Abschnitt die Verwendung stabiler Isotope als Tracer skizzieren.

3 Stabile Isotope als Tracer

Im vorangegangenen Abschnitt wurde gezeigt, auf welche Weise Fraktionierungen zwischen verschiedenen stabilen Isotopen eines Elements im Verlauf von physikochemischen und physiologischen Prozessen entstehen, und zu welchen Anteilen biotische und abiotische Einflüsse involviert sind. Das Erkennen von Fraktionierungsmustern, vor allem, wenn solche von verschiedenen Elementen kombiniert werden, erlaubt die Interpretation zugrunde liegender ökophysiologischer Mechanismen (vgl. Abb. 12, aber auch Abb. 7, 8 oder 11).

Man kann solche Mechanismen aber auch durch Verfolgen der Transport- und Verteilungsprozesse von Substanzen entschlüsseln. Dies bietet sich an, wenn in Substanzen häufige stabile Isotope durch entsprechende nichthäufige ersetzt sind. In solchen Fällen muss die Isotopie der Substanzen bekannt sein, und diese müssen in genügend großer Menge vorliegen, sodass analytische Detektierbarkeit gegeben ist. Genügend große und isotopisch definierte Mengen lassen sich durch Applizierung von außen in Systeme einbringen.

Den Vorgang der Applizierung von stabilen Isotopen bezeichnet man als **Markierung**. Umgangssprachlich wird auch der Begriff „Labeln" gebraucht, abgeleitet aus dem Englischen von *to label*, was kennzeichnen oder etikettieren bedeutet. Nach geeignetem Zeitintervall können Beprobungen erfolgen, sobald die interessierenden Transport- oder Verteilungsprozesse wirksam wurden. Proben können von fester, flüssiger oder gasförmiger Konsistenz sein, und während der Prozessabläufe oder nach Erreichen eines Endzustandes gewonnen werden.

Alle drei Zustandsformen von Proben können durch Isotopenverhältnis-Massenspektrometer (*isotopes ratio mass spectrometer*, IRMS) analysiert werden, wobei festes Material zuvor in eine fein pulverisierte Form gebracht werden muss (z. B. in einer Kugelmühle). Gasproben betreffend gibt es inzwischen auch ein Verfahren, in Realzeit im Gasaustausch der Pflanze (von Blättern, Achsen, Wurzeln oder Bodenproben) unmittelbar (gewissermaßen „online") die Dynamik der isotopischen Signatur von Gasen quantitativ zu verfolgen. Ermöglicht wird dies durch **Laserspektroskopie**.

Man verfolgt durch Markierung den Ablauf von Prozessen und/oder ermittelt deren Endergebnisse, d. h. man zeichnet Verläufe nach. Im Englischen bedeutet *to trace* nachzeichnen, sodass man stabile Isotope, bei entsprechender Anwendung, auch als „**Tracer**" bezeichnet. Als solche können anorganische und organische Substanzen dienen (z. B. Wasser bzw. Metabolite wie Zucker oder Aminosäuren). Geht es auch um die Erfassung quantitativer Mengen isotopisch markierter Metabolite, spricht man von **präparativer Massenspektroskopie**. Auf diese Variante der Tracer-Analytik werden wir im Kontext dieses Buches nicht weiter eingehen.

Als anorganische Tracer eignen sich z. B. in der Isotopie neben verändertem H_2O auch NO_3^-, NH_3/NH_4^+, NO_2 oder CO_2, sowohl die Möglichkeiten der Markierung als auch Beprobung betreffend. Im Folgenden werden exemplarisch vier Untersuchungen mit den letztgenannten Substanzen vorgestellt.

Ein „Klassiker" unter den Tracer-Untersuchungen mit stabilen Isotopen und zudem von hoher ökologischer Relevanz war der Nachweis des „***hydraulic lift***". Aufmerksam wurde man auf dieses Phänomen unter den ariden Bedingungen von Halbwüstenstandorten, auf der Suche nach Erklärungen der Koexistenz von Strauch- und Grasarten bei Wassermangel. Es zeigte sich, dass bei der nachts eingeschränkten Transpiration der Pflanzen dennoch Wasser über die tiefreichenden Wurzelsysteme der Sträucher aufsteigt (Abb. 13a), da in den Horizontalwurzeln in Nähe der Bodenoberfläche zu diesem Zeitpunkt das tiefste („negativste") Wasserpotenzial in den Pflanzen herrscht. Das Wasser bleibt jedoch nicht in den Horizontalwurzeln gespeichert, sondern tritt in den Oberboden aus, da hier das Wasserpotenzial noch tiefer als in den Horizontalwurzeln ist. Der **Wasserfluss** aus der Tiefe in den Oberboden erfolgt rein passiv über das dochtartig „zwischengeschaltete" Wurzelsystem,

Sobald das Wasser aber nachts in den Oberboden ausgetreten ist, wird es natürlich auch für andere Pflanzentypen verfügbar, vor allem wenn diese über keine Senkerwurzeln in die Bodentiefe verfügen, also ausschließlich den Oberboden durchwurzeln. Einen solchen Pflanzentyp stellen Gräser dar. Es stellte sich daher die Frage, ob Gräser von dieser Art der Bodenbefeuchtung profitieren, die von einer anderen

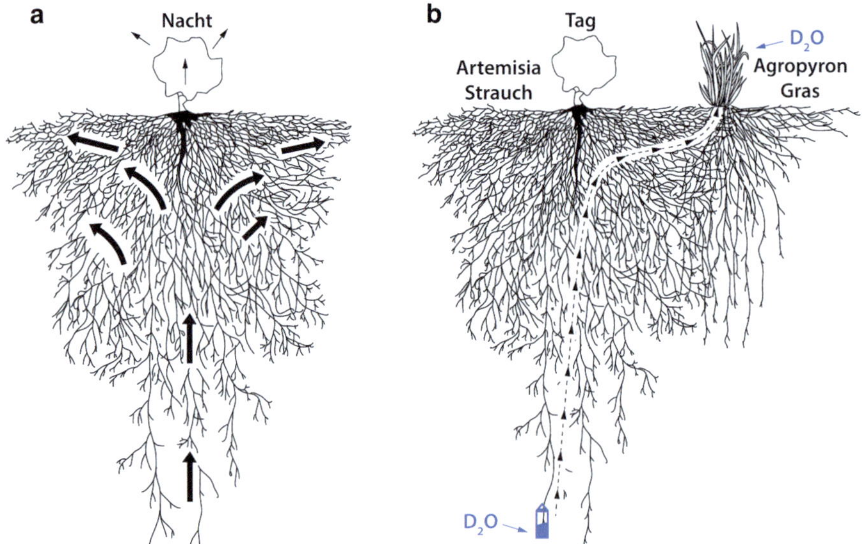

Abb. 13 (a) **„*Hydraulic lift*" innerhalb des Strauchwurzelsystems**; (b) Nachweis der Fazilitation der Grasart durch die Strauchart in der Wasserversorgung infolge Markierung des Tiefenwassers im Boden mit D_2O als „schwerem Wasser". (Nach Larcher 2001 und Caldwell et al. 1991, 1998)

Pflanzenart bewerkstelligt wird. Wäre dies der Fall, dann würde „Fazilitation" bestehen (d. h. das Gegenteil von limitierender Konkurrenz). Eine Pflanzenart würde dann also durch Nachbarschaft von der Existenz einer anderen Pflanzenart profitieren, wodurch erst die Persistenz der vorgefundenen Biozönose und insbesondere die Form der Strauch-Gras-Koexistenz ermöglicht würde.

Der Nachweis gelang durch Markierung mit D_2O im Unterboden, außerhalb der direkten Reichweite der Graswurzelsysteme. Mit D_2O als Tracer konnte nachvollzogen werden, dass Wasser, ursprünglich von den Strauchwurzeln aufgenommen, sich schließlich in den Gräsern wiederfindet (Abb. 13b).

Die Markierung lässt sich auch durch die genaue Kenntnis der Isotopie von Substraten erzielen, welche die Pflanze aus der Umwelt aufnimmt und metabolisiert. Dies lässt sich insbesondere in kontrollierten Experimenten bewerkstelligen, wie im folgenden Beispiel gezeigt. In diesem wurden Pappeln auf zwei unterschiedlichen Aufnahmewegen verschiedene N-Quellen mit jeweils bekannter Isotopie für die Bildung von Amino-N angeboten.

NO_2, das aus der Verbrennung fossiler Energieträger entsteht, ist ein potenzielles Schadgas für Pflanzen. Jedoch zeigte sich in dem Pappelexperiment, dass eine NO_2-Belastung im Luftraum, ähnlich zu der in Großstädten, durchaus als Dünger wirken kann, unabhängig von der N-Versorgung aus dem Boden (Abb. 14). NO_2, sobald es über die Stomata diffusiv ins Blatt eingedrungen ist, stimuliert die Aktivität des Enzyms Nitratreduktase, welches die Reduktion auf die energetisch höherwertige Stufe des Amino-N einleitet. Der gebildete Amino-N wird dann wachstumsfördernd in Aminosäuren und Proteine inkorporiert.

Sind die $\delta^{15}N$-Signaturen des Bodens und des NO_2 bekannt, wie im gezeigten Experiment gegeben (+ 1 ‰ bzw. − 13 ‰), erkennt man, dass sowohl Boden-N (verabreicht als NH_4NO_3) als auch das Gas die Nitratreduktase stimulieren, d. h., NO_2, wenn in der gebildeten Biomasse die $\delta^{15}N$-Signatur sinkt, und Boden-N, wenn die Signatur steigt. Für den Düngereffekt von NO_2 war das Niveau der N-Versorgung im Boden unbedeutend. Aus den Signaturänderungen ließ sich errechnen, dass die Pappeln ihren N-Bedarf zu etwa 20 % aus inkorporiertem NO_2 deckten.

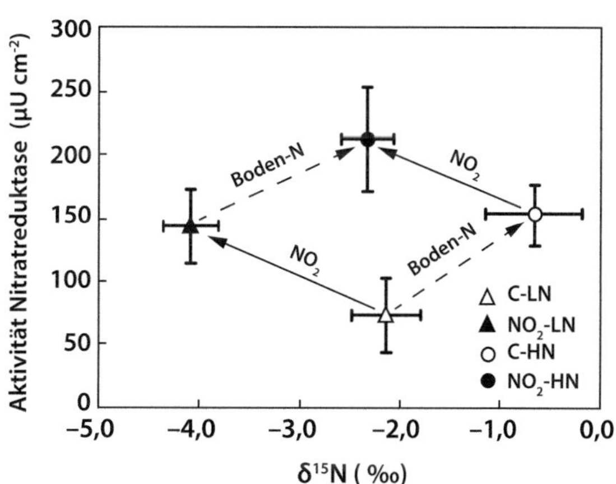

Abb. 14 Inkorporation in einem Phytotronexperiment von Boden-N und NO_2 aus der Luft in die Pflanze (*Populus x euramericana*) über den Pfad der jeweils aktivierten Nitratreduktase in Blättern nach Umwandlung in Amino-N. HN hohe, LN niedrige Boden-Stickstoffversorgung; NO_2 mit, C ohne NO_2-Begasung. (Verändert nach Siegwolf et al. 2001)

Kommen wir nun zurück zu den Phytotronexperimenten, aus denen auch die in Abb. 5 gezeigte Information stammt. Buchen erwiesen sich in diesen Experimenten durchgängig als empfindlich, wenn sie in Nachbarschaft zu Fichten aufwuchsen. Die konkurrierenden Fichten waren offenbar bedeutsamer als der Einfluss der verschiedenen kombinierten Begasungsregime mit O_3 und CO_2. Die Isotopenanalyse der Abb. 5 legte nahe, dass insbesondere die Konkurrenz um Wasser die Buchen limitierte, wofür es auf Blattebene Indizien gab: die Abnahme der stomatären Leitfähigkeit in Mischung mit Fichten, begleitet von sinkendem c_i/c_a-Quotienten. Hierbei war der Photosyntheseapparat nicht unmittelbar beeinträchtigt, worauf die unveränderte Photosynthesekapazität in der Analyse der Abb. 5 hindeutete. Ein sinkendes c_i/c_a wies jedoch auf eine Limitierung der CO_2-Versorgung des Mesophylls durch die Stomata hin. Eine solche Limitierung der Photosynthese erschien konsistent mit den gefundenen Wachstumseinbußen der Buchen in Mischpflanzung. Die Frage stellte sich daher, ob sich die verminderte Photosyntheseleistung als verringerte C-Allokation in den Stamm auswirkte. Hierbei interessierte besonders die Früherkennung, ob also verringerte C-Allokation von den Blättern in den Stamm bereits erkennbar würde, noch bevor die Reduktion des Stammzuwachses erfassbar ist.

Zur Klärung wurde im Luftraum der Phytotrone $\delta^{13}C$ durch kontinuierliche Einspeisung annähernd reinen $^{13}CO_2$ (das kommerziell erhältlich ist) von − 9 ‰ (vergl. Abb. 11) auf + 111 ‰ angehoben, wodurch eine kräftige Markierung der Blattphotosynthese erzielt wurde. $^{13}CO_2$ wurde hier also als Tracer eingesetzt. Das Signal, ob und in welchem Ausmaß neu gebildete Assimilate in den Stamm transportiert wurden, wurde im CO_2-Efflux aus der Stammoberfläche in luftdicht aufgesetzten Gaswechselmessküvetten erwartet. Auf dieser Basis ließ sich absichern, dass das in die Küvetten entlassene CO_2 zum Großteil der Dunkelatmungsrate des Stammes entsprach. Der Efflux zeigte also jenes CO_2 an, das aus Assimilaten freigesetzt wurde. Würde daher im Efflux auch das $^{13}CO_2/^{12}CO_2$-Verhältnis bestimmt, hätte man den Anteil neu gebildeter Assimilate an der Atmung im Stamm vor Ort quantifiziert, also wohin diese Assimilate per Allokation verbracht worden waren. Genau diese Erfassung wurde durchgeführt und deren Ergebnis als $\boldsymbol{f}_{\mathbf{E,\ new}}$ ausgedrückt ($\boldsymbol{f}_{\mathbf{E,\ new}}$ als Anteil = *fraction* des markierten Signals im CO_2-Efflux). Es zeigte sich, dass im Efflux der Buchen in Mischung mit Fichten die $\delta^{13}C$-Signaturen tendenziell niedriger als in einer Reinpflanzung waren (Abb. 15a, oben, unter nicht erhöhtem $O_3 = 1 \times O_3$). Da mit annähernd reinem $^{13}CO_2$ und damit sehr hohem $\delta^{13}C$ der Luft markiert wurde, konnte das Effluxsignal nur bedeuten, dass im Stamm von Buchen in Mischpflanzung weniger der frisch gebildeten Assimilate erkennbar war als in Reinpflanzung (Abb. 15a, oben), entsprechend einer beginnenden Stammunterversorgung der in Mischung wachsenden Buchen mit Kohlenstoff. Unter erhöhtem $2 \times O_3$ waren die Buchen in Reinkultur dagegen stärker limitiert (Abb. 15a, unten).

Abschließend stellt sich die Frage, ob Untersuchungen, wie in Abb. 15a gezeigt, auch an großen Bäumen im Waldbestand durchführbar sind. Dass dies möglich ist, zeigt das Beispiel der Abb. 15b mit ca. 25 m hohen und 60 Jahre alten Bestandsbuchen. Hier wurde geklärt, in welchem Ausmaß Altbäume in Wäldern auf gegenwärtig anthropogen erhöhte O_3-Regime in der bodennahen Troposphäre reagieren. Zunächst soll nachstehend der wissenschaftliche Hintergrund und methodische Ansatz beschrieben werden.

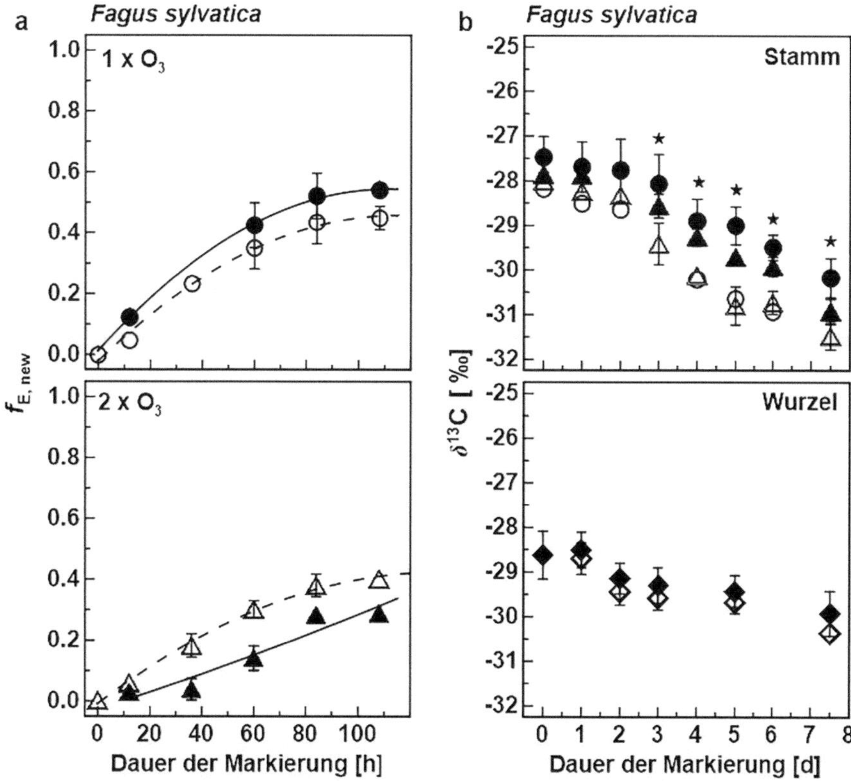

Abb. 15 **Tracer-Einsatz von $^{13}CO_2$** in Jungbuchen (**a**, Phytotron, Symbole wie in Abb. 5; $f_{E,\ new}$ als Anteil = *fraction* des markierten Signals im CO_2-Efflux) und Altbuchen (**b**, Waldstandort: weiß = O_3 unverändert, 1 × O_3; schwarz = O_3 erhöht, 2 × O_3; Dreiecke und Kreise = obere bzw. untere Stammposition, Rauten = Wurzel; $\delta^{13}C_E$ = Signal des Stamm- bzw. Wurzelefflux) zum Nachweis der C-Allokation in den Stamm unter jeweils experimentell erhöhter O_3-Belastung (in Altbuchen durch „Free-Air" O_3-Kronenraumbegasung, s. Abb. 16). Details jeweils Text. (Verändert nach Ritter et al. 2011, 2015)

Hintergrundinformation

Das natürlicherweise in geringen Konzentrationen in Bodennähe auftretende O_3 wird zum Luftschadstoff, wenn es aus den Abgasen der Verbrennung von fossilen Energieträgern in Industrie und Straßenverkehr unter der Einwirkung der Sonnenstrahlung (vor allem der UV-Komponente) in erhöhter Konzentration gebildet wird. Das Schädigungspotenzial des Gases erklärt sich aus dessen Wirkung als starkes Oxidationsmittel, sodass betroffene Pflanzen Laubverfärbungen mit Limitierungen von Photosynthese und Transpiration, vorzeitigen Blattverlust und eingeschränkte Biomasseentwicklung aufweisen können. Jedoch ist die Kenntnis hierüber eher in krautigen Pflanzen als in Holzpflanzen experimentell abgesichert. Große Unsicherheit besteht für Waldbäume, die entscheidend sind für die globale C-Speicherung, angesichts der kontinuierlich steigenden CO_2-Belastung der Atmosphäre mit den Konsequenzen für den Klimawandel. Das Kenntnisdefizit ergibt sich aus der logistischen Schwierigkeit, experimentell die O_3-Empfindlichkeit von großen Baumindividuen in Beständen zu klären. Daher basiert das verfügbare Wissen hauptsächlich auf Jungbäume, die meist als Einzelpflanzen in Töpfen und unterschiedlichen Begasungskammern erhöhten O_3-Regimen ausgesetzt waren. Es ist offensichtlich, dass auf solche Weise erarbeitete Befunde nicht auf reale Wälder übertragbar sind, da sich junge Bäume in Töpfen physiologisch erheblich anders als Altbäume im Ökosystem verhalten, und die mikroklimatisch andersartigen Kammerbedingungen, u. a. durch Treibhauseffekte, zu zusätzlichen Artefakten führen.

Einen Ausweg bietet die Free-Air-Begasungstechnik (Abb. 16), mit der aus Schlauchsystemen heraus, die das Bestandskronendach durchziehen, mikroklimatisch artefaktfrei erhöhte und öko-

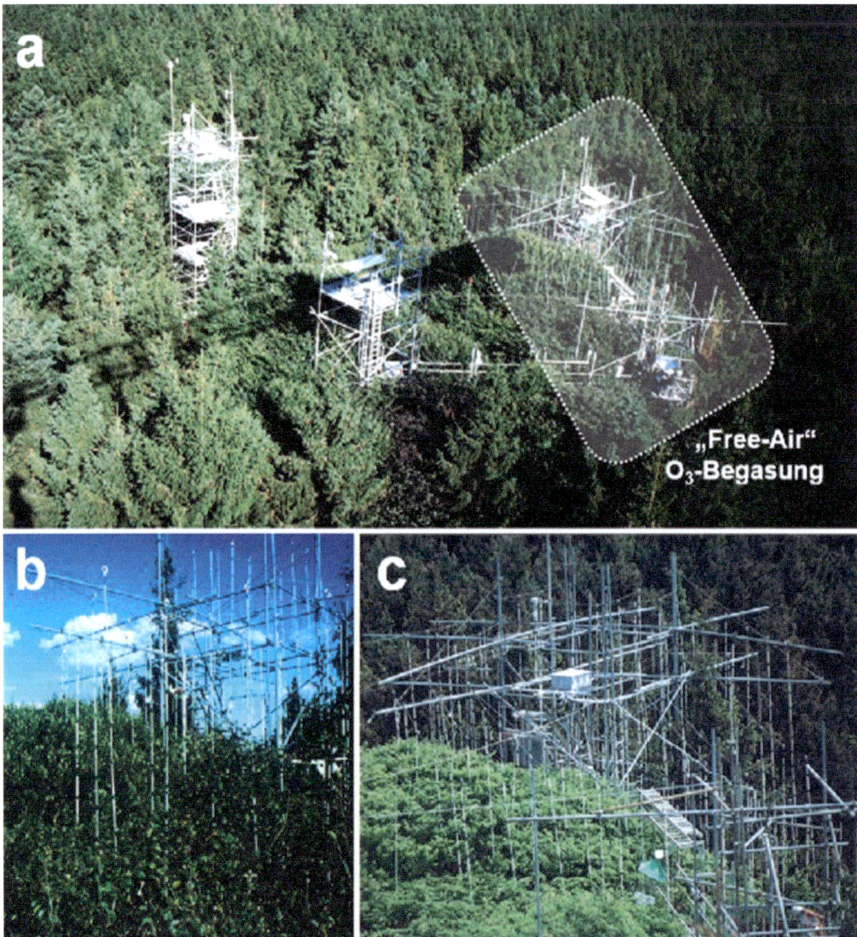

Abb. 16 (a) **„Free-Air" Ozon-Kronenraumbegasung im Kranzberger Forst** (Freising) an 60–70 Jahre alten, bis zu 30 m hohen Bäumen von *Fagus sylvatica* and *Picea abies*. Ozon (O_3) wurde experimentell innerhalb der markierten Zone aus einem vertikal im Kronenraum aufgehängten Teflon-Schlauchsystem freigesetzt. Die experimentell erhöhten O_3-Konzentrationen variierten im Tagesgang entsprechend der unbeeinflussten O_3-Schwankungen am Waldstandort, waren jedoch um den Faktor 2 verstärkt, mit Begrenzung auf 150 nl · l^{-1} (= ppb). Als Kontrolle diente das unbeeinflusste O_3-Regime mit den Bäumen außerhalb der Markierung. (**b**), (**c**) Nahaufnahmen Schlauchaufhängung zur O_3-Freisetzung. Details zum Experiment und zur eingesetzten „Free-Air"-Begasungsmethode s. Nunn et al. (2002), Werner und Fabian (2002), Matyssek und Häberle (2002) Karnosky et al. (2007) und Matyssek et al. (2010b). (Fotos: K.-H. Häberle, aufgenommen aus der Gondel eines experimentell genutzten Forschungskrans als Bestandteil des Experiments)

logisch relevant fluktuierende O_3-Regime erzeugt werden können (Werner und Fabian 2002; Nunn et al. 2002; Karnosky et al. 2007). Auf diese Weise kommt eine realistische Gesamtbaumbegasung mit O_3 am Waldstandort zustande.

Das Beispiel der Abb. 15b stammt aus einem an Altbuchen im Waldbestand entsprechend der Hintergrundinformation durchgeführten *Free-Air* O_3-Begasungsexperiment im Bestandskronenraum. Hierbei entwickelten die Buchen über die 8-jährige Gesamtdauer des Experiments hinweg Einbußen in der Stammproduktion von jährlich ca. 40 % (Pretzsch et al. 2010; Matyssek et al. 2010b). Die Frage stellte sich, ob man das Zustandekommen der Einbußen durch veränderte C-Allokation von der Krone in den Stamm mit einer unabhängigen Methode darstellen und mechanistisch absichern kann. Hierbei lag der Gedanke nahe, mit einer $^{13}CO_2$-Markierung einen solchen Nachweis zu führen. Wie aber sollte man eine solche Aufgabe methodisch bewerkstelligen – in belaubten Baumkronen von bis zu ca. 10 m im Durchmesser und mehr als 5 m Länge?

Die Lösung auch hierfür war ein weiteres Schlauchsystem, nun für die Ausbringung von $^{13}CO_2$ als Tracer in den Baumkronen (Abb. 17a; Grams et al. 2011). Um bei den großen Kronenvolumina und im freien Luftraum eine quantitativ absicherbare Markierung in den Bäumen zu gewährleisten, musste aus einem Flüssiggastank CO_2 mit einer $\delta^{13}C$-Signatur von −47 ‰ in die Schläuche gepresst (Abb. 17b) und die CO_2-Konzentration in den Kronen um ca. 70–100 ppm erhöht werden. Die $\delta^{13}C$-Signatur im Luftraum der Kronen wurde infolgedessen um 6–8 ‰ gesenkt, womit die Photosynthese in den Blättern gespeist wurde. Verfolgt wurde die Allokation der markierten Photosyntheseprodukte im Baum erneut mit Gaswechselmessküvetten, die in zwei Stammhöhen und an Grobwurzeln luftdicht auf die jeweiligen Organoberflächen montiert wurden (Abb. 17b). Der CO_2-Efflux in die Küvetten wurde quantitativ zusammen mit der $\delta^{13}C$-Signatur analysiert, woraus das Ausmaß der Allokation photosynthetisch neu fixierten Kohlenstoffs zu den Messpositionen erfassbar wurde.

Hier nun das Ergebnis der Untersuchung (Abb. 15b). Da mit CO_2 einer sehr negativen $\delta^{13}C$-Signatur markiert wurde, war zu erwarten, dass der CO_2-Efflux bei hoher C-Allokation eine negativere $\delta^{13}C$-Signatur aufweisen sollte als bei geringer Allokation. In der Tat zeigten Altbuchen unter experimentell erhöhter O_3-Belastung im CO_2-Efflux jedoch eine weniger negative $\delta^{13}C$-Signatur als jene Bäume, die als Kontrolle unter unverändertem O_3-Regime in der Bestandsluft exponiert waren. Somit konnte die reduzierte C-Allokation als mechanistischer Nachweis für das verminderte Stammwachstum unter erhöhtem O_3-Stress erbracht werden. Hierbei wurde die reduzierte C-Allokation nicht nur in den beiden erfassten Stammpositionen, sondern auch in den Grobwurzeln erkennbar. Der Unterschied zwischen den beiden O_3-Regimen in der $\delta^{13}C$-Signatur des CO_2-Effluxes lag bei 1–2 ‰. Der geringe Unterschied im Messsignal, der nach dem Markierungspuls mit dem massiv ^{13}C-verarmten Tracer resultierte, war ausreichend für eine statistisch signifikante Absicherung. Als weitere Details verrät Abb. 15b, oben den Nachweis der Markierung bereits einen Tag nach Ausbringung des Tracers, statistisch gesichert ab dem

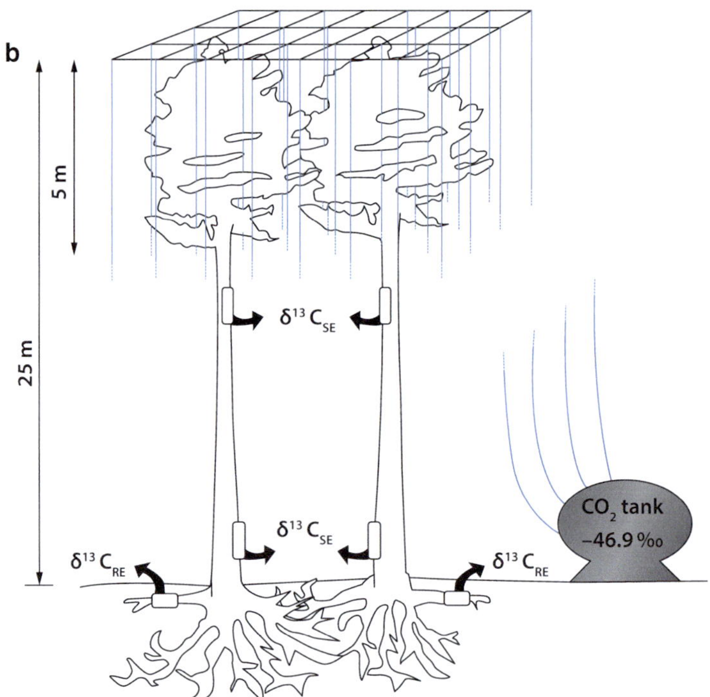

Abb. 17 **$^{13}CO_2$-Markierung des Kronenraums einer Altbuche im Waldbestand** mit einem Schlauchsystem, (**a**) Ansicht (Foto: T. E. E. Grams) und (**b**) schematische Darstellung. (Verändert nach Grams et al. 2011)

3. Tag. Die Position der Küvetten erlaubte auch, die Transportgeschwindigkeit der C-Allokation im Phloem mit etwa 0,5 m · h^{-1} zu ermitteln.

4 Bedeutung in der experimentellen Pflanzenökologie

Nach den obigen Ausführungen lassen sich die Einsatzmöglichkeiten stabiler Isotope und deren Analytik schwerpunktartig zusammenfassen:

- Die stabilen Isotope der Elemente H, C, N und O (sowie auch des hier nicht vertiefend behandelten S) als wichtigste und häufigste chemische Bausteine der Organismen und ihrer Metabolite sind attraktive analytische Werkzeuge in der experimentellen Pflanzenökologie und Ökophysiologie.
- Da sie Teil von Stoffflüssen sind, die pflanzliche Organfunktionen in die systemischen Eigenschaften von Organismen, und letztere in Ökosysteme integrieren, ermöglichen stabile Isotope ganzheitliche („holistische") Forschungsansätze.
- Elegant als analytische Werkzeuge sind die stabilen Isotope zudem, da nur sehr kleine Probenmengen erforderlich sind (1–2 mg Pflanzenmaterial oder 50 µl Wasser).
- Stabile Isotope eignen sich als Tracer auf ideale Weise, da diese nicht radioaktiv sind und auch eine nichtinvasive Analyse von Individuen oder Ökosystemen erlauben, z. B. über den jeweiligen Stoffaustausch mit der Umwelt (s. Gasaustausch).
- Als Tracer ermöglichen die stabilen Isotope in Markierungsexperimenten den quantitativen und mechanistischen Nachweis von Flüssen der wichtigsten chemischen Elemente sowie deren Verortung und Verbleib in gebildeten Substanzen auf Pflanzen- und Ökosystemebene.
- Isotopenverhältnisse – sowohl natürliche als auch durch Markierung veränderte – sind räumlich-zeitlich integrierende Informationsträger der in Organismen und Ökosystemen bestimmenden Ursache-Wirkungs-Beziehungen und Prozesse.

Übungsfragen

- Für welches Isotopenverhältnis ist der Péclet-Effekt von Bedeutung und welches Phänomen wird hierdurch angesprochen?
- Worin unterscheiden sich der δ- und Δ-Wert bei der Angabe des Verhältnisses zweier stabiler Isotope des gleichen Elements? ◀

Literatur

Bender MM, Rouhani I, Vines HM, Black CC Jr (1973) $^{13}C/^{12}C$ Ratio changes in crassulacean acid metabolism plants. Plant Physiol 5:427–430

Caldwell MM, Manwaring JH, Durham SL (1991) The microscale distribution of neighbouring plant roots in fertile soil microsites. Funct Ecol 5:765–772

Caldwell MM, Dawson T, Richards J (1998) Hydraulic lift: consequences of water efflux from the roots of plants. Oecologia 113:151–161

Ehleringer JR, Phillips SL, Schuster WSF (1991) Differential utilization of summer rains by desert plants. Oecologia 88:430–434

Farquhar GD, O'Leary MH, Berry JA (1982) On the relationship between carbon isotope discrimination and the intercellular carbon dioxide concentration in leaves. Aust J Plant Physiol 9:121–137

Grams TEE, Kozovits AR, Häberle K-H, Matyssek R, Dawson TE (2007) Combining $\delta^{13}C$ and $\delta^{18}O$ analyses to unravel competition, CO_2 and O_3 effects on the physiological performance of different-aged trees. Plant Cell Environ 30:1023–1034

Grams TEE, Werner H, Kuptz D, Ritter W, Fleischmann F, Andersen C, Matyssek R (2011) A free-air system for long-term stable carbon isotope labeling of adult forest trees. Trees 25:187–198

Karnosky DF, Werner H, Holopainen T, Percy K, Oksanen T, Oksanen E, Heerdt C, Fabian P, Nagy J, Heilman W, Cox R, Nelson N, Matyssek R (2007) Free-air exposure systems to scale up ozone research to mature trees. Plant Biol 9:181–190

Keeling RF, Graven HD, Welp LR, Resplandy L, Bi J, Piper SC, Sun Y, Bollenbacher A, Meijer HAJ (2017) Atmospheric evidence for a global secular increase in carbon isotopic discrimination of land photosynthesis. PNAS 114:10361–10366

Kitao M, Löw M, Heerdt C, Grams TEE, Häberle KH, Matyssek R (2009) Effects of chronic elevated ozone exposure on gas exchange responses of adult beech trees (*Fagus sylvatica*) as related to the within-canopy light gradient. Environ Pollut 157:537–544

Larcher W (2001) Ökophysiologie der Pflanzen: Leben, Leistung und Stressbewältigung der Pflanzen in ihrer Umwelt. UTB, Stuttgart

Matyssek R, Häberle K-H (2002) Freising Canopy Crane, Germany. In: Mitchell AW, Secoy K, Jackson T (Hrsg) Global Canopy handbook. Global Canopy Programme (GCP), Oxford, S 47–50

Matyssek R, Fromm J, Rennenberg H, Roloff A (2010a) Biologie der Bäume – von der Zelle zur globalen Ebene. Ulmer, Stuttgart

Matyssek R, Wieser G, Ceulemans R, Rennenberg H, Pretzsch H, Haberer K, Löw M, Nunn AJ, Werner H et al (2010b) Enhanced ozone strongly reduces carbon sink strength of adult beech (*Fagus sylvatica*) – resume from the free-air fumigation study at Kranzberg Forest. Environ Pollut 158:2527–2532

Nunn AJ, Reiter IM, Häberle K-H, Werner H, Langebartels C, Sandermann H, Heerdt C, Fabian P, Matyssek R (2002) „Free-air" ozone canopy fumigation in an old-growth mixed forest: concept and observations in beech. Phyton 42:105–119

Pretzsch H, Dieler J, Matyssek R, Wipfler P (2010) Tree and stand growth of mature Norway spruce and European beech under long-term ozone fumigation. Environ Pollut 158:1061–1070

Ritter W, Andersen CP, Matyssek R, Grams TEE (2011) Carbon flux to woody tissues in a beech/spruce forest during summer and in response to chronic elevated O_3 exposure. Biogeosciences 8:4131–4161

Ritter W, Lehmeir CA, Winkler JB, Matyssek R, Grams TEE (2015) Contrasting carbon allocation responses of juvenile European beech (*Fagus sylvatica*) and Norway spruce (*Picea abies*) to competition and ozon. Environ Pollut 196:534–543

Scheidegger Y, Saurer M, Bahn M, Siegwolf R (2000) Linking stable oxygen and carbon isotopes with stomatal conductance and photosynthetic capacity: a conceptual model. Oecologia 125:350–357

Schulze ED, Beck E, Müller-Hohenstein K (2002) Pflanzenökologie. Springer, Berlin/Heidelberg

Siegwolf RTW, Matyssek R, Saurer M, Maurer S, Günthardt-Goerg MS, Schmutz P, Bucher JB (2001) Stable isotope analysis reveals differential effects of soil nitrogen and nitrogen dioxide on the water-use efficiency in hybrid poplar leaves. New Phytol 149:233–246

Werner H, Fabian P (2002) Free-air fumigation of mature trees. Environ Sci Pollut Res 9:117–121

Wingate L, Seibt U, Moncrieff JB, Jarvis PG, Lloyd J (2007) Variations in ^{13}C discrimination during CO_2 exchange by *Picea sitchensis* branches in the field. Plant Cell Environ 30:600–616

Teil VIII

Wasser in der Pflanze

Wasserzustand der Pflanze

16

Inhalt

Zusammenfassung

Als Teil des hydraulischen Kontinuums nehmen Pflanzen Wasser – meist – über die Wurzeln aus dem Boden auf und geben es – meist – über Blätter als Wasserdampf wieder an die Atmosphäre ab. Wasseraufnahme und Wasserabgabe einer Pflanze und damit ihre Wasserbilanz bzw. ihr Wasserzustand sind selten ausgeglichen. Übersteigt die Wasserabgabe die Aufnahme, gerät die Pflanze in ein Wasserdefizit, ihr Wasserzustand verschlechtert sich und Austrocknung droht. Entsprechend ermöglicht eine erleichterte Wasseraufnahme die Verbesserung des Wasserzustands. In diesem Kapitel sollen die Grundlagen für Beschreibung und Messung des Wasserzustandes mithilfe der Wasserzustandsgleichung und der Analyse von Wassergehalt, Wasserpotenzial und seiner Komponenten sowie des Wasserflusses erarbeitet werden.

R. Matyssek, W. B. Herppich, *Experimentelle Pflanzenökologie*, Springer Reference Naturwissenschaften, https://doi.org/10.1007/978-3-662-67530-4_14

Schlüsselwörter

Elastizitätsmodul · Gesamtwasserpotenzial · Plasmolyse · Potometer · Quellung · Saugspannung · Sukkulenz · Sklerophyllie · Turgor · Wasserabgabe · Wasseraufnahme · Wasserbilanz · Wassergehalt · Wassersättigungsdefizit · Wasserspeicherkapazität · Wassertransport · Wasserzustandsgleichung

1 Wasserbilanz

Eine Pflanze ist durch zwei Wasserflüsse mit ihrer Umgebung verbunden. Der eine ist die **Wasseraufnahme** durch die Wurzeln und gegebenenfalls andere Oberflächen, der zweite ist die **Wasserabgabe** durch Transpiration und, in Sonderfällen, durch Guttation. Diese beiden Wasserflüsse bestimmen die **Wasserbilanz** und damit den **Wasserzustand** der Pflanze. In der allgemeinsten Form lässt sich die Wasserbilanz daher wie folgt beschreiben:

▶ Wasserbilanz = Wassergewinn − Wasserverlust

oder, wenn wir die Wasserflüsse in die Pflanze und aus ihr heraus verdeutlichen wollen,

$$J_w(\text{net}) = J_w(\text{in}) - J_w(\text{aus}).$$

Da die überwiegende Mehrzahl der Pflanzen im Boden wurzelt und in den Luftraum wächst, verläuft der Wasserfluss vom Boden durch die Pflanze in die Atmosphäre. Man spricht deshalb auch vom hydraulischen Boden-Pflanze-Atmosphäre-Kontinuum (engl. *hydraulic soil-plant-atmosphere continuum* = SPAC).

Energetisch betrachtet kann Wasser nur „bergab" fließen, d. h. einem Gradienten von hoher zu niedriger potenzieller Energie folgen. In der Pflanze bewegt sich das Wasser, aus dem Boden kommend und in die Atmosphäre entweichend, jedoch „bergauf". Das heißt, für diesen Weg des Wassers ist ebenfalls ein Gradient von einem hohen zu einem niedrigen Energiestatus zu fordern. Ein solcher **Energiegradient** ist der des Wasserpotenzials, das wir in ▶ Kap. 8, „Energetik des Wassers – chemisches Potenzial und Wasserpotenzial mit seinen Teil-Komponenten" abgeleitet haben. Wasserpotenzialdifferenzen haben wir dabei bereits als Antrieb von Wasserflüssen erkannt. Die **Wasserpotenzialdifferenz** zwischen dem energetisch hohen Ausgangsniveau im Boden und der atmosphärischen „Energiesenke" ermöglicht damit den Wasserfluss in der Pflanze, ohne dabei Stoffwechselenergie zu benötigen. Diesem Wasserfluss stellen sich in der Pflanze eine Reihe von unterschiedlichen Widerständen (wie Reibung, Kapillarkräfte, Membranen) entgegen, die in ihrer Gesamtheit die **hydraulische Leitfähigkeit** des Systems bedingen. Die hydraulische Leitfähigkeit ist es letztendlich, die das quantitative Ausmaß des Wasserflusses bestimmt.

Wasserbilanz: Wasseraufnahme und Wasserabgabe einer Pflanze sind selten einander gleich. Überwiegt die Wasserabgabe, gerät die Pflanze in ein Wasserdefizit; überwiegt die Wasseraufnahme, kann die Pflanze ein möglicherweise vorhandenes Wasserdefizit wieder ausgleichen. Alle Pflanzen verfügen über einen gewissen Wasservorrat oder Wasserspeicher, nämlich *verfügbares* Wasser in den verschiedenen Organen über den notwendigen Bedarf für Transpiration hinaus. Die Wasserspeicher können im Vergleich zum täglichen Wasserumsatz unbedeutend sein, wie dies für die meisten krautigen Pflanzen und Laubblätter der Bäume der Fall ist; Wasser kann aber auch in erheblichen Mengen gespeichert werden. Zum Beispiel enthalten Sukkulenten oft ein Vielfaches ihres täglichen Wasserumsatzes als verfügbares Wasser und können auf diese Weise lange Trockenperioden überstehen. Auch der Stamm der Bäume ist ein wirkungsvoller Zwischenspeicher, der die Transpiration für mehrere Stunden unterstützen kann. Vielfach, besonders in ariden Gebieten, ist den ganzen Tag über die Wasserabgabe der Pflanzen größer als die Wasseraufnahme, und erst in der Nacht, wenn die Transpirationsbelastung zurückgeht, kann das Wasserdefizit wieder ausgeglichen werden. Es kommt aber auch vor, dass die Wasserbilanz einer Pflanze über 24 h negativ ist. Dies hat zur Folge, dass die absolute Wassermenge in der Pflanze abnimmt. Ein solcher Vorgang kann zu einem langsamen Absinken des Wassergehaltes in den pflanzlichen Geweben und Organen führen. Bleibt bei schwindendem Wassergehalt die Lebensfähigkeit, wenn auch eingeschränkt, erhalten, so sprechen wir von dürreresistenten Pflanzen. Den Extremfall, wenn die Austrocknung ohne Verlust der Lebensfähigkeit bis zur völligen Trockenheit ertragen wird, bilden **poikilohydre** Pflanzen.

Zu den poikilohydren *Pflanzen* gehören viele Moose, eine Reihe von Farnen aber auch zahlreiche höhere Pflanzen (z. B. *Myrothamnus flabellifolius*). Die austrocknungsfähigen Samenpflanzen haben einen deutlichen Verbreitungsschwerpunkt im südlichen Afrika. Die meisten Pflanzen (auch die Sukkulenten) besitzen dagegen nur eine beschränkte Austrocknungsresistenz, ertragen also nur eine geringe Abnahme ihres Wassergehaltes. Viele Pflanzen, besonders in ariden Gebieten, haben Anpassungen entwickelt, die dem allgemeinen Wasserverlust entgegenwirken. In solchen Fällen beobachtet man ein langsames Vertrocknen der Blätter von unten nach oben, wobei die Blätter selbst jeweils von der Spitze zur Basis fortschreitend eintrocknen. Dieser Vorgang stellt eine Verlagerung des verfügbaren Wassers dar und schränkt zumindest temporär existenzgefährdende Wasserverluste ein. Bei Fehlen jeglicher Wasserzufuhr von außen kann diese interne Wasserverlagerung sogar Wachstumsprozesse unterstützen (Matyssek et al. 1991). Besonders deutliche und eindrucksvolle Beispiele hierfür liefern wiederum die Sukkulenten (Willert et al. 1992).

Hintergrundwissen

Beispiele extremer Austrocknungstoleranz stellen unter den Gefäßpflanzen die sogenannten „Resurrection Plants" dar („*Auferstehungspflanzen*"). Deren dehydrierte, abgestorben erscheinende Sprossachsen ziehen sich während anhaltender Dürre massiv zusammen und können sich hierbei einrollen, bei erneuter saisonaler oder episodischer Wasserzufuhr regenerieren sie jedoch vollständig („*Wiederauferstehung*"). Bekannt sind der Kreuzblütler *Anastatica hierochuntica*, die „Rose von Jericho" (von

Kanarischen Inseln über Nordafrika bis Mittlerem Osten), und der Moosfarn *Selaginella lepidophylla*, bekannt als „Falsche Rose von Jericho“ (in Texas, Mittel- und Südamerika). Oben genannt wurde bereits der Strauch *Myrothamnus flabellifolius* (Familie *Myrothamnaceae*), der nach Niederschlag für seine rasche Regeneration aus einem morphologisch und metabolisch extrem reduzierten, inaktiven Zustand bekannt ist. Während der Austrocknung sind die Sprossachsen und Blätter, selbst die Wände der Mesophyllzellen, kompakt eingefaltet. Nur Sklerenchyme und Gefäße sind ausgenommen, die den Achsen weiterhin mechanischen Halt geben. In den Chloroplasten sind die Thylakoidmembranen stark komprimiert, was bei deaktivierter Photosynthese photooxidativem Stress entgegenwirkt. Dennoch bleibt der gesamte Photosyntheseapparat erhalten und nach Wasseraufnahme über die Wurzel vollständig regenerationsfähig, parallel zur Wiederentfaltung der Blätter und Achsen. Lipidanreicherung in den wasserleitenden Xylemelementen verhindern Cavitation bei Trockenheit und erleichtern damit die Rehydrierung während der Regeneration.

Wir können die eingangs skizzierte Beziehung von Wasserzustand und Wasserbilanz jetzt dahin gehend präzisieren, dass eine Pflanze trotz negativer Wasserbilanz einen ausgeglichenen Wasserzustand haben kann, wenn nämlich die Wasserverluste durch Wasserverlagerung und Aufgabe lebender Gewebe kompensiert werden. Wir erkennen somit im Wasserzustand, der Menge verfügbaren Wassers und dessen Transports die entscheidenden Größen des Wasserhaushalts der Pflanze. Bestimmt werden diese Größen von der Pflanze selbst, basierend auf deren Strukturen und Funktionen, welche gemeinsam die Kapazitäten für Wasseraufnahme und Kontrolle der Wasserabgabe schaffen.

2 Wasseraufnahme

Eine quantitative Erfassung der Wasseraufnahme einer Pflanze am natürlichen Standort ist *nicht* möglich. Die vielfach angewendeten indirekten Verfahren messen daher nicht die Wasseraufnahme selbst, sondern weisen lediglich eine zuvor stattgefundene Wasseraufnahme nach. Das heißt, es werden Veränderungen pflanzlicher Kenngrößen gemessen, die eindeutig auf eine Wasseraufnahme zurückgeführt werden können. Für solche Verfahren verwendet man in der Regel Pflanzen, die zuvor einem Dürrestress ausgesetzt waren und die man dann wieder gießt, oder man verfolgt pflanzliche Reaktionen auf Regenereignisse nach einer längeren Trockenperiode.

Die Größen, die als geeignete Indikatoren einer Wasseraufnahme dienen können, sind der Wasserfluss im Stamm, der Wassergehalt oder das Wasserpotenzial der oberirdischen Organe und die Blattdicke. Wir wollen dies an einigen Beispielen vorstellen.

2.1 Indirekte Messmethoden

Das erste Beispiel betrifft die **Messung des Wassertransportes im Stamm von Bäumen**. Die entsprechenden Messverfahren und deren Grundlagen werden im ▶ Kap. 19, „Wasserferntransport in der Pflanze – Grundlagen und Messverfahren“

ausführlich dargestellt. Nach einer langen Trockenperiode sind infolge Wassermangels im Boden die Wasseraufnahme, die Wasserleitung und die Transpiration von Buchen stark eingeschränkt. Zu diesem Zeitpunkt lässt sich im Stamm ein Wassertransport von $0{,}016\ \mathrm{l} \cdot \mathrm{h}^{-1} \cdot \mathrm{cm}^{-1}{}_{\mathrm{Stammumfang}}$ messen. Wird jetzt der Boden kräftig gewässert, so kommt es bereits nach 6 min zu einer deutlichen Steigerung der Flussrate des Wassers im Stamm, die sich innerhalb der nächsten 30 min verdoppelt und auf einem neuen Niveau von $0{,}032\ \mathrm{l} \cdot \mathrm{h}^{-1} \cdot \mathrm{cm}^{-1}{}_{\mathrm{Stammumfang}}$ einstellt (Abb. 1a). Es wird, wie man erkennen kann, nicht die Wasseraufnahme selbst, sondern das Ergebnis der Wasseraufnahme gemessen.

Besonders geeignete Objekte für die indirekte Messung der Wasseraufnahme sind sukkulente Pflanzen. In der Trockenzeit sinkt das Wasserpotenzial von *Opuntia basilaris* auf Werte um – 1,8 MPa ab. Wässert man am natürlichen Standort eine solche Opuntie am Abend, so dauert es bis zum nächsten Morgen, ehe eine deutliche Erhöhung des Wasserpotenzials in der Pflanze auftritt. Diese ist dann aber rasch und nach 6 h abgeschlossen (Abb. 1b). Die **Erhöhung des Wasserpotenzials** spiegelt hier eine Wasseraufnahme wider. Aus der Änderung des Wasserpotenzials kann die Zunahme des Wasservolumens abgeleitet werden, sodass man quantitative Aussagen erhält.

Soweit Sukkulente keine Messung des Wasserpotenzials in der Scholander-Druckkammer (s. ▶ Kap. 18, „Methoden der Wasserzustandsmessung – Druckkammer und Druck-Volumen-Analyse“) erlauben, bietet sich eine andere, einfache Feldmethode zur Demonstration der Wasseraufnahme an, die **Bestimmung des Wassergehaltes**. Am Ende einer mehrjährigen Dürre betrug der Wassergehalt der Blätter von *Stoeberia beetzii* in der südlichen Namib etwa 400 % der Trockenmasse. Ein 36-stündiger leichter Regen führte zu einem sofortigen steilen Anstieg des Wassergehaltes der Blätter. Die Messungen erfolgten jeweils vor Sonnenaufgang und nach Sonnenuntergang. Abb. 1c verdeutlicht, dass der Anstieg des Wassergehalts mehrere Tage benötigt und innerhalb der hier abgebildeten Zeitspanne nicht abgeschlossen wurde. In den gleichen Proben wurde das osmotische Potenzial des Presssaftes der Blätter gemessen, das indirekt, entsprechend Abb. 1d, ebenfalls die rasche Wasseraufnahme anzeigt.

Wasserflüsse im Blatt lassen sich an der Änderung der Blattdicke ablesen. Wenn am Tag die Wasserverluste des Blattes größer sind als die Wassernachlieferung, führt das fortschreitende Wasserdefizit zu einer Abnahme der Blattdicke. Werden die Verluste in der Nacht wieder ausgeglichen, nimmt die Blattdicke zu. Die Änderung der Blattdicke im Tagesgang lässt sich kontinuierlich mit einem Weglängenaufnehmer messen, der Änderungen von 1 µm auflösen kann und sich daher auch für die Messung der Dickenänderung normaler Laubblätter eignet. Die Blattdickenmessung vermag nur Nettoflüsse zu messen. Sie kann nicht Wasseraufnahme und Wasserabgabe voneinander trennen. Dies wäre erst möglich, wenn man gleichzeitig mit der Dickenänderung auch die Wasserabgabe misst, also die Dickenmessung in der Küvette einer Gaswechselmessanlage durchführt.

Abb. 2 zeigt für die Blattsukkulente *Prenia sladeniana* die diurnalen Änderungen der Blattdicke und der aus der Transpiration berechneten Blattleitfähigkeit. Man erkennt, dass zu Zeiten geöffneter Spalten (hohe Blattleitfähigkeit, hohe Transpiration) die Wasserverluste die Nachlieferung von Wasser übertreffen und die Blattdicke abnimmt. In der Nacht sind bei einem Δw von $1{,}5\ \mathrm{mPa} \cdot \mathrm{Pa}^{-1}$ Transpiration

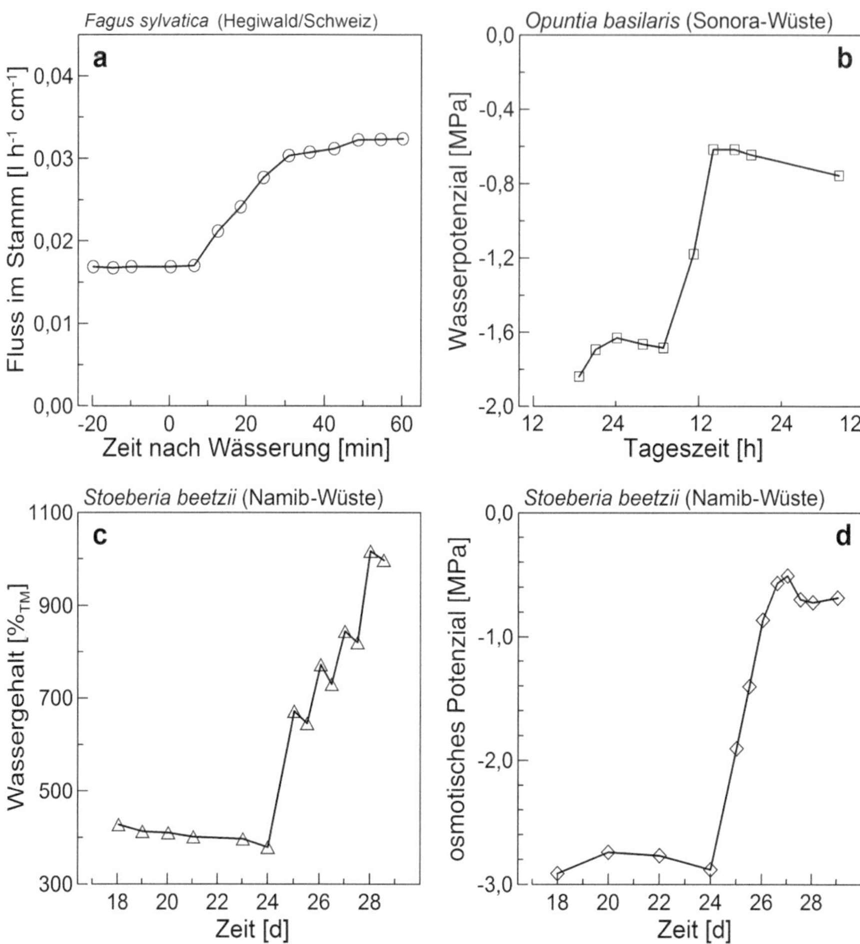

Abb. 1 **Indirekte Messungen zur Wasseraufnahme**. (**a**) Änderung der Flussrate des Wassers im Stamm der Buche. In einem durch Trockenstress geschädigten Buchenbestand waren Wasseraufnahme, Wasserleitung und Transpiration stark herabgesetzt. Nach einer intensiven Wässerung kommt es innerhalb von 6 min zu einer deutlichen Steigerung des Wasserstransports im Stamm als Ergebnis einer höheren Wasseraufnahme durch die Wurzeln. (**b**) Änderung des Wasserpotenzials von *Opuntia basilaris* in der Sonora-Wüste als Folge einer künstlichen Bewässerung bei Sonnenuntergang. Einem geringen Anstieg des Wasserpotenzials in der Nacht folgt mit dem Sonnenaufgang eine kräftige Erhöhung als Ausdruck einer gesteigerten Wasseraufnahme durch die Wurzeln. (**c**) Änderung des Wassergehaltes in den drehrunden Blättern der blattsukkulenten *Stoeberia beetzii* in der südlichen Namib-Wüste als Antwort auf einen Regen nach fast 2-jähriger Trockenheit. (**d**) Hand in Hand mit der Zunahme des Wassergehaltes erhöht sich das osmotische Potenzial in den Presssäften von *Stoeberia beetzii*. (Verändert nach von Willert et al. 1995)

und Blattleitfähigkeit so gering, dass die Nachlieferung von Wasser ins Blatt erheblich größer ist als der Wasserverlust durch Transpiration. Der positive Nettofluss von Wasser ins Blatt wird zum Ausgleich des Wasserdefizits verwendet und führt zu einer deutlichen Zunahme der Blattdicke.

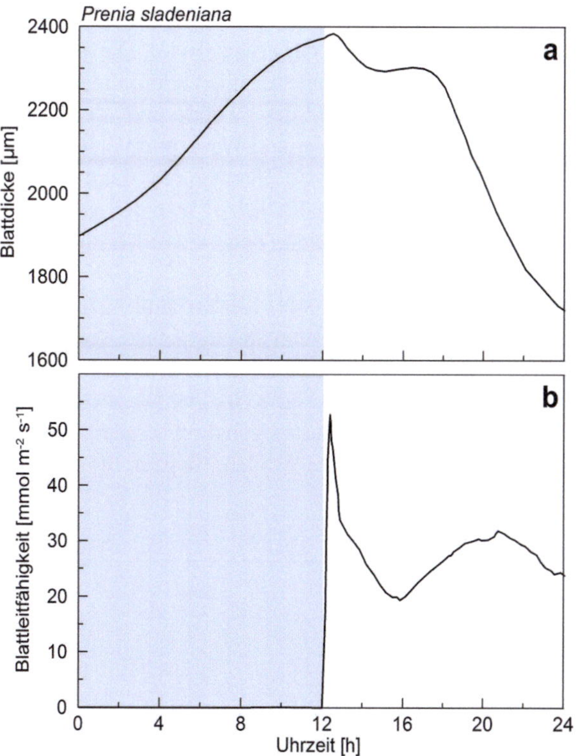

Abb. 2 **Messung der Nettowasserflüsse** im Blatt der Blattsukkulenten *Prenia sladeniana* 4 Tage nach dem letzten Gießen. (**a**) Änderung der Blattdicke im Tagesgang. Die Blattdicke eines ausdifferenzierten Blattes wurde mit einem Weglängenaufnehmer kontinuierlich gemessen. Die Pflanze befand sich in einer Klimakammer bei einem Licht-Dunkel-Wechsel von 12:12 h, einer Photonenflussdichte von 650 µmol · m^{-2} · s^{-1}, einer Tagtemperatur von 27 °C, einer Nachttemperatur von 15 °C und einer Taupunkttemperatur von 13,5 °C. (**b**) An einem Zweigende mit 4 Blattpaaren wurde mit einer Gaswechselmessanlage die Transpiration unter den oben angegebenen Bedingungen an derselben Pflanze gemessen und aus ihr die Blattleitfähigkeit berechnet. Man erkennt deutlich, dass infolge stetiger Austrocknung die Blattdicke und damit der Wassergehalt des Blattes über 24 h abnimmt und dass die durch Transpiration bedingten Wasserverluste am Tag erst in der Nacht ausgeglichen werden. (Verändert nach von Willert et al. 1995)

2.2 Direkte Messmethode

Neben den eben geschilderten indirekten Messungen der Wasseraufnahme gibt es auch die Möglichkeit, die Wasseraufnahme in Modellsystemen, die wir eingangs als „naturnahe“ Simulationen bezeichnet haben, direkt zu messen. Die Messanordnung hierfür ist das **Potometer**. Mit diesem können Wasseraufnahme und Wasserabgabe abgeschnittener Zweige oder ausgegrabener Pflanzen gleichzeitig gemessen werden. Hierzu wird die Pflanze mit ihrem Wurzelsystem in einen Wasserbehälter luftdicht eingespannt. Der Wasserbehälter ist mit einem graduierten wassergefüllten Glasrohr verbunden. Aus einem Vorratsbehälter, der über einen Zulauf mit dem Glasrohr gekoppelt ist, kann der Meniskus im Glasrohr eingestellt werden, wodurch das von der Pflanze aufgenommene Wasser wieder ergänzt wird. Die ganze Messeinrichtung wird entweder permanent auf einer Waage belassen oder in regelmäßigen Abständen gewogen. Aus der Massendifferenz und der „Wanderung" des Meniskus im graduierten Glasrohr lassen sich Wasserabgabe und Wasseraufnahme ermitteln. Setzt man in ein solches Experiment dürregestresste Pflanzen ein, dann übertrifft die Wasseraufnahme die Wasserabgabe zunächst deutlich. Mit einer solchen Versuchsanordnung bietet sich somit eine Möglichkeit, den Anteil verfügbaren Wassers einer Pflanze zu ermitteln.

Abb. 3 zeigt die Schemazeichnung eines solchen Potometers. Um temperaturbedingte Volumenänderungen im Messsystem auszugleichen, sollte stets ein Potometer ohne Pflanze zeitgleich als Kontrolle genutzt werden. Insbesondere im Freiland treten rasche Temperaturänderungen auf, die zu einer Messwertverfälschung führen können. Für Pflanzen, die in Hydrokultur gehalten werden, kann die Potometertechnik wertvolle Informationen liefern. Werden Pflanzen für solche Messungen aus

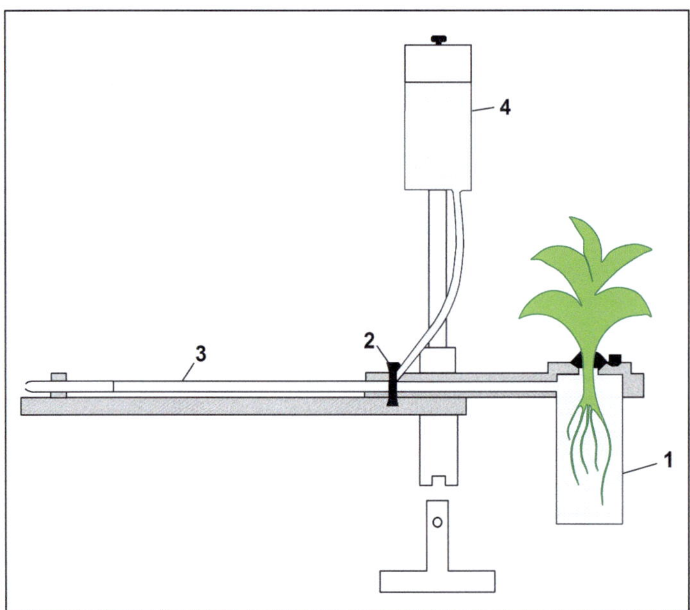

Abb. 3 **Schemazeichnung eines Feldpotometers**. (*1*) Wasserbehälter mit der luftdicht eingesetzten Pflanze oder dem abgeschnittenen Zweig. (*2*) Zulaufventil, mit dem das graduierte Glasrohr (*3*), das mit dem Wasserbehälter verbunden ist, aus dem Wasservorratsgefäß (*4*) wieder aufgefüllt werden kann. Das Feldpotometer kann auf einen Stativfuß gesetzt werden, den man an den Ort stellt, an dem man die Pflanze entnommen hat. In regelmäßigen Abständen wird das Potometer auf einer oberschaligen Waage gewogen und die Wanderung des Wassermeniskus im graduierten Rohr abgelesen und, gegebenenfalls, der Meniskus über das Zulaufventil neu eingestellt. Auf diese Weise lassen sich Wasseraufnahme und Wasserabgabe unabhängig voneinander messen. (Ruess et al. 1988)

dem Substrat oder Boden, in dem sie wurzeln, entfernt, ist die Repräsentanz für die ursprünglichen Wachstumsbedingungen jedoch fraglich.

Die Messung der Transpiration abgeschnittener Zweige im Potometer ist ein Standardversuch in physiologischen Grundpraktika. Da es hierbei weniger um die Trennung von Wasseraufnahme und Wasserabgabe als vielmehr um den Wasserverbrauch durch Transpiration geht, wird auf das gleichzeitige Wiegen der Messeinrichtung verzichtet. Die volumetrisch gemessene Wasseraufnahme wird gleich der Wasserabgabe gesetzt. Für wissenschaftliche Versuche wird man kaum mit abgeschnittenen Zweigen arbeiten, da bei vielen Pflanzen das Abschneiden eine hydropassive Öffnung der Stomata auslöst, das hydraulische System in der Pflanze verändert und eine hormonelle und elektrophysiologische Signalübertragung aus dem Wurzelbereich in die Blätter unterbindet.

3 Wasserzustand

Wiederholt wurde der Begriff Wasserzustand verwendet. Zwar wurde er nie genau erläutert oder klar definiert, er diente aber immer dazu, die „**momentanen Folgen**“ **der Wasserbilanz** zu beschreiben. Ist die Wasserbilanz *negativ* ($-J_w$[net]), so ergibt sich für die Pflanze ein Nettowasserverlust. Dies bedeutet zwangsläufig, dass die Pflanze fortschreitend weniger Wasser enthält. Damit werden Wachstum und Stoffwechselvorgänge wasserlimitiert, und die Pflanze gerät zunehmend in ein Wasserdefizit. Eine Wasserflussrate, wie von der Wasserbilanzgleichung vorgegeben, erlaubt keine Aussagen darüber, wie viel Wasser die Pflanze in irgendeinem Moment enthält, wie viel davon effektiv nutzbar ist oder für die Aufrechterhaltung von Lebensvorgängen verfügbar sein muss. Genau dies möchte man aber mit dem Wasserzustand erfassen.

Wasserzustand ist ein unscharfer Begriff, und aus dieser Unschärfe ergeben sich viele grundsätzliche Fragen. Was bedeutet es beispielsweise die Aussage, dass Wasser für eine Pflanze nutzbar sei? Wie kann man eine solche Aussage quantifizieren? Basiert diese noch zu definierende Wasserzustandsgröße auf objektiven, physikalisch-chemisch einwandfreien Grundsätzen? Lassen sich einfache Messmethoden dafür finden, und können damit erhaltene Daten in einen kausalen Zusammenhang mit physiologischen Parametern wie Enzymaktivität und Photosyntheseleistung oder Wachstum gebracht werden?

Wenn ein Begriff nicht klar definiert wird, ist die Festlegung eindeutiger Messgrößen für eine Quantifizierung kaum möglich. So ist es nicht verwunderlich, dass schon viele unterschiedliche Ansätze entwickelt wurden, dieses Problem zu lösen.

Grundsätzlich bieten sich zwei völlig unterschiedliche Konzepte an: (1) Der Wasserzustand einer Pflanze, eines Pflanzenorgans, eines Gewebes oder einer Zelle kann mit **gravimetrischen Methoden** beispielsweise als Wassermasse oder Wasservolumen gemessen werden. Man ermittelt den absoluten oder relativen Wassergehalt. Hieraus kann man eine Reihe weiterer Größen ableiten.

Das zweite Konzept (2) haben wir im ► Kap. 8, „Energetik des Wassers – chemisches Potenzial und Wasserpotenzial mit seinen Teil-Komponenten“ schon kennengelernt und die zugrunde liegenden Prinzipien hergeleitet. Es hat sich als zweckmäßig erwiesen, den **energetischen Zustand des Wassers** auf die hydraulischen Verhältnisse in Pflanzen, in Böden und in der Atmosphäre zu übertragen und für die Quantifizierung des pflanzlichen Wasserzustands zu nutzen.

4 Wassergehalt und daraus abgeleitete Größen

Der Wassergehalt eines Pflanzenorgans kann auf verschiedene Weise angegeben werden. Am weitesten verbreitet ist es, den **prozentualen Anteil** des Wassers an der Gesamtmasse (*FM*) des Organs nach

$$\text{Wassergehalt in \% der } FM = \frac{FM - TM}{FM} \cdot 100$$

zu bestimmen (TM = Trockenmasse). Da bei Organen mit hohem Wassergehalt geringfügige Änderungen der absoluten Wassermenge Zähler und Nenner fast gleich stark beeinflussen, ist die Genauigkeit und die Auflösung dieser Bestimmungsmethode beschränkt. Die Angabe des Wassergehaltes in Prozent der *FM* ist daher wenig aussagekräftig.

Wesentlich geeigneter ist der **Bezug des Wassers auf die *TM***, da sich diese nicht zusammen mit dem Wassergehalt eines Organs ändert.

$$\text{Wassergehalt in \% der } TM = \frac{FM - TM}{TM} \cdot 100$$

Hiermit lassen sich auch geringfügige Änderungen der absoluten Wassermenge in einem Organ deutlich erkennen. Es muss jedoch auch berücksichtigt werden, dass der Trockenmasseanteil eines Blattes im Verlauf eines Tages nicht konstant ist. Infolge Photosynthese und (kurzzeitiger) Speicherung der Assimilate kann sich die Trockenmasse im Extremfall um bis zu 15 % verändern, was eine Änderung der absoluten Wassermenge und damit auch des prozentualen Wassergehaltes vortäuschen kann. Infolge der meist geringen Atmungsrate spielen Masseverluste durch Respiration auf Tagesbasis meist keine signifikante Rolle.

Beide vorgestellten Wassergehaltsangaben beziehen sich auf den **aktuellen Wassergehalt** zum Zeitpunkt der Bestimmung. Sie sagen für sich genommen aber wenig aus, falls der Zeitpunkt der Bestimmung willkürlich gewählt wurde. Eine gesicherte Beurteilung ist erst möglich, wenn die Spannweite des Wassergehalts im Tages- und Jahresgang sowie bei schlechter und guter Wasserversorgung bekannt ist. Bezugspunkte sind daher erforderlich.

Wenn man davon ausgeht, dass ein Organ maximal mit Wasser gesättigt sein kann, dann wäre ein Zustand gegeben, der einem Wasserpotenzial von Null entspricht. Unter dieser Bedingung lässt sich der aktuelle Wassergehalt in Prozent des Sättigungswassergehaltes angeben und damit relativ zu einem maximalen Wasserzustand beurteilen. Dieser **relative Wassergehalt (*RWG*)** ist definiert als

$$RWG = \frac{\text{aktueller Wassergehalt}}{\text{Sättigungswassergehalt}} = \frac{FM - TM}{FM_{\text{sätt}} - TM}$$

Wie oben genannt, setzt dies einen klar definierten Sättigungswassergehalt für ein Pflanzenorgan voraus. Zur Ermittlung des Sättigungswassergehaltes wird vorgeschlagen, ein Blatt oder eine ausgestanzte Blattscheibe am photosynthetischen Lichtkompensationspunkt so lange in destilliertem Wasser schwimmen zu lassen, bis die Masse des Blattes oder der Blattscheibe nicht mehr zunimmt. Dieses langwierige Verfahren liefert in vielen Fällen jedoch unscharfe Ergebnisse. Oft wird die Sättigungsmasse erst nach mehr als 48 h oder gar nicht erreicht, oder es kommt schon wesentlich früher zu einem Platzen von Zellen.

Eine genaue Analyse des Aufsättigungsverhaltens von Blattstücken oder intakten Blättern, die nur mit ihrem Stiel in destilliertes Wasser ragen, sich sonst aber in einem wasserdampfgesättigten Raum befinden, hat gezeigt, dass die Aufsättigung in Phasen abläuft. Die erste Phase der Wasseraufnahme verläuft schnell und spiegelt das Ausgleichen des Wasserdefizits des Blattes wider. Die zweite, viel langsamere Phase ist auf Wachstumsvorgänge (besonders bei jungen Blättern), aber auch auf unbekannte Wasserabsorptionsvorgänge zurückzuführen.

Abb. 4 zeigt ein solches Aufsättigungsexperiment mit Blattstreifen von *Welwitschia mirabilis* am natürlichen Standort in der Namib-Wüste. Die langsame Massezunahme erscheint deutlich als ein quasilinearer Prozess. Man kann ihn daher auf den Beginn des Aufsättigungsvorgangs extrapolieren und erhält so einen guten Schätzwert der raschen Massezunahme, die durch das Auffüllen des Wasserdefizits hervorgerufen wird. In Abb. 4 ist diese grafische Extrapolation vorgenommen (gestrichelte Linie). Der Schnittpunkt mit der Y-Achse gibt die Sättigungsfrischmasse an.

In nachfolgenden Abschnitten werden wir noch sehen, dass beim Aufsättigen auch Räume im Blatt mit Wasser gefüllt werden können, die normalerweise nicht wassergefüllt sind. Ein Sättigungswassergehalt ist für viele Pflanzen keine streng definierte Größe. Besonders eindrucksvoll wird dies von Sukkulenten gezeigt, die selbst am natürlichen Standort nach ergiebigen Niederschlägen aufplatzen können. Trotz des hier geschilderten Vorgehens bei der Aufsättigung empfiehlt es sich daher, für jedes Pflanzenmaterial in Vorversuchen ein sinnvolles Aufsättigungsverfahren festzulegen.

Für ausgestanzte Blattscheiben, die häufig zur Ermittlung der Sättigungsfrischmasse von Blättern verwendet werden, empfiehlt sich der Bau einer Aufsättigungskammer. Eine Möglichkeit ist, in Polyurethanschaumplatten Löcher zu stanzen und auf den Boden der Löcher Polyethylenringe zu geben. Die mit einem Korkbohrer ausgestanzten Blattscheiben werden dann so auf den Ring gelegt, dass die Schnittkanten den mit Wasser gesättigten Polyurethanschaum berühren. Die Polyurethanplatte befindet sich in einem Kasten, auf dessen Boden Filterpapier liegt und der mit einem durchsichtigen Deckel verschlossen werden kann. Es empfiehlt sich, den Deckel leicht auf den Polyurethanschaum zu drücken, sodass Wasser auf den mit Filterpapier belegten Boden des Kastens austritt und die Blattscheiben sich in einem maximal mit Wasser-

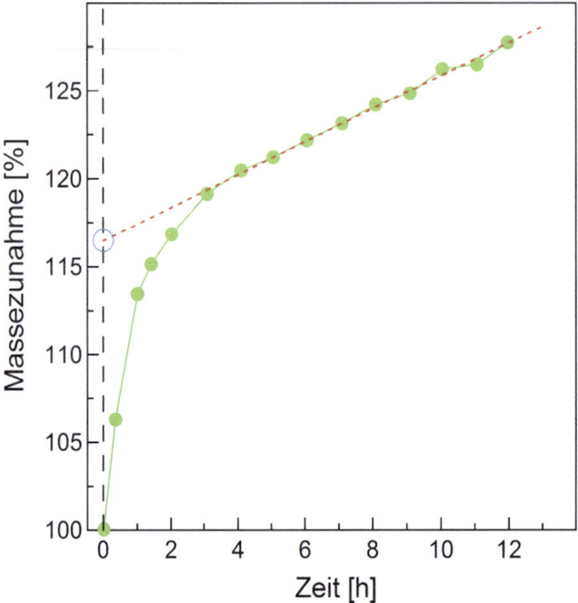

Abb. 4 Aufsättigungskurve von Blattstreifen von *Welwitschia mirabilis*. Blattstreifen der Pflanze wurden am natürlichen Standort der Namib-Wüste geschnitten und in einer mit Wasserdampf gesättigten Kammer so eingebracht, dass eine Schnittfläche in destilliertes Wasser ragte. In regelmäßigen Abständen wurde der Blattstreifen gewogen und die Masse gegen die Zeit aufgetragen. Die anfänglich rasche Massenzunahme (erste Phase der Aufsättigung) verlangsamt sich deutlich und erreicht nach etwa 4 h einen über Stunden konstanten Wert (quasilineare Massenzunahme). Durch Extrapolation dieses linearen Teils auf den Beginn der Aufsättigung (Schnittpunkt der *gestrichelten Linie* mit der Y-Achse) erhält man die Sättigungsfrischmasse. (Verändert nach von Willert et al. 1995)

dampf gesättigten Raum befinden, ohne selbst im Wasser zu liegen. Eine solche Aufsättigungskammer ist rasch gebaut. Sie erlaubt, mehrere Pflanzen gleichzeitig in einer ausreichenden Zahl von Parallelansätzen aufzusättigen. Abb. 5 zeigt einen Querschnitt durch eine Kammer mit einer solchen Aufsättigungsplatte.

Im Freiland kann bei hinreichender Wasserversorgung im Boden (das heißt, oberhalb des permanenten Welkepunktes) der „**predawn**" *RWG* oder ein Wert nach kurzzeitigem Aufsättigen (30–60 min) als **Sättigungswassergehalt** verwendet werden. Ähnlich wie das Wasserpotenzial als Maß für die Verfügbarkeit von Wasser angesehen werden kann, liefert auch der *RWG* eine Aussage über die Verfügbarkeit von Wasser für die Pflanze. Zwischen beiden Größen besteht in der Tat eine enge, wenn auch nicht lineare Beziehung.

So wie wir für den Luftraum ein Wasserdampfsättigungsdefizit kennengelernt haben, lässt sich auch für ein Pflanzenorgan ein Wassersättigungsdefizit angeben, das allerdings richtiger als **relatives Wassersättigungsdefizit** (*RWD*) bezeichnet werden sollte. Es ist definiert als

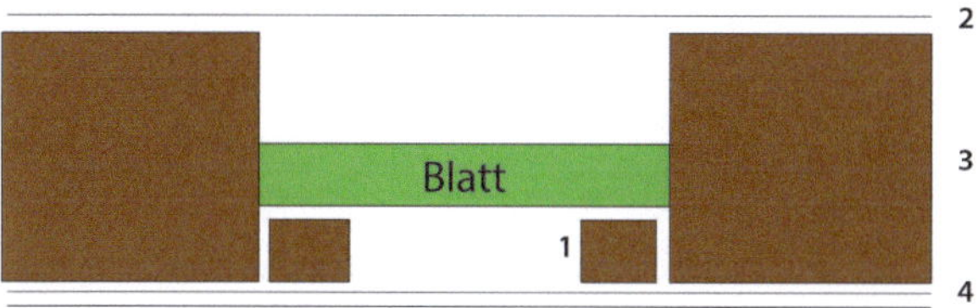

Abb. 5 Querschnitt durch eine Kammer zum Aufsättigen von Blattscheiben mit Wasser. (*1*) Polyethylenring, (*2*) Glasplatte, (*3*) Polyurethanschaum, (*4*) Filterpapier. Die Blattscheibe liegt auf dem Polyethylenring und berührt mit ihren Schnittflächen den mit destilliertem Wasser getränkten Polyurethanschaum. (Verändert nach von Willert et al. 1995)

$$RWD = 1 - RWG$$

Bei vielen, insbesondere immergrünen Blättern wird im Laufe der Ontogenie durch Auf- und Einlagerungen in der Zellwand der Anteil der Trockenmasse an der Gesamtmasse des Blattes erheblich vergrößert. Dies suggeriert zwangsläufig eine „Abnahme" des Wassergehaltes, wenn diese auf die Masseeinheit bezogen wird. Dass dies vielfach nur eine „scheinbare" Abnahme der Verfügbarkeit von Wasser ist, macht erst der Bezug des Wassers auf die Flächeneinheit deutlich. Unter solchen Bedingungen wird der Sättigungswassergehalt als Wassermenge pro Fläche ausgedrückt und als **Sukkulenzindex** oder **Sukkulenzgrad** (*Sg*) bezeichnet. Er ist definiert als

$$Sg = \frac{FM_{\text{sätt}} - TM}{\text{Fläche}}$$

und wird als $g \cdot dm^{-2}$ (traditionelle Einheit) angegeben. Auch wenn der Sukkulenzgrad ursprünglich zur Charakterisierung von Sukkulenten diente, vermag er gerade bei variierender Blattmorphologie an einer Pflanze, sowie im Vergleich verschiedener Wuchs- oder Lebensformen wertvolle Hinweise auf den Wasserzustand zu geben.

Häufig wird zusätzlich zum Sukkulenzgrad noch der **Sklerophylliegrad** (*Sc*) angegeben, der als

$$Sc = \frac{TM}{\text{Fläche}}$$

definiert und ebenfalls als $g \cdot dm^{-2}$ ausgedrückt wird. Früher wurde hierfür auch der Begriff *spezifische Blattmasse* verwendet.

So hilfreich der Flächenbezug sein kann, er erlaubt Aussagen nur, wenn gleichdicke Blätter miteinander verglichen werden, denn nach den gegebenen Definitionen verdoppelt sich sowohl der Sukkulenz- als auch der Sklerophylliegrad bei Verdopplung der Blattdicke, ohne dass sich damit zwangsläufig die Relation von Wasser zu Trockenmasse ändert. Es empfiehlt sich daher, auch die Dicke eines Blattes in die Überlegungen einzubeziehen. Dies wird ansatzweise bei *RWG* mit dem Bezug auf das maximale Blattwasservolumen erreicht.

Tab. 1 Sukkulenzquotienten einiger Pflanzen der Nordseeküste, die in einem Kurs bestimmt wurden

Pflanze	Sukkulenzquotient [g_{H_2O} g(TM-Asche)$^{-1}$]
Einjährige sukkulente Halophyten	
Salicornia europaea	24,8 ± 5,5
Suaeda maritima	23,0 ± 5,9
Mehrjährige sukkulente Halophyten	
Plantago maritima	12,0 ± 1,4
Aster tripolium	9,9 ± 0,9
Gräser der Salzwiese	
Puccinellia maritima	2,1 ± 0,7
Spartina townsendii	2,5 ± 0,8
Festuca rubra	1,9 ± 0,9
Dünengras	
Ammophila arenaria	2,9 ± 0,3
Ericoide Rollblätter	
Empetrum nigrum	1,7 ± 0,1

Eine aus dem bisher Dargestellten abgeleitete Größe ist der **Sukkulenzquotient**, der die oft schwierige Bestimmung der Oberfläche eines Blattes umgeht und ökophysiologisch relevante Sachverhalte anzeigen kann. Der Sukkulenzquotient (Sq) ist definiert als

$$Sq = \frac{FM_{\text{sätt}} - TM}{TM - \text{Asche}}$$

Er gibt an, wie viel Wasser ein Organ oder Gewebe unter Aufwand eines Grammes organischer Trockenmasse *speichern* kann. Der Sukkulenzquotient folgt aus Sukkulenzgrad und Sklerophylliegrad, wenn man den Sklerophylliegrad nicht auf die gesamte Trockenmasse, sondern nur auf die organische Trockenmasse (TM – Asche) bezieht. Tab. 1 listet Sukkulenzquotienten für Pflanzen verschiedener Lebensformen auf, die in einem Kurs an der Nordseeküste bestimmt wurden. Grundsätzlich ist die Kohlenstoffinvestition in langlebige Blätter höher als in kurzlebige. Die besondere Speicherkapazität der Sukkulenten wird deutlich. Für weitere Aspekte und ökophysiologische Aussagen, die der Sukkulenzquotient erlaubt, verweisen wir auf von Willert et al. (1992).

5 Wasserzustandsgleichung

5.1 Definition am Beispiel einer Einzelzelle

Als ein Maß für den energetischen Zustand von Wasser in einem bestimmten System, z. B. einer Lösung, hatten wir das Wasserpotenzial Ψ eingeführt (s. ► Kap. 8, „Energetik des Wassers – chemisches Potenzial und Wasserpotenzial mit seinen Teil-Komponenten“). Es gibt die Differenz des chemischen Potenzials zwischen Wasser in der Lösung (μ_w) und freiem, reinem Wasser (μ_w°) bei gleicher Temperatur und unter gleichem Atmosphärendruck an. Um in diesem Zusammenhang die einfach handhabbare Größe eines Druckes verwenden zu können, muss man noch das partielle Molvolumen von Wasser ($\overline{V}_w$) einführen. Dadurch kommt man zu der Definitionsgleichung

$$\Psi = \frac{\mu_w - \mu_w^\circ}{\overline{V}_w}$$

Das Wasserpotenzial einer freien Lösung ist von der Aktivität des Wassers in dieser Lösung abhängig.

$$\Psi = \frac{\mathrm{R} \cdot T}{\overline{V}_w} \cdot \ln a_w$$

Dieser Zusammenhang lässt sich wesentlich vereinfachen. Ψ ist in guter Näherung als eine Funktion der Summe aller in dem vorgegebenen Wasservolumen (V_w) gelösten osmotisch aktiven Teilchen (N) darzustellen.

$$\Psi = - \mathrm{R} \cdot T \cdot (N/V_w) = \Psi_\Pi$$

Wir hatten in diesem Zusammenhang den Begriff des osmotischen Potenzials Ψ_Π eingeführt. Durch das Lösen von Stoffen wird das Wasserpotenzial erniedrigt, wenn dagegen Druck auf die Lösung ausgeübt wird, erhöht sich der Wert von Ψ. Dieser letzteren Tatsache trägt man mit der Einführung des Druckpotenzials Ψ_P Rechnung.

Als anschauliches Beispiel für das Zusammenspiel beider Effekte konnten wir die **Pfeffersche Zelle** aufführen. Eine ausdifferenzierte pflanzliche Zelle mit großer Zentralvakuole lässt sich modellhaft gut mit einem solchen einfachen Osmometer analogisieren. Dabei entspricht der Vakuoleninhalt der eingesetzten Lösung. Den selektiv permeablen Protoplasmabelag mit den Begrenzungsmembranen Plasmalemma und Tonoplast muss man mit der semipermeablen Verschlussmembran des Lösungsgefäßes des Osmometers vergleichen. Die Wand der Zelle ist einerseits dem Behälter mit dem reinen Wasser gleichzusetzen, da in guter Näherung von einer hoch verdünnten Zellwandlösung ausgegangen werden kann. Andererseits kommt der Zellwand noch eine Doppelfunktion zu. Die pflanzliche Zellwand erscheint starr und verkörpert damit die Wandung des Lösungsgefäßes. Zugleich ist die Zellwand aber aufgrund ihres Aufbaus elastisch dehnbar und wirkt über die rückstellende Kraft wie der hydrostatische Druck der Wassersäule.

Ohne Kontakt mit der reinen Phase sind Wasserpotenzial und osmotisches Potenzial der Lösung im Gefäß identisch, und ein hydrostatischer Druck kann sich nicht aufbauen. Wir können somit formulieren

$$\Psi = \Psi_\Pi \quad (\Psi_P = 0)$$

Auch für eine lebende pflanzliche Zelle ist dieser Zustand denkbar und experimentell leicht zu erzeugen. Legt man beispielsweise Epidermisstreifen von *Trades-*

cantia spathacea (syn. *Rhoeo discolor*) in eine *hypertonische* Saccharoselösung (${}^{\text{Lösung}}\Psi_{\Pi} < {}^{\text{Zelle}}\Psi_{\Pi}$), kann man nach kurzer Zeit unter dem Mikroskop beobachten, dass sich der Protoplast von der Zellwand zu lösen beginnt. Mit dem Einsetzten dieses als **Plasmolyse** bezeichneten Prozesses, das heißt, ab dem Punkt der **Grenzplasmolyse**, wird das Wasserpotenzial der Zelle nur von der osmotischen Komponente beeinflusst.

Hintergrundwissen

Der geschilderte Zustand der (Grenz-)Plasmolyse tritt nur in pflanzlichen Zellen und Geweben ein, die sich in einem wässrigen Medium befinden (wie z. B. in mikroskopischen Präparaten). In Landpflanzen ist dieser Zustand aufgrund ihrer Exponierung in Luft nicht möglich (s. u.).

Ersetzen wir die Saccharoselösung durch reines Wasser, also ein *hypotonisches* Medium (${}^{\text{Lösung}}\Psi_{\Pi} > {}^{\text{Zelle}}\Psi_{\Pi}$), wird die Plasmolyse sehr schnell wieder aufgehoben (**Deplasmolyse**). Reines Wasser kann über die Zellwände und durch den Protoplasten in die Vakuole eindringen und das Wasservolumen der Zelle erhöhen. Bedingt durch die Volumenzunahme, dehnt sich die Zentralvakuole aus und drückt den Protoplast gegen die Zellwand. Diesen durch die osmotische Wasseraufnahme ausgelösten Binnendruck bezeichnet man als den **Turgor**. Der gleiche Ablauf ist beim Osmometer zu beobachten, wenn die Lösung im Gefäß in Kontakt zur reinen Phase gebracht wird. Auch hier strömt die reine Komponente in das Lösungsgefäß und erzeugt zugleich einen Überdruck. Durch die sich im Steigrohr des Osmometers aufbauende Wassersäule wird, ebenso wie durch die sich mehr oder weniger elastisch dehnende Zellwand, eine Kraft auf die Lösung (auf den Zellinhalt) ausgeübt. Dieser Gegendruck (**Turgordruck**) erhöht das chemische Potenzial.

Sind schließlich die Einflüsse der *osmotischen* und der *Druckkomponente* gleich groß, muss der Wassereinstrom zum Erliegen kommen. Der für den Wasserfluss notwendige Gradient im chemischen Potenzial des Wassers ist aufgehoben. Sowohl in unserer Modellzelle als auch im Osmometer ist dann ein Gleichgewicht erreicht und das Wasserpotenzial gleich Null. Die Zelle ist jetzt wassergesättigt und damit voll turgeszent. Es gilt

$$\Psi = 0 \quad \text{und} \quad |\Psi_{\Pi}| = |\Psi_P|$$

Wie aus dem gegebenen Beispiel abzuleiten ist, wird zwischen den beiden Extrema, der Grenzplasmolyse und der vollen Turgeszenz, das Wasserpotenzial von beiden Komponenten beeinflusst. Sein tatsächlicher Wert ergibt sich also aus der Summe des osmotischen und des Druckpotenzials.

$$\Psi = \Psi_{\Pi} + \Psi_P \tag{1}$$

Aus der Herleitung (s. ▶ Kap. 8, „Energetik des Wassers – chemisches Potenzial und Wasserpotenzial mit seinen Teil-Komponenten“) wurde klar, dass Ψ_{Π} eine negative, Ψ_P unter den vorgegebenen Umständen dagegen eine positive Größe ist. Das

Wasserpotenzial besitzt unter physiologischen Bedingungen einen negativen Wert oder ist maximal gleich Null. Mit Gl. 1, der **Wasserzustandsgleichung**, haben wir eine Möglichkeit gefunden, den Wasserzustand einer Zelle, ebenso wie seine Änderung, präzise und zweckmäßig zu beschreiben.

Hintergrundwissen
Man beachte, dass im Luftraum exponierten pflanzlichen Organen keine Plasmolyse einsetzt. Hier bleibt bei abnehmender Wasserverfügbarkeit in den Zellen das Plasmalemma an der Zellwand angeheftet, da von außen kein Wasser einströmen kann. Zwar zieht sich bei Wasserentzug der Protoplast zusammen, doch zieht dieser zugleich die Zellwand hinter sich her. Hierbei beginnt sich die Zellwand zu deformieren und einzufalten, was man mit bloßem Auge erkennt und als Welke bezeichnet. Dennoch gilt Gl. 1 auch für natürlich im Luftraum exponierte Pflanzen und ihre Organe.

5.2 Alternative Ansätze zur Beschreibung des Wasserzustandes

Der bisher erarbeitete Zusammenhang zwischen dem Wasserpotenzial, seinen Komponenten und dem Zellvolumen lässt sich grafisch in einem sogenannten **Höfler-Diagramm** darstellen (Abb. 6a). Karl Höfler hatte Anfang des 20. Jahrhunderts umfangreiche Untersuchungen über die Gesetzmäßigkeiten der Plasmolyse durchgeführt und seine Ergebnisse, zusammen mit denen von Ursprung und Blum (1916), entsprechend formuliert. Allerdings hatte er dafür ein anderes, auf die beiden letztgenannten Autoren zurückgehendes Konzept zur Beschreibung der osmotischen Zustandsgrößen verwendet. Man hatte erkannt, dass die Zelle das größte **Wasseraufnahmevermögen** besitzt, wenn das Druckpotenzial gleich Null ist. Dann entspricht die **Saugkraft** *der Zelle* (S_Z) der Saugkraft *des Zellinhaltes* (S_{Zi}), also dem *potenziellen osmotischen Druck*. Beginnt die Zelle Wasser aufzunehmen, baut sich ein *Wanddruck* (W) auf, der die Saugkraft des Zellinhaltes verringert. Die von Ursprung und Blum aufgestellte Gleichung lautet

$$\underset{(+)}{S_Z} = \underset{(+)}{S_{Zi}} - \underset{(+)}{W} \tag{2}$$

Diese **Saugspannungsgleichung** ist eine „mechanische Beschreibung“ der physikalisch-chemisch fundierten Wasserpotenzialgleichung (Abb. 6b). Erstere hat den Vorteil, dass ausschließlich mit „positiven Drücken“ gerechnet werden kann. Diese Gleichung wird wegen ihrer Einfachheit und Anschaulichkeit in etwas abgewandelter Form zumindest im deutschsprachigen Raum noch immer vielfach verwendet. Als Präzisierung wird die resultierende Saugkraft der Zelle in Anlehnung an Beck durch den Begriff **Saugspannung** S (*suction tension*) ersetzt. Für die Saugkraft des Zellinhaltes wird in Übereinstimmung mit physikalisch-chemischen Grundlagen der **potenzielle osmotische Druck** Π^* und für den Wanddruck der in der Physiologie übliche Begriff **Turgordruck** gesetzt. Letzterer wird, wie für einen hydrostatischen Druck üblich, durch P symbolisiert. Damit lautet Gl. 2 nun

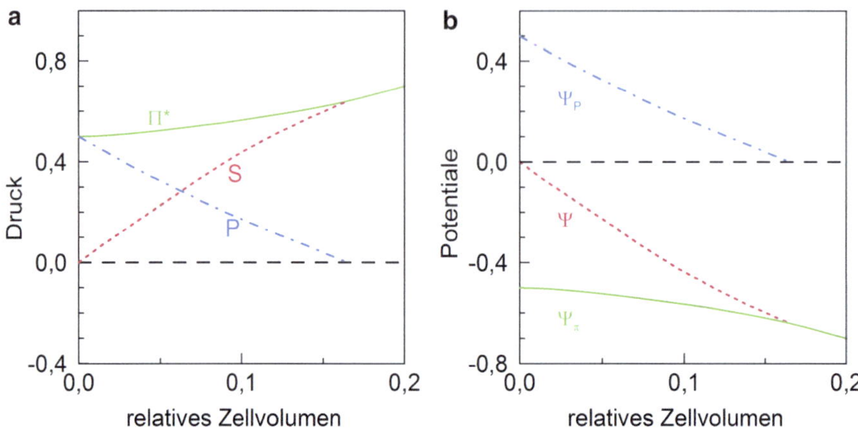

Abb. 6 **Höfler-Diagramm**. Abhängigkeit der Wasserzustandsgrößen vom relativen Volumen ($1 - V/^{max}V$) einer ausdifferenzierten, vakuolisierten Zelle. Dieser Zusammenhang lässt sich (**a**) durch die Saugspannungsgleichung ($S = \Pi^* - P$) und (**b**) die Wasserpotenzialgleichung ($\Psi = \Psi_{\Pi} + \Psi_P$) beschreiben und mit der entsprechenden Form des Höfler-Diagramms grafisch darstellen. Nähere Erläuterungen sind dem Text zu entnehmen. (Verändert nach von Willert et al. 1995)

$$\underset{(+)}{S} = \underset{(+)}{\Pi^*} - \underset{(+)}{P} \tag{3}$$

Der Betrag der Saugspannung S entspricht in diesem Ansatz genau dem Betrag des Wasserpotenzials Ψ und ist zu diesem analog. Als Symbol für die Saugspannung findet man auch $\Delta\Psi$. Jedoch ist diese Schreibweise missverständlich und zu vermeiden, da sie mit einer Wasserpotenzialdifferenz verwechselt werden kann.

Beide Ansätze sind nur Beispiele für die Vielzahl von Versuchen, die es in den letzten 130 Jahren gab, um die Wasserzustandsgleichung zu formulieren (Slavik 1974; Walter und Kreeb 1970). In diesem Zusammenhang muss auf die zumindest teilweise berechtigte Kritik an der Formulierung der Wasserpotenzialgleichung (Passioura 1982; Zimmermann und Steudle 1978) hingewiesen werden. Auch die beinahe babylonische Sprachverwirrung, die sich in der Literatur durch die Vermischung von Saugspannungs- und Wasserpotenzialgleichung ergab, darf nicht unerwähnt bleiben.

Hintergrundwissen

Ein Kritikpunkt besagt, dass es aus physikalisch-chemischer Sicht unsinnig sei, den Begriff „Potenzial" für die Komponenten des Wasserpotenzials zu verwenden. Weder Ψ_{Π} noch Ψ_P seien tatsächlich thermodynamische Potenziale. Dieser Einwand ist aber wenig verständlich, da es eine eindeutige Definition des Begriffs Potenzial nicht gibt (Moore und Hummel 1983). Mit einem Potenzial (potenzielle Energie) kann in der Mechanik ein mechanisches Gleichgewicht beschrieben werden. Aus der Potenzialfunktion sind die Kräfte abzuleiten, die auf das betrachtete mechanische System wirken. Ein Potenzialgradient ist somit ein Maß für eine Kraft oder, anders ausgedrückt, ist diese Kraft (Moore und Hummel 1983). Die Gibbssche freie Enthalpie eines Systems ist ein thermodynamisches Potenzial. Es beschreibt als Funktion $G = f(P, T, n_i)$ durch ihre natürlichen

Variablen P, T und n_i einen Gleichgewichtszustand. Dies gilt ebenso für das chemische Potenzial μ, von dem sich schließlich das Wasserpotenzial ableitet.

Ein zweiter Kritikpunkt an dem Konzept ist das Aufteilen des Wasserpotenzials in Komponenten (Dainty 1976) und, daraus resultierend, deren effektive Bedeutung. Aus der Definition von Wasserpotenzial, osmotischem und Druckpotenzial (s. ▶ Kap. 8, „Energetik des Wassers – chemisches Potenzial und Wasserpotenzial mit seinen Teil-Komponenten") wurde deutlich, dass sich Änderungen des chemischen Potenzials von Wasser durch den Einfluss der Variablen, die in einem pflanzlichen System relevant sind, vollständig beschreiben lassen. Da es schwerlich vorstellbar ist, dass ein lebendes, stoffwechselaktives System aus reinem Wasser besteht und gleichzeitig völlig druckfrei ($P_{\text{System}} = P_{\text{außen}}$) vorliegt, ist auch die Summation der partiellen Abhängigkeit des chemischen Potenzials vom Druck ($= \Psi_P$) und von dem Anteil der gelösten Stoffe ($= \Psi_\Pi$) notwendig. Für die Einzelzelle liefert dieser Ansatz eine experimentell belegbare Lösung, die auch auf Gewebe, Organe und ganze Pflanzen übertragen werden kann.

Beschränkt man sich aus den oben genannten Gründen auf den „mechanischen" Ansatz, so kann man das Wasserpotenzial Ψ auch als die Differenz zwischen Turgor P und dem potenziellen osmotischen Druck Π^* darstellen.

$$\underset{(-)}{\Psi} = \underset{(+)}{P} - \underset{(+)}{\Pi^*} \tag{4}$$

Von manchen Autoren werden allerdings auch das osmotische Potenzial mit Π und das Druckpotenzial mit P symbolisiert. Damit ergibt sich

$$\underset{(-)}{\Psi} = \underset{(-)}{\Pi} + \underset{(+)}{P}$$

Diese Schreibweise ist verwirrend und deshalb nicht zu empfehlen.

5.3 Elastizitätsmodul und Wasserspeicherkapazität

Unser Gedankenexperiment am Anfang dieses Kapitels hatte gezeigt, dass in der Zelle, wie auch im Osmometer, mit der Einstellung des hydraulischen und damit energetischen Gleichgewichtes eine Änderung des Wasservolumens verbunden war (Abb. 6). Das Wasserpotenzial einer Zelle muss also eine Funktion ihres Wasservolumens V_w sein. Da der Protoplast einer lebenden, ausdifferenzierten, vakuolisierten und stoffwechselaktiven Zelle zu mehr als 90 % aus Wasser besteht, kann man dieses in guter Näherung als das gesamte Zellvolumen (V) ansehen. Somit ist

$$\Psi = f(V) \tag{5}$$

Dies gilt in gleichem Maße für die Teilkomponenten. Für das osmotische Potenzial konnten wir schon zeigen, dass es in guter Näherung umgekehrt proportional zum Wasservolumen ist. Dabei muss, wie in unseren Beispielen geschehen, die Summe aller osmotisch wirksamen Teilchen als konstant angesehen werden können.

$$\Psi_{\Pi} = -1/V \cdot (R \cdot T \cdot N)$$

bzw.

$$d\Psi_{\Pi} = -1/dV \cdot (\mathrm{R} \cdot T \cdot N) \tag{6}$$

Da wir davon ausgehen, dass N ebenso wie T konstant ist, können wir die Gleichung in Anlehnung an das allgemeine Gasgesetz vereinfachen und schreiben

$$\begin{aligned} \Psi_{\Pi} \cdot V &= \text{const.} \\ &= (\Psi_{\Pi} + d\Psi_{\Pi}) \cdot (V + dV) \end{aligned}$$

und somit

$$\begin{aligned} \frac{\Psi_{\Pi} \cdot V}{V + dV} &= \Psi_{\Pi} + d\Psi_{\Pi} \\ d\Psi_{\Pi} &= \frac{\Psi_{\Pi} \cdot V}{V + dV} - \frac{\Psi_{\Pi} \cdot (V + dV)}{V + dV} \\ &= \frac{\Psi_{\Pi} \cdot V - \Psi_{\Pi} \cdot V - \Psi_{\Pi} \cdot dV}{V + dV} \end{aligned}$$

Da aber V sehr viel größer sein muss als dV, ergibt sich schließlich

$$d\Psi_{\Pi} = -\Psi_{\Pi} \cdot \frac{dV}{V} \tag{7}$$

Die Abhängigkeit des Druckpotenzials bzw. des Turgordrucks vom Volumen einer Zelle ist, zumindest für kleine Volumenänderungen (dV), annähernd linear. Man kann dies ausdrücken als

$$d\Psi_{P} = dP = \varepsilon \cdot \frac{dV}{V} \tag{8}$$

In dieser Gleichung bezeichnet V wiederum ein vorgegebenes Zellvolumen, von dem ausgehend eine infinitesimale Änderung (dV) eine ebenso kleine Variation des Turgors bedingt. Der Quotient dV/V beschreibt also eine relative Volumenänderung. Den Proportionalitätsfaktor ε bezeichnet man als den **volumetrischen Elastizitätsmodul**.

Man kann ε als ein Maß für die Elastizität der Zellwand ansehen. Je kleiner der volumetrische Elastizitätsmodul ist, desto elastischer ist die Zellwand und desto geringer wirkt sich eine Wasseraufnahme auf das Druckpotenzial aus. Die Größe von ε ist somit von der Beschaffenheit der Zellwand abhängig. Eine junge, sich noch ausdifferenzierende Zelle mit unvollständiger Sekundärwand ist „elastischer" als eine vollständig ausdifferenzierte. ε nimmt folglich mit der strukturellen Differenzierung der Zelle zu. Der Wert des volumetrischen Elastizitätsmoduls ändert sich auch mit dem Volumen (Abb. 7a) und dem Druck (Abb. 7b), ε ist also keine Konstante.

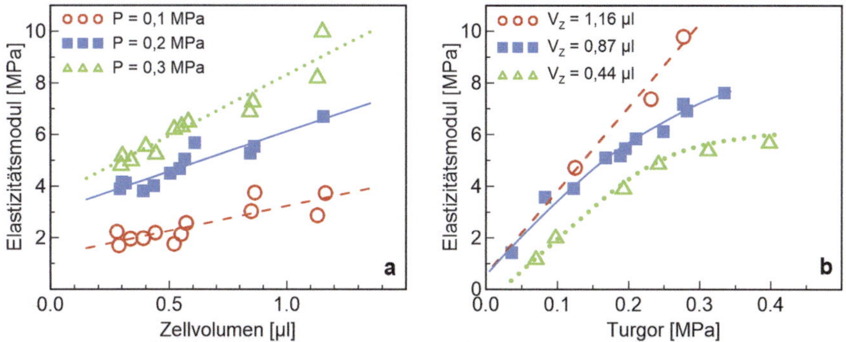

Abb. 7 **Zellulärer Elastizitätsmodul,** ε, epidermaler Blasenzellen von *Mesembryanthemum crystallinum* bei unterschiedlichem Zellvolumen bzw. Zellturgor. (**a**) Dargestellt ist die Abhängigkeit von ε vom Zellvolumen bei verschiedenem Zellturgor. Die Werte für diese Abbildung wurden aus Datensätzen, wie sie in (**b**) gezeigt werden, abgeleitet. (**b**) Abhängigkeit des Elastizitätsmoduls vom Turgor bei Zellen mit unterschiedlichem Volumen (V_{Ref}). ε selbst wurde über kleine Druckintervalle (0,01–0,05 MPa) bestimmt und jeweils gegen den mittleren Wert dieser Intervalle angetragen. Der Turgor der Einzelzellen wurde mit einer Miniaturdrucksonde gemessen und das Volumen aus mikroskopischen Beobachtungen abgeschätzt. V_{Ref} soll dabei dem Volumen bei maximalem Turgor entsprechen. (Verändert nach Steudle et al. 1977)

Diese aufgrund physiologischer Beobachtungen definierte Größe ist dem aus der Mechanik deformierbarer Körper bekannten Kompressionsmodul K (Gerthsen et al. 1989) analog.

$$-\Delta P = K \cdot \frac{\Delta V}{V}$$

Das Minuszeichen in dieser Gleichung ist notwendig, da die Zunahme eines von außen auf den Körper wirkendem Druck immer eine Volumenabnahme bedingt. Bei dem durch K beschriebenen Verhältnis von Volumen- und Druckänderung geht man von einer konstanten Masse aus. Sowohl die Bedingung, dass die Kraft von außen wirkt als auch die Massenkonstanz unterscheiden K eindeutig von ε. Da der volumetrische Elastizitätsmodul ε die durch Massenzunahme oder -abnahme (also Änderung des Wassergehaltes) bedingte Erhöhung oder Erniedrigung des in der Zelle herrschenden Druckes beschreibt, sind ε und K nicht austauschbar. Während K je nach Material Werte von 10.000–200.000 MPa aufweist, liegt ε typischerweise im Bereich von 1–50 MPa.

Bezeichnet man das Zellvolumen am Turgornullpunkt bzw. Turgorverlustpunkt mit V_0 und setzt dies als Ausgangsvolumen in Gl. 8. ein, so ergibt sich

$$\Delta\Psi_P = \Delta P = \varepsilon \cdot \frac{dV}{V_0}$$

bzw.

$$\Psi_P - 0 = P - 0 = \varepsilon \cdot \frac{V - V_0}{V_0} \tag{9}$$

Präziser ist es allerdings, eine nichtlineare Gleichung zu verwenden (Abb. 8), beispielsweise in Abwandlung von Gl. 9 die Potenzfunktion

$$\Psi_P = \varepsilon \cdot \left(\frac{V - V_0}{V_0}\right)^{n\ell} \tag{10}$$

Der *Nichtlinearitätsfaktor* $n\ell$ beschreibt hierbei die Abweichung der tatsächlichen Messergebnisse vom idealen linearen Verhalten.

Die Darstellung der Abhängigkeit des Druckpotenzials vom Zellvolumen ist, in Anlehnung an Hellkvist et al. (1974), auch mit einer empirisch ermittelten Exponentialfunktion möglich.

$$\Psi_P = {}^{max}\Psi_P \cdot e^{(-\alpha \cdot (1 - V/{}^{max}V))} \tag{11}$$

V_0 ist nur ein möglicher Referenzwert (V_{Ref}) und kann, wie in dem Ansatz von Hellkvist et al. (1974), auch durch das maximale Zellvolumen (${}^{max}V$) ersetzt werden (Dainty 1976). ${}^{max}V$ wird erreicht, wenn das Wasserpotenzial Null und damit Ψ_Π dem Betrag nach gleich Ψ_P wird. Das Druckpotenzial hat dann ebenfalls seinen maximalen Wert erreicht (${}^{max}\Psi_P = -{}^{max}\Psi_\Pi$). α entspricht der Steigung einer Abtragung von ln Ψ_P gegen $(1 - V/{}^{max}V)$, dem relativen Wasserdefizit der Zelle.

Um die Abhängigkeit des Wasserpotenzials einer Zelle von der Variation des Zellvolumens vollständig beschreiben zu können, kombinieren wir die Gl. 7 und 8

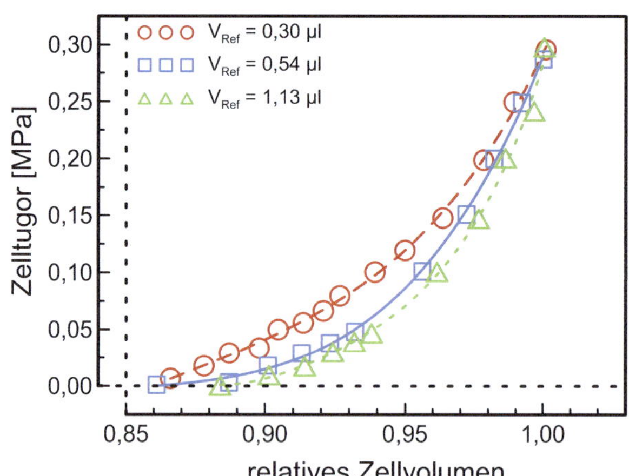

Abb. 8 **Änderung des Zellturgors mit der Abnahme des Zellvolumens** bei Blasenzellen von *Mesembryanthemum crystallinum*. Dargestellt ist dies für drei Zellen mit unterschiedlichem maximalem Volumen (verändert nach Steudle et al. 1977). Die Werte wurden dabei aus Datensätzen, wie sie in Abb. 7b gezeigt werden, durch grafische Integration erhalten (V_{Ref} = Referenzwert)

$$\begin{aligned} d\Psi &= d\Psi_P + d\Psi_\Pi \\ &= \varepsilon \cdot \frac{dV}{V} - \Psi_\Pi \cdot \frac{dV}{V} \\ &= (\varepsilon - \Psi_\Pi) \cdot \frac{dV}{V} \end{aligned} \tag{12}$$

Mit dieser Gleichung kann eine weitere wichtige Wasserzustandsgröße, die **Wasserspeicherkapazität *C***, formuliert werden. In Analogie zu den Kondensatoren der Elektrizitätslehre ist C ein Maß für die Wassermenge, genauer das Wasservolumen dV, die zusätzlich pro Einheitsänderung des Wasserpotenzials ($d\Psi$) in die Zelle aufgenommen, d. h. in ihr gespeichert werden kann.

$$C = \frac{dV}{d\Psi} \tag{13}$$

Aus Gl. 12 und 13 ergibt sich damit

$$C = \frac{V}{(\varepsilon - \Psi_\Pi)} \tag{14}$$

Wenn also für ein bestimmtes Zellvolumen ε und Ψ_Π bekannt sind, kann somit C bestimmt werden.

5.4 Erweiterung des Modells auf Gewebe und Organe

Das gewählte Modell einer ausdifferenzierten pflanzlichen Zelle erleichterte die Herleitung der grundlegenden Wasserzustandsparameter. Allerdings sind für einen Pflanzenökologen Versuche mit Einzelzellen oder Einzellern wohl eher die Ausnahme. Es ist deshalb nötig, die gewonnenen Erkenntnisse auf Gewebe, Pflanzenorgane und ganze Pflanzen zu übertragen. Alle Gleichungen und Zusammenhänge, die bis jetzt erarbeitet wurden, gelten streng genommen nur für Einzelzellen. Ein Gewebe besteht jedoch aus vielen Zellen und ein Organ aus unterschiedlichen Geweben. Für jede Zelle eines Gewebes oder Organs gilt die Wasserpotenzialgleichung. Wenn alle diese Zellen sich im Gleichgewicht miteinander befinden, ist auch ihr Wasserpotenzial gleich. Das heißt allerdings nicht, dass jede Zelle auch das gleiche osmotische oder Druckpotenzial besitzen muss. Es ist tatsächlich möglich, für einen großen Teil der Zellen des zu untersuchenden Gewebes Ψ_Π und Ψ_P zu messen und über alle Einzelergebnisse zu mitteln. Auf die Methoden werden wir im ▶ Kap. 17, „Methoden der Wasserzustandsmessung – Kompensationsmethoden, Psychrometrie und Zelldrucksonde“ eingehen, welche allerdings nicht unbedingt praktikabel sind. Tyree und Hammel (1972) schlugen deshalb vor, die Größen der Wasserzustandsgleichung volumenbezogen oder besser massebezogen zu definieren. Sie formulierten

$$^{*}\Psi_{\Pi} = \sum^{n} \frac{w_i}{W} \cdot \Psi_{\Pi}(i) \tag{15}$$

und

$$^{*}\Psi_{P} = \sum^{n} \frac{w_i}{W} \cdot \Psi_{P}(i) \tag{16}$$

W bezeichnet hier die gesamte Masse des im Symplasten des Gewebes enthaltenen Wassers, w_i jene in der i-ten Zelle sowie $\Psi_{\Pi}(i)$ bzw. $\Psi_P(i)$ die in dieser herrschenden osmotischen und Druckpotenziale. $^{*}\Psi_{\Pi}$ und $^{*}\Psi_P$ stehen folglich für die über alle Zellen aufsummierten und auf den Wassergehalt des Symplasten bezogenen Mittelwerte. Für das Wasserpotenzial dieses Gewebes ergibt sich folgerichtig

$$\Psi = {}^{*}\Psi_{\Pi} + {}^{*}\Psi_P \tag{17}$$

wenn sich Symplast und Apoplast im Gleichgewicht befinden (Tyree und Jarvis 1982).

Man muss sich aber bewusst sein, dass diese Vorgehensweise aus physikalisch-chemischer Sicht streng genommen unbefriedigend ist. Wie Tyree und Jarvis (1982) darlegen, werden hier mit Ψ, Ψ_{Π} bzw. Ψ_P intensive, das heißt, von der betrachteten Substanzmenge unabhängige, nichtadditive Variablen gemittelt, die für jeden Punkt eines Gewebes unterschiedliche Werte besitzen können. Das bedeutet aber, dass heterogene Bereiche mit Größen beschrieben werden, die eigentlich nur für homogene Phasen definiert sind.

6 Matrixpotenzial

Führt man obigen Gedankengang noch weiter, muss man eingestehen, dass dies auch für die ausdifferenzierte Einzelzelle gilt. Weder der Protoplast allein noch als Einheit mit der Zellwand stellt eine homogene Phase dar. Auch Protoplasma und Zentralvakuole sind in ihrem Aufbau und in ihren Bestandteilen extrem unterschiedlich.

Der **Vakuoleninhalt** (Zellsaft) kann in guter Näherung als eine mehr oder weniger verdünnte wässrige Lösung angesehen werden. In diesem sauren Milieu sind z. B. Ionen, Farbstoffe, Zucker, Aminosäuren und lytische Enzyme in Konzentrationen von 0,2–0,6 mol $\cdot$ l^{-1} enthalten.

Im **Cytosol**, der Grundsubstanz des Cytoplasmas, sind neben kleinen Partikeln (z. B. Oleosome, Ribosome), Membransystemen (z. B. das endoplasmatische Retikulum und der Golgi-Apparat) und Proteinkomplexen (z. B. Mikrotubuli und Mikrofilamente), als weitere, membranbegrenzte Kompartimente der Zellkern, die Mitochondrien, die Plastiden und die Peroxisomen eingelagert. Zudem sind hier viele hydratisierte Enzyme suspendiert. Man kann also sicherlich nicht mehr von einer einfachen wässrigen Lösung sprechen, für die wir ursprünglich Wasserpotenzial, osmotisches und Druckpotenzial definiert haben. Ebenso wenig kann man diesen Bereich als eine homogene Phase bezeichnen, diese ist sogar im höchsten Maße heterogen, da viele Festkörper mit zum Teil großen Oberflächen zu finden sind. Die entstehenden Phasengrenzflächen könnten das Wasserpotenzial über andere als die bisher behandelten Effekte beeinflussen. Vielfach wird deshalb in Anlehnung an die Bodenphysik zusätzlich ein **Matrixpotenzial** Ψ_τ (*Matrixkomponente* τ) eingeführt. Für das Protoplasma kann dann die Wasserzustandsgleichung erweitert werden

$$\underset{(-)}{\Psi} = \underset{(+)}{\Psi_P} + \underset{(-)}{\Psi_\Pi} + \underset{(-)}{\Psi_\tau}$$

bzw.

$$\underset{(-)}{\Psi} = \underset{(+)}{P} - \underset{(+)}{\Pi^*} - \underset{(-)}{\tau}$$

Das Druckpotenzial muss im Protoplasma und in der Vakuole gleich sein. Wäre dies nicht so, müsste über dem Tonoplasten eine Druckdifferenz bestehen. Dies ist aber sehr unwahrscheinlich, da Biomembranen nur eine geringe Zugfestigkeit besitzen und deshalb nur geringe Drücke oder Spannungen vertragen. Druckdifferenzen von etwa 10^{-3} MPa über einer Membran können zu deren Zerreißen führen (Nobel 1991). Die Summe von Π^* und τ entspricht für das Protoplasma dem potenziellen Quellungsdruck Π^*_Q (Walter und Kreeb 1970), wenn man dieses als Quellkörper ansieht. Unter **Quellung** versteht man dabei die rein physikalische Flüssigkeits- oder Dampfaufnahme einer hochmolekularen Substanz unter Volumenvergrößerung.

Die Einführung des Matrixpotenzials und seine Bedeutung für das Wasserpotenzial des Protoplasten, aber auch für den Apoplasten, werden kontrovers diskutiert. Man kann das Cytoplasma als eine von Membranen durchsetzte kolloidale Lösung fester Makromoleküle in einem (flüssigen) Dispersionsmittel, also als **Sole**, auffassen. Solche Dispersionen zeigen – ebenso wie niedermolekulare Lösungen – alle kolligativen Eigenschaften (Moore und Hummel 1983). Die Erniedrigung der Wasseraktivität in Solen lässt sich aber durch den potenziellen osmotischen Druck oder das osmotische Potenzial vollständig beschreiben, solange auf das System kein Druck ausgeübt wird. Die Unterscheidung, ob ein Kolloid nun zum osmotischen Potenzial beiträgt oder ob es als Oberfläche (Matrix) gewertet werden muss, wäre sehr willkürlich.

Eine Matrix kann sehr wohl über die Ordnung der anliegenden Wassermoleküle das chemische Potenzial des Lösungsmittels erniedrigen. Dies ist bei ungeladenen Oberflächen ausschließlich durch Van-der-Waals-Kräfte mit geringer Reichweite möglich (< 1 nm). Da diese Kräfte nur über wenige Wassermolekülschichten hinweg wirken und somit nur kleine Bereiche des Wasservolumens erreichen, ist die effektive Beeinflussung aktiver Zellen vernachlässigbar. Bei geladenen Oberflächen, wie von cytoplasmatischen Kolloiden, kommen noch elektrostatische Kräfte mit wesentlich größeren Reichweiten hinzu. Die Wasserdipole werden mit den positiven Teilladungen zur negativen Oberfläche hin ausgerichtet und dadurch die freie Enthalpie des Wassers verringert. Dies lässt sich nach Tyree und Jarvis (1982) quantitativ durch den Ansatz

$$\Psi_\tau = -\frac{N_A^2 \cdot p^2}{3 \cdot V_W \cdot R \cdot T} \cdot E^2 \qquad (18)$$

darstellen. N_A entspricht dabei der Avogadro-Zahl, p dem Dipolmoment von Wasser und E der elektrischen Feldstärke.

Durch die vorhandene negative Oberflächenladung kommt es aber auch zu einer lokalen und mit der Entfernung zur Matrix abnehmenden Erhöhung der Kationenkonzentration. Wie theoretische Überlegungen zeigen, dürften diese im Cytoplasma nur eine geringe Erniedrigung von Ψ_Π um weniger als 0,01 MPa bedingen (Passioura 1980). Durch die Anziehung der Wasserdipole im elektrischen Feld der Kolloide entsteht andererseits über den Oberflächen ein hydrostatischer Druck. Ähnlich wie der Druck in großen Wassermengen im Erdgravitationsfeld mit zunehmender Wassertiefe ansteigt, muss auch der Druck mit der Verringerung des Abstandes zur Oberfläche zunehmen. Dadurch wird der Einfluss der lokalen Konzentrationserhöhung, sowie die Änderung des Wasserpotenzials durch die Van-der-Waals-Kräfte kompensiert. Diese Überlegungen verdeutlichen, dass der Wasserzustand im Protoplasma mit dem osmotischen und dem Druckpotenzial vollständig zu beschreiben ist. Für das Protoplasma ist deshalb die Einführung eines Matrixpotenzials *nicht* erforderlich. Da der Turgor wohl überall im Protoplasten gleich ist, muss auch das osmotische Potenzial im Protoplasma und in der Vakuole gleich sein. Andernfalls würde ein Wasserpotenzialgradient über dem Tonoplasten bestehen, und es müsste zu Wasserflüssen zwischen beiden Kompartimenten kommen. Man kann folglich den Protoplasten in diesem Zusammenhang als eine hydraulische Einheit ansehen. Änderungen von Ψ_Π in der Vakuole müssen sich ebenso groß auch im Protoplasma widerspiegeln.

Befindet sich nun der Protoplast im Wasserzustandsgleichgewicht mit der Zellwand, bedeutet dies, dass das Wasserpotenzial in den beiden Bereichen gleich sein muss:

$$^{\text{Zellwand}}\Psi = {}^{\text{Protoplast}}\Psi$$

Die Erniedrigung des Wasserpotenzials beruht jedoch in beiden Bereichen auf völlig unterschiedlichen Ursachen. Die Beschreibung des Wasserzustandes in der Zellwand als Teil des Apoplasten ist dabei ähnlich schwierig und umstritten wie für das Protoplasma. Speziell in der Zellwand ist der Anteil an festen Bestandteilen sehr groß. Damit sind natürlich auch die Grenzflächen zwischen fester und flüssiger Phase sehr ausgeprägt. Die Bedingungen in der Zellwand und im Boden sind somit gut vergleichbar. Es ist nicht verwunderlich, dass gerade für den Apoplasten die Notwendigkeit eines Matrixpotenzials zur Beschreibung des Wasserzustandes hervorgehoben wird. Jedoch kann man auch für die Zellwand bei genauer Analyse der wirksamen Kräfte zeigen, dass sich die Erniedrigung des chemischen Potenzials von Wasser mit der Druck- und der osmotischen Komponente ausreichend beschreiben lässt.

Für die Beschreibung der **Matrixeffekte in der Zellwand** muss man von den gleichen Interaktionen ausgehen, die im Protoplasma wirksam sind, auch wenn der strukturelle Aufbau der Zellwand völlig andersartig ist. Vergleichbar modernem Stahlbeton sind in der Zellwand Cellulosefibrillen (entsprechend der Eisenarmierung) in eine amorphe, stark quellbare, gelartige Grundsubstanz aus einem heterogenen Gemisch unterschiedlicher Polysaccharide (ähnlich dem Zement) eingelagert. In diesem relativ locker aufgebauten Gefüge sind im hydratisierten Zustand etwa 35 % des Gesamtvolumens für Wasser frei zugänglich. Die Durchmesser der Kapillaren und Poren betragen 10 nm oder mehr. Auch für diese wasserbenetzten Oberflächen lässt sich nach Gl. 18 das tatsächliche Ausmaß der Grenzflächenkräfte in Abhängigkeit von der Entfernung zur Matrix abschätzen. Aufgrund der polyanionischen (Galacturon- und Glucuronsäure) mischpolymeren Pektine und verschiedener Glykoproteine (Arabinogalactanprotein, AGP) tragen die Grenzflächen eine nicht unbedeutende negative Nettoladung ($\approx 0{,}5 \cdot 10^{-8}$ C · m^{-2}). Es kommt hier wiederum zu einer lokalen, zur Oberfläche hin kontinuierlich zunehmenden Konzentrierung von Kationen (bis zu 2 M und mehr) und damit zu einer drastischen Erniedrigung des osmotischen Potenzials (< -5 MPa). Der durch die Ausrichtung und Anziehung der Wasserdipole bedingte hydrostatische Druck ist ebenso zu postulieren (Abb. 9).

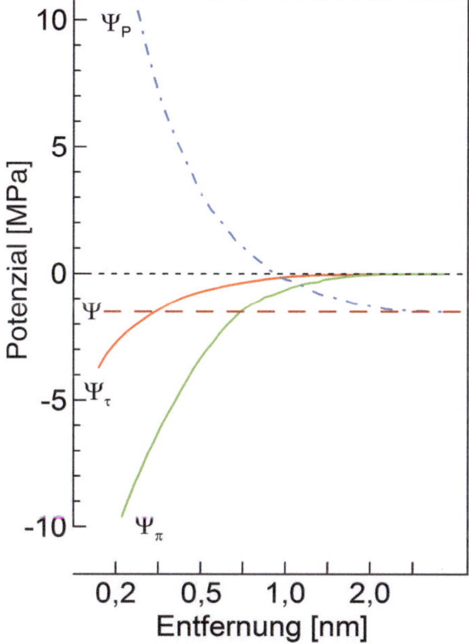

Abb. 9 **Änderung des jeweiligen Anteils der Wasserpotenzialkomponenten Ψ_Π, Ψ_P und Ψ_τ** am Gesamtwasserpotenzial ($\Psi = -1{,}5$ MPa) mit zunehmender Entfernung von der geladenen Oberfläche in einer Sekundärwandpore. Verändert nach einem Modell von Tyree und Karamanos (1980, vgl. Tyree und Jarvis 1982). Die Autoren gingen bei der Berechnung der matrikalen Komponente (Gl. 18) von einer Oberflächenladung von $-4 \cdot 10^{-9}$ C · m^{-2} aus. Die Ionenkonzentration im Apoplasten wird mit 10 mM NaCl angenommen. Ψ_P wurde aus der Summe der anderen Komponenten abgeschätzt

Mit zunehmender Entfernung von der festen Phase nimmt allerdings der Einfluss der elektrostatischen Kräfte rasch ab. Nach Berechnungen von Tyree und Karamanos sind sie schon in etwa 1,5 nm Abstand vernachlässigbar. Da das Zellwandwasser im Normalfall eine stark verdünnte Lösung darstellt ($\Psi_{\Pi} \rightarrow 0$), ist die einzige wirksame Komponente das negative Druckpotenzial Ψ_P. In den Poren der an den Interzellularraum grenzenden Wände kann durch Oberflächenspannung und Adhäsion eine lokale Spannung entstehen (s. ► Kap. 7, „Wasser in seinen drei Zustandsformen – Struktur und Chemie"). Diese wird durch die Kohäsionskräfte auf das Wasser in den entfernten Poren „übertragen". Dieser „negative Druck" ($\Psi_P < 0$) erniedrigt das chemische Potenzial des Wassers, wie umgekehrt der „positive" Turgordruck ($\Psi_P > 0$) das chemische Potenzial erhöht. Von manchen Autoren wird diese auf dem Kapillareffekt beruhende Spannung der Matrixkomponente zugeordnet. Da die hierdurch bedingte Verringerung des Wasserpotenzials aber nicht auf Wechselwirkungen mit einer festen Phase beruht, ist es sinnvoller, sie mit dem Druckpotenzial zu beschreiben. Diese Größe soll definitionsgemäß (s. ► Kap. 8, „Energetik des Wassers – chemisches Potenzial und Wasserpotenzial mit seinen Teil-Komponenten") alle Änderungen des chemischen Potenzials als Folge eines auf das betrachtete System ausgeübten Druckes darstellen, und zwar völlig unabhängig davon, wie dieser entsteht.

Zusammenfassend muss betont werden, dass sowohl im Protoplasten als auch in der Zellwand. Oberflächenkräfte das Wasserpotenzial beeinflussen. Allerdings ist ihre Reichweite so gering, dass sie in einer lebenden hydratisierten Zelle oder in einem Gewebe für die Bewertung des Wasserzustandes bedeutungslos sind. Zu dessen vollständiger Beschreibung reichen osmotisches und Druckpotenzial vollkommen aus (Passioura 1980; Tyree und Jarvis 1982).

7 Gravitationspotenzial und das Gesamtwasserpotenzial

In seiner ursprünglichen Form war das Wasserpotenzial als Differenz des chemischen Potenzials von Wasser im Testsystem (z. B. wässrige Lösung) und reinem Wasser ($\Psi = \mu_w - \mu_w^\circ$) definiert. Sowohl die reine als auch die Mischphase sollten dabei die gleiche Temperatur besitzen und auf gleicher Höhe sein. Auch die Einführung des partiellen Molvolumens in die Definitionsgleichung des Wasserpotenzials ändert nichts an der Tatsache, dass Ψ deshalb eigentlich nur den Einfluss von systeminternen Kräften, nicht aber externer Kraftfelder berücksichtigt. Bei der Analyse des Wasserzustandes von kleinen Pflanzen, Kräutern, Büschen und kleinen Bäumen entstehen hierdurch keinerlei Probleme. Anders liegt der Fall jedoch bei hohen Bäumen. Um eine bestimmte Menge (genauer Masse) Wasser m_w, auf die Höhe h anzuheben, muss Arbeit gegen die Erdanziehung geleistet werden. Da Arbeit (W) als Kraft mal Weg und Kraft als Masse mal Beschleunigung definiert sind, gilt folglich

$$W_G = m_w \cdot g \cdot h \; \left[\mathrm{kg \cdot m \cdot s^{-2} \cdot m = N \cdot m = J}\right]$$

g entspricht hierbei der Erdbeschleunigung. Wurde aber Wasser um diese Strecke *h* angehoben, besitzt es dann natürlich auch einen um den Betrag der aufgewandten Arbeit höheren Energieinhalt. Die potenzielle Energie eines Mols Wasser kann man durch Einbeziehen der molaren Masse ($M_W = 0{,}018016\ \mathrm{kg} \cdot \mathrm{mol}^{-1}$) berechnen.

$$^{m}E_{Gravitation} = M_W \cdot \mathrm{g} \cdot h \ \left[\mathrm{J} \cdot \mathrm{mol}^{-1}\right]$$

In Analogie zum Wasserpotenzial formuliert man ein **Gravitationspotenzial** Ψ_g als

$$\Psi_g = \frac{M_W}{\overline{V}_W} \cdot g \cdot h = \rho_W \cdot g \cdot h \qquad (19)$$

Das Produkt von $\rho_W \cdot \mathrm{g}$ besitzt den Wert $0{,}0098\ \mathrm{MPa} \cdot \mathrm{m}^{-1}$. Das bedeutet wiederum, dass sich das chemische Potenzial eines Mols Wasser mit jedem Meter Höhenunterschied um 0,01 MPa erhöht. Es ist also nur für die Wasserzustandsanalyse von Bäumen nötig, die Gravitationskomponente zu berücksichtigen.

Mit dem Gravitationspotenzial beschreibt man den Einfluss eines externen Kraftfeldes auf eine Größe, in der eigentlich nur phaseninterne Kräfte berücksichtigt werden dürfen. Deshalb ist es nötig, den Inhalt des Begriffes Wasserpotenzial zu erweitern und das **Gesamtwasserpotenzial** Ψ_t wie folgt zu definieren:

$$\Psi_t = \Psi + \Psi_g = \Psi_\Pi + \Psi_P + \Psi_g \qquad (20)$$

Mit Gl. 20 haben wir uns aus physikalisch-chemischer Sicht sehr weit von der ursprünglichen, von Slayter und Taylor vorgeschlagenen Definition (s. ▶ Kap. 8, „Energetik des Wassers – chemisches Potenzial und Wasserpotenzial mit seinen Teil-Komponenten“) entfernt. Dennoch gibt uns dieses Konzept nun die Möglichkeit, den Wasserzustand von Pflanzen umfassend zu analysieren. Auch wenn keine Gravitationskomponente beachtet werden muss, erscheint es sinnvoll, bei Wasserzustandsanalysen immer den Begriff des Gesamtwasserpotenzials Ψ_t zu verwenden.

Scholander et al. (1965) konnten in einem eindrucksvollen Experiment belegen, dass für den Wassertransport gegen die Gravitationskraft tatsächlich zusätzliche Arbeit zu verrichten ist. Sie zeigten, dass das Gesamtwasserpotenzial von Douglasienzweigen mit zunehmender Insertionshöhe negativer wird. Der dabei auftretende Gradient stimmte gut mit dem theoretischen Wert von $0{,}01\ \mathrm{MPa} \cdot \mathrm{m}^{-1}$ überein (Abb. 10). Obwohl sich die Absolutwerte im Tagesverlauf in Abhängigkeit von der Transpirationsanspannung deutlich änderten, blieben die Gesamtwasserpotenzialunterschiede zwischen verschiedenen Baumhöhen nahezu gleich.

Übungsfragen

- Welche Fragestellung kann ein Potometer bei der Ermittlung der pflanzlichen Wasserbilanz klären?
- Was versteht man unter der Wasserzustandsgleichung? Formulieren Sie diese.

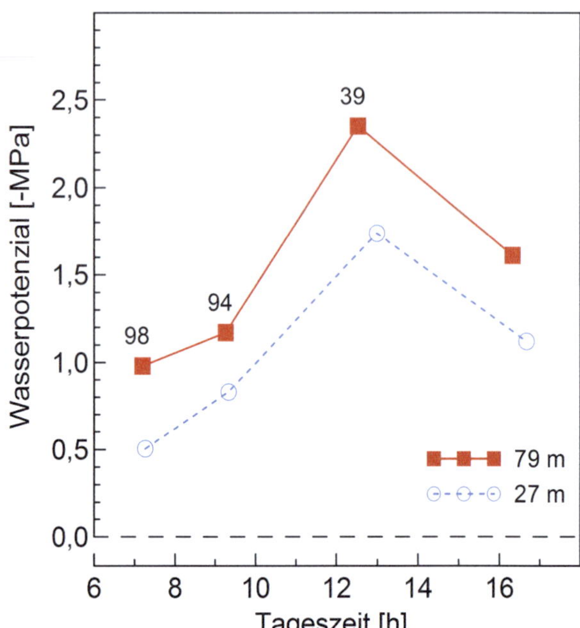

Abb. 10 Änderung des Gesamtwasserpotenzials von Douglasienzweigen mit zunehmender Insertionshöhe. Die für die Messungen verwendeten Zweige wurden mit einem Gewehr aus zwei verschiedenen Höhen (ca. 27 und ca. 79 m) vom Baum geschossen. Zwischen „Ernte" und Messung in der Druckkammer lagen etwa 3–5 min. Die Versuche wurden zu verschiedenen Tageszeiten wiederholt. Als Maß für die am jeweiligen Messzeitpunkt herrschende Transpirationsanspannung ist die relative Luftfeuchtigkeit (in %) angegeben. (Verändert nach Scholander et al. 1965)

- Wie unterscheiden sich Plasmolyse und Welke?
- Was versteht man unter dem Gravitationspotenzial, und wie wirkt es sich auf den pflanzlichen Wasserzustand aus? ◀

Literatur

Dainty L (1976) Water relations of plant cells. In: Lüttge U, Pitman MG (Hrsg) Encyclopedia of plant physiology, NS, 2 A. Springer, Berlin/Heidelberg/New York, S 12–35

Gerthsen C, Gneser HO, Vogel H (1989) Physik. Springer, Berlin/Heidelberg/New York

Hellkvist J, Richards GP, Jarvis PG (1974) Vertical gradients of water potential and tissue water relations in Sitka spruce trees measured with the pressure chamber. J Appl Ecol 11:637–667

Matyssek R, Maruyama S, Boyer JS (1991) Growth-induced water potentials may mobilize internal water for growth. Plant Cell Environ 14:917–923

Moore WJ, Hummel DO (1983) Physikalische Chemie. De Gruyter, Berlin/New York

Nobel PS (1991) Physicochemical and environmental plant physiology. Academic, San Diego

Passioura JB (1980) The meaning of matric potential. J Exp Bot 31:1161–1169

Passioura JB (1982) Water in the soil-plant-atmosphere continuum. In: Lange OL, Nobel PS, Osmond CB, Ziegler H (Hrsg) Encyclopedia of plant physiology, New series, Bd 12 B. Springer, Berlin/Heidelberg/New York, S 36–77

Ruess BR, Eller BM, Ferrari S (1988) Transpiration and water uptake of succulents in their natural habitat: field determinations with a potometer. Bot Helv 98:215–221

Scholander PF, Hammel HT, Bradstreet ED, Hemmingsen EA (1965) Sap pressure in vascular plants. Science 148:339–346

Slavik B (1974) Methods of studying plant water relations. In: Jacobs J, Lange OL, Olson JS, Wieser W (Hrsg) Ecological studies, Bd 9. Springer, Berlin/Heidelberg/New York

Steudle E, Zimmermann U, Lüttge U (1977) Effect of turgor pressure and cell size on the wall elasticity of plant cells. Plant Physiol 59:285–289

Tyree MT, Hammel HT (1972) The measurement of the turgor pressure and the water relations of plants by the pressure-bomb technique. J Exp Bot 23:267–282

Tyree MT, Jarvis PG (1982) Water in tissue and cells. In: Lange OL, Nobel PS, Osmond CB, Ziegler H (Hrsg) Encyclopedia of plant physiology, New series, Bd 12B. Springer, Berlin/Heidelberg/New York, S 36–77

Tyree MT, Karamanos AJ (1980) Water stress as an ecological factor. In: Grace J, Ford ED, Jarvis PG (Hrsg) Plants and their atmospheric environment. Blackwell, Oxford, S 237–261

Ursprung A, Blum G (1916) Zur Kenntnis der Saugkraft. Ber Deut Bot Ges 34:525–539

Walter H, Kreeb K (1970) Protoplasmatologia II, C 6, Die Hydration und die Hydratur des Protoplasmas der Pflanzen und ihre öko-physiologische Bedeutung. Springer, Wien/New York

Willert DJ von, Eller BM, Werger MJA, Brinckmann E, Ihlenfeldt HD (1992) Life strategies of succulents in deserts. With special reference to the Namib desert, Cambridge Studies in Ecology. Cambridge University Press, Cambridge

Willert DJ von, Matyssek R, Herppich WB (1995) Experimentelle Pflanzenökologie. Grundlagen und Anwendungen. Thieme, Stuttgart/New York

Zimmermann U, Steudle E (1978) Physical aspects of water relations of plant cells. Adv Bot Res 6:45–117

Methoden der Wasserzustandsmessung – Kompensationsmethoden, Psychrometrie und Zelldrucksonde

17

Inhalt

Zusammenfassung

Wasser ist für Pflanzen ein entscheidender Faktor. Die exakte Messung und Beschreibung des Pflanzenwasserzustandes ist in den experimentellen Pflanzenwissenschaften von großer Wichtigkeit. In diesem Kapitel werden verschiedene Methoden zur Messung der unterschiedlichen Wasserzustandsparameter vorgestellt. Dabei werden die Kompensationsmethoden, die Psychrometrie und die Zelldrucksonde besprochen. Die Aufzählung erhebt keinen Anspruch auf Vollständigkeit, da nur die in der Pflanzenökologie meistverwendeten Methoden besprochen werden. Für einen Überblick über weitere, insbesondere ältere Methoden und spezielle Anwendungen sei auf die Bücher von Slavik (1974) sowie Walter und Kreeb (1970) verwiesen.

Schlüsselwörter

Assmann-Aspirationspsychrometer · Blattwasserpotenzial · Druckpotenzial · Druckrelaxationsexperimente · Elastizitätsmodul · Grenzplasmolyse · Hydraulische Leitfähigkeit · Isopiestisches Psychrometer (Boyer und Knipling) · Kompensationsmethode · Zelldrucksonde (Zimmermann und Steudle) ·

R. Matyssek, W. B. Herppich, *Experimentelle Pflanzenökologie*, Springer Reference Naturwissenschaften, https://doi.org/10.1007/978-3-662-67530-4_19

Osmotisches Potenzial · Psychrometrie · Spanner-Typ-Psychrometer (Richards und Ogata) · Taupunkthygrometrie · Wasserspeicherkapazität · Wurzeldrucksonde · Xylemdrucksonde

1 Kompensationsmethode und Grenzplasmolyse

Bei diesen älteren Methoden werden gleichartige Proben des zu untersuchenden Gewebes mit verschiedenen Lösungen unterschiedlichen, aber bekannten osmotischen Potenzials in Kontakt gebracht. Dazu kann man beispielsweise die Proben direkt in die jeweilige Lösung legen oder die Einstellung des Gleichgewichtszustandes über die Dampfphase erreichen. An den Gewebestücken wird die Abgabe oder die Aufnahme von Wasser am einfachsten durch die Bestimmung der Masse vor Einbringen in die Versuchsanordnung und nach einer gewissen Äquilibrationszeit ermittelt. In einer hypertonischen Versuchslösung verliert die Probe Wasser, in einer hypotonischen dagegen nimmt sie Wasser auf. Lässt sich keine Änderung der Masse feststellen, muss das Wasserpotenzial der Lösung dem des Gewebestückes entsprechen. Die Lösung ist dann isotonisch und steht in einem Wasserpotenzialgleichgewicht mit dem gesamten Gewebe der Probe. Bei dem geschilderten Ansatz handelt es sich um eine isopiestische Methode. Wenn man den Wassertransfer als Funktion des Potenzials der Testlösungen darstellt, lässt sich der isotonische Punkt aus einem Satz solcher Messungen extrapolieren (Abb. 1).

Bei der Anwendung der **Flüssigkeitsaustauschmethode** (Kompensationsmethode in der flüssigen Phase) kann man auch die Richtung und das relative Ausmaß des Wasserflusses ermitteln; die Änderung der Konzentration beispielsweise mithilfe eines Refraktometers, oder des Volumens der Testlösung mit einem Potometer (s. ▶ Kap. 16, „Wasserzustand der Pflanze“). Als Osmotikum für die Vergleichslösungen sollten nur *Saccharose*, *Mannit* oder *hochmolekulares Polyethylenglycol (PEG)* verwendet werden, da die gelösten Stoffe weder in das Gewebe permeieren noch toxisch sein dürfen.

Saccharose ist jedoch geringfügig permeabel und wird, einmal aufgenommen, relativ schnell metabolisiert. Dies führt zu einer Unterschätzung des Wasserpotenzials (zu negative Werte). Bei **Mannit** besteht dieses Problem zwar nicht, die Substanz ist jedoch nur wenig löslich (ca. $0{,}8\ \mathrm{mol} \cdot \mathrm{l}^{-1} \approx -2{,}5\ \mathrm{MPa}$ bei 20 °C) und möglicherweise geringfügig toxisch. Am besten geeignet erscheint **PEG** mit einer Molmasse von 400–20.000. Jedoch ist auch für diese Substanz eine gewisse Toxizität nicht auszuschließen.

Weitere Probleme und Ungenauigkeiten entstehen bei der Flüssigkeitsaustauschmethode durch die Aufnahme von Ionen aus zerstörten Zellen an der Schnittfläche durch benachbarte intakte Protoplasten. Ein Austausch von osmotisch wirksamen Substanzen zwischen Gewebe und Testlösung kann ebenso wenig grundsätzlich ausgeschlossen werden. Der direkte Kontakt erlaubt auch das Eindringen der Lösung in den Interzellularraum. Liegt das Wasserpotenzial des Gewebes schon nahe dem Turgorverlustpunkt, nimmt wohl das Protoplastenvolumen der plasmolysierten Zellen weiter ab, der frei werdende Raum zwischen Zellwand und Protoplast füllt

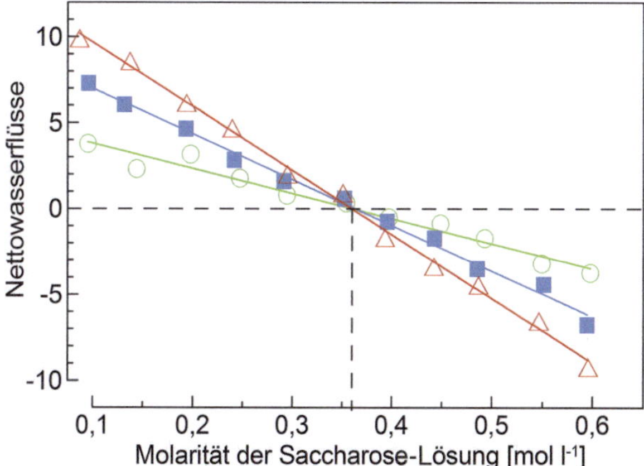

Abb. 1 Beispiel für die Bestimmung des Blattwasserpotenzials mit der Flüssigkeitsaustauschmethode. Positive Wasserflüsse bedeuten, dass die Pflanzenprobe Wasser aus der Testlösung aufnehmen konnte. Die Saccharose-Lösung war also in diesem Fall hypotonisch. Die verwendeten Zeichen symbolisieren unterschiedliche Äquilibrationszeiten (von *Kreis* über *Quadrat* zu *Dreieck* zunehmend). Unabhängig von der Kompensationszeit entspricht das extrapolierte Wasserpotenzial der Blattprobe einer Saccharose-Konzentration von 0,36 mol · l^{-1} und damit einem Potenzial von –0,96 MPa. (Verändert nach Slavik 1974)

sich aber mit Testlösung. Dadurch kommt es zu einer artifiziellen Nettowasseraufnahme. Bei der gravimetrischen Bestimmung des Wasserfluxes kann oberflächlich anhaftendes Wasser zu Ungenauigkeiten führen. Die genannten Fehlermöglichkeiten können zu deutlichen Abweichungen der Ergebnisse gegenüber anderen Methoden führen. Die Flüssigkeitsaustauschmethode liefert eher Hinweise auf relative Änderungen und eignet sich weniger für Absolutbestimmungen.

Eine Verbesserung stellt die sogenannte **Wasserdampfaustauschmethode** dar. Das Gewebe kommt nicht mehr direkt mit der Testlösung in Berührung, sondern befindet sich in einem kleinen, geschlossen Luftraum über der Lösung (Abb. 2). Wasserflüsse finden also nur in der Dampfphase statt. Dadurch werden die oben genannten Fehlermöglichkeiten weitestgehend ausgeschaltet. Es bedarf allerdings einer sehr sorgfältigen Temperaturkontrolle, um Temperaturgradienten zwischen Lösung und Gewebe sowie Temperaturunterschiede zwischen den einzelnen Parallelproben zu vermeiden. Dieses System bedingt längere Äquilibrationszeiten als die Flüssigkeitsaustauschmethode (zwischen 30 min und mehr als 24 h). Bei sehr langer Messdauer können Masseverluste durch Atmung zu einem Fehler von 0,2 MPa und mehr führen. Da die Wasseraufnahme bzw. -abgabe gravimetrisch bestimmt wird, muss ein Transpirationsverlust während der Wägung sorgfältig ausgeschlossen werden.

Solange die Äquilibrationsdauer für alle Parallelproben eines Tests gleich ist, spielt sie bei beiden Methoden nur eine untergeordnete Rolle (Abb. 1). Sie muss jedoch lang genug sein, um messbare Wasserflüsse zu erlauben. Bei sorgfältiger Versuchsdurchführung liefern beide Verfahren vergleichbare Ergebnisse (Abb. 3).

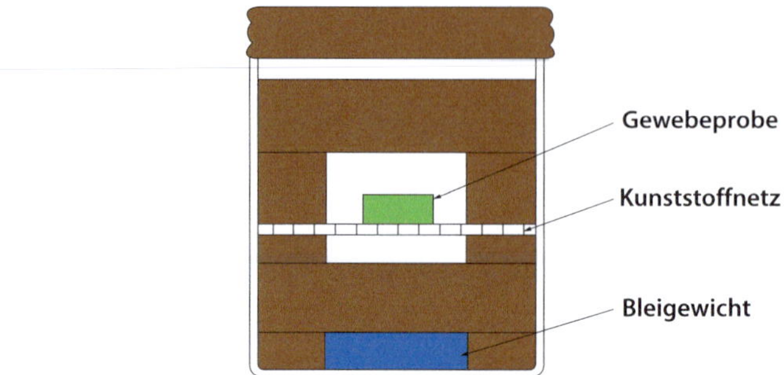

Abb. 2 Äquilibrationskammer nach Kreeb (Walter und Kreeb 1970) zur Bestimmung des Wasserpotenzials nach der Wasserdampfaustauschmethode. Die luftdicht verschließbare Feuchtigkeitskammer ist ganz mit Polyethylenschaumstoff ausgekleidet, der mit einer Lösung des gewünschten osmotischen Potenzials getränkt wird. Die Gewebeprobe, die auf einem Kunststoffnetz liegt, kommt mit der Testlösung nie direkt in Berührung. Das Gefäß selbst befindet sich während der Äquilibration in einem temperaturkontrollierten Wasserbad und ist zur besseren Standfestigkeit mit einem Bleigewicht beschwert. (Verändert nach Slavik 1974)

Da sie einfach und kostengünstig durchgeführt werden können, eignen sie sich gut für Schulversuche.

Bei der **plasmolytischen Methode**, deren Grundprinzip schon besprochen wurde, legt man ebenfalls Parallelproben der zu untersuchenden Gewebe in Lösungen unterschiedlicher osmotischer Konzentration und beobachtet dann die mögliche Änderung des Protoplastenvolumens im Mikroskop. Das Wasserpotenzial der Lösung, bei der in den meisten Zellen Grenzplasmolyse eintritt, entspricht dem osmotischen Potenzial der Protoplasten am Turgorverlustpunkt. Ein Nachteil dieser einfachen Methode ist, dass sie nur bei geeigneten Objekten angewendet werden kann. Für einen Vergleich verschiedener Arten ist sie deshalb meist weniger nützlich.

Man sollte sich auch bewusst sein, dass die Plasmolyse nicht natürlicherweise im Gewebe vorkommt. Sie ist eigentlich ein Messartefakt. Sie kann im Experiment nur dann auftreten, wenn die Testlösung in den Raum eindringen kann, der mit der Volumenverringerung der Protoplasten frei wird. Das wiederum setzt voraus, dass die Zellwand für das Osmotikum permeabel ist und gilt

$$^{\text{Lösung}}\Psi = {}^{\text{Zellwand}}\Psi < {}^{\text{Protoplasma}}\Psi.$$

In einem solchen Fall verläuft die osmotische Grenzfläche am Plasmalemma. Man bezeichnet dies auch als osmotischen Stress. Unter natürlichen Bedingungen, wenn beispielsweise die Zelle trockener Luft ausgesetzt wird (Trockenstress) und der Protoplast durch den Wasserverlust schrumpft, kann man keine Plasmolyse beobachten. Die Grenzfläche verläuft jetzt an der Außenseite der Zellwand und es muss gelten

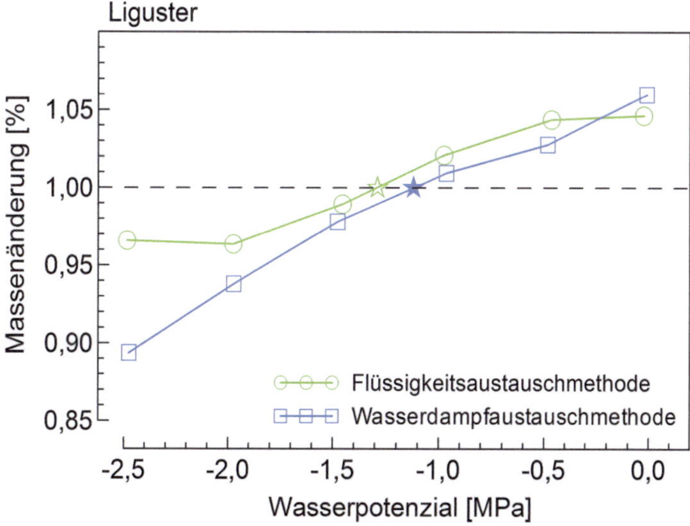

Abb. 3 Vergleich der Flüssigkeits- und Wasserdampfaustauschmethode an identischem Blattmaterial. Die Wasserflüsse wurden jeweils durch Wägung vor und nach der Äquilibration erfasste. Die extrapolierten Messergebnisse sind durch *Sterne* verdeutlicht. (Verändert nach Slatyer 1967)

$$^{\text{Lösung}}\Psi < {}^{\text{Zellwand}}\Psi = {}^{\text{Protoplasma}}\Psi.$$

Letzterer Zusammenhang entspricht dem natürlichen Prozess des Welkens. Der Protoplast, der zu mehr als 90 % aus Wasser besteht, verliert durch die Wasserabgabe schneller an Volumen als die relativ starre Zellwand. Da weder reines Wasser noch Lösung noch Luft nachströmen können, kann sich der Protoplast nicht von der Zellwand lösen. Dadurch baut sich über das Plasmalemma eine Zugspannung auf. Biomembranen können solchen Druckgradienten nur geringen Widerstand entgegensetzen und zerreißen schon bei Druckunterschieden von wenigen Kilopascal. Damit wird der Protoplast zerstört, und eine weitere Verringerung des restlichen Zellvolumens ist möglich. Die Zellwände können sich einwölben oder einfalten. Diesen als **Cytorrhyse** bezeichneten nichtosmotischen Stress kann man an Gewebestücken künstlich erzeugen, wenn man im Plasmolyseversuch die Lösung eines nichtpermeierenden Stoffes (z. B. PEG 6000) verwendet.

Die unter diesen Bedingungen auftretende Spannung bezeichnet man auch als **negativen Turgor**. Da die Zelle bzw. deren Rest aber kein lebendes System mehr darstellt, ist dieser Ausdruck hier eher irreführend. Der Zellrest ist in diesem Fall nur noch Bestandteil des Apoplasten. Der Begriff Turgor sollte für intakte osmotische Systeme reserviert bleiben.

2 Psychrometrie

Eine häufig verwendete Methode der Wasserpotenzialmessung ist die Psychrometrie. Diese Technik nutzt die Tatsache, dass sich in einem geschlossenen Luftraum über einer Probe zwischen den Phasen in endlicher Zeit ein Wasserpotenzialgleichgewicht einstellen muss. Aus dem ▶ Kap. 9, „Physik des Wasserdampfes – Luftfeuchte und Wasserdampfgradienten" wissen wir, dass man das Wasserpotenzial der Luft nach

$$\Psi = \frac{\mathrm{R} \cdot T}{V_\mathrm{w}} \cdot \ln\left(\frac{rF}{100}\right)$$

aus der gemessenen relativen Luftfeuchte und Lufttemperatur berechnen kann. Durch die Bestimmung der Luftfeuchtigkeit über der Pflanzenprobe kann man daher auf deren Wasserpotenzial schließen.

Mit dem **Aspirationspsychrometer nach Assmann** wurde bereits eine Möglichkeit vorgestellt, Luftfeuchtigkeit zu bestimmen. Mit diesem Gerät misst man die Temperaturerniedrigung, die an einem befeuchteten Thermometer durch das Verdampfen von Wasser hervorgerufen wird. Die Flüssigkeitsthermometer des Assmann-Psychrometers sind in Geräten zur Wasserpotenzialmessung durch sehr feine Thermoelemente ersetzt.

Je nach verwendeter Befeuchtungstechnik lassen sich drei weitere Psychrometergrundtypen unterscheiden. Beim sogenannten **Spanner-Typ** wird das Thermoelement während der Messung durch Peltier-Kühlung unter den Taupunkt der Luft abgekühlt. Durch die Kondensation von Wasserdampf wird auf der Lötstelle ein feiner Wasserfilm erzeugt. Nach Ausschalten des Kühlstroms fungiert das Element als Feuchtthermometer. Die Thermospannung vor dem Abkühlen liefert die Temperatur entsprechend einem Trockenthermometer.

Beim zweiten Typ, dem **Psychrometer nach Richards und Ogata**, wird die Lötstelle des Thermoelementes vor der Messung mit reinem Wasser befeuchtet und dann erst über die Probe gebracht. Dabei wird ein kleiner Wassertropfen durch die Oberflächenspannung in einem feinen Metallring (Silberring) an der Lötstelle gehalten. Ein kleines poröses Keramikkügelchen kann ebenfalls als Wasserreservoir dienen. Die Referenztemperatur („Trockentemperatur") wird mit einem zweiten Thermoelement bestimmt. Dieses Verfahren setzt eine perfekte Temperaturkonstanz während der gesamten Messung voraus.

In Abwandlung der letztgenannten Methode verwendet man bei der dritten Methode anstelle reinen Wassers eine Saccharose-Lösung bekannten osmotischen Potenzials. Da es sich um eine spezielle Kompensationstechnik handelt, wird dieses System auch als **isopiestisches Psychrometer** bezeichnet (griechisch piestos = Druck).

Im Zusammenhang mit der psychrometrischen Wasserpotenzialmessung muss auch die sogenannte **taupunkthygrometrische Technik** genannt werden. Hierbei wird elektronisch ein ideales Thermoelement simuliert, das von jedem Wärmeaustausch mit der Umgebung isoliert ist. Bringt man auf ein solches Thermoelement einen Wassertropfen auf, so wird jede messbare Temperaturänderung nur durch das Verdampfen oder das Kondensieren von Wasser bewirkt. Angenommen, das Thermoelement und der darauf befindliche Wassertropfen sind wärmer als der Taupunkt der umgebenden Luft, so muss Wasser verdampfen und entzieht so der Lötstelle Energie (Verdampfungsenthalpie ΔH_{Verd}). Das Thermoelement kühlt sich solange ab, bis die Taupunkttemperatur erreicht ist. An diesem Punkt kann kein Wasser mehr verdampfen, da kein Wasserdampfkonzentrationsgradient mehr besteht.

Anhand einiger von verschiedenen Firmen angebotenen Psychrometersysteme sollen im Folgenden die verwendeten Techniken näher erläutert, deren Einsatzmöglichkeit aufgezeigt und die Vor- und Nachteile diskutiert werden.

2.1 Psychrometer nach Richards und Ogata

Die Firma Decagon Devices, Inc. (Pullman, WA, USA) bot mit dem Modell SC-10 A lange Zeit ein Psychrometer dieses Typs an. Mit diesem Gerät kann man bis zu 9 Parallelproben messen. Dazu besitzt es in einem Probenwechsler einen Revolver für 10 Probehalter aus poliertem, rostfreiem Edelstahl (Abb. 4). Von diesen Gefäßen wird allerdings immer eines als Wasserreservoir für die Befeuchtung des Thermoelements genutzt. An der Messlötstelle des Chromel-Konstantan-Elements ist eine winzige poröse Keramikperle befestigt, die eine gleichmäßige Befeuchtung gewährleistet.

Die Drähte des Thermoelements sind über Goldkontakte mit Kupferleitungen verbunden. An eine dieser Kupferlitzen ist ein weiterer Konstantandraht angelötet. Diese Verbindung dient als Referenzstelle zur Messung der Gerätetemperatur (Abb. 5). Da das Feuchtthermometer gegen dieses zweite Thermoelement verschalten ist, registriert man tatsächlich nur die Feucht-Trocken-Temperaturdifferenz. Bei leerer Messkammer darf kein Temperaturgradient bestehen, das heißt, es sollte keine Thermospannung messbar und die Anzeige Null sein. Dies setzt natürlich einen guten thermischen Kontakt zwischen dem Feuchtthermometer und dem massiven Aluminiumgehäuse des Probenwechslers voraus. Ebenso müssen kurzzeitige Temperaturschwankungen in der Umgebung vermieden werden. Es ist deshalb sinnvoll, das SC-10 zusätzlich thermisch zu isolieren, beispielsweise durch ein Styropor- oder Polyurethangehäuse. Zur Messung der Thermospannung bietet Decagon das NT-3-Mikrovoltmeter an. Es ist vorteilhaft, die Änderung des Spannungssignals während der Messdurchführung kontinuierlich zu registrieren.

Wie wichtig es ist, Temperaturgradienten und kurzzeitige Temperaturschwankungen während der Messung zu vermeiden, kann man sich anhand eines Beispiels verdeutlichen. Eine typische, mit dem SC-10 gemessene Psychrometersensitivität liegt bei 3,9 $\mu V \cdot MPa^{-1}$. Die Thermosensitivität eines Chromel-Konstantan-Thermoelementes wird mit 60 $\mu V \cdot K^{-1}$ angegeben. Aus diesen Angaben lässt sich errechnen, dass die Temperaturerniedrigung bei der Messung des Wasserpotenzials einer 300 mmol $\cdot\, l^{-1}$ NaCl-Lösung ($\Psi = -\,1{,}34$ MPa) nur 0,087 °C betragen sollte.

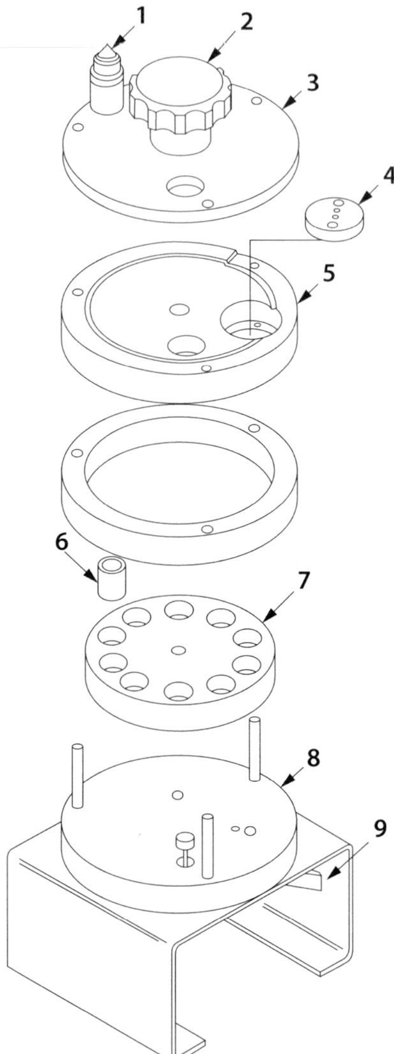

Abb. 4 Aufrisszeichnung eines SC-10-A-Psychrometers. Das Gerät besteht aus einer Grundplatte (*8*), die über einen Zwischenring mit der Thermoelementbefestigungsplatte (*5*) verbunden ist, und einer Deckplatte (*3*) mit Revolverdrehknopf (*2*). Mit einem Teflonstopfen (*1*) kann das Gehäuse luftdicht verschlossen werden. Für die Messung wird ein Probengefäß (*6*) mit dem Revolver (*7*) unter das an der Thermoelementhalterung (*4*) befestigte Chromel-Konstantan-Element gebracht. Mit dem Probengefäßlift (*9*) wird dann dieses Probengefäß angehoben und gegen die Halterung abgedichtet. (Verändert nach der Betriebsanleitung des Decagon SC-10)

Verfahren: Genaue Messungen setzen immer eine *sorgfältige Kalibrierung* des Psychrometers mit verschiedenen Lösungen (NaCl- oder KCl-Lösungen) bekannter osmotischer Konzentration voraus. Die gewählten Konzentrationen sollten dabei im Bereich der zu erwartenden Wasserpotenziale liegen. Für die Messung werden die

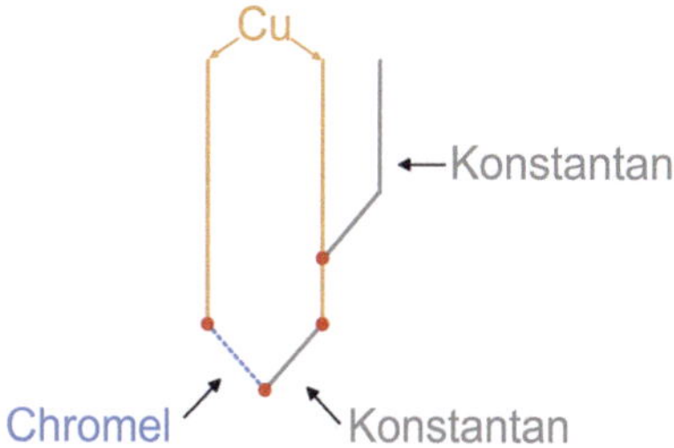

Abb. 5 **Schaltung der Thermoelemente im SC-10A.** Die Verbindungsstelle des Chromel- und des Konstantan-Drahtes dient als Feuchtthermometer, die zwischen der Kupferlitze und dem zweiten Konstantan-Draht als Referenz- oder Trockenthermometer. Während einer Messung wird nicht die tatsächliche Temperatur, sondern jeweils direkt die Temperaturdifferenz erfasst. Die Sensitivität einer solchen Anordnung beträgt im typischen Fall 60 $\mu V \cdot K^{-1}$. (Verändert nach von Willert et al. 1995)

Probegefäße mit Filterpapierstreifen ausgekleidet, auf die man 200–500 µl Kalibrierlösung gibt. Durch die Vergrößerung der Flüssigkeitsoberfläche können sich das thermische und das Wasserdampfgleichgewicht schneller einstellen. Da jeder Wasserverlust das osmotische Potenzial der Lösungen erniedrigt, muss das Probengefäß, nach dem es zügig gefüllt wurde, ebenso rasch in den Probenwechsler gegeben werden. Grundsätzlich empfiehlt es sich, die gesamte Messung bei sehr hoher Luftfeuchte, etwa in einem mit feuchtem Filterpapier ausgekleideten Plexiglaskasten, durchzuführen.

Bei der Messung wird das Thermoelement erst kurz befeuchtet und danach über eine Kalibrierlösung gebracht. Ist das Wasserpotenzial der Kalibrierlösung wenig negativ und damit die Luftfeuchtigkeit darüber sehr hoch, kann das Thermoelement nach dem Befeuchten die psychrometrische Temperatur schon unterschritten haben. Die Lötstelle des Thermoelementes ist dann kälter und das Spannungssignal größer als bei trockener Luft. Mit dem Einstellen des Gleichgewichtes geht also zuerst eine *rasche Erwärmung* einher (Abb. 6, vgl. Beispiel von Wasser und der 300 mmol $\cdot$ l^{-1} NaCl-Lösung). Danach nimmt die Spannung meist noch weiter ganz langsam ab, bis wiederum das Wasser nahezu vollständig verdampft ist. Das so erhaltene Plateau ist umso ausgeprägter, je höher (weniger negativ) das Wasserpotenzial der Probe ist. Die Messung kann unter diesen Umständen weit mehr als 10 min dauern. Da sich kein konstanter Wert einstellt, ist es erforderlich, den Endwert zu extrapolieren wie dies in Abb. 7 dargestellt ist. Dieser Wert entspricht der **Temperaturerniedrigung des Feuchtthermometers**. Normalerweise sollte das Thermoelement zwischen 2 Messungen jeweils neu befeuchtet werden. Bei hohen Wasserpotenzialen hält die Keramikperle jedoch genügend Wasser für mehrere Bestimmungen (Abb. 6).

Wenn das *Wasserpotenzial der Luft* über der Probe niedrig ist, wird Wasser von der Lötstelle des Thermoelementes verdampfen. Der Lötstelle wird dadurch mehr Energie (Wärme) entzogen, als aus der Umgebung nachgeliefert werden kann. Das Thermoelement wird also zuerst rasch abkühlen und die Thermospannung steigt an (Abb. 6, 500 mmol $\cdot$ l^{-1} NaCl-Lösung). Sie nimmt einen konstanten, von der Luftfeuchtigkeit abhängigen Wert an, sobald beide Energieflüsse gleich groß werden. Ist der größte Teil des Wassers verdampft, geht die Spannung allmählich wieder

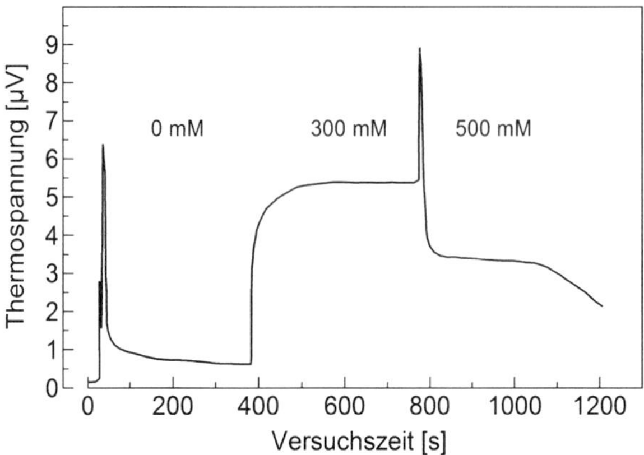

Abb. 6 **Beispiel für den zeitlichen Verlauf einer Messung mit dem SC-10 A**. Dargestellt ist die Kalibrierung des Psychrometers mit demineralisiertem Wasser (0 mmol · l^{-1}) und zweier NaCl-Lösungen (300 mmol · l^{-1} und 500 mmol · l^{-1}) bekannter osmotischer Konzentration (549 mmol · l^{-1} bzw. 908 mmol · l^{-1}). Die Temperatur betrug während der Messung konstant 25,5 °C. Mithilfe der Van't-Hoff-Gleichung kann das Wasserpotenzial der Lösungen (– 1,34 MPa bzw. – 2,22 MPa) berechnet werden. Da die Potenziale vergleichsweise hoch sind, reicht es in diesem Fall aus, das Thermoelement einmal vor der ersten Messung zu befeuchten. (Quelle: Herppich, eigene Darstellung)

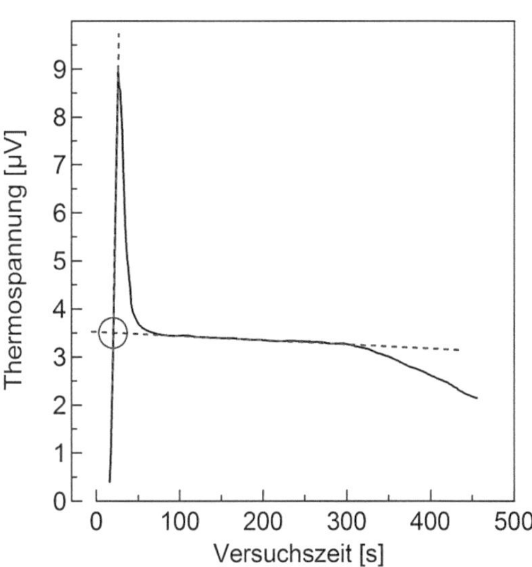

Abb. 7 **Möglichkeit der Extrapolation des Endwertes einer psychrometrischen Messung**. Da meist nur eine Schulter und kein konstanter Wert registriert werden kann, bietet sich diese objektive Methode zur Auswertung an. Dazu wird der mehr oder weniger lineare Bereich der Schulter gegen die Zeit t = 0 extrapoliert. Als Messwert nimmt man dann den Schnittpunkt dieser Geraden mit der Linie, die das rasche Ändern der Thermospannung kennzeichnet. (Quelle: Herppich, eigene Darstellung)

zurück und wird auf null absinken, da dann der Energieeinstrom aus der Umgebung zur Erwärmung der Lötstelle führt (Abb. 6, 500 mmol · l^{-1} NaCl-Lösung). Dies geht umso langsamer vor sich, je kleiner der Gradient zur Gehäusetemperatur wird.

Es ist sinnvoll, bei der Kalibrierung immer eine Probe mit *demineralisiertem* oder *destilliertem Wasser* einzubeziehen. Der Spannungswert sollte sehr gering sein und liegt im typischen Fall bei etwa 1 µV. Höhere Werte zeigen, dass sich das Gleichgewicht noch nicht eingestellt hat oder dass eine Verschmutzung von Thermoelement, Thermoelementhalterung oder Probengefäß vorliegt. Dies bewirkt eine zusätzliche Wasseradsorption und kann dadurch das Wasserpotenzial der Probe scheinbar erniedrigen. Dieser Effekt ist umso ausgeprägter, je höher die Luftfeuchtigkeit in der Messkammer ist. Eine Verschmutzung verlangsamt zusätzlich die Einstellung des Wasserdampfgleichgewichts.

Da die psychrometrische Messung *temperaturabhängig* ist, muss nach jeder Messung die Gerätetemperatur registriert werden. Mit ansteigender Temperatur nimmt der Spannungswert um etwa 2 % zu. Dies beruht unter anderem darauf, dass der Wasserdampfsättigungspartialdruck mit der Temperatur zunimmt. Diesen Effekt kann man umgehen, indem man alle Proben bei der Raumtemperatur misst, bei der auch die Kalibrierung durchgeführt wurde. Es ist auch möglich, den Temperatureinfluss empirisch zu ermitteln und das erhaltene Ergebnis entsprechend zu korrigieren. Es empfiehlt sich, grundsätzlich bei jedem Versuch mit demineralisiertem Wasser und zwei geeignet konzentrierten Lösungen die Kalibrierung zu wiederholen. Auf diese Weise wird nicht nur die Temperaturkorrektur umgangen, sondern auch eine mögliche Verfälschung durch Verschmutzung. Ein Vergleich der bei gleicher Temperatur erhaltenen Kalibrierwerte (Abb. 8) gibt auch einen Hinweis auf den bei Versuchsdurchführung zu erwartenden Streuungsbereich der Ergebnisse.

Für die **Bestimmung des Blattwasserpotenzials** werden die Probengefäße mit Blattstreifen oder mit Blattscheibchen gefüllt. Letztere kann man mit einem Kork-

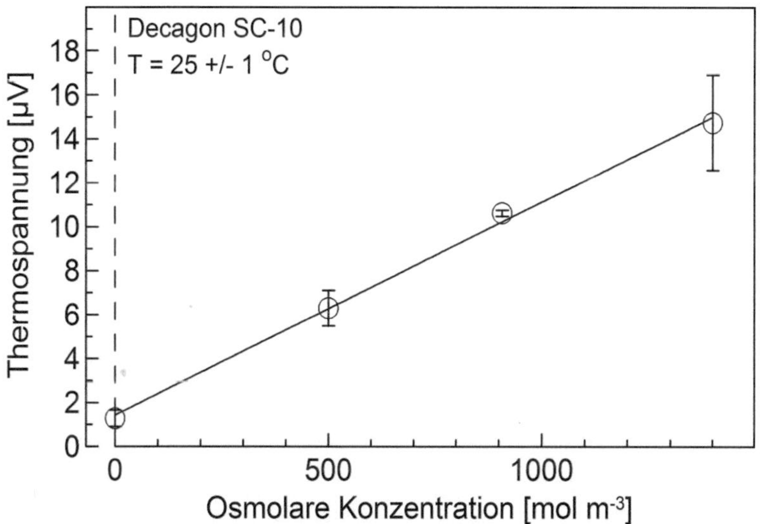

Abb. 8 Typisches Beispiel einer Kalibrierung des SC-10A. Es wurden NaCl-Lösungen bekannter osmotischer Konzentration verwendet. Die Temperatur des Psychrometers betrug während aller Messungen (je 31 pro Konzentration) 25 ± 1 °C. Anhand der Kalibrierung errechnet sich bei dieser Temperatur eine Psychrometersensitivität von 3,9 µV · MPa^{-1}. (Quelle: Herppich, eigene Darstellung)

bohrer aus der Blattspreite stanzen. Alle Manipulationen sollten in einer Umgebung mit hoher Luftfeuchte vorgenommen werden, da kleinste Wasserverluste bereits zu einer deutlichen Erniedrigung des Blattwasserpotenzials führen, besonders bei hochturgeszentem Material. Bei Blattstücken und Blattstreifen ist auf ein kleines Verhältnis von Schnittfläche zu Gesamtoberfläche zu achten. An angeschnittenen Zellen anhaftendes Zellwasser muss vorsichtig abgetupft werden, da dieses sonst von den unverletzten Nachbarzellen absorbiert werden könnte. Um Wasseradsorption zu vermeiden, sollte die Oberfläche des Versuchsmaterials vor dem Einbau mit destilliertem Wasser gereinigt werden. Bei Blättern mit sehr geringer kutikulärer Leitfähigkeit kann es angebracht sein, die Kutikula vor der Präparation mit Schleifpapier sehr feiner Körnung (600 und höher) oder entsprechendem Carborund- oder Aluminiumoxidpulver abzutragen. Dies beschleunigt die Einstellung des Wasserdampfgleichgewicht und erhöht die Zuverlässigkeit der Ergebnisse. Um eine rasche Einstellung des thermischen Gleichgewichtes zu gewährleisten, sollte das Blattmaterial immer optimalen Kontakt mit der Wand des Probengefäßes besitzen. Die Einstellung des Wasserdampfgleichgewichts kann mehrere Stunden dauern.

Für die psychrometrische Messung ist ein günstiges Verhältnis von Luft- zu Probenvolumen anzustreben. Dies ist nicht nur für die Gleichgewichtseinstellung vorteilhaft, sondern verhindert auch die Abgabe zu großer Wassermengen aus der Probe in den Luftraum, was zu einer Unterschätzung des Blattwasserpotenzials führt. Diese Schwierigkeit tritt auch beim Decagon-Psychrometer SC-10 auf. Deshalb empfiehlt es sich speziell für vergleichende Messungen der relativen Änderung des Blattwasserpotenzials, da man bis zu 9 Proben parallel messen kann.

2.2 Psychrometer nach Spanner

Ein Standardgerät unter den Psychrometern ist das der Firma Wescor Inc. (Logan, UT, USA). Dieses arbeitet nach einem von Spanner entwickelten Prinzip. Mittels Peltier-Kühlung wird die Temperatur des Messthermoelements (Chromel-Konstantan) unter den Taupunkt der Luft über der Probe abgesenkt. Dadurch kann Wasserdampf auf der Lötstelle kondensieren und diese mit einem feinen Wasserfilm überziehen. Nach Abschalten der Kühlung erwärmt sich die Kontaktstelle wieder durch den Energieeinstrom aus der Umgebung. Nach Überschreiten des Taupunktes der Kammerluft verdampft das Wasser wieder vom Thermoelement. Durch die dafür aufzuwendende Verdampfungsenthalpie verlangsamt sich die weitere Erwärmung, bis der größte Teil des kondensierten Wassers verdampft ist. Erst danach bedingt der ungehinderte weitere Energieeinstrom eine rasche Erwärmung. Für die Änderung der Thermoelementtemperatur ergibt sich der in Abb. 9 dargestellte Signalverlauf.

Da auch bei diesem Psychrometer eine Temperaturdifferenz registriert wird, muss vor Einschalten des Kühlstromes das Messthermoelement gegen ein im Psychrometergehäuse integriertes Referenzelement (aus Kupfer-Konstantan) abgeglichen werden (Abb. 10). Die C-52-Probenkammer selbst besteht aus einem stabilen Aluminiumgehäuse (Abb. 10). Dies erlaubt ein schnelles Einstellen des thermischen Gleichgewichtes. Das Messthermoelement ist fest in einem Metallhalter installiert.

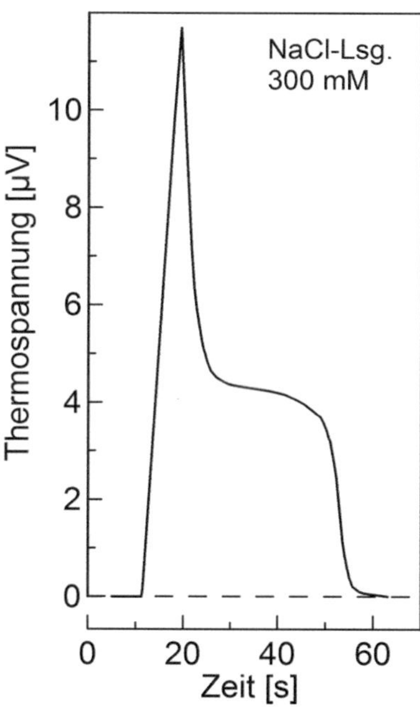

Abb. 9 **Signalverlauf während der Messung mit einem Wescor-C-52-Psychrometer** (Spanner-Typ) an einem HR-33-T-Mikrovoltmeter (Wescor). Die Temperatur betrug 25 °C, die Konzentration der eingesetzten NaCl-Lösung war 300 mmol · l^{-1}. Vor dieser Kalibrierlösung wurden 10 µl auf ein Filterpapierscheibchen mit 6 mm Durchmesser gegeben. Bei der Messung wurde ein Standardprobenhalter (Durchmesser der Messkammer = 7 mm bei einer Tiefe von 1,25 mm) verwendet. Die Papierscheibchen wurden aus einem Filterpapierstreifen mit einem Locher ausgestanzt. (Verändert nach der Betriebsanleitung für eine C-52-Kammer, Wescor)

Dieser kann mit einem Nylondrehknopf durch einen O-Ring gegen den eigentlichen Probenhalter aus verchromtem Edelstahl abgedichtet werden. Je nachdem, ob das Wasserpotenzial von Lösungen, Blättern oder Bodenproben gemessen werden soll, kann man Probenhalter mit unterschiedlichem Probenraum verwenden. Speziell bei Blättern wird dadurch ein sehr günstiges Verhältnis von Probenvolumen zu Gesamtvolumen erreicht.

Beispiele von Ergebnissen der Kalibrierung zweier Wescor-Psychrometer (C-30 und C-52) sind in Abb. 11 dargestellt. Die Sensitivität dieser Psychrometer liegt mit 3,6 µV · MPa^{-1} für 25 °C in dem vom Hersteller angegebenen Bereich von 3,4–5,5 µV · MPa^{-1}. Die Dauer für den Temperaturangleich und das Erreichen eines Wasserdampfgleichgewichtes reicht von wenigen Minuten bei Lösungen bis zu mehreren Stunden für Proben von Blättern mit hohem Kutikularwiderstand (Abb. 12). Letzteres schränkt die Anzahl der mit einem Gerät durchführbaren Messungen erheblich ein.

Ein Vorteil von Psychrometern wie dem C-52 ist, dass man diese bei Verwendung eines Wescor-HR-33-T-Mikrovoltmeters als **Taupunkthygrometer** einsetzten kann. Diese Modifikation der psychrometrischen Messmethode senkt die Empfindlichkeit

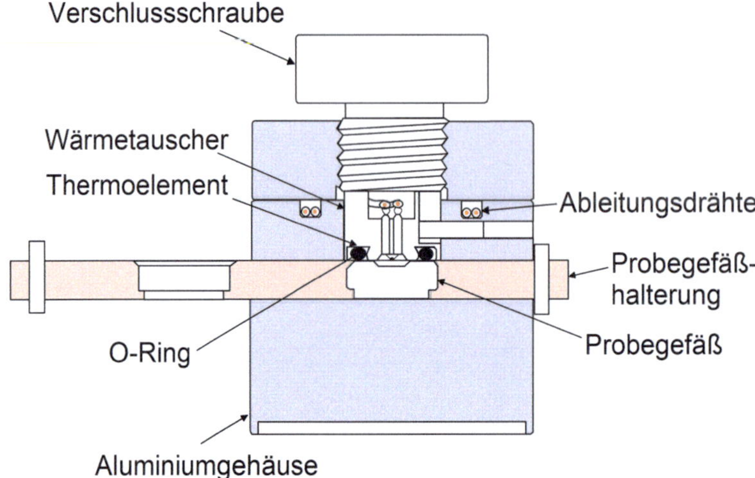

Abb. 10 **Aufrisszeichnung einer Wescor-C-52-Messkammer**. (Verändert nach der Betriebsanleitung für eine C-52-Kammer, Wescor)

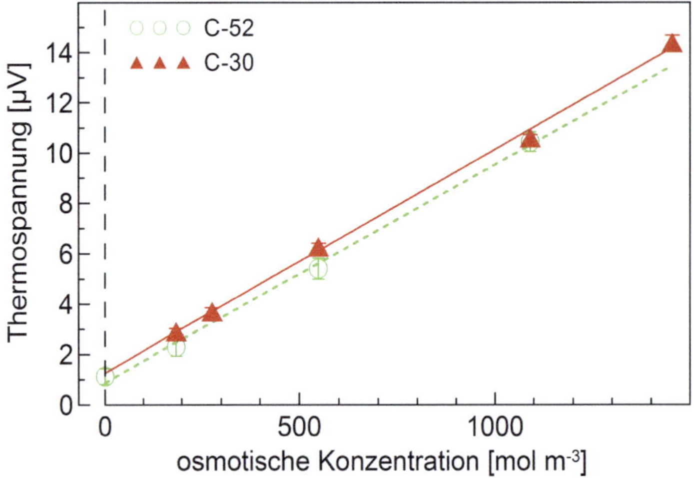

Abb. 11 **Beispiel für Kalibrierkurven zweier unterschiedlicher Psychrometer** (C-30 bzw. C-52, Wescor). Die C-30-Messkammer besitzt im Gegensatz zur C-52-Kammer ein Edelstahlschraubgehäuse mit kleineren Außenmaßen, jedoch wesentlich größerem Innenvolumen. Es kann zur Messung von ganzen, kleinen Blättern verwendet werden. Die Sensitivität beider Psychrometer ist gut vergleichbar (C-52 = 3,50 $\mu V \cdot MPa^{-1}$, C-30 = 3,59 $\mu V \cdot MPa^{-1}$). Die Temperatur wurde während der Messungen konstant auf 25 °C gehalten. (Quelle: Herppich, eigene Darstellung)

gegenüber Schwankungen in der Umgebungstemperatur und verdoppelt nahezu die Messauflösung. Bei sorgfältige Kalibrierung liefern aber beide Methoden gleichwertige Messergebnisse.

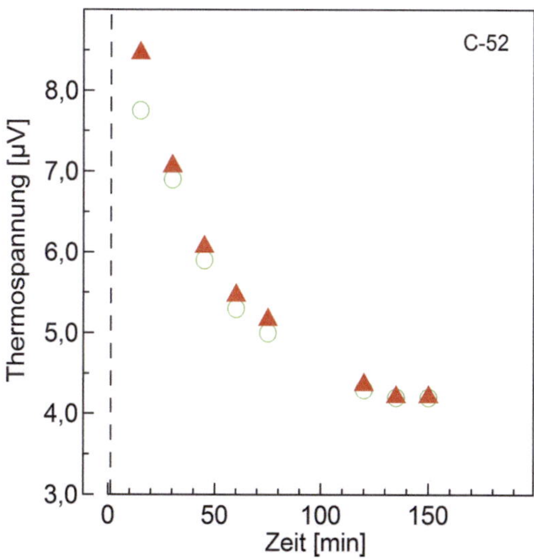

Abb. 12 Dauer der Äquilibration bei zwei Wasserpotenzialbestimmungen mit einer C-52-Kammer. Die verwendeten Blattscheibchen von *Plectranthus marrubioides* hatten einen Durchmesser von 6 mm und eine Dicke von ca. 2,5 mm. Der Probenhalter wies einen Innendurchmesser von 9,5 mm und eine Kammertiefe von 4,5 mm auf. Die Endwerte von 3,20 bzw. 3,15 µV entsprechen bei 25 °C einem Wasserpotenzial von – 0,333 bzw. – 0,326 MPa. (Quelle: Herppich, eigene Darstellung)

2.3 Taupunkthygrometrische Methode

Wird ein Thermoelement unter die Taupunkttemperatur der Luft abgekühlt, kondensiert auf ihm Wasser. Die dabei frei werdende Kondensationsenthalpie erwärmt dieses nach Abschalten der Kühlung wieder. Wäre es thermisch gegen die Umwelt isoliert, das heißt, würde von dieser keine zusätzliche Wärme aufgenommen, könnte sich dieses Thermoelement nur bis zum Taupunkt der Luft erwärmen. Nach dessen Erreichen könnte weder Wasser kondensieren noch verdampfen, und es könnten somit keinerlei Änderungen des Wärmezustandes eintreten. Der sich hieraus ergebende Signalverlauf einer solchen Messung ist in Abb. 13 abgebildet.

Ein solches **ideales Thermoelement** ist mithilfe der Elektronik realisierbar. Wenn nämlich von einem trockenen Thermoelement durch Peltier-Kühlung genau die Wärmemenge (dH_P) abgeführt wird, die von der Umgebung bei der herrschenden Temperatur einfließt (dH_U), ist dieser gewünschte Zustand erreicht. Formell kann man dies ausdrücken als

$$dH_U/dt = K_U \cdot \Delta T$$

Dabei stellen die Proportionalitätskonstante K_U die **effektive thermische Leitfähigkeit** und ΔT die Temperaturdifferenz zwischen Umgebung und Thermoelement dar.

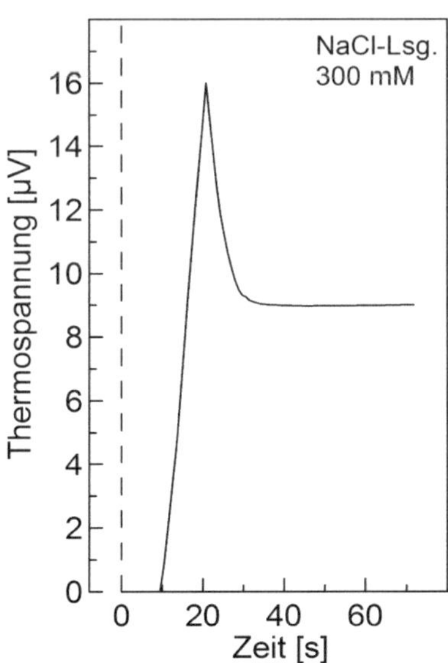

Abb. 13 Zeitlicher Verlauf der Messsignaländerung bei einer taupunkthygrometrischen Wasserpotenzialmessung an einer 300 mmol · l^{-1} NaCl-Eichlösung mit einer C-52-Kammer und einem HR-33-T-Mikrovoltmeter (Wescor). Die Temperatur betrug 25 °C, Π_ν wurde mit 66,5 µV ermittelt. (Verändert nach der Betriebsanleitung für eine C-52-Kammer, Wescor)

Dieser Zusammenhang ist zwar stark vereinfacht, trifft aber für ein genügend kleines ΔT zu, wie es bei solchen Messungen auftritt.

Um das System verstehen zu können, muss man die Theorie des Peltier-Effektes und des Thermoelements noch etwas vertiefen. Bei manchen Elementen, z. B. den Kombinationen Cu-Konstantan oder Fe-Konstantan, ist die Thermospannung innerhalb kleinerer Temperaturbereiche der Temperaturdifferenz direkt proportional.

$$U_{\text{Therm}} = s_{1/2} \cdot \Delta T$$

Wird durch ein solches Thermoelement in Richtung der Thermospannung ein Strom I geleitet, kühlt sich die freie Lötstelle ab. Es wird ihr schneller Energie entzogen, als aus der Umgebung nachgeliefert werden kann. Dabei ist in erster Näherung die Abkühlung, also die Änderung des Wärmegehaltes mit der Zeit, zur Stromstärke (Elektronenflussrate) direkt proportional.

$$dH_{\text{U}}/dt = \Pi_{1/2} \cdot I$$

Das Vorzeichen gibt die Richtung des Elektronenflusses an. Den Proportionalitätsfaktor $\Pi_{1/2}$ nennt man **Peltier-Koeffizient**. Er steht sowohl mit der **Thermokraft** $\boldsymbol{s_{1/2}}$, eine temperaturabhängige Materialkonstante, als auch mit der absoluten Temperatur in einfacher Beziehung:

$$\Pi_{1/2} = s_{1/2} \cdot T$$

Die lineare Beziehung zwischen Energiefluss und Stromstärke gilt jedoch nur in einem kleinen Messbereich. Man kann nicht jede beliebige Temperaturdifferenz einfach durch Erhöhen der Stromstärke erhalten. Bei höheren Werten von I tritt aufgrund des vorhandenen Innenwiderstandes R_I eine zunehmende Erwärmung auf. Daher gilt tatsächlich

$$dH_U/dt = \left(-\Pi_{1/2} \cdot I\right) \cdot \left(R_I \cdot I^2\right)$$

Der zweite, also der Erwärmungsterm, ist bei kleinem I vernachlässigbar. Da er aber mit dem Quadrat von I wächst, wird er rasch zum dominierenden Faktor. Folglich muss es eine optimale Stromstärke geben, die eine maximale Kühlleistung gewährleistet. Bei allen Wescor-Mikrovoltmetern ist sie auf den empirischen Wert von 8,0 mA festgelegt. Der Innenwiderstand R_I und damit der Nettokühleffekt wird beispielsweise durch die Geometrie der Lötstelle, die Ausführung der Lötung und das verwendete Lötmittel beeinflusst. Folglich wird sich jedes Thermoelement in der maximalen Kühlleistung von einem anderen unterscheiden, auch wenn die Thermokraft $s_{1/2}$ und der Peltier-Koeffizient $\Pi_{1/2}$ für alle Elemente, die aus den gleichen Materialien hergestellt wurden, identisch sind. Dadurch wird die maximal erreichbare Temperaturerniedrigung auch bei optimalem Kühlstrom begrenzt und für eine genau festgelegte Umgebung zu einer Konstante. Der Peltier-Koeffizient $\Pi_{1/2}$ selbst erlaubt keine Abschätzung der maximalen Temperaturerniedrigung. Deshalb ist die Definition eines geringfügig geänderten Koeffizienten, des Kühlungskoeffizienten Π_v, notwendig. Bei einer gegebenen Umgebungstemperatur und beim Durchgang eines festgelegten optimalen Kühlstromes gibt Π_v für ein bestimmtes Thermoelement die Thermospannung an, die einer maximal erreichbaren Temperaturdifferenz (ΔT_{max}) entspricht. Anders ausgedrückt gilt:

$$\Pi_v = s_{1/2} \cdot \Delta T_{max}$$

Es ist nun möglich, die effektive, notwendige Kühlleistung zu variieren, indem man den optimalen Kühlstrom periodisch nur eine bestimmte Zeit lang fließen lässt. Die tatsächliche Temperaturdifferenz ergibt sich dann nach

$$\Delta T = L \cdot \Delta T_{max}$$

Die **relative Kühlperiodendauer** L entspricht dabei dem Verhältnis der Dauer der Kühlung während einer Periode zur gesamten Periodenlänge. Durch die Kontrolle von L ist es möglich, die Kühlleistung dem Energieeinstrom exakt anzupassen. L muss den Wert 0 besitzen, wenn nicht gekühlt wird, und 1, wenn der Kühlstrom ununterbrochen fließt. Allerdings ist das System so ausgelegt, dass L nur zwischen 0 und 0,95 variieren kann. Aufgrund dieser elektronischen Beschränkung ist die taupunkthygrometrische Methode für die Messung von Wasserpotenzialen $> -$ 0,1 MPa eigentlich ungeeignet.

Im sogenannten **Taupunktmodus** wird von der Elektronik des HR-33-T-Mikrovoltmeters die Kontrolle der relativen Kühlperiodendauer L dadurch gewährleistet, dass die vom Messthermoelement eingehende Thermospannung (Abb. 14a) kontinuierlich mit einer periodischen Kontrollspannung verglichen wird. Diese ändert sich, bei 0 V beginnend, sägezahnartig bis zu ihrem von Π_v bestimmten Höchstwert

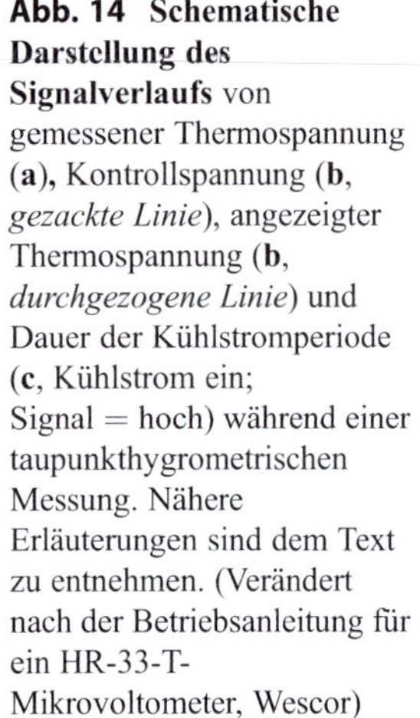

Abb. 14 Schematische Darstellung des Signalverlaufs von gemessener Thermospannung (**a**), Kontrollspannung (**b**, *gezackte Linie*), angezeigter Thermospannung (**b**, *durchgezogene Linie*) und Dauer der Kühlstromperiode (**c**, Kühlstrom ein; Signal = hoch) während einer taupunkthygrometrischen Messung. Nähere Erläuterungen sind dem Text zu entnehmen. (Verändert nach der Betriebsanleitung für ein HR-33-T-Mikrovoltometer, Wescor)

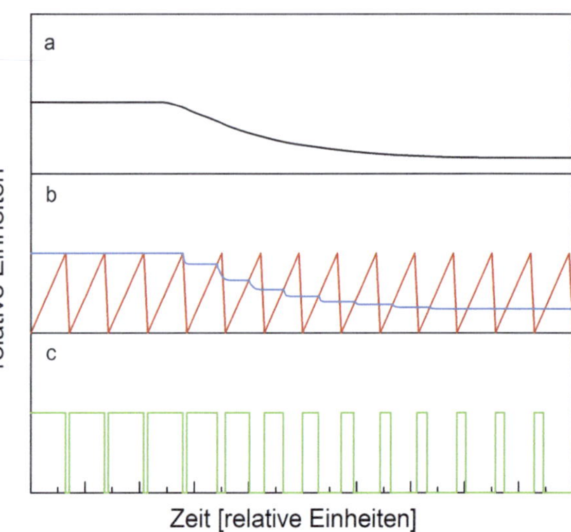

(Abb. 14b). Solange die Kontrollspannung niedriger ist als die Thermospannung, kann der Kühlstrom fließen (Abb. 14c). Übersteigt aber der Wert der Kontrollspannung den der Thermospannung, wird die Kühlung unterbrochen. Die genau zu diesem Zeitpunkt anliegende Thermospannung wird registriert und am Mikrovoltmeter während der gesamten nächsten Periode angezeigt (Abb. 14b, durchgezogene Linie).

Aus dem oben Gesagten wird klar, dass es für jede taupunkthygrometrische Messung notwendig ist, den Kühlungskoeffizienten Π_v, der nominell dem Maximalwert der Kontrollspannung entspricht, exakt zu bestimmen und einzustellen. Dies geschieht am einfachsten, indem man das Thermoelement bei leerer, geschlossener Probenkammer abkühlt. Nach Ausschalten des Kühlstromes sollte sich das Element wieder der Umgebungstemperatur anpassen. Im Taupunktmodus kann nun durch das elektronische System des HR-33-T-Mikrovoltmeters ein Energieflussgleichgewicht erreicht werden. Unter dieser Bedingung muss dann die Temperatur des Thermoelementes konstant bleiben, da die aus der Umgebung einströmende Wärme durch die Kühlung ausgeglichen wird. Um diesen Gleichgewichtszustand zu erreichen, ist es notwendig, die Kontrollspannung zu optimieren. Dies wiederum ist durch die Einstellung des exakten Kühlungskoeffizienten Π_v möglich.

Da die abzuführende Energiemenge mit der Umgebungstemperatur variiert, muss sich auch Π_v mit letzterer ändern. Die **thermische Sensitivität** s_{Th} von Π_v wird vom Hersteller für alle Taupunkthygrometer mit 0,7 $\mu V \cdot K^{-1}$ angegeben. Es empfiehlt sich jedoch, diese Abhängigkeit für jedes Gerät zu überprüfen, da in der Praxis nicht zu vernachlässigende Abweichungen vom Idealwert auftreten können (Abb. 15). Bei Änderung der Außentemperatur von $T1$ auf $T2$ kann man Π_v nach der empirischen Formel

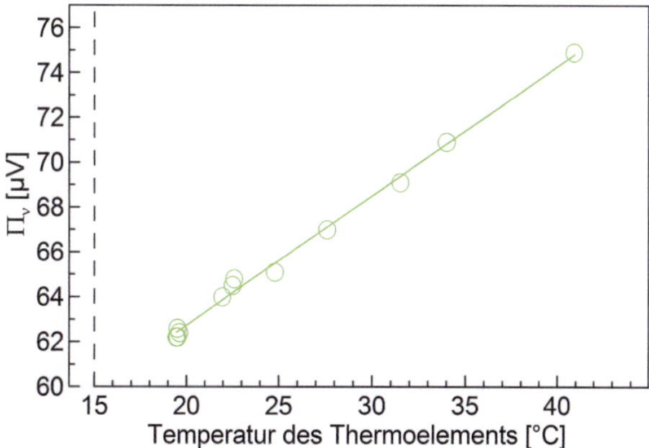

Abb. 15 Beispiel für die Abhängigkeit des Kühlungskoeffizienten Π_v einer L-51-Blattklammer von der Temperatur. Die thermische Sensitivität s_{Th} ist mit 0,58 µV · K^{-1} niedriger als der von Wescor angegebene Erfahrungswert (0,7 µV · K^{-1}). (Quelle: Herppich, eigene Darstellung)

$$\Pi_v(T2) = s_{Th} \cdot \left((T2 - T1) + \Pi_{v(T1)}\right)$$

bestimmen. Man kann aber auch während einer bereits laufenden Messung, quasi am „feuchten“ Thermoelement, die Einstellung des Kühlungskoeffizienten überprüfen. Dazu schließt man an eine rein psychrometrische Messung eine kombinierte taupunkthygrometrisch-psychrometrische an. Gleiche Kühlzeit vorausgesetzt, muss bei beiden Messungen die identische Menge Wasser auf dem Thermoelement kondensieren. Die Länge der psychrometrischen Plateaus kann bei beiden Messungen also nur dann unterschiedlich sein, wenn der Kühlungskoeffizient nicht korrekt eingestellt ist. Ist Π_v zu groß, ist die Kühlung nicht effektiv genug, und das Wasser verdunstet. Das Plateau ist verkürzt. Ist aber Π_v zu klein und damit die Kühlung zu stark, muss Wasser zusätzlich kondensieren.

Bei richtig eingestelltem Π_v und konstanten Außentemperaturen muss dagegen bei einer taupunkthygrometrischen Messung die erreichte Thermospannung konstant bleiben. Jegliche Änderung des Wertes kann dann nur durch eine Änderung des Wasserpotenzials der Probe bedingt sein. Dies macht man sich bei der *In-situ*-Messung des Blattwasserpotenzials mit einem Blattklammertaupunkthygrometer (z. B. L-51 oder L-51 A, Wescor) zunutze. Bei diesem System sind Mess- und Referenzthermoelement in einer Vertiefung eines Metallzylinders von 3,1 cm Länge und 1 cm Durchmesser installiert (Abb. 16a). Diese eigentliche Messkammer hat ein Volumen von nur 14 mm^3. In einer Blattklammer aus Aluminium geführt, kann der Sensor mit einer kleinen Menge Vaseline oder Lanolin/Bienenwachs (1:1) vorsichtig gegen ein Blatt abgedichtet und fixiert werden (Abb. 16b). Um den Einfluss von kurzzeitigen Temperaturschwankungen in der Umgebung des Fühlers auf die Messung zu reduzieren, sollte die Blattklammer zusätzlich thermisch isoliert werden. Dies geschieht am einfachsten durch eine Ummantelung mit Polyurethanschaum, den man aus Gründen des Strahlungsschutzes mit Alufolie beklebt.

Zur raschen Einstellung des Wasserdampfgleichgewichtes empfiehlt es sich, die Kutikula an der Stelle, auf die der Fühler aufgesetzt wird, ohne Verletzung der Epidermiszellen zu entfernen oder wenigstens teilweise abzutragen. Hierfür eignen

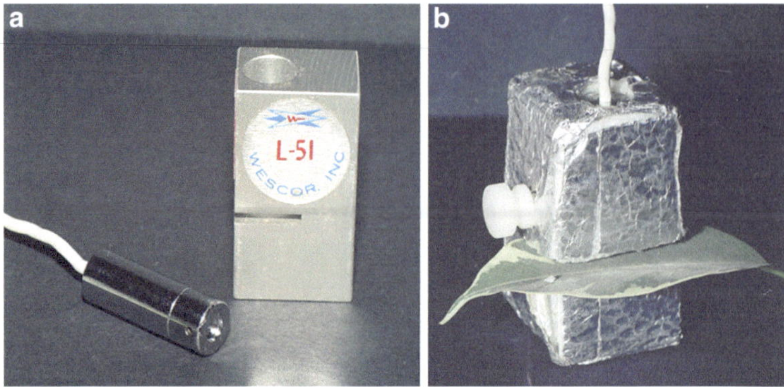

Abb. 16 (**a**) Abbildung eines **L-51-Blattsensors** und der **Blattklammer** aus Aluminium. (**b**) Eine modifizierte Blattklammer mit eingebautem Blatt. Zur Abpufferung von kurzzeitigen Temperaturschwankungen wurde das Aluminiumgehäuse mit einem Mantel aus 5 mm dickem Polyurethanschaum versehen, der zusätzlich mit Aluminiumfolie als Strahlungsschutz umkleidet ist. (Fotos: Herppich)

sich sehr feines Schmirgelpapier (Körnung 600 oder feiner) oder Carborund- bzw. Aluminiumoxidpulver vergleichbarer Körnung. Danach muss die Blattspreite mit demineralisiertem Wasser abgewaschen und sorgsam getrocknet werden. Die für die Abdichtung des Fühlers verwendete Masse soll gut an der Oberfläche haften. Sie muss aber auch plastisch genug sein, um vollständigen Abschluss zu gewährleisten.

Durch das Ansetzen des Fühlers in der Klammer wird auf dem Blatt ein Bereich mit sehr hohem Grenzschichtwiderstand geschaffen. Dadurch ist die Transpiration hier fast vollständig unterbunden. Die Zellen in diesem Teil des Blattes sind somit von dem für das restliche Blatt gültigen Wasserflussgleichgewicht *ausgenommen*. Sie sollten deshalb ein positiveres Wasserpotenzial besitzen als die im Restblatt. Mit einem *In-situ-* Taupunkthygrometer misst man also kein mittleres, sondern das unter den gegebenen physiologischen Bedingungen positivste Blattwasserpotenzial.

Bei konstanter Außentemperatur und sorgfältiger Installation kann man mit einem solchen Taupunkthygrometer die dynamische Änderung des Blattwasserpotenzials des Messobjektes über einen längeren Zeitraum hinweg mit hoher zeitlicher Auflösung verfolgen. Da im Normalfall die Änderung des Wasserpotenzials kein momentaner und plötzlicher Vorgang ist, sondern sich allmählich vollzieht, stellt sich auch das Wasserdampfgleichgewicht mit sehr geringer Verzögerungszeit ein (Abb. 17).

2.4 Isopiestisches Psychrometer nach Boyer und Knipling

Der Ausdruck „isopiestisch“ leitet sich aus dem Griechischen ab (*piezein* = drücken) und bezeichnet ein Dampfdruckgleichgewicht, das sich zwischen dem pflanzlichen Gewebe und einem Flüssigkeitstropfen am Thermoelement des Psychrometers einstellt. Dabei nähert man sich durch mehrfaches Austauschen von Flüssigkeitstropfen

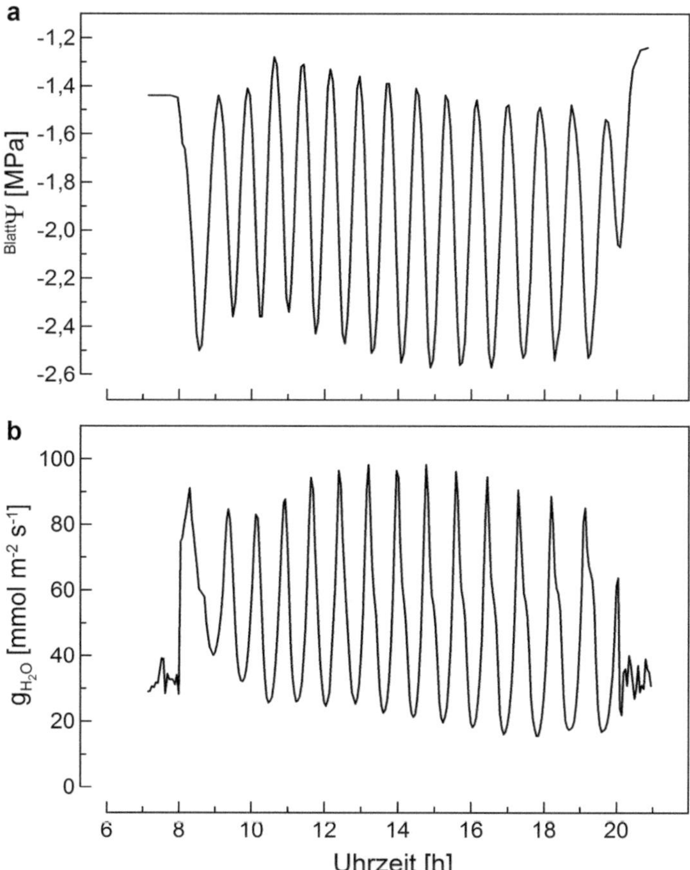

Abb. 17 (a) **Kontinuierliche Registrierung des Wasserpotenzials** eines Blattes der Mangrove *Avicennia germinans* mit einer L-51-Blattklammer. Die Messung erfolgte im taupunkthygrometrischen Modus (gesteuert durch ein HR-33-T-Mikrovoltmeter) bei konstanter Außentemperatur (25 °C). Jede Minute wurde mit einem Datenlogger ein Wert aufgezeichnet. (**b**) Während des Versuches zeigte die Mangrove eine ausgeprägte Oszillation der Blattleitfähigkeit. Eine genaue Analyse machte deutlich, dass die Blattklammer die Änderung des Wasserpotenzials nahezu ohne Verzögerungszeit (< 2 min) erfassen kann. (Quelle: Herppich, eigene Darstellung)

bekannten Wasserpotenzials (${}^{\text{Lösung}}\Psi = {}^{\text{L}}\Psi$) am isopiestischen Psychrometer dem Wasserpotenzial des Gewebes (${}^{\text{Gewebe}}\Psi = {}^{\text{G}}\Psi$) an.

Wie das Wescor-System besteht das isopiestische Psychrometer aus einer Expositionskammer für pflanzliches Gewebe, in die ein Thermoelement luftdicht eingeführt wird (Abb. 18). Die abgebildete Kammer eignet sich für die Aufnahme von Gewebesegmenten. Modifikationen der Kammer erlauben aber auch Messungen an kompletten, an der Pflanze belassenen Blättern oder an Wurzeln und Stängelbereichen. Zeitliche Veränderungen der Wasserpotenziale intakter Organe können auf diese Weise kontinuierlich registriert werden.

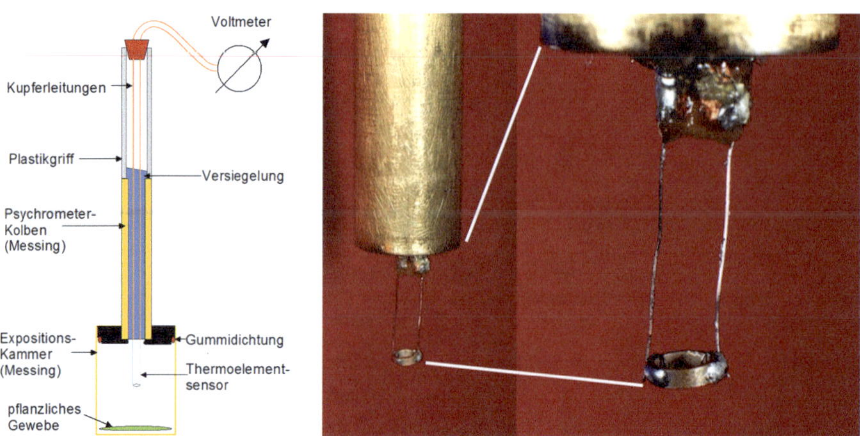

Abb. 18 Schematische Darstellung eines isopiestischen Psychrometers (links). Am unteren Ende des Psychrometerkolbens ist ein Thermoelement angebracht. Das Thermoelement ragt in eine nach außen abgedichtete Expositionskammer für pflanzliches Gewebe. Die am Voltmeter gemessene Thermospannung entspricht der Temperaturdifferenz zwischen Ring und unterem Ende des Psychrometerkolbens (s. *Foto, rechts*). Die Temperatur letzterer Position muss repräsentativ sein für die Wände der gesamten Expositionskammer. Diese isotherme Bedingung wird erzielt durch Einbringen der Vorrichtung in ein homogen temperiertes Wasserbad oder ins Zentrum eines großen Metallblockes (nicht gezeigt). Flüssigkeitströpfchen verschiedenen, aber bekannten Wasserpotenzials werden nacheinander am Ring des Thermoelements angebracht, bis das Wasserpotenzial einer dieser Lösungen dem des Gewebes entspricht. Dann findet am Ring kein Nettowasserdampfaustausch (Verdunstung oder Kondensation) mit dem Gewebe statt, die Ring- und Kammertemperatur sind nun einander gleich, und die gemessene Thermospannung ist „Null"; das heißt, der isopiestische Punkt ist gefunden. (Quelle: eigene Darstellung; nach Boyer, Fotos: Matyssek)

Das Thermoelement ist aus dünnen Chrom-Nickel- und Konstantandrähten aufgebaut, deren Enden auf der einen Seite mit je einer durch den Psychrometerkolben geführten Kupferleitung verlötet sind. Die anderen Enden der Thermodrähte sind über einen eingelöteten Silberring verbunden. Das erhaltene Thermoelement misst die Temperaturdifferenz zwischen dem Silberring und dem unteren Ende des Psychrometerkolbens. Die Temperatur am Psychrometerkolben muss repräsentativ sein für die Wände der Expositionskammer, das heißt, in der gesamten Vorrichtung müssen isotherme Bedingungen herrschen. Letztere werden in gleichförmig (auf 0,001 K genau!) temperierten Wasserbädern erzielt oder im Zentrum nach außen isolierter großer Metallblöcke.

An den Silberring (Abb. 18 rechts) werden mit einer Mikrospritze Tröpfchen einer Lösung mit bekanntem osmotischem Potenzial angeheftet und über dem pflanzlichen Gewebe exponiert. Hat die Lösung am Silberring ein höheres (positiveres) Wasserpotenzial als das Gewebe, so verdunstet sie der Potenzialdifferenz entsprechend Wasser, und der Ring kühlt sich gegenüber der Kammer ab (d. h. gegenüber dem Referenzpunkt am Psychrometerkolben). Ist das Wasserpotenzial des Vergleichströpfchens niedriger (negativer), so nimmt letzteres Wasserdampf auf und erwärmt sich (Kondensation). Misst man aber keine Temperaturdifferenz, so findet zwischen Ring und Gewebe kein Nettoaustausch von Wasserdampf statt. Dies bedeutet ein gleiches Wasserpotenzial in Vergleichsflüssigkeit und Gewebe. Das „Nullsignal" des Thermoelements zeigt also den angestrebten *isopiestischen Punkt* und somit das gesuchte Wasserpotenzial im Gewebe an.

Die Lösungen bekannten Wasserpotenzials lassen sich z. B. mithilfe von Saccharose herstellen. Für eine Temperatur 20 °C listet Tab. 1 die molaren Konzentrationen der Saccharose-Lösung und die dazugehörigen Wasserpotenziale auf.

Der Ablauf solcher Messungen ist in Abb. 19 dargestellt, in der das Wasserpotenzial unterschiedlich ausdifferenzierter Gewebe der Stängelbasis und -spitze auskeimender Sojabohnen untersucht wurde. Nacheinander wurden pro untersuchtem Gewebe 3 Flüssigkeitströpfchen unterschiedlichen Wasserpotenzials am Silberring angebracht. Die im Thermoelement erzeugten Thermospannungen geben Temperaturdifferenzen von wenigen tausendstel Grad an. 0,1 μV entsprechen für dieses Thermoelementsystem etwa 0,002 K. Die Thermospannung des Psychrometers resultiert aus der Temperaturabnahme aufgrund der Wasserverdunstung aus dem Tropfen. Damit ist diese Temperaturänderung zur Anzahl der pro Zeiteinheit aus dem Tropfen in Richtung Gewebe diffundierenden Wassermoleküle proportional. Die Temperaturänderung ist wiederum von der Differenz der Wasserpotenziale zwischen Lösung des Tropfens und Gewebe abhängig ($\Delta\Psi$, die treibende Kraft der Evaporation). Formell kann man dies ausdrücken als

$$U \sim dn/dt = \mathrm{L} \cdot \left({}^{\mathrm{L}}\Psi - {}^{\mathrm{G}}\Psi\right) \qquad (1)$$

wobei U die Thermospannung des Thermoelements, dn/dt die Menge der pro Zeiteinheit diffundierenden Wassermoleküle, L eine Leitfähigkeitskonstante und ${}^{\mathrm{L}}\Psi$ bzw. ${}^{\mathrm{G}}\Psi$ das Wasserpotenzial der Lösung bzw. des Gewebes angeben.

Nach dieser Überlegung korrelieren die 3 erhaltenen Messsignale linear mit den Wasserpotenzialen der Vergleichslösungen. In Geweben ohne messbare respiratorische Wärmeabgabe ergibt der Schnittpunkt der Geraden mit der X-Achse (der elektrischen Nulllinie des Thermoelements) unmittelbar den isopiestischen Punkt und somit das gesuchte Wasserpotenzial im Gewebe.

In unserem Beispiel führt jedoch die vom Gewebe abgegebene Atmungswärme zu einer Temperaturerhöhung des Silberrings um ca. 0,005 K, die dieser im trockenen Zustand erkennen lässt („*dry* TC" in Abb. 19). Bliebe dieser Effekt unkor-

Tab. 1 Zusammenhang zwischen der molaren Konzentrationen (Molalität) einer Saccharose-Lösung und dem Wasserpotenzial dieser Lösung bei einer Temperatur von 20 °C

Saccharose-Lösung [mol · kg^{-1}]	Wasserpotenzial [MPa]
0,00	0,000
0,05	−0,122
0,50	−1,268
1,00	−2,643
2,00	−5,719
3,00	−9,228
4,00	−13,170
5,00	−17,544

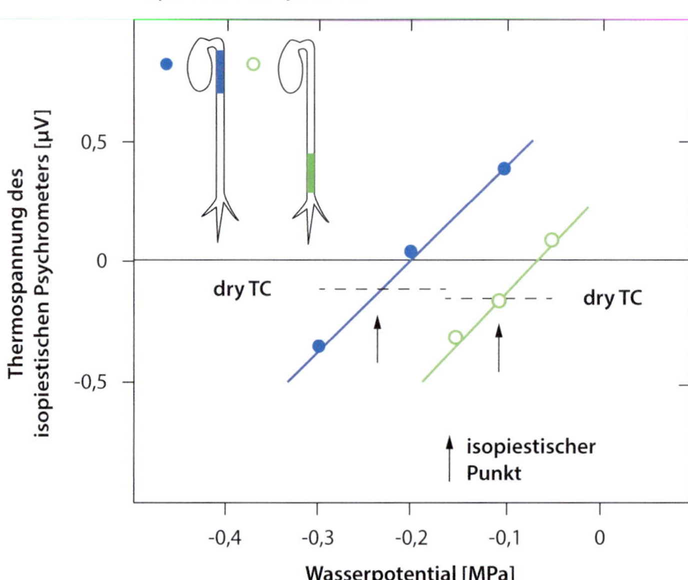

Abb. 19 **Prinzip der isopiestischen Wasserpotenzialbestimmung** (z. B. in Sojabohnenkeimlingen). Die Bestimmung erfolgte in zwei zeitlich getrennten Experimenten für die jeweils markierten Stängelbereiche. Die Expositionskammer des Psychrometers war so modifiziert, dass die eingedichteten Stängelbereiche intakt mit den außerhalb der Kammer befindlichen Pflanzenteilen verbunden blieben. Je Experiment (Keimling) wurden nacheinander drei Flüssigkeitströpfchen unterschiedlichen Wasserpotenzials am Thermoelementring befestigt. In Proben ohne messbare Atmungswärme stellt der Schnittpunkt der erhaltenen Geraden mit der elektrischen Nulllinie des Thermoelements (Psychrometers) unmittelbar den isopiestischen Punkt, das heißt, das Wasserpotenzial des Gewebes, dar. Sind Atmungswärmen mit einem trockenen Thermoelement messbar („*dry* TC"; *kurze unterbrochene Linien*), so gilt der Geradenschnittpunkt mit „*dry* TC" als isopiestischer Punkt. Im ausdifferenzierten Gewebe der Stängelbasis ist das Wasserpotenzial positiver als im noch wachsenden Gewebe der Stängelspitze. (Verändert nach Matyssek et al. 1991)

rigiert, so erschiene das Wasserpotenzial des Gewebes zu hoch: Verdunstungskälten im Vergleichstropfen würden durch die eingestrahlte Wärmeenergie teilweise kompensiert (${}^{G}\Psi - {}^{L}\Psi$ erschiene zu klein), und Kondensationswärmen würden erhöht (${}^{G}\Psi - {}^{L}\Psi$ erschiene zu groß). Die Korrektur verschiebt den isopiestischen Punkt von der elektrischen Nulllinie auf den Schnittpunkt der Geraden mit dem Signal des trockenen Thermoelements und somit zu etwas tieferen Wasserpotenzialen (von −0,21 auf −0,23 MPa und von −0,07 auf −0,10 MPa). Angestrebte Messgenauigkeiten von 0,01 MPa erfordern eine solche im Rahmen von wenigen tausendstel Grad zulässige Korrektur, stärkere Erwärmungen müssen jedoch durch eine verbesserte Wärmeableitung aus der Expositionskammer vermieden werden. Der noch wachsende obere Stängelabschnitt weist im gegebenen Beispiel ein niedrigeres Wasserpotenzial auf als die bereits ausdifferenzierte Stängelbasis (Boyer et al. 1985; Matyssek et al. 1991).

In der Regel wählt man die Vergleichslösungen am Silberring so, dass eine von ihnen möglichst den isopiestischen Punkt trifft. Zwei Lösungen sind ausreichend, wenn das Wasserpotenzial der einen knapp oberhalb, das der anderen knapp unterhalb des isopiestischen Punktes liegt.

Mit der in Abb. 18 gezeigten Anordnung können auch die **osmotischen Potenziale von Gewebeflüssigkeiten** bestimmt werden. Es genügen wenige Mikroliter eines Gewebeextraktes, die nun an den Silberring geheftet werden. Sodann exponiert man den Psychrometerkolben mit dem Gewebeextrakt am Silberring nacheinander in Expositionskammern mit verschiedenen Vergleichslösungen bekannten Wasserpotenzials. Da bei diesem Vorgang keine störenden Atmungswärmen auftreten, ergibt der Schnittpunkt der erhaltenen Messgeraden mit der elektrischen Nulllinie des Thermoelements unmittelbar den isopiestischen Punkt, also das osmotische Potenzial der Gewebeflüssigkeit.

Im Gegensatz zu anderen Psychrometern zeigt das Nullsignal der isopiestischen Methode das zu ermittelnde Wasserpotenzial an. Diese „Nullablesung" bedeutet aber, dass eine Kalibration des isopiestischen Psychrometers nicht erforderlich ist. Eine Kalibration hätte dagegen den Zweck, den Einfluss der in der Größe L enthaltenen Systemeigenschaften eines Psychrometers auf die Wasserpotenzialmessung zu kompensieren. Wie aber die folgende Umformung von Gl. 1 für ein Nullsignal zeigt,

$$0 = \mathrm{L} \cdot \left({}^{\mathrm{G}}\Psi - {}^{\mathrm{L}}\Psi\right)$$
$${}^{\mathrm{G}}\Psi = {}^{\mathrm{L}}\Psi$$

wird in der isopiestischen Psychrometrie der Einfluss von L eliminiert. Damit entfällt aber nicht nur der Einfluss der Geräteeigenschaften, L', auf die Wasserpotenzialmessung, sondern auch der des Diffusionswiderstandes der Gewebeoberfläche, r_{G}, da $\mathrm{L} = \mathrm{L}'/r_{\mathrm{G}}$ gilt.

Die Unabhängigkeit der isopiestischen Psychrometrie von r_{G} stellt den wesentlichen Vorteil gegenüber anderen Psychrometern dar. r_{G}, das proben- und artabhängig variiert und durch Standardkalibrierung nicht fassbar ist, kann Psychrometermessungen verfälschen, die nicht dem **Nullprinzip** folgen.

Dies veranschaulicht Abb. 20, in der die Steigungen der Geradenschar durch verschiedene Werte von L gegeben sind. Während alle Geraden durch den gleichen isopiestischen Punkt laufen, der unabhängig von L' und r_{G} bestimmt wird, schneiden sie die Y-Achse in verschiedenen Punkten. Die Skalierung der Y-Achse resultiert aus vorausgegangenen Kalibrationen nicht-isopiestischer Psychrometer. Die Schnittpunkte auf der Y-Achse stellen die Wasserpotenzialbestimmungen nicht-isopiestischer Psychrometer dar und spiegeln Fehlbestimmungen trotz sorgfältiger Gerätekalibration im Vergleich zur isopiestischen Psychrometrie am gleichen Gewebe wider. Wie im Beispiel der Abb. 20 lässt r_{G} die von nicht-isopiestischen Psychrometern ermittelten Wasserpotenziale meist zu feucht (zu positiv) gegenüber Messungen mit der isopiestischen Methode erscheinen.

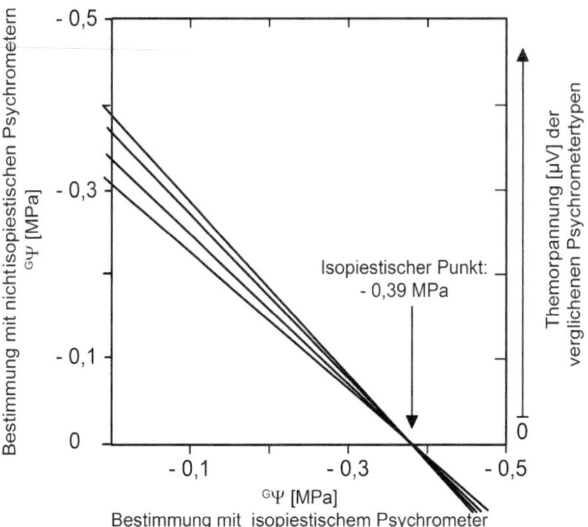

Abb. 20 Psychrometervergleich. Die Skalierung der linken Y-Achse ist gegeben durch die Kalibrierung nicht-isopiestischer Psychrometer. Hierzu wird vor der Messung des pflanzlichen Gewebes destilliertes Wasser am Thermoelement mit Lösungen unterschiedlichen Wasserpotenzials in der Expositionskammer verglichen und die erhaltenen Thermospannungen (rechte Y-Achse) den jeweiligen Wasserpotenzialen zugeordnet. Dagegen wird das isopiestische Psychrometer nicht kalibriert. Hier wird während der Messung des pflanzlichen Gewebes die Thermospannung (rechte Y-Achse) mit dem Wasserpotenzial der Flüssigkeitströpfchen (X-Achse) korreliert. Diese Korrelationen können verschiedene Steigungen aufweisen, bedingt durch den Diffusionswiderstand des Gewebes r_G. Letzterer hat aber keinen Einfluss auf die Messgenauigkeit des isopiestischen Psychrometers, da alle Steigungen auf der X-Achse durch denselben Punkt führen, den isopiestischen Punkt (z. B. $= -0{,}39$ MPa). In nicht-isopiestischen Psychrometern ist r_G für „unscharfe" Wasserpotenzialbestimmungen verantwortlich (aufgrund der r_G-abhängigen Geradensteigung variable Schnittpunkte mit der Y-Achse). Meist ist das Wasserpotenzial überschätzt im Vergleich zur isopiestischen Bestimmung (z. B. $> -0{,}39$ MPa). (Nach Angaben von J.S. Boyer; verändert nach von Willert et al. 1995)

Die isopiestische Psychrometrie ist die heute präziseste Methode der Wasserpotenzialmessung. Wie bei jeder Experimentplanung werden Fragestellung und erforderliche Messgenauigkeit die Wahl des zu verwendenden Psychrometertyps entscheiden.

Ein Beispiel aus der Wachstumsphysiologie: Abb. 19 zeigt im noch wachsenden oberen, d. h. sich noch streckenden Stängelabschnitt des Sojabohnenkeimlings ein tieferes Wasserpotenzial als im nicht mehr wachsenden, ausdifferenzierten Gewebe der Stängelbasis. Das tiefe Wasserpotenzial im oberen Stängel ist „wachstumsinduziert". Da der transpirationsbedingte Wasserfluss durch die Pflanze um das mehr als 100-fache größer sein kann als jener ins Dehnungswachstum (= Streckungswachstum), können **wachstumsinduzierte Wasserpotenziale** von den stark variierenden transpirationsinduzierten überlagert sein. Eine unterdrückte Transpiration ($\Delta w = 0$) erleichtert die Untersuchung wachstumsinduzierter Wasserpotenziale. Wir wollen im

Folgenden daher für nicht transpirierende Pflanzen klären, wie wachstumsinduzierte Wasserpotenziale zustande kommen.

Wachsendes Gewebe hat ein tiefes osmotisches Potenzial aufgrund einer erhöhten, in der Zellsynthese involvierten Metabolitkonzentration. Der dadurch bedingte Wassereinstrom in wachsendes Gewebe hebt den Turgor über einen Schwellenwert Y (= *yield threshold*; Abb. 21), oberhalb dessen die noch verformbaren Zellwände ausgedehnt werden. Es resultiert das Dehnungswachstum der Zellen, woraus für das Gewebe die Wachstumsrate $W \sim \Delta V$ folgt (Abb. 21). ΔV stellt die Summe sämtlicher Zunahmen der Zellvolumina dar. Je nach Gewebetyp hängt W auch von der Änderung der Lufträume im Gewebe ab. Der Dehnungsvorgang der Zellen verhindert eine Turgorzunahme bis auf ein Niveau, auf dem das Wasserpotenzial des wachsenden Gewebes gleich groß wird wie das des ausdifferenzierten Gewebes. Es gilt somit:

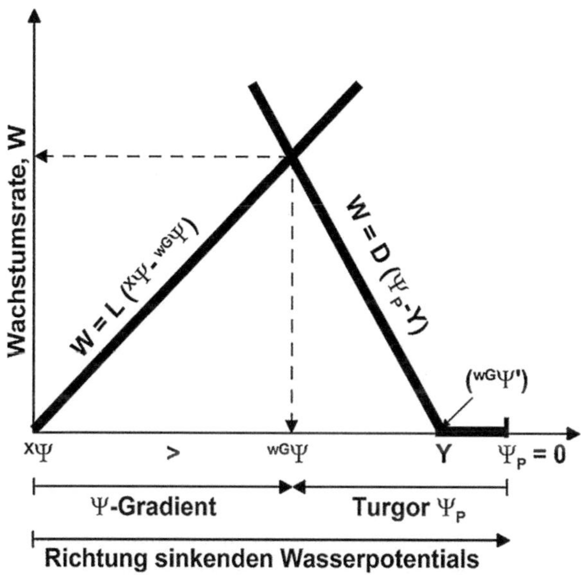

Abb. 21 **Modell zur Wachstumsregulation** (z. B. im Stängel von Sojabohnenkeimlingen). Das Dehnungswachstum hängt ab vom Zellturgor (Ψ_P) und dem für Turgor und zunehmendes Volumen erforderlichen Wassereinstrom in die Zellen. Somit ist die Wachstumsrate W gegeben als $W = D \cdot (\Psi_P - Y)$. Von diesem wird nur der Anteil oberhalb des Schwellendruckpotenzials Y (*yield threshold*) für das Wachstum wirksam, D ist der Dehnungskoeffizient. Zugleich gilt $W = L \cdot ({}^X\Psi - {}^{wG}\Psi)$. ${}^X\Psi$ ist das Wasserpotenzial im Xylem, ${}^{wG}\Psi$ das Wasserpotenzial im wachsenden Gewebe. ${}^X\Psi$ ist gleich groß wie das Wasserpotenzial im benachbarten, bereits ausdifferenzierten Gewebe (nicht gezeigt). Es gilt ${}^X\Psi > {}^{wG}\Psi$. Die Differenz ${}^X\Psi - {}^{wG}\Psi$ treibt den Wassereinstrom ins wachsende Gewebe an, L ist die Wasserleitfähigkeit des Gewebes. Im Gleichgewicht legt der Schnittpunkt der beiden Geraden das bei W herrschende „wachstumsinduzierte" Wasserpotenzial ${}^{wG}\Psi$ fest. Wird der Wassereinstrom ins wachsende Gewebe unterbunden (durch Abschneiden des benachbarten ausdifferenzierten Gewebes), dann fallen Ψ_P auf Y sowie ${}^{wG}\Psi$ und ${}^X\Psi$ auf ${}^{wG}\Psi'$. Nun sind in beiden Gleichungen die eingeklammerten Ausdrücke gleich Null, und damit ist $W = 0$. (Verändert nach Boyer et al. 1985)

$$^{wG}\Psi < {}^{aG}\Psi = {}^{X}\Psi$$

$^{wG}\Psi$ ist als Wasserpotenzial im wachsenden Gewebe also tiefer als $^{aG}\Psi$ im ausdifferenzierten. $^{aG}\Psi$ ist gleich groß wie das Wasserpotenzial im Xylem $^{X}\Psi$. Da das Xylem von der Stängelbasis bis zur Spitze reicht, herrscht über seine gesamte Länge das gleiche hohe $^{X}\Psi = {}^{aG}\Psi$ (also auch im Xylem der Stängelspitze). Somit bildet die Wasserpotenzialdifferenz in der Stängelspitze zwischen Xylem und wachsendem Rindengewebe, $^{X}\Psi > {}^{wG}\Psi$, die Voraussetzung für den im Dehnungswachstum der Rinde benötigten Wassereinstrom.

Mathematisch folgt die Rate des Dehnungswachstums W aus

$$W = D \cdot (\Psi_P - Y)$$

mit Ψ_P als Druckpotenzial, Y als Schwellenturgor des Dehnungswachstums und D als Dehnungskoeffizient der Zellwände (Abb. 21). Zugleich ist W auch gegeben durch den Wassereinstrom entlang des Wasserpotenzialgradienten $^{X}\Psi > {}^{wG}\Psi$:

$$W = L \cdot \left({}^{X}\Psi - {}^{wG}\Psi\right)$$

mit L als Wasserleitfähigkeit im wachsenden Gewebe (Abb. 21). Befindet sich das Wachstum in einem dynamischen Gleichgewicht zwischen $({}^{X}\Psi - {}^{wG}\Psi)$ und $(\Psi_P - Y)$, so folgt W als Schnittpunkt der beiden obigen Gleichungen (Abb. 21):

$$D \cdot (\Psi_P - Y) = L \cdot \left({}^{X}\Psi - {}^{wG}\Psi\right)$$

Wird der Wassereinstrom ins wachsende Gewebe unterbunden, so fällt Ψ_P auf Y zurück, da sich die noch nicht starren Zellwände bei „Wassermangel" entspannen, und es folgt $W = 0$. Dieser Zellwandeffekt wird als „*relaxation*" bezeichnet. Die Abnahme des Turgors um den Betrag $\Psi_P - Y$ ist gleich groß wie das Sinken des nun zwangsläufig noch negativer werdenden $^{wG}\Psi$; der neu erreichte Wert sei $^{wG}\Psi'$. Diese Änderung ist mit dem isopiestischen Psychrometer messbar, wenn man das wachsende Stängelgewebe von allen nichtwachsenden Nachbargeweben abtrennt (Abb. 22). Durch diesen Eingriff wird nun der im Wachstum beteiligte Turgoranteil bestimmbar:

$$\Psi_P - Y = {}^{wG}\Psi - {}^{wG}\Psi' = -0.07 \text{ MPa}$$

Nutzt man sodann das isopiestische Psychrometer als Osmometer (wie oben beschrieben) und bestimmt das osmotische Potenzial des wachsenden Gewebes, Ψ_Π, so lässt sich Y aus der Beziehung $^{wG}\Psi' = Y + \Psi_\Pi$ berechnen. Man beachte, dass ein Abtrennen ausdifferenzierten Gewebes von Nachbargeweben zu keinem Abfall des Wasserpotenzials wie im wachsenden Gewebe führt (Abb. 22).

Durchtrennt man die Pflanze an der Stängelbasis und misst das Wasserpotenzial in beiden Stängelpositionen gleichzeitig, so erkennt man einen Wasserfluss von der Stängelbasis in die Wachstumszone (Abb. 23). $^{wG}\Psi$ bleibt zunächst ca. 90 min

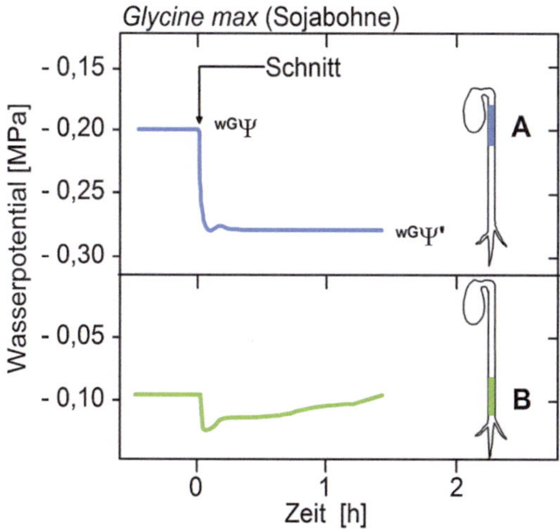

Abb. 22 Experiment I zum Modell der Wachstumsregulation (Abb. 21) mit zwei Sojabohnenkeimlingen. Je Keimling wurden mit einem isopiestischen Psychrometer die jeweils markierten Stängelbereiche untersucht. Wird das wachsende Stängelgewebe (*A*) vom benachbarten, nicht wachsenden Gewebe abgetrennt („Schnitt"), fällt das Wasserpotenzial ($^{wG}\Psi$) in der Wachstumszone abrupt um ca. 0,07 MPa auf ein neues Plateau (auf $^{wG}\Psi'$), und das Wachstum stagniert sofort (nicht gezeigt). Die Potenzialänderung $^{wG}\Psi - {}^{wG}\Psi'$ ist gleichgroß wie der vor dem Schnitt für das Wachstum wirksamc Anteil des Druckpotenzials $\Psi_P - Y$. Dagegen tritt in der ausdifferenzierten, nicht mehr wachsenden Stängelbasis (*B*) nach Trennung vom übrigen Gewebe keine signifikante Änderung des Wasserpotenzials auf. Man beachte, dass auch vor dem Schnitt das Wasserpotenzial im wachsenden Gewebe negativer (wachstumsinduziert niedriger) ist als im ausdifferenzierten. (Verändert nach Matyssek et al. 1991)

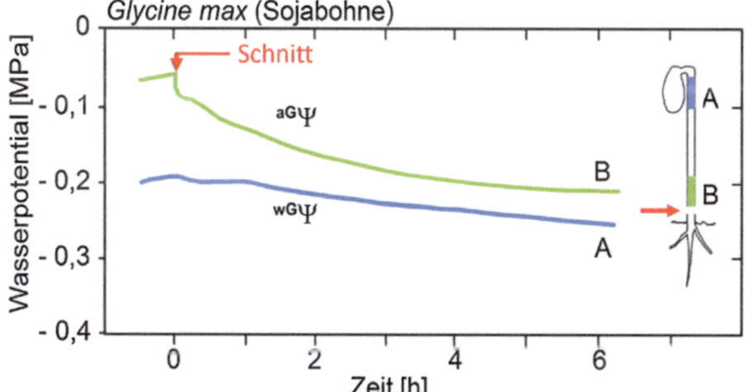

Abb. 23 Experiment II mit einem Sojabohnenkeimling zum Modell der Wachstumsregulation (s. Abb. 21). Mit zwei isopiestischen Psychrometern wurde gleichzeitig das Wasserpotenzial im wachsenden Stängelbereich (*A*) und in der nicht mehr wachsenden, ausdifferenzierten Stängelbasis (*B*) eines Keimlings bestimmt. Im Gegensatz zur Abb. 22 bleibt nach Entfernen der Wurzel („Schnitt") $^{wG}\Psi$ in der Wachstumszone ca. 90 min konstant, während $^{wG}\Psi$ in der Stängelbasis sofort zu sinken beginnt und sich $^{wG}\Psi$ annähert. Dennoch bleibt $^{aG}\Psi$ positiver als $^{wG}\Psi$. Das Sinken von $^{aG}\Psi$ und die Differenz $^{aG}\Psi - {}^{wG}\Psi$ zeigen einen Wasserstrom von der Stängelbasis (*B*) in die Wachstumszone (*A*) an, wodurch das Wachstum aufrechterhalten wird (nicht gezeigt). (Verändert nach Matyssek et al. 1991)

konstant, während $^{aG}\Psi$ sofort in der Stängelbasis sinkt! Die Durchtrennung bewirkt eine abrupte Verringerung der Wachstumsrate (nicht gezeigt, s. aber Abb. 25). Diese stabilisiert sich jedoch auf niedrigerem Niveau und steigt allmählich aufgrund der stängelinternen Wasserverlagerung wieder an. Für solche Messungen bewährt sich die kontinuierliche Registrierung von Wasserpotenzialen mit der Methode der Psychrometrie.

3 Zelldrucksonde nach Zimmermann und Steudle

Mit den bisher vorgestellten Methoden kann bei Pflanzenorganen nur Ψ und Ψ_Π direkt gemessen werden. Das Druckpotenzial Ψ_P muss man jeweils als Differenz beider Größen errechnen ($\Psi_P = \Psi - \Psi_\Pi$). Da die hierbei verwendeten Daten meist mit unterschiedlichen Methoden gewonnen wurden, sollte man das abgeleitete Ψ_P kritisch bewerten. Als weitere Möglichkeit bietet es sich an, Ψ_P aus dem Datensatz einer Druck-Volumen-Kurve für ein vorgegebenes Ψ zu extrapolieren (s. ▶ Kap. 18, „Methoden der Wasserzustandsmessung – Druckkammer und Druck-Volumen-Analyse“), wobei es sich auch hier nicht um eine direkte Messung handelt. Mit der **Drucksondenmethode**, die von Zimmermann und Steudle vorgestellt wurde (Hüsken et al. 1978), ist zumindest für einzelne Zellen eine direkte Turgormessung möglich. Durch die Untersuchung einer Vielzahl von Zellen kann man für ein Gewebe einen Mittelwert von Ψ_P bestimmen. Da auch weitere Wasserzustandsparameter mit der Drucksondenmethode zugänglich sind, ist diese nicht nur für spezielle Fragestellungen der pflanzenphysiologischen Forschung, sondern auch für die experimentelle Pflanzenökologie von Bedeutung.

Bei der **Zelldrucksonde** (Abb. 24) ist eine mit niedrig viskosem Silikonöl gefüllte Glaskapillare (Innendurchmesser ca. 0,8 mm) mit sehr fein ausgezogener und geöffneter Spitze (Innendurchmesser 2–5 µm) über eine Dichtung mit einer Plexiglaskammer verbunden. In diese, mit dem gleichen Öl gefüllte Kammer ist ein elektronischer Druckaufnehmer, sowie eine feine, freibewegliche Metallstange eingedichtet. Das Mikrometergetriebe, mit dem der Vorschub der Stange betätigt wird, kann über einen Gleichstrommotor angetrieben werden. Die gesamte Druckmessapparatur ist auf einen Mikromanipulator montiert. Unter ständiger Beobachtung über ein Mikroskop kann die Mikrokapillare in die Vakuole einer einzelnen Zelle eingestochen werden. Mit dem Einstechen drückt der Zellturgor das Öl sofort ein Stück in die Glaskapillare hinein, was man am Verschieben der Öl-Zellsaft-Grenzschicht erkennt. Es bildet sich ein Meniskus. Die dabei auftretende unerwünschte Zellvolumenänderung kann durch den Vorschub der Stange wieder ausgeglichen werden. Sobald der Meniskus wieder in der Nähe der Zelloberfläche fixiert ist, entspricht der Druck im Gehäuse dem ursprünglichen Zellturgor. Da sich der Druck über mehrere Stunden registrieren lässt, muss die Einstichwunde augenblicklich druckdicht abgeschlossen worden sein. Möglicherweise verkleben dabei die Zellmembranen mit der Glasoberfläche.

Ein solches Verkleben kann jedoch auch die Einstichöffnung der Kapillare verschließen, wodurch der Zellturgor nicht mehr erfassbar ist. Zur Vermeidung solcher

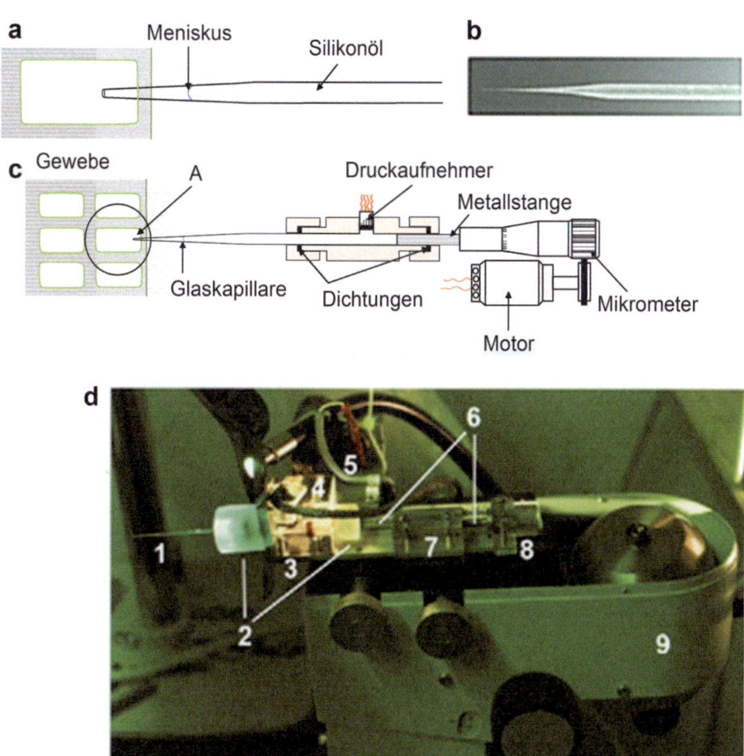

Abb. 24 Zelldrucksonde nach Zimmermann und Steudle. (**a**) schematische Darstellung: Glaskapillare nach Einstich in Zelle, der Meniskus markiert die Grenzfläche zwischen ausgetretenem Zellsaft und Silikonöl. (**b**) Glaskapillare mit Innendurchmesser von 0,8 mm an Basis und 2–5 µm an aufgebrochener Spitze. (**c**) schematische Darstellung: Zelldrucksonde und ihre Komponenten. (**d**) Zelldrucksonde in Vorbereitung des in Abb. 25 gezeigten, unter grünem Sicherheitslicht (10 µmol Photonen m^{-2} s^{-1}) an Keimlingen durchführten Experiments: 1 = mit Silikonöl gefüllte Glaskapillare, 2 = Überwurfschrauben mit O-Ringen (nicht sichtbar) zur Abdichtung der Ölfüllung; 3 = Plexiglasblock mit ölgefüllten Kanalbohrungen im Innern; 4 = elektronischer, in Plexiglasblock geschraubter und abgedichteter Druckaufnehmer; 5 = Steuerungskabel für Motor; 6 = abgedichtete Metallstange (links, in Fortsetzung der Motorachse rechts) zur motorgesteuerten Druckmanipulation; 7 = Führungsblock für Metallstange und Motorachse; 8 = Schraube und Halterung zur Positionierung des Motors; 9 = die Zelldrucksonde tragender Mikromanipulator für präzises und schonendes Einstechen der Glaskapillare in Zelle. (Weitere Details im Text; Schemata nach von Willert et al. 1995; Fotos: Matyssek)

Artefakte muss in regelmäßigen Intervallen bei geringfügiger Druckmanipulation in der Sonde beobachtet werden, ob sich der Öl-Zellsaft-Meniskus entsprechend bewegt. Ein starrer Meniskus zeigt den Verschluss der Kapillarenspitze und damit eine Fehlmessung an.

Der Miniaturdruckaufnehmer (Kulite® Semiconductor Products, Ridgefield, USA) kann in einem Gesamtbereich von 0 bis ca. 3 MPa auch sehr rasch ablaufende

Druckänderungen mit einer Genauigkeit von ca. 0,001 MPa auflösen. Er besteht aus einem Stahlplättchen, auf das eine Silikonmembran aufgebracht ist. Auf diese wurde wiederum eine Wheatstone-Brücke aufgedampft, deren Widerstände druckabhängig und im entspannten Zustand abgeglichen sind. Wird auf die Brücke Druck ausgeübt, ändern sich die Widerstände in der Brücke und damit deren Querspannung direkt proportional. Die Spannung kann sofort gemessen und aufgezeichnet werden. Der Druckaufnehmer muss kalibriert werden, was durch Druckvariation in einer über die Glaskapillare angeschlossenen Scholander-Druckkammer erzielt werden kann. Hierbei wird das Verhältnis von angelegtem Druck zu resultierendem Spannungssignal erfasst.

Ein Beispiel für den Einsatz einer Zelldrucksonde ist in Abb. 25 gegeben. In dem in Abb. 23 aufgezeigten Experiment wurden mit isopiestischen Psychrometern die Veränderung der Wasserpotenziale in wachsenden und ausdifferenzierten Geweben von Sojabohnenkeimlingen nach Entfernung der Wurzel registriert. Zur direkten Untersuchung des Zellturgors wurde zusätzlich eine Zelldrucksonde verwendet (Abb. 25). Der applizierte Schnitt zur Entfernung der Wurzel führte zum sofortigen Kollaps der Wachstumsrate, wobei der Turgor in der Wachstumszone zunächst stabil und danach weiterhin hoch blieb. Ursache war die Wasserverlagerung aus der bereits ausdifferenzierten Basis des Keimlingsstängels heraus, in dem der Turgor zeitgleich mit dem Schnitt zu sinken begann. Voraussetzung für die anhaltende Wasserverlagerung und die sich allmählich erholende Wachstumsrate war das dauerhaft niedrig und weiterhin annähernd stabil bleibende, wachstumsinduzierte Wasserpotenzial in der Wachstumszone, das unterhalb des Wasserpotenzials der Stängelbasis blieb (s. Abb. 23). Die in Abb. 23 erkennbar sich verringernde Differenz der beiden Potenzialniveaus spiegelt zusammen mit der Abnahme des Turgors in der Stängelbasis die fortgesetzte Wasserverlagerung in die Wachstumszone wider.

Die ökologische Relevanz der Ergebnisse der Abb. 23 und 25 ergibt sich aus der Feldbeobachtung, dass Keimlinge und krautige Pflanzen nach Wurzelverlust (etwa durch Herbivorie) durchaus in der Lage sind, Wachstumsprozesse, wenn auch eingeschränkt, aufrecht zu erhalten. Es bleibt somit die Möglichkeit zur Regeneration der Wurzel bestehen. Ähnlich ist die Ausbildung von pflanzlichen Organen oder kompletter Pflanzen aus Knollen heraus, ohne die Möglichkeit externer Wasseraufnahme, zu interpretieren (etwa wie bei Kartoffel). Solche Rahmenbedingungen erfordern pflanzeninterne Wasserverlagerungen, die durch wachstumsinduzierte Wasserpotenziale initiiert und in Gang gehalten werden.

Die Drucksonde bietet sich zudem als eine elegante Möglichkeit an, den **zellulären Elastizitätsmodul** zu bestimmen. Hierbei wird durch Verschieben der Stange die Öl-Zellsaft-Grenze in der Spitze der Glaskapillare rasch um eine kleine Strecke (ℓ) bewegt und die dadurch bedingte Turgoränderung (ΔP) registriert. Die Verringerung des Zellvolumens (ΔV_Z) kann man aus der Wegstrecke ℓ und den jeweiligen Innendurchmessern berechnen, da die Kapillarenspitze in diesem Bereich in guter Näherung einen Kegelstumpf darstellt. Die Innendurchmesser müssen ebenso wie die Zelldimensionen unter dem Mikroskop mithilfe entsprechender Rasterscheiben ermittelt werden. Wenn man davon ausgeht, dass die Zelle eine ideale ellipsoide oder auch kubische Form aufweist, kann auch das Gesamtvolumen der Zelle ermittelt

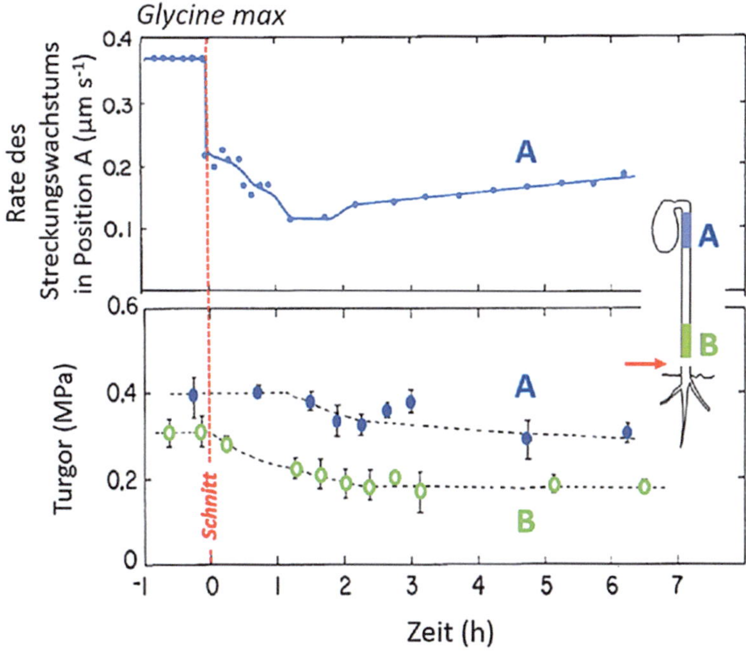

Abb. 25 Einsatz einer Zelldrucksonde in einem Experiment zur Wachstumsregulation in Sojabohnenkeimlingen (*Glycine max*) in Ergänzung zur Untersuchung der Wasserpotenziale mit isopiestischen Psychrometern (s. Abb. 23). Nach Abtrennung der Wurzel (Pfeil) und damit Unterbrechung der Wasseraufnahme kollabiert die Wachstumsrate der Wachstumszone A abrupt (senkrechte Linie), beginnt aber nach 1,5 h sich zu erholen (gemessen mit einem radialen elektrischen Drehpotenziometer der Firma Schaevitz, USA). Bei unterbrochener externer Wasseraufnahme bleibt der Turgor in A zunächst mehr als eine Stunde stabil, beginnt aber in der ausdifferenzierten Position B an der Stängelbasis sofort zu sinken. Das wachstumsinduzierte Wasserpotenzial in A zieht das Wasser aus B ab, was in A die Abnahmen sowohl des Turgors und des Wasserpotenzials weitgehend kompensiert, während in B Turgor und Wasserpotenzial fortgesetzt sinken (vergl. mit Abb. 23). Die andauernde Wasserverlagerung von A nach B vermeidet den Kollaps des Turgors in A als Antrieb der sich erholenden Wachstumsrate. Als Voraussetzung für den anhaltenden Wassereinstrom in A bleibt das hier wachstumsinduzierte Wasserpotenzial beständig niedriger als in der ausdifferenzierten Position B (s. Abb. 23). (Verändert nach Matyssek et al. 1991)

werden. Allerdings liegt der Fehler einer solchen Volumenbestimmung in der Größenordnung von 15–20 %. Führt man, wie in Abb. 26 dargestellt, diese Messungen für unterschiedliche ΔV durch, kann man aus der Beziehung zwischen Druck- und Volumenänderung den Elastizitätsmodul berechnen.

Die **zelluläre Wasserspeicherkapazität** C_Z lässt sich mit den gewonnenen Werten des Elastizitätsmoduls und der Kenntnis des osmotischen Potenzials des Zellinhaltes für ein Zellvolumen ebenfalls berechnen. Einen Wert für $^{Zelle}\Psi_{\Pi}$ kann man nach Abschluss der Messungen mit der Drucksonde aus der Presssaftanalyse mit der kryoskopischen Methode oder dem Psychrometer gewinnen. Es ist mit der Drucksonde aber auch möglich, einen Großteil des Zellinhaltes (0,2–1,0 nl) in die

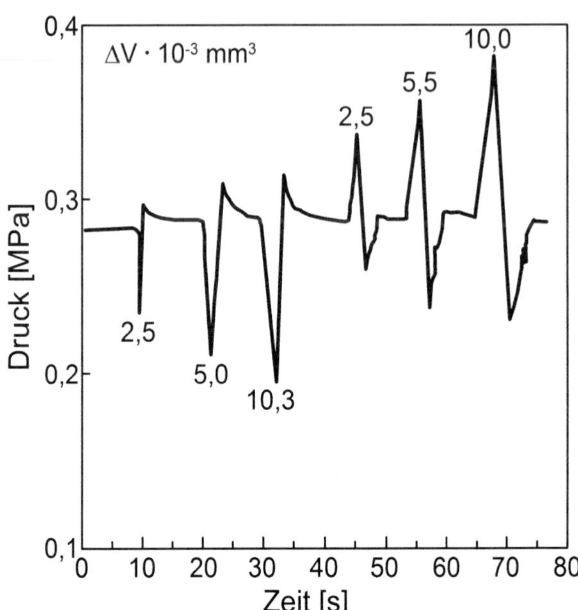

Abb. 26 **Experimentelle Bestimmung des zellulären Elastizitätsmoduls** bei großen subepidermalen Zellen von *Capsicum annuum*. Die vorgegebene rasche Verkleinerung des Zellvolumens führt bei den ersten drei Spitzen zu einer Verringerung des Turgors. Umgekehrt bewirkt eine Vergrößerung des Volumens einen Druckanstieg. (Verändert nach Rygol und Lüttge 1983)

Glaskapillare aufzunehmen. Mithilfe eines Nanoliterosmometers (Clifton Technical Physics, Hartford, USA) kann von diesem die Gefrierpunktserniedrigung und damit die Osmolarität bestimmt werden.

Bei letzterer Methode wird der Zellinhalt, in einem Tropfen Immersionsöl vor Verdunstung geschützt, in einer Vertiefung eines thermoelektrisch gekühlten Metallblocks tiefgefroren. Unter dem Mikroskop kann man nach Ausschalten der Kühlung und langsamer Erwärmung des Metallblockes die Gefrierpunktserniedrigung exakt bestimmen, woraus sich dann die osmotische Konzentration mit einer Genauigkeit von etwa 0,01 MPa berechnen lässt.

Aus der Analyse von **Druckrelaxationsexperimenten** lassen sich wertvolle Informationen über die *hydraulischen Eigenschaften* der Zellen gewinnen. Ähnlich wie bei der Bestimmung von ε geht man von einem stationären Turgor aus und ändert das Zellvolumen (und damit den Innendruck) rasch auf einen neuen Referenzwert. Es wird nun solange ein Wasserfluss in die Zelle, bzw. aus ihr heraus, auftreten, bis sich ein neuer stationärer Turgor eingestellt hat. P ändert sich dabei exponentiell mit der Zeit (Abb. 27). Trägt man den natürlichen Logarithmus der Druckänderung gegen die Zeit auf, entspricht die Steigung der Halbwertszeit ($t_{1/2}$) der Druckrelaxation und damit dem Wasserfluss. Mithilfe dieser Größe kann bei Kenntnis des Zellvolumens und der Protoplastenoberfläche die **hydraulische Leitfähigkeit** L_P nach

$$L_P = \frac{V}{A} \cdot \frac{\ln 2}{t_{1/2} \cdot (\varepsilon - \Psi_\Pi)}$$

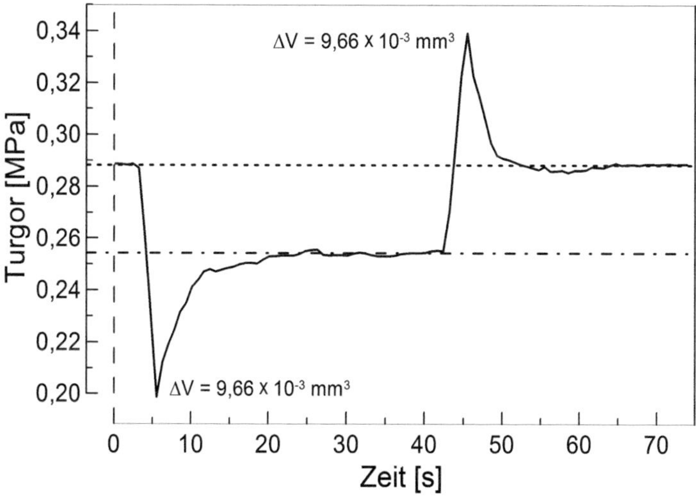

Abb. 27 **Beispiel für ein Druckrelaxationsexperiment** Nach einer plötzlichen Veränderung des Zellvolumens und, damit verbunden, des Turgors fließt so lange Wasser in die Zelle bzw. aus ihr heraus, bis sich ein neuer stationärer Zustand eingestellt hat. Die Turgoranpassung zeigt dabei einen exponentiellen Verlauf. Bedingt durch den Nettowasseraus- bzw. -einstrom, ist der neue Gleichgewichtsdruck vom Ausgangswert verschieden. Dieser sollte jedoch bei einer intakten Zelle nach einem vollständigen Zyklus von Volumenvergrößerung und -verkleinerung um exakt den gleichen Betrag wieder erreicht werden. (Verändert nach von Willert et al. 1995)

berechnet werden. L_P ist essenziell für die Bewertung des Wassertransportes in die Zelle und, bei Übertragung der ermittelten Werte auf Gewebe, letztlich auch für ein Pflanzenorgan. Unter der vereinfachten Annahme, dass alle Membranen perfekt selektiv permeabel sind, ergibt sich die Wassertransportrate J_w analog dem Ohm-Gesetz als $J_w = L_P \cdot \Delta\Psi_t$. Dieser Aspekt kann hier nur auszugsweise dargestellt werden. Für eine weiterführende Behandlung wird deshalb auf die entsprechende Spezialliteratur verwiesen (Dainty 1976; Zimmermann und Steudle 1978).

Mit der Drucksonde kann auf der zellulären Ebene eine ausführliche **Analyse des Wasserzustandes** und seiner Änderung als Reaktion der Pflanzen auf unterschiedliche Stressfaktoren, wie beispielsweise hohe Salzkonzentrationen, Trockenheit oder Kältebelastung, durchgeführt werden. Die Drucksondentechnik eignet sich zudem zur Charakterisierung von kurzzeitigen Änderungen des Druckpotenzials in den unterschiedlichen Geweben eines Blattes während der schrittweisen Variation von Umweltparametern.

In Abb. 28 ist als Beispiel die Antwort der Wasserzustandsparameter eines Blattes von *Tradescantia virginiana* auf einen plötzlichen Anstieg des Wasserdampfsättigungsdefizits Δw wiedergegeben. Mithilfe der Drucksondentechnik war es möglich, zwischen den Veränderungen des Druckpotenzials in der Epidermis und in den Mesophyllzellen zu differenzieren.

Das vorgestellte Beispiel verdeutlicht die Eignung der Drucksonde zur Klärung vieler, den Wasserhaushalt von Pflanzen betreffenden Fragen. Allerdings ist mit

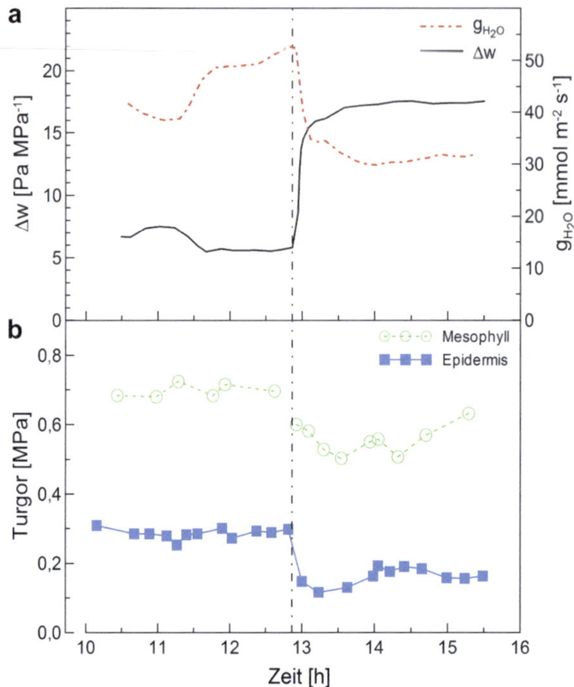

Abb. 28 **Änderung der Blattleitfähigkeit (a) und des Druckpotenzials von Epidermis- bzw. Mesophyllzellen (b)** eines Blattes von *Tradescantia virginiana* bei plötzlichem Anstieg des Wasserdampfsättigungsdefizits Δw. Die Blatttemperatur während des Versuches betrug 25 ± 1 °C, die *PPFD* 130 µmol · $m^{-2} \cdot s^{-1}$. (Verändert nach Frensch und Schulze 1988)

ausreichender Genauigkeit eine Messung, für deren perfekte Durchführung sehr viel Übung und Erfahrung vonnöten sind, nur an Objekten mit relativ großen Zellen durchzuführen. Dadurch wird die Zahl der infrage kommenden Versuchspflanzenarten eingeschränkt. Auch wird es mit zunehmendem Wasserdefizit nahezu unmöglich, eine Zelle anzustechen. Für einen Freilandeinsatz ist das System ebenfalls nur wenig geeignet.

Eine Modifikation der bisher besprochenen Methode stellt die sogenannte **Wurzeldrucksonde** (Abb. 29) dar. Mit dieser Technik kann man den Wurzeldruck abgeschnittener Wurzeln bestimmen. Sie ist auch geeignet, die hydraulischen Eigenschaften und deren Veränderungen sowohl an Wurzelspitzen als auch Wurzelsegmenten sowie ganzen Wurzelsystemen umfassend zu studieren.

Als eine weitere Variation des Grundsystems ist die **Xylemdrucksonde** (Abb. 30) zu nennen. Mit diesem Gerät ist es möglich, intakte Xylemgefäße anzustechen und direkt die Wasserspannung im Xylem, das heißt, den negativen Druck (die „Saugspannung") in den Wasserleitbahnen zu messen. Bei dieser Konstruktion werden die Glaskapillare und das Gehäuse nicht mit Silikonöl, sondern mit entgastem Wasser gefüllt, da sich an einer Öl-Wasser-Grenzfläche sehr leicht Gasblasen bilden können.

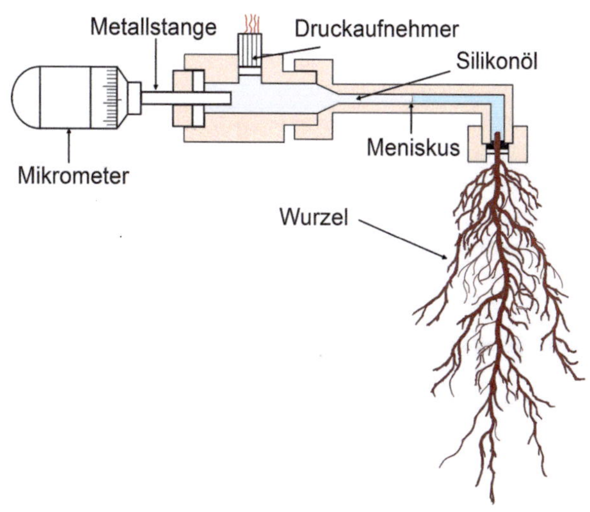

Abb. 29 Schematische Darstellung einer Wurzeldrucksonde. (Verändert nach Steudle et al. 1987)

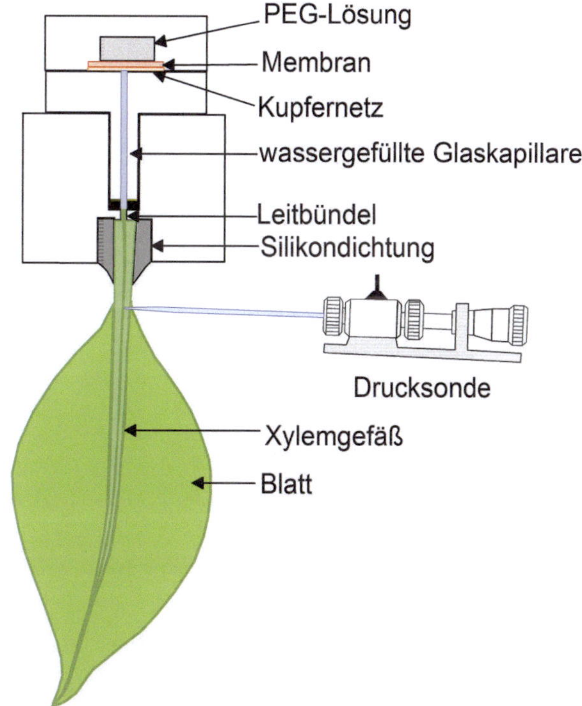

Abb. 30 Beispiel für eine Messanordnung zur experimentellen Bestimmung der Xylemspannung in einem abgeschnittenen Blatt. Ein isoliertes Leitbündel wurde mit einer zahntechnischen Silikonmasse in einer wassergefüllten Glaskapillare abgedichtet und in ein Hepp-Typ-Osmometer eingebaut. In diesem Osmometer ist eine Polyethylenglycol(PEG)-Lösung bekannter osmotischer Konzentration über eine durch ein Kupfernetz verstärkte Dialysemembran von dem offenen Ende der Glaskapillare getrennt. Ein einzelnes Gefäß des Leitbündels wurde ca. 2 cm unterhalb der Einbaustelle angestochen. (Verändert nach Balling et al. 1988)

Dies würde zu einer *Kavitation* und damit zum Abreißen des Wasserfadens in den Gefäßen führen. Deshalb findet bei der Xylemdrucksonde auch ein anderer, wasserunempfindlicher Druckaufnehmer Verwendung. Dieser kann für positive wie auch für negative Drücke kalibriert werden, indem man nacheinander von beiden Seiten der Membran mit komprimierter Luft Druck erzeugt. Negative hydrostatische Drücke bis etwa −0,5 MPa können mit diesem System bestimmt werden. Bei größeren Wasserspannungen kommt es sehr häufig zu Kavitation und damit zu einem Dampfdruckanstieg bis zum Wasserdampfsättigungsdruck. Damit wird eine weitere Messung unmöglich. Bei gut wasserversorgten Pflanzen kann mit der Xylemdrucksonde in Ergänzung zur Scholander-Druckkammer (s. ▶ Kap. 18, „Methoden der Wasserzustandsmessung – Druckkammer und Druck-Volumen-Analyse") die Wasserspannung im Xylem und deren Änderung bei unterschiedlichsten Transpirationsraten untersucht werden.

4 *In situ* Turgor-Sensor nach Zimmermann (Yara/ZIM-Sensor)

Die meisten der bisher vorgestellten Systeme zur Wasserzustandsanalyse beruhen auf hochpräzisen Geräten, die primär im Labor, zumindest aber unter semi-kontrollierten Bedingungen genutzt werden können. Aber auch für die ökophysiologische Feldforschung sowie für den praktischen Einsatz, etwa für die Bewässerungssteuerung in Landwirtschaft und Gartenbau, wurden in den letzten Jahren entsprechende Messsysteme entwickelt. Im Folgenden soll hierfür als Beispiel der *in situ*-Turgorsensor (ZIM-Sensor oder „Yara Water-Sensor") vorgestellt werden (Abb. 31). Dieser ermög-

Abb. 31 (a) **Schema eines Yara/ZIM *in situ* Blattturgorsensors** (Detail siehe Text). (**b**) Foto eines Yara/ZIM-Sensors, der an einem Olivenblatt installiert wurde. (Abb. mit freundlicher Genehmigung der Yara GmbH & Co. KG)

licht hochaufgelöst, nicht-invasiv und kontinuierlich in Echtzeit die Fernanalyse des (relativen) Blatttugors und seiner diurnalen Änderung.

Der Sensor selbst besteht aus zwei kleinen Stempeln, in denen jeweils ein Minimagnet (2,5 mm für weiche bzw. 5 mm für steife Blätter) eingebaut ist (Abb. 31a). In einem dieser Stempel befindet sich zusätzlich ein hochauflösender Drucksensor. Im anderen Stempel ist als Gegenstück der Magnet beweglich an einem Schraubengewinde befestigt. Damit lässt sich der Abstand zwischen beiden Magneten genau einstellen (Zimmermann et al. 2008).

Der Drucksensor selbst ist über ein dünnes Kabel (Länge ca. 2 m) mit einem Transmitter verbunden, der auch als batteriegespeister Messverstärker zum Anschluss von drei Messsonden fungiert. Der Transmitter wiederum gibt die eingehenden Messsignale über Kurzstreckenfunk an einen Funkempfänger mit digitalem Datalogger weiter. Dieser sammelt die Daten und sendet sie über Mobilfunk an das Kontrollzentrum des Herstellers. Dort werden die Daten zentral aufbereitet, analysiert und schließlich in einer übersichtlich interpretierbaren Form über eine Website den registrierten Endnutzern bereitgestellt.

Für die Messung werden die beiden Stempel der Sonde vorsichtig genau deckungsgleich an einem glatten, sauber-trockenen und blattrippenfreien Bereich der Blattspreite angebracht (Abb. 31b). Der Sondenteil mit dem Drucksensor sollte dabei an der Blattunterseite anheften, um die sichere und zugbelastungsfreie Verlegung des Kabels zu erleichtern. Über die Einstellung des Stempelabstandes kann der magnetische Anpressdruck im Bereich von 50 bis 370 kPa einreguliert werden. Die magnetische Anpresskraft sollte gerade so groß sein, dass die Sonde sicher und fest am Blatt anheftet und nicht durch Windeinwirkung abgeschüttelt werden kann. Diese sichere Anbringung verhindert auch das Eindringen von Regenwasser.

Es ist ratsam, die Sonden am Morgen zu installieren, wenn die Blätter einen maximalen oder zumindest hohen Turgor besitzen. Dann kann problemlos der vom Hersteller empfohlener geringer Anpressdruck von 10 bis 30 kPa eingestellt werden. Der Transmitter, der für drei Sonden ausgelegt ist, sollte an einer erhöhten Position z. B. eines Baumes angebracht werden, um eine sichere Funkübertragung zu gewährleisten.

Da das Messsystem nur eine sehr geringe immanente Temperaturempfindlichkeit (3–4 kPa im Bereich von 5 bis 30 °C) aufweist und seine Installation auch nach mehreren Wochen keine mechanischen Verletzungen bewirkt, bietet es sich für das Langzeitmonitoring des Blattwasserzustandes an. Offensichtlich ist eine ununterbrochene Nutzung der Sonden an einem Blatt auch über einen Zeitraum von zwei bis drei Monaten problemlos möglich.

Das eigentliche Messsignal für die Analyse des Blattturgors und seiner Änderung ist der magnetische Anpressdruck. Dieser nimmt zu, wenn sich mit der Abnahme des Turgors im Tagesverlauf das Wasservolumen und damit der Abstand zwischen beiden Stempeln verringert. Das eigentliche Messsignal ändert sich also invers zum Turgor (Abb. 32a). Bei Bezug auf den eingestellten Ausgangsanpressdruck lassen sich aus den kontinuierlich erhobenen Daten die relativen Änderungen des Blattturgors errechnen und so die Reaktionen der untersuchten Pflanze auf Veränderungen der Umgebungsbedingungen generell und z. B. die Wasserverfügbarkeit im

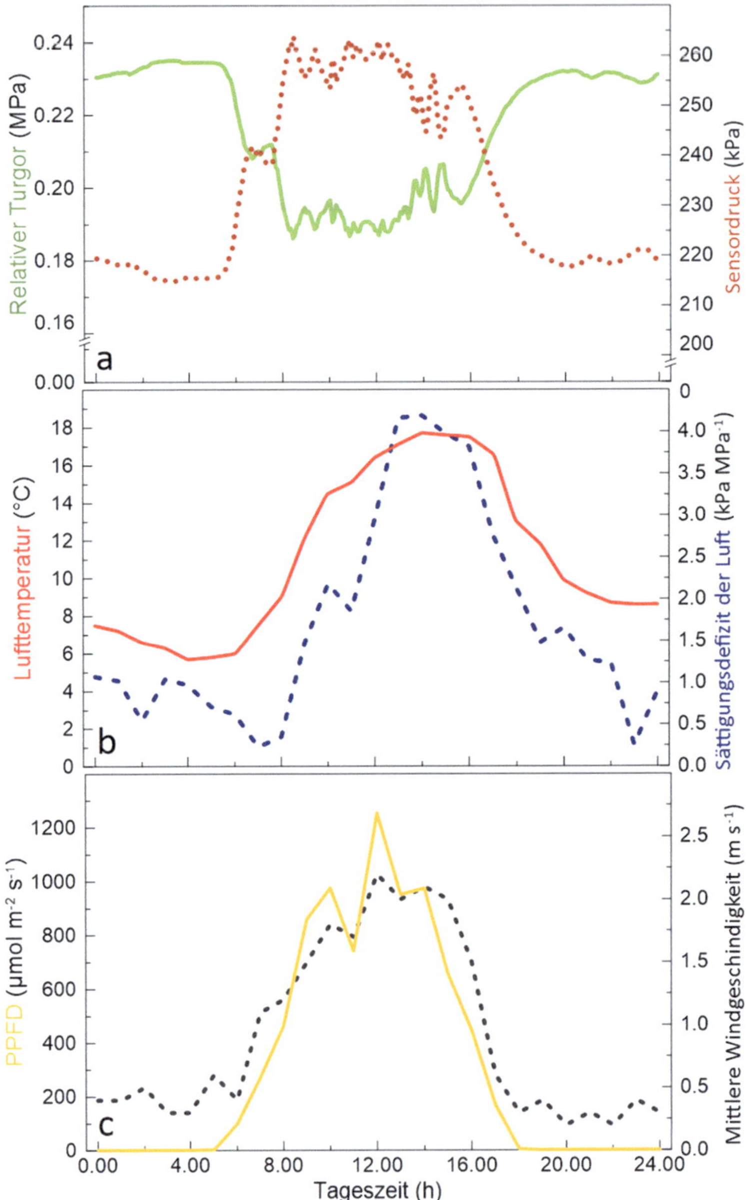

Abb. 32 (a) **Beispiel für eine diurnale *in situ*-Druckmessung mit dem Yara/ZIM-Sensor (gepunktete Linie) und des daraus errechneten relativen Turgors** eines Apfelblattes (*Malus x domestica* Borkh. „Gala") 10 Tage nach der Fruchternte. Weiterhin sind die parallel erhobenen Daten von (**b**) Lufttemperatur (rote Linie) und Sättigungsdefizit der Luft (gestrichelte blaue) sowie (**c**) der PPFD (gelbe Linie) und der mittleren Windgeschwindigkeit gezeigt. (Unveröffentlichte Daten, M Zude und WB Herppich)

Besonderen on-line verfolgen (Abb. 32b, c). Damit ist dieses System speziell zum pflanzengeführten Bewässerungsmanagement geeignet.

Abb. 32 zeigt beispielhaft die Nutzung von Yara/ZIM *in situ*-Blattturgorsensoren an einem bewässerten Apfelbaum (*Malus x domestica* Borkh. Gala'). Am Morgen des kühlen sonnigen Frühherbsttags nahm der relative Turgor des Messblattes mit dem Einsetzten der *PPFD* rasch geringfügig ab (Abb. 32a, c). Der dann auffrischende Wind verstärkte die morgendliche Abnahme von Wassergehalt und Turgor deutlicher als die moderate Zunahme von Sättigungsdefizit der Luft (VPD) und Lufttemperatur (Abb. 32a–c). Nach Erreichen des Tagesminimums blieb der relative Turgor nahezu unverändert. Dies ist wohl auf die durch die gezielte Bewässerung gewährleistete hohe Bodenwasserverfügbarkeit zurückzuführen. Am Nachmittag erholte sich dann der Blattturgor mit beginnenden Abnahmen von PPFD und VPD wieder, die Erholung war aber erst ca. 2 h nach Sonnenuntergang vollständig. Der erfasste relative Blattturgor stimmte annähernd mit den absoluten Turgordaten überein (bei Bezug auf einen absoluten Startwert), die in parallel durchgeführten Messungen von Wasserpotenzial (Scholanderdruckkammer; ▶ Kap. 18, „Methoden der Wasserzustandsmessung – Druckkammer und Druck-Volumen-Analyse“) und osmotischem Potenzial (Zellsaftanalyse; ▶ Kap. 8, „Energetik des Wassers – chemisches Potenzial und Wasserpotenzial mit seinen Teil-Komponenten“) gewonnen wurden.

Übungsfragen

- Charakterisieren Sie die folgenden Psychrometermethoden: Aspirationspsychrometer nach Assmann, Spanner-Typ, Psychrometer nach Richards und Ogata, isopiestisches Psychrometer nach Boyer und Knipling, taupunkthygrometrische Technik.
- Welchen Wasserzustandsparameter kann die Zelldrucksonde nach Zimmermann und Steudle direkt messen, im Gegensatz zu den oben genannten Psychrometertechniken?
- Was versteht man unter dem Elastizitätsmodul einer Zelle? ◀

Literatur

Balling A, Zimmermann U, Büchner K-H, Lange OL (1988) Direct measurement of negative pressure in artificial-biological Systems. Naturwissenschaften 75:409–411

Boyer LS, Cavalieri AJ, Schulze E-D (1985) Control of the rate of cell enlargement: excision, cell wall relaxation, and growth-induced water potentials. Planta 163:527–543

Dainty L (1976) Water relations of plant cells. In: Lüttge U, Pitman MG (Hrsg) Encyclopedia of plant physiology NS, 2 A. Springer, Berlin/Heidelberg/New York, S 12–35

Frensch J, Schulze E-D (1988) The effect of humidity and light on cellular water relations and diffusion conductance of leaves of *Tradescantia virginiana* L. Planta 173:554–562

Hüsken D, Steudle E, Zimmermann U (1978) Pressure probe technique for measuring water relations of cells in higher plants. Plant Physiol 61:158–163

Matyssek R, Maruyama S, Boyer JS (1991) Growth-induced water potentials may mobilize internal water for growth. Plant Cell Environ 14:917–923

Rygol J, Lüttge U (1983) Water-relation parameter of giant and normal cells of *Capsicum annuum* pericarp. Plant Cell Environ 6:545–553

Slatyer RO (1967) Plant-water relationships. Academic, London/New York

Slavik B (1974) Methods of studying plant water relations. In: Jacobs J, Lange O, Olson JS, Wieser W (Hrsg) Ecological studies, Bd 9. Springer, Berlin/Heidelberg/New York

Steudle E, Oren R, Schulze ED (1987) Water transport in maize root. Plant Physiol 84:1220–1232

Walter H, Kreeb K (1970) Protoplasmatologia II, C 6: Die Hydration und die Hydratur des Protoplasmas der Pflanzen und ihre öko-physiologische Bedeutung. Springer, Wien/New York

Willert DJ von, Matyssek R, Herppich WB (1995) Experimentelle Pflanzenökologie. Grundlagen und Anwendungen. Thieme, Stuttgart/New York

Zimmermann U, Steudle E (1978) Physical aspects of water relations of plant cells. Adv Bot Res 6:45–117

Zimmermann D, Reuss R, Westhoff M, Geßner P, Bauer W, Bamberg E, Bentrup F-W, Zimmermann U (2008) A novel, non-invasive, online monitoring, versatile and easy plant-based probe for measuring leaf water status. J Exp Bot 59:3157–3167

Methoden der Wasserzustandsmessung – Druckkammer und Druck-Volumen-Analyse 18

Inhalt

Zusammenfassung

Das große Spektrum der genutzten Messmethoden verdeutlicht, wie wichtig die Analyse des Pflanzenwasserzustandes in den experimentellen Pflanzenwissenschaften ist. Es verdeutlicht aber auch die Schwierigkeiten, die mit der exakten Bestimmung des Gesamtwasserpotenzials und seiner Komponenten verbunden ist. In diesem Kapitel wird die Druckkammermethode als ein „Klassiker“ zur Bestimmung des Gesamtwasserpotenzials von pflanzlichen Organen vorgestellt. Detailliert wird auf die Druck-Volumen-Analyse eingegangen, woraus sich Druckpotenzial und Ψ_{Π} ableiten lassen. Abschließend wird in die sogenannte Sperry-Apparatur zur Ermittlung der hydraulischen Leitfähigkeit in pflanzlichen Organen eingeführt.

Schlüsselwörter

Apoplastisches Wasservolumen · Druckkammer nach Scholander · Druck-Volumen-Kurve · Elastizitätsmodul · Fehlermöglichkeiten bei Messung mit Druckkammer · Höfler-Diagramm · PV-Analyse · Relatives Blattwasserdefizit ·

R. Matyssek, W. B. Herppich, *Experimentelle Pflanzenökologie*, Springer Reference Naturwissenschaften, https://doi.org/10.1007/978-3-662-67530-4_20

Relative Wasserspeicherkapazität · Sättigungswassergehalt · Symplastisches Wasservolumen · Turgornullpunkt

1 Druckkammermethode nach Scholander

Scholander und Mitarbeiter griffen Mitte der 1960er-Jahre (1965) eine Konstruktion von Dixon (1914) auf und verbesserten dessen Apparatur zur Messung des „Saftdruckes" von Pflanzen (vgl. auch Slavik 1974). Mit ihrer Druckkammer, oft auch als Druckbombe oder „Scholander-Bombe" bezeichnet, schufen sie eine Möglichkeit, auf einfache, schnelle und zuverlässige Weise das Gesamtwasserpotenzial von ganzen Pflanzen, Zweigen, Blättern oder sogar Blattstücken zu bestimmen – dies mit einem rein mechanisch arbeitenden und unter Feldbedingungen einsetzbaren System.

1.1 Prinzip

In einer transpirierenden Pflanze steht das hydraulische Kontinuum (der „Wassersfäden") im Xylem unter Spannung (= Tension, negativer Druck, s. ▶ Kap. 7, „Wasser in seinen drei Zustandsformen – Struktur und Chemie" und ▶ Kap. 8, „Energetik des Wassers – chemisches Potenzial und Wasserpotenzial mit seinen Teil-Komponenten"). Wird ein Blatt oder ein Zweig von der Pflanze abgeschnitten, muss sich die Spannung „entspannen" und der Meniskus des Xylemsaftes zieht sich in die Gefäße zurück. Baut man nun das Blatt oder den Zweig so in das Druckgefäß (Druckkammer) ein, dass der Stiel aus dem Deckel herausragt und erhöht im Druckgefäß den Innendruck, bis der Meniskus wieder an der Schnittfläche erscheint, so muss der in der Druckkammer herrschende positive Druck (= Überdruck) dem vor dem Abschneiden im Xylem bestehenden negativen Druck entsprechen. Diesen kann man in erster Näherung dem Blattwasserpotenzial („Blattsaugspannung") gleichsetzen.

Die Methode eignet sich gleichermaßen für den Labor- und den Freilandeinsatz. Eine Scholander-Druckkammer funktioniert rein mechanisch (ohne elektronische Bauteile) und ist deshalb wenig störanfällig. Sie ist außerdem vergleichsweise preiswert in der Anschaffung. Es verwundert daher nicht, dass die Druckkammer nach Scholander die am häufigsten verwendete Apparatur zur Bestimmung des Gesamtwasserpotenzials ist.

1.2 Aufbau der Druckkammer

Der Hauptgrund, dass sich das System von Dixon nicht durchsetzen konnte, lag wohl in der unsicheren Konstruktion der gläsernen Druckkammer begründet. Diese Probleme sind durch die von Scholander eingeführten Verbesserungen überwunden. Moderne Druckkammern werden aus Aluminium, Stahl oder Edelstahl hergestellt.

Solche Druckgefäße können je nach Auslegung Überdrücken bis zu 10 MPa und mehr standhalten. Abb. 1a zeigt eine Druckkammer im Einsatz.

Alle Scholander-Druckkammern sind prinzipiell nach dem gleichen Schema aufgebaut (Abb. 1b). Zur Erzeugung des notwendigen Überdruckes wird entweder Stickstoff oder Druckluft aus Druckflaschen verwendet. Durch ein Reduzierventil kann der Flaschendruck erniedrigt werden. Das Feinventil, mit dem der Gasdruck in der Druckkammer genau eingestellt werden kann, ist oft durch einen Zweiwegehahn gesichert. Mit diesem kann man den Gasweg von der Druckflasche zum Druckgefäß vollständig sperren. Zur Messung des angelegten Druckes dient ein hochauflösendes Manometer (oder optional heute auch elektronische Druckaufnehmer), das durch ein Überdruckventil geschützt sein sollte. Es ist sinnvoll, auswechselbare Manometer (Drucksensoren) zu verwenden, die den jeweils erwarteten Wasserpotenzialbereich abdecken. Die Druckkammer selbst kann bei manchen Modellen ausgetauscht werden, sodass das Kammervolumen der Größe des Versuchsmaterials entspricht. Der Verschlussdeckel der Kammer wird entweder mit einem Gewinde oder, günstiger, mit einem Bajonettverschluss auf dem Gefäß verriegelt. Die einzelnen Typen

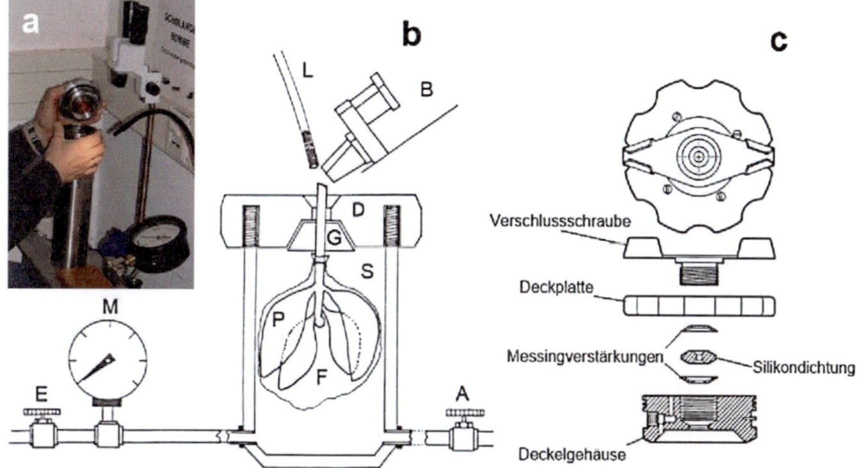

Abb. 1 **Druckkammer** nach **Scholander:** (a) Foto einer Plant Water Status Console 3000 (Soilmoisture Equipment Corp.); (b) Schematischer Aufbau mit einfacher Gummidichtung und Schraubdeckel. Die skizzierte Scholander-Kammer ist mit gesonderten Einlass- und Auslassventilen (*E* bzw. *A*) versehen. Als Dichtung, in die eine in einen Plastikbeutel (*F*) gehüllte Probe (*P*) eingelegt wird, dient ein durchbohrter, aufgeschnittener Gummistopfen (*G*). Dieser wird beim Einbau nur in eine Vertiefung im Deckel (*D*) gedrückt. Der Druck in der Edelstahlkammer (*S*) kann mit dem Manometer (*M*) überwacht werden. Die Schnittstelle am Zweig kann durch ein Binokular (*B*) beobachtet und mittels eines Lichtleiters (*L*) einer Kaltlichtquelle ausgeleuchtet werden. **(c)** Bei anderen Druckkammern wird anstelle des in **(b)** gezeigten Systems ein Deckel mit Bajonettverschluss und auswechselbaren, außerhalb des Druckgefäßes einzubauenden Silikondichtungen verwendet (in oberster Skizze Deckel in Aufsicht, darunter dessen Komponenten seitlich). Die Dichtungen sind durch Messingverstärkungen stabilisiert. (Quelle: eigene Darstellung)

von Druckkammern unterscheiden sich auch in der Art der verwendeten Dichtung, in die der Blattstiel oder Zweig eingesetzt wird. Im einfachsten Fall wird in eine Vertiefung im durchbohrten Deckel ein aufgeschnittener Gummistopfen gesetzt (Abb. 1b). Dieser wird durch den Kammerdruck gegen den Deckel abgedichtet. Bei anderen Typen kann man die Dichtung von oben her austauschen (Abb. 1c). Diese Konstruktion hat den Vorteil, dass man Dichtungen mit unterschiedlichen Öffnungen einsetzen kann. Die Bohrungen können rund sein, wenn Ästchen oder Blätter mit langen Blattstielen gemessen werden sollen. Für Grasblätter können sie schlitzförmig oder auch speziellen Bedürfnissen angepasst sein. Als Material für die Dichtungen bietet sich entweder Gummi oder Silikon an.

Zur Beobachtung der Schnittfläche ist ein batteriegestütztes digitales Kameramikroskop mit Monitor und integrierter LED-Lampe optimal geeignet. Dieses System erleichtert die Beobachtung des Messvorganges erheblich. Die Bilder können dann auch auf einem Laptop oder ähnlichem vergrößert dargestellt oder aufgezeichnet werden. Alternativ kann auch ein fest installiertes Binokular genutzt werden (Abb. 1a). Ein weiterer Vorteil beider Systeme ist auch, dass die Augen des Experimentators geschützt sind.

Weniger empfehlenswert, aber oft für die Beobachtung des Messvorganges eingesetzt werden auch Handlupen. Das Tragen einer Schutzbrille ist dann dringend empfohlen, zudem sollte man sicherheitshalber den Deckel immer nur schräg von der Seite beobachten. Bei angelegten hohen Drücken kann es vorkommen, dass empfindliche Blätter oder Zweige durch die Dichtung „geschossen“ werden.

Eine Scholander-Kammer sollte nie mit Öl gereinigt werden, da sonst beim Anlegen eines Druckes die Gefahr einer Explosion besteht. Man darf grundsätzlich nicht vergessen, dass die Arbeit mit einem Druckgefäß immer gefährlich sein kann, auch wenn die Konstruktion an sich sehr sicher ist. Eine regelmäßige, professionelle technische Überprüfung ist daher dringend angeraten.

1.3 Theorie der Druckkammermessung

Durch direkte Messung und indirekte experimentelle Ansätze konnte gezeigt werden, dass in den Leitelementen des Xylems einer transpirierenden Pflanze eine hydraulische Spannung herrscht, die als negativer Druck in Erscheinung tritt (d. h., das Wasser im hydraulischen Kontinuum des Xylems ist angespannt = „Wasserspannung“). Das Druckpotenzial im Xylem ist also negativ (${}^{\mathrm{Xylem}}\Psi_P < 0$).

Die Spannung wird dadurch bedingt, dass das Xylemwasser als Gesamtheit (hydraulisches Kontinuum) betrachtet, zwischen den Wurzel- und den Blattmesophyllzellen mit ihren unterschiedlichen Wasserpotenzialen (${}^{\mathrm{Wurzel}}\Psi > {}^{\mathrm{Xylem}}\Psi > {}^{\mathrm{Blatt}}\Psi$) „eingespannt“ ist. Schneidet man nun einen Zweig oder ein Blatt ab, erzeugt man ein großes Leck, so dass sich der negative Druck in den Wasserleitbahnen entspannt. Der hydrostatische Druck im Xylem (${}^{\mathrm{Xylem}}P$) ist dann annähernd gleich dem der umgebenden Atmosphäre ($\approx$ 0,1 MPa), wie durch direkte Messung mit einer Miniaturdrucksonde (s. ▶ Kap. 17, „Methoden der Wasserzustandsmessung – Kompensationsmethoden, Psychrometrie und Zelldrucksonde“) nachgewiesen wurde. Das bedeutet aber, dass Ψ_P dann gegen Null gehen muss.

Der Einfluss der Kapillarkräfte ist wohl gering. Dies zeigt die folgende Überlegung. Die Kraft, die das Wasser in einer Kapillare hochzieht, wird durch die Oberflächenspannung bestimmt. Wir hatten dafür die Beziehung $F_\sigma = 2 \cdot r \cdot \pi \cdot \sigma \cdot \cos\beta$ gefunden. Durch die Kohäsion wird die induzierte Spannung an die gesamte Flüssigkeit „weitergegeben“. Nach Nobel (1991) kann die Kraft, die sich der von den Gefäßwänden ausgehenden Adhäsion entgegenstellt, als das Produkt aus der Spannung und der Fläche, über die diese Kraft wirkt, angesehen werden; das heißt, $F = r^2 \cdot \pi \cdot (-P)$. Setzte man beide Kräfte gleich, kann man für die Wasserspannung P schreiben

$$P = \frac{2 \cdot r \cdot \pi \cdot \sigma \cdot \cos\beta}{-r^2 \cdot \pi} = -\frac{2 \cdot \sigma \cdot \cos\beta}{r}$$

Wenn man von einem mittleren Gefäßdurchmesser von 20 µm und einem idealen Randwinkel β von 0° ausgeht, ergibt sich für die Wasserspannung ein Wert von nur $-\,7{,}3 \cdot 10^{-3} \approx -\,0{,}01$ MPa.

Die Xylemflüssigkeit ist als eine hoch verdünnte Lösung anzusehen. Zwar wird das osmotische Potenzial im Xylem des Sprosses mit abnehmendem Blattwasserpotenzial negativer, absolut gesehen beträgt der Wert von ${}^{\mathrm{Xylem}}\Psi_\Pi$ jedoch meist weniger als 5 % des Gesamtwasserpotenzials. Das Wasserpotenzial im Xylem wird also in erster Linie durch die Druckkomponente ${}^{\mathrm{Xylem}}\Psi_P$ bestimmt. Damit ist ${}^{\mathrm{Xylem}}\Psi_P << {}^{\mathrm{Xylem}}\Psi_\Pi$ und ${}^{\mathrm{Xylem}}\Psi_t \approx {}^{\mathrm{Xylem}}\Psi_P$. Wenn sich der negative Druck im Xylem nach dem Abschneiden des Blattes oder Zweiges entspannt, wird das Xylemwasserpotenzial weniger negativ. Wasser kann dann entlang des neuen Wasserpotenzialgradienten (${}^{\mathrm{Xylem}}\Psi_t >> {}^{\mathrm{Blatt}}\Psi_t$) solange in die Mesophyllzellen des Blattes fließen, bis sich die Wasserpotenziale beider Bereiche angeglichen haben (${}^{\mathrm{Xylem}}\Psi_t >> {}^{\mathrm{Blatt}}\Psi_t$). Mit der Reduktion des Wasservolumens im Xylem muss sich auch der Wasserfaden in die Gefäße zurückziehen. Dies sollte ein sehr schneller Vorgang sein, da sowohl das Gesamtwasservolumen im Xylem als auch dessen Wasserspeicherkapazität sehr klein sind (≈ 1 % des Mesophylls).

Wenn man nun auf die Mesophyllzellen des Blattes einen Überdruck ausübt $\left(P > {}^{\mathrm{Atmosphäre}}P\right)$, leistet man Arbeit am Wasser im gesamten System und erhöht das Druckpotenzial und damit auch das Gesamtwasserpotenzial. Der Wasserfluss aus dem Xylem in das Mesophyll, der nach dem Abschneiden aufgetreten war, kehrt sich wieder um. Ist der auf das Blatt wirkende Überdruck schließlich dem Betrag nach gleich der vorher herrschenden Wasserspannung im Xylem, sollte der Ausgangszustand wieder hergestellt sein. Dann muss der Meniskus des Wasserfadens in den Gefäßen wieder an der Schnittstelle erscheinen. Der Überdruck muss somit ein Maß für die Wasserspannung im Xylem darstellen. In erster Näherung kann man ${}^{\mathrm{Xylem}}\Psi_P$ gleich ${}^{\mathrm{Xylem}}\Psi_t$ setzen, da ja das osmotische Potenzial in diesem Bereich gegen Null geht.

An einem einfachen Beispiel soll dies näher erläutert werden. Vor dem Abschneiden herrscht im Xylem eine Wasserspannung von − 0,97 MPa. Zusammen mit dem Kapillaranteil ergibt sich dann ein Druckpotenzial von − 0,98 MPa. Das osmotische

Potenzial des Xylemsaftes soll 2 % des Gesamtwasserpotenzials ausmachen. Damit gilt folgende Ausgangsbedingung

$$
\begin{aligned}
{}^{\text{Xylem}}\Psi_t = {}^{\text{Xylem}}\Psi_\Pi + {}^{\text{Xylem}}\Psi_P &> {}^{\text{Blatt}}\Psi_t = {}^{\text{Blatt}}\Psi_\Pi + {}^{\text{Blatt}}\Psi_P \\
-1{,}00 = -0{,}02 + -0{,}98 &> -1{,}01 = -1{,}31 + 0{,}30 \quad [\text{MPa}]
\end{aligned}
$$

Das mittlere Blattwasserpotenzial ist geringfügig negativer, da ein schwach transpirierendes Blatt behandelt werden soll. Nach dem Abschneiden kann man im Xylem keinen negativen Druck (Spannung) mehr feststellen, das heißt, der Druck in den Kapillaren entspricht annähernd dem der Umgebung (≈ 0,1 MPa). Das Druckpotenzial erhöht sich auf den Wert des Kapillaranteils (– 0,01 MPa).

$$
\begin{aligned}
{}^{\text{Xylem}}\Psi_t = {}^{\text{Xylem}}\Psi_\Pi + {}^{\text{Xylem}}\Psi_P &> {}^{\text{Blatt}}\Psi_t = {}^{\text{Blatt}}\Psi_\Pi + {}^{\text{Blatt}}\Psi_P \\
-0{,}03 = -0{,}02 + -0{,}01 &> -1{,}01 = -1{,}31 + 0{,}30 \quad [\text{MPa}]
\end{aligned}
$$

Wenn sich unter dieser Bedingung ein Gleichgewicht zwischen Xylem und Mesophyll eingestellt hat, müssten folgende Werte gelten

$$
\begin{aligned}
{}^{\text{Xylem}}\Psi_t = {}^{\text{Xylem}}\Psi_\Pi + {}^{\text{Xylem}}\Psi_P &= {}^{\text{Blatt}}\Psi_t = {}^{\text{Blatt}}\Psi_\Pi + {}^{\text{Blatt}}\Psi_P \\
-1{,}01 = -1{,}00 + -0{,}01 &= -1{,}01 = -1{,}31 + 0{,}30 \quad [\text{MPa}]
\end{aligned}
$$

Wurde das Blatt in das Druckgefäß eingebaut und ein Druck (${}^{G}P$) von 0,97 MPa angelegt, kann sich ein neues Gleichgewicht etablieren

$$
\begin{aligned}
{}^{\text{Xylem}}\Psi_t = {}^{\text{Xylem}}\Psi_\Pi + {}^{\text{Xylem}}\Psi_P &> {}^{\text{Blatt}}\Psi_t = {}^{\text{Blatt}}\Psi_\Pi + {}^{\text{Blatt}}\Psi_P + {}^{\text{G}}P \\
-0{,}03 = -0{,}02 + -0{,}01 &> -0{,}04 = -1{,}31 + 0{,}30 + 0{,}97 \quad [\text{MPa}]
\end{aligned}
$$

Schon unter dieser Bedingung ist der Wasserpotenzialgradient, der vor dem Abschneiden herrschte, wieder hergestellt. Auf die Mesophyllzellen wirkt dann ein Druck, der das Wasserpotenzial in diesen Zellen so weit erhöht, dass es dem Xylemwasserpotenzial unter Atmosphärendruck entspricht. Damit sollte Wasser aus dem Mesophyll in das Xylem zurückfließen und schließlich der Meniskus des Xylemwasserfadens wieder an der Schnittfläche erscheinen können. Das Wasserpotenzial muss also nicht notwendigerweise in beiden Bereichen Null sein.

Unter diesen Voraussetzungen erfasst man mit der Druckkammer nach Scholander tatsächlich die *Wasserspannung im Xylem* und *nicht* das Gesamtwasserpotenzial im Xylem oder im Mesophyll. Effektive Messgröße ist der **Kammerdruck**, bei dem der Xylemwasserfaden wieder in den Gefäßen an der Schnittstelle zu beobachten ist. Wie oben dargestellt, entspricht der Kammerdruck der Wasserspannung im Xylem, die wiederum in sehr guter Näherung dem Xylemdruckpotenzial gleichzusetzen ist. Will man das Xylemgesamtwasserpotenzial erfassen, muss das osmotische Potenzial des Xylemsaftes bestimmt und eingerechnet werden. Geschieht das nicht, so wird das Wasserpotenzial im Xylem und damit auch das Blattwasserpotenzial (${}^{\text{Xylem}}\Psi_t \approx {}^{\text{Blatt}}\Psi_t$) überschätzt, d. h. sein Betrag ist zu klein. Ein aus diesem ${}^{\text{Blatt}}\Psi_t$ und dem aus einer anschließenden Analyse des Blattpresssaftes erhaltenen osmotischen Potenzial des Blattes (${}^{\text{Blatt}}\Psi_\Pi$) errechnetes Druckpotenzial (${}^{\text{Blatt}}\Psi_P = {}^{\text{Blatt}}\Psi_t + {}^{\text{Blatt}}\Psi_\Pi$) wird zum Teil deutlich überschätzt. Dies wurde von Murphy und Smith (1994) sehr überzeugend am Beispiel der CAM-Pflanze *Kalanchoë daigremontiana* dargestellt, die eine Überschätzung des Druckpotenzials um nahezu 50 %, bezogen auf Kontrollmessungen mit einer Zelldrucksonde ermittelten.

Das Xylemwasserpotenzial ist aber auch nur dann einem mittleren, oder, wie Passioura (1982) formuliert, einem volumen- bzw. kapazitätsgemittelten Blattwasserpotenzial (annähernd) äquivalent (${}^{\text{Xylem}}\Psi_t \approx {}^{\text{Blatt}}\Psi_t$), wenn sich das Wasserpotenzialgleichgewicht nach dem Abschneiden auch tatsächlich vollständig etabliert hat. Dies muss aber nicht nur zwischen Xylem und Mesophyll, sondern über dem gesamten Blattsymplasten der Fall sein. Ist aber die hydraulische Leitfähigkeit in Teilen des Symplasten sehr klein und treten, wie bei stark transpirierenden großen Blättern leicht möglich, große Gradienten im Wasserpotenzial über der Blattspreite auf, kann sich dieses Gleichgewicht nur bedingt einstellen. Unter solchen Bedingungen erfolgt bei Druckerhöhung der Wasserfluss aus dem Mesophyll in das Xylem zuerst aus den Zellen, die das geringste Wasserdefizit besitzen. Das sind jene Zellen, die sehr nahe an den großen Gefäßen der Blattrippen liegen. Bei diesen Zellen ist auch der Weg am kürzesten. Ein solcher Wasserpotenzialgradient konnte experimentell an großen, gering trockengestressten Sonnenblumenblättern nachgewiesen werden. Mit der Scholander-Druckkammer wurden Potenziale von − 1,65 ± 0,06 MPa bestimmt. Das Wasserpotenzial des Gewebes nahe der Mittelrippe, gemessen mit einem *In-situ*-Psychrometer, betrug − 1,67 ± 0,13 MPa, am Blattrand dagegen − 2,49 ± 0,05 MPa. Es ist einsichtig, dass man in diesem und in ähnlichen Fällen die Ergebnisse der Druckkammermessung sinnvollerweise nur mit dem positivsten möglichen (feuchtesten) Blattwasserpotenzial gleichsetzten kann.

1.4 Fehlermöglichkeiten und Probleme bei der Messung mit der Scholander-Druckkammer

Aufgrund des oben vorgestellten Ansatzes sollte man erwarten, dass die Messung mit der Scholander-Druckkammer positivere Blattwasserpotenziale liefert als die Messung mit einem Psychrometer. Jedoch zeigte eine Vielzahl vornehmlich älterer Untersuchungen, dass dies meist nur bei sehr hohem Blattwasserpotenzial tatsächlich der Fall ist. Bei zunehmend negativem Wasserpotenzial wird die Wasserspannung im Xylem sehr oft geringer als Vergleichsergebnisse von ${}^{\text{Psychrometer}}\Psi_t$. Dies wird noch ausgeprägter, wenn man das errechnete Xylemwasserpotenzial (${}^{\text{Xylem}}\Psi_t = {}^{\text{Xylem}}\Psi_\Pi + {}^{\text{Xylem}}\Psi_P = {}^{\text{Xylem}}\Psi_\Pi + (-\,{}^{\text{G}}P)$) als Vergleichsgröße einsetzt. Über die Gründe hierfür kann man nur mutmaßen.

Eine mögliche Erklärung ist, dass sich nach Anlegen des Kammerdruckes das Wasser im Gewebe anders verteilt, als dies vor dem Abschneiden der Fall war. So kann sich z. B. in Blattstielen mit hohem Anteil an Markgewebe dessen Interzellularraum mit Wasser füllen. Dann ist auch ein höherer Kammerdruck nötig, um dieses zusätzliche Wasservolumen aus dem Symplasten bereitzustellen. Dies gilt offensichtlich unabhängig davon, ob sich das Gewebe im Druckgefäß (Abb. 2) oder außerhalb davon befindet (Abb. 3). Es ist deshalb sinnvoll, nicht zu lange Blattstiele oder Zweige zu verwenden, um die genannten Fehlermöglichkeiten auszuschließen. Allerdings sind solche Effekte von Pflanze zu Pflanze unterschiedlich gravierend. Natürlich sollte der Blattstiel lang genug sein, um einen idealen Einbau der Probe in die Dichtung des Kammerdeckels zu gestatten. Die Schnittfläche muss auf jeden Fall gut zu beobachten sein.

Der eingebaute Blattstiel darf **mechanisch nicht zu stark beansprucht werden**. Wird er trotz vorsichtigen Arbeitens beim Einbau abgequetscht, sollte eine neue Probe genommen werden. Ein Nachschneiden kann die Messergebnisse verfälschen. Der gemessene Gleichgewichtsdruck ist dann meist kleiner und das Blattwasserpotenzial damit überschätzt. Die genauen Gründe hierfür sind nicht bekannt, jedoch könnte vor allen Dingen bei Arten mit langen und großen Gefäßen das Gleichgewichtsvolumen verkleinert werden. Auch wird durch das Nachschneiden die Wegstrecke des Wasserfaden zurück an die Schnittfläche verkürzt. Es ist also wichtig, den Schnitt sauber und exakt auszuführen, was die ausschließliche Verwendung sehr

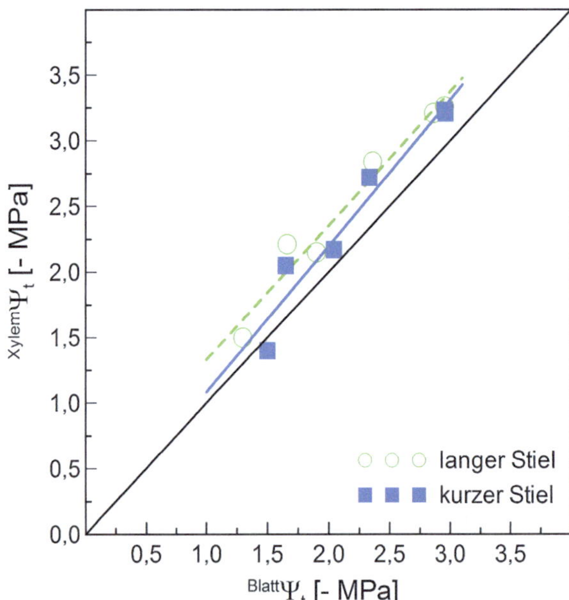

Abb. 2 **Vergleich von Xylem- und Blattwasserpotenzial von Rhododendronzweigen** (*Rhododendron roseum* Rehd.) mit langen (10–12 cm) bzw. kurzen (3–5 cm) Stielen in der Druckkammer. Das Xylemwasserpotenzial wurde als Summe aus Gleichgewichtsdruck und $^{Xylem}\Psi_{\Pi}$ abgeschätzt, das Blattwasserpotenzial mit Blattstücken in einem isopiestischen Psychrometer gemessen. Die durchschnittliche Differenz zwischen beiden Größen betrug bei den Proben mit langen Stielen 0,36 MPa und bei den mit kurzen Stielen 0,22 MPa. Der Unterschied zwischen den Ergebnissen war hoch signifikant. (Verändert nach Boyer 1967)

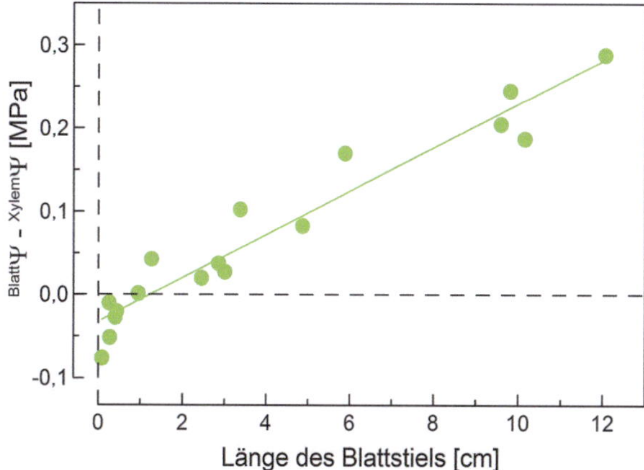

Abb. 3 **Abhängigkeit der Differenz des Wasserpotenzials**, gemessen mit einem Taupunkthygrometer ($^{Blatt}\Psi$) bzw. als Gleichgewichtsdruck mit der Scholander-Druckkammer ($^{Xylem}\Psi$), von der Länge des Blattstiels (*Manihot* spec.) außerhalb der Kammer. Bei einer Länge von 1–3 cm stimmen beide Ergebnisse sehr gut überein, sodass auch die Korrektur der Xylemspannung um $^{Xylem}\Psi_{\Pi}$ unnötig erscheint. Bei kürzeren Blattstielen ist die Xylemspannung zu positiv, bei solchen, die länger als 3 cm sind, wird die Differenz zunehmend größer. Die dargestellte Regressionsanalyse liefert eine Wahrscheinlichkeit von $r^2 = 0{,}92$. (Verändert nach Ike et al. 1978)

scharfer Rasierklingen, Mikrotomklingen oder, bei widerstandsfähigem verholzten Material, geschärfter Messer erfordert.

Transpiriert das Blatt oder der Zweig nach dem Abschneiden noch weiter, verringert sich dessen symplastischer Wassergehalt irreversibel, da kein Wasser mehr aufgenommen werden kann. Damit erniedrigt sich auch das Blattwasserpotenzial. Beachtet man dies bei der Messung mit der Scholander-Druckkammer nicht, kommt es in vielen Fällen zu einer drastischen Unterschätzung des Blattwasserpotenzials. Dies gilt besonders für Pflanzenproben, die sehr gut mit Wasser versorgt sind und/oder einen sehr hohen Elastizitätsmodul besitzen. Unter solchen Umständen bewirkt schon ein geringer Wasserverlust eine starke Erniedrigung des Wasserpotenzials. Bei hoher Transpiration und ungehinderter Wasserabgabe kann das Wasserpotenzial eines Blattes in den ersten 20 s nach dem Abschneiden um 0,7 MPa negativer werden.

Es bietet sich an, das Pflanzenmaterial bereits vor dem Abtrennen vor weiteren Wasserverlusten durch Transpiration zu schützen, indem man es in Plastik- oder Aluminiumfolie oder in eine Plastiktüte einpackt. Dadurch wird um das Blatt ein Raum geschaffen, der sich schnell mit Wasserdampf aufsättigt und einen extrem hohen Grenzschichtwiderstand erzeugt. Die Umhüllung sollte nicht zu fest sein, um eine gleichmäßige Druckeinwirkung sicherzustellen und mechanische Verletzungen des Blattes zu vermeiden. Man kann auch im Druckgefäß durch Auslegen mit einem feuchtem Tuch oder mit Filterpapier eine Atmosphäre mit hoher Luftfeuchtigkeit erzeugen. Dadurch wird ebenfalls der die Transpiration bestimmende Wasserdampfgradient kleingehalten. Vielfach wird auch die in das Gefäß geleitete Druckluft vorher angefeuchtet.

Andererseits kann **Kondensation von Wasserdampf auf dem Blatt** zu einer Wasseraufnahme (über Risse oder in Stomata eindringende Wasserfilme) und damit zu einer Erhöhung des Blattwasserpotenzials führen. Dies ist besonders dann zu beachten, wenn, wie eben dargestellt, die Druckkammer noch zusätzlich befeuchtet wird. Auch beim Aufbewahren einer abgeschnittenen Probe in einer feuchten Kammer in der Zeit zwischen Ernte und Messung kann es zu Kondensation kommen, wenn das Versuchsmaterial kälter ist als die Luft in dem Behälter. Andererseits bietet sich diese Transporttechnik immer dann an, wenn die Proben nicht unmittelbar nach der Ernte gemessen werden können. Dies ist sehr häufig im Freiland der Fall. Am besten ist es jedoch stets, so wenig Zeit wie möglich zwischen Ernte und Messung vergehen zu lassen, auch wenn die Probe gegen ungewollten Wasserverlust geschützt ist.

Ein weiterer wichtiger Punkt, der die Genauigkeit der Messergebnisse beeinflussen kann, ist die **Rate, mit der der Kammerdruck erhöht wird**. Diese sollte im Normalfall sehr gering sein und je nach Material 0,02–0,002 MPa $\cdot$ s^{-1} nicht überschreiten. Dies ist aus zwei Gründen ratsam:

(i) Eine zu schnelle Druckerhöhung führt zu einem deutlichen Temperaturanstieg in der Druckkammer (Abb. 4). Da sich das osmotische Potenzial, wie die Van-'t-Hoff-Gleichung erkennen lässt, mit der Temperatur ändert, ist es eine Grundvoraussetzung für sinnvolle Ergebnisse, unter isothermen Bedingungen zu arbeiten. Auch eine Steigerung der Stoffwechselrate und, damit verbunden, eine Änderung der osmotischen Konzentration im Symplasten ist bei länger dauernden Messungen möglich. Im Allgemeinen sollte die thermische Leitfähigkeit der Druckgefäße aber ausreichen, um die Temperatur bei niedrigen Druckerhöhungsraten nahezu konstant zu halten.

(ii) Eine Temperaturänderung tritt auch dann auf, wenn der Druck in der Kammer wieder reduziert wird (Abb. 4). Bei sehr hohen Raten kann es zu einer deutlichen Abkühlung auf Temperaturen weit unter 0 °C kommen. Das Problem ist vernachlässigbar, wenn die Probe nach Beendigung der Messung verworfen wird. Wird aber während eines Versuches der Kammerdruck erniedrigt, muss dies sehr langsam geschehen. Es ist immer ratsam, den Gleichgewichtspunkt nicht nur einmal zu bestimmen, sondern mehrmals zu überprüfen. Dazu muss der Druck in der Druckkammer soweit reduziert werden, bis der Meniskus wieder in den Gefäßen des Xylems verschwindet. Liegt, wie oben ausgeführt, unter Stressbedingung ein deutlicher Wasserpotenzialgradient über dem Blattmesophyll vor, könnte sich das Gleichgewicht bei der ersten Bestimmung des Gleichgewichtsdruckes nur mit den Zellen, die das geringste Wasserdefizit aufweisen, eingestellt haben. Das Ergebnis ist somit zu positiv. Bei der nächsten Druckerhöhung werden schon größere Gewebeteile in das Gleichgewicht einbezogen. Die Ablesung, bei dem der Meniskus wieder auftaucht, liegt dann etwas höher. Die Überprüfung führt man so lange durch, bis ein konstanter Wert erreicht wird (Abb. 5). Ist Konstanz erreicht und hat sich das Gleichgewicht tatsächlich eingestellt, kann man schon durch geringfügigste Druckänderungen den Meniskus an der Schnittstelle bewegen, ohne dass der Kammerdruck deutlich über den Gleichgewichtswert hinaus erhöht werden muss.

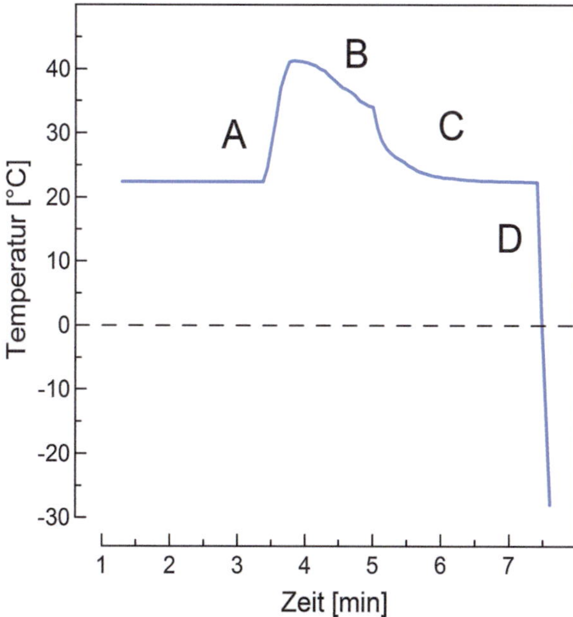

Abb. 4 Änderungen der Temperatur in einer leeren Druckkammer bei unterschiedlich schneller Druckerhöhung bzw. -senkung. Die Temperatur wurde mit einem im Druckgefäß installierten Thermoelement gemessen. Anfänglich wurde der Druck schnell erhöht (*A*), und die Luft erwärmt sich dementsprechend rasch. Bei reduzierter Rate kühlt sich die Luft wieder etwas ab (*B*). Nach Erreichen des konstanten Enddruckes geht die Temperatur allmählich wieder auf den Wert der Raumtemperatur zurück (*C*). Eine sehr starke Abkühlung registriert man, wenn der Druck schlagartig abgebaut wird (*D*). (Verändert nach Ritchie und Hinkley 1975)

Eine **exakte Bestimmung des Gleichgewichtspunktes** ist ausschlaggebend für die Genauigkeit der Messung. Dazu muss man aber sicher festlegen können, wann der Meniskus in den Gefäßen des Xylems wieder an der Schnittfläche auftaucht. Bei vielen Arten ist eine solche Bestimmung problemlos möglich. Oft wird der Bereich der Leitbündel kurz vor dem Erreichen des Endpunktes dunkler, da sich die bis dahin luftgefüllten Tracheen und/oder Tracheiden wieder mit Wasser füllen. Ist man sich nicht sicher, kann man den vermeintlichen Gleichgewichtsdruck notieren und dann den Kammerdruck noch geringfügig erhöhen, bis ein deutlicher Tropfen auf den Gefäßen sichtbar ist. Natürlich muss vermieden werden, den Endpunkt zu überschreiten und Wasser aus dem Xylem heraus fließen zu lassen. Dadurch würde das Wasservolumen fälschlich reduziert und so das Wasserpotenzial unterschätzt.

Bei manchen Arten kann es schwierig sein, den Bereich des Xylems genau zu erkennen. Dies kann zu Problemen führen, wenn Wasser aus anderen Strukturen des Blattstieles oder des Zweiges fehlerhaft herausgepresst wird, z. B. wenn dünnwandige Rindenparenchymzellen durch den Einbau in die Dichtung verletzt wurden. Schon bei geringem Kammerdruck kann dann aus diesem Bereich symplastisches Wasser mechanisch herausgepresst werden. Dadurch wird der Gleichgewichtsdruck

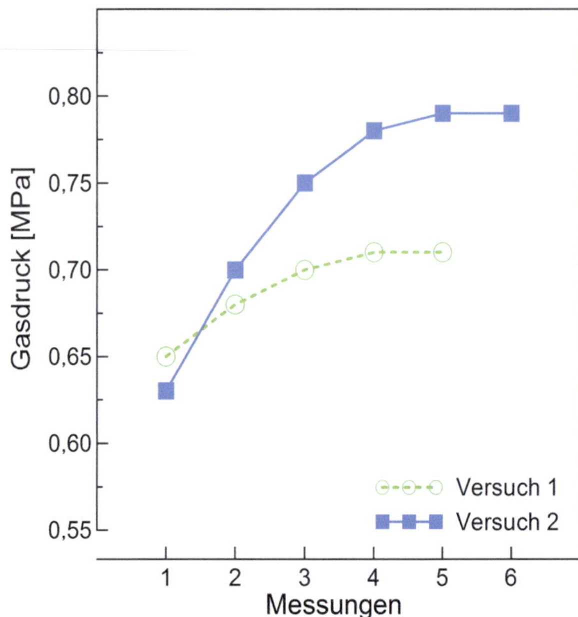

Abb. 5 **Beispiel für die Druckkammermessungen** an zwei jungen Trieben von *Taxus baccata*. Der registrierte Wert des Kammerdruckes steigt nach den ersten Ablesungen noch weiter an, da sich ein Wasserpotenzialgleichgewicht im Material offensichtlich sehr langsam einstellt. Der tatsächliche Gleichgewichtsdruck ist bei diesem Versuch erst nach drei- bzw. viermaliger Bestimmung erreicht. Die Triebe waren zur Vermeidung von Wasserverlusten mit Aluminiumfolie umhüllt. Zusätzlich wurde das Druckgefäß mit feuchtem Zelltuch ausgelegt. (Quelle: eigene Darstellung Herppich)

deutlich unterschätzt. Vergleichbar problematisch ist die Endpunktbestimmung, wenn die Pflanze Milchsaft, Schleim oder Harz absondert. Diese Substanzen fließen meist schon bei niedrigen Drücken aus den Kanälen und überfluten die Schnittfläche. Andere Pflanzen wie z. B. *Pisum* besitzen einen hohlen Blattstiel. Diese bilden nicht nur permanente Gaslecks, es kann auch sehr leicht mit dem Wasser aus verletzten Parenchymzellen zur Schaumbildung kommen. Dadurch wird nicht nur ein falscher, viel zu niedriger Gleichgewichtsdruck vorgetäuscht, sondern auch die weitere Beobachtung der Leitbündel erschwert. Es ist dann hilfreich mit einem Filterpapierstreifen oder einem Papiertaschentuch die Oberfläche abzutrocknen. Vor jedem Versuch mit neuen Objekten ist unbedingt die Lage der Xylemelemente zu klären, um Probleme auszuschließen. Auch ist eine Probemessung vor Beginn des eigentlichen Versuches immer empfehlenswert.

Berücksichtigt man alle notwendigen Vorgaben, lassen sich mit einer Druckkammer schnell und unkompliziert Blattwasserpotenziale ermitteln, die gut mit mittels Psychrometertechnik gewonnenen Ergebnissen übereinstimmen. Viele Autoren erachten die letztere als die wesentlich exaktere Technik und sehen die Druckkammermethode eher als eine Möglichkeit an, mit ausreichender Genauigkeit vor allem im Freiland relative Änderungen des Wasserpotenzials, etwa im Tagesverlauf oder während zunehmendem Trockenstress, zu gewinnen (Abb. 6). Allerdings weist Turner (1988) daraufhin, dass auch die Psychrometertechnik ihre Tücken und Schwierigkeiten besitzt. Nach seiner Meinung ist es bei weitem noch nicht klar, welche dieser Möglichkeiten tatsächlich die verlässlichste ist und als Standard dienen sollte.

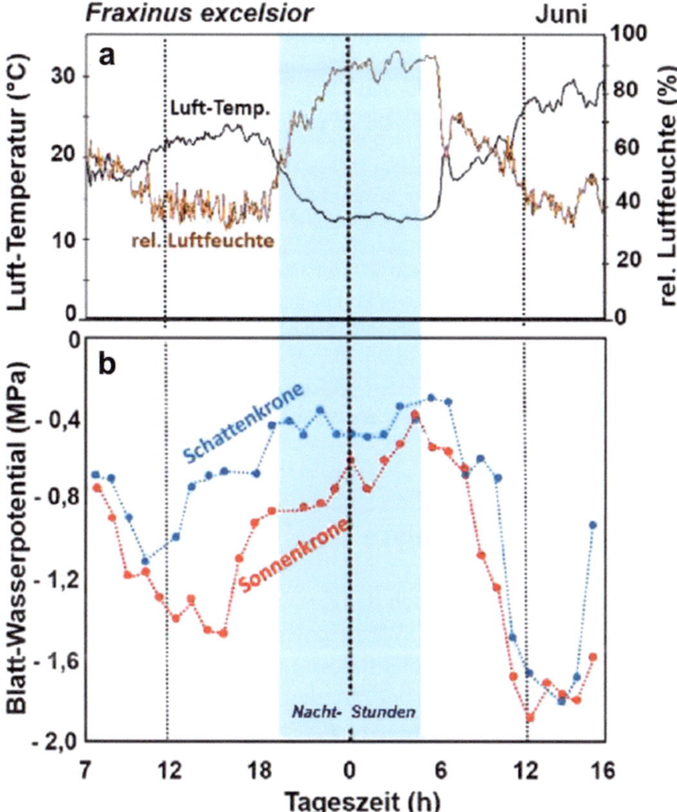

Abb. 6 Tagesgänge von Lufttemperatur, relativer Luftfeuchte (**a**) und Wasserpotenzial (**b**) von Blättern der Sonnen- und Schattenkrone einer ca. 10 m hohen Esche (*Fraxinus excelsior*) in einem lichten Baumbestand im Juni. Die Daten in (**a**) wurden mit einem ventilierten, kombinierten Temperatur- und (kapazitiven) Feuchtesensor des Herstellers Rotronic (s. ▶ Kap. 9, „Physik des Wasserdampfes – Luftfeuchte und Wasserdampfgradienten") kontinuierlich aufgezeichnet, während die Wasserpotenziale (**b**) diskontinuierlich mit einer Druckkammer (Plant Water Status Console 3000, Soilmoisture Equipment Corp.) ermittelt wurden. Die Datenpunkte in (**b**), gemittelt aus 2–4 Messungen, wurden zur erleichterten Kenntlichmachung der Wasserpotenzialverläufe und deren Unterschieden zwischen Sonnen- und Schattenblättern mit Linien verbunden. (Daten: studentisches Feldpraktikum)

Hintergrundinformation

Die Tagesgänge des Wasserpotenzials in Abb. 6 zeigen vor allem während der zweiten Tageshälfte in den Blättern der Sonnenkrone niedrigere Werte als in den Schattenblättern. Ursachen sind der längere Transportweg (und damit eine höhere Reibung) für das Wasser in die Sonnen- als die darunter und im Kronenzentrum gelegene Schattenkrone, aber auch die stärkere Besonnung der Sonnenblätter. Diese bedingt eine höhere Blatttemperatur und daher auch einen größeren Wasserdampfgradienten zwischen Blatt und umgebender Luft (Δw) (vergl. ▶ Kap. 9, „Physik des Wasserdampfes – Luftfeuchte und Wasserdampfgradienten") als dies in den Schattenblättern der Fall ist. Daher transpirieren die Sonnenblätter stärker, und entsprechend nimmt ihr Wasserpotenzial deutlicher ab. Die Differenz zwischen den Wasserpotenzialverläufen in Sonnen- und Schattenkrone verringerte sich erst nachts bei fehlender Einstrahlung, sinkender Temperatur und daraus folgendem Anstieg der relativen Luftfeuchte von ca. 40 auf über 90 %.

Bemerkenswert ist der zweite in Abb. 6 gezeigte Tag, während dem die Lufttemperatur auf bis zu 30 °C anstieg (nach ca. 13 °C nachts und < 25 °C am Vortag). Die deutliche Temperaturerhöhung führte bis 12:00 Uhr zu einer raschen Abnahme des Wasserpotenzials in beiden Kronenbereichen. Die Potenzialminima lagen bei – 1,9 und – 1,7 MPa in Sonnen- bzw. Schattenblättern, gegenüber – 1,4 bzw. – 1,1 MPa am Vortag. Diese Unterschiede ergaben sich trotz identischer relativer Luftfeuchte von ca. 40 %, da bei gleicher relativer Luftfeuchte, aber erhöhter Temperatur Δw und damit die Transpirationsrate überproportional zunahmen (vergl. ▶ Kap. 9, „Physik des Wasserdampfes – Luftfeuchte und Wasserdampfgradienten"). Ab etwa 14:00 Uhr begannen sich die Wasserpotenziale an beiden Tagen zu erholen. Auffällig ist auch, dass während der Lichtstunden die Verläufe von Lufttemperatur und relativer Luftfeuchte stärker streuten als nachts. Hierfür ist die Besonnung tagsüber verantwortlich, da diese die freie Konvektion und damit Bildung von „micro-eddies" antreibt (vergl. ▶ Kap. 6, „Bewegte Luft – Wind, Grenzschicht, Konvektion und deren Bestimmung"), deren turbulent aufsteigende warme Luftpakete gegen kühlere sinkende Luft ausgetauscht werden.

2 Druck-Volumen-Analyse

Mit dem Höfler-Diagramm lässt sich der Zusammenhang zwischen dem Volumen einer Einzelzelle sowie deren Wasserpotenzial und dessen Komponenten (s. ▶ Kap. 16, „Wasserzustand der Pflanze") anschaulich darstellen. Die Beziehung gilt nicht nur für einzelne Zellen, sondern kann auch auf Gewebe und ganze Pflanzenorgane übertragen werden (Abb. 7). Scholander und Mitarbeiter (1965) zeigten einen Weg auf, wie man diesen Zusammenhang experimentell leicht nachvollziehen kann. Einen wichtigen Ansatz zur umfassenden Auswertung der dabei erhaltenen Daten konnten Tyree und Hammel (1972) vorstellen. Bei dieser sogenannten Druck-Volumen-Analyse wird bei einem Zweig oder Blatt der Versuchspflanze das Wasservolumen sukzessive um einen kleinen Betrag verringert und jeweils das sich anschließend neu einstellende Gesamtwasserpotenzial gemessen. Führt man dies Schritt für Schritt durch, kann man eine **Druck-Volumen-Kurve** (*pressure-volume curve*, **PV-Kurve**) erarbeiten (Abb. 8). Mit deren Hilfe lassen sich in einem einzigen Arbeitsgang viele wichtige Wasserzustandsparameter ableiten, die mit anderen Methoden nur wesentlich umständlicher und zeitaufwendiger zu gewinnen sind. Dies ist auch der Grund für die Popularität des Druck-Volumen-Ansatzes in der ökologischen Forschung. Wie man die Daten für eine solche PV-Kurve gewinnt und analysiert, werden wir im Folgenden ausführlich darstellen.

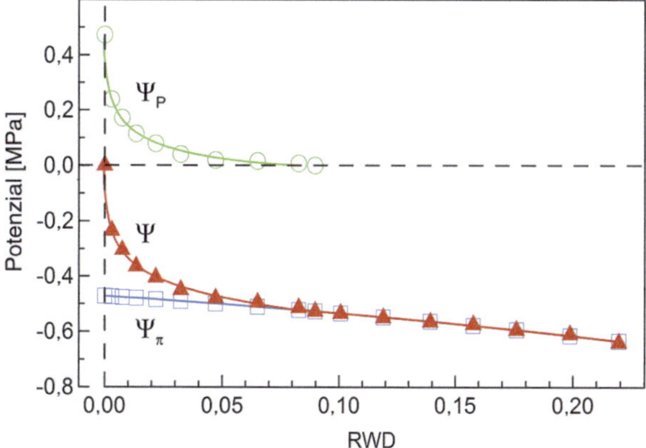

Abb. 7 **Ein Höfler-Diagramm**, das den Zusammenhang zwischen dem relativen Wasserdefizit (RWD) und dem Wasserpotenzial bzw. seiner Komponenten für ein Pflanzenorgan beschreibt, lässt sich aus den Daten einer Druck-Volumen-Analyse konstruieren. Als Versuchsmaterial für das hier vorgestellte Diagramm diente ein Zweig der CAM-Sukkulenten *Plectranthus marrubioides*. (Quelle: eigene Darstellung Herppich)

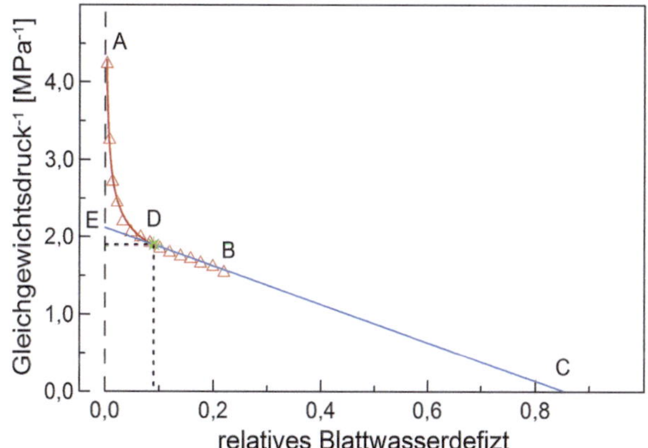

Abb. 8 **Die Druck-Volumen-Kurve**. Aus einer Druck-Volumen-Kurve, die den Kehrwert des Wasserpotenzials als Funktion des relativen Wasserdefizits darstellt, lässt sich eine Vielzahl von Wasserzustandsparametern ableiten. Durch die Extrapolation des linearen Kurvenabschnittes (*B* bis *D*) kann man einerseits in *E* das osmotische Potenzial bei voller Turgeszenz $\left({}^{\text{Sätt}}\Psi_{\Pi} = {}^{\max}\Psi_{P}\right)$ und anderseits den symplastischen ($RWD = 0$ bis *C*) bzw. apoplastischen (*C* bis $RWD = 1$) Anteil am gesamten Wasservolumen abschätzen. Mit Punkt *D* ist der Turgornullpunkt angegeben, der sich sowohl durch den Wert des Wasserpotenzials als auch durch den des *RWD* beschreiben lässt. Durch die Analyse des nichtlinearen Bereiches (*A* bis *D*) kann man für jeden Wasserpotenzialwert das entsprechende Druck- bzw. osmotische Potenzial berechnen. (Quelle: eigene Darstellung; Daten Herppich)

2.1 Durchführung der Messung

Es gibt verschiedene Möglichkeiten, das Wasservolumen des Versuchsblattes oder -zweiges zu verringern. Scholander und Mitarbeiter schlugen vor, Xylemsaft vom Versuchsobjekt auszupressen. Bei dieser Technik wird ein vorgewogenes und gegen Wasserverlust durch Transpiration geschütztes Blatt oder ein Zweig in eine Scholander-Druckkammer eingebaut. Nachdem der Gleichgewichtsdruck bestimmt wurde, erhöht man den Druck geringfügig. Die nach Druckerhöhung austretende Flüssigkeit wird quantitativ aufgefangen. Hierzu können Einwegpipettenspitzen dienen, die teilweise mit Zellstoff gefüllt wurden, der die austretende Flüssigkeit aufsaugt und in der Pipettenspitze vor Verdunstung schützt. Man lässt den Überdruck über eine vorher festgelegte Zeitperiode (5–15 min) einwirken und reduziert danach den Druck unter den zuletzt gemessenen Gleichgewichtsdruck. Die ausgeflossene Wassermenge wird sofort gewogen und danach der neue Gleichgewichtsdruck bestimmt. Diese Prozedur wiederholt man solange, bis ausreichend Daten für die Erstellung einer PV-Kurve vorliegen.

Ob die Zahl der Datenpaare tatsächlich genügt, sollte immer sofort überprüft werden. Dazu fertigt man zweckmäßigerweise begleitend zur Messung eine Arbeitszeichnung wie in Abb. 9 an, in der man den reziproken Gleichgewichtsdruck gegen das bis zu diesem Zeitpunkt ausgetretene Wasser aufträgt. In dieser Auftragung ist die Änderung der Größe $1/{}^{G}P$ mit dem ausgetretenen Wasservolumen dann linear korreliert, wenn das Druckpotenzial des Gewebes gleich Null ist, denn wenn $\Psi_P = 0$ ist, gilt $\Psi = \Psi_\Pi$ und damit $-\Psi_t = {}^{G}P = N/V_w \cdot \mathrm{R} \cdot T$ bzw.

$$\frac{1}{{}^{G}P} = V_w \cdot \frac{1}{N \cdot \mathrm{R} \cdot T} \tag{1}$$

Für eine vollständige Auswertung müssen genügend Datenpaare aus dem linearen Funktionsbereich vorliegen. Erst dann können die Messungen beendet, das Blatt ausgebaut und nachgewogen werden.

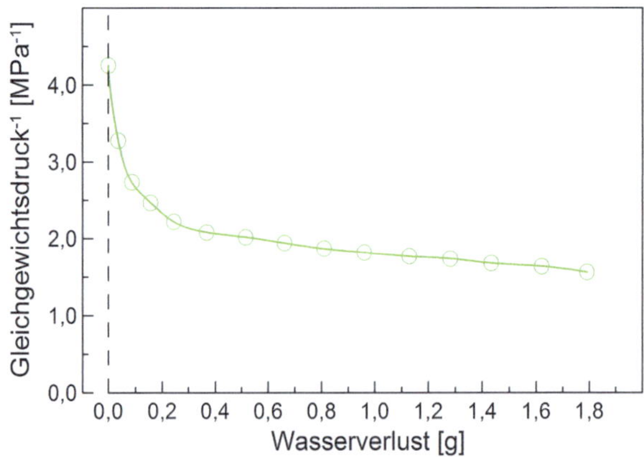

Abb. 9 „Arbeitszeichnung" der während der Messung gewonnenen Daten zur PV-Kurve. Mit ihr kann man sofort abschätzen, ob ausreichend Datenpaare erfasst wurden. Dabei ist es wichtig, dass der lineare Bereich gut charakterisiert wird. Der hier dargestellte Datensatz wurde mit *Plectranthus marrubioides* nach der „Auspressmethode" gewonnen. (Quelle eigene Darstellung; Daten Herppich)

Für die Bestimmung der Trockenmasse belässt man das Material bis zur Gewichtskonstanz bei ca. 85 °C in einem Trockenschrank. Aus der Trockenmasse und der Ausgangsfrischmasse kann man den absoluten Gewebewassergehalt berechnen. Die momentane Frischmasse wiederum erhält man aus der Anfangsfrischmasse und den abgesonderten und aufgefangenen Wassermengen.

2.2 Alternative Methoden der Versuchsdurchführung

Probleme wirft die vorgestellte Methode immer dann auf, wenn die hydraulische Leitfähigkeit des Gewebes sehr niedrig ist, da dann die Mesophyllzellen unterschiedlich schnell dehydriert werden. Es kann somit zu einem künstlichen Wasserpotenzialgradienten im Blatt kommen, was zwangsläufig zu einer Überschätzung der Potenziale führt. Als Lösung bietet sich an, den Überdruck solange anliegen zu lassen, bis kein Xylemsaft mehr austritt. Der eingestellte Kammerdruck ist dann als neuer Gleichgewichtswert anzusehen. Dieses Verfahren ist allerdings überaus zeitaufwendig. Außerdem birgt die lange Verweilzeit des Pflanzengutes in der Druckkammer die Gefahr einer Membranschädigung.

Der Wasserverlust des Blattes oder Zweiges kann statt durch „Auspressen" auch über die **Transpiration** erfolgen. Bei diesem Vorgehen muss nach dem Bestimmen des Gleichgewichtsdruckes das Objekt wieder ausgebaut und seine Frischmasse bestimmt werden. Nach einiger Zeit wird es wieder gewogen, eingebaut und der neue Gleichgewichtsdruck bestimmt. Als Massebezug kann beispielsweise der Mittelwert der Frischmasse vor und nach jeder Druckkammermessung dienen. Wie auch bei den anderen Techniken sollte das Blatt in der Druckkammer nicht zusätzlich Wasser abgeben. Sinnvollerweise packt man die Probe während dieser Zeit in Aluminium- oder Plastikfolie ein.

Ein Vorteil dieses Vorgehens ist, dass die Druckkammer nicht von einem einzigen Objekt mehrere Stunden belegt ist, sodass sich mehrere Blätter parallel untersuchen lassen. Außerdem wird das Problem einer ungleichmäßigen Dehydrierung infolge schlechter hydraulischer Leitfähigkeit im Gewebe umgangen.

Andererseits ist aber die mechanische Belastung für das Material durch das häufige Ein- und Ausbauen und das Erhöhen und Erniedrigen des Kammerdruckes ungleich größer. Dies kann rasch zu einer Teilzerstörung des Gewebes führen. Bei manchen Objekten, speziell solchen, die eine geringe Transpiration zeigen, kann die Wasserabgabe sehr langsam erfolgen. Hierdurch kann das Erreichen des linearen Kurvenverlaufes vorgetäuscht und der Versuch zu früh abgebrochen werden (Abb. 10a). Die weitere Auswertung führt dadurch zu Fehlinterpretationen (Abb. 10b).

Als Beispiel sei hier eine Messung mit *Taxus baccata* angeführt. Trägt man den Kehrwert des Gleichgewichtsdruckes gegen den gemessenen Wasserverlust auf (Abb. 10a), hat man mit den letzten fünf Messwerten vermeintlich den linearen Bereich erreicht. Ein Bezug auf das relative Wasserdefizit, wie in Abb. 10b dargestellt, zeigt dagegen, dass dies ein Trugschluss ist. Ein Turgorverlust des Nadelgewebes ist offensichtlich noch nicht eingetreten. Die weitere Extrapolation des

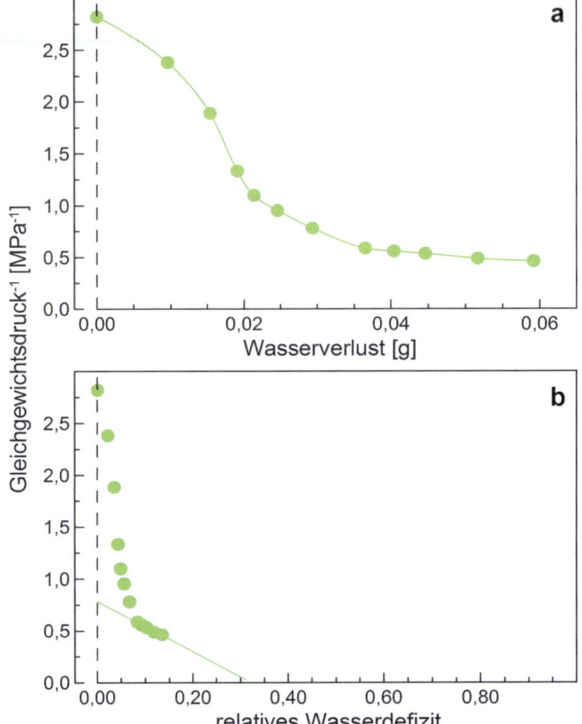

Abb. 10 **(a) Die Werte für diese PV-Kurve** wurden mit *Taxus baccata* nach der **Transpirationsmethode** gewonnen. Der verwendete Zweig konnte in der Zeit zwischen den Gleichgewichtsdruckmessungen, auf dem Labortisch liegend, frei transpirieren. Mit den letzten fünf Datenpaaren dieser Druck-Volumen-Beziehung ist der lineare Bereich scheinbar ausreichend beschrieben. **(b)** Die **genaue Analyse** zeigt jedoch, dass der Turgornullpunkt ganz offensichtlich noch nicht erreicht wurde. Dadurch ergeben sich bei der Auswertung dieser Daten unrealistische Werte für $^{\text{Sätt}}\Psi_{\Pi}$ und für den symplastischen Wasseranteil. Die Gesamtmessdauer betrug ca. 6 h. (Quelle: eigene Darstellung; Daten Herppich)

linearen Teils der Kurve schätzt einen unrealistischen Wert von nur ≈ 32 % für den symplastischen Anteil an der Gesamtwassermenge ab, der normalerweise zwischen 70 und 90 % liegt. Ganz offensichtlich war der Wasserverlust und, damit verbunden, die Änderung des Wasserpotenzials über den Versuchsverlauf von immerhin 6 h noch zu gering. Durch Erhöhung der Transpiration im Luftstrom eines Ventilators kann der Wasserverlust beschleunigt werden (Abb. 11a). Allerdings dauert die Erstellung einer PV-Kurve selbst dann noch weit mehr als 6 h, wodurch der Vorteil der größeren Probenzahl wieder ausgeglichen wird. Die „Auspress"-Methode liefert in diesem Fall vergleichbare Ergebnisse in wesentlich geringerer Zeit (Abb. 11b) und über einen größeren Ausschnitt des relativen Blattwasserdefizits.

Um die Änderung des Wasserpotenzials mit der Abnahme des Wassergehaltes zu erfassen, kann auch die **psychrometrische Methode** verwendet werden. Bei einem

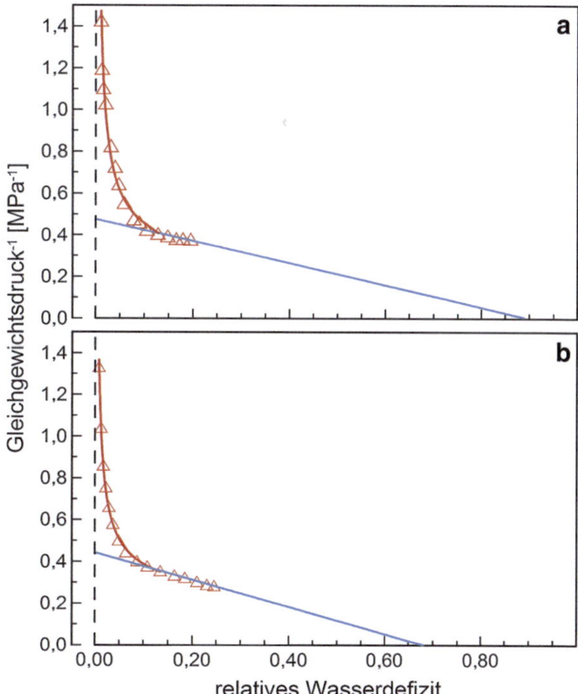

Abb. 11 Vergleich von PV-Kurven, die mit Zweigen von *Taxus baccata* nach der Transpirationsmethode (**a**) bzw. nach der „Auspress"-Methode (**b**) erstellt worden waren. Um bei der Transpirationsmethode die Versuchszeit auf 6 h zu begrenzen, muss die Transpiration des Zweiges erhöht werden (z. B. im Luftstrom eines Ventilators). Die beiden Methoden liefern mit dem gleichen Material ähnliche, aber nicht identische Ergebnisse. (Quelle: eigene Darstellung; Daten Herppich)

möglichen Ansatz mit dieser Technik lässt man eine Vielzahl gleichartiger Blätter des Versuchsmaterials auf dem Labortisch transpirieren und nimmt immer wieder zu verschiedenen Zeiten davon mehrere Blattstückproben. Ein Teil davon kann zur Messung des Blattwasserpotenzials im Psychrometer eingesetzt werden, ein weiterer dient zur Bestimmung des relativen Wassergehaltes, beispielsweise nach den im ▶ Kap. 17, „Methoden der Wasserzustandsmessung – Kompensationsmethoden, Psychrometrie und Zelldrucksonde" beschriebenen Methoden. Das osmotische Potenzial kann ebenfalls im Psychrometer nach Einfrieren und Wiederauftauen der Blattstücke gemessen werden. Allerdings bedarf dieser sehr arbeitsintensive und zeitaufwendige Ansatz zur sinnvollen Durchführung einer großen Anzahl an (nicht billigen) Psychrometern. Wilson et al. (1979) konnten außerdem zeigen, dass mit dieser Methode eine sehr große Streuung der Messwerte in Kauf genommen werden muss. Verglichen mit Daten, die mit der Druckkammermethode erarbeitet wurden, waren auch die Ergebnisse weniger konsistent.

Auch an abgeschnittenen Blättern kann mit einem ***In-situ*-Taupunkthygrometer** (z. B. Wescor L-51-Blattklammer) die Abnahme des Wasserpotenzials mit der Zunahme des Blattwasserdefizits verfolgt werden. Dies ist diskontinuierlich möglich. Dann muss das vorbehandelte und gewogene Blatt rasch in einer sorgfältig kalibrierten Blattklammer installiert werden. Das Einstellen des Wasserdampfgleichgewichtes kann nun durch wiederholte Messung der Thermospannung verfolgt

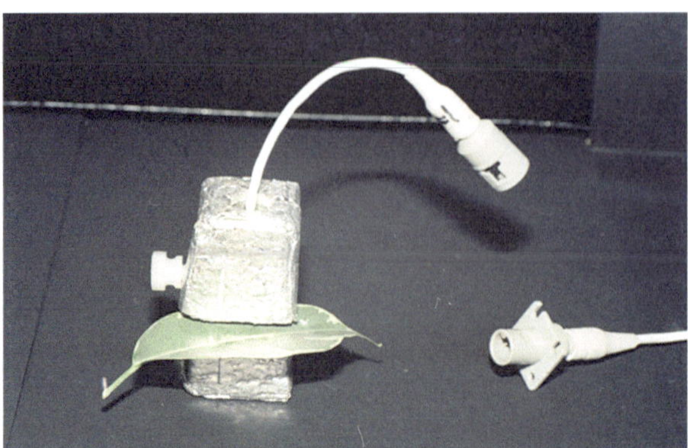

Abb. 12 **Um mit dem *In-situ*-Taupunkthygrometer für die Erstellung einer PV-Kurve nach der Transpirationsmethode** kontinuierlich das Blattwasserpotenzial messen zu können, musste eine L-51-Blattklammer (Wescor) geringfügig modifiziert werden. Dazu wurde das Kabel etwa 10 cm vom Sensor entfernt durchtrennt und beide Enden mit Steckverbindungen versehen. Zur Wägung wurde die Wasserpotenzialmessung kurz unterbrochen, die Blattklammer vom Mikrovoltmeter getrennt und mit dem eingebauten Blatt auf die Waage gestellt. Anschließend wurde das Taupunkthygrometer wieder angeschlossen und die Wasserpotenzialmessung fortgesetzt. Ein Ausbau des Blattes ist somit nicht nötig. (Foto Herppich)

werden. Dabei nimmt diese anfänglich ab. Ist jedoch der Angleich erreicht, nimmt das Signal mit dem abnehmenden Wasserpotenzial wieder zu. Ist dies der Fall, muss der Wert registriert, das Blatt wieder ausgebaut und nachgewogen werden. Dieser Vorgang ist dann wie gewohnt über mehrere Stunden zu wiederholen.

Wesentlich einfacher ist es allerdings, mit einer geringfügig modifizierten L-51-Blattklammer (Abb. 12) kontinuierlich zu messen. Hierfür wird das Kabel des Taupunkthygrometers etwa 10 cm vom Sensor entfernt durchtrennt und mit einer Steckverbindung versehen. Das Blatt wird noch an der Pflanze oder dem Zweig in die Blattklammer eingebaut. So kann die Einstellung des thermischen und des Wasserdampfgleichgewichtes verfolgt werden. Ist dieser Zustand erreicht, wird das Blatt vorsichtig abgeschnitten, die Blattklammer vom Mikrovoltmeter abgekoppelt und die gesamte Anordnung gewogen. Danach schließt man das Hygrometer wieder an das Messgerät an und kann die Änderung der Thermospannung weiter verfolgen. Dieser Vorgang muss in regelmäßigen Abständen wiederholt werden, bis genügend Datenpaare erfasst wurden. Mit den erhaltenen Ergebnissen lässt sich in der oben angegebenen Weise eine Druck-Volumen-Kurve wie in Abb. 13 zeichnen. Die letztgenannte Methodik eignet sich besonders für sehr empfindliches Pflanzenmaterial, das durch die Messung in der Scholander-Druckkammer leicht mechanisch verletzt würde.

Welche der hier vorgeschlagenen Methoden gewählt werden sollte, ist eine Frage der zu untersuchenden Proben. Bei richtiger und sorgfältiger Versuchsdurchführung liefern alle Methoden gute Ergebnisse. Andererseits ist keine Methode frei von Problemen und Fehlermöglichkeiten. Die Messung mit einem *In-situ*-Taupunkthygrometer ist nicht brauchbar, will man den Wasserzustand von Koniferen bewer-

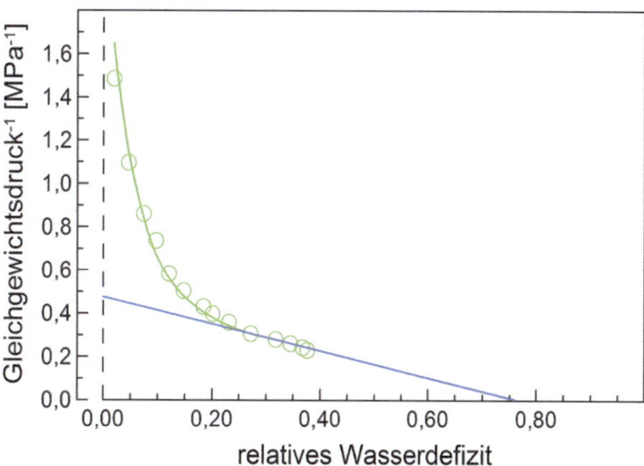

Abb. 13 **Beispiel für eine PV-Kurve** mit einem Blatt von *Quercus robur*, bei der die Wasserpotenzialdaten nach der Transpirationsmethode mit einem *In-situ*-Taupunkthygrometer gemessen wurden. (Quelle: eigene Darstellung; Daten Herppich)

ten. Auch bedarf die Methode der freien Transpiration bei diesen Pflanzen oft eines sehr großen Zeitaufwandes. Deshalb ist hier das „Auspressen“ von Xylemsaft günstiger. Das gilt auch für viele sukkulente Pflanzen. Speziell CAM-Pflanzen schließen nach dem Abschneiden der Blätter sehr rasch und vollständig die Stomata, was die Anwendung der Transpirationsmethode ausschließt. Untersucht man dagegen den Wasserzustand empfindlicher Laubblätter, empfiehlt sich die *In-situ*-Technik. Es ist also immer angebracht, in Vorversuchen die für das Untersuchungsobjekt bestgeeignete Methode auszuwählen.

2.3 Auswertung und Interpretation der Ergebnisse

Zur weiteren Auswertung der Daten kann man das schon in Abb. 9 vorgeschlagene Auftragen des reziproken Gleichgewichtsdruckes gegen die abgegebene Wassermenge verwenden, wie dies in Abb. 14 gezeigt ist. Meist wird diese Beziehung allerdings als Funktion des relativen Wasserdefizits oder des relativen Wasserdefizits wie in Abb. 7 dargestellt. Dies ist übersichtlich und informativ. Voraussetzung für die Umrechnung ist jedoch, dass der Sättigungswassergehalt des Versuchsobjektes bestimmt werden kann. Vielfach wird deshalb das Material vor dem Versuch „künstlich“ aufgesättigt. Dies geschicht am einfachsten, indem das Blatt oder der Zweig unter Wasser abgeschnitten wird und dann für eine bestimmte Zeit mit dem Stiel in demineralisiertem Wasser in einem Aufsättigungsgefäß unter sehr hoher Luftfeuchte verbleibt. Um Substanzverlust durch Respiration zu verhindern, kann man die Proben während dieser Zeit mit Licht geringer Intensität (Kompensationslichtstärke) beleuchten. Als Sättigungsmasse definiert man die Frischmasse, die nach einem vorher festgelegten Zeitraum, etwa 2–24 h oder einfach „über Nacht“, bestimmt wird.

Es wurde auch vorgeschlagen, die Versuchspflanzen vor Versuchsbeginn reichlich zu gießen und bei hoher Luftfeuchtigkeit zu kultivieren. Durch die einge-

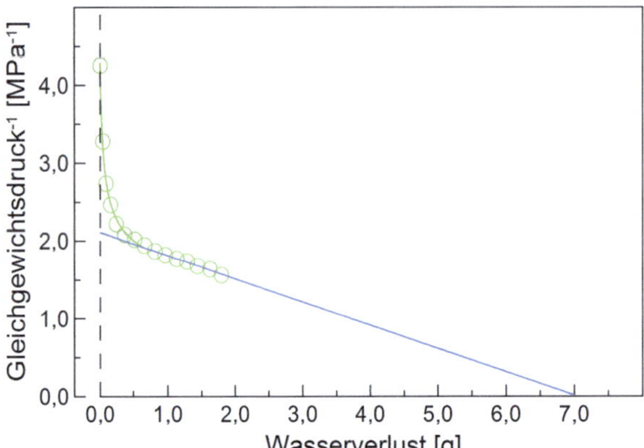

Abb. 14 Die Darstellung des inversen Gleichgewichtsdruckes als Funktion des Wasserverlustes (Abb. 9) kann auch zur weiteren Auswertung verwendet werden. Auf diese Weise ist es sehr schnell möglich, $^{\text{Sätt}}\Psi_{\Pi}$ und $^{\text{TNP}}\Psi$ zu ermitteln. Der symplastische Wassergehalt kann dagegen nur als ein Absolutwert berechnet werden. Um einen Vergleich mit anderem Versuchsmaterial zu ermöglichen, ist aber die Umrechnung auf die relative Größe unbedingt erforderlich. (Quelle: eigene Darstellung; Daten Herppich)

schränkte Transpiration und die gute Bodenwasserverfügbarkeit kann sich das Material auf „natürliche" Weise aufsättigen. Dieses Verfahren setzt voraus, dass die Pflanzen über ein funktionsfähiges Wurzelsystem verfügen, das sofort das angebotene Wasser absorbieren kann. Als weitere Methode ist die schnelle Aufsättigung in der Scholander-Druckkammer zu nennen. Nach dem Einbau des Versuchsblattes wird hierbei der Druck in der Kammer geringfügig über den Gleichgewichtswert erhöht. Über die Schnittfläche wird dann ein kleines Gefäß mit demineralisiertem Wasser gebracht und anschließend der Druck relativ schnell vermindert, wodurch das Wasser in die Pflanze aufgenommen wird. Man kann das Blatt auch so in die Druckkammer einbauen, dass die Blattspreite außerhalb bleibt und der Stiel in einen mit Wasser gefüllten Behälter in der Kammer eintaucht. Anschließend wird der Druck erhöht, bis Guttation am Blatt auftritt.

Abgesehen davon, dass für manche Pflanzenproben eine natürliche Wassersättigung ($^{\text{Gewebe}}\Psi = 0$!) nicht zu existieren scheint, kann die experimentelle Aufsättigung des Pflanzenmaterials zu einer artifiziellen Veränderung nahezu aller Wasserzustandsparameter führen (Meinzer et al. 1986). Eine mögliche Ursache hierfür könnte in einer Übersättigung des Gewebes durch die künstliche Wasseraufnahme bestehen. Dabei könnten beispielsweise die Lufträume der Interzellularen mit Wasser gefüllt werden. Es wird aber auch eine apoplastische Wasserspeicherung in Zellwandbereichen mit hohem Schleimanteil diskutiert. Ebenso wäre eine rein mechanische Überdehnung und plastische Verformung der Zellwände denkbar. Unabhängig von der Ursache dient bei einer Übersättigung ein zusätzlich verfügbarer apoplastischer Wasseranteil offensichtlich immer als freier, nichtosmotischer Wasserspeicher. Dies lässt sich in einer PV-Kurve daran erkennen, dass eine anfäng-

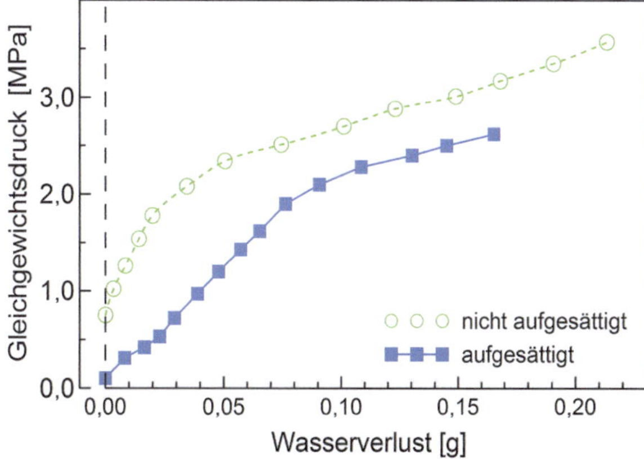

Abb. 15 Vergleich der Änderung des Gleichgewichtsdruckes in Abhängigkeit vom Wasserverlust bei aufgesättigten und nicht aufgesättigten Zweigen von *Taxus baccata*. Rehydriert man die Zweige vor Beginn des Versuches künstlich, kommt es oft zu einer Übersättigung des Gewebes. Wasser gelangt dabei möglicherweise in vorher luftgefüllte Interzellularräume und dient dann als frei verfügbarer Wasserspeicher. Dadurch kommt es bei der Erstellung einer PV-Kurve anfangs zu einem deutlichen Wasserverlust ohne entsprechende Änderung des Wasserpotenzials. Dies äußert sich bei der Auftragung des Gleichgewichtsdruckes als Funktion des Wasserverlustes in einer Schulter im Bereich der ersten Messwerte. (Quelle: eigene Darstellung; Daten Herppich)

lich rasche Massenabnahme nicht von einer entsprechend deutlichen Änderung des Wasserpotenzials begleitet ist. Vielmehr kommt es zur Ausbildung einer charakteristischen Schulter im Anfangsbereich der PV-Kurve, wie dies in Abb. 15 dargestellt ist. Es spricht vieles dafür, dass ein Artefakt vorliegt, also nicht auf die tatsächlichen elastischen Eigenschaften des Zellwandmaterials im Pflanzenorgan zurückzuführen ist. Deshalb sollte man, wenn möglich, auf eine künstliche Aufsättigung verzichten. Dennoch kann es bei trockengestresstem Material zweckmäßig sein, den teilentleerten symplastischen Wasserspeicher wieder „etwas" zu füllen. Dazu genügt es aber meist, die Probe unter Wasser anzuschneiden und für 10–20 min in einer Aufsättigungskammer (mit eingetauchtem Blattstiel) zu belassen.

Nach der im Höfler-Diagramm dargestellten Beziehung zwischen Wassergehalt und Wasserpotenzial ist die Sättigung eines Blattes mit Wasser dann erreicht, wenn das Wasserpotenzial den Wert Null annimmt. Man kann folglich den Sättigungswert durch Extrapolation aus den Daten der Druck-Volumen-Analyse ableiten, ohne das Material vorher Aufsättigen zu müssen. So können die ersten Wertepaare, die sehr oft einen linearen Zusammenhang zwischen Wasserverlust und Gleichgewichtsdruck vermuten lassen, durch Regressionsanalyse ausgewertet werden. Vielfach ergibt ein einfaches exponentielles Modell jedoch bessere Resultate. Ein grafischer Vergleich beider Verfahren ist in Abb. 16 vorgestellt.

In dem in Abb. 17 dargestellten Modell wird davon ausgegangen, dass sich die Abhängigkeit von Wasserpotenzial und Frischmasse durch eine Exponentialfunktion hinreichend beschreiben lässt (Sinclair und Venables 1983). Wenn man für diesen Zusammenhang den Ansatz

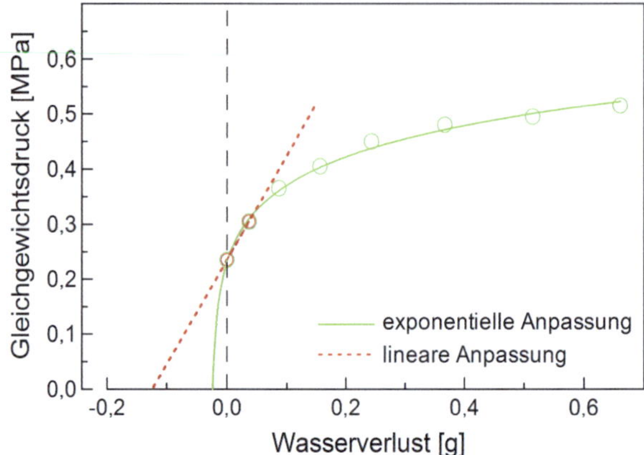

Abb. 16 Exponentielle und lineare Extrapolation der Sättigungsfrischmasse. Wenn das Versuchsmaterial zu Beginn der PV-Messung nicht aufgesättigt wurde, kann die Sättigungsfrischmasse durch grafische Extrapolation ermittelt werden. Dies kann durch lineare Extrapolation über die ersten Wertepaare des Datensatzes geschehen. Oft ergibt aber eine exponentielle Anpassung bessere Resultate. Der „negative Wasserverlust" entspricht dem Wasser, das bis zur Sättigung fehlt. Die Verfahren sind im Text erläutert. (Quelle: eigene Darstellung; Daten Herppich)

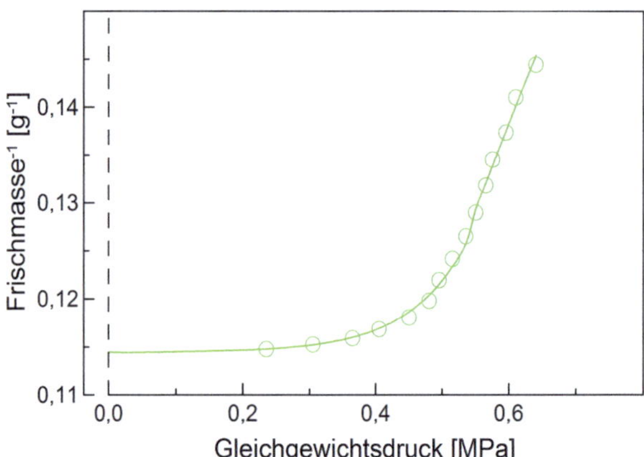

Abb. 17 Beispiel für die Extrapolation der Sättigungsfrischmasse durch die in einem einfachen Verfahren optimierte exponentielle Anpassung des gesamten Datensatzes. Dargestellt wird dies an einer PV-Kurve, die an einem Zweig von *Plectranthus marrubioides* mit der „Auspress"-Methode gewonnen wurde. Die gemessenen Werte sind durch *Kreise*, die errechnete Anpassung mit einer *durchgezogenen Linie* symbolisiert. Nähere Erläuterungen zu dem verwendeten Modell sind dem Text zu entnehmen. (Quelle: eigene Darstellung; Daten Herppich)

$$\frac{1}{FM} = a \cdot \exp^{b*G}P$$

wählt, ist eine Extrapolation der Sättigungsfrischmasse möglich (Abb. 17).

Mit der linearisierten Form $\ln(FM^{-1}) = \ln\ a + b \cdot {}^{G}P = \ln\ a + b \cdot \Psi$ können der Konstantenterm a und der Regressionskoeffizient b durch Regressionsanalyse ermittelt werden. In dem vorgestellten Beispiel wurde das Modell durch ein einfaches eindimensionales Näherungsverfahren optimiert.

Aus der ermittelten Sättigungsfrischmasse und der Trockenmasse kann man den gesuchten **Sättigungswassergehalt** $WG_{\text{Sätt}}$ nach

$$WG_{\text{Sätt}} = \frac{FM_{\text{Sätt}} - TM}{TM}$$

errechnen. Mit $WG_{\text{Sätt}}$ hat man einen wichtigen Wasserzustandsparameter ermittelt. Der Sättigungswassergehalt kann nämlich als ein Maß für das **maximale Wasservolumen** dienen, das ein Pflanzenorgan erreichen kann. Es gibt Hinweise, dass sich dieses Volumen mit zunehmendem Trockenstress verringert. Bei einigen Arten findet sich ein deutlicher Zusammenhang zwischen der Änderung des Sättigungswassergehaltes und einer osmotischen Adaptation.

Für jeden Datensatz der Druck-Volumen-Beziehung kann nun der relative Wassergehalt RWG bzw. das relative Wasserdefizit RWD (s. ▶ Kap. 16, „Wasserzustand der Pflanze") berechnet werden

$$RWG = \frac{FM - TM}{FM_{\text{Sätt}} - TM}$$

$$RWD = 1 - RWG$$

Damit hat man alle Größen erfasst, die für die Erstellung einer Druck-Volumen-Kurve, wie sie in Abb. 8 dargestellt ist, benötigt werden. Wie schon angesprochen, ist der Verlauf einer PV-Kurve zweiteilig. Der erste Abschnitt (A bis D) ist dabei nichtlinear, da sich hier das Gesamtwasserpotenzial aus der Summe von osmotischem und Druckpotenzial ergibt. Nach Unterschreiten des Turgornullpunktes ($\Psi_P = 0$) sind das osmotische und das Gesamtwasserpotenzial identisch ($\Psi = \Psi_\Pi$). Damit muss auch, wie mit Gl. 1 gezeigt, der weitere Verlauf linear sein. Extrapoliert man diesen Abschnitt, also ${}^{G}P^{-1} = \Psi^{-1} = f(RWD)$, gegen ein relatives Wasserdefizit von Null ($RWG = 1$), bekommt man einen Wert für das **osmotische Potenzial bei voller Sättigung,** ${}^{\text{Sätt}}\boldsymbol{\Psi}_\Pi$ (Abb. 8, Punkt E). Dieser Parameter lässt sich in der PV-Analyse typischerweise nahezu fehlerfrei ermitteln, da die Extrapolation nur über einen relativ kleinen, meist gut charakterisierten Bereich des relativen Wasserdefizits erfolgt.

${}^{\text{Sätt}}\Psi_\Pi$ erlaubt es beispielsweise, eine **Akkumulation osmotisch wirksamer Substanzen** unabhängig von gleichzeitig auftretenden Veränderungen des Lösungsvolumens, das heißt, des Zell- oder Gewebevolumens, zu registrieren. Hierin liegt der Vorteil gegenüber der ausschließlichen Messung des aktuellen Gesamtwasserpotenzials, des osmotischen Potenzials und des Blattwassergehaltes. Somit kann ${}^{\text{Sätt}}\Psi_\Pi$ wichtige Hinweise auf das Ausmaß einer osmotischen Anpassung (*osmotic adjustment*) als Reaktion der Pflanzen auf Trocken- oder Salzstress geben. Das osmotische Potenzial bei voller Sättigung erlaubt es natürlich auch, den **maximal möglichen Turgor** zu bewerten.

Die aktive Nettoanhäufung der im Zellsaft gelösten Substanzen kann eine, zumindest teilweise, Aufrechterhaltung des Turgors (*turgor maintenance*) unter den genannten Stressbedingungen auch bei abnehmendem Wassergehalt gewährleisten. Durch die Anpassung des Gesamtwasserpotenzials können die physiologischen Funktionen bei zunehmendem Wasserverlust über einen längeren Zeitraum aufrechterhalten werden. Ein weiterer, im Zusammenhang mit der osmotischen Anpassung wichtiger Wert ist der **Turgornullpunkt** (TNP). In diesem Punkt sollte die PV-Kurve vom nichtlinearen in den linearen Teil übergehen (Abb. 8, Punkt D). Man kann den Wert sowohl durch das Wasserpotenzial bzw. das osmotische Potenzial (${}^{\mathrm{TNP}}\Psi$ bzw. ${}^{\mathrm{TNP}}\Psi_{\Pi}$) als auch durch das relative Wasserdefizit bzw. den relativen Wassergehalt (${}^{\mathrm{TNP}}RWD$ bzw. ${}^{\mathrm{TNP}}RWG$) beschreiben.

Leider sind alle diese Größen nicht ähnlich exakt festlegbar wie etwa ${}^{\mathrm{Sätt}}\Psi_{\Pi}$. So ist es sehr unwahrscheinlich, dass in allen Zellen des untersuchten Gewebes gleichzeitig der Turgorverlust eintritt. Man sollte deshalb eigentlich eher von einem **Turgorverlustbereich** sprechen. Das bedeutet wiederum, dass ${}^{\mathrm{TNP}}\Psi$ bestenfalls einen Mittelwert oder Extremwert angeben kann. Als ein weiteres Problem ist hier das nicht ausschließbare subjektive Moment bei der Bestimmung eines Fixpunktes zu nennen. Trotz vieler Bemühungen um eine mathematische Vereinheitlichung und Objektivierung (Schulte und Hinckley 1985) ist es nicht immer möglich, den Übergang vom nichtlinearen zum linearen Teil genau festzulegen.

Im einfachsten Fall wertet man eine PV-Kurve von Hand aus, indem man mithilfe eines Lineals den linearen Bereich abschätzt. Als Turgornullpunkt könnte man dann den ersten Datenpunkt dieses Bereiches festlegen. Diese Methode ist zwar subjektiv, aber schnell und erfahrungsgemäß hinreichend genau. Alternativ lässt sich auch der lineare Teil der Beziehung durch Regressionsanalyse bestimmen. Beginnend mit dem letzten Wertepaar (größtes *RWD*), kann sukzessiv für je drei Datenpaare die Geradengleichung berechnet werden. Wenn sich die Geradensteigungen zweier Datenblöcke signifikant um einen vorher festzulegenden Schwellenwert unterscheiden, ist der Übergangsbereich erreicht. Der erste Wert des neuen Blockes (kleinstes *RWD*) sollte dann schon im nichtlinearen Teil der Kurve liegen.

Ein weiterer Ansatz ist es, die Linearität des gesamten Datensatzes zu bewerten. Dabei geht man wiederum von den letzten drei Wertepaaren (größtes *RWD*) aus. Für diese berechnet man die Geradengleichung. Dann erhöht man die Größe des Datenblockes nachfolgend um jeweils ein Wertepaar und führt mit dem neuen, größeren Block die Regressionsanalyse durch. Weicht der kritische Koeffizient (r^2) der neuen Anpassung signifikant vom vorherigen ab, wurde mit dem zuletzt hinzugenommenen Datenpaar der nichtlineare Teil erreicht. Der Turgornullpunkt selbst sollte zwischen dem letzten Wertepaar des linearen und dem ersten des nichtlinearen PV-Kurvenbereiches liegen. In Abb. 18 ist ein einfaches grafisches Verfahren zur Abschätzung dieses Fixwertes aufgezeigt.

Alle gezeigten Möglichkeiten haben den Nachteil, dass die Bestimmung des Turgornullpunktes und der anderen Wasserzustandsparameter auf der Bewertung einiger weniger Punkte aus dem gesamten Datensatz beruht. Besser wäre sicherlich eine Methode, die alle Messwerte in die Anpassung einbezieht. Auch hierfür gibt es verschiedene Ansätze, auf die wir nicht näher eingehen können. Für Interessierte verweisen wir auf die Darstellung von Schulte und Hinkley (1985).

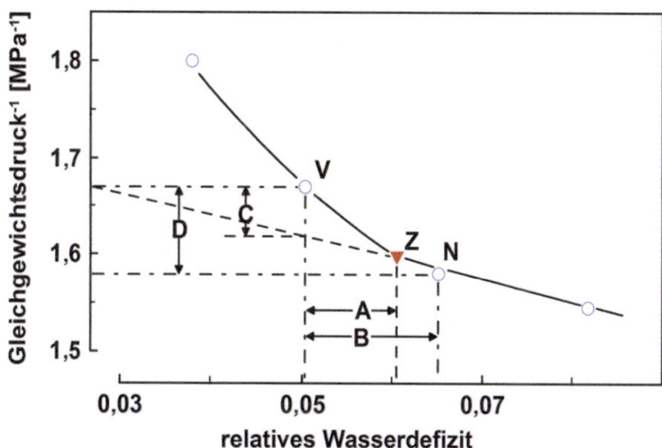

Abb. 18 Einfache grafische Methode zur Ermittlung der Lage des Turgornullpunktes (*Z*) in einer PV-Kurve. Wiedergegeben ist ein Ausschnitt aus der PV-Kurve. Mit *V* ist der letzte Messpunkt des nichtlinearen Bereiches und mit *N* der erste des linearen gekennzeichnet. Mithilfe der bezeichneten Strecken *B* = X(N) – X(V), *C* = Y(V) – [a + b * X(V)] und *D* = Y(V) – Y(N) kann man die gesuchte Strecke *A* = X(Z) – X(V) und hieraus Z berechnen, da sich A/B wie C/D verhält. Der Konstantenterm a und der Regressionskoeffizient b wurden durch die Regressionsanalyse der Datenpaare des linearen Bereiches ermittelt. (Verändert nach von Willert et al. 1995)

Extrapoliert man den linearen Kurvenabschnitt, also ${}^{G}P^{-1} = \Psi_{\Pi}^{-1} = f(RWD)$, weiter über den untersuchten Bereich (Abb. 8, D bis B) hinaus gegen ${}^{G}P^{-1} = \Psi_{\Pi}^{-1} = 0$, erhält man in Punkt C einen Schätzwert für den relativen **symplastischen** und **apoplastischen Anteil** am **Gesamtwasservolumen**. Diese Abschätzung ist allerdings nur dann sinnvoll, wenn sich auch bei angenommenem unendlich hohen Druck (${}^{G}P^{-1} \rightarrow 0$) das apoplastische Volumen nicht verringert. Eine Änderung des Gesamtvolumens während der Dehydrierung würde dann ausschließlich durch eine Verkleinerung des Symplasten bedingt, während der Apoplast diese Verkleinerung, vergleichbar einem Wasserleitungsrohr, nur weitergibt. Einige Ergebnisse deuten allerdings darauf hin, dass diese Annahme nicht ganz richtig sein kann. Als weiteres Problem ist zu nennen, dass die Extrapolation über einen sehr weiten Druck- und Volumenbereich erfolgen muss, in dem keine Messwerte gewonnen werden können. Kleine Unstimmigkeiten in der Analyse der Daten können daher zu großen Abweichungen der Ergebnisse führen. Dennoch kann man mit der PV-Kurven-Technik auch für das relative Symplasten- bzw. Apoplastenvolumen Abschätzungen erhalten, die mit Ergebnissen anderer Methoden übereinstimmen.

Bei manchen PV-Analysen stellt man fest, dass nach einem deutlich ausgeprägten linearen Bereich bei weiterer Zunahme des relativen Wasserdefizits die erhaltenen Messwerte wieder von der extrapolierten Geraden abweichen. Dabei kann man zwei Trends unterscheiden, die jedoch beide wohl auf eine Verletzung des Versuchsmaterials zurückzuführen sind. Wenn sich mit einer zusätzlichen Druckerhöhung kaum noch Wasser auspressen lässt und damit die Änderung des *RWD* klein wird, nähern sich die Datenpunkte schnell der X-Achse. Unter solchen Umständen ist es sehr wahrscheinlich, dass der in der Dichtung eingebaute Blattstiel mehr oder weniger abgequetscht oder zerquetscht wurde. Dadurch wird die Xylemleitfähigkeit beträchtlich verringert. Diesen Effekt beobachtet man meist bei empfindlichem Versuchsmaterial.

Wenn aber bei weiterer Druckerhöhung ein erhöhter Wasserverlust feststellbar ist, geht der Verlauf der PV-Kurve zunehmend in eine Parallele zur X-Achse über. Da dieser Effekt in erster Linie bei sehr großem relativem Wasserdefizit auftritt, ist er als ein Indiz für die Zerstörung der Membranen in weiten Teilen des Gewebes zu werten. Das vorher im osmotischen System lebender Zellen festgehaltene Wasser wird nach dem Zerstören frei verfügbar. Es kann dann beispielsweise leichter in der Transpiration abgegeben werden. Andererseits könnte es zum Teil von den noch unversehrten Zellen in anderen Gewebebereichen aufgenommen werden und damit deren Wasserpotenzial erhöhen. Da der hier beschriebene Effekt unabhängig von der verwendeten PV-Methode beobachtet wird, kann die Möglichkeit eines systembedingten Messartefakts wohl ausgeschlossen werden. Man kann dieses Phänomen daher zur Abschätzung eines letalen Wasserverlustes nutzen.

Neben der Ermittlung dieser wichtigen Wasserzustandsparameter bietet eine Druck-Volumen-Analyse auch die Möglichkeit, in einem einzigen Arbeitsgang die Daten für ein **Höfler-Diagramm** zu gewinnen. Wird der lineare Kurvenabschnitt einer PV-Kurve mittels Regressionsanalyse gegen ein relatives Wassersättigungsdefizit von 0 (Abb. 8, Strecke B bis D) extrapoliert, kann aus der ermittelten Geradengleichung für jeden vorgegebenen Wert des relativen Wasserdefizits der Kehrwert des osmotischen Potenzials und daraus Ψ_{Π} selbst berechnet werden. Aus der Differenz von Ψ_{Π} und Ψ erhält man weiterhin das Druckpotenzial. Diesen Ansatz kann man aber nicht nur zur Erstellung eines Höfler-Diagramms nutzen.

Mit den Daten einer Druck-Volumen-Kurve kann man die **Elastizitätseigenschaften** des untersuchten Pflanzenorgans analysieren. Wie im ▶ Kap. 16, „Wasserzustand der Pflanze" für eine Einzelzelle gezeigt, bestimmen diese, wie und in welchem Ausmaß sich eine Änderung des Wassergehaltes in einer Änderung des Druckpotenzials widerspiegelt. Als ein Maß für die Elastizität der Zellwände wurde der **volumetrische Elastizitätsmodul** $\boldsymbol{\varepsilon}$ eingeführt. Für Gewebe oder Pflanzenorgane ist es jedoch notwendig, seine Definition zu erweitern. Mit den Messmethoden, die zur Durchführung einer Druck-Volumen-Analyse einsetzbar sind, werden ausschließlich volumen- und massengemittelte Wasserzustandsgrößen erhalten. Will man mit diesen Daten die Elastizitätseigenschaften eines Blattes beschreiben, muss dementsprechend auch der Elastizitätsmodul als eine massenbezogene Größe aufgefasst werden. Für endliche Änderungen des Gewebewassergehaltes (Δm_{w}) oder des Gewebewasservolumens (ΔV_{w}) und des Gewebedruckpotenzials ($\Delta \Psi_{\mathrm{P}}$) lässt sich somit formulieren

$$\varepsilon = \frac{\Delta \Psi_P}{\Delta m_{\mathrm{w}}} \cdot {}^{\mathrm{ref}}m_{\mathrm{w}} = \frac{\Delta \Psi_P}{\Delta V_{\mathrm{w}}} \cdot {}^{\mathrm{ref}}V_{\mathrm{w}} \tag{2}$$

Das Gleichsetzen von Massen- und Volumenbezug ist natürlich nur unter der Vorgabe zulässig, dass die Dichte der symplastischen Lösung nahezu eins ist. Der zelluläre Elastizitätsmodul und der massen- oder volumengemittelte Elastizitäts-

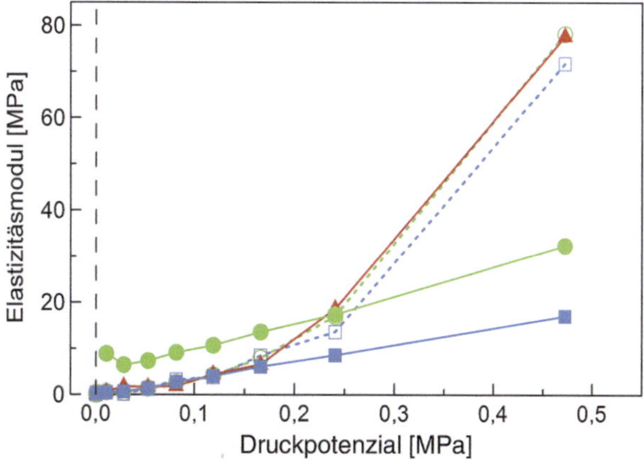

Abb. 19 Abhängigkeit des Elastizitätsmoduls vom Druckpotenzial. Allen Berechnungen liegt der gleiche Datensatz zugrunde. Für die Darstellung wurden die im Text erläuterten Berechnungsverfahren verwendet. Dabei wurde ε nach dem exponentiellen Ansatz (Gl. 5; *gefüllte blaue Quadrate*), der Potenzfunktion (Gl. 4; *gefüllte grüne Kreise*) und nach Gl. 2 berechnet. Bei Gl. 2 wurde das maximale (*grüne Kreise*), das aktuelle (*rote gefüllte Dreiecke*) sowie das Symplastenvolumen am Turgornullpunkt (*blaue Quadrate*) als Referenzvolumen verwendet. (Quelle: eigene Darstellung; Daten Herppich)

modul für das Pflanzenorgan unterschciden sich also prinzipiell durch ihre Definition. Deshalb sollte man mit einem direkten Vergleich vorsichtig sein. Dennoch sind Messwerte beider Größen, zumindest in Bereichen mit hohem Druckpotenzial, durchaus ähnlich (Abb. 19). Da der herbeigeführte Wasserverlust ausschließlich auf einer Verkleinerung des Symplasten beruht, wird vielfach das maximale symplastische Volumen als Referenzvolumen (${}^{\mathrm{ref}}V_{\mathrm{w}}$) angenommen. Alternativ dazu verwenden manche Autoren hierfür das jeweilige momentane symplastische Volumen oder aber das am Turgornullpunkt. Auf die Bewertung des Wasserverlustes (ΔV_{w}) hat dies natürlich keinen Einfluss. In guter Näherung kann man ε nach der Gleichung

$$\varepsilon = \frac{\Delta \Psi_P}{\Delta RWG} \cdot RWG \tag{3}$$

abschätzen.

In dem Bereich, in dem sich ein Druckpotenzial messen lässt, kann man ε nach Gl. 3 direkt aus dem Datensatz der Druck-Volumen-Analyse errechnen. Nach Tyree und Hammel (1972) kann der Elastizitätsmodul auch aus der nichtlinearen Beziehung zwischen Ψ_P und dem relativen Wassergehalt abgeleitet werden. Für ein Pflanzenorgan gilt danach

$$\Psi_P = \varepsilon \cdot \left(\frac{RWG - {}^{\mathrm{TNP}}RWG}{{}^{\mathrm{TNP}}RWG} \right)^{n\ell} \tag{4}$$

und damit für ε

$$\varepsilon = \frac{\Psi_P}{\left[(RWG - {}^{\mathrm{TNP}}RWG)/{}^{\mathrm{TNP}}RWG\right]^{n\ell}}$$

Der Nichtlinearitätsfaktor $n\ell$ kann als Steigung der linearisierten Form der Potenzfunktion errechnet werden.

$$\ln \Psi_P = \ln \varepsilon + n\ell \cdot \ln\left[\left(RWG - {}^{\mathrm{TNP}}RWG\right)/{}^{\mathrm{TNP}}RWG\right]$$

Ein weiterer Ansatz geht auf Helkvist et al. (1974) zurück. Der Zusammenhang zwischen Druckpotenzial und relativem Wassergehalt lässt sich gut durch eine empirisch ermittelte Exponentialfunktion

$$\Psi_P = {}^{\max}\Psi_P \cdot \exp^{-\alpha\cdot(1-RWG)} \tag{5}$$

beschreiben. Wie $n\ell$ kann man auch den Faktor α, eine für die untersuchte Pflanze charakteristische Größe, durch Regressionsanalyse der linearisierten Form der Funktion

$$\ln \Psi_P = \ln {}^{\max}\Psi_P - \alpha \cdot (1 - RWG)$$

erhalten. Der Elastizitätsmodul errechnet sich dann aus Gl. 3, wenn man Ψ_P in Gl. 5 nach RWG differenziert.

$$\varepsilon = RWG \cdot \alpha \cdot \Psi_P$$

Wie Abb. 19 zeigt, liefern die verschiedenen Berechnungsverfahren besonders in Bereichen mit hohem Druckpotenzial unterschiedliche Resultate.

Ähnlich wie den Elastizitätsmodul kann man auch die **Wasserspeicherkapazität *C*** als massen- oder volumenbezogene Größe für ein Pflanzenorgan definieren. Entsprechend formuliert man in diesem Fall

$$C = \frac{d^{\mathrm{sym}}V_{\mathrm{w}}}{d\Psi}$$

Zur besseren Vergleichbarkeit der Wasserspeicherkapazität unterschiedlicher Pflanzenorgane bezieht man die Änderung des symplastischen Wasservolumens auf den maximalen symplastischen Wassergehalt. Damit erhält man die **relative Wasserspeicherkapazität**

$$C = \frac{d^{\mathrm{sym}}RWG}{d\Psi} \tag{6}$$

Als eine weitere Möglichkeit der Relativierung wird auch der Bezug auf die Frischmasse oder aber die Gesamtoberfläche angegeben. Im ▶ Kap. 16, „Wasserzustand der Pflanze" wurde gezeigt, dass sich die Wasserspeicherkapazität der Zelle auch als

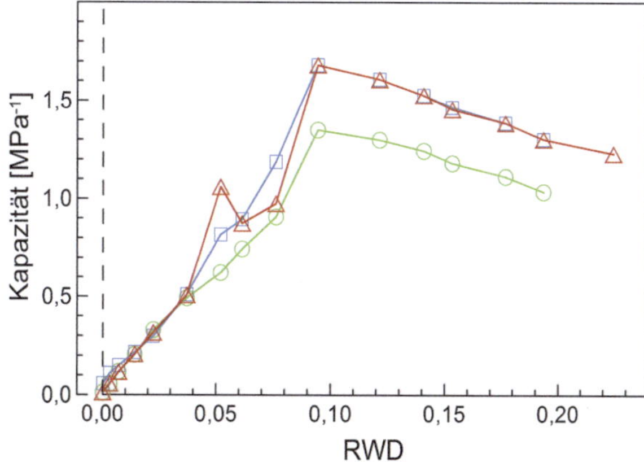

Abb. 20 Abhängigkeit der relativen Wasserspeicherkapazität vom relativen Blattwasserdefizit. Zur Darstellung dieser Abhängigkeit wurde ein Datensatz einer PV-Kurve verwendet und die Berechnung der Kapazität nach den im Text beschriebenen Verfahren nach Gl. 6 (*rote Dreiecke*) und Gl. 7 (*blaue Quadrate* und *grüne Kreise*) durchgeführt. Das für Gl. 7 erforderliche ε wurde entweder nach dem linearen Ansatz (Quadrate) oder mit der exponentiellen Anpassung (Kreise) berechnet. (Quelle: eigene Darstellung; Daten Herppich)

$C = V/(\varepsilon - \Psi_\Pi)$ beschreiben lässt. Hieraus ergibt sich analog für die relative Wasserspeicherkapazität des Gewebes

$$C = \frac{^{\mathrm{sym}}RWG}{\varepsilon - \Psi_\Pi} \tag{7}$$

Aus dem Datensatz einer PV-Analyse lässt sich mithilfe dieser Gleichungen für jeden Wassergehalt der jeweilige Wert der Kapazität berechnen. In Abb. 20 ist für die CAM-Sukkulente *Plectranthus marrubioides* ein Vergleich der nach den unterschiedlichen Ansätzen abgeschätzten relativen Wasserspeicherkapazität als Funktion des *RWD* gezeigt. Die unterschiedlich errechneten Werte sind sehr ähnlich. Nur die Verwendung der auf differierendem Wege erhaltenen Elastizitätsmodule bringt eine gewisse Unschärfe.

Die in der Druck-Volumen-Kurve für ein Blatt oder einen Zweig erarbeitete und dargestellte Beziehung sollte für die ganze Versuchspflanze und ebenso für andere, unter gleichen Bedingungen angezogene Individuen der gleichen Art repräsentativ sein. Eine solche Hypothese kann durch den Vergleich der Ergebnisse von verschiedenen Blättern unterschiedlicher Pflanzen überprüft werden. Trifft sie zu, kann man mit den Daten dieser PV-Analyse auf einfache Weise **Wasserpotenzialmesswerte** in die weiteren **Wasserzustandsparameter** übersetzen.

In Abb. 21 ist diese Möglichkeit für einen Tagesgang der Wasserzustandsparameter der Mangrove *Avicennia germinans* dargestellt. Wie auch in ▶ Kap. 17, „Methoden der Wasserzustandsmessung – Kompensationsmethoden, Psychrometrie und Zelldrucksonde“ erwähnt, kann man bei dieser Mangrove unter bestimmten Voraussetzungen eine ausgeprägte Oszillation der Stomata erhalten. Dies führt bei konstantem Δw zu einer sich periodisch ändernden Transpiration, die ihrerseits zu periodischen Änderungen des Blattwassergehaltes und damit des Wasserpotenzials und seiner Komponenten führt. Diese Oszillationen besitzen eine große Amplitude und eine Periodendauer von etwa 40 min. Mit einem *In-situ*-Taupunkthygrometer (Wescor-L-51-Blattklammer) lässt sich das Wasserpotenzial der Blätter über die gesamte Lichtperiode parallel zur Messung des Gaswechsels kontinuierlich regis-

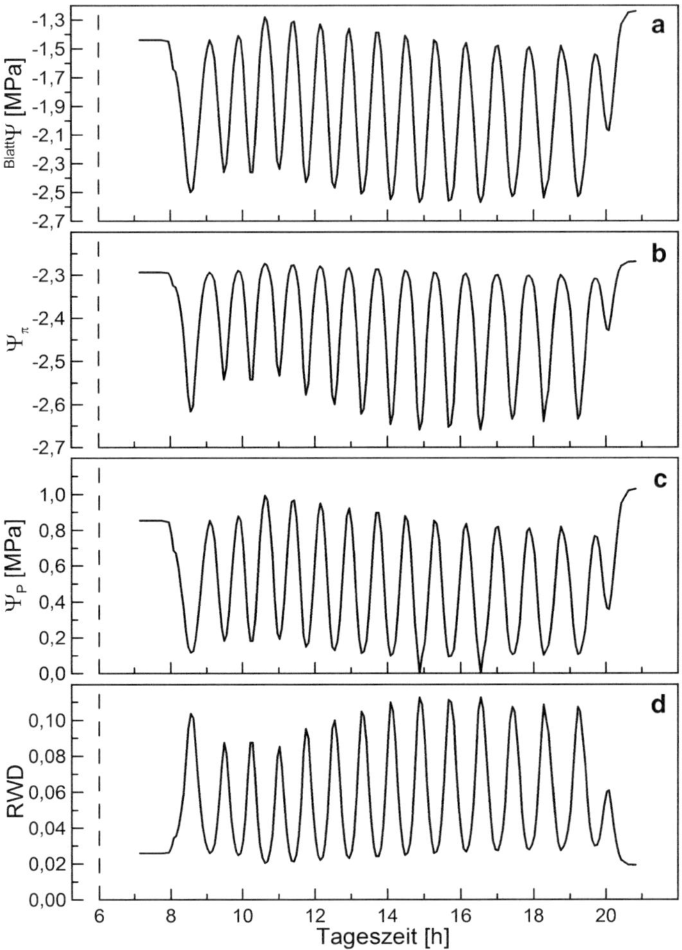

Abb. 21 ***In-situ*-Oszillationen verschiedener Wasserzustandsparameter** der Mangrove *Avicennia germinans* während der Lichtphase. Das Blattwasserpotenzial (**a**) wurde *in situ* mit einem Taupunkthygrometer kontinuierlich gemessen. Diese Daten wurden mithilfe des Datensatzes einer parallel dazu aufgenommenen PV-Kurve – wie im Text erläutert – in das osmotische Potenzial (**b**), das Druckpotenzial (**c**) und das relative Blattwasserdefizit (**d**) übersetzt. Die Messung wurde in einer Klimakammer bei 27 °C, 650 µmol · m^{-2} · s^{-1} PPFD und einem Δw von 33 mPa · Pa^{-1} durchgeführt. (Quelle: eigene Darstellung; Daten Herppich)

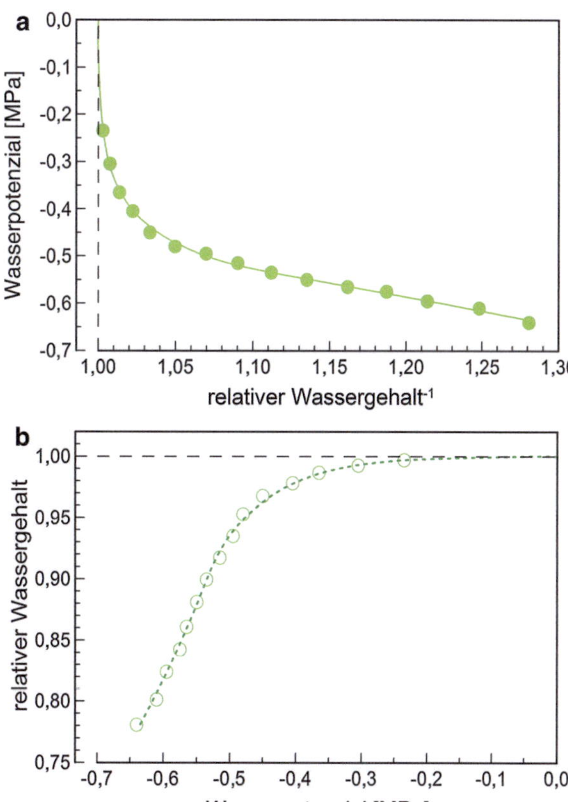

Abb. 22 Alternative Auswertmethoden für PV-Kurven. **(a)** Auftragung von Ψ gegen RWG^{-1}. **(b)** Darstellung des relativen Wassergehaltes als Funktion des Wasserpotenzials. Beide Darstellungen wurden mit dem gleichen Datensatz von *Plectranthus marrubioides* erstellt, der auch der Abb. 8 zugrunde liegt. Beide Auswertmethoden sollen die Charakterisierung des Kurvenbereiches zwischen Sättigung und Turgornullpunkt erleichtern. (Quelle: eigene Darstellung; Daten Herppich)

trieren. Aus den gewonnenen Daten können mit den Ergebnissen einer PV-Analyse, die an Blattmaterial einer anderen, aber unter gleichen Bedingungen stehenden Pflanze, durchgeführt wurde, die Oszillation von osmotischem Potenzial, Druckpotenzial und relativem Wasserdefizit ermittelt werden. Dies ist in Abb. 21 dargestellt.

Neben der bis jetzt vorgestellten Methode, die Druck-Volumen-Beziehung als eine Funktion des Wasserpotenzialkehrwertes vom Wasserverlust darzustellen, finden sich in der Literatur noch weitere. So soll das Auftragen des Wasserpotenzials gegen RWG^{-1} eine genauere Analyse der Daten im Bereich eines messbaren Druckpotenzials erlauben (Abb. 22a). Auch kann mit einer solchen Auftragung die letale Schädigung des Gewebes einfach nachgewiesen werden. Ein sorgfältiger Vergleich beider Darstellungsarten zeigt jedoch, dass das Antragen von Ψ^{-1} gegen RWG (oder RWD) für $^{\text{Sätt}}\Psi_{\Pi}$ die verlässlicheren Werte liefert. Der Unterschied zwischen den Ergebnissen beider Ansätze wird dabei umso größer, je höher das relative apoplastische Volumen ist.

Eine weitere Möglichkeit der Präsentation der Daten ist es, den relativen Wassergehalt direkt gegen das Wasserpotenzial aufzutragen (Abb. 22b). Damit kann nach Turner (1988) der Turgornullpunkt recht genau erfasst werden.

3 Sperry-Apparatur

Im ▶ Kap. 17, „Methoden der Wasserzustandsmessung – Kompensationsmethoden, Psychrometrie und Zelldrucksonde" wurde bereits die Ermittlung von hydraulischen Leitfähigkeiten an einzelnen Zellen anhand der Zelldrucksonde angesprochen. Als Erweiterungen des Messprinzips wurden die Wurzeldrucksonde und die Xylemdrucksonde dargestellt, wodurch auch die hydraulischen Eigenschaften pflanzlicher Organe messbar sind. Die sog. Sperry-Apparatur als weiteres, methodisch sich unterscheidendes Verfahren zur Ermittlung der hydraulischen Leitfähigkeit pflanzlicher Organe wird im Folgenden behandelt (Abb. 23).

Die Apparatur wurde ursprünglich für unverzweigte Sprossachsenabschnitte konzipiert (modifiziert auch für Wurzelsegmente geeignet) und ist für den Laboreinsatz gedacht. Der Sprossachsenabschnitt, eingetaucht in ein wassergefülltes Bassin, ist luftdicht in ein Schlauchsystem eingespannt, das mit KCl-Lösung (eingestellt mit reinem gefilterten Wasser) zur Standardisierung potenzieller Ioneneffekte an den Tüpfelmembranen gefüllt ist (Abb. 23). Der „Bypass" (Nebenschlussverschlauchung) parallel zum Achsenabschnitt dient zunächst der Einstellung des Druckgleichgewichts zwischen beiden Achsenschnittflächen und zur Ermittlung potenzieller „Background"-Flussraten durch die Achse bei Abwesenheit eines experimentell angelegten Druckgradienten. Sodann wird mit dem 3-Wege-Hahn das am oberen Ende des Steigrohrs befindliche Lösungsreservoir zugeschaltet, sodass sich ein hydrostatischer Druckgradient entlang der Achse aufbaut. Typische Gradienten betragen bis zu 7 kPa, jedoch sollte die Begrenzung unter 2 kPa liegen, falls an den Achsenenden angeschnittene, weitlumige Gefäße vorliegen, um Emboliebildung zu vermeiden. Die durch den Druckgradienten induzierte Flussrate wird am Ausgang der Apparatur als Massenzunahme pro Zeiteinheit der durchgeflossenen Lösung mit einer Waage aufgezeichnet. Die aufgebauten Druckgradienten mit ihren resultierenden Flussraten sind mehrfach durch Messung der „Background"-Flussrate zu unterbrechen und zu wiederholen, sodass aus den Druckdifferenzen die (mittlere) Nettoflussrate ausgerechnet werden kann. Die Division der Nettoflussrate durch den angelegten Druckgradienten ergibt schließlich die hydraulische Leitfähigkeit des Sprossachsenabschnitts und kann bezogen auf dessen Querschnittfläche standardisiert werden. Empfohlen wird die Ableitung der Leitfähigkeit aus der Steigung zwischen Flussrate und Druckgradient der wiederholten Einzelmessungen. Für die Ermittlung der hydraulischen Leitfähigkeit nicht nur von Sprossachsenabschnitten, sondern kompletter, abgetrennter Spross- oder Wurzelsysteme wird die Verwendung einer Vakuumkammer zur Induktion hoher Druckgradienten empfohlen (geeignet auch für Material mit sehr kleinen Leitfähigkeiten wie z. B. Blätter, Blattstiele, Zweige, dünne Wurzeln; weitere Details: University of Utah 2007).

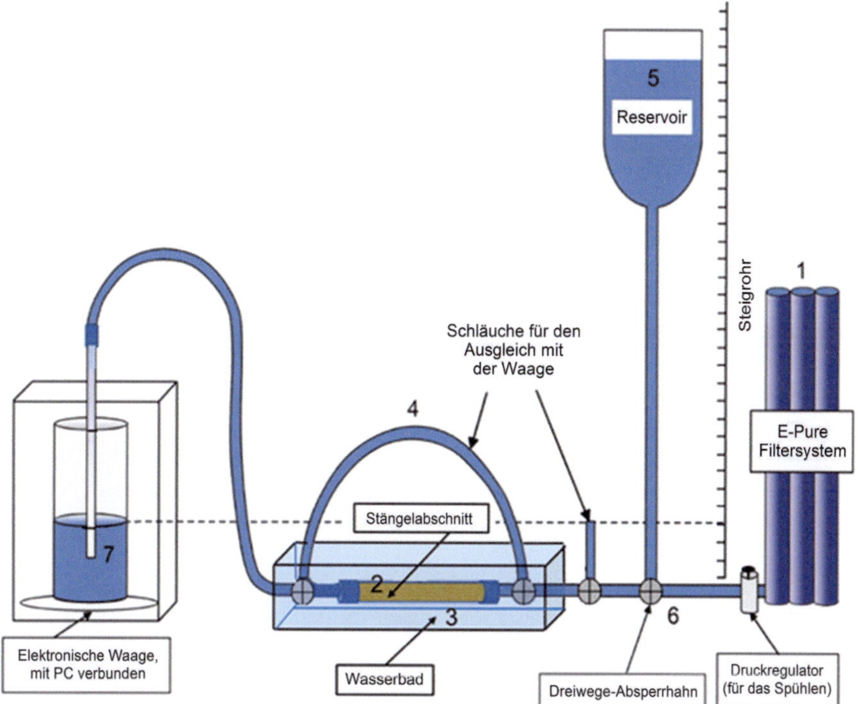

Abb. 23 **Schematische Darstellung der Sperry-Apparatur**: Das Schlauchsystem ist mit einer KCl-Lösung (eingestellt mit gefiltertem reinen Wasser) gefüllt (*1*: Filtersystem rechts). Der pflanzliche Achsenabschnitt (*2*), eingetaucht in ein wassergefülltes Bassin (*3*), ist in das Schlauchsystem luftdicht eingespannt und Teil einer Parallelverschlauchung (*4*: Nebenschluss oder Bypass). Diese dient der Einstellung des Druckgleichgewichts und der Ermittlung der „Background"-Flussrate bei Abwesenheit eines experimentell angelegten Druckgradienten. Letzterer wird hydrostatisch erzeugt durch das Lösungsreservoir am oberen Ende des Steigrohrs (*5*, bei entsprechender Stellung des 3-Wege-Hahns, *6*). Die Flussrate wird schließlich mit einer computerverbundenen Waage (mit Auffanggefäß für die Lösung, *7*) am Ausgang der Apparatur aus der Gewichtszunahme pro Zeiteinheit ermittelt. (Verändert nach U. Hacke® und mit dessen freundlicher Erlaubnis, aus University of Utah 2007)

Eine verbreitete Anwendung der Sperry-Apparatur ist die Ermittlung von sog. Verwundbarkeitskurven (*vulnerability curves*, VC) in pflanzlichen Organen oder deren Abschnitten. Solche Kurven zeigen den Zusammenhang zwischen zunehmend negativen Xylemdrücken (Xylemspannung) und der (prozentualen) Abnahme der hydraulischen Leitfähigkeit (*percent loss of conductivity*, PCL) infolge des gesteigerten Auftretens von Kavitationen (Bildung von Gasblasen im Xylemwasser). Die Kurven sagen also aus, wie verwundbar das Xylem unter Spannung durch Kavitation ist. Es gibt mehrere Vorgehensweisen, solche Kurven zu ermitteln:

Methode der Dehydration: In Pflanzenorganen oder deren Abschnitten, die unter Wasser abgetrennt wurden, lässt sich eine Dehydration mit natürlicher oder erzwungener Austrocknung erzeugen (Austrocknung z. B. auf der Fensterbank, auch *Bench*-Methode). Schrittweise wird wiederholt die hydraulische Leitfähigkeit (bei zunehmend negativen Xylemdrücken) ermittelt, alternierend in der Sperry-Apparatur und z. B. in der Scholander-Druckkammer.

Methode der Luftinjektion: Mit einer modifizierten Scholander-Druckkammer wird unter Drucksteigerung Luft in das Xylem gepresst und damit in einer steigenden Anzahl von Gefäßen Kavitation und zunehmend PLC erzeugt.

Zentrifugationsmethode: Mit stufenweise gesteigerter Drehzahl wird in einer Zentrifuge mittels der Fliehkräfte in steigendem Maße Kavitation erzeugt. In Abhängigkeit von den Fliehkräften, die Xylemspannung im Xylemwasser erzeugen, wird die PLC ermittelt.

Akustische Methode: Im Ultraschallbereich kann mit entsprechenden Mikrofonen versucht werden, Kavitation mit Klick-Geräuschen zu korrelieren. Die Klick-Geräusche gelten als Indikation für reißende Wasserstränge im Xylem (Geräusch infolge der mechanischen Entspannung der Gefäßwände bei Wegfall der Xylemspannung durch Kavitation). Die Methode gilt jedoch als „unscharf", da die Ursache der Geräusche nicht nur der Kavitation zugeordnet werden kann.

Abb. 24 zeigt eine *vulnerability curve* mit Angaben zur Abnahme der hydraulischen Leitfähigkeit bei kritischen Wasserpotenzialen im Xylem am Beispiel von *Ostrya*

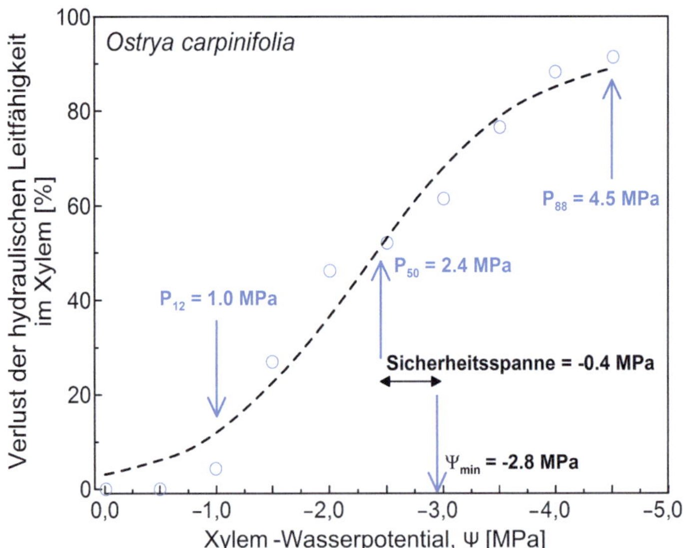

Abb. 24 ***Vulnerability curve*** **in Sprossachsen von** ***Ostrya carpinifolia*** Scop., d. h. die Abhängigkeit der hydraulischen Leitfähigkeit in Xylem (als *percent loss of conductivity*; PLC) vom Xylem-Wasserpotenzial. Jedes Wertepaar stellt den Mittelwert von 5 Messungen dar. Die *Pfeile* zeigen 12 % (P_{12}), 50 % (P_{50}) und 88 % (P_{88}) Verlust der hydraulischen Leitfähigkeit sowie das minimale im Sommer aufgetretene Xylemwasserpotenzial. Die Unterschreitung des P_{50} ist als *horizontaler Doppelpfeil* dargestellt. (Verändert nach Nardini et al. 2017; s. auch Nardini et al. 2016)

carpinifolia (Hopfenbuche), einer mediterranen Baumart Süd- und Südosteuropas. Die Abhängigkeit zwischen PLC und Wasserpotenzial im Xylem folgt einem sigmoidalen Verlauf mit definierten Randbereichen, die den annähernd linearen zentralen Bereich der Kurve begrenzen. Im Anfangsbereich ist der PLC von 12 % (P_{12}) als ein Referenzpunkt definiert, der als Schätzung jener minimalen Xylemspannung angesehen wird, bei der von allmählich beginnender Kavitation auszugehen ist. P_{88} kennzeichnet jenen Bereich der Abhängigkeit, der bereits die Phase existenzbedrohender Kavitationsausbreitung markiert. P_{50}, etwa in der Mitte der linearen, steilen Steigung, stellt einen Indikator für die Verwundbarkeit dar, d. h. für die Empfindlichkeit gegenüber Kavitation. Hier führen bereits kleine Änderungen des Xylemwasserpotenzials zu einer deutlichen prozentualen Variation der hydraulischen Leitfähigkeit. Mit den Schwankungen im Bereich von P_{50} lässt sich daher die Nähe zum letalen Ausmaß von Kavitation beurteilen.

Im Beispiel der Hopfenbuche in Abb. 24 liegt P_{50} bei – 2,4 MPa, jedoch betragen die minimalen sommerlichen Wasserpotenziale, wie sie z. B. im Sommer 2003 oder 2012 auftraten, bereits – 2,8 MPa. Es gibt in diesem Beispiel also keinen Sicherheitsabstand von Ψ_{min} zu kritischer Emboliebildung oberhalb des Wasserpotenzials von P_{50}. Vielmehr liegen die tatsächlichen Werte in der „sommerlichen" Realität bereits unter dem Potenzial von P_{50} und entsprechen einem P_{60}-Wert. Die Hopfenbuche erscheint in trockenen Sommern also stark gefährdet (s. Nardini et al. 2016), vor allem wenn die Wahrscheinlichkeit einer langanhaltenden Trockenheit noch zunehmen sollte, wie es für den Klimawandel diskutiert wird.

Übungsfragen

- Worauf beruht die Funktionsweise der Scholander-Druckkammer?
- Was sind die Möglichkeiten, aber auch die Grenzen bei der Ermittlung des pflanzlichen Wasserzustands mit dieser Methode?
- Welche Parameter des pflanzlichen Wasserzustands kann man mit einer Druck-Volumen-Analyse ermitteln? ◄

Literatur

Boyer JS (1967) Leaf water potential measured with the pressure chamber. Plant Physiol 43:33–137

Dixon HH (1914) Transpiration and the ascent of sap in plants. Macmillan, London

Helkvist L, Richards GP, Jarvis PG (1974) Vertical gradients of water potential and tissue water relations in Sitka spruce trees measured with the pressure chamber. J Appl Ecol 11:637–667

Ike IF, Thurtell GW, Stevenson KR (1978) Evaluation of the pressure chamber technique for measurement of leaf water potentials in cassava (*Manihot* species). Can J Bot 56:1638–1641

Meinzer F, Rundel PW, Sharifi R, Nilsen E (1986) Turgor and osmotic relations of the desert shrub *Larrea tridentata*. Plant Cell Environ 9:467–475

Murphy R, Smith JAC (1994) A critical comparison of the pressure-probe and pressure-chamber techniques for estimating leaf-cell turgor pressure in *Kalanchoë daigremontiana*. Plant Cell Environ 17:15–29

Nardini A, Casolo V, Dal Borgo A, Savi T, Stenni B, Bertoncin P, Zini L, McDowell NG (2016) Rooting depth, water relations and non-structural carbohydrate dynamics in three woody angiosperms differentially affected by an extreme summer drought. Plant Cell Environ 39:618–627

Nardini A, Savi T, Trifilo P, Lo Gullo MA (2017) Drought stress and the recovery from xylem embolism in woody plants. Prog Bot 79:1–35

Nobel PS (1991) Physicochemical and environmental plant physiology. Academic Press, San Diego

Passioura JB (1982) Water in the soil-plant-atmosphere continuum. In: Lange OL, Nobel PS, Osmond CB, Ziegler H (Hrsg) Encyclopedia of plant physiology, Bd 12 B, New Series. Springer, Berlin/Heidelberg/New York, S 36–77

Ritchie GA, Hinkley TM (1975) The pressure chamber as an instrument for measuring leaf water potential. Adv Ecol Res 9:165–254

Scholander PF, Bradstreet ED, Hemmingsen EA, Hammel HT (1965) Sap pressure in vascular plants: negative hydrostatic pressure can be measured in plants. Science 16:339–346

Schulte PJ, Hinckley TM (1985) A comparison of pressure-volume curve data analysis techniques. J Exp Bot 36:1590–1602

Sinclair R, Venables WN (1983) An alternative method for analysing pressure-volume curves produced with the pressure chamber. Plant Cell Environ 6:211–217

Slavik B (1974) Methods of studying plant water relations. Ecological studies, analysis and synthesis, Bd 9. Springer, Berlin/Heidelberg/New York

Turner NC (1988) Measurement of plant water status by the pressure chamber technique. Irrig Sci 9:289–308

Tyree MT, Hammel HT (1972) The measurement of the turgor pressure and the water relations of plants by the pressure-bomb technique. J Exp Bot 23:267–282

University of Utah, Department of Biology (2007) Sperry lab methods & computer programs. http://biologylabs.utah.edu/sperry/methods.html. Zugegriffen am 12.07.2017

Willert DJ von, Matyssek R, Herppich WB (1995) Experimentelle Pflanzenökologie. Grundlagen und Anwendungen. Thieme, Stuttgart/New York

Wilson JR, Fisher MJ, Schulze E-D, Dolby GR, Ludlow MM (1979) Comparison between pressure-volume and dewpoint-hygrometer techniques for determining the water relations characteristics of grass and legume leaves. Oecologia 41:77–88

Wasserferntransport in der Pflanze – Grundlagen und Messverfahren

19

Inhalt

Zusammenfassung

Eingespannt in das hydraulische Boden-Pflanze-Atmosphäre-Kontinuum fließt alles Wasser, das in der Transpiration in die Atmosphäre abgegeben wird, durch die Hauptachse der Pflanze. Diese Wassermenge liefert wichtige Informationen über den Gesamtwasserumsatz und ist damit essenziell für die Analyse der Wasserbilanz. Hier sollen nun die Grundlagen der Messung dieses Wasserflusses erarbeitet werden. Während die „klassische" *Heat-pulse*-Methode primär die Fließgeschwindigkeit des pflanzlichen Xylemwassers ermittelt, dienen die im Weiteren vorgestellten Methoden der Messung des gesamten Wasserflusses im Xylem.

Schlüsselwörter

Granier-Verfahren der Xylemflussmessung · *External heating* · *Heat-balance*-Methode · *Heat-field-deformation*-Methode · *Heat-ratio*-Methode · Massenflussmessung · *Thermal dissipation probe* · *Trunk heat balance*

R. Matyssek, W. B. Herppich, *Experimentelle Pflanzenökologie*, Springer Reference Naturwissenschaften, https://doi.org/10.1007/978-3-662-67530-4_15

1 Ferntransport des Wassers in der Pflanze

Unter dem Ferntransport des Wassers in der Pflanze verstehen wir den von der Wurzel zur Belaubung aufsteigenden Wasserstrom. Er wird angetrieben durch den Gradienten des Wasserpotenzials zwischen Boden und Atmosphäre und wirkt der Vertrocknung der Belaubung infolge Transpiration entgegen. Bei ausreichender Wasserversorgung garantiert der Wasserfluss im Stängel (oder Stamm in Bäumen) zugleich über die Transpiration die Abgabe der vom Blatt absorbierten Strahlungsenergie an die Umgebung und damit das Aufrechterhalten physiologischer Blatttemperaturen (s. ▶ Kap. 20, „Strahlungs- und Energieflüsse“). Insbesondere in Bäumen ermöglicht er überdies die Nährstoffversorgung der Krone.

Die **Fließgeschwindigkeit** des Wassers im Stammxylem von Bäumen variiert zwischen 0,3–0,6 mm · s^{-1} (ca. 1–2 m · h^{-1}) in Koniferen und 0,2–1,7 mm · s^{-1} (ca. 0,7–6 m · h^{-1}) in zerstreutporigen Bäumen etwa der Gattungen *Alnus*, *Acer*, *Fagus*, *Populus*, *Salix*, *Tilia* und bis zu 1,1–12,1 mm · s^{-1} (ca. 4–44 m · h^{-1}) in ringporigen Bäumen mit Gattungen wie *Castanea*, *Fraxinus*, *Quercus* und *Ulmus* (Jones 1992). Eine Lärchenkrone kann an einem warmen Sommertag, bezogen auf die Belaubungsoberfläche, bis zu 30 ml · m^{-2} · h^{-1} (oder ca. 1 l kg^{-1} h^{-1} bei Bezug auf die Benadelungstrockenmasse) transpirieren. So beträgt bei einer gesamten Oberfläche der Belaubung von ca. 300 m^2 der Tageswasserverbrauch einer Lärche etwa 75 l (Schulze et al. 1985), in Eichen mit ca. 1 m dicken Stämmen wurde bis zu 250 l ermittelt (Cermak et al. 1982).

2 *Heat-Pulse*-Methode

Die *Heat-Pulse*-Methode, die in die 1930er-Jahre auf B. Huber zurückgeht, dient der Bestimmung der Fließgeschwindigkeit des Wassers im Xylem von Pflanzen. Abb. 1a zeigt eine einfache Messanordnung dieser Methode für Fließgeschwindigkeiten größer als 0,6 m · h^{-1} im Stammxylem von Bäumen (z. B. Eiche). Eine elektrische Heizquelle wird durch die Rinde geführt und dem Xylem angelegt. Genau oberhalb dieser Position wird in einem empirisch festzulegenden Abstand (wenige Zentimeter) ein Temperatursensor (z. B. Thermoelement) ins Xylem montiert. Von der Heizquelle applizierte Wärmepulse werden mit dem aufwärts strömenden Xylemwasser von der Heizposition abgeführt und erwärmen in zeitlichen Intervallen zuerst den unteren, dann den oberen Thermokontakt des Thermoelements. Der zeitliche Verlauf der Thermospannung am Ausgang des Thermoelements zeigt, abhängig von der Verdrahtung am Voltmeter, z. B. zuerst ein positives, dann ein negatives Signal (Abb. 1b), sobald der Wärmepuls die beiden Thermokontakte nacheinander passiert.

Die Verwendung eines Thermoelements als Temperatursensor bietet den Vorteil, dass der Umschlagspunkt der Thermospannung am Voltmeter das Auftreten des Wärmemaximums am unteren Thermokontakt präzisiert. Eine Temperaturmessung an nur einem Punkt (wie etwa mit einem Widerstandsthermometer) kann dagegen in einem sehr „unscharfen“ zeitlichen Verlauf des Wärmemaximums resultieren.

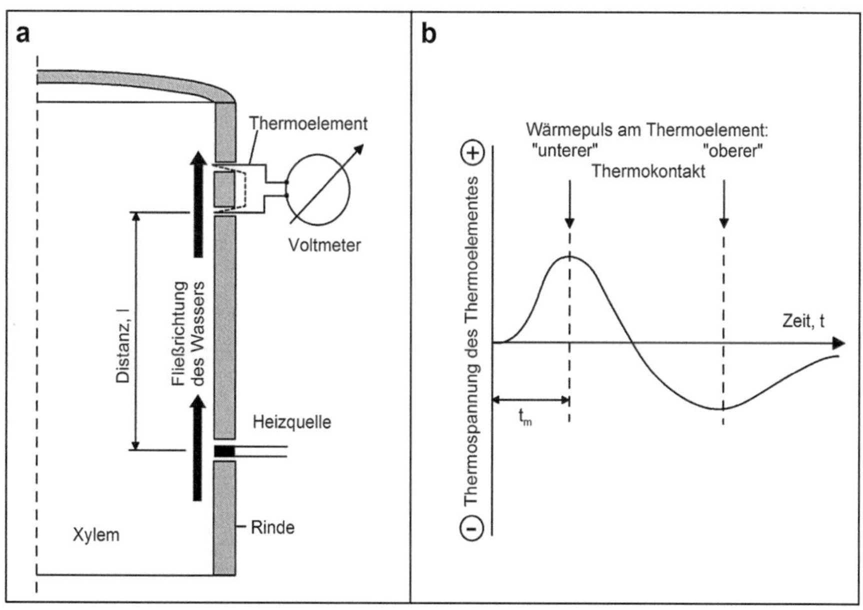

Abb. 1 Funktionsprinzip der *Heat-pulse*-Methode in Baumstämmen; (**a**) Stammlängsschnitt: Die in die Rinde eingeführte Heizquelle überträgt Wärmepulse auf das im Xylem vorbeiziehende Wasser. Die Wärmepulse werden vom Wasserstrom über die Distanz ℓ nach oben abgeführt, wo ihr Eintreffen vom Thermoelement als Temperaturänderung registriert wird. (**b**) Zeitlicher Verlauf der Thermospannung im Thermoelement: Da der Wärmepuls an den beiden Thermokontakten nacheinander vorbeizieht, polt sich die Thermospannung im zeitlichen Verlauf um (abhängig von der Verdrahtung des Thermoelements am Voltmeter). t_m ist die Zeitspanne zwischen der Pulsapplikation durch die Heizquelle und dem Auftreten der ersten „Amplitude" der Thermospannung. (Verändert nach von Willert et al. 1995)

Die Fließgeschwindigkeit, v, errechnet sich aus der Distanz, ℓ, zwischen Heizpunkt und unterem Thermokontakt des Thermoelements sowie der Zeitspanne, t_m, zwischen Pulsapplikation und Erscheinen des Wärmemaximums am unterem Thermokontakt:

$$v = \frac{\ell}{t_m} \tag{1}$$

Da sich ein Wärmepuls auch durch Wärmediffusion in stehendem Xylemwasser ausbreiten kann, besteht bei niedrigen Fließgeschwindigkeiten ($v < 0{,}6\ \mathrm{m} \cdot \mathrm{h}^{-1}$) die Gefahr einer Überschätzung von v. Eine Korrektur dieses Effekts ist möglich, wenn z. B. von dem nach Gl. 1 ermittelten v die Geschwindigkeit der Wärmeausbreitung durch Diffusion subtrahiert wird:

$$v = \frac{\ell}{t_m} - \frac{\ell}{t_{m_0}} \tag{2}$$

t_{m_0} wird unter Bedingungen nicht fließenden Xylemwassers ermittelt (z. B., wenn in kühl-feuchten Nächten bei geschlossenen Stomata die Transpiration vernachlässigbar ist) und gibt dann ausschließlich die Zeitspanne der Wärmeausbreitung durch Diffusion wieder.

Ist v vorwiegend kleiner als 0,6 m · h^{-1}, wird die Messanordnung der Abb. 1 meist so modifiziert, dass der untere Thermokontakt des Thermoelements unterhalb und näher zur Heizquelle montiert wird als der obere. Auch hier ist die Verwendung eines Thermoelements und das „Umschlagen" der Thermospannung zum Auffinden der sehr langsam fortschreitenden Wärmewellen vorteilhaft. Neben dieser Modifikation und Gl. 2 gibt es weitere empirisch ermittelte Möglichkeiten, Verfälschungen durch Wärmediffusion in der Bestimmung von v zu korrigieren.

Die Registrierung der applizierten, meist geringen Wärmepulse erfordert eine gute thermische Isolierung der Messanordnung gegen direkte Besonnung oder Temperaturschwankungen der Umgebungsluft.

3 Prinzip der Massenflussmessung

Massenflussmessern sind wir bereits in ▶ Kap. 11, „Methoden der Gaswechselmessung – historische und aktuelle" bei den Methoden des pflanzlichen Gaswechsels begegnet. Dort mussten die Massenströme transportierter Luft zur Ermittlung der CO_2-Austausch- und Transpirationsrate gemessen werden. Massenflüsse werden durch Wärmezufuhr in das an einer Heizsonde vorüberziehende gasförmige oder flüssige, Energie abführende Medium erfasst. Energieaufnahme und -entzug durch das vorbeiziehende Medium kann durch gleichzeitige Messung der Temperaturerhöhung ermittelt werden. Bei konstanter Wärmezufuhrrate variiert die Temperatur des Mediums in der beheizten Zone invers proportional zur Flussrate des Mediums: je höher die Erwärmung, desto niedriger die Flussrate. Es kann die Energieabgabe der Heizquelle aber auch so eingeregelt werden, dass die Erhöhung der Temperatur, ΔT, im Vergleich zum nicht beheizten Medium vor der Heizzone konstant bleibt. Die hierzu benötigte Heizenergie ist dann proportional zur Anzahl der transportierten Moleküle des Mediums.

Dem skizzierten Messprinzip liegt folgender physikalischer Zusammenhang zugrunde: Je schneller ein Medium an der Heizquelle vorbeifließt, umso mehr Teilchen werden pro Zeiteinheit mit Energie „beladen", die diese Energie sodann der Heizzone entziehen. Das Ausmaß der Energieaufnahme wird durch die „spezifische Wärme" (= Wärmekapazität) des Mediums vorgegeben. Soll die Temperaturerhöhung des Mediums in der Heizzone konstant bleiben, muss der flussabhängige Energieentzug an der Heizquelle durch eine regelbare Heizleistung kompensiert (= „ausbalanciert") werden: je höher der Fluss, desto mehr Heizleistung ist erforderlich. Somit erklärt sich der Ausdruck „*heat balance*" des ersten im Folgenden behandelten Verfahrens zur Messung des Wassermassenstroms.

3.1 *Heat Balance*-Methode

Die zur Konstanz von ΔT benötigte Energiezufuhr ist durch die spezifische Wärme des Mediums vorgegeben. Für eine gegebene spezifische Wärme lässt sich aus der Kompensation von ΔT-Schwankungen direkt die Massenflussrate des Mediums berechnen:

$$I = \frac{I_\mathrm{E}}{\Delta T \cdot C_p} \tag{3}$$

I ist die Massenflussrate des Mediums, I_E die pro Zeiteinheit zugeführte elektrische Energie, ΔT die aus der Energiezufuhr resultierende Temperaturdifferenz gegenüber dem unbeheizten Medium und C_p die spezifische Wärme des Mediums (bei konstantem Luftdruck). I lässt sich auch bestimmen, wenn man I_E konstant hält, dann aber die Änderungen von ΔT registriert (s. o.).

Speziell angepasst an Messungen in Baumstämmen ist die Methode der ***trunk heat balance*** (**THB**) verfügbar, ausgehend von Apparaturen nach Vieweg und Ziegler sowie Daum in den 1960er-Jahren (Ziegler et al. 2009) und Weiterentwicklungen durch Cermak et al. (1976), wie exemplarisch für eine entsprechende Messvorrichtung in Abb. 2a gezeigt. In Abständen von wenigen Zentimetern werden z. B. fünf plattenförmige Heizelektroden in das wasserleitende Splintholz eingetrieben (meist im unteren Stammbereich, in der sog. Brusthöhe von 1,3 m). Die Insertionstiefe sollte die gesamte Splintholzbreite und damit das gesamte radiale Flussprofil des Xylemwassers abdecken, da die Flussrate erst am Übergang zum Kern- oder Reifholz auf Null sinkt (Kernholz = abgestorbene, farblich veränderte, zentrale Fläche des Stammquerschnitts; Reifholz entsprechend Kernholz, jedoch farblich unverändert; Kern- und Reifholz sind für den Wassertransport blockiert).

Bei der Energieübertragung durch eine angelegte Wechselspannung fungiert das zwischen den Elektroden gelegene Stammxylem als Heizwiderstand und erwärmt sich gleichmäßig, wodurch lokale Überhitzungen vermieden werden (Prinzip „*internal heating*“). Zwischen den Elektroden messen Thermoelementpaare die Stammtemperatur im Vergleich zu einer ca. 10 cm unterhalb der Heizzone gelegenen, nicht beheizten Referenzposition (Abb. 2a, b). Die Heizregelung hält ΔT konstant (z. B. 1 K, max. bis ca. 4 K). Die Verdrahtung des verwendeten Thermoelementsystems (Abb. 2b) kompensiert zugleich Temperaturgradienten im Stamm, die nicht aus der Beheizung durch die Elektroden resultieren.

Die zunächst „apparente“ Massenflussrate des Xylemwassers errechnet sich als:

$$I' = \frac{I_\mathrm{E}}{\Delta T \cdot C_p} \cdot \frac{\ell_\mathrm{Umfang}}{\ell_\mathrm{Sektor}} \tag{4}$$

I' in $\mathrm{kg} \cdot \mathrm{h}^{-1}$ ist die zunächst apparente Massenflussrate, C_p die spezifische Wärme (Wärmekapazität) des Wassers, ℓ_Umfang gibt den Stammumfang an der Messposition, und ℓ_Sektor die Länge des von den Elektroden beheizten Anteils des Stammumfangs an.

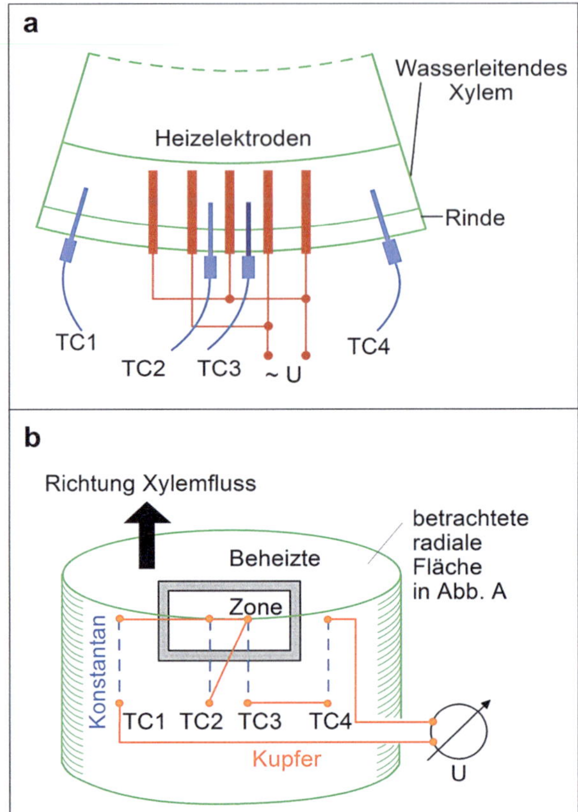

Abb. 2 **Funktionsprinzip der *Heat-balance*-Methode für Baumstämme**, (**a**) radiale Ansicht eines Sektors im Stammquerschnitt. Die Wechselspannung ~ U erwärmt gleichmäßig das zwischen den eingetriebenen Heizelektroden gelegene wasserleitende Xylem (keine lokalen Überhitzungen an den Elektroden). In der betrachteten Ebene liegt neben den Elektroden je ein Thermokontakt der Thermoelemente TC1–TC4, der sich im Stamm ca. 10 cm oberhalb des jeweils zweiten Thermokontakts pro Thermoelement befindet. (**b**) **Tangentiale Ansicht des Verdrahtungsschemas der Thermoelemente entlang des Stammes**. Die oberen Thermokontakte entsprechen den in Teilabb. a gezeigten. TC2 und TC3 messen jeweils die Temperaturdifferenz zwischen der beheizten Zone und der darunterliegenden Referenzposition. Vom „TC2 + TC3"-Signal subtrahieren TC1 und TC4 Temperaturgradienten im nichtbeheizten Stamm, woraus am Voltmeter die Thermospannung U des Gesamtsystems resultiert. (Aus von Willert et al. 1995, nach Cermak et al. 1976)

Im Nenner der Gl. 4 resultiert die Multiplikation von ΔT mit C_p in einer Energieaufnahme pro Masseneinheit des Wassers. Der Vergleich dieser Energieaufnahme mit der im Zähler stehenden, gleichzeitig gemessenen Rate der zugeführten Heizenergie ergibt die Masse des pro Zeiteinheit transportierten Wassers. Da in dicken Stämmen der Wasserfluss nur in einem Sektor der Stammquerschnittsfläche ermittelt wird, rechnet der zweite Quotient in Gl. 4 den Massenstrom des Wassers auf den gesamten Stammquerschnitt hoch.

Es ist offensichtlich, dass bei der Einregelung einer geringen Temperaturdifferenz wie z. B. von $\Delta T = 1$ K natürliche Temperaturgradienten im Stammholz (einige Zehntel Kelvin) Messfehler bedingen. Daher wird der ganze Stammumfang auf Höhe der Messposition mit dicken Lagen aus Isoliermaterialien gegen direkte Besonnung und Eindringen von Regenwasser abgeschirmt. Auch die Verdrahtung der Thermoelemente kompensiert natürliche Temperaturgradienten im Stammholz (Abb. 2b). Die außerhalb der Heizzone gelegenen Thermoelemente subtrahieren solche Background-Gradienten der Temperatur von den Messsignalen der inneren Elemente. Letztere sind in Serie geschaltet und addieren ihre Messsignale auf. Dadurch ergibt sich eine erhöhte µV-Ausbeute der beiden Thermoelemente aus Kupfer-Konstantan für das konstant zu haltende ΔT, nämlich bei 1 K resultierend $2 \cdot 42{,}5 = 85$ µV (Thermoelemente aus Kupfer-Konstantan haben einen Output von 42,5 µV pro 1 K Temperaturdifferenz). Dies erleichtert die regeltechnische Feinabstimmung der zuzuführenden Heizenergie.

Der nach Gl. 4 berechnete apparente Massenstrom, I', überschätzt den tatsächlichen Massenstrom, I, da auch das Stammholz sowie nichtfließendes Gewebswasser im Xylem Wärmeleitfähigkeiten besitzen und somit Energie aus der Heizzone abführen. Dieser Energieverbrauch durch Wärmeleitung ist bei vernachlässigbarer Kronentranspiration zu ermitteln (z. B. wenn Δw nachts sehr gering ist und/oder die Stomata in Dunkelheit nahezu geschlossen sind). Um den tatsächlichen Massenstrom, I, zu erhalten, muss von I' der durch Wärmeleitung vorgetäuschte Wasserfluss, I_Q, während des gesamten Tages subtrahiert werden:

$$I = I' - I_Q \tag{5}$$

Flussstillstand als Voraussetzung für die Korrektur tritt jedoch nicht in jeder Nacht zuverlässig auf, da bei warmen Nachttemperaturen, nichtlimitierender Bodenwasserversorgung und $\Delta w > 0$ geöffnete Stomata durchaus Transpiration zulassen (z. B. zur Transpirationskühlung). Unter trocken-warmem Klima können zudem die Nachtstunden nicht ausreichen, den Baum mit Wasser wieder aufzusättigen, sodass der Wassereinstrom im unteren Stammbereich nicht zum Stillstand kommt. Die geforderte Korrektur, die für eine zutreffende Wiedergabe des Xylemflusses während der Lichtstunden unumgänglich ist, stößt dann an ihre Grenzen – und das Risiko unterschätzender Messungen nimmt zu.

Das angesprochene Risiko tritt stets bei solchen Messverfahren des Xylemflusses auf, bei denen Flussstillstand nicht intrinsisch durch ein elektrisches Nullsignal angezeigt wird. Wir werden diesem Sachverhalt auch bei den weiteren vorgestellten Messverfahren Beachtung schenken. Trotz der genannten Einschränkung ist die hier demonstrierte THB-Methode weit verbreitet und zuverlässig, sofern nachts unter kühl-feuchten Bedingungen Flussstillstand auftritt. Dieser ist erkennbar, wenn spätestens vor Sonnenaufgang das angezeigte Messsignal entlang der Zeitachse parallel zur elektrischen Nulllinie verläuft.

3.2 *Thermal Dissipation Probe*

Einen weiteren „Klassiker" der thermischen Massenflussbestimmung des Wassertransports im Xylem von Baumstämmen stellt das Verfahren nach Granier (1985) dar – auch als ***thermal dissipation probe*** **(TDP)** bezeichnet. Für entsprechende Bestimmungen wird dieses gegenwärtig wohl am häufigsten eingesetzt, da es bei Handhabung, Materialbedarf und Herstellung geringeren Aufwand als das zuvor demonstrierte Messverfahren erfordert. Auch beim Granier-Verfahren wird der zu untersuchende Baumstamm lokal erwärmt. Die Temperatur erhöht sich hierbei um einen Betrag ähnlich wie bei Besonnung des Stammes. Allerdings erfolgt die Erwärmung nur punktuell, ausgehend von einer nadelförmigen Heizquelle (Abb. 3), die so weit in den Stamm getrieben wird, dass die Heizzone innerhalb der äußersten 2 cm des Stammxylems zu liegen kommt. Die Heizquelle ist mit dem einen Thermokontakt eines Kupfer-Konstantan-Thermoelements kombiniert. Der andere liegt ebenfalls im Inneren einer Nadel, ist unbeheizt und befindet sich zur Erfassung der Referenztemperatur außerhalb der Heizzone. Diese Referenznadel wird in vertikaler Ausrichtung ca. 10 cm unterhalb der beheizten gleichermaßen tief in das Stammxylem eingesetzt. Abb. 3 skizziert den Aufbau des Thermoelements mit integrierter Heizelektrode innerhalb der kapillaren Hohlnadeln (2 mm Durchmesser), die im Innern mit elektrisch isolierendem Kunstharz ausgegossen sind, im direkten Vergleich mit der Außenansicht des Systems sowie nach Montage im Stamm. Die in Abb. 3 gezeigte Anordnung wird ähnlich wie bei der THB (s. o.) mit isolierenden Kunststoffabdeckungen gegen die Umgebung abgeschirmt (Abb. 5).

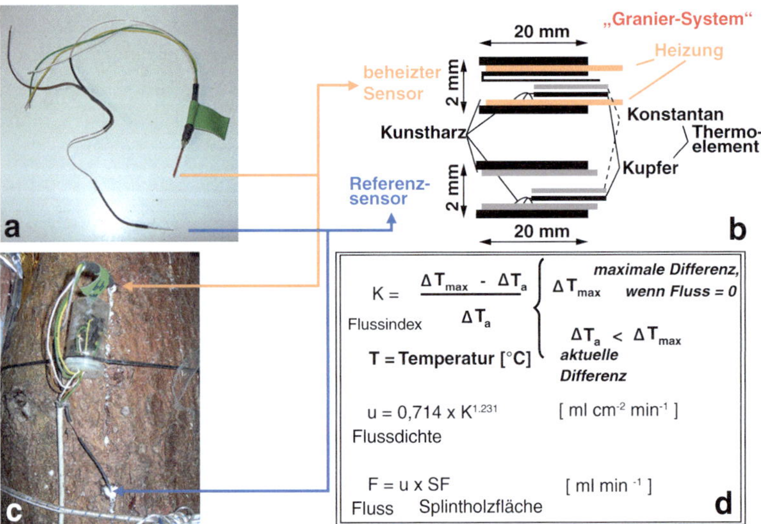

Abb. 3 **Granier-Verfahren der Xylemflussmessung**. (**a**) Außenansicht der Sensoren; (**b**) innerer Aufbau der Sensoren (schematisch); (**c**) Montage des Systems im Baumstamm und (**d**) Berechnungsformeln (Details im Text). (Eigene Darstellung, nach Granier 1985; Fotos U. Metzger)

Das Messprinzip basiert auf dem Effekt, dass bei nichtfließendem Xylemwasser (Flussstillstand, z. B. nachts) die permanent konstante Energiezufuhr in der Heizzone zu einer maximalen Temperaturdifferenz ΔT_{max} relativ zum nichtbeheizten Referenzthermokontakt des Thermoelements führt (kein Wärmeentzug durch vorbeifließendes Wasser). Die konstante Energiezufuhr bedingt also eine Wärmeausbreitung (daher *heat dissipation*, s. o.). Aber auch bei TDP erzeugt Flussstillstand kein elektrisches Nullsignal.

In der Situation nichtfließenden Wassers ist ΔT_{max} das Ergebnis der Wärmeaufnahme im stehenden Wasser (entsprechend der spezifischen Wärme von Wasser), der Wärmeleitung im Stamm und der langwellig-thermischen Abstrahlung in die Umgebung, d. h. ΔT_{max} folgt aus dem Zusammenspiel der genannten Phänomene. Es gilt die Voraussetzung, dass diese gleichermaßen auch bei fließendem Wasser auftreten (da z. B. auch bei gegebenem Xylemfluss nur ein Teil des Xylemwassers in Bewegung ist). Insofern ist keine Korrektur der Temperatursignale erforderlich. ΔT_{max} kann aber zwischen den Nächten variieren, was durchaus auf fließendes Wasser hindeutet. In dieser Hinsicht befindet man sich somit in einer zu THB vergleichbaren Situation. Man sollte daher das absolute Maximum von ΔT_{max} als Referenz für einen Flussstillstand innerhalb der definierten Beobachtungszeiträume festlegen, die auf die Forschungsfrage abgestimmt sein müssen, und auf die übrigen Messsignale dann anwenden.

Im Zähler der zentralen Berechnungsformel für TDP bildet ΔT_{max} einen Fixpunkt (Abb. 3), da hiervon die Temperaturdifferenz ΔT_a subtrahiert wird, die im Tagesgang entsprechend der sich ändernden Wasserflussraten im Stammxylem variiert. Zugleich wird der Zähler durch ΔT_a dividiert, woraus der Flussindex K resultiert (= *flow index*). Wenn $\Delta T_a = \Delta T_{max}$ ist, nimmt K den Wert „Null" an. Dies stellt im Sinne der vorangegangenen Überlegungen zur Korrektur von ΔT_{max} den Flussstillstand dar. Tritt Wasserfluss im Xylem auf, nimmt K zu, da dann $\Delta T_{max}/\Delta T_a > 1$ wird. Nun nimmt ΔT_a ab, da der Wasserfluss die Heizzone kühlt.

K wird dann mit einem Exponenten versehen und mit einem Koeffizienten multipliziert, die beide empirisch und spezifisch für verschiedene Baumtypen ermittelt wurden. In den Zahlenwerten ist die **spezifische Wärme von Wasser** verrechnet, was die Umrechnung der Temperaturen in Wassermengen ermöglicht (s. o. THB nach Cermak-Verfahren; Cermak et al. 1976), und wodurch der Bezug auf Flächen- und Zeiteinheit erfolgt (z. B. ml transportierten Xylemwassers pro cm^2 Splintholzfläche und Minute). Der so erhaltene Parameter u ist die Flussdichte des Xylemwassers. Die Normierung mittels der Berechnung einer Flussdichte erlaubt die direkte Vergleichbarkeit zwischen Baumindividuen. Multiplikation von u mit der gesamten Splintholzquerschnittfläche an der Messposition des Stammes ergibt die im untersuchten Baumindividuum von der Wurzel zur Krone transportierte Gesamtmenge des Xylemwassers F (= *flow*), z. B. in der Einheit $ml \cdot min^{-1}$. Die Splintholzquerschnittfläche kann nach erfolgter Messung aus Stammbohrkernen unter Verwendung von Hohlbohrern ermittelt werden, wie z. B. in der forstlichen Ertragskunde üblich. Sollten Bäume nach der Messung gefällt werden, kann die Splintholzquerschnittfläche direkt aus Stammscheiben abgegriffen werden.

Ohne weitere Korrektur würden *u* und *F* den tatsächlichen Xylemfluss im Stamm jedoch überschätzen, da die Messung nur in den äußersten 2 cm des Stammxylems, also in den jüngsten Jahrringen, durchgeführt wurde. In den jüngsten Jahrringen ist der Xylemfluss jedoch am höchsten, nimmt dann aber in Richtung Kern- oder Reifholzzone „gegen Null" ab. Es sind daher zusätzlich zu den Messungen des Wasserflusses in den äußersten 2 cm des Stammxylems weitere im radialen Profil des Stammes unverzichtbar.

Meist wählt man weitere Positionen im Stamminnern, wie in Abb. 4 dargestellt. Für den Bereich zwischen innerster Messposition und Beginn des Kern- oder Reifholzes wird ein asymptotisches Ausklingen des Flusses interpoliert. Mit der Flussermittlung im Radialprofil werden abschließend die Messungen in den jüngsten Jahrringen gewichtet, was die anfängliche Überschätzung des Xylemflusses im Stamm aufhebt.

Abb. 5 zeigt einen Messplatz im Bergwald der bayerischen Nordalpen, auf dem TDP zur Anwendung kam. Drei Messbäume sind erkennbar, mit Flusssensoren unter thermisch isolierenden Abdeckungen. Die Messsignale von insgesamt 40 Sensoren wurden zentral in Dataloggern zusammenführt und aufgezeichnet. Die Stromversorgung erfolgte durch Solarpaneele, die auf einer nahe gelegenen Lichtung installiert waren (Abb. 5, rechts).

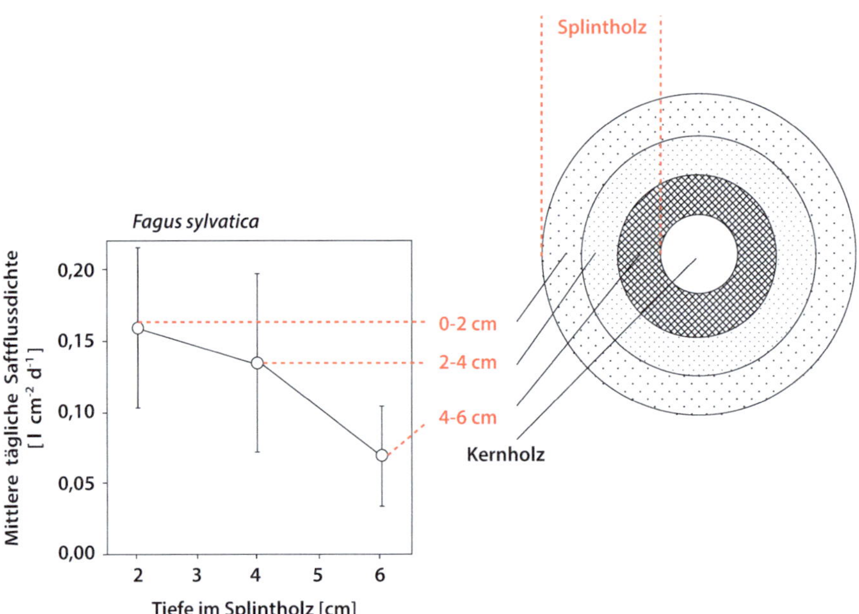

Abb. 4 Radialprofil des Xylemflusses im Baumstamm, dargestellt für drei Tiefen im Splintholzbereich des Stammxylems (Tiefe 0 cm entspricht Außenseite des jüngsten Jahresrings. (Daten K. Patzner, eigene Darstellung)

Abb. 5 Messplatz im Bergwald der bayerischen Nordalpen mit Granier-Sensoren (durch *Kreise* markiert). Im Vordergrund zentrale Stromversorgung und Datenerfassung mit Dataloggern. *Bildeinsatz rechts*: Stromversorgung durch Sonnenkollektoren auf einer nahe gelegenen Lichtung. (Fotos: K.-H. Häberle)

Ein Beispiel der Datenaufzeichnung mit TDP zeigt Abb. 6 für Buche (ca. 30 m hoch und 60 Jahre alt) im Reinbestand. Dargestellt ist der Monat August mit den einzelnen Tagesgängen der photosynthetisch aktiven Photonenflussdichte (PPFD), deren Energie für den Aufbau der Luftfeuchtegradienten zwischen Kronenbelaubung und Umgebungsluft verantwortlich ist (ausgedrückt als Wasserdampfmolenbruchdifferenz, Δw), und die damit der energetische Antrieb der Kronentranspiration ist. Man beachte die Synchronität der täglichen Maxima der photosynthetisch aktiven Photonenflussdichte (PPFD), von Δw und der Kronentranspiration. Eine feuchte Wetterlage in der zweiten Augusthälfte führte zu einer Abschwächung von Δw und damit der Kronentranspiration.

Abschließend stellt sich die Frage, inwieweit eine punktuelle Erfassung des Xylemflusses im Stamm mit TDP zu einer repräsentativen Ermittlung der gesamten Kronentranspiration des Stammes führen kann. Potenzielle Ungenauigkeiten, die sich aus der Montage, aber auch aus exzentrischer und strukturell inhomogener Wuchsweise der Stämme ergeben, sind anzunehmen. Die Bewertung hängt letztlich von der verfolgten Fragestellung ab. Steht die Kronentranspiration von Baumindividuen im Fokus der Untersuchung, ist es ratsam, mehr als einen Sensor je Individuum, über den Stammumfang verteilt, zu installieren. Bildet die Kronentranspiration auf Bestandsebene den Fokus, müssen Messbäume je Dominanzklasse im Bestand (z. B. nach Kraft'schen Baumklassen, s. forstliche Ertragskunde) repräsentativ ausgewählt werden. Ein Sensor je Messbaum kann genügen, wenn je Dominanzklasse die Anzahl der ausgewählten Individuen hinreichend groß ist, sodass sich die Mittelwerte statistisch absichern lassen.

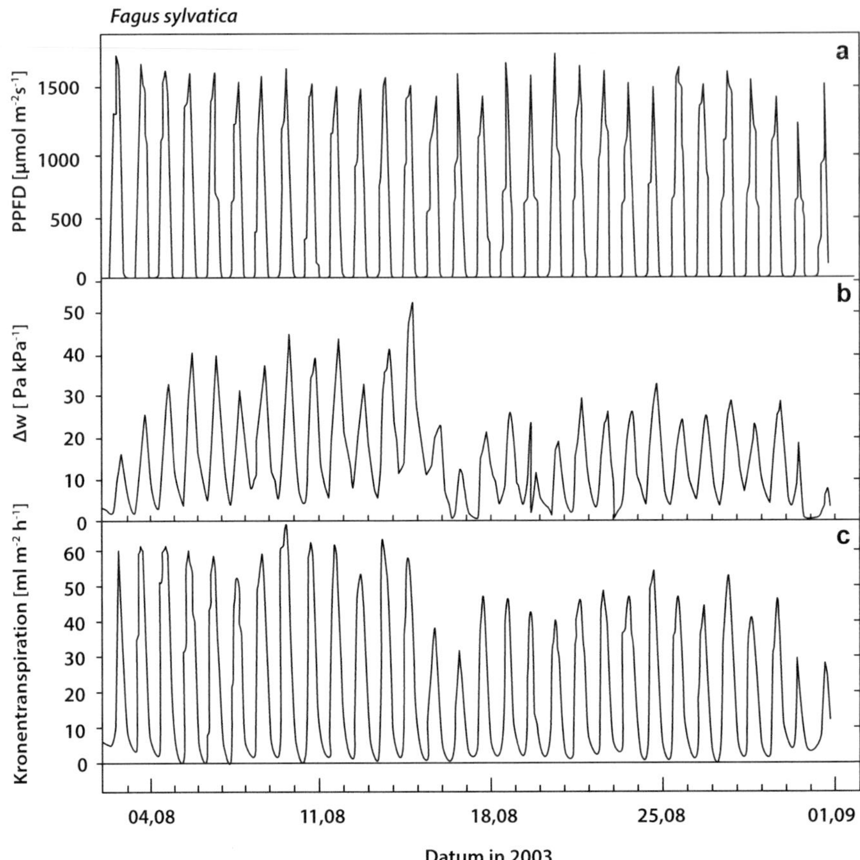

Abb. 6 **Tagesgänge der Kronentranspiration einer Buche** mit Granier-Sensoren (**c**), in Bezug zu den Tagesgängen der photosynthetisch aktiven Photonenflussdichte (*PPFD*) (**a**) und der Wasserdampfmolenbruchdifferenz zwischen Kronenbelaubung und Umgebungsluft, *Δw* (**b**). (Daten A. Nunn, eigene Darstellung, nach K. Patzner)

3.3 *Heat Field Deformation*-Methode

Die Radialprofilbestimmung des Xylemflusses in Baumstämmen ist intrinsischer Bestandteil der im Folgenden skizzierten Wärmefelddeformationsmethode (***heat field deformation*** = **HDF**; Nadezhdina et al. 2012), sodass separate Erfassungen mit zusätzlichen Sensoren entfallen. Weitere Vorteile gegenüber den beiden bislang vorgestellten Messverfahren THB und TDP sind die sichere Erfassbarkeit vergleichsweise niedriger Flussraten und sogar der Flussumkehr (= *reverse flow*).

Eine Flussumkehr, messtechnisch nicht mit THB und TDP darstellbar, kann vor allem im Wurzelsystem auftreten, wenn in diesem inhomogene Wasserpotenzialgradienten auftreten. Da Wasserflüsse dem minimalen Potenzial im Wurzelsystem zustreben, und das Minimum nicht zwingend an der Stammbasis liegen muss, können diese auch von der Stammbasis zur Wurzel orientiert sein. Das heißt, es entsteht Flussumkehr im Gegensatz zur sonst üblichen Richtung. Auch tiefere Wasserpotenziale im Boden als in der Wurzel induzieren Flussumkehr, was z. B. nachts entsprechend des Phänomens des „*hydraulic lift*" der Fall sein kann und Wasser wieder in den Boden austreten lässt (Richards und Caldwell 1987). Und selbst in Sprossachsen ist Flussumkehr möglich, wenn sich interne Wasserspeicher wieder befüllen.

Vorteilhaft ist außerdem, dass Stillstand im Xylemfluss tatsächlich ein elektrisches Nullsignal ergibt, wodurch die teilweise unsicheren Korrekturen wie bei THB und TDP entfallen. Welche Eigenschaften muss also ein Messsystem haben, um die angesprochenen Vorzüge zu gewährleisten?

Die Messanordnung besteht aus drei Temperatursensoren und einer konstant Energie zuführenden Heizquelle, die alle nadelförmig in den Splintbereich des Stammxylems eingesetzt werden (Abb. 7). Sämtliche Temperatursensoren besitzen im Nadelinnern mehrere radial verteilte Thermokontakte (in Abständen von 6–16 mm), sodass die Erfassung des radialen Flussprofils inhärent gewährleistet ist. Zwei der Temperatursensoren sind vertikal ober- und unterhalb der Heizquelle und in jeweils gleichem Abstand zu dieser angebracht und dienen der sog. symmetrischen Temperaturmessung. Der dritte Sensor ist seitlich horizontal neben der Heizquelle angeordnet (asymmetrische Temperaturmessung). Die drei Sensoren mit

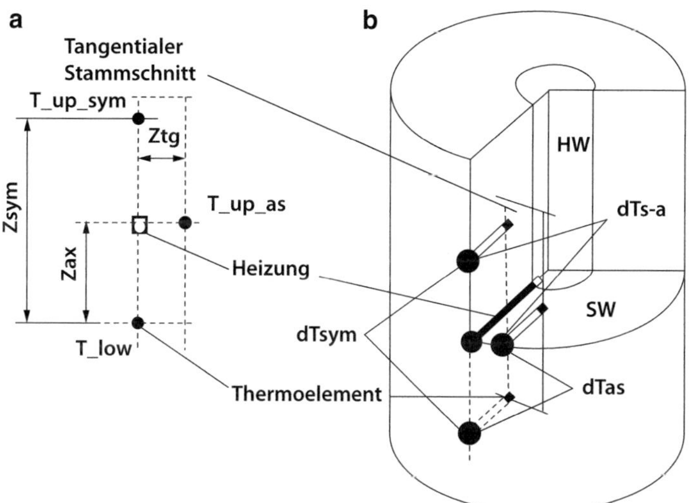

Abb. 7 Schematische Darstellung der *Heat Field Deformation*-Methode (Verändert nach Nadezhdina et al. 2012). (**a**) Distanzen im Baumstamm, die in die differenziellen Temperaturmessungen des Systems involviert sind, in Bezug zur Heizquelle. (**b**) Räumliche Verteilung der Sensoren und Heizquelle im Splintholz (*SW*) des Stammkörpers (*HW*; Kernholz). Dabei bedeuten dT_{sym} Temperaturdifferenz (*dT*) zwischen oberem und unterem Sensor (T_{up} bzw. T_{low}) entlang der Strecke Z_{sym}; $dT_{s\text{-}a}$ Temperaturdifferenz zwischen oberem und seitlichem Sensor, mit Z_{tg} als horizontal rechtwinkligem Abstand zur Heizquellenebene; dT_{as} Temperaturdifferenz zwischen unterem und seitlichem Sensor (T_{up_as}), mit Z_{ax} als vertikal rechtwinkligem Abstand zur Heizquellenebene

ihren internen Thermokontakten sind Teil von Thermoelementsystemen, welche die Messung folgender Temperaturdifferenzen erlauben (Abb. 7):

- dT_{sym} zwischen oberem und unterem Sensor (entlang der Strecke Z_{sym}),
- $dT_{s\text{-}a}$ zwischen oberem und seitlichem Sensor (mit Z_{tg} als horizontal rechtwinkligem Abstand zur Heizquellenebene),
- dT_{as} zwischen unterem und seitlichem Sensor (mit Z_{ax} als vertikal rechtwinkligem Abstand zur Heizquellenebene).

Für die konventionelle Fließrichtung des Wasser vom Boden über Wurzel und Stamm/Äste in die Atmosphäre ergibt sich q als Saftflussdichte (z. B. mit Einheit $cm^3 \cdot cm^{-2} \cdot h^{-1}$) aus der Gleichung

$$q = 3600 \cdot D_{st} \cdot (K + dT_{s-a}) \cdot dT_{as}^{-1} \cdot Z_{ax} \cdot Z_{tg}^{-1} \cdot L_{sw}^{-1}$$

Hierbei sind D_{st} der Diffusionskoeffizient von Wärme im Splintholz und $L_{sw}{}^{-1}$ die radiale Splintholzbreite.

Bei Stillstand des Xylemflusses muss

$$(K + dT_{s-a}) \cdot dT_{as}^{-1}$$

den Wert „Null" annehmen, dann wird $K = -\, dT_{s\text{-}a}$. Liegt Flussumkehr vor, d. h. nichtkonventionelle Fließrichtung (s. o.), dann ist ein Vorzeichenwechsel vorzunehmen, entsprechend

$$q_s = -\,3600 \cdot D_{st} \cdot (-\,K + dT_{s-a}) \cdot dT_{as}^{-1} \cdot Z_{ax} \cdot Z_{tg}^{-1} \cdot L_{sw}^{-1}$$

Die Wirkung unterschiedlicher Flusszustände auf die Differenzmessungen zwischen den Temperatursensoren ist in Abb. 8 für Flussstillstand, konventionelle Fließrichtung sowie Flussumkehr dargestellt. Die in sich symmetrischen, unverzerrten Kreise links und rechts in Abb. 8, mit der Heizquelle jeweils im Mittelpunkt, zeigen Flussstillstand an. Der Temperaturgradient im erwärmten Bereich erstreckt sich gleichmäßig radial in alle Richtungen. Hierbei nimmt $dT_{sym} = dT_{as} + dT_{s\text{-}a}$ bei Flussstillstand den Wert „Null" an, da dT_{as} und $dT_{s\text{-}a}$ jeweils die gleiche Temperaturdifferenz anzeigen, sich aber bei entgegengesetzter Orientierung der Temperaturgradienten aufheben. Bei konventioneller Fließrichtung wird das Wärmefeld nach oben verzerrt („*heat field deformation*"), sodass $dT_{sym} > 0$ resultiert und dies umso deutlicher, je größer die Flussrate ist. Bei Flussumkehr wird das Wärmefeld in die entgegengesetzte Richtung, also nach unten, verzerrt – es gilt nun entsprechend $dT_{sym} < 0$.

Es ist jedoch zu vermerken, dass K in verschiedenen radialen Tiefen innerhalb des Splintxylems variieren kann und auch jahreszeitliche Veränderungen möglich sind. Ein Software-Tool wurde entwickelt, das eine rechnerische Bestimmung von K

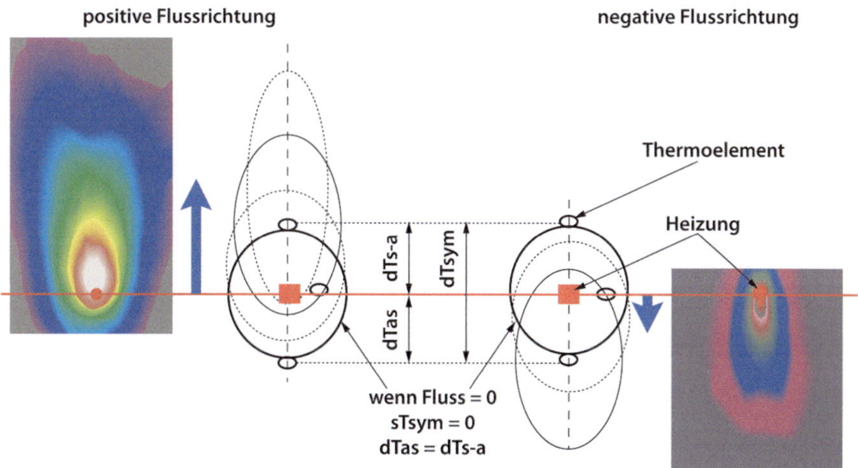

Abb. 8 **Wärmefelder in Bezug zu Heizquelle und drei Temperatursensoren** bei entgegengesetzten Fließrichtungen und bei Flussstillstand, mit Wärmebildern zur Visualisierung. (Verändert nach Nadezhdina et al. 2012)

erlaubt. Dennoch hat sich gezeigt, dass Unterschätzungen bei der q-Ermittlung nicht ausgeschlossen sind (Steppe et al. 2010). Da die HFD-Methode als semiempirisch einzustufen ist, wird die Entwicklung von Korrekturfaktoren vorgeschlagen (Nadezhdina et al. 2012). Die Perspektive der Anwendung der HFD-Methode ist in technologischer wie theoretischer Hinsicht sehr attraktiv und lohnend für weitere Optimierung.

3.4 *Heat Ratio*-Methode

Auch das folgende Verfahren ist innovativ und bemerkenswert, da es zwar auf Freisetzung von Wärmepulsen basiert, primär jedoch für die Erfassung des Wassermassenstromes im Stammxylem entwickelt wurde. Es ist seit Ende der 1990er-Jahre als Wärmequotientverfahren bekannt (***heat ratio method*** = **HRM**; Burgess et al. 2001). Ähnlich HFD ermittelt HRM zuverlässig niedrige Flussraten sowie Flussumkehr (*reversed flow*) und liefert ein elektrisches Nullsignal bei Flussstillstand. Die Messvorrichtung besteht aus drei Nadeln, wovon die zentrale als Heizquelle fungiert, und die beiden anderen der Temperaturmessung dienen (Abb. 9a). Letztere beiden Nadeln enthalten jeweils zwei Temperatursensoren etwa bei den Positionen 0,5 und 0,8 der Nadellänge. Entscheidend sind die exakt vertikale Anordnung der drei Nadeln, deren gleich tiefes Einsetzen in das Stammxylem sowie der jeweils gleiche Abstand x der Temperatursensoren, nach oben und nach unten, von der Heizquelle (typischerweise 0,6 cm bzw. – 0,6 cm).

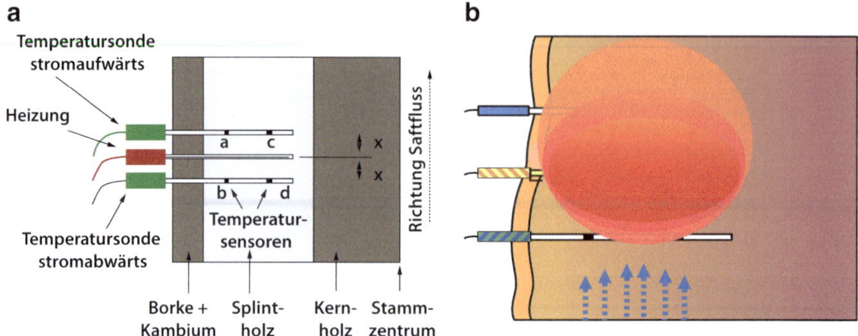

Abb. 9 (**a**) **Schematische Darstellung von Aufbau und Montage des *Heat-ratio-method* (HRM)-Systems** im Baumstamm. (**b**) HRM-System mit stammaufwärts verzerrtem Wärmefeld, bei Xylemfluss von der Wurzel in die Baumkrone. (Verändert nach dem Handbuch des Herstellers, ICT International, Australien)

Gemessen wird der Quotient der Temperaturanstiege infolge Wärmepulsapplikation (ca. 3 s lange Pulse) an beiden Temperatursensoren nach ca. 60 bis 100 s. Zunächst ergibt sich die Ausbreitungsgeschwindigkeit des Wärmepulses V_h als

$$V_h = \frac{k}{x} \cdot \ln(v_1/v_2) \cdot 3600$$

Flussstillstand des Xylemwassers wird durch $V_h = 0 \text{ cm} \cdot \text{h}^{-1}$ erkennbar, wenn die Temperaturanstiege, v_1 und v_2, an den beiden Sensornadeln zum Zeitpunkt t einander gleich sind ($v_1 = v_2$), da ohne Wasserfluss keine Verzerrung der Wärmeausbreitung auftritt. Mit dem natürlichen Logarithmus gilt für $v_1 = v_2 / \ln(v_1/v_2) = \ln 1 = 0$; v_1/v_2 repräsentiert dabei das *heat ratio*. Das die Heizquelle umgebende Wärmefeld ist für $v_1 = v_2$ punktsymmetrisch, und der Quotient k/x wird in der Berechnung nicht wirksam (k steht für die thermische Diffusivität des frischen, durchfeuchteten Holzes).

Sobald das Xylemwasser in konventioneller Richtung von der Wurzel zur Krone fließt, wird das erzeugte Wärmefeld stammaufwärts verzerrt (Abb. 9b). Nun werden $v_1/v_2 > 1$ und $V_h > 0 \text{ cm} \cdot \text{h}^{-1}$. Für $x = 0{,}6$ cm bzw. $-0{,}6$ cm verhält sich das System zuverlässig, solange $v_1/v_2 < 20$ gilt. Bei höherem *heat ratio* sollte $x > 0{,}6$ cm gewählt werden. Bei Flussumkehr resultieren $v_1/v_2 < 1$ (da $\ln [<1] < 0$) und $V_h < 0 \text{ cm} \cdot \text{h}^{-1}$ (das Xylemwasser fließt nun stammabwärts).

Da das exakte Einhalten der vertikalen Ausrichtung der drei Nadeln und Abstände Idealzustände der Systemmontage darstellen, wurde empirisch die nachstehende erweiterte Berechnungsformel für V_h zur Korrektur von (geringen) Montage-Ungenauigkeiten entwickelt

$$V_h = \frac{4\ kt \cdot \ln(v_1/v_2) - (x_2^2) + (x_1^2)}{2\ t \cdot (x_1 - x_2)} \cdot 3600$$

Eine weitere Korrektur macht die Verwundung des Stammes durch die Montage erforderlich, da die implantierten Nadeln den Wassertransport durch punktuelle Beschädigung der Xylemstruktur und Verstopfung von Leitelementen beeinflussen. Daher wurde ein numerisches Modell entwickelt, abgestimmt auf HRM, das mit den vorgeschlagenen Koeffizienten a, b und c folgende Korrekturfunktion erlaubt (V_h wird nun zu V_c, als *corrected heat pulse velocity*)

$$V_c = b \cdot V_h + c \cdot V_h^2 + d \cdot V_h^3$$

HRM betreffend, haben wir uns bislang ausschließlich mit der Ausbreitungsgeschwindigkeit des Wärmepulses V_h, bzw. mit V_c in korrigierter Form beschäftigt. Wie erhalten wir nun aber (i) die Fließgeschwindigkeit des Xylemwassers und (ii) dessen Massenfluss?

(i) Zu beachten ist, dass nur in den Lumina des Xylemgewebes Wasser fließen kann, während HRM einen gewichteten Mittelwert über das fließende Wasser und den starren Holzkörper bildet. Es muss also zwischen Xylemwasser und Holz mittels deren unterschiedlichen Dichten und spezifischen Wärmen (= Wärmekapazitäten) unterschieden werden. Die Trennung der Flächenanteile zwischen Lumina und Holzkörper erfordert die anatomische Analyse des Splintquerschnitts. Sodann erfolgt die Umrechnung von V_c nach V_s, der Fließgeschwindigkeit des Xylemwassers, nach

$$V_s = \frac{V_c \cdot \rho_b \cdot (C_w + m_c \cdot C_s)}{\rho_s \cdot C_s}$$

Hierbei ist ρ_b die Dichte frischen Holzes, C_w und C_s die Wärmekapazitäten des Holzkörpers (1200 J · kg^{-1} · K^{-1} bei 20 °C; Becker und Edwards 1999) bzw. des Xylemwassers (4182 J · kg^{-1} · K^{-1} bei 20 °C; Lide 1992). m_c ist der Wassergehalt des Splintholzes und ρ_s die Wasserdichte.

(ii) Nach Erhalt von V_s wird der Massen-/Volumenfluss des Xylemwassers als Produkt mit der Summe der Luminaquerschnittflächen im Splintholz berechnet. An diesem Punkt angelangt würde man zunächst den Massenfluss überschätzen, da alte Jahrringe weniger Wasser als junge transportieren, bis an der Grenze zum Kern- oder Reifholz im Stamminneren kein Wasser mehr fließt. Auch mit HRM ist also ein radiales Profil des Wasserflusses im Stamm zu erstellen, wofür die jeweils zwei Thermokontakte je Temperatursensor dienlich sind. Es werden rechnerisch erneut Zylindermantelvolumina unterschiedlichen Durchmessers mit Zentrierung im Mittelpunkt der Stammquerschnittfläche ausgewiesen, deren Querschnittflächen mit ihren radialen Breiten die Messpositionen entlang des radialen Flussprofils abdecken. Auf diese Weise wird jedem der konzentrischen Zylindermantelvolumina ein spezifisches V_s zugewiesen, dem jeweils lokalen Verhältnis zwischen Lumina- und Holzkörperquerschnittfläche entsprechend. Es ist jedoch offensichtlich, dass immer noch eine Überschätzung (wenn auch in geringerem Maße als zuvor) auftreten kann, da in den alten Jahrgängen zunehmend flussmindernde Emboliebildung und Kavitation sowie anderweitige Verstopfungen unerfasst bleiben.

Trotz der auch bei HRM verbleibenden Einschränkungen gewinnt dieses Verfahren in baumökophysiologischen Untersuchungen an Bedeutung, vor allem wenn es um das Erkennen und Quantifizieren der Richtungsänderung von Wasserströmen in Baumorganen geht.

Dank HRM und HFD mehrt sich die Erkenntnis, dass der Wasserfluss in Holzpflanzen auch in anderen Fließrichtungen als der konventionellen von der Wurzel zur Krone auftreten kann. Hiervon scheinen vor allem (aber nicht nur) Wurzeln betroffen zu sein, wie ein mit HRM ermitteltes Beispiel an Eukalyptus-Bäumen zeigt (Abb. 10). Die Wassertransportraten von Seitenwurzeln sind kleiner als im Stamm, was zunächst nicht überrascht. Während aber im Stamm der Xylemwassertransport nachts zum Erliegen kommt, treten negative Flussraten in der Seitenwurzel auf. Der negative Fluss zeigt an, dass nun Wasser aus der Wurzel in den Boden gesogen wird – es tritt also Flussumkehr auf (*reversed flow*). Folglich ist nachts offenbar die Saugkraft der Atmosphäre bei fehlender Einstrahlung auf das hydraulische Kontinuum im Baum „nach oben" geringer als die Saugkraft des Bodens „nach unten". Diesem Phänomen sind die Wurzeln unmittelbar ausgesetzt. Anders als in den Lichtstunden ist das Wasserpotenzial der Seitenwurzel folglich höher (d. h. weniger negativ) als das des Bodens.

3.5 *Thermal Dissipation Probe* mit *External Heating*

Die bisher vorgestellten Verfahren (THB, TDP, HFD und HRM) wurden primär für die Xylemflussmessung in Holzpflanzen entwickelt, sowohl für den Einsatz in Stämmen als auch in Ästen und Wurzeln. Miniaturisierungen erlauben – je nach System – Messungen bei Achsendurchmessern im Minimalfall von ca. 1 cm (z. B. THB). Das folgende System wurde primär für krautige Pflanzen entwickelt, ist aber auch an Ästen und dünnen Stämmen einsetzbar. Es handelt sich um die Mess-

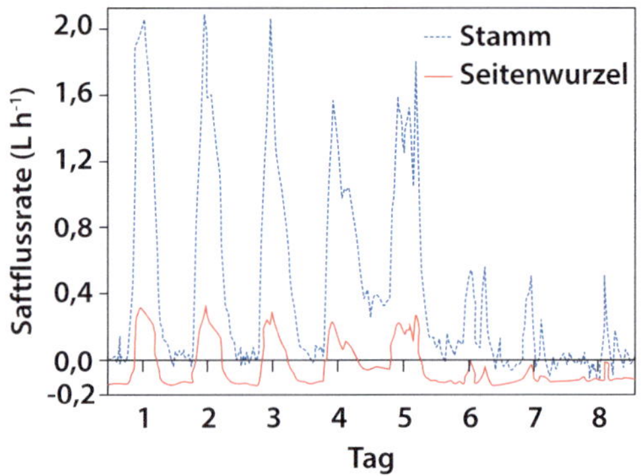

Abb. 10 Xylemfluss in Stamm und Seitenwurzel von *Eucalyptus platypus*. Die negativen Flussraten der Wurzel nachts zeigen Flussumkehr an (*reversed flow*), d. h. Wasserfluss aus der Wurzel in den Boden. (Verändert nach Burgess et al. 2000)

anordnung nach Sakuratani (1981) in der Weiterentwicklung durch Baker und van Bavel (1987; Abb. 11), dem **TDP-Prinzip** (***thermal dissipation probe***) folgend.

Bei dieser Vorrichtung wird der gesamte Stängelumfang von einer Heizmatte erwärmt (Abb. 11a), wobei Heizquelle und Thermoelemente nicht in den Stängel (oder Ast) eindringen, sondern dem Rindengewebe oder der Epidermis unter einer Thermoisolierung eng anliegen (Prinzip ***external heating***; Abb. 11b). Wärmeenergie wird in diesem System konstant zugeführt, während man die Änderung der Temperaturdifferenz zwischen unterem und oberem Ende der beheizten Zone misst. Der Energieverbrauch durch Wärmeleitung im pflanzlichen Gewebe und in der Messapparatur wird kontinuierlich während der Messung erfasst. Hierzu messen längs zur Flussrichtung Thermoelemente die Temperaturgradienten unmittelbar ober- und unterhalb der Heizzone (Abb. 11b) sowie den radial nach außen gerichteten Tem-

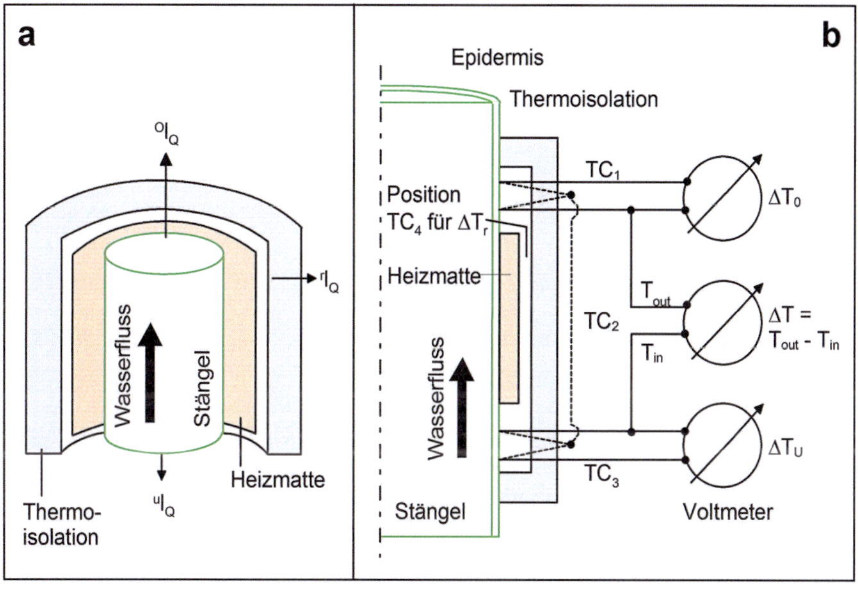

Abb. 11 Funktionsprinzip der *Thermal Dissipation Probe* (TDP)-Methode für krautige Pflanzen (oder dünne Ast- und Stammdurchmesser). (**a**) Die von der Heizmatte applizierte Wärmeenergie wird nur teilweise durch den Wasserfluss im Stängel der Heizzone entzogen, darüber hinaus auch durch Wärmeleitung im pflanzlichen Gewebe und in der Ummantelung ($^{o}I_{Q}$ nach oben, $^{u}I_{Q}$ nach unten, $^{r}I_{Q}$ radial). Letztere Wärmeflüsse überschätzen den Wasserfluss, werden aber durch geeignete Messanordnung berücksichtigt. (**b**) Messanordnung entlang des Stängels: Thermoelement TC_1 misst die zur Berechnung von $^{o}I_{Q}$ benötigte Temperaturdifferenz ΔT_o, TC_3 für $^{u}I_{Q}$ entsprechend ΔT_u, und TC_4 (nicht gezeigt) ΔT_r für $^{r}I_{Q}$. TC_2 misst die Temperaturdifferenz zwischen oberem und unterem Ende der Heizmatte ($\Delta T = T_{out} - T_{in}$). TC_2 erhält man durch eine Konstantan-Überbrückung zu den entsprechenden Drähten von TC_1 und TC_3 (*unterbrochene Linien*) sowie den Anschluss je eines Kupferschenkels von TC_1 und TC_3 an ein eigenes Voltmeter. Die gesamte Messanordnung dringt nicht in das Stängelgewebe ein. (Nach von Willert et al. 1995; Sakuratani 1981; Baker und van Bavel 1987)

peraturgradienten (nicht gezeigt). Diese Gradienten gehen ein in die Bestimmung der Wärmeleitung entlang der drei in Abb. 11 gezeigten Richtungen

$$\begin{aligned}\text{nach oben } {}^{\mathrm{o}}I_Q &= K_{\mathrm{o}} \cdot (\Delta T_{\mathrm{o}}/\Delta x_{\mathrm{o}}),\\ \text{nach unten } {}^{\mathrm{u}}I_Q &= K_{\mathrm{u}} \cdot (\Delta T_{\mathrm{u}}/\Delta x_{\mathrm{u}}),\\ \text{radial } {}^{\mathrm{r}}I_Q &= K_{\mathrm{r}} \cdot (\Delta T_{\mathrm{r}}/\Delta x_{\mathrm{r}}).\end{aligned}$$

${}^{\mathrm{i}}I_Q$ gibt den Wärmefluss durch Wärmeleitung, K_{i} die Wärmeleitfähigkeit und der eingeklammerte Ausdruck den Temperaturgradienten in der entsprechenden Richtung an. In K_{i} sind die Wärme leitenden Flächen des Stängelquerschnitts bei K_{o} und K_{u} sowie der Breite der Heizmatte bei K_{r} enthalten. K_{i} wird empirisch bei unterbundener Transpiration ermittelt. Bei krautigen Pflanzen oder kleinen Bäumen sowie an einzelnen Ästen lässt sich Flussstillstand ohne Schwierigkeit durch luftdichtes Überstülpen eines Plastikbeutels herstellen. Die sich rasch einstellende Wasserdampfsättigung in der Luft des Plastikbeutels führt zu $\Delta w = 0$ und damit zum Erliegen der Transpiration (ansonsten annähernd bei Regen oder Nebel).

Somit ergibt sich im Vergleich zu Gl. 4 und 5 die abgewandelte Beziehung:

$$I = \frac{I_{\mathrm{E}} - {}^{\mathrm{o}}I_Q - {}^{\mathrm{u}}I_Q - {}^{\mathrm{r}}I_Q}{C_p \cdot \Delta T} \tag{6}$$

Wie in Gl. 5 stellt I die für die Wärmeleitung korrigierte Massenflussrate des Xylemwassers dar. $\Delta T = T_{\mathrm{out}} - T_{\mathrm{in}}$ ist die Temperaturdifferenz zwischen dem in die Heizzone strömenden (T_{in}) und dem die Zone verlassenden Wasser (T_{out}; Abb. 11b).

In Gl. 6 werden zunächst von der zugeführten Wärmeflussrate I_{E} die Wärmeflussraten durch Wärmeleitung in den drei Richtungen subtrahiert (${}^{\mathrm{o}}I_Q$, ${}^{\mathrm{u}}I_Q$, ${}^{\mathrm{r}}I_Q$). Nach dieser Korrektur entspricht Gl. 6 mit der Temperaturdifferenz $\Delta T = T_{\mathrm{out}} - T_{\mathrm{in}}$ dem ersten Quotienten der Gl. 4. Der in Gl. 6 ermittelte Massenstrom des Xylemwassers gilt aufgrund der kleinen Sprossdurchmesser und der Beheizung des ganzen Sprossumfangs für die gesamte Sprossquerschnittsfläche.

4 Bestimmung des Xylemmassenstroms – eine physikalisch „absolute" Methode?

Die Frage lässt sich zunächst insofern bejahen, als die Bestimmung primär auf der Wärmekapazität des Wassers und einer strengen Proportionalität zwischen zugeführten Energie- und transportierten Wassermengen besteht. Die Verfahren erscheinen „inhärent genau", bedürfen vermeintlich keiner Kalibrierung, wohl aber der sorgfältigen Eliminierung thermischer Störeinflüsse. Unterschiedliche empirisch ermittelte oder modellierte Korrekturfaktoren (diverse K-Parameter) oder auch die Problematik des Flussstillstandes bei THB und TDP lassen aber eine Kalibrierung als ratsam erscheinen. Dies ist für kleine Pflanzen durchaus durchführbar – aber welche Vergleichsmethoden gibt es zur Ermittlung des Wasserverbrauchs einzelner z. B. 50 m hoher Bestandsbäume?

Zum Beispiel kann man aus den gemessenen Massenströmen mehrerer Bestandsbäume den Wasserverbrauch des Gesamtbestandes extrapolieren und mit einer berechneten Evapotranspiration vergleichen, die auf Energiebilanzmessungen ganzer Bestände beruht (mit sog. *eddy-covariance*-Ansätzen; hier nicht behandelt). Der Wasserverbrauch abgeschnittener Bäume aus einem Wassertank, in den die Stammschnittfläche taucht, kann mit der Wassermenge verglichen werden, die eine am Stamm montierte *Heat-balance*-Apparatur ermittelt. Ähnlich kann man in kleinen Topfpflanzen den täglichen Wasserverbrauch durch Wägung mit der entsprechenden, aus der Xylemflussmessung erhaltenen Wassermenge vergleichen. Aus solchen Tests wurden Übereinstimmungen von 1–10 % bei Vergleich zwischen direkt und thermisch ermittelten Wasserverbräuchen berichtet. Bei allen Verfahren sollten mehr als eine Messapparatur pro Pflanze installiert werden, wenn individuenbezogene Fallstudien durchgeführt werden sollen (s. o.).

5 Welches der dargestellten Verfahren ist zu bevorzugen?

Hierzu gibt es keine allgemeingültige Antwort. Die Auswahl ist vielmehr immer hinsichtlich der zu untersuchenden Fragestellung zu bewerten. Welches sind die für die Klärung entscheidenden Parameter? Welche Rahmenbedingungen herrschen vor? Wie gut sind diese kontrollierbar? Deutlich wurde, dass keines der Verfahren frei von Unsicherheiten ist, bei unterschiedlichen Möglichkeiten der Absicherung. Dies ist jedoch kein Votum gegen diese Verfahren. Entscheidend für die Auswahl ist immer, welches Gewicht Unsicherheiten für die zu treffenden Aussagen haben werden und bis zu welchem Ausmaß die Unsicherheiten eliminierbar oder tolerierbar sind.

6 Ausgewählte Ergebnisse

Abb. 12 zeigt ein Experiment, in dem an einem 20 m hohen Lärchenbaum in einem Waldbestand THB nach Cermak (Cermak et al. 1976), eine Walz-Gaswechelmessanlage (s. ▶ Kap. 11, „Methoden der Gaswechselmessung – historische und aktuelle") und eine Scholander-Druckkammer zur Wasserpotenzialmessung (s. ▶ Kap. 18, „Methoden der Wasserzustandsmessung – Druckkammer und Druck-Volumen-Analyse") eingesetzt wurden. Je ein Xylemflussmesser war in 1,4 m und in 9 m Stammhöhe montiert. Da die benadelte transpirierende Krone oberhalb 9 m begann, sollten beide Flusssensoren im astlosen Stammraum den gleichen Massenstrom von Wasser anzeigen. Mit kurzzeitigen Ausnahmen bei Erreichen der maximalen Flussraten zwischen 10 und 12 Uhr, lag die Übereinstimmung der Messungen beider Sensoren innerhalb 10 %.

Da die Nadeloberfläche der gesamten Baumkrone bekannt war, wurde aus Transpirationsmessungen an Zweigen mit einer Gaswechselmessanlage und einem Porometer der Wasserverbrauch der gesamten Krone hochgerechnet („hochskaliert"). Dieses Vorgehen war für die lichte Kronenstruktur der Lärche zulässig. Mit der so

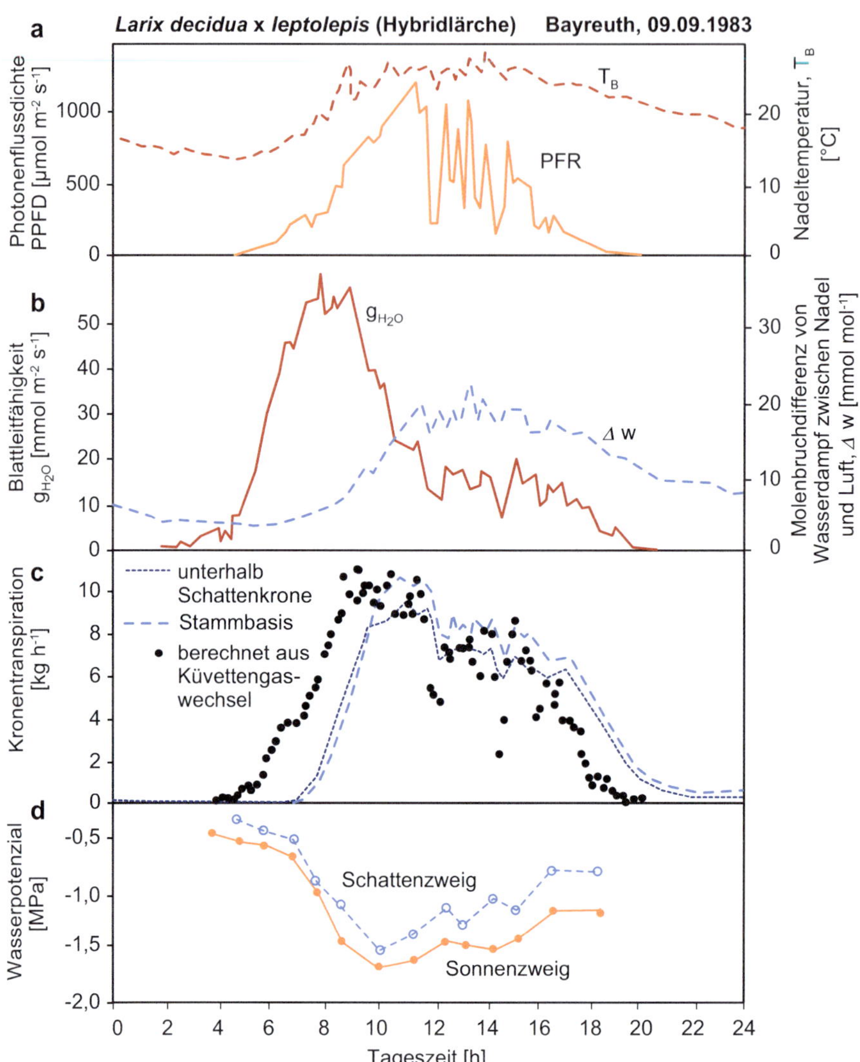

Abb. 12 **Sommerliche Tagesgänge von (a)** Photonenflussdichte *PPFD* und Nadeltemperatur T_B; (**b**) Molenbruchdifferenz des Wasserdampfes zwischen Nadel und Luft Δw („Luftfeuchtedefizit") und Blattleitfähigkeit g_{H_2O} eines Sonnenzweiges; (**c**) Kronentranspiration, ermittelt aus Xylemflussmessung (*Heat-balance*-Methode nach Cermak; *unterbrochene Linien*) und berechnet aus Küvettengaswechselmessungen eines Sonnenzweiges (*Punkte*); (**d**) Wasserpotenzial in Sonnen- und Schattenzweigen, gemessen mit der Scholander-Druckkammer an einer Hybrid-Lärche. (Daten Matyssek et al., eigene Darstellung, nach von Willert et al. 1995, s. auch Schulze et al. 1985)

erhaltenen Kronentranspiration konnte der Massenstrom des Wassers im Stammxylem quantitativ verglichen werden.

Der Tagesgang der Kronentranspiration ähnelt dem des Wasserflusses im Stammxylem mit einer Übereinstimmung der ermittelten Transpirations- und Wasserflussraten während der Tagesmitte innerhalb von 10 % (Abb. 12c). Jedoch setzt die Kronentranspiration im Tagesgang früher ein, endet aber auch eher als der Wasserfluss im Stamm. Diese zeitliche Verschiebung liegt an der Nutzung des in der Krone (Stamm, Äste) gespeichertem Wassers. Dessen Menge entspricht den Differenzflächen zwischen den Kurven der Gaswechsel- und *Heat-balance*-Messung. Der Wasserspeicher wird am Vormittag geleert und in den Abendstunden wieder aufgefüllt.

Die Transpiration beginnt in der Krone in der Morgendämmerung und nimmt zunächst parallel zur steigenden Einstrahlung zu (Abb. 12a,c). Dies beruht auf der lichtabhängigen Öffnung der Stomata, die sich in der Zunahme der Blattleitfähigkeit für Wasserdampf, g_{H_2O}, ausdrückt und bis zum Erreichen eines Verdunstungsgradienten, Δw, von ca. 10 mmol $\cdot$ mol^{-1} widerspiegelt (Abb. 12b). Bei weiter steigendem Δw beginnen die Stomata sich zu verengen. Dadurch bleiben die Kronentranspirationsrate und die Flussrate im Stammxylem konstant. Am frühen Nachmittag sinken diese sogar etwas, was ein weiteres Absinken des Wasserpotenzials in den Zweigen verhindert (Abb. 12d). Dessen weiteres Absinken könnte in den Bereich letaler Emboliebildung münden. In der Abenddämmerung schränken sinkende Einstrahlung und abnehmendes Δw die Kronentranspiration ein, während nachts der Wasserstrom im Stammxylem noch anhält und den bauminternen Wasserspeicher wieder auffüllt. Der nadelflächenbezogene Wasserverbrauch des gezeigten Tages war ca. 12 mol $\cdot$ m^{-2} $\cdot$ d^{-1}, was bei einer Gesamtoberfläche der Belaubung von 330 m^2 etwa 75 kg H_2O entsprach.

Im nächsten Beispiel leistet die THB nach Cermak (Cermak et al. 1976) einen Beitrag zur Klärung, wieviel Trockenstress Bäume ertragen können, bevor sie absterben. Untersucht wurden 115 Jahre alte Buchenbäume (*Fagus sylvatica*) in einem forstlich begründeten Mischwald im Schweizer Mittelland.

Hintergrundinformation

Zur Vorgeschichte: Als die Bäume 107 Jahre alt waren, wurde der Bestand zum ersten Mal waldbaulich aufgelichtet. Ungefähr 50 % der Bäume wurden entfernt, jedoch mit einem unregelmäßigen Entnahmemuster, sodass von den verbleibenden Bäumen einige freigestellt, während andere in fast unberührten Baumgruppen belassen wurden. Während der acht Jahre seit der Auflichtung erlitten besonders solche Buchen einen fortschreitenden Laubverlust bis zum Absterben, die freigestellt wurden (Abb. 13a1). Sobald 80 % Laubverlust erreicht war, bildeten sich mit einem Radius von zwei Metern um die Stämme herum unterwuchsfreie Kreisflächen (Abb. 13b2). In diesen hatten die Bäume einen dichten Feinwurzelfilz in den obersten 15 cm des Bodenprofils gebildet, wobei die Feinwurzeln sogar die Bodenoberfläche bedeckten. Solche Veränderungen in Unterwuchs und Bewurzelung wurden allerdings in jenen Bestandsbereichen nicht beobachtet, in denen die Auflichtung moderat blieb (Abb. 13a2). Sobald geschädigte Bäume abgestorben waren, eroberte der Unterwuchs die zwischenzeitlich freigewordenen Kreisflächen zurück (Abb. 13c2).

Die Vermutung lag nahe, dass Trockenstress die freigestellten Bäume abtötete, die niemals zuvor während ihrer 107-jährigen Lebensspanne einer vollen Besonnung ausgesetzt waren. Folglich muss nach der Auflichtung die Kronentranspiration beträchtlich angestiegen sein, mehr als die zunächst vorhandene Bewurzelung und die Bodenverhältnisse kompensieren konnten. Der fortschreitende Trockenstress schien die Feinwurzelbildung intensiviert zu haben, was zur Verdrängung des um Wasser konkurrierenden Unterwuchs führte, dennoch Laubverlust und Absterben der Bäume nicht abwenden konnte. Erst als nach dem Absterben der Bäume die Konkurrenz um das Bodenwasser entfiel, konnte der Unterwuchs das verlorene Terrain zurückgewinnen. Sollte also

Abb. 13 *Fagus sylvatica* (Anteil 26 %) in einem 115 Jahre alten Mischbestand mit zusätzlich *Picea abies, Abies alba, Pinus sylvestris* und *Fraxinus excelsior* des Schweizer Mittellands (Matyssek et al. 1991). Die Buchenbäume wurden drei Schädigungsklassen zugeteilt: **a1**, intakt, Laubverlust < 10 %; **b1**, geschädigt, Laubverlust 80 bis über 90 %; **c1**, abgestorben, Laubverlust 100 %. Die Stämme umgebender Unterwuchs war vorhanden in den Klassen **a1** und **c1** entsprechend **a2** bzw. **c2**. In **c2** nach Absterben der Bäume infolge Wiederbesiedlung der „Todeshöfe" (annähernde vegetationsfreie Kreisflächen von 13–18 m^2, **b2**), die sich die Stämme umgebend bei Bäumen des Stadiums **b1** gebildet hatten. (Fotos Matyssek)

Wasserlimitierung die Ursache des Baumsterbens gewesen sein, bis zu welchem Austrocknungsstadium hätten sich die Bäume dann noch erholen können?

Die angestrebte Klärung wurde durch ein Bewässerungsexperiment erzielt, als während eines sonnig-warmen Augusttags bis zu 270 mm Wasser (etwa 25 % des Jahresniederschlags) bei unterschiedlich beeinträchtigten Bäumen appliziert wurden: innerhalb der unterwuchsfreien Kreisflächen (Abb. 13b2) bei stark geschädigten Bäumen bzw. in ähnlich großen Flächen mit Unterwuchs bei wenig betroffenen Bäumen (Abb. 13a2).

Die Xylemflussrate im Stamm aller Versuchsbäume stieg nach Wasserzufuhr unabhängig vom Ausmaß des Laubverlustes an, wie die Tagesverläufe des Xylemflusses an Tagen vor und nach der Bewässerung widerspiegeln (Abb. 14a, b). Auch stark geschädigte Bäume nahmen markant den Wassertransport wieder auf, wie der Vergleich der Quotienten der maximalen Xylemflussraten im Stamm nach und vor der Bewässerung anzeigten: 2, 3- bis 5-fache Erhöhung bei starker, gegenüber 1,5- bis 1,9-facher bei geringer Schädigung.

Der Anstieg des Xylemflusses nach Wasserzufuhr, die in drei Pulsen über die Mittagsstunden verteilt wurde, erfolgte unmittelbar auch bei den geschädigten Bäumen (Abb. 14c). Die Xylemflussrate verdoppelte sich beim ersten Bewässerungspuls und stieg nochmals nach dem zweiten Puls deutlich an, soweit es die

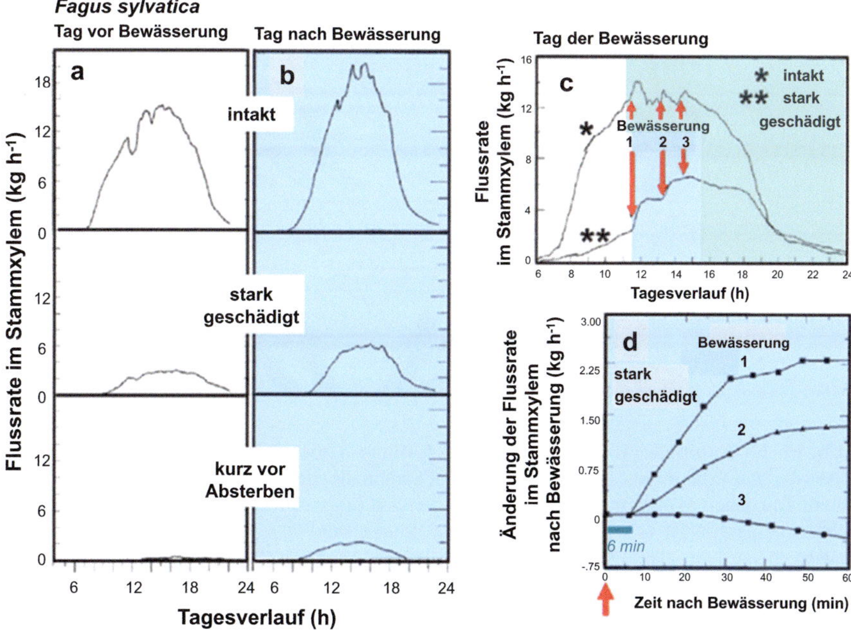

Abb. 14 Erholung der Xylemflussrate im Stammxylem 115 Jahre alter Buchen (*Fagus sylvatica*) von Trockenstress nach Auflichtung eines Mischwalds im Schweizer Mittelland (vergl. Abb. 13). (**a**) und (**b**), unterschiedlich geschädigte Bäume wurden untersucht: annähernd vollständig belaubte (vergl. Abb. 13a1, a2, „intakt") und einzeln exponierte, entweder „stark geschädigt" mit ca. 80 %, oder > 90 % Verlust der potenziellen Belaubung („kurz vor Absterben", vergl. Abb. 13b1, b2); Tagesverläufe der Xylemflussrate in denselben Baumindividuen einen Tag vor (**a**) und einen Tag nach (**b**) der Bewässerung. (**c**) Tag der Bewässerung; Vergleich der Xylemfluss-Tagesverläufe der Klassifizierung „intakt" versus „stark geschädigt", aus (**a**) oben bzw. Mitte. Beachte die jeweils unterschiedliche Reaktion auf die drei Bewässerungspulse (Pfeile). (**d**) Änderung der Xylemflussrate bei starker Schädigung im Baum aus (**a**) Mitte nach den drei aufeinanderfolgenden Bewässerungspulsen (jeweils normiert auf den Zeitpunkt t = 0 der Pulsapplikation). Auffällig ist die jeweils um 6 min verzögerte Reaktion des Xylemflusses in 6 m Stammhöhe (Position der montierten Xylemflusssensoren, s. Text); blau schattierte Bereiche kennzeichnen Zeitspannen während (**c, d**) oder nach (**b**) Bewässerungen. (Adaptiert von Matyssek et al. 1991; Cermak et al. 1993)

beeinträchtigte Transportkapazität in den Stämmen zuließ. Insofern blieb dann der dritte Bewässerungspuls wirkungslos. Die ersten beiden Pulse betreffend, reagierten die Bäume jeweils mit einer sechsminütigen Verzögerung (Abb. 14d).

Wie lassen sich nun die erzielten Ergebnisse interpretieren? Wir wollen dies mit einem Vergleich zu einem Tauziehen-Wettkampf tun (Abb. 15a). Der Wasserpotenzialgradient zwischen Wurzel und Krone (symbolisiert durch das Seil) beginnt bei tiefen (stark negativen) Werten im Boden und endet bei noch beträchtlich tieferen Werten in der Atmosphäre (s. ▶ Kap. 9, „Physik des Wasserdampfes – Luftfeuchte und Wasserdampfgradienten"), sodass das hydraulische Kontinuum zwischen beiden Enden des Systems unter extremer Anspannung steht. Die plötzliche Wasser-

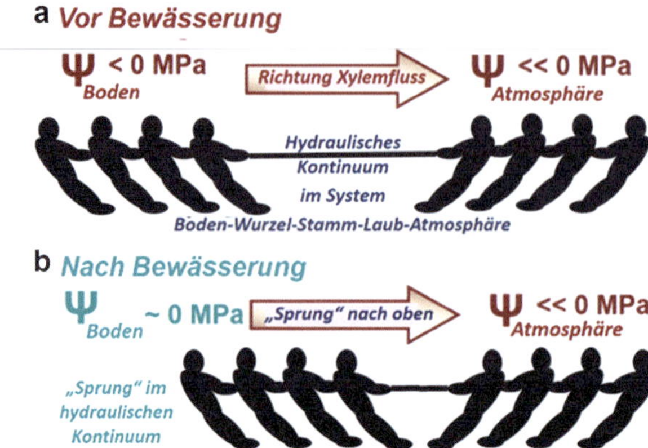

Abb. 15 Hydraulisches Kontinuum des Boden-Baum-Atmosphären-Systems unter Trockenstress (a) und infolge Bewässerung (**b**) mit dem Stamm als zentrale Komponente **in Analogie zu einem Tauziehen-Wettkampf.** Bei starker Trockenheit (**a**), wenn der Xylemfluss zur Baumkrone nahezu ausgesetzt ist (s. Abb 14a, Mitte und unten), wird das Kontinuum der Wasserfäden (entsprechend dem „Seil") von Ψ_{Boden} („Team Boden", links) in Richtung Boden gezogen und „in Position gehalten", entsprechend $\Psi_{Boden} < 0$ MPa. Zugleich wird das „Seil" am anderen Ende vom „Team Atmosphäre" kräftig nach „rechts" (= oben) gezogen, da $\Psi_{Atmosphäre} << 0$ MPa. Infolge der entgegengesetzt ausgerichteten Zugspannung bewegt sich das „Seil" (= hydraulisches Kontinuum der Wasserfäden im Stamm) kaum nach oben (Xylemflussrate nahe Null), vielmehr wird es unter der starken Anspannung gestrafft (die Zugspannung der Wasserfäden ist hoch). Obwohl $\Psi_{Atmosphäre} << \Psi_{Boden}$, behindert die Reibung im Boden-Stamm-Krone-System den Xylemfluss nach oben, was von den gegen den Untergrund gestemmten Füßen der beiden „Teams" symbolisiert wird. Durch die kurzen, aber intensiven Bewässerungspulse (**b**, vergl. Abb. 14c, d, jeweils #1 und #2) erreicht Ψ_{Boden} rasch 0 MPa (innerhalb der 6-minütigen Verzögerungszeit, vergl. Abb. 14d). In der Analogie schwinden dem „Team Boden" die Kräfte, das „Seil" in Position zu halten, während das „Team Atmosphäre" unvermindert bei Kräften bleibt. Infolgedessen schnellt das „Seil" nach rechts (entsprechend, das hydraulische Kontinuum der Wasserfäden im Stamm nach oben) und bewegt sich weiter in Richtung „Team Atmosphäre" (**b**). Dieser Sprung markiert den Beginn der Erholung des Wassertransports im Stammxylem der trockengestressten Bäume (vergl. Abb. 14b, Mitte und unten)

zufuhr bewirkt einen Sprung im Bodenwasserpotenzial auf nahe 0 MPa, was bedeutet, dass die Anspannung entlang des Gradienten im Boden relativ zu der weiterhin aufwärts gerichteten Zugkraft der Atmosphäre markant abfällt (Abb. 15b). In der Analogie des Tauziehens kollabiert die „Bodenmannschaft", sodass das Seil (entsprechend der Wasserstränge im hydraulischen Kontinuum) von der „Atmosphärenmannschaft" abrupt noch oben gerissen wird. Dieser plötzliche Ruck wird durch das „Anspringen" des Xylemflusses im Stamm registriert (vergl. Abb. 14d).

Wie ist dann aber die Verzögerungszeit dieser sprunghaften Reaktion von sechs Minuten zu interpretieren (Abb. 14d), die in 6 m Stammhöhe in jener Position festgestellt wurde, an der die THB-Systeme installiert waren? Das sich hier ruckartig bewegende Wasser konnte nicht mit dem auf den Boden applizierten identisch sein, wenn man maximale Xylemflussraten von etwa $6 \text{ m} \cdot \text{h}^{-1}$ in Bäumen wie der Buche mit einem zerstreutporigen Holzkörper zugrunde legt. Vielmehr war das Signal der

Aufwärtsruck der Wasserstränge im hydraulischen Wurzel-Stamm-Krone-Kontinuum. Dieser „Ruck" belegte zusätzlich, dass das Xylemtransportsystem immer noch funktional war (also nicht völlig durch Kavitation blockiert). Die Funktionalität war zumindest in einem Ausmaß gegeben, welches der verbliebenen Belaubung eine Chance ließ, mit Wasser versorgt zu werden, wann immer es im Boden wieder verfügbar wäre. Das bedeutet, dass die hydraulische Funktionstüchtigkeit in trockengestressten Bäumen „bis zum bitteren Ende" aufrechterhalten wird, wenn die letzten Blätter kollabieren. Auf diese Weide erhalten die Bäume bis kurz vor dem Absterben, neben dem intensivierten Feinwurzelwachstum, die wesentliche Voraussetzung, die Transpiration wieder aufzunehmen und sich vom erlittenen Trockenstress zu erholen. Bäume erscheinen also als „tapfere Kämpfer" unter Trockenstress und hinsichtlich ihres Regenerationsvermögens – gewissermaßen, bis das letzte Blatt fällt.

Hintergrundinformation

Das in Abb. 14 demonstrierte Experiment widerlegte zugleich eine zunächst vermutete Luftverschmutzung als Ursache des vorgefundenen Baumsterbens. Parallel zum Experiment konnte auch kein Beleg für eine Verschmutzung gefunden werden. Offensichtlich erfolgte die waldbauliche Auflichtungsmaßnahme zu heterogen und zu spät, angesichts der fortgeschrittenen Bestandsentwicklung.

7 Bedeutung in der experimentellen Pflanzenökologie

Die Bedeutung der oben vorgestellten Messmethoden liegt in der direkten, kontinuierlichen Erfassung des gesamten Wasserflusses durch Pflanzen (oder auch durch Äste) und damit des pflanzeninternen Wasserferntransports. Dabei entspricht der Massenstrom des Wassers im Stammxylem, abgesehen von zeitlichen Verschiebungen (infolge Wasserspeicherung und Speichernutzung), der Transpiration der gesamten (Kronen-)Belaubung (Abb. 12). Besonders für Baumindividuen im Bestand unter natürlichen Standortverhältnissen stellen diese Methoden bislang das einzige direkte Messverfahren der Kronentranspiration dar. Daneben dienen sie zusammen mit anderen Techniken der Analyse des gesamten pflanzlichen Wasserhaushaltes, z. B. der Untersuchung des Wasserflusses zwischen verschiedenen Organen, von Fließwiderständen und Flussprofilen im Xylem und der Rolle der Kavitation bei der Kernholzbildung. Auch für angewandte Fragestellungen gewinnen die Methoden an Bedeutung (z. B. in der Pflanzenzucht und bei der Klärung von Schädigungen).

Schädigungen und deren Risiko durch Einwirkung troposphärischen, bodennahen Ozons (O_3) auf die Vegetation ist Gegenstand einer seit langem geführten wissenschaftlichen und politischen Diskussion. Die gegenwärtig anthropogen erhöhten O_3-Regime sind das Ergebnis der Verbrennung fossiler Energieträger, aber auch der Brandrodung von Wäldern bei Landnutzungsänderungen. Ursache-Wirkungs-Beziehungen und Risiken können aber nur bei Kenntnis der in die Pflanzen aufgenommenen O_3-Dosis ermittelt werden, was bei der gegebenen Größe von

Waldbäumen eine Herausforderung darstellt. Als provisorischen Behelf hat man Risikoindizes definiert, die sich auf die O_3-Konzentration der Außenluft beziehen, was aber zu unsicheren Beurteilungen führt, da maßgeblich die Stomata das Ausmaß der O_3-Aufnahme (und damit der Dosis) bestimmen. Wie im Folgenden ausgeführt, kann die Sapflow-Messung in Baumstämmen die Herausforderung annehmen (Matyssek et al. 2004, 2008, 2015; Nunn et al. 2007; Köstner et al. 2008).

Hintergrundinformation

Bei der Ermittlung der O_3-Aufnahme ganzer Baumkronen auf der Basis der Xylemflussmessung in Baumstämmen geht man in erster Näherung von Gesetzmäßigkeiten aus, die auch der Messung des Blattgaswechsels zugrunde liegen (s. ▶ Kap. 10, „Physikalische Grundlagen von Transpiration, CO_2-Aufnahme, Gasleitfähigkeiten und deren Bestimmungen"). Da das vom Laub der Baumkrone transpirierte Wasser zuvor durch den Stamm geflossen sein muss, entspricht der Xylemfluss der Kronentranspiration (s. o.). Also kann man auch eine Kronenleitfähigkeit für den Wasserdampfaustritt aus den Blättern in die Luft der Kronengrenzschicht berechnen, wenn die Wasserdampfmolenbruchdifferenz zwischen den Mesophyllinterzellularen des Laubes und der Außenluft im Kronenraum bekannt ist. Die Molenbruchdifferenz wird vom Wasserdampfpartialdruck, d. h. der absoluten Feuchte der Außenluft und vom Wasserdampfsättigungspartialdruck bei Laubtemperatur bestimmt.

Während die absolute Feuchte durch direkte Messung innerhalb der Kronengrenzschicht ermittelt werden kann, ist der Sättigungsdampfdruck im Laub aus dessen Temperatur abzuleiten. Wie aber die Laubtemperatur messen? Hierzu ist zu bedenken, dass die größten Abweichungen zwischen Laub- und Lufttemperatur nur bei direkter Sonneneinstrahlung auftreten, was in der Sonnenkrone der Fall ist. Folglich kann man für die Schattenkrone zunächst in Näherung vertreten, hier Laub- und Lufttemperatur einander gleichzusetzen, sodass der Sättigungsdampfdruck der Interzellularenluft aus der Temperatur der Außenluft abgeleitet werden kann. Für das Sonnenlaub kann die Eigentemperatur am besten berührungsfrei aus der Distanz mit IR-Thermometern ermittelt werden. Man muss sich bewusst sein, dass das Sonnenlaub in starkem Maße die Kronentranspiration bestimmt, da hier aufgrund der hohen Einstrahlung die meiste Energie für die Verdunstung des Wassers zur Verfügung steht. Bei gleichzeitiger Kenntnis der Sonnen- und Schattenlaubanteile in der Krone kann dann der Xylemfluss entsprechend gewichtet werden.

Im Beispiel der Abb. 16, welches an ca. 27 m hohen, 60-jährigen Buchen in einem Bestand mit geschlossenem Kronendach erarbeitet wurde, war das Laub der Baumkronen zu mehr als 80 % beschattet. Dies ist für Buche nicht ungewöhnlich, die eine ausgeprägte Schattenbaumart repräsentiert und daher an vielen Standorten in Sukzessionen das Klimaxstadium markiert. Daher wurde im gezeigten Beispiel auf eine Temperaturmessung des Sonnenlaubes verzichtet und auch hier in Näherung der Sättigungsdampfdruck der Interzellularenluft aus der Temperatur der Außenluft abgeleitet, sodass in den folgenden Berechnungen nicht zwischen Sonnen- und Schattenkrone differenziert wurde.

Nach den Vorüberlegungen lässt sich nun die Kronenleitfähigkeit für Wasserdampf berechnen. Diese Leitfähigkeit integriert die Grenzschicht- und Stomataleitfähigkeit, wird jedoch von der stomatären Regulation bestimmt. Da die Kronenleitfähigkeit für Wasserdampf gilt, wir aber an der diffusiven stomatären Aufnahme von Ozon in das Laub interessiert sind, müssen wir den Diffusionskoeffizienten von Wasserdampf gegen den von O_3 austauschen. Um nun den diffusiven O_3-Influx in das Laub ermitteln zu können, müssen wir die O_3-Konzentration in der Luft der Grenzschicht und in den Mesophyllinterzellularen kennen.

Die O_3-Konzentration der Außenluft ist direkt messbar – wie aber soll man die O_3-Konzentration in der Luft der Mesophyllinterzellularen ermitteln? Hier kommen uns die chemischen Eigenschaften des O_3 zur Hilfe, das aufgrund seiner Reaktivität bereits im Luftraum des substomatären Raums und der Mesophyllinterzellularen in Folgeprodukte zerfällt – in die sog. *reactive oxygen species* (ROS), welche den eigentlichen oxidativen Stress ausüben und potenziell die Zellen schädigen. Physisch ist daher O_3 in der Luft der Mesophyllinterzellularen nicht vorhanden, sodass

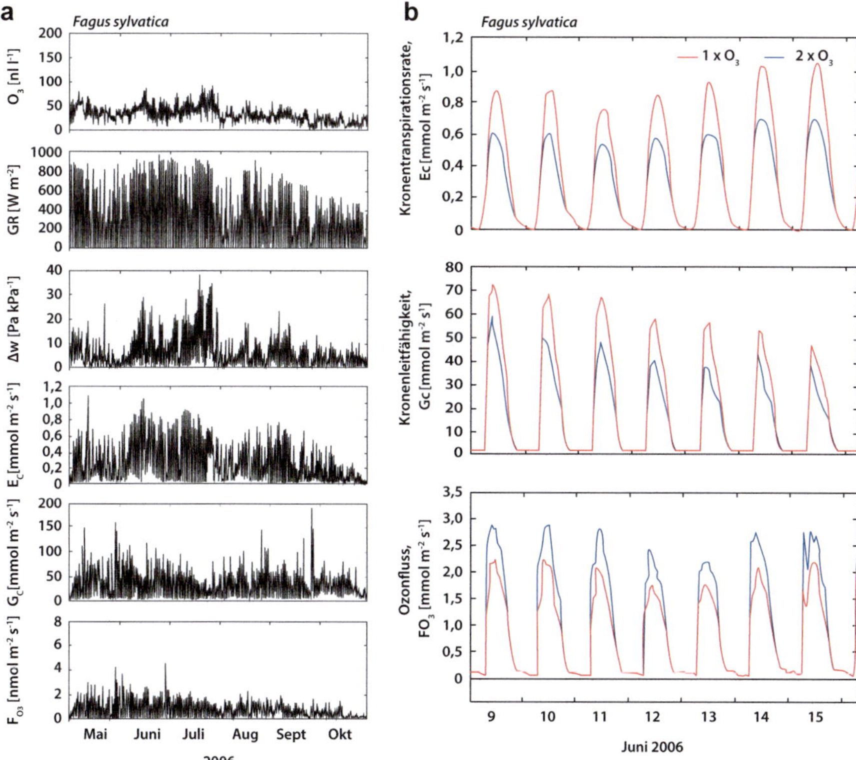

Abb. 16 (**a**) Von oben nach unten **saisonale Verläufe der O_3-Konzentration der Außenluft in der Kronengrenzschicht**, der Globalstrahlung (*GR*), der Wasserdampfmolenbruchdifferenz zwischen Kronenlaub und Außenluft in der Kronengrenzschicht (Δw), der Kronentranspirationsrate (E_c), der Kronenleitfähigkeit für Wasserdampf (G_c) und der stomatären O_3-Influxrate auf Kronenebene (F_{O3}). Letzterer Parameter wurde aus Messungen des Xylemflusses im Stamm von Altbuchen unter Bestandsbedingungen mit der TDP-Methode (Granier-Sensoren) unter unveränderter Standortsluft ($1 \times O_3$) abgeleitet, wie im Text und in Matyssek et al. (2008) beschrieben. Jede Linie stellt einen grafisch komprimierten Tagesgang der jeweiligen Parameter dar. (**b**) Gleiche Untersuchung, jedoch beispielhaft eine Woche im Juni bei hoher zeitlicher Auflösung dargestellt. Verglichen wird zudem das experimentell erhöhte O_3-Regime ($2 \times O_3$, *blaue Linien*, durch *Free-air*-Kronenraumbegasung, s. Werner und Fabian 2002; Nunn et al. 2002; Karnosky et al. 2007) mit dem unveränderten, am Waldstandort vorherrschenden O_3-Regime ($1 \times O_3$, *rote Linien*) von oben nach unten: Kronentranspirationsrate, Kronenleitfähigkeit für Wasserdampf und stomatäre O_3-Influxrate auf Kronenebene. (Adaptiert von Matyssek et al. 2015)

hier seine Konzentration nun gleich Null gesetzt werden kann. Damit wird der O_3-Gradient für den diffusiven O_3-Influx ausschließlich von der O_3-Außenkonzentration bestimmt. Als letzter Berechnungsschritt ist die O_3-Außenkonzentration mit der Kronenleitfähigkeit für O_3 zu multiplizieren, sodass wir schließlich den diffusiven stomatären O_3-Influx in das Laub innerhalb der Kronengrenzschicht erhalten. Im zeitlichen Integral, z. B. von Stunden, Tagen, Monaten oder Jahren, ergibt der Influx die entsprechenden, aufgenommenen O_3-Dosen – gültig für das gesamte Baumindividuum.

Abb. 16a demonstriert den Ablauf der Herleitung des O_3-Influx auf Gesamtbaumebene für jeden einzelnen Tag der Vegetationsperiode zwischen Mai und Oktober, an dem die Altbuchen mit ausdifferenzierten Blättern belaubt waren. Von oben nach unten wird zunächst der Verlauf der täglich variablen O_3-Konzentration innerhalb der Kronengrenzschicht gezeigt, mit höheren Niveaus vor als nach dem Juli-August-Monatswechsel. Auch ist im Zeitraum Juni bis Juli die Globalstrahlung am höchsten, sodass hier auch die Wasserdampfmolenbruchdifferenz zwischen Kronenlaub und Grenzschichtluft am größten ist, was ebenfalls von Maxima der Kronentranspiration im Jahresgang begleitet wird. Die Verrechnung der beiden letzteren Parameter ergibt allerdings einen annähernd ausgeglichenen Jahresverlauf der Kronenleitfähigkeit für Wasserdampf. Nach Umrechnung in die Kronenleitfähigkeit für O_3 und Multiplikation mit der O_3-Konzentration der Grenzschichtluft erhalten wir den Jahresgang des stomatären O_3-Influx ins Kronenlaub, kontinuierlich von Mai bis Oktober abnehmend.

In Abb. 16b ist eine Sequenz des Jahresganges für eine Woche im Juni hoch aufgelöst dargestellt. Man erkennt die Synchronität zwischen Kronentranspiration, Kronenleitfähigkeit für Wasserdampf und O_3-Influx. In dieser Sequenz werden Bäume unter der O_3-Belastung der unveränderten Bestandsluft (rote Linien) mit solchen unter experimentell erhöhter O_3-Belastung verglichen (blaue Linien). Die erhöhte Belastung wurde durch *Free-air*-Begasung im Kronenraum erzielt (s. ▶ Abb. 17 im Kap. 15, „Analyse stabiler Isotope“). Die transpirationssenkende Wirkung des O_3 in erhöhter Konzentration wird deutlich, was auf dessen die Stomata verengenden Effekt zurückzuführen ist. Trotz dieses Effekts war jedoch der O_3-Influx unter der hohen O_3-Belastung erhöht.

Die gezeigte Anwendung der Xylemflussmessung eröffnet neue Ansätze der Risikobewertung von O_3-Stress auf Waldbäume (weitere Details zu Anwendung und Korrekturen s. in Matyssek et al. 2004, 2008, 2015; Nunn et al. 2007; Köstner et al. 2008).

Übungsfrage

Wie müssen Messsysteme konstruiert sein, mit denen man *reverse flow* im Xylemwassertransport ermitteln kann? Nennen Sie Beispiele. ◀

Literatur

Baker JM, van Bavel CHM (1987) Measurement of mass flow of water in the stems of herbaceous plants. Plant Cell Environ 10:777–782

Becker P, Edwards WRN (1999) Corrected heat capacity of wood for sap flow calculations. Tree Physiol 19:767–768

Burgess SSO, Adams MA, Bleby TM (2000) Measurement of sap flow in roots of woody plants: a commentary. Tree Physiol 20:909–913

Burgess SSO, Adams MA, Turner NC, Beverly CR, Ong CK, Khan AAH, Bleby TM (2001) An improved heat pulse method to measure low and reverse rates of sap flow in woody plants. Tree Physiol 21:589–598

Cermak J, Kucera J, Penka M (1976) Improvement of the method of sap flow rate determination in full-grown trees based on heat balance with direct electric heating of xylem. Biol Plant 18:105–110

Cermak J, Matyssek R, Kucera J (1993) Rapid response of large, drought-stressed beech trees to irrigation. Tree Physiol 12:281–290

Cermak L, Ulehla J, Kucera L, Penka M (1982) Sap flow rate and transpiration dynamics in the full-grown oak (*Quercus robur* L.) in flood plain forest exposed to seasonal floods as related to potential evapotranspiration and tree dimensions. Biol Plant 24:446–460

Granier A (1985) A new method of sap flow measurement in tree stems. Ann Sci Forest 42:193–200

Jones HG (1992) Plants and microclimate. A quantitative approach to environmental plant physiology, 2. Aufl. Cambridge University Press, Cambridge

Karnosky DF, Werner H, Holopainen T, Percy K, Oksanen T, Oksanen E, Heerdt C, Fabian P, Nagy J, Heilman W, Cox R, Nelson N, Matyssek R (2007) Free-air exposure systems to scale up ozone research to mature trees. Plant Biol 9:181–190

Köstner B, Matyssek R, Heilmeier H, Clausnitzer F, Nunn AJ, Wieser G (2008) Sap flow measurements as a basis for assessing trace-gas exchange of trees. Flora 203:14–33

Lide DR (1992) Handbook of chemistry and physics, 73. Aufl. CRC Press, Boca Raton, S 6–10

Matyssek R, Cermak J, Kucera J (1991) Ursacheneingrenzung eines lokalen Buchensterbens mit einer Meßmethode der Kronentranspiration. Schweiz Z Forstwes 142:809–828

Matyssek R, Wieser G, Nunn AJ, Kozovits AR, Reiter IM, Heerdt C, Winkler JB, Baumgarten M, Häberle K-H, Grams TEE, Werner H, Fabian P, Havranek WM (2004) Comparison between AOT40 and ozone uptake in forest trees of different species, age and site conditions. Atmos Environ 38:2271–2281

Matyssek R, Sandermann H, Wieser G, Booker F, Cieslik S, Musselman R, Ernst D (2008) The challenge of making ozone risk assessment for forest trees more mechanistic. Environ Pollut 156:567–582

Matyssek R, Baumgarten M, Hummel U, Häberle K-H, Kitao M, Wieser G (2015) Canopy-level stomatal narrowing in adult *Fagus sylvatica* under O_3 stress – means of preventing enhanced O_3 uptake under high O_3 exposure? Environ Pollut 196:518–526

Nadezhdina N, Vandegehuchte MW, Steppe K (2012) Sap flux density measurements based on the heat field deformation method. Trees 26:1439–1448

Nunn AJ, Reiter IM, Häberle K-H, Werner H, Langebartels C, Sandermann H, Heerdt C, Fabian P, Matyssek R (2002) „Free-air" ozone canopy fumigation in an old-growth mixed forest: concept and observations in beech. Phyton 42:105–119

Nunn AJ, Wieser G, Metzger U, Löw M, Wipfler P, Häberle K-H, Matyssek R (2007) Exemplifying whole-plant ozone uptake in adult forest trees of contrasting species and site conditions. Environ Pollut 146:629–639

Richards JH, Caldwell MM (1987) Hydraulic lift: substantial nocturnal water transport between soil layers by *Artemisia tridentata* roots. Oecologia 73:486–489

Sakuratani T (1981) A heat balance method for measuring water flux in the stem of intact plants. J Agr Met 37:9–17

Schulze ED, Cermak J, Matyssek R, Penka M, Zimmermann R, Vasicek F, Gries W, Kucera J (1985) Canopy transpiration and water fluxes in the xylem of the trunk of *Larix* and *Picea* trees a comparison of xylem flow, porometer and cuvette measurements. Oecologia 66:475–483

Steppe K, de Pauw DJW, Doody TM, Teskey RO (2010) A comparison of sap flux density using thermal dissipation, heat pulse velocity and heat field deformation methods. Agric For Meteorol 150:1046–1056

Werner H, Fabian P (2002) Free-air fumigation of mature trees. Environ Sci Pollut Res 9:117–121

Willert DJ von, Matyssek R, Herppich WB (1995) Experimentelle Pflanzenökologie. Grundlagen und Anwendungen. Thieme, Stuttgart/New York

Ziegler H, Weber J, Lüttge UE (2009) Thermal dissipation probe measurements of sap flow in the xylem of trees documenting dynamic relations to variable transpiration given by instantaneous weather changes and the activities of a mistletoe xylem parasite. Trees 23:441–450

Teil IX

Energieumsatz

Strahlungs- und Energieflüsse 20

Inhalt

Zusammenfassung

Der Strahlung verdanken wir letztlich alles Leben auf unserem Planeten. Die Pflanzen bilden als Primärproduzenten jene trophische Ebene, in der die Nahrungsketten verankert sind. Zunächst werden die optischen Eigenschaften von Blättern vorgestellt und geprüft, zu welchen Anteilen Strahlung absorbiert wird. Danach soll das Blatt als Zentrum von Strahlungsflüssen betrachtet und eine Strahlungsbilanz erstellt werden. Da die Strahlungsbilanz nicht ausgeglichen ist, muss untersucht werden, wie die Nettoenergieaufnahme eines Blattes aus der Strahlung an die Umwelt abgeführt werden kann, ohne zu überhitzen oder auszukühlen. Eine Reihe von Energieflüssen ermöglicht die Energieabgabe und so den „Schluss" der Energiebilanz, wodurch sich die Blatttemperatur in einem stoffwechselförderlichen Bereich einstellen kann. Abschließend wird geprüft, inwiefern Prinzipien der Energiebilanz von Blättern auch auf globaler Ebene und mit Relevanz für die Klimaerwärmung gültig sind.

Schlüsselwörter

Absorption · Ausgleich der Strahlungsbilanz · Energiebilanz · Energieumwandlung · Optische Eigenschaften der Pflanzen · Metabolische

R. Matyssek, W. B. Herppich, *Experimentelle Pflanzenökologie*, Springer Reference Naturwissenschaften, https://doi.org/10.1007/978-3-662-67530-4_17

Wärme · Modell zur Energiebilanz · Ulbricht-Kugel · Reflexion · Strahlungsbilanz · Transmission · Transpiration · Wärmeaustausch (Konvektion) · Wärmeleitung · Wärmespeicherung

1 Optische Blatteigenschaften

In ▶ Kap. 2, „Qualitäten, Quantitäten und Gesetzmäßigkeiten der Strahlung" hatten wir gesehen, dass die Gesamtstrahlung (englisch: *incident radiation* oder *total radiation*), die auf ein Blatt trifft, aus der „kurzwelligen" Globalstrahlung der Sonne und der „langwelligen" thermischen Strahlung der irdischen Umwelt besteht (Übergangsbereich zwischen beiden Strahlungsqualitäten bei 3000–4000 nm). Was passiert physikalisch mit der Strahlung insgesamt nach dem Auftreffen auf das Blatt?

Grundsätzlich kann jeder Körper, also auch ein Blatt, die auftreffende Strahlung **reflektieren**, **absorbieren** und/oder **transmittieren**. In welchen Relationen sich Reflexion, Absorption und Transmission zueinander verhalten, hängt von den Eigenschaften des Körpers und der Wellenlänge der auftreffenden Strahlung ab.

Hintergrundinformation

Im sichtbaren Bereich des Strahlungsspektrums reflektiert ein blank poliertes Silberstück mehr als 99 % der auftreffenden Strahlung, es wird nichts durchgelassen (= transmittiert) und nur wenig absorbiert. Schwarzer Samt reflektiert dagegen nur wenig Strahlung, absorbiert aber den Hauptanteil, was ja auch die schwarze Farbe bedingt. Zwischen der hohen Reflexion eines weißen Blattes Papier und der minimalen Reflexion eines matt schwarzen Papiers gibt es gleitende Übergänge. Solange der spektrale Bereich der reflektierten Strahlung immer gleich und nur der Prozentsatz der reflektierten Strahlungsanteile verschieden ist, resultieren die verschiedenen Grautöne. Aus dieser Tatsache folgt aber auch, dass jede graue Fläche, wenn sie in einem dunklen Raum allein mit weißem Licht bestrahlt wird, weiß erscheint.

Der **Farbeindruck eines nichttransparenten Körpers** wird von den Pigmenten oder Farbstoffen seiner Oberfläche bestimmt. Sofern der Körper nicht selbst leuchtet, werden seine Farben erst sichtbar, wenn kurzwellige Sonnenstrahlung auf ihn trifft und diese teilweise reflektiert wird. Reflektiert ein Körper nur Strahlung im roten Spektralbereich, absorbiert aber die restliche Strahlung, dann erscheint der Körper rot. Entfernen wir durch Filter vorher den roten Spektralbereich, so erscheint der Körper schwarz. Wird auftreffende Strahlung in mehreren Spektralbereichen reflektiert, so entsteht eine Mischfarbe, die sich abhängig von der Spektralverteilung der Einstrahlung ändert. Dies erklärt den unterschiedlichen Farbeindruck (**Farbverschiebung**) eines mischfarbigen Körpers im Sonnenlicht und im Kunstlicht.

Ein Laubblatt erscheint sowohl im Auflicht als auch im Durchlicht grün. Dies lässt bereits einige Rückschlüsse auf das Absorptions-, Reflexions- und Transmissionsvermögen zu. Ein Blatt muss, um im Auflicht und Durchlicht grün zu erscheinen, die auftreffende Strahlung im Grünbereich des Spektrums nicht nur am stärksten reflektieren und transmittieren, sondern auch die Strahlung in den übrigen Spektralbereichen weitgehend absorbieren. Wir müssen uns nun näher mit den optischen, spektralen Eigenschaften von Blättern beschäftigen.

Wenn wir das Reflexionsvermögen des Blattes bei einer bestimmten Wellenlänge λ mit r_λ, das Absorptionsvermögen mit a_λ und das Transmissionsvermögen mit t_λ bezeichnen, muss deren Summe den Wert „eins" betragen:

$$r_\lambda + a_\lambda + t_\lambda = 1 \tag{1}$$

Hieraus folgt, dass der Anteil der absorbierten Strahlung immer nur kleiner oder höchstens gleich eins sein kann. Dies gilt nicht nur für eine monochromatische Strahlung, sondern einen Spektralbereich insgesamt. Bezeichnet man das mittlere Absorptionsvermögen des Blattes über den Spektralbereich λ_1 bis λ_2 mit a, das mittlere Reflexionsvermögen mit r und das mittlere Transmissionsvermögen mit t, ergibt sich Gl. 2

$$r + a + t = 1 \text{ (von } \lambda_1 \text{ bis } \lambda_2) \tag{2}$$

Wenn ein Blatt nur einen Anteil der auftreffenden Globalstrahlung absorbiert, nützt es wenig, wenn man die Strahlungsflussdichte der auftreffenden Strahlung misst. Es interessiert nämlich nicht immer die Abhängigkeit der Photosynthese von der auftreffenden Photonenflussdichte, sondern von der tatsächlich absorbierten. Zwischen beiden Größen kann ein Unterschied von bis zu 50 % bestehen. Wir werden auf die Auswirkungen dieses Sachverhaltes bei der Ermittlung der Quantenausbeute noch näher eingehen. Wie kann man die von einem Blatt absorbierte Strahlung messen? Eine direkte Messung ist nicht möglich, vielmehr bestimmt man den Anteil der transmittierten und der reflektierten Strahlung und berechnet den absorbierten Anteil nach Gl. 1.

Wir müssen an dieser Stelle eine Begriffsklärung vornehmen. Unter einer *Flussdichte* versteht man einen Teilchen- oder Mengenfluss durch eine Fläche hindurch; z. B. in unserem Fall einen Fluss von Photonen. Die Photonenflussdichte erhält die Dimension „mol $\cdot$ m^{-2} $\cdot$ s^{-1}". Durchdringt der Teilchenfluss nicht die Fläche, sondern trifft er lediglich auf die Fläche auf, so darf man streng genommen den Begriff Flussdichte nicht verwenden. Daher wird vielfach für die auftreffende Strahlung der Ausdruck **Bestrahlungsstärke** gebraucht. Uns dessen bewusst, werden wir durchgängig im weiteren Verlauf, dem allgemeinen Sprachgebrauch folgend, den Ausdruck **Photonenflussdichte** verwenden und „*auftreffend*" implizieren, wenn es sich um einen von der Fläche aufgefangenen, aber diese nicht durchdringenden Photonenfluss handelt.

Zur **Messung der spektralen Eigenschaften eines Blattes** benötigt man eine starke Lichtquelle, einen Monochromator, der monochromatisches Licht mit enger Bandbreite liefert, eine entsprechende Optik, eine integrierende Kugel (Ulbricht-Kugel) und ein Messgerät, das die aus der Ulbricht-Kugel austretende Strahlung quantifiziert (Abb. 1). Die Innenwand der Ulbricht-Kugel ist bei Messung im sichtbaren Bereich des Spektrums mit einem speziellen Pulver (Kodak White Reflectance Coating) beschichtet, dessen Hauptkomponente Bariumsulfat ist. Im IR-Bereich besteht die Beschichtung aus einer diffus reflektierenden Goldschicht. Diese Beschichtungen sorgen dafür, dass auftreffende Strahlen in der Kugel so lange reflektiert werden, bis sie schließlich an einer anderen Stelle die Kugel über einen Lichtleiter wieder verlassen. Der Lichtleiter ist mit dem Messgerät verbunden.

Zur **Messung des Transmissionsvermögens eines Blattes** wird das Blatt vor die Eintrittsöffnung des Messstrahles in die Ulbricht-Kugel gebracht. Der senkrecht auf das Blatt auftreffende monochromatische Strahl wird teilweise reflektiert und absorbiert, ein Teil wird transmittiert und tritt in die Ulbricht-Kugel ein. In Abb. 1a ist die gesamte Messanordnung schematisch dargestellt und der Weg von zwei in die Kugel eingetretenen Strahlen eingezeichnet. Aus den Messwerten ohne und mit Blatt vor der Eintrittsöffnung lassen sich der Anteil transmittierter Strahlung und damit das Transmissionsvermögen des Blattes ermitteln. Die erhaltene spektrale Abhängigkeit der Transmission ist in Abb. 2 durch eine ausgezogene Linie dargestellt.

Die **Messung des Reflexionsvermögens eines Blattes** ist in Abb. 1b schematisch dargestellt. Der Lichtstrahl des Monochromators tritt in die integrierende Kugel ein und trifft an der gegenüberliegenden Seite senkrecht auf das von außen an die Öffnung der Kugel gedrückte Blatt. Der auftreffende Strahl wird an den Strukturen des Blattes reflektiert, und das reflektierte Licht tritt entweder direkt oder nach

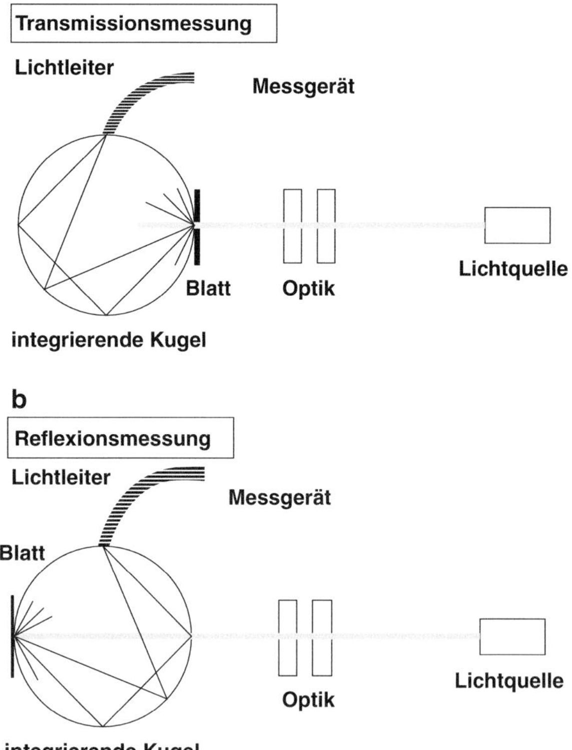

Abb. 1 Messanordnung für die Messung der optischen Eigenschaften von Blättern mithilfe einer integrierenden Kugel (Ulbricht-Kugel). (**a**) Messung der Transmission. Das Blatt wird vor die Öffnung der Ulbricht-Kugel gebracht, und die transmittierte Strahlung wird nach Eintritt in den Lichtleiter gemessen. (**b**) Messung der Reflexion. Das Blatt wird hinter die Ulbricht-Kugel gebracht. Der auftreffende Lichtstrahl wird in die Kugel reflektiert und nach Eintritt in den Lichtleiter gemessen. (Quelle: eigene Darstellung, nach von Willert et al. 1995)

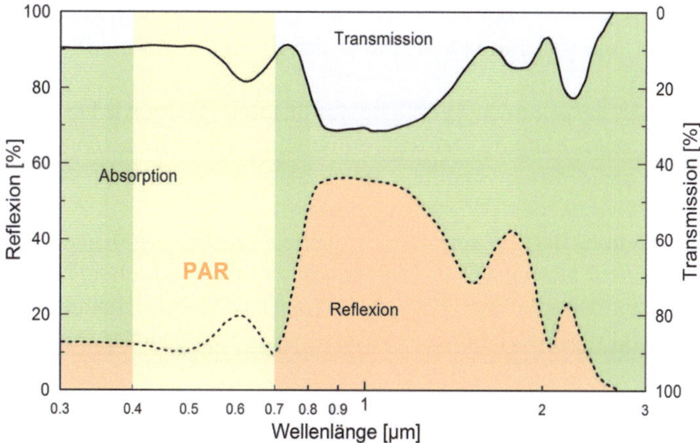

Abb. 2 Spektrale Eigenschaften eines Blattes von *Nerium oleander*. Gemessen wird das Transmissionsvermögen (*t*) und das Reflexionsvermögen (*r*). Das Absorptionsvermögen (*a*) ergibt sich als Ergänzung auf 100 %, da $a + r + t = 1$. Das Absorptionsvermögen des Blattes ist durch die Fläche zwischen den beiden Linien charakterisiert; *PAR = photosynthetically active radiation*. (Nach von Willert et al. 1995)

weiteren Reflexionen in den Lichtleiter ein. Aus den Messwerten ohne und mit Blatt lässt sich der Anteil des vom Blatt reflektierten senkrecht auftreffenden Strahls berechnen. Auch für das Reflexionsvermögen erhält man eine charakteristische Abhängigkeit von der Wellenlänge der auftreffenden Strahlung, die in Abb. 2 als gestrichelte Linie eingezeichnet ist.

Entsprechend Gl. 1 ist das **Absorptionsvermögen des Blattes** bei jeder Wellenlänge der Abstand zwischen der ausgezogenen und der gestrichelten Linie. Für einen beliebigen Spektralbereich λ_1 bis λ_2 entsprechen dann die Flächen unter, über bzw. zwischen den Kurven im Vergleich zu der Gesamtfläche dem mittleren Reflexions-, Transmissions- bzw. Absorptionsvermögen des Blattes. Die in Abb. 2 dargestellten Kurven kennzeichnen damit die spektralen Eigenschaften eines grünen Blattes.

Das Absorptionsvermögen eines Blattes ändert sich mit der Wellenlänge der Strahlung. Im sichtbaren Bereich zwischen 400 und 700 nm ist es aufgrund der spezifischen Absorption der Blattpigmente hoch und erreicht ungefähr 80 % der auftreffenden Strahlung. Wir erkennen auch die starke Reflexion und Transmission im Grünbereich, die, wie oben schon ausgeführt, dem Blatt im Durch- und Auflicht die grüne Farbe verleiht. Zwischen 700 und 1200 nm ist das Absorptionsvermögen sehr niedrig. Dies ist für die Pflanze von besonderer Bedeutung, denn gerade in diesem Bereich liegt ein Großteil der Globalstrahlung. Da diese Strahlung nur gering absorbiert wird, belastet sie den Wärmehaushalt des Blattes nicht. Bei Wellenlängen über 2 µm nimmt die Globalstrahlung ab, während das Absorptionsvermögen des Blattes stark zunimmt und annähernd 100 % der auftreffenden Strahlung erreicht. Letzteres bedeutet, dass im Bereich der langwelligen thermischen Strahlung ein Blatt einem schwarzen Körper sehr nahekommt. Als grobe Faustregel kann man für ein typisches mesomorphes Laubblatt angeben, dass im **Bereich der Globalstrahlung**

(300–3000 nm) 55–65 % der auftreffenden Strahlung absorbiert werden. Der Rest wird reflektiert und transmittiert, wobei in der Regel die Reflexion größer als die Transmission ist.

Aus der anderen spektralen Verteilung des diffusen Himmelslichtes im Vergleich zur direkten Sonnenstrahlung und dem erhöhten Absorptionsvermögen des Blattes im Maximum der diffusen Strahlung folgt, dass proportional die Absorption der diffusen Strahlung zu etwa 16 % gesteigert ist.

Ein **sukkulentes Blatt** absorbiert im Bereich zwischen 700 und 1200 nm im Vergleich zu einem mesomorphen oder skleromorphen Blatt erheblich mehr Strahlung. Dies ist auf den größeren Wassergehalt des sukkulenten Blattes zurückzuführen. Abb. 3 zeigt dies deutlich für zwei Blätter unterschiedlicher Dicke und unterschiedlichen Wassergehaltes.

Wachsüberzüge und dichte Behaarung beeinflussen die spektralen Eigenschaften eines Blattes weitaus weniger, als man gemeinhin annimmt. Lediglich im sichtbaren Bereich nimmt die Absorption der Strahlung infolge erhöhter Reflexion ab. Relativ wenig weiß man auch über den Einfluss des Einfallswinkels der Strahlung auf *r*, *a* und *t*. Die verfügbaren Messungen weisen nach, dass die Absorption bis zu einem Winkel von 70° Abweichung von der Senkrechten unverändert bleibt. Reflexion und Transmission ändern sich mit zunehmendem Winkel beträchtlich, aber gegenläufig. Dabei gilt die Faustregel, dass schräg einfallende Strahlung stärker reflektiert wird als senkrecht auftreffende Strahlung.

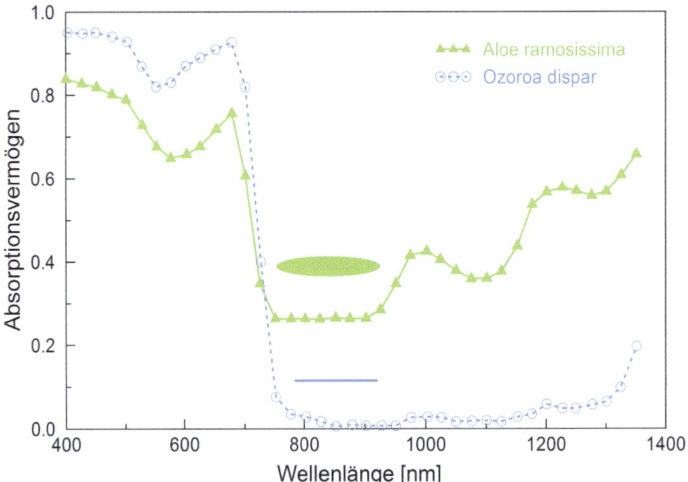

Abb. 3 Absorptionsvermögen von zwei Laubblättern unterschiedlicher Sukkulenz. *Ozoroa dispar* ist ein Hartlaubgewächs, *Aloe ramosissima* eine buschförmige Sukkulente mit rosettigen Blättern an den Sprossenden. Beide Arten kommen in der südlichen Namib-Wüste vor. Der Sukkulenzgrad von *Ozoroa* ist 0,18 kg · m^{-2}, der von *Aloe* 1,84 kg · m^{-2}. (Nach von Willert et al. 1995)

2 Strahlungsbilanz auf Blattebene

Wenn wir uns ein horizontal ausgerichtetes Blatt vorstellen, das der Strahlung ausgesetzt ist, können wir bezüglich der kurzwelligen Strahlung **sechs Strahlungsflüsse** unterscheiden (Abb. 4):

- direkte Sonnenstrahlung (J_{dir}),
- Himmelslicht (J_H),
- Wolkenlicht (J_W),
- reflektierte direkte Sonnenstrahlung ($r_U \cdot J_{dir}$),
- reflektiertes Himmelslicht ($r_U \cdot J_H$),
- reflektiertes Wolkenlicht ($r_U \cdot J_W$),

wobei r_U das Reflexionsvermögen der Umgebung bezeichnet.

Die **Globalstrahlung** (300–3000 nm) wird nur zum Teil vom Blatt absorbiert. Bei insgesamt auftreffender Strahlungsflussdichte J_{ges} ist der vom Blatt absorbierte Anteil $a \cdot J_{ges}$. Im Bereich der Globalstrahlung ist J_{ges} die Summe aller aufgelisteten sechs Strahlungsflüsse.

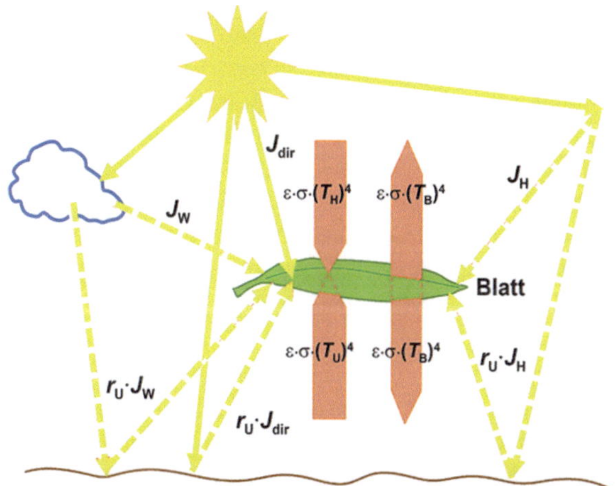

Abb. 4 Modellhafte Darstellung der Strahlungsflüsse, die ein Blatt treffen und die von ihm ausgehen. Die *durchgezogenen und gestrichelten gelben Pfeile* kennzeichnen die direkte bzw. indirekte oder reflektierte/gestreute kurzwellige Strahlung, die *breiten Pfeile* die langwellige thermische Strahlung. Die kurzwellige Strahlung kann entweder direkt (J_{dir}) oder als Himmels- (J_H) oder Wolkenlicht (J_W) indirekt oder nach erneuter Reflexion in der irdischen Umgebung (Pflanzen, Boden, Steine, o. ä.) auf das Blatt treffen. Der reflektierte Anteil der kurzwelligen Strahlung richtet sich nach dem Reflexionsvermögen der Umgebung (r_U). Die langwellige thermische Strahlung, die auf das Blatt trifft, ist die atmosphärische Gegenstrahlung $\left(\varepsilon \cdot \sigma \cdot T_H^4\right)$ und die Wärmestrahlung der irdischen Umgebung $\left(\varepsilon \cdot \sigma \cdot T_U^4\right)$. Strahlungsflüsse, die vom Blatt weggerichtet sind, betreffen die langwellige thermische Strahlung, die das Blatt entsprechend seiner Oberflächentemperatur abgibt („Rückstrahlung"), $\left(\varepsilon \cdot \sigma \cdot T_B^4\right)$. (Nach von Willert et al. 1995)

$$\begin{aligned} J_{\text{ges}} &= J_{\text{dir}} + J_{\text{H}} + J_{\text{W}} + r_{\text{U}} \cdot J_{\text{dir}} + r_{\text{U}} \cdot J_{\text{H}} + r_{\text{U}} \cdot J_{\text{W}} \\ &= (J_{\text{dir}} + J_{\text{H}} + J_{\text{W}}) \cdot (1 + r_{\text{U}}) \end{aligned} \tag{3}$$

Da $J_{\text{dir}} + J_{\text{H}} + J_{W}$ gleich der Globalstrahlung J_{GS} ist, folgt:

$$J_{\text{ges}} = J_{\text{GS}} * (1 + r_{\text{U}}) \tag{4}$$

und die im Bereich der Globalstrahlung insgesamt absorbierte Strahlung $a \cdot J_{\text{ges}}$ wird zu

$$a \cdot J_{\text{ges}} = a * J_{\text{GS}} * (1 + r_{\text{U}}) \tag{5}$$

Obigen Ausführungen liegen eine Reihe vereinfachender Annahmen zugrunde. Es wurde nicht berücksichtigt, dass jede der sechs Strahlungsflussdichten eine andere Wellenlängenverteilung besitzt, was bedeutet, dass a für alle sechs Strahlungsflüsse verschieden ist. Das gleiche trifft auch für die Reflexion an der Umgebung zu, die nicht nur von der Wellenlänge der auftreffenden Strahlung, sondern auch von den Eigenschaften des Reflektors bestimmt wird. Die Verwendung eines einheitlichen Absorptionsvermögens des Blattes (a) und einer einheitlichen Reflexion der Strahlung durch die Umgebung (r_{U}) ist daher stark vereinfachend.

Neben der Globalstrahlung müssen noch die **Flüsse der langwelligen thermischen Strahlung** berücksichtigt werden. Die thermischen Strahlungsflüsse, die das Blatt treffen, sind die *atmosphärische Gegenstrahlung* und die *Wärmestrahlung der Umgebung*. Beide gehorchen dem Stefan-Boltzmann-Gesetz, sodass sich für die atmosphärische Gegenstrahlung $\sigma \cdot (T_{\text{H}})^4$ und für die Wärmestrahlung der Umgebung $\sigma \cdot (T_{\text{U}})^4$ ergibt, wobei T_{H} die Temperatur des Himmels und T_{U} die Temperatur der Umgebung bezeichnet. Letztere Strahlungsflussdichten sind in Abb. 4 als breite, auf das Blatt gerichtete Pfeile gezeichnet.

Die spektralen Eigenschaften des Blattes haben uns gezeigt, dass das Absorptionsvermögen im langwelligen thermischen Bereich nahe dem eines schwarzen Körpers liegt. Nennen wir dieses Absorptionsvermögen a_{IR}, sein Wert liegt bei $\geq 0{,}96$, so sind die vom Blatt absorbierten Anteile der langwelligen thermischen Strahlung des Himmels und der Umgebung $a_{\text{IR}} \cdot \sigma \cdot ((T_{\text{H}})^4 + (T_{\text{U}})^4)$.

Wenn wir das Stefan-Boltzmann-Gesetz auf die Atmosphäre und die Umgebung anwenden, ist entsprechendes auch für ein Blatt möglich. Auch das Blatt emittiert langwellige thermische Strahlung abhängig von seiner Oberflächentemperatur. Es gilt $J_{\text{B}} = \varepsilon \cdot \sigma \cdot (T_{\text{B}})^4$. Dabei ist ε der Emissionskoeffizient des Blattes, der nach Kirchhoff gleich a_{IR} sein muss.

Im langwelligen thermischen Bereich liegt somit ein Strahlungsfluss vor, der vom Blatt weg gerichtet ist und der deshalb vielfach als **Abstrahlung** bezeichnet wird. Auch er ist in Abb. 4 als breite, von Blatt weg gerichtete Pfeile eingezeichnet. Wir haben damit die Gesamtheit der Strahlungsflüsse charakterisiert, die am Tag von einem Blatt absorbiert und emittiert werden. Dies erlaubt eine **Strahlungsbilanz** aufzustellen, die wir in zwei verschiedenen Formen darstellen wollen:

- Absorbierte Strahlung – emittierte Strahlung = Nettostrahlung.
- Absorbierte Globalstrahlung + absorbierte langwellige thermische Strahlung – emittierte langwellige thermische Strahlung = Nettostrahlung.

$$a \cdot (1 + r_U) \cdot J_{GS} + a_{IR} \cdot \sigma \cdot \left[(T_H)^4 + (T_U)^4\right] - 2 \cdot \varepsilon \cdot \sigma \cdot (T_B)^4$$
$$= \text{Nettostrahlung} \qquad (6)$$

Da ein horizontales Laubblatt nach beiden Seiten langwellige thermische Strahlung emittiert, ist der Abstrahlungsterm mit 2 zu multiplizieren. Sollten Ober- und Unterseite des Blattes verschiedene Temperaturen haben, so muss an dieser Stelle $\varepsilon \cdot \sigma \cdot ((T_{OS})^4 + (T_{US})^4)$ geschrieben werden, wobei T_{OS} die Temperatur der Blattoberseite, T_{US} die der Blattunterseite angibt.

Es muss an dieser Stelle hervorgehoben werden, dass die langwellige thermische Strahlung eines Körpers, z. B. eines horizontal stehenden flachen Blattes, in alle Richtungen des Raumes geht, als befände sich der Strahler im Zentrum einer Kugel. Es ist daher nicht richtig, von einer Strahlungsflussdichte der emittierten Strahlung zu sprechen, da die Flussdichte der Strahlung mit zunehmender Entfernung vom Blatt abnimmt (aufgrund zunehmenden Radius und damit zunehmender Oberfläche der Kugel).

Die Nettostrahlung kann größer, gleich oder kleiner als Null sein. Am Tage ist sie wegen der Globalstrahlung immer größer als Null. In klaren, windstillen Nächten nimmt sie vielfach negative Werte an, was dann zu Tau- oder Eisbildung („Raureif") auf den Blättern und Unterkühlung führen kann. In extremen Fällen kommt es zum Durchfrieren des Blattes trotz Lufttemperaturen über 0 °C, was auch als „Bodenfrost" bekannt ist.

Die Aussagen der Strahlungsbilanzgleichung (Gl. 6) sollen an einigen Beispielen verdeutlicht werden. Es sei gegeben $a = 0{,}7$; $a_{IR} = 0{,}96$; $r_U = 0{,}3$; $J_{GS} = 800\ \mathrm{W \cdot m^{-2}}$; $T_H = -\ 30\ °\mathrm{C} = 243\ \mathrm{K}$; $T_U = +\ 20\ °\mathrm{C} = 293\ \mathrm{K}$; $\varepsilon = 0{,}96$; $T_B = 24\ °\mathrm{C} = 297\ \mathrm{K}$; $\sigma = 5{,}67 \cdot 10^{-8}\ \mathrm{W \cdot m^{-2} \cdot K^{-4}}$.

Unter diesen Bedingungen ist die absorbierte Globalstrahlung:

$$a \cdot (1 + r_U) \cdot J_{GS} = 0{,}7 \cdot (1 + 0{,}3) \cdot 800 = 728 \quad \left[\mathrm{W \cdot m^{-2}}\right]$$

die absorbierte thermische Strahlung:

$$a_{IR} \cdot \sigma \cdot \left(T_H^4 + T_U^4\right) = 0{,}96 \cdot 5{,}67 \cdot 10^{-8} \cdot \left(243^4 + 293^4\right) = 591 \quad \left[\mathrm{W \cdot m^{-2}}\right]$$

und die vom Blatt emittierte langwellige thermische Strahlung:

$$2 \cdot \varepsilon \cdot \sigma \cdot T_B^4 = 2 \cdot 0{,}96 \cdot 5{,}67 \cdot 10^{-8} \cdot 297^4 = 847 \quad \left[\mathrm{W \cdot m^{-2}}\right]$$

Daraus errechnet sich eine Nettostrahlung von

$$728 + 591 - 847 = 472 \quad \left[\mathrm{W} \cdot \mathrm{m}^{-2}\right]$$

Wir können nun in einem Diagramm (Abb. 5) die absorbierte Strahlung der abgegebenen Strahlung und der Nettostrahlung gegenüberstellen und erkennen, dass das Blatt 64 % der absorbierten Gesamtstrahlung durch langwellige thermische Abstrahlung wieder abgibt. Es müssen aber noch 36 % der absorbierten Gesamtstrahlung abgeführt oder umgewandelt werden, damit die Pflanze keinen Hitzetod erleidet.

Hintergrundinformation

Geht in der Nacht die Temperatur der Umgebung (T_U) auf 5 °C = 278 K zurück und sinkt die Blatttemperatur (T_B) auf 1 °C = 274 K, ändert sich infolgedessen auch die Strahlungsbilanz.

Die absorbierte thermische Strahlung beträgt dann

$$a_{IR} \cdot \sigma \cdot \left(T_H^4 + T_U^4\right) = 0{,}96 \cdot 5{,}67 \cdot 10^{-8} \cdot \left(243^4 + 278^4\right) = 515 \quad \left[\mathrm{W} \cdot \mathrm{m}^{-2}\right]$$

die emittierte thermische Strahlung wird

$$2 \cdot \varepsilon \cdot \sigma \cdot T_B^4 = 2 \cdot 0{,}96 \cdot 5{,}67 \cdot 10^{-8} \cdot 274^4 = 613 \quad \left[\mathrm{W} \cdot \mathrm{m}^{-2}\right]$$

und die Nettostrahlung ergibt

$$515 - 613 = -98 \quad \left[\mathrm{W} \cdot \mathrm{m}^{-2}\right]$$

Das heißt, das Blatt verliert mehr Energie, als es durch Wärmestrahlung von der Umgebung erhält. Wenn keine andere Energiequelle genutzt werden kann, wird die Blatttemperatur so lange abnehmen, bis die Strahlungsbilanz ausgeglichen ist. Bei unveränderter Größe der absorbierten thermischen Strahlung lässt sich die Blatttemperatur bei ausgeglichener Strahlungsbilanz in der Nacht berechnen, denn die absorbierte Strahlung muss gleich der emittierten sein, das heißt,

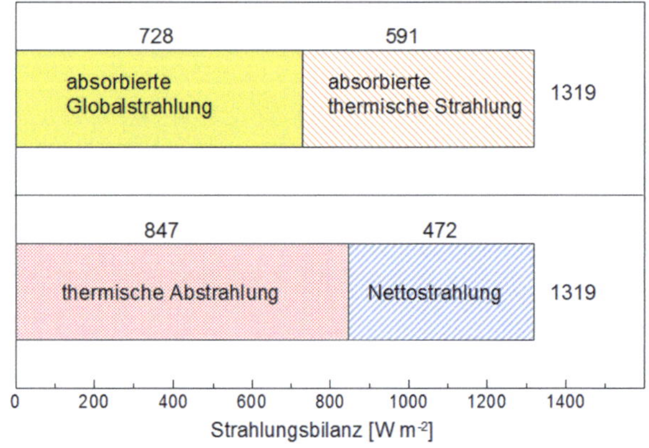

Abb. 5 Strahlungsbilanz eines Modellblattes. Die einzelnen Strahlungsflüsse wurden im Text behandelt und berechnet. (Eigene Darstellung, nach von Willert et al. 1995)

$$a_{\mathrm{IR}} \cdot \sigma \cdot \left(T_{\mathrm{H}}^4 + T_{\mathrm{U}}^4\right) = 2 \cdot \varepsilon \cdot \sigma \cdot T_{\mathrm{B}}^4$$

$$T_{\mathrm{B}}^4 = \frac{T_{\mathrm{U}}^4 + T_{\mathrm{H}}^4}{2} = \frac{278^4 + 243^4}{2}$$

$$T_{\mathrm{B}} = 262\ \mathrm{K} = -11\,^{\circ}\mathrm{C}$$

und wir erhalten eine Blatttemperatur von −11 °C bei einer Umgebungstemperatur von 5 °C.

Ein Temperaturgradient von 16 °C zwischen der Umgebung und dem Blatt, also entlang der Grenzschicht, ist sehr unwahrscheinlich, zumal es durch Konvektion zu einer zusätzlichen Wärmeaufnahme aus der Umgebung kommen kann. Es ist aber möglich, dass die Wärmeaufnahme durch Konvektion nicht ausreicht, die negative Strahlungsbilanz auszugleichen. Dies kann dann dazu führen, dass trotz positiver Lufttemperatur in klaren Nächten Blätter durchfrieren (**Strahlungsfröste**). Ein entsprechendes Phänomen stellt der sog. **Bodenfrost** z. B. in klaren Herbstnächten dar (s. o.). Schon ein Wolkenaufzug kann den Bodenfrost aber verhindern, da dann die Himmelstemperatur erheblich ansteigt, und mit ihr die atmosphärische Gegenstrahlung. Den gleichen Effekt wie ein Wolkenaufzug bringt das Abdecken der Pflanze, eine von Gärtnern viel geübte Praxis bei Gefahr von Strahlungsfrösten.

3 Energiebilanz von Blättern

Das Vorliegen einer Nettostrahlung, das heißt, eines Energiebetrags, den die Pflanze „übrig" behält oder der ihr fehlt, zwingt dazu, die Betrachtung von den reinen Strahlungsflüssen auf das Niveau der **Energieflüsse** allgemein auszuweiten. Eine positive Strahlungsbilanz, also ein Energieüberschuss, würde zu einer kontinuierlichen Temperaturerhöhung und schließlich zum Hitzetod der Pflanze führen, wenn es für die Pflanze keine Möglichkeit gäbe, diese Energie wieder an ihre Umgebung abzugeben. Eine negative Bilanz ohne Energieaufnahme aus der Umgebung würde zur Kälteschädigung führen. Wir müssen uns daher im Folgenden mit den Vorgängen beschäftigen, die zusätzlich zur Strahlung Energie vom Blatt abführen oder ihm zuführen können. Die entscheidenden Vorgänge und deren physikalische Grundlagen haben wir im ► Kap. 2, „Qualitäten, Quantitäten und Gesetzmäßigkeiten der Strahlung" bereits ausführlich behandelt – diese müssen wir jetzt folgerichtig anwenden.

Grundsätzlich kann eine Pflanze Energie

- *weitergeben* (Wärmeleitung),
- *speichern* (Wärmespeicherung),
- mit der *Umgebung austauschen* (Konvektion) und
- *umwandeln* (Photosynthese, Atmung, Transpiration).

3.1 Wärmeleitung

Unter Wärmeleitung versteht man den **massefreien Transport von Wärme** entlang einer Strecke. Dieser Vorgang setzt ein Medium voraus, das in der Lage ist, Wärme zu leiten.

Ein bekanntes Beispiel ist der silberne Löffel, den man in ein Glas mit kochend heißem Wasser stellt, und dessen Stiel innerhalb kurzer Zeit durch Wärmeleitung so heiß wird, dass man ihn nicht mehr anfassen kann. Verwendet man statt des silbernen Löffels einen Holzstab, so wird dessen oberes Ende nicht heiß, was bedeutet, dass Holz im Vergleich zu Silber ein schlechter Wärmeleiter ist.

Wie man schon aus dem Beispiel ableiten kann, kommt Wärmeleitung im Pflanzenreich keine Funktion in der Energiebilanz zu, denn ein massefreier Wärmetransport im Blattstiel, im Spross oder Stamm oder gar die Wärmeabgabe an den Boden durch Wärmeleitung ist unbedeutend. Wir werden sie daher die Wärmeleitung im Weiteren nicht berücksichtigen.

3.2 Wärmespeicherung

Die Wärmespeicherung (Q_H) eines Mediums hängt von der Masse und der **spezifischen Wärmekapazität des Speichermediums** ab. Für eine lebende Pflanze kommt als Speichermedium nur das in ihr enthaltene Wasser infrage, sodass man in erster Näherung mit der spezifischen Wärmekapazität des Wassers rechnen kann. Diese ist temperaturabhängig und beträgt z. B. bei 20 °C 4,19 kJ · kg^{-1} · K^{-1}.

Fragen wir nun nach der **Wärmespeicherkapazität eines Laubblattes**, die wir speziell mit Q_B bezeichnen wollen, so ist letztere das Produkt aus der Masse des Blattes pro Flächeneinheit und der spezifischen Wärmekapazität der Blattes C_B, wofür wir in erster Näherung die spezifische Wärmekapazität des Wassers C_W (= 4190 J · kg^{-1} · K^{-1}) annehmen dürfen (für diese Betrachtung ist als Masse ausschließlich die des Wassers, nicht die Trockenmasse des Blattes erheblich). Die Masse (= Wassermenge) des Blattes pro Flächeneinheit erhalten wir aus der Dichte und Dicke des Blattes. Da ein bifaziales Laubblatt zu etwa 50 % aus lufterfüllten Interzellularen besteht, kann man für seine Dichte etwa die Hälfte der Dichte des Wassers, also 500 kg · m^{-3}, annehmen. Die Dicke eines Laubblattes sei z. B. 400 µm, sodass die Masse (= Wassermenge) des Blattes pro Flächeneinheit sich dann auf (500 kg · m^{-3} · 400 · 10^{-6} m) = 0,2 kg · m^{-2} beläuft. Die Wärmespeicherkapazität eines solchen Laubblattes ist dann gemäß obiger Definition:

$$Q_B = \text{Masse pro Flächeneinheit} \cdot C_B (= C_w) \tag{7}$$

Durch Einsetzen erhalten wir:

$$\begin{aligned} Q_B &= 0{,}2\ \text{kg} \cdot \text{m}^{-2} \cdot 4190\ \text{J} \cdot \text{kg}^{-1} \cdot \text{K}^{-1} \\ &= 838\ \text{J} \cdot \text{m}^{-2} \cdot \text{K}^{-1} \end{aligned}$$

Hieraus folgt: Speichert ein Laubblatt pro Sekunde die maximal mögliche Energiemenge von 838 J · m^{-2} · K^{-1}, so erwärmt es sich innerhalb einer Sekunde um 1 K, innerhalb einer Minute um 60 K. Das Beispiel ist natürlich unrealistisch. Billigen wir dem Blatt aber eine Temperaturerhöhung von 1 K pro Stunde zu, dann werden, wie man leicht berechnen kann, 0,23 W · m^{-2} durch Wärmespeicherung aufgefangen. Daraus folgt, dass die Wärmespeicherkapazität eines Laubblattes so gering ist, dass ihr Betrag für die Energiebilanz eines Blattes vernachlässigt werden kann.

Lediglich bei stammsukkulenten Formen, wie etwa Kugelkakteen mit einem großen Speichervolumen für Wasser und höherer spezifischer Dichte als bei einem Laubblatt, stellt die Wärmespeicherung, Q_{H}, eine zu beachtende Größe dar. Man kann diese nach der Formel

$$Q_{\mathrm{H}} = C_V \cdot V \cdot \Delta T \tag{8}$$

berechnen, wobei C_V die spezifische Wärme der Volumeneinheit (für Wasser bei 20 °C : 4,19 kJ · m^{-3} · K^{-1}), V das tatsächliche Wasservolumen und ΔT die Änderung der Temperatur im Zeitintervall ist. Da Wärme in den oder aus dem Speicher fließen kann, muss das Vorzeichen des Wärmespeicherterms in der Energiebilanzgleichung positiv bzw. negativ sein.

3.3 Wärmeaustausch

Zentraler Prozess des Wärmeaustausches ist die Konvektion (C), wie bereits in ► Kap. 6, „Bewegte Luft – Wind, Grenzschicht, Konvektion und deren Bestimmung“ erläutert. C stellt einen komplexen Vorgang dar, der genaugenommen aus drei Teilprozessen besteht. Der erste Teilprozess ist eine Wärmeübertragung zwischen Blatt und angrenzender Luft innerhalb der Grenzschicht, und der zweite erfolgt durch Wärmediffusion durch die Grenzschicht hindurch. Der dritte schließlich repräsentiert Wärmeabgabe oder -aufnahme an ein bzw. von einem Medium (in diesem Falle Luft) außerhalb der Grenzschicht. Der Wärmeaustausch erfolgt also via „freie Konvektion“ bei Windstille oder durch einen vorbeiziehenden Massenfluss der Luft (Wind), dann „erzwungene Konvektion“ genannt. Insgesamt stellt C also einen Wärmefluss dar, dessen treibende Kraft die Energiedifferenz (erkennbar als Temperaturdifferenz) entlang der Strecke ist, über die der Wärmefluss stattfindet. Die Strecke in unserem Fall ist die Dicke der Grenzschicht des Blattes. Die Konvektion C lässt sich daher als eine Energieflussdichte, J_{C}, mit dem 1. Fickschen Gesetz beschreiben:

$$J_{\mathrm{C}} = K_{\mathrm{Luft}} \cdot \Delta T / \delta \tag{9}$$

wobei K_{Luft} die thermische Leitfähigkeit der Luft, δ die Grenzschichtdicke über der Oberfläche und ΔT der Temperaturgradient über die Grenzschicht hinweg ist.

Häufig wird K_{Luft} und δ zu einem neuen Koeffizienten, dem Konvektionskoeffizienten $\overline{h}_c$ zusammengefasst und der Energiefluss in der Konvektion als

$$J_C = \overline{h}_c \cdot \Delta T \tag{10}$$

geschrieben. Will man den Einfluss der Luftbewegung und der Blattgröße, das heißt, der Strecke des Blattes in Windrichtung, in der Formel für den Wärmefluss in der Konvektion sichtbar machen, muss man in Gl. 9 δ durch $a \cdot \ell^{0,5} \cdot v^{-0,5}$ ersetzen (a = empirisch ermittelter Faktor = 4,0 mm $s^{-0,5}$), dann erhält man:

$$\begin{aligned} J_C &= K_{\text{Luft}} \cdot \frac{\Delta T}{a \cdot \ell^{0,5} \cdot v^{-0,5}} \\ &= \frac{K_{\text{Luft}}}{a} \cdot v^{0,5} \cdot \ell^{-0,5} \cdot \Delta T \end{aligned} \tag{11}$$

Aus dieser Formel ersieht man, dass die Temperaturdifferenz zwischen der Oberfläche des Blattes und der Umgebung die Größe des Wärmeaustausches entscheidend bestimmt. Da es hierbei keine Rolle spielt, ob die Luft wärmer oder kälter als das Blatt ist, folgt, dass durch die Konvektion entweder Energie vom Blatt abgeführt oder ihm zugeführt werden kann. Aus der Formel folgt weiter, dass sich der Wärmeaustausch zwischen Blatt und Umgebung mit zunehmender Windgeschwindigkeit vergrößert, mit zunehmender Blattgröße aber verkleinert. Auf diese Zusammenhänge wurde in ► Kap. 6, „Bewegte Luft – Wind, Grenzschicht, Konvektion und deren Bestimmung“ schon ausführlich eingegangen.

Wir wollen mithilfe der Gl. 11 den Wärmeaustausch zwischen einem flachen Blatt und der Umgebung berechnen, um eine Vorstellung von der Größenordnung der Konvektion zu bekommen. Hierzu müssen wir zuerst die Bedingungen festlegen. Es sollen sein: $\Delta T = 1$ K (Blatt wärmer als Luft); $v = 1 \text{ m} \cdot \text{s}^{-1}$; $\ell = 1$ cm (Blattlänge in Windrichtung); $a = 4 \text{ mm} \cdot \text{s}^{-0,5}$; K_{Luft} für 30 °C = 0,0264 $\text{W} \cdot \text{m}^{-1} \cdot \text{K}^{-1}$.

Setzen wir diese Werte in Gl. 11 ein und achten dabei auf die Dimensionen, so erhalten wir:

$$\begin{aligned} J_C &= \frac{0{,}0264 \ \text{W} \cdot \text{m}^{-1} \cdot \text{K}^{-1}}{4 \cdot 10^{-3} \ \text{m} \cdot \text{s}^{-0,5}} \cdot \frac{1 \ \text{m}^{0,5} \cdot \text{s}^{-0,5}}{\sqrt{0{,}01} \ \text{m}^{0,5}} \cdot 1 \ \text{K} \\ &= 66 \ \text{W} \cdot \text{m}^{-2} \end{aligned}$$

Da ein flaches Blatt Wärme auf der Ober- und Unterseite mit der Umgebung austauscht, müssen wir den eben berechneten Wert mit 2 multiplizieren und erhalten 132 $\text{W} \cdot \text{m}^{-2}$ als Wärmeaustausch zwischen dem gesamten Blatt und der Umgebung. Das heißt, dass unter den gegebenen Bedingungen dem Blatt 132 $\text{W} \cdot \text{m}^{-2}$ durch Konvektion entzogen werden kann.

Je nach Temperaturdifferenz zwischen Blatt und Umgebung, Windgeschwindigkeit und Blattgröße spielt, wie das Beispiel gezeigt hat, die Konvektion eine entscheidende Rolle beim Ausgleich einer positiven Strahlungsbilanz. Da die Richtung des Wärmeflusses nur von der Richtung des Temperaturgradienten abhängt, kann das Blatt über die Konvektion auch Wärme aus der Umgebung aufnehmen. In klaren und windstillen Nächten, in denen, wie schon gezeigt wurde, negative Strahlungsbilanzen auftreten, kann daher Wind ein starkes Absinken der Blatttemperatur mit der Gefahr des Durchfrierens der Blätter verhindern.

3.4 Energieumwandlungen

Die für die Energieumwandlung relevanten Prozesse sind die Photosynthese, die Strahlungsenergie in chemische Energie überführt (Q_{Ph}), die Atmung, die unter bestimmten Voraussetzungen größere Mengen an Wärme aus dem Stoffwechsel (Metabolismus) freisetzen kann (Q_M), sowie die Transpiration, die in variablem Umfang dem Blatt Energie durch Verdunstungskühlung entziehen kann (Q_{Tr}). In der genannten Reihenfolge werden die Energieumwandlungen der drei Prozesse im Folgenden behandelt.

Die Bruttogleichung der Photosynthese gibt über das Ausmaß der **Energieumwandlung in der Photosynthese** Aufschluss. Die Gleichung kann man schreiben als:

$$\begin{aligned} &6CO_2 + 12H_2O + h \cdot \nu \rightarrow C_6H_{12}O_6 + 6H_2O + 6O_2 \\ &\Delta G^{\circ\prime} = +\,2863\ \text{kJ} \cdot \text{mol}^{-1} \end{aligned} \tag{12}$$

Sie zeigt, dass pro Mol CO_2, das assimiliert wird, 477 kJ Energie aus der PAR (*photosynthetically active radiation*) verwendet werden. Die gesamte Energiemenge, die in der Photosynthese festgelegt wird, Q_{Ph}, ist dann das Produkt aus der Photosyntheserate (J_{CO_2}) und der Energiefestlegung pro Mol CO_2

$$Q_{Ph} = J_{CO_2} \cdot \text{Energiefestlegung pro Mol } CO_2 \tag{13}$$

Für eine Photosyntheserate von 1 μmol · $m^{-2} \cdot s^{-1}$ errechnet sich ein Q_{Ph}-Wert von:

$$\begin{aligned} Q_{Ph} &= \left(1 \cdot 10^{-6}\ \text{mol} \cdot \text{m}^{-2} \cdot \text{s}^{-1}\right) \cdot \left(477 \cdot 10^{3}\ \text{J} \cdot \text{mol}^{-1}\right) \\ &= 477 \cdot 10^{-3}\ \text{J} \cdot \text{m}^{-2} \cdot \text{s}^{-1} \\ &= 0{,}477\ \text{W} \cdot \text{m}^{-2} \end{aligned}$$

Dies bedeutet, dass pro µMol CO_2, das fixiert wird, etwa 0,5 W · m^{-2} an absorbierter Energie festgelegt werden. Die Tabelle (Tab. 1) listet im Freiland gemessene CO_2-Austauschraten einiger Pflanzen auf und gibt auch den Energieverbrauch an.

Die Angaben der Tabelle verdeutlichen, dass die meisten Pflanzen zwischen 5 und 10 W · m^{-2} Strahlungsenergie in der Photosynthese festlegen. Dies entspricht etwa 1–2 % der absorbierten Globalstrahlung, deren Größe 728 W · m^{-2} beträgt. In einer Energiebilanz spielt daher die Energiefestlegung in der Photosynthese keine wesentliche Rolle beim Ausgleich einer positiven Nettostrahlung.

Tab. 1 CO_2-Austauschraten von Pflanzen in verschiedenen Klimazonen. Es handelt sich hierbei um die maximalen CO_2-Austauschraten, bezogen auf die gesamte Oberfläche des Blattes, die im Freiland unter Nachlaufbedingungen (siehe ▶ Kap. 11, „Methoden der Gaswechselmessung – historische und aktuelle") gemessen wurden. Die Tabelle gibt ferner die Energiemengen an, die für diese CO_2-Austauschraten unter maximaler Einstrahlung von 700–800 W m^{-2} verbraucht werden

Name	J_{CO_2} [µmol · m^{-2} · s^{-1}]	Q_{Ph} [W · m^{-2}]
Boreale Zone, Insel Sandskär, Nordschweden		
Elymus arenarius	18,6	8,9
Honckenya peploides	21,9	10,5
Lathyrus maräimus	21,4	10,2
Vaccinium vitis-idaea	5,8	2,8
Gemäßigte Zone, Deutschland		
Acer campestre	8,2	3,9
Picea abies	1,9	0,9
Pinus silvestris	3,1	1,5
Prunus spinosa	11,1	5,3
Mediterrane Zone, Fynbos, Südafrika		
Erica mammosa	4,6	2,2
Leucospermum parile	7,5	3,6
Phylica stipularis	9,6	4,6
Protea acaulos	5,2	2,5
Selago spec,	15,0	7,2
Thamnochortus punctatus	8,1	3,9
Subtropische Wüste, Namib, Namibia		
Augea capensis	1,9	0,9
Coden royenii	20,3	9,7
Forsskaolea Candida	13,8	6,6
Rhus popul ifolia	2,1	1,0
Welwitschia mirabilis	3,4	1,6
Zygophyllum prismatocarpum	1,0	0,5
Dornbuschsavanne, Namibia		
Acacia karroo	11,8	5,6
Acacia nebrownii	8,4	4,0

Die **Erzeugung metabolischer Wärme**, Q_M, spielt bei Pflanzen eine ganz untergeordnete Rolle. Es gibt nur wenige Arten, die zu einer Thermogenese, das heißt, der Wärmeproduktion befähigt sind und die damit ihre Organtemperatur über die der Umgebung bringen können (Meeuse 1975; Solomos 1977; Laties 1982). Insbesondere Vertreter der Familie der Araceae entwickeln zur Blütezeit Wärme zur Anlockung bestäubender Insekten (Fliegen). Die Wärme erzeugt für Insekten wahrnehmbare Infrarot-Strahlung und fördert die Freisetzung von Duftstoffen. Ursache dieser Energiefreisetzung ist eine Abkopplung des Elektronentransportes (zyanidinsensitive Atmung) in den Mitochondrien von der normalerweise an diesen Prozess geknüpften ATP-Bildung. Dies hat zur Folge, dass die Energie der Substratoxidation in Form von Wärme frei wird. Auch wenn diese Wärmeproduktion bei den angesprochenen Pflanzen erheblich sein kann (es wurden bis zu 15 K Übertemperatur berichtet!) und in einer verstärkten CO_2-Freisetzung messbar ist, können wir die Energiefreisetzung im Stoffwechsel, Q_M, für die Energiebilanzbetrachtung bei Pflanzen insgesamt vernachlässigen.

Transpiration bedeutet Abgabe von Wasserdampf an die Umgebung und damit **Energieentzug** aus dem Blatt. Dieser ist entsprechend der Verdampfungsenthalpie für den Phasenübergang von flüssigem Wasser zu Wasserdampf unvermeidlich. Der transpirationsbedingte Phasenübergang ist also von der **Energieumwandlung Q_{Tr}** begleitet. Die an den Phasenübergang gekoppelte Verdampfungsenthalpie des Wassers wurde bereits im ► Kap. 9, „Physik des Wasserdampfes – Luftfeuchte und Wasserdampfgradienten" ausführlich behandelt. Der während der Transpiration erfolgende Phasenübergang läuft im physiologischen Temperaturbereich ab. Um Wasser bei 0 °C in die Dampfphase zu überführen, werden 45,06 kJ · mol^{-1} benötigt, bei 50 °C sind es 42,51 kJ · mol^{-1}. Die Pflanze entzieht die benötigte Energie der unmittelbaren Umgebung des Verdampfungsortes. Da dieser in den Zellwänden der Interzellularen liegt, wird die Energie dem Blatt selbst entzogen – sie stammt letztendlich aus der vom Blatt absorbierten Einstrahlungsenergie (d. h. thermischen Energiebeladung). Die Konsequenz davon ist, dass sich das Blatt abkühlt. Ist die Transpirationsrate eines Blattes bekannt, kann die bei der Transpiration abgeführte Energie und die sich einstellende Blatttemperatur berechnet werden.

Die abgeführte Energie ist das Produkt aus der Transpirationsrate und der Verdampfungsenthalpie des Wassers bei Blatttemperatur:

$$Q_{Tr} = J_{H_2O} \cdot \Delta H_{verd} \tag{14}$$

Für eine Blatttemperatur von 25 °C und einer Transpirationsrate von 1 mmol · $m^{-2} \cdot s^{-1}$ errechnet sich:

$$\begin{aligned} Q_{Tr} &= 1 \cdot 10^{-3} \text{mol} \cdot \text{m}^{-2} \cdot \text{s}^{-1} \cdot 44 \cdot 10^3 \text{ J} \cdot \text{mol}^{-1} \\ &= 44 \text{ J} \cdot \text{m}^{-2} \cdot \text{s}^{-1} \\ &= 44 \text{ W} \cdot \text{m}^{-2} \end{aligned}$$

Um beurteilen zu können, wie viel Energie durch Transpiration verbraucht wird, muss man lediglich die Transpirationsraten von Pflanzen kennen. Tab. 2 listet einige Werte auf, die im Freiland gemessen wurden. Die wiedergegebenen Werte dürfen nicht ohne weiteres miteinander verglichen werden, da bei den Messungen die Transpiration antreibende Kraft Δw nicht gleich groß war. Es geht hierbei aber weniger um den Vergleich als um die Bandbreite der Transpirationsraten und Energieabgabe.

Ohne Zweifel kann die Transpiration erhebliche Energiemengen abführen. Allerdings sind die Orte hoher potenzieller Transpiration (mit großem vorherrschenden Δw)

Tab. 2 Maximale Transpirationsraten von Pflanzen in verschiedenen Klimazonen. Die Tabelle gibt ferner den zur Transpirationsrate korrespondierenden Wasserdampfgradienten zwischen Blatt und Außenluft Δw an sowie die Energiemenge, die zum Aufrechterhalten dieser Transpirationsrate erforderlich ist und dem Blatt entzogen wird. Bezugsgröße ist die gesamte Oberfläche

Name	J_{H_2O} [mmol · m^{-2} · s^{-1}]	Δw [mPa · Pa^{-1}]	Q_{Tr} [W · m^{-2}]
Boreale Zone, Insel Sandskär, Nordschweden			
Elymus arenarius	8,63	32	380
Honckenya peploides	6,30	24	277
Lathyrus maritimus	7,62	32	335
Gemäßigte Zone, Deutschland			
Acer campestre	3,00	16	132
Pinus silvestris	2,10	22	92
Prunus spinosa	3,40	22	150
Mediterrane Zone, Fynbos, Südafrika			
Erica mammosa	1,25	35	55
Phylica ericoides	1,58	35	70
Protea acaulos	1,34	35	59
Protea repens	2,23	35	98
Rhus rosmarinifolia	2,77	35	122
Thamnochortus punctatus	3,12	35	137
Subtropische Wüste, Namib, Namibia			
Augea capensis	1,20	60	53
Forsskaolea candida	2,10	60	92
Monechma mollissimum	0,96	60	42
Rhus populifolia	2,34	60	103
Welwitschia mirabilis	1,30	58	57
Zygophyllum prismatocarpum	0,22	60	10
Dornbuschsavanne, Namibia			
Acacia karroo	4,20	60	185
Acacia nebrownii	3,75	50	165

meist auch trockene Standorte. Daher können Pflanzen solcher Standorte die Möglichkeit der Energieabgabe durch Transpiration wegen mangelnder Verfügbarkeit von Wasser im Boden, und infolgedessen verengter bis geschlossener Stomata, nicht oder nur bedingt nutzen.

Die Verdampfung von Wasser ist ein umkehrbarer Vorgang. Wir haben schon gezeigt, dass Wasserdampf auf Flächen kondensieren kann, wenn deren Temperatur die Taupunkttemperatur der Luft unterschreitet. Bei diesem Vorgang wird Wärme freigesetzt, das heißt, bei Taubildung auf dem Blatt oder Wasserdampfkondensation im substomatären Raum (quasi einer negativen Transpiration entsprechend) wird dem Blatt Energie zugeführt. Aus diesem Grund kann das Vorzeichen von Q_{Tr} negativ (bei Wasserdampfabgabe) oder positiv (bei Wasserdampfaufnahme) sein.

3.5 Das Blatt im Zentrum von Energieflüssen

Abb. 6 fasst die wesentlichen Energieflüsse, die auf ein Blatt treffen und die von ihm ausgehen, grafisch zusammen. Das Blatt erhält direkte und indirekte, diffuse Sonnenstrahlung (= Globalstrahlung) sowie langwellige thermische Strahlung aus der Atmosphäre und der übrigen Umgebung. Es selbst sendet entsprechend des Stefan-Boltzmann-Gesetzes langwellige thermische Strahlung aus. Das Blatt tauscht im Prozess der Konvektion sowie über Transpiration und Taubildung Energie mit der Umgebung aus. Von der das Blatt treffenden Globalstrahlung wird ein Teil reflek-

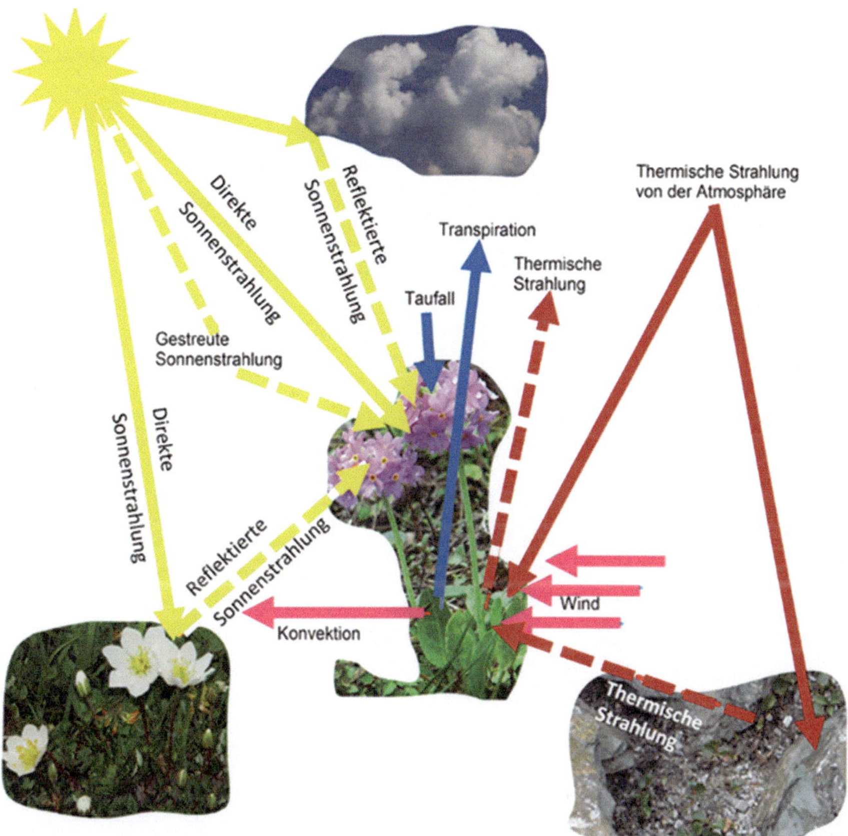

Abb. 6 Energieflüsse um eine Pflanze in einem offenen Gelände. Die *Pfeile* geben die Richtung der Energieflüsse an: gelb, Solarstrahlung (durchgezogen = direkt, gestrichelt = reflektiert/gestreut); rot, langwellig-thermische Strahlung (durchgezogen = von Atmosphäre, gestrichelt = Rückstrahlung von irdischen, biotischen und abiotischen Objekten); violett, gezeigt: durch Wind „erzwungene" Konvektion (daneben durch thermische Luftbewegungen induzierte „freie" Konvektion; nicht gezeigt); blau, Transpiration (Energieabgabe durch Wasserverdampfung) und Taufall; Energieaufnahme durch Wasserdampfkondensation. (Fotos: R. Matyssek; nach von Willert et al. 1995)

tiert, ein Teil transmittiert und der Rest absorbiert. Nur ein Bruchteil der absorbierten Globalstrahlung wird in der Photosynthese festgelegt, der überwiegende Teil wird in fühlbare Wärme umgewandelt.

Die absorbierten Anteile der Globalstrahlung, G_a, und der langwelligen thermischen Strahlung, R_a, sind die wesentlichen Energieeinträge für die Pflanze. In Ausnahmefällen muss noch die in der Atmung erzeugte metabolische Wärme, Q_M, berücksichtigt werden. Das Blatt führt die absorbierte Energie größtenteils durch thermische Strahlung, R_e, ab und legt nur einen sehr kleinen Teil in der Photosynthese, Q_{Ph}, fest. Weitere Energieflüsse zum oder vom Blatt betreffen die Konvektion, C, und den Phasenübergang des Wassers, Q_{Tr}, bei der Transpiration und beim Taufall. Als letztes bleibt noch die reversible Wärmespeicherung, Q_H.

Für eine gegebene Zeitspanne muss die Summe aller aufgenommenen und abgegebenen Energiemengen gleich Null sein, sonst drohen Hitze- oder Kälteschädigung:

$$G_a + R_a + Q_M - R_e \pm C \pm Q_{Tr} - Q_{Ph} \pm Q_H = 0 \tag{15}$$

Die metabolische Wärmeerzeugung und die Energiefestlegung in der Photosynthese können wir, wie oben ausführlich dargestellt, in der Bilanzierung weglassen, ohne entscheidende Fehler zu machen. Gl. 15 vereinfacht sich dadurch zu:

$$G_a + R_a - R_e \pm C \pm Q_{Tr} \pm Q_H = 0 \tag{15a}$$

Wir können Gl. 15a auch in der Form

$$G_a + R_a - R_e \pm C \pm Q_{Tr} = \pm Q_H \tag{15b}$$

schreiben. Wenn Q_H nicht Null ist, bedeutet dies, dass Energie im Blatt akkumuliert oder ihm entzogen wird. Dies hat aber entweder einen Anstieg oder einen Abfall der Blatttemperatur zur Folge. Man kann experimentell die Energieflüsse auf der linken Seite von Gl. 15b bis auf die Transpiration konstant halten und damit verfolgen, ob und wie sich eine Änderung der Transpiration auf den Term Q_H und damit die Blatttemperatur auswirkt. Da eine Änderung der Blatttemperatur zwangsläufig eine Änderung von R_e zur Folge hat, kann damit geprüft werden, ob die thermische Abstrahlung in der Lage ist, rasche Änderungen der Energieumwandlung während der Transpiration zu kompensieren. Abb. 7 zeigt das Ergebnis eines solchen Experimentes. Die rasche Änderung der Transpiration erzielt einen deutlichen Effekt in der Blatttemperatur. Somit reicht R_e nicht aus, transpirationsbedingte rasche Änderungen im Energiezustand des Blattes auszugleichen.

Die Energiebilanzgleichung lässt sich auch in der Form schreiben, dass auf der linken Seite alle absorbierten und auf der rechten Seite alle emittierten, verbrauchten und gespeicherten Energiemengen stehen. Wenn wir die Energiebilanzgleichung in dieser Weise schreiben und für die einzelnen Summanden die erarbeiteten Formelausdrücke einsetzen, können wir die Komplexität der Energiebilanz besser erkennen. Wir wollen diese Darstellung in Tabellenform vornehmen (Tab. 3). Auf der

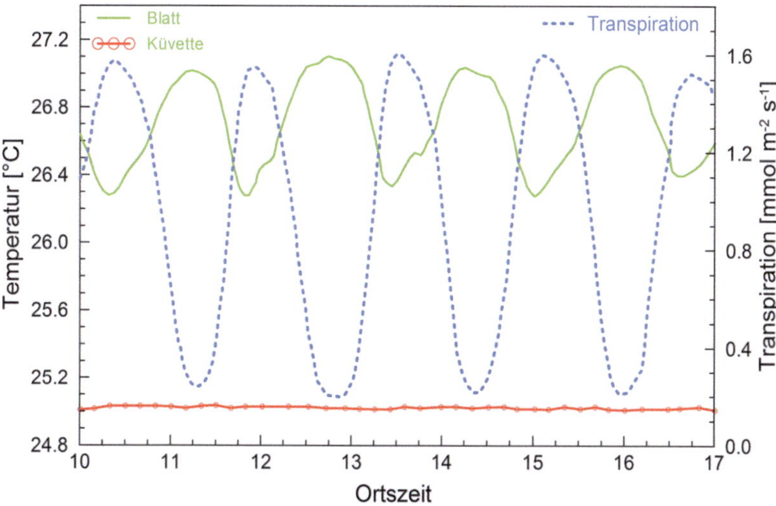

Abb. 7 **Änderung der Blatttemperatur einer Mangrove unter konstanten Bedingungen**. Die Änderung der Blatttemperatur ist bedingt durch rasche und periodische Änderungen der Transpiration (infolge einer experimentell induzierten Oszillation der Stomataöffnungsweiten). Die Änderung des Energieverbrauchs für den Phasenübergang des Wassers kann nicht durch die thermische Abstrahlung des Blattes vollständig kompensiert werden, sodass Strahlungsenergie im Blatt akkumuliert werden muss. Dies führt zu einer Temperaturerhöhung des Blattes. Folgerichtig fallen Temperaturmaximum und Transpirationsminimum zeitlich zusammen. Alle übrigen Energieflüsse wurden konstant gehalten. (Nach von Willert et al. 1995)

Tab. 3 Gegenüberstellung der Energieflüsse um ein Laubblatt, wie sie für die Energiebilanz wichtig sind (Abkürzungen s. Text)

Absorbierte Energie	Emittierte und umgewandelte Energie
Globalstrahlung (G_a) $+ a \cdot (1 + r) \cdot J_{GS}$	Thermische Strahlung (R_e) $- 2 \cdot \varepsilon \cdot \sigma \cdot (T_B)^4$
Thermische Strahlung (R_a) $- a_{IR} \cdot \sigma \cdot [(T_H)^4 + (T_U)^4]$	Transpiration (Q_{Tr}) $- \Delta H_{verd} \cdot g_{H_2O} \frac{(e_B - \mathring{e}_U \cdot rF/100)}{P}$
	Konvektion (C) $- 2 \frac{K_{Luft}}{a} \cdot v^{0,5} \cdot \ell^{-0,5} \cdot (T_B - T_U)$
	Speicherung (Q_H) $- C_V \cdot V \cdot \Delta T_B$

linken Seite stehen die absorbierten Energien, auf der rechten Seite die emittierten, umgewandelten und gespeicherten Energien. Diese Gegenüberstellung macht deutlich, dass sowohl die Blatt- als auch die Umgebungstemperatur mehrere Summanden gleichzeitig verändert.

Die Energiebilanz eines Blattes stellt ein **Fließgleichgewicht** dar, das sich je nach Größe der verschiedenen Faktoren auf einem bestimmten Niveau einpendelt. Jede Auslenkung infolge Änderung einer Größe – wir sahen dies eindrucksvoll in Abb. 7

für die Spaltöffnungsweite – führt zwangsläufig zu einer neuen Gleichgewichtslage mit gleichzeitiger Änderung aller Größen der Energiebilanzgleichung. Das Verständnis dieser „Dynamik" soll uns ein hydraulisches Modell erleichtern, das wie jedes Gedankenmodell die Wirklichkeit nur vereinfacht und in erster Näherung wiedergeben kann.

3.5.1 Modell zur Energiebilanz auf Blattebene

In Abb. 8 ist ein Modell zur Energiebilanz abgebildet, das uns den Umgang mit den Formeln von Tab. 3 erleichtern soll. Das Modell besteht aus zwei Flüssigkeitsbehältern, einem kleinen, der das Blatt darstellt, und einem sehr viel größeren, der die Umgebungsluft repräsentiert. Die beiden Behälter sind durch kommunizierende Röhren miteinander verbunden, durch die eine Flüssigkeit in beide Richtungen fließen kann. Die Flüssigkeit stellt die Energie im Blatt und in der Luft dar. Die Energiezufuhr in Form von Strahlung erfolgt über das Ventil 1 in den kleinen Behälter. Mit Zunahme an Energie steigt der Flüssigkeitsspiegel. Die Höhe der Flüssigkeit in beiden Behältern stellt nichts anderes als die Temperatur von Blatt und Luft dar.

Diese zunächst verblüffende Behauptung hängt mit der **Wärmekapazität des Blattes** zusammen, die wir definiert hatten als die für eine bestimmte Temperaturerhöhung erforderliche Energiezufuhr. Hätte unser Blattmodell einen Behälter mit erweitertem Durchmesser, so würde bei gleicher Einströmrate an Ventil 1 der Spiegel langsamer steigen und mehr Flüssigkeit (= Energie) zum Erreichen der gleichen Höhe (= Temperatur) wie im abgebildeten Behälter erforderlich sein. Der erweiterte Durchmesser käme also einer erhöhten Wärmekapazität des Blattes gleich (z. B. sukkulentes Blatt). In unserem Modell wollen wir ein ausdifferenziertes Laubblatt mit konstanter Wärmekapazität betrachten.

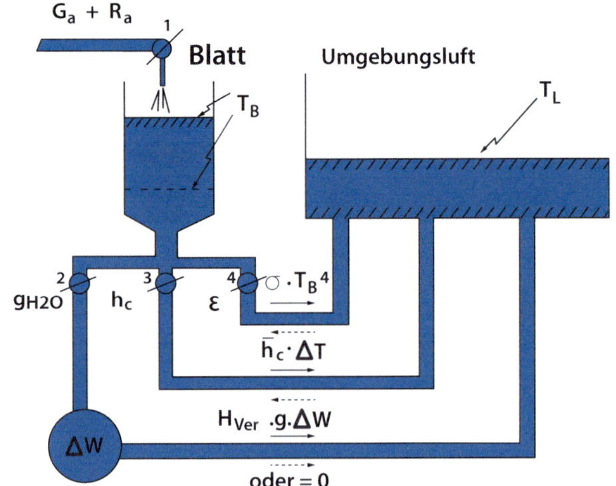

Abb. 8 Modell zur Verdeutlichung der Energieflüsse um ein Blatt und deren wechselseitige Abhängigkeiten. Die Wirkungsweise des hydraulischen Modells wird im Text ausführlich beschrieben. *Durchgezogene Linie:* Energiefluss am Tag, *gepunktete Linie*: Energiefluss bei Nacht, *1–4*: Strömungswiderstände, *Δw im Kreis*: „Pumpe" Feuchtedifferenz. (Eigene Darstellung, nach von Willert et al. 1995)

Soll der kleine Behälter nicht überlaufen, unser Blatt also nicht den Hitzetod sterben, muss für eine Energieabgabe an die Umgebung gesorgt sein. Dies geschieht über die drei Rohrleitungen mit ihren jeweiligen Ventilen. Diese Leitungen haben wir als thermische Strahlung (R_e), Transpiration (Q_{Tr}) und Konvektion (C) kennengelernt. Der die Umgebungsluft darstellende Behälter sei so groß, dass ein Energieaustausch mit dem Blatt zu keiner messbaren Änderung des Flüssigkeitsspiegels, d. h. Temperaturänderung der Luft, führt.

Leitung 2 soll die Energieabgabe durch die Transpiration darstellen. Allerdings müssen zwei Voraussetzungen erfüllt sein: (1) Es müssen die Stomata (Ventil 2) geöffnet sein, (2) gleichzeitig muss die „Pumpe Δw“ laufen und den Wasserdampf aus dem Blatt „saugen“. Die Abhängigkeit der Energieabgabe durch Transpiration von einer physiologischen (Stomata) und einer physikalischen (Δw) Komponente wird deutlich.

Leitung 3 stellt den Energieaustausch durch Konvektion dar. Dieser Strom wird getrieben durch die Differenz der Flüssigkeitsspiegel (= Temperaturdifferenz) zwischen Blatt und Umgebungsluft. Allerdings muss hierfür Ventil 3 geöffnet sein, das den Konvektionskoeffizienten darstellt. Dieser wird durch die Windgeschwindigkeit und die Länge des Blattes in Windrichtung bestimmt.

Leitung 4 schließlich gibt die Energieabgabe durch langwellige thermische Strahlung wieder. Diese Abgabe wird durch die Blatttemperatur und das Emissionsvermögen der Blattoberfläche (Konstante!) festgelegt. Das Ventil 4 ist daher geöffnet, aber starr.

Hiermit ist unser Modell ausreichend beschrieben, um im Folgenden gedanklich einige Veränderungen in der Energiebilanz zu simulieren, wie sie im „Alltag“ der Blätter auftreten können.

Fall 1: Eine vorüberziehende Wolke reduziert die Sonneneinstrahlung. In unserem Modell verengt sich Ventil 1, während die Ventile 2–4 zunächst konstant bleiben. Die reduzierte Einströmrate führt daher zu einem Absinken des Flüssigkeitsspiegels im kleinen Behälter. Die sinkende Blatttemperatur verringert die Energieabgabe über Leitung 4 (thermische Abstrahlung) und durch Verringerung von ΔT auch die über Leitung 3 (Konvektion). Die sinkende Blatttemperatur verkleinert Δw, und die abnehmende Photonenflussdichte löst eine Verengung der Spaltöffnungen aus. Damit wird über Leitung 2 die Energieabgabe ebenfalls eingeschränkt und das Absinken des Flüssigkeitsspiegels im kleinen Behälter etwas gebremst. Das neue Verhältnis zwischen reduzierter Energieaufnahme und veränderter Energieabgabe führt schließlich zu einer neuen Gleichgewichtslage bei verringerter aber konstanter Blatttemperatur.

Fall 2: Einsetzende Austrocknung des Bodens führt zu einem Spaltenschluss im Ventil 2, die Ventile 1, 3 und 4 bleiben unverändert. Die Transpiration führt also keine Energie mehr ab und Δw bleibt wirkungslos. Infolgedessen muss der Flüssigkeitsspiegel im kleinen Behälter steigen. Eindrücklich verdeutlicht diese blattinterne Energiezunahme das Beispiel der Abb. 9, welches den Anstieg der Blatttemperatur nach Durchtrennung des Blattstiels (Unterbrechung der Wasserzufuhr zur Blatttranspiration und deren Kühlungseffekts) bei hoher Sonneneinstrahlung anzeigt. Die erzwungene Temperaturerhöhung führt zu einer gesteigerten langwelligen ther-

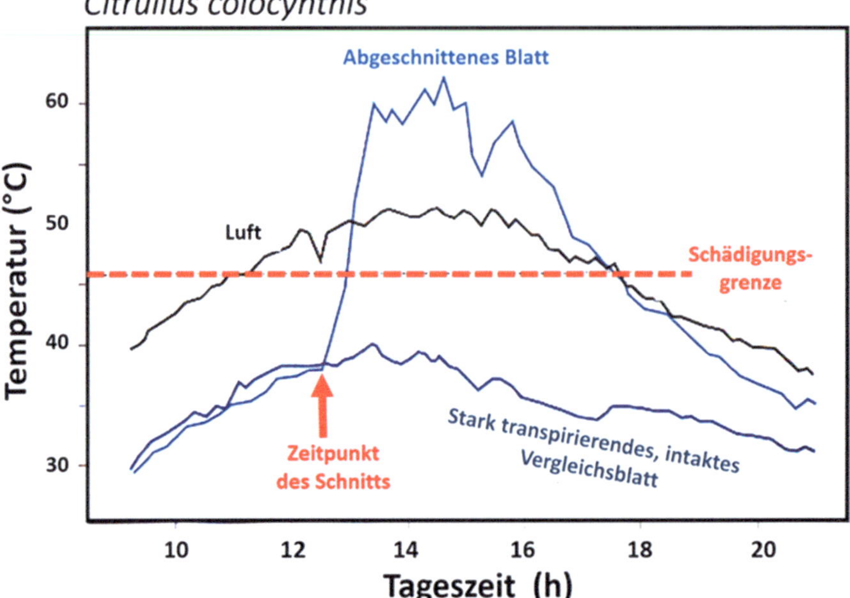

Abb. 9 Temperaturverläufe der Luft und eines intakten im Vergleich zu einem abgeschnittenen Blatt derselben bewässerten Pflanze von *Citrullus colocynthis* unter der Einstrahlung eines Wüstenstandorts. Man beachte den abrupten Temperaturanstieg des abgeschnittenen Blattes über die Luft-Temperatur und in Temperaturbereiche der Hitzeschädigung infolge des Schnittes. (Adaptiert von Schulze et al. 2002, nach Lange 1959)

mischen Strahlung (Leitung 4) und zu einer gesteigerten Energieabgabe durch Konvektion (Leitung 3). Es stellt sich eine erhöhte und für die neuen Bedingungen konstante Blatttemperatur ein (s. auch Abb. 7).

Fall 3: Windstille setzt ein, und Ventil 3 schließt sich weitgehend. Dadurch kommt die erzwungene Konvektion zum Erliegen. Eine reduzierte Energieabgabe kann nur noch über die sporadische freie Konvektion erfolgen. Da die Ventile 1, 2 und 4 konstant bleiben, steigt die Blatttemperatur. Somit gewinnt die thermische Abstrahlung (Leitung 4) an Bedeutung, und gleichzeitig nimmt Δw zu. Jedoch wird Δw wenig wirksam, da mit der Windstille die Dicke der Grenzschicht über dem Blatt zunimmt und damit die Transpiration behindert. Die Stomata können aber auf die Temperaturerhöhung mit einer Öffnungsbewegung reagieren und somit das eingeschränkt wirksame Δw etwas kompensieren. Es wird sich dennoch eine erhöhte Blatttemperatur als neue Gleichgewichtslage einstellen.

Fall 4: Es herrsche eine warme Sommernacht mit einer Taupunkttemperatur, die deutlich unter der Blatt- und Umgebungstemperatur liegt. Die „Pumpe Δw" arbeitet, die Stomata sind leicht geöffnet und gleichzeitig ist das Ventil 1 bis auf den Anteil der absorbierten thermischen Strahlung, R_a, geschlossen. In einer solchen Situation wird dem Blatt über die Transpiration so viel Energie entzogen, dass die Blatttemperatur unter die Temperatur der Umgebungsluft sinkt. Es entsteht also ein den

Bedingungen während der Lichtstunden entgegengesetzter Temperaturgradient zwischen Blatt und Luft. Folglich kann nun über die Leitung 3 dem Blatt durch Konvektion Energie aus der Umgebung zuströmen. Dieser Zustrom verhindert bei wirksamem Δw und offenen Stomata eine zu starke Unterkühlung des Blattes. Es wird sich eine konstante, aber im Vergleich zur Umgebung niedrigere Blatttemperatur einstellen.

Wie die Überlegungen zu den vier Fällen zeigen, konnte unser hydraulisches Modell in der Energiebilanz des Blattes tatsächlich auftretende Situationen gedanklich simulieren. Es mag zur Durchführung weiterer „Gedankenexperimente" anregen. Unser Modell verdeutlicht aber auch, dass bei Veränderung des Energieflusses bereits durch nur eine der „Leitungen" in Abb. 8 die Energieflüsse der übrigen „Leitungen" unvermeidlich beeinflusst werden. Die in die Energiebilanz involvierten Energieflüsse bilden daher ein dynamisches Gesamtsystem, dessen Verhalten umso komplexer wird, je mehr Energieflüsse gleichzeitig variieren.

Wir haben in Abb. 5 die Strahlungsbilanz für ein Modellblatt dargestellt, dessen verschiedene Strahlungsflüsse wir anhand von Vorgaben errechnet hatten. Nachdem wir die Energiebilanzbetrachtung zu Ende geführt haben, müssen wir dies nun auch für unser Modellblatt machen. Als Nettostrahlung hatten wir 472 $W \cdot m^{-2}$ erhalten. Dieser Überschuss an Strahlungsenergie muss nun in der Energiebilanz ausgeglichen werden. Hierfür stehen, wie wir gesehen haben, in erster Linie die Transpiration und die Konvektion zur Verfügung. Wenn wir eine Transpirationsrate von 3,4 $mmol \cdot m^{-2} \cdot s^{-1}$ annehmen (siehe *Prunus spinosa* in Tab. 2), dann werden bei der vorgegebenen Blatttemperatur von 24 °C 150 $W \cdot m^{-2}$ für den Phasenübergang des Wassers verbraucht. Der Rest von 322 $W \cdot m^{-2}$ muss dann, ohne dass wir dies mühsam ermitteln müssten, auf die Konvektion entfallen. Wir können damit die Abb. 5 jetzt als Energiebilanz darstellen und angeben, wie die Energie der Nettostrahlung abgeführt wird. Das Ergebnis zeigt Abb. 10. Wir erkennen, dass von den 1319 $W \cdot m^{-2}$ absorbierter Strahlungsenergie 64,2 % durch langwellige thermische Strahlung wieder abgegeben werden, 24,4 % durch Konvektion mit der Umgebung ausgetauscht und 11,4 % durch die Transpiration verbraucht werden.

Damit ist die Energiebilanz unseres Modellblatts ausgeglichen, also $\Delta E = 0\ W \cdot m^{-2}$. Wäre dies nicht der Fall, müsste Energie im Blatt akkumulieren, dann wäre $\Delta E > 0\ W\ m^{-2}$, oder das Blatt würde Energie verlieren, dann gälte $\Delta E < 0\ W \cdot m^{-2}$. Wären solche Situationen vorstellbar? Durchaus – und die nächstliegende Ursache könnte durch die Transpirationsrate vermittelt sein. Wäre die Transpirationsrate zu hoch, dann würde über die Verdampfungsenthalpie zu viel Energie entzogen und in die Umgebung abgegeben werden. Das Blatt würde beständig abkühlen. Wäre die Transpirationsrate zu niedrig, dann würde aufgrund eines zu geringen Energieentzugs sich das Blatt beständig erwärmen. Verantwortlich könnte eine Störung (Schädigung) der stomatären Regulation sein. Im ersten Fall wären die Stomata zu weit geöffnet, und die Auskühlung würde den Stoffwechsel hemmen; im zweiten Fall dagegen zu sehr verengt, mit der Gefahr der Hitzeschädigung.

Diese Überlegungen verdeutlichen aber auch die Evolution typischer Laubblätter hinsichtlich einer thermischen Umweltanpassung. Es liegt offenbar ein evolutionär ausgewogenes, energetisches Zusammenspiel von Absorption, Reflexion und Trans-

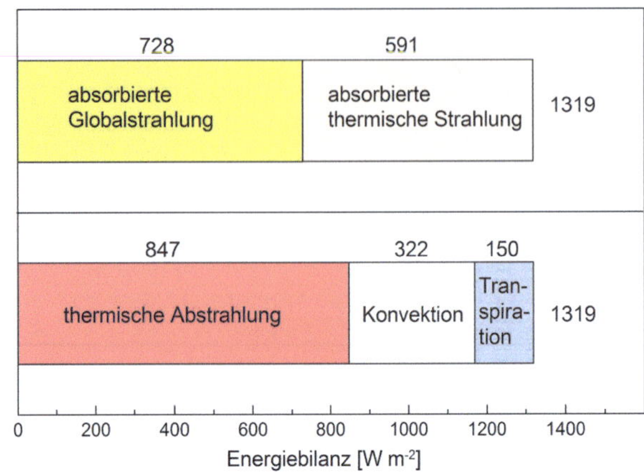

Abb. 10 **Energiebilanz eines Modellblattes.** Diese Abbildung beantwortet die Frage, mit welchen Mechanismen die Pflanze den Strahlungsüberschuss (siehe Nettostrahlung in Abb. 5) abbauen kann. Der Strahlungsüberschuss von 472 W · m^{-2} wird in unserem Beispiel zu 32 % durch die Transpiration abgebaut, während 68 % in der Konvektion an die Umgebung abgegeben werden. Die dieser Berechnung zugrunde gelegten Umweltbedingungen sind im Text ausführlich darstellt. (Nach von Willert et al. 1995)

mission direkter Sonneneinstrahlung und thermisch-langwelliger Abstrahlung sowie einer bei vorherrschendem Windklima die Konvektion fördernden Blattmorphologie und stomatären Regulation vor. Erst dieses thermische Zusammenspiel gewährleistet die Kontrolle der Blatttemperatur in einem für den Stoffwechsel förderlichen Temperaturbereich.

4 Globale Energiebilanz und Klimaerwärmung

Wir wollen nun zum Abschluss dieses Buches den Blick weit nach oben richten – entlang der Skalen biologischer Organisation von der Energiebilanz einzelner Blätter zur jener des gesamten „Ökosystems Erde". Inwieweit herrschen in der Energiebilanz beider Skalen gleiche Gesetzmäßigkeiten vor? In Abb. 11a setzen wir die von der Sonne oberhalb der Atmosphäre empfangene Globalstrahlung gleich 100 %, wovon 29 % unmittelbar zurück in den Weltraum reflektiert werden (auch als planetare Albedo bezeichnet). Was passiert mit den restlichen 71 % (Abb. 11b, obere Zeile)? Es werden 23 % der eingestrahlten Energie von Wolken und der Streuung durch die Gasmoleküle in der Atmosphäre zurückgehalten. Die verbleibenden 48 % erreichen die Erdoberfläche, stellen also deren Netto-Energiebeladung im kurzwelligen Strahlungsbereich dar, welcher dem Spektrum der Solarstrahlung (= Globalstrahlung, s. ▶ Kap. 2, „Qualitäten, Quantitäten und Gesetzmäßigkeiten der Strahlung") entspricht. Jene maximal 2 % der Globalstrahlung, die im Prozess der photosynthetischen Assimilation umgesetzt werden, sind für die hier durchgeführte Betrachtung nicht relevant.

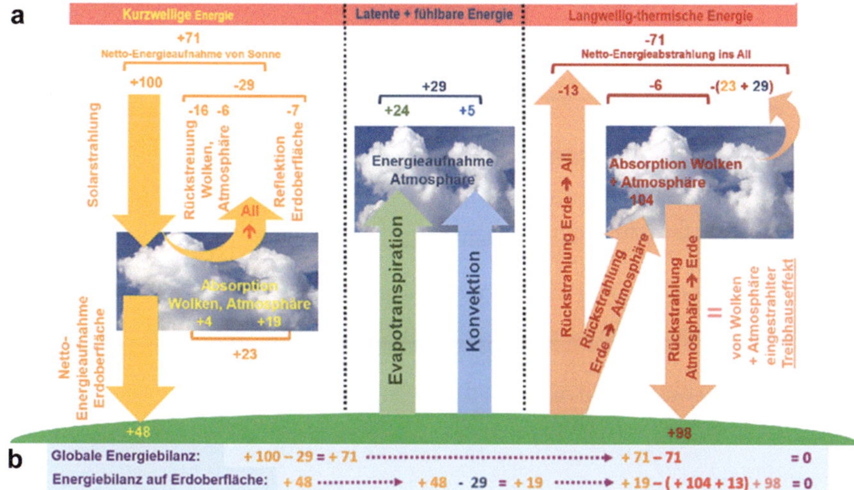

Abb. 11 Planetare Energiebilanz der (a) absorbierten und abgegebenen Energieflüsse und (**b**) als Bilanzgleichungen. Die atmosphärische Energieabsorption ist hauptsächlich durch Wasserdampf, CO_2, O_3 und Staubpartikel bestimmt. (Details im Text; Eigendarstellung nach Daten von Smith und Smith 2009 und Chapin et al. 2011; Fotos R. Matyssek)

Ein signifikanter Energieanteil von 24 % wird der Erdoberfläche jedoch durch die Evapotranspiration des „Ökosystems Erde" entzogen (aufgrund der erforderlichen Verdampfungsenthalpie des Wassers). Weitere 5 % werden hauptsächlich durch die freie Konvektion abgeführt (von Piloten als Thermik feststellbar), die sich durch aufsteigende warme Luft als turbulente Luftwirbel („*eddies*") äußert (Abb. 11a). Evapotranspiration und freie Konvektion repräsentieren auch im planetaren Maßstab die Flüsse der latenten bzw. fühlbaren Energie (s. ▶ Kap. 9, „Physik des Wasserdampfes – Luftfeuchte und Wasserdampfgradienten"). Als Ergebnis verbleiben 19 % der von der Sonne empfangenen Energie, die immer noch zu einer lebensbedrohenden Überhitzung der Erde führen würden (Abb. 11b, untere Zeile).

Das Schicksal der verbleibenden Energiebeladung von 19 % entscheidet sich nun innerhalb des komplexen Energieumsatzes im langwellig-thermischen (also terrestrischen) Spektralbereich (Abb. 11a). Angetrieben von der Oberflächentemperatur beträgt der in die Atmosphäre emittierte Energiefluss 117 % der solaren Einstrahlung, was scheinbar das Risiko einer raschen Auskühlung der Erde in sich birgt. 13 % dieses emittierten Energieflusses entweichen in den Weltraum. Die verbleibenden 104 % werden als langwellig-thermische Strahlung von der Atmosphäre jedoch zurückgehalten (hauptsächlich absorbiert von Wasserdampf und CO_2) und erwärmen die Luft. Von dieser Energieaufnahme werden jedoch 98 % sofort wieder im langwellig-thermischen Bereich zur Erdoberfläche zurückgestrahlt, was sich als atmosphärischer Treibhauseffekt manifestiert und eine Vereisung des Planeten verhindert. Der Netto-Energieaufnahme im kurzwelligen Bereich von + 19 % stehen also von der Erdoberfläche in den Weltraum emittierte Energieflüsse von – (117 % – 98 %) gegenüber. In der Bilanz ergibt sich:

$$0 = 19\,\% - (117\,\% - 98\,\%)$$

Damit ist die kurzwellige Netto-Energieaufnahme der Erdoberfläche kompensiert, und es kommt weder zu einer Überhitzung noch Auskühlung der Erdoberfläche (Abb. 11b, untere Zeile).

Neben der Energiebilanz der Erdoberfläche kann aber auch eine solche der Atmosphäre berechnet werden. Wir erinnern uns, dass 23 % der kurzwelligen Einstrahlung in der Atmosphäre „hängenblieben", und dass zudem 29 % durch Evapotranspiration und Konvektion in die Atmosphäre abgeführt wurden. Diese Energieflüsse (insgesamt 52 % der kurzwelligen Einstrahlung) werden letztendlich zur Wärmeenergie, die sich ihrerseits als langwellig-thermische Strahlungsemission der Atmosphäre manifestieren. Wir können diese 52 % also zu den bereits besprochenen 117 % addieren und sodann bilanzieren (Abb. 11b, obere Zeile):

$$0 = 71\,\% - (117\,\% + 52\,\%) + 98\,\%$$

Wir erinnern uns, dass die 71 % die eingestrahlte kurwellige Brutto-Energieaufnahme repräsentieren, nach Abzug der planetaren Albedo-Reflektion von 29 % in den Weltraum. Wir erkennen damit, dass auch auf Ebene der Atmosphäre die Energiebilanz ausgeglichen ist, und dem „Ökosystem Erde" auch bei letzterer Betrachtung weder Hitze- noch Kältetod drohen.

Wir erkennen weiter, dass die planetare Energiebilanz bei aller Komplexität des Energieumsatzes in der Atmosphäre durchaus Gesetzmäßigkeiten aufweist, die konsistent mit der Energiebilanz auf Blattebene sind (Abb. 10 und 11). Dies gilt zunächst für die positiven Strahlungsbilanzen mit den Netto-Energiebeladungen (Abb. 5 und 11), die dann unter Einbezug der Energieflüsse von Transpiration/Verdunstung und Konvektion zu ausgeglichenen Energiebilanzen werden.

Es stellt sich nun noch die abschließende Frage in Hinblick auf Abb. 11 und die erläuterte planetare Energiebilanz, warum wir gegenwärtig das Problem einer fortschreitenden Klimaerwärmung erleben. CO_2 ist ein maßgebliches Treibhausgas, das im Übermaß vom Menschen durch Energiebereitstellung aus fossilen Energieträgern (Verbrennung von Erdöl, Erdgas, Stein- und Braunkohle) und Brandrodung von Primärwäldern freigesetzt wird. Da dieses Gas langwellig-thermisch absorbierte Strahlungsenergie auch abstrahlt, steigt sowohl die in der Atmosphäre gespeicherte als auch die zur Erdoberfläche rück-emittierte thermische Strahlungsenergie an. Im Ergebnis insgesamt kommt es zur Aufheizung. Ökologisch und ursächlich betrachtet ist die anthropogene CO_2-Freisetzung aus fossilen Brennstoffen und Brandrodung pro Zeiteinheit größer als die CO_2-Menge, die gleichzeitig vom „Ökosystem Erde" photosynthetisch gespeichert werden kann. Nicht zu übersehen ist, dass aufgrund anthropogener Aktivität auch weitere klimawirksame, in der Atmosphäre akkumulierende Gase wie CH_4, N_2O und troposphärisches O_3 ihren Beitrag zur Klimaerwärmung leisten.

Hintergrundinformation

Wie reagiert aber der atmosphärische Wasserdampf auf die Klimaerwärmung, der seinerseits klimawirksam ist? Welchen Anteil hat er am natürlichen Treibhauseffekt der Erde? Beginnend mit letzterer Frage wird Wasserdampf ein 60 %-iger Anteil am natürlichen Treibhauseffekt zugeschrieben. In präindustriellen Zeiten (bis Ende des 18. Jahrhunderts) war dieser Anteil für den Treibhauseffekt bestimmender als die damalige CO_2-Konzentration (280 ppm gegenüber 417 ppm im Jahr 2022). Ohne den natürlichen Treibhauseffekt läge die durchschnittliche globale Temperatur bei − 18 °C anstelle von + 15 °C. Wie ist jedoch die erstere Frage zu beurteilen?

Die anthropogene Klimaerwärmung ermöglicht eine erhöhte Wasserdampfkonzentration in der Atmosphäre, dennoch ist Wasserdampf nicht die bestimmende Einflussgröße der gegenwärtigen Erwärmung. Ursache hierfür ist, dass die Wasserdampfanreicherung nur bis auf das Niveau der temperaturabhängigen Sättigungsfeuchte (= Sättigungspatrialdruck) ansteigen kann, welche eine unbegrenzte Akkumulation und damit einen wasserdampfbezogenen, sogenannten „Runaway-Effekt" der Klimaerwärmung verhindert (s. ▶ Kap. 9, „Physik des Wasserdampfes – Luftfeuchte und Wasserdampfgradienten"). Vielmehr kondensiert der Wasserdampf bei Erreichen der Sättigungsfeuchte und wird schließlich als Niederschlag ausgeregnet. Die hierbei wieder freigesetzte Energie (gesteigert durch temperaturbedingt erhöhte Wasserdampfmengen) wird allerdings vermehrt durch Unwetter, vor allem Stürme, feststellbar, die tendenziell nach Häufigkeit und an Intensität bereits zunehmen.

Die Tatsache, dass die Sättigungsfeuchte eine Begrenzung der atmosphärischen Wasserdampfanreicherung darstellt, stellt den grundlegenden Unterschied zu den anderen, vom Menschen in erhöhter Konzentration verantworteten, klimawirksamen Gasen CO_2, CH_4, N_2O und troposphärischem O_3 dar. Diese Gase kennen keine Begrenzung der Anreicherung, sie können also den planetaren Treibhauseffekt „ungebremst anheizen". Theoretisch wäre ein Runaway-Effekt der Klimaerwärmung vermeidbar, falls die übrigen globalen Energieflüsse der Abb. 11 sich entsprechend kompensatorisch auf die erhöhte Energiezufuhr einregeln. Dies müßte insbesondere im langwellig-thermischen Bereich der Fall sein, ist aber langfristig mehr als unsicher. Alternativ müsste die Menschheit ihre klimawirksamen Emissionen drastisch und rasch in einem klimaverträglichen Ausmaß reduzieren. Letzteres erscheint als der einzig realistische Weg zur Vermeidung der bevorstehenden, die Menschheit bedrohenden Klimakatastrophe. Allein die internationalen Bemühungen und der politische Wille auf diesem Weg lassen bislang die erforderliche Effizienz und Entschlossenheit vermissen. Das hauptverantwortliche Gas für die Klimaerwärmung ist heute, anders als der Wasserdampf, das übermäßig akkumulierende CO_2, ohne allerdings die Klimawirksamkeit der übrigen anthropogen erhöhten Konzentrationen der Gase CH_4, N_2O und (troposphärischem) O_3 zu unterschätzen.

Literatur

Chapin FS III, Matson PA, Vitousek PM (2011) Principles of terrestrial ecosystem ecology. Springer, New York

Lange OL (1959) Untersuchungen über Wärmehaushalt und Hitzeresistenz mauretanischer Wüsten- und Savannenpflanzen. Flora 147:595–651

Laties GG (1982) The cyanide-resistant alternative path in higher plant respiration. Annu Rev Plant Physiol 33:519–555

Meeuse BJD (1975) Thermogenetic respiration in aroids. Annu Rev Plant Physiol 26:117–126

Schulze ED, Beck E, Müller-Hohenstein K (2002) Pflanzenökologie. Spektrum, Heidelberg

Smith TM, Smith LS (2009) Elements of ecology. Pearson International, San Francisco

Solomos T (1977) Cyanide-resistant respiration in higher plants. Annu Rev Plant Physiol 28:279–297

Willert DJ von, Matyssek R, Herppich WB (1995) Experimentelle Pflanzenökologie. Grundlagen und Anwendungen. Thieme, Stuttgart/New York

Erratum zu: Qualitäten, Quantitäten und Gesetzmäßigkeiten der Strahlung

Erratum zu: Kapitel 2 in: R. Matyssek, W. B. Herppich, *Experimentelle Pflanzenökologie*, Springer Reference Naturwissenschaften, https://doi.org/10.1007/978-3-662-67530-4_5

Abbildung 1 auf S. 38 in Kapitel 2 war fehlerhaft und wurde durch folgende Abbildung ausgetauscht.

Springer Nature ist es ein Anliegen zu betonen, dass der Grund für dieses Erratum nicht von den Autoren zu verantworten ist.

Die aktualisierte Version dieses Kapitels finden Sie unter:
https://doi.org/10.1007/978-3-662-67530-4_5

R. Matyssek, W. B. Herppich, *Experimentelle Pflanzenökologie*, Springer Reference Naturwissenschaften, https://doi.org/10.1007/978-3-662-67530-4_22

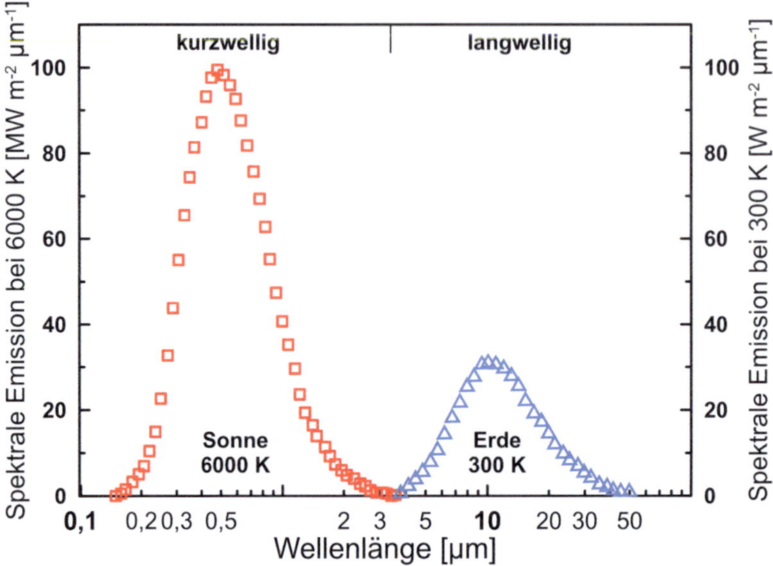

Abb. 1 Spektrale Verteilung der Strahlung eines Schwarzen Körpers mit einer Oberflächentemperatur von 6000 K (= Sonne) und eines Schwarzen Körpers mit der Oberflächentemperatur 300 K (= Erde), in Abhängigkeit von der Wellenlänge. Man beachte die unterschiedliche Dimension der beiden y-Achsen, die jeweils für Sonne bzw. Erde (Blattbeispiel) gelten (Sonne 'MW', Erde 'W'). (Verändert nach Gates 1980)

Stichwortverzeichnis

R. Matyssek, W. B. Herppich, *Experimentelle Pflanzenökologie*, Springer Reference Naturwissenschaften, https://doi.org/10.1007/978-3-662-67530-4

D

E

G

M

P

X

MIX
Papier aus verantwortungsvollen Quellen
Paper from responsible sources
FSC® C105338

If you have any concerns about our products,
you can contact us on
ProductSafety@springernature.com

In case Publisher is established outside the EU,
the EU authorized representative is:
Springer Nature Customer Service Center GmbH
Europaplatz 3, 69115 Heidelberg, Germany

Printed by Libri Plureos GmbH
in Hamburg, Germany